中国畜禽吸虫形态分类彩色图谱

COLOR ATLAS OF TREMATODE MORPHOLOGICAL CLASSIFICATION FOR LIVESTOCK AND POULTRY IN CHINA

主 编 黄 兵 董 辉
副主编 韩红玉 廖党金 李朝品 刘光远

科学出版社
北 京

内 容 简 介

本书收录了寄生于我国家畜家禽的吸虫356种，隶属于4目25科103属，按目、科、属、种的拉丁文字母顺序编排，收录的虫种数约占我国已记载的家畜家禽吸虫种类数的85%。列出了每种吸虫的中文与拉丁文名称和成虫的形态结构、宿主范围与寄生部位、地理分布等，介绍了每种吸虫所在科、属的形态结构，宿主范围与寄生部位，编制了各科、属的分类检索表。为每种吸虫配置了单张或多张形态结构绘图，为其中245种吸虫配置了单张或多张彩色照片，全书共采用图片1584幅，包括黑白绘图483幅、彩色照片1101幅。

本书可供科研院所、高等院校、基层一线从事寄生虫分类的科技人员参考，也可作为寄生虫学领域研究生、本科生的重要参考书。

图书在版编目（CIP）数据

中国畜禽吸虫形态分类彩色图谱（COLOR ATLAS OF TREMATODE MORPHOLOGICAL CLASSIFICATION FOR LIVESTOCK AND POULTRY IN CHINA）/黄兵，董辉主编. —北京：科学出版社，2017.6
ISBN 978-7-03-053017-2

Ⅰ.①中⋯ Ⅱ.①黄⋯ ②董⋯ Ⅲ.①畜禽-寄生虫-中国-图谱 Ⅳ.① S852.7-64

中国版本图书馆CIP数据核字（2017）第119042号

责任编辑：李秀伟 郝晨扬／责任校对：贾伟娟 高明虎
责任印制：肖 兴／封面设计：北京图阅盛世文化传媒有限公司
设计制作：金舵手世纪

科学出版社 出版
北京东黄城根北街16号
邮政编码：100717
http://www.sciencep.com

北京盛通印刷股份有限公司 印刷
科学出版社发行 各地新华书店经销

*

2017年6月第 一 版　开本：787×1092 1/16
2017年6月第一次印刷　印张：34
　　　　　　　　　字数：806 000
定价：418.00 元
（如有印装质量问题，我社负责调换）

本书为国家科技基础性工作专项"中国畜禽寄生虫彩色图谱编撰"项目（编号：2012FY120400）的成果之一

    项目主持单位：中国农业科学院上海兽医研究所

    项目参加单位：中国农业科学院兰州兽医研究所

                  四川省畜牧科学研究院

《中国畜禽寄生虫彩色图谱》
编撰委员会

主　任　黄　兵

副主任　廖党金　刘光远　董　辉

委　员　韩红玉　关贵全　李江凌　陈　泽　周　杰
　　　　　曹　杰　周金林　陈兆国　叶勇刚　田占成

《中国畜禽吸虫形态分类彩色图谱》
编写人员

主　编　黄　兵　董　辉

副主编　韩红玉　廖党金　李朝品　刘光远

参加编写人员（按姓氏笔画排序）

门启斐　中国农业科学院上海兽医研究所
王少圣　皖南医学院
叶勇刚　四川省畜牧科学研究院
吕志跃　中山大学中山医学院
朱顺海　中国农业科学院上海兽医研究所
刘光远　中国农业科学院兰州兽医研究所
江　斌　福建省农业科学院
孙恩涛　皖南医学院
李江凌　四川省畜牧科学研究院
李国清　华南农业大学
李晓芸　东北农业大学
李朝品　皖南医学院
李榴佳　大理大学
吴忠道　中山大学中山医学院

邹丰才	云南农业大学
张厚双	中国农业科学院上海兽医研究所
陈　泽	中国农业科学院兰州兽医研究所
周　杰	中国农业科学院上海兽医研究所
赵其平	中国农业科学院上海兽医研究所
夏伟丽	中国农业科学院上海兽医研究所
黄　兵	中国农业科学院上海兽医研究所
梁　炽	中山大学中山医学院
梁思婷	中国农业科学院上海兽医研究所
董　辉	中国农业科学院上海兽医研究所
韩红玉	中国农业科学院上海兽医研究所
舒凡帆	大理大学
廖党金	四川省畜牧科学研究院
戴卓建	四川省畜牧科学研究院

致　谢

在国家科技基础性工作专项"中国畜禽寄生虫彩色图谱编撰"项目启动之初，我国著名的寄生虫学家、中国科学院院士、厦门大学教授唐崇惕先生对《中国畜禽寄生虫彩色图谱》的编写提出了指导性意见，"本《图谱》各虫种图片，是以实物拍摄的照片为原始图片。由于照片常只能显示各实物外观的一个层面，很难显示它们完整的整体结构。如果各虫种重要发育阶段除有整体照片之外，能附上它们完整结构的线条图，将会有更好的效用"。本书按照唐院士的意见，凡是有彩色照片的虫种，都附有完整结构的黑白线条图，特对唐崇惕院士对本项工作的指导表示衷心感谢！

本书所用彩色图片，大多数依据中国农业科学院上海兽医研究所保藏的标本拍摄，这些标本中部分来自江西省科学院王溪云教授、宁夏中卫市畜牧兽医站李学文高级兽医师、贵州省畜牧兽医总站钱德兴高级兽医师等的馈赠，这些标本为本书的编辑奠定了坚实基础，特对提供寄生虫标本的单位和个人表示衷心感谢！

本书所用黑白绘图，绝大多数引自国内外相关专著与刊物等文献，除在图后标注其引用来源外，在此，向所有被引用文献的作者表示衷心感谢！

在本书的编写过程中，作者到相关单位的标本室对虫体进行拍照，受到浙江省农业科学院畜牧兽医研究所王一成主任和湖南省畜牧兽医研究所成源达老先生、傅胜才所长、周望平主任、杨俊副主任的热情接待和全力支持，特对他们给予的无私帮助表示衷心感谢！

在本书的资料收集过程中，台湾成功大学医学院辛致炜教授提供了部分很难查找的珍贵文献，特对辛致炜教授对本书的贡献表示衷心感谢！

前 言

寄生虫彩色图谱是在对寄生虫标本资源进行系统整理、鉴别的基础上，采用先进的数码影像技术，通过常规与显微拍摄方式，形成虫体实物照片，按科学的分类系统进行归类编辑，配以形态结构描述，最终加工出版。寄生虫彩色图谱是对寄生虫资源的有效利用，能客观反映虫体的基本形态与结构，是正确进行寄生虫种类鉴定、普及寄生虫学知识、开展寄生虫病流行病学调查等的权威性科学资料。《中国畜禽寄生虫彩色图谱》系列的编撰与出版，将极大地丰富我国寄生虫图谱的内容，有助于动物学、医学、兽医学等学科的学生更好地掌握寄生虫的形态结构，增强临床医学和兽医学人员鉴别寄生虫的能力，在促进我国寄生虫学科的发展、提高寄生虫学的教学水平、开展寄生虫学知识的科学普及等方面都具有重要的作用与意义。

《中国畜禽吸虫形态分类彩色图谱》是《中国畜禽寄生虫彩色图谱》的5部专著之一，得到国家科技基础性工作专项（编号：2012FY120400）资助，也是国家科技基础性工作专项（编号：2000DEB10031）的延续，还是国家科技基础条件平台工作项目（编号：2004DKA30480、2005DKA21104）和上海市闵行区高层次人才基金专项（编号：2008RC15、2012RC30）等工作的积累。

我国畜禽寄生虫种类繁多，《中国家畜家禽寄生虫名录》（2004）记载有2169种，其中吸虫为374种；《中国家畜家禽寄生虫名录（第二版）》（2014）统计有2397种，其中吸虫为416种，隶属于4目25科104属。本书收录了寄生于我国家畜家禽的吸虫356种，隶属于4目25科103属，按目、科、属、种的拉丁文字母顺序编排，收录的虫种数约占我国已记载的家畜家禽吸虫种类数的85%。列出了每种吸虫的中文与拉丁文名称和成虫的形态结构、宿主范围与寄生部位、地理分布等信息，介绍了每种吸虫所在科、属的形态结构，宿主范围与寄生部位，编制了各科、属的分类检索表。为每种吸虫配置了单张或多张形态结构绘图，为其中245种吸虫配置了单张或多张彩色照片，全书共采用图片1584幅，包括黑白绘图483幅、彩色照片1101幅。

本书的分类系统与编排顺序与《中国家畜家禽寄生虫名录（第二版）》（2014）保持一致，个别科、属、种的分类地位与文献不一致时采用"注"的方式给予说明，科、属的分类检索表与形态结构描述主要参考 *Keys to the Trematoda* Volume 1（2002）、*Keys to the Trematoda* Volume 2（2005）、*Keys to the Trematoda* Volume 3（2008）等国内外文献，黑白绘图主要引自《中国畜禽寄生虫形态分类图谱》(2006)、《江西动物志·人与动物吸虫志》(1993)、《四川畜禽寄生虫志》(2004)、《浙江省家畜家禽寄生蠕虫志》(1986)、《禽类寄生虫学》(1994)及相关文献，彩色照片中99%的图片为作者根据保存的虫体标本实物拍摄并经加工而成。

为方便读者查阅作者前期出版的与本书相关的专著，书中每个虫种设立了"关联序号"栏，由3组数组成，第一组数表示该种在《中国家畜家禽寄生虫名录》(2004)中的科、属、种编号，第二组括号内的数表示该种在《中国家畜家禽寄生虫名录（第二版）》(2014)中的科、属、种编号，第三组斜线后的数表示该种在《中国畜禽寄生虫形态分类图谱》(2006)中的种类顺序号，缺少的数组则表示对应的专著未收录该虫种。

本书中的寄生虫及同物异名的中文名称，主要来自《中国家畜家禽寄生虫名录（第二版）》(2014)、《拉汉英汉动物寄生虫学词汇》(1983)、《拉汉英汉动物寄生虫学词汇（续编）》(1986)、《英汉寄生虫学大词典》(2011)，少数由作者依据拉丁文名称进行意译或音译。

本书中收录的所有图片均在每个虫种的图片后标注了来源，除引用文献外，凡拍摄的虫体照片，均标注了照片来源的单位缩写，单位缩写与单位名称对照如下。

FAAS：福建省农业科学院（Fujian Academy of Agricultural Sciences）
HIAVS：湖南省畜牧兽医研究所（Hunan Institute of Animal and Veterinary Sciences）
LVRI：中国农业科学院兰州兽医研究所（Lanzhou Veterinary Research Institute, CAAS）
NEAU：东北农业大学（Northeast Agricultural University）
SASA：四川省畜牧科学研究院（Sichuan Animal and Sciences Academy）
SCAU：华南农业大学（South China Agricultural University）
SHVRI：中国农业科学院上海兽医研究所（Shanghai Veterinary Research Institute, CAAS）
SYSU：中山大学中山医学院（Zhongshan School of Medicine, Sun Yat-Sen University）
WNMC：皖南医学院（Wannan Medical College）
YNAU：云南农业大学（Yunnan Agricultural University）
ZAAS：浙江省农业科学院（Zhejiang Academy of Agricultural Sciences）

在编写本书过程中，作者深深感到寄生虫标本的珍贵！尽管我国已记载的畜禽吸虫种类有400余种，但由于各种原因，一些虫体标本损坏或遗失，现保藏完好的标本（特别是一些模式标本）与记载的数量差距较大，虽然竭尽所能，本书仍有部分吸虫未配有虫体照片，这有待今后进一步完善。限于作者的能力和知识水平，书中不足之处，敬请读者批评指正。

黄 兵

2017年1月

目 录

绪言 ··· 1

1 棘口科 Echinostomatidae Looss, 1899 ··· 8

1.1 棘隙属 *Echinochasmus* Dietz, 1909 ·· 10

1. 枪头棘隙吸虫 *Echinochasmus beleocephalus* Dietz, 1909 ··· 10
2. 异形棘隙吸虫 *Echinochasmus herteroidcus* Zhou et Wang, 1987 ································· 12
3. 日本棘隙吸虫 *Echinochasmus japonicus* Tanabe, 1926 ··· 14
4. 藐小棘隙吸虫 *Echinochasmus liliputanus* Looss, 1896 ··· 15
5. 微盘棘隙吸虫 *Echinochasmus microdisus* Zhou et Wang, 1987 ····································· 17
6. 小腺棘隙吸虫 *Echinochasmus minivitellus* Zhou et Wang, 1987 ···································· 18
7. 叶形棘隙吸虫 *Echinochasmus perfoliatus* (Ratz, 1908) Gedoelst, 1911 ·························· 20
8. 裂睾棘隙吸虫 *Echinochasmus schizorchis* Zhou et Wang, 1987 ···································· 22
9. 球睾棘隙吸虫 *Echinochasmus sphaerochis* Zhou et Wang, 1987 ··································· 23
10. 截形棘隙吸虫 *Echinochasmus truncatum* Wang, 1976 ··· 25

1.2 棘缘属 *Echinoparyphium* Dietz, 1909 ·· 26

11. 棒状棘缘吸虫 *Echinoparyphium baculus* (Diesing, 1850) Lühe, 1909 ························· 26
12. 刀形棘缘吸虫 *Echinoparyphium bioccalerouxi* Dollfus, 1953 ······································ 27
13. 中国棘缘吸虫 *Echinoparyphium chinensis* Ku, Li et Zhu, 1964 ··································· 28
14. 美丽棘缘吸虫 *Echinoparyphium elegans* (Looss, 1899) Dietz, 1909 ···························· 29
15. 鸡棘缘吸虫 *Echinoparyphium gallinarum* Wang, 1976 ·· 30
16. 赣江棘缘吸虫 *Echinoparyphium ganjiangensis* Wang, 1985 ·· 32
17. 洪都棘缘吸虫 *Echinoparyphium hongduensis* Wang, 1985 ·· 33
18. 柯氏棘缘吸虫 *Echinoparyphium koidzumii* Tsuchimochi, 1924 ···································· 34
19. 隆回棘缘吸虫 *Echinoparyphium longhuiense* Ye et Cheng, 1994 ································· 35

20. 小睾棘缘吸虫 *Echinoparyphium microrchis* Ku, Pan, Chiu, et al., 1973 ········36
21. 南昌棘缘吸虫 *Echinoparyphium nanchangensis* Wang, 1985 ··············37
22. 圆睾棘缘吸虫 *Echinoparyphium nordiana* Baschirova, 1941 ··············37
23. 曲领棘缘吸虫 *Echinoparyphium recurvatum* (Linstow, 1873) Lühe, 1909 ········38
24. 凹睾棘缘吸虫 *Echinoparyphium syrdariense* Burdelev, 1937 ···············40
25. 台北棘缘吸虫 *Echinoparyphium taipeiense* Fischthal et Kuntz, 1976 ········41
26. 西伯利亚棘缘吸虫 *Echinoparyphium westsibiricum* Issaitschikoff, 1924 ········42
27. 湘中棘缘吸虫 *Echinoparyphium xiangzhongense* Ye et Cheng, 1994 ········44

1.3 棘口属 *Echinostoma* Rudolphi, 1809 ·········45

28. 狭睾棘口吸虫 *Echinostoma angustitestis* Wang, 1977 ··················45
29. 豆雁棘口吸虫 *Echinostoma anseris* Yamaguti, 1939 ···················46
30. 班氏棘口吸虫 *Echinostoma bancrofti* Johntson, 1928 ··················47
31. 移睾棘口吸虫 *Echinostoma cinetorchis* Ando et Ozaki, 1923 ············48
32. 大带棘口吸虫 *Echinostoma discinctum* Dietz, 1909 ··················49
33. 杭州棘口吸虫 *Echinostoma hangzhouensis* Zhang, Pan et Chen, 1986 ·····50
34. 圆圃棘口吸虫 *Echinostoma hortense* Asada, 1926 ···················51
35. 林杜棘口吸虫 *Echinostoma lindoensis* Sandground et Bonne, 1940 ········52
36. 宫川棘口吸虫 *Echinostoma miyagawai* Ishii, 1932 ···················53
37. 圆睾棘口吸虫 *Echinostoma nordiana* Baschirova, 1941 ················55
38. 红口棘口吸虫 *Echinostoma operosum* Dietz, 1909 ···················56
39. 接睾棘口吸虫 *Echinostoma paraulum* Dietz, 1909 ···················57
40. 北京棘口吸虫 *Echinostoma pekinensis* Ku, 1937 ····················58
41. 卷棘口吸虫 *Echinostoma revolutum* (Fröhlich, 1802) Looss, 1899 ········59
42. 强壮棘口吸虫 *Echinostoma robustum* Yamaguti, 1935 ·················61
43. 小鸭棘口吸虫 *Echinostoma rufinae* Kurova, 1927 ····················62
44. 史氏棘口吸虫 *Echinostoma stromi* Baschkirova, 1946 ·················63
45. 特氏棘口吸虫 *Echinostoma travassosi* Skrjabin, 1924 ·················65
46. 肥胖棘口吸虫 *Echinostoma uitalica* Gagarin, 1954 ···················66

1.4 外隙属 *Episthmium* Lühe, 1909 ·········67

47. 犬外隙吸虫 *Episthmium caninum* (Verma, 1935) Yamaguti, 1958 ········67

1.5 真缘属 *Euparyphium* Dietz, 1909 ·· 68
  48．伊族真缘吸虫 *Euparyphium ilocanum* (Garrison, 1908) Tubangui et Pasco, 1933 ············ 69
  49．隐棘真缘吸虫 *Euparyphium inerme* Fuhrmann, 1904 ·· 70
  50．鼠真缘吸虫 *Euparyphium murinum* Tubangui, 1931 ··· 71

1.6 低颈属 *Hypoderaeum* Dietz, 1909 ··· 72
  51．似锥低颈吸虫 *Hypoderaeum conoideum* (Bloch, 1782) Dietz, 1909 ······································ 72
  52．格氏低颈吸虫 *Hypoderaeum gnedini* Baschkirova, 1941 ·· 74
  53．滨鹬低颈吸虫 *Hypoderaeum vigi* Baschkirova, 1941 ··· 75

1.7 似颈属 *Isthmiophora* Lühe, 1909 ··· 76
  54．獾似颈吸虫 *Isthmiophora melis* (Schrank, 1788) Lühe, 1909 ··· 76

1.8 新棘缘属 *Neoacanthoparyphium* Yamaguti, 1958 ··· 78
  55．舌形新棘缘吸虫 *Neoacanthoparyphium linguiformis* Kogame, 1935 ··································· 78

1.9 缘口属 *Paryphostomum* Dietz, 1909 ··· 79
  56．白洋淀缘口吸虫 *Paryphostomum baiyangdienensis* Ku, Pan, Chiu, et al., 1973 ················ 80
  57．辐射缘口吸虫 *Paryphostomum radiatum* (Dujardin, 1845) Dietz, 1909 ································ 80

1.10 冠缝属 *Patagifer* Dietz, 1909 ·· 81
  58．二叶冠缝吸虫 *Patagifer bilobus* (Rudolphi, 1819) Dietz, 1909 ··· 81

1.11 钉形属 *Pegosomum* Ratz, 1903 ·· 82
  59．彼氏钉形吸虫 *Pegosomum petrowi* Kurashvili, 1949 ··· 83

1.12 锥棘属 *Petasiger* Dietz, 1909 ··· 83
  60．光洁锥棘吸虫 *Petasiger nitidus* Linton, 1928 ·· 84

1.13 冠孔属 *Stephanoprora* Odhner, 1902 ·· 85
  61．伪棘冠孔吸虫 *Stephanoprora pseudoechinatus* (Olsson, 1876) Dietz, 1909 ······················· 85

2 片形科 Fasciolidae Railliet, 1895 ······87

2.1 片形属 *Fasciola* Linnaeus, 1758 ······87

62．大片形吸虫 *Fasciola gigantica* Cobbold, 1856 ······88

63．肝片形吸虫 *Fasciola hepatica* Linnaeus, 1758 ······89

2.2 姜片属 *Fasciolopsis* Looss, 1899 ······91

64．布氏姜片吸虫 *Fasciolopsis buski* (Lankester, 1857) Odhner, 1902 ······91

3 腹袋科 Gastrothylacidae Stiles et Goldberger, 1910 ······94

3.1 长妙属 *Carmyerius* Stiles et Goldberger, 1910 ······95

65．水牛长妙吸虫 *Carmyerius bubalis* Innes, 1912 ······95

66．宽大长妙吸虫 *Carmyerius spatiosus* (Brandes, 1898) Stiles et Goldberger, 1910 ······96

67．纤细长妙吸虫 *Carmyerius synethes* (Fischoeder, 1901) Stiles et Goldberger, 1910 ······97

3.2 菲策属 *Fischoederius* Stiles et Goldberger, 1910 ······98

68．水牛菲策吸虫 *Fischoederius bubalis* Yang, Pan, Zhang, et al., 1991 ······98

69．锡兰菲策吸虫 *Fischoederius ceylonensis* Stiles et Goldborger, 1910 ······100

70．浙江菲策吸虫 *Fischoederius chekangensis* Zhang, Yang, Jin, et al., 1985 ······100

71．柯氏菲策吸虫 *Fischoederius cobboldi* (Poirier, 1883) Stiles et Goldberger, 1910 ······101

72．狭窄菲策吸虫 *Fischoederius compressus* Wang, 1979 ······102

73．兔菲策吸虫 *Fischoederius cuniculi* Zhang, Yang, Pan, et al., 1987 ······103

74．长形菲策吸虫 *Fischoederius elongatus* (Poirier, 1883) Stiles et Goldberger, 1910 ······104

75．扁宽菲策吸虫 *Fischoederius explanatus* Wang et Jiang, 1982 ······105

76．菲策菲策吸虫 *Fischoederius fischoederi* Stiles et Goldberger, 1910 ······106

77．日本菲策吸虫 *Fischoederius japonicus* (Fukui, 1922) Yamaguti, 1939 ······108

78．嘉兴菲策吸虫 *Fischoederius kahingensis* Zhang, Yang, Jin, et al., 1985 ······109

79．巨睾菲策吸虫 *Fischoederius macrorchis* Zhang, Yang, Jin, et al., 1985 ······110

80．圆睾菲策吸虫 *Fischoederius norclianus* Zhang, Yang, Jin, et al., 1985 ······111

81．卵形菲策吸虫 *Fischoederius ovatus* Wang, 1977 ······112

82．羊菲策吸虫 *Fischoederius ovis* Zhang et Yang, 1986 ··113

83．波阳菲策吸虫 *Fischoederius poyangensis* Wang, 1979 ·······································114

84．泰国菲策吸虫 *Fischoederius siamensis* Stiles et Goldberger, 1910 ··················115

85．四川菲策吸虫 *Fischoederius sichuanensis* Wang et Jiang, 1982 ·······················116

86．云南菲策吸虫 *Fischoederius yunnanensis* Huang, 1979 ·····································118

3.3 腹袋属 *Gastrothylax* Poirier, 1883 ··118

87．巴中腹袋吸虫 *Gastrothylax bazhongensis* Wang et Jiang, 1982 ·······················119

88．中华腹袋吸虫 *Gastrothylax chinensis* Wang, 1979 ··120

89．荷包腹袋吸虫 *Gastrothylax crumenifer* (Creplin, 1847) Poirier, 1883 ···············121

90．腺状腹袋吸虫 *Gastrothylax glandiformis* Yamaguti, 1939 ································122

91．球状腹袋吸虫 *Gastrothylax globoformis* Wang, 1977 ··123

92．巨盘腹袋吸虫 *Gastrothylax magnadiscus* Wang, Zhou, Qian, et al., 1994 ·······124

4 背孔科 Notocotylidae Lühe, 1909 ··126

4.1 下殖属 *Catatropis* Odhner, 1905 ··127

93．中华下殖吸虫 *Catatropis chinensis* Lai, Sha, Zhang, et al., 1984 ·····················127

94．印度下殖吸虫 *Catatropis indica* Srivastava, 1935 ···128

95．多疣下殖吸虫 *Catatropis verrucosa* (Frolich, 1789) Odhner, 1905 ····················130

4.2 背孔属 *Notocotylus* Diesing, 1839 ···131

96．纤细背孔吸虫 *Notocotylus attenuatus* (Rudolphi, 1809) Kossack, 1911 ············131

97．雪白背孔吸虫 *Notocotylus chions* Baylis, 1928 ···133

98．囊凸背孔吸虫 *Notocotylus gibbus* (Mehlis, 1846) Kossack, 1911 ······················134

99．徐氏背孔吸虫 *Notocotylus hsui* Shen et Lung, 1965 ··135

100．鳞叠背孔吸虫 *Notocotylus imbricatus* Looss, 1893 ··137

101．肠背孔吸虫 *Notocotylus intestinalis* Tubangui, 1932 ·······································138

102．莲花背孔吸虫 *Notocotylus lianhuaensis* Li, 1988 ··139

103．线样背孔吸虫 *Notocotylus linearis* Szidat, 1936 ···140

104．马米背孔吸虫 *Notocotylus mamii* IIsu, 1954 ··141

105．舟形背孔吸虫 *Notocotylus naviformis* Tubangui, 1932 ····································142

106. 小卵圆背孔吸虫 *Notocotylus parviovatus* Yamaguti, 1934 ············143
107. 多腺背孔吸虫 *Notocotylus polylecithus* Li, 1992 ············144
108. 秧鸡背孔吸虫 *Notocotylus ralli* Baylis, 1936 ············146
109. 锥实螺背孔吸虫 *Notocotylus stagnicolae* Herber, 1942 ············147
110. 曾氏背孔吸虫 *Notocotylus thienemanni* Szidat et Szidat, 1933 ············148
111. 乌尔斑背孔吸虫 *Notocotylus urbanensis* (Cort, 1914) Harrah, 1922 ············149

4.3 列叶属 *Ogmocotyle* Skrjabin et Schulz, 1933 ············151

112. 印度列叶吸虫 *Ogmocotyle indica* (Bhalerao, 1942) Ruiz, 1946 ············152
113. 羚羊列叶吸虫 *Ogmocotyle pygargi* Skrjabin et Schulz, 1933 ············153
114. 鹿列叶吸虫 *Ogmocotyle sikae* Yamaguti, 1933 ············154
115. 唐氏列叶吸虫 *Ogmocotyle tangi* Lin, Chen, Le, et al., 1992 ············156

4.4 同口属 *Paramonostomum* Lühe, 1909 ············157

116. 鹊鸭同口吸虫 *Paramonostomum bucephalae* Yamaguti, 1935 ············158
117. 卵形同口吸虫 *Paramonostomum ovatum* Hsu, 1935 ············158
118. 拟槽状同口吸虫 *Paramonostomum pseudalveatum* Price, 1931 ············159

5 同盘科 Paramphistomatidae Fischoeder, 1901 ············160

5.1 杯殖属 *Calicophoron* Näsmark, 1937 ············161

119. 杯殖杯殖吸虫 *Calicophoron calicophorum* (Fischoeder, 1901) Näsmark, 1937 ············162
120. 纺锤杯殖吸虫 *Calicophoron fusum* Wang et Xia, 1977 ············163
121. 江岛杯殖吸虫 *Calicophoron ijimai* Näsmark, 1937 ············164
122. 绵羊杯殖吸虫 *Calicophoron ovillum* Wang et Liu, 1977 ············166
123. 斯氏杯殖吸虫 *Calicophoron skrjabini* Popowa, 1937 ············167
124. 吴城杯殖吸虫 *Calicophoron wuchengensis* Wang, 1979 ············168
125. 浙江杯殖吸虫 *Calicophoron zhejiangensis* Wang, 1979 ············170

5.2 锡叶属 *Ceylonocotyle* Näsmark, 1937 ············171

126. 短肠锡叶吸虫 *Ceylonocotyle brevicaeca* Wang, 1966 ············172
127. 陈氏锡叶吸虫 *Ceylonocotyle cheni* Wang, 1966 ············173
128. 双叉肠锡叶吸虫 *Ceylonocotyle dicranocoelium* (Fischoeder, 1901) Näsmark, 1937 ············174

129. 长肠锡叶吸虫 *Ceylonocotyle longicoelium* Wang, 1977 ········175
130. 直肠锡叶吸虫 *Ceylonocotyle orthocoelium* Fischoeder, 1901 ········177
131. 副链肠锡叶吸虫 *Ceylonocotyle parastreptocoelium* Wang, 1959 ········178
132. 钱江锡叶吸虫 *Ceylonocotyle qianjiangense* Yang, Pan et Zhang, 1989 ········179
133. 侧肠锡叶吸虫 *Ceylonocotyle scoliocoelium* (Fischoeder, 1904) Näsmark, 1937 ········180
134. 弯肠锡叶吸虫 *Ceylonocotyle sinuocoelium* Wang, 1959 ········181
135. 链肠锡叶吸虫 *Ceylonocotyle streptocoelium* (Fischoeder, 1901) Näsmark, 1937 ········182
136. 台州锡叶吸虫 *Ceylonocotyle taizhouense* Yang, Pan et Zhang, 1989 ········184

5.3 盘腔属 *Chenocoelium* Wang, 1966 ········184

137. 江西盘腔吸虫 *Chenocoelium kiangxiensis* Wang, 1966 ········185
138. 直肠盘腔吸虫 *Chenocoelium orthocoelium* (Fischoeder, 1901) Wang, 1966 ········186

5.4 殖盘属 *Cotylophoron* Stiles et Goldberger, 1910 ········187

139. 殖盘殖盘吸虫 *Cotylophoron cotylophorum* (Fischoeder, 1901) Stiles et Goldberger, 1910 ········187
140. 小殖盘吸虫 *Cotylophoron fulleborni* Näsmark, 1937 ········189
141. 华云殖盘吸虫 *Cotylophoron huayuni* Wang, Li, Peng, et al., 1996 ········190
142. 印度殖盘吸虫 *Cotylophoron indicus* Stiles et Goldberger, 1910 ········190
143. 广东殖盘吸虫 *Cotylophoron guangdongense* Wang, 1979 ········192
144. 湘江殖盘吸虫 *Cotylophoron shangkiangensis* Wang, 1979 ········193
145. 弯肠殖盘吸虫 *Cotylophoron sinuointestinum* Wang et Qi, 1977 ········194

5.5 拟腹盘属 *Gastrodiscoides* Leiper, 1913 ········196

146. 人拟腹盘吸虫 *Gastrodiscoides hominis* (Lewis et McConnell, 1876) Leiper, 1913 ········196

5.6 腹盘属 *Gastrodiscus* Leuckart in Cobbold, 1877 ········197

147. 埃及腹盘吸虫 *Gastrodiscus aegyptiacus* (Cobbold, 1876) Leuckart in Cobbold, 1877 ········198

5.7 巨盘属 *Gigantocotyle* Näsmark, 1937 ········199

148. 异叶巨盘吸虫 *Gigantocotyle anisocotyle* Fukui, 1920 ········199
149. 深叶巨盘吸虫 *Gigantocotyle bathycotyle* (Fischoeder, 1901) Näsmark, 1937 ········200
150. 扩展巨盘吸虫 *Gigantocotyle explanatum* (Creplin, 1847) Näsmark, 1937 ········201
151. 台湾巨盘吸虫 *Gigantocotyle formosanum* (Fukui, 1929) Näsmark, 1937 ········203

152. 南湖巨盘吸虫 *Gigantocotyle nanhuense* Zhang, Yang, Jin, et al., 1985 ·················204
153. 泰国巨盘吸虫 *Gigantocotyle siamense* Stiles et Goldberger, 1910 ·························205
154. 温州巨盘吸虫 *Gigantocotyle wenzhouense* Zhang, Pan, Chen, et al., 1988 ···········206

5.8 平腹属 *Homalogaster* Poirier, 1883 ···207
155. 野牛平腹吸虫 *Homalogaster paloniae* Poirier, 1883 ···································207

5.9 长咽属 *Longipharynx* Huang, Xie, Li, et al., 1988 ·····························209
156. 陇川长咽吸虫 *Longipharynx longchuansis* Huang, Xie, Li, et al., 1988 ·············210

5.10 巨咽属 *Macropharynx* Näsmark, 1937 ···210
157. 中华巨咽吸虫 *Macropharynx chinensis* Wang, 1959 ····································211
158. 徐氏巨咽吸虫 *Macropharynx hsui* Wang, 1966 ··212

5.11 同盘属 *Paramphistomum* Fischoeder, 1901 ·······································214
159. 吸沟同盘吸虫 *Paramphistomum bothriophoron* Braun, 1892 ························214
160. 鹿同盘吸虫 *Paramphistomum cervi* (Zeder, 1790) Fischoeder, 1901 ·················216
161. 后藤同盘吸虫 *Paramphistomum gotoi* Fukui, 1922 ·······································218
162. 细同盘吸虫 *Paramphistomum gracile* Fischoeder, 1901 ································219
163. 市川同盘吸虫 *Paramphistomum ichikawai* Fukui, 1922 ································221
164. 雷氏同盘吸虫 *Paramphistomum leydeni* Näsmark, 1937 ·······························222
165. 似小盘同盘吸虫 *Paramphistomum microbothrioides* Price et MacIntosh, 1944 ····224
166. 小盘同盘吸虫 *Paramphistomum microbothrium* Fischoeder, 1901 ···················226
167. 直肠同盘吸虫 *Paramphistomum orthocoelium* Fischoeder, 1901 ·····················227
168. 原羚同盘吸虫 *Paramphistomum procapri* Wang, 1979 ·································228
169. 拟犬同盘吸虫 *Paramphistomum pseudocuonum* Wang, 1979 ·························229

5.12 假盘属 *Pseudodiscus* Sonsino, 1895 ··230
170. 柯氏假盘吸虫 *Pseudodiscus collinsi* (Cobbold, 1875) Sonsino, 1895 ·················230

5.13 合叶属 *Zygocotyle* Stunkard, 1916 ··231
171. 新月形合叶吸虫 *Zygocotyle lunata* (Diesing, 1836) Stunkard, 1916 ···············231

6 嗜眼科 Philophthalmidae Travassos, 1918 · 233

6.1 嗜眼属 *Philophthalmus* Looss, 1899 · 234

172. 安徽嗜眼吸虫 *Philophthalmus anhweiensis* Li, 1965 · 234
173. 家鹅嗜眼吸虫 *Philophthalmus anseri* Hsu, 1982 · 235
174. 涉禽嗜眼吸虫 *Philophthalmus gralli* Mathis et Léger, 1910 · 236
175. 广东嗜眼吸虫 *Philophthalmus guangdongnensis* Hsu, 1982 · 237
176. 翡翠嗜眼吸虫 *Philophthalmus halcyoni* Baugh, 1962 · 238
177. 赫根嗜眼吸虫 *Philophthalmus hegeneri* Penner et Fried, 1963 · 239
178. 霍夫卡嗜眼吸虫 *Philophthalmus hovorkai* Busa, 1956 · 239
179. 华南嗜眼吸虫 *Philophthalmus hwananensis* Hsu, 1982 · 240
180. 印度嗜眼吸虫 *Philophthalmus indicus* Jaiswal et Singh, 1954 · 241
181. 小肠嗜眼吸虫 *Philophthalmus intestinalis* Hsu, 1982 · 242
182. 勒克瑙嗜眼吸虫 *Philophthalmus lucknowensis* Baugh, 1962 · 243
183. 小型嗜眼吸虫 *Philophthalmus minutus* Hsu, 1982 · 244
184. 米氏嗜眼吸虫 *Philophthalmus mirzai* Jaiswal et Singh, 1954 · 244
185. 小鹗嗜眼吸虫 *Philophthalmus nocturnus* Looss, 1907 · 245
186. 普罗比嗜眼吸虫 *Philophthalmus problematicus* Tubangui, 1932 · 246
187. 梨形嗜眼吸虫 *Philophthalmus pyriformis* Hsu, 1982 · 247
188. 利萨嗜眼吸虫 *Philophthalmus rizalensis* Tubangui, 1932 · 247

7 光口科 Psilostomidae Looss, 1900 · 249

7.1 光隙属 *Psilochasmus* Lühe, 1909 · 250

189. 印度光隙吸虫 *Psilochasmus indicus* Gupta, 1958 · 250
190. 长刺光隙吸虫 *Psilochasmus longicirratus* Skrjabin, 1913 · 251
191. 尖尾光隙吸虫 *Psilochasmus oxyurus* (Creplin, 1825) Lühe, 1909 · 252
192. 括约肌咽光隙吸虫 *Psilochasmus sphincteropharynx* Oshmarin, 1971 · 253

7.2 光睾属 *Psilorchis* Thapar et Lal, 1935 · 253

193. 家鸭光睾吸虫 *Psilorchis anatinus* Tang, 1988 · 254

194. 长食道光睾吸虫 *Psilorchis longoesophagus* Bai, Liu et Chen, 1980 ·········254
195. 大囊光睾吸虫 *Psilorchis saccovoluminosus* Bai, Liu et Chen, 1980 ·········255
196. 浙江光睾吸虫 *Psilorchis zhejiangensis* Pan et Zhang, 1989 ·········256
197. 斑嘴鸭光睾吸虫 *Psilorchis zonorhynchae* Bai, Liu et Chen, 1980 ·········257

7.3 光孔属 *Psilotrema* Odhner, 1913 ·········258

198. 尖吻光孔吸虫 *Psilotrema acutirostris* Oshmarin, 1963 ·········259
199. 短光孔吸虫 *Psilotrema brevis* Oschmarin, 1963 ·········260
200. 福建光孔吸虫 *Psilotrema fukienensis* Lin et Chen, 1978 ·········261
201. 似光孔吸虫 *Psilotrema simillimum* (Mühling, 1898) Odhner, 1913 ·········262
202. 有刺光孔吸虫 *Psilotrema spiculigerum* (Mühling, 1898) Odhner, 1913 ·········262
203. 洞庭光孔吸虫 *Psilotrema tungtingensis* Ceng et Ye, 1993 ·········263

7.4 球孔属 *Sphaeridiotrema* Odhner, 1913 ·········264

204. 球形球孔吸虫 *Sphaeridiotrema globulus* (Rudolphi, 1814) Odhner, 1913 ·········264
205. 单睾球孔吸虫 *Sphaeridiotrema monorchis* Lin et Chen, 1983 ·········266

8 异形科 Heterophyidae Leiper，1909 ·········267

8.1 离茎属 *Apophallus* Lühe, 1909 ·········268

206. 顿河离茎吸虫 *Apophallus donicus* (Skrjabin et Lindtrop, 1919) Price, 1931 ·········269

8.2 棘带属 *Centrocestus* Looss, 1899 ·········270

207. 台湾棘带吸虫 *Centrocestus formosanus* (Nishigori, 1924) Price, 1932 ·········270

8.3 隐叶属 *Cryptocotyle* Lühe, 1899 ·········271

208. 凹形隐叶吸虫 *Cryptocotyle concavum* (Creplin, 1825) Lühe, 1899 ·········272

8.4 右殖属 *Dexiogonimus* Witenberg, 1929 ·········273

209. 西里右殖吸虫 *Dexiogonimus ciureanus* Witenberg, 1929 ·········273

8.5 单睾属 *Haplorchis* Looss, 1899 ·········274

210. 钩棘单睾吸虫 *Haplorchis pumilio* (Looss, 1896) Looss, 1899 ·········275

211. 扇棘单睾吸虫 *Haplorchis taichui* (Nishigori, 1924) Chen, 1936·················276
212. 横川单睾吸虫 *Haplorchis yokogawai* (Katsuta, 1932) Chen, 1936············277

8.6 异形属 *Heterophyes* Cobbold, 1886···················278
213. 异形异形吸虫 *Heterophyes heterophyes* (von Siebold, 1852) Stiles et Hassal, 1900···········278

8.7 后殖属 *Metagonimus* Katsurada, 1913···················279
214. 横川后殖吸虫 *Metagonimus yokogawai* Katsurada, 1912·················280

8.8 原角囊属 *Procerovum* Onji et Nishio, 1924···················281
215. 陈氏原角囊吸虫 *Procerovum cheni* Hsu, 1950···················281

8.9 臀形属 *Pygidiopsis* Looss, 1907···················282
216. 根塔臀形吸虫 *Pygidiopsis genata* Looss, 1907···················283

8.10 星隙属 *Stellantchasmus* Onji et Nishio, 1916···················283
217. 台湾星隙吸虫 *Stellantchasmus formosanus* Katsuta, 1931···················284
218. 假囊星隙吸虫 *Stellantchasmus pseudocirratus* (Witenberg, 1929) Yamaguti, 1958···········285

8.11 斑皮属 *Stictodora* Looss, 1899···················286
219. 马尼拉斑皮吸虫 *Stictodora manilensis* Africa et Garcia, 1935···················286

9 后睾科 Opisthorchiidae Braun, 1901···················287

9.1 对体属 *Amphimerus* Barker, 1911···················288
220. 鸭对体吸虫 *Amphimerus anatis* (Yamaguti, 1933) Gower, 1938···················288

9.2 支囊属 *Cladocystis* Poche, 1926···················290
221. 广利支囊吸虫 *Cladocystis kwangleensis* Chen et Lin, 1987···················290

9.3 枝睾属 *Clonorchis* Looss, 1907···················291
222. 中华枝睾吸虫 *Clonorchis sinensis* (Cobbold, 1875) Looss, 1907···················291

9.4 真对体属 *Euamphimerus* Yamaguti, 1941 — 293

223. 天鹅真对体吸虫 *Euamphimerus cygnoides* Ogata, 1942 — 293

9.5 次睾属 *Metorchis* Looss, 1899 — 294

224. 鸭次睾吸虫 *Metorchis anatinus* Chen et Lin, 1983 — 295
225. 伸长次睾吸虫 *Metorchis elongate* Cheng, 2011 — 296
226. 东方次睾吸虫 *Metorchis orientalis* Tanabe, 1921 — 296
227. 企鹅次睾吸虫 *Metorchis pinguinicola* Skrjabin, 1913 — 298
228. 台湾次睾吸虫 *Metorchis taiwanensis* Morishita et Tsuchimochi, 1925 — 299
229. 黄体次睾吸虫 *Metorchis xanthosomus* (Creplin, 1841) Braun, 1902 — 301
230. 宜春次睾吸虫 *Metorchis yichunensis* Hsu et Li, 1983 — 302

9.6 微口属 *Microtrema* Kobayashi, 1915 — 303

231. 截形微口吸虫 *Microtrema truncatum* Kobayashi, 1915 — 303

9.7 后睾属 *Opisthorchis* Blanchard, 1895 — 304

232. 鸭后睾吸虫 *Opisthorchis anatinus* Wang, 1975 — 305
233. 广州后睾吸虫 *Opisthorchis cantonensis* Chen et Lin, 1980 — 306
234. 猫后睾吸虫 *Opisthorchis felineus* (Rivolta, 1884) Blanchard, 1895 — 307
235. 似后睾吸虫 *Opisthorchis simulans* Looss, 1896 — 308
236. 细颈后睾吸虫 *Opisthorchis tenuicollis* Rudolphi, 1819 — 309

10 双腔科 Dicrocoeliidae Odhner，1910 — 310

10.1 双腔属 *Dicrocoelium* Dujardin, 1845 — 311

237. 中华双腔吸虫 *Dicrocoelium chinensis* Tang et Tang, 1978 — 311
238. 枝双腔吸虫 *Dicrocoelium dendriticum* (Rudolphi, 1819) Looss, 1899 — 313
239. 矛形双腔吸虫 *Dicrocoelium lanceatum* Stiles et Hassall, 1896 — 314
240. 扁体矛形双腔吸虫亚种 *Dicrocoelium lanceatum platynosomum* Tang, Tang, Qi, et al., 1981 — 315
241. 东方双腔吸虫 *Dicrocoelium orientalis* Sudarikov et Ryjikov, 1951 — 316

10.2 阔盘属 *Eurytrema* Looss, 1907 ······ 317

242. 枝睾阔盘吸虫 *Eurytrema cladorchis* Chin, Li et Wei, 1965 ······ 318
243. 腔阔盘吸虫 *Eurytrema coelomaticum* (Giard et Billet, 1892) Looss, 1907 ······ 319
244. 福建阔盘吸虫 *Eurytrema fukienensis* Tang et Tang, 1978 ······ 321
245. 河麂阔盘吸虫 *Eurytrema hydropotes* Tang et Tang, 1975 ······ 322
246. 广西阔盘吸虫 *Eurytrema kwangsiensis* Liao, Yang et Qin, 1986 ······ 322
247. 微小阔盘吸虫 *Eurytrema minutum* Zhang, 1982 ······ 323
248. 羊阔盘吸虫 *Eurytrema ovis* Tubangui, 1925 ······ 324
249. 胰阔盘吸虫 *Eurytrema pancreaticum* (Janson, 1889) Looss, 1907 ······ 325
250. 圆睾阔盘吸虫 *Eurytrema sphaeriorchis* Tang, Lin et Lin, 1978 ······ 327

10.3 扁体属 *Platynosomum* Looss, 1907 ······ 328

251. 山羊扁体吸虫 *Platynosomum capranum* Ku, 1957 ······ 328
252. 西安扁体吸虫 *Platynosomum xianensis* Zhang, 1991 ······ 330

11 真杯科 Eucotylidae Skrjabin，1924 ······ 331

11.1 真杯属 *Eucotyle* Cohn, 1904 ······ 332

253. 白洋淀真杯吸虫 *Eucotyle baiyangdienensis* Li, Zhu et Gu, 1973 ······ 332

11.2 顿水属 *Tanaisia* Skrjabin, 1924 ······ 333

254. 勃氏顿水吸虫 *Tanaisia bragai* Santos, 1934 ······ 333

12 枝腺科 Lecithodendriidae Odhner，1911 ······ 335

12.1 刺囊属 *Acanthatrium* Faust, 1919 ······ 336

255. 阿氏刺囊吸虫 *Acanthatrium alicatai* Macy, 1940 ······ 336

12.2 前腺属 *Prosthodendrium* Dollfus, 1931 ······ 338

256. 卢氏前腺吸虫 *Prosthodendrium lucifugi* Macy, 1937 ······ 338

13　中肠科 Mesocoeliidae Dollfus，1929 — 340

13.1　中肠属 *Mesocoelium* Odhner, 1910 — 340

257. 犬中肠吸虫 *Mesocoelium canis* Wang et Zhou, 1992 — 341

14　微茎科 Microphallidae Travassos，1920 — 343

14.1　肉茎属 *Carneophallus* Cable et Kuns, 1951 — 344

258. 伪叶肉茎吸虫 *Carneophallus pseudogonotyla* (Chen, 1944) Cable et Kuns, 1951 — 344

14.2　马蹄属 *Maritrema* Nicoll, 1907 — 345

259. 亚帆马蹄吸虫微小变种 *Maritrema afanassjewi* var. *minor* Chen, 1957 — 345
260. 吉林马蹄吸虫 *Maritrema jilinensis* Liu, Li et Chen, 1988 — 346

14.3　似蹄属 *Maritreminoides* Rankin, 1939 — 346

261. 马坝似蹄吸虫 *Maritreminoides mapaensis* Chen, 1957 — 347

14.4　微茎属 *Microphallus* Ward, 1901 — 348

262. 长肠微茎吸虫 *Microphallus longicaecus* Chen, 1956 — 348
263. 微小微茎吸虫 *Microphallus minus* Ochi, 1928 — 349

14.5　假拉属 *Pseudolevinseniella* Tsai, 1955 — 350

264. 陈氏假拉吸虫 *Pseudolevinseniella cheni* Tsai, 1955 — 350

15　并殖科 Paragonimidae Dollfus，1939 — 352

15.1　正并殖属 *Euparagonimus* Chen, 1962 — 353

265. 三平正并殖吸虫 *Euparagonimus cenocopiosus* Chen, 1962 — 353

15.2　狸殖属 *Pagumogonimus* Chen, 1963 — 355

266. 陈氏狸殖吸虫 *Pagumogonimus cheni* (Hu, 1963) Chen, 1964 — 355
267. 丰宫狸殖吸虫 *Pagumogonimus proliferus* (Hsia et Chen, 1964) Chen, 1965 — 357

268. 斯氏狸殖吸虫 *Pagumogonimus skrjabini* (Chen, 1959) Chen, 1963·················358

15.3 并殖属 *Paragonimus* Braun, 1899·················359

269. 扁囊并殖吸虫 *Paragonimus asymmetricus* Chen, 1977·················359
270. 歧囊并殖吸虫 *Paragonimus divergens* Liu, Luo, Gu, et al., 1980·················360
271. 福建并殖吸虫 *Paragonimus fukienensis* Tang et Tang, 1962·················361
272. 异盘并殖吸虫 *Paragonimus heterotremus* Chen et Hsia, 1964·················362
273. 会同并殖吸虫 *Paragonimus hueitungensis* Chung, Xu, Ho, et al., 1975·················363
274. 怡乐村并殖吸虫 *Paragonimus iloktsuenensis* Chen, 1940·················364
275. 巨睾并殖吸虫 *Paragonimus macrorchis* Chen, 1962·················365
276. 勐腊并殖吸虫 *Paragonimus menglaensis* Chung, Ho, Cheng, et al., 1964·················367
277. 小睾并殖吸虫 *Paragonimus microrchis* Hsia, Chou et Chung, 1978·················368
278. 闽清并殖吸虫 *Paragonimus mingingensis* Li et Cheng, 1983·················369
279. 大平并殖吸虫 *Paragonimus ohirai* Miyazaki, 1939·················369
280. 沈氏并殖吸虫 *Paragonimus sheni* Shan, Lin, Li, et al., 2009·················371
281. 团山并殖吸虫 *Paragonimus tuanshanensis* Chung, Ho, Cheng, et al., 1964·················372
282. 卫氏并殖吸虫 *Paragonimus westermani* (Kerbert, 1878) Braun, 1899·················372
283. 云南并殖吸虫 *Paragonimus yunnanensis* Ho, Chung, Cheng, et al., 1959·················374

16 斜睾科 Plagiorchiidae Lühe，1901·················376

16.1 斜睾属 *Plagiorchis* Lühe, 1899·················377

284. 马氏斜睾吸虫 *Plagiorchis massino* Petrov et Tikhonov, 1927·················377
285. 鼠斜睾吸虫 *Plagiorchis muris* Tanabe, 1922·················378

17 前殖科 Prosthogonimidae Nicoll，1924·················379

17.1 前殖属 *Prosthogonimus* Lühe, 1899·················380

286. 鸭前殖吸虫 *Prosthogonimus anatinus* Markow, 1903·················380
287. 布氏前殖吸虫 *Prosthogonimus brauni* Skrjabin, 1919·················382
288. 广州前殖吸虫 *Prosthogonimus cantonensis* Lin, Wang et Chen, 1988·················382
289. 楔形前殖吸虫 *Prosthogonimus cuneatus* Braun, 1901·················383
290. 鸡前殖吸虫 *Prosthogonimus gracilis* Skrjabin et Baskakov, 1941·················384

291. 霍鲁前殖吸虫 *Prosthogonimus horiuchii* Morishita et Tsuchimochi, 1925 ················386
292. 印度前殖吸虫 *Prosthogonimus indicus* Srivastava, 1938 ················387
293. 日本前殖吸虫 *Prosthogonimus japonicus* Braun, 1901 ················388
294. 卡氏前殖吸虫 *Prosthogonimus karausiaki* Layman, 1926 ················390
295. 李氏前殖吸虫 *Prosthogonimus leei* Hsu, 1935 ················390
296. 巨腹盘前殖吸虫 *Prosthogonimus macroacetabulus* Chauhan, 1940 ················391
297. 宁波前殖吸虫 *Prosthogonimus ningboensis* Zhang, Pan, Yang, et al., 1988 ················392
298. 东方前殖吸虫 *Prosthogonimus orientalis* Yamaguti, 1933 ················392
299. 卵圆前殖吸虫 *Prosthogonimus ovatus* (Rudolphi, 1803) Lühe, 1899 ················394
300. 透明前殖吸虫 *Prosthogonimus pellucidus* Braun, 1901 ················395
301. 鲁氏前殖吸虫 *Prosthogonimus rudolphii* Skrjabin, 1919 ················396
302. 中华前殖吸虫 *Prosthogonimus sinensis* Ku, 1941 ················398
303. 斯氏前殖吸虫 *Prosthogonimus skrjabini* Zakharov, 1920 ················399
304. 稀宫前殖吸虫 *Prosthogonimus spaniometraus* Zhang, Pan, Yang, et al., 1988 ················399

17.2 裂殖属 *Schistogonimus* Lühe, 1909 ················400

305. 稀有裂殖吸虫 *Schistogonimus rarus* (Braun, 1901) Lühe, 1909 ················400

18 短咽科 Brachylaimidae Joyeux et Foley, 1930 ················402

18.1 短咽属 *Brachylaima* Dujardin, 1843 ················403

306. 普通短咽吸虫 *Brachylaima commutatum* Diesing, 1858 ················403

18.2 后口属 *Postharmostomum* Witenberg, 1923 ················404

307. 鸡后口吸虫 *Postharmostomum gallinum* Witenberg, 1923 ················404

18.3 斯孔属 *Skrjabinotrema* Orloff, Erschoff et Badanin, 1934 ················406

308. 羊斯孔吸虫 *Skrjabinotrema ovis* Orloff, Erschoff et Badanin, 1934 ················406

19 杯叶科 Cyathocotylidae Poche, 1926 ················408

19.1 杯叶属 *Cyathocotyle* Mühling, 1896 ················408

309. 盲肠杯叶吸虫 *Cyathocotyle caecumalis* Lin, Jiang, Wu, et al., 2011 ················409

310. 崇夔杯叶吸虫 *Cyathocotyle chungkee* Tang, 1941 ········410

311. 纺锤杯叶吸虫 *Cyathocotyle fusa* Ishii et Matsuoka, 1935 ········411

312. 印度杯叶吸虫 *Cyathocotyle indica* Mehra, 1943 ········412

313. 鲁氏杯叶吸虫 *Cyathocotyle lutzi* (Faust et Tang, 1938) Tschertkova, 1959 ········413

314. 东方杯叶吸虫 *Cyathocotyle orientalis* Faust, 1922 ········413

315. 普鲁氏杯叶吸虫 *Cyathocotyle prussica* Mühling, 1896 ········415

316. 塞氏杯叶吸虫 *Cyathocotyle szidatiana* Faust et Tang, 1938 ········416

19.2 全冠属 *Holostephanus* Szidat, 1936 ········417

317. 库宁全冠吸虫 *Holostephanus curonensis* Szidat, 1933 ········417

318. 日本全冠吸虫 *Holostephanus nipponicus* Yamaguti, 1939 ········418

19.3 前冠属 *Prosostephanus* Lutz, 1935 ········419

319. 英德前冠吸虫 *Prosostephanus industrius* (Tubangui, 1922) Lutz, 1935 ········419

20 环腔科 Cyclocoelidae (Stossich, 1902) Kossack, 1911 ········421

20.1 环腔属 *Cyclocoelum* Brandes, 1892 ········422

320. 多变环腔吸虫 *Cyclocoelum mutabile* (Zeder, 1800) Brandes, 1892 ········422

20.2 平体属 *Hyptiasmus* Kossack, 1911 ········423

321. 成都平体吸虫 *Hyptiasmus chengduensis* Zhang, Chen, Yang, et al., 1985 ········423

322. 光滑平体吸虫 *Hyptiasmus laevigatus* Kossack, 1911 ········425

323. 四川平体吸虫 *Hyptiasmus sichuanensis* Zhang, Chen, Yang, et al., 1985 ········425

324. 谢氏平体吸虫 *Hyptiasmus theodori* Witenberg, 1928 ········427

20.3 噬眼属 *Ophthalmophagus* Stossich, 1902 ········428

325. 马氏噬眼吸虫 *Ophthalmophagus magalhaesi* Travassos, 1921 ········429

326. 鼻噬眼吸虫 *Ophthalmophagus nasicola* Witenberg, 1923 ········429

20.4 前平体属 *Prohyptiasmus* Witenberg, 1923 ········430

327. 强壮前平体吸虫 *Prohyptiasmus robustus* (Stossich, 1902) Witenberg, 1923 ········431

20.5 斯兹达属 *Szidatitrema* Yamaguti, 1971 ········ 431
328. 中国斯兹达吸虫 *Szidatitrema sinica* Zhang, Yang et Li, 1987 ········ 432

20.6 连腺属 *Uvitellina* Witenberg, 1926 ········ 433
329. 伪连腺吸虫 *Uvitellina pseudocotylea* Witenberg, 1923 ········ 433

21 双穴科 Diplostomidae Poirier, 1886 ········ 434

21.1 翼状属 *Alaria* Schrank, 1788 ········ 434
330. 有翼翼状吸虫 *Alaria alata* (Goeze, 1782) Kraus, 1914 ········ 435

21.2 咽口属 *Pharyngostomum* Ciurea, 1922 ········ 437
331. 心形咽口吸虫 *Pharyngostomum cordatum* (Diesing, 1850) Ciurea, 1922 ········ 437

22 彩蚴科 Leucochloridiidae Poche, 1907 ········ 439

22.1 彩蚴属 *Leucochloridium* Carus, 1835 ········ 439
332. 多肌彩蚴吸虫 *Leucochloridium muscularae* Wu, 1938 ········ 440

23 分体科 Schistosomatidae Poche, 1907 ········ 441

23.1 枝毕属 *Dendritobilharzia* Skrjabin et Zakharow, 1920 ········ 442
333. 鸭枝毕吸虫 *Dendritobilharzia anatinarum* Cheatum, 1941 ········ 442

23.2 东毕属 *Orientobilharzia* Dutt et Srivastava, 1955 ········ 443
334. 彭氏东毕吸虫 *Orientobilharzia bomfordi* (Montgomery, 1906) Dutt et Srivastava, 1955 ········ 443
335. 土耳其斯坦东毕吸虫 *Orientobilharzia turkestanica* (Skrjabin, 1913) Dutt et Srivastava, 1955 ········ 444

23.3 分体属 *Schistosoma* Weinland, 1858 ········ 447
336. 牛分体吸虫 *Schistosoma bovis* Sonsino, 1876 ········ 448

337. 日本分体吸虫 *Schistosoma japonicum* Katsurada, 1904 ································ 448

23.4 毛毕属 *Trichobilharzia* Skrjabin et Zakharow, 1920 ································ 451

338. 集安毛毕吸虫 *Trichobilharzia jianensis* Liu, Chen, Jin, et al., 1977 ·············· 451

339. 包氏毛毕吸虫 *Trichobilharzia paoi* (K'ung, Wang et Chen, 1960) Tang et Tang, 1962 ································ 453

340. 平南毛毕吸虫 *Trichobilharzia pingnana* Cai, Mo et Cai, 1985 ···················· 455

341. 横川毛毕吸虫 *Trichobilharzia yokogawai* Oiso, 1927 ···························· 456

24 枭形科 Strigeidae Railliet, 1919 ································ 457

24.1 异幻属 *Apatemon* Szidat, 1928 ································ 458

342. 鸭异幻吸虫 *Apatemon anetinum* Chen, 2011 ································ 458

343. 圆头异幻吸虫 *Apatemon globiceps* Dubois, 1937 ································ 459

344. 优美异幻吸虫 *Apatemon gracilis* (Rudolphi, 1819) Szidat, 1928 ···················· 460

345. 日本异幻吸虫 *Apatemon japonicus* Ishii, 1934 ································ 463

346. 小异幻吸虫 *Apatemon minor* Yamaguti, 1933 ································ 464

347. 透明异幻吸虫 *Apatemon pellucidus* Yamaguti, 1933 ···························· 465

24.2 缺咽属 *Apharyngostrigea* Ciurea, 1927 ································ 466

348. 角状缺咽吸虫 *Apharyngostrigea cornu* (Zeder, 1800) Ciurea, 1927 ················ 466

24.3 杯尾属 *Cotylurus* Szidat, 1928 ································ 467

349. 角杯尾吸虫 *Cotylurus cornutus* (Rudolphi, 1808) Szidat, 1928 ···················· 467

350. 日本杯尾吸虫 *Cotylurus japonicus* Ishii, 1932 ································ 469

24.4 拟枭形属 *Pseudostrigea* Yamaguti, 1933 ································ 470

351. 家鸭拟枭形吸虫 *Pseudostrigea anatis* Ku, Wu, Yen, et al., 1964 ·················· 470

352. 波阳拟枭形吸虫 *Pseudostrigea poyangenis* Wang et Zhou, 1986 ·················· 471

24.5 枭形属 *Strigea* Abildgaard, 1790 ································ 473

353. 枭形枭形吸虫 *Strigea strigis* (Schrank, 1788) Abildgaard, 1790 ···················· 473

25 盲腔科 Typhlocoelidae Harrah, 1922······475

25.1 嗜气管属 *Tracheophilus* Skrjabin, 1913······476

354．舟形嗜气管吸虫 *Tracheophilus cymbius* (Diesing, 1850) Skrjabin, 1913······476

355．西氏嗜气管吸虫 *Tracheophilus sisowi* Skrjabin, 1913······479

25.2 盲腔属 *Typhlocoelum* Stossich, 1902······480

356．胡瓜形盲腔吸虫 *Typhlocoelum cucumerinum* (Rudolphi, 1809) Stossich, 1902······480

参考文献······482
中文索引······488
拉丁文索引······501

绪 言

吸虫（Trematode）隶属于动物界（Animalia）扁形动物门（Platyhelminthes）的吸虫纲（Trematoda），按其生殖发育和生活史方式的不同分为单殖亚纲（Monogenea）、盾腹亚纲（Aspidogastrea）和复殖亚纲（Digenea）。

单殖亚纲的吸虫，寄生于鱼类和两栖动物的表皮与体内，生殖为直接发育，即一枚虫卵孵出幼虫，直接发育为成虫，生活史简单，无世代交替。

盾腹亚纲的吸虫，寄生于贝类、鱼类及两栖动物的体内，生殖亦为直接发育，即一枚虫卵孵出幼虫，直接发育为成虫，生活史简单，无世代交替。

复殖亚纲的吸虫，寄生于各类脊椎动物的体内，生殖为间接发育，即一枚虫卵孵出的幼虫需要1~3个中间宿主，最后进入终末宿主才能发育为成虫，生活史复杂，具有性生殖和无性生殖的世代交替，有中间宿主和终末宿主的更替。

吸虫成虫的基本形态结构为：体表无纤毛，外形呈叶状、舌状、近似圆形或圆柱状，仅分体科吸虫为线状。在虫体前端围绕口孔处有一口吸盘（少数种类的口吸盘退化或缺），多数种类的腹面有腹吸盘，在虫体后端的腹吸盘称为后吸盘，吸盘起固着作用。除分体科的虫体为雌雄异体外，其余虫体均为雌雄同体。雄性生殖器官有两个睾丸（少数种类为一个或多个睾丸），各有一条输出管，两管合为一条输精管，其远端膨大为贮精囊，贮精囊末端为雄茎，并有前列腺。雌性生殖器官有卵巢、输卵管、受精囊、卵模、梅氏腺、卵黄腺、劳氏管和子宫。消化系统有口、前咽、咽、食道，两条肠管左右位于虫体两侧，末端封闭，有的连成环状，有的再合成一条，无肛门，具排泄囊和排泄孔。

寄生于人和家畜家禽的吸虫全部隶属于复殖亚纲。据《中国家畜家禽寄生虫名录（第二版）》记载，在我国普通家畜家禽中已记录吸虫416种，隶属于4目25科104属，按目、科、属的拉丁文名称字母顺序编写各属的分类阶元如下。

棘口目 Echinostomida La Rue, 1957

  1 棘口科 Echinostomatidae Looss, 1899

    1.1 棘隙属 *Echinochasmus* Dietz, 1909

    1.2 棘缘属 *Echinoparyphium* Dietz, 1909

    1.3 棘口属 *Echinostoma* Rudolphi, 1809

    1.4 外隙属 *Episthmium* Lühe, 1909

1.5 真缘属 *Euparyphium* Dietz, 1909

1.6 低颈属 *Hypoderaeum* Dietz, 1909

1.7 似颈属 *Isthmiophora* Lühe, 1909

1.8 新棘缘属 *Neoacanthoparyphium* Yamaguti, 1958

1.9 缘口属 *Paryphostomum* Dietz, 1909

1.10 冠缝属 *Patagifer* Dietz, 1909

1.11 钉形属 *Pegosomum* Ratz, 1903

1.12 锥棘属 *Petasiger* Dietz, 1909

1.13 冠孔属 *Stephanoprora* Odhner, 1902

2 片形科 Fasciolidae Railliet, 1895

2.1 片形属 *Fasciola* Linnaeus, 1758

2.2 姜片属 *Fasciolopsis* Looss, 1899

3 腹袋科 Gastrothylacidae Stiles et Goldberger, 1910

3.1 长妙属 *Carmyerius* Stiles et Goldberger, 1910

3.2 菲策属 *Fischoederius* Stiles et Goldberger, 1910

3.3 腹袋属 *Gastrothylax* Poirier, 1883

4 背孔科 Notocotylidae Lühe, 1909

4.1 下殖属 *Catatropis* Odhner, 1905

4.2 背孔属 *Notocotylus* Diesing, 1839

4.3 列叶属 *Ogmocotyle* Skrjabin et Schulz, 1933

4.4 同口属 *Paramonostomum* Lühe, 1909

5 同盘科 Paramphistomatidae Fischoeder, 1901

5.1 杯殖属 *Calicophoron* Näsmark, 1937

5.2 锡叶属 *Ceylonocotyle* Näsmark, 1937

5.3 盘腔属 *Chenocoelium* Wang, 1966

5.4 殖盘属 *Cotylophoron* Stiles et Goldberger, 1910

5.5 拟腹盘属 *Gastrodiscoides* Leiper, 1913

5.6 腹盘属 *Gastrodiscus* Leuckart in Cobbold, 1877

5.7 巨盘属 *Gigantocotyle* Näsmark, 1937

5.8 平腹属 *Homalogaster* Poirier, 1883

5.9 长咽属 *Longipharynx* Huang, Xie, Li, et al., 1988

5.10 巨咽属 *Macropharynx* Näsmark, 1937

5.11 同盘属 *Paramphistomum* Fischoeder, 1901

5.12 假盘属 *Pseudodiscus* Sonsino, 1895

5.13 合叶属 *Zygocotyle* Stunkard, 1916

6 嗜眼科 Philophthalmidae Travassos, 1918

6.1 嗜眼属 *Philophthalmus* Looss, 1899

7　光口科　Psilostomidae Looss, 1900
    7.1　光隙属　*Psilochasmus* Lühe, 1909
    7.2　光睾属　*Psilorchis* Thapar et Lal, 1935
    7.3　光孔属　*Psilotrema* Odhner, 1913
    7.4　球孔属　*Sphaeridiotrema* Odhner, 1913

后睾目 Opisthorchiida La Rue, 1957

8　异形科　Heterophyidae Leiper, 1909
    8.1　离茎属　*Apophallus* Lühe, 1909
    8.2　棘带属　*Centrocestus* Looss, 1899
    8.3　隐叶属　*Cryptocotyle* Lühe, 1899
    8.4　右殖属　*Dexiogonimus* Witenberg, 1929
    8.5　单睾属　*Haplorchis* Looss, 1899
    8.6　异形属　*Heterophyes* Cobbold, 1886
    8.7　后殖属　*Metagonimus* Katsurada, 1913
    8.8　原角囊属　*Procerovum* Onji et Nishio, 1924
    8.9　臀形属　*Pygidiopsis* Looss, 1907
    8.10　星隙属　*Stellantchasmus* Onji et Nishio, 1916
    8.11　斑皮属　*Stictodora* Looss, 1899

9　后睾科　Opisthorchiidae Braun, 1901
    9.1　对体属　*Amphimerus* Barker, 1911
    9.2　支囊属　*Cladocystis* Poche, 1926
    9.3　枝睾属　*Clonorchis* Looss, 1907
    9.4　真对体属　*Euamphimerus* Yamaguti, 1941
    9.5　次睾属　*Metorchis* Looss, 1899
    9.6　微口属　*Microtrema* Kobayashi, 1915
    9.7　后睾属　*Opisthorchis* Blanchard, 1895

斜睾目 Plagiorchiida La Rue，1957

10　双腔科　Dicrocoeliidae Odhner, 1910
    10.1　双腔属　*Dicrocoelium* Dujardin, 1845
    10.2　阔盘属　*Eurytrema* Looss, 1907
    10.3　扁体属　*Platynosomum* Looss, 1907

11　真杯科　Eucotylidae Skrjabin, 1924
    11.1　真杯属　*Eucotyle* Cohn, 1904
    11.2　顿水属　*Tanaisia* Skrjabin, 1924

12　枝腺科　Lecithodendriidae Odhner, 1911
    12.1　刺囊属　*Acanthatrium* Faust, 1919
    12.2　前腺属　*Prosthodendrium* Dollfus, 1931

13　中肠科 Mesocoeliidae Dollfus, 1929
　　13.1　中肠属 *Mesocoelium* Odhner, 1910
14　微茎科 Microphallidae Travassos, 1920
　　14.1　肉茎属 *Carneophallus* Cable et Kuns, 1951
　　14.2　马蹄属 *Maritrema* Nicoll, 1907
　　14.3　似蹄属 *Maritreminoides* Rankin, 1939
　　14.4　微茎属 *Microphallus* Ward, 1901
　　14.5　新马蹄属 *Neomaritrema* Tsai, 1963
　　14.6　假拉属 *Pseudolevinseniella* Tsai, 1955
15　并殖科 Paragonimidae Dollfus, 1939
　　15.1　正并殖属 *Euparagonimus* Chen, 1962
　　15.2　狸殖属 *Pagumogonimus* Chen, 1963
　　15.3　并殖属 *Paragonimus* Braun, 1899
16　斜睾科 Plagiorchiidae Lühe, 1901
　　16.1　斜睾属 *Plagiorchis* Lühe, 1899
17　前殖科 Prosthogonimidae Nicoll, 1924
　　17.1　前殖属 *Prosthogonimus* Lühe, 1899
　　17.2　裂殖属 *Schistogonimus* Lühe, 1909

枭形目 Strigeida La Rue, 1926
18　短咽科 Brachylaimidae Joyeux et Foley, 1930
　　18.1　短咽属 *Brachylaima* Dujardin, 1843
　　18.2　后口属 *Postharmostomum* Witenberg, 1923
　　18.3　斯孔属 *Skrjabinotrema* Orloff, Erschoff et Badanin, 1934
19　杯叶科 Cyathocotylidae Poche, 1926
　　19.1　杯叶属 *Cyathocotyle* Mühling, 1896
　　19.2　全冠属 *Holostephanus* Szidat, 1936
　　19.3　前冠属 *Prosostephanus* Lutz, 1935
20　环腔科 Cyclocoelidae (Stossich, 1902) Kossack, 1911
　　20.1　环腔属 *Cyclocoelum* Brandes, 1892
　　20.2　平体属 *Hyptiasmus* Kossack, 1911
　　20.3　噬眼属 *Ophthalmophagus* Stossich, 1902
　　20.4　前平体属 *Prohyptiasmus* Witenberg, 1923
　　20.5　斯兹达属 *Szidatitrema* Yamaguti, 1971
　　20.6　连腺属 *Uvitellina* Witenberg, 1926
21　双穴科 Diplostomidae Poirier, 1886
　　21.1　翼状属 *Alaria* Schrank, 1788
　　21.2　咽口属 *Pharyngostomum* Ciurea, 1922

22 彩蚴科 Leucochloridiidae Poche, 1907
 22.1 彩蚴属 *Leucochloridium* Carus, 1835

23 分体科 Schistosomatidae Poche, 1907
 23.1 枝毕属 *Dendritobilharzia* Skrjabin et Zakharow, 1920
 23.2 东毕属 *Orientobilharzia* Dutt et Srivastava, 1955
 23.3 分体属 *Schistosoma* Weinland, 1858
 23.4 毛毕属 *Trichobilharzia* Skrjabin et Zakharow, 1920

24 枭形科 Strigeidae Railliet, 1919
 24.1 异幻属 *Apatemon* Szidat, 1928
 24.2 缺咽属 *Apharyngostrigea* Ciurea, 1927
 24.3 杯尾属 *Cotylurus* Szidat, 1928
 24.4 拟枭形属 *Pseudostrigea* Yamaguti, 1933
 24.5 枭形属 *Strigea* Abildgaard, 1790

25 盲腔科 Typhlocoelidae Harrah, 1922
 25.1 嗜气管属 *Tracheophilus* Skrjabin, 1913
 25.2 盲腔属 *Typhlocoelum* Stossich, 1902

依据各科的形态特征，参考国内外相关专著，编制中国家畜家禽吸虫25科的分类检索表如下。

中国家畜家禽吸虫各科分类检索表

1. 雌雄同体 2
   雌雄异体 ....23 分体科 Schistosomatidae
2. 口吸盘退化或缺 3
   口吸盘明显 4
3. 肠支没有盲突，子宫盘曲于肠支之间或超过肠支和卵黄腺 ....
   ....20 环腔科 Cyclocoelidae
   肠支内侧有盲突，子宫盘曲于肠支之间或与肠支重叠 ....
   ....25 盲腔科 Typhlocoelidae
4. 有口吸盘，缺腹吸盘 5
   有口吸盘，有腹吸盘 6
5. 有咽 ....11 真杯科 Eucotylidae
   缺咽 ....4 背孔科 Notocotylidae
6. 腹吸盘位于虫体后端 7
   腹吸盘位于虫体中前部 8
7. 在口吸盘与腹吸盘之间有腹袋 ....3 腹袋科 Gastrothylacidae

在口吸盘与腹吸盘之间无腹袋 .... 5 同盘科 Paramphistomatidae

8. 虫体明显分为前后两部分 9
   虫体不分前后两部分 10

9. 前体扁平呈叶形或萼形，黏着器为圆形或卵圆形... 21 双穴科 Diplostomidae
   前体管形呈杯形或球形，黏着器为叶片形 .... 24 枭形科 Strigeidae

10. 虫体前部无头领 11
    虫体前部有头领，头领上有1或2列头棘 ...... 1 棘口科 Echinostomatidae

11. 虫体腹面无黏着器 12
    虫体腹面有圆形或卵圆形黏着器，腹吸盘或消失 ....
    .... 19 杯叶科 Cyathocotylidae

12. 睾丸位于虫体前半部 13
    睾丸位于虫体后半部 16

13. 肠支盲端位于体前半部 14
    肠支盲端达体后 1/3 处 15

14. 小型虫体，呈卵圆形、亚球形，子宫盘曲于体后半部 ....
    .... 12 枝腺科 Lecithodendriidae
    虫体细长，呈椭圆形到矛形，子宫盘曲达体前半部 ....
    .... 13 中肠科 Mesocoeliidae

15. 卵黄腺分布于虫体中部两侧，卵巢位于睾丸之前 ....
    .... 17 前殖科 Prosthogonimidae
    卵黄腺分布于虫体中部两侧，卵巢位于睾丸之后 ....
    .... 10 双腔科 Dicrocoeliidae

16. 卵巢分支明显，呈树枝状 17
    卵巢完整，或略有缺刻 18

17. 口吸盘与腹吸盘相距很近，睾丸分支、前后排列于体后半部 ....
    .... 2 片形科 Fasciolidae
    口吸盘与腹吸盘相距较远，睾丸分支、对称排列于体后半部 ....
    .... 15 并殖科 Paragonimidae

18. 肠支短，盲端位于睾丸之前 19
    肠支长，盲端达体后端睾丸之后 20

19. 子宫盘曲于体后半部，达睾丸之后，少数伸到食道两侧 ....
    .... 14 微茎科 Microphallidae
    子宫盘曲于体后部生殖孔与睾丸之间，少数达睾丸后缘 ....

  .... 8 异形科 Heterophyidae
20. 食道很短或无，肠叉呈肩形明显 21
  食道或长或短，肠叉呈肩形不明显 23
21. 子宫穿过两睾丸之间达体亚末端 .... 16 斜睾科 Plagiorchiidae
  子宫不达睾丸之后 22
22. 生殖孔位于腹面的睾丸之间或之前 .... 18 短咽科 Brachylaimidae
  生殖孔位于背面，腹吸盘位于虫体中部 .... 22 彩蚴科 Leucochloridiidae
23. 睾丸位于后端或亚末端 24
  睾丸位于体后半部的中间，具雄茎囊 .... 7 光口科 Psilostomidae
24. 具雄茎囊 .... 6 嗜眼科 Philophthalmidae
  缺雄茎囊 .... 9 后睾科 Opisthorchiidae

1 棘口科

Echinostomatidae Looss, 1899

【同物异名】棘隙科（Echinochasmidae Odhner, 1910）；肿首科（Chaunocephalidae Travassos, 1922）；巴尔弗科（Balfouriidae Travassos, 1951）；棘颈科（Echinocollidae Odening, 1961）；撒阿柯科（Saakotrematidae Odening, 1962）。

【宿主范围】成虫寄生于禽类、鱼类、爬行动物和哺乳动物。

【形态结构】虫体扁平，呈细长椭圆形到长叶形，少数种类分为前后两部。体表有小棘或鳞片。口周围具典型的肌质头领，头领为肾形，上有1或2排头棘，头棘在腹面间断，头棘按位置分为背棘、侧棘和腹角棘，头棘大于体棘。口吸盘位于体前亚端，除个别属外，口吸盘均小于腹吸盘。腹吸盘为肌质球形，位于前1/3部或中部，常接近体前端。前咽短，咽为长椭圆形，食道或长或短。肠分叉在体前部，两肠支伸至体后亚末端，形成盲管或尿肠管。睾丸2枚，位于体后部，前后纵列或斜列。肌质的雄茎囊位于前体腹吸盘前背侧或延伸到后体，个别属缺雄茎囊。在雄茎囊内的贮精囊呈袋状或管状，单个或成双，前列腺通常发育良好，雄性交配器为一个外翻的雄茎。生殖孔位于肠叉后的体中央。卵巢位于睾丸之前的体中央或右侧。梅氏腺邻近卵巢和前睾丸，具子宫型的受精囊。劳氏管向背面开口。卵黄腺常分布于腹吸盘后虫体的两侧，少数可达腹吸盘之前。子宫弯曲于两肠支之间，通常位于卵巢前，形成的降支偶尔达睾丸之后，具子宫颈。虫卵有盖，或多或少，通常未发育，偶尔含有发育完全具眼点的毛蚴。排泄系统为Y形，开口于体末端。模式属：棘口属［*Echinostoma* Rudolphi, 1809］。

在中国家畜家禽中已记录棘口科吸虫13属78种，本书收录13属61种，主要参考Jones等（2005）编制棘口科各属分类检索表如下。

棘口科分属检索表

1. 成虫寄生于鱼类、爬行动物、哺乳动物的胃肠道和禽类的胃肠道、法氏囊...2
   成虫寄生于禽类的胆管、胆囊，头棘双列、背面不间断.... 钉形属 *Pegosomum*
2. 头棘通常为单列、背面间断，头棘数为偶数 3
   头棘通常为双列、背面不间断，头棘数为奇数 6

3. 虫体较薄，头领呈肾形，背脊中间有下陷，缺腹脊，口吸盘明显小于腹吸盘....4
   虫体肥厚，头领呈明显双叶状，头棘为杆形，子宫短......冠缝属 *Patagifer*

4. 卵黄腺前端至腹吸盘水平或进入虫体前半部，头领发达，头棘为单列，肠管末端不联合...5
   卵黄腺限于体后半部，前端不超过卵巢或前睾丸水平；头棘22枚（仅模式种为26枚），两侧腹面有角棘，睾丸位于体中横线或附近...................
   .... 冠孔属 *Stephanoprora*

5. 卵黄腺很发达，前至食道后，后达体末端 ....外隙属 *Episthmium*
   卵黄腺发达，前至腹吸盘水平，后达体末端 ....棘隙属 *Echinochasmus*

6. 卵黄腺达腹吸盘前缘水平，头棘19~27枚，虫体细小，体棘分布于体前半部，腹吸盘位于体中横线上，睾丸纵列或斜列，卵巢位于体中横线后.............
   .... 锥棘属 *Petasiger*
   卵黄腺不达腹吸盘前缘水平，头棘27~71枚，头领发育良好，体宽与体长之比大于10%..7

7. 头棘尖锐，体前部占体长的比例为20%~50%..8
   头棘不尖锐，体前部占体长的比例低于20% 9

8. 虫体微小；具头棘49~59枚，腹角棘比边缘棘长2.5~3倍，背棘非常小且大小相等；卵巢位于体中横线后，大于睾丸；虫卵大，仅1或2枚..........
   .... 新棘缘属 *Neoacanthoparyphium*
   虫体小到中型；具头棘29~45枚，大小不等；背棘长，其中距口孔远的棘长于距口孔近的棘；卵巢位于体中横线前，比睾丸光滑；虫卵小，多于10枚 .... 棘缘属 *Echinoparyphium*

9. 腹吸盘距口吸盘较近，侧棘为2列，虫体为长卵圆形，体前半部布满鳞片状的刺；头领不发达，头棘小、呈圆锥形，角棘略长于边缘棘，子宫短....
   .... 低颈属 *Hypoderaeum*
   腹吸盘位于虫体前1/4与前2/4之间，侧棘为单列 10

10. 子宫区域长，睾丸位于体中横线后、虫体的3/4部，中到大型虫体，腹角棘长于边缘棘，卵巢位于体中横线或略前，子宫盘曲多，虫卵多.........
    .... 棘口属 *Echinostoma*
    子宫区域短，睾丸位于体中横线前或中横线，偶尔位于体中横线后...11

11. 背棘大小相似，睾丸深裂成宽叶状，头领为肾形，其腹面具深凹陷 ....
    .... 缘口属 *Paryphostomum*
    背棘大小各异，睾丸光滑或不规则但不分裂，贮精囊为袋状.............12

12. 距口孔远的背棘短于距口孔近的背棘，肠分叉在腹吸盘略前，睾丸后区域很长（占体长的30%~50%）.................................. 似颈属 *Isthmiophora*

距口孔远的背棘长于距口孔近的背棘，肠分叉在咽与腹吸盘之间的一半处，睾丸后区域较短（占体长的20%~30%）.................. 真缘属 *Euparyphium*

1.1 棘隙属
Echinochasmus Dietz, 1909

【同物异名】奇棘口属（*Allechinostomum* Odhner, 1910）；异棘口属（*Heterechinostomum* Odhner, 1910）；被盖属（*Velamenophorus* Mendheim, 1940）。

【宿主范围】成虫寄生于禽类的肠道，偶尔见于法氏囊，罕见于哺乳动物。

【形态结构】虫体短小，呈纺锤形、长叶形或长椭圆形，体宽为体长的17%~50%，最大宽度在睾丸水平。体表具鳞片状交错排列的小棘（长度为最长头棘的30%~50%），向后可达睾丸水平，体棘可出现在头领凹陷的背面和口吸盘的背侧面。头领发达，其腹外侧边缘向中间卷曲成弧形；头棘20~26枚，排成单列，背部中央间断；左右腹角棘各2~4枚，稍小于侧棘。口吸盘小，呈球形。腹吸盘明显大于口吸盘，呈圆盘状，距口吸盘较远。前咽长，咽大，食道长，肠分叉位于腹吸盘前，肠支向后为盲端。两睾丸前后邻近排列，大而光滑，不对称或具浅刻，位于虫体后1/2的中央，前睾丸通常较大呈横向椭圆形，后睾丸呈圆三角形、卵圆形或半圆形。雄茎囊大，为肌质，呈长椭圆形，位于肠叉与腹吸盘之间，可伸达腹吸盘后缘的背面。贮精囊为双袋状，前列腺小而模糊，雄茎短而无刺。卵巢小，通常位于睾丸前的体中线偏右侧或亚中央，靠近腹吸盘后面。梅氏腺明显位于体中央或偏左侧。卵黄腺滤泡小，自腹吸盘后缘开始至虫体末端，在睾丸之后汇合。子宫非常短，内含几枚虫卵，子宫颈短而壁薄。排泄孔位于体末端。模式种：同轴棘口吸虫［*Echinochasmus coaxatus* Dietz, 1909］。

1 枪头棘隙吸虫
Echinochasmus beleocephalus Dietz, 1909

【关联序号】23.7.1（23.1.1）/ 96。

【同物异名】枪头双盘吸虫（*Distomum beleocephalus* Linstow, 1873）；枪头棘口吸虫（*Echinostomum beleocephalus* (Linstow, 1873) Stossich, 1892）；枪头棘口吸虫陈克亚种（*Echinostomum beleocephalus chenkensis* Oschmarin et Dozenko, 1951）。

【宿主范围】成虫寄生于犬、猫、鸡、鸭的小肠、直肠。

【地理分布】安徽、北京、重庆、福建、黑龙江、湖南、江西、上海、四川、浙江。

【形态结构】虫体呈长椭圆形或矛形，大小为 0.620~0.820 mm×0.250~0.330 mm，以前睾丸处最宽。体表具棘，体表棘自头领后缘开始，至腹吸盘与前睾丸之间。头领发达，类似三角形，宽 0.180~0.200 mm，具头棘 24 枚，排成不规则的 1 列，背部中央间断，左右腹角棘不明显，头棘大小为 0.026~0.030 mm×0.008 mm。口吸盘呈球形，位于虫体前端，大小为 0.047~0.051 mm×0.048~0.068 mm。腹吸盘呈圆盘形，位于虫体后 1/2 的前部，大小为 0.132~0.143 mm×0.132~0.154 mm。前咽长 0.033~0.038 mm，咽大小为 0.051 mm×0.056 mm，食道长 0.132~0.198 mm，两肠支伸达虫体亚末端。睾丸呈横椭圆形，前后排列于虫体后 1/4 处，前睾丸大小为 0.043~0.048 mm×0.074~0.087 mm，后睾丸大小为 0.055~0.067 mm×0.073~0.088 mm。雄茎囊细小，位于肠叉与腹吸盘前缘之间。卵巢呈球状，位于前睾丸的右前侧，大小为 0.038~0.043 mm×0.047 mm。卵黄腺发达，由较大或中型的卵黄腺滤泡团块组成，始于腹吸盘前缘或中部水平处，在后睾丸后两侧卵黄腺几乎相汇合。子宫不发达，内含虫卵 1 或 2 枚。虫卵大小为 73~81 μm×44~54 μm。

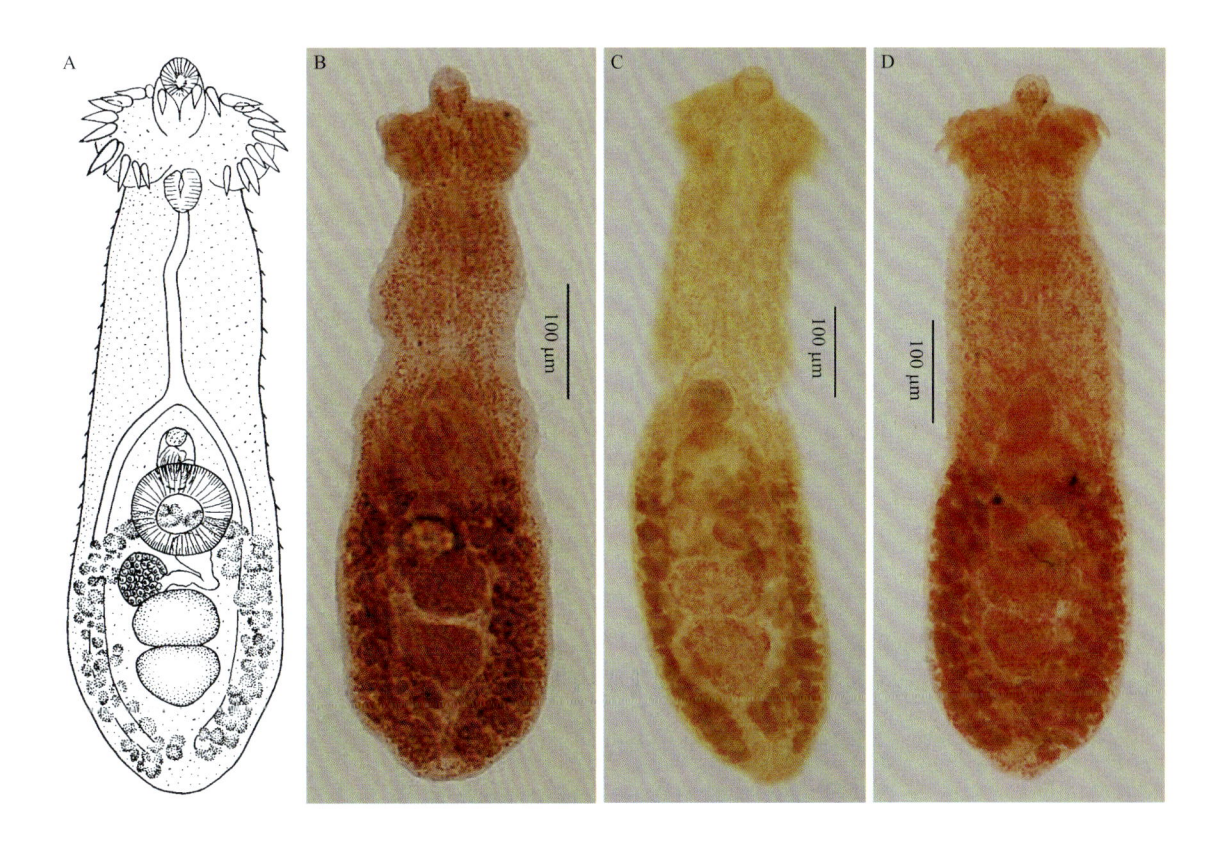

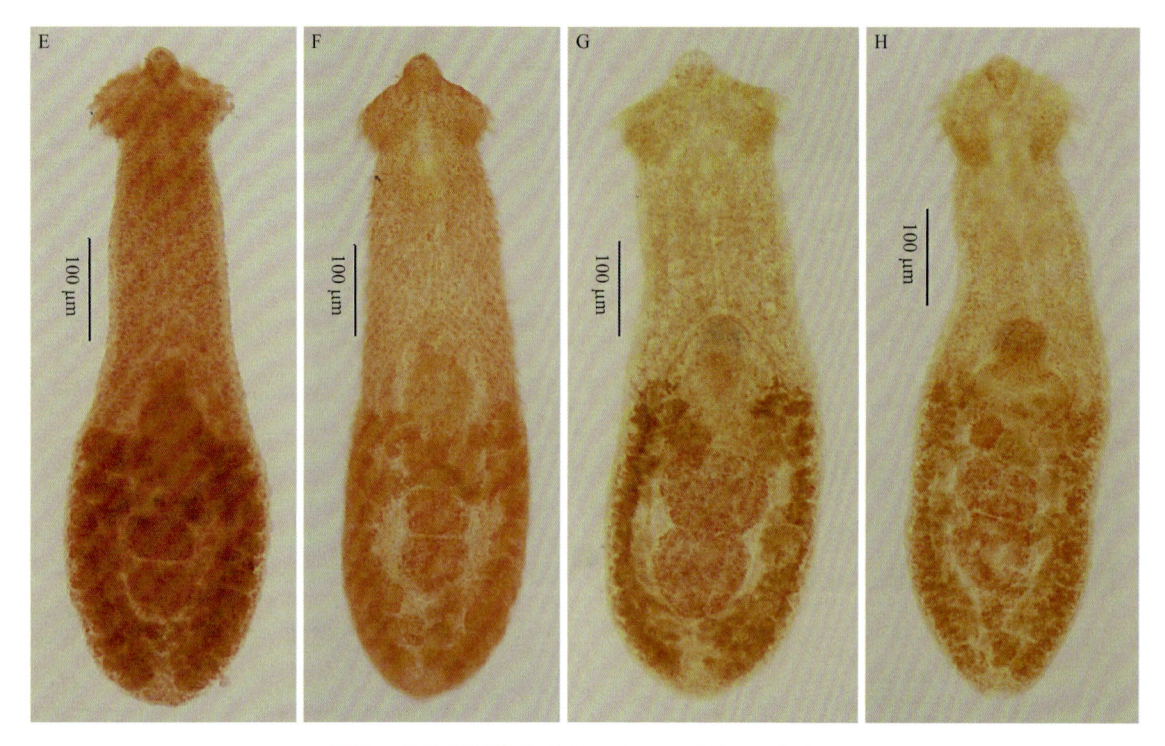

图 1 枪头棘隙吸虫 *Echinochasmus beleocephalus*
A. 仿 成源达（2011）；B～H. 原图（SHVRI）

2 异形棘隙吸虫 *Echinochasmus herteroidcus* Zhou et Wang, 1987

【关联序号】23.7.3（23.1.3）/97。

【宿主范围】成虫寄生于犬的小肠。

【地理分布】江西。

【形态结构】虫体呈长叶状或矛状，大小为 1.950～2.350 mm×0.520～0.620 mm。体表具棘，体表棘自头领后缘开始，由密到稀，止于腹吸盘后缘。头领呈类三角形，宽 0.210～0.350 mm，具头棘 24 枚；左右腹角棘各 3 枚，大小为 0.036～0.045 mm×0.015～0.016 mm；背棘排成 1 列，中部间断，大小为 0.035～0.045 mm×0.012～0.022 mm。口吸盘呈球形，位于虫体前端的亚腹面，大小为 0.124～0.135 mm×0.119～0.131 mm。腹吸盘呈圆盘形，位于虫体中 1/3 的前部，大小为 0.190～0.260 mm×0.200～0.260 mm。前咽长 0.072～0.098 mm，咽大小为 0.093～0.114 mm×0.083～0.104 mm，食道长 0.260～0.312 mm，两肠支伸达虫体末端。睾丸呈圆形或椭圆形，前后排列于虫体后 1/2 处，前睾丸大小为 0.180～0.280 mm×0.310～0.360 mm，后睾丸大小为 0.220～0.300 mm×0.230～0.330 mm。雄茎囊呈椭圆形，位于肠叉和腹吸盘之间，末端达腹吸盘的背中部，大小为 0.200 mm×0.120 mm。卵巢呈球形或卵圆形，位于前睾丸之前，大小

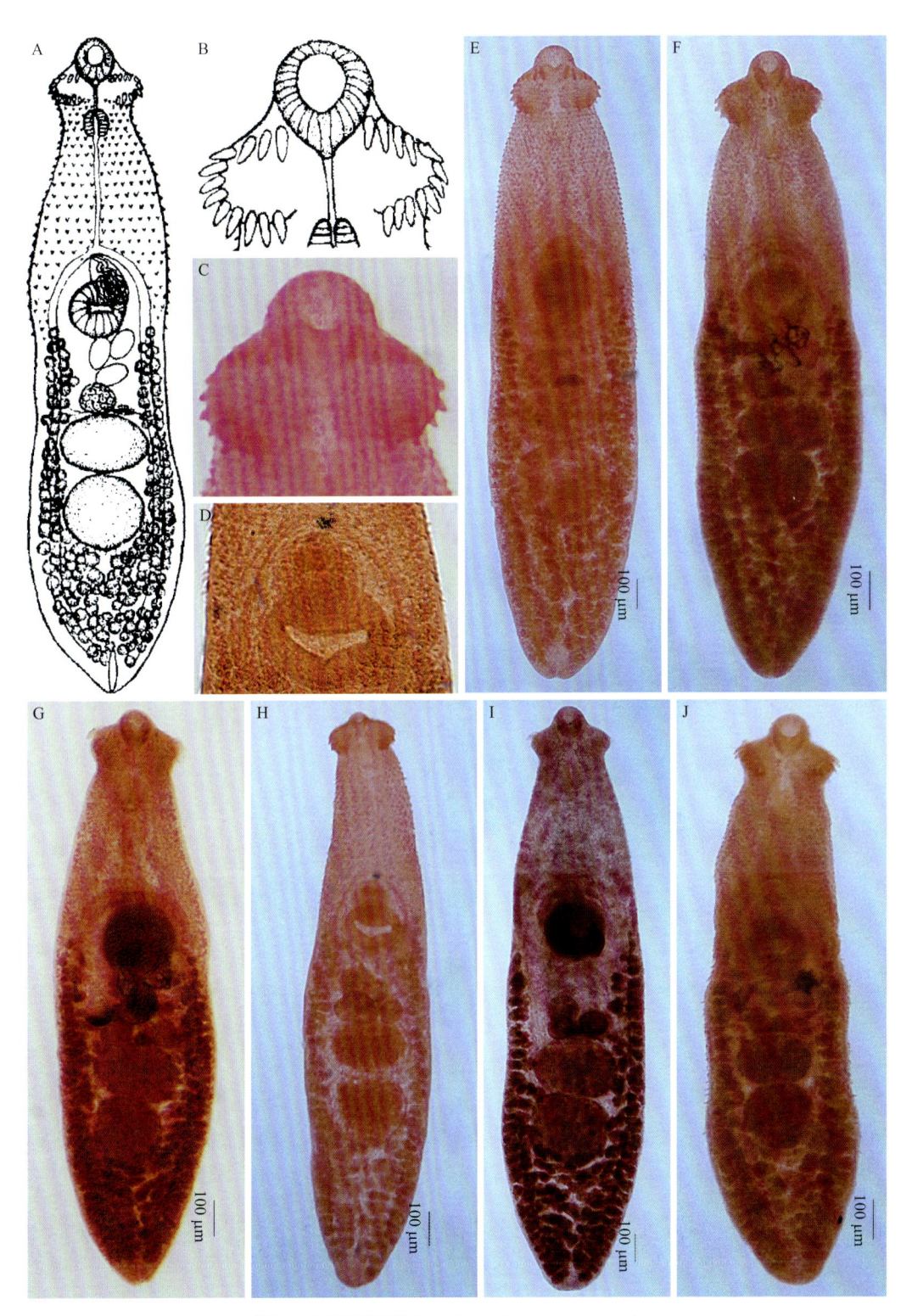

图2 异形棘隙吸虫 *Echinochasmus herteroidcus*
A，B. 引 Zhou 和 Wang（1987a）；C～J. 原图（SHVRI）

为 0.109～0.131 mm×0.109～0.131 mm。卵黄腺由小型的球状滤泡团块组成，自腹吸盘后缘水平两侧开始，终于虫体末端，在后睾丸后两侧卵黄腺相汇合。子宫短，内含虫卵 3～5 枚。虫卵大小为 101～111 μm×78～87 μm。

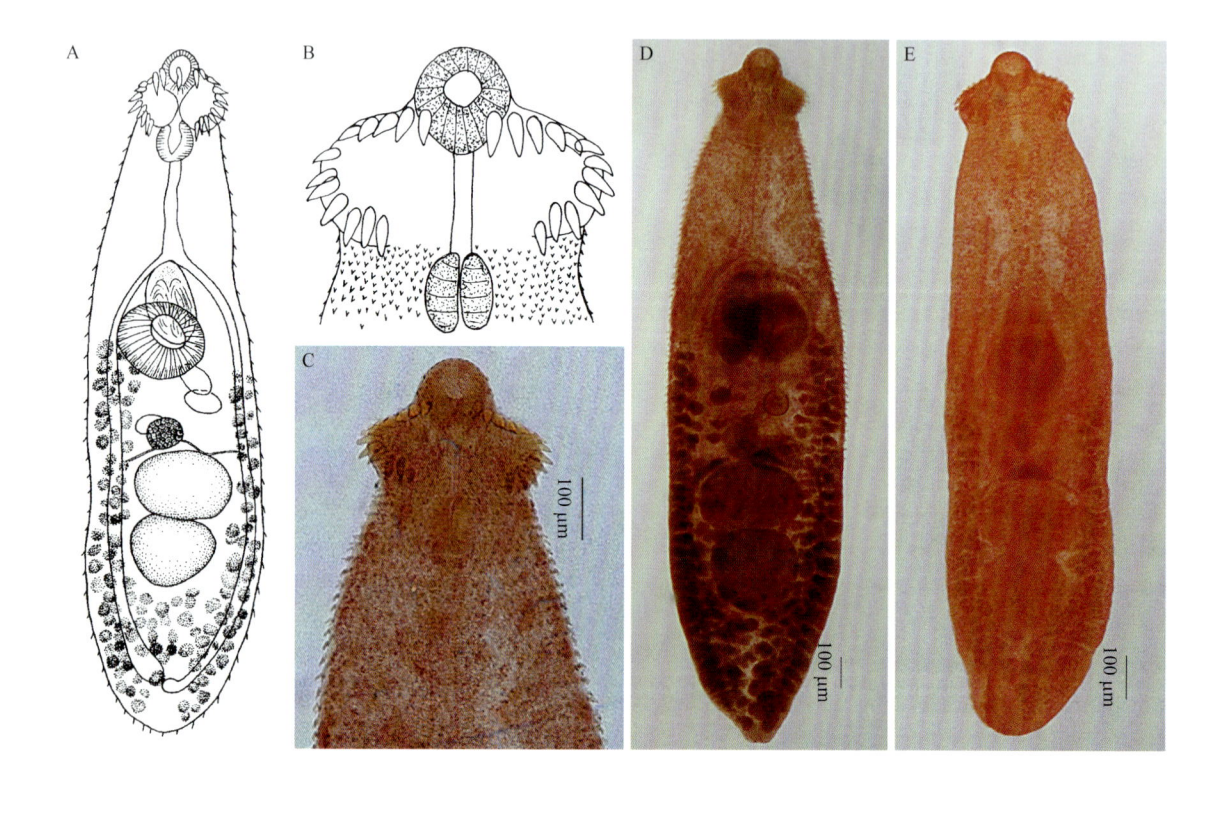

3 日本棘隙吸虫　　*Echinochasmus japonicus* Tanabe, 1926

【关联序号】23.7.4（23.1.4）/98。

【宿主范围】成虫寄生于犬、猫、鸡、鸭、鹅的小肠。

【地理分布】安徽、北京、重庆、福建、广东、广西、黑龙江、湖南、吉林、江苏、江西、上海、四川、台湾、浙江。

【形态结构】虫体呈椭圆形或瓶状，大小为 1.030～1.380 mm×0.330～0.450 mm。体表具棘，体表棘自头领后缘开始分布，可至虫体亚末端。头领发达，宽 0.144～0.200 mm，头棘 24 枚，大小为 0.035～0.045 mm×0.007 mm，排成 1 列，背中央间断。口吸盘呈球形，位于虫体前端，大小为 0.072～0.082 mm×0.074～0.082 mm。腹吸盘呈圆盘形，位于虫体前 1/2 的后部，大小为 0.140～0.162 mm×0.152～0.172 mm。前咽长约 0.040 mm，咽大小为 0.059～0.078 mm×0.049～0.059 mm，食道长 0.130～0.150 mm，两肠支伸至虫体亚末端。睾丸呈类圆形或横椭圆形，前后排列于虫体后 1/3 处，前睾丸大小为 0.082～0.116 mm×0.132～0.165 mm，后睾丸大小为

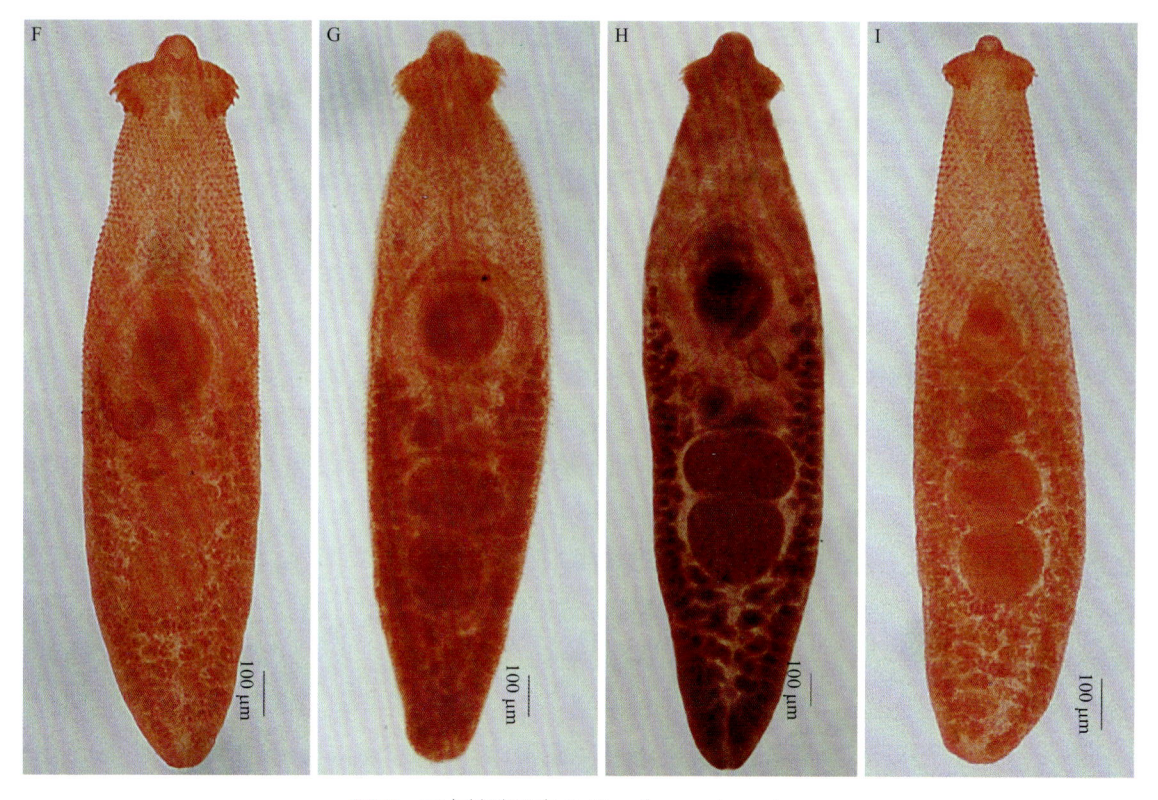

图 3　日本棘隙吸虫 *Echinochasmus japonicus*
A. 引成源达（2011）；B. 引黄兵等（2006）；C～I. 原图（SHVRI）

0.082～0.121 mm×0.132～0.158 mm。雄茎囊位于腹吸盘与肠支之间或腹吸盘的右背侧，大小为 0.112～0.132 mm×0.046～0.066 mm。卵巢呈类球形，位于腹吸盘后缘与前睾丸之间，大小为 0.056～0.066 mm×0.066～0.072 mm。卵黄腺由滤泡团块组成，起于腹吸盘后缘，沿体侧分布至体末端，在后睾丸后两侧卵黄腺相汇合。子宫不发达，虫卵数目极少。虫卵大小为 89～92 μm×59～62 μm。

4　藐小棘隙吸虫　*Echinochasmus liliputanus* Looss, 1896

【关联序号】23.7.5（23.1.5）/ 99。
【宿主范围】成虫寄生于犬、猫、鸡、鸭的肠道。
【地理分布】安徽、福建、湖南、江西、浙江。
【形态结构】虫体为叶状，前部较细，后部较宽，在睾丸处最宽，其纵轴弯向腹面，大小为 1.420～1.650 mm×0.320～0.450 mm。体表具棘，体表棘自头领后缘开始分布，至后睾丸后缘止。头领呈肾形，宽 0.180～0.240 mm，具头棘 24 枚，排成 1 列，背部中央间断；左右腹角

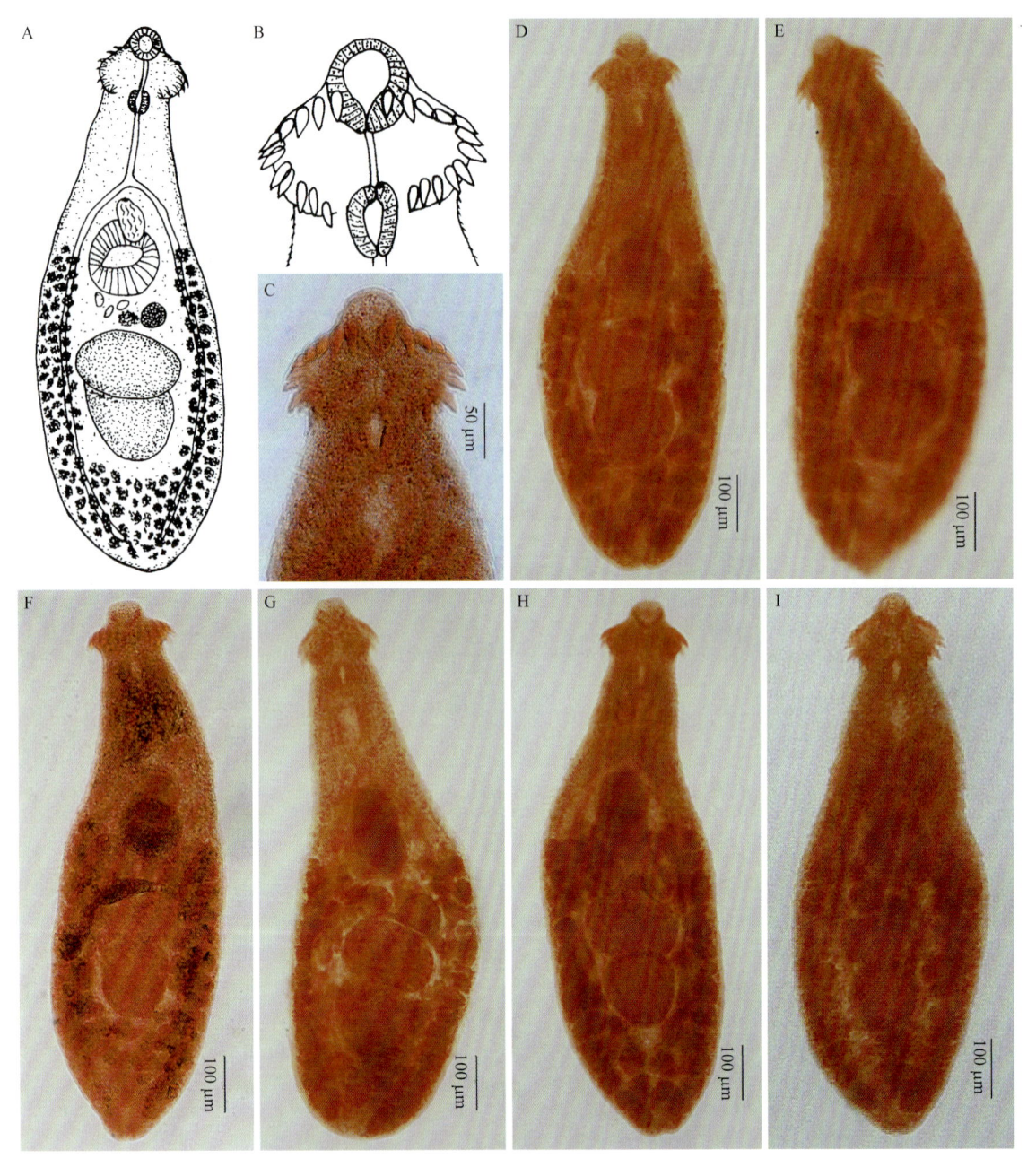

图 4 藐小棘隙吸虫 *Echinochasmus liliputanus*
A, B. 引黄兵 等（2006）; C～I. 原图（SHVRI）

棘各4枚，腹角棘的大小几乎相等；其余16枚侧棘和背棘较长，大小为0.021～0.031 mm×0.007～0.009 mm。口吸盘呈圆盘形，位于虫体前端的亚腹面，大小为0.052～0.062 mm×0.053～0.062 mm。腹吸盘呈球形，位于虫体前1/2的后部，大小为0.088～0.095 mm×0.082～0.092 mm。前咽长0.052～0.072 mm，咽大小为0.052～0.062 mm×0.048～0.055 mm，食道长0.125～0.135 mm，两肠支伸达虫体亚末端。睾丸呈横椭圆形，前后排列于虫体后1/2处，前睾丸大小为0.105～0.116 mm×0.186～0.236 mm，后睾丸大小为0.135～0.145 mm×0.185～0.225 mm。雄茎囊位于肠分叉与腹吸盘之间，为斜置的椭圆形。卵巢呈球状，位于虫体中部略偏一侧，大小为0.085 mm×0.095 mm。卵黄腺由大小不等的卵黄腺滤泡组成，始于腹吸盘后缘，终于虫体的末端，在后睾丸后两侧卵黄腺相汇合。子宫不发达，内含虫卵1～3枚。虫卵大小为80～88 μm×54～66 μm。

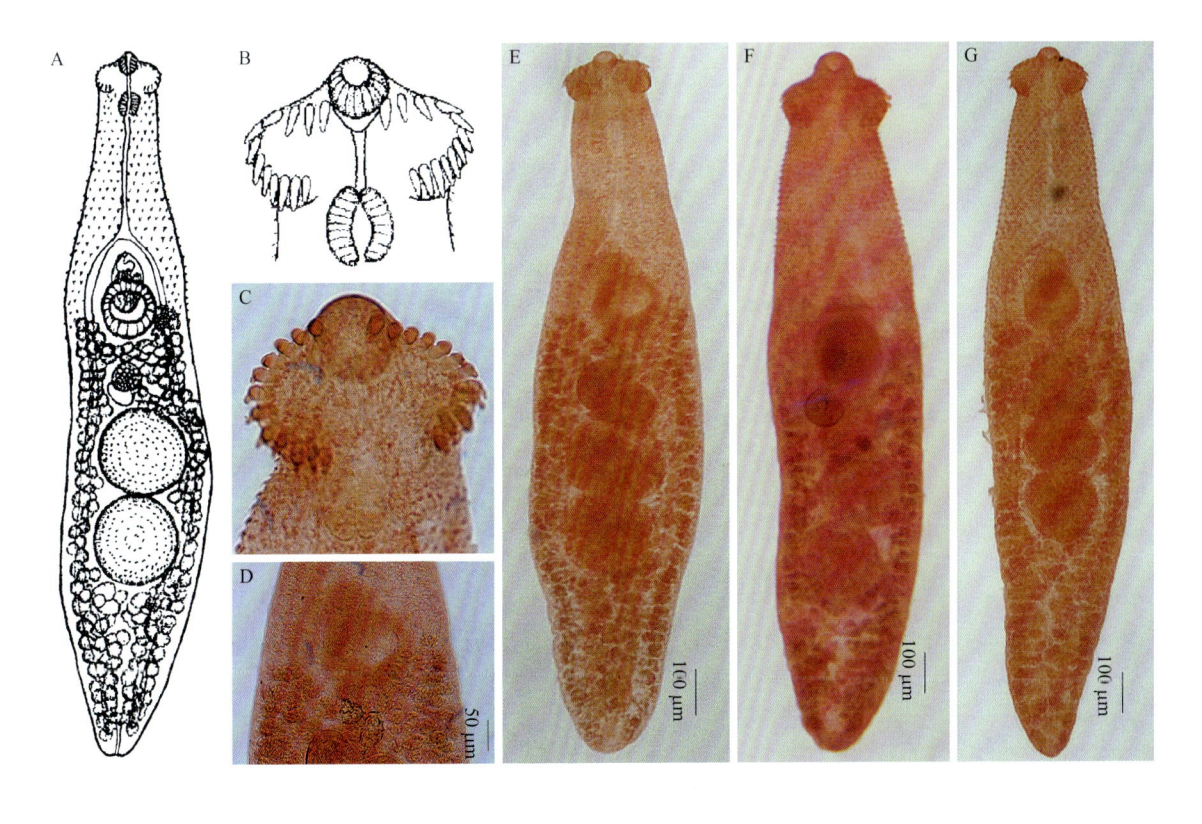

5 微盘棘隙吸虫 *Echinochasmus microdisus* Zhou et Wang, 1987

【关联序号】23.7.7（23.1.7）/100。
【宿主范围】成虫寄生于犬的小肠。
【地理分布】江西。
【形态结构】虫体呈叶状，两端渐细，中部较宽，以睾丸处最宽，大小为1.450～1.870 mm×0.330～0.390 mm。体表具棘，体表棘自头领后缘开始，至腹吸盘后缘止。头领呈肾形，宽

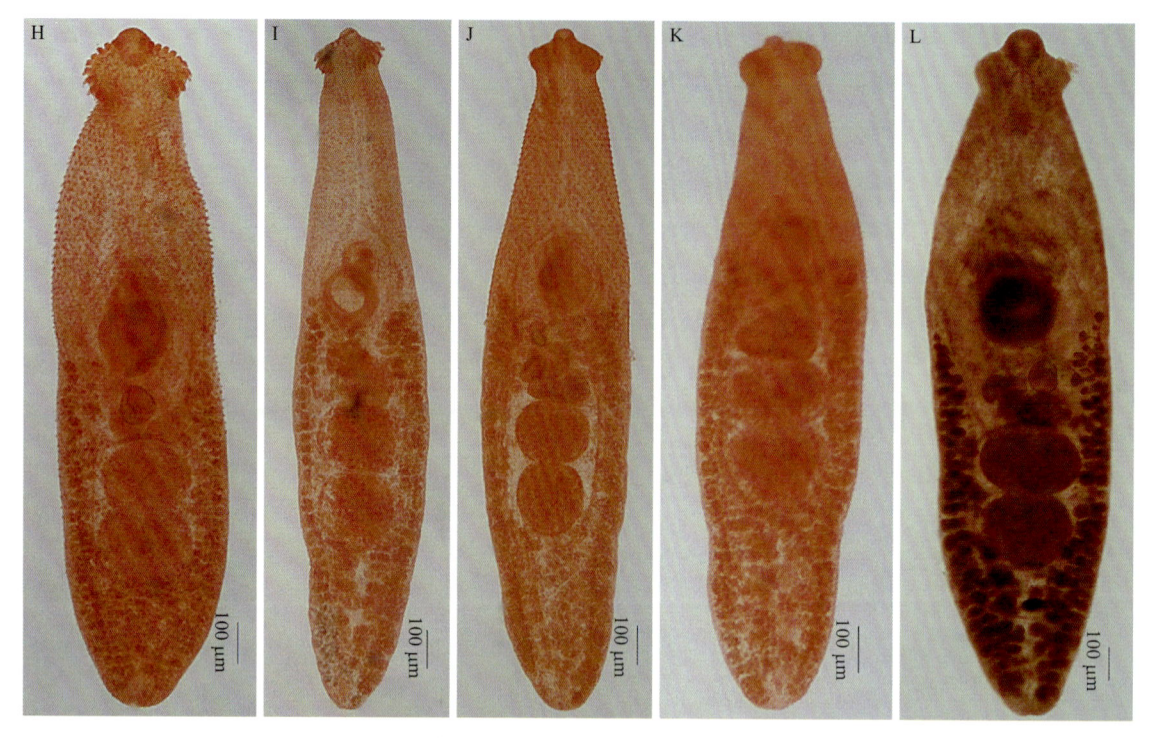

图 5　微盘棘隙吸虫 *Echinochasmus microdisus*
A、B. 引 Zhou 和 Wang（1987a）；C~L. 原图（SHVRI）

0.170~0.180 mm，具头棘 24 枚，背部中央间断，左右腹角棘各 3 枚，大小为 0.026~0.035 mm× 0.009~0.012 mm，侧棘大小为 0.033 mm×0.012 mm，背棘为 0.034 mm×0.013 mm。口吸盘呈球状，位于虫体前端的亚腹面，大小为 0.052~0.058 mm×0.049~0.065 mm。腹吸盘为圆盘状，位于虫体前 1/2 的中后部，大小为 0.132~0.161 mm×0.132~0.159 mm。前咽长 0.032~0.039 mm，咽大小为 0.052~0.054 mm×0.049~0.052 mm，食道长 0.260~0.340 mm，两肠支伸达虫体亚末端。睾丸呈球形，前后排列于虫体后 3/4 处，前睾丸大小为 0.148~0.182 mm×0.190~0.234 mm，后睾丸大小为 0.171~0.208 mm×0.185~0.218 mm。雄茎囊椭圆形，位于肠分叉与腹吸盘之间，末端达腹吸盘的背中部，大小为 0.120 mm×0.080 mm。卵巢呈球形，位于前睾丸与腹吸盘之间的中央或略偏于右侧，大小为 0.091~0.106 mm×0.091~0.106 mm。卵黄腺由中型的球状滤泡组成，始于腹吸盘中部两侧，终于虫体的末端，在睾丸后两侧卵黄腺相汇合。子宫短，内含虫卵 3~5 枚。虫卵大小为 78~101 μm×52~64 μm。

6　小腺棘隙吸虫　　*Echinochasmus minivitellus* Zhou et Wang, 1987

【关联序号】23.7.8（23.1.8）/101。
【宿主范围】成虫寄生于犬的小肠。

| 1 棘口科 | **19**

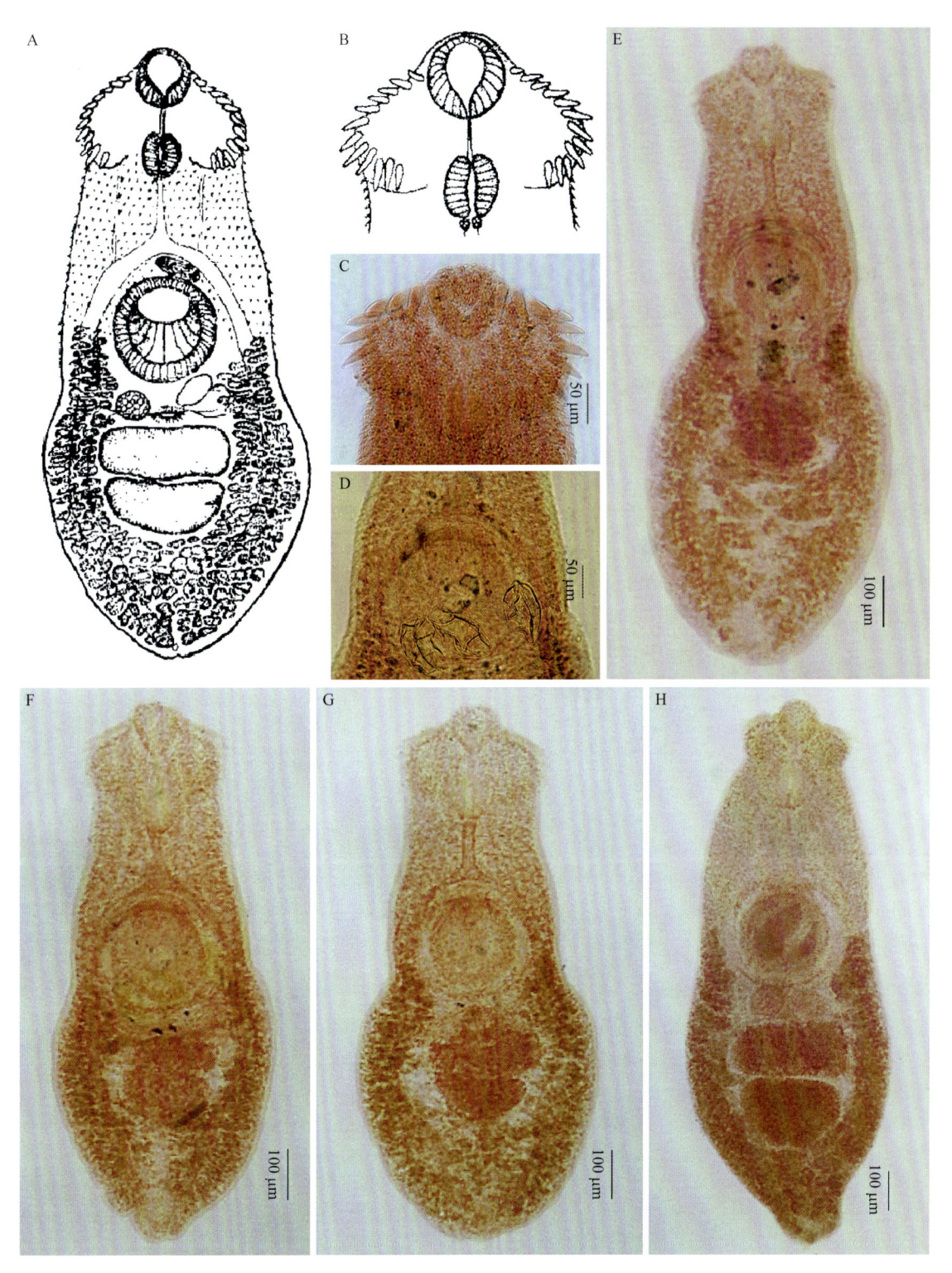

图 6　小腺棘隙吸虫 *Echinochasmus minivitellus*
A，B. 引 Zhou 和 Wang（1987a）；C～H. 原图（SHVRI）

【地理分布】江西。

【形态结构】虫体呈匙状或梨形，两侧常向腹面弯曲，睾丸处最宽，大小为 0.858~1.326 mm×0.520~0.590 mm。体表具棘，体表棘自头领后缘开始，至腹吸盘后缘止。头领呈肾形，宽 0.285~0.312 mm，具头棘 24 枚，排成 1 列，背部中央间断，左右腹角棘各 3 枚，第 1 枚大小为 0.042~0.048 mm×0.011~0.015 mm，其余各枚大小为 0.045~0.055 mm×0.013~0.015 mm。口吸盘为类圆形，位于虫体前端的亚腹面，大小为 0.079~0.104 mm×0.083~0.114 mm。腹吸盘为圆形，位于虫体中部，大小为 0.140~0.213 mm×0.140~0.218 mm。前咽长 0.036~0.067 mm，咽大小为 0.078~0.091 mm×0.058~0.078 mm，食道长 0.078~0.130 mm，两肠支沿虫体两侧伸至亚末端。睾丸呈类长方形，位于虫体的后部 1/2 处，前睾丸大小为 0.052~0.104 mm×0.223~0.285 mm，后睾丸大小为 0.104~0.119 mm×0.116~0.223 mm。雄茎囊为椭圆形，位于肠叉与腹吸盘之间，其底部可达腹吸盘中后部，大小为 0.078~0.120 mm×0.052~0.086 mm。卵巢为类圆形，位于前睾丸之前偏右侧，大小为 0.065~0.078 mm×0.061~0.091 mm。卵黄腺由不规则的小型滤泡组成，呈长方形排列，始于腹吸盘中部两侧水平，终于虫体亚末端，在后睾丸后两侧卵黄腺相汇合。子宫短小，内含虫卵 1~4 枚。虫卵大小为 93~119 μm×78~91 μm。

7 叶形棘隙吸虫 *Echinochasmus perfoliatus* (Ratz, 1908) Gedoelst, 1911

【关联序号】23.7.10（23.1.10）/102。

【同物异名】抱茎棘隙吸虫。

【宿主范围】成虫寄生于猪、犬、猫、鸡的小肠。

【地理分布】安徽、北京、重庆、福建、广东、河北、河南、黑龙江、湖北、吉林、江苏、江西、上海、四川、浙江。

【形态结构】虫体呈长叶状，大小为 3.520~4.480 mm×0.720~0.880 mm。体表具棘，体表棘自头领后缘开始，终于腹吸盘后缘。头领呈肾形或类三角形，宽 0.270~0.380 mm，具头棘 24 枚，排成 1 列，背面中央间断；左右腹角棘各 3 枚，第 1 枚较短小，大小为 0.048~0.052 mm×0.012~0.014 mm，其余头棘较粗长，大小为 0.062~0.068 mm×0.014~0.018 mm。口吸盘呈球状，位于虫体前端的亚腹面，大小为 0.112~0.152 mm×0.112~0.160 mm。腹吸盘位于虫体前 1/5 处，大小为 0.304~0.320 mm×0.280~0.310 mm。前咽长 0.110~0.130 mm，咽大小为 0.112~0.160 mm×0.108~0.136 mm，食道长 0.250~0.340 mm，两肠支伸达虫体末端。睾丸为椭圆形，边缘完整，前后排列于虫体中 1/3 处，前睾丸大小为 0.520~0.580 mm×0.450~0.480 mm，后睾丸大小为 0.620~0.750 mm×0.350~0.450 mm。雄茎囊呈长袋状，位于肠叉与腹吸盘之间，末端接近腹吸盘的后缘，大小为 0.350~0.480 mm×0.150~0.220 mm。卵巢呈类

| 1 棘口科 | 21

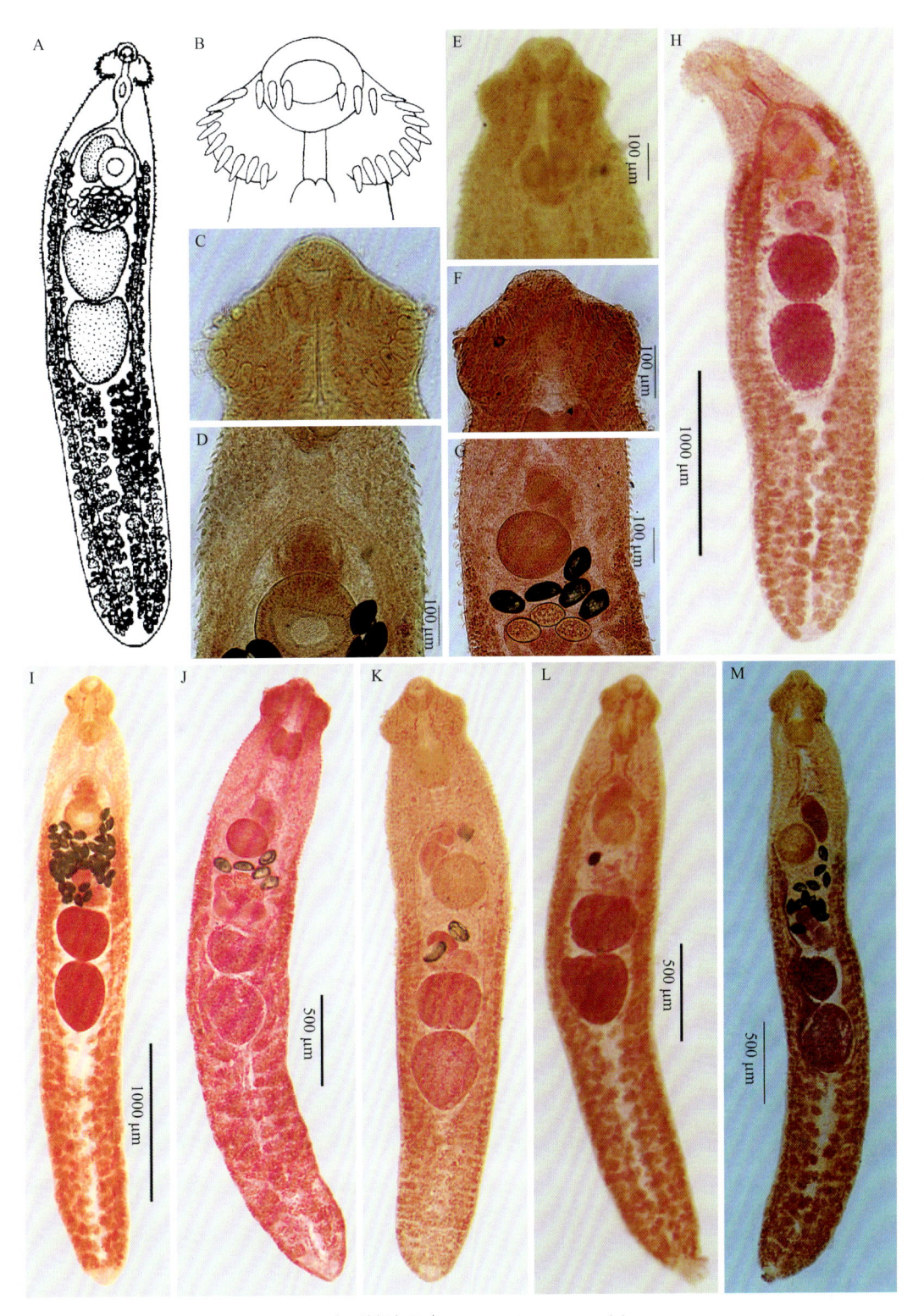

图7 叶形棘隙吸虫 Echinochasmus perfoliatus
A、B. 引蒋学良和周婉丽（2004）；C～M. 原图（SHVRI）

球状，位于前睾丸正前方的中部，大小为 0.180~0.250 mm×0.150~0.180 mm。卵黄腺始于腹吸盘前缘两侧水平处，向后延伸到虫体末端，在后睾丸后两侧卵黄腺相汇合。子宫短，内含少数虫卵。虫卵大小为 96~102 μm×56~60 μm。

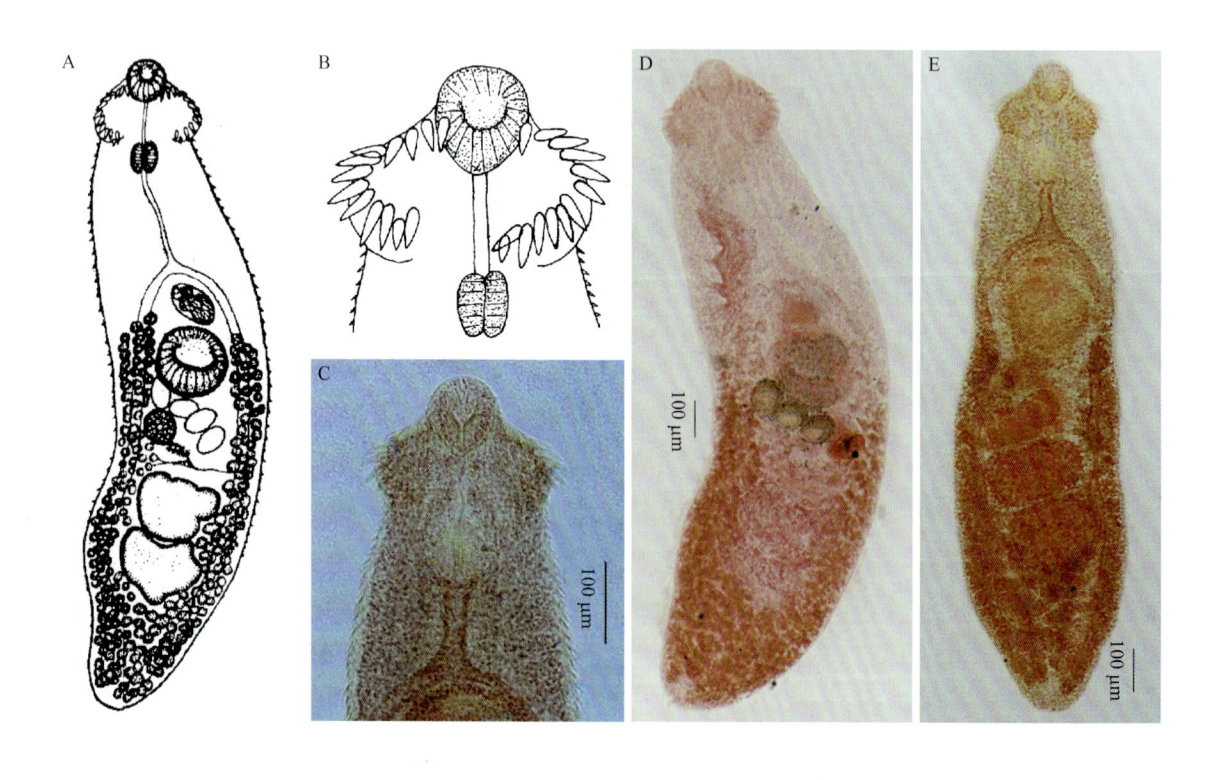

8 裂睾棘隙吸虫 *Echinochasmus schizorchis* Zhou et Wang, 1987

【关联序号】23.7.11（23.1.11）/103。
【宿主范围】成虫寄生于犬的小肠。
【地理分布】江西。
【形态结构】虫体呈叶状，前端稍尖，睾丸处最宽，大小为 1.790~1.820 mm×0.520~0.580 mm。体表具棘，体表棘自头领后缘开始，向后止于睾丸处。头领呈肾形或类三角形，宽 0.320~0.360 mm，具头棘 26 枚，左右腹角棘各 4 枚；第 1、3、4 角棘大小相似，大小为 0.046 mm×0.013 mm；第 2 角棘最小，大小为 0.026 mm×0.010 mm；其余头棘 18 枚，排成 1 列，背面中央间断，棘大小为 0.054 mm×0.014 mm。口吸盘呈圆盘状，位于虫体前端的亚腹面，大小为 0.156 mm×0.140 mm。腹吸盘呈球状，位于虫体前 1/2 的后部，大小为 0.234 mm×0.249 mm。前咽长 0.118 mm，咽大小为 0.114 mm×0.114 mm，食道长 0.340 mm，两肠支伸达虫体末端。睾丸呈浅叶状，前后排列于虫体后 1/3 处，前睾丸大小为 0.182 mm×0.289 mm，后睾丸大

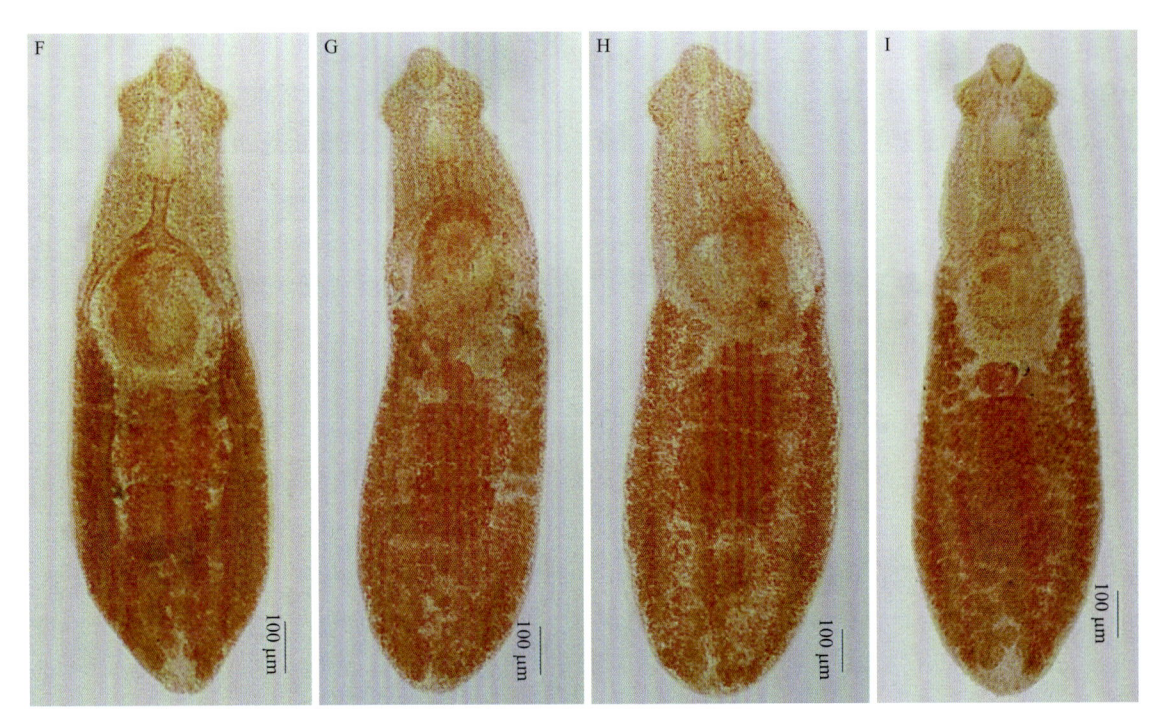

图 8　裂睾棘隙吸虫 *Echinochasmus schizorchis*
A、B. 引 Zhou 和 Wang（1987b）；C～I. 原图（SHVRI）

小为 0.182 mm×0.286 mm。雄茎囊呈椭圆形，位于肠分叉与腹吸盘之间，大小为 0.182 mm× 0.114 mm。卵巢呈球状，位于前睾丸与腹吸盘之间，偏右侧，大小为 0.104 mm×0.104 mm。卵黄腺由小型球状滤泡组成，始于腹吸盘前缘水平处，沿虫体两侧向后延伸到虫体亚末端，在后睾丸后两侧卵黄腺相汇合。子宫短，内含虫卵 3 或 4 枚。虫卵大小为 110 μm×79 μm。

9　球睾棘隙吸虫　*Echinochasmus sphaerochis* Zhou et Wang, 1987

【关联序号】23.7.12（23.1.12）/104。

【宿主范围】成虫寄生于犬的小肠。

【地理分布】江西。

【形态结构】虫体呈长矛状，两端稍尖，大小为 2.720～2.950 mm×0.620～0.750 mm。体表具棘，体表棘自头领后缘开始，终于腹吸盘与前睾丸之间。头领近似三角形，宽 0.220～0.250 mm，具头棘 24 枚，排成 1 列，背面中央间断，左右腹角棘各 3 枚，最内腹角棘大小为 0.036 mm× 0.015 mm，侧棘大小为 0.042 mm×0.016 mm，背棘大小为 0.036 mm×0.018 mm。口吸盘呈球形，位于虫体前端的亚腹面，大小为 0.122～0.136 mm×0.118～0.132 mm。腹吸盘呈球状，位于虫体前 1/2 的后半部，大小为 0.139～0.240 mm×0.201～0.234 mm。前咽长 0.098 mm，咽大小为

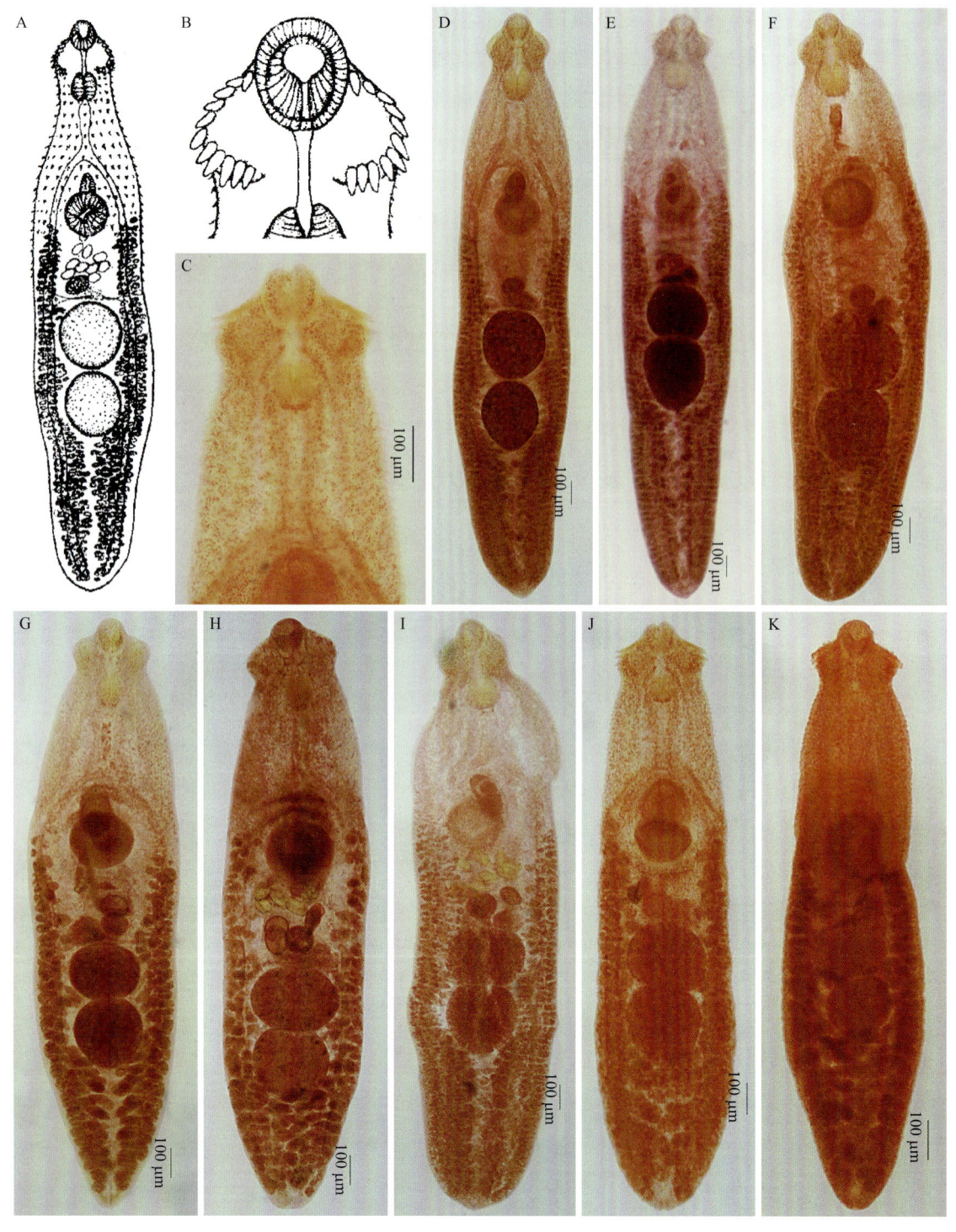

24 中国畜禽吸虫形态分类彩色图谱

图9 球睾棘隙吸虫 *Echinochasmus sphaerochis*
A、B. 引 Zhou 和 Wang（1987a）；C~K. 原图（SHVRI）

0.115～0.136 mm×0.110～0.125 mm，食道长0.170～0.250 mm，两肠支伸达虫体后端。睾丸呈球状，前后排列于虫体后3/4处，前睾丸大小为0.235～0.317 mm×0.234～0.289 mm，后睾丸大小为0.238～0.330 mm×0.220～0.275 mm。雄茎囊呈椭圆形，位于肠分叉与腹吸盘之间，末端可达腹吸盘的背中横线水平处，大小为0.180～0.220 mm×0.080～0.120 mm。卵巢呈椭圆形，位于前睾丸与腹吸盘之间的中央或略偏右侧，大小为0.082～0.110 mm×0.110～0.132 mm。卵黄腺由不规则的小型滤泡组成，始于腹吸盘中部，沿虫体两侧延伸到虫体亚末端，在后睾丸后两侧卵黄腺相靠近或汇合。子宫短，内含虫卵约10枚。虫卵大小为85～91 μm×51～55 μm。

10 截形棘隙吸虫　　*Echinochasmus truncatum* Wang, 1976

【关联序号】23.7.13（23.1.13）/　。
【宿主范围】成虫寄生于犬的肠道。
【地理分布】福建、广东。
【形态结构】虫体呈长梨形，体后部膨大，后端呈截状，与棘隙属其他种类都不同，大小为2.560 mm×0.560～1.200 mm。体表具棘，体表棘自头领后缘开始分布，向后至卵巢外缘止。头领小，宽0.240 mm，具头棘20枚，排成1列，背部中央间断，头棘大小为0.038～0.042 mm×0.010～0.011 mm。口吸盘呈圆形，位于虫体前端，大小为0.125 mm×0.120 mm。腹吸盘近圆形，位于虫体前1/2的后半部，大小为0.332 mm×0.320 mm。前咽不明显，咽靠近口吸盘，大小为0.140 mm×0.870 mm，食道长0.210 mm，两肠支沿虫体两侧向后达后睾丸。睾丸2枚，前后排列位于虫体后1/2的中部；前睾丸呈横棒状，具浅裂，大小为0.160 mm×0.480 mm；后睾丸为亚球形，大小为0.456 mm×0.480 mm。雄茎囊位于肠叉与腹吸盘之间，大小为0.196 mm×0.192 mm。卵巢呈椭圆形，位于前睾丸与腹吸盘之间，直径为0.158 mm。卵黄腺自前睾丸的两侧开始分布，至虫体末端，在睾丸后方两侧的卵黄腺不汇合。子宫较短，盘曲于腹吸盘与卵巢之间，内含虫卵约20枚。虫卵大小为86～88 μm×52 μm。

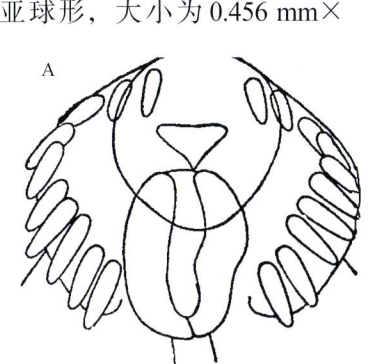

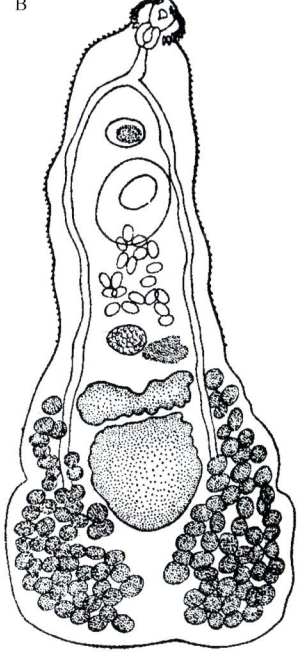

图10　截形棘隙吸虫 *Echinochasmus truncatum*
A、B. 引 赵辉元（1996）

1.2 棘缘属

Echinoparyphium Dietz, 1909

【宿主范围】成虫寄生于鸟类和哺乳动物的肠道。

【形态结构】虫体小到中型，前部细长，后部近圆柱形，后端渐呈锥形，最大宽度在腹吸盘水平。体表具小棘，分布于体前部，可达睾丸水平。头领发达呈肾形，腹面隆起明显；具头棘29~45枚，呈2列，背部中央无间断，外侧列棘较细小，内侧列棘稍长大，每边角棘4或5枚。口吸盘呈球形，位于前端位或亚前端。腹吸盘大，呈亚球形，位于虫体的第2个1/4处，或稍靠前。前咽短，咽为肌质，食道较长，肠分叉于腹吸盘前或有一定距离。睾丸呈椭圆形，前后排列，边缘光滑或不规则，位于虫体后1/2的中央。雄茎囊发达，呈长卵圆形，前端达腹吸盘的前背侧，后端至腹吸盘的后边缘；贮精囊简单，或为双囊状，或呈扭曲的管状；前列腺小；雄茎很长，为管状，无刺。卵巢小，呈球形，位于赤道前的中央或亚中央。梅氏腺明显，具受精囊。卵黄腺滤泡较大，分布于腹吸盘后虫体的两侧，在睾丸之后向中线靠近但不汇合。子宫很短，内含少数虫卵。排泄囊分叉较靠后，排泄孔位于体末端。模式种：美丽棘缘吸虫［*Echinoparyphium elegans* (Looss, 1899) Dietz, 1909］。

11 棒状棘缘吸虫

Echinoparyphium baculus (Diesing, 1850) Lühe, 1909

【关联序号】23.2.X（23.2.1）/ 。

【同物异名】梅氏双盘吸虫（*Distoma mergi* Rudolphi, 1819）；棒状双盘吸虫（*Distoma baculus* Diesing, 1850）；棒状棘口吸虫（*Echinostoma baculus* (Diesing, 1850) Stossich, 1892）；有刺棘口吸虫（*Echinostoma echinatum* Mühling, 1898）。

【宿主范围】成虫寄生于鸭的肠道。

【地理分布】安徽、福建、江西（野禽）、台湾。

【形态结构】虫体为长叶形，前端稍尖，后端稍圆，腹吸盘处最宽，大小为1.800~2.880 mm×0.380~0.510 mm。体表具棘，体表棘自头领后缘开始分布，至腹吸盘与卵巢之

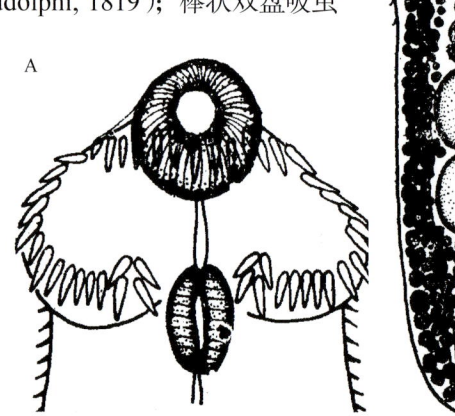

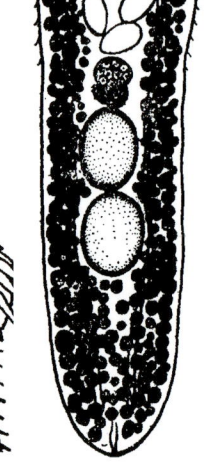

图 11 棒状棘缘吸虫 *Echinoparyphium baculus*
A，B. 引 王溪云和周静仪（1993）

间止。头领为肾形或半圆形，宽 0.224～0.240 mm，具头棘 45 枚，左右腹角棘各 4 或 5 枚，侧棘各 5 枚，其余头棘按前后两列等距离排列，背侧中央不间断。口吸盘为类球形，位于虫体前端亚腹面，大小为 0.078～0.096 mm×0.075～0.092 mm。腹吸盘为类球形，位于虫体前 1/2 的后半部，大小为 0.220～0.280 mm×0.210～0.270 mm。前咽长 0.030～0.050 mm，咽为椭圆形，大小为 0.075～0.085 mm×0.055～0.068 mm，食道较长，两肠支向后延伸至虫体亚末端。睾丸呈短椭圆形，边缘完整，前后排列于虫体后 1/2 内，前睾丸大小为 0.130～0.180 mm×0.120～0.150 mm，后睾丸大小为 0.140～0.200 mm×0.120～0.150 mm。雄茎囊呈袋状，斜位于肠分叉与腹吸盘之间，后端达腹吸盘前 1/3 的背部，大小为 0.150～0.190 mm×0.070～0.090 mm。卵巢为球形，位于虫体 1/2 处的正中央，直径为 0.070～0.090 mm。卵黄腺自腹吸盘后缘的两侧开始分布，至虫体的亚末端，在后睾丸后两侧卵黄腺相汇合。子宫不发达，内含少数虫卵。虫卵大小为 98～102 μm×62～66 μm。

12 刀形棘缘吸虫　　*Echinoparyphium bioccalerouxi* Dollfus, 1953

【关联序号】23.2.1（23.2.2）/　　。

【宿主范围】成虫寄生于鸡的肠道。

【地理分布】福建（野禽）、广东、江西（野禽）。

【形态结构】虫体呈长叶状，两端狭窄，中部稍向腹面弯曲呈小刀形，大小为 2.100～3.000 mm×0.520～0.560 mm。体表具棘，体表棘自头领后开始分布，直到后睾丸之后。具头棘 43 枚，左右腹角棘各 4 枚、侧棘各 3 枚，其余 29 枚按内外两列排列，背侧中央不间断。口吸盘为圆形，位于虫体前端，大小为 0.095～0.105 mm×0.105～0.125 mm。腹吸盘为卵圆形，位于虫体前 1/4 处，大小为 0.250～0.280 mm×0.180～0.200 mm。前咽长约 0.080 mm，咽大小为 0.095～0.102 mm×0.095 mm，食道长 0.180～0.220 mm，肠支几乎达虫体的后端。睾丸呈纵椭圆形，前后排列于虫体的后 1/2 内，前睾丸大小为 0.220～0.250 mm×0.130～0.180 mm，后睾丸大小为 0.230～0.280 mm×0.150～0.200 mm。雄茎囊为纵椭圆形，位于腹吸盘的前部背面，大小为 0.150 mm×0.090 mm。卵巢近圆形，位于虫体中部的中央，大小为 0.120～0.150 mm×0.070～0.090 mm。卵黄腺由小球形滤泡组成，位于虫体两

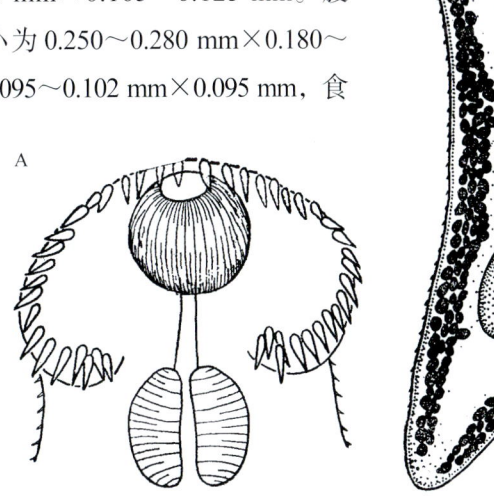

图 12　刀形棘缘吸虫 *Echinoparyphium bioccalerouxi*
A、B. 引王溪云和周静仪（1993）

侧，自腹吸盘后一定距离开始分布，向后延伸至虫体的亚末端，在后睾丸后两侧卵黄腺不汇合。子宫不发达，内含少数虫卵。虫卵大小为88～98 μm×54～56 μm。

13　中国棘缘吸虫　*Echinoparyphium chinensis* Ku, Li et Zhu, 1964

【关联序号】23.2.2（23.2.3）/　。
【宿主范围】成虫寄生于鸭的肠道。
【地理分布】重庆、广东、四川、云南、浙江。
【形态结构】虫体呈粗叶形，前端为瓶口状，后端钝圆，大小为5.080～7.140 mm×1.160～1.510 mm，体长与体宽之比为4∶1。体表棘尖而细，在头领下缘分布最密，自腹吸盘之后逐渐稀疏，止于睾丸前方。头领较大，宽0.510～0.610 mm，具头棘37枚；左右腹角棘各5枚，呈2列，内列角棘3枚、外列角棘2枚；其余27枚按内外两列排列，背侧中央不间断。口吸盘为圆形，位于虫体前端，直径为0.200～0.280 mm。腹吸盘为圆形，直径为0.700～0.880 mm，腹吸盘

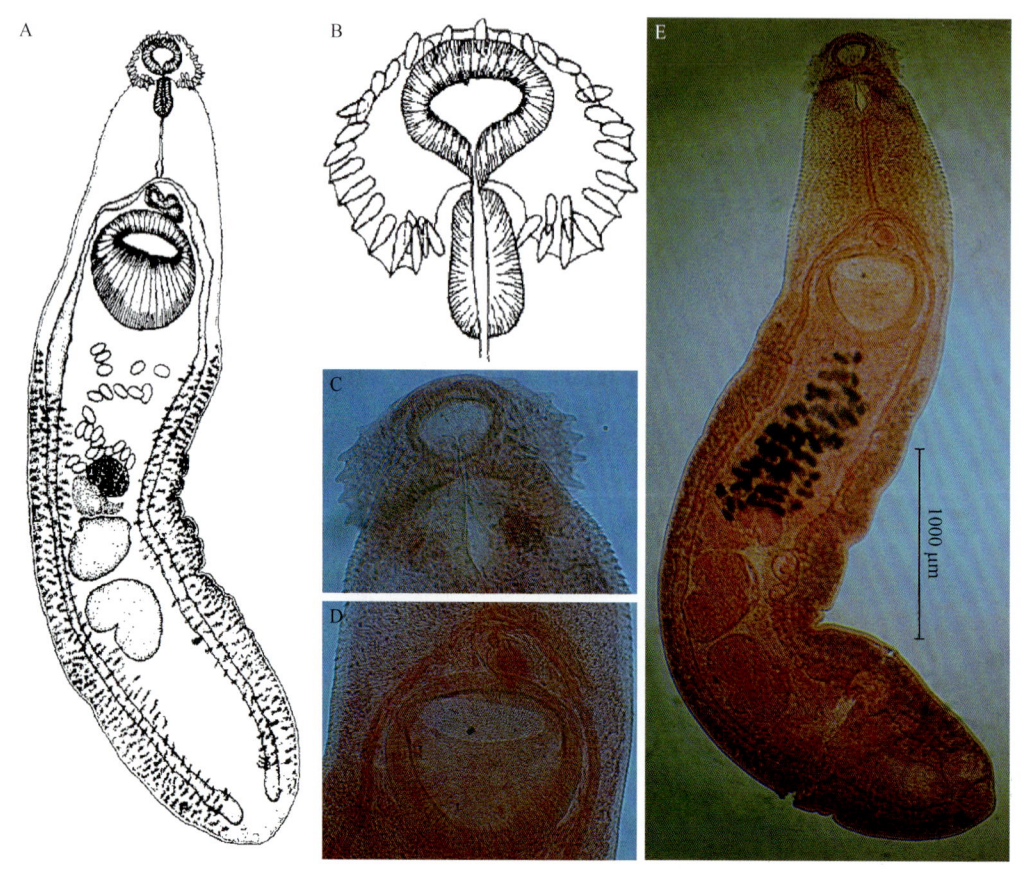

图13　中国棘缘吸虫 *Echinoparyphium chinensis*
A，B. 引顾昌栋等（1964）；C～E. 原图（SASA）

与口吸盘之间的距离为 0.630～0.810 mm。前咽长 0.066 mm，咽长 0.180～0.230 mm，食道长 0.330～0.410 mm，肠支达虫体亚末端。睾丸 2 枚，形状多变，有类椭圆形、不规则肾形、扭曲成三节形等，前后排列于虫体后 1/2 的前方，前睾丸大小为 0.430～0.710 mm×0.380～0.550 mm，后睾丸大小为 0.580～0.810 mm×0.350～0.580 mm，后睾丸与体末端的距离为 1.330～2.480 mm。雄茎囊横列于腹吸盘与肠叉之间，大小为 0.320～0.520 mm×0.170～0.330 mm。卵巢为横椭圆形，位于虫体 1/2 处的中央偏右方，大小为 0.220～0.280 mm×0.330～0.410 mm。卵黄腺为滤泡状，起于腹吸盘之后的虫体两侧，向后延伸至虫体亚末端，在睾丸之后不汇合。子宫环不多，盘曲于腹吸盘与前睾丸之间，内含虫卵 10～83 枚。虫卵大小为 100～110 μm×53～66 μm。

14　美丽棘缘吸虫　*Echinoparyphium elegans* (Looss, 1899) Dietz, 1909

【关联序号】23.2.4（23.2.5）/ 。
【宿主范围】成虫寄生于鸭的肠道。

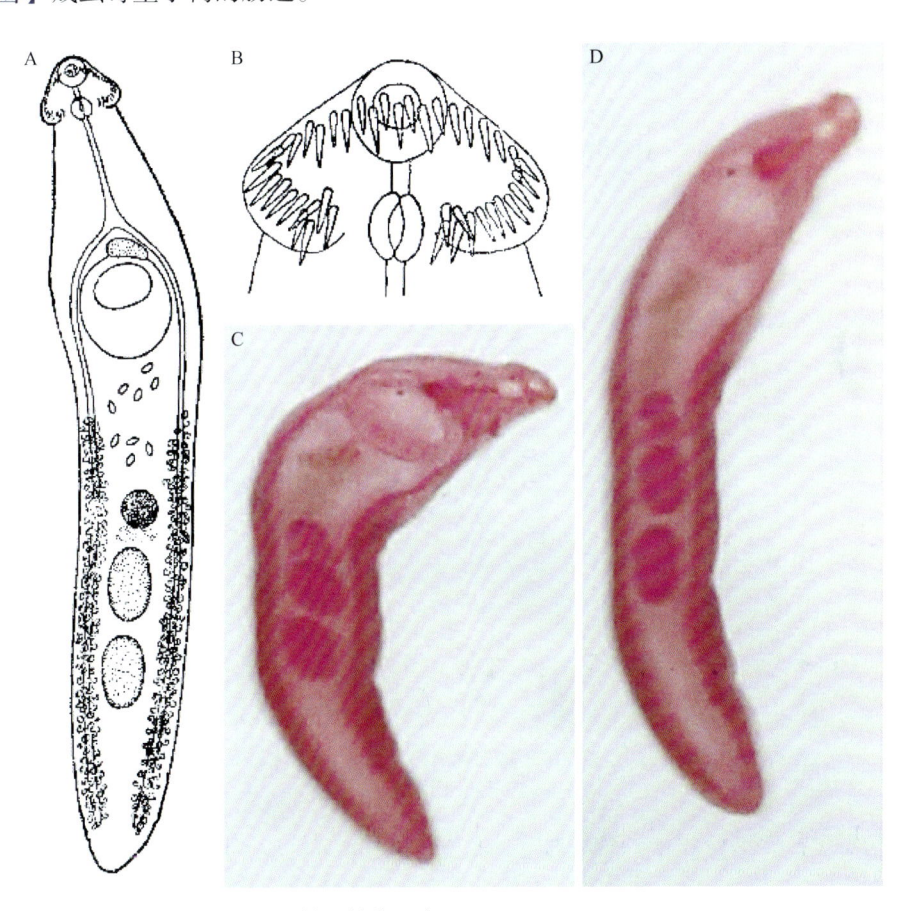

图 14　美丽棘缘吸虫 *Echinoparyphium elegans*
A，B. 引 汪溥钦（1959a）；C，D. 原图（SCAU）

【地理分布】福建（野禽）、广东。

【形态结构】虫体呈长叶形，两端稍尖，腹吸盘处最宽，大小为 1.500~1.900 mm×0.240~0.290 mm。体表具棘，体表棘自头领之后开始分布，至腹吸盘后缘。头领发达，宽 0.208~0.212 mm，具头棘 41 枚，左右腹角棘各 5 枚密集成堆，其余 31 枚前后两排相互排列，背侧中央不间断。口吸盘为近圆形，大小为 0.080 mm×0.076 mm。腹吸盘近圆形，位于虫体前 1/2 的后半部，大小为 0.208~0.252 mm×0.208~0.288 mm。有前咽，咽大小为 0.064 mm×0.068 mm，食道长 0.280~0.340 mm，两肠支沿虫体两侧向后延伸至虫体亚末端。睾丸 2 枚，呈纵椭圆形，前后排列于虫体后 1/2 的中部，前睾丸大小为 0.112~0.176 mm×0.096~0.128 mm，后睾丸大小为 0.152~0.192 mm×0.096~0.128 mm。雄茎囊为横椭圆形，位于肠叉与腹吸盘之间，大小为 0.096 mm×0.032 mm。卵巢为近圆形，位于虫体后 1/2 的前部中央，大小为 0.064 mm×0.072 mm。卵黄腺自腹吸盘与卵巢之间的虫体两侧开始分布，至虫体亚末端，在睾丸后方左右两侧的卵黄腺不汇合。子宫盘曲于腹吸盘与卵巢之间，内含少数虫卵。

15 鸡棘缘吸虫 *Echinoparyphium gallinarum* Wang, 1976

【关联序号】23.2.5（23.2.6）/86。

【宿主范围】成虫寄生于鸡的小肠。

【地理分布】安徽、福建、广东、贵州、江西、浙江。

【形态结构】虫体呈长叶形，腹吸盘前部逐渐狭小，大小为 3.520~4.800 mm×0.880~1.120 mm。体表具棘，体表棘从头领后缘开始分布，至腹吸盘后缘止。头领发达，宽 0.260~0.350 mm，具头棘 39 枚，左右腹角棘各 5 枚，其余 29 枚按内外列等距离排列，背侧中央不间断，内列棘小于外列棘，内列棘大小为 0.046~0.052 mm×0.013~0.014 mm，外列棘大小为 0.060~0.068 mm×0.016~0.017 mm。口吸盘为椭圆形，位于虫体前端，大小为 0.128~0.175 mm×0.096~0.140 mm。腹吸盘呈类圆形，位于虫体前 1/3 处，大小为 0.360~0.400 mm×0.352~0.416 mm。前咽长 0.060 mm，咽大小为 0.105~0.125 mm×0.096~0.098 mm，食道长 0.320~0.560 mm，两肠支沿虫体两侧伸至虫体亚末端。睾丸 2 枚，前后排列于虫体后 1/2，边缘具有 6~8 个分叶，前睾丸大小为 0.480~0.640 mm×0.400~0.560 mm，后睾丸大小为 0.528~0.720 mm×0.352~0.520 mm。雄茎囊位于腹吸盘与肠分叉之间，大小为 0.352~0.400 mm×0.128~0.160 mm，雄茎发达，常伸出体外。卵巢呈类球形，位于前睾丸之前，直径为 0.160~0.192 mm。卵黄腺发达，由球状滤泡组成，自腹吸盘后缘开始分布，向后延伸至虫体末端，在后睾丸后两侧的卵黄腺在体中央汇合或不汇合。子宫较发达，盘曲于腹吸盘与前睾丸之间，内含多量虫卵。虫卵大小为 98~102 μm×52~55 μm。排泄囊为管状，开口于虫体的末端。

| 1 棘口科 | 31

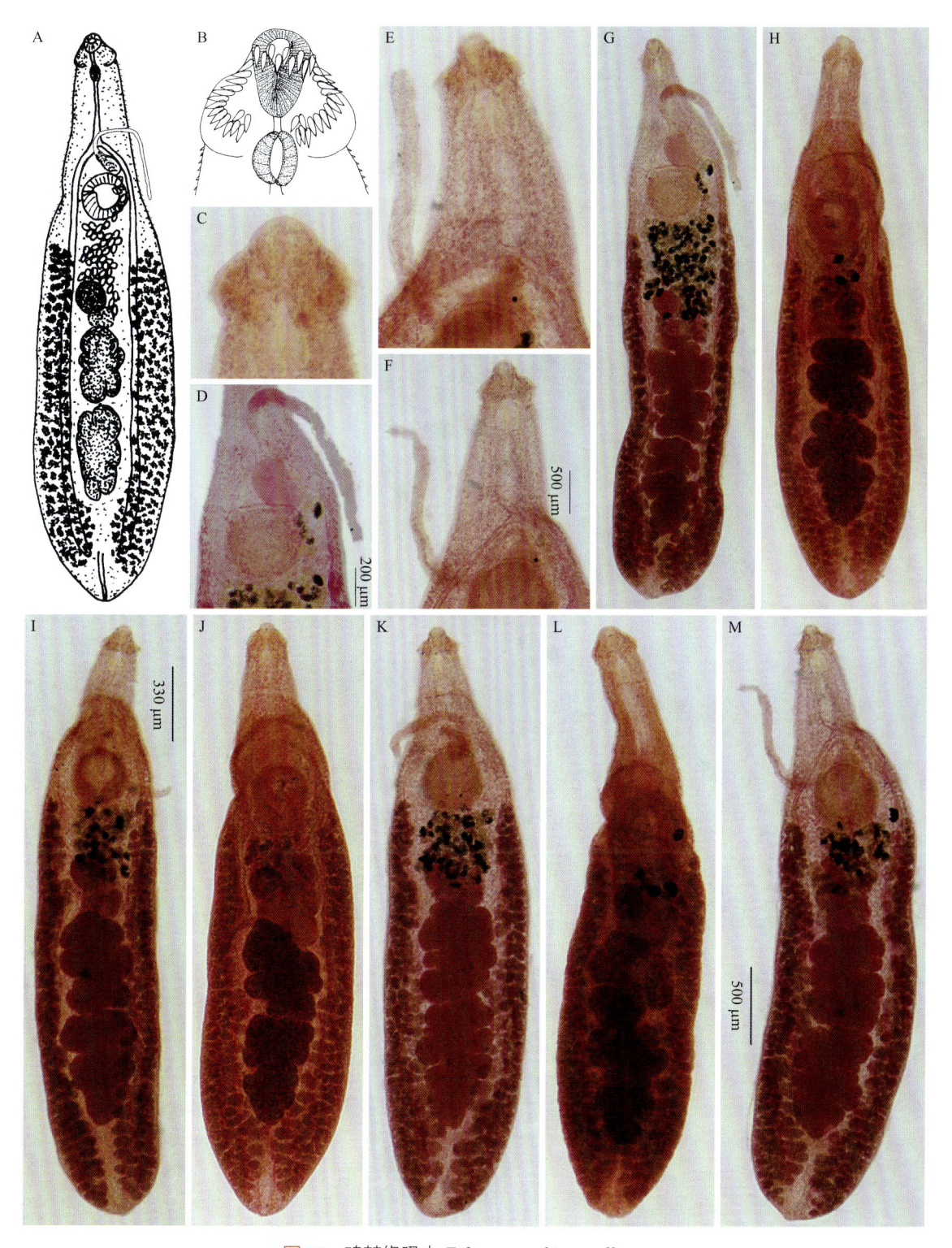

图15 鸡棘缘吸虫 *Echinoparyphium gallinarum*
A，B. 引 黄兵 等（2006）；C～M. 原图（SHVRI）

16 赣江棘缘吸虫 *Echinoparyphium ganjiangensis* Wang, 1985

【关联序号】23.2.6（23.3.7）/87。
【宿主范围】成虫寄生于鸭的直肠。
【地理分布】江西。
【形态结构】虫体前端稍尖，后端钝圆，前睾丸处最宽，大小为 3.212～4.368 mm×0.688～1.040 mm。体表棘自头领下缘开始分布，止于卵巢之前，腹吸盘前粗而密，向后逐渐变细而稀。头领呈肾形，横径为 0.368～0.484 mm，具头棘 39 枚；左右腹角棘各 5 枚，前内角棘短粗，大小为 0.053～0.067 mm×0.013～0.017 mm，后内角棘中等，大小为 0.056～0.069 mm×0.013～0.020 mm，后外角棘最大，大小为 0.069～0.076 mm×0.015～0.022 mm；左右侧棘各 5 枚，侧棘排成 1 列；其余 19 枚为背棘，按内外两环排列，背侧中央不间断，内环 9 枚，外环 10 枚，外

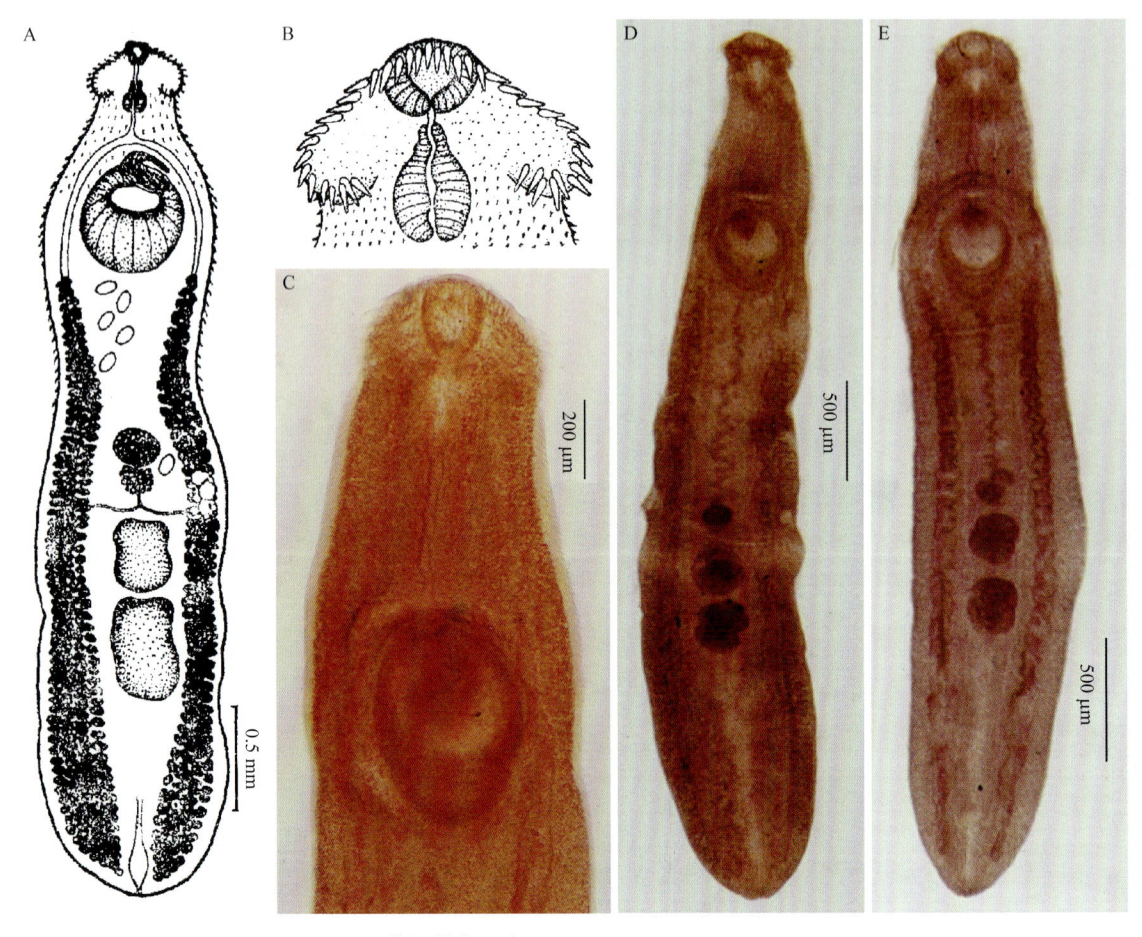

图 16　赣江棘缘吸虫 *Echinoparyphium ganjiangensis*
A，B. 引 王溪云（1985）；C～E. 原图（SHVRI）

环棘大于内环棘，外环背棘大小为 0.059～0.089 mm×0.013～0.017 mm。口吸盘为类圆形，位于虫体前端的腹面，大小为 0.115～0.132 mm×0.145～0.165 mm。腹吸盘为圆盘形，位于虫体前 1/4 的后半部，大小为 0.544～0.640 mm×0.544～0.560 mm。前咽长 0.011～0.016 mm，咽大小为 0.118～0.165 mm×0.108～0.165 mm，食道长 0.198～0.231 mm，两肠支沿虫体两侧向后伸至虫体亚末端。睾丸 2 枚，呈长椭圆形或不规则的长方形，前后排列于虫体后半部的中央，前睾丸大小为 0.352～0.496 mm×0.272～0.352 mm，后睾丸大小为 0.512～0.560 mm×0.240～0.336 mm。雄茎囊位于腹吸盘的背面偏左侧或居中央，前端稍突出于腹吸盘的前缘，后端达腹吸盘的中部，大小为 0.288～0.320 mm×0.160～0.190 mm。卵巢呈类圆形或横椭圆形，位于前睾丸之前，大小为 0.176～0.192 mm×0.224～0.230 mm。梅氏腺位于卵巢与前睾丸之间。卵黄腺由小型球状的卵黄腺滤泡组成，自腹吸盘后两侧水平开始，止于虫体后端，在后睾丸后两侧的卵黄腺滤泡不汇合。子宫不发达，内含少数虫卵。虫卵大小为 99～108 μm×53～66 μm。排泄管呈直管状，开口于虫体的末端。

17　洪都棘缘吸虫　*Echinoparyphium hongduensis* Wang, 1985

【关联序号】23.2.7（23.2.8）/　。

【宿主范围】成虫寄生于鹅的直肠。

【地理分布】江西。

【形态结构】虫体前端稍狭，后端钝圆，大小为 1.906～2.946 mm×0.640～0.928 mm。体表棘自头领后缘开始，由密而稀向后延伸，止于后睾丸的后缘。头领呈肾形，宽 0.288～0.388 mm，具头棘 36 或 37 枚，左右腹角棘和侧棘各 5 枚，背棘 16 或 17 枚，排成内外两列，背侧中央不间断。口吸盘位于虫体前端亚腹面，大小为 0.099～0.155 mm×0.083～0.138 mm。腹吸盘为圆盘状，位于虫体前 1/3 处，大小为 0.400～0.512 mm×0.384～0.512 mm。前咽长 0.033～0.066 mm，咽为短椭圆形，大小为 0.082～0.138 mm×0.099～0.132 mm，食道长 0.133～0.249 mm，两肠支沿虫体两侧延伸到虫体后端。睾丸 2 枚，呈不规则的长方形或正方形，位于虫体后 1/2 内，大多数睾丸中部稍有凹陷，前后睾丸略有重叠，前睾丸大小为 0.240～0.400 mm×0.176～0.272 mm，后睾丸大小为 0.240～0.416 mm×0.160～

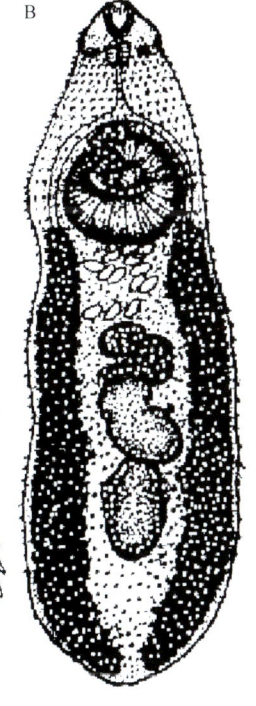

图 17　洪都棘缘吸虫 *Echinoparyphium hongduensis*
A，B. 引王溪云（1985）

0.244 mm。雄茎囊呈长椭圆形，位于腹吸盘右背部，末端过腹吸盘的中部，大小为 0.240~0.320 mm×0.112~0.176 mm。卵巢为圆形或球形，位于前睾丸之前的中央，大小为 0.096~0.128 mm×0.128~0.192 mm。卵黄腺起于腹吸盘的后 1/3 两侧水平，至虫体末端，在后睾丸后两侧的卵黄腺一般不汇合，但部分虫体在后睾丸后亦被散在的卵黄腺滤泡所填充。子宫不发达，内含虫卵 5~18 枚。虫卵大小为 66~106 μm×49~69 μm。

18 柯氏棘缘吸虫　　*Echinoparyphium koidzumii* Tsuchimochi, 1924

【关联序号】23.2.8（23.2.9）/88。
【宿主范围】成虫寄生于鸭的盲肠。
【地理分布】江西。
【形态结构】虫体为长叶状，前端向腹面弯曲，以腹吸盘处较宽，大小为 1.830~2.540 mm×0.410~0.514 mm。体表棘从头领末端开始分布，由密而疏向后至腹吸盘后缘处。头领呈肾形，宽 0.210~0.240 mm，具头棘 45 枚，左右腹角棘各 5 枚，侧棘 4 枚，其余棘按内外两列排列，

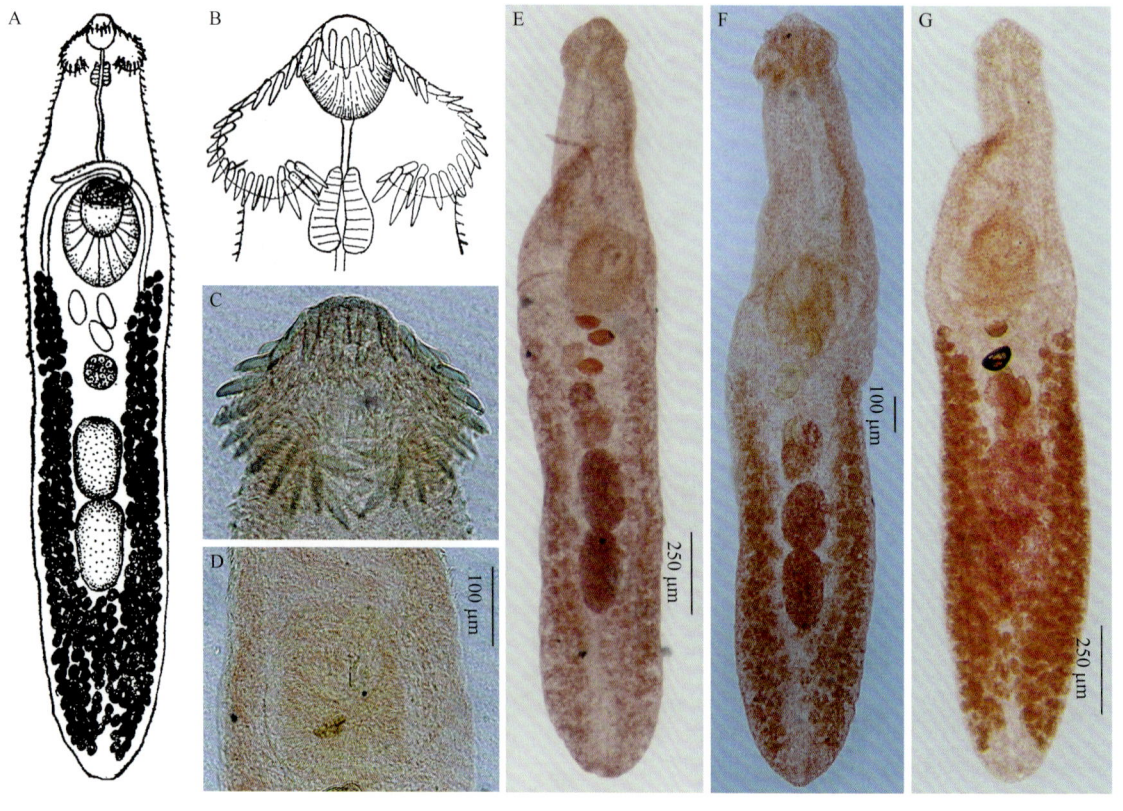

图 18　柯氏棘缘吸虫 *Echinoparyphium koidzumii*
A，B. 引王溪云和周静仪（1993）；C~G. 原图（SHVRI）

背侧中央不间断，内列棘大小为 0.047 mm×0.012 mm，外列棘大小为 0.064 mm×0.012 mm。口吸盘呈类圆形，位于虫体前端，大小为 0.096～0.110 mm×0.096～0.110 mm。腹吸盘呈椭圆形，位于体前 1/3 处，大小为 0.289～0.319 mm×0.193～0.302 mm。前咽长 0.022～0.027 mm，咽大小为 0.086～0.098 mm×0.082～0.101 mm，食道长 0.130～0.200 mm，两肠支沿虫体两侧伸至虫体亚末端。睾丸呈长椭圆形或不规则的长方形，前后排列于虫体后 1/2 的前半部，前睾丸大小为 0.234～0.386 mm×0.124～0.202 mm，后睾丸大小为 0.251～0.404 mm×0.124～0.224 mm。雄茎囊呈椭圆形，位于腹吸盘与肠分叉之间，雄茎较长，有时可伸出体外。卵巢呈类球状，位于前睾丸之前，大小为 0.130 mm×0.130 mm。卵黄腺由中型滤泡组成，自腹吸盘后缘水平开始，终于虫体亚末端，在后睾丸后两侧的卵黄腺相汇合。子宫不发达，内含虫卵 1～5 枚。虫卵大小为 88～92 μm×58～62 μm。

19 隆回棘缘吸虫　　*Echinoparyphium longhuiense* Ye et Cheng, 1994

【关联序号】23.2.9（23.2.10）/ 。
【宿主范围】成虫寄生于鸭的小肠。
【地理分布】湖南。

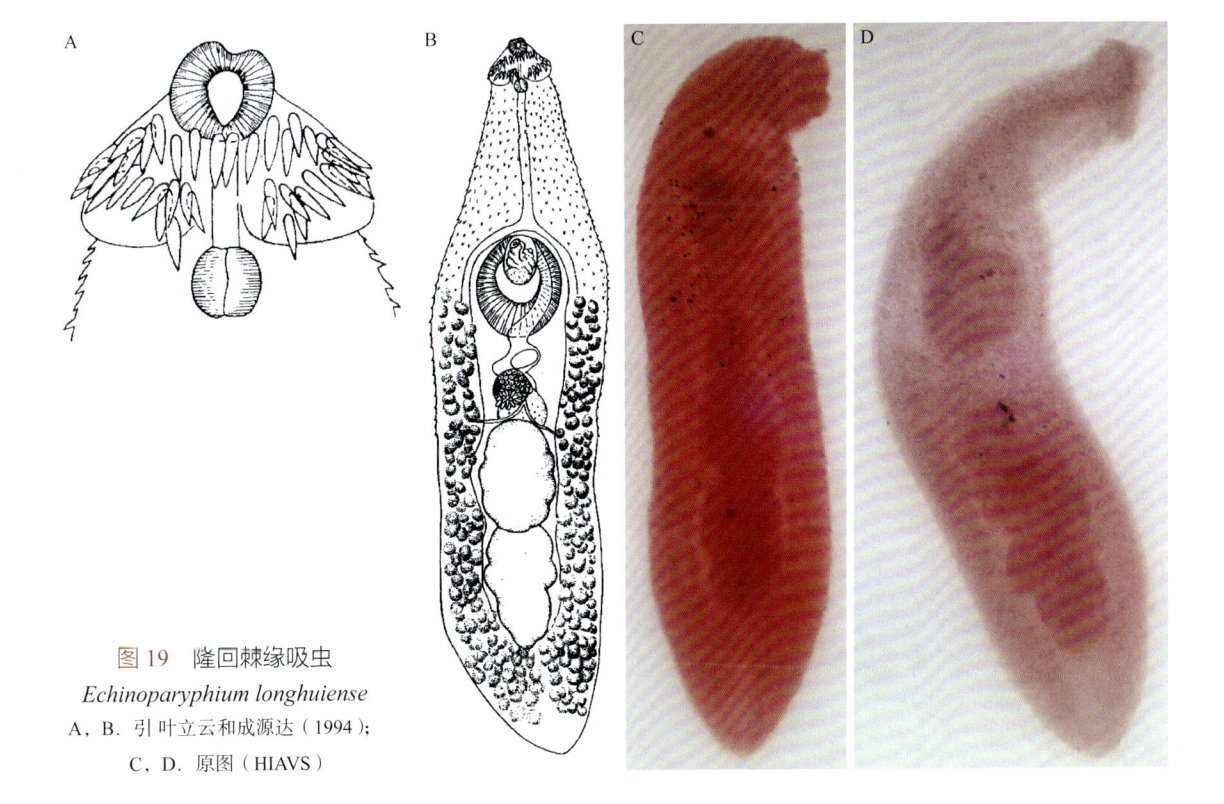

图 19　隆回棘缘吸虫
Echinoparyphium longhuiense
A，B. 引叶立云和成源达（1994）；
C，D. 原图（HIAVS）

【形态结构】虫体呈舌形，前端较窄，腹吸盘处最宽，大小为 1.474～2.010 mm×0.375～0.495 mm。体表棘自头领后缘起，由密而大逐渐稀而小，止于前睾丸前缘水平线。头领为肾形，大小为 0.132～0.205 mm×0.182～0.231 mm，具头棘 39 枚，左右腹角棘各 5 枚，其余 29 枚分成前后两列不间断排列，前列棘 15 枚，后列棘 14 枚。口吸盘位于虫体顶端，大小为 0.060～0.080 mm×0.057～0.080 mm。腹吸盘近圆盘状，位于体前 1/3 的后缘，大小为 0.182～0.294 mm×0.166～0.234 mm。前咽长 0.016～0.048 mm，咽大小为 0.045～0.064 mm×0.045～0.057 mm，食道长 0.258～0.335 mm，两肠支沿虫体两侧延伸至后睾丸水平。睾丸 2 枚，前后排列于虫体赤道线之后，两睾丸接触或前睾丸后缘与后睾丸前缘重叠，睾丸边缘有浅分叶，后睾丸前宽后窄呈楔形，前睾丸大小为 0.281～0.335 mm×0.201～0.268 mm，后睾丸大小为 0.268～0.375 mm×0.161～0.201 mm。卵巢为圆形，位于虫体的中部中央，大小为 0.096～0.134 mm×0.060～0.112 mm。卵黄腺为滤泡状，自腹吸盘中部水平线起，向后延至虫体亚末端，在后睾丸后的虫体中央汇合。子宫较宽，内含虫卵 1 或 2 枚。虫卵大小为 92～94 μm×43～54 μm。

20 小睾棘缘吸虫 *Echinoparyphium microrchis* Ku, Pan, Chiu, et al., 1973

【关联序号】23.2.10（23.2.11）/ 。
【宿主范围】成虫寄生于鸭的小肠、盲肠。
【地理分布】河北（野禽）、云南。
【形态结构】虫体呈舌状，前端趋窄，后部较宽，后缘钝圆，体长 4.051 mm，体中部最宽为 1.062～1.152 mm。体表棘稀疏而微细，始于虫体前端，止于腹吸盘后缘。头领呈肾形，宽 0.630～0.684 mm，具头棘 35 枚，左右腹角棘各 4 枚，背侧棘 27 枚分为两行排列，在背侧中央不间断。口吸盘为扁圆形，位于虫体前端腹面，大小为 0.198～0.216 mm×0.234 mm。腹吸盘呈漏斗形，前宽后渐窄，位于虫体前 1/3 的后半部，大小为 0.684～0.720 mm×0.630～0.720 mm。前咽短，仅长 0.036 mm，咽大小为 0.162～0.182 mm×0.126～0.144 mm，食道长 0.414～0.430 mm，两肠支沿虫体两侧延伸至亚末端。睾丸 2 枚，形态不规则，边缘有微细缺刻，前后排列于虫体后 1/3 处，前睾丸大小为 0.162～0.270 mm×0.234～0.252 mm，后睾丸大小为 0.216～0.306 mm×0.198～0.234 mm。雄茎囊斜列于腹吸盘前缘右侧。卵巢呈扁球形，

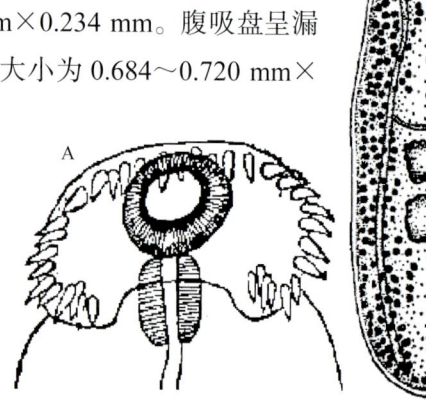

图 20 小睾棘缘吸虫 *Echinoparyphium microrchis*
A、B. 引 顾昌栋 等（1973）

位于前睾丸之前，大于睾丸，大小为 0.216~0.228 mm×0.342~0.378 mm。卵黄腺分布丛密，自腹吸盘后半部起从两侧伸入肠支的内侧，向后直达虫体末端，在后睾丸之后相互接近。子宫较短，内含虫卵 47~64 枚。虫卵大小为 100~104 μm×44~48 μm。

21 南昌棘缘吸虫　　*Echinoparyphium nanchangensis* **Wang, 1985**

【关联序号】23.2.12（23.2.13）/ 。
【宿主范围】成虫寄生于鹅的直肠。
【地理分布】江西。
【形态结构】虫体呈长叶状，前端较狭窄，后端钝圆，大小为 2.466~3.026 mm×0.480~0.688 mm。体表棘自头领后缘开始，至腹吸盘后缘为止。头领呈肾形，宽 0.258~0.288 mm，具头棘 37 枚，左右腹角棘各 3 枚、侧棘各 5 枚，其余 21 枚按内外两环排列，内环 11 枚，外环 10 枚，在背侧中央不间断。口吸盘为圆形，位于虫体前端亚腹面，大小为 0.076~0.099 mm×0.068~0.082 mm。腹吸盘为球形，位于虫体前 1/3 的后半部，大小为 0.336~0.368 mm×0.304~0.336 mm。前咽长 0.025~0.035 mm，咽呈椭圆形，大小为 0.053~0.086 mm×0.046~0.069 mm，食道长 0.198~0.400 mm。睾丸 2 枚，为椭圆形或稍不规则，前后排列于虫体后 1/2 处，前睾丸大小为 0.240~0.336 mm×0.162~0.228 mm，后睾丸大小为 0.288~0.432 mm×0.162~0.256 mm。雄茎囊呈长椭圆形，位于腹吸盘左背面的前缘与肠叉之间的中央，其末端常与腹吸盘前缘重叠，大小为 0.224~0.272 mm×0.112~0.160 mm。卵巢呈圆形或椭圆形，大小为 0.095~0.144 mm×0.108~0.160 mm。卵黄腺自腹吸盘后缘水平或稍前方开始，延伸至虫体末端，在后睾丸后两侧的卵黄腺相汇合。子宫不发达，内含虫卵 2~19 枚。虫卵大小为 87~103 μm×41~66 μm。

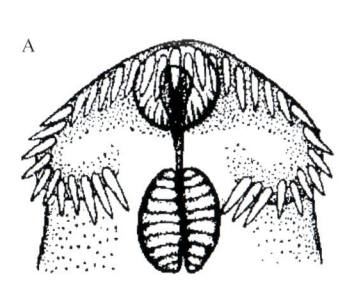

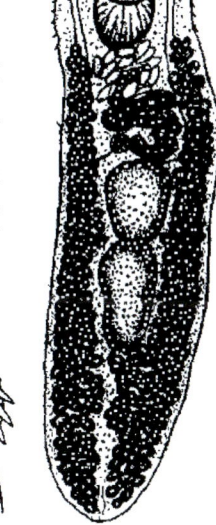

图 21　南昌棘缘吸虫 *Echinoparyphium nanchangensis*
A，B. 引 王溪云（1985）

22 圆睾棘缘吸虫　　*Echinoparyphium nordiana* **Baschirova, 1941**

【关联序号】23.2.13（23.2.14）/ 。
【宿主范围】成虫寄生于鸡、鸭、鹅的小肠。
【地理分布】重庆、福建、广东、黑龙江、江西、四川、云南。

【形态结构】虫体为长叶形，前端渐细，腹吸盘处最宽，大小为 5.120~6.400 mm×0.800~0.850 mm。体表棘自头领下缘开始分布，可达肠叉之后水平。头领为肾形，横径为 0.310~0.330 mm，具头棘 37 枚，左右腹角棘及左右侧棘各 5 枚，其余 17 枚按内外两环排列，在背侧中央不间断。口吸盘为类圆形，位于虫体前端，大小为 0.120~0.160 mm×0.130~0.160 mm。腹吸盘近圆形，位于肠叉之后，与肠叉较近，大小为 0.590~0.640 mm×0.540~0.590 mm。睾丸 2 枚，呈长椭圆形，中部略窄，前后排列于虫体后 3/4 处，前睾丸大小为 0.560~0.590 mm×0.240~0.320 mm，后睾丸大小为 0.580~0.640 mm×0.240~0.320 mm。雄茎囊位于腹吸盘的右上方，大小为 0.240~0.320 mm×0.160 mm。卵巢呈短椭圆形或球形，位于虫体的赤道线或略前的中央。卵黄腺由小型球状滤泡组成，自腹吸盘后 1/5 水平线开始，向后延伸达虫体亚末端，在后睾丸后两侧的卵黄腺不汇合。子宫盘曲于腹吸盘与卵巢之间，内含少数虫卵。虫卵大小为 99~108 μm×52~66 μm。

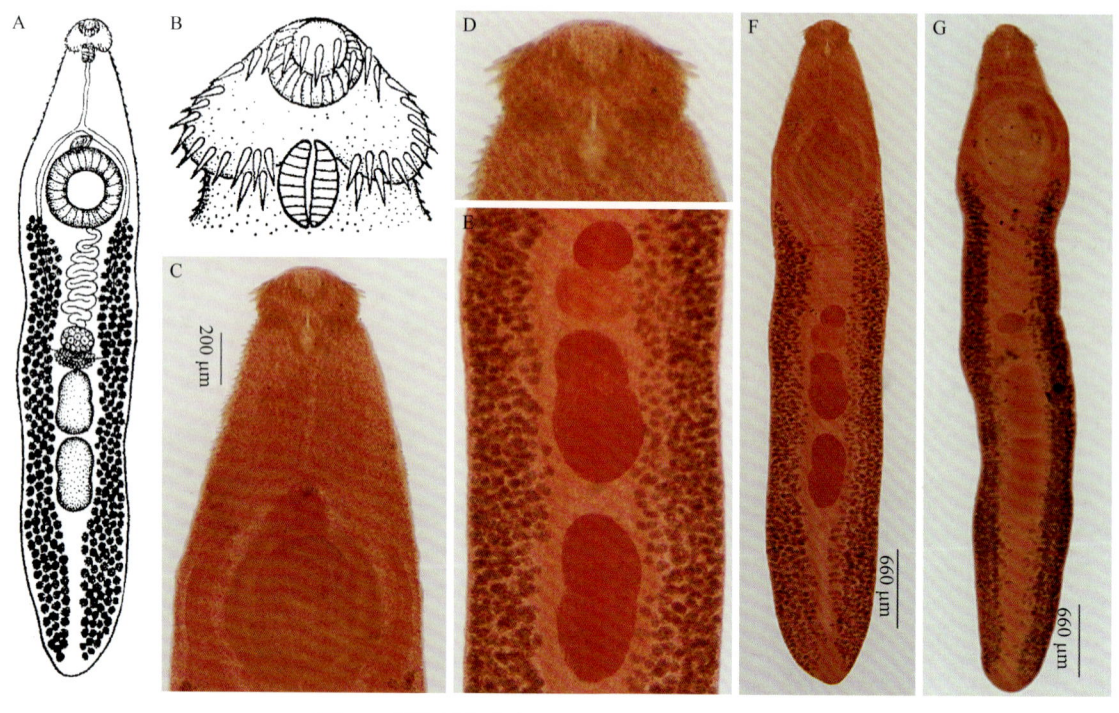

图 22 圆睾棘缘吸虫 *Echinoparyphium nordiana*
A，B. 引 王溪云和周静仪（1986）；C~G. 原图（SHVRI）

23 曲领棘缘吸虫 *Echinoparyphium recurvatum* (Linstow, 1873) Lühe, 1909

【关联序号】23.2.14（23.2.15）/89。
【宿主范围】成虫寄生于犬、兔、鸡、鸭、鹅的小肠、盲肠、直肠。

| 1 棘口科 | **39**

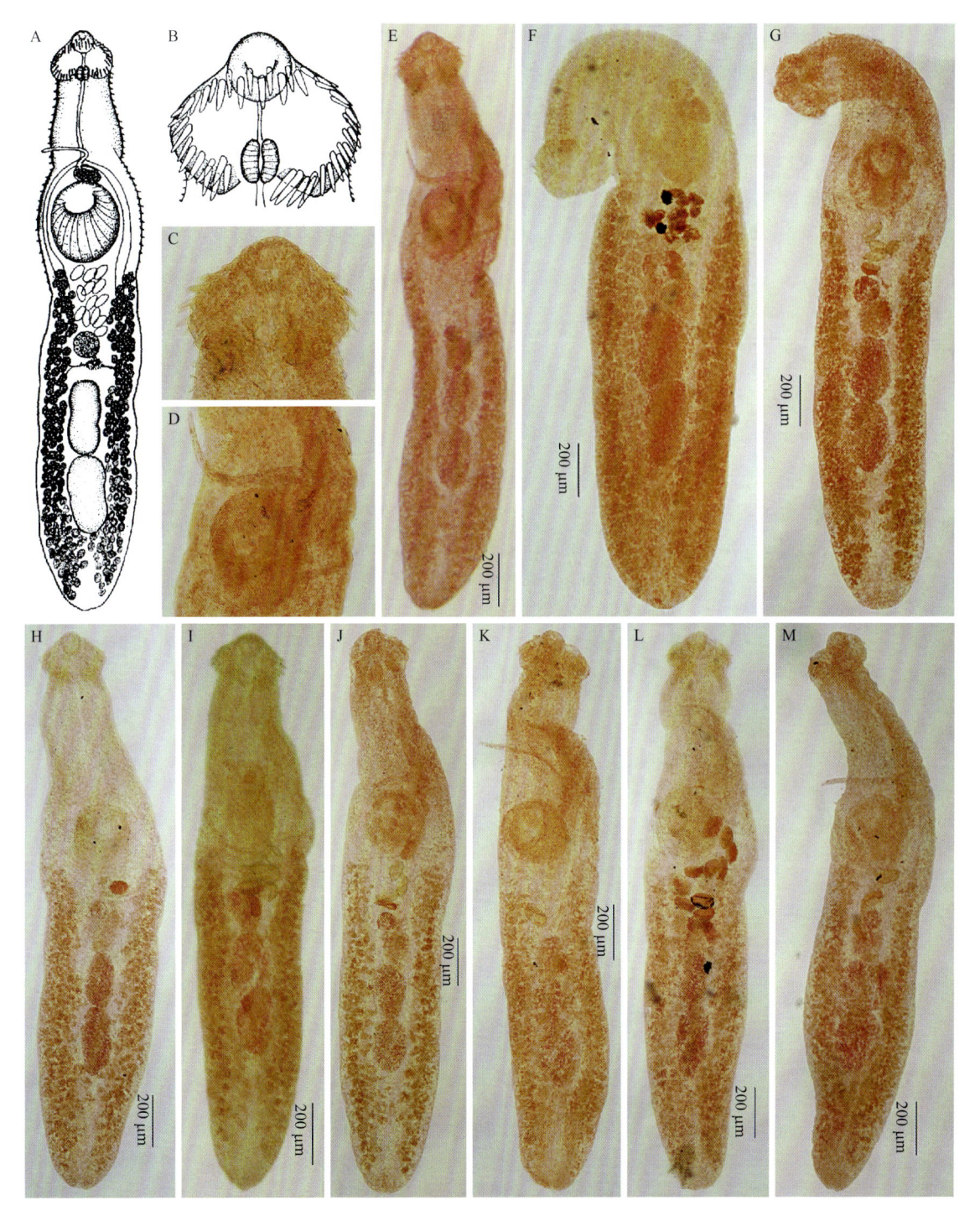

图 23 曲领棘缘吸虫 *Echinoparyphium recurvatum*
A，B. 引 土溪云和周静仪（1993）；C～M. 原图（SHVRI）

【地理分布】安徽、重庆、福建、广东、广西、贵州、河南、黑龙江、湖南、江苏、江西、宁夏、陕西、上海、四川、台湾、新疆、云南、浙江。

【形态结构】虫体小型，呈长叶形，体前部通常向腹面弯曲，腹吸盘处最宽，大小为2.240～5.640 mm×0.480～0.510 mm。体表棘自头领后缘开始分布，由密集而逐渐稀疏，终止于腹吸盘与卵巢之间。头领较发达，宽0.380～0.420 mm，具头棘45枚；左右腹角棘各5枚，排成2列，内列3枚，外列2枚，大小为0.056～0.077 mm×0.016～0.018 mm；其余35枚按前后两排相互排列，在背侧中央不间断，前列棘较小，大小为0.048～0.060 mm×0.013～0.014 mm，后列棘较粗长，大小为0.062～0.084 mm×0.014～0.015 mm。口吸盘呈圆形，位于体前端亚腹面，大小为0.084 mm×0.092 mm。腹吸盘为类球形，位于体前1/3处，大小为0.320 mm×0.320 mm。前咽长约0.050 mm，咽为卵圆形，大小为0.056 mm×0.062 mm，食道长0.450～0.620 mm，两肠支沿体侧伸至虫体亚末端。睾丸2枚，呈长椭圆形，边缘完整或略有凹陷，位于虫体的后半部，前后相接或略有重叠，前睾丸大小为0.450～0.660 mm×0.210～0.380 mm，后睾丸大小为0.450～0.720 mm×0.250～0.300 mm。雄茎囊呈袋状，斜置于腹吸盘与肠叉之间，雄茎发达，常从生殖孔伸出体外。卵巢呈球形，位于虫体赤道线附近的中央，直径为0.180～0.220 mm。卵黄腺自腹吸盘后一定距离开始分布，沿虫体两侧向后至亚末端，在后睾丸后两侧的卵黄腺通常汇合。子宫不发达，内含虫卵2～28枚。虫卵大小为86～95 μm×56～66 μm。排泄囊呈管状，位于后睾丸之后，排泄孔开口于虫体末端。

24 凹睾棘缘吸虫 *Echinoparyphium syrdariense* Burdelev, 1937

【关联序号】23.2.15（23.2.16）/90。

【宿主范围】成虫寄生于鸡的肠道。

【地理分布】江西。

【形态结构】虫体为长叶形，两端略窄，大小为3.040～4.200 mm×0.480～0.760 mm。体表棘自头领后缘开始分布，至腹吸盘后缘水平处。头领发达，为类三角形，宽0.256～0.288 mm，具头棘45枚；左右腹角棘各5枚，大小为0.045～0.052 mm×0.011～0.013 mm；其余35枚按内外两排等距离排列，背侧中央不间断，内列棘较小，大小为0.025～0.028 mm×0.007～0.009 mm，外列棘较长，大小为0.035～0.038 mm×0.010～0.011 mm。口吸盘呈圆盘形，位于虫体前端，大小为0.105～0.118 mm×0.096～0.126 mm。腹吸盘呈椭圆形，位于虫体前1/4处，大小为0.320～0.430 mm×0.352～0.355 mm。前咽长0.020～0.030 mm，咽大小为0.088～0.106 mm×0.062～0.090 mm，食道长0.280～0.420 mm，两肠支沿虫体两侧伸至虫体亚末端。睾丸呈长椭圆形或不规则的长方形，中部有凹陷，位于虫体的后半部，前后排列，前睾丸大小为0.350～0.420 mm×0.280～0.350 mm，后睾丸大小为0.360～0.460 mm×0.310～0.360 mm。雄茎囊位于

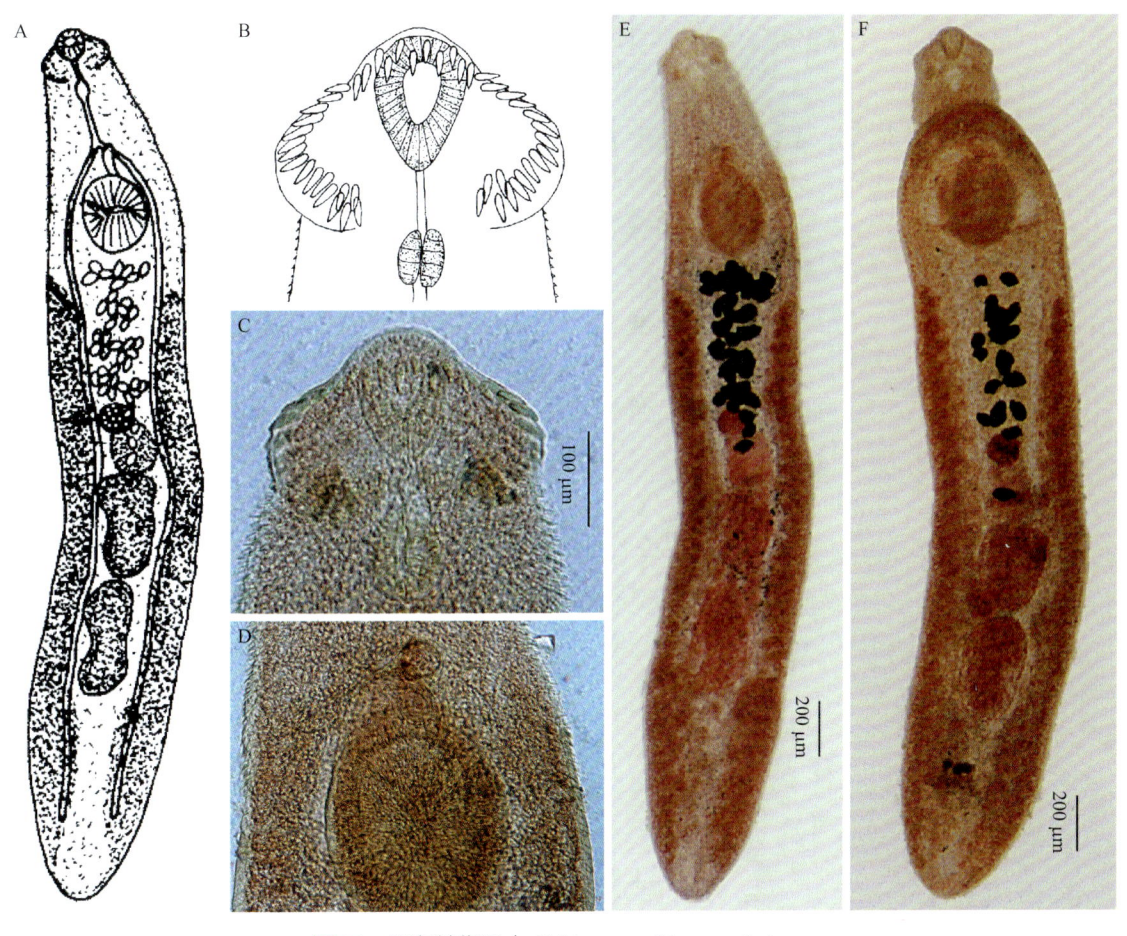

图 24 凹睾棘缘吸虫 *Echinoparyphium syrdariense*
A，B. 引黄兵等（2006）；C~F. 原图（SHVRI）

腹吸盘的前半部，紧接肠分叉之后。卵巢呈球状，位于虫体中部，大小为 0.120~0.150 mm×0.122~0.156 mm。卵黄腺从距腹吸盘一定距离开始，向后延伸至虫体亚末端，在后睾丸后两侧的卵黄腺不汇合。子宫较发达，盘曲于腹吸盘与前睾丸之间，内含虫卵 30 枚以上。虫卵大小为 88~96 μm×52~62 μm。

25 台北棘缘吸虫　　*Echinoparyphium taipeiense* Fischthal et Kuntz, 1976

【关联序号】23.2.X（23.2.17）/ 。
【宿主范围】成虫寄生于鸡的肠道。
【地理分布】台湾。
【形态结构】虫体为长叶形，末端钝圆，大小为 2.750 mm×0.495 mm。体表棘从头领下缘的腹侧延伸到卵巢水平，后端稀疏，而在肠叉之前的背侧和背外侧的体表棘不明显。头领大小为 0.215 mm×0.280 mm，具头棘 42 枚，左右腹角棘各 4 枚，侧棘各 2 枚单行排列（0.044~0.052 mm×0.010 mm），余下 30 枚呈内外两列交错连续排列，每列 15 枚。口吸盘位于虫体前端，大小为 0.133 mm×0.105 mm。腹吸盘位于虫体前 1/3 的后部，大小为 0.320 mm×0.290 mm。口吸盘与腹吸盘长度比为 1：2.41，宽度比为 1：2.76。前咽长 0.055 mm，咽大小为 0.100 mm×0.076 mm，食道长 0.270 mm，肠分叉接近于腹吸盘，狭窄的肠支向后延伸至近体末端。睾丸 2 枚，表面光滑，前后间距 0.035 mm，纵列于肠支之间，前睾丸大小为 0.186 mm×0.118 mm，后睾丸大小为 0.186 mm×0.115 mm，后睾丸距体末端 0.435 mm。雄茎囊壁厚、肌质，大小为 0.235 mm×0.140 mm，位于腹吸盘背侧偏右中部，其前端接近肠分叉；贮精囊为袋状，大小为 0.180 mm×0.120 mm，几乎充满雄茎囊；雄茎突出于生殖孔，生殖孔位于中央左侧，接近肠支；因贮精囊前部和雄茎的后部布满前列腺细胞，而未见前列腺囊。卵巢表面光滑，位于腹吸盘后 0.485 mm，睾丸前 0.375 mm，大小为 0.098 mm×0.100 mm。梅氏腺大，位于卵巢之后。卵黄腺分布于虫体两侧，从腹吸盘之后稍短距离向后延伸到肠支盲端，并与肠支重叠，极少数卵黄腺滤泡进入肠支之间，在后睾丸后两侧的卵黄腺不汇合。子宫盘曲较少，位于梅氏腺与腹吸盘之间的肠支内，内含虫卵约 20 枚。虫卵大小为 75~85 μm×51~56 μm。排泄囊具侧支，起于后睾丸，向前延伸至腹吸盘水平，排泄孔位于虫体末端。

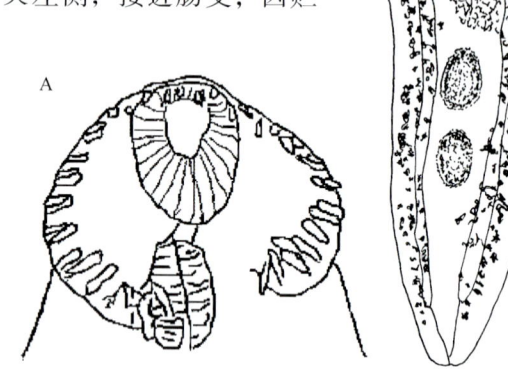

图 25 台北棘缘吸虫 *Echinoparyphium taipeiense*
A，B. 引 Fischthal 和 Kuntz（1976）

26 西伯利亚棘缘吸虫 *Echinoparyphium westsibiricum* Issaitschikoff, 1924

【关联序号】23.2.16（23.2.18）/91。

【宿主范围】成虫寄生于鸡、鸭的肠道。

【地理分布】安徽、北京、福建、广东、江西。

【形态结构】虫体呈长叶状，两端稍窄，大小为 3.760~4.800 mm×0.640~0.680 mm。体表棘自头领后缘开始，终于腹吸盘后缘处。头领发达，宽 0.315~0.320 mm，具头棘 41 枚，左右腹角棘各 4 枚，其余 33 枚按内外两列等距离连续排列，内列棘大小为 0.035~0.037 mm×0.017 mm，外列棘大小为 0.036~0.042 mm×0.017~0.018 mm。口吸盘位于虫体前端的亚腹面，大小为 0.092～0.102 mm×0.090～0.108 mm。腹吸盘位于虫体前 1/3 处，大小为 0.320～0.440 mm× 0.280～0.380 mm。前咽短，咽的大小为 0.082～0.094 mm×0.078～0.086 mm，食道长 0.180～ 0.220 mm，两肠支伸达虫体亚末端。睾丸呈不规则的长方形，中部略有凹陷，位于虫体后 1/2 的前半部，前睾丸大小为 0.280～0.340 mm×0.180～0.240 mm，后睾丸大小为 0.340～0.380 mm× 0.220～0.280 mm。雄茎囊发达，斜卧于肠分叉与腹吸盘之间，大小为 0.240～0.400 mm× 0.172～0.192 mm。卵巢呈类球状，位于虫体中部，大小为 0.150～0.180 mm×0.150～0.180 mm。卵黄腺由中型球状卵黄腺滤泡组成，始于腹吸盘后缘两侧，向后延伸到虫体末端，在后睾丸后两侧的卵黄腺相汇合。子宫发育中等，盘曲于腹吸盘与卵巢之间，内含虫卵约 20 枚。虫卵大小为 90～102 μm×54～65 μm。

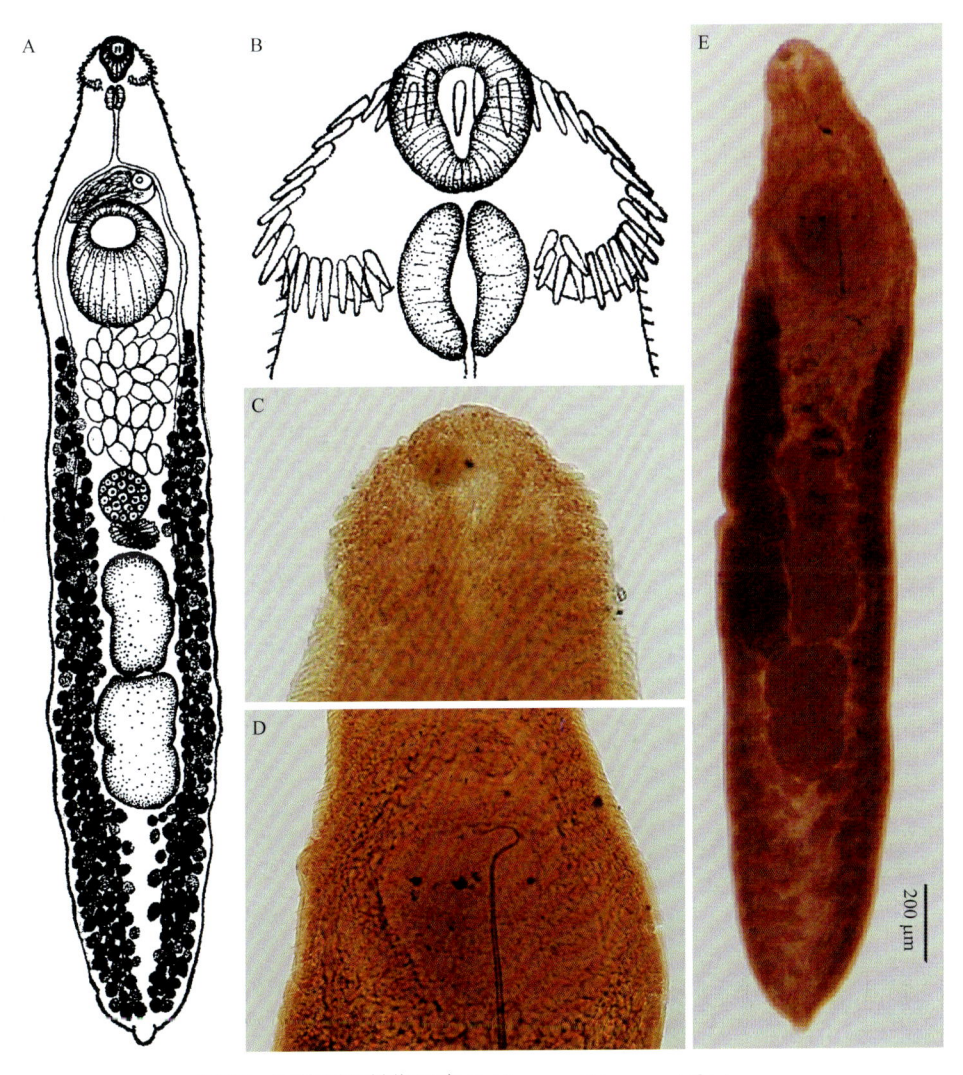

图 26　西伯利亚棘缘吸虫 *Echinoparyphium westsibiricum*

A，B. 引王溪云和周静仪（1993）；C～E. 原图（SHVRI）

27 湘中棘缘吸虫 *Echinoparyphium xiangzhongense* Ye et Cheng, 1994

【关联序号】23.2.17（23.2.19）/ 。

【宿主范围】成虫寄生于鸭的小肠。

【地理分布】湖南。

【形态结构】虫体呈叶形，前宽后狭尖，腹吸盘处最宽，大小为 1.675～2.425 mm×0.362～0.469 mm。体表棘失落。头领较小，大小为 0.215～0.248 mm×0.169～0.231 mm，具头棘 41 枚；左右腹角棘各 4 枚，粗大，排成 2 列，大小为 0.060～0.064 mm×0.011～0.013 mm；左右侧棘各 3 枚，较小，排成单列，大小为 0.013～0.058 mm×0.003～0.010 mm；其余 27 枚为背棘，按前后两排相互不间断排列，前列 13 枚较小，大小为 0.041～0.045 mm×0.006～0.008 mm，后列 14 枚较粗大，大小为 0.051～0.058 mm×0.008～0.010 mm。口吸盘位于虫体前端，大小为 0.070～0.098 mm×0.074～0.112 mm。腹吸盘位于虫体前 1/2 的后半部，大小为 0.214～0.272 mm×0.237～0.262 mm。前咽长 0.019～0.029 mm，咽在头领内，大小为 0.048～0.054 mm×0.038～0.051 mm，食道长 0.402～0.536 mm。睾丸为纵椭圆形，表面圆滑，前后排列于虫体后 1/2 的中部，两睾丸前后接触，前睾丸大小为 0.188～0.231 mm×0.107～0.144 mm，后睾丸大小为 0.201～0.255 mm×0.094～0.128 mm。雄茎囊为椭圆形，位于肠支之间，斜列或横位，底部与腹吸盘重叠，大小为 0.201～0.240 mm×0.107～0.134 mm；雄茎囊腔内 2/3 为贮精囊，1/3 为射精管盘曲，贮精囊为曲颈瓶状，生殖孔开口于肠叉处；雄茎为肌质，具刺，常伸出生殖孔。卵巢为圆形，位于虫体中部稍偏后，大小为 0.048～0.128 mm×0.057～0.118 mm。梅氏腺位于卵巢与前睾丸之间，有一个较小的卵黄囊，无受精囊。卵黄腺由中型卵黄腺滤泡组成，起于腹吸盘与卵巢之前的虫体两侧，向后延伸至虫体亚末端，在后睾丸之后的虫体中央汇合。子宫短宽，内含虫卵 1～3 枚。虫卵大小为 80～102 μm×48～57 μm。

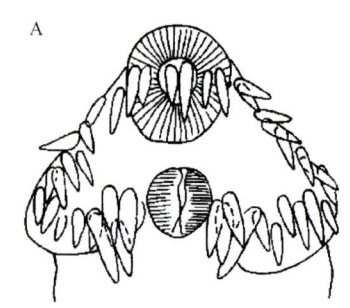

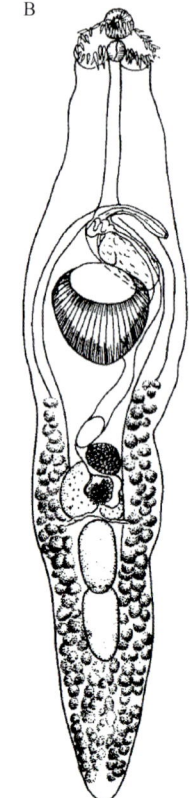

图 27 湘中棘缘吸虫 *Echinoparyphium xiangzhongense*
A，B. 引叶立云和成源达（1994）

1.3 棘 口 属
Echinostoma Rudolphi, 1809

【同物异名】小片属（*Fascioletta* Garrison, 1908）；次棘口属（*Metechinostoma* Petrochenko et Khrustaleva, 1963）。

【宿主范围】成虫寄生于鸟类和哺乳动物的肠道。

【形态结构】虫体为中到大型，长叶形，体宽为体长的10%～20%，最大宽度在腹吸盘或子宫水平处。前体很短（为体长的10%～20%），后体背腹扁平，两侧几乎平行。体表具棘，分布于腹吸盘前部区域的背面至后睾丸水平的腹面和侧面。头领发达，呈肾形，腹脊为肌质。具头棘31～55枚，侧棘单列，背棘双列，左右腹角棘各5枚，角棘长于边缘棘。口吸盘为亚球形，较小。腹吸盘大，近于前端。前咽短，咽发达，食道短。睾丸为长卵圆形，光滑，具锯齿状或浅裂，前后纵列，相连或间隔，位于赤道线后，前睾丸偶于赤道线上。雄茎囊为卵圆形到长卵圆形，位于肠叉与腹吸盘背侧后缘之间，内含贮精囊、前列腺和雄茎。贮精囊大，其后部为囊状，前部为卷曲管状；前列腺发达；雄茎呈管状，不具刺，射精管长。卵巢小，为球形，位于赤道或赤道线前的中央。梅氏腺致密，形状似卵巢。卵黄腺分布于虫体两侧，为小型滤泡，前可达腹吸盘，在睾丸后可向中线靠近，通常不汇合。子宫长而盘曲多，末端为较长的肌质，子宫内充满虫卵。排泄囊主干带侧支，排泄孔开口于体末端。模式种：卷棘口吸虫[*Echinostoma revolutum* (Fröhlich, 1802) Looss, 1899]。

28 狭睾棘口吸虫 *Echinostoma angustitestis* Wang, 1977

【关联序号】23.1.2（23.3.2）/ 。

【宿主范围】成虫寄生于犬的肠道。

【地理分布】福建、贵州。

【形态结构】虫体呈长叶形，腹吸盘处最宽，腹吸盘后两体侧近平行，末端稍尖，大小为5.600 mm×1.040 mm。体表棘自头领之后开始分布，至后睾丸的外缘。头领不发达，横径为0.433 mm，具头棘41枚，前后两排交替排列，左右腹角棘各4枚，大小为0.070 mm×0.025 mm，其余33枚等距离排列，大小为0.052～0.058 mm×0.021 mm。口吸盘为圆形，位于虫体前端，直径为0.192 mm。腹吸盘为圆形，位于虫体前1/4处，大小为0.480 mm×0.560 mm。咽大小为0.176 mm×0.144 mm，食道长0.320 mm。睾丸2枚，狭长，边缘具有多数小缺刻，前后排列于虫体后1/2处。前睾丸大小为0.352 mm×0.112 mm，后睾丸大小为0.416 mm×0.154 mm。

雄茎呈长椭圆形，位于肠分叉与腹吸盘之间，大小为 0.320 mm×0.154 mm。卵巢为椭圆形，位于虫体中部的中央，大小为 0.192 mm×0.160 mm。卵黄腺自腹吸盘后缘的虫体两侧开始分布，至虫体亚末端，在后睾丸后方两侧的卵黄腺不在虫体中央汇合。子宫盘曲于腹吸盘与卵巢之间，内含虫卵。虫卵大小为 77～80 μm×52～55 μm。

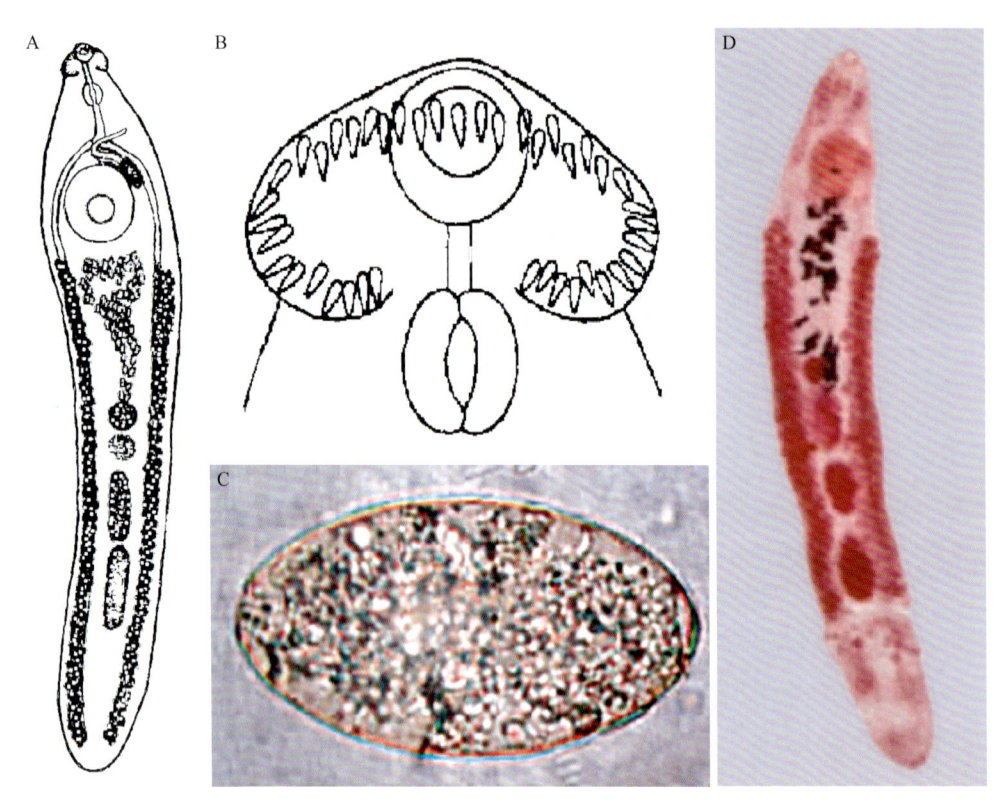

图 28 狭睾棘口吸虫 *Echinostoma angustitestis*
A，B. 引汪溥钦（1977）；C，D. 引陈宝建 等（2013）

29　豆雁棘口吸虫　　　　　*Echinostoma anseris* Yamaguti, 1939

【关联序号】23.1.3（23.3.3）/ 。

【宿主范围】成虫寄生于鸡、鸭、鹅的肠道。

【地理分布】北京、贵州、湖南、江苏、四川、新疆、云南、浙江。

【形态结构】虫体细长，体表光滑，大小为 7.730～20.500 mm×0.950～2.500 mm。头领宽 0.570～1.250 mm，具头棘 31 枚，其中左右腹角棘各 3 枚，背侧棘 25 枚呈两行排列，棘的大小为 0.099～0.116 mm×0.026～0.033 mm。口吸盘为椭圆形，位于虫体前端，大小为 0.250～0.375 mm×0.442～0.610 mm。腹吸盘为圆形，位于虫体前 1/4 的中部，大小为 0.570～1.450 mm×1.300 mm。口吸盘与腹吸盘之间的距离为 1.130～2.610 mm。前咽长 0.150～0.350 mm，咽为球形，大小为 0.220~0.400 mm×0.210~0.400 mm，食道长 0.640~1.750 mm，在腹吸盘前分成两肠支，肠支沿虫体两侧伸达近虫体末端。睾丸为 2 枚，略分叶，前后排列于虫体后 1/2 的前部，前睾丸大小为 0.600~1.500 mm×0.450~1.300 mm，后睾丸大小为 0.550~1.680 mm×0.410~1.200 mm。雄茎囊位于腹吸盘与肠叉之间，有部分与腹吸盘重叠，大小为 0.400~0.700 mm×0.280~0.400 mm，生殖孔开口于肠叉处偏右侧。卵巢略呈椭圆形，横列于虫体中部的睾丸前方，大小为 0.280~0.530 mm×0.280~0.820 mm。卵黄腺由圆形滤泡组成，自腹吸盘之后，密布于虫体两侧，在后睾丸后两侧的卵黄腺向中央汇合，直至虫体后端。子宫盘曲于腹吸盘与卵巢之间，内含多数虫卵。虫卵呈椭圆形，大小为 90~170 μm×50~75 μm。

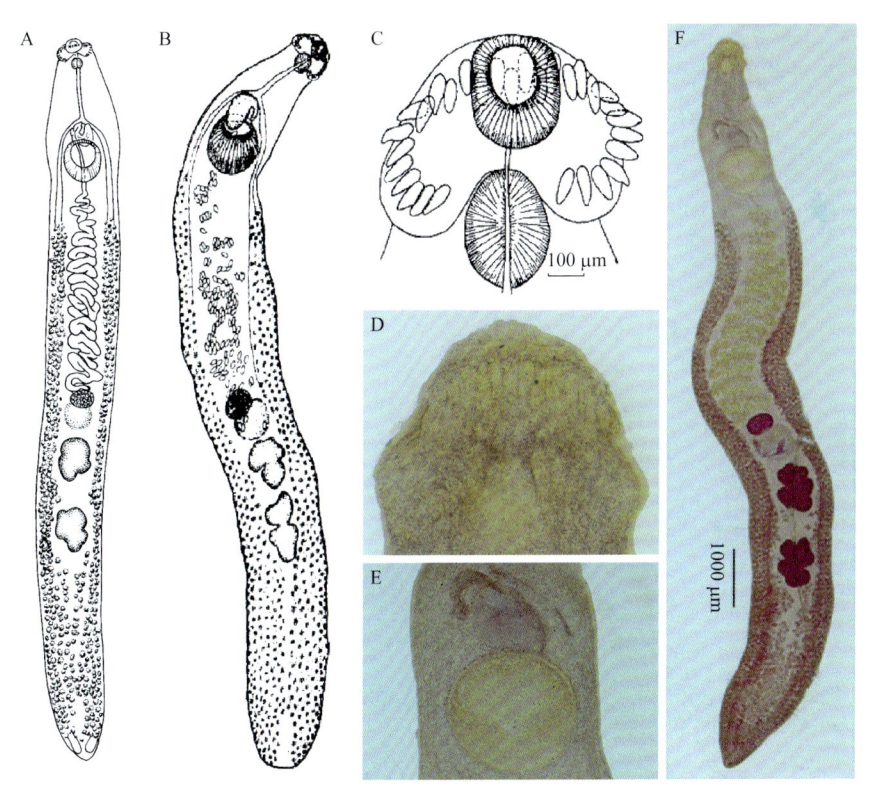

图 29　豆雁棘口吸虫 *Echinostoma anseris*
A. 引成源达（2011）；B、C. 引顾昌栋等（1964）；D~F. 原图（ZAAS）

30　班氏棘口吸虫　*Echinostoma bancrofti* Johntson, 1928

【关联序号】23.1.4（23.3.4）/ 　。
【同物异名】曲睾棘口吸虫。
【宿主范围】成虫寄生于鸭的肠道。
【地理分布】北京（野禽）、福建（野禽）、江西（鸭、野禽）。

【形态结构】虫体为长叶形，大小为 13.800～15.000 mm×1.800～2.000 mm。体表棘自头领之后开始分布，向后达腹吸盘的后缘。头领发达，近似等边三角形，宽 0.640～0.960 mm，具头棘 44 或 45 枚，左右腹角棘各 6 枚，密集成堆，其余各棘呈前后 2 行交替排列。口吸盘近圆形，位于虫体前端的亚腹面，大小为 0.300～0.360 mm×0.280～0.360 mm。腹吸盘为类圆形，位于虫体前 1/6 处，大小为 1.120～1.200 mm×0.960～1.120 mm。前咽短，咽大小为 0.170～0.320 mm×0.280～0.360 mm，食道长 0.240～0.320 mm，两肠支沿虫体两侧向后伸至亚末端。睾丸呈长椭圆形或长柱形，中部有弯曲，纵列于虫体后 1/2 的前半部，前后排列或略有重叠，前睾丸大小为 0.880～1.620 mm×0.400～0.480 mm，后睾丸大小为 0.880～1.600 mm×0.400～0.480 mm。雄茎囊小，位于肠分叉与腹吸盘之间，大小为 0.280～0.380 mm×0.240～0.320 mm。卵巢呈球形或类椭圆形，位于前睾丸之前的虫体中央，大小为 0.480～0.520 mm×0.400～0.480 mm。卵黄腺由较细滤泡组成，自腹吸盘后缘两侧开始分布，向后延伸至虫体的末端，在虫体后方左右两侧的卵黄腺不汇合。子宫发达，盘曲于腹吸盘与卵巢之间，内含多数虫卵。虫卵大小为 108～115 μm×63～72 μm。

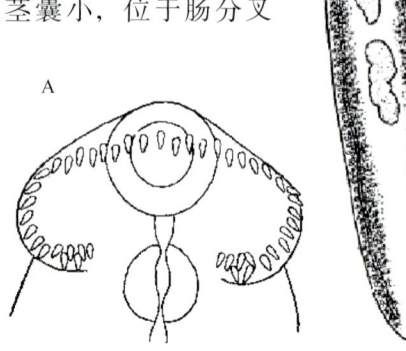

图 30　班氏棘口吸虫 Echinostoma bancrofti
A、B. 引汪溥钦（1959a）

31　移睾棘口吸虫　*Echinostoma cinetorchis* Ando et Ozaki, 1923

【关联序号】23.1.6（23.3.7）/ 76。

【宿主范围】成虫寄生于犬、鸡、鹅的肠道。

【地理分布】重庆、福建、湖南、吉林、江苏、上海、四川、台湾。

【形态结构】虫体长叶形，前端较尖，大小为 13.200～17.500 mm×2.800～3.200 mm。体表棘从头领开始，由密而疏向后分布至睾丸处。头领细小，具头棘 37 枚，前后 2 列相互排列，左右腹角棘各 5 枚，内列 3 枚，外列 2 枚，大小为 0.065～0.070 mm×0.016～0.018 mm；其余 27 枚为侧棘和背棘，大小为 0.060～0.065 mm×0.014～0.016 mm。口吸盘呈圆盘状，位于虫体前端，大小为 0.140～0.210 mm×0.210～0.230 mm。腹吸盘近圆形，位于体前 1/6 处，大小为 0.750～0.920 mm×0.700～0.820 mm。前咽长 0.110～0.130 mm，咽大小为 0.150～0.180 mm×0.160～0.180 mm，食道长 0.320～0.410 mm，两肠支沿虫体两侧伸至虫体亚末端。睾丸呈长椭圆形，位于虫体后 1/2 的前部，前后排列，前睾丸大小为 0.560～0.810 mm×0.620～0.720 mm，后睾丸大小为 0.580～0.840 mm×0.550～0.850 mm。雄茎囊呈椭圆形，斜卧于肠分叉与腹吸盘之间。卵巢呈横置的椭圆形,居于前睾丸之前,大小为 0.320～0.440 mm×0.480～0.660 mm。卵黄腺由球状的卵黄腺滤泡组成,自腹吸盘后缘两侧开始,分布至虫体亚末端,在后睾丸之后两侧的卵黄腺接近虫体中央或相汇合。子宫发达,盘曲于腹吸盘与卵巢之间,内含大量虫卵。虫卵大小为 95～105 μm×64～68 μm。

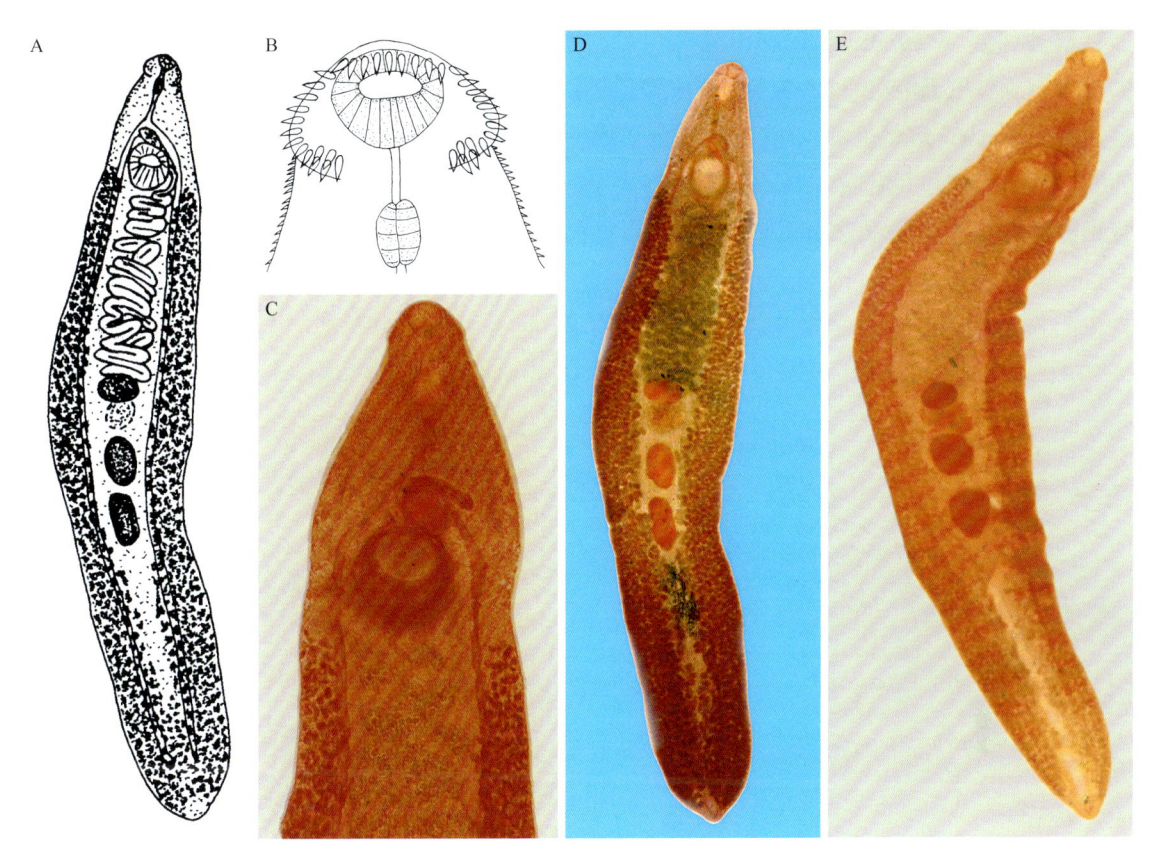

图 31 移睾棘口吸虫 *Echinostoma cinetorchis*
A,B. 引黄兵等(2006);C. 原图(SHVRI);D,E. 原图(WNMC)

32 大带棘口吸虫 *Echinostoma discinctum* Dietz, 1909

【关联序号】23.1.8(23.3.9)/ 。
【宿主范围】成虫寄生于鸭的肠道。
【地理分布】福建、云南。
【形态结构】虫体短粗,呈片形,体长 6.700 mm,最大宽度 2.000 mm。体表棘自头领开始分布,直至腹吸盘后缘。头领发达,具头棘 35 枚,左右腹角棘各 5 枚,其余 25 枚为等距离前后相互排列。口吸盘位于虫体前端，大小为 0.210 mm×0.180 mm。腹吸盘为圆形，位于虫体前 1/4 处，大小为 0.880 mm×0.950 mm。前咽短，咽大小为 0.250 mm×0.250 mm，食道长 0.380 mm，两肠支沿虫体两侧延伸至体末端。睾丸近三角形，前后排列于虫体的后半部，前睾丸大小为 0.460 mm×0.490 mm，后睾丸大小为 0.430 mm×0.530 mm。雄茎囊为长椭圆形，位于肠叉与腹吸盘之间，大小为 0.290 mm×0.170 mm，生殖孔位于肠叉之下。卵巢为横椭圆形，位于虫体的中部，大小为 0.550 mm×0.280 mm。卵黄腺较发达，沿虫体两侧自腹吸盘后缘开始分布，至虫体末端止，在睾丸后方两侧的卵黄腺于体中央不汇合。子宫短而弯曲，内含大量虫卵。虫卵大小为 100～110 μm×60 μm。

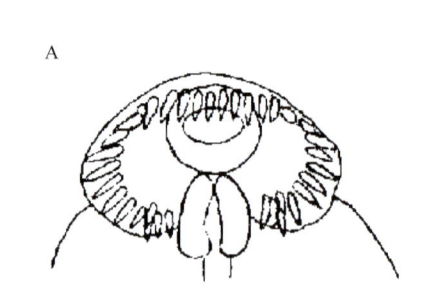

图 32 大带棘口吸虫 *Echinostoma discinctum*
A, B. 引 黄德生 等（1988b）

33 杭州棘口吸虫　　*Echinostoma hangzhouensis* Zhang, Pan et Chen, 1986

【关联序号】23.1.9（23.3.10）/ 。
【宿主范围】成虫寄生于鸭的肠道。
【地理分布】浙江。
【形态结构】虫体为细长形，前部和后部较宽而中间狭窄，长 21.000～26.000 mm，腹吸盘水平处的宽度为 1.400～2.100 mm，在腹吸盘后缘开始突然变窄，到虫体中部的宽度只有 0.910～1.100 mm，最窄处为虫体中部卵巢所在的水平线上。头领呈肾形，宽约 1.000 mm，具头棘 31 枚，左右腹角棘各 5 枚，其余 21 枚分成两列交错排列。口吸盘为椭圆形，位于虫体前端，大小为 0.434 mm×0.350 mm。腹吸盘发达，为纵椭圆形，大小为 0.490～0.570 mm×0.390～0.450 mm。咽为类球形，大小为 0.280 mm×0.250 mm，食道长 1.400～1.540 mm，肠支沿虫体两侧向后延伸至虫体末端。睾丸分叶或边缘有缺刻，前后排列于虫体后半部，前睾丸大小为 1.220～1.300 mm×0.390～0.490 mm，后睾丸大小为 1.190～1.290 mm×0.450～

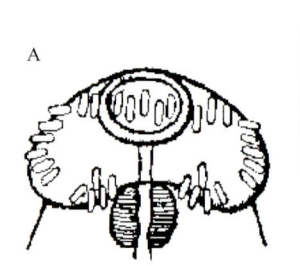

图 33 杭州棘口吸虫
Echinostoma hangzhouensis
A, B. 引 张峰山 等（1986a）

0.620 mm。雄茎囊为椭圆形，位于肠分叉与腹吸盘之间，大小为 0.700 mm×0.440 mm，生殖孔位于肠分叉下面。卵巢为椭圆形，位于虫体赤道线略前的中央，大小为 0.390~0.570 mm。卵黄腺由颗粒状滤泡组成，分布于虫体两侧，自腹吸盘后一定距离开始，直到虫体后端，在睾丸后方两侧的卵黄腺向中间汇合。子宫发达，盘曲于腹吸盘与卵巢之间，内充满虫卵，数量多。虫卵大小为 98~112 μm×46~70 μm。

34 圆围棘口吸虫　　　　　　　　　　　　　　　　*Echinostoma hortense* Asada, 1926

【关联序号】23.1.10（23.3.11）/77。
【宿主范围】成虫寄生于犬、猪的小肠。

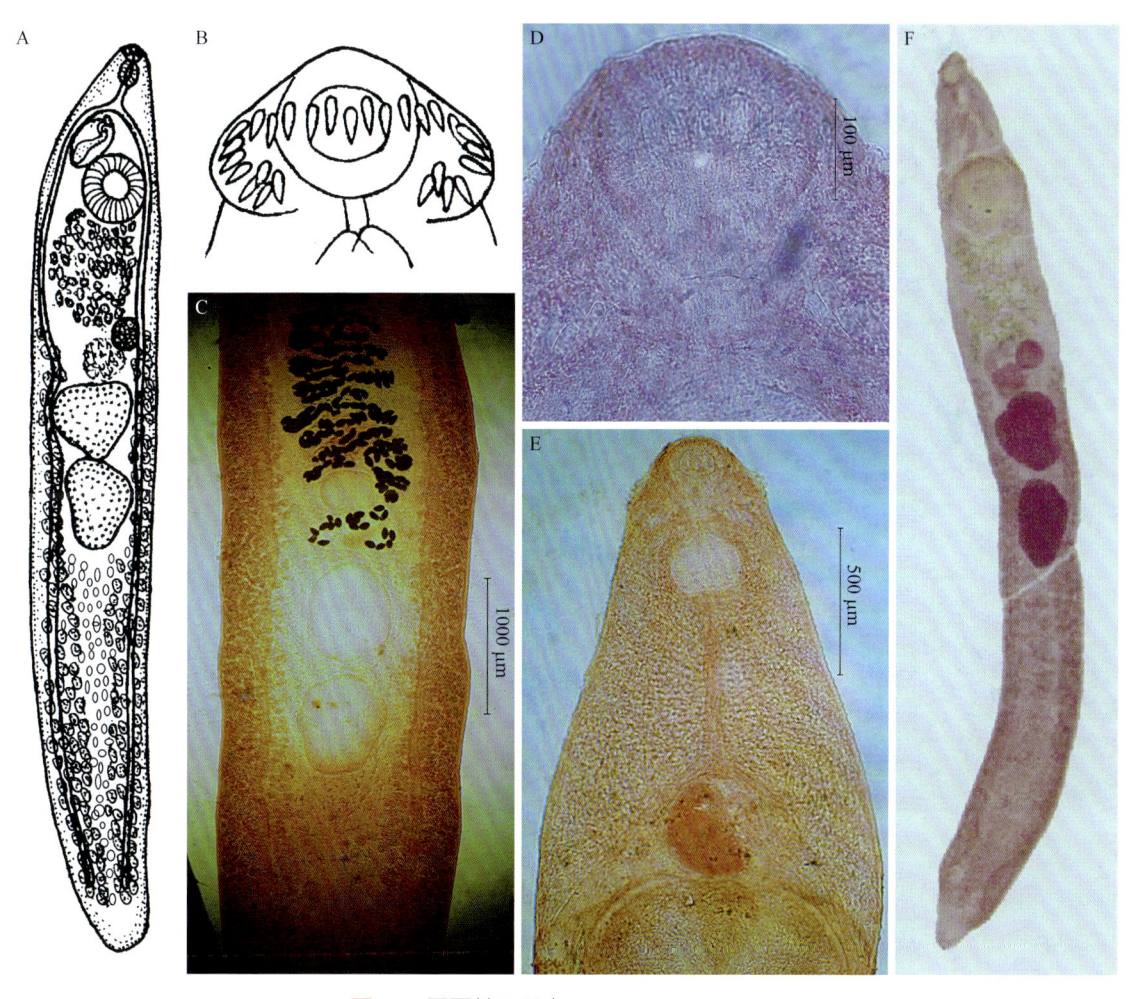

图 34　圆围棘口吸虫 *Echinostoma hortense*
A，B. 引黄兵 等（2006）；C~E. 原图（SASA）；F. 原图（ZAAS）

【地理分布】福建、黑龙江、湖南、吉林、江苏、上海、四川、浙江。

【形态结构】虫体呈长叶形，腹吸盘前虫体逐渐变小，腹吸盘后虫体两侧近平行，大小为 8.200～9.500 mm×1.200～1.300 mm。体表棘自头领之后分布，向后至睾丸后缘。头领小，横径为 0.400～0.420 mm，具头棘 27 枚，呈前后两排交叉排列，左右腹角棘各 4 枚，密集，大小为 0.080 mm×0.015 mm；其余 19 枚棘较短小，大小为 0.040～0.048 mm×0.010～0.012 mm。口吸盘为椭圆形，位于虫体前端，大小为 0.180～0.210 mm×0.220～0.250 mm。腹吸盘近圆形，位于虫体前 1/5 处，大小为 0.600～0.640 mm×0.580～0.680 mm。前咽长 0.050～0.060 mm，咽大小为 0.180～0.210 mm×0.180～0.200 mm，食道长 0.240～0.410 mm，两肠支沿虫体两侧向后伸至亚末端。睾丸呈类三角形，前后排列于虫体中部，前睾丸大小为 0.710～0.860 mm×0.700～0.850 mm，后睾丸大小为 0.870～0.920 mm×0.620～0.670 mm。雄茎囊呈长袋状，位于腹吸盘的前右侧，大小为 0.720～0.760 mm×0.240～0.310 mm。卵巢呈类球形，位于前睾丸的前左侧，大小为 0.280～0.310 mm×0.250～0.270 mm。卵黄腺发达，分布于虫体两侧，前起于卵巢处，后止于虫体末端，在睾丸后两侧的卵黄腺至虫体中央汇合。子宫较长，盘曲于腹吸盘与卵巢之间，内含多数虫卵。虫卵大小为 106～119 μm×56～68 μm。

35 林杜棘口吸虫 *Echinostoma lindoensis* Sandground et Bonne, 1940

【关联序号】23.1.11（23.3.12）/78。

【宿主范围】成虫寄生于鸡、鸭、鹅的小肠。

【地理分布】重庆、江苏、四川、新疆、浙江。

【形态结构】虫体呈长叶形，大小为 5.900～22.000 mm×1.240～3.000 mm。体表棘从头端至后睾丸，在腹吸盘之前明显易见，向虫体后方变小而稀少，后睾丸之后没有。头领发达，大小为 0.350～0.460 mm×0.670～0.840 mm，具头棘 37 枚，前后交错排列成 2 列，棘的平均大小为 0.084 mm×0.022 mm，最大棘为 0.095 mm×0.028 mm，左右腹角棘各 5 枚较大，其余 27 枚棘的大小相近。口吸盘为圆形，位于虫体前端亚腹面，大小为 0.230～0.440 mm×0.290～0.510 mm。腹吸盘为圆形，位于虫体的前 1/4 处的后部，大小为 0.570～0.980 mm×0.710～1.380 mm。咽为类球形，大小为 0.180～0.220 mm×0.120～0.160 mm，食道长 0.400～0.890 mm，两肠支沿虫体两侧至体亚末端。睾丸 2 枚，前后排列于虫体中后部，每枚睾丸分 4～6 瓣，前睾丸大小为 0.266～0.755 mm×0.488～0.667 mm，后睾丸大小为 0.402～0.780 mm×0.355～0.710 mm。雄茎囊位于腹吸盘前或腹吸盘侧缘与肠叉之间，大小为 0.400～0.533 mm×0.266～0.333 mm，前列腺发达，雄茎无刺。卵巢呈横卵圆形或梨形，位于前睾丸之前的虫体中央，大小为 0.178～0.391 mm×0.355～0.431 mm。梅氏腺若未被虫卵掩盖则明显可见。卵黄腺沿虫体两侧分布，起于腹吸盘后缘的水平线，止于虫体末端，在后睾丸之后的两侧卵黄腺向中间汇合。子宫发

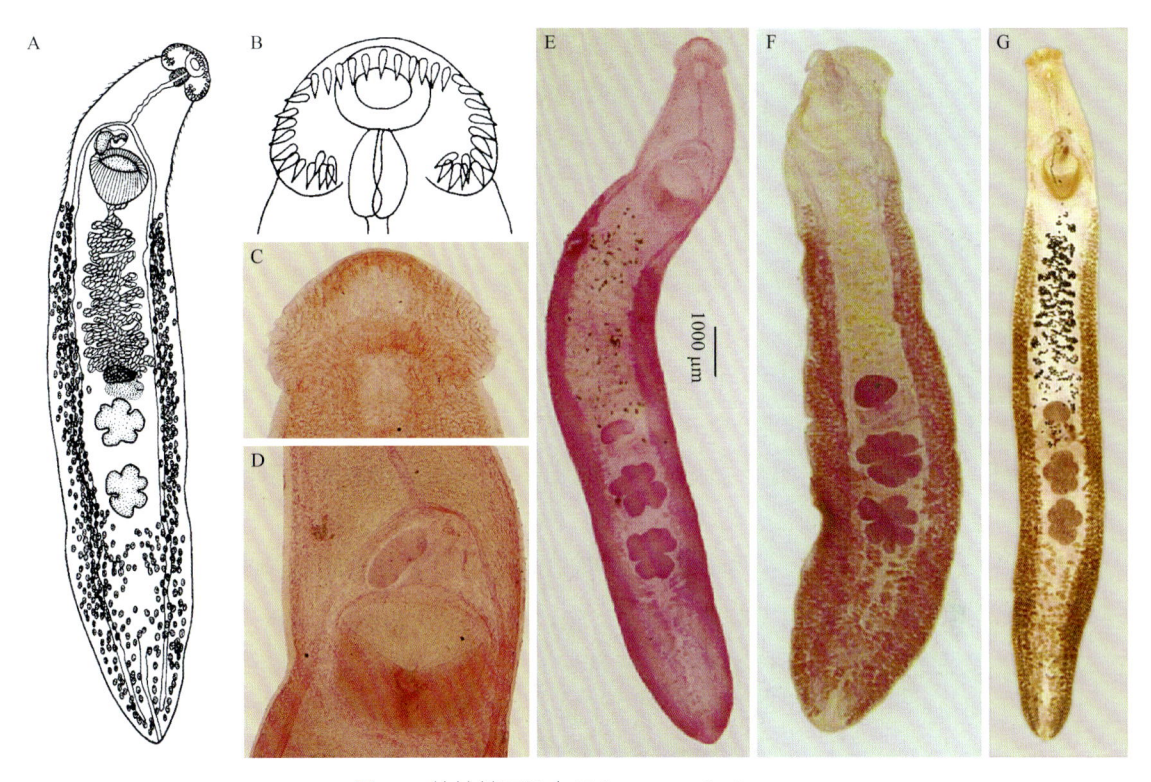

图 35　林杜棘口吸虫 *Echinostoma lindoensis*
A，B. 引 蒋学良和周婉丽（2004）；C～E. 原图（SASA）；F. 原图（ZAAS）；G. 原图（WNMC）

达，在腹吸盘与卵巢之间盘曲上升，内含多量虫卵。虫卵大小为 81～137 μm×43～76 μm。

36　宫川棘口吸虫　*Echinostoma miyagawai* Ishii, 1932

【关联序号】23.1.14（23.3.15）/ 79。

【宿主范围】成虫寄生于羊、犬、兔、鸡、鸭、鹅的小肠、盲肠、直肠。

【地理分布】安徽、重庆、福建、广东、广西、贵州、海南、河北、河南、黑龙江、湖北、湖南、吉林、江苏、江西、宁夏、山东、陕西、上海、四川、新疆、云南、浙江。

【形态结构】虫体长叶形，肥厚，两端钝圆，大小为 10.200～17.800 mm×1.880～2.640 mm。体表棘从头领开始分布至前睾丸处，前部棘较密，腹吸盘以后逐渐稀疏。头领发达，宽 0.850～1.240 mm，具头棘 37 枚，前后排列为 2 列；左右腹角棘各 5 枚，内列 3 枚，外列 2 枚，大小为 0.088～0.108 mm×0.022～0.028 mm；其余 27 枚等距离排列，大小为 0.091～0.111 mm×0.023～0.032 mm。口吸盘近圆形，位于虫体顶端，大小为 0.330～0.410 mm×0.350～0.450 mm。腹吸盘呈球形，位于虫体前 1/5 处，大小为 0.950～1.120 mm×0.980～1.210 mm。前咽短，咽大小为 0.250～0.320 mm×0.220～0.240 mm，食道长 0.850～1.050 mm，两肠支沿虫体两侧伸至虫体亚末

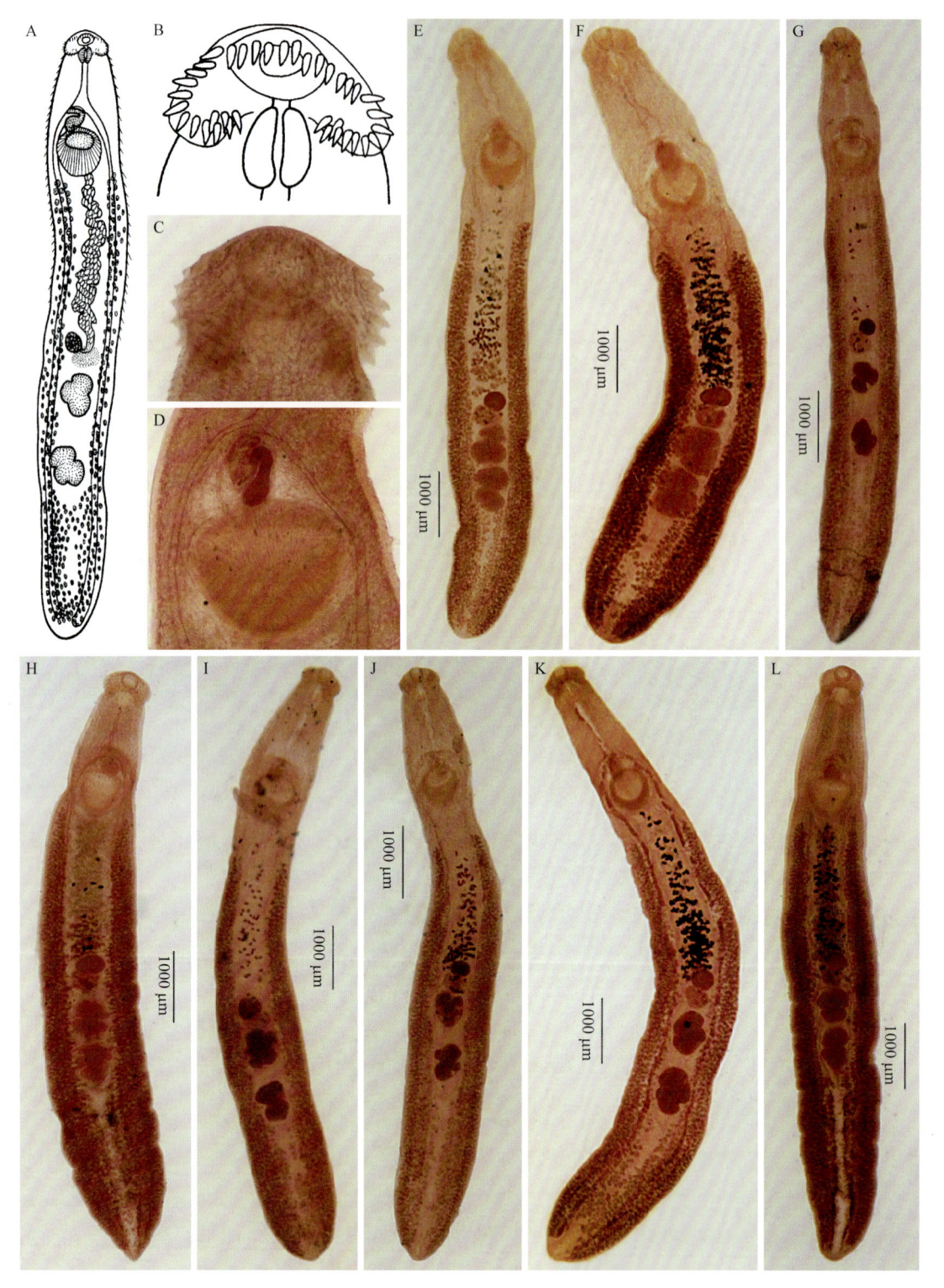

图36 宫川棘口吸虫 *Echinostoma miyagawai*

A, B. 引蒋学良和周婉丽（2004）；C～L. 原图（SHVRI）

端。睾丸位于虫体后 1/2 处，前后排列，边缘有 2～5 个分叶，前睾丸大小为 0.880～1.080 mm×0.870～1.120 mm，后睾丸大小为 0.980～1.220 mm×0.920～1.180 mm。雄茎囊呈椭圆形，位于肠分叉与腹吸盘之间。卵巢呈椭圆形，居于前睾丸之前，大小为 0.420～0.530 mm×0.530～0.750 mm。卵黄腺自腹吸盘后缘开始沿虫体两侧延伸至虫体亚末端，在后睾丸后两侧的卵黄腺向中央汇合。子宫发达，内含大量虫卵。虫卵大小为 92～104 μm×62～68 μm。

37 圆睾棘口吸虫　　　　　　　　　　*Echinostoma nordiana* Baschirova, 1941

【关联序号】23.1.16（23.3.17）/ 80。
【宿主范围】成虫寄生于鸡、鸭、鹅的肠道。
【地理分布】重庆、福建、广东、江西、四川、云南。

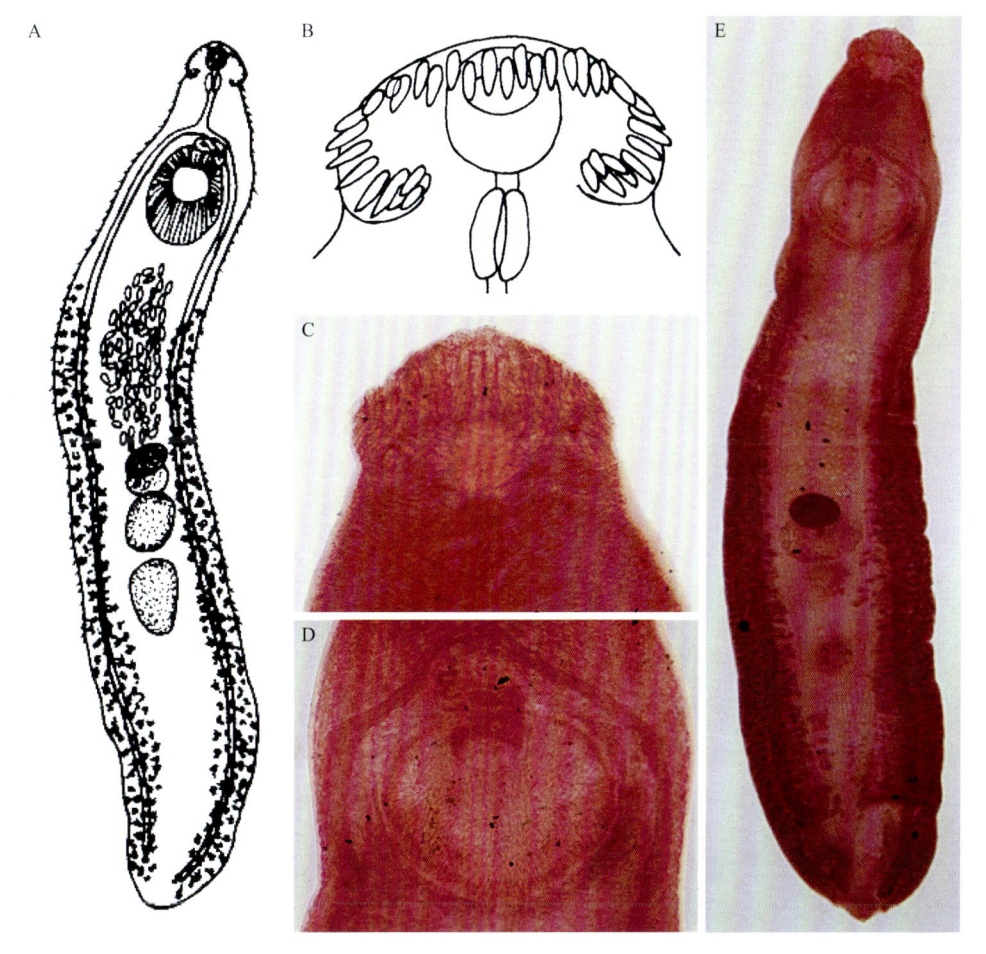

图 37　圆睾棘口吸虫 *Echinostoma nordiana*
A，B. 引黄兵等（2006）；C～E. 原图（SHVRI）

【形态结构】虫体为长叶形，两端稍窄，大小为 5.200~10.000 mm×1.200~2.500 mm，体宽与体长之比为 1:4.1。体表棘自头领之后起，分布至后睾丸后缘处。头领发达，具 37 枚头棘，左右腹角棘各 5 枚，密集排列，其余 27 枚前后两排，大小间隔相等。口吸盘位于虫体前端，大小为 0.150~0.490 mm×0.140~0.280 mm。腹吸盘位于虫体前 1/5 处，大小为 0.450~1.180 mm×0.450~1.150 mm，口吸盘与腹吸盘的直径之比为 1:3.7。具前咽，咽为类球形，大小为 0.160~0.240 mm×0.150~0.300 mm，食道长 0.250~0.440 mm，两肠支沿虫体两侧伸至虫体末端。睾丸位于虫体中部稍后方，前后排列，前睾丸类圆形，大小为 0.350~0.730 mm×0.330~0.790 mm，后睾丸近似倒三角形，大小为 0.380~0.830 mm×0.260~0.990 mm。雄茎囊小，横椭圆形，位于肠分叉与腹吸盘之间，大小为 0.110~0.230 mm×0.310~0.720 mm，生殖孔开口于肠分叉下方。卵巢为类圆形，位于虫体中部，大小为 0.140~0.350 mm×0.200~0.490 mm。卵黄腺发达，自腹吸盘后方稍下部开始，沿肠管两侧分布至体末端，睾丸后方的卵黄腺不汇合。子宫长，内含多数虫卵。虫卵大小为 80~130 μm×50~80 μm。

38 红口棘口吸虫 *Echinostoma operosum* Dietz, 1909

【关联序号】23.1.17（23.3.18）/。

【宿主范围】成虫寄生于鸡、鹅的小肠。

【地理分布】安徽、四川、云南。

【形态结构】虫体呈细长叶形，两端狭小，体长 14.300 mm，最宽处在腹吸盘的后方，为 1.440 mm。体表棘自头领之后开始分布，直至后睾丸中部。头领发达，具头棘 33 枚，左右腹角棘各 4 枚，其余 25 枚等距离排列。口吸盘为圆形，位于虫体前端，大小为 0.250 mm×0.220 mm。腹吸盘为圆形，位于虫体前 1/6 处，大小为 0.910 mm×0.910 mm。咽为圆形，直径为 0.170 mm，食道长 0.660 mm，两肠支沿虫体两侧延伸至虫体末端。睾丸为长椭圆形，中部有凹陷，前后排列于虫体中部稍后方，前睾丸大小为 0.850 mm×0.450 mm，后睾丸大小为 0.950 mm×0.460 mm。雄茎囊较小，位于肠分叉与腹吸盘前缘之间，大小为 0.210 mm×0.550 mm。卵巢为横椭圆形，位于前睾丸的前方，大小为 0.270 mm×0.370 mm。卵黄腺发达，分布在虫体的两侧，自腹吸盘后方开始至虫体的末端，在后睾丸后两侧的卵黄腺不在体中央汇合。子宫长而弯曲，内充满虫卵。虫卵大小为 75~91 μm×49~66 μm。

图 38 红口棘口吸虫 *Echinostoma operosum*
A、B. 引黄德生 等（1988b）

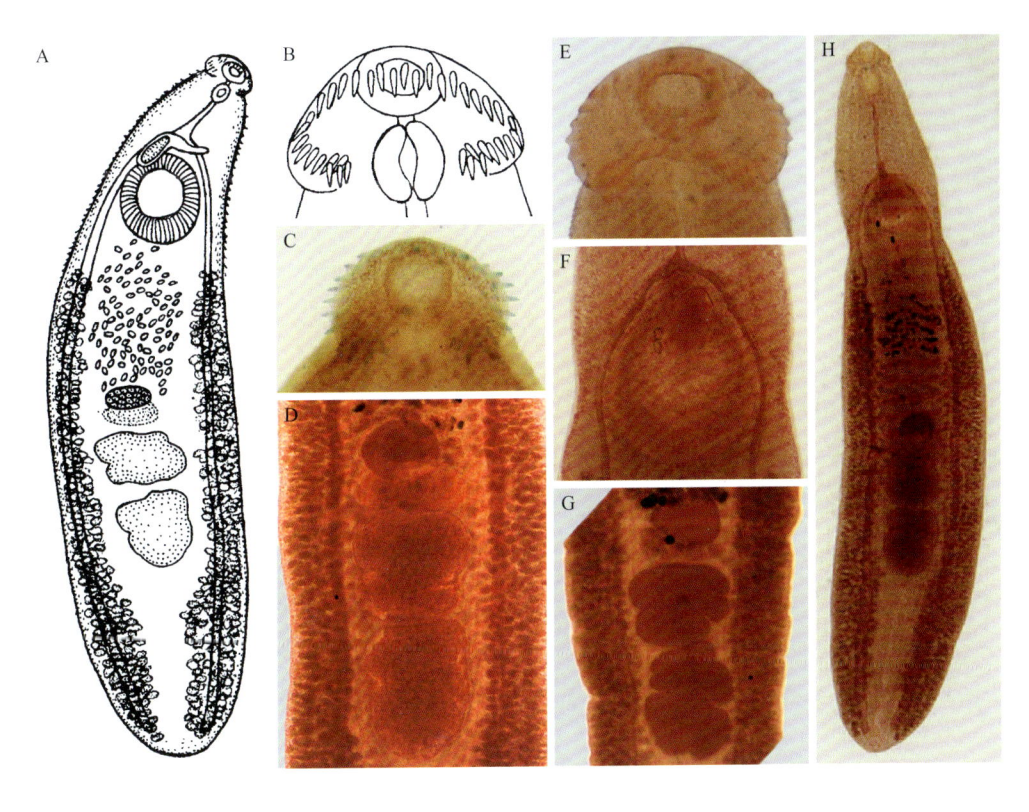

39 接睾棘口吸虫 *Echinostoma paraulum* Dietz, 1909

【关联序号】23.1.18（23.3.19）/81。

【宿主范围】成虫寄生于鸡、鸭、鹅的小肠。

【地理分布】安徽、北京、重庆、福建、广东、广西、贵州、海南、河南、湖北、湖南、江苏、江西、宁夏、山东、陕西、上海、四川、新疆、云南、浙江。

【形态结构】虫体呈长叶形，前部狭小，中后部宽大，大小为 5.200~8.200 mm×1.550~2.000 mm。体表小棘自头领后分布至腹吸盘后缘。头领宽 0.500~0.650 mm，具头棘 37 枚，左右腹角棘各 5 枚排成 2 列，内列 3 枚、外列 2 枚，其余 27 枚呈前后两排交错排列。口吸盘位于虫体前端亚腹面，大小为 0.150~0.180 mm×0.220~0.260 mm。腹吸盘位于虫体前 1/4 处，大小为 0.780~0.880 mm×0.780~0.860 mm。前咽短，咽大小为 0.190~0.240 mm×0.160~0.210 mm，食道长 0.680~1.520 mm，两肠支沿虫体两侧至虫体亚末端。睾丸呈"工"字形，前后排列于虫体后半部，前睾丸大小为 0.560~0.640 mm×0.800~1.040 mm，后睾丸大小为 0.680~0.720 mm×0.870~0.890 mm。雄茎囊位于腹吸盘前缘与肠叉之间，大小为 0.320~0.400 mm×0.160~0.180 mm。卵巢呈横椭圆形，位于前睾丸的前方中央，大小为 0.220~0.280 mm×0.450~0.520 mm。卵黄腺分布于虫体两侧，起于腹吸盘之后，止于虫体亚末端，在后睾丸后

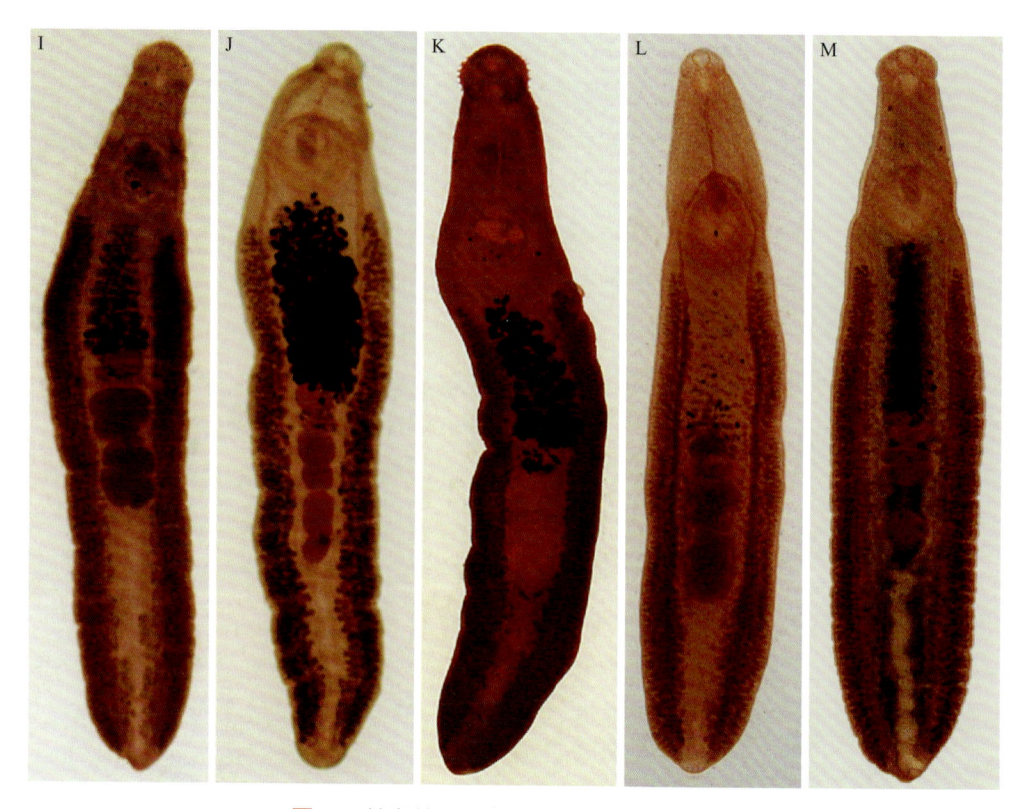

图39 接睾棘口吸虫 *Echinostoma paraulum*
A、B. 引黄兵等（2006）；C～M. 原图（SHVRI）

两侧的卵黄腺不汇合。子宫发达，虫卵较多。虫卵大小为 102～108 μm×56～60 μm。

40 北京棘口吸虫 *Echinostoma pekinensis* Ku, 1937

【关联序号】23.1.19（23.3.20）/82。
【宿主范围】成虫寄生于鸡、鸭、鹅的小肠。
【地理分布】安徽、重庆、广东、贵州、湖南、江苏、江西、四川、云南、浙江。
【形态结构】虫体呈长叶状，两侧接近平行，大小为 5.460～8.790 mm×0.840～1.260 mm。体表棘自头领开始分布，至睾丸处，在睾丸之后消失，其中腹吸盘前较密集，后部较稀疏。头领呈肾形，大小为 0.221～0.360 mm×0.355～0.530 mm，具头棘 35 枚，呈 2 列相间排列，左右腹角棘各 4 枚，侧棘和背棘 27 枚。口吸盘近圆形，位于虫体亚前端，大小为 0.180～0.210 mm×0.210～0.220 mm。腹吸盘为圆形，大小为 0.590～0.640 mm×0.580～0.680 mm。前咽长约 0.083 mm，咽呈类球形，直径为 0.120～0.150 mm，食道长 0.438～0.603 mm，两肠支沿虫体两侧伸至虫体后端。睾丸前后排列于虫体的后半部，前睾丸边缘有缺刻或形成不规则的叶，大小为 0.355～0.563 mm×0.222～0.367 mm，后睾丸中部有缺刻，形成前后两部，大小为 0.355～0.630 mm×0.266～0.392 mm。雄茎囊呈瓶形，斜列于肠叉与腹吸盘之间，底部不伸及腹吸盘的中央，内有贮精囊、前列腺和雄茎。卵巢呈横椭圆形，位于前睾丸前方，大小为 0.178～0.318 mm×0.222～0.320 mm。梅氏腺形态不规则，位于卵巢与前睾丸之间。卵黄腺分布于虫体两侧，前起于腹吸盘后方，后止于虫体亚末端，在后睾丸之后两侧的卵黄腺不汇合。子宫发达，长而弯曲，内含多数虫卵。虫卵呈卵圆形，大小为 94～123 μm×56～71 μm。排泄系统呈 Y 形，排泄孔开口于虫体末端的中线腹面。

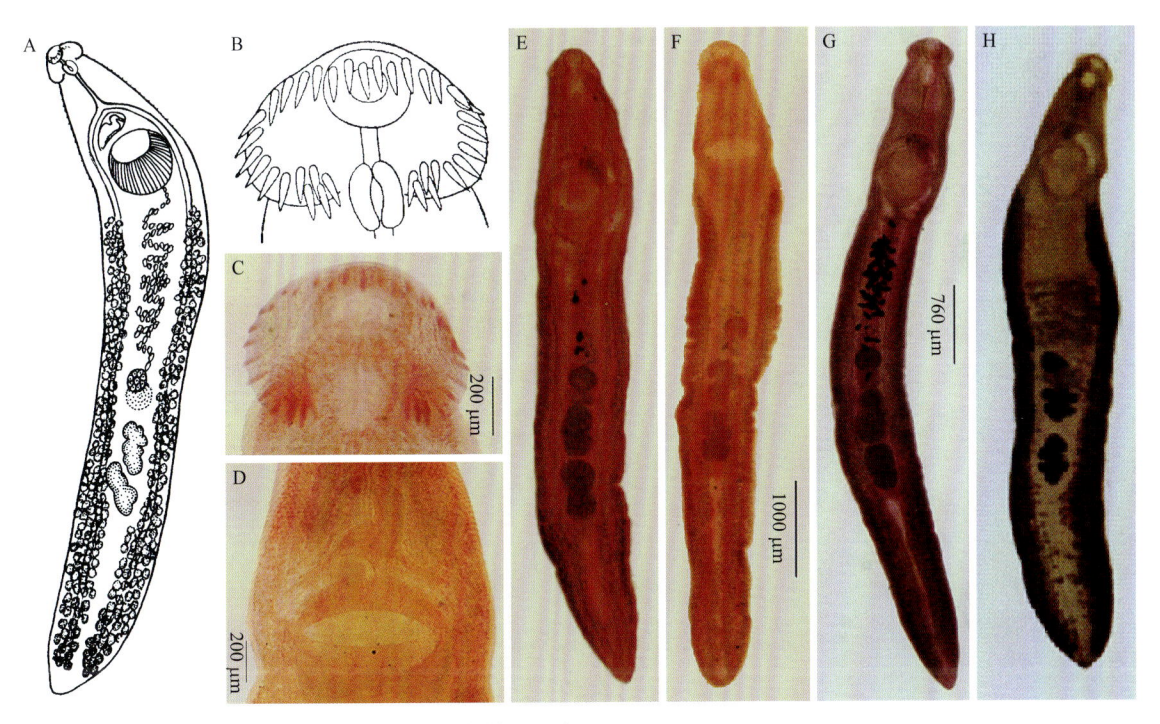

图 40　北京棘口吸虫 *Echinostoma pekinensis*
A、B. 引 黄兵 等（2006）；C～G. 原图（SHVRI）；H. 原图（SCAU）

41　卷棘口吸虫　　*Echinostoma revolutum* (Fröhlich, 1802) Looss, 1899

【关联序号】23.1.20（23.3.22）/83。

【同物异名】卷片形吸虫（*Fasciola revoluta* Fröhlich, 1802）；有刺双盘吸虫（*Distoma echinatum* Zeder, 1803）；有棘双盘（棘口）吸虫（*Distomum (Echinostoma) echinatum* (Zeder, 1803) Dujardin, 1845）；疏忽棘口吸虫（*Echinostoma neglectum* Lutz, 1924）。

【宿主范围】成虫寄生于鸡、鸭、鹅的小肠、盲肠、直肠。

【地理分布】安徽、重庆、福建、甘肃、广东、广西、贵州、海南、河北、河南、黑龙江、湖

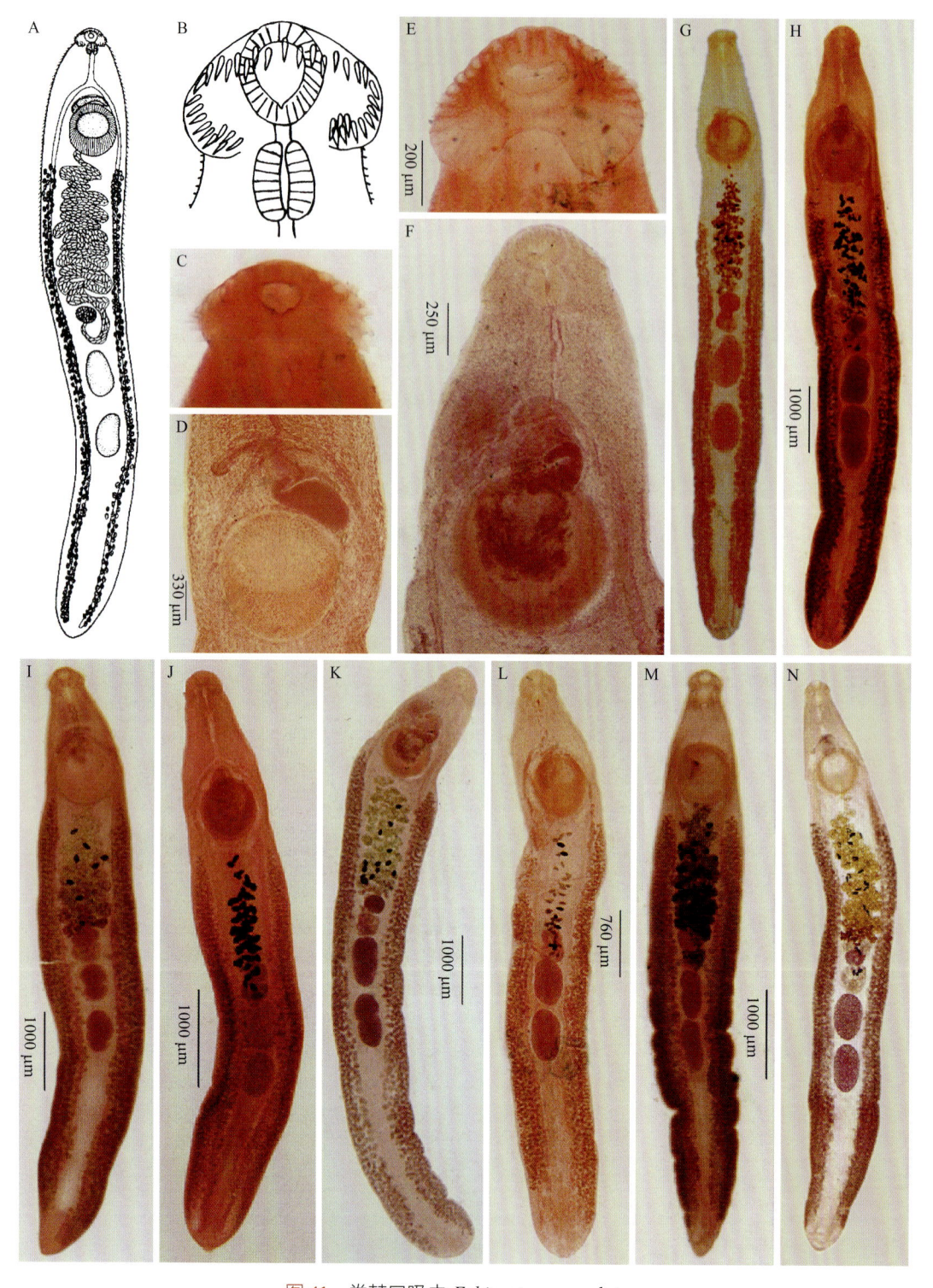

图 41 卷棘口吸虫 *Echinostoma revolutum*

A. 引蒋学良和周婉丽（2004）；B. 引黄兵 等（2006）；C～M. 原图（SHVRI）；N. 原图（WNMC）

北、湖南、吉林、江苏、江西、辽宁、内蒙古、宁夏、山东、陕西、上海、四川、台湾、天津、新疆、云南、浙江。

【形态结构】虫体长叶形，向腹面卷曲，活体时呈粉红色，固定后灰白色，虫体大小为7.200～16.200 mm×1.150～1.820 mm。体表棘从头领开始由密而疏向后分布至睾丸处。头领呈肾形，宽0.520～0.960 mm，具头棘37枚；左右腹角棘各5枚，排成2列，内列3枚、外列2枚；左右侧棘各6枚，为单行排列；背棘15枚，内外2列交错排列，外列7枚、内列8枚。口吸盘为类圆形，位于虫体前端亚腹面，大小为0.310～0.550 mm×0.320～0.440 mm。腹吸盘为圆盘状，位于虫体前1/5处，大小为1.080～1.880 mm×1.800～2.220 mm。前咽长0.080～0.160 mm，咽大小为0.320～0.470 mm×0.250～0.350 mm，食道长0.940～1.820 mm，两肠支沿虫体两侧伸至虫体亚末端。睾丸呈纵椭圆形，前后排列于虫体后1/2处，前睾丸大小为0.800～2.200 mm×0.720～1.320 mm，后睾丸大小为0.950～2.220 mm×0.820～1.280 mm。雄茎囊为袋状，横向或纵向位于肠叉与腹吸盘前缘之间，大小为0.441～0.530 mm×0.180～0.294 mm。卵巢为椭圆形，位于前睾丸稍前方的虫体中央，大小为0.550～0.750 mm×0.950～1.220 mm。卵黄腺呈滤泡状，自腹吸盘后方开始，沿虫体两侧向后分布至虫体亚末端，在后睾丸后两侧的卵黄腺不汇合。子宫甚长，内含多数虫卵。虫卵呈椭圆形，大小为106～126 μm×64～72 μm。排泄管呈管状，排泄孔开口于虫体末端。

42 强壮棘口吸虫　　*Echinostoma robustum* Yamaguti, 1935

【关联序号】23.1.21（23.3.23）/ 84。

【宿主范围】成虫寄生于鸡、鸭、鹅的小肠、盲肠。

【地理分布】安徽、重庆、福建、广东、广西、贵州、海南、湖北、湖南、江苏、江西、四川、台湾、新疆、云南、浙江。

【形态结构】虫体呈长叶形，前1/3稍狭，后2/3较宽大，大小为4.500～13.100 mm×1.350～2.100 mm。体表棘自头领之后开始分布，向后至卵巢与前睾丸水平线之间。头领发达，大小为0.254～0.532 mm×0.620～0.860 mm，具头棘37枚，左右腹角棘各5枚，其余27枚呈前后两排相间排列。口吸盘位于虫体前端亚腹面，大小为0.150～0.270 mm×0.180～0.320 mm。腹吸盘位于虫体前部1/5～1/4处，大小为0.800～1.120 mm×0.720～1.040 mm。咽为椭圆形，大小为0.170～0.250 mm×0.120～0.220 mm，食道长0.390～1.130 mm，两肠支沿虫体两侧伸至虫体亚末端。睾丸2枚，边缘具有3或4个深裂瓣，近似"不"字形，前后排列于虫体后1/3处，前睾丸大小为0.470～0.510 mm×0.820～1.010 mm，后睾丸大小为0.460～0.710 mm×0.530～0.960 mm。雄茎囊为袋状，位于肠叉与腹吸盘之间，大小为0.370～0.540 mm×0.370～0.480 mm。卵巢为横椭圆形，位于虫体赤道线的中央，大小为0.250～0.350 mm×0.550～0.870 mm。卵黄

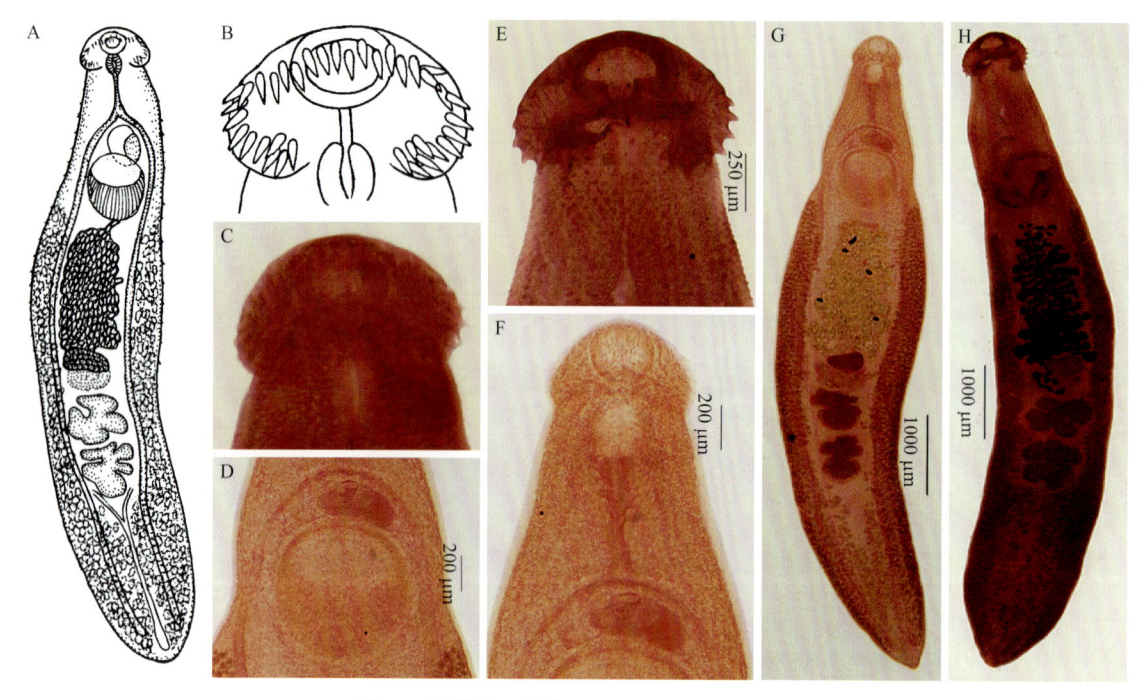

图 42 强壮棘口吸虫 *Echinostoma robustum*
A, B. 引 黄兵 等（2006）；C~H. 原图（SHVRI）

腺分布于虫体两侧，起于腹吸盘后缘，至虫体末端，在后睾丸之后两侧的卵黄腺向虫体中央汇合。子宫盘曲于腹吸盘与卵巢之间，内含多数虫卵。虫卵大小为 106~110 μm×58~62 μm。

43 小鸭棘口吸虫　　*Echinostoma rufinae* Kurova, 1927

【关联序号】23.1.22（23.3.24）/ 。

【宿主范围】成虫寄生于鸡、鸭、鹅的小肠。

【地理分布】安徽、重庆、福建、四川、云南。

【形态结构】虫体呈叶形，两端稍窄，体长 10.000~13.200 mm，腹吸盘后至卵巢之间最宽，为 1.860~2.720 mm。体表棘自头领之后开始分布，至前睾丸前。头领宽 0.720~1.040 mm，具头棘 39 枚，左右腹角棘各 5 枚排成 2 列，侧棘各 6 枚排成 1 列，背棘 17 枚排成内外 2 列。口吸盘呈类圆形，位于虫体前端，大小为 0.260~0.320 mm×0.340~0.400 mm。腹吸盘呈圆盘状，位于虫体前 1/3 的后部，大小为 1.250~1.680 mm×1.200~1.280 mm。前咽短，咽大小为 0.270~0.288 mm×0.192~0.270 mm，食道长 0.520~0.850 mm，两肠支沿虫体两侧向后延伸至虫体亚末端。睾丸 2 枚，呈椭圆形或中部稍有凹陷，前后排列于虫体中后部，两睾丸之间的距离较远，前睾丸大小为 0.580~1.040 mm×0.370~0.720 mm，后睾丸大小为 0.640~

1.200 mm×0.360～0.640 mm。雄茎囊长，位于肠分叉与腹吸盘之间，大小为 0.720～0.830 mm× 0.256～0.290 mm。卵巢为类圆形，位于虫体中部的中央，大小为 0.280～0.450 mm×0.280～ 0.520 mm。卵黄腺分布于虫体两侧，前起于腹吸盘后缘，向后至虫体亚末端，在睾丸之后两侧的卵黄腺不在虫体中央汇合。子宫长，盘曲于腹吸盘与卵巢之间，内含较多虫卵。虫卵大小为 108～115 μm×65～68 μm。

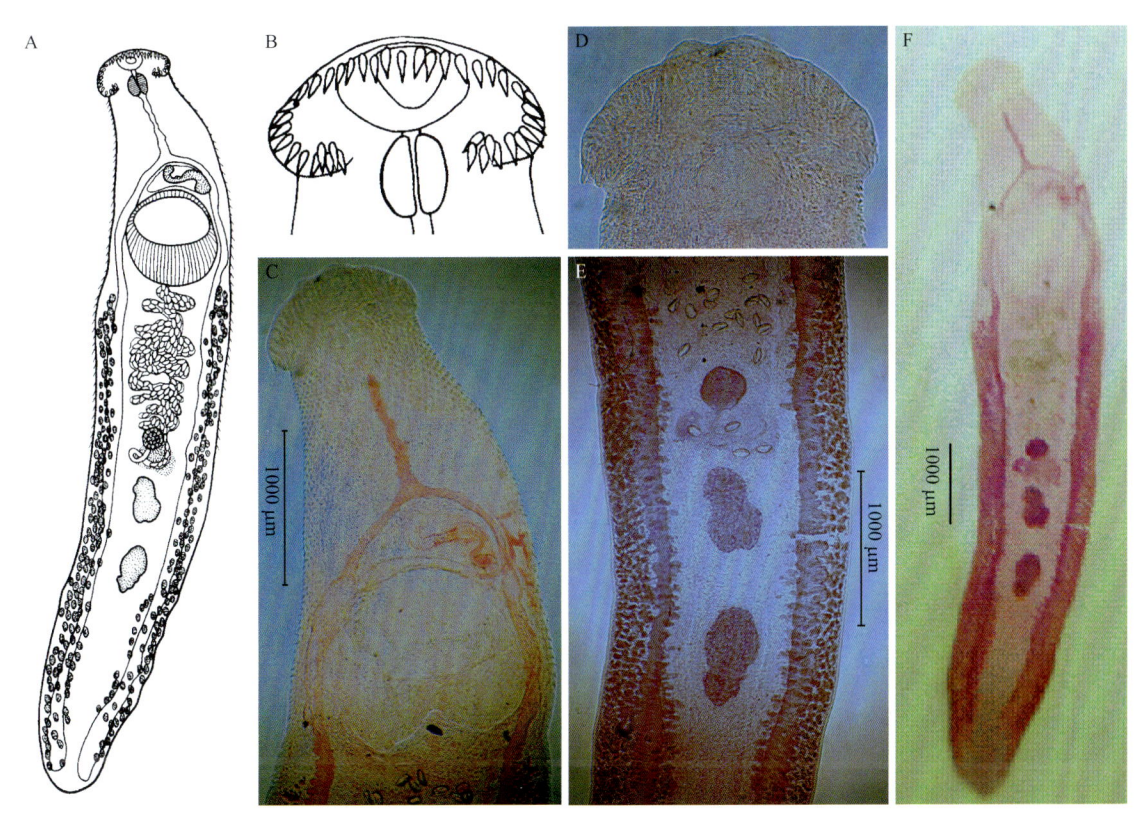

图 43　小鸭棘口吸虫 *Echinostoma rufinae*
A，B. 引蒋学良和周婉丽（2004）；C～F. 原图（SASA）

44　史氏棘口吸虫　　　*Echinostoma stromi* Baschkirova, 1946

【关联序号】23.1.23（23.3.25）/ 85。
【宿主范围】成虫寄生于鸡、鸭、鹅的肠道。
【地理分布】安徽、重庆、广东、广西、四川、云南、浙江。
【形态结构】虫体细长，呈叶形，大小为 6.600～13.000 mm×1.010～1.910 mm。体表棘自头领后开始分布，向后至腹吸盘处。头领大小为 0.240～0.470 mm×0.460～0.640 mm，具头棘 37 枚，左右腹角棘各 5 枚，侧棘和背棘 27 枚，呈前后两行相间排列。口吸盘位于虫体前端亚腹面，大

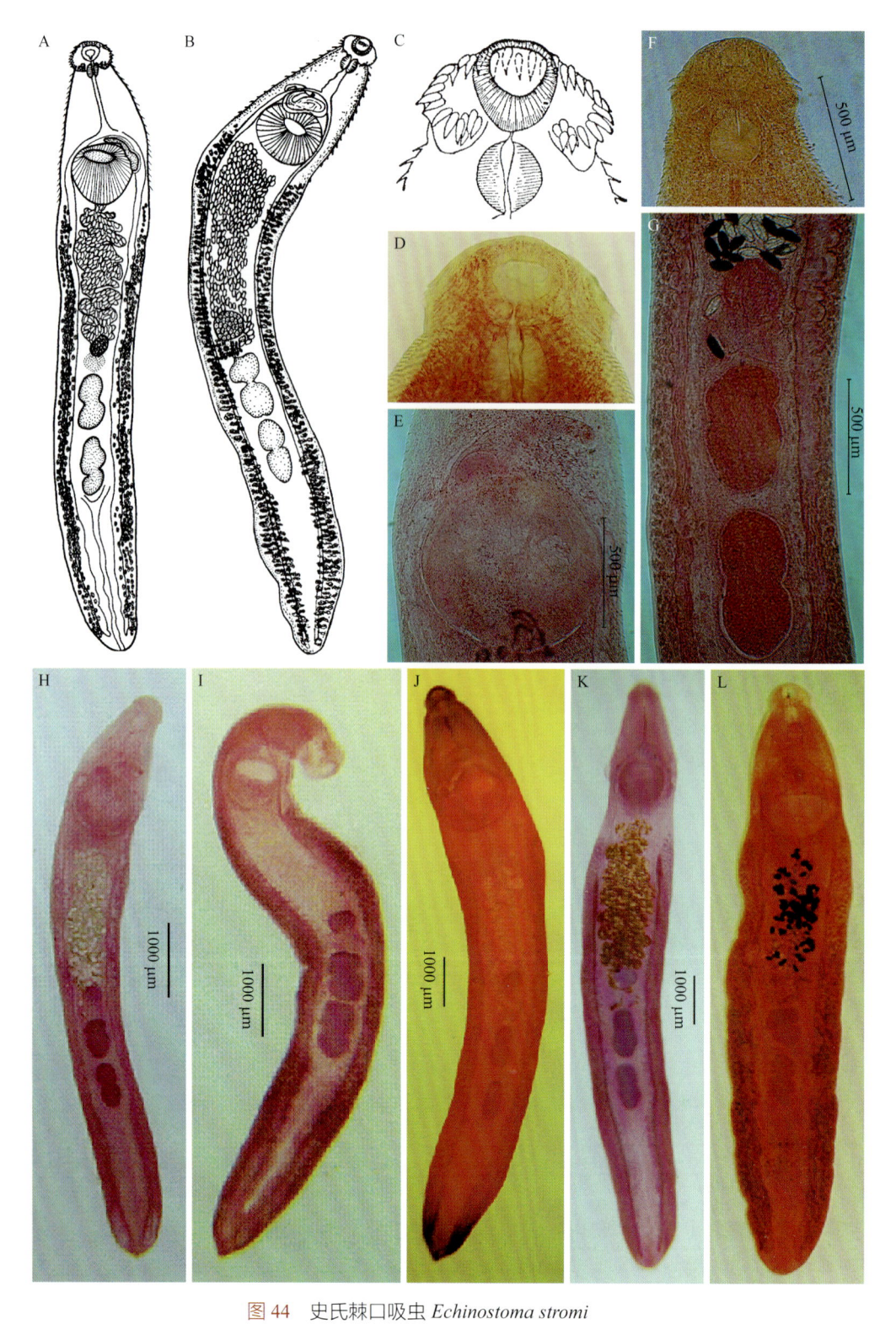

图 44 史氏棘口吸虫 *Echinostoma stromi*
A. 引蒋学良和周婉丽（2004）；B，C. 引黄兵 等（2006）；D，L. 原图（SHVRI）；E～K. 原图（SASA）

小为 0.180~0.230 mm×0.130~0.250 mm。腹吸盘位于虫体前 1/4 处，大小为 0.650~0.710 mm× 0.650~0.780 mm。咽为椭圆形，大小为 0.190~0.320 mm×0.140~0.230 mm，食道长 0.180~ 0.450 mm，两肠支沿虫体两侧伸至虫体末端。睾丸 2 枚，边缘中央凹陷呈哑铃状，前后纵向排列于虫体后 1/2 的前部，前睾丸大小为 0.590~0.740 mm×0.310~0.460 mm，后睾丸大小为 0.560~0.930 mm×0.260~0.380 mm。雄茎囊呈长椭圆形，大小为 0.280~0.540 mm× 0.120~0.280 mm，内有肾形的贮精囊。卵巢似圆形，约位于赤道线的中央，大小为 0.240~0.310 mm×0.240~0.310 mm。卵黄腺分布于虫体两侧，前起于腹吸盘后缘水平，后止于虫体末端，两侧的卵黄腺在睾丸之后不汇合。子宫发达，盘曲于腹吸盘与卵巢之间，内含多数虫卵。虫卵大小为 101~168 μm×52~60 μm。

45　特氏棘口吸虫　*Echinostoma travassosi* Skrjabin, 1924

【关联序号】23.1.24（23.3.26）/　。

【宿主范围】成虫寄生于鸭、鹅的肠道。

【地理分布】福建（野禽）、内蒙古。

【形态结构】虫体为长叶形，两端稍尖，大小为 10.200~16.400 mm× 1.700~3.000 mm。体表棘自头领之后开始分布，至腹吸盘前缘。头领宽 0.520~0.960 mm，具头棘 49 枚，左右腹角棘各 4 枚，其余 41 枚前后两排相互排列。口吸盘位于虫体前端，大小为 0.240~0.400 mm×0.240~0.500 mm。腹吸盘位于虫体前 1/5 处，大小为 0.880~1.620 mm×0.850~1.600 mm。前咽短，咽大小为 0.220~0.400 mm×0.200~0.320 mm，食道长 0.400~0.520 mm，两肠支沿虫体两侧向后延伸至亚末端。睾丸 2 枚，长而弯曲，边缘完整或具有缺刻，前后排列于虫体中后部，前睾丸大小为 1.600~2.800 mm×0.400~0.640 mm，后睾丸大小为 1.440~2.300 mm× 0.480~0.720 mm。雄茎囊位于肠分叉与腹吸盘前缘之间，大小为 0.540~0.960 mm×0.290~0.320 mm。卵巢为横椭圆形，位于虫体中部偏前的中央，大小为 0.240~0.440 mm× 0.450~0.480 mm。卵黄腺自腹吸盘后方开始分布，至虫体末端，在虫体后方左右两侧的卵黄腺不汇合。

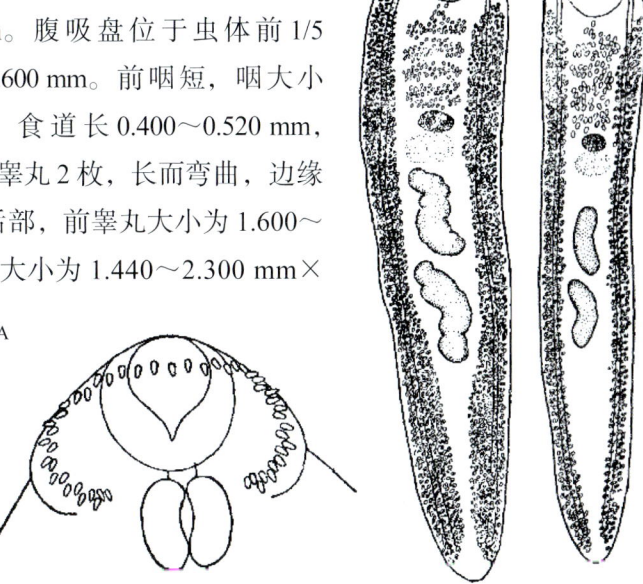

图 45　特氏棘口吸虫 *Echinostoma travassosi*
A~C. 引汪溥钦（1959a）

子宫盘曲于腹吸盘与卵巢之间，内含较多虫卵。虫卵大小为 105～128 μm×50～64 μm。

［注：汪溥钦（1959a）认为特氏棘口吸虫与乌鸦棘口吸虫（*Echinostoma corvi* Yamaguti, 1935）同为一种，因其在福州白颈鸦肠道检出的虫体中，虫体较大者睾丸皆长大、多弯曲、边缘有缺刻；虫体较小者睾丸较短小、少弯曲、边缘完整，其他形态几乎相同。而根据过去学者报道的形态区别，特氏棘口吸虫的睾丸较小、少弯曲、边缘完整，乌鸦棘口吸虫的睾丸较长大、多弯曲、边缘有缺刻。］

46 肥胖棘口吸虫 *Echinostoma uitalica* Gagarin, 1954

【关联序号】23.1.25（23.3.27）/ 　。

【宿主范围】成虫寄生于鸡、鸭的肠道。

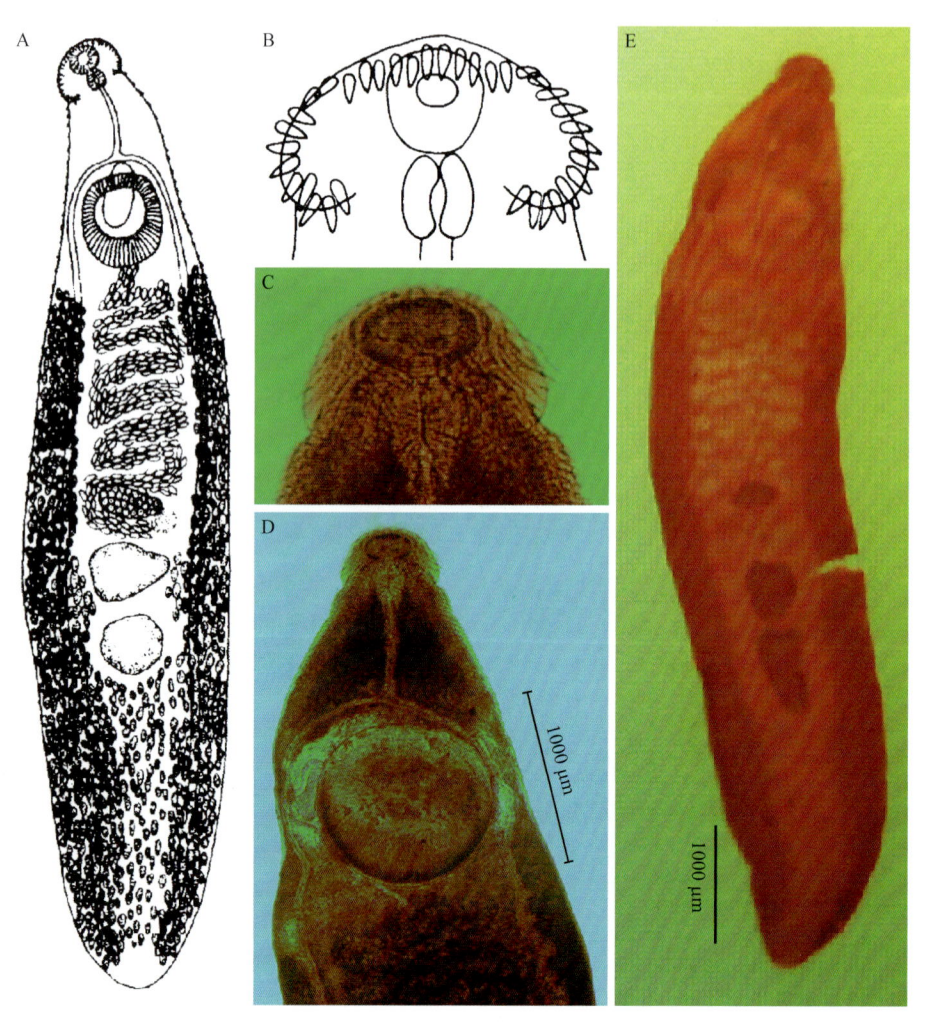

图 46　肥胖棘口吸虫 *Echinostoma uitalica*
A，B. 引 黄德生 等（1988b）；C～E. 原图（SASA）

【地理分布】云南。

【形态结构】虫体肥胖呈长叶形，前端稍窄，体长 8.500 mm，最大宽度为 2.000 mm。体表棘自头领之后开始分布，至睾丸前缘止。头领宽 0.450 mm，具头棘 35 枚，左右腹角棘各 5 枚，其余 25 枚呈前后两排等距离排列。口吸盘位于虫体前端，大小为 0.240 mm×0.310 mm。腹吸盘呈圆形，位于虫体前 1/4 处，大小为 1.030 mm×0.900 mm。咽为球形，大小为 0.210 mm×0.200 mm，食道长 0.630 mm，两肠支沿虫体两侧向后延伸，止于虫体亚末端。睾丸呈圆形或肾形，前后排列于虫体中部稍后方，前睾丸大小为 0.410 mm×0.540 mm，后睾丸大小为 0.390 mm×0.480 mm。雄茎囊大小为 0.370 mm×0.230 mm，生殖孔开口于肠分叉与腹吸盘之间。卵巢呈椭圆形，横列于虫体中部睾丸的前方，大小为 0.180 mm×0.470 mm。卵黄腺分布于虫体两侧，自腹吸盘后缘起至虫体亚末端止，在睾丸后方的卵黄腺于虫体中央相汇合。子宫长，内充满虫卵。虫卵大小为 80~110 μm×50~100 μm。

1.4 外隙属

Episthmium Lühe, 1909

【同物异名】外颈属（*Episthochasmus* Verma, 1935）。

【宿主范围】成虫寄生于鸟类和哺乳动物的肠道。

【形态结构】虫体为短钝或长叶形，体表具小棘。头领呈肾形，具头棘 1 列，背部中央间断。口吸盘位于虫体前端，腹吸盘位于体前半部的后部。食道短，两肠支伸至虫体亚末端。睾丸为类圆形或不规则形，位于虫体后半部的中部，前后排列或斜列。雄茎囊位于腹吸盘的背侧，生殖孔开口于肠分叉后。卵巢为圆形，位于前睾丸与腹吸盘之间。卵黄腺自食道后部开始，沿肠支外侧向后分布至虫体末端。子宫短，仅含少数虫卵。

[注：Jones 等（2005）在 *Keys to the Trematoda* Volume 2 中将本属归为棘隙属（*Echinochasmus*）的同物异名，因国内主要资料将本属作为独立属，本书仍作为独立属。在有些文献中，将"*Episthmium*"译成"外颈属"或"前隙属"，将"*Episthochasmus*"译成"外隙属"。]

47 犬外隙吸虫　　*Episthmium caninum* (Verma, 1935) Yamaguti, 1958

【关联序号】23.9.1（23.4.1）/106。

【同物异名】犬前隙吸虫；犬棘隙吸虫（*Echinochasmus* (*Episthochasmus*) *caninum* Verma, 1935）；犬外颈吸虫（*Episthochasmus caninum* Verma, 1935）。

【宿主范围】成虫寄生于犬的肠道。

【地理分布】广东、海南。

【形态结构】虫体为近卵形，大小为 1.000～1.500 mm×0.400～0.750 mm。体表棘自头领之后开始分布，后至虫体亚末端。头领发达呈肾形，大小为 0.130～0.170 mm×0.200～0.220 mm，具头棘 24 枚，排成单列，在背部中央间断，左右侧腹棘各 6 枚，大小为 0.036～0.038 mm×0.009～0.010 mm，左右背侧棘各 6 枚，大小为 0.042～0.054 mm×0.010～0.012 mm。口吸盘为圆形，位于虫体前端，直径为 0.010 mm。腹吸盘位于体前半部的后部，大小为 0.134～0.143 mm×0.109～0.117 mm。前咽长 0.025～0.050 mm，咽大小为 0.050～0.076 mm×0.050～0.067 mm，食道长 0.050～0.109 mm，两肠支伸至虫体亚末端。睾丸位于虫体后半部的前中部，前睾丸为圆形至四角形，大小为 0.084～0.194 mm×0.220～0.250 mm，后睾丸为类三角形，大小为 0.140～0.186 mm×0.210～0.250 mm。雄茎囊位于腹吸盘的前背侧，大小为 0.100～0.126 mm×0.084～0.090 mm，生殖孔开口于肠叉后。卵巢为椭圆形，位于前睾丸的左前侧，大小为 0.070～0.080 mm×0.090～0.126 mm。卵黄腺分布于虫体两侧，自肠叉处开始，至虫体亚末端。子宫短，仅含少数虫卵。虫卵大小为 84 μm×50～60 μm。

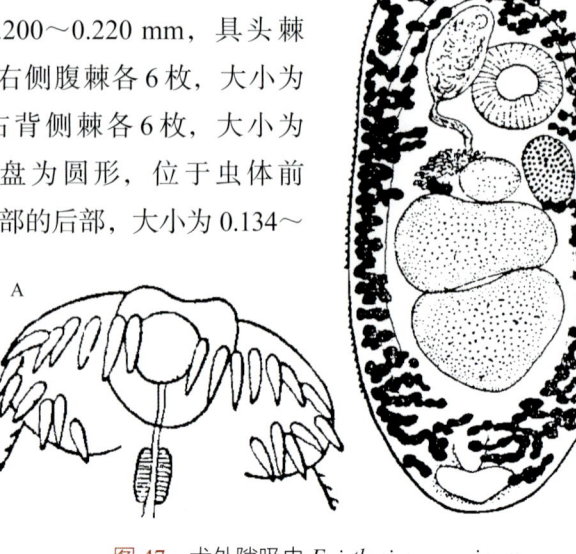

图 47　犬外隙吸虫 *Episthminum caninum*
A，B. 引 赵辉元（1996）

1.5 真　缘　属
Euparyphium Dietz, 1909

【宿主范围】成虫寄生于鸟类和哺乳动物的肠道。

【形态结构】虫体小到中型，呈拉长的亚圆柱形，最大宽度在子宫中部水平；前体短，为体长的 12%～20%。体表具棘，腹面的体表棘可达子宫后水平，背面的体表棘可到腹吸盘前缘。头领发达呈肾形，头棘较小，少数种为 27 枚，多数种为 45～55 枚；侧棘为单列，背棘为双列，腹角棘为 4 或 5 枚，稍长于边缘棘，背棘中的外列棘略长于内列棘。口吸盘为球形，腹吸盘为亚球形，位于虫体的前 1/4 处。前咽短，咽为长卵圆形，食道短，肠分叉位于咽与腹吸盘的中间。睾丸前后纵列，较大，长卵圆形，光滑，相邻，位于虫体的中后部。雄茎囊为长椭圆形，位于腹吸盘的前背面，不达其后缘，内含细长的贮精囊、适度发达的前列腺和较长呈管状不具刺的雄茎。卵巢较小，呈球形，位于虫体赤道线前的中央。梅氏腺为弥散状，受精囊明显。卵黄腺滤泡大，分布于子宫中部或卵巢水平与虫体后端之间，在睾丸后接近中线或汇合。子宫很短（模式种）或较短（为体长的3%～20%），几圈盘曲，子宫末端强壮，长于雄茎囊。虫卵不多。排泄孔位于虫体末端。模式种：宽大真缘吸虫［*Euparyphium capitaneum* Dietz, 1909］。

48 伊族真缘吸虫 *Euparyphium ilocanum* (Garrison, 1908) Tubangui et Pasco, 1933

【关联序号】23.4.1（23.5.1）/ 93。
【同物异名】伊族棘口吸虫（*Echinostoma ilocanum* (Garrison, 1908) Odhner, 1911）。
【宿主范围】成虫寄生于犬的小肠。
【地理分布】安徽、广东、江苏、上海、云南。

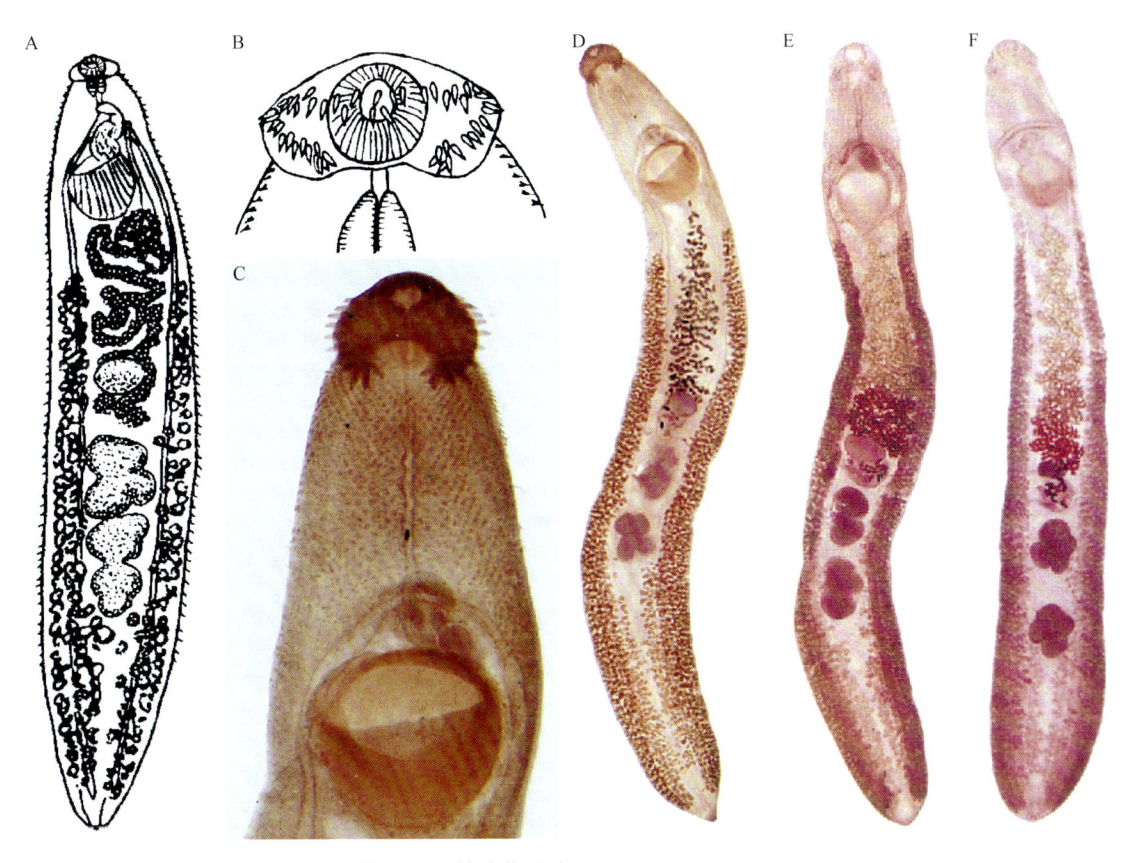

图 48　伊族真缘吸虫 *Euparyphium ilocanum*
A，B. 引黄兵等（2006）；C～F. 原图（WNMC）

【形态结构】虫体为长叶形，两端狭小，大小为 2.500~6.500 mm×1.000~1.350 mm。体表具棘，体表棘从头领开始分布，直至后睾丸的后缘。头领上具有头棘 49~51 枚，其中左右腹角棘各 5 或 6 枚，密集排列；两边侧棘各 10 枚，为单列；背棘 17~19 枚，前后两列交错排列。口吸盘呈圆形，位于虫体前端的亚腹面，直径为 0.100~0.160 mm。腹吸盘呈球形，接近于虫体前端，直径为 0.400~0.460 mm。咽呈椭圆形，大小为 0.170 mm×0.110 mm；食道短，两肠支沿虫体两侧几乎伸达虫体末端。睾丸 2 枚，其中部边缘呈深度凹陷，前后排列于虫体的中后部。雄茎囊长而弯曲，位于肠叉与腹吸盘之间。卵巢为亚球形，位于虫体赤道线略前的中央。梅氏腺呈弥散状，紧位于卵巢之后。卵黄腺呈大的腺泡状，从腹吸盘与卵巢之间开始至虫体的亚末端，在睾丸后方左右两侧的卵黄腺向虫体中央靠近。子宫盘曲于前睾丸与腹吸盘之间，几圈弯曲，内含虫卵。虫卵大小为 83~116 μm×58~69 μm。

49 隐棘真缘吸虫 *Euparyphium inerme* Fuhrmann, 1904

【关联序号】23.4.2（23.5.2）/ 。

【宿主范围】成虫寄生于鹅的肠道。

【地理分布】福建（水獭）、江苏。

【形态结构】虫体呈长叶形，大小为 5.780~8.800 mm×0.800~0.930 mm。体表棘自头领之后开始分布，至腹吸盘的边缘。头领明显，宽 0.424~0.440 mm，具头棘 27 枚，左右腹角棘各 4 枚，其余 19 枚前后两排相互排列。口吸盘大小为 0.190~0.220 mm×0.220~0.230 mm。腹吸盘大小为 0.590~0.670 mm×0.620~0.640 mm。咽接近口吸盘，大小为 0.176~0.208 mm×0.144~0.160 mm，食道长 0.154~0.176 mm。睾丸 2 枚，前后排列于虫体中部，前睾丸为椭圆形斜置或为弯曲状而边缘有缺刻，大小为 0.640~0.860 mm×0.340~0.430 mm，后睾丸中部陷隙或为弯曲而边缘有缺刻，大小为 0.680~0.920 mm×0.320~0.340 mm。雄茎囊呈袋状，斜位于肠叉与腹吸盘之间。卵巢为椭圆形，位于前睾丸的前方，大小为 0.140~0.180 mm×0.200~0.220 mm。卵黄腺发达，自前睾丸边缘开始分布，至虫体亚末端，在虫体后部左右两侧的卵黄腺于虫体中央汇合。子宫短，内含虫卵不多。虫卵大小为 108~112 μm×62~64 μm。

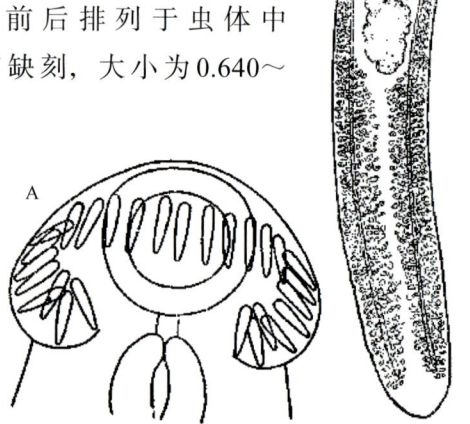

图 49 隐棘真缘吸虫 *Euparyphium inerme*
A，B. 引汪溥钦（1959a）

50 鼠真缘吸虫　　　　　　　　　　　　　　　　　*Euparyphium murinum* Tubangui, 1931

【关联序号】23.4.4（23.5.4）/ 。

【宿主范围】成虫寄生于犬、鸡、鹅的肠道。

【地理分布】福建、广东、河南、江苏。

【形态结构】虫体为长叶形，前端狭小，后端钝圆，大小为 5.200～6.420 mm×0.980～1.280 mm。体表棘自头领之后开始分布，向后至后睾丸。头领狭小，宽 0.268～0.386 mm，具头棘 45 枚，呈前后两列，其中左右腹角棘各 5 枚，密集，其余 35 枚等距离排列。口吸盘为类圆形，大小为 0.142～0.188 mm×0.142～0.186 mm。腹吸盘为类圆形，位于虫体前 1/6 处，大小为 0.450～0.620 mm×0.420～0.600 mm。前咽长 0.120～0.136 mm，咽呈椭圆形，大小为 0.148～0.192 mm×0.120～0.158 mm，食道长 0.150～0.190 mm，两肠支伸至虫体亚末端。睾丸呈椭圆形而稍弯曲，位于虫体赤道线之后，前睾丸大小为 0.680～0.880 mm×0.520～0.680 mm，后睾丸大小为 0.780～0.960 mm×0.450～0.580 mm。雄茎囊位于肠分叉与腹吸盘之间，大小为 0.520～0.620 mm×0.192～0.260 mm。卵巢类圆形，位于虫体中部，大小为 0.260～0.360 mm×0.240～0.360 mm。卵黄腺分布于虫体两侧，自子宫中部开始至虫体亚末端，在睾丸后两侧的卵黄腺在中央汇合。子宫长，内含虫卵多。虫卵大小为 84～92 μm×60～65 μm。

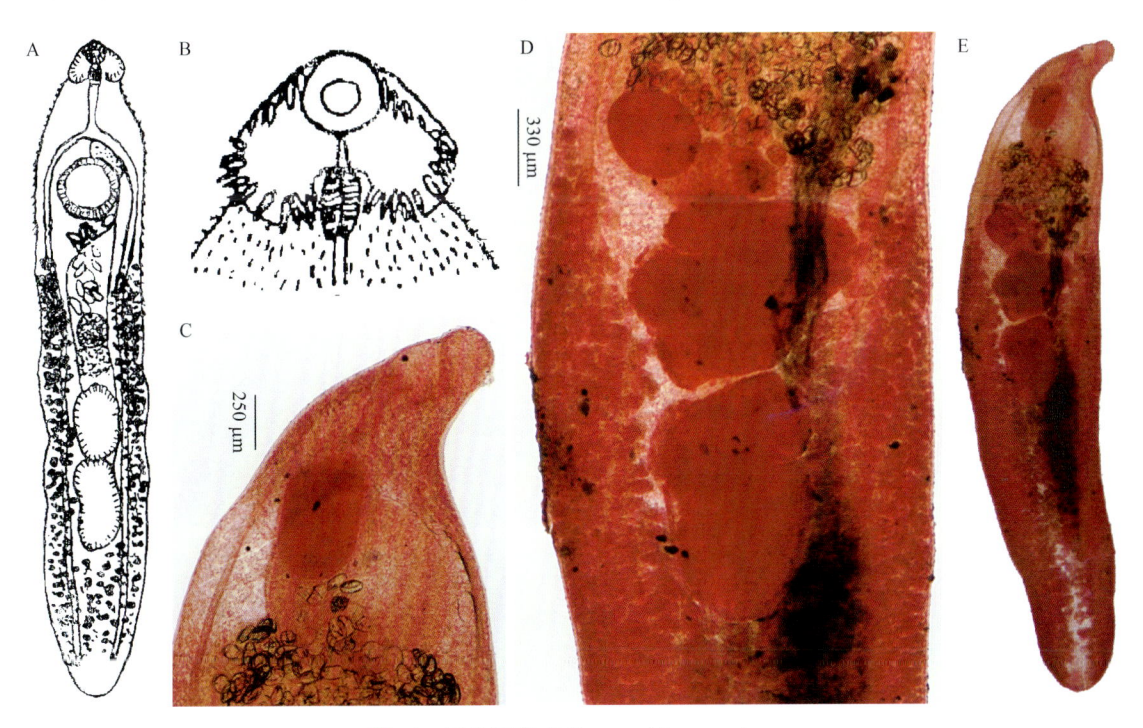

图 50　鼠真缘吸虫 *Euparyphium murinum*

A，B. 引 新疆畜牧科学院兽医研究所（2011）；C～E. 原图（SHVRI）

1.6 低颈属
Hypoderaeum Dietz, 1909

【同物异名】多棘属（*Multispinotrema* Skrjabin et Bashkirova, 1956）；新棘口属（*Neoechinostoma* Agrawal, 1963）；维尔马属（*Vermatrema* Srivastava, 1974）。

【宿主范围】成虫寄生于鸟类和哺乳动物的肠道。

【形态结构】虫体中到大型，长卵圆形，体宽为体长的11%～33%，最大宽度在腹吸盘或子宫水平；前端钝圆，后端尖，前体很短（为体长的4.5%～10%），后体背腹扁平，体侧缘几乎平行。在腹吸盘腹侧面的后缘体表具大型体棘（为最大角棘长度的55%～100%）。头领不发达，与虫体的分界不明显；头棘小，圆锥形，大小相似，43～82枚，呈双列，每侧腹角棘4或5枚，稍长于边缘棘。口吸盘比腹吸盘小很多，腹吸盘发达，呈杯状，接近体前端。食道很短。睾丸大，呈长卵圆形，表面光滑、不规则或浅裂，前后纵列于虫体赤道线或之后，相连或分离。雄茎囊为长卵圆形，位于肠叉与腹吸盘背面中部之间；其内的贮精囊呈细长的囊状，略卷曲，前部变细；前列腺明显，为管状；雄茎粗壮，不具刺。卵巢较小，亚球形，位于虫体赤道线之前。梅氏腺大小与卵巢相似。卵黄腺滤泡小，前可达腹吸盘，在睾丸之后可能接近中线，但不汇合。子宫短（为体长的8%～19%），盘曲于肠支之间，子宫末端肌质，长于雄茎囊，子宫内含很多虫卵。排泄孔位于体末端。模式种：似锥低颈吸虫［*Hypoderaeum conoideum* (Bloch, 1782) Dietz, 1909］。

51 似锥低颈吸虫 *Hypoderaeum conoideum* (Bloch, 1782) Dietz, 1909

【关联序号】23.5.1（23.6.1）/94。

【宿主范围】成虫寄生于鸡、鸭、鹅的小肠中下部，偶见于盲肠。

【地理分布】安徽、北京、重庆、福建、广东、广西、贵州、河南、黑龙江、湖北、湖南、江苏、江西、内蒙古、宁夏、陕西、上海、四川、台湾、新疆、云南、浙江。

【形态结构】虫体肥厚，头端钝圆，腹吸盘处最宽，腹吸盘后虫体逐渐狭小如锥状，大小为5.200～11.800 mm×0.830～1.790 mm。体表棘自头领之后开始分布，向后至卵巢处终止。头领呈半圆形，宽0.340～0.620 mm，具头棘49枚，其中左右腹角棘各5枚，大小为0.036 mm×0.014 mm，其余39枚排列整齐，大小相等，为0.025～0.030 mm×0.008～0.010 mm。口吸盘位于亚前端，大小为0.130～0.240 mm×0.300～0.400 mm。腹吸盘发达，位于口吸盘之后，

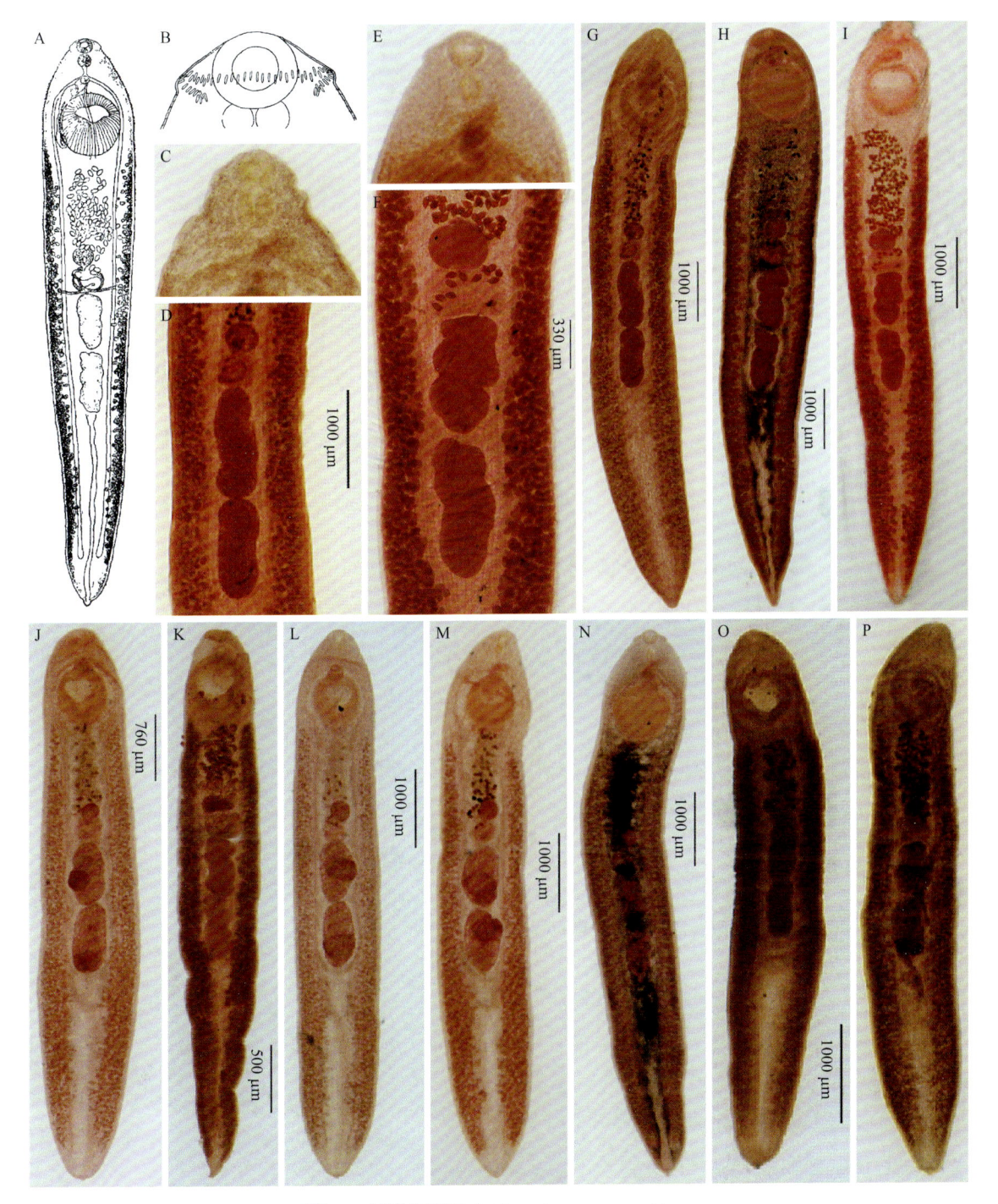

图 51 似锥低颈吸虫 *Hypoderaeum conoideum*
A, B. 引 李非白 (1950); C~P. 原图 (SHVRI)

大小为 0.620~1.200 mm×1.160~1.200 mm，比口吸盘约大 6 倍。咽为椭圆形，食道短，两肠支伸至虫体亚末端。睾丸位于虫体中部或后 1/2 处，呈腊肠状，前后排列，前睾丸大小为 0.510~1.140 mm×0.230~0.460 mm，后睾丸大小为 0.550~1.300 mm×0.210~0.480 mm。雄茎囊横卧于肠叉与腹吸盘之间，呈长袋状。卵巢为类圆形，位于前睾丸之前的中央，大小为 0.260~0.280 mm×0.400~0.440 mm。卵黄腺自腹吸盘后缘开始延伸至虫体亚末端，分布于虫体两侧，在体末端不汇合。子宫发达，内含大量虫卵。虫卵呈椭圆形，大小为 86~99 μm×52~66 μm。

52 格氏低颈吸虫　　*Hypoderaeum gnedini* Baschkirova, 1941

【关联序号】23.5.3（23.6.2）/ 。

【同物异名】接睾低颈吸虫。

【宿主范围】成虫寄生于鸭、鹅的肠道。

【地理分布】广东、黑龙江、江西、云南。

【形态结构】虫体呈长叶形，头端钝圆，末端稍窄，两侧接近平行，大小为 6.500~8.900 mm×1.100~2.700 mm。体表棘自头领之后开始分布，至腹吸盘的前缘止。头领不发达，具头棘 51 枚，左右腹角棘各 5 枚，其余 41 枚呈前后两列相互排列。口吸盘呈圆形，位于虫体前端的亚腹面，大小为 0.090~0.230 mm×0.180~0.280 mm。腹吸盘呈类圆形，位于虫体前约 1/7 处，大小为 0.780~0.950 mm×0.750~0.950 mm。前咽较短，咽大小为 0.100~0.200 mm×0.130~0.180 mm，食道长 0.080~0.130 mm，两肠支沿虫体两侧至亚末端。睾丸呈长椭圆形，边缘有浅缺刻，前后相撞排列于虫体中部稍后方，前睾丸大小为 0.700~0.980 mm×0.300~0.550 mm，后睾丸大小为 0.750~1.080 mm×0.300~0.530 mm。雄茎囊呈长椭圆形，位于肠叉与腹吸盘之间。卵巢呈横椭圆形，位于前睾丸的前方，大小为 0.280~0.350 mm×0.300~0.400 mm。梅氏腺在卵巢的后缘。卵黄腺分布于虫体两侧，自腹吸盘后缘开始至虫体亚末端，在睾丸后的卵黄腺于虫体中央接近而不汇合。子宫盘曲于腹吸盘与卵巢之间，内含多数虫卵。虫卵大小为 80~120 μm×50~70 μm。

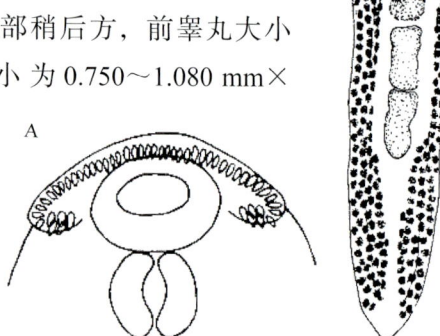

图 52　格氏低颈吸虫 *Hypoderaeum gnedini*
A, B. 引黄德生 等（1988b）

[注：在 Bashkirova（1941）的描述中，在睾丸后方的卵黄腺于虫体中央汇合，而在黄德生等（1988b）观察的标本中，在睾丸后方左右的卵黄腺于虫体中央仅是接近，而不汇合。]

53　滨鹬低颈吸虫　　　　　　　　　　　　　*Hypoderaeum vigi* Baschkirova, 1941

【关联序号】23.5.3（23.6.3）/　。
【同物异名】瓣睾低颈吸虫。
【宿主范围】成虫寄生于鸭的肠道。
【地理分布】重庆、福建、广东、江西、四川、云南。
【形态结构】虫体呈长叶形，前部肥大，后端较细，最宽处在腹吸盘，大小为 7.000～9.000 mm×1.000～1.530 mm。体表棘自头领开始分布，至腹吸盘侧缘。头领较小，具头棘 43 枚，大小相等，分前后两列相互排列。口吸盘位于虫体前端亚腹面，大小为 0.150～0.250 mm×0.210～0.280 mm。腹吸盘较发达，距头端较近，大小为 0.710～0.950 mm×0.730～0.900 mm。口吸盘之后为咽，咽大小为 0.100 mm×0.110 mm，食道长 0.100～0.180 mm，两肠支沿虫体两侧向

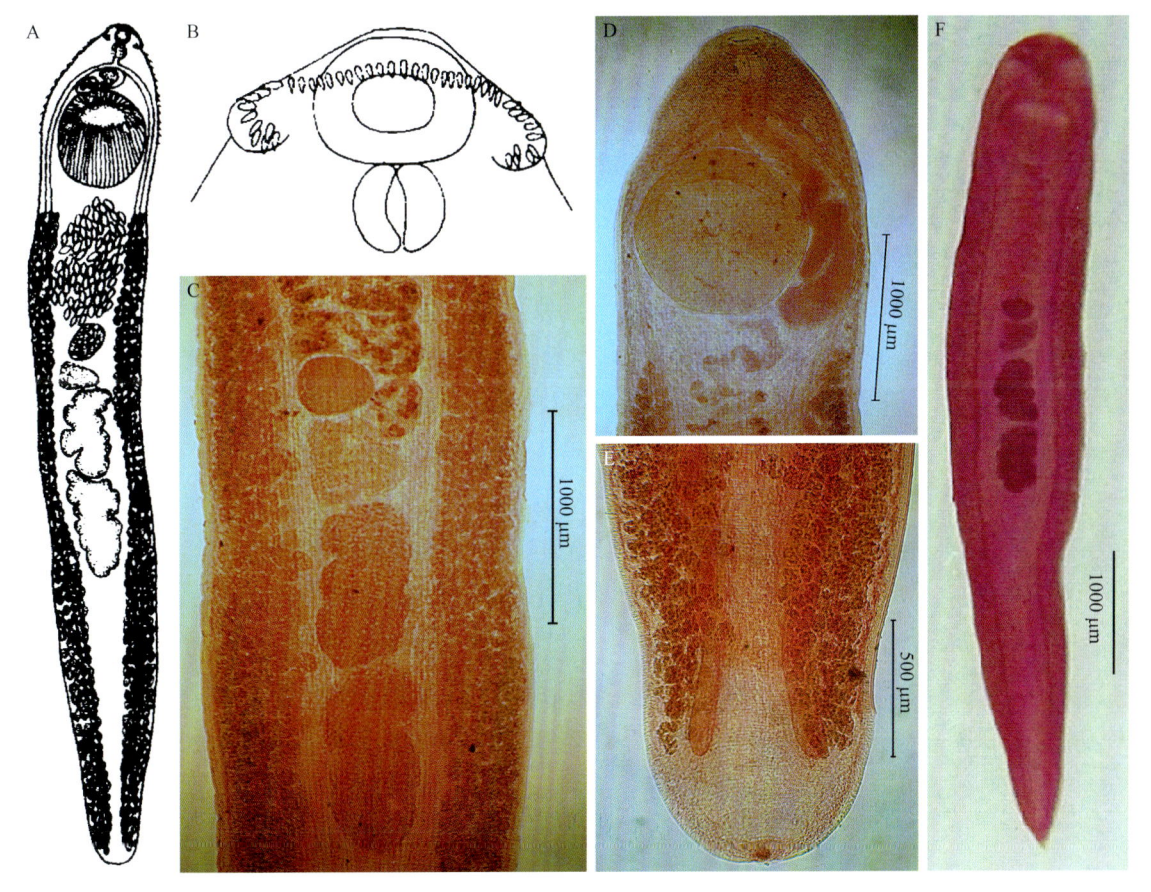

图 53　滨鹬低颈吸虫 *Hypoderaeum vigi*
A，B. 引黄德生 等（1988b）；C～F. 原图（SASA）

后延伸至亚末端。睾丸2枚，前后排列于虫体的中部，边缘具7～11个深瓣或浅瓣，前睾丸大小为0.680～0.790 mm×0.250～0.450 mm，后睾丸大小为0.680～0.950 mm×0.280～0.440 mm。雄茎囊位于肠叉与腹吸盘之间。卵巢为横椭圆形或类圆形，位于前睾丸之前，大小为0.250～0.350 mm×0.250～0.380 mm。卵黄腺分布于虫体两侧，自腹吸盘后方开始至虫体末端，在睾丸后方左右两侧的卵黄腺在中央不汇合。子宫盘曲于腹吸盘与卵巢之间，内含较多虫卵。虫卵大小为80～110 μm×50～60 μm。

1.7 似颈属

Isthmiophora Lühe, 1909

【同物异名】棘茎属（*Echinocirrus* Mendheim, 1943）。

【宿主范围】成虫寄生于哺乳动物的肠道。

【形态结构】虫体中到大型，呈长叶形或亚圆柱形，体宽为体长的10%～22%，最大宽度在腹吸盘或子宫中部水平，前体短（为体长的10%～20%）。体表具小棘，可到睾丸腹面水平和腹吸盘背面前缘。头领小，明显窄于体部，呈肾形；头棘27～29枚，大而结实，但不尖锐，背棘两列，侧棘单列，左右腹角棘各4枚，稍长于边缘棘，背棘中内列棘略长于外列棘。口吸盘为球形。腹吸盘大而呈亚球形，位于虫体的前1/4处。前咽明显，咽为长卵圆形，食道短。睾丸大，呈圆形或长卵圆形，平滑或不规则，前后纵列，相接或稍分开，位于虫体中部。雄茎囊呈长卵圆形，位于肠叉与腹吸盘中部的背面之间；贮精囊为囊状，前部渐细；前列腺中等发达；雄茎非常长，布满大刺。卵巢小，球形，位于虫体赤道线前的右侧。梅氏腺大而松散，大于卵巢。受精囊明显。卵黄腺滤泡大，分布于卵巢或睾丸前水平与虫体后端之间，在睾丸后两侧的卵黄腺在中央汇合。子宫非常短（为体长的1%～15%），只有几个盘曲，子宫末段长而呈肌质，内含虫卵大而不多。排泄孔位于亚末端的背面。模式种：獾似颈吸虫［*Isthmiophora melis* (Schrank, 1788) Lühe, 1909］。

54 獾似颈吸虫

Isthmiophora melis (Schrank, 1788) Lühe, 1909

【关联序号】23.10.1（23.7.1）/107。

【同物异名】獾片形吸虫（*Fasciola melis* Schrank, 1788）；帕氏片形吸虫（*Fasciola putorii* Gmelin, 1790）；具棘片形吸虫（*Fasciola armata* Rudolphi, 1793）；三角头片形吸虫（*Fasciola trigonocephala* Rudolphi, 1802）；具棘双盘吸虫（*Distoma armatum* Zeder, 1803）；三角头双盘吸虫（*Distoma trigonocephalum* Rudolphi, 1809）；三角头棘口吸虫（*Echinostoma trigonocephalum* Cobbold, 1860）；獾棘口吸虫（*Echinostoma melis* Dietz, 1909）。

【宿主范围】成虫寄生于猪的小肠。

【地理分布】安徽、北京、黑龙江、湖北、台湾。

【形态结构】虫体呈细长形，大小为 4.312～5.114 mm×0.968～1.144 mm。体棘从头领开始，于背腹面均有分布，以前部为最密，呈鳞片状外观，排列整齐，腹吸盘以后逐渐稀少。头领发育良好，宽 0.306～0.477 mm，有双环头棘 27 枚，背面排列无间断，左右腹角棘各 4 枚；头棘前端尖锐，后端削平，大小为 0.054～0.070 mm×0.013～0.018 mm。口吸盘呈圆形，位于体前端，大小为 0.186～0.222 mm×0.205～0.262 mm。腹吸盘较发达，呈圆形或长圆形，位于虫体前 1/4 处的肠叉之后，大小为 0.585～0.730 mm×0.695～0.763 mm，约为口吸盘的 3 倍。咽为椭圆形，大小为 0.268～0.309 mm×0.171～0.224 mm；食道长 0.260～0.326 mm，在腹吸盘前分为左右两支单一的盲肠管，分布于虫体两侧，向下伸达虫体的亚末端。睾丸 2 枚，边缘光滑或略微分叶，前后排列于虫体的中部，前睾丸大小为 0.310～0.418 mm×0.391～0.626 mm，后睾丸大小为 0.326～0.458 mm×0.410～0.530 mm。雄茎囊呈椭圆形，大小为 0.276～0.468 mm×

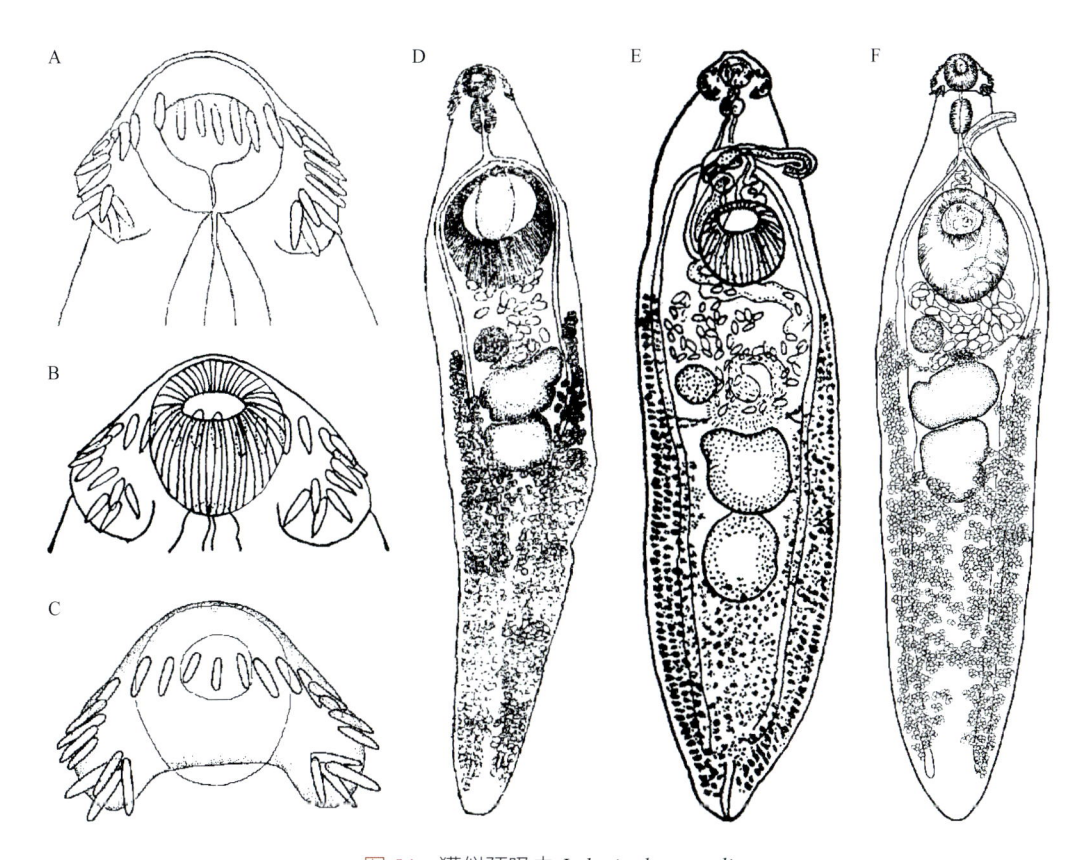

图 54 獾似颈吸虫 *Isthmiophora melis*
A、D. 引 徐守魁和周源昌（1983）；B、E. 引 赵辉元（1996）；C、F. 引 Jones 等（2005）

0.149～0.249 mm，位于腹吸盘与肠叉之间的背侧。雄茎上有小刺，新鲜虫体雄茎多伸出雄茎囊之外。卵巢呈圆形或长圆形，位于睾丸之前、虫体中线的右侧，大小为 0.174～0.240 mm×0.209～0.277 mm。受精囊在卵巢的左侧。卵黄腺由许多滤泡腺体集结而成，分布于受精囊与肠管末端之间，在前睾丸之前只分布在肠管的外侧，在后睾丸之后分布在肠管两侧并向虫体中线汇合而几乎相接。子宫短，位于腹吸盘与前睾丸之间，其内充满数量不一的虫卵（为 7～84 枚）。虫卵为卵圆形，黄褐色，卵壳表面光滑，前端具有卵盖，大小为 121～133 μm×68～86 μm。

1.8 新棘缘属

Neoacanthoparyphium Yamaguti, 1958

【同物异名】异锥棘属（*Allopetasiger* Yamaguti, 1958）。

【宿主范围】成虫寄生于鸟类和哺乳动物的肠道。

【形态结构】虫体细小呈舌形，体宽为体长的 25%～50%，最大宽度在前体。前体扁平，有凹陷，为体长的 28%～36%，体表被有微刺，后体呈亚圆柱形。头领很发达，头棘尖锐，有 49～59 枚，排成 2 列，大小相等；边缘棘小，每侧腹角棘 4 枚，比边缘棘大 2.5～3 倍。口吸盘呈椭圆形，腹吸盘肌质呈球形，位于虫体赤道线前。前咽长，咽小，食道长。睾丸小，亚球形，光滑，前后相连纵列于虫体后部的中央。雄茎囊为椭圆形，位于肠叉与腹吸盘背侧中部水平之间。贮精囊为袋状，前列腺部模糊。卵巢为球形，大于睾丸，位于虫体赤道线略后的右侧。梅氏腺小，呈弥漫状。卵黄腺分布于虫体两侧，从卵巢或前睾丸水平直至虫体后端，每侧有 6 个结实的卵黄大卵泡。子宫极短，内含虫卵 1 或 2 枚，虫卵大于生殖腺。排泄囊呈 Y 形，排泄孔位于虫体末端。模式种：彼氏新棘缘吸虫［*Neoacanthoparyphium petrowi* (Nevostruea, 1953) Yamaguti, 1958］。

55 舌形新棘缘吸虫　　*Neoacanthoparyphium linguiformis* Kogame, 1935

【关联序号】23.3.1（23.8.1）/ 92。

【宿主范围】成虫寄生于犬的肠道。

【地理分布】黑龙江、吉林、辽宁。

【形态结构】虫体细扁，两端钝圆呈舌形，大小为 0.515～0.780 mm×0.175～0.250 mm。体表棘自头领后开始分布，至卵黄腺后缘水平。头领发达，具有头棘 58 枚，排成前后两列，背部中央无间断，左右腹角棘各 4 枚，大小为 0.040～0.043 mm×0.010 mm；背棘前后列大小相等，为

0.011～0.012 mm×0.003～0.004 mm。口吸盘位于虫体前端，大小为 0.040～0.070 mm×0.055～0.075 mm。腹吸盘呈椭圆形，位于虫体中部，大小为 0.095～0.140 mm×0.115～0.147 mm。前咽大小为 0.028～0.055 mm×0.012～0.035 mm，咽椭圆形，大小为 0.035～0.040 mm×0.017～0.020 mm，食道长 0.045～0.060 mm，两肠支伸至虫体亚末端。睾丸为倒椭圆形，位于虫体后部，前后排列，前睾丸大小为 0.040～0.055 mm×0.055～0.065 mm，后睾丸大小为 0.040～0.055 mm×0.055～0.068 mm。雄茎囊位于腹吸盘前背侧，大小为 0.065～0.095 mm×0.035～0.045 mm，生殖孔开口于肠叉后。卵巢呈球形，位于睾丸左前侧，直径为 0.03～0.04 mm。卵黄腺滤泡粗大，左右各 6 个，分布于睾丸两侧，大小为 0.040～0.045 mm×0.060～0.065 mm。子宫内含 1 枚虫卵，虫卵大小为 110～125 μm×75～90 μm，卵内胚胞已开始分裂为桑椹胚期。

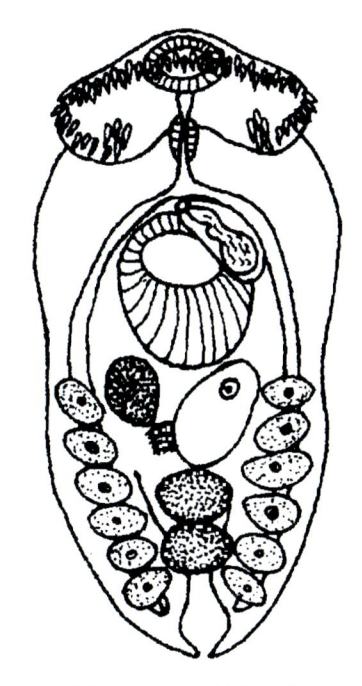

图 55　舌形新棘缘吸虫
Neoacanthoparyphium linguiformis
引 黄兵 等（2006）

1.9　缘口属

Paryphostomum Dietz, 1909

【同物异名】新杯孔属（*Neocotylotretus* Sharma, 1977）。
【宿主范围】成虫寄生于鸟类的肠道。
【形态结构】虫体小到中型，为长形到长椭圆形，体宽为体长的 14%～31%，两侧近平行，睾丸水平处最宽。前体短（为体长的 15%～20%），体表披小棘。头领很发达，呈肾形，腹侧深陷，有腹脊；头棘大，27 枚，侧棘为单列，背棘为双列，左右腹角棘各 4 枚，大于边缘棘。口吸盘呈球形。腹吸盘呈杯状，具深腔，位于虫体前 1/2 的中部。前咽短，咽为亚球形，大小与口吸盘相似，食道短，肠叉处在腹吸盘前一定距离。睾丸大，前后纵列，深分叶，相连或稍分离，前睾丸常位于虫体赤道线。雄茎囊为长椭圆形，前伸至腹吸盘背侧的中央。贮精囊体大呈双袋状，前列腺发达，雄茎大而具刺。卵巢小，球形，位于虫体赤道线前右侧。梅氏腺紧密，比卵巢大，受精囊明显。卵黄腺分布于腹吸盘之后与体后端之间，在睾丸之后向中线聚集但不相汇，卵黄腺滤泡大。子宫很短，只有几个盘曲，子宫末端肌质目长，内含少量虫卵。排泄囊具侧支囊，排泄孔位于体末端。模式种：辐射缘口吸虫［*Paryphostomum radiatum* (Dujardin, 1845) Dietz, 1909］。

56　白洋淀缘口吸虫　*Paryphostomum baiyangdienensis* Ku, Pan, Chiu, et al., 1973

【关联序号】23.11.1（23.9.1）/　。
【宿主范围】成虫寄生于鹅的小肠。
【地理分布】安徽、河北（野禽）。
【形态结构】虫体呈叶形，在卵巢至睾丸水平处最宽，大小为 4.805～6.220 mm×0.975～0.990 mm。体表棘自头领后至腹吸盘之前为丛密的三角形棘，到腹吸盘处只见很稀的细棘，腹吸盘后体表光滑。头领呈肾形，宽为 0.429～0.462 mm，具头棘 35 枚，左右腹角棘各 4 枚，背侧棘 27 枚前后排成 2 列。口吸盘呈扁圆形，位于虫体前端腹面，大小为 0.165 mm×0.182～0.198 mm。腹吸盘呈近圆形，位于虫体前 1/4 处，大小为 0.534～0.782 mm×0.611～0.742 mm。前咽短，咽较发达，大小为 0.182～0.211 mm×0.116～0.132 mm，食道长 0.363～0.396 mm，肠支沿虫体两侧达体末端。睾丸 2 枚，通常分为 4 瓣，前后排列于虫体后 1/2 的前方，前睾丸大小为 0.330～0.396 mm×0.304～0.330 mm，后睾丸大小为 0.363～0.478 mm×0.297～0.346 mm。雄茎囊呈瓶形，横列于肠叉与腹吸盘前缘之间，大小为 0.304～0.495 mm×0.132～0.228 mm，内有囊状的贮精囊和弯曲的射精管，前列腺不发达，生殖孔开口于肠叉之后。卵巢呈扁球形，位于虫体后半部的前缘，大小为 0.083～0.198 mm×0.165～0.247 mm。梅氏腺发达，位于卵巢与前睾丸之间。卵黄腺呈不规则的滤泡状，分布于虫体两侧，至体末端不汇合。子宫很短，内含虫卵 31～84 枚。虫卵呈橄榄形，大小为 99 μm×59～63 μm。

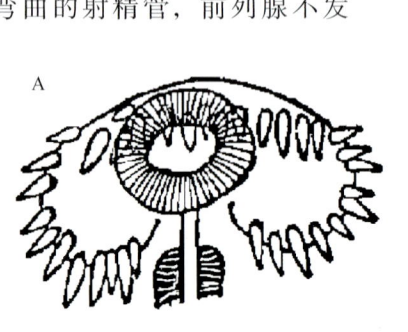

图 56　白洋淀缘口吸虫 *Paryphostomum baiyangdienensis*
A、B. 引顾昌栋 等（1973）

57　辐射缘口吸虫　*Paryphostomum radiatum* (Dujardin, 1845) Dietz, 1909

【关联序号】23.11.2（23.9.2）/ 108。
【宿主范围】成虫寄生于鸭、鹅的肠道。
【地理分布】内蒙古。
【形态结构】虫体为长叶形，两侧近平行，大小为 6.080～6.720 mm×0.850～1.200 mm。头领发达，宽 0.620~0.720 mm，具头棘 27 枚，前后排成 2 列，左右腹角棘各 4 枚，密集，其余 19 枚等距离排列，头棘大小为 0.122~0.175 mm×0.024~0.038 mm。口吸盘位于虫体前端亚腹面，大小为 0.208~0.256 mm×0.224~0.266 mm。腹吸盘位于体前部 1/4 处，大小为 0.780~0.910 mm×0.640~0.850 mm。咽大小为 0.208~0.240 mm×0.162~0.224 mm，食道长 0.250~0.320 mm，两肠支伸至虫体亚末端。睾丸前后排列于虫体后部，具有深裂瓣，前睾丸分为 2~4 瓣，大小为 0.640~0.680 mm×0.540~0.610 mm，后睾丸分为 5 瓣，大小为 0.540~0.560 mm×0.480~0.540 mm。雄茎囊为横向椭圆形，位于肠叉与腹吸盘之间，大小为 0.240~0.350 mm×0.240~0.250 mm。卵巢为圆形，大小为 0.140~0.240 mm×0.140~0.240 mm。卵黄腺自腹吸盘后缘开始分布至虫体末端，在睾丸后方两侧的卵黄腺至虫体中央汇合。子宫不发达，内含少量虫卵。虫卵大小为 78~82 μm×52~56 μm。

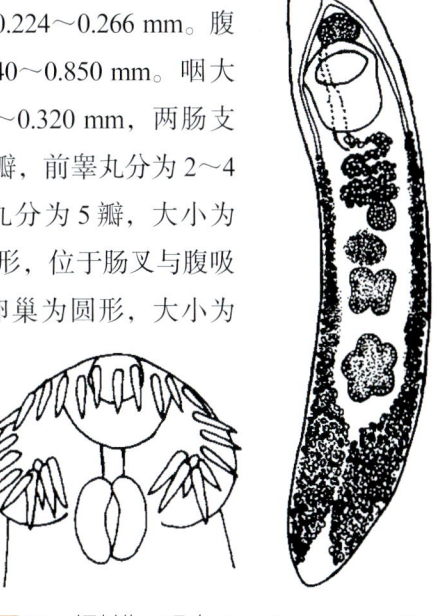

图 57　辐射缘口吸虫 *Paryphostomum radiatum*
A，B. 引黄兵等（2006）

1.10　冠缝属
Patagifer Dietz, 1909

【宿主范围】成虫寄生于鸟类的肠道。

【形态结构】虫体细长，体宽为体长的 11%~29%，最大宽度在头领。前体很短（为体长的 10%~16%），呈凹形，后体如带状，两侧几乎平行。头领发达，肌质，常宽于虫体，具窄而深的背面凹陷和宽的腹面槽口，使头领呈明显的双叶状；头棘为末端钝的杆状，有 48~64 枚，沿边缘呈单列，左右腹角棘各 3~5 枚，常小于侧棘，但两边的角棘可能稍大，背棘最小。睾丸大，为长椭圆形，表面光滑或呈锯齿状，前后相连或分离，位于虫体的第 3 个 1/4 处。卵巢小，球形，光滑，位于虫体赤道线前或赤道线的中央。子宫盘曲于腹吸盘与卵巢之间的肠支内。排泄囊的主干和分支带有侧囊，排泄孔位于虫体亚末端。模式种：二叶冠缝吸虫 [*Patagifer bilobus* (Rudolphi, 1819) Dietz, 1909]。

58　二叶冠缝吸虫　　*Patagifer bilobus* (Rudolphi, 1819) Dietz, 1909

【关联序号】23.12.1（23.10.1）/109。

【宿主范围】成虫寄生于鸭、鹅的肠道。

【地理分布】内蒙古。

【形态结构】虫体肥大，前端钝，后端稍尖，最大宽度在头领，大小为12.600～18.000 mm×2.080～2.160 mm。头领发达，宽2.160～2.320 mm，背面具有狭而深的凹陷，使头领成为半圆形的两侧叶；具头棘56枚，排成1列，背部凹陷处中央间断，左右腹角棘各4枚，密集，其余48枚等距离排列，头棘大小为0.112～0.128 mm×0.046～0.048 mm。口吸盘接近头领的凹陷处，大小为0.510～0.640 mm×0.620 mm。腹吸盘位于虫体前1/5部，大小为1.440～1.760 mm×1.360～1.620 mm。咽大小为0.430 mm×0.320～0.350 mm，食道长0.520～0.540 mm，两肠支伸至虫体亚末端。睾丸接近椭圆形，边缘具有3或4个浅裂，前睾丸大小为1.360～1.760 mm×0.560～0.800 mm，后睾丸大小为1.440～1.760 mm×0.800 mm。雄茎囊为类圆形，位于肠叉与腹吸盘之间，大小为0.540～0.880 mm×0.380～0.620 mm。卵巢为圆形，位于睾丸前的虫体中央，大小为0.480～0.640 mm×0.400～0.520 mm。卵黄腺分布于虫体两侧，始自腹吸盘后缘，后至虫体亚末端，在睾丸后方左右两侧的卵黄腺不在虫体中央汇合。子宫长，内含多数虫卵。虫卵大小为98～105 μm×56～60 μm。

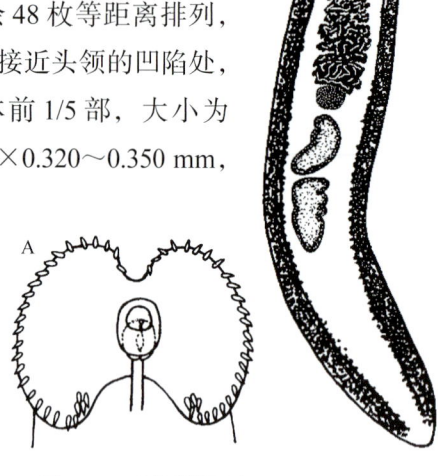

图58 二叶冠缝吸虫 *Patagifer bilobus*
A、B. 引黄兵等（2006）

1.11 钉形属

Pegosomum Ratz, 1903

【同物异名】坚体属。

【宿主范围】成虫寄生于鸟类的胆管或胆囊中。

【形态结构】虫体中到大型，肌质，叶片状，最大宽度在腹吸盘水平（体宽为体长的30%～40%），前体长（为体长的25%～45%），体表具小棘。头领不发达，具头棘25～27枚，背面不间断，腹角棘各4枚，呈亚圆柱状，长于边缘棘。口吸盘缺或退化。腹吸盘小，位于虫体的第2个1/4处。咽大，肌质；食道长，直或波状，有或无侧憩室；肠叉位于前体的中部或稍后，两肠支呈波浪状弯曲。睾丸大呈卵圆形，表面光滑或呈锯齿状或分叶，纵列于虫体赤道线之后，占据了虫体后半部的大部分。雄茎囊发达，椭圆形，壁薄，位于腹吸盘前。贮精囊呈管状弯曲，前列腺突出，雄茎为肌质、光滑，生殖孔开口于腹吸盘与肠叉之间的中部。卵巢为卵圆形或横卵圆形，表面光滑或呈锯齿状或浅裂，位于赤道线前的右侧。梅氏腺明显，位于虫体中央。卵黄腺呈网状或树枝状分布于虫体两侧，自咽或食道中部开始至虫体末端或睾丸前后，在雄茎囊之前区域的卵黄腺相汇合。子宫非常短，盘曲于肠支之间，子宫末段肌质明显，稍长于雄茎囊。排泄孔位于虫体末端。模式种：丰满钉形吸虫 [*Pegosomum saginatum* (Ratz, 1897) Ratz, 1903]。

59 彼氏钉形吸虫 *Pegosomum petrowi* Kurashvili, 1949

【关联序号】 23.13.1（23.11.1）/110。

【宿主范围】 成虫寄生于鸭、鹅的肠道。

【地理分布】 内蒙古。

【形态结构】 虫体两端狭小，中部膨大呈梭形，腹吸盘处最宽，虫体大小为 19.000～24.000 mm×7.800～10.100 mm。体表棘自头领之后开始，分布至体亚末端。头领退化，具头棘 27 枚，背棘排成 1 列，背部中央无间断，腹角棘和侧棘排成 1 列，头棘大小为 0.082 mm×0.030 mm。口吸盘退化。腹吸盘位于体前 1/3 处，直径为 1.050 mm。咽呈长椭圆形，大小为 0.489～0.640 mm×0.300～0.370 mm；食道甚长，达 4.950 mm，两肠支经 4 度弯曲伸达虫体亚末端。睾丸大呈横椭圆形，边缘有多数分瓣，前后相隔排列于虫体后部，前睾丸大小为 2.060～3.500 mm×4.530 mm，后睾丸大小为 2.260～3.050 mm×4.060～4.580 mm。雄茎囊发达，位于肠叉与腹吸盘之间。卵巢小呈卵圆形，位于睾丸前侧，大小为 0.556 mm×0.741 mm。卵黄腺发达，自食道后部开始至虫体末端，除子宫区和睾丸区外，全体布满了卵黄腺。子宫短宽，内含多数虫卵。虫卵大小为 123～144 μm×70～82 μm。

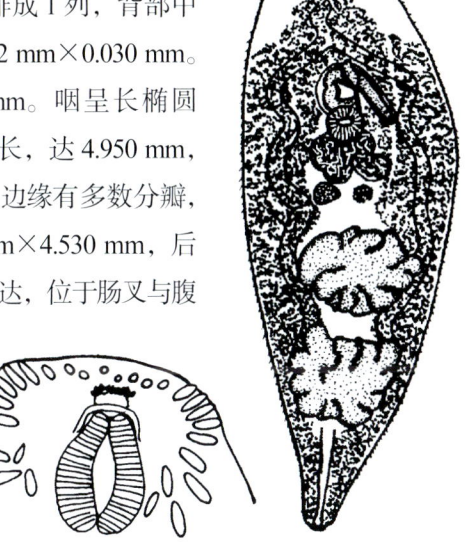

图 59 彼氏钉形吸虫 *Pegosomum petrowi*
A、B. 引 黄兵等（2006）

1.12 锥棘属
Petasiger Dietz, 1909

【同物异名】 锥棘属（新锥棘亚属）（*Petasiger* (*Neopetasiger*) Bashkirova, 1941）；锥棘属（锥棘亚

属）(*Petasiger* (*Petasiger*) Bashkirova, 1941)；纳维属（*Navivularia* Mendheim, 1943）。

【宿主范围】成虫寄生于食鱼鸟类的肠道。

【形态结构】虫体细小，呈纺锤形、宽卵圆形到细长形，最宽处为腹吸盘或睾丸水平。虫体前部较长，头领后或多或少出现收缩的"颈部"。头领发达呈肾形，腹角棘明显，具头棘19~27枚，侧棘为单列，背棘为双列，左右腹角棘各4枚，其长度比边缘棘长。口吸盘为亚球形。腹吸盘突出，呈球形，常位于虫体赤道线上。缺前咽，咽为肌质球，小于口吸盘，食道长，肠分叉距腹吸盘有一定距离。睾丸近球形，表面光滑或稍有浅裂，纵列、斜列或对称排列，相互接触，常位于虫体中后部。雄茎囊大，呈长形或宽卵圆形，位于肠叉与腹吸盘之间。贮精囊大，前列腺发达。卵巢为卵圆形，位于虫体赤道线后的右侧，接近腹吸盘。梅氏腺结实，大于卵巢，受精囊明显。卵黄腺滤泡大，分布可达腹吸盘、生殖孔或肠分叉的前缘，在睾丸后向虫体中线汇聚或形成汇合，也可在虫体前部形成汇合。子宫很短，内含少量虫卵。排泄囊具侧支，排泄孔位于体末端。模式种：杰出锥棘吸虫 [*Petasiger exaeretus* Dietz, 1909]。

60 光洁锥棘吸虫　　　　　　　　　*Petasiger nitidus* Linton, 1928

【关联序号】23.6.2（23.12.2）/95。

【宿主范围】成虫寄生于鸭的肠道。

【地理分布】安徽、福建、广东、江苏。

【形态结构】虫体呈长椭圆形，在腹吸盘处最宽，虫体大小为1.520~1.760 mm×0.530~0.560 mm。体表棘自头领后开始分布，后至腹吸盘边缘。头领发达，宽0.182~0.188 mm，具头棘19枚，左右腹角棘各4枚，排成2列，大小为0.105~0.120 mm×0.021~0.022 mm，其余11枚较小，排成1列，大小为0.098~0.105 mm×0.018 mm。口吸盘位于虫体前端，大小为0.119~0.122 mm×0.092~0.105 mm。腹吸盘位于虫体中部，大小为0.360~0.380 mm×0.350~0.390 mm。咽大小为0.087~0.090 mm×0.050 mm，食道长0.160~0.240 mm，两肠支伸至体末端。睾丸呈椭圆形或三角形，位于虫体后2/5处，左右斜列，前睾丸大小为0.096~0.123 mm×0.087~0.120 mm，后睾丸大小为0.096~0.140 mm×0.087~0.120 mm。雄茎囊位于肠叉与腹吸盘之间，大小为0.080~0.098 mm×0.048~0.052 mm，生殖孔开口于肠叉后。卵巢位于腹吸盘后方，大

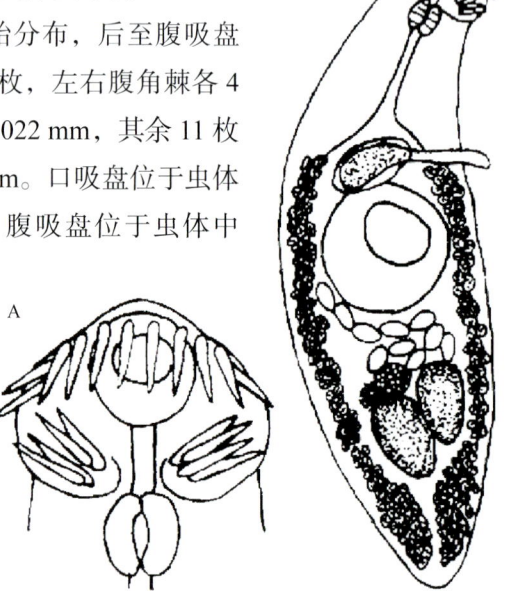

图60　光洁锥棘吸虫 *Petasiger nitidus*
A，B. 引黄兵等（2006）

小为 0.080～0.090 mm×0.068～0.084 mm。卵黄腺自腹吸盘前缘开始，至虫体亚末端。子宫短，仅含少数虫卵。虫卵大小为 77～86 μm×42～52 μm。

1.13 冠孔属
Stephanoprora Odhner, 1902

【同物异名】冠前属；中睾属（*Mesorchis* Dietz, 1909）；断棘属（*Monilifer* Dietz, 1909）；拟棘口属（*Pseudechinostomum* Shchupakov, 1936 *nec* Odhner, 1910）；等口属（*Aequistoma* Beaver, 1942）；比弗口属（*Beaverostomum* Gupta, 1963）。

【宿主范围】成虫寄生于食鱼鸟类、哺乳动物和爬行动物的肠道。

【形态结构】虫体为小到大型，细长型虫体的最大宽度在腹吸盘水平，长椭圆形虫体的最大宽度在睾丸前水平。体表披鳞片状的棘（长度为最长头棘的 30%～50%），交错排列，达睾丸后水平。头领发达呈肾形，具头棘 22 枚（仅模式种为 26 枚），单列，背部中央间断。口吸盘为球形，位于体前端。腹吸盘大，位于体前 1/3 处。前咽长，咽大呈椭圆形，食道长，肠叉位于咽与腹吸盘的正中间或在腹吸盘之前，肠支伸达虫体末端。睾丸大呈卵圆形，表面光滑，相连纵列于虫体中部。雄茎囊椭圆形，居肠叉与腹吸盘之间，或延伸到腹吸盘背侧的中部。贮精囊为双囊状，前列腺短，雄茎小而无刺。卵巢小，圆形，位于虫体中央，远离或接近腹吸盘。梅氏腺明显，居中央。卵黄腺滤泡小，分布于前睾丸水平与体末端之间，散布于睾丸后的区域，但不汇合。子宫长度适中或非常短，有几个盘曲，末段短而壁薄，内含少量虫卵。排泄囊具侧憩室，排泄孔位于虫体末端。模式种：华饰冠孔吸虫［*Stephanoprora ornata* Odhner, 1902］。

61 伪棘冠孔吸虫 *Stephanoprora pseudoechinatus* (Olsson, 1876) Dietz, 1909

【关联序号】23.8.1（23.13.1）/ 105。

【同物异名】伪棘双盘吸虫（*Distoma pseudoechinatum* Olsson, 1876）；伪棘中睾吸虫（*Mesorchis pseudoechinatus* (Olsson, 1876) Dietz, 1909）。

【宿主范围】成虫寄生于鸭的肠道。

【地理分布】北京、福建、广东、河北。

【形态结构】虫体为长叶形，大小为 2.240～7.100 mm×0.315～0.590 mm。体表棘自头领之后开始分布，后至前睾丸水平。头领发达，宽 0.166～0.361 mm，具头棘 22 枚，背部中央间断，背侧棘 14 枚，排成 1 列，左右腹角棘各 4 枚，排成不规则的 2 列，棘大小为 0.035～

0.065 mm×0.015～0.019 mm。口吸盘端位，大小为 0.050～0.133 mm×0.066～0.108 mm。腹吸盘为类球形，位于体前部 1/4 处，大小为 0.183～0.370 mm×0.228～0.323 mm。前咽长 0.019～0.105 mm。咽椭圆形，大小为 0.077～0.152 mm×0.083～0.116 mm。食道长 0.194～0.343 mm，两肠支伸至虫体亚末端。睾丸长椭圆形，边缘光滑，位于体后部的前半部，前后排列。前睾丸大小为 0.216～0.570 mm×0.166～0.387 mm，后睾丸大小为 0.166～0.371 mm×0.240～0.398 mm。雄茎囊位于肠叉与腹吸盘之间，后伸至腹吸盘中背部，大小为 0.133～0.144 mm×0.068～0.086 mm，生殖孔位于肠叉后。卵巢为圆形，位于前睾丸前的中央，大小为 0.071～0.181 mm×0.099～0.021 mm。卵黄腺自后睾丸中部边缘开始，后至虫体亚末端，占据睾丸后的虫体全部，但在中央不汇合。子宫短，含少数虫卵。虫卵大小为 83～88 μm×52～56 μm。

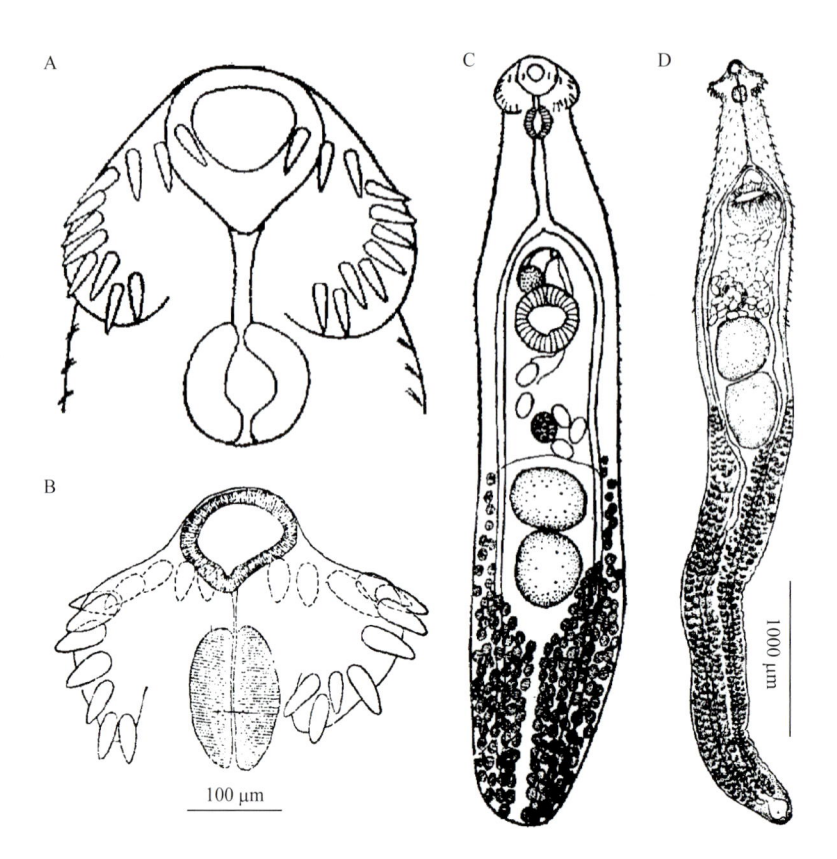

图 61　伪棘冠孔吸虫 *Stephanoprora pseudoechinatus*
A、C. 引 赵辉元（1996）；B、D. 引 陈淑玉和汪溥钦（1994）

2 片形科
Fasciolidae Railliet, 1895

【同物异名】姜片形科（Fasciolopsidae Odhner, 1926）。

【宿主范围】成虫寄生于草食性和杂食性哺乳动物的肝脏、胆管、肠道，偶尔于肺脏。

【形态结构】虫体大型，背腹扁平，较薄，偶尔粗厚，常为叶片状。虫体前端可形成头锥，其余部分则以"肩"为界。体表具棘或无棘。口吸盘与腹吸盘很接近，口吸盘发达，但常小于腹吸盘。具前咽，咽发达，食道很短或缺失，肠支简单或分支，其盲端常接近于体末端。睾丸2枚，前后纵列或对称排列，完整或呈分支状。常缺外贮精囊，有雄茎囊，含有内贮精囊、前列腺细胞和可翻转的射精管，当外翻时雄茎突出，生殖孔常紧邻腹吸盘前的中央。卵巢位于睾丸前，完整或呈树枝状。梅氏腺位于卵巢内侧或之后，明显或不明显。受精囊退化或缺失，有劳氏管。卵黄腺发达，分布于虫体两侧，通常在生殖腺后汇合，延伸到体后端。子宫位于睾丸之前，仅上升支有形式相对较少的盘曲，常呈玫瑰花状，内含虫卵多。虫卵大而具卵盖。排泄囊长，呈I形，排泄孔位于体末端。模式属：片形属 [*Fasciola* Linnaeus, 1758]。

在中国家畜中已记录片形科吸虫2属3种，本书收录2属3种，参考汪明（2004）编制片形科2属的分类检索表如下。

片形科分属检索表

1. 肠管分支 .... 片形属 *Fasciola*
   肠管不分支 .... 姜片属 *Fasciolopsis*

2.1 片形属
Fasciola Linnaeus, 1758

【同物异名】枝腔属（*Cladocoelium* Dujardin, 1845）。

【宿主范围】成虫寄生于草食性和杂食性哺乳动物的肝脏、胆管。

【形态结构】虫体扁平，通常为叶片状，也可为卵圆形，或为细长形。体表具小棘，头锥明显，腹吸盘位于头锥基部。肠管呈树枝状分支，外侧支多而长，内侧支少而短。睾丸呈分支状，前后纵列，占据虫体的中部区域，睾丸后的空间或短或长。雄茎囊位于腹吸盘的前背侧，向后延伸不超越腹吸盘。卵巢明显，位于亚中央，常于右侧。梅氏腺或多或少，位于中央。卵黄腺分布于肠支的背腹面，在睾丸之后汇合。子宫较短，呈玫瑰花状。模式种：肝片形吸虫 [*Fasciola hepatica* Linnaeus, 1758]。

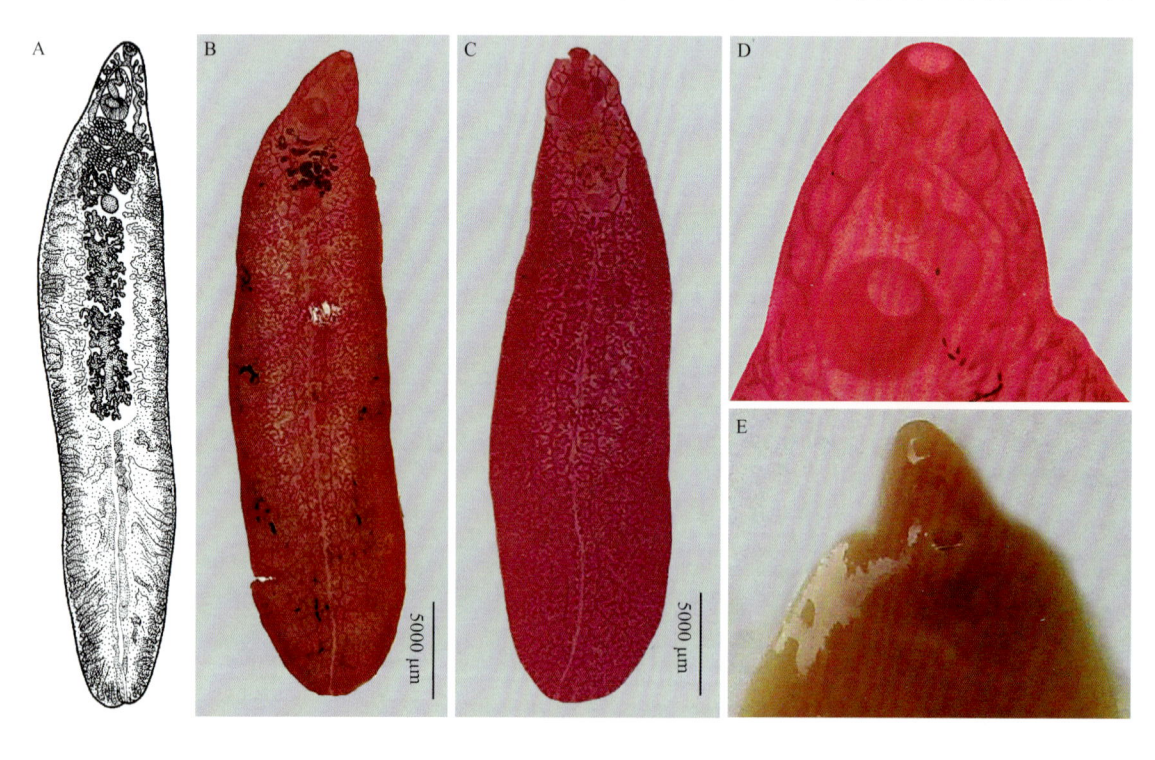

62 大片形吸虫　　　　　　　　　　*Fasciola gigantica* Cobbold, 1856

【关联序号】24.1.1（24.1.1）/ 111。

【同物异名】巨片形吸虫；巨枝腔吸虫（*Cladocoelium giganteum* Stooss, 1892）；肝片形吸虫安哥变种（*Fasciola hepatica* var. *angusta* Railliet, 1895）；肝片形吸虫埃及变种（*Fasciola hepatica* var. *aegyptica* Looss, 1896）；印度片形吸虫（*Fasciola indica* Varma, 1955）。

【宿主范围】成虫寄生于骆驼、马、驴、骡、黄牛、水牛、奶牛、牦牛、绵羊、山羊、猪、兔的胆管、胆囊。

【地理分布】安徽、重庆、福建、甘肃、广东、广西、贵州、海南、河北、河南、湖北、湖南、吉林、江苏、江西、辽宁、内蒙古、宁夏、青海、山东、山西、陕西、四川、天津、西

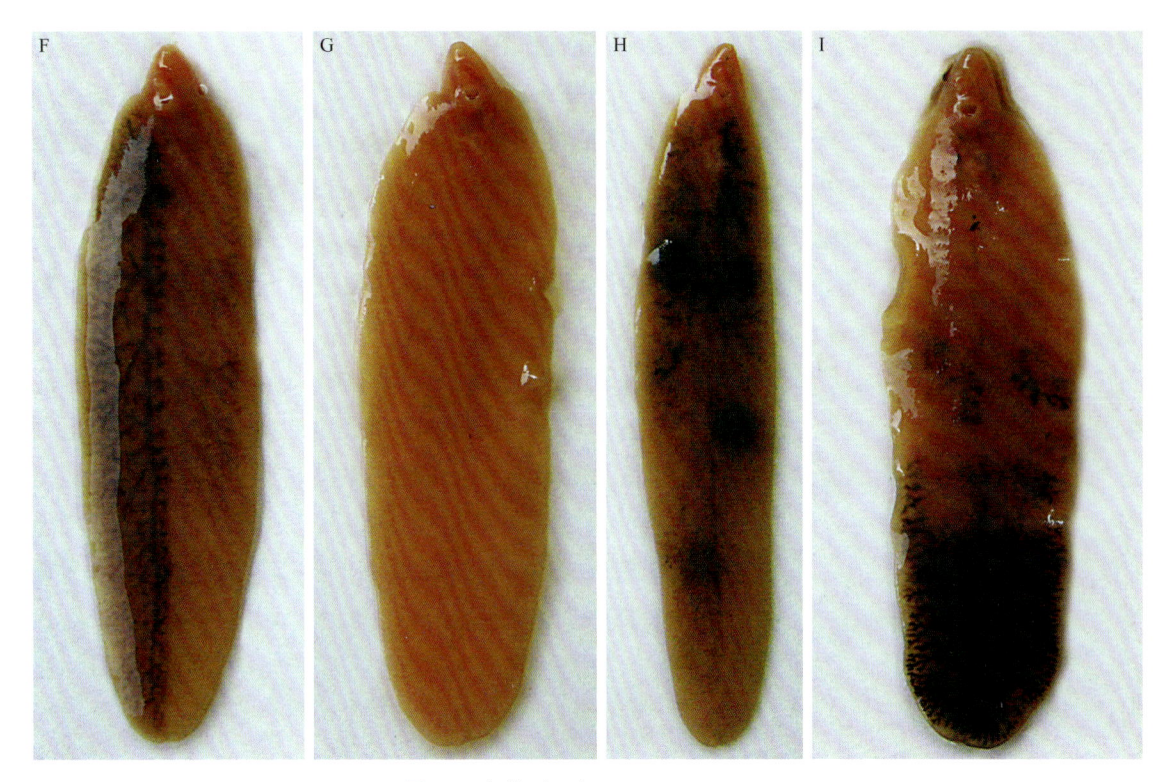

图 62　大片形吸虫 *Fasciola gigantica*
A. 引蒋学良和周婉丽（2004）；B～D. 原图（SHVRI）；E～I. 原图（FAAS）

藏、新疆、云南、浙江。

【形态结构】大型吸虫，呈叶片状，略透明，虫体窄长，体两侧近平行，体长为体宽的 2 倍以上，大小为 33.000～77.000 mm×5.000～13.000 mm，头部尖，有头锥，其基部没有明显的肩，体后端钝圆。口吸盘小，位于虫体前端。腹吸盘大，位于肠叉之后。咽比食道长，肠支的内外侧分支很多，并有明显的小支。睾丸分支多，且有小支，约占虫体的 1/2。卵巢分支较多，位于前睾丸之前偏右侧。梅氏腺位于卵巢与前睾丸之间的中央。虫卵呈深黄色，大小为 144～209 μm×70～109 μm。

63　肝片形吸虫　　*Fasciola hepatica* Linnaeus, 1758

【关联序号】24.1.2（24.1.2）/ 112。

【同物异名】肝双盘吸虫（*Distoma hepatica* Linnaeus, 1758）；加利福尼亚片形吸虫（*Fasciola californica* Sinitizin, 1933）；霍氏片形吸虫（*Fasciola halli* Sinitizin, 1933）。

【宿主范围】成虫寄生于骆驼、马、驴、骡、黄牛、水牛、奶牛、牦牛、犏牛、绵羊、山羊、猪、猫、兔的胆管、胆囊。

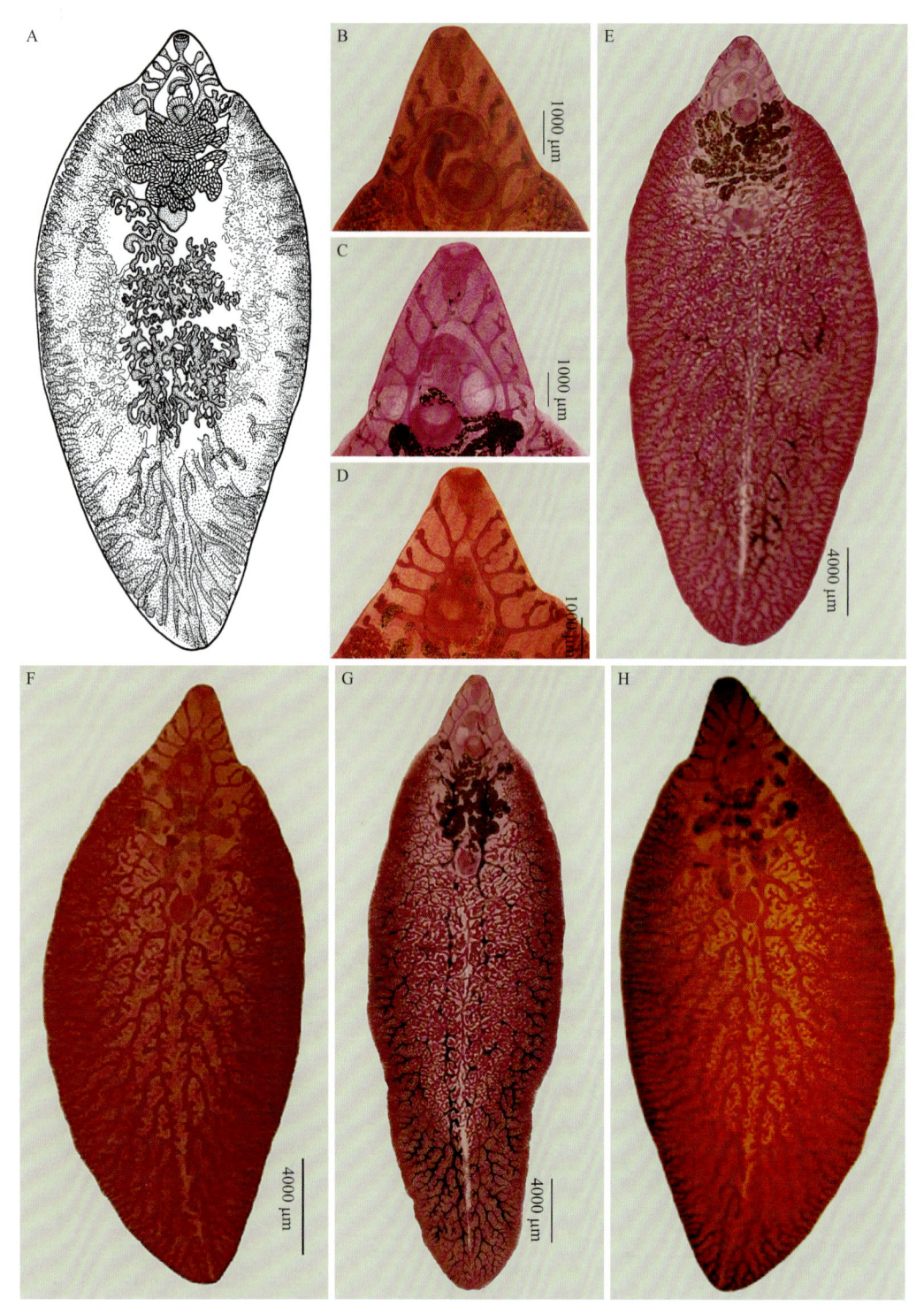

图 63 肝片形吸虫 *Fasciola hepatica*
A. 引 蒋学良和周婉丽（2004）；B～H. 原图（SHVRI）

【地理分布】安徽、重庆、福建、甘肃、广东、广西、贵州、海南、河北、河南、黑龙江、湖北、湖南、吉林、江苏、江西、辽宁、内蒙古、宁夏、青海、山东、山西、陕西、上海、四川、台湾、天津、西藏、新疆、云南、浙江。

【形态结构】大型吸虫，背腹扁平，外观呈树叶状，活时为棕红色，固定后变为灰白色，大小为 21.000～41.000 mm×9.000～14.000 mm。虫体前端有一呈三角形的锥状突，在其底部有 1 对"肩"，肩部以后逐渐变窄，后端多呈 V 形。体前端表皮具鳞状小棘，后部光滑，小棘尖而锐利。口吸盘呈圆形，位于锥状突的前端，直径为 0.960～1.230 mm。腹吸盘较口吸盘稍大，位于锥状突基部的腹面中央，直径为 1.380～1.800 mm。咽发达，大小为 0.690～1.200 mm×0.630～0.690 mm，食道长 0.200～0.450 mm。两肠支沿两侧达虫体末端，并呈树枝状向内外分出侧支，侧支顶端又再分支，其中外侧支多，内侧支少而短。睾丸 2 枚，呈高度分支状，前后排列于虫体的中部。雄茎囊位于肠叉与腹吸盘之间，内含贮精囊、前列腺和雄茎，生殖孔位于口吸盘与腹吸盘之间。卵巢呈鹿角状分支，位于前睾丸的右前方。有梅氏腺和劳氏管，缺受精囊。卵黄腺由许多小型卵黄腺滤泡连成不规则而分散的簇状，分布于虫体两侧，与肠支重叠，向后至虫体后端，在后睾丸之后两侧的卵黄腺相汇合。子宫呈曲折重叠，盘曲于两肠支和卵巢与腹吸盘之间，内充满虫卵。虫卵为椭圆形，淡黄色或黄褐色，前端较窄，后端较钝，常有小的粗隆，卵盖不明显，卵壳薄而光滑，半透明，分两层，卵内充满卵黄细胞和一个胚细胞，虫卵大小为 110～150 μm×63～90 μm。

2.2 姜片属

Fasciolopsis Looss, 1899

【宿主范围】成虫寄生于人、猪、犬的肠道。

【形态结构】大型虫体，呈舌形，体表具小棘，无头锥。腹吸盘非常接近体前端，比口吸盘大很多。肠支粗大，在虫体后半部蜿蜒弯曲，延伸至体后端。睾丸前后纵列于赤道后的肠支内。雄茎囊很长，向后延伸远远超出腹吸盘。雄茎具刺。卵巢呈树枝状，位于近赤道线的体中央偏右。梅氏腺明显，位于卵巢内侧。子宫长，在肠支内形成横向盘曲。卵黄腺发达，分布于虫体两侧，从腹吸盘水平延伸至体末端。模式种：布氏姜片吸虫 [*Fasciolopsis buski* (Lankester, 1857) Odhner, 1902]。

64 布氏姜片吸虫　　*Fasciolopsis buski* (Lankester, 1857) Odhner, 1902

【关联序号】24.2.1（24.2.1）/ 113。

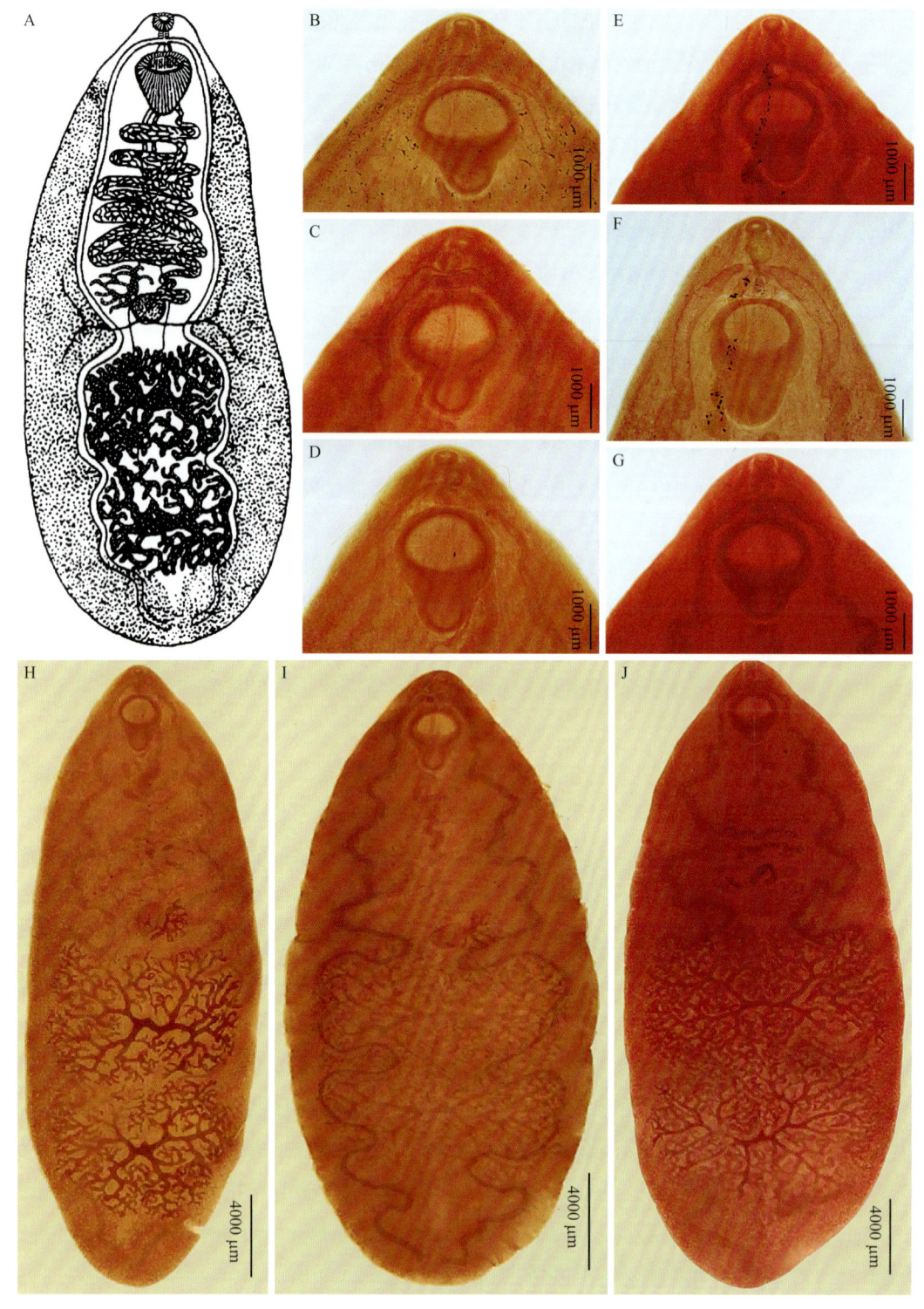

图64 布氏姜片吸虫 *Fasciolopsis buski*
A. 引黄兵等（2006）；B～J. 原图（SHVRI）

【**同物异名**】肥大双盘吸虫（*Distomum crassum* Busk, 1859）；拉氏双盘吸虫（*Distomum rathouisi* Poirier, 1887）；肥大姜片吸虫（*Fasciolopsis crassa* (Cobbold, 1860) Looss, 1899）；拉氏姜片吸虫（*Fasciolopsis rathouisi* (Poirier, 1887) Ward, 1903）；费氏姜片吸虫（*Fasciolopsis füelleborni* Rodenwaldt, 1909）；高氏姜片吸虫（*Fasciolopsis goddardi* Ward, 1910）；具刺姜片吸虫（*Fasciolopsis spinifera* Brown, 1917）。

【**宿主范围**】成虫寄生于人、猪、犬、兔的小肠。

【**地理分布**】安徽、北京、重庆、福建、甘肃、广东、广西、贵州、海南、河北、河南、湖北、湖南、江苏、江西、辽宁、山东、陕西、上海、四川、台湾、天津、新疆、云南、浙江。

【**形态结构**】大型吸虫，虫体肥厚，呈长椭圆形，前端略尖，后端钝圆，背面较腹面隆起，有些虫体末端中部形成一个凹痕，前端体表披有细刺。新鲜虫体为肉红色，质地柔软，肥厚而不透明。固定后变为灰白色，质地变硬，极似姜片。虫体大小为 20.000～75.000 mm×8.000～20.000 mm，厚 0.500～3.000 mm，是人体和猪体内最大的一种吸虫。口吸盘位于虫体前端，直径约为 0.500 mm。腹吸盘发达，呈漏斗状，直径为 2.000～3.000 mm，比口吸盘大 4～6 倍，距口吸盘很近，肉眼可见。前咽短小，咽呈球状，食道短。肠支在腹吸盘前分成左右两支，沿虫体两侧，作 4～6 次波浪状弯曲，直达虫体后端。睾丸 2 枚，呈珊瑚状分支，前后排列于虫体后 2/3 处的两肠支中间。每个睾丸发出 1 条输出管，向前伸展至虫体前 1/3 处，合并为一弯曲的贮精囊，贮精囊与射精管连接，射精管的末端为肌质的雄茎，射精管周围有前列腺环绕，雄茎开口于腹吸盘前缘的生殖腔。贮精囊、射精管、前列腺及雄茎均被包含在一长形的雄茎囊内。卵巢 1 个，呈树枝状分支，位于睾丸前方的虫体中部而稍偏右侧。输卵管很短，由输卵管发出的劳氏管开口于虫体背侧，输卵管与卵模相接，卵模外周有梅氏腺。缺受精囊。卵黄腺为颗粒状，分布在虫体的两侧，前端由腹吸盘前缘水平处开始，伸展至虫体末端，两侧卵黄腺由前后纵行管连接，最后汇合成卵黄总管，进入输卵管。子宫由卵模前方向前盘曲，在腹吸盘前进入阴道，后者开口于生殖腔，子宫内含大量虫卵。虫卵呈淡黄色，卵圆形或椭圆形，两端钝圆，卵壳薄，卵盖不明显，卵内有胚细胞 1 个和卵黄球 20～40 个，虫卵大小为 130～140 μm×80～85 μm。

3 腹袋科

Gastrothylacidae Stiles et Goldberger, 1910

【同物异名】腹袋亚科（Gastrothylacinae Stiles et Goldberger, 1910）；约翰生亚科（Johnsonitrematinae Yamaguti, 1958）。

【宿主范围】成虫寄生于反刍动物的胃。

【形态结构】虫体为梨形或圆锥形，或拉长而变窄，头端尖细，后端钝圆，通常在口孔、腹袋口、生殖孔周围和其他部位的体表有乳头状突起。虫体的腹面具腹袋，开口于口吸盘的后方，后至腹吸盘的前缘，腹袋向后延伸可达睾丸或睾丸后水平，也可止于虫体中部。腹吸盘位于虫体末端，向后开口。咽不具咽囊，食道球缺或偶尔出现，肠支直或弯曲。睾丸2枚，常有浅裂，位于腹吸盘之前，左右对称排列或前后相连背腹纵列。无雄茎囊，雄性管常位于虫体中线，生殖孔开口于腹袋内接近腹袋口背侧表面的体中线上。卵巢为圆形或具浅裂，位于虫体后部，睾丸之间或睾丸之后。劳氏管开口于排泄孔前的背侧表面，劳氏管与排泄管彼此不交叉。卵黄腺分布于虫体的两侧，或腹面外侧区域，偶尔在中间汇合。子宫沿虫体中线上升至生殖孔，或从虫体的一侧跨到另一侧，内含虫卵较多。排泄囊为囊状，位于腹吸盘的背面或前背面，排泄孔开口于腹吸盘水平。模式属：腹袋属［*Gastrothylax* Poirier, 1883］。

在中国家畜中已记录腹袋科吸虫3属28种，本书收录3属28种，参考Jones等（2005）编制腹袋科各属的分类检索表如下。

腹袋科分属检索表

1. 腹袋向后延伸到或接近睾丸水平，子宫盘曲从虫体的一侧到另一侧，睾丸左右对称排列 ·· 腹袋属 *Gastrothylax*

   腹袋向后延伸到或接近睾丸水平，子宫沿虫体中轴线弯曲，睾丸对称或前后背腹排列 ·· 2

2. 睾丸左右对称排列 ·· 长妙属 *Carmyerius*

   睾丸前后背腹纵列 ·· 菲策属 *Fischoederius*

3.1 长妙属

Carmyerius Stiles et Goldberger, 1910

【同物异名】卡妙属；威尔曼属（*Wellmanius* Stiles et Goldberger, 1910）。
【宿主范围】成虫寄生于牛科、鹿科动物的瘤胃和河马科动物的胃。
【形态结构】虫体近似圆锥形、圆柱形或类椭圆形，腹面弯曲。腹袋延伸至睾丸后水平。腹吸盘小，位于体末端，向后开口。食道球常缺失或偶尔存在，两肠支短而直，伸至体中部，或长而弯曲，伸至腹吸盘前。睾丸左右对称排列或稍倾斜，边缘分瓣，位于腹吸盘之前。输精管在体中线位置，其肌质不发达，前列腺发育良好，生殖孔通常开口于腹袋内接近腹袋口处。卵巢通常完整，位于两睾丸之间。卵黄腺分布于虫体腹侧，从咽水平开始，延伸至肠支末端或腹吸盘。子宫沿体中线弯曲向前至生殖孔。排泄孔位于腹吸盘的背侧。模式种：簇状长妙吸虫[*Carmyerius gregarius* (Looss, 1896) Stiles et Goldberger, 1910]。

65 水牛长妙吸虫　　　　　　　　　　　　　　*Carmyerius bubalis* Innes, 1912

【关联序号】28.1.1（25.1.1）/179。

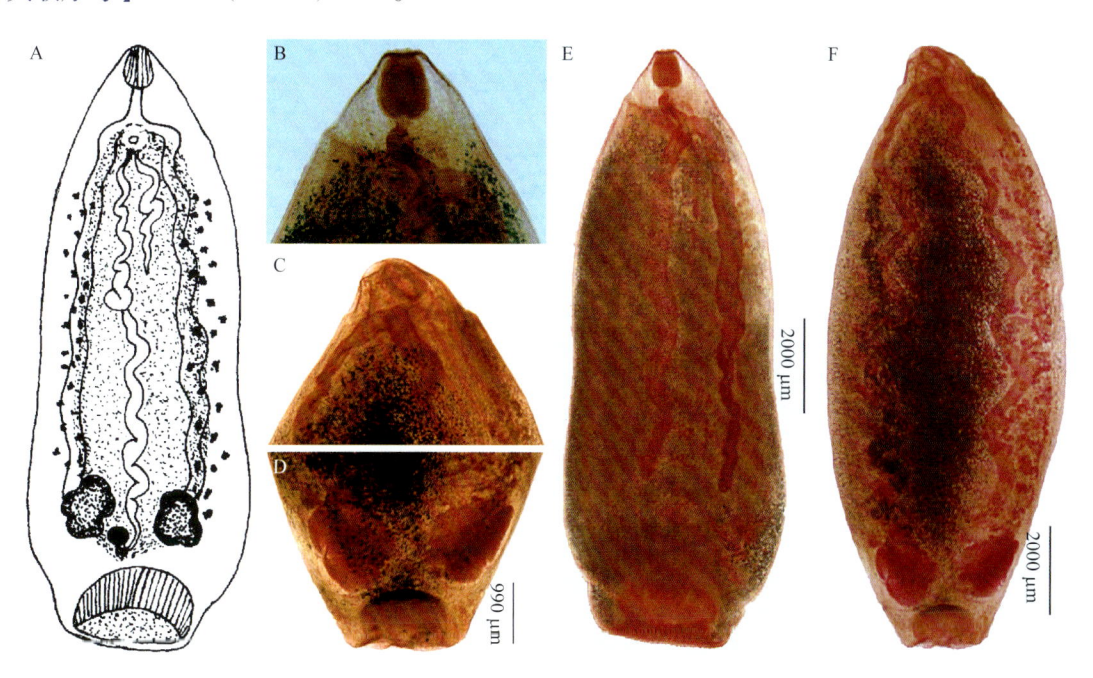

图 65　水牛长妙吸虫 *Carmyerius bubalis*
A. 引 黄兵 等（2006）；B～F. 原图（SHVRI）

【同物异名】水牛卡妙吸虫。

【宿主范围】成虫寄生于黄牛、水牛、羊的瘤胃。

【地理分布】安徽、重庆、福建、广东、广西、贵州、河南、云南、浙江。

【形态结构】虫体呈圆柱形，前端狭小，后部钝圆，大小为 15.400～16.900 mm×4.800～5.200 mm，虫体中部最宽，虫体宽长之比为 1∶3.2。腹袋前端开口于肠分支的下方，后方至睾丸的边缘。口吸盘位于顶端，呈梨形，大小为 0.720～0.780 mm×0.640～0.720 mm，直径与体长之比为 1∶22.6。腹吸盘位于虫体的末端，呈半球形，大小为 1.540～1.600 mm×2.200～2.400 mm，腹吸盘直径与体长之比为 1∶8.3，口吸盘与腹吸盘大小之比为 1∶2.7。食道长 0.480～0.560 mm，两肠支呈波浪状弯曲，沿虫体两侧伸至睾丸的边缘。睾丸 2 枚，边缘分为 3 瓣，左右对称排列于腹吸盘的前缘，大小为 2.600～2.700 mm×1.200～1.800 mm。贮精囊长而弯曲，生殖孔开口于肠叉下方的腹袋内。卵巢呈椭圆形，位于两睾丸之间的后方，大小为 0.720～0.880 mm×0.480～0.520 mm。梅氏腺位于卵巢后缘。卵黄腺始自贮精囊的中部，终于睾丸前缘。子宫弯曲沿体中线上升，内含多数虫卵。虫卵大小为 124～128 μm×64～68 μm。

66 宽大长妙吸虫 *Carmyerius spatiosus* (Brandes, 1898) Stiles et Goldberger, 1910

【关联序号】28.1.2（25.1.2）/ 。

【同物异名】宽阔卡妙吸虫；斯帕卡妙吸虫；间隙长妙吸虫。

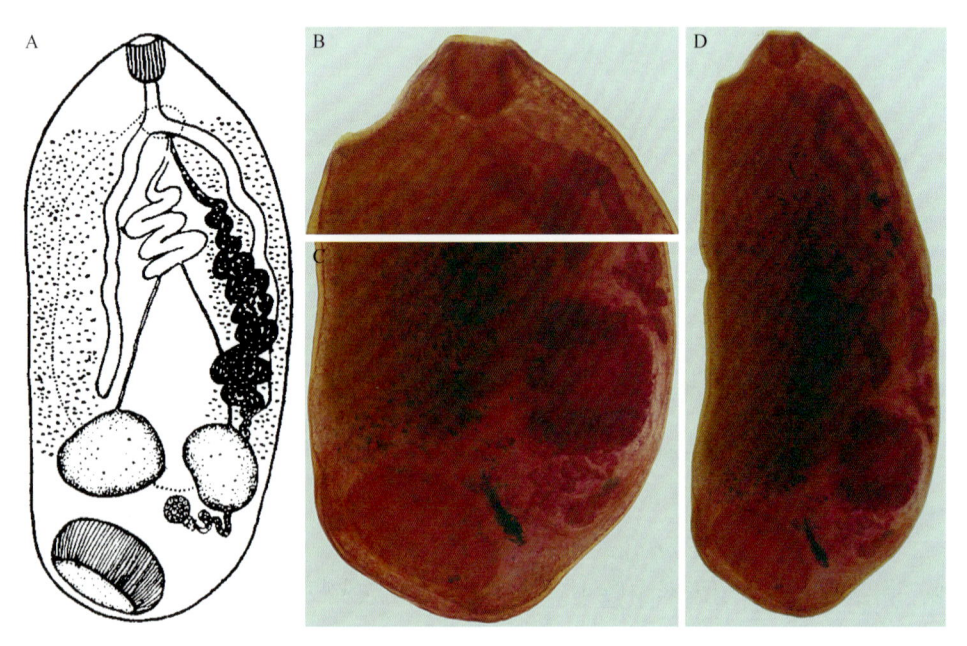

图 66 宽大长妙吸虫 *Carmyerius spatiosus*
A. 引张峰山 等（1986d）；B～D. 原图（ZAAS）

【宿主范围】成虫寄生于黄牛、水牛、绵羊的瘤胃。
【地理分布】福建、广东、广西、江西、四川、云南、浙江。
【形态结构】虫体呈短粗圆柱状,前端稍狭,后端钝圆,中部两侧接近平行,虫体大小为 3.800~4.500 mm×1.700~1.900 mm。腹面具腹袋,前端开口于肠分支附近,后端止于腹吸盘前缘。口吸盘呈椭圆形,位于虫体前端,大小为 0.220~0.300 mm×0.300~0.350 mm。腹吸盘呈半球形,位于虫体后端,大小为 0.550~0.600 mm×0.700~0.920 mm,腹吸盘直径与体长之比为 1∶6.1。食道较直,长 0.200~0.250 mm。肠支稍有弯曲,伸达虫体后 1/3 处,盲端止于睾丸前方。睾丸呈球形,未见明显分瓣,左右横列于虫体的后部,大小为 0.380~0.600 mm×0.400~0.700 mm。生殖孔开口于肠叉附近的腹袋内,生殖乳头突出。卵巢呈卵圆形,在两睾丸之间的稍后方,大小为 0.130~0.200 mm×0.160~0.200 mm。卵黄腺为颗粒状,自肠分支处开始沿虫体两侧分布,直到睾丸前缘止。子宫沿虫体中线上升至生殖孔,内含较多虫卵。虫卵大小为 94~100 μm×62 μm。

67 纤细长妙吸虫 *Carmyerius synethes* (Fischoeder, 1901) Stiles et Goldberger, 1910

【关联序号】28.1.3（25.1.3）/180。

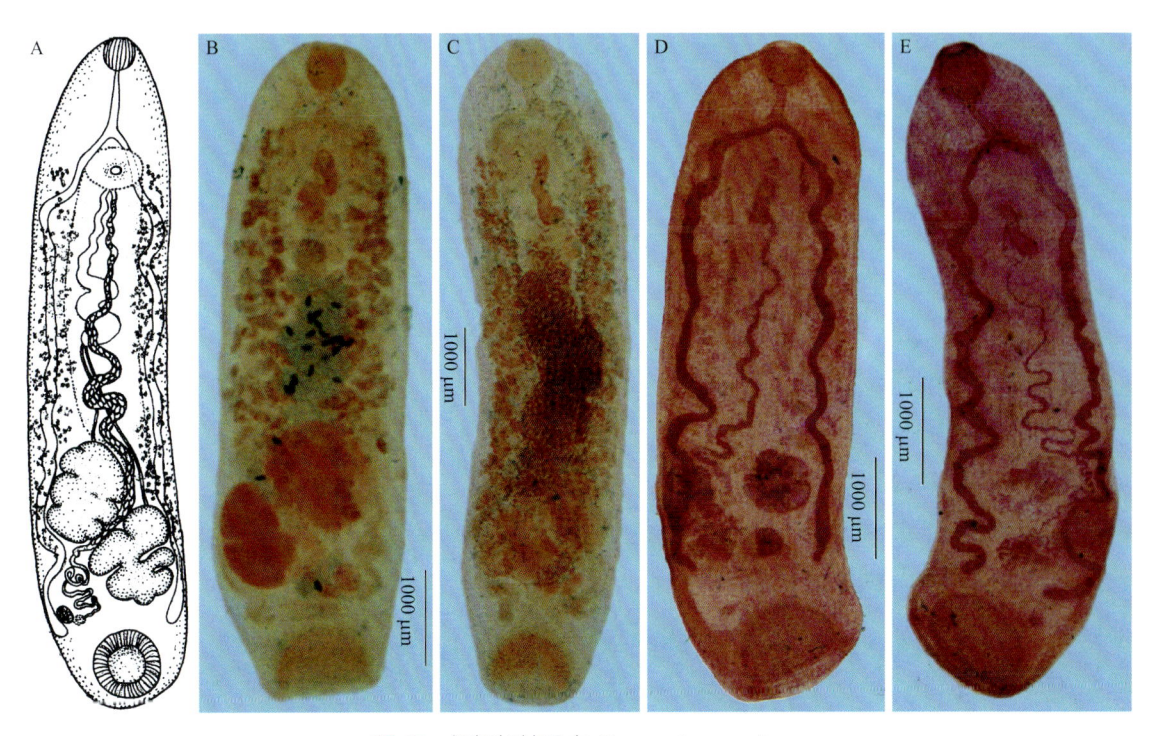

图 67 纤细长妙吸虫 *Carmyerius synethes*
A. 引黄兵等（2006）；B~E. 原图（SHVRI）

【同物异名】纤细腹袋吸虫（*Gastrothylax synethes* Fischoeder, 1901）。

【宿主范围】成虫寄生于黄牛、水牛、山羊、羊的瘤胃。

【地理分布】安徽、重庆、福建、广东、贵州、湖南、江西、四川、云南、浙江。

【形态结构】虫体呈细长圆柱形，前端稍细，后端钝圆，体两侧近平行，大小为 6.260～12.400 mm×1.600～2.400 mm，背腹厚 1.600 mm。腹面有一个腹袋，前端开口于肠分支的下方，后端至后睾丸的前缘。口吸盘呈圆球形或短卵圆形，位于虫体前端，大小为 0.400～0.640 mm×0.400～0.480 mm。腹吸盘呈半球形，位于虫体的亚末端，大小为 0.680～0.960 mm×0.800～1.320 mm。口吸盘与腹吸盘的大小之比为 1∶2，腹吸盘直径与体长之比为 1∶12.6。食道细长，长 0.420～0.640 mm。两肠支细长，呈多次波状弯曲，末端达腹吸盘的前缘。两睾丸位于虫体后 1/2 的中部，边缘分瓣，左右斜列，大小相似，大小为 1.060～1.660 mm×1.040～1.720 mm。贮精囊长而弯曲，生殖孔开口于肠叉下方的腹袋内。卵巢呈球形，位于两睾丸之间，大小为 0.400～0.560 mm×0.320～0.480 mm。梅氏腺在卵巢的边缘。卵黄腺分布于虫体的两侧，前起于肠叉后缘，后止于睾丸的边缘。子宫盘曲于虫体中部蜿蜒上升，接两性管，开口于生殖孔，子宫内含大量虫卵。虫卵大小为 116～124 μm×70～75 μm。排泄囊位于梅氏腺的下方，排泄管开口于虫体背部，与劳氏管平行不相交叉。

3.2 菲策属

Fischoederius Stiles et Goldberger, 1910

【宿主范围】成虫寄生于牛科、鹿科动物的瘤胃。

【形态结构】虫体呈圆锥形、长圆柱形或椭圆形。腹袋自口吸盘后缘开始，延伸至睾丸后水平。腹吸盘小，位于虫体末端，向后开口。缺食道球，两肠支短宽或弯曲至体后部。睾丸为圆球形或边缘分瓣，背腹纵列于腹吸盘前的体中央。输精管位于体中线，前列腺中度发达，生殖孔总是开口于腹袋内接近腹袋口。卵巢常为圆形，位于两睾丸之间，或在前睾丸的后背侧。卵黄腺分布于腹侧区域，从肠分叉水平到睾丸水平。子宫沿体背中央弯曲上升至两性管。排泄孔位于腹吸盘的背面。模式种：长形菲策吸虫［*Fischoederius elongatus* (Poirier, 1883) Stiles et Goldberger, 1910］。

68 水牛菲策吸虫　　*Fischoederius bubalis* Yang, Pan, Zhang, et al., 1991

【关联序号】28.3.1（25.2.1）/　。

【宿主范围】成虫寄生于黄牛、水牛的瘤胃。

【地理分布】安徽、浙江。

【形态结构】虫体中部宽大，前后两端略为狭小，新鲜虫体呈深红色，大小为8.000～11.900 mm×4.000～5.000 mm，体宽与体长之比为1∶2.21。虫体腹面有1个腹袋，前端开口于口吸盘之下，底端达睾丸前缘。口吸盘呈球形，位于体前端，大小为0.420～0.658 mm×0.504～0.588 mm，平均为0.593 mm×0.559 mm。腹吸盘呈球形，位于虫体后端，大小为1.008～1.568 mm×1.260～1.610 mm，平均为1.167 mm×1.435 mm。食道长0.420～0.840 mm，平均为0.635 mm。两肠支短而扭曲，其盲端达虫体中部为止。睾丸2枚，位于腹吸盘的背面，略呈背腹倾斜排列，大而发达，有时睾丸所在的部位突出于虫体表面；睾丸为类球形或不规则，边缘不整齐，有的边缘稍有缺刻；背侧睾丸大小为1.400～2.400 mm×1.610～2.100 mm，腹侧睾丸大小为1.200～2.300 mm×1.330～2.200 mm。两条输出管到肠支中部汇合成弯曲的输精管，再通过雄茎囊、两性管，开口于生殖孔。射精管周围有前列腺，生殖孔开口于食道中部的腹袋颈部。卵巢为半月形，位于背侧睾丸的下方，大小为0.322～0.560 mm×0.504～0.952 mm。梅氏腺位于卵巢左前方，为圆形或椭圆形。卵黄腺从虫体前2/5的水平线开始分布在虫体两侧，后方到腹袋底部为止。子宫从睾丸底部开始在两肠支中间向前曲折延伸，内充满大量虫卵，开口于腹袋内。虫卵为椭圆形，一端有盖，大小为126～140 μm×63～84 μm。排泄囊为卵圆形袋状，排泄管开口于腹吸盘背面，与劳氏管平行不交叉。

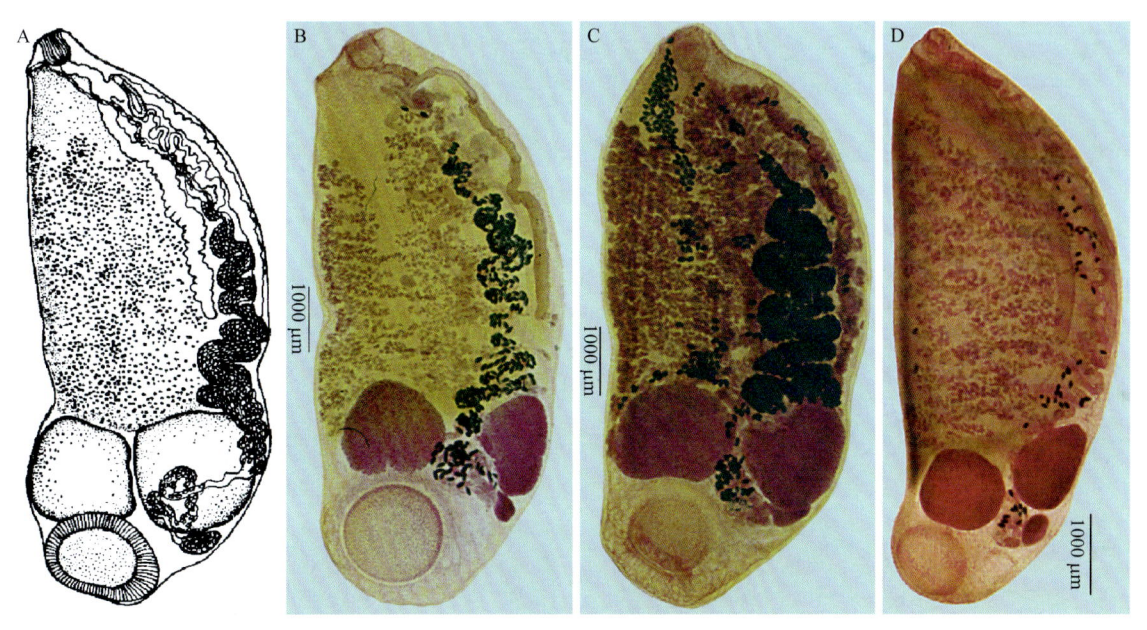

图68 水牛菲策吸虫 *Fischoederius bubalis*

A. 引张峰山等（1986d）；B，C. 原图（ZAAS）；D. 原图（SHVRI）

69　锡兰菲策吸虫　　*Fischoederius ceylonensis* Stiles et Goldborger, 1910

【关联序号】（25.2.2）/ 　。

【宿主范围】成虫寄生于黄牛、水牛、牦牛、羊的瘤胃。

【地理分布】安徽、重庆、福建、广东、广西、贵州、河南、江西、四川、云南、浙江。

【形态结构】虫体细小，圆柱形，头端稍尖，后端钝圆，体两侧接近平行，大小为3.200～7.600 mm×1.000～1.760 mm，体宽与体长之比为1∶4，体表具乳头状的小突起。腹面有较大的腹袋，前端开口于口吸盘的下缘，后端达两睾丸之间。口吸盘呈梨形或球形，位于虫体前端，大小为0.300～0.400 mm×0.320～0.420 mm，口吸盘与体长之比为1∶17.5。腹吸盘呈杯形或椭圆形，位于虫体末端，并深陷入体内，大小为0.560～1.100 mm×0.600～0.960 mm。口吸盘与腹吸盘的大小之比为1∶2.2～1∶3.5，腹吸盘直径与体长之比为1∶6.5～1∶8.0。食道较短，长0.250～0.520 mm。两肠支略有弯曲，盲端可达虫体后部1/3处。睾丸2枚，呈椭圆形或类球形，边缘完整，前后排列于腹吸盘的上方，后睾丸靠近腹吸盘前缘，前睾丸大小为0.460～0.480 mm×0.400～0.460 mm，后睾丸大小为0.440～0.510 mm×0.400～0.470 mm。贮精囊长，有7或8个弯曲，生殖孔开口于口吸盘下方的腹袋内。卵巢近球形，位于两睾丸之间，大小为0.160～0.560 mm×0.200～0.480 mm。劳氏管伸向背部，向体外开口。卵黄腺分布于虫体两侧，自肠叉稍后方开始，向后延伸至两睾丸之间水平处。子宫长而弯曲，沿虫体中线向上延伸至生殖孔，内含多数虫卵。虫卵大小为80～132 μm×55～78 μm。排泄管开口于体背面，与劳氏管平行不相交叉。

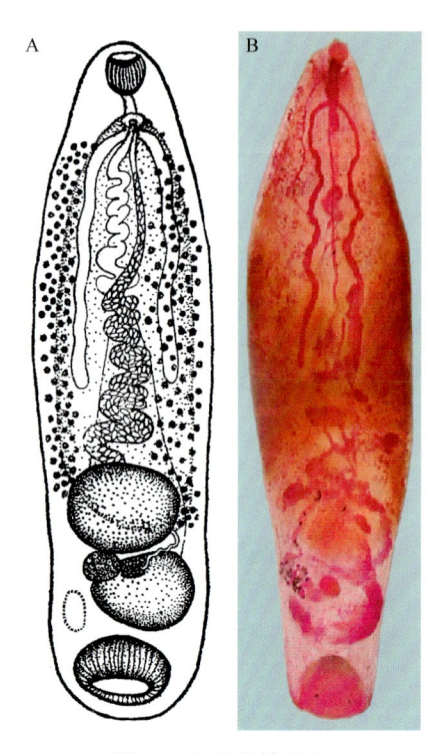

图69　锡兰菲策吸虫
Fischoederius ceylonensis
A. 引王溪云和周静仪（1993）；B. 原图（SCAU）

70　浙江菲策吸虫　　*Fischoederius chekangensis* Zhang, Yang, Jin, et al., 1985

【关联序号】（25.2.3）/ 　。

【宿主范围】成虫寄生于黄牛的瘤胃。

【地理分布】浙江。

【形态结构】虫体中间膨大而两端狭窄，最大宽度在虫体中部附近，大小为 9.000～11.000 mm×4.500～5.000 mm。腹面有一个腹袋，前端开口于口吸盘下方，后端延伸至后睾丸前缘的水平线上。口吸盘呈椭圆形，位于虫体前端，大小为 0.616 mm×0.770 mm。腹吸盘发达，呈椭圆形，位于虫体后端，大小为 2.900 mm×3.200 mm，腹吸盘与体长之比约为 1∶3.2。食道较长，约 1.078 mm，其后端距虫体顶端 1.300 mm 处分成两肠支。两肠支很长，盲端直达腹吸盘的前缘边上，每个肠支有 5 个强烈弯曲呈"弓"字形，两侧肠支的弯曲处互相对称。睾丸 2 枚，前后排列，形状扁而不规则，分叶，周围有较深的缺刻，大小为 1.386 mm×1.694 mm。卵巢为椭圆形，位于两睾丸之间。卵黄腺呈颗粒状，分布于两肠支的外侧，上至肠分叉处下面第二弯曲的水平线，下至腹吸盘上方后睾丸前缘或腹袋下缘的水平处。子宫从腹吸盘前缘沿虫体中线向前端上升至生殖孔，开口于腹袋内，子宫内充满虫卵。虫卵大小为 123 μm×77 μm。

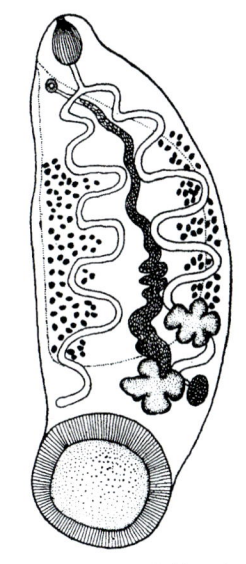

图 70　浙江菲策吸虫
Fischoederius chekangensis
引 张峰山 等（1986d）

71　柯氏菲策吸虫　*Fischoederius cobboldi* (Poirier, 1883) Stiles et Goldberger, 1910

【关联序号】28.3.3（25.2.4）/186。
【同物异名】柯氏腹袋吸虫（*Gastrothylax cobboldi* Poirier, 1883）。
【宿主范围】成虫寄生于黄牛、水牛的瘤胃。
【地理分布】福建、广西、贵州、河南、江西、四川、台湾、云南、浙江。
【形态结构】虫体呈梨形，前端削尖，中部膨大，后部平切，大小为 5.720～9.260 mm×3.040～5.250 mm。腹袋开口于肠分支的稍前方，后端终于虫体中部稍后方或睾丸的前缘。口吸盘呈卵圆形，位于亚顶端，大小为 0.510～0.560 mm×0.540～0.560 mm。腹吸盘位于虫体亚末端，呈半球形或钢盔状，大小为 1.460～1.600 mm×1.600～1.680 mm。食道长 0.224～0.240 mm，两肠支细长，经 6 或 7 个弯曲，末端伸达腹吸盘前缘。睾丸 2 枚，大小相近，边缘有 3～5 个浅分瓣，背腹斜列于虫体后 1/2 的中部，大小为 0.400～0.480 mm×0.640～0.720 mm。贮精囊甚长，经 7 或 8 个回旋，开口于肠分支前缘的腹袋内。卵巢呈类球形，位于背腹睾丸之后的偏左侧，大小为 0.192～0.304 mm×0.176～0.320 mm。卵黄腺分布于肠支外侧，起于肠分叉后，终于卵巢水平处。子宫经 2 或 3 个弯曲后，沿虫体中线弯曲上升，开口于生殖孔，内含多数虫卵。虫卵大小为 105～115 μm×65～73 μm。

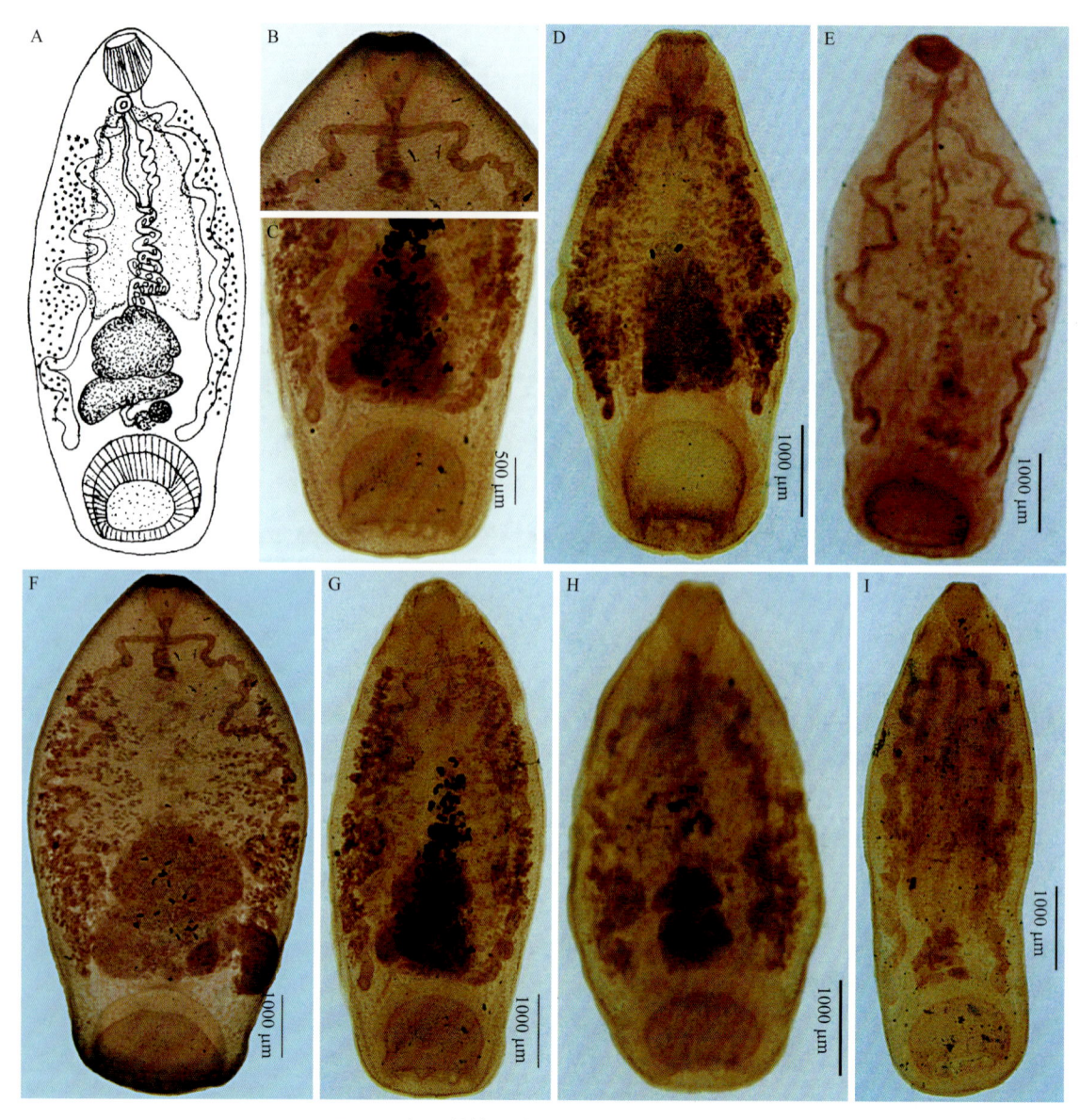

图71 柯氏菲策吸虫 *Fischoederius cobboldi*
A. 引 黄兵 等（2006）；B～I. 原图（SHVRI）

72 狭窄菲策吸虫 *Fischoederius compressus* Wang, 1979

【关联序号】28.3.4（25.2.5）/187。

【同物异名】短小菲策吸虫；狭小菲策吸虫。

【宿主范围】成虫寄生于黄牛、水牛、山羊的瘤胃。

【地理分布】安徽、重庆、广西、贵州、江苏、四川、浙江。

【形态结构】虫体细小,形似锥形,大小为 3.760~5.860 mm×1.080~1.560 mm,背腹厚 1.850 mm。腹袋开口于口吸盘的后端,终于腹吸盘的前缘,腹袋壁厚 0.042 mm。口吸盘呈长梨形,大小为 0.280~0.380 mm×0.220~0.280 mm,直径与体长之比为 1:9.5~1:12.0,内缘具有小的乳头。腹吸盘呈钵状,大小为 0.870~1.080 mm×0.710~1.050 mm,直径与体长之比为 1:4.2~1:4.5,口吸盘与腹吸盘的直径之比为 1:3。食道长 0.315~0.380 mm,宽 0.070~0.157 mm。两肠支伸直而粗短,末端不超过虫体的中部。睾丸 2 枚,前后或对角排列,有 2 或 3 个浅分叶,前睾丸大小为 0.350~0.610 mm×0.260~0.430 mm,后睾丸大小为 0.560~0.690 mm× 0.430~0.490 mm。生殖孔开口于食道前半部的腹袋内,生殖窦的直径为 0.220 mm,输精管部细小而多弯曲。卵巢位于两睾丸之间或后睾丸的背中部,大小为 0.150~0.170 mm× 0.210~0.270 mm。劳氏管开口于排泄管之前,与排泄管不交叉。卵黄腺自食道中部开始,沿虫体两侧向后延伸至后睾丸后缘水平。子宫沿虫体中轴线弯曲上升,开口于生殖孔,内含较多虫卵。虫卵大小为 108~133 μm×56~73 μm。排泄囊呈袋状,开口于腹吸盘的背部。

图 72 狭窄菲策吸虫 *Fischoederius compressus*
A. 引黄兵等(2006); B~D. 原图(SHVRI)

73 兔菲策吸虫 *Fischoederius cuniculi* Zhang, Yang, Pan, et al., 1987

【关联序号】(25.2.6)/ 。

【宿主范围】成虫寄生于兔的盲肠。

【地理分布】浙江。

【形态结构】虫体小型，呈圆柱形，前端狭窄，后端钝圆，压片后虫体两侧比较平直，大小为 5.300 mm×1.700 mm。腹面有一个腹袋，腹袋前至口吸盘的中间部位，后面到达后睾丸的后缘水平。2 个吸盘位于虫体两端，口吸盘呈椭圆形，大小为 0.458 mm×0.347 mm。腹吸盘位于体后端，大小为 0.750 mm×0.958 mm。无咽，食道长 0.291 mm，食道后肠管水平分叉呈肩状，然后呈不规则的波浪状弯曲向后延伸到虫体中部，其盲端到达处约为虫体长度的 1/2。睾丸 2 枚，前后排列，边缘有浅的缺刻，前睾丸大小为 0.555 mm×0.736 mm，后睾丸大小为 0.569 mm×0.708 mm。卵巢呈圆形，位于两睾丸中间的对面。卵黄腺分布于肠支外侧，前起始于肠支第 2 个弯曲的水平处，后至后睾丸中部的水平处。子宫沿虫体中轴线上升，内含极少虫卵。虫卵大小为 145 μm×59 μm。

图 73　兔菲策吸虫
Fischoederius cuniculi
引 张峰山 等（1986d）

74　长形菲策吸虫　*Fischoederius elongatus* (Poirier, 1883) Stiles et Goldberger, 1910

【关联序号】28.3.6（25.2.7）/ 188。

【同物异名】长形腹袋吸虫（*Gastrothylax elongatus* Poirier, 1883）。

【宿主范围】成虫寄生于黄牛、水牛、奶牛、犏牛、牦牛、绵羊、山羊的瘤胃、网胃。

【地理分布】安徽、重庆、福建、广东、广西、贵州、海南、河北、河南、湖北、湖南、吉林、江苏、江西、山东、陕西、上海、四川、台湾、云南、浙江。

【形态结构】虫体呈圆筒形，纵轴稍向腹面弯曲，体前端稍狭小，中部稍宽，后端钝圆，大小为 14.000～24.000 mm×3.500～5.500 mm，体宽与体长之比约为 1∶4.2。腹面具有一大腹袋，前端开口于口吸盘的后缘，后端伸至两睾丸的前缘。口吸盘位于虫体前端，近似球形，大小为 0.480～0.640 mm×0.520～0.650 mm，其直径与体长之比为 1∶33。腹吸盘位于虫体末端，呈半球状，大小为 1.450～1.820 mm×1.600～2.180 mm。口吸盘与腹吸盘大小之比为 1∶2.6，腹吸盘直径与体长之比为 1∶13。口孔的外缘具有乳头状的小突起。食道短细，长度为 0.480～1.280 mm。两肠支较短，呈波浪状弯曲，末端达虫体中部之前。睾丸 2 枚，边缘常分 3 或 4 瓣，背腹斜列于虫体后 1/3 处的腹吸盘前缘，前睾丸大小为 1.420～2.210 mm×1.540～2.020 mm，后睾丸大小为 1.540～2.210 mm×1.540～2.210 mm。贮精囊呈长袋状，经数度回旋弯曲，通向射精管，接两性管，开口于生殖孔。生殖孔开口于食道后方的腹袋颈部内，具有生殖括约肌和生殖乳头。卵巢位于两睾丸之间略偏右侧，大小为 0.320～0.480 mm×0.480～0.620 mm。梅氏腺在卵巢的后方。劳氏管伸向虫体背面，向外开口。卵黄腺呈散在的小滤泡状，分布于虫体两侧，前自生殖孔的后缘开始，后达两睾丸之间。子宫前端先横过两睾丸之间，而后沿虫体中线弯曲上升与贮精囊并行，末端接两性管，开口于生殖孔，子宫内含多数虫卵。虫卵大小为128～152 μm×68～78 μm。排泄囊呈圆囊状，位于劳氏管的后方，有排泄管通出，开口于腹吸盘的前背部，与劳氏管平行而不交叉。

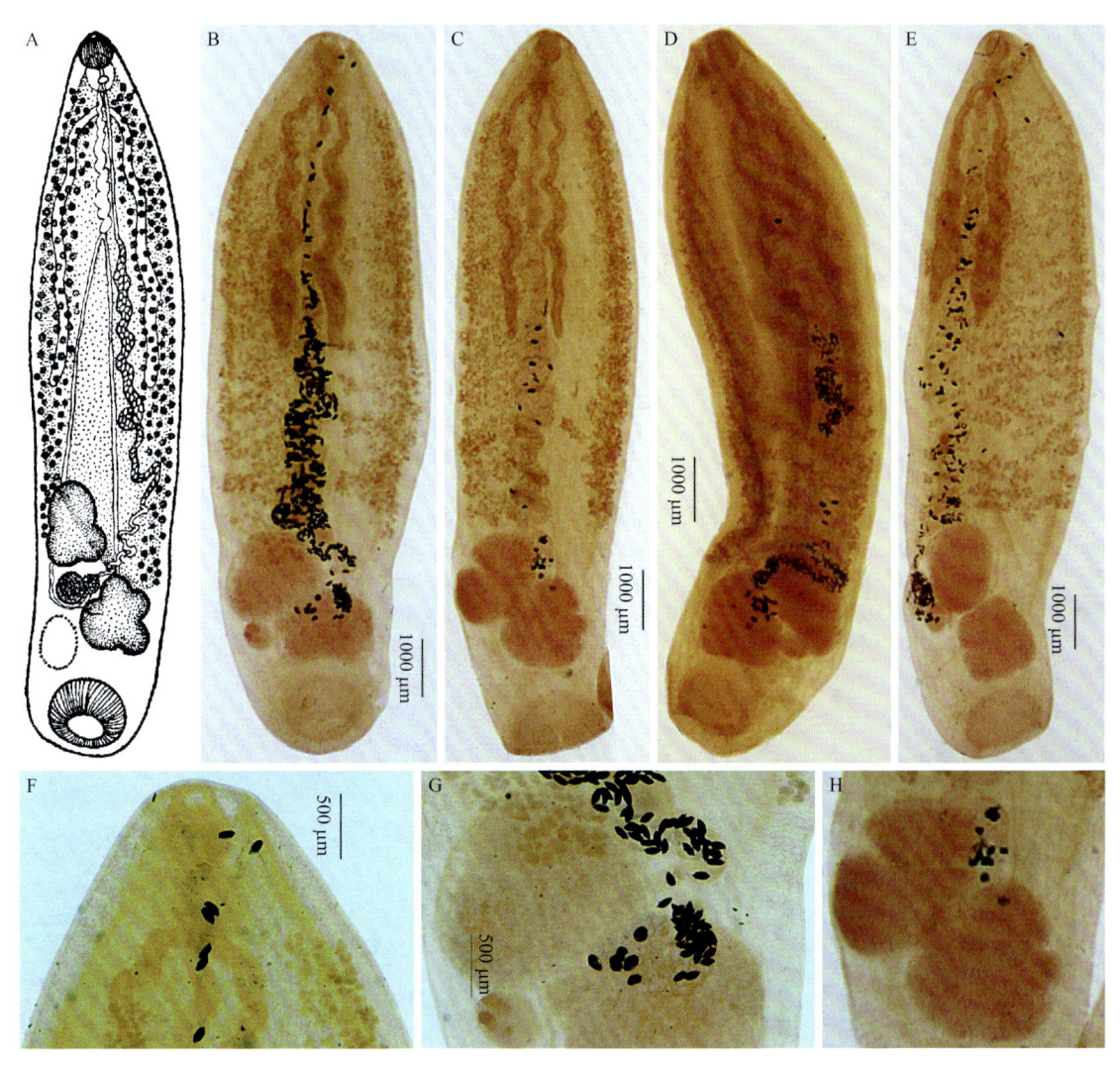

图74 长形菲策吸虫 *Fischoederius elongatus*
A. 引 王溪云和周静仪（1993）；B～H. 原图（SHVRI）

75 扁宽菲策吸虫 *Fischoederius explanatus* Wang et Jiang, 1982

【关联序号】28.3.7（25.2.8）/189。
【宿主范围】成虫寄生于黄牛、水牛的瘤胃。

【地理分布】重庆、四川。

【形态结构】虫体短宽呈瓜子形，大小为 4.800~7.340 mm×2.400~4.000 mm，体宽与体长之比为 1∶1.9。腹袋开口于食道中部，其后端至睾丸中部。口吸盘位于体前端，呈椭圆形，大小为 0.320~0.450 mm×0.240~0.360 mm，其直径与体长之比为 1∶18.6。腹吸盘位于体末端，呈半球形，大小为 0.640~0.720 mm×1.120~1.230 mm。口吸盘与腹吸盘的大小之比为 1∶2.8，腹吸盘直径与体长之比为 1∶6.5。食道粗短，长 0.400~0.720 mm。两肠支粗短，具有多数小弯曲，末端伸达虫体中部。睾丸位于虫体后部的腹吸盘前缘，背腹重叠斜列，边缘光滑或不规则，背侧睾丸大小为 0.480~0.490 mm×0.610~0.670 mm，腹侧睾丸大小为 0.480~0.490 mm×0.640~0.790 mm。贮精囊长而弯曲，生殖孔开口于食道中部。卵巢为类球形，位于背腹两睾丸之间，大小为 0.240~0.380 mm×0.130~0.190 mm。卵黄腺发达，前自食道中部开始，后至睾丸中部，分布于虫体两侧。子宫沿背侧睾丸前伸至两性管，通出生殖孔，子宫内含多数虫卵。虫卵大小为 112~136 μm×73~84 μm。排泄囊与劳氏管平行，开口于虫体后部亚末端背侧。

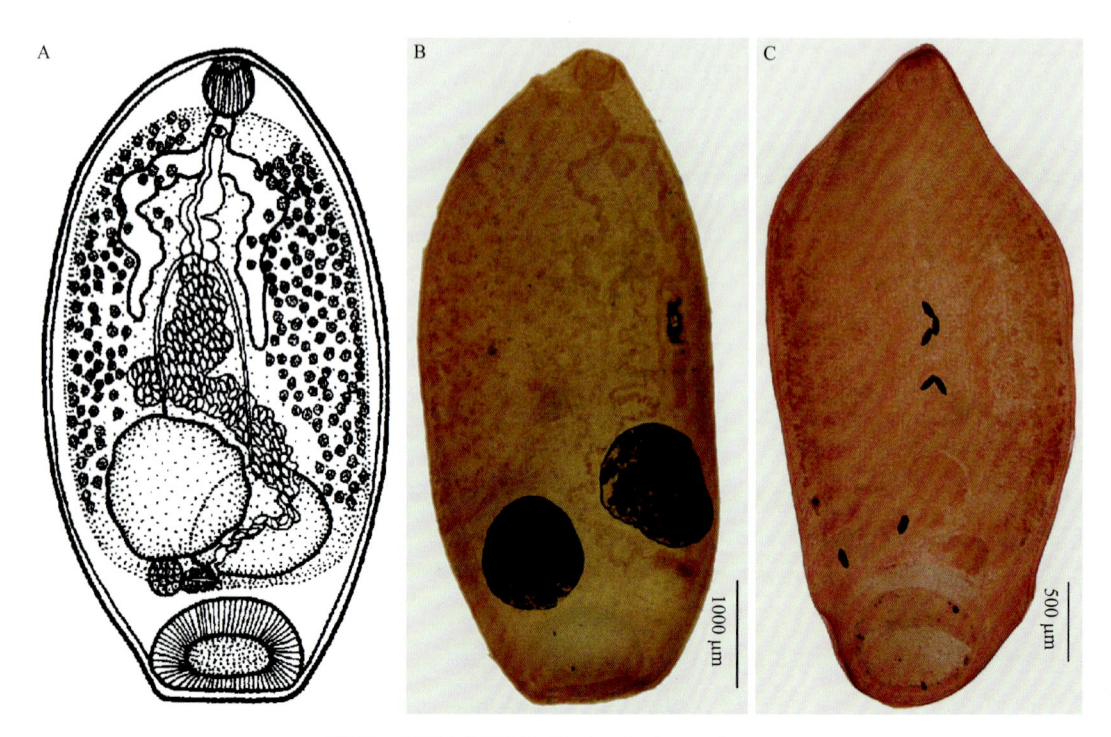

图 75　扁宽菲策吸虫 *Fischoederius explanatus*
A. 引蒋学良和周婉丽（2004）；B，C. 原图（SHVRI）

76　菲策菲策吸虫　　*Fischoederius fischoederi* Stiles et Goldberger, 1910

【关联序号】28.3.8（25.2.9）/190。

【宿主范围】成虫寄生于黄牛、水牛、山羊的瘤胃。

【地理分布】重庆、福建、广东、贵州、江西、四川、云南。

【形态结构】虫体呈棕褐色，圆柱状，大小为 7.200～8.900 mm×1.860～2.790 mm，体宽与体长之比为 1∶3.2～1∶3.9。腹袋前端开口于口吸盘的后缘或食道的中部，其后端达睾丸前缘。口吸盘位于体前端，大小为 0.270～0.530 mm×0.340～0.400 mm。腹吸盘位于体末端，大小为 0.620～0.860 mm×0.980～1.150 mm。口吸盘与腹吸盘大小之比为 1∶1.67～1∶2.30，腹吸盘直径与体长之比为 1∶7.3～1∶7.7。食道长 0.250～0.390 mm。两肠支较长，沿虫体两侧弯曲向后延伸至虫体后 3/4 部位。睾丸位于虫体后 1/4，背腹倾斜排列；背前睾丸大小为 0.320～0.980 mm×0.560～0.740 mm，边缘光滑或分为 3 瓣；腹后睾丸大小为 0.240～0.980 mm×0.640～0.660 mm，边缘不规则，近三角形。贮精囊长而弯曲，生殖孔开口于口吸盘后缘或食道中部的腹袋内。卵巢位于两睾丸之间，大小为 0.190～0.340 mm×0.250～0.400 mm。卵黄腺分布于虫体腹面两侧，起于肠叉后缘，向后延伸至睾丸前缘。子宫长，沿虫体中线弯曲上升，内含虫卵多。虫卵大小为 134～144 μm×72～76 μm。排泄管开口于体背部，与劳氏管平行，不交叉。

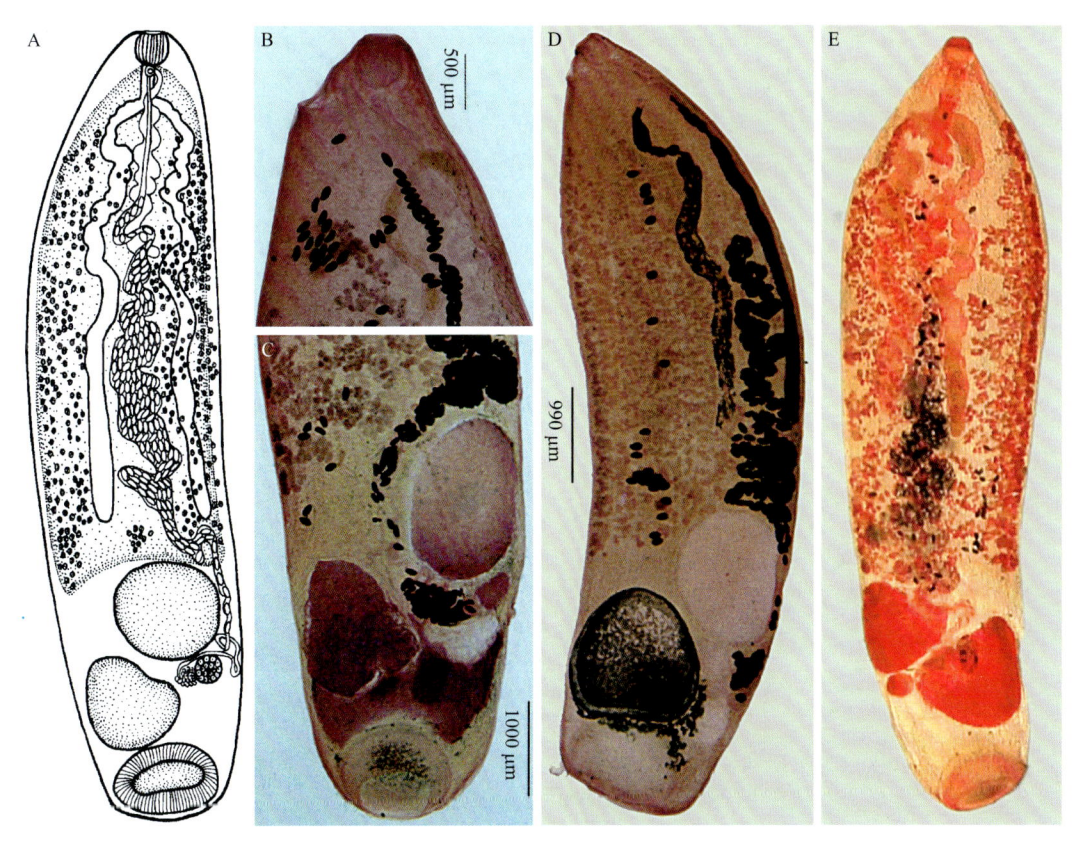

图 76　菲策菲策吸虫 *Fischoederius fischoederi*

A. 引蒋学良和周婉丽（2004）；B～D. 原图（SHVRI）；E. 原图（SCAU）

77 日本菲策吸虫 *Fischoederius japonicus* (Fukui, 1922) Yamaguti, 1939

【关联序号】28.3.9（25.2.10）/191。

【同物异名】泰国菲策吸虫日本变种（*Fischoederius saimensis* var. *japonicus* Fukui, 1922）；长形腹袋吸虫日本变种（*Gastrothylax elongatus* var. *japonicus* Fukui, 1929）。

【宿主范围】成虫寄生于黄牛、水牛、山羊、羊的瘤胃。

【地理分布】重庆、福建、广东、广西、贵州、河南、江西、青海、陕西、四川、台湾、云南、浙江。

【形态结构】虫体肥胖呈梨形，腹吸盘前缘虫体略收缩，末端平切，最大宽度在体中部，大小为 3.700～7.900 mm×1.700～3.700 mm，体宽与体长之比为 1∶2.3。腹袋前端开口于食道处，后端接近后睾丸的后缘。口吸盘位于体前端，呈球形或梨形，大小为 0.350～0.600 mm×0.340～0.550 mm。腹吸盘位于虫体末端，扁圆形，大小为 0.610～0.910 mm×0.980～1.650 mm。口吸盘与腹吸盘大小之比为 1∶1.85～1∶2.3，腹吸盘直径与体长之比为 1∶4.7～1∶6.4。食道粗短，大小为 0.200～0.450 mm×0.180～0.200 mm，具有肌肉壁。两肠支开始向两侧倾斜后伸，随后向内再转外，经 6～8 个弯曲至睾丸前缘。睾丸位于体后部腹吸盘前缘，类球形，边缘完整，背腹重叠或倾斜排列，背前睾丸大小为 0.610～1.300 mm×0.860～1.230 mm，腹后睾丸大小为 0.660～1.030 mm×0.183～1.530 mm。贮精囊呈管状弯曲，生殖孔开口于食道基部的腹袋内。卵巢位于睾丸后缘或两睾丸之间，大小为 0.200～0.320 mm×0.260～0.400 mm。卵黄腺自肠管第一个弯曲开始，沿着

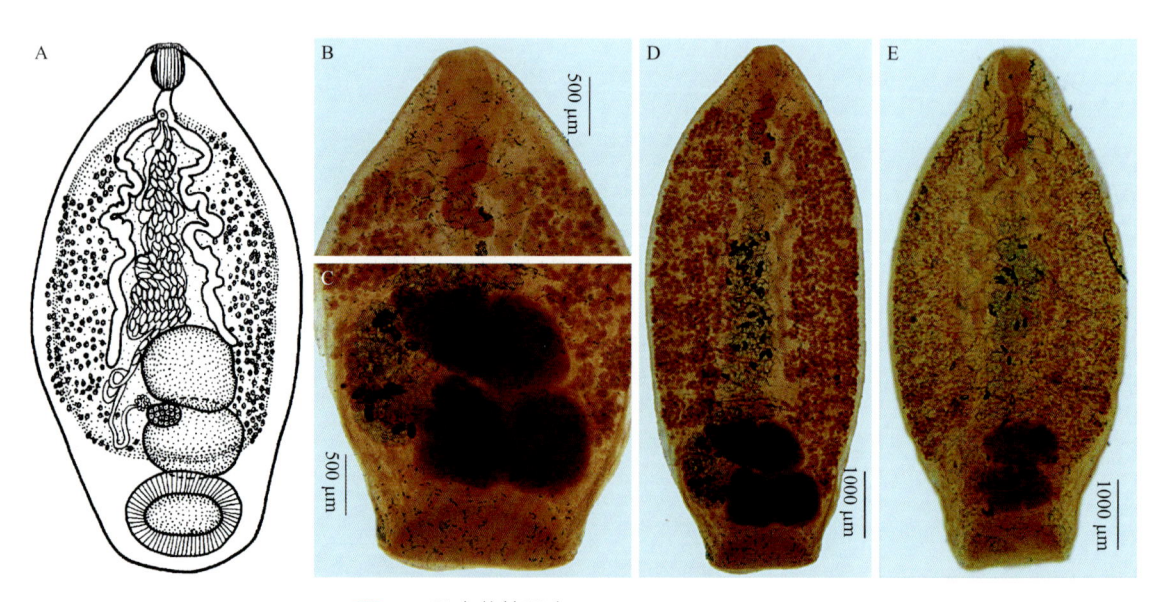

图 77 日本菲策吸虫 *Fischoederius japonicus*
A. 引蒋学良和周婉丽（2004）；B～E. 原图（SHVRI）

虫体两侧分布至睾丸两侧缘处。子宫环褶向上延伸，开口于生殖孔内，内含大量虫卵。虫卵大小为129～156 μm×71～96 μm。排泄管与劳氏管平行，不交叉。

78 嘉兴菲策吸虫 *Fischoederius kahingensis* Zhang, Yang, Jin, et al., 1985

【关联序号】28.3.10（25.2.11）/　　。
【宿主范围】成虫寄生于牛、绵羊、羊的瘤胃。
【地理分布】浙江。
【形态结构】虫体前端稍尖，后端稍钝圆，中部较宽，大小为5.500～7.000 mm×2.000～2.500 mm。腹部有腹袋，前端开口于肠分叉的上方，后端延伸到后睾丸的前缘。口吸盘呈椭圆形，灯泡状，位于虫体前端，直径为0.385～0.585 mm。腹吸盘呈圆盘状，位于虫体后端，直径为1.54 mm。食道长0.616 mm，食道末端分叉成两肠支，肠支较直，略微弯曲，盲端到达前睾丸前沿或稍后。睾丸2枚，略呈球形，有4或5个较深的缺刻呈分叶状，前后排列于虫体后端，后睾丸靠近腹吸盘的边缘，大小为0.492～0.924 mm×0.842～0.939 mm。卵巢呈椭圆形，

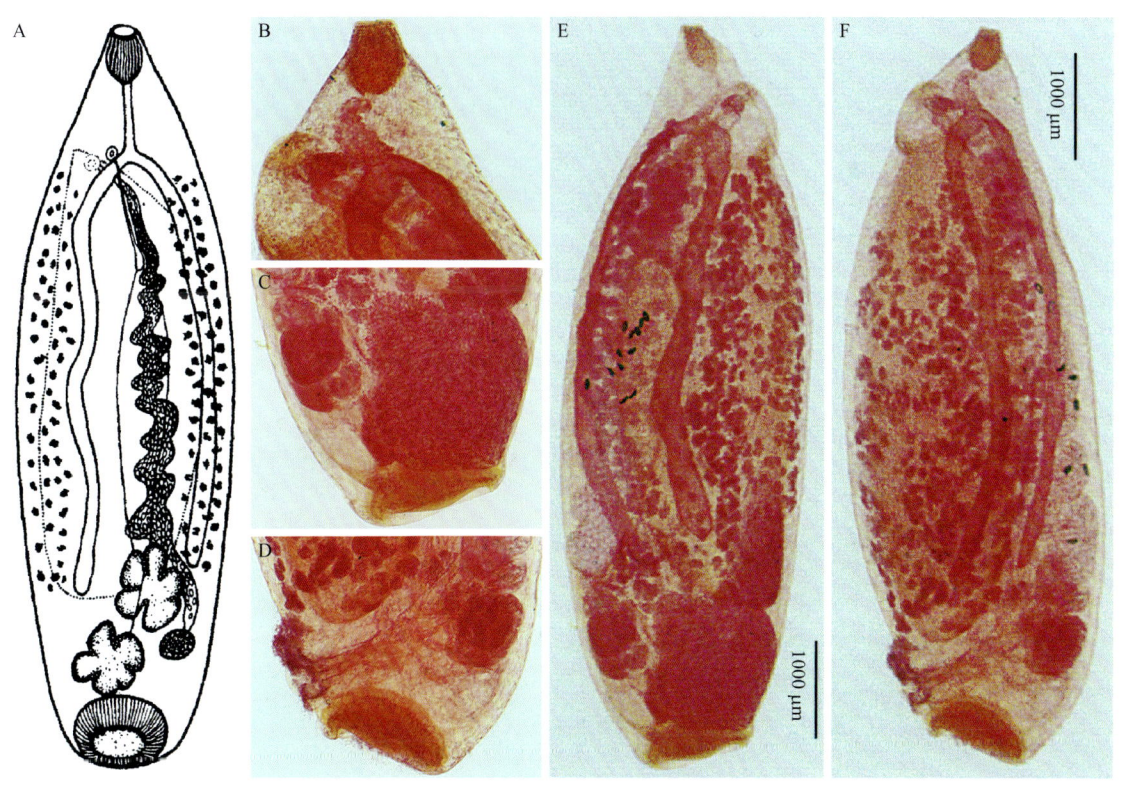

图78 嘉兴菲策吸虫 *Fischoederius kahingensis*
A. 引 张峰山 等（1986d）；B～F. 原图（ZAAS）

位于两个睾丸之间，大小为 0.415 mm×0.508 mm。卵黄腺为粗颗粒状，分布于虫体两侧，前端从肠叉的水平线开始，后端达后睾丸的前缘。子宫从腹吸盘前缘开始向虫体前端弯曲上升到生殖孔，开口于腹袋内，子宫内充满虫卵。虫卵为椭圆形，大小为 138 μm×75 μm。

79 巨睾菲策吸虫 *Fischoederius macrorchis* Zhang, Yang, Jin, et al., 1985

【关联序号】28.3.11（25.2.12）/ 。
【宿主范围】成虫寄生于水牛、牛的瘤胃。
【地理分布】浙江。
【形态结构】虫体较长，前半部狭窄，后半部较宽大，后 1/3 因内藏两个巨大的睾丸而向外扩张，虫体大小为 14.500～23.000 mm×3.500～4.500 mm，最宽部位在睾丸处。腹部有一个腹袋，前端开口于口吸盘的后方，后端到达睾丸的前缘。口吸盘位于虫体前端，大小为 0.560～0.630 mm×0.560～0.770 mm。腹吸盘位于虫体后端，大小为 1.120～1.680 mm×1.890～2.240 mm。食

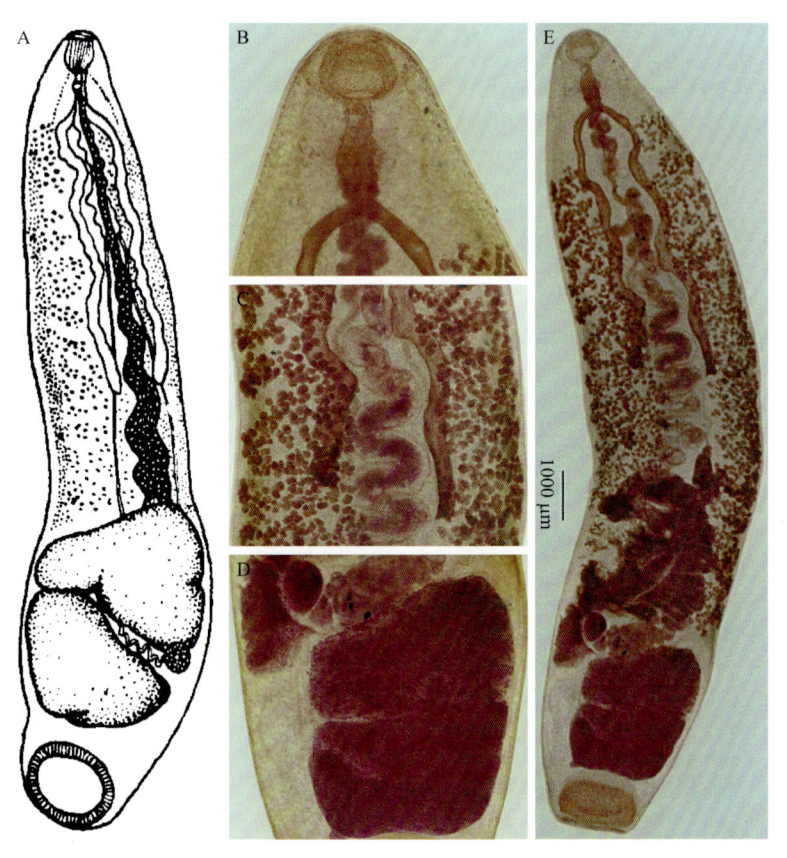

图 79 巨睾菲策吸虫 *Fischoederius macrorchis*
A. 引 张峰山 等（1986d）；B～E. 原图（ZAAS）

道长 0.700～0.980 mm，两肠支较短，略有波状弯曲，末端不达虫体的中横线水平。睾丸2枚，非常发达而巨大，前后排列，几乎占据虫体后 1/3 的整个部位，其形状不规则，有的呈椭圆形、有的呈三角形，大小为 1.960～3.330 mm×2.520～3.940 mm。卵巢呈圆形，位于两睾丸的中间一侧，大小为 0.560～0.770 mm×0.490～0.840 mm。雄茎囊发达，长筒状，大小为 1.400～1.960 mm×0.350～0.550 mm。卵黄腺为细颗粒状，分布于虫体两侧，前方开始于肠叉的水平线，后端到达睾丸的前缘。子宫从睾丸前方直线向前曲折延伸，开口于口吸盘下面的腹袋内，子宫内充满虫卵。虫卵大小为 140～150 μm×70～82 μm。

80 圆睾菲策吸虫 *Fischoederius norclianus* Zhang, Yang, Jin, et al., 1985

【关联序号】28.3.12（25.2.13）/ 。
【宿主范围】成虫寄生于黄牛的瘤胃。
【地理分布】浙江。

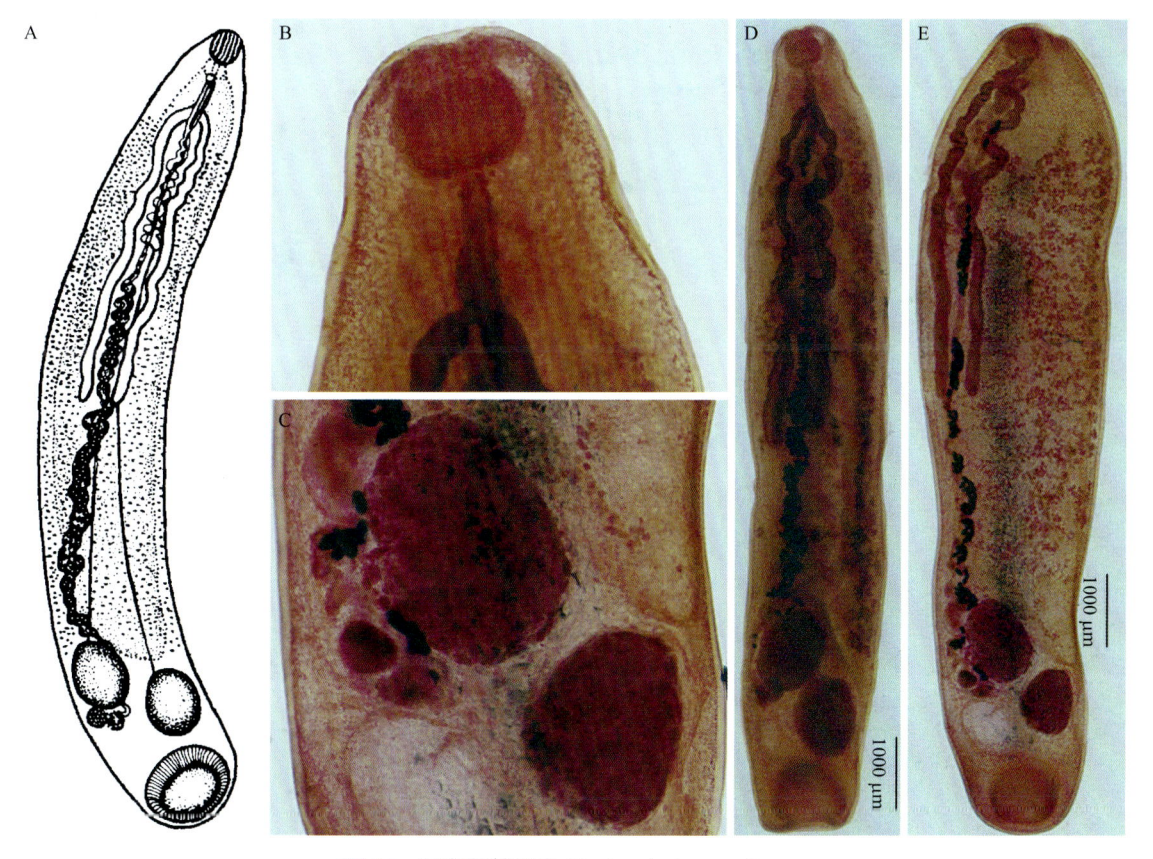

图 80 圆睾菲策吸虫 *Fischoederius norclianus*
A. 引 张峰山 等（1986d）；B～E. 原图（ZAAS）

【形态结构】虫体较狭长，大小为 10.500～15.500 mm×2.500～3.500 mm，最宽处在虫体前 1/4 的部位。腹袋前方开口于口吸盘后方大约食道的中前部，后端到达后睾丸的前缘。口吸盘位于前端，大小为 0.420～0.700 mm×0.350～0.630 mm。腹吸盘位于后端，大小为 0.770～1.330 mm×1.120～1.610 mm。食道长 0.560～0.910 mm，两肠支较短、较直，从食道分叉后微呈波状延伸到虫体中线的前方。睾丸 2 枚，呈圆形或略带椭圆形，表面光滑，完全无缺刻，前后背腹排列于腹袋后方与腹吸盘的前方，大小为 1.120～1.960 mm×1.050～1.960 mm。雄茎囊大小为 1.120～1.680 mm×0.170～0.290 mm。卵巢近圆形，位于前睾丸的下方，大小为 0.290～0.700 mm×0.210～0.630 mm。卵黄腺分布于虫体两侧，从肠叉的后方开始到达睾丸的前缘。子宫从前睾丸前缘开始向前直线上升，开口于食道中前部的腹袋开口处。虫卵大小为 126～147 μm×70～77 μm。

81 卵形菲策吸虫　　　　　　　　　　　　　*Fischoederius ovatus* Wang, 1977

【关联序号】28.3.13（25.2.14）/192。

【宿主范围】成虫寄生于黄牛、水牛、绵羊、山羊的瘤胃。

【地理分布】安徽、重庆、福建、广东、广西、贵州、河南、江西、宁夏、陕西、四川、云南、浙江。

【形态结构】虫体为短卵圆形，大小为 6.800～8.900 mm×3.180～3.840 mm，体宽与体长之比为 1：2，体前端具有多数小乳突。腹袋开口于口吸盘的后缘，后端至睾丸的前缘。口吸盘位于虫体前端，大小为 0.320～0.400 mm×0.480～0.560 mm，口吸盘与体长之比为 1：18。腹吸

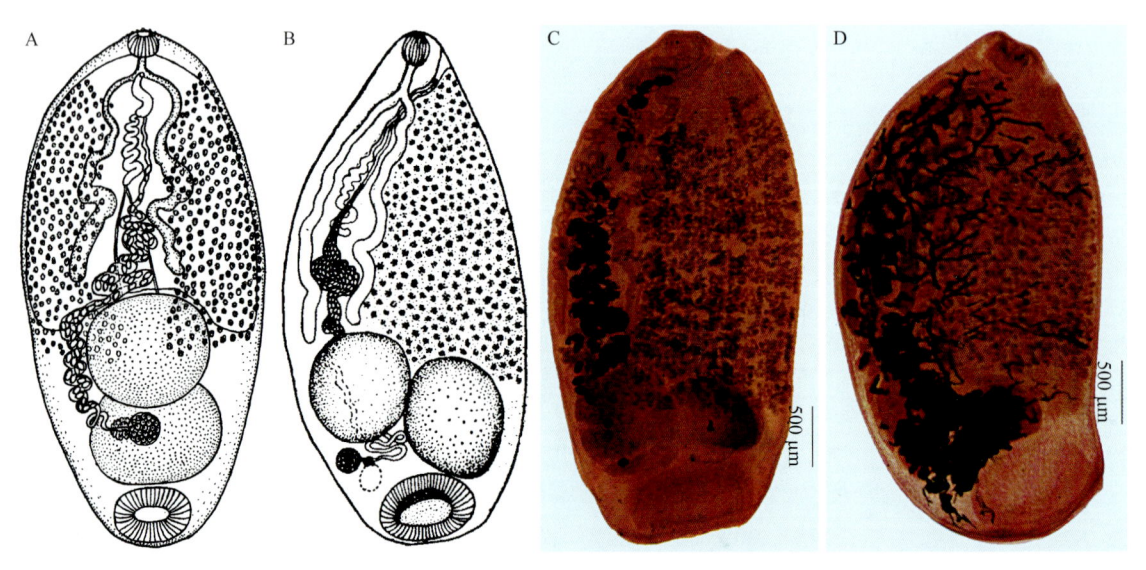

图 81　卵形菲策吸虫 *Fischoederius ovatus*
A. 引 黄兵 等（2006）；B. 引 张峰山 等（1986d）；C，D. 原图（SHVRI）

盘位于虫体末端，大小为 0.800～1.200 mm×1.200～1.440 mm。口吸盘与腹吸盘的大小之比为 1∶2.6，腹吸盘与体长之比为 1∶6.7。食道长 0.320～0.480 mm，两肠支各有 3 或 4 个小弯曲，末端伸达虫体中横线边缘。睾丸发达，类球形，背腹毗邻排列于虫体后部，前睾丸大小为 1.600～2.080 mm×1.840～2.240 mm，后睾丸大小为 1.600～1.920 mm×1.720～2.080 mm。生殖孔开口于口吸盘与肠叉之间的腹袋内。卵巢呈球形，位于两睾丸之间，大小为 0.480～0.560 mm×0.480～0.560 mm。卵黄腺发达，自肠叉处开始分布至睾丸的中部。子宫弯曲，沿体中线上升至生殖孔，内含多数虫卵。虫卵大小为 126～130 μm×80～90 μm。

82　羊菲策吸虫　　*Fischoederius ovis* Zhang et Yang, 1986

【关联序号】28.3.14（25.2.15）/ 193。

【宿主范围】成虫寄生于湖羊的瘤胃。

【地理分布】浙江。

【形态结构】虫体呈椭圆形，大小为 3.400～4.800 mm×2.100～2.200 mm，长宽比为 1.84∶1。腹袋前端开口于食道中部，后端达前睾丸的后缘。口吸盘近圆形，位于虫体前端，大小为 0.238～

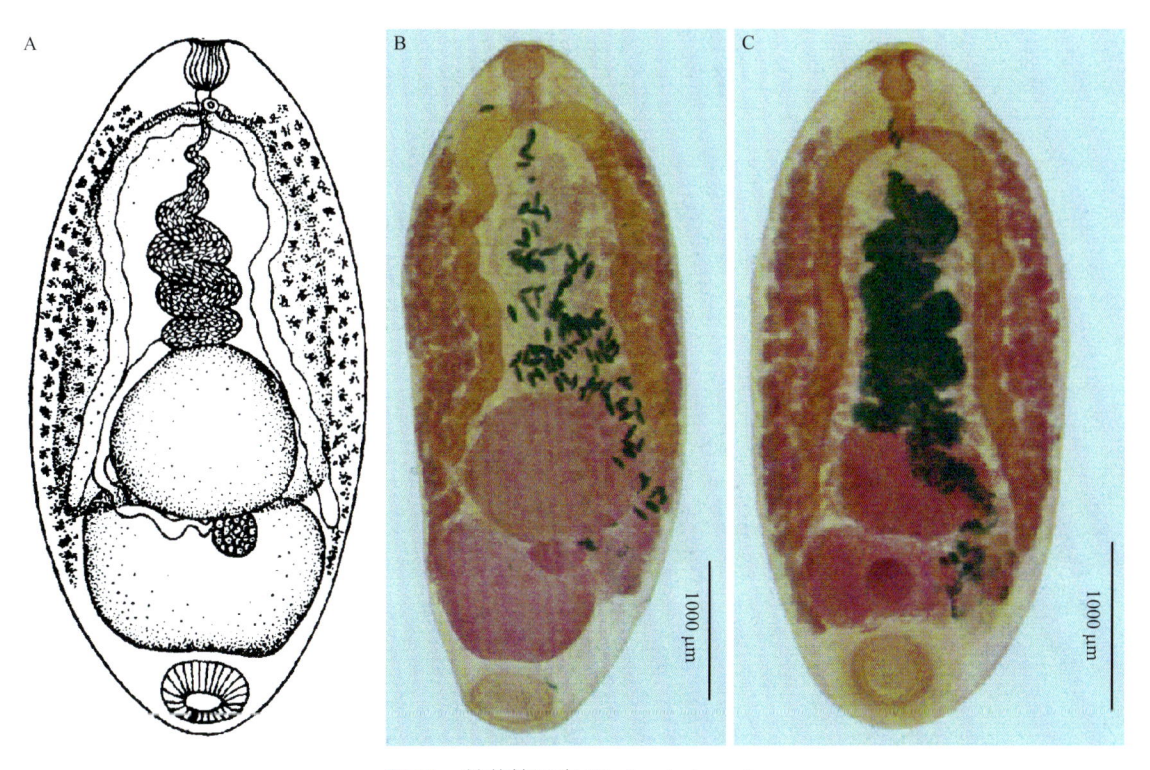

图 82　羊菲策吸虫 *Fischoederius ovis*
A. 引张峰山等（1986d）；B，C. 原图（ZAAS）

0.308 mm×0.210～0.280 mm。腹吸盘为横椭圆形，位于虫体后端，大小为 0.350～0.546 mm×0.558～0.756 mm。食道短，长为 0.168～0.280 mm，两肠支初向左右平等分开，然后向后轻微弯曲延伸，在肠支的中部向虫体内侧折曲，然后又向两侧伸展，其形状如 Ω 形，盲端达虫体后约 2/3 处。睾丸 2 枚，非常发达，前后排列，部分重叠，几乎占据虫体的后 1/2，不分叶，边缘略带波状，通常后睾丸宽于前睾丸；前睾丸为类圆形，大小为 1.150～1.330 mm×0.658～1.400 mm；后睾丸似椭圆形，大小为 0.420～0.980 mm×1.120～1.750 mm。卵巢呈类圆形，位于前睾丸的后缘左侧，大小为 0.168～0.308 mm×0.336～0.378 mm。卵黄腺分布于肠支的外侧，前方始于食道中部的水平线，后方达后睾丸的中横线水平。子宫大部分盘曲在睾丸的前方，生殖孔开口于食道中部的腹袋开口处，子宫内充满虫卵。虫卵大小为 100～126 μm×53～63 μm。

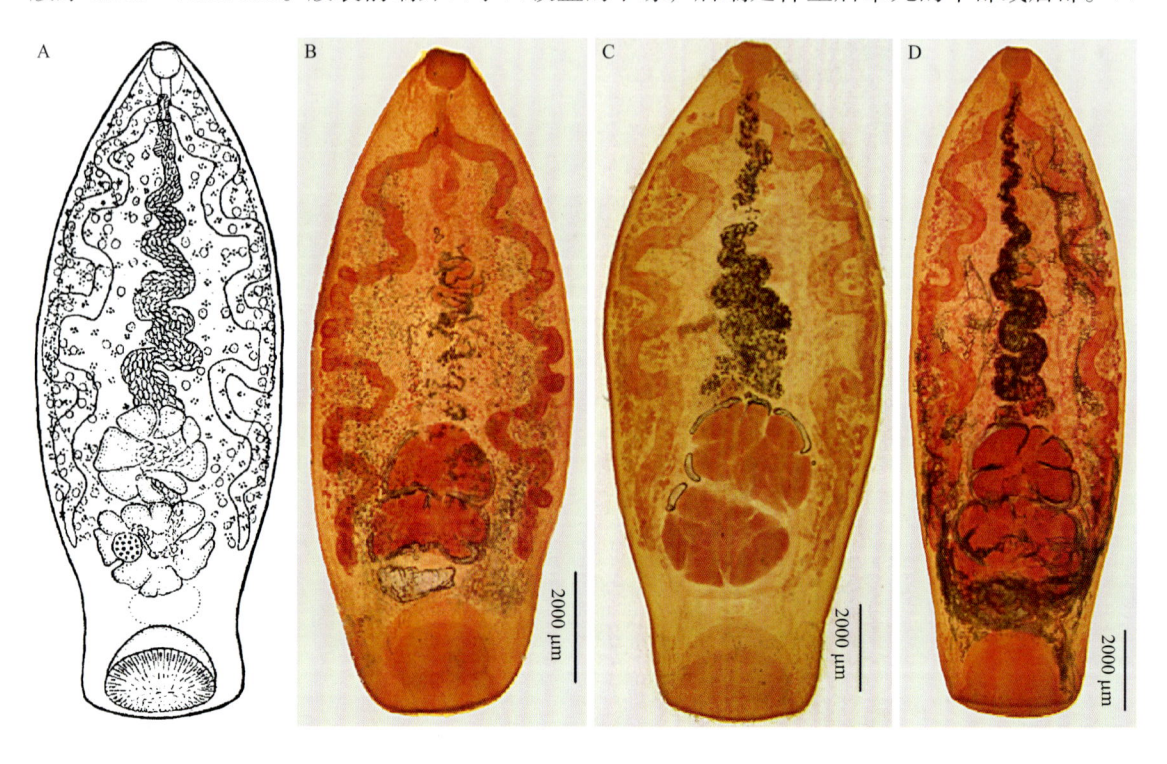

83 波阳菲策吸虫　　　　　　　　　　　*Fischoederius poyangensis* Wang, 1979

【关联序号】28.3.15（25.2.16）/ 193。
【宿主范围】成虫寄生于黄牛、水牛、羊的瘤胃。
【地理分布】安徽、福建、广东、广西、贵州、江西、云南、浙江。
【形态结构】虫体呈长圆锥形，前端稍尖，中部略膨大，腹吸盘前缘水平稍缩小，末端近似平切，虫体大小为 12.420～20.470 mm×5.470～7.520 mm，体宽与体长之比为 1∶2.5，背腹厚 5.200～7.350 mm。腹袋前端开口于口吸盘的下缘，后端延伸至后睾丸的中部或后部。口

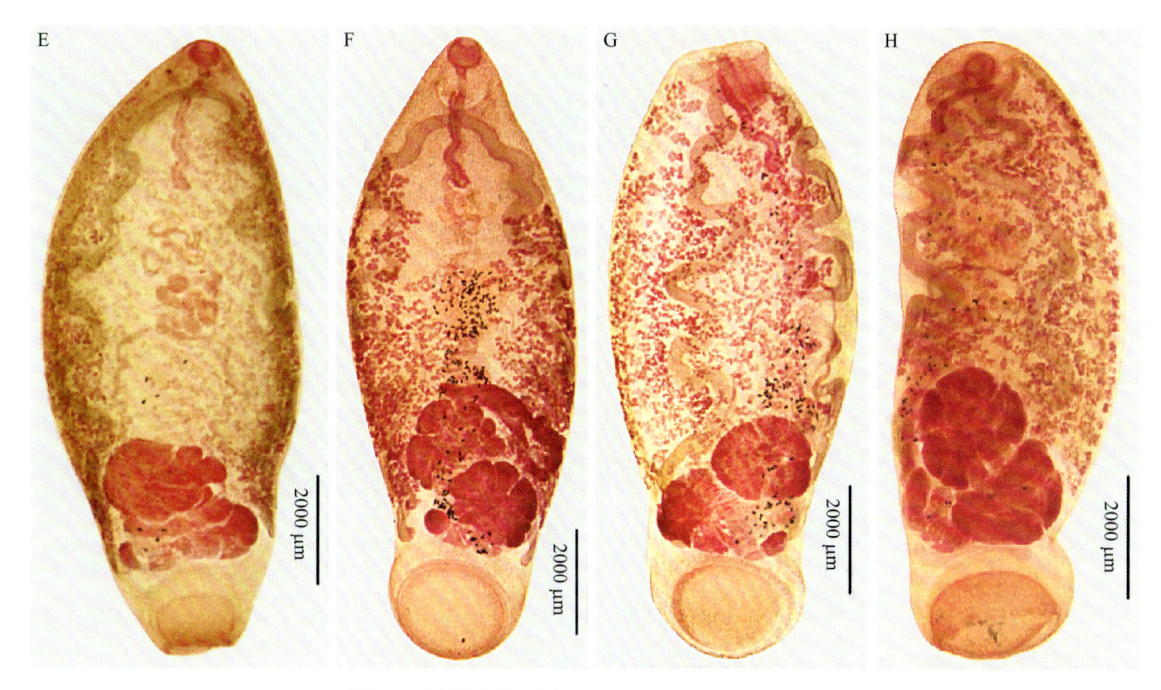

图 83　波阳菲策吸虫 *Fischoederius poyangensis*
A. 引王溪云（1979）；B～H. 原图（SHVRI）

吸盘位于顶端，呈扁球形，大小为 0.780～0.910 mm×0.870～1.190 mm，其直径与体长之比为 1∶15～1∶21。腹吸盘位于虫体末端，呈钢盔状，大小为 2.800～3.500 mm×3.060～3.750 mm，其直径与体长之比为 1∶4.4～1∶6.2。食道长 0.870～1.050 mm。两肠支细长，沿虫体两侧延伸，向内外呈 4 度波浪状弯曲，末端平直而达后睾丸的中部。睾丸位于虫体后 1/2 的中部，边缘具有 8～10 个深叶分瓣，前后排列或背腹斜列，前睾丸大小为 1.570～2.970 mm×2.620～3.500 mm，后睾丸大小为 1.220～3.150 mm×2.460～3.670 mm。贮精囊细长，生殖孔开口于食道末端的腹袋内，具有伸长的生殖乳头。卵巢位于后睾丸的背中部偏右，大小为 0.520～1.050 mm×0.610～0.820 mm。卵黄腺散布于整个虫体，前自口吸盘的后缘开始，后至后睾丸中部的两侧水平。子宫盘曲于虫体中部，沿虫体中线弯曲上升，内含多数虫卵。虫卵大小为 105～126 μm×56～81 μm。排泄囊呈不规则的横椭圆形，垂直开口于虫体的背中部。劳氏管与排泄囊不交叉，而开口于排泄孔之前。

84　泰国菲策吸虫　*Fischoederius siamensis* Stiles et Goldberger, 1910

【关联序号】28.3.16（25.2.17）/194。
【宿主范围】成虫寄生于黄牛、水牛、山羊、羊的瘤胃。
【地理分布】安徽、重庆、广东、广西、四川、云南、浙江。

【形态结构】虫体肥大，棕褐色，呈瓜子形，中部最宽，大小为 7.680～8.760 mm×3.400～3.800 mm，体宽与体长之比约为 1∶2.3。腹袋前端开口于口吸盘中部，后至腹睾丸的中部。口吸盘呈类球形，位于虫体前端，大小为 0.400～0.480 mm×0.400～0.560 mm，其直径与体长之比约为 1∶18。腹吸盘位于虫体末端，大小为 0.960～0.980 mm×0.960～1.360 mm。口吸盘与腹吸盘的大小之比为 1∶2.2，腹吸盘直径与体长之比为 1∶8。食道短小，长 0.320～0.400 mm。两肠支经几次小弯曲，伸至虫体中部前缘。睾丸呈类球形，前后背腹重叠排列于腹吸盘之前，背前睾丸大小为 0.560～0.960 mm×0.110～0.130 mm，腹后睾丸大小为 0.800～0.960 mm×1.080～1.280 mm。贮精囊细长，生殖孔开口于食道中部的腹袋内。卵巢呈圆球形，位于两睾丸之间，大小为 0.160～0.240 mm×0.240～0.400 mm。梅氏腺位于卵巢一侧。卵黄腺发达，分布于两肠支外侧，从口吸盘的后缘开始，向后至后睾丸水平。子宫沿虫体中线弯曲向前延伸，内含虫卵较多。虫卵大小为 140～146 μm×70～74 μm。排泄囊与劳氏管平行不相交叉。

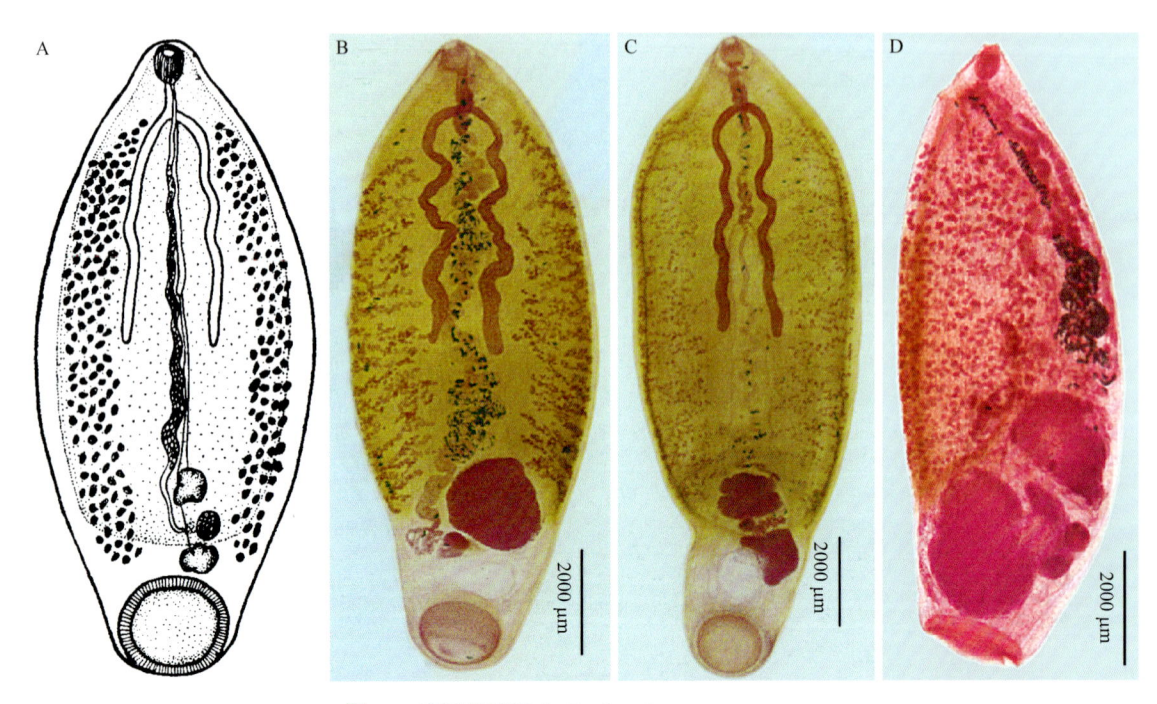

图 84　泰国菲策吸虫 *Fischoederius siamensis*
A. 引张峰山 等（1986d）；B，C. 原图（ZAAS）；D. 原图（SHVRI）

85　四川菲策吸虫　　*Fischoederius sichuanensis* Wang et Jiang, 1982

【关联序号】28.3.17（25.2.18）/195。

【宿主范围】成虫寄生于黄牛、水牛、山羊的瘤胃。

【地理分布】重庆、四川。

【形态结构】 虫体呈类球形,棕褐色,大小为 1.700～3.140 mm×1.690～2.430 mm,体宽与体长之比为 1:1.6。腹袋前端开口于食道中部,后端至睾丸前缘。口吸盘位于体前端,呈杯状,大小为 0.240～0.320 mm×0.340～0.370 mm,其直径与体长之比为 1:7.6。腹吸盘位于体末端,呈半球形,大小为 0.590～0.650 mm×1.040～1.240 mm。口吸盘与腹吸盘大小之比为 1:2.5,腹吸盘直径与体长之比为 1:2.8。食道短宽,长 0.180～0.190 mm,宽 0.160 mm。两肠支粗短,经 2 或 3 次弯曲末端达虫体的中部。睾丸呈类圆形,背腹斜列于虫体后部,背前睾丸大小为 0.560～0.730 mm×0.720～0.890 mm,腹后睾丸大小为 0.560～0.810 mm×0.730～0.860 mm。贮精囊短,生殖孔开口于食道中部处的腹袋内。卵巢呈椭圆形,位于两睾丸间的左侧,大小为 0.180～0.290 mm×0.180～0.260 mm。卵黄腺发达,分布于虫体两侧,前自肠叉后缘开始,后至后睾丸的前缘。子宫从两睾丸之间穿出后,沿虫体中轴线盘曲上升至生殖孔,内含多数虫

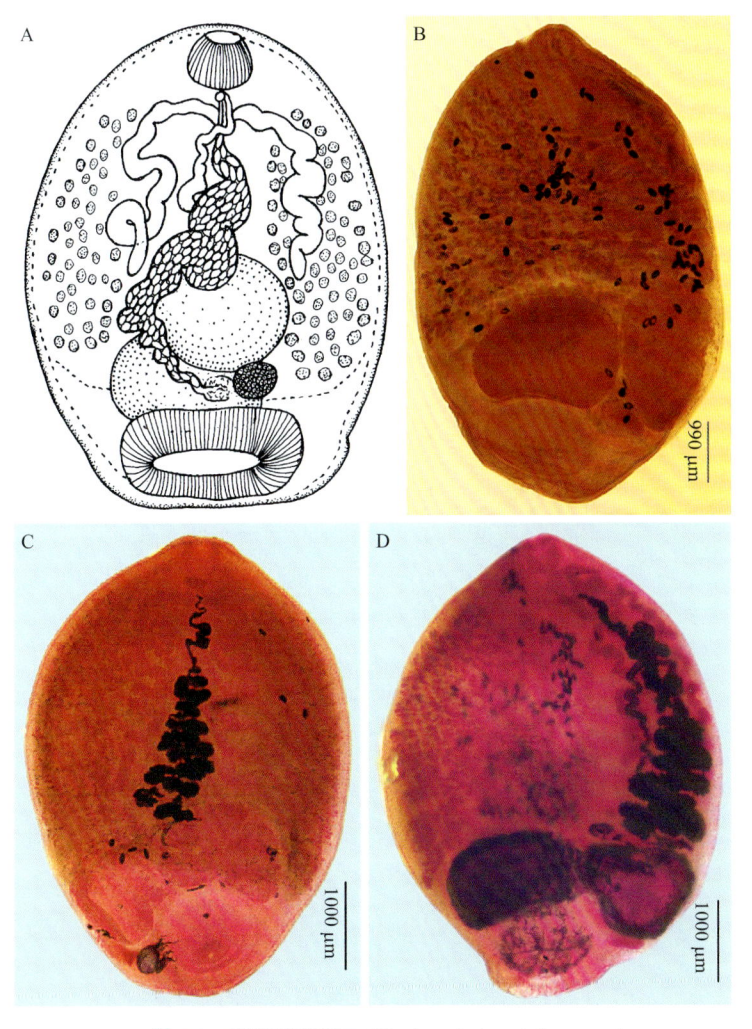

图 85 四川菲策吸虫 *Fischoederius sichuanensis*
A. 引 黄兵 等(2006);B~D. 原图(SHVRI)

卵。虫卵大小为 104～131 μm×61～82 μm。

86 云南菲策吸虫　　　　　　　*Fischoederius yunnanensis* Huang, 1979

【关联序号】28.3.17（25.2.18）/ 195。
【宿主范围】成虫寄生于黄牛的瘤胃。
【地理分布】云南。
【形态结构】虫体形状似花瓶，头端略尖，中部膨大，腹吸盘前又稍缩小至腹吸盘处又膨大，大小为 15.000～15.600 mm×5.000～5.400 mm。腹袋前端开口于口吸盘下缘，后端止于后睾丸的上缘。口吸盘为半球形，位于虫体前端，大小为 0.880～1.000 mm×0.620～0.700 mm。腹吸盘呈椭圆形，位于虫体后端并深陷入体内，大小为 3.100～3.500 mm×2.520～3.000 mm。口吸盘与腹吸盘之比为 1∶3.6，腹吸盘直径与虫体长之比为 1∶6.4。食道较短，长 0.680～0.720 mm。肠支细长有回旋弯曲，盲端止于后睾丸的后方。睾丸不发达，分 4 或 5 瓣，前后排列于虫体后 1/3 处的中线上，大小为 0.740～1.000 mm×0.760～0.820 mm。卵巢呈球形，位于后睾丸的下方，大小为 0.350～0.450 mm×0.400～0.480 mm。卵黄腺为细小的颗粒状，自肠叉下方起至后睾丸边缘止，沿虫体两侧均匀分布。子宫多弯曲，沿虫体中线上升至生殖孔，生殖孔开口于口吸盘下方的腹袋内。

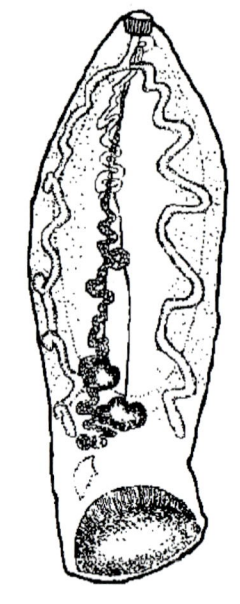

图 86　云南菲策吸虫
Fischoederius yunnanensis
引 黄德生（1979）

3.3　腹　袋　属
—— *Gastrothylax* Poirier, 1883

【同物异名】杜特属（*Duttiella* Srivastava, Prasad et Maurya, 1980）。
【宿主范围】成虫寄生于牛科和鹿科动物的瘤胃。
【形态结构】虫体近似圆锥形，腹部弯曲。腹袋延伸至睾丸后水平，横切面为三角形，其顶端向背面。腹吸盘小，位于体末端，向后开口。缺食道球。肠支轻度弯曲，盲端达睾丸水平或腹吸盘或止于睾丸之前。睾丸具浅裂，对称排列于腹吸盘之前。输精管位于子宫的对侧，贮精囊发达，前列腺长，生殖孔开口于腹袋内接近袋口。卵巢为圆形或有浅裂，位于两睾丸之间。卵黄腺分布于虫体的背外侧区域，从生殖孔延伸到肠支盲端或达腹吸盘，可在背侧中线部位稀疏汇合。子宫呈 S 形弯曲，从虫体的一侧跨越到另一侧。排泄孔位于腹吸盘的背面。模式种：荷包腹袋吸虫［*Gastrothylax crumenifer* (Creplin, 1847) Poirier, 1883］。

87 巴中腹袋吸虫 *Gastrothylax bazhongensis* Wang et Jiang, 1982

【关联序号】28.2.1（25.3.1）/ 181。
【宿主范围】成虫寄生于黄牛的瘤胃。
【地理分布】重庆、四川。
【形态结构】虫体呈类球形，大小为 2.490～3.220 mm×2.350～2.660 mm，体宽与体长之比为 1∶1.34。腹袋开口于肠分支处的边缘，后至睾丸前缘。口吸盘呈杯状，位于虫体前端，大小为 0.257～0.322 mm×0.322～0.338 mm，口吸盘与体长之比为 1∶10.8。腹吸盘呈球形，位于虫体末端，大小为 0.646～0.805 mm×0.805～0.966 mm。口吸盘与腹吸盘的大小之比为 1∶2.65，腹吸盘与体长之比为 1∶4.16。食道粗短，长 0.112～0.113 mm。两肠支粗长，各有 6～8 个弯曲，盲端伸达睾丸的边缘。睾丸呈球形，左右排列于虫体后半部的中部，左睾丸大小为 0.595～0.693 mm×0.483～0.564 mm，右睾丸大小为 0.579～0.886 mm×0.483～0.676 mm。贮精囊短，生殖孔开口于肠分支处的腹袋内。卵巢呈类圆形，位于两睾丸间的后缘，大小为 0.169～0.242 mm×0.169～0.274 mm。卵黄腺发达，前自贮精囊后缘左右开始，后至睾丸的后缘，分布于虫体两侧。子宫初向右侧弯曲，后又向左，沿两睾丸间弯曲上升至生殖孔，子宫内含多数虫卵。虫卵大小为 113～150 μm×71～80 μm。

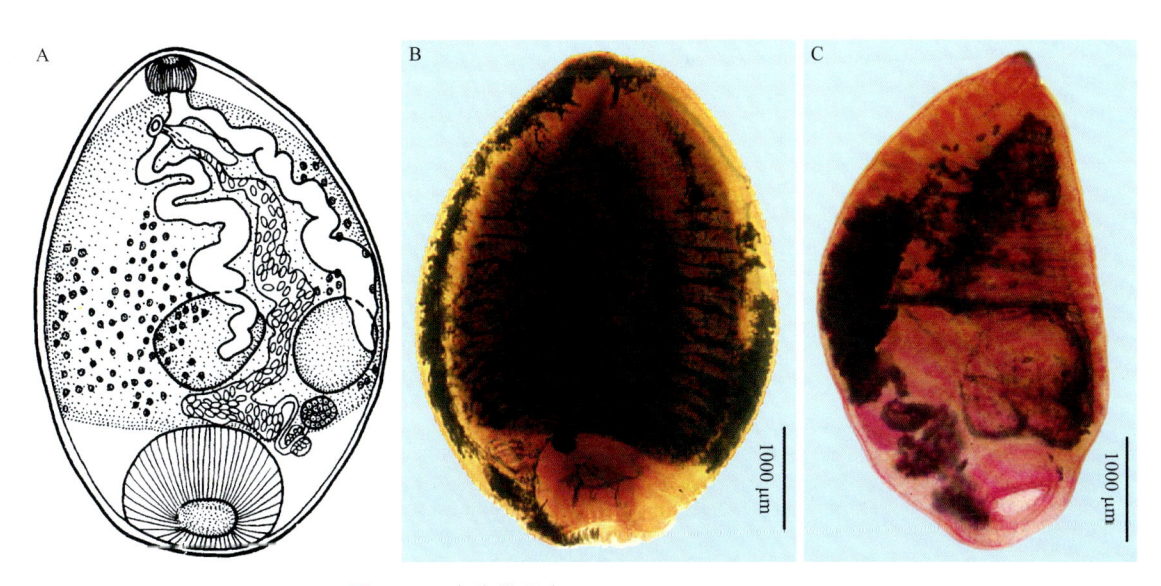

图 87　巴中腹袋吸虫 *Gastrothylax bazhongensis*
A. 引 蒋学良和周婉丽（2004）；B，C. 原图（SHVRI）

88 中华腹袋吸虫　　　　　　　　　　　　　　　　　*Gastrothylax chinensis* Wang, 1979

【关联序号】28.2.2（25.3.2）/182。
【宿主范围】成虫寄生于黄牛、水牛、羊的瘤胃。
【地理分布】安徽、广东、广西、贵州、江西、四川、云南、浙江。
【形态结构】虫体呈圆锥形，前端稍尖，中部膨大，后部平切，体表光滑，大小为6.300～

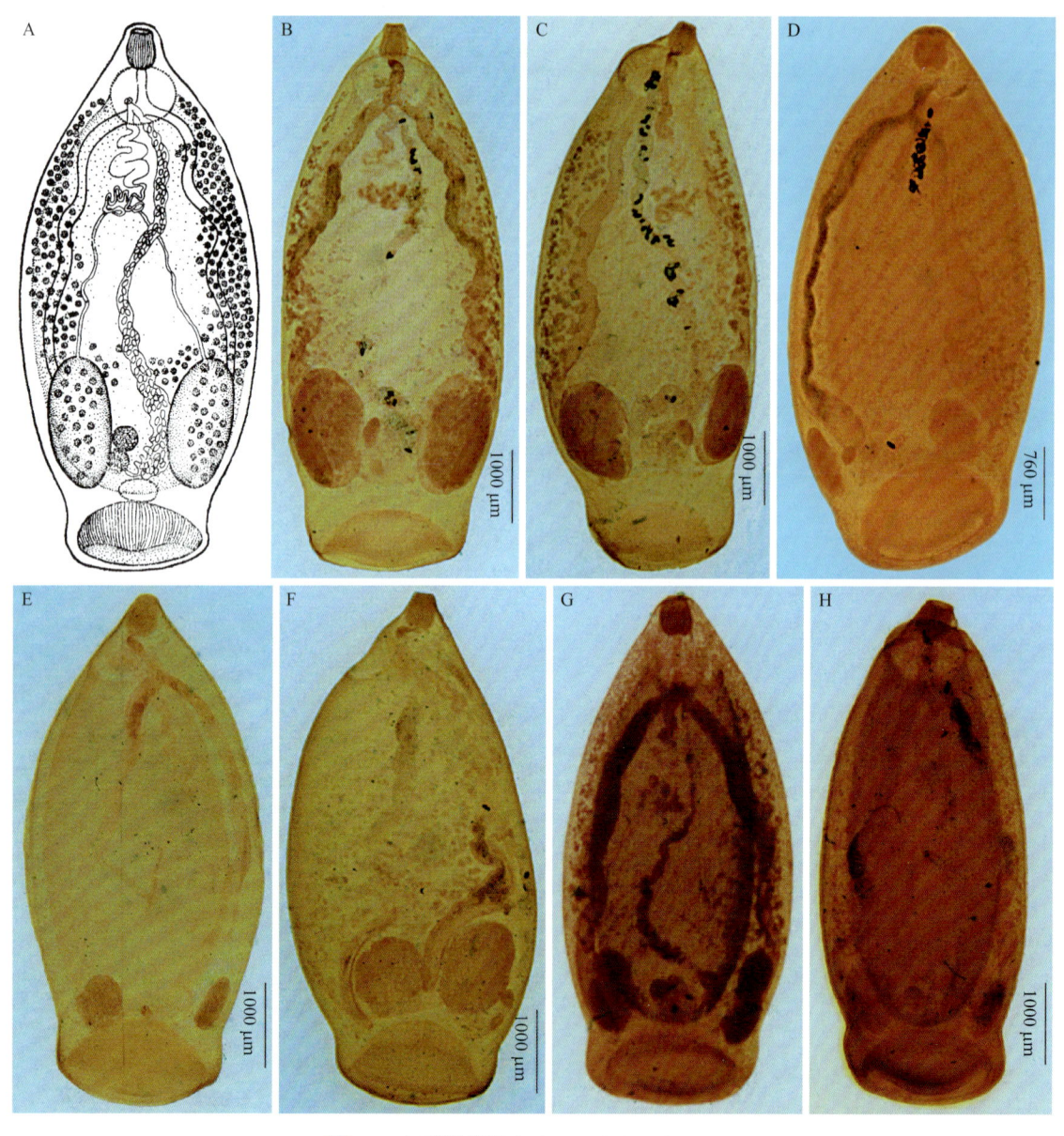

图88　中华腹袋吸虫 *Gastrothylax chinensis*
A. 引 王溪云和周静仪（1993）；B～H. 原图（SHVRI）

8.480 mm×3.500~4.450 mm，体宽与体长之比为 1∶1.8。腹袋开口于口吸盘的后缘，终于两睾丸的后端、腹吸盘的前缘。口吸盘呈梨形，位于虫体顶端，大小为 0.490~0.700 mm×0.430~0.520 mm。腹吸盘呈浅盘状，位于虫体后端，大小为 1.850~2.100 mm×1.870~2.100 mm。口吸盘直径与体长之比为 1∶12~1∶16，腹吸盘直径与体长之比为 1∶3.8~1∶4.2，口吸盘与腹吸盘大小之比为 1∶3~1∶4.5。食道长 0.520~0.780 mm，两肠支呈波浪状弯曲于虫体的两侧，末端伸达睾丸的后缘水平。睾丸呈纵椭圆形，边缘光滑不分瓣，左右对称排列于虫体后 1/3 的两侧，末端与腹袋的后缘几乎在一条水平线上，左右睾丸大小几乎相等，为 1.050~1.920 mm×0.520~1.210 mm。贮精囊发达，有 4 或 5 个回旋，生殖孔开口于食道末端的腹袋内，具生殖窦和生殖乳头。卵巢呈短椭圆形，位于两睾丸之间偏向右侧，大小为 0.280~0.520 mm×0.190~0.380 mm。卵黄腺起于食道末端，沿虫体两侧肠支内外分布，终于睾丸后缘水平处。子宫由卵巢处开始，先稍下行，由左侧反转伸向右睾丸的上缘而后向上斜行，由右至左，横越虫体中线部，最后开孔于生殖孔内，子宫内含多数虫卵。虫卵大小为 105~133 μm×56~81 μm。

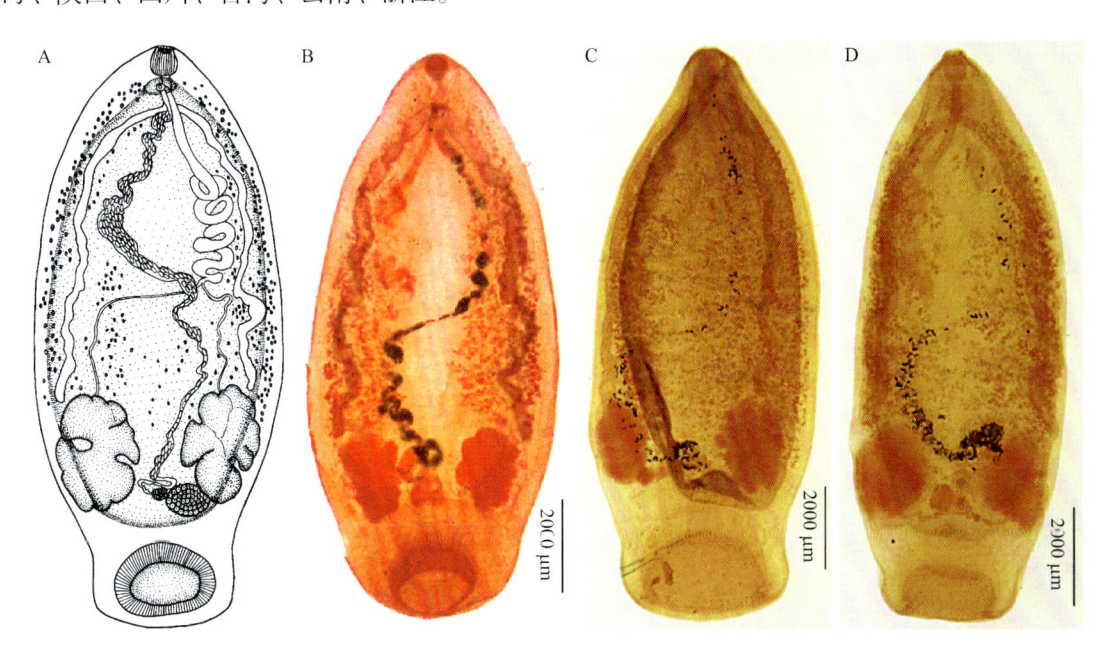

89 荷包腹袋吸虫　*Gastrothylax crumenifer* (Creplin, 1847) Poirier, 1883

【关联序号】28.2.3（25.3.3）/183。
【同物异名】袋状腹袋吸虫。
【宿主范围】成虫寄生于黄牛、水牛、牦牛、绵羊、山羊的瘤胃。
【地理分布】安徽、重庆、福建、广东、广西、贵州、海南、河南、湖南、江苏、江西、青海、陕西、四川、台湾、云南、浙江。

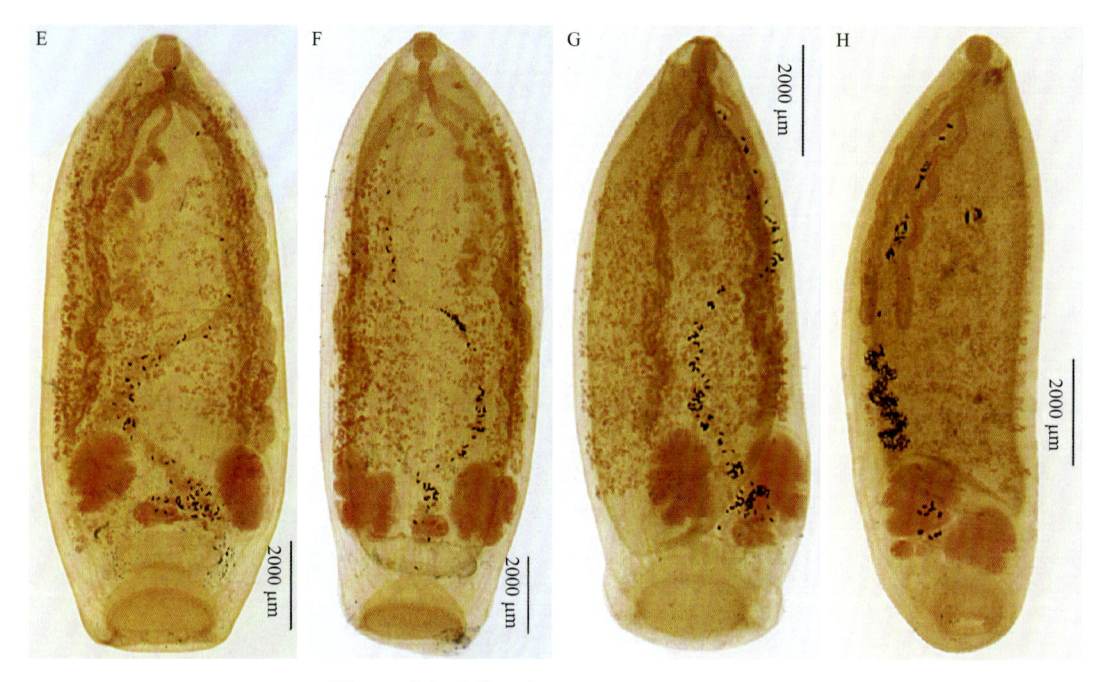

图 89 荷包腹袋吸虫 *Gastrothylax crumenifer*
A. 引蒋学良和周婉丽（2004）；B～H. 原图（SHVRI）

【形态结构】虫体呈圆柱形，在贮精囊处最宽，大小为 11.900～12.500 mm×5.100～5.400 mm，体宽与体长之比为 1∶2.3。腹袋开口于口吸盘的后缘，后至腹吸盘的前缘。口吸盘位于体前端，呈类圆形，大小为 0.430～0.720 mm×0.480～0.640 mm。腹吸盘位于体末端，呈半球形，大小为 1.140～1.820 mm×2.300～2.700 mm。口吸盘直径与体长之比为 1∶23.5，腹吸盘直径与体长之比为 1∶7.4，口吸盘与腹吸盘的大小之比为 1∶4。食道长 0.640～1.020 mm，两肠支短呈波浪状弯曲，伸达睾丸的前缘。睾丸位于体后部，左右排列大小相等，大小为 2.050～2.070 mm×1.690～1.920 mm，边缘分为 5 或 6 个深瓣。贮精囊甚长，具 6 或 7 个回旋弯曲。生殖孔位于肠分支的上方腹袋内，生殖括约肌发达。卵巢位于左右两睾丸的中央下方，呈类球形，大小为 0.400～0.500 mm×0.480～0.800 mm。梅氏腺位于卵巢的后缘，劳氏管伸向虫体背部开口。卵黄腺自肠分支开始至睾丸的前缘，分布于虫体的两侧。子宫从两睾丸之间弯曲上升至睾丸前缘转向左侧，在虫体的中部自左侧向右侧横行至右侧后再弯曲上升，至两性管通出生殖孔，子宫内含多数虫卵。虫卵大小为 116～125 μm×60～70 μm。排泄囊呈圆囊状，位于卵巢的下方，排泄孔开口于体背面，与劳氏管平行不相交叉。

90 腺状腹袋吸虫　　*Gastrothylax glandiformis* Yamaguti, 1939

【关联序号】28.2.4（25.3.4）/184。

【**同物异名**】线状腹袋吸虫。
【**宿主范围**】成虫寄生于黄牛、水牛、山羊、羊的瘤胃。
【**地理分布**】安徽、重庆、福建、广西、贵州、河南、陕西、四川、台湾、云南、浙江。
【**形态结构**】虫体短椭圆形，腹吸盘前稍缩小，后端平切，大小为 6.500～8.000 mm×3.800～4.500 mm，以体中部最宽，体宽与体长之比为 1：1.8。腹袋开口于口吸盘的下方，距口孔 0.300～0.600 mm，周围有乳头状的小突起，后端终于睾丸中部水平。口吸盘为卵圆形，大小为 0.600～0.700 mm×0.550～0.650 mm，其直径与体长之比为 1：12。腹吸盘位于虫体末端，呈盖帽状，直径为 1.800～2.000 mm。食道长 0.700 mm，两肠支细长，经 8～10 个弯曲，末端接近前睾丸前缘。睾丸 2 枚，左右对称排列于虫体后 1/3 的前部，边缘具有 4 或 5 深分瓣，大小为 0.900～1.100 mm×1.250～1.350 mm。贮精囊长而回旋弯曲，宽 0.150 mm，生殖孔开口于腹袋开口处。卵巢位于两睾丸之间的后半部，大小为 0.130～0.275 mm×0.260～0.380 mm。卵黄腺自肠支分叉处的两侧向后延伸至睾丸后缘终止。子宫由右睾丸的左侧开始斜向左行，呈 S 形弯曲，再经虫体中部绕行至虫体左侧，向上延伸，开口于生殖孔，子宫内含多数虫卵。虫卵大小为 129～150 μm×75～81 μm。

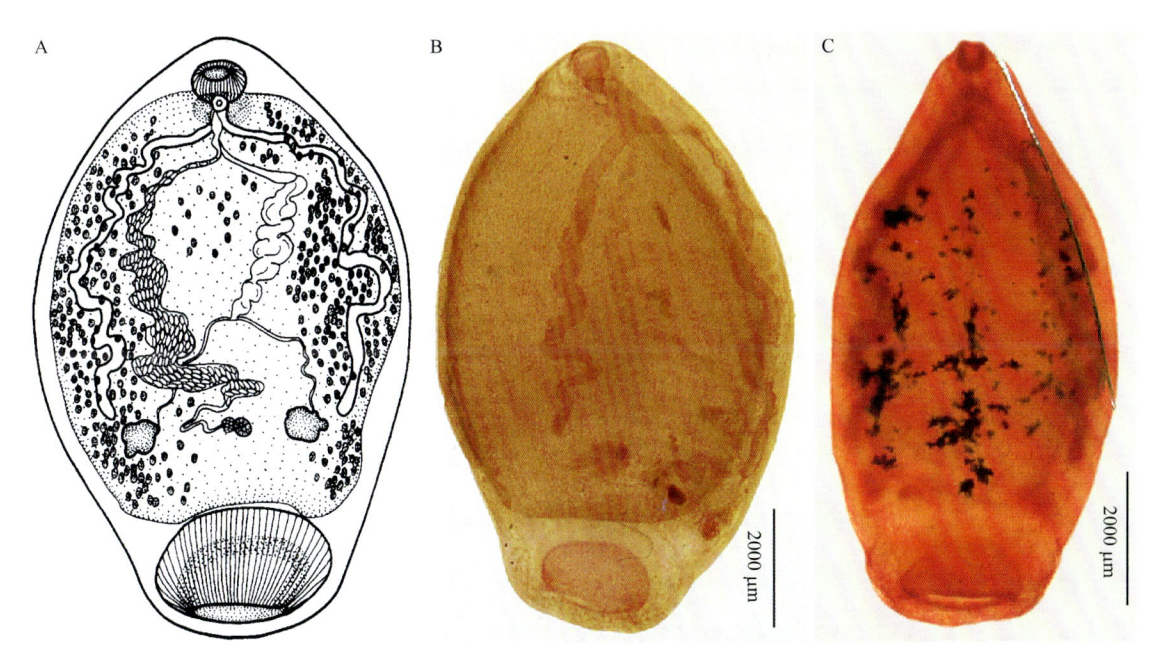

图 90　腺状腹袋吸虫 *Gastrothylax glandiformis*
A. 引 蒋学良和周婉丽（2004）；B、C. 原图（SHVRI）

91　球状腹袋吸虫　　*Gastrothylax globoformis* Wang, 1977

【**关联序号**】28.2.5（25.3.5）/ 185。

【宿主范围】成虫寄生于黄牛、水牛、山羊、羊的瘤胃。

【地理分布】安徽、重庆、福建、广西、贵州、江西、四川、云南、浙江。

【形态结构】虫体存活时呈淡红色球状，压片后虫体呈梨形，前端小、中部横径宽大、后端钝圆，大小为 5.200～7.000 mm×3.400～3.800 mm，体宽与体长之比为 1∶1.7。腹袋前端开口于口吸盘与肠叉之间，末端至腹吸盘的前缘。口吸盘呈类方形，大小为 0.350～0.480 mm×0.350～0.430 mm。腹吸盘呈半球形，大小为 0.900～1.280 mm×1.360～1.860 mm。口吸盘与体长之比为 1∶15，腹吸盘与体长之比为 1∶5.8，口吸盘与腹吸盘的大小之比为 1∶3.2。食道较短，长 0.320～0.640 mm，两肠支各有 3 或 4 个弯曲，沿虫体两侧达腹吸盘边缘。睾丸呈类球形，边缘完整，左右对称排列于虫体后部，两睾丸大小相等，为 1.280～1.600 mm×1.160～1.280 mm。贮精囊长而弯曲，生殖孔开口于食道后部的腹袋内。卵巢呈球形，位于两睾丸前缘之间，大小为 0.320～0.480 mm×0.320～0.460 mm。卵黄腺分布于肠支两侧，前起于肠叉，后止于腹吸盘边缘。子宫初沿虫体左侧弯曲上升，至左睾丸的前缘时自左向右弯曲延伸，到右睾丸前缘时折向左斜行上升，至虫体中部后上升通至生殖孔，子宫内充满虫卵。虫卵大小为 105～122 μm×63～70 μm。

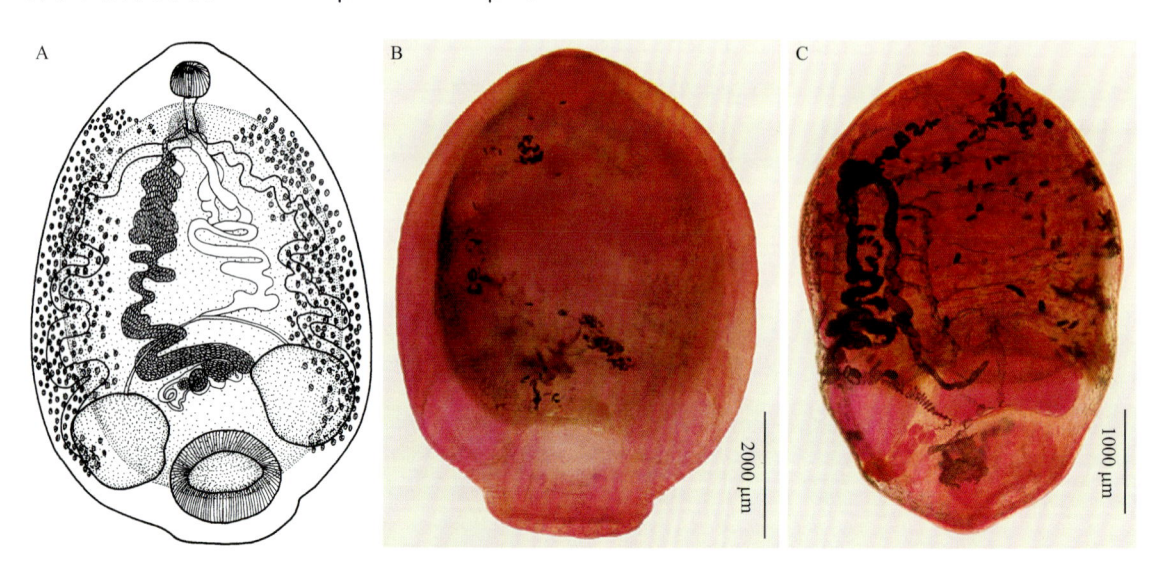

图 91　球状腹袋吸虫 *Gastrothylax globoformis*
A. 引 蒋学良和周婉丽（2004）；B，C. 原图（SHVRI）

92　巨盘腹袋吸虫　*Gastrothylax magnadiscus* Wang, Zhou, Qian, et al., 1994

【关联序号】28.2.6（25.3.6）/ 。

【宿主范围】成虫寄生于水牛的瘤胃。

【地理分布】贵州。

【形态结构】虫体外形似陀螺状，前端呈圆锥形，中部略膨大或隆起，后端膨大，体表光滑或略具横走的皱纹，大小为 9.800～10.350 mm×3.500～4.700 mm，体宽与体长之比为 1∶2.3。腹袋开口于口吸盘与肠叉之间，呈扁圆形，腹袋的后端达两肠支的末端、腹吸盘的前缘。口吸盘呈类圆形，位于虫体的亚前端，大小为 0.820～0.850 mm×0.680～0.820 mm。腹吸盘位于虫体末端，形似帽状或斗笠状，中央略向外突起，边缘向外扩展或略向内卷，大小为 4.800～5.900 mm×4.800～5.900 mm。口吸盘的直径与体长之比为 1∶12，腹吸盘的直径与体长之比为 1∶1.82，口吸盘与腹吸盘的直径之比为 1∶6.62。食道略弯曲或呈 S 形，长 0.480～0.750 mm。肠支由食道末端分叉或呈左右平等的肩状分支，而后沿虫体两侧向内折转，呈波状弯曲下伸或经 8～10 次内外盘曲下行至腹吸盘前缘终止。睾丸 2 枚，呈多瓣状的长椭圆形，位于腹吸盘的前缘、两肠支末端的内侧，后缘几乎与肠端平行，左右对称，左睾丸大小为 0.560～0.630 mm×0.410～0.510 mm，右睾丸大小为 0.550～0.660 mm×0.370～0.450 mm。贮精囊位于虫体前 1/2 的左侧，长而弯曲，呈 5～7 个盘褶，生殖孔开口于肠叉上方生殖腔内的左侧。卵巢呈横椭圆形，位于两睾丸之间稍下方、腹吸盘中部的背缘，大小为 0.250～0.280 mm×0.170～0.200 mm。卵黄腺由大量的小型滤泡组成，自两侧肠支的前缘开始，沿肠支的内外侧伸展，至肠支的末端为止。子宫经数度盘曲后沿虫体左下侧徐徐上升，至接近虫体的中部再横行至虫体右侧，而后弯曲上升，最后接两性管开口于生殖腔内的右侧。子宫内的虫卵数与虫卵大小不详。

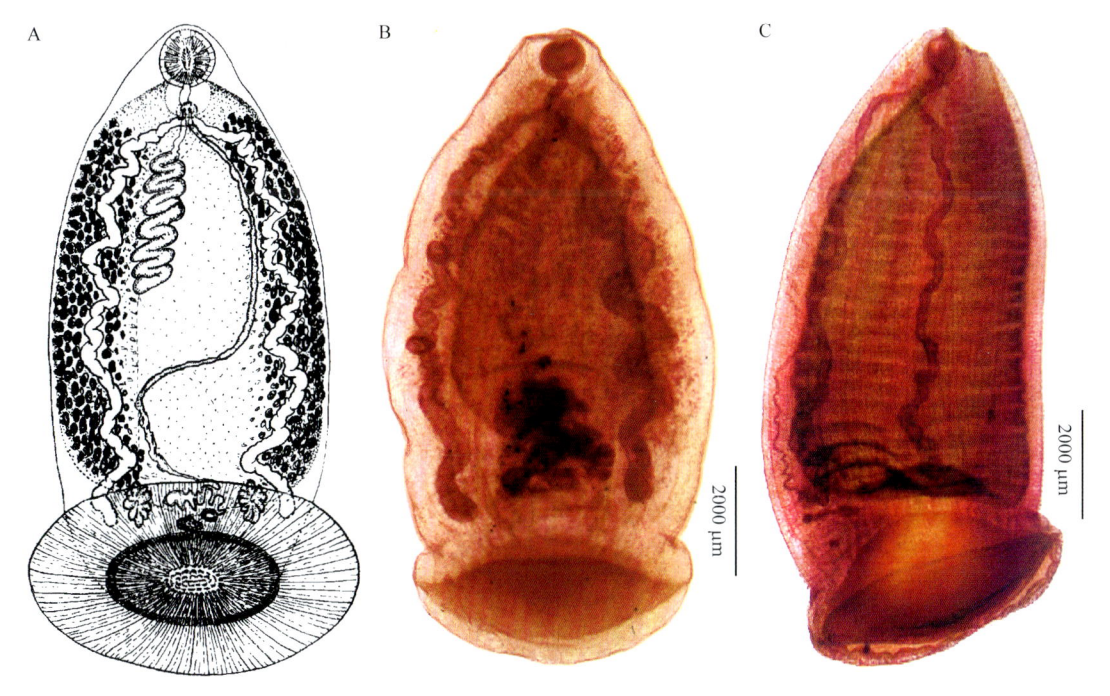

图 92 巨盘腹袋吸虫 *Gastrothylax magnadiscus*
A. 引钱德兴等（1997）；B，C. 原图（SHVRI）

4 背孔科
Notocotylidae Lühe, 1909

【同物异名】背孔亚科（Notocotylinae Lühe, 1909）；槽腹亚科（Ogmogasterinae Kossack, 1911）；马鞍亚科（Hippocrepinae Mehra, 1932）；舟形亚科（Cymbiforminae Yamaguti, 1933）；列叶亚科（Ogmocotylinae Skrjabin et Schulz, 1933）；副拱首亚科（Parapronocephalinae Skrjabin, 1955）。

【宿主范围】成虫寄生于鸟类的盲肠或小肠后段和哺乳动物的肠道。

【形态结构】虫体为长卵圆形，扁平，较薄的两侧缘常向腹面卷折，在口吸盘水平处很少出现肩或横向突起。体棘有或无，如果有，最常见于前腹侧表面。在腹侧表面常有纵列的腹腺或腹脊。口吸盘小，位于虫体前端或亚前端。无腹吸盘。缺咽。食道短。肠支简单（很少有短突起）而长，末端到达睾丸的中部或后部，偶尔在卵巢之后、睾丸之间形成联合。睾丸2枚，左右对称排列（偶尔纵列或斜列），位于虫体亚末端的肠支外侧（偶尔在肠支之间）。具外贮精囊。雄茎囊发达，常居于虫体中线上，较直，有时弯曲，其囊底常达虫体赤道线水平，内含内贮精囊、前列腺和很长的雄茎，雄茎光滑，具刺或小结节。生殖孔位于体中线或亚中线上，接近或略远离肠叉。卵巢常具浅裂，居中，位于睾丸之间或前或后。梅氏腺位于卵巢前居中，有劳氏管，缺受精囊，或具子宫受精囊。卵黄腺滤泡成簇或成列，分布于虫体后半部，通常位于肠支外侧（偶尔在肠支之间或肠支内外）的睾丸之前，也可与睾丸区域重叠。子宫在梅氏腺与雄茎囊底部之间回旋盘曲，常位于肠支之间，但也可超过肠支，占据虫体的中1/3或第3个1/4，末端发达，常与雄茎囊平行。虫卵两端有1根或多根卵丝（偶尔缺卵丝）。排泄囊小，常为Y形，排泄孔位于虫体亚末端的背面。模式属：背孔属［*Notocotylus* Diesing, 1839］。

在中国家畜家禽中已记录背孔科吸虫4属33种，本书收录4属26种，参考汪明（2004）编制背孔科各属的分类检索表如下。

背孔科分属检索表

1. 寄生于家畜 ·· 列叶属 *Ogmocotyle*
   寄生于家禽 ·· 2
2. 腹面无腹腺 ·· 同口属 *Paramonostomum*

腹面有 3 列腹腺 3
3. 中排腹腺形成连续的硬边 .... 下殖属 *Catatropis*
   中排腹腺像外排一样由分散腺团组成 .... 背孔属 *Notocotylus*

4.1 下殖属
Catatropis Odhner, 1905

【同物异名】下弯属；拟下殖属（*Pseudocatatropis* Kanev et Vassilev, 1986）。
【宿主范围】成虫寄生于鸟类和哺乳动物（鼠科）的肠道。
【形态结构】虫体拉长，前端稍窄，后端钝圆，无肩或侧突起。体棘有或无。腹部中线有一条连续的腹脊，在其两侧各有一排分散的腹腺。口吸盘小，位于体前端或亚前端。无腹吸盘。肠支简单，盲端止于睾丸之间，不形成联合。睾丸稍微伸长，有浅裂，对称排列于体后端的肠支外侧。外贮精囊很发达。雄茎囊位于体中线，为棒状，前端变细。雄茎光滑或具小结节。生殖孔居中，紧邻肠叉之后或之前。卵巢为圆形或椭圆形，具浅裂，位于肠支和睾丸之间。有梅氏腺和劳氏管，缺受精囊，或具子宫受精囊。卵黄腺滤泡形成侧列，位于肠支外侧，睾丸之前，不达或刚达虫体赤道线。子宫发达，盘曲于雄茎囊与卵巢之间的两肠支内侧。虫卵两端具 1 根或多根极丝。排泄囊为 Y 形，排泄孔位于亚末端的背面。模式种：多疣下殖吸虫［*Catatropis verrucosa* (Froelich, 1789) Odhner, 1905］。

93 中华下殖吸虫 *Catatropis chinensis* Lai, Sha, Zhang, et al., 1984

【关联序号】29.2.1（26.1.1）/207。
【同物异名】中华下弯吸虫。
【宿主范围】成虫寄生于鸡、鸭的盲肠、直肠。
【地理分布】重庆、四川。
【形态结构】虫体呈长卵圆形，前端稍窄，后端钝圆，大小为 2.830～3.350 mm×0.830～1.090 mm，体表散布有鳞片状小棘。腹面有 3 纵列腺体，两侧的腺体每列均各有 12 个，呈球状，突出于体表，排列均匀，前面的 1 对腺体位于雄茎囊基部水平，最后面 1 对位于睾丸后缘水平；中间列腺体呈连续不断的龙骨脊状，其前端越过雄茎囊基部，稍与其叠合，其后端则越过卵巢延伸至虫体末端不远处。口吸盘位于虫体顶端，大小为 0.130～0.170 mm×0.150～

0.180 mm。无腹吸盘。食道长 0.140~0.160 mm，两肠支稍弯曲向后平行延伸，在睾丸前缘处突然弯向内侧，然后从两睾丸与卵巢之间穿过，以盲端止于虫体末端。睾丸 2 枚，呈长椭圆形，对称排列于虫体亚后端的肠支外面，边缘有浅分叶，分叶的多少和形状变异较大，左睾丸大小为 0.570~0.830 mm×0.260~0.390 mm，右睾丸大小为 0.650~0.830 mm×0.300~0.390 mm。雄茎囊为细颈烧瓶样，大小为 0.870~1.117 mm×0.130~0.260 mm，生殖孔开口于口吸盘之后，未见雄茎伸出孔外。卵巢呈椭圆形，微分叶，位于两睾丸之间，大小为 0.220~0.350 mm×0.170~0.260 mm。卵黄腺由许多较大的滤泡组成，分布于虫体两侧的肠支外，其前缘达虫体中线稍前处，距前端 1.220~1.610 mm，其后缘与睾丸前缘相接或与之叠合。子宫始于梅氏腺，向前在两肠支间较规则地来回盘曲至虫体中部，形成 17~19 个横圈，其中在卵黄腺前面有 5 或 6 个盘曲，子宫后段与雄茎囊并行等长。虫卵小，不对称，椭圆形，大小为 18~21 μm×10 μm，虫卵的一端具卵盖，两端都有 1 根卵丝，卵丝长分别为 168 μm 和 186 μm。

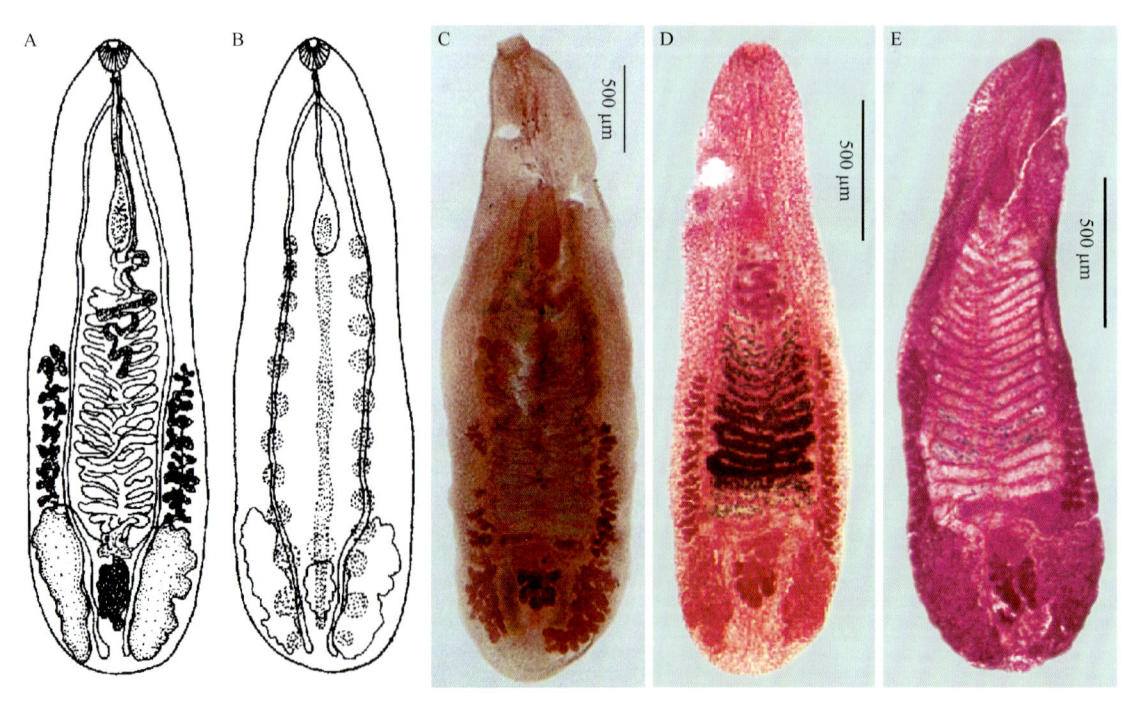

图 93　中华下殖吸虫 *Catatropis chinensis*
A，B. 引黄兵 等（2006）；C~E. 原图（SHVRI）

94　印度下殖吸虫　　　　*Catatropis indica* Srivastava, 1935

【关联序号】29.2.2（26.1.2）/208。
【宿主范围】成虫寄生于鸡、鸭、鹅的小肠、盲肠。

【**地理分布**】安徽、重庆、四川。

【**形态结构**】虫体呈长椭圆形，扁叶状，前端稍窄，后端钝圆，背面稍隆起，腹面内陷，大小为 2.150～3.690 mm×0.830～1.140 mm。腹腺有 3 列，两侧列腹腺起于雄茎囊，止于睾丸后缘内侧，共 11 或 12 对，各腹腺圆形粗大，等距离对称排列；中列腹腺联合成一粗大的纵脊，起于雄茎囊中部，止于卵巢前缘。口吸盘呈类圆形，位于体前端，大小为 0.098～0.144 mm×0.138～0.146 mm。无腹吸盘。食道细小，长 0.162～0.244 mm。两肠支沿虫体两侧向后延伸，在睾丸前向内弯曲至睾丸后缘内侧。睾丸 2 枚，边缘有浅瓣，左右对称排列于虫体亚末端，大小为 0.580～0.640 mm×0.280～0.290 mm。雄茎囊位于虫体前 1/3 处，呈棒状，大小为 0.870～1.210 mm×0.170～0.210 mm。外贮精囊有 4 或 5 个弯曲，位于雄茎囊后缘。生殖孔开口于口吸盘后中央。卵巢为圆形，具浅裂，位于虫体后部两睾丸之间，大小为 0.142～0.280 mm×0.192～0.210 mm。卵黄腺位于虫体两肠支外侧，前起于虫体中部，后止于睾丸前缘。子宫位于两肠支之间，从梅氏腺前左右弯曲 17 或 18 个回旋，至雄茎囊后缘连接阴道，子宫内充满虫卵。虫卵大小为 21～24 μm×10～14 μm，两端有卵丝，成熟虫卵的卵丝长 80～108 μm。排泄孔开口于卵巢与体末端之间。

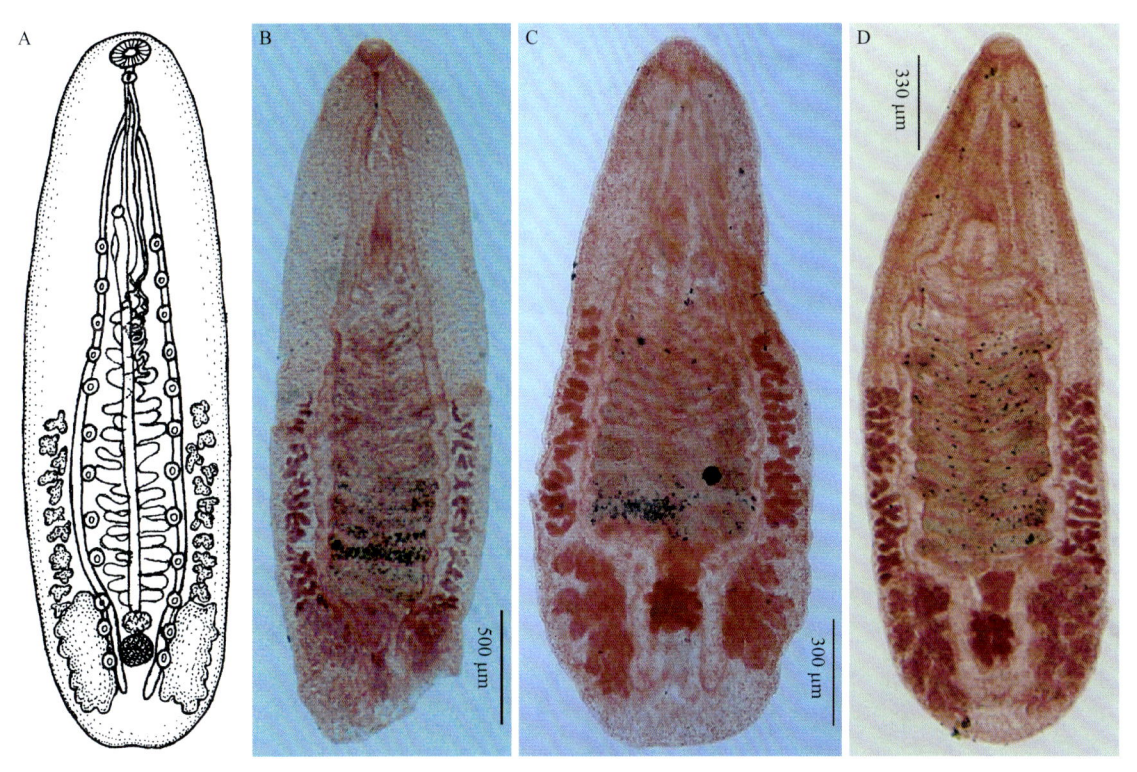

图 94 印度下殖吸虫 *Catatropis indica*
A. 引黄兵 等（2006）；B～D. 原图（SHVRI）

95 多疣下殖吸虫　　*Catatropis verrucosa* (Frolich, 1789) Odhner, 1905

【关联序号】29.2.3（26.1.3）/ 209。

【宿主范围】成虫寄生于鸡、鸭、鹅的小肠、盲肠。

【地理分布】重庆、江西、山东、陕西、四川、浙江。

【形态结构】虫体呈长椭圆形，前端稍尖，大小为 3.200～5.400 mm×0.750～1.250 mm，虫体前端腹面具棘。腹面两侧各具腹腺 9～14 个，一般多为 12 个，前 1 对腹腺稍小，始于雄茎囊的基部，最后 1 对腹腺达睾丸之后；中列腹腺联合成一突起的脊，前端达雄茎囊的中部，后端达卵巢的后缘。口吸盘位于顶端，大小为 0.130～0.240 mm×0.120～0.220 mm。缺咽，食道短，两肠支延伸至体后亚末端。睾丸 2 枚，左右对称排列于后部两肠支的外侧，呈深分叶状，大小为 0.390～0.900 mm×0.220～0.380 mm。两睾丸有输精管连接，输精总管末段膨大弯曲，雄茎囊几乎始于虫体的中部，雄茎囊大小为 1.200～1.850 mm×0.120～0.240 mm，生殖孔开口于肠叉后的中央。卵巢位于虫体的后部，两睾丸之间，大小为 0.220～0.450 mm×0.160～0.340 mm。梅氏腺位于卵巢之前。卵黄腺滤泡呈小块的短枝状，始于虫体中部两肠支的外侧，止于睾丸的前缘，长度可达 0.900～1.570 mm。子宫环居卵巢和雄茎囊基部之间，在两肠支之间左右回旋弯曲至虫体中部，每侧具 18～20 个环褶，子宫末段从雄茎囊基部开始，与雄茎囊并行向前，开口于两性生殖孔，子宫内含大量虫卵。虫卵大小为 18～29 μm×11～13 μm，两端有卵丝，卵丝长

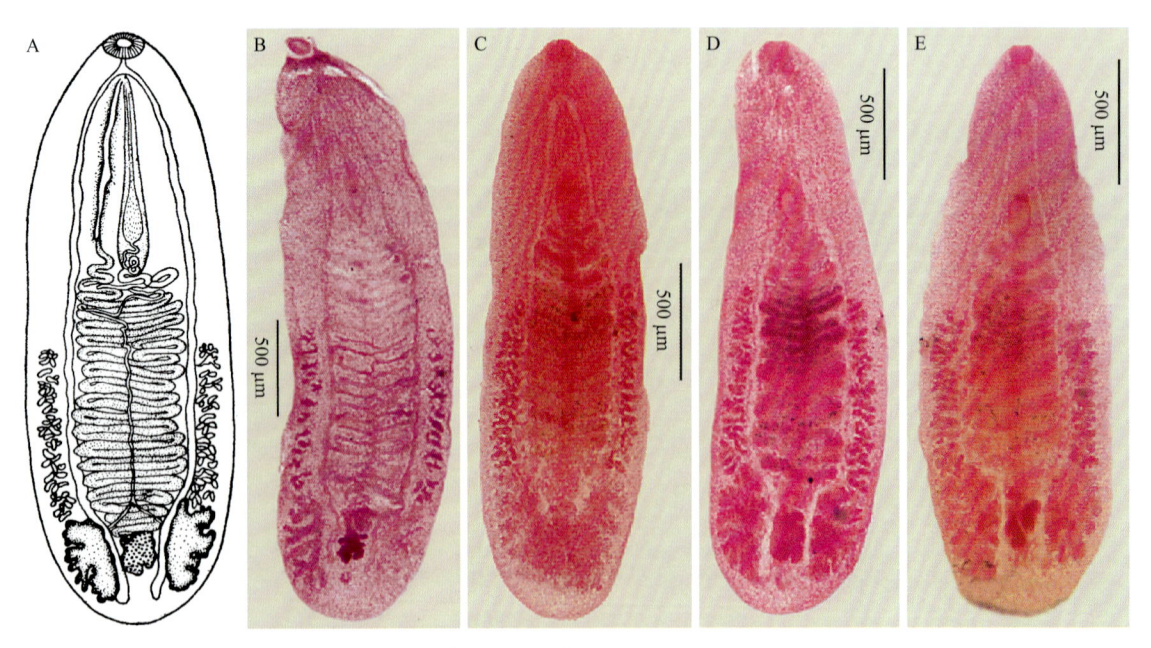

图 95　多疣下殖吸虫 *Catatropis verrucosa*
A. 引张峰山 等（1986d）；B～E. 原图（SHVRI）

0.100~0.130 mm，个别虫卵具多条卵丝。

4.2 背孔属
Notocotylus Diesing, 1839

【同物异名】兴德属（*Hindia* Lal, 1935）；舟形属（*Naviformia* Lal, 1935）；柯萨克属（*Kossackia* Szidat, 1936）；兴德尔属（*Hindolania* Strand, 1942）。

【宿主范围】成虫寄生于鸟类（主要为雁行目、鸽形目、鸡形目、鹤形目、红鹳目）和哺乳动物（鼩蝠科、鼠科、翼手类）的小肠、盲肠。

【形态结构】虫体为长叶形，前端稍尖或两侧近平行，后端钝圆，缺肩或侧突起，体表具棘或无棘，腹面具有3纵列小圆形腹腺。口吸盘小，位于前端或亚前端。缺腹吸盘。两肠支简单，末端居中或睾丸之后不联合。两睾丸拉长，有缺刻，对称排列于体后端肠支外侧。外贮精囊发达或不发达。雄茎囊居中，棒状，前端变细，雄茎光滑或略带小结节，生殖孔通常邻近肠叉之后，部分种类位于肠叉之前。卵巢为圆形，位于两睾丸与肠支之间。梅氏腺位于卵巢之前的中央。部分种类有劳氏管。子宫褶占据虫体的3/4。排泄囊小，排泄孔位于亚末端的背面。模式种：三列背孔吸虫［*Notocotylus triserialis* Diesing, 1839］。

96 纤细背孔吸虫 *Notocotylus attenuatus* (Rudolphi, 1809) Kossack, 1911

【关联序号】29.1.1（26.2.2）/196。

【宿主范围】成虫寄生于鸡、鸭、鹅的小肠、盲肠、直肠、泄殖腔。

【地理分布】安徽、北京、重庆、福建、广东、广西、贵州、河南、黑龙江、湖北、湖南、吉林、江苏、江西、宁夏、山东、陕西、上海、四川、台湾、天津、新疆、云南、浙江。

【形态结构】虫体活体时为粉红色，呈叶片状或鸭舌状，前端稍窄且薄，后端钝圆稍厚，大小为2.220~5.680 mm×0.820~1.850 mm。腹面具3列腹腺，成纵行排列，中列腹腺有14或15个，两侧腹腺各14~17个，自肠分叉之后不远处开始，各列最后一个腹腺接近虫体末端。口吸盘位于顶端，近乎球形，大小为0.110~0.280 mm×0.120~0.260 mm。缺腹吸盘。食道长0.220~0.350 mm，两肠支沿虫体两侧向后延伸，盲端接近虫体末端。睾丸为类长方形，内外侧均呈深浅不等的分瓣状，位于虫体后1/5处两肠支外侧，大小为0.350~0.880 mm×0.220~0.480 mm。雄茎囊呈长袋状或棍棒状，位于虫体前1/2处中部，长0.820~1.830 mm。生殖孔开口于肠叉之后的一定距离，雄茎常伸出生殖孔之外。卵巢呈浅分叶状，位于两睾丸的中部之间。

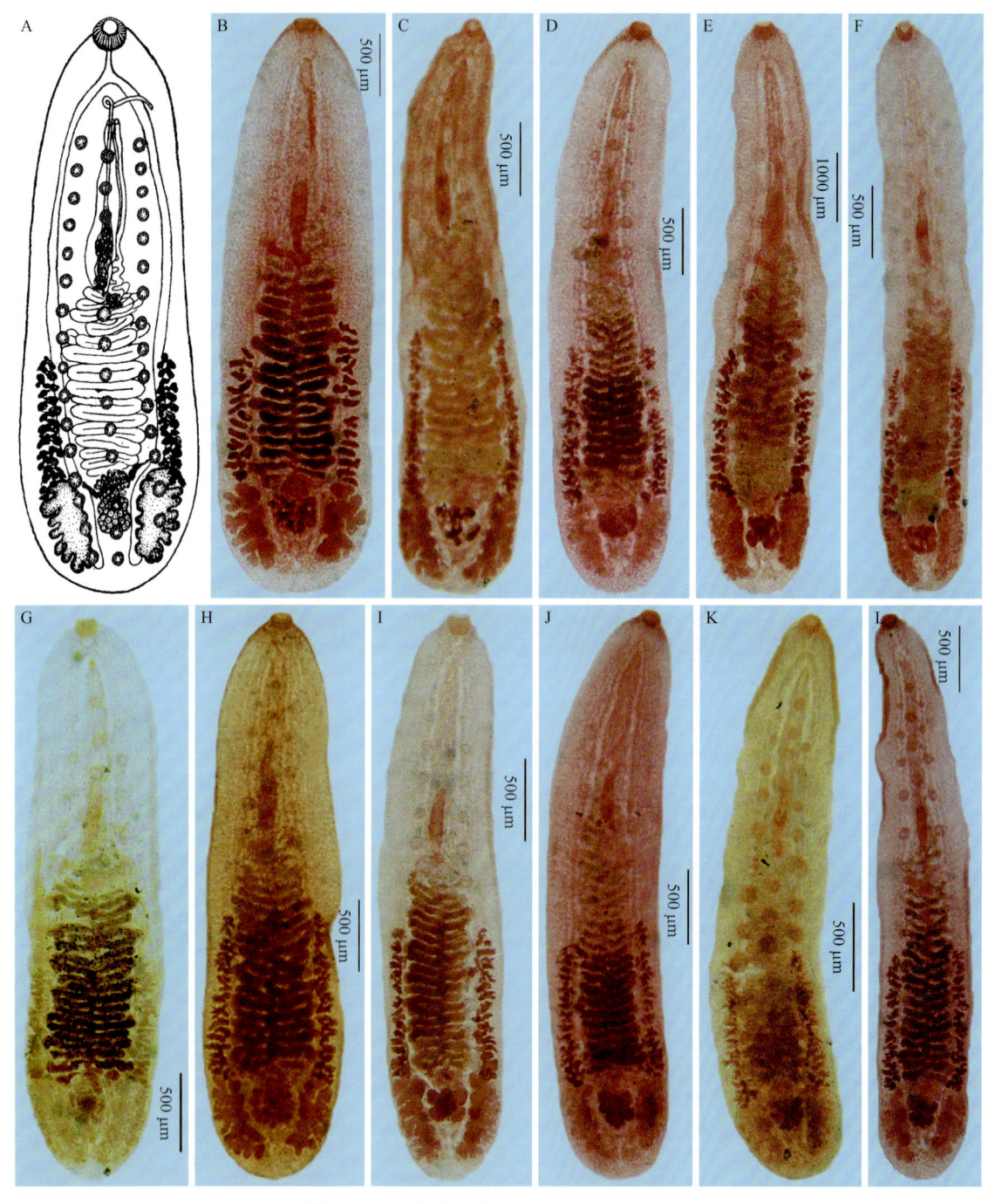

图96 纤细背孔吸虫 *Notocotylus attenuatus*
A. 引 王溪云和周静仪（1993）；B～L. 原图（SHVRI）

卵黄腺呈不规则的粗颗粒状，位于肠支的外侧，自虫体后 1/3 处向后延伸至睾丸前缘或稍后。子宫环褶左右盘曲于两肠支之间，至虫体中部或稍前方则伸直或呈微波状，子宫末端与雄茎囊并行，开口于雄性生殖孔旁边。虫卵小型，大小为 15~21 μm×9~12 μm，每端各有 1 条长为 260 μm 的卵丝。

〔注：在王溪云和周静仪的《江西动物志·人与动物吸虫志》中，将本属的模式种三列背孔吸虫〔*Notocotylus triserialis* (Diesing, 1839)〕列为纤细背孔吸虫（*Notocotylus attenuatus* (Rudolphi, 1809) Kossack, 1911）的同物异名。〕

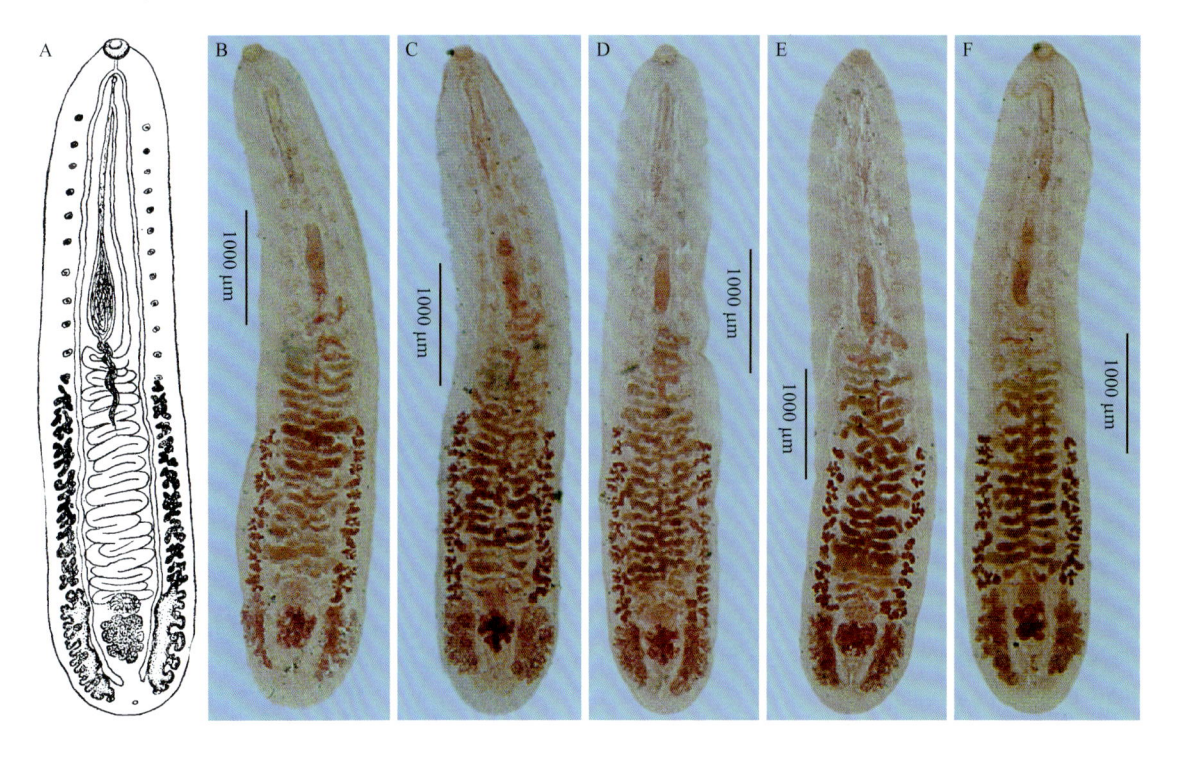

97 雪白背孔吸虫　　　　　*Notocotylus chions* Baylis, 1928

【关联序号】29.1.3（26.2.4）/197。
【同物异名】鞘嘴鸥背孔吸虫。
【宿主范围】成虫寄生于鸡、鹅、鸭的小肠、盲肠。
【地理分布】安徽、广东、江苏、江西。
【形态结构】虫体呈长叶形，背腹扁平，两体侧近平行，前端较薄且狭，后端稍厚而钝圆，虫体大小为 4.930~6.160 mm×1.070~1.280 mm。腹面体表有 3 纵列腹腺，其大小不一，圆形或椭圆形，稍突出于体表，其中心有一不规则的凹陷或裂口，中列腹腺 19 或 20 个，侧列腹腺 22 或 23 个。口吸盘位于虫体的前端，类圆形，大小为 0.150~0.210 mm×0.160~0.210 mm。缺腹吸盘。缺咽，食道长 0.100~0.150 mm，肠支盲端近于虫体后端。睾丸 2 枚，深分叶，左右对称排

图 97　雪白背孔吸虫 *Notocotylus chions*
A. 引 王溪云和周静仪（1993）；B～L. 原图（SHVRI）

列于虫体后 1/5 处肠支的外侧，左睾丸大小为 0.650～0.870 mm×0.240～0.340 mm，右睾丸大小为 0.580～0.890 mm×0.240～0.290 mm。外贮精囊自虫体前 1/2 处的后部开始，呈 3 或 4 个螺旋上升，接雄茎囊的后部。雄茎囊呈长袋状，大小为 1.500～2.150 mm×0.130～0.190 mm，内含贮精囊、前列腺和雄茎，雄茎的前部常伸出体外，表面具刺，生殖孔开口于肠叉的后方。卵巢位于两睾丸之间的前部，呈深分叶状，大小为 0.290～0.380 mm×0.280～0.350 mm。卵黄腺滤泡由不规则的团块组成，位于虫体后 1/2 处两肠支的外侧，长度为 1.500～1.630 mm。子宫环褶盘曲于梅氏腺和雄茎囊之间，一般不超越肠支的外侧，其末段与雄茎囊并行，开口于雄性生殖孔旁边。虫卵大小为 15～18 μm×9～10 μm，两端具卵丝。

98　囊凸背孔吸虫　　*Notocotylus gibbus* (Mehlis, 1846) Kossack, 1911

【关联序号】29.1.4（26.2.6）/　。
【宿主范围】成虫寄生于鸡、鹅的肠道。
【地理分布】贵州、浙江。
【形态结构】虫体扁平，呈椭圆形，大小为 1.540～2.240 mm×0.756～0.910 mm。在腹面中间及两侧共有 3 列腹腺，中列腹腺 8 个，第 1 个位于子宫末段的基部，最后 1 个位于卵巢的中间部分；侧面 2 列腹腺各 9 个，其第 2 个腹腺相当于中列第 1 个腹腺的水平线，后面倒数第 2 个腹腺相当于中列最后 1 个腹腺的水平线，最后 1 个腹腺位于睾丸后缘水平线或肠支盲端上。口吸盘位于虫体前端，大小为 0.098～0.153 mm×0.112～0.168 mm。缺腹吸盘。食道短，长 0.042～0.063 mm，两肠支向后延伸到虫体亚末端，肠支的后部略向虫体中间弯曲，把左右两个睾丸隔在肠支外侧。睾丸 2 枚，分叶，位于虫体后部两肠支的外侧，大小为 0.204～0.280 mm×0.120～0.182 mm。雄茎囊非常发达，长 0.450～0.560 mm，宽 0.126～0.182 mm，其长度相当于虫体全长的 1/4～1/3，纵向位于肠叉之后，生殖孔开口于肠叉的水平线上。卵巢呈椭圆形，位于两睾丸之间，大小为 0.168～0.238 mm×0.112～0.196 mm。卵黄腺呈颗粒状，分布于两肠支的外侧，前起于虫体中横线水平，后止于睾丸前缘。子宫环褶盘绕在两肠支的中间部位，从睾丸前缘开始，向上盘旋到达虫体前 1/3 左右的水平处，两侧越出肠支外面。虫卵大小为 20 μm×9 μm，两端具卵极丝。

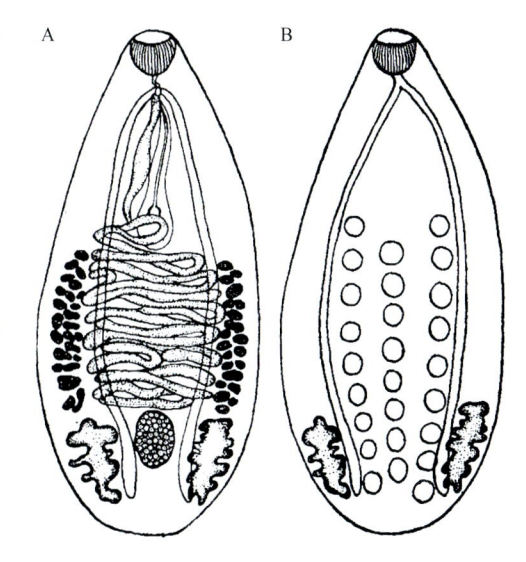

图 98　囊凸背孔吸虫 *Notocotylus gibbus*
A，B. 引张峰山等（1986d）

99　徐氏背孔吸虫　　　　*Notocotylus hsui* Shen et Lung, 1965

【关联序号】29.1.5（26.2.7）/198。

【宿主范围】成虫寄生于鸭、鹅的盲肠。

【地理分布】安徽、广东、江西。

【形态结构】虫体小型，呈舌状，活体时淡红色，大小为 2.110～2.310 mm×0.750～0.870 mm。体表及口吸盘周围均密覆细棘，腹面表皮有细密而微曲的横纹。虫体腹面后半部的两侧，各有 1 列圆形的小腹腺，每列 8 个，均明显地突出于腹面，大小匀称，排列均等，最前面 1 对位于雄茎囊基部水平线稍后，最后 1 对达睾丸的后缘；中间 1 列由 4 个长椭圆形的脊状突起组成，每个大小为 0.210 mm×0.090 mm，排列间隙均等，最前面 1 个位于雄茎囊基部和第 1 对侧腹腺之前，最后 1 个位于卵巢与梅氏腺的腹面。口吸盘位于顶端，呈圆盘状，大小为 0.110～0.130 mm×0.110～0.150 mm。缺腹吸盘。缺咽，食道长 0.084～0.126 mm，两肠支呈微波状弯曲向后延伸，终于睾丸的后缘水平。睾丸 2 枚，呈 7 或 8 个形状不一的深分叶，位于虫体后端的两侧，左睾丸大小为 0.320～0.420 mm×0.190～0.230 mm，右睾丸大小为 0.340～0.400 mm×0.210～0.220 mm。雄茎囊呈长颈瓶状，位于子宫环褶与肠分叉之间，大小为 0.630～0.780 mm×0.110～0.140 mm，雄茎常伸出体外，雄性生殖孔开口于肠分叉之后不远处。卵巢为圆形，深分叶，位于两睾丸之间的中部，大小为 0.230～0.260 mm×0.170～0.190 mm。卵黄腺由不规则的小型团块滤泡组成，始于虫体中部两肠支的外侧，终于睾丸之前水平处，几乎与子宫环褶等长。

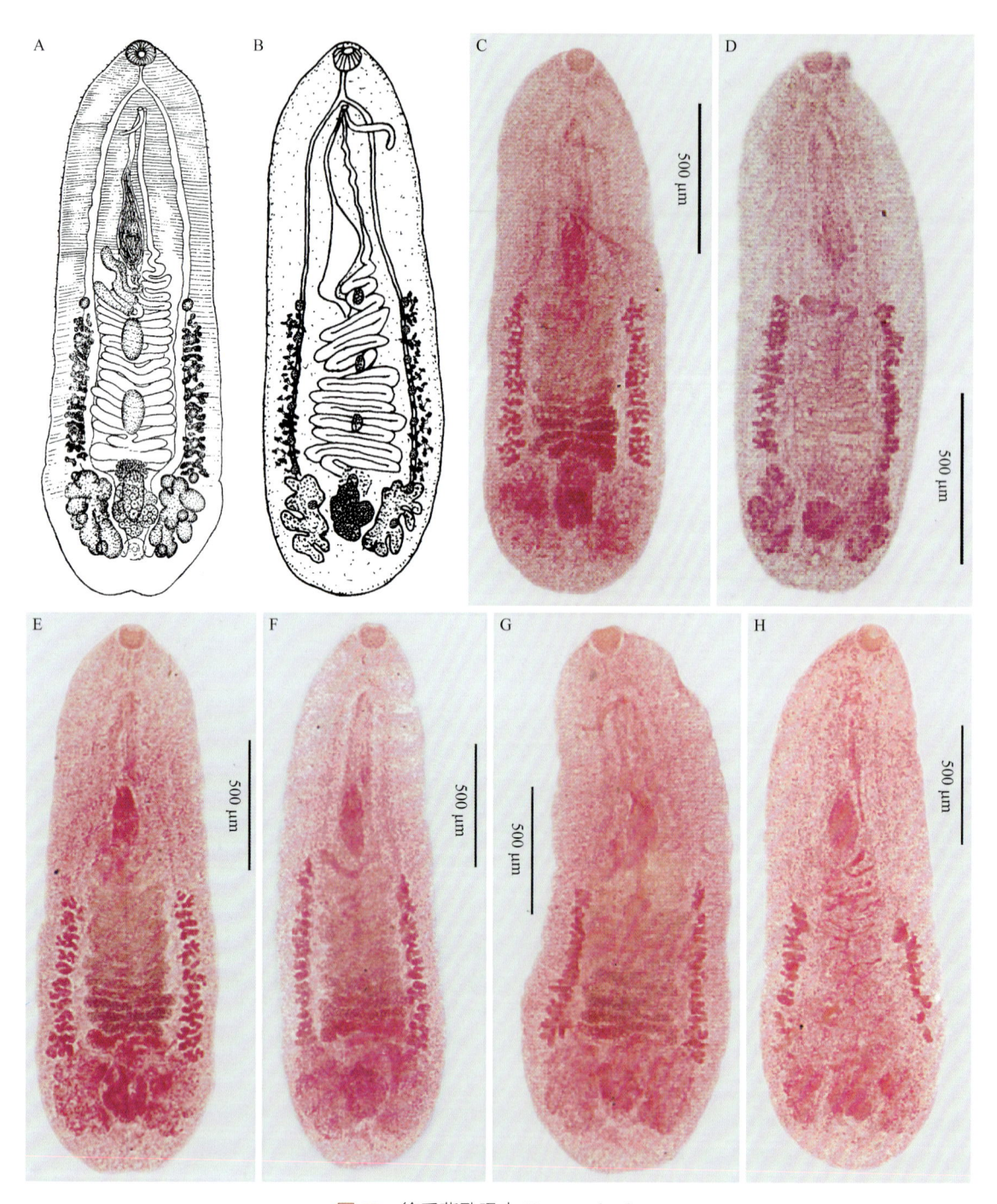

图 99　徐氏背孔吸虫 *Notocotylus hsui*
A. 引王溪云和周静仪（1993）；B. 引黄兵 等（2006）；C～H. 原图（SHVRI）

子宫环褶左右盘曲于两肠支之间，末段沿雄茎囊的基部上升，与雄茎囊并行，开口于雄性生殖孔旁边。虫卵呈不对称的椭圆形，淡黄色，大小为 21～26 μm×11～13 μm，一端具有小的卵盖，两端均具细长的卵丝。

100 鳞叠背孔吸虫　　　　　　　　　　　　　　　*Notocotylus imbricatus* Looss, 1893

【关联序号】29.1.6（26.2.8）/ 199。
【同物异名】复叠背孔吸虫；折叠背孔吸虫；鸭背孔吸虫（*Notocotylus anatis* Ku, 1937）。
【宿主范围】成虫寄生于鸡、鸭、鹅的小肠、盲肠、泄殖腔。
【地理分布】安徽、北京、重庆、福建、广东、广西、湖南、江苏、江西、四川、新疆、浙江。
【形态结构】虫体细小呈扁叶形，两端钝圆，大小为 1.870～2.820 mm×0.430～0.900 mm。体前部腹面有小棘，分布至雄茎囊后缘。虫体腹面有 3 纵列腹腺，中列 15 个，两侧列各有 16 个，各腹腺呈乳头状突起。口吸盘位于体前端腹面，大小为 0.090～0.150 mm×0.110～0.140 mm。缺腹吸盘。缺咽，食道长 0.060～0.110 mm，两肠支沿虫体两侧向后延伸至虫体亚末端。睾丸 2 枚，边

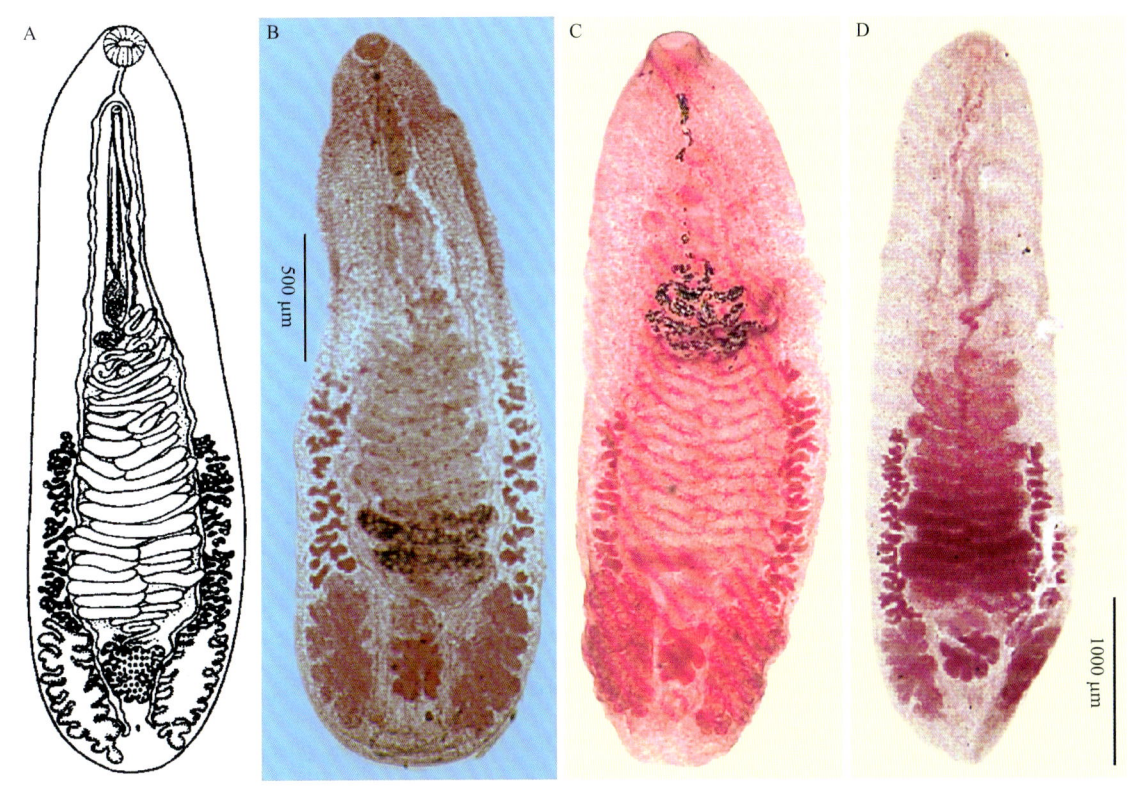

图 100　鳞叠背孔吸虫 *Notocotylus imbricatus*
A. 引唐崇惕和唐仲璋（2005）；B. 原图（SASA）；C. 原图（SCAU）；D. 原图（SHVRI）

缘分为 18~20 个小瓣，左右对称排列于虫体亚末端两侧，大小相等，为 0.280~0.350 mm×0.120~0.160 mm。具内贮精囊和外贮精囊，雄茎囊呈长袋状，位于体前半部的中线上，大小为 0.610~0.880 mm×0.050~0.090 mm。卵巢位于两睾丸之间，大小为 0.110~0.130 mm×0.240~0.320 mm，边缘分为 6~9 瓣。卵黄腺分布在虫体后部的两侧，自虫体中横线后侧开始至睾丸的前缘，分布长度为 0.420~0.800 mm。子宫经 15 或 16 个回旋弯曲，沿雄茎囊上升通至生殖孔，子宫内充满虫卵。虫卵大小为 18~20 μm×11~12 μm，两端具卵丝，卵丝长 36~40 μm。

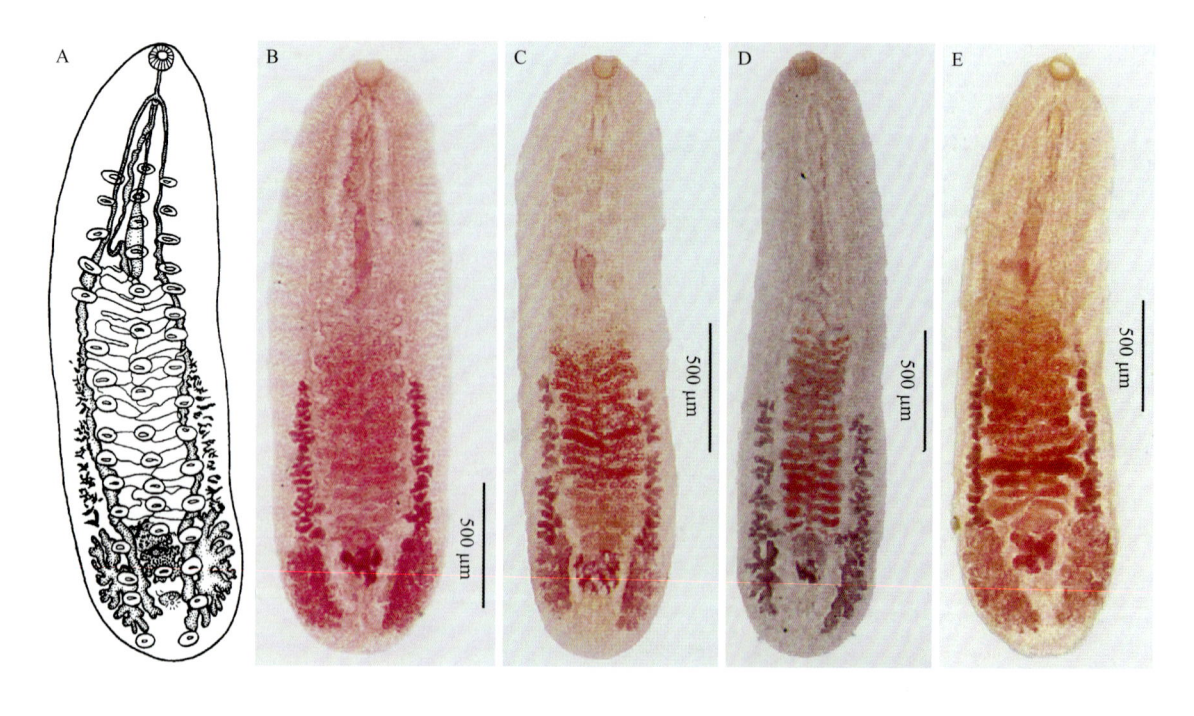

101 肠背孔吸虫　　*Notocotylus intestinalis* **Tubangui, 1932**

【关联序号】29.1.7（26.2.9）/ 200。

【宿主范围】成虫寄生于鸡、鸭、鹅的盲肠。

【地理分布】安徽、福建、广东、湖南、江苏、江西、四川、云南、浙江。

【形态结构】虫体小型，呈叶片状，前端稍窄，后部钝圆，背腹扁平，大小为 2.270~3.740 mm×0.670~0.880 mm，体表披有小棘，前密后稀。腹面具有 3 列纵行的腹腺，类球形，各列腹腺大小几乎相等，侧列为 15~18 个，中列为 14~16 个。口吸盘为球状，位于体前端，大小为 0.100~0.150 mm×0.110~0.150 mm。缺腹吸盘。无咽，食道长 0.050~0.130 mm，两肠支细而略带弯曲。睾丸 2 枚，外周具多个深裂，位于虫体后 1/6 处两肠支的外侧，左睾丸大小为 0.350~0.520 mm×0.160~0.260 mm，右睾丸大小为 0.360~0.520 mm×0.170~0.290 mm。雄茎囊呈棒状，位于虫体前 1/2 处两肠支之间，生殖孔恰好开口于肠叉之后。卵巢呈 4 或 5 个深

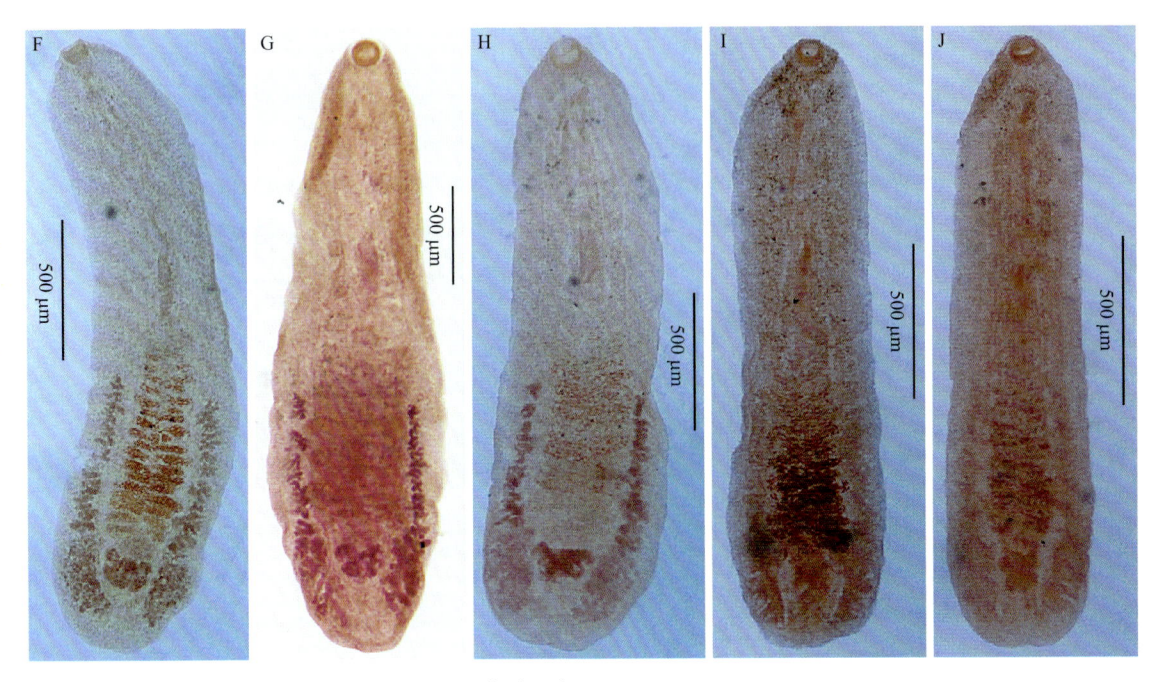

图 101　肠背孔吸虫 Notocotylus intestinalis
A. 引 蒋学良和周婉丽（2004）；B～J. 原图（SHVRI）

分叶状，位于睾丸之间的前半部，大小为 0.170～0.260 mm×0.160～0.260 mm。梅氏腺位于卵巢之前。卵黄腺滤泡由不规则的大小不等的团块组成，起于虫体后 1/2 处，沿肠支外侧向后延伸至睾丸前缘水平处。子宫环褶由梅氏腺开始盘曲上行于两肠支之间，终于虫体的中部，子宫末段与雄茎囊几乎等长，开口于雄性生殖孔旁边。虫卵为椭圆形，大小为 13～19 μm×8～11 μm，两端各有一根很长的卵丝。

102　莲花背孔吸虫　　　　*Notocotylus lianhuaensis* Li, 1988

【关联序号】29.1.8（26.2.10）/ 201。

【宿主范围】成虫寄生于鹅的小肠。

【地理分布】江西。

【形态结构】虫体呈长椭圆形，体表无棘，大小为 1.090～1.350 mm×0.420～0.470 mm。腹面后 2/3 部分有 3 列纵行腹腺；侧列腹腺各为 4～6 个，两端的略小，中间的略大；中列腹腺为 6 或 7 个，第 1 个始于雄茎囊后方，前于侧列第 1 个腹腺约半个"腹腺间距"，中间的 3 或 4 个腺体较大；所有腹腺均呈球状，明显地突出体表，排列匀称，其中心有不规则的凹陷。口吸盘位于虫体前端，大小为 0.060～0.070 mm×0.060～0.080 mm。缺腹吸盘。无咽，食道长 0.040～0.050 mm。肠支前粗后细，沿雄茎囊两侧向子宫与卵黄腺之间延伸，到睾丸前缘处骤然弯向内侧行于两睾丸与卵巢之间，止于睾丸后缘内侧水平。睾丸2枚，呈长椭圆形，具有9～13个深分叶，倒"八"字形对称排列于虫体后端两肠支的外侧，左睾丸大小为0.210～0.250 mm×0.090～0.140 mm，右睾丸大小为0.170～0.260 mm×0.090～0.120 mm。雄茎囊呈梨形，后部膨大，位于虫体前1/3处两肠支之间，大小为0.340～0.420 mm×0.060～0.100 mm，其后部有管状弯曲的外贮精囊，生殖孔开口于肠叉之后。卵巢位于两睾丸之间，为深裂状，分8叶，大小为0.110～0.140 mm×0.100～0.120 mm。卵黄腺始于虫体中部，止于睾丸前缘并有部分相重叠，卵黄腺滤泡细小，每侧有15～17个团块分布于肠支的外侧。子宫发达，环褶盘曲于两肠支之间，终于雄茎囊末端，子宫末端几乎与雄茎囊等长，长0.270～0.350 mm，开口于雄性生殖孔旁。虫卵呈椭圆形，大小为23～25 μm×13～15 μm，两端均具有长的卵丝。

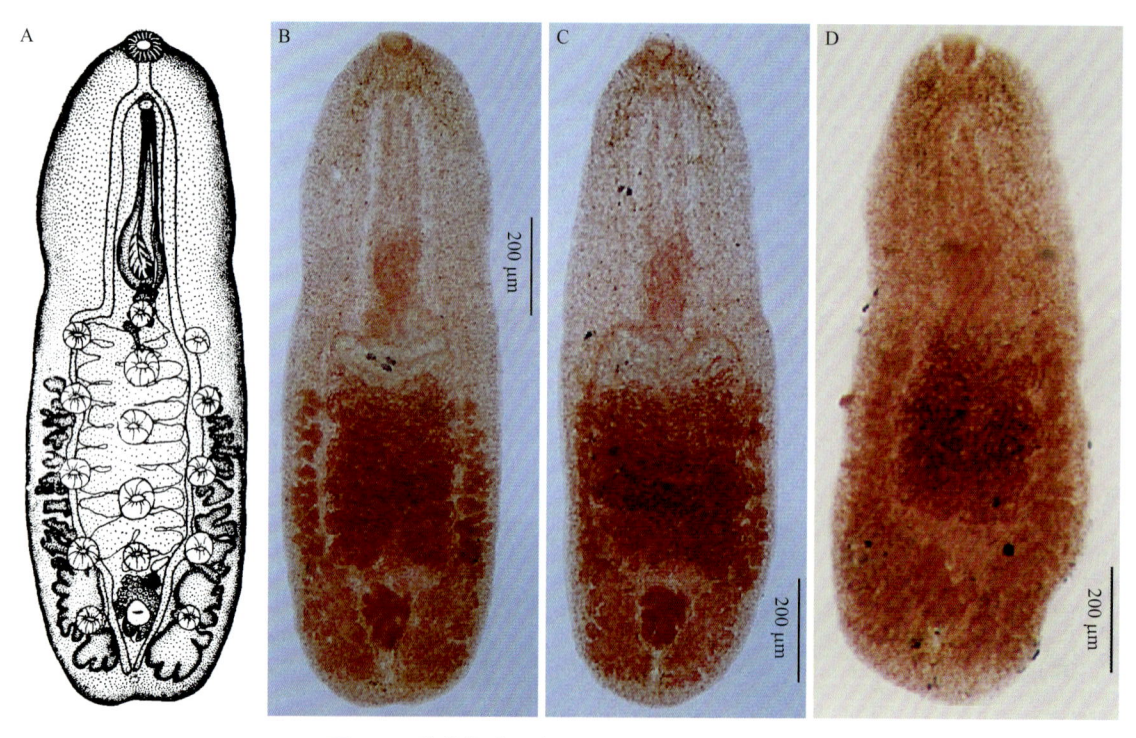

图102 莲花背孔吸虫 *Notocotylus lianhuaensis*
A. 引 王溪云和周静仪（1993）；B～D. 原图（SHVRI）

103 线样背孔吸虫　　　　　　　　*Notocotylus linearis* Szidat, 1936

【关联序号】29.1.9（26.2.11）/ 。
【同物异名】线样单盘吸虫（*Monostomus lineare* Rudolphi, 1819）。
【宿主范围】成虫寄生于鸭、鹅的盲肠。

【地理分布】安徽、江西、云南、浙江。

【形态结构】虫体呈长椭圆形，大小为 2.500～5.000 mm×1.000～1.400 mm。腹面有 3 列腹腺，在不染色的标本中腹腺明显可见，呈圆形，凸出于腹部表面，中间列腹腺有 15 个，两侧列腹腺各为 15～17 个。口吸盘呈圆形，位于虫体前端，直径 0.196 mm。缺腹吸盘。无咽，具有较短的食道，肠支沿虫体两侧向后延伸到虫体的亚末端。睾丸 2 枚，对称地并列于虫体后端的肠支外侧，睾丸的外侧有深缺刻形成小的分叶。雄茎囊呈袋状，其底部接近虫体赤道线，雄茎常伸出生殖孔。卵巢位于两睾丸之间的肠支内侧，常有 4 或 5 个分叶，大小为 0.243 mm×0.378 mm。卵巢前方有梅氏腺。卵黄腺开始于睾丸的前缘，前界不到达虫体的中部。子宫起始于睾丸前缘水平，向上左右盘旋于两肠支之间，在雄茎所在部位进入阴道，直通生殖孔，两性生殖孔开口于肠叉的稍后方。虫卵两端有长的卵丝。

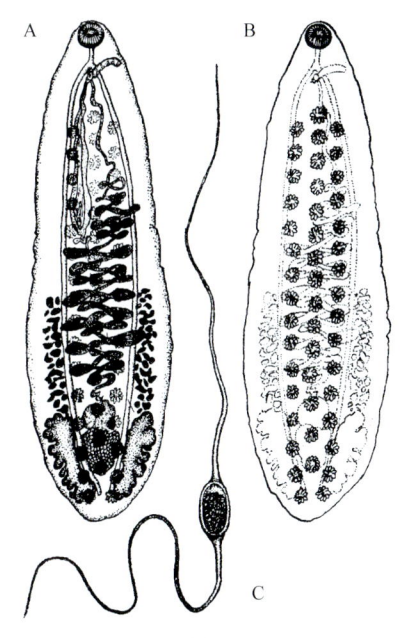

图 103　线样背孔吸虫
Notocotylus linearis
A～C. 引张峰山 等（1986d）

104　马米背孔吸虫　　*Notocotylus mamii* Hsu, 1954

【关联序号】29.1.12（26.2.14）/ 202。

【宿主范围】成虫寄生于兔的肠道。

【地理分布】广东。

【形态结构】虫体略呈长叶形、前端稍窄，后端钝圆，腹面内凹，大小为 1.920～2.470 mm×0.740～0.970 mm。腹面具有 3 列腹腺，呈纵行排列，中列腹腺有 11～13 个，两侧腹腺各 11 或 12 个，以 11-12-11 型为最常见，中列第 1 个腹腺常位于侧列第 1 个腹腺之前约半个"腹腺间距"。口吸盘呈圆形，位于前端腹面，直径为 0.080～0.190 mm。缺腹吸盘。无咽，食道长 0.130～0.170 mm，两肠支伸达虫体后端。睾丸 2 枚，呈类长方形，各有 5～12 个深浅不等的分叶，以 8 或 9 叶为常见，位于虫体后两肠支的外侧，大小为 0.320～0.420 mm×0.100～0.200 mm。雄茎囊呈棒状，长 0.408～0.510 mm，雄茎有小棘，生殖孔开口于肠支分叉点之前，紧接口吸盘的后缘。卵巢有 2～8 叶，以 4～6 叶为常见，位于两睾丸之间的中部，其最大直径为 0.180～0.220 mm。卵黄腺分布于虫体两侧的肠支外面，每侧各由 15～23 个团块组成，起于虫体中部之前，终于睾丸前缘。子宫左右盘曲于两肠支之间，有 12～22 个弯曲，至虫体中部或稍前方则伸直或呈微波状，子宫末段与雄茎并行，开口于雄性生殖孔旁边。虫卵大小（卵丝除外）为 16～23 μm×7～10 μm，虫卵两端有细长的卵丝。

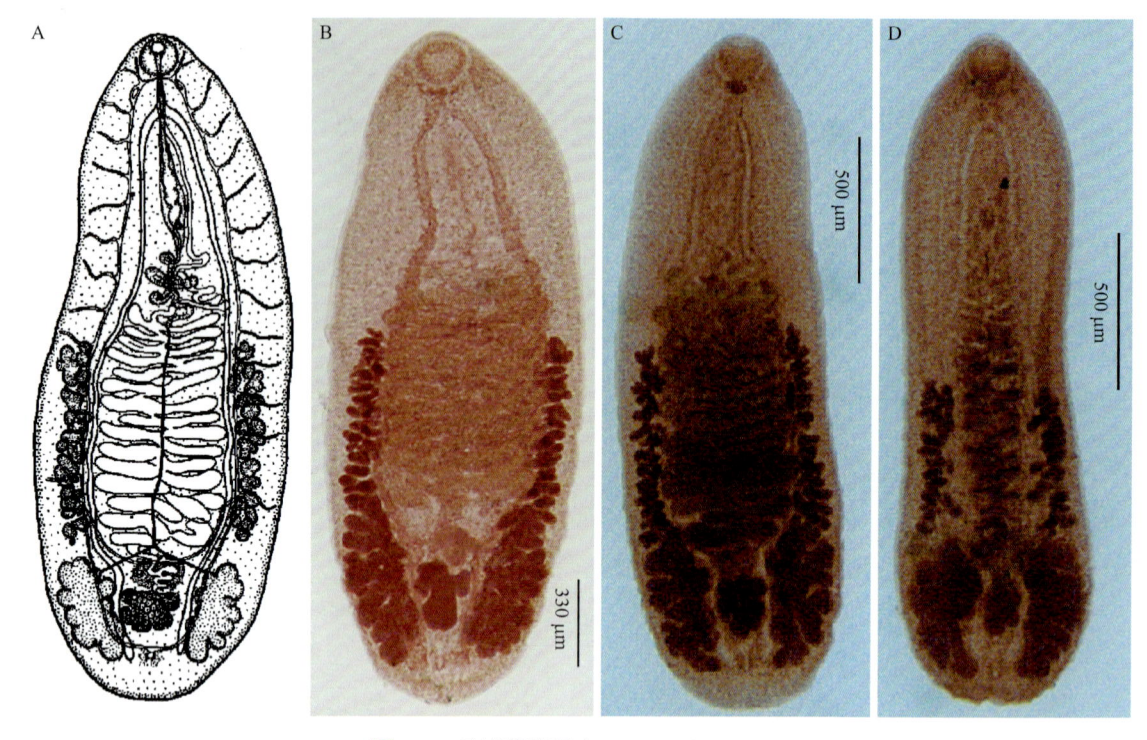

图 104　马米背孔吸虫 *Notocotylus mamii*
A. 引 徐秉锟（1954）；B～D. 原图（SHVRI）

105　舟形背孔吸虫　　*Notocotylus naviformis* Tubangui, 1932

【关联序号】 29.1.13（26.2.15）/203。

【宿主范围】 成虫寄生于鸡、鸭、鹅的盲肠。

【地理分布】 安徽、重庆、贵州、四川。

【形态结构】 虫体呈长椭圆形，前端略尖，后端较圆，大小为 1.600～2.000 mm×0.420～0.570 mm，体表腹面有小棘。虫体腹面有 3 纵列腹腺，两侧腹腺各 10 个，前起于雄茎囊后部，后止于睾丸内侧后缘；中列腹腺 13 个，前起于雄茎囊前部，后止于两睾丸后部中央。口吸盘位于前端亚腹面，大小为 0.086～0.110 mm×0.087～0.130 mm。缺腹吸盘。无咽，食道长 0.086～0.090 mm，两肠支沿虫体两侧向后，止于两睾丸后部内侧。睾丸 2 枚，呈长椭圆形，大小相似，左右对称排列于虫体后部，大小为 0.300～0.340 mm×0.120～0.150 mm，每个睾丸边缘约分 10 叶。雄茎囊为袋状，位于肠叉与子宫盘曲之间，大小为 0.320～0.500 mm×0.035～0.069 mm，生殖孔开口于肠叉前后。卵巢分 3～6 叶，位于两睾丸之间，大小为 0.120～0.160 mm×0.100～0.120 mm。卵黄腺滤泡小，分布于虫体两侧，起于虫体赤道线之后，止于睾丸前缘，分布长度为 0.480～0.510 mm。子宫在卵巢与雄茎囊之间左右回旋弯曲上升，子宫末段与雄茎囊平行，经阴道开口于生殖孔。虫卵大小为 18～21 μm×13 μm，两端有卵丝。

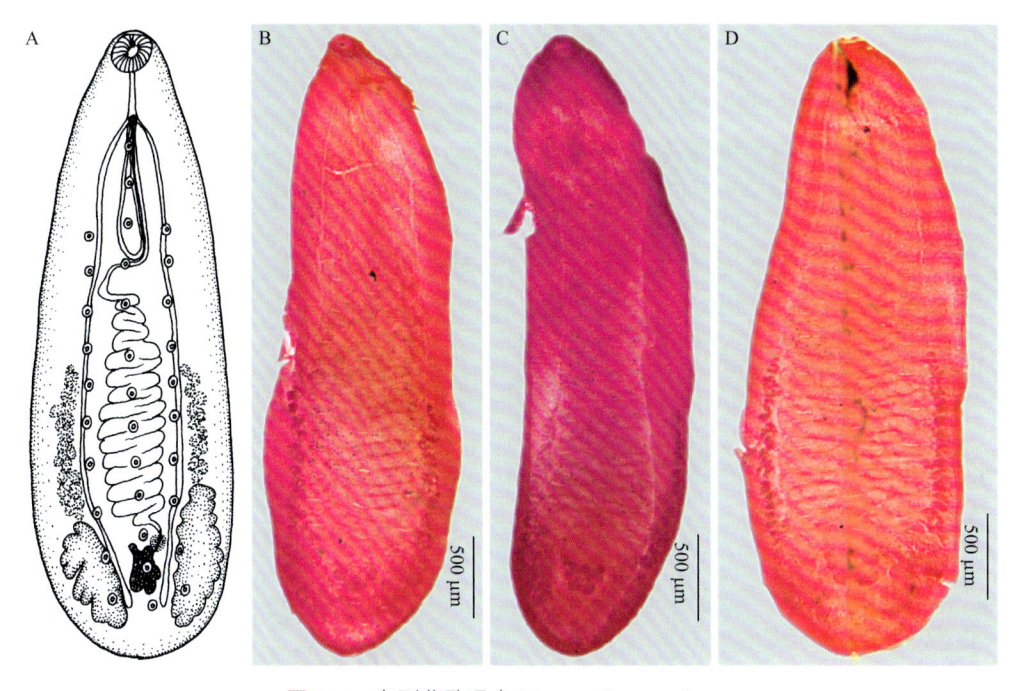

图 105　舟形背孔吸虫 Notocotylus naviformis
A. 引黄兵等（2006）；B～D. 原图（SHVRI）

106　小卵圆背孔吸虫　　Notocotylus parviovatus Yamaguti, 1934

【关联序号】29.1.14（26.2.16）/204。
【同物异名】东方背孔吸虫（Notocotylus orientalis Ku, 1937）。
【宿主范围】成虫寄生于鹅的盲肠、直肠。
【地理分布】安徽、北京、福建、广东、湖南、江西、内蒙古、浙江。
【形态结构】虫体呈叶片状，两端近乎钝圆，大小为 3.120～4.150 mm×0.540～0.870 mm。口吸盘位于顶端，大小为 0.101～0.147 mm×0.121～0.162 mm，缺腹吸盘。食道长 0.080～0.120 mm，两肠支向后伸至虫体末端。虫体腹面具有 3 列纵行的腹腺，侧列为 22～25 个，中列为 20 或 21 个，比较集中于腹面的中 1/3 处。睾丸 2 枚，边缘具有 4 或 5 个深裂，位于虫体后 1/6 处、两肠支的外侧，大小为 0.296～0.670 mm×0.156～0.281 mm。雄茎囊呈长葫芦状，位于虫体前 1/2 处两肠管之间，后端贮精囊部分膨大，大小为 1.110～1.520 mm×0.150～0.180 mm。卵巢边缘呈多个分叶，位于两睾丸之间，大小为 0.240～0.550 mm×0.270～0.480 mm。卵黄腺滤泡由较大的不规则团块组成，起于虫体后 1/3 处、两肠支的外侧，终于睾丸前缘水平处。子宫环褶横行弯曲于梅氏腺与雄茎囊之间，开口于肠分叉之后。虫卵大小为 14～18 μm×8～11 μm，虫卵两端具卵丝。

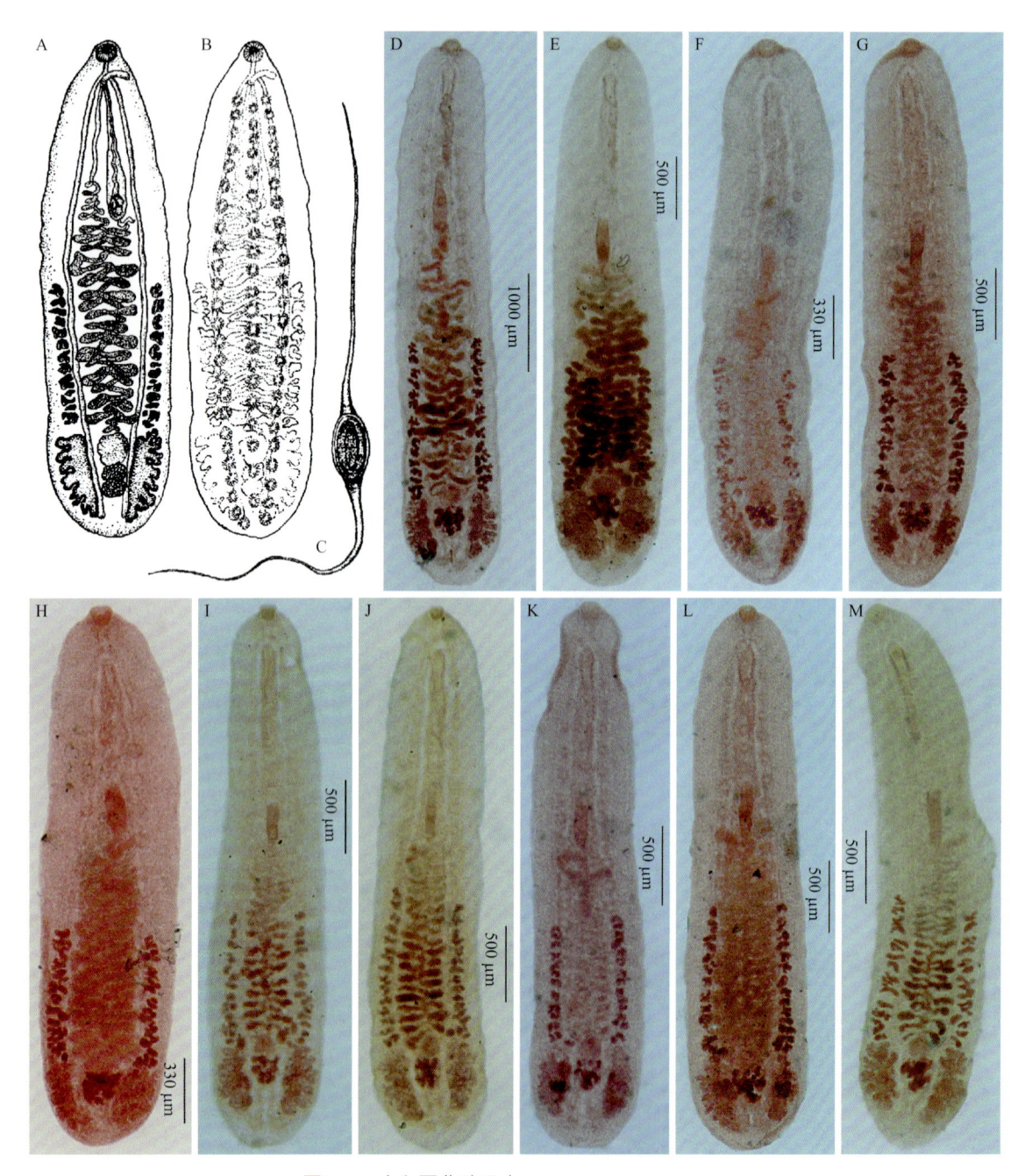

图 106　小卵圆背孔吸虫 *Notocotylus parviovatus*
A～C. 引 张峰山 等（1986d）；D～M. 原图（SHVRI）

107　多腺背孔吸虫　　　　　　　　　　　　　　*Notocotylus polylecithus* Li, 1992

【关联序号】29.1.15（26.2.17）/　　。

【宿主范围】成虫寄生于鹅的肠道。

【地理分布】江西。

【形态结构】新鲜虫体呈灰白色，前小后大，腹面稍内凹，口吸盘后方至卵黄腺前缘的体表有小棘，前密后稀，虫体大小为 2.730~3.050 mm×0.830~0.980 mm。腹面有 3 纵列腹腺，突出于体表，其中心有一不规则的裂口；侧列腹腺始于肠叉水平，止于睾丸后方，排列匀称，有 27 或 28 个；中列腹腺始于两侧列第 2 个腹腺连线的中点，止于卵巢稍后方，有 24 或 25 个。口吸盘位于虫体顶端，大小为 0.110~0.120 mm×0.110~0.140 mm。缺腹吸盘。无咽，食道长 0.080~0.130 mm。两肠支简单而细，盲端略膨大，肠支在睾丸前缘处突然弯向内侧，从睾丸与卵巢之间穿过，止于睾丸后缘水平。睾丸 2 枚，深裂状，分 9 或 10 叶，位于虫体后两肠支外侧，左睾丸大小为 0.350~0.450 mm×0.180~0.220 mm，右睾丸大小为 0.320~0.440 mm×0.190~0.220 mm。雄茎囊呈柳叶状，大小为 0.940~0.990 mm×0.080~0.100 mm，雄茎有小棘，生殖孔开口于腹面的肠叉后缘。卵巢呈浅裂状，分 4 或 5 叶，位于两睾丸之间，大小为 0.160~0.210 mm×0.200~0.270 mm。卵黄腺滤泡颗粒较大，每组滤泡边缘平整，有 18~21 组团块分布于虫体两侧，止于睾丸前缘，有的与睾丸相重叠。子宫徘徊于两肠支之间，有 15~17 个环，子宫末段约为雄茎囊的 1/2，长 0.470~0.510 mm。虫卵为椭圆形，大小为 14~16 μm×8~10 μm，虫卵两端具长卵丝。

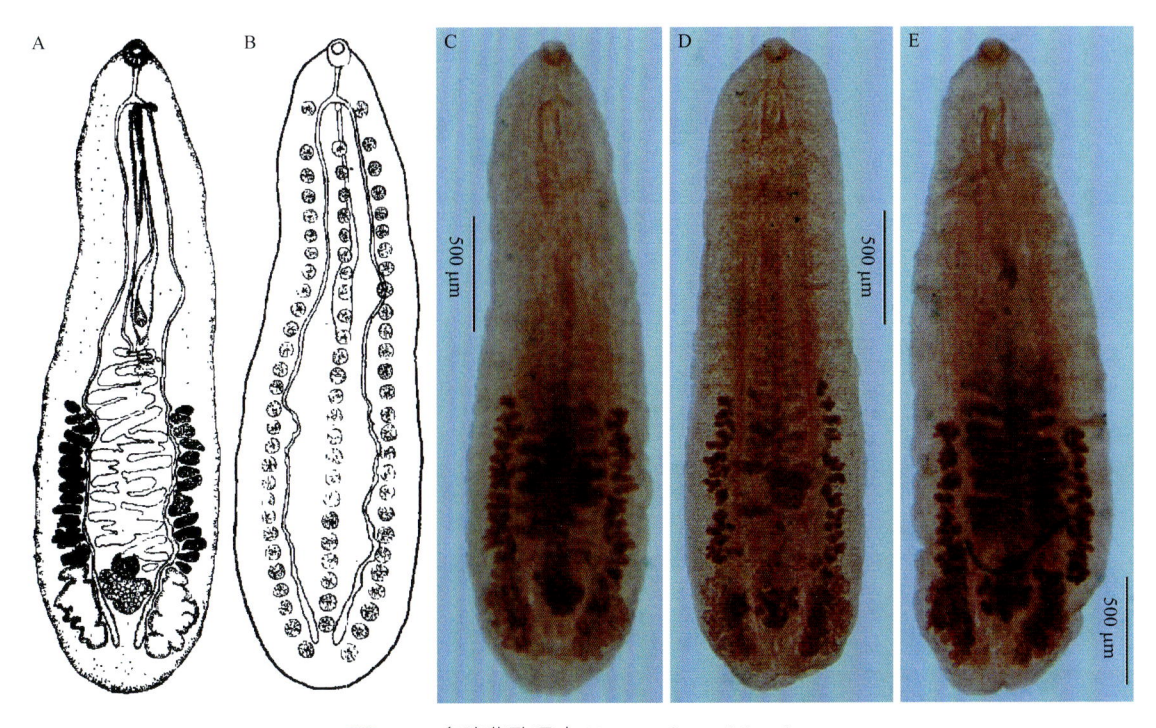

图 107 多腺背孔吸虫 *Notocotylus polylecithus*
A，B. 引 李琼璋（1992）；C~E. 原图（SHVRI）

108　秧鸡背孔吸虫　　　　　　　　　　　　　　　　　　　*Notocotylus ralli* Baylis, 1936

【关联序号】29.1.17（26.2.19）/205。

【宿主范围】成虫寄生于鹅的盲肠、直肠。

【地理分布】江苏、江西。

【形态结构】虫体呈叶片状，前端稍窄，后端钝圆，大小为 4.250～6.340 mm×1.200～1.720 mm。虫体腹面具有 3 列纵行的腹腺，侧列腹腺各为 26 或 27 个，最前面 1 个位于肠叉水平处，最后 1 个位于睾丸的后缘；中列腹腺有 24 或 25 个，始自肠叉之后，与侧列第 2 个腹腺平齐，最后 1 个腹腺与侧列倒数第 2 个平齐；全部腹腺都明显地突出于体表，中央有个较小的凹陷或裂隙。口吸盘位于顶端，大小为 0.220～0.350 mm×0.240～0.360 mm。缺腹吸盘。无咽，食道长 0.220～0.310 mm，两肠支呈波浪状向后伸至虫体后端。睾丸 2 枚，具有 7～9 个深分叶，位于虫体后 1/5 处的两肠支外侧，左睾丸大小为 0.650～0.750 mm×0.350～0.410 mm，右睾丸大小为 0.640～0.770 mm×0.340～0.430 mm。雄茎囊呈长棍棒状，位于虫体前 1/2 处稍前方，大小

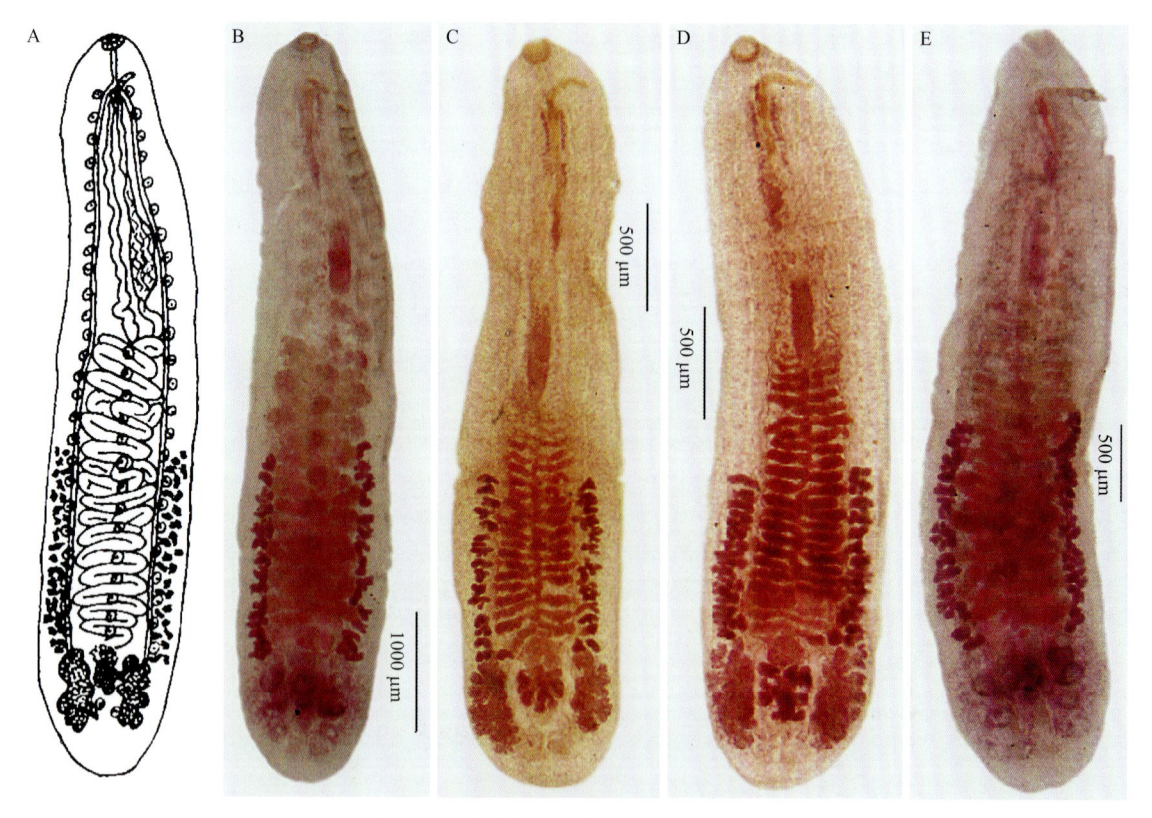

图 108　秧鸡背孔吸虫 *Notocotylus ralli*
A. 引 黄兵等（2006）；B～E. 原图（SHVRI）

为 1.650～1.920 mm×0.210～0.290 mm。生殖孔开口于肠分叉之后，雄茎一部分常伸出体外。卵巢呈 3～5 个分叶，位于两睾丸之间的前方，大小为 0.350～0.420 mm×0.380～0.510 mm。卵黄腺滤泡由不规则团块组成，起于虫体中部稍后方，终于睾丸前缘水平处。子宫环褶盘曲于梅氏腺与雄茎囊之间，子宫末段与雄茎囊平行，经阴道开口于生殖孔。虫卵大小为 18～24 μm×9～11 μm，两端均具有较长的卵丝。

109　锥实螺背孔吸虫　　　　*Notocotylus stagnicolae* Herber, 1942

【关联序号】29.1.20（26.2.22）/206。

【同物异名】沼泽背孔吸虫。

【宿主范围】成虫寄生于鸡、鸭、鹅的盲肠。

【地理分布】安徽、广东、贵州、江苏。

【形态结构】虫体扁平，前端稍尖，后端钝圆，大小为 2.670～3.400 mm×0.720～0.940 mm。虫体腹面有 3 纵列腹腺，前起于肠叉之后，后达睾丸后缘；两侧列腹腺各 14～17 个，第 1 个腹腺位于雄茎囊中部水平，最后 1 个腹腺达睾丸后缘；中列腹腺 13 或 14 个，第 2 个腹腺与侧列第 1 个腹腺平齐，最后 1 个腹腺达卵巢之后。口吸盘为圆盘状，直径为 0.130～0.180 mm。

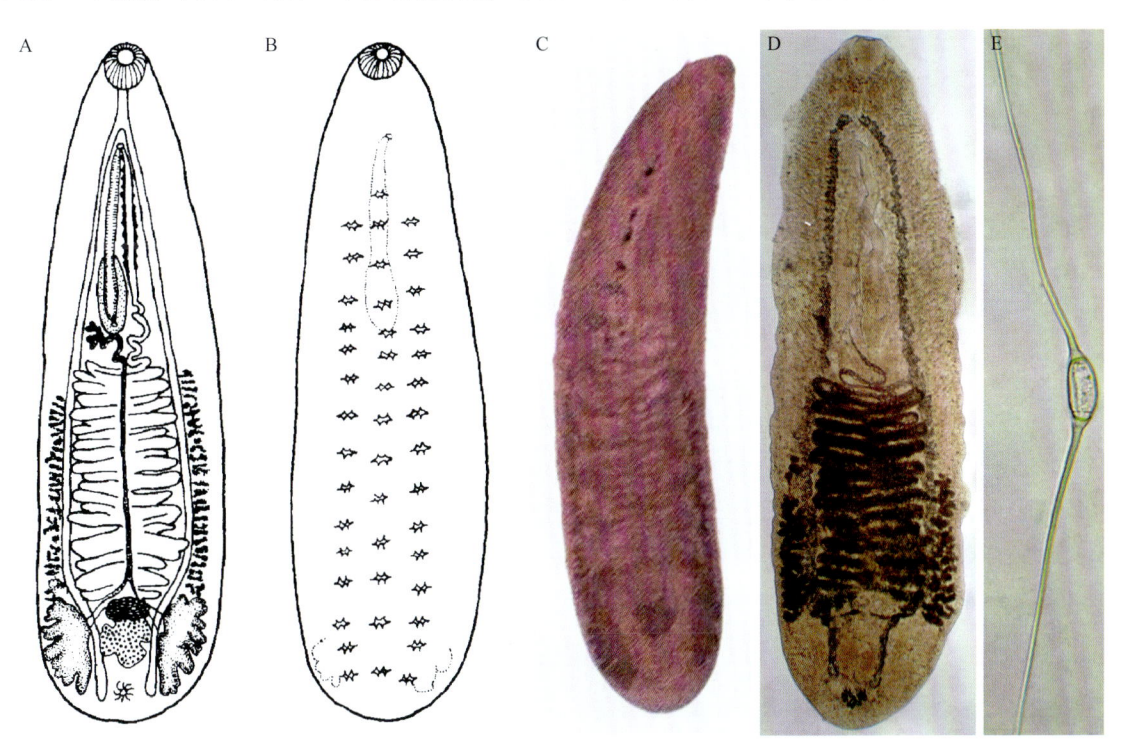

图 109　锥实螺背孔吸虫 *Notocotylus stagnicolae*
A，B. 引陈淑玉和汪溥钦（1994）；C. 原图（SCAU）；D，E. 原图（FAAS）

缺腹吸盘。无咽，食道长 0.090~0.180 mm。两肠支向后延伸，在睾丸处向内折，从睾丸与卵巢之间穿行达虫体亚末端。睾丸 2 枚，并列于虫体后端，在两肠支外侧各分 8~12 叶，大小为 0.340~0.560 mm×0.170~0.300 mm。雄茎囊呈长棒状，纵列于肠叉与子宫盘曲之间，生殖孔开口于肠叉后。卵巢分叶，位于两睾丸之间，大小为 0.200~0.300 mm×0.210~0.300 mm。卵黄腺分布在虫体两侧，起自虫体中部，延伸到睾丸前缘。子宫盘曲于雄茎囊后部与卵巢之间，子宫末段与雄茎囊平行，经阴道开口于生殖孔。虫卵呈椭圆形，大小为 21~25 μm×14~17 μm，两端各有一根细长的卵丝。

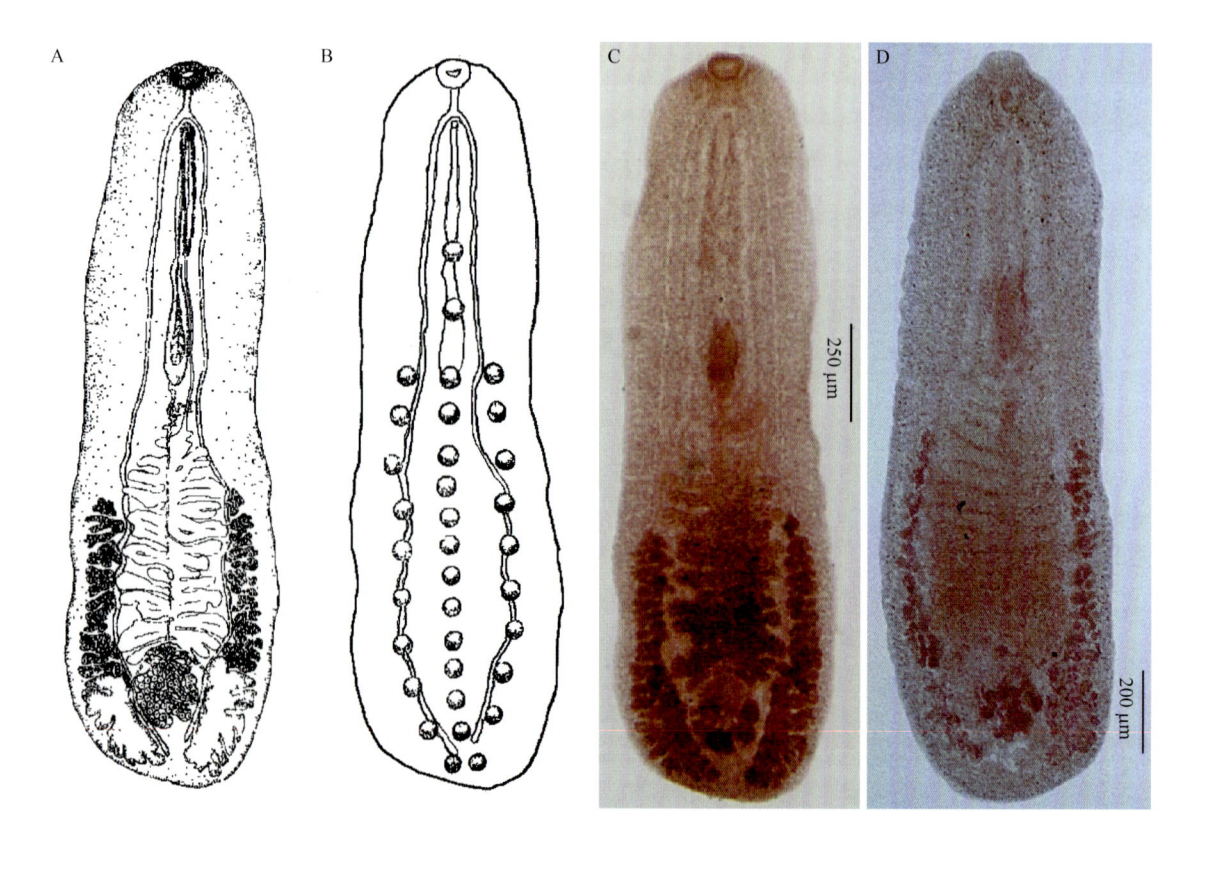

110 曾氏背孔吸虫　　*Notocotylus thienemanni* Szidat et Szidat, 1933

【关联序号】29.1.21（26.2.23）/　。
【同物异名】喜氏背孔吸虫；西（纳曼）氏背孔吸虫。
【宿主范围】成虫寄生于鹅的肠道。
【地理分布】江西。
【形态结构】虫体扁平，前端稍窄，后端钝圆，大小为 1.680~1.950 mm×0.480~0.600 mm。虫体腹面有 3 纵列腹腺，中列腹腺 14 个，第 1 个中列腹腺的位置比侧列靠前 2 或 3 个；两侧列

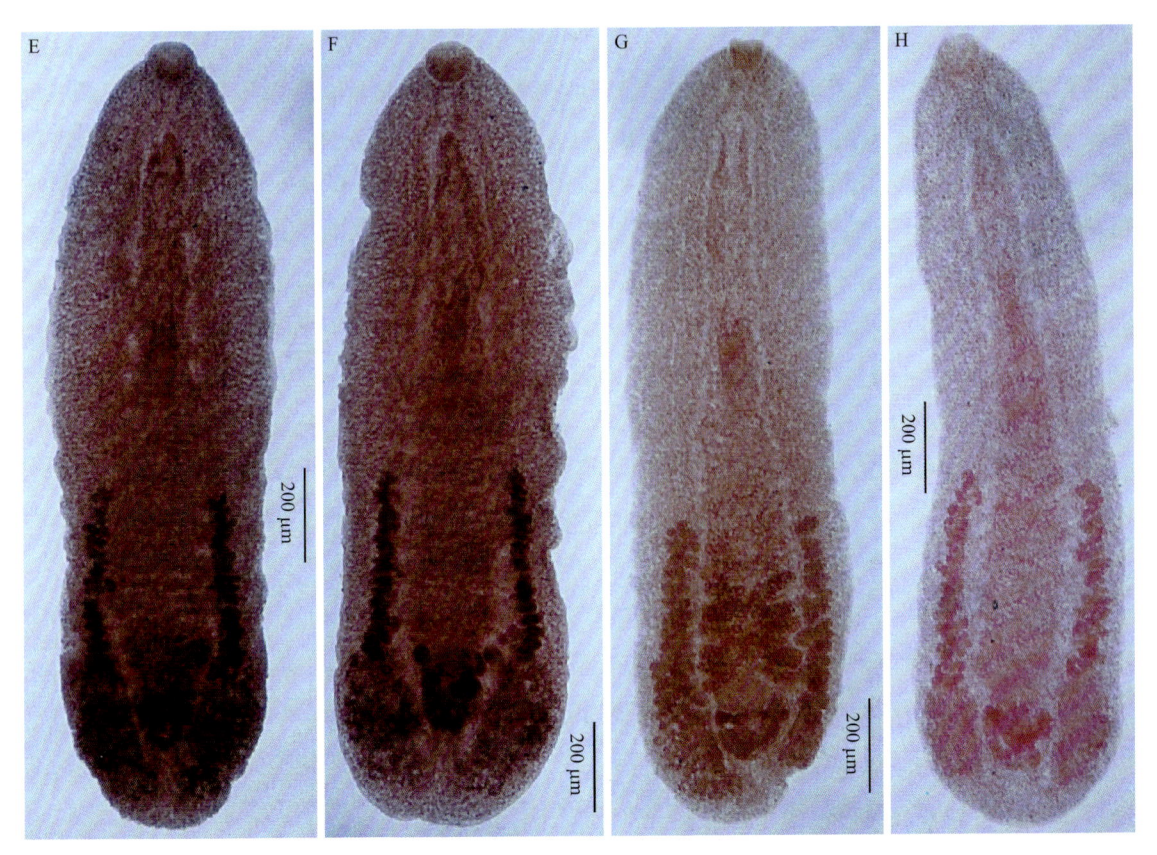

图 110 曾氏背孔吸虫 *Notocotylus thienemanni*
A，B. 引李琼璋（1992）；C～H. 原图（SHVRI）

腹腺各 10 个，最后 1 个腹腺达肠支末端。口吸盘位于体前亚端，大小为 0.070～0.090 mm×0.080～0.110 mm。缺腹吸盘。无咽，食道长 0.060～0.100 mm，两肠支沿体侧向后延伸至虫体末端。睾丸 2 枚，为深裂状，对称排列于虫体后端的肠支外侧，左睾丸大小为 0.270～0.330 mm×0.120～0.160 mm，右睾丸大小为 0.200～0.350 mm×0.110～0.180 mm。雄茎囊呈棒状，长 0.550～0.740 mm，生殖孔开口于肠叉之后。卵巢近圆形，分叶状，大小为 0.120～0.150 mm×0.140～0.180 mm。卵黄腺起于虫体中后部的肠支外侧，止于睾丸前缘或部分与睾丸叠合，左侧长 0.380～0.530 mm，右侧长 0.400～0.590 mm。子宫盘曲于虫体后 1/2 的肠支之间，子宫末段长 0.290～0.350 mm，约为雄茎囊的 1/2。虫卵大小为 15～20 μm×10～13 μm，两端各有一根卵丝。

111　乌尔斑背孔吸虫　　*Notocotylus urbanensis* (Cort, 1914) Harrah, 1922

【关联序号】29.1.22（26.2.24）/　。
【宿主范围】成虫寄生于鸭、鹅的肠道。

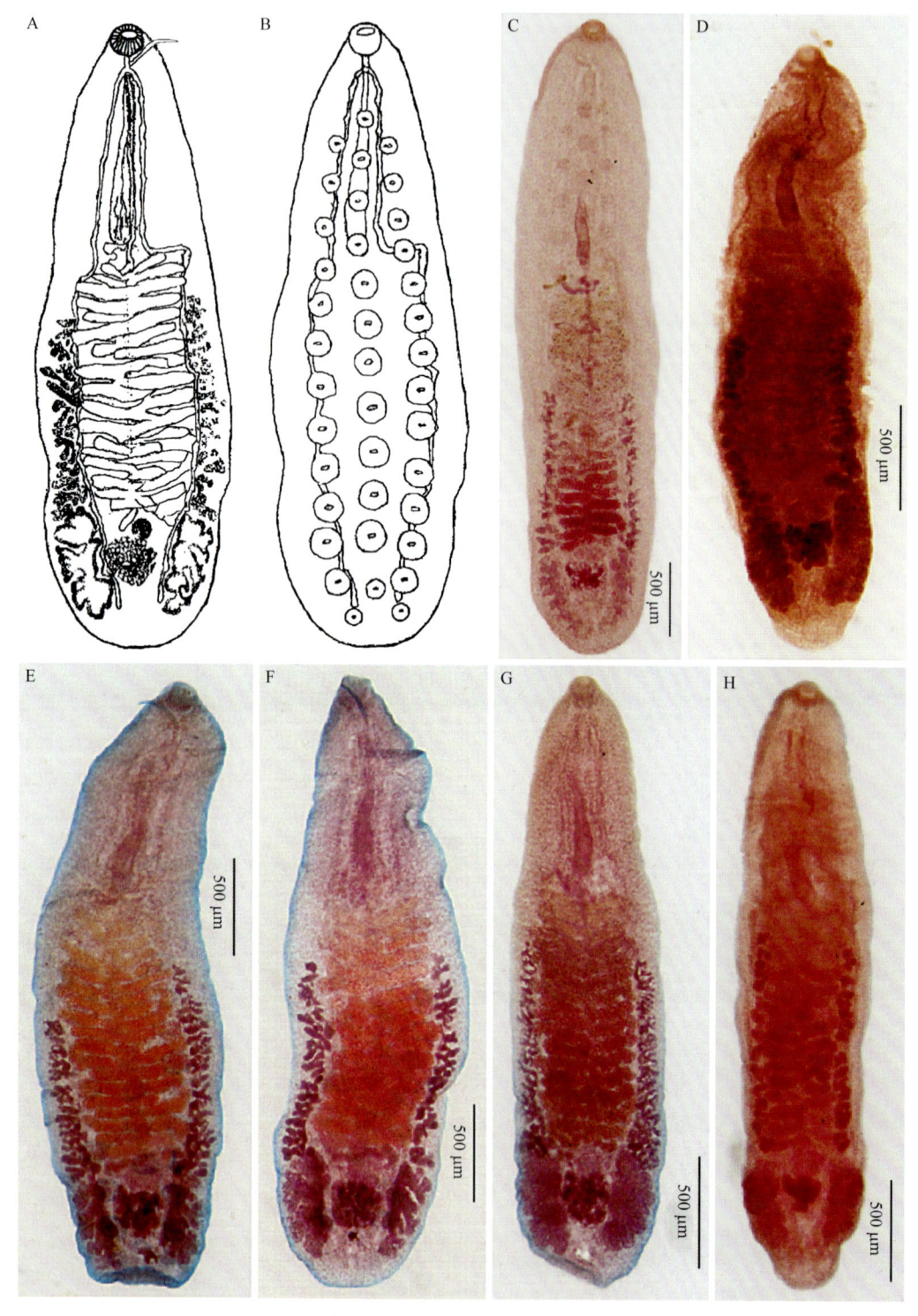

图 111 乌尔斑背孔吸虫 *Notocotylus urbanensis*
A, B. 引 李琼璋(1992); C~H. 原图(SHVRI)

【地理分布】江西。

【形态结构】虫体扁平，前端稍尖，后端钝圆，大小为 2.730~4.670 mm×0.700~1.140 mm。虫体腹面有 3 纵列腹腺，呈球状突出于体表，前后腹腺较小，中间腹腺特大，中列腹腺有 12 或 13 个，侧列腹腺有 13 或 14 个。口吸盘位于体前端，大小为 0.120~0.170 mm×0.140~0.190 mm。缺腹吸盘。无咽，食道长 0.070~0.140 mm，两肠支沿两侧伸达虫体亚末端。睾丸 2 枚，呈长椭圆形，深裂成分叶状，左睾丸大小为 0.450~0.710 mm×0.190~0.230 mm，右睾丸大小为 0.460~0.810 mm×0.180~0.270 mm。雄茎囊位于虫体前 1/3 水平，大小为 0.750~1.420 mm×0.090~0.120 mm，生殖孔开口于肠叉之上，雄茎常伸出生殖孔。卵巢近圆形，具深裂，大小为 0.200~0.290 mm×0.200~0.300 mm。卵黄腺始于虫体 1/2 稍前方，止于睾丸前缘，左侧卵黄腺长 0.800~1.690 mm，右侧卵黄腺长 0.880~1.580 mm。子宫盘曲于雄茎囊与卵巢之间，末段长 0.310~0.800 mm，约为雄茎囊的 1/2。虫卵呈椭圆形，大小为 15~20 μm×8~13 μm，两端具卵丝。

4.3 列叶属

Ogmocotyle Skrjabin et Schulz, 1933

【同物异名】槽盘属；船形属（*Cymbiforma* Yamaguti, 1933）。

【宿主范围】成虫寄生于哺乳动物的肠道。

【形态结构】虫体为卵圆形或长卵圆形，两侧缘薄，向腹面弯曲，使虫体腹面形成一条深凹的槽沟，故又称为槽盘吸虫。无肩或侧突起。无腹腺或腺脊。口吸盘小，位于体前端或亚前端。两肠支简单，伸至虫体亚末端，不形成联合。睾丸拉长，边缘有或多或少的浅裂，对称排列于虫体后端。雄茎囊大，靠近赤道线，呈 C 形或直横卧。雄茎或有生殖乳突，生殖孔位于接近赤道线的亚中央。卵巢有或无缺刻，位于两睾丸之间或之后。梅氏腺位于卵巢前的中央。卵黄腺呈纵向或斜向分布于两睾丸的前面和背面，随后聚集，有时于卵巢前汇合。子宫环褶占据虫体的 3/4。虫卵两端具 1 根卵丝（极少数有 2 根）。排泄囊为管状，Y 形，排泄孔位于亚末端。模式种：羚羊列叶吸虫 [*Ogmocotyle pygargi* Skrjabin et Schulz, 1933]。

在中国的家畜中已记录列叶属吸虫 4 种，参照危粹凡（1965）和林秀敏等（1992）列出 4 种列叶属吸虫的检索表如下。

列叶属分种检索表

1. 卵巢卵圆形，不分叶，位于虫体后部，离后端有一段距离；睾丸为团片分支状；

子宫圈 8～13 个 .... 羚羊列叶吸虫 *Ogmocotyle pygargi*
　　卵巢梅花状，分叶，位于虫体后端 2
2. 肠支不伸达卵巢前缘；卵巢分 6～9 叶，位于虫体后端；睾丸为长卵圆形，
　　具缺刻；子宫圈 6～9 个 .... 鹿列叶吸虫 *Ogmocotyle sikae*
　　肠支伸达卵巢前缘，或越过卵巢前缘伸至虫体末端 3
3. 肠支伸达卵巢前缘，睾丸为卵圆形有缺刻，卵巢位于虫体后端分 4 或 5 叶，
　　子宫圈 3～5 个 .... 印度列叶吸虫 *Ogmocotyle indica*
　　肠支越过卵巢前缘伸至虫体末端，睾丸呈长块状有缺刻，卵巢由 4 个马蹄
　　形团块组成，子宫圈 16～18 个 .... 唐氏列叶吸虫 *Ogmocotyle tangi*

112　印度列叶吸虫　　　　　　*Ogmocotyle indica* (Bhalerao, 1942) Ruiz, 1946

【关联序号】29.3.1（26.3.1）/210。

【同物异名】印度槽盘吸虫。

【宿主范围】成虫寄生于黄牛、水牛、绵羊、山羊的皱胃、小肠。

【地理分布】重庆、甘肃、广东、广西、贵州、湖南、陕西、四川、西藏、云南、浙江。

【形态结构】虫体新鲜时两端向腹面弯曲成弓形，体表具小棘，压片后呈前端稍尖、后端较钝圆

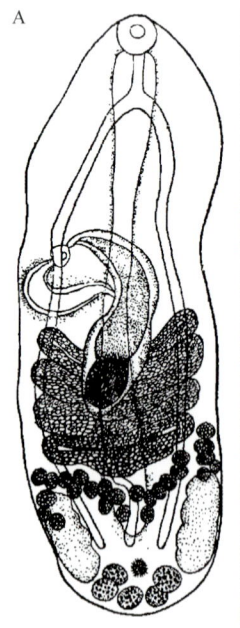

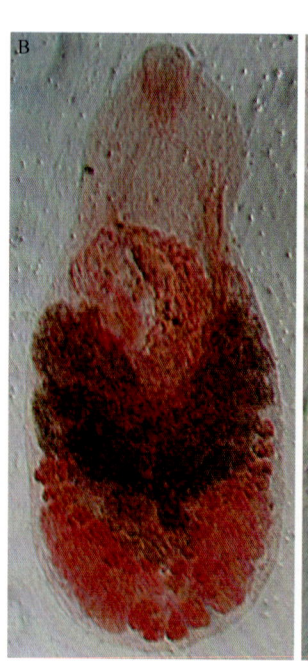

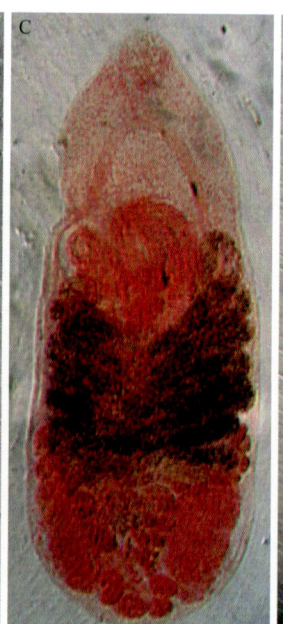

图 112　印度列叶吸虫 *Ogmocotyle indica*
A. 引危粹凡（1965）；B～D. 原图（YNAU）

的长椭圆形，大小为 1.343~1.950 mm×0.349~0.740 mm。口吸盘呈圆形，位于虫体前端亚腹面，大小为 0.078~0.150 mm×0.077~0.160 mm。缺腹吸盘。无咽，食道细短，长 0.070~0.130 mm。两肠支沿虫体两侧伸达虫体后部，经睾丸背面，至卵巢前缘，但不超过卵巢。睾丸左右对称排列于虫体后端卵巢的前侧方，呈肾形或不规则的长卵圆形，边缘光滑或具浅裂，不分叶，大小为 0.221~0.610 mm×0.068~0.150 mm。具外贮精囊，雄茎囊发达，位于虫体中部稍前方，呈镰刀状，前部狭长、弯曲，中部膨大，后部略为钝圆，内含贮精囊、前列腺和雄茎，生殖孔开口于生殖腔内。卵巢位于虫体后端正中央，分 4 或 5 叶，以 4 叶最为常见，单个呈圆形、卵圆形或不规则形，每叶大小为 0.051~0.076 mm×0.029~0.059 mm。梅氏腺为圆形，位于卵巢前方、两睾丸的中央。卵黄腺呈颗粒状，为圆形或椭圆形，18~24 个，自睾丸中部内侧开始向体两侧分布，呈 Y 形。子宫位于睾丸前缘，向两侧横向盘绕，一般多超过肠支外侧，略排成 V 字形，左右两侧各具 3~5 个弯曲，子宫末段呈囊状，前端开口于生殖腔内。虫卵呈黄褐色，卵圆形，大小为 17~34 μm×10~15 μm，两端各有一根卵丝，一端卵丝细短，另一端卵丝宽长。

113　羚羊列叶吸虫　　*Ogmocotyle pygargi* Skrjabin et Schulz, 1933

【关联序号】29.3.2（26.3.2）/211。
【同物异名】羚羊槽盘吸虫。
【宿主范围】成虫寄生于黄牛、绵羊、山羊的小肠。
【地理分布】重庆、福建、甘肃、贵州、湖南、江西、四川、云南、浙江。
【形态结构】虫体呈长叶形，前端稍狭，后端钝圆，前部两侧向腹面卷曲呈舟状，大小为 2.000~2.860 mm×0.550~0.720 mm，虫体前部表面有小刺。口吸盘位于亚顶端，类圆形，口孔开向腹面，大小为 0.072~0.096 mm×0.085~0.109 mm。缺腹吸盘。无咽，食道长 0.120~0.170 mm。两肠支伸至虫体后部，不达卵巢前缘。睾丸 2 枚，位于虫体后 1/4 处的肠支外侧，呈长条状或长椭圆形，边缘具有多数分瓣，大小为 0.320~0.742 mm×0.112~0.250 mm。雄茎囊发达，位于体前 1/3~2/3 处，弯曲呈半弧形，大小为 0.480~0.880 mm×0.120~0.180 mm，内含贮精囊、前列腺和雄茎。生殖孔开口于虫体的亚中部，偏向左侧，雄茎常伸出孔外。卵巢为卵圆形，不分叶，位于虫体后部、两肠支盲端之后的中央，离后端有一段距离，大小为 0.120~0.165 mm×0.125~0.250 mm。梅氏腺位于卵巢之前。卵黄腺分布于虫体后 1/3 部，始自睾丸前缘，终于睾丸亚末端，两侧滤泡向后逐渐向体中央靠近。子宫回旋于梅氏腺与雄茎囊中部之间，边缘伸出两肠支外，后接子宫末段，开口于雄性生殖孔旁边，内含大量虫卵。虫卵小，不对称，大小为 18~24 μm×11~16 μm，两端具卵丝。

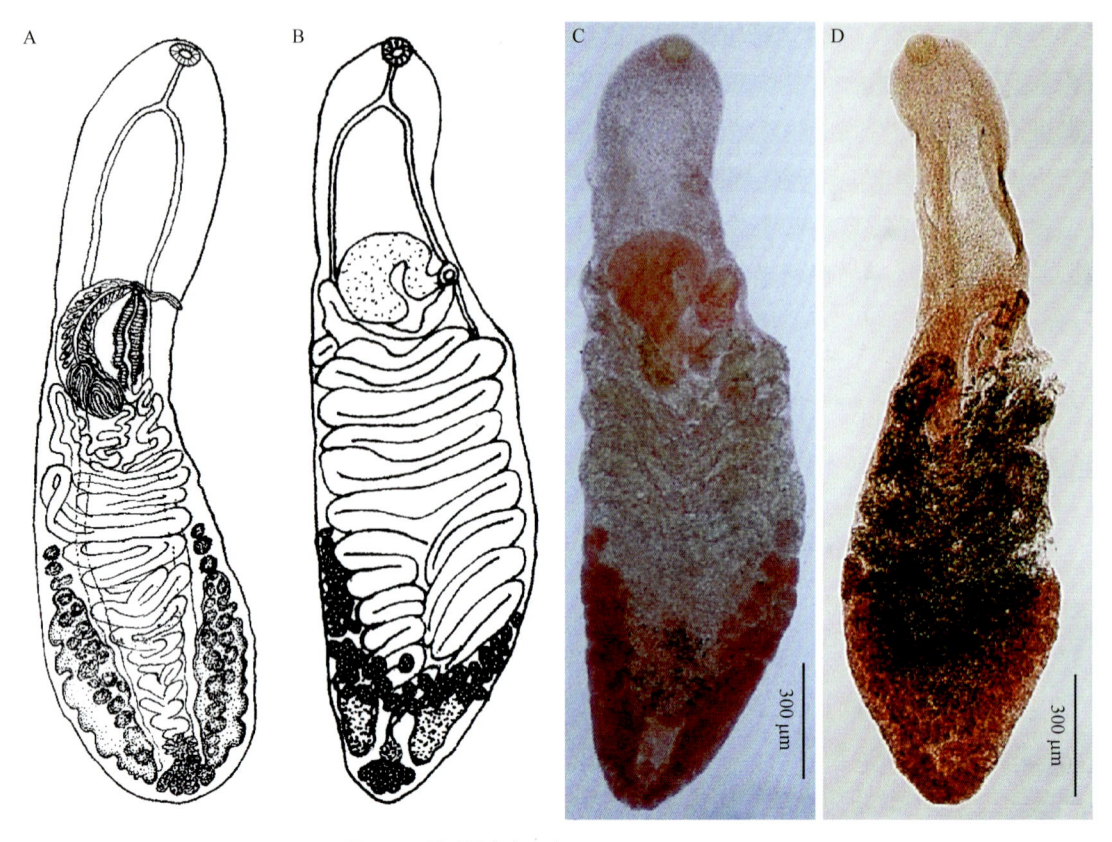

图 113　羚羊列叶吸虫 *Ogmocotyle pygargi*
A. 引 王溪云和周静仪（1993）；B. 引 黄兵 等（2006）；C，D. 原图（SHVRI）

114　鹿列叶吸虫　　　　　　　　　　　　　　*Ogmocotyle sikae* Yamaguti, 1933

【关联序号】29.3.3（26.3.3）/212。

【同物异名】鹿槽盘吸虫。

【宿主范围】成虫寄生于黄牛、绵羊、山羊的小肠。

【地理分布】福建、甘肃、贵州、黑龙江、陕西、四川、云南、浙江。

【形态结构】虫体狭长，体两侧向腹面卷曲形成沟槽，前端稍尖，后端钝圆，大小为 1.530～2.974 mm×0.527～0.680 mm，体表有小棘。口吸盘圆形，位于虫体的亚前端腹面，大小为 0.086～0.136 mm×0.097～0.153 mm。缺腹吸盘。无咽，食道短。两肠支沿虫体两侧伸达虫体后部，达睾丸的前缘或稍越过睾丸的上缘水平，但不达睾丸的中部。睾丸呈长卵圆形，边缘有 4～6 个深浅不等的小缺刻，但不分叶或分支，位于虫体后端、卵巢之前，大小为 0.187～0.419 mm×0.114～0.164 mm。雄茎囊很发达，位于虫体中前部，长度约等于生殖腔至虫体前端的

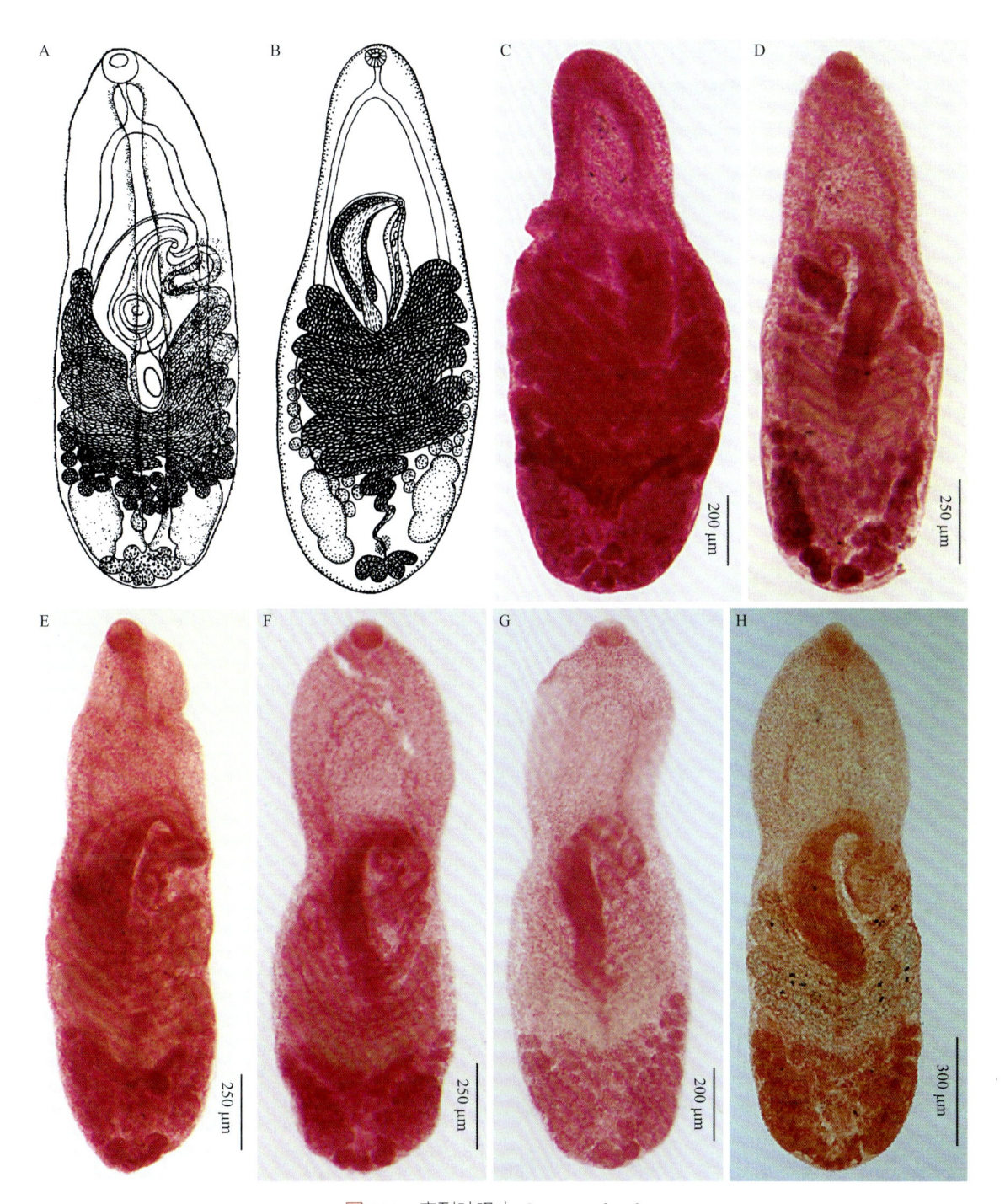

图 114 鹿列叶吸虫 *Ogmocotyle sikae*
A. 引危粹凡（1965）；B. 引黄兵等（2006）；C～H. 原图（SHVRI）

距离，呈半月形，大小为 0.578~0.867 mm×0.170~0.238 mm，内含贮精囊、前列腺和雄茎，雄茎粗长、弯曲，能伸缩，雄性生殖孔开口于生殖腔内。生殖腔为圆形，位于虫体中横线之前，腹面的左侧，靠近肠支内侧。卵巢位于虫体后缘中央，睾丸之后，呈梅花状，由 6~9 个小叶构成，以 7 个小叶最为常见，每个小叶大小为 0.051~0.060 mm×0.034~0.076 mm。受精囊为梨形或瓜瓣形，位于卵巢前方偏右。梅氏腺为圆形，位于卵巢正前方。卵黄腺分布于体后部，呈颗粒状，为圆形或卵圆形，一般为 28~35 个，腺体大小不等。子宫为管状，分布于虫体中后部，约占体长的 2/3，在受精囊侧方通出时，先为一弯曲的小管至睾丸前缘，经过肠支外侧与背缘接近，向体两侧呈 V 形盘曲上行，每侧有 6~9 个弯曲，内充满虫卵，子宫末段发达，形如 S 形弯曲，前端开口于生殖腔内。虫卵为淡黄褐色，卵圆形，大小为 21~30 μm×11~17 μm，两端各有 1 根卵丝，少数虫卵的一端具 2 根卵丝。

115 唐氏列叶吸虫　　*Ogmocotyle tangi* Lin, Chen, Le, et al., 1992

【关联序号】（26.3.4）/　。
【同物异名】唐氏槽盘吸虫。
【宿主范围】成虫寄生于绵羊的小肠。

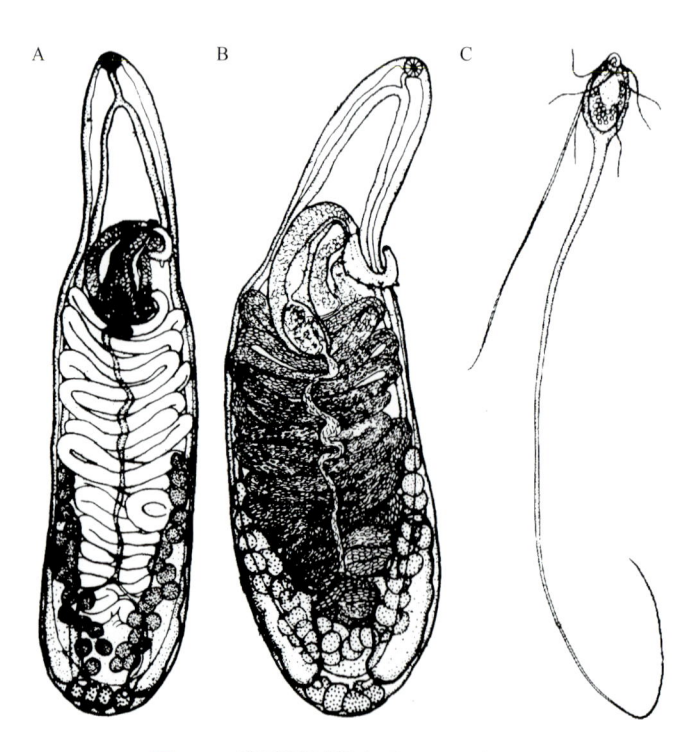

图 115　唐氏列叶吸虫 *Ogmocotyle tangi*
A~C. 引 林秀敏（1992）

【地理分布】福建、四川。

【形态结构】虫体活时为淡红色，自然形态虫体向腹面略弯曲，呈浅舟状，虫体前部约 1/4 薄而透明，其后约 3/4 充满生殖系统。稍压平时，虫体似长叶片状，前端较窄，后端钝圆，在子宫末环处因肌纤维横贯使体壁略向腹面卷折而形成体肩，虫体大小为 2.158～3.735 mm×0.581～0.857 mm。口吸盘近圆形，位于体腹面顶端，大小为 0.064～0.088 mm×0.075～0.103 mm。缺腹吸盘和咽。食道长 0.092～0.170 mm，两肠支细长，沿虫体两侧延伸到睾丸前方，经睾丸背面靠内侧，末端越过卵巢前缘终止于卵巢的前半部。睾丸 2 枚，呈长块状，边缘有 4 或 5 个深浅不等的缺刻，大小为 0.581～0.830 mm×0.116～0.277 mm。雄茎囊发达，呈半月形弯曲，形如一条弯的茄子位于体肩处，大小为 0.690～1.000 mm×0.130～0.210 mm。雄茎可从生殖孔中伸出，呈镰刀形弯曲。卵巢位于睾丸之后的虫体末端中央，由 4 个马蹄形团块组成，每个团块又由 4～6 个小瓣组成。卵黄腺由 32～36 个大滤泡组成，排列成 V 形，伸至约虫体后 1/3 处，通常前方各有 3 或 4 个卵黄腺滤泡超出睾丸前缘。子宫左右盘旋，长短相间，有 16～18 个回旋，充满虫体的中后部。虫卵呈不对称卵圆形，黄褐色，一侧稍隆起，大小为 24～29 μm×16～18 μm，虫卵具卵盖，两端各有 1 根卵丝，卵壳口周围有数根微小卵丝；卵盖端的卵丝短而纤细，长 0.130～0.150 mm，不直伸而扭向无盖端；而无卵盖端的卵丝较粗长，长 0.270～0.340 mm。

4.4 同口属

Paramonostomum Lühe, 1909

【同物异名】新同口属（*Neoparamonostomum* Lal, 1936）；霍口属（*Hofmonostomum* Harwood, 1939）。

【宿主范围】成虫寄生于禽类和鼠科动物的肠道。

【形态结构】虫体呈卵圆形到椭圆形，或拉长，无体肩或侧突起，体表有时具小棘，无腹腺或腺脊。口吸盘小，位于亚前端。缺腹吸盘。两肠支偶尔具短突起，盲端弯向睾丸内侧伸至虫体亚末端，不形成联合。睾丸呈长条形，锯齿状或有缺刻，对称排列于体后端的肠支外侧。外贮精囊很发达。雄茎囊居虫体中央，棒状，直或稍弯曲，前端变细，生殖孔位于肠叉或其稍前后的中央。卵巢位于两睾丸和两肠支末段之间。卵黄腺为滤泡颗粒状，形成侧列，位于睾丸之前的肠支外侧，在有些种类中不达赤道线，而在有些种类中则远超过赤道线，并达雄茎囊水平。子宫盘曲于虫体后半部的前 1/2。虫卵两端各有 1 根卵丝。排泄囊为 Y 形，排泄孔位于亚末端的背侧。模式种：有槽同口吸虫 [*Paramonostomum alveatum* (Mehlis in Creplin, 1846) Lühe, 1909]。

116 鹊鸭同口吸虫　　　　　　　　*Paramonostomum bucephalae* Yamaguti, 1935

【关联序号】29.4.1（26.4.1）/213。
【宿主范围】成虫寄生于鸡、鸭的盲肠。
【地理分布】贵州、黑龙江。
【形态结构】虫体前端稍窄，后端钝圆，呈扁叶形，大小为 1.900～4.500 mm×0.500～1.080 mm。无腹腺。口吸盘位于虫体前端，大小为 0.078～0.111 mm×0.090～0.1380 mm。缺腹吸盘。无咽，食道长 0.100～0.120 mm，两肠支伸至虫体亚末端的睾丸内侧。睾丸 2 枚，对称排列于虫体亚末端的肠支外侧，大小为 0.250～0.750 mm×0.150～0.400 mm，边缘分瓣。雄茎囊位于虫体前部，呈棒状，大小为 0.650～1.680 mm×0.060～0.160 mm，生殖孔位于肠叉前。卵巢位于两睾丸间的虫体中央，边缘有小浅瓣，大小为 0.160～0.320 mm×0.130～0.250 mm。梅氏腺位于卵巢之前。卵黄腺呈颗粒状，连成排分布于虫体中部至睾丸前水平的肠支外侧。子宫回旋弯曲于梅氏腺前至虫体中部，内含大量虫卵。虫卵大小为 18～21 μm×10～13 μm，卵丝长 0.35 mm。

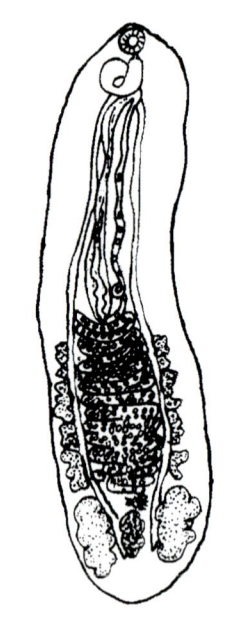

图 116　鹊鸭同口吸虫
Paramonostomum bucephalae
引黄兵 等（2006）

117 卵形同口吸虫　　　　　　　　*Paramonostomum ovatum* Hsu, 1935

【关联序号】29.4.2（26.4.2）/　。
【宿主范围】成虫寄生于鸭、鹅的盲肠。
【地理分布】广西、江苏。
【形态结构】虫体前端狭小，中后部稍宽，呈长卵圆形，体表光滑无棘，大小为 2.700～4.500 mm×0.800～1.100 mm。无腹腺。口吸盘位于虫体前端，大小为 0.160 mm×0.120 mm。缺腹吸盘。无咽，口孔后接食道，两肠支向后伸至虫体亚末端。睾丸位于虫体亚末端两肠支的外侧，左右对称排列，呈狭长形，边缘有不规则的缺刻。雄茎囊为棒状，贮精囊呈管状弯曲，生殖孔开口于肠叉后。卵巢分瓣，位于两睾丸之间的肠支内侧，大小为 0.410 mm×0.250 mm。梅氏腺在卵巢前。卵黄腺自虫体中部两侧开始，向后至睾丸前。子宫回旋弯曲在两肠支内，前至外贮精囊，再前伸至生殖孔，子宫内充满虫卵。虫卵细小，大小为 15 μm×8 μm。

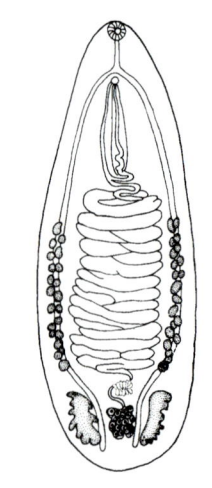

图 117　卵形同口吸虫
Paramonostomum ovatum
引陈淑玉和汪溥钦（1994）

118 拟槽状同口吸虫   *Paramonostomum pseudalveatum* Price, 1931

【关联序号】29.4.3（26.4.3）/   。

【宿主范围】成虫寄生于鹅的小肠。

【地理分布】浙江。

【形态结构】虫体呈卵圆形，前端狭窄，后端钝圆，大小为 0.450～0.700 mm×0.300～0.380 mm。缺腹腺。口吸盘位于亚前端。缺腹吸盘。口孔下为食道，肠支长而后部弯曲，沿睾丸内缘及卵巢外上缘之间延伸，止于虫体近末端。睾丸左右对称排列于虫体后部，大小为 0.110～0.150 mm×0.060～0.100 mm。雄茎囊短而宽，生殖孔位于肠叉之前，经压片染色的虫体常见有长大的雄茎伸出体外。卵巢位于两睾丸之间的后方，大小为 0.060～0.080 mm×0.090～0.120 mm。卵黄腺呈颗粒状，位于两肠支外侧，前后分布在子宫盘旋区界内。子宫在睾丸与雄茎囊及左右肠支之间作 6～8 个盘旋，内含多数虫卵。虫卵为卵圆形，大小为 18 μm×10 μm，两端卵丝等长，长 60～72 μm。

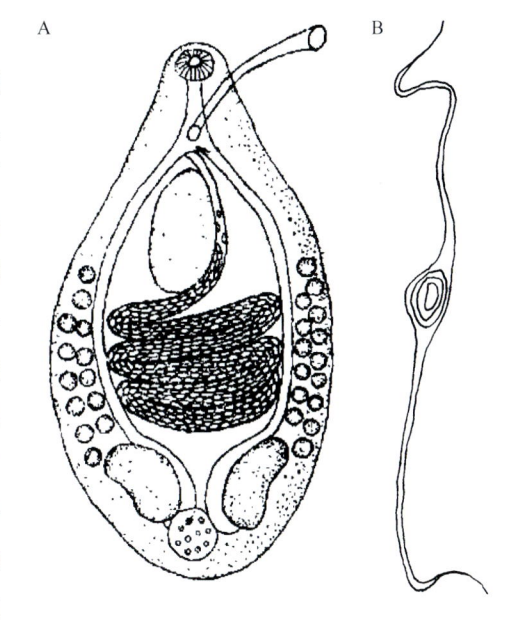

图 118 拟槽状同口吸虫
Paramonostomum pseudalveatum
A、B. 引 杨清山 等（1983）

5 同盘科

Paramphistomatidae Fischoeder, 1901

【宿主范围】成虫寄生于反刍动物的瘤胃、皱胃、胆管或哺乳动物与禽类的肠道。

【形态结构】虫体肥厚呈圆形，角皮光滑或具乳突。口吸盘位于虫体前端，其后有或无盲囊。腹吸盘位于虫体末端或亚末端腹面。缺咽，食道后部有或无肌质增大的食道球，两肠支简单，常呈波浪状弯曲延伸至腹吸盘。睾丸2枚，呈圆球形或边缘分瓣，位于虫体中部或后部，前后排列或左右排列。雄茎囊有或无，贮精囊为管状，具发达的肌质部，前列腺部和射精管长，生殖孔位于虫体前部的肠叉之后或之前，有或无生殖吸盘或生殖盂。卵巢位于睾丸之后，具梅氏腺和劳氏管，卵黄腺滤泡分布于口吸盘后的虫体两侧，子宫弯曲向前盘曲于两肠支之间。虫卵椭圆形，无卵丝。排泄囊长形，位于虫体后背部，排泄孔开口于虫体亚末端的背面，与劳氏管平行或交叉。模式属：同盘属［*Paramphistomum* Fischoeder, 1901］。

在中国家畜家禽中已记录同盘科吸虫13属59种，本书收录13属53种，参考黄德生等（1988）、王溪云和周静仪（1993）、Jones等（2005）编制同盘科13属的分类检索表如下。

同盘科分属检索表

1. 口吸盘后无盲囊 2
   口吸盘后有盲囊 9
2. 劳氏管与排泄管或排泄囊交叉，开口于排泄孔之后 3
   劳氏管与排泄管或排泄囊不交叉，开口于排泄孔之前 6
3. 生殖孔有生殖吸盘或生殖盂 4
   生殖孔无生殖吸盘或生殖盂 5
4. 有生殖吸盘，睾丸前后排列 .... 殖盘属 *Cotylophoron*
   无生殖吸盘，有生殖盂，睾丸左右斜列或并列或前后列 ....
   .... 杯殖属 *Calicophoron*
5. 腹吸盘巨大，腹吸盘直径与体长之比为1：1.5～1：3.4... 巨盘属 *Gigantocotyle*
   腹吸盘中型，腹吸盘直径与体长之比为1：3.6～1：7.6 ....

....同盘属 Paramphistomum

6. 生殖孔开口于肠分叉前...7
   生殖孔开口于肠分叉后...锡叶属 Ceylonocotyle

7. 食道细长，生殖孔开口于肠分叉前...8
   食道粗短，生殖孔开口于食道的中部.......................盘腔属 Chenocoelium

8. 口吸盘发达，呈梨形或长椭圆形，口吸盘大于腹吸盘...巨咽属 Macropharynx
   口吸盘为长圆筒形，口吸盘小于腹吸盘........................长咽属 Longipharynx

9. 虫体分为前后两部分...10
   虫体不分前后两部分...11

10. 睾丸左右斜列，边缘有不规则的小缺刻......................腹盘属 Gastrodiscus
    睾丸前后排列，边缘不光滑.............................拟腹盘属 Gastrodiscoides

11. 睾丸前后排列...12
    睾丸左右对称排列..假盘属 Pseudodiscus

12. 睾丸具深分瓣，腹吸盘无肌质突..................................平腹属 Homalogaster
    睾丸具锯齿状到浅裂，腹吸盘后外侧有一对肌质突....合叶属 Zygocotyle

［注：Jones 等（2005）将同盘科（Paramphistomidae Fischoeder, 1901）、腹袋科（Gastrothylacidae Stiles et Goldberger, 1910）、腹盘科（Gastrodiscidae Monticelli, 1892）、合叶科（Zygocotylidae Ward, 1917）等归属于同盘超科（Paramphistomoidea Fischoeder, 1901），其中杯殖属、锡叶属、殖盘属、巨咽属、巨盘属、同盘属归入同盘科，拟腹盘属、腹盘属、平腹属、假盘属归入腹盘科，合叶属归入合叶科，未收录盘腔属、长咽属。］

5.1 杯殖属
Calicophoron Näsmark, 1937

【宿主范围】成虫寄生于反刍动物的瘤胃。
【形态结构】虫体为圆锥形或梨形，其横切面为圆形，体表通常有小乳突。口吸盘位于虫体前端，其后无盲囊。腹吸盘大小中等，位于虫体末端腹面。口吸盘与腹吸盘的大小之比为 1：2.1～1：3.4。食道后有或无膨大的食道球，两肠支长而回旋弯曲，向后延伸至腹吸盘两侧。睾丸具深裂，前后纵列、对角线斜列或对称排列。输精管壁薄，形成多圈盘曲；肌质部非常发达，形成许多圈的肌肉盘曲；前列腺部发达，为圆筒状或长管状。缺生殖吸盘，具有盆状的生殖盂和生殖乳突，生殖孔位于肠叉后的腹侧中线。卵巢和梅氏腺位于睾丸之后的亚中央。劳氏管开口接近于卵巢的背侧。卵黄腺分布于虫体两侧,前达口吸盘之后,后可至腹吸盘,在体中线汇合或不汇合。子宫沿睾丸背侧弯曲上升至两性管,开口于生殖孔。排泄囊为袋状或拉长,排泄孔开口于腹吸盘中部至前边缘水平。模式种:杯殖杯殖吸虫 [*Calicophoron calicophorum* (Fischoeder, 1901) Näsmark, 1937]。

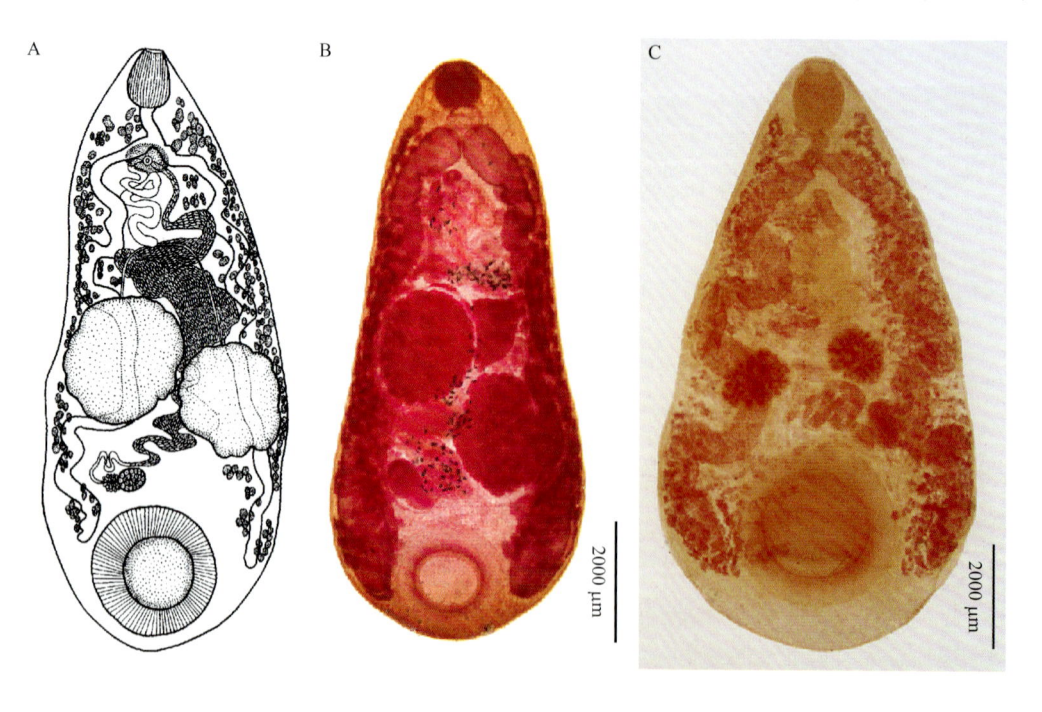

119 杯殖杯殖吸虫 *Calicophoron calicophorum* (Fischoeder, 1901) Näsmark, 1937

【关联序号】27.4.1(27.1.1)/154。

【同物异名】杯殖茎睾吸虫(*Cauliorchis calicophorum* Fischoeder, 1901);饭岛同盘吸虫(*Paramphistomum ijimai* Fuki, 1922)。

【宿主范围】成虫寄生于黄牛、水牛、牦牛、绵羊、山羊的瘤胃。

【地理分布】安徽、重庆、福建、广东、广西、贵州、湖北、湖南、江西、山东、四川、新疆、云南、浙江。

【形态结构】虫体圆锥形,淡红色,体表光滑,前端有乳突状的小突起,虫体大小为 13.800～16.800 mm×5.800～8.600 mm,虫体 1/3 处最宽,体宽与体长之比为 1:2.1。口吸盘位于虫体前端,呈梨形,大小为 0.960～1.760 mm×0.840～1.400 mm,直径与体长之比为 1:12。腹吸盘位于虫体亚末端,呈球形,大小为 2.920～3.580 mm×2.880～3.850 mm,直径与体长之比为 1:4.6,口吸盘与腹吸盘大小之比为 1:2.6。食道稍弯曲,长 1.400～2.080 mm,两肠支经 4 或 5 个弯曲伸达腹吸盘边缘。睾丸为类球形,左右斜列于虫体中部的稍后方,具有生殖盂和生

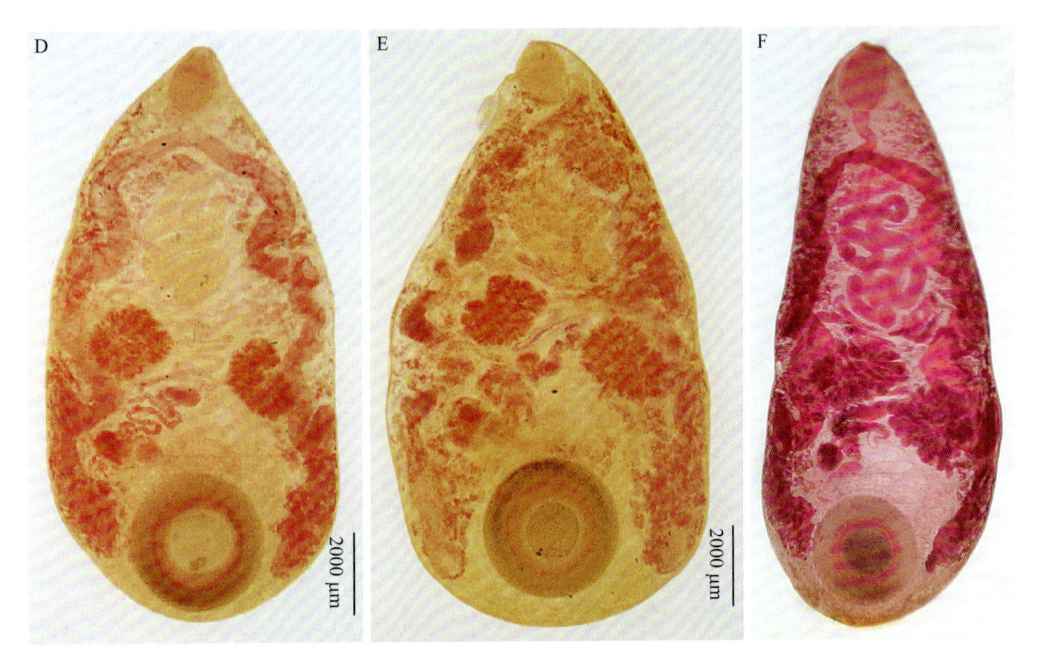

图 119 杯殖杯殖吸虫 *Calicophoron calicophorum*
A. 引 蒋学良和周婉丽（2004）；B~E. 原图（SHVRI）；F. 原图（SCAU）

殖乳突。卵巢位于前睾丸的后方，为类球形，大小为 0.930~1.220 mm×0.760~1.080 mm。梅氏腺位于卵巢下方。卵黄腺始自口吸盘后缘，终于腹吸盘边缘。子宫长而弯曲，内含多数虫卵。虫卵大小为 115~130 μm×64~78 μm。

120 纺锤杯殖吸虫　　　　　*Calicophoron fusum* Wang et Xia, 1977

【关联序号】27.4.4（27.1.4）/155。
【宿主范围】成虫寄生于黄牛、水牛、牦牛、绵羊、山羊的瘤胃。
【地理分布】广东、广西、四川、云南。
【形态结构】虫体为乳白色纺锤形，或向腹面稍弯曲，大小为 9.600~16.000 mm×0.480~0.600 mm，体宽与体长之比为 1∶2.37。口吸盘位于虫体前端，大小为 1.040~1.440 mm×0.960~1.200 mm。腹吸盘不发达，位于虫体亚末端，大小为 2.720~2.980 mm×2.800~3.200 mm。口吸盘与腹吸盘之比为 1∶2.5，腹吸盘与体长之比为 1∶4.4。食道短，长 0.480~1.120 mm。两肠支粗长，经 6~8 个弯曲，末端伸达腹吸盘的边缘。睾丸为类球形，左右稍倾斜排列于虫体中部，边缘分为 10~12 个小瓣，两个睾丸大小基本一致，为 1.280~1.760 mm×1.320~1.920 mm。具生殖盂，生殖孔开口于肠叉的下方，距虫体前端约 2.720 mm。卵巢为椭圆形，位于睾丸与腹吸盘之间，大小为 0.480 mm×0.560 mm。卵黄腺发达，前自食道外缘开始，后至腹吸盘的外缘，分布于虫体两侧。子宫从两睾丸间穿行向前，盘曲于肠支之间，内含虫卵，末端开口于生殖孔。

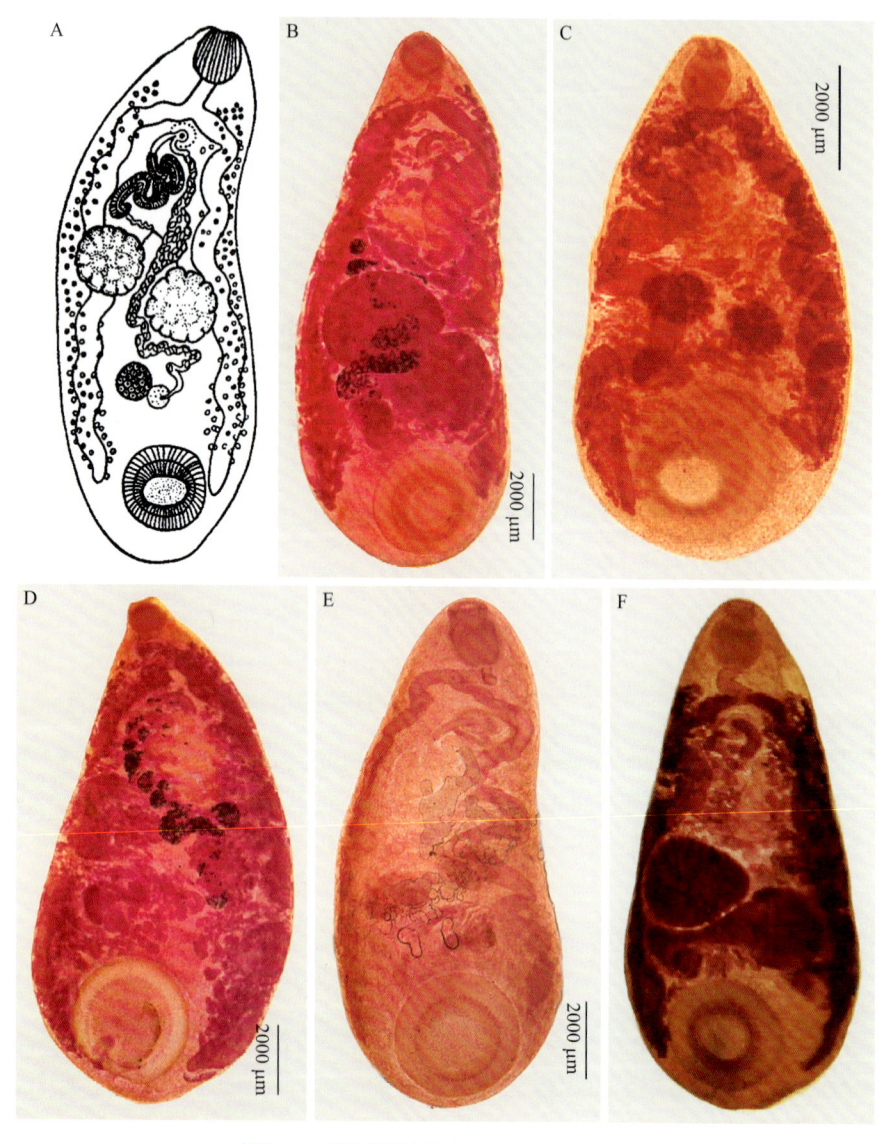

图 120　纺锤杯殖吸虫 *Calicophoron fusum*
A. 引 黄兵 等（2006）；B～E. 原图（SHVRI）；F. 原图（SCAU）

虫卵大小为 115～126 μm×60～70 μm。

121　江岛杯殖吸虫　*Calicophoron ijimai* Näsmark, 1937

【关联序号】27.4.5（27.1.5）/156。

【同物异名】饭岛杯殖吸虫。

【宿主范围】成虫寄生于黄牛、水牛、山羊的瘤胃。

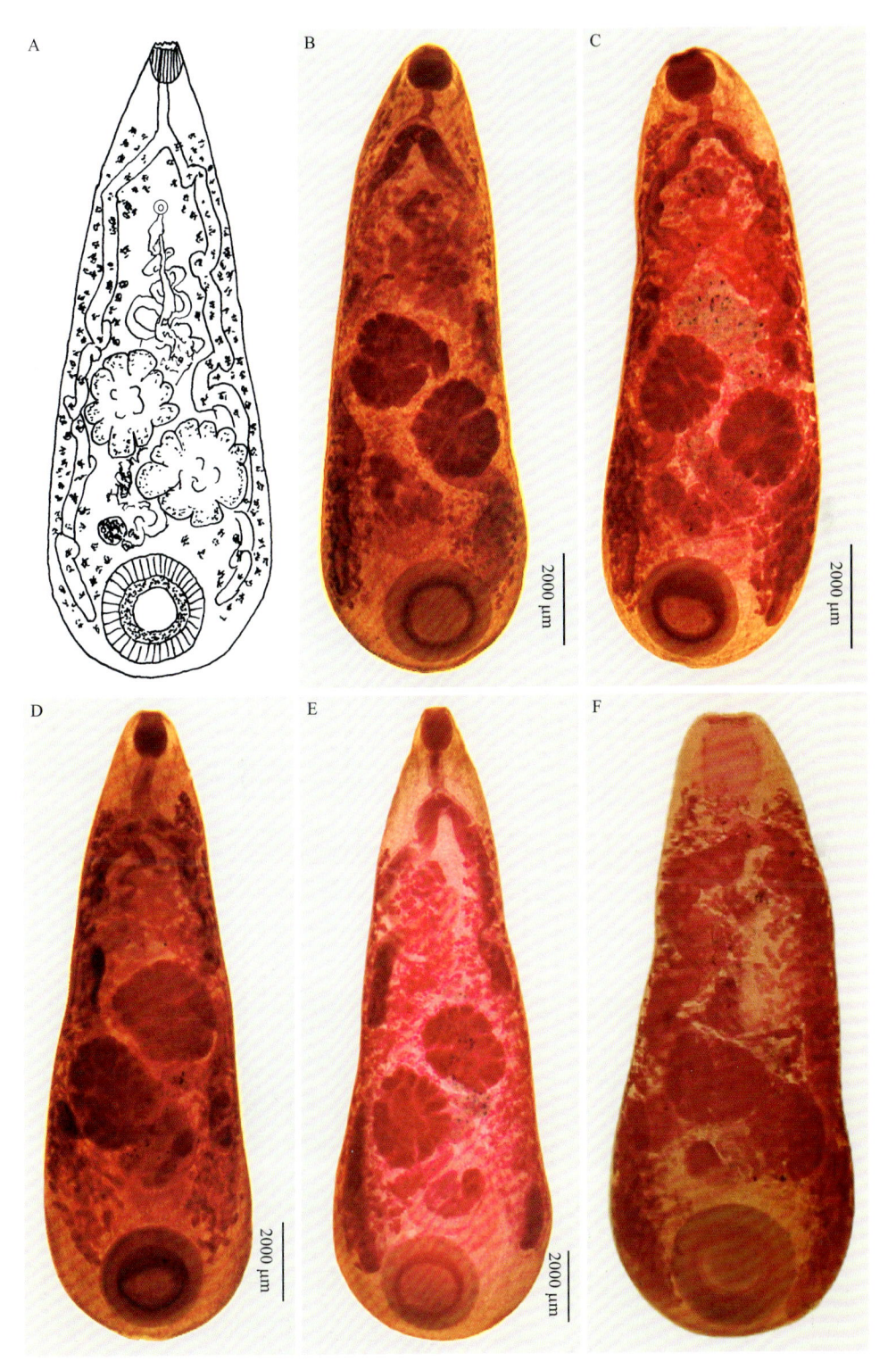

图 121　江岛杯殖吸虫 Calicophoron ijimai
A. 仿 黄德生 等（1996）；B～E. 原图（SHVRI）；F. 原图（SCAU）

【地理分布】广东、广西、贵州、河南、云南。
【形态结构】虫体呈圆锥形，睾丸后处最宽，大小为 13.210～20.840 mm×4.720～6.560 mm，体宽与体长之比为 1∶3。口吸盘位于虫体前端，呈长椭圆形，大小为 1.050～1.400 mm×1.050～1.380 mm，其直径与体长之比为 1∶14。腹吸盘位于虫体末端腹面，大小为 2.100～2.970 mm×2.360～3.060 mm，直径与体长之比为 1∶6.5，口吸盘与腹吸盘大小之比为 1∶2。食道长 1.660 mm，两肠支经 4 或 5 个回旋弯曲，末端伸达腹吸盘的前缘。睾丸边缘具有深分叶，形如花椰菜的花瓣，左右斜列于虫体的后部，左右两睾丸大小基本相当，为 2.275～3.325 mm×2.012～2.925 mm。生殖孔开口于肠分叉之后，生殖乳突呈柱状。卵巢呈球状，位于后睾丸的对侧，大小为 0.778～1.050 mm×0.613～1.050 mm。卵黄腺沿肠支的内外侧分布，前起于肠分叉前缘两侧，后止于腹吸盘的前 1/3 处。子宫弯曲于睾丸的背面，内含多数虫卵。虫卵大小为 91～129 μm×59～70 μm。

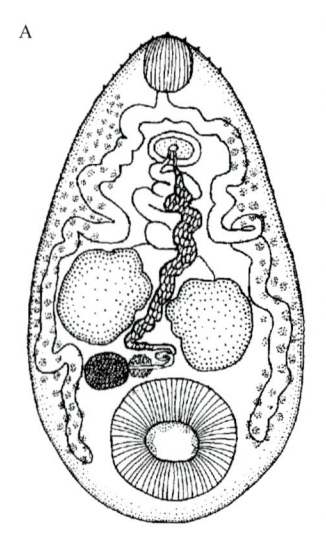

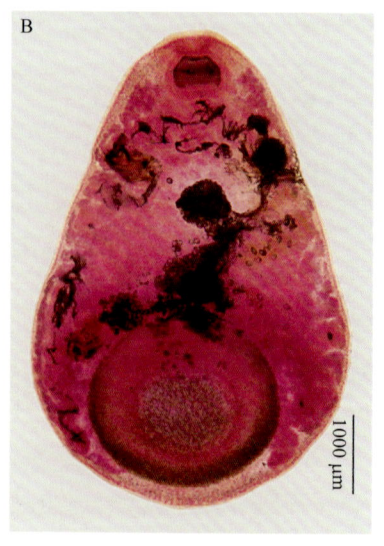

122 绵羊杯殖吸虫　　　　　*Calicophoron ovillum* Wang et Liu, 1977

【关联序号】27.4.6（27.1.6）/157。
【宿主范围】成虫寄生于黄牛、水牛、绵羊、山羊的瘤胃。
【地理分布】安徽、广西、湖北、吉林、四川、云南。
【形态结构】虫体呈梨形，前端稍尖并有小突起，虫体长 7.400～8.100 mm，体宽与体长之比为 1∶1.7。口吸盘呈球形，大小为 0.610～0.710 mm×0.630～0.860 mm。腹吸盘位于虫体亚末端，大小为 1.280～1.780 mm×1.640～2.100 mm，口吸盘与腹吸盘大小之比为 1∶2.4。食道较短，两肠支有 4 或 5 个回旋弯曲，达腹吸盘边缘。睾丸 2 枚，左右斜列于虫体中后部，边缘有浅分瓣，左睾丸大小为 1.270～1.460 mm×1.210～1.810 mm，右睾丸大小为 1.190～1.790 mm×1.270～

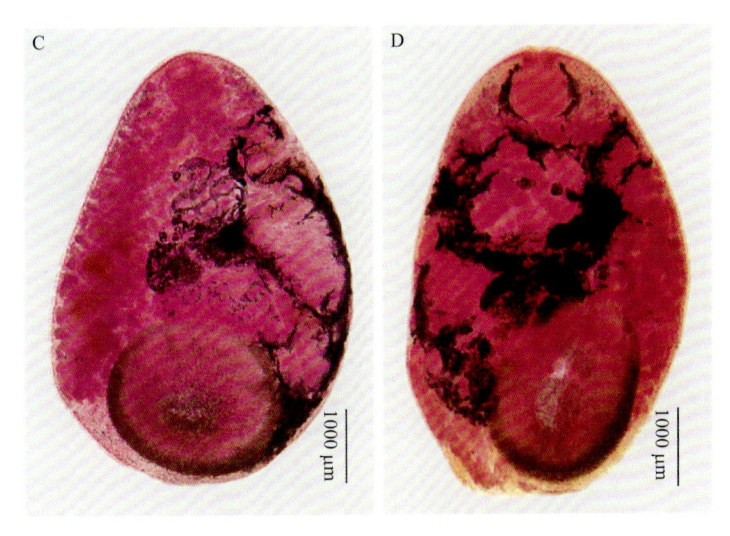

图 122　绵羊杯殖吸虫 *Calicophoron ovillum*
A. 引 黄兵 等（2006）；B~D. 原图（SHVRI）

1.810 mm。生殖孔开口于虫体前 1/4 处，具有发达的生殖盂。卵巢呈类球形，位于左睾丸后方，大小为 0.460~0.470 mm×0.430~0.580 mm。卵黄腺呈颗粒状，分布于两肠支周围，前起于肠叉，后止于腹吸盘边缘。子宫长而弯曲，沿两睾丸之间上升，开口于生殖孔，内含较多虫卵。虫卵大小为 128~136 μm×71~72 μm。排泄囊呈长囊状，排泄孔开口于睾丸后背部，排泄管与劳氏管交叉。

123　斯氏杯殖吸虫　*Calicophoron skrjabini* Popowa, 1937

【关联序号】27.4.7（27.1.7）/158。

【同物异名】斯氏同盘吸虫（*Paramphistomum skrjabini* Popowa, 1937）。

【宿主范围】成虫寄生于黄牛、水牛、牦牛、山羊、羊的瘤胃。

【地理分布】安徽、广东、广西、湖北、四川、西藏、云南、浙江。

【形态结构】虫体呈圆锥形，活体时呈粉红色，固定后为灰白色，表面及前端均具有乳头状小突起，虫体大小为 15.540~21.000 mm×6.825~9.100 mm，后睾丸处最宽，体宽与体长之比为 1:2.4。口吸盘位于虫体前端，呈卵圆形，大小为 1.225~1.400 mm×1.138~1.487 mm，其直径与体长之比为 1:14。腹吸盘位于虫体亚末端，大小为 3.150~4.290 mm×3.320~4.410 mm，其直径与体长之比为 1:4.8，口吸盘与腹吸盘大小之比为 1:2.8。食道长 1.050~1.200 mm，两肠支经 6 个波浪状弯曲，伸达腹吸盘两侧。睾丸发达，呈球形，边缘具有 38~45 个深浅不等的分瓣，斜列于虫体后部，前睾丸大小为 3.220~4.810 mm×3.500~5.600 mm，后睾丸大小为 3.675 mm×5.075 mm。生殖孔开口于肠分叉的后方。卵巢为圆形，位于前睾丸的后方。卵黄腺始自食道两侧，终于腹吸盘边缘，布满虫体的两侧。子宫于两睾丸之间弯曲上升，内含多

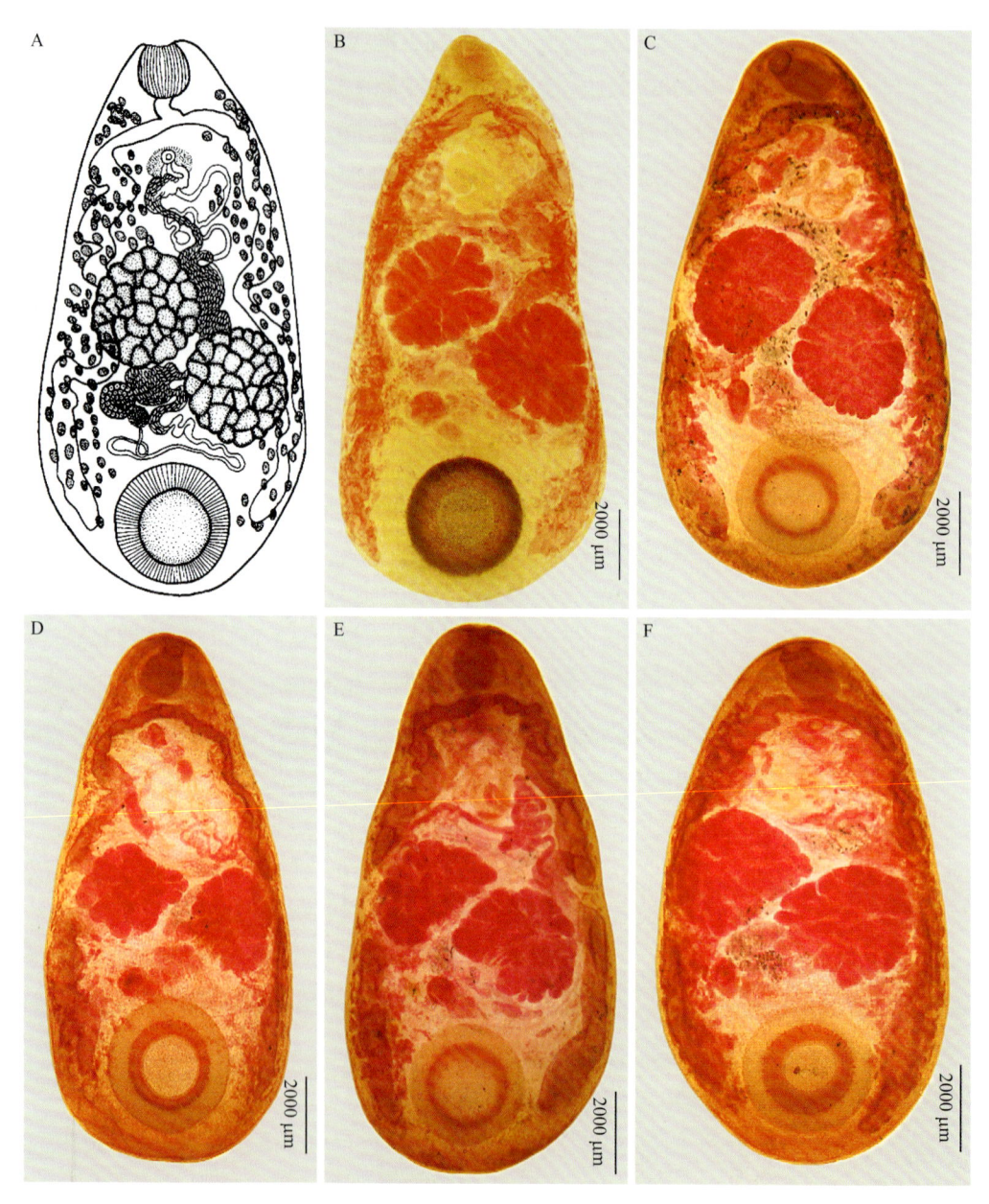

图 123 斯氏杯殖吸虫 *Calicophoron skrjabini*
A. 引蒋学良和周婉丽（2004）；B～F. 原图（SHVRI）

数虫卵。虫卵大小为 115～120 μm×74～98 μm。

124 吴城杯殖吸虫　　　　　*Calicophoron wuchengensis* Wang, 1979

【关联序号】27.4.8（27.1.8）/159。

【**宿主范围**】成虫寄生于黄牛、水牛、山羊的瘤胃。

【**地理分布**】广西、贵州、江西、云南、浙江。

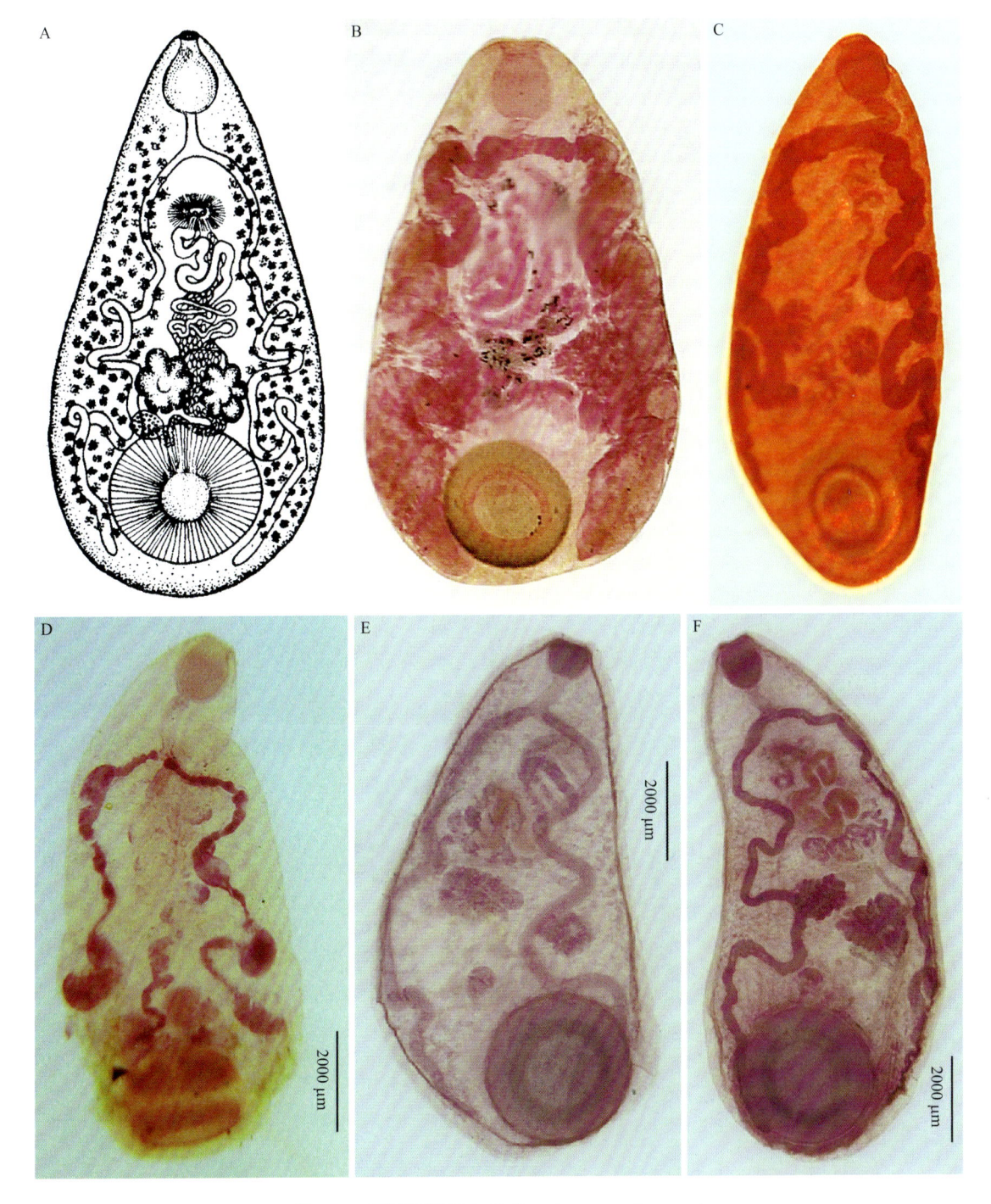

图 124　吴城杯殖吸虫 *Calicophoron wuchengensis*
A. 引 张峰山 等（1986d）；B，C. 原图（SCAU）；D. 原图（SASA）；E，F. 原图（ZAAS）

【形态结构】虫体细短，略呈圆锥形，活体时粉红色，固定后呈乳白色，体表光滑，大小为 5.120～7.000 mm×2.480～3.680 mm，体宽与体长之比为 1∶2。口吸盘略呈卵圆形，位于虫体亚前端，大小为 0.640～0.800 mm×0.640～0.780 mm，其直径与体长之比为 1∶2.8。腹吸盘位于体后亚末端，大小为 1.640～1.920 mm×1.760～2.080 mm，口吸盘与腹吸盘大小之比为 1∶3.8。食道长 0.640 mm，肠支在虫体两侧经 3～5 个回旋和弯曲，其盲端伸达腹吸盘后缘。睾丸呈不规则形，边缘完整或具有浅分瓣，位于虫体后 1/3 处，左右相隔并列或斜列，左睾丸大小为 0.480～0.720 mm×0.400～0.720 mm，右睾丸大小为 0.480～0.640 mm×0.400～0.800 mm。贮精囊肌质发达，经 3 或 4 个弯曲接两性管，开口于生殖腔，生殖孔开口位于肠分叉后方，生殖突具有生殖括约肌和乳头括约肌。卵巢呈卵圆形，位于腹吸盘前缘，大小为 0.272～0.400 mm×0.270～0.400 mm。卵黄腺分布于虫体两侧，自食道两侧开始，沿虫体两侧向后伸达至腹吸盘后缘水平。子宫长而弯曲，自卵巢开始经两睾丸背后至生殖腔，内含多数虫卵。虫卵大小为 89～99 μm×56～77 μm。

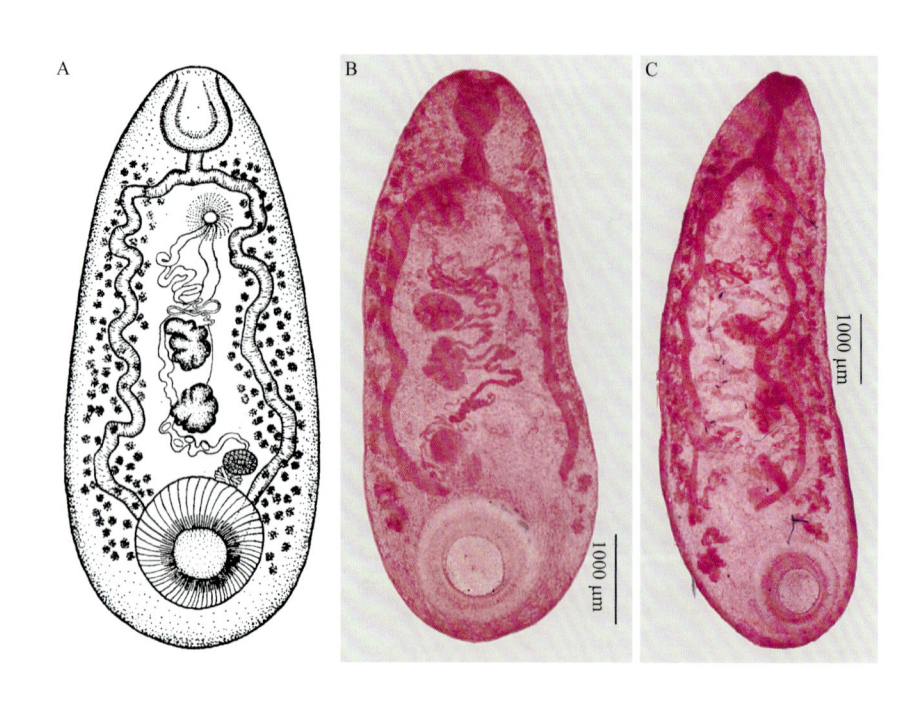

125 浙江杯殖吸虫 *Calicophoron zhejiangensis* Wang, 1979

【关联序号】27.4.9（27.1.10）/160。
【宿主范围】成虫寄生于黄牛、水牛、山羊的瘤胃。
【地理分布】重庆、广西、贵州、湖南、四川、浙江。
【形态结构】虫体灰白色，似圆柱状，前端稍狭，后端钝圆，微向腹面弯曲，大小为 4.550～

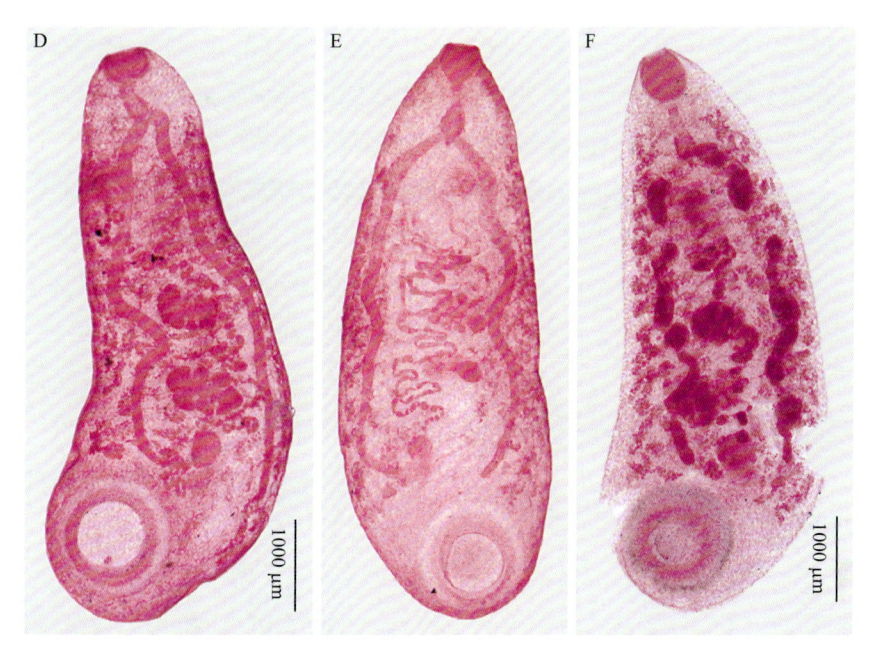

图 125　浙江杯殖吸虫 *Calicophoron zhejiangensis*
A. 引 张峰山 等（1986d）；B～F. 原图（SHVRI）

5.680 mm×1.920～1.570 mm。口吸盘呈扁球形，位于虫体前端，大小为 0.537～0.630 mm× 0.613～0.655 mm，其直径与体长之比为 1∶8.2～1∶10.2。腹吸盘呈圆盘状，位于虫体亚末端，大小为 1.190～1.525 mm×0.190～1.488 mm，其直径与体长之比为 1∶3.3～1∶4.0。食道短，长 0.280～0.525 mm，两肠支具有 6～8 个弯曲，末端达腹吸盘中部或后缘。睾丸 2 枚，前后排列于虫体中部，呈浅分叶，前睾丸大小为 0.385～0.525 mm×0.350～0.700 mm，后睾丸大小为 0.350～0.535 mm×0.350～0.875 mm。生殖孔开口于肠叉下方，生殖腔直径约为 0.50 mm。卵巢呈椭圆形，位于腹吸盘的左上方，大小为 0.280～0.350 mm×0.175～0.350 mm。卵黄腺由滤泡团块组成，数量较多，不规则地分布于虫体两侧肠支的内外，前到口吸盘下方，后到腹吸盘中部。子宫弯向一侧，沿两睾丸同侧上升，开口于生殖孔。虫卵大小为 98～112 μm×56～63 μm。

5.2　锡叶属

Ceylonocotyle Näsmark, 1937

【同物异名】直肠属（*Orthocoelium* Stiles et Goldberger, 1910）；类同盘属（*Paramphistomoides* Yamaguti, 1958）；拟同盘属（*Pseudoparamphistoma* Yamaguti, 1958）；同盘叶属（*Paramphistomacotyle* Mehre, 1980）。

【宿主范围】成虫寄生于牛科和鹿科动物的瘤胃。

【形态结构】虫体小到中型，呈圆锥形到长卵圆形，在口孔、生殖孔周围及其他部位常有体表乳突。口吸盘端位，无后盲囊。腹吸盘小，位于亚末端的腹面，口吸盘与腹吸盘的大小之比为1∶1.2～1∶2.6。食道后部有或无食道球，两肠支较直或呈波浪状，伸至腹吸盘的前缘。睾丸呈圆球形或边缘有浅裂，前后排列。贮精囊弯曲，前列腺部发达，无雄茎囊，生殖孔位于肠叉或肠叉之后。卵巢和梅氏腺位于睾丸之后、腹吸盘的背侧，劳氏管常开口于卵巢后水平。卵黄腺分布于虫体两侧。子宫沿睾丸背面弯曲上升至两性管。排泄囊为袋状或长袋状，与劳氏管平行不交叉，开口于腹吸盘的背面。模式种：直肠锡叶吸虫［*Ceylonocotyle orthocoelium* Fischoeder, 1901］。

［注：Jones等（2005）将锡叶属（*Ceylonocotyle* Näsmark, 1937）作为直肠属（*Orthocoelium* Stiles et Goldberger, 1910）的同物异名。］

126 短肠锡叶吸虫　　　　　　　*Ceylonocotyle brevicaeca* Wang, 1966

【关联序号】27.5.1（27.2.1）/161。

【宿主范围】成虫寄生于水牛的瘤胃。

【地理分布】重庆、广东、广西、贵州、四川、浙江。

【形态结构】虫体细小呈纺锤形，大小为2.400～3.000 mm×0.910～1.080 mm。口吸盘位于虫体前端，大小为0.230～0.320 mm×0.240～0.340 mm。腹吸盘大小为0.317～0.384 mm×0.314～0.426 mm，口吸盘与腹吸盘大小之比为1∶1.23。食道呈瓶状，长0.524～0.623 mm，两肠支短而直，止于后睾丸前缘。睾丸2枚，呈球形或不规则形，前后排列于虫体后半部，前睾丸大小为0.384～0.462 mm×0.347～0.481 mm，后睾丸大小为0.379～0.436 mm×0.348～0.443 mm。生殖孔开口于肠支后方。卵巢呈球形，位于后睾丸后方，大小为0.136～0.168 mm×0.140～0.168 mm。卵黄腺呈滤泡状，分布于虫体两侧，前起于食道中部，后止于后睾丸边缘。子宫盘曲简单，位于睾丸背侧，内含虫卵较少。虫卵大小为92～121 μm×56～78 μm。排泄管开口于虫体背部，与劳氏管平行不交叉。

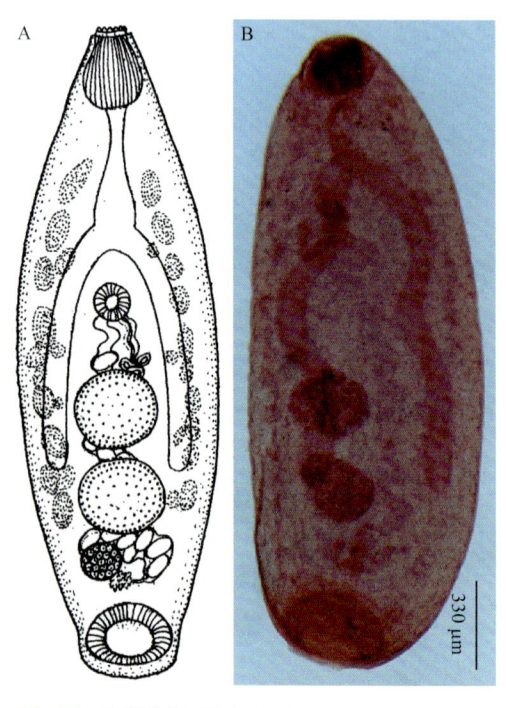

图126　短肠锡叶吸虫 *Ceylonocotyle brevicaeca*
A. 引黄兵等（2006）；B. 原图（SHVRI）

127　陈氏锡叶吸虫　　　　　　　　　　　　　　　*Ceylonocotyle cheni* Wang, 1966

【关联序号】27.5.2（27.2.2）/162。
【宿主范围】成虫寄生于黄牛、水牛、山羊、羊的瘤胃。
【地理分布】安徽、重庆、福建、广东、广西、贵州、江西、青海、四川、云南、浙江。
【形态结构】虫体呈卵圆形，大小为 3.120～6.710 mm×2.400～2.700 mm。口吸盘类球形，位于虫体前端，大小为 0.320～0.450 mm×0.350～0.510 mm。腹吸盘类球形，位于虫体后端，大小为 0.780～0.930 mm×0.890～0.920 mm，口吸盘与腹吸盘的大小之比为 1∶2。食道短，两肠支各有 3 或 4 个回旋弯曲，止于腹吸盘中部外缘。睾丸 2 枚，呈类长方形，边缘完整或有浅分瓣，前后排列于虫体中部，前睾丸大小为 0.420～0.740 mm×1.070～1.090 mm，后睾丸大小为

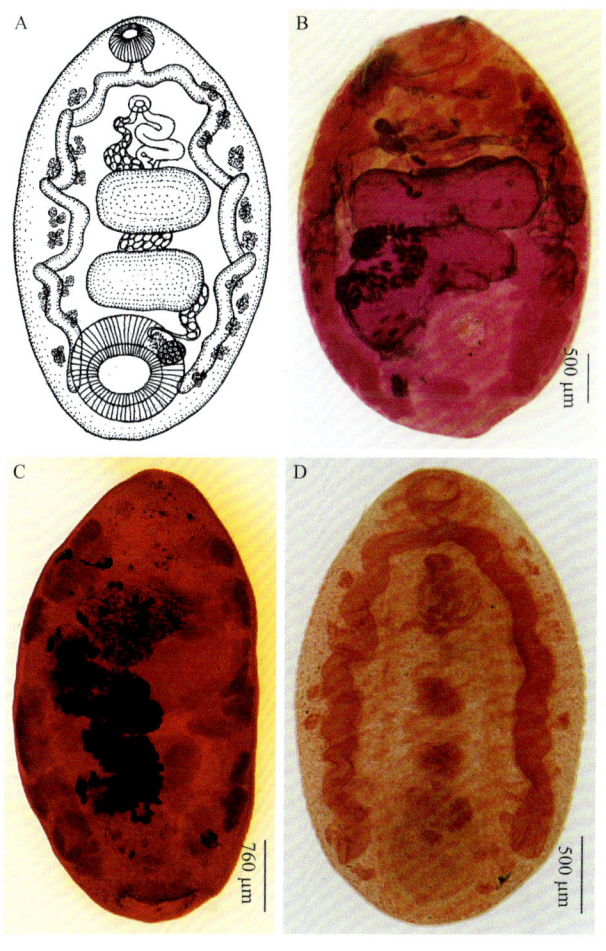

图 127　陈氏锡叶吸虫 *Ceylonocotyle cheni*
A. 引 黄兵 等（2006）；B～D. 原图（SHVRI）

0.660~0.810 mm×1.060~1.150 mm。生殖孔开口于肠叉后方。卵巢呈球形或卵圆形，位于后睾丸的后缘，大小为 0.190~0.230 mm×0.240~0.270 mm。卵黄腺分布于虫体两侧，前起于肠叉，后止于腹吸盘中部。子宫长而弯曲，内含虫卵。虫体大小为 136~158 μm×89~107 μm。排泄管开口于虫体背面，与劳氏管平行不交叉。

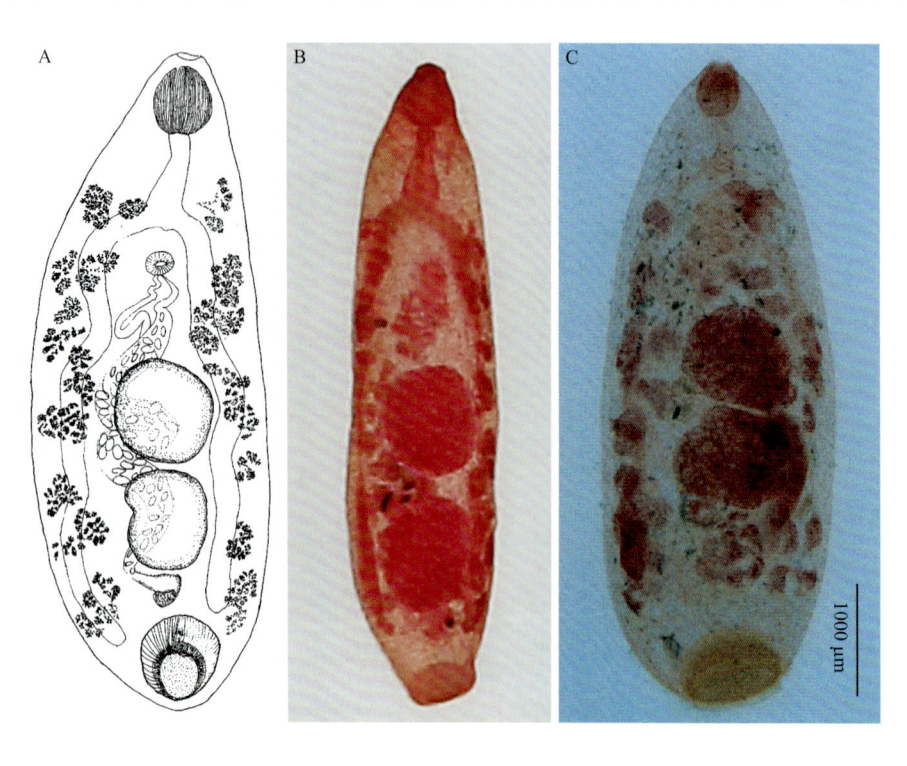

128 双叉肠锡叶吸虫　　*Ceylonocotyle dicranocoelium* (Fischoeder, 1901) Näsmark，1937

【关联序号】27.5.3（27.2.3）/163。
【宿主范围】成虫寄生于黄牛、水牛、绵羊、山羊的瘤胃。
【地理分布】安徽、重庆、福建、广东、广西、贵州、河南、湖南、江西、青海、陕西、四川、云南、浙江。
【形态结构】虫体细小，略呈圆锥形，乳白色，体背部隆起，腹面稍扁平，体表光滑，体壁薄而透明，大小为 2.800~6.800 mm×1.600~1.820 mm。口吸盘略呈球形，位于虫体亚前端，大小为 0.400~0.450 mm×0.320~0.360 mm，其直径与体长之比为 1:1.6。腹吸盘发达，位于虫体亚末端，大小为 0.680~0.800 mm×0.720~0.800 mm。腹吸盘直径与体长之比为 1:8，口吸盘与腹吸盘大小之比为 1:1.7。食道长 0.460~0.480 mm，肠支较短且呈微波浪状弯曲，肠盲端伸达卵巢水平外侧。睾丸略呈球形，边缘完整或具有浅分瓣，位于虫体后 1/2 前半部，前后

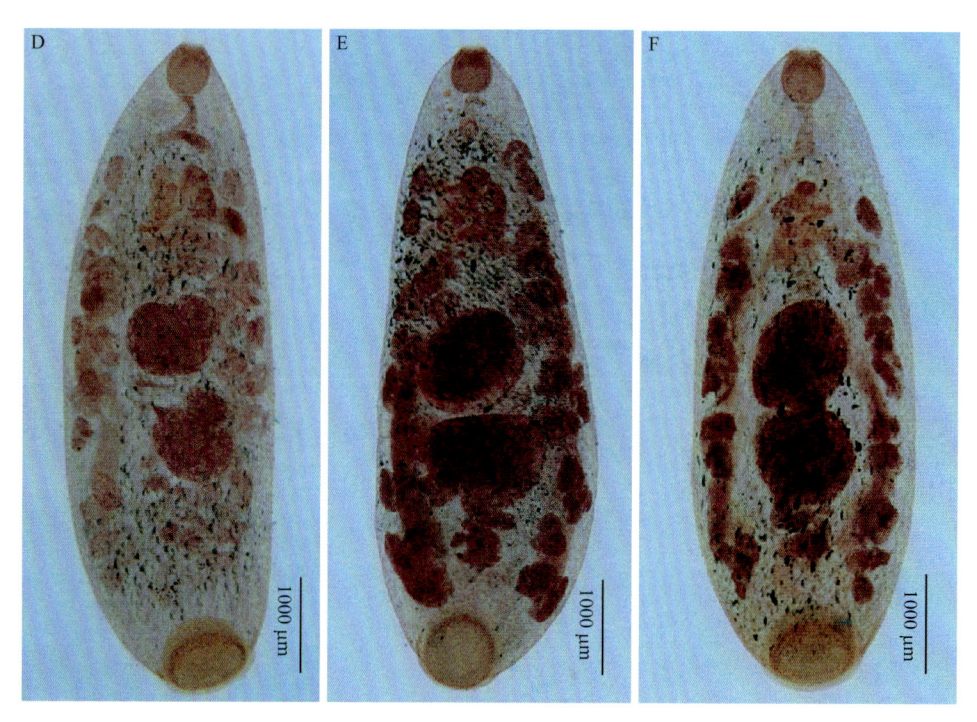

图 128　双叉肠锡叶吸虫 *Ceylonocotyle dicranocoelium*
A. 引黄兵等（2006）；B～F. 原图（SHVRI）

排列，前睾丸大小为 0.750～0.960 mm×0.880～0.960 mm，后睾丸大小为 0.800～0.950 mm×0.880～1.120 mm。贮精囊短，经 3～5 个弯曲接两性管，开口于生殖腔，生殖孔开口于肠分叉后方，具有生殖括约肌。卵巢位于后睾丸与腹吸盘之间，呈球形，大小为 0.240 mm×0.260 mm。卵黄腺呈块状，分布于体两侧，起于食道后端，止于腹吸盘水平处。子宫长而弯曲，自卵巢开始经两睾丸背后至生殖腔开口，内含多数虫卵。虫卵大小为 134～144 μm×68～72 μm。

129　长肠锡叶吸虫　*Ceylonocotyle longicoelium* Wang, 1977

【关联序号】27.5.4（27.2.4）/164。

【宿主范围】成虫寄生于黄牛、水牛、山羊的瘤胃。

【地理分布】重庆、福建、广东、贵州、四川、云南、浙江。

【形态结构】虫体呈卵圆形，乳白色，大小为 6.400～6.800 mm×3.200～3.400 mm。口吸盘呈球形，位于虫体亚前端，大小为 0.560～0.640 mm×0.680～0.720 mm。腹吸盘呈盘形，位于虫体亚末端，大小为 1.200～1.280 mm×1.280～1.320 mm。口吸盘直径与体长之比为 1∶8，腹吸盘直径与体长之比为 1∶5.2，口吸盘与腹吸盘大小之比 1∶1.2。食道长 0.400～0.560 mm，肠支经十余道弯曲，伸达腹吸盘水平外侧。睾丸形状不规则，边缘完整或具有浅分瓣，位于虫体中部，前后排列，前睾丸大小为 0.720～0.880 mm×1.220～1.280 mm，后睾丸大小为

0.960～1.520 mm×0.980～1.920 mm。贮精囊长，有弯曲，开口于生殖腔，生殖孔开口于肠分叉后方，不具生殖乳头，生殖括约肌不发达。卵巢呈球形，位于后睾丸与腹吸盘之间，大小为 0.320～0.560 mm×0.400～0.420 mm。卵黄腺发达呈块状，分布于虫体两侧，起于肠分叉处，止于腹吸盘中线水平外侧。子宫长而弯曲，自卵巢开始经两睾丸背后至生殖腔开口，内含多数虫卵。虫卵大小为 140～152 μm×76～88 μm。

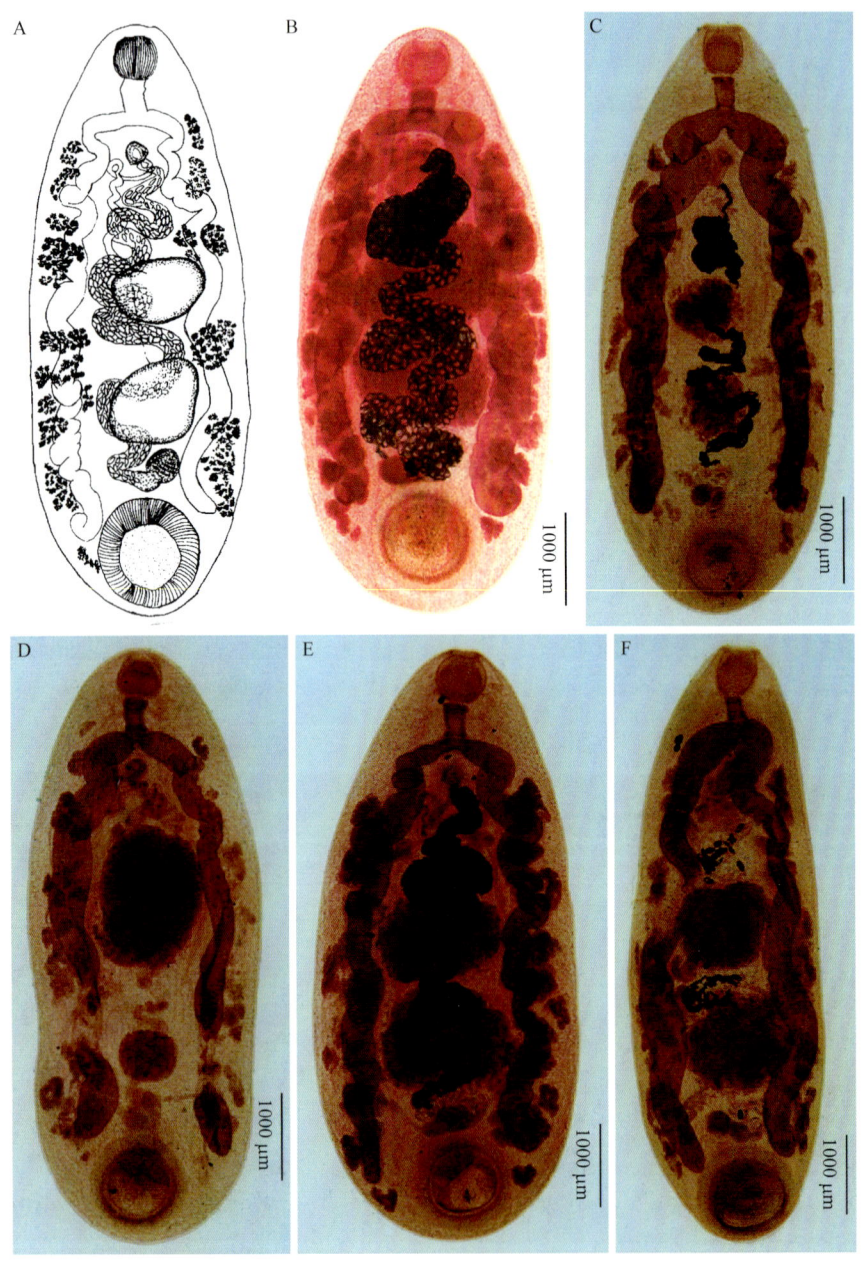

图 129　长肠锡叶吸虫 *Ceylonocotyle longicoelium*
A. 引黄兵等（2006）；B～F. 原图（SHVRI）

130　直肠锡叶吸虫　　*Ceylonocotyle orthocoelium* Fischoeder, 1901

【关联序号】27.5.5（27.2.5）/165。

【宿主范围】成虫寄生于黄牛、水牛、山羊的瘤胃。

【地理分布】重庆、河北、福建、广东、贵州、江苏、上海、四川、云南、浙江。

【形态结构】虫体长圆锥形或圆柱形，前端稍尖，后部钝圆，大小为 7.000～13.800 mm×2.400～3.800 mm。口吸盘呈卵圆形，位于虫体前端，大小为 0.960～1.240 mm×1.120～1.200 mm。腹吸盘呈球形，位于虫体亚末端，大小为 1.600～1.680 mm×1.680～2.280 mm，口吸盘与腹吸盘大小之比为 1∶1.6。食道很长，为 2.000～4.620 mm，围着许多大而明显的细胞。两肠支粗短，在体侧呈直线向后延伸，末端达卵巢边缘。睾丸 2 枚，呈类球形，边缘有浅裂，前后排列于虫体中部稍后，前睾丸大小为 0.600～1.860 mm×0.440～1.760 mm，后睾丸大小为 0.480～1.840 mm×0.320～1.680 mm。生殖孔位于肠叉略前或食道中部的一侧，生殖孔乳头很发达，充满整个生殖腔。卵巢小而圆，位于后睾丸与腹吸盘之间，稍偏于虫体中线，大小为 0.340～0.420 mm×0.420～0.500 mm。梅氏腺为卵圆形，大小与卵巢相近，具劳氏管。卵黄腺滤泡可集合成组，左右排成 1 列，沿两侧肠支分布，起于肠分叉处，止于腹吸盘前缘。子宫盘曲不多，位于两肠支之间，内含少数虫卵。虫卵大小为 122～140 μm×68～80 μm。有排泄囊，排泄管与劳氏管平行不交叉，开口于腹吸盘的背面。

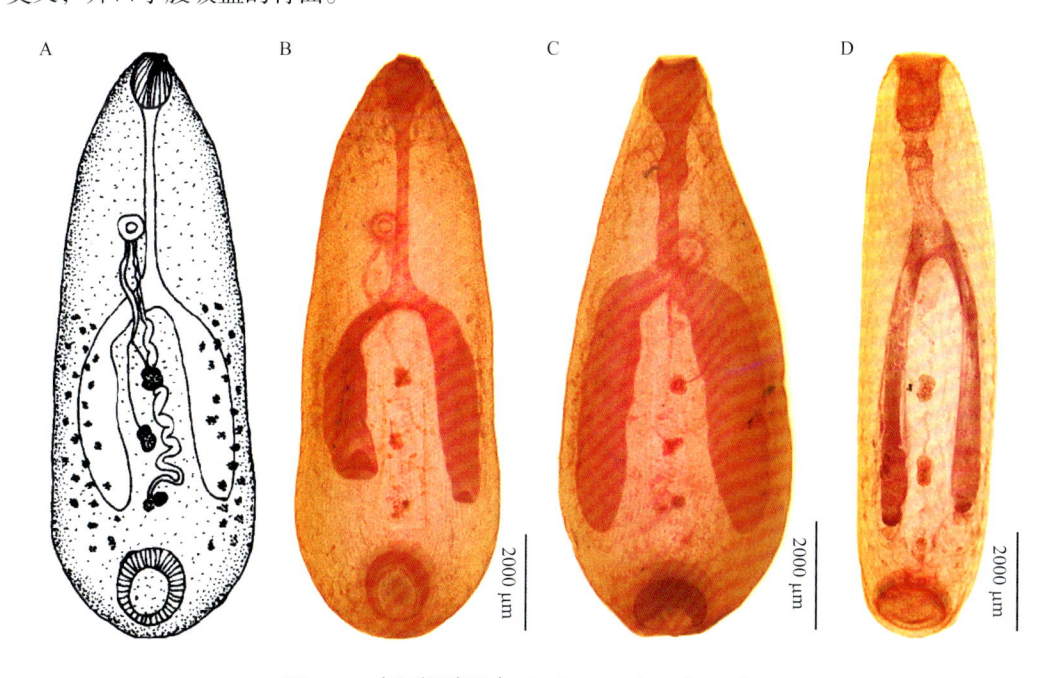

图 130　直肠锡叶吸虫 *Ceylonocotyle orthocoelium*
A. 引 黄兵 等（2006）；B～D. 原图（SHVRI）

131 副链肠锡叶吸虫 *Ceylonocotyle parastreptocoelium* Wang, 1959

【关联序号】27.5.6（27.2.6）/ 166。

【宿主范围】成虫寄生于黄牛、水牛、绵羊、山羊的瘤胃。

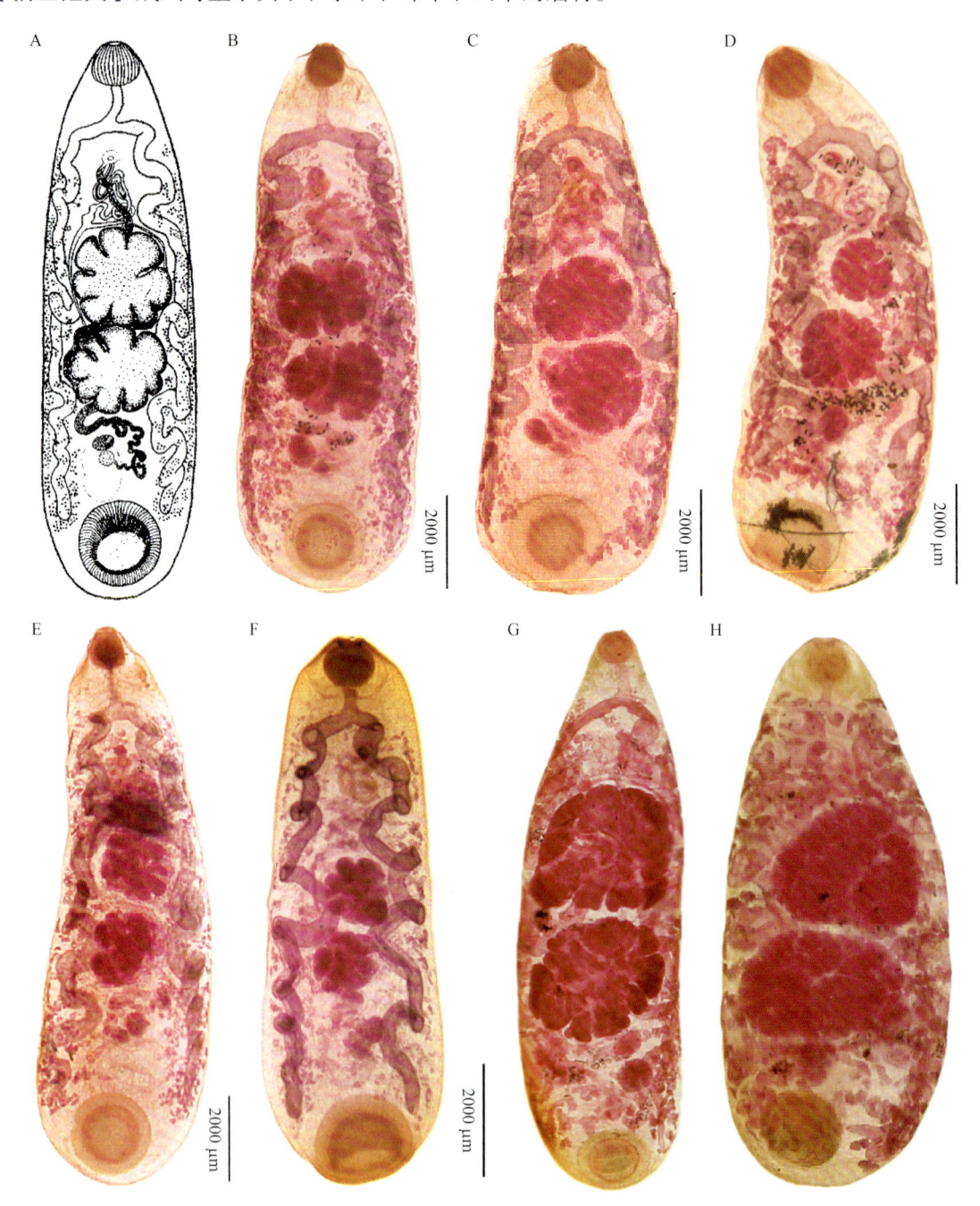

图 131 副链肠锡叶吸虫 *Ceylonocotyle parastreptocoelium*
A. 引 张峰山 等（1986d）；B～F. 原图（SHVRI）；G, H. 原图（SCAU）

【地理分布】重庆、福建、广东、广西、贵州、河南、江西、陕西、四川、云南、浙江。

【形态结构】虫体长圆锥形，前端狭小，后部钝圆，体表光滑，体中部两侧近平行，大小为 13.800～18.500 mm×4.000～5.000 mm，体宽与体长之比为 1∶1.36。口吸盘位于虫体前端，呈椭圆形，大小为 0.880～1.600 mm×1.200～1.600 mm。腹吸盘呈球形，位于虫体后端，大小为 2.080～2.700 mm×2.080～2.920 mm。口吸盘直径与体长之比为 1∶12.2，腹吸盘直径与体长之比为 1∶6.8，口吸盘与腹吸盘大小之比为 1∶1.8。食道稍弯曲，长 0.960～1.200 mm。两肠支甚长，经 7 或 8 个回旋弯曲，盲端伸达腹吸盘边缘。睾丸呈梅花形，前后排列于虫体中部，前睾丸大小为 1.920～3.850 mm×1.920～3.460 mm，后睾丸大小为 1.920～3.460 mm×1.780～3.460 mm。贮精囊短，生殖孔开口于肠分叉的后方。卵巢呈椭圆形，位于后睾丸与腹吸盘之间，大小为 0.480～0.640 mm×0.640～0.780 mm。卵黄腺始自肠分叉处，终于腹吸盘边缘。子宫长而弯曲，内含少数虫卵。虫卵大小为 125～136 μm×65～72 μm。

132 钱江锡叶吸虫　*Ceylonocotyle qianjiangense* Yang, Pan et Zhang, 1989

【宿主范围】成虫寄生于水牛的瘤胃。

【地理分布】浙江。

【形态结构】新鲜虫体为乳白色，正面观呈纺锤形，中间宽，两端逐渐变狭，压片后虫体长 4.000～6.000 mm，最宽处为 1.225～1.904 mm，体宽与体长之比为 1∶3.51。口吸盘位于前端，呈竖椭圆形，大小为 0.350～0.546 mm×0.280～0.434 mm。腹吸盘位于虫体末端，大小为 0.630～0.952 mm×0.420～0.770 mm。口吸盘与腹吸盘之比为 1∶1.76，腹吸盘与体长之比为 1∶6.32。食道微弯曲，长度为 0.280～0.560 mm。两肠支较直或略呈波状，盲端达睾丸后缘至虫体末端的中部为止。睾丸 2 枚，呈球形，边缘光滑无缺刻，前后排列，前睾丸位于虫体中横线上，大小为 0.560～0.980 mm×0.420～0.882 mm，后睾丸大小为 0.776～0.980 mm×0.462～0.910 mm。生殖孔开口于肠叉之下。卵巢呈椭圆形，位于后睾丸后方与腹吸盘之间，大小为 0.210～0.420 mm×0.280～0.430 mm。卵黄腺集合成团块状，团块呈椭圆形或不规则形，分布于虫体两侧，前方始于肠叉稍后，向后伸达肠支盲端附近。子宫位于虫体背侧，沿中线附近弯曲上升，内含少数虫卵。虫卵为椭圆形，一端有卵盖，大小为 112～149 μm×70～77 μm。

图 132　钱江锡叶吸虫
Ceylonocotyle qianjiangense
引 杨继宗 等（1989）

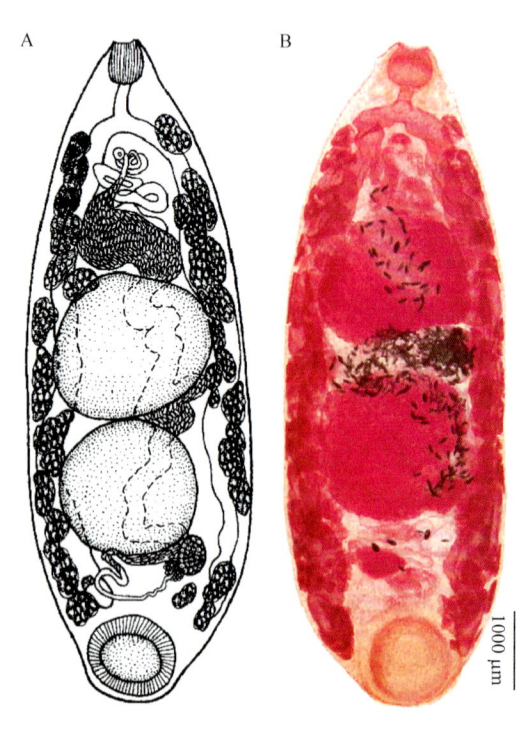

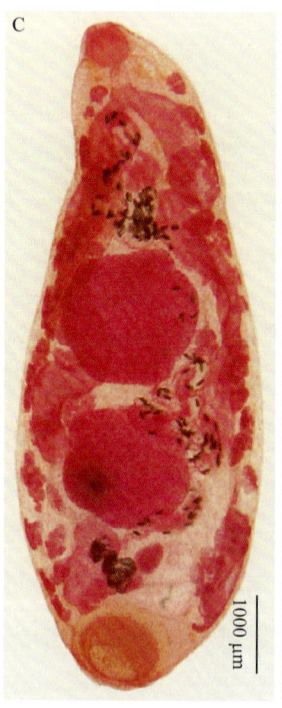

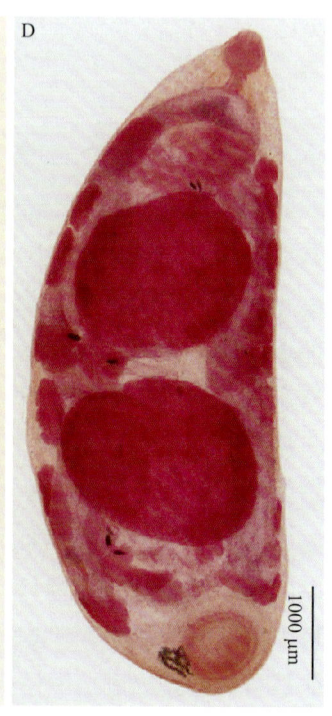

133 侧肠锡叶吸虫　　*Ceylonocotyle scoliocoelium* (Fischoeder, 1904) Näsmark, 1937

【关联序号】27.5.7（27.2.7）/ 167。

【同物异名】偏肠锡叶吸虫。

【宿主范围】成虫寄生于黄牛、水牛、绵羊、山羊的瘤胃。

【地理分布】安徽、重庆、福建、广东、广西、贵州、河南、陕西、四川、云南、浙江。

【形态结构】虫体乳白色，呈棱形，背部微隆起，腹面稍平，大小为 5.800～8.200 mm×2.200～3.300 mm。口吸盘呈球形，大小为 0.450～0.560 mm×0.400～0.560 mm。腹吸盘略呈球形，大小为 1.020～1.200 mm×1.080～1.390 mm。口吸盘直径与体长之比为 1：14，腹吸盘直径与体长之比为 1：6，口吸盘与腹吸盘大小之比为 1：2.3。食道短，其长度为 0.400～0.560 mm，具肌质食道球。两肠支具有弯曲，伸达后睾丸与腹吸盘之间。睾丸发达呈球形，边缘完整，或具浅瓣，前后相接排列，前睾丸大小为 0.880～1.520 mm×1.280～2.240 mm，后睾丸大小为 0.850～1.920 mm×1.440～2.080 mm。贮精囊长而弯曲，开口于生殖腔，生殖孔开口于肠叉后方，生殖括约肌发达，形成生殖吸盘，其直径为 0.240～0.390 mm。卵巢位于后睾丸后缘，呈球形，大小为 0.320～0.560 mm×0.400～0.420 mm。梅氏腺位于卵巢后缘。卵黄腺起于肠分叉处，止于腹吸盘的前缘，呈块状散布。子宫长而弯曲，自卵巢开始经两睾丸背后至生殖腔开口，内含多数虫卵。虫卵大小为 134～147 μm×74～80 μm。

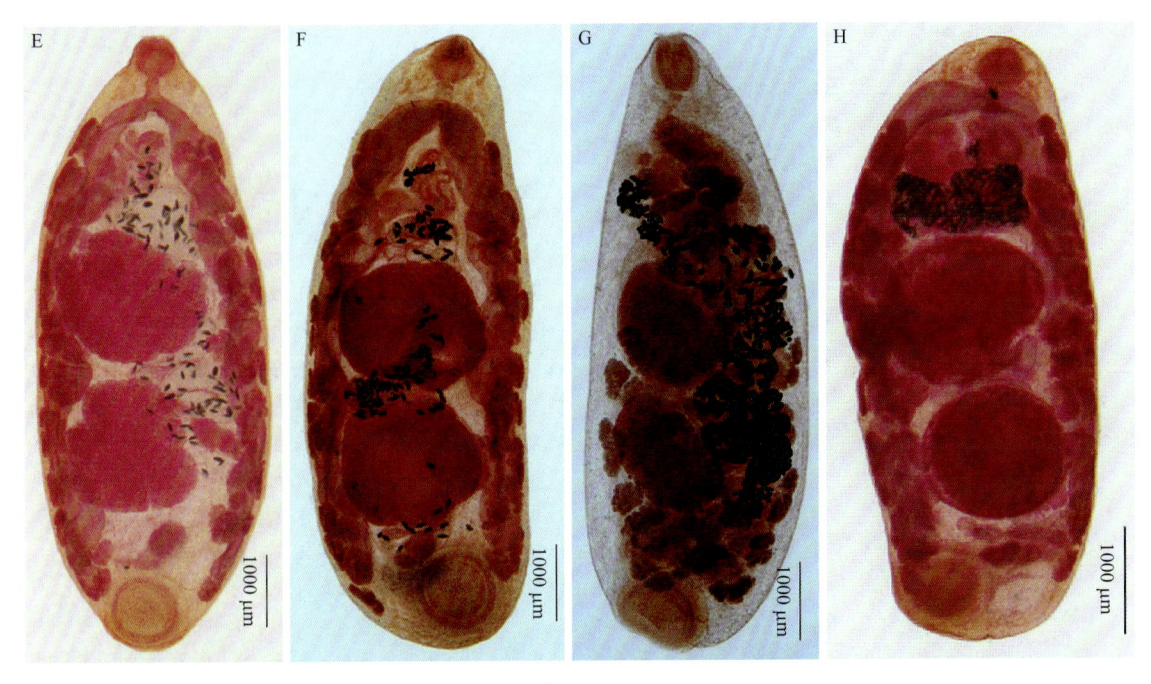

图 133 侧肠锡叶吸虫 *Ceylonocotyle scoliocoelium*
A. 引 蒋学良和周婉丽（2004）；B～H. 原图（SHVRI）

134 弯肠锡叶吸虫　　　*Ceylonocotyle sinuocoelium* Wang, 1959

【关联序号】27.5.8（27.2.8）/168。

【宿主范围】成虫寄生于黄牛、水牛、绵羊、山羊的瘤胃。

【地理分布】安徽、重庆、福建、广东、广西、贵州、四川、云南、浙江。

【形态结构】虫体细小，呈乳白色，体前部狭小，后端钝圆，体表光滑，体壁肌质薄而透明，体长 3.600～6.000 mm，体宽 1.600～1.800 mm。口吸盘呈长梨形，大小为 0.640～0.720 mm×0.480～0.520 mm。腹吸盘位于虫体末端，大小为 0.500～0.640 mm×0.800～0.880 mm。口吸盘直径与体长之比为 1∶8，腹吸盘直径与体长之比为 1∶6.8，口吸盘与腹吸盘大小之比为 1∶1.2。食道长 0.260～0.400 mm，食道壁薄。肠支长，具有弯曲，初向后，转而向前再向后弯曲，如此经 3 个弯曲后，再向内外弯曲 4～6 次，直到前睾丸之后弯曲稍缓，肠盲端伸达后睾丸与腹吸盘之间水平外侧。睾丸略呈球形，边缘完整，不分瓣，位于虫体后半部，前后排列，前睾丸大小为 0.640～0.820 mm×0.640～0.720 mm，后睾丸大小为 0.720～0.800 mm×0.640～0.660 mm。贮精囊短而有波状弯曲，开口于生殖腔，生殖孔开口于肠分叉后方，具生殖乳头，无生殖括约肌。卵巢位于后睾丸后缘，略呈球形，大小为 0.320～0.560 mm×0.400～0.420 mm。卵黄腺呈块状，分布于肠管外侧，前自第一肠弯曲处开始，后至睾丸后缘。子宫长而弯曲，自

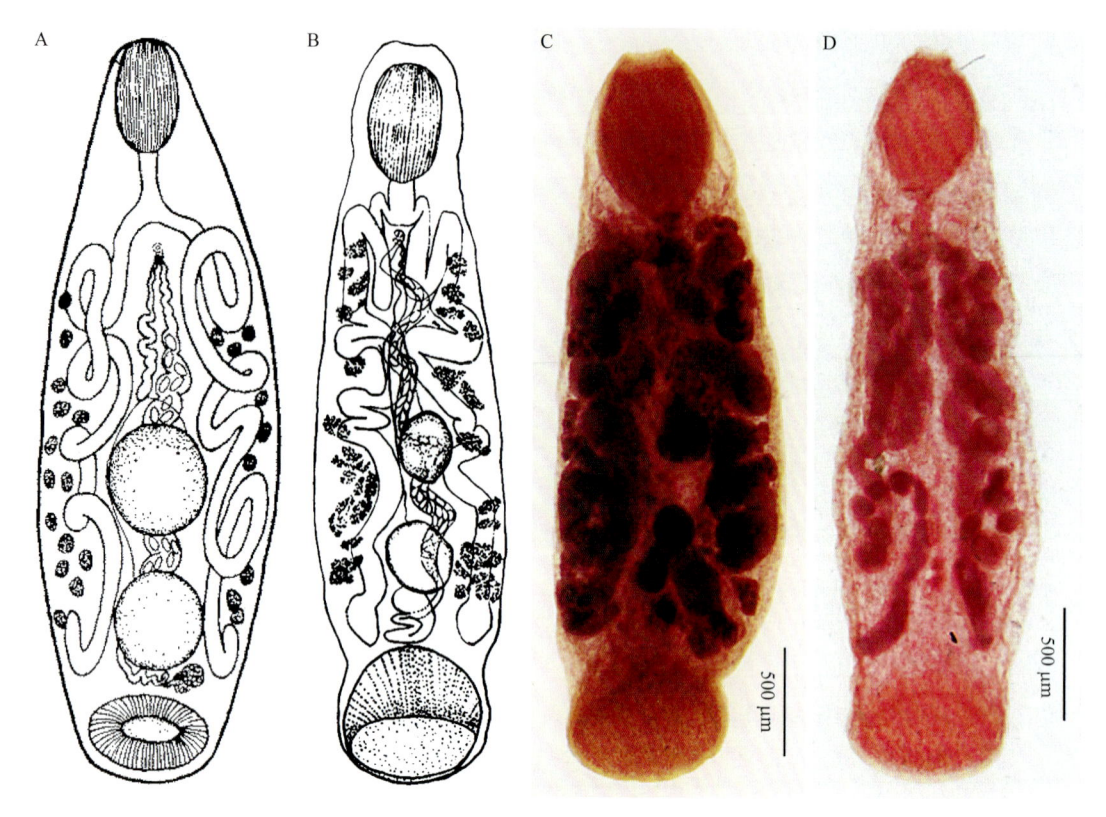

图 134 弯肠锡叶吸虫 *Ceylonocotyle sinuocoelium*
A. 引张峰山等（1986d）；B. 引黄兵等（2006）；C, D. 原图（SHVRI）

卵巢开始经两睾丸背后至生殖腔开口，内含多数虫卵。虫卵大小为 140～146 μm×68～72 μm。

135 链肠锡叶吸虫 *Ceylonocotyle streptocoelium* (Fischoeder, 1901) Näsmark, 1937

【关联序号】27.5.9（27.2.9）/169。

【宿主范围】成虫寄生于黄牛、水牛、牦牛、绵羊、山羊的瘤胃。

【地理分布】安徽、重庆、福建、广东、广西、贵州、河南、江西、四川、云南、浙江。

【形态结构】虫体近似棱形，乳白色，体背部隆起弯向腹面，体表光滑，体长 3.600～6.000 mm，体宽 1.600～1.800 mm。口吸盘呈球形，大小为 0.640～0.720 mm×0.480～0.520 mm。腹吸盘位于虫体亚末端，大小为 0.500～0.640 mm×0.800～0.880 mm。口吸盘直径与体长之比为 1∶8，腹吸盘直径与体长之比为 1∶6.8，口吸盘与腹吸盘大小之比 1∶1.2。食道长 0.260～0.400 mm，壁薄。肠支长，具有弯曲，经 3～6 道弯曲，肠盲端伸达卵巢与腹吸盘之间水平外侧。睾丸略呈球形，边缘完整或具有浅分瓣，位于虫体中部，前后排列，前睾丸大小为 0.640～0.820 mm×0.640～0.720 mm，后睾丸大小为 0.720～0.800 mm×0.640～0.660 mm。贮精囊短，

| 5 同盘科 | **183**

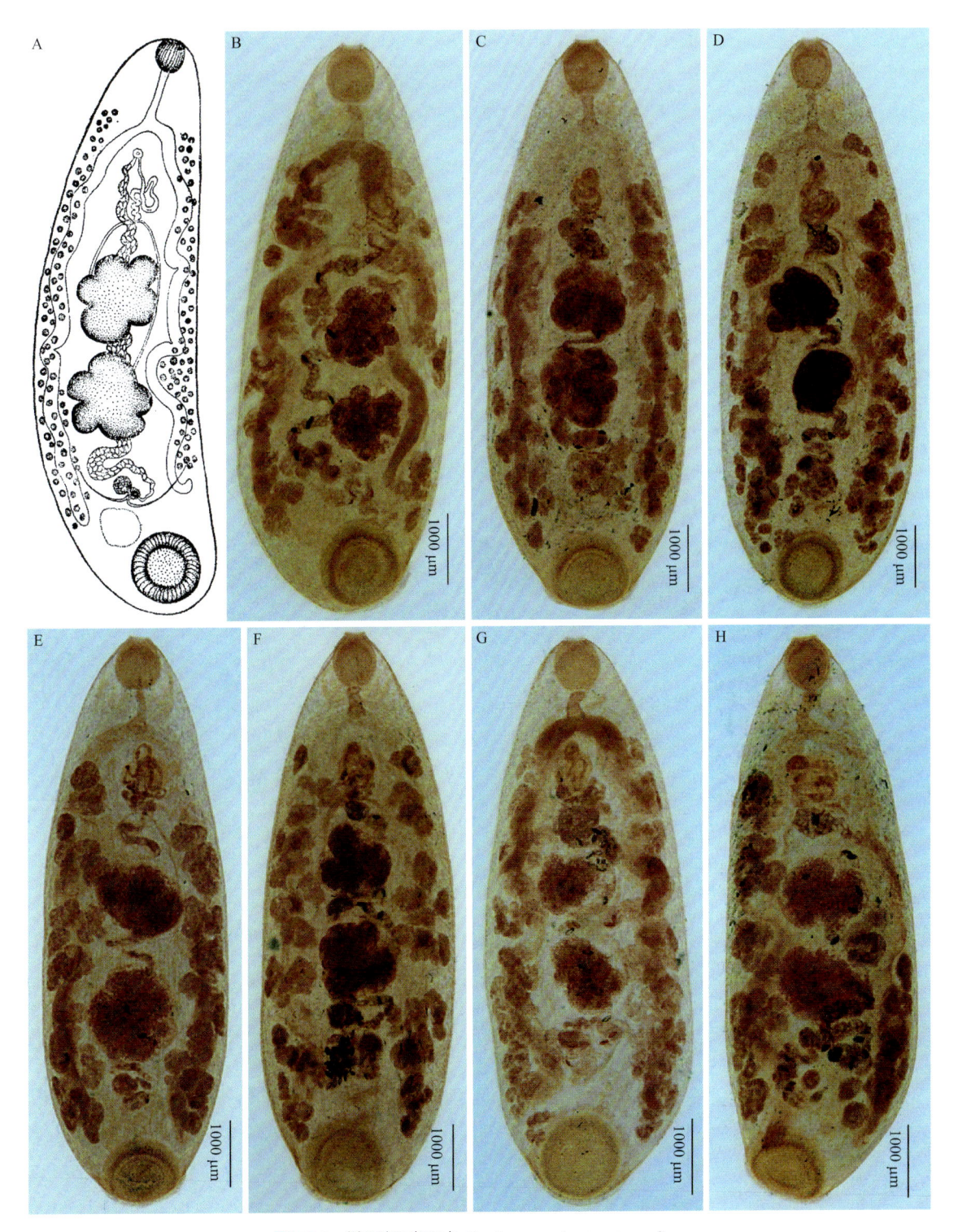

图135 链肠锡叶吸虫 *Ceylonocotyle streptocoelium*
A. 引王溪云和周静仪（1993）；B～H. 原图（SHVRI）

开口于生殖腔，生殖孔开口于肠分叉后方，具生殖乳头和生殖括约肌。卵巢呈球形，位于后睾丸与腹吸盘之间，大小为 0.320~0.560 mm×0.400~0.420 mm。卵黄腺发达呈块状，分布于体两侧，起于食道后端，止于肠盲端。子宫长而弯曲，自卵巢开始经两睾丸背后至生殖腔开口，内含多数虫卵。虫卵大小为 140~146 μm×68~72 μm。

136 台州锡叶吸虫 *Ceylonocotyle taizhouense* Yang, Pan et Zhang, 1989

【宿主范围】成虫寄生于水牛的瘤胃。

【地理分布】浙江。

【形态结构】虫体乳白色，椭圆形，大小为 2.800~4.500 mm×1.400~2.500 mm，体宽与体长之比为 1∶1.87。口吸盘位于虫体亚前端，横径大于竖径，大小为 0.280~0.420 mm×0.350~0.518 mm。腹吸盘呈球形，位于虫体亚末端的腹面，大小为 0.364~0.840 mm×0.462~0.910 mm。口吸盘与腹吸盘之比为 1∶1.72，腹吸盘与体长之比为 1∶6.06。食道很短，长 0.070~0.112 mm。肠支分叉处极细，呈肩状，分叉后变宽大，其盲端达腹吸盘两侧。肠支粗、宽、直是本种的特征。睾丸 2 枚，呈球形或椭圆形，边缘有缺刻但不分叶，前后排列于虫体中部，前后睾丸略有间距，形态与大小相差较大，前睾丸大小为 0.378~0.700 mm×0.378~1.260 mm，后睾丸大小为 0.378~0.900 mm×0.406~0.980 mm。卵巢呈球形，位于腹吸盘前缘，大小为 0.175 mm×0.200 mm。卵黄腺聚集成圆形或椭圆形的团块，稀疏的团块分布于虫体两侧，与粗大的肠支重叠，前起于肠叉肩部水平，后止于腹吸盘两侧。子宫沿虫体中线上升到生殖孔，开口于肠叉之后。内含虫卵较少。虫卵大小为 104~140 μm×63~78 μm。

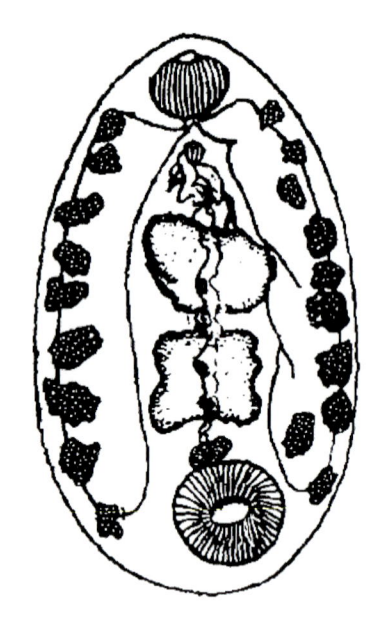

图 136 台州锡叶吸虫
Ceylonocotyle taizhouense
引杨继宗等（1989）

5.3 盘腔属
Chenocoelium Wang, 1966

【宿主范围】寄生于反刍动物的瘤胃。

【形态结构】虫体近似卵圆形或圆锥形，背腹略压扁。口吸盘呈花瓶状，具有显著的括约肌。

腹吸盘位于虫体末端，其直径与体长之比为 1：4.0～1：7.6。缺食道球和食道括约肌。两肠支粗短，直伸至腹吸盘前。睾丸为横椭圆形或类球形，前后排列。生殖孔开口于食道中部，具有生殖括约肌。卵巢位于腹吸盘前部亚中央。卵黄腺粗大，分布于食道至腹吸盘间的虫体两侧。子宫沿体中线弯曲上升至生殖孔。劳氏管与排泄管不交叉。

137 江西盘腔吸虫　　*Chenocoelium kiangxiensis* Wang, 1966

【关联序号】27.7.1（27.3.1）/172。

【同物异名】江西陈腔吸虫。

【宿主范围】成虫寄生于黄牛、水牛、山羊的瘤胃。

【地理分布】安徽、广西、江西、浙江。

【形态结构】虫体为卵圆形，前端狭小，后端钝圆，中后部最宽，大小为 4.160～5.840 mm×2.100～2.480 mm，体宽与体长之比为 1：2.2。口吸盘为椭圆形，位于虫体亚前端，其前具有深的口，口吸盘前半部内缘具有乳突及长椭圆形的括约肌，后半部有小圆形的括约肌，使口和口吸盘外形呈花瓶状，大小为 0.640～1.120 mm×0.560～0.800 mm。腹吸盘位于虫体亚末端的腹面，大小为 0.880～1.440 mm×0.990～1.440 mm。口吸盘与腹吸盘的大小之比为 1：1.5，腹

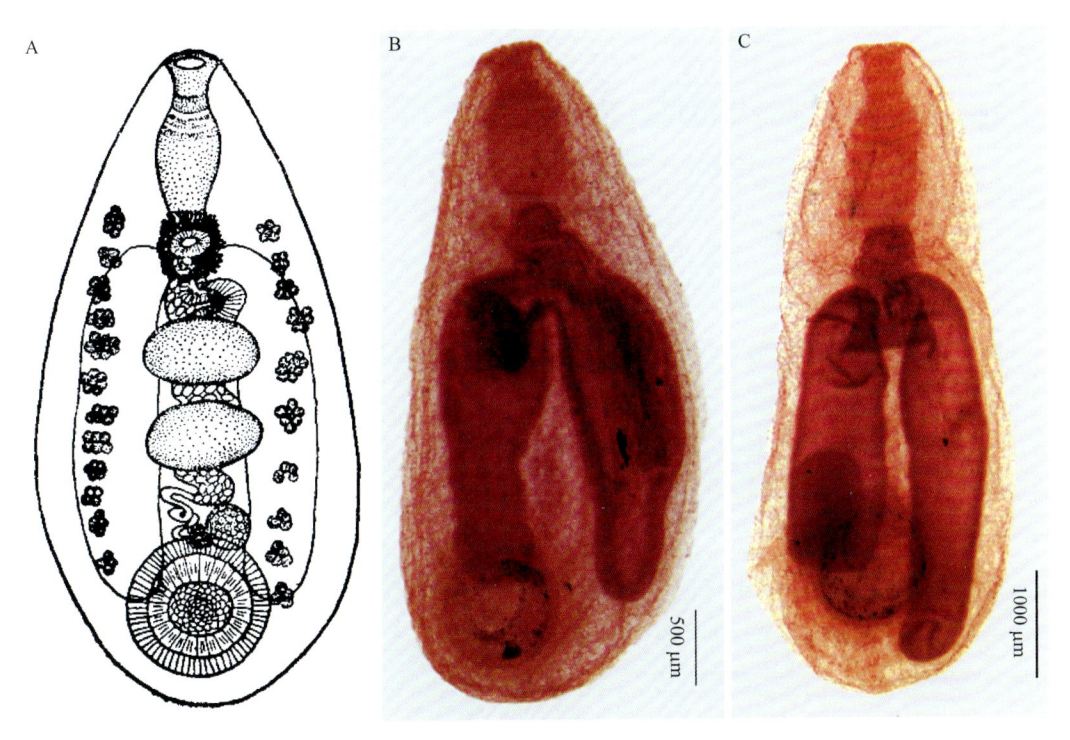

图 137　江西盘腔吸虫 *Chenocoelium kiangxiensis*
A. 引 王溪云和周静仪（1993）；B，C. 原图（SHVRI）

吸盘直径与体长之比为1∶4。食道长0.412~0.640 mm，具有多数腺细胞，无食道球。两肠支粗大短直，向后伸至腹吸盘前缘或中部。睾丸为倒椭圆形，边缘完整，前后排列，前睾丸大小为0.400~0.480 mm×0.490~0.800 mm，后睾丸大小为0.350~0.480 mm×0.510~0.800 mm。贮精囊短，生殖孔开口于食道中部，具有生殖括约肌、生殖乳突和两性乳突。卵巢呈卵圆形或球形，位于腹吸盘前缘，大小为0.260~0.380 mm×0.260~0.400 mm。梅氏腺位于卵巢的下方。卵黄腺的滤泡粗大，自食道前端开始，后至腹吸盘前缘，分布于虫体两侧。子宫弯曲向体中线上升至两性管通出生殖孔，子宫内含多数虫卵。虫卵大小为103~132 μm×66~83 μm。排泄囊呈袋状，排泄管伸向虫体背面开口，与劳氏管平行不交叉。

138 直肠盘腔吸虫 *Chenocoelium orthocoelium* (Fischoeder, 1901) Wang, 1966

【关联序号】27.7.2（27.3.2）/ 。

【同物异名】直肠同盘吸虫（*Paramphistomum orthocoelium* Fischoeder, 1901）；小乳突同盘吸虫（*Paramphistomum parvipapillatum* Stiles et Goldberger, 1910）；中华同盘吸虫（*Paramphistomum chinensis* Hsü, 1935）。

【宿主范围】成虫寄生于黄牛、水牛、山羊的瘤胃。

【地理分布】福建、广东、广西、贵州、江苏、上海、云南、浙江。

【形态结构】虫体呈圆锥形到圆柱形，前端稍窄，后端钝圆，后半部体两侧接近平行，大小为12.000~13.800 mm×2.300~3.800 mm，体宽与体长之比为1∶2.7~1∶3.6。口吸盘呈类圆形，位于虫体前端，大小为0.960~1.240 mm×1.120~1.205 mm。腹吸盘呈半球形，位于虫体末端，大小为1.600~1.680 mm×1.680~2.280 mm。口吸盘直径与体长之比为1∶12，腹吸盘直径与体长之比为1∶7.65，口吸盘与腹吸盘的大小之比为1∶1.6。食道粗而长，可略呈S形弯曲，长达2.800~4.620 mm。两肠支粗大，略有弯曲，沿虫体两侧向后延伸至腹吸盘前缘。睾丸2枚，呈类球形，前后排列于虫体中部略后方，边缘具浅裂，前睾丸大小为1.600~1.860 mm×1.440~1.760 mm，后睾丸大小为1.280~1.840 mm×1.120~1.680 mm。贮精囊长，

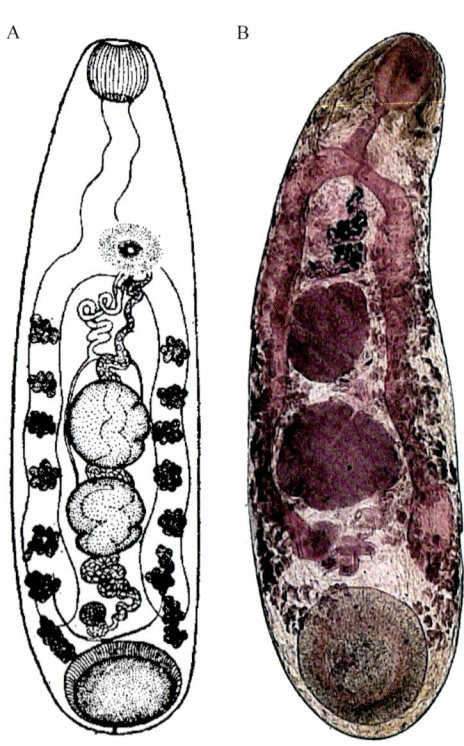

图138 直肠盘腔吸虫
Chenocoelium orthocoelium
A. 引陈心陶（1985）；B. 原图（SCAU）

经3~5个回旋弯曲，接射精管，两性管开口于生殖孔，生殖孔开口于食道基部肠分叉处。卵巢呈类圆形，位于后睾丸与腹吸盘之间，大小为0.640~0.720 mm×0.720~0.800 mm。梅氏腺在卵巢后方。卵黄腺分布于肠支两侧，前至生殖孔的边缘，后达腹吸盘的前缘。子宫多弯曲，沿虫体中线上升至两性管，内含虫卵数少。虫卵大小为122~140 μm×68~80 μm。

5.4 殖盘属

Cotylophoron Stiles et Goldberger, 1910

【宿主范围】寄生于反刍动物的瘤胃，罕见于其他哺乳动物。

【形态结构】虫体为中等大小，呈圆锥形，腹面弯曲或平直，部分种类的体表具小乳头状突起。口吸盘小到中等大小，位于虫体亚前端腹面。食道球有或无，缺食道括约肌。肠支呈背腹弯曲，通常可达腹吸盘中部水平，末端指向背面。睾丸边缘完整或呈不规则的分瓣，位于虫体中部，前后排列或斜列。输精管壁薄，高度卷曲，肌质部发达，前列腺部发育较弱。具生殖吸盘，生殖孔位于腹面体中线上，通常在肠分叉之后。卵巢和梅氏腺位于睾丸之后的亚中央，卵巢为圆形。卵黄腺滤泡分布于肠分支后至腹吸盘间的虫体两侧，在体中线汇合或不汇合。子宫位于睾丸背面，末段位于雄性管的腹面。排泄囊为长袋状，排泄孔开口于腹吸盘中前部水平。模式种：殖盘殖盘吸虫［*Cotylophoron cotylophorum* (Fischoeder, 1901) Stiles et Goldberger, 1910］。

139 殖盘殖盘吸虫

Cotylophoron cotylophorum (Fischoeder, 1901) Stiles et Goldberger, 1910

【关联序号】27.3.1（27.4.1）/148。

【同物异名】殖盘同盘吸虫（*Paramphistomum cotylophorum* Fischoeder, 1901）。

【宿主范围】成虫寄生于骆驼、黄牛、水牛、牦牛、绵羊、山羊的瘤胃。

【地理分布】安徽、重庆、福建、甘肃、广东、广西、贵州、河南、黑龙江、湖北、吉林、江苏、江西、辽宁、宁夏、青海、陕西、四川、新疆、云南、浙江。

【形态结构】虫体呈白色，近圆锥形，稍向腹面弯曲，体表光滑，虫体大小为8.000~10.800 mm×3.200~4.240 mm，前腹厚约1.12 mm。口吸盘为长圆形，大小为0.560~0.760 mm×0.720~0.880 mm。腹吸盘为类球形，大小为1.760~2.080 mm×1.720~2.020 mm。口吸盘与腹吸盘之比为1∶2.6，腹吸盘与体长之比为1∶5.3。食道长0.480~0.800 mm，有肥厚的食道球。肠支略有弯曲，向后延伸至腹吸盘前。睾丸2枚，前后排列于虫体中部，边缘完整或有2或3

个浅裂，前睾丸大小为 1.150～2.240 mm×1.920～2.360 mm，后睾丸大小为 1.510～1.920 mm×1.640～2.800 mm。生殖孔开口于肠分叉的后方，具有生殖吸盘和两性生殖乳头，生殖吸盘直径为 0.640～0.700 mm，生殖吸盘与口吸盘的直径之比约为 1∶1.2。卵巢位于睾丸之后的腹吸盘前缘，大小为 0.480～0.800 mm×0.640～0.800 mm。卵黄腺自肠分叉处开始分布，沿虫体两

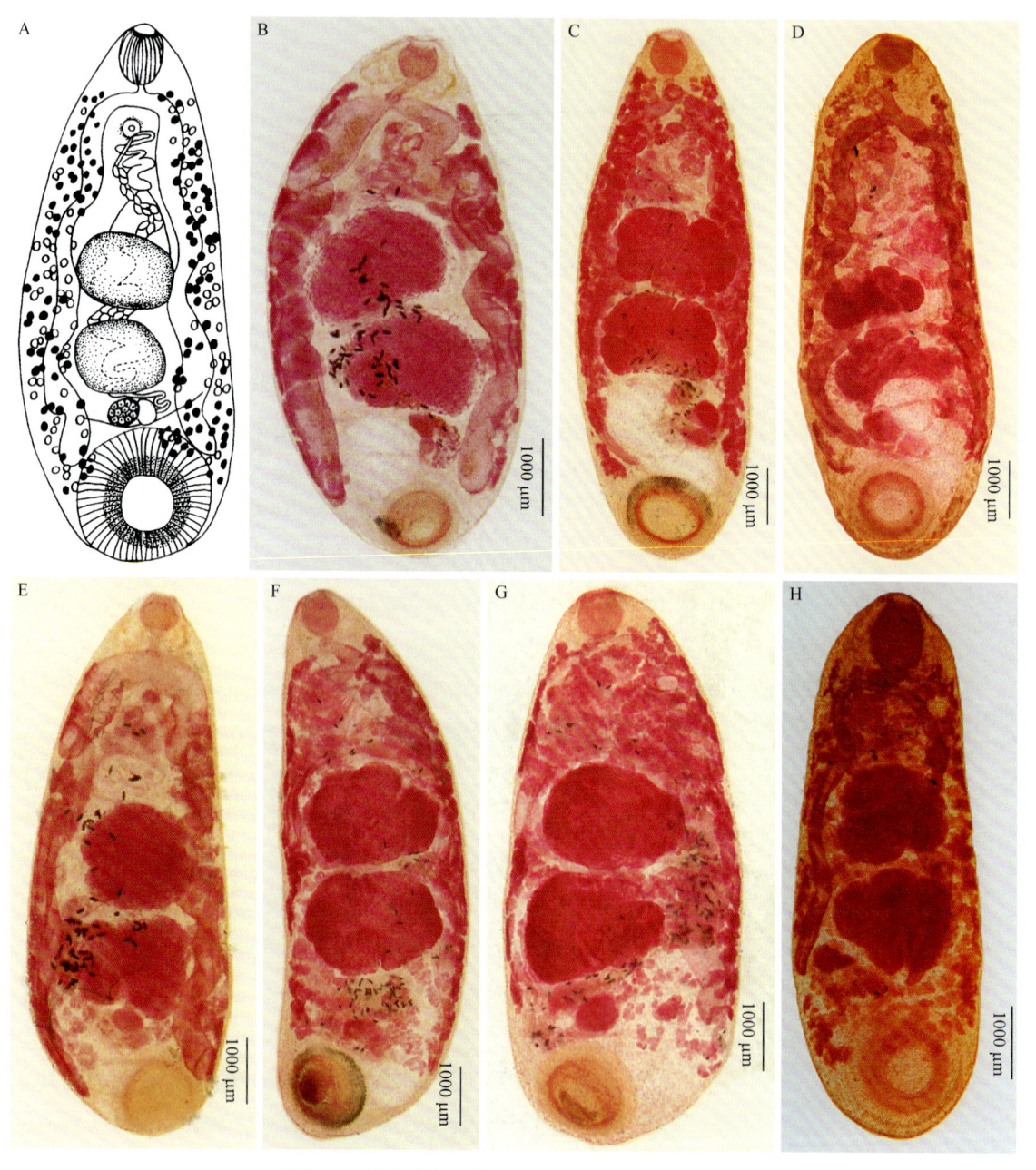

图 139　殖盘殖盘吸虫 *Cotylophoron cotylophorum*
A. 引黄兵 等（2006）；B～H. 原图（SHVRI）

侧向后至腹吸盘的前缘。子宫盘曲向前延伸至生殖孔，内含多数虫卵。虫卵为椭圆形，大小为 112～126 μm×58～68 μm。

140 小殖盘吸虫　　　　　　　　　　　　*Cotylophoron fulleborni* Näsmark, 1937

【关联序号】27.3.2（27.4.2）/149。
【宿主范围】成虫寄生于黄牛、水牛、山羊、羊的瘤胃。
【地理分布】重庆、福建、贵州、河北、上海、四川。
【形态结构】虫体细小，呈圆锥形，大小为 4.900～5.300 mm×1.620～1.730 mm。口吸盘位于虫体前端，大小为 0.410～0.450 mm×0.400～0.430 mm。腹吸盘位于虫体后端，大小为 0.940～0.960 mm×0.970～0.980 mm。口吸盘与腹吸盘大小之比为 1:2.5。食道长 0.310～0.380 mm，两肠支略弯曲达后睾丸后缘。睾丸 2 枚，呈球形，前后排列于虫体中后部，前睾丸大小为 0.840～0.960 mm×0.920～0.980 mm，后睾丸大小为 0.680～0.810 mm×0.920～0.980 mm。生殖孔开口于肠叉之后，具有生殖吸盘，生殖吸盘大小为 0.210～0.360 mm×0.240～0.360 mm。卵巢呈类圆形，位于腹吸盘前缘，大小为 0.210～0.310 mm×0.180～0.250 mm。卵黄腺分布于虫体两侧，前起于肠分叉，后止于腹吸盘边缘。子宫长而弯曲，内含较多虫卵。虫卵大小为 109～118 μm×61～69 μm。

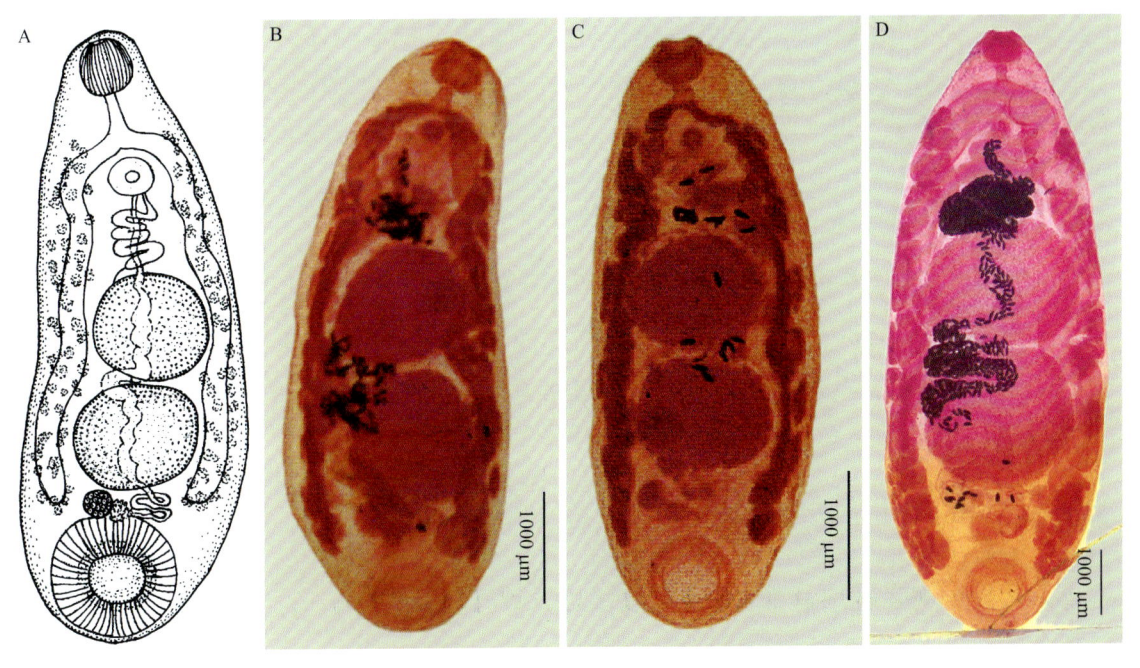

图 140　小殖盘吸虫 *Cotylophoron fulleborni*
A. 引黄兵等（2006）；B～D. 原图（SHVRI）

141 华云殖盘吸虫 *Cotylophoron huayuni* Wang, Li, Peng, et al., 1996

【关联序号】（27.4.3）/　　。

【宿主范围】成虫寄生于黄牛的瘤胃。

【地理分布】云南。

【形态结构】虫体呈圆锥形，前端稍狭，后端钝圆，活体时两端呈红色，中部呈乳白色，两端向腹面收缩，体表光滑，大小为 11.200～15.000 mm×4.500～6.000 mm，以腹吸盘前缘最宽。口吸盘位于虫体亚前端，近乎球形，大小为 1.000～1.240 mm×1.000～1.320 mm。腹吸盘位于虫体后端而略朝向腹面，大小为 2.310～2.760 mm×2.450～3.030 mm。口吸盘直径与体长之比为 1∶11.5，口吸盘与腹吸盘的直径之比为 1∶2.27。食道末端缺食道球，肠支沿虫体两侧向后延伸，内外上下回转 8～10 次，末端达腹吸盘中部水平。睾丸 2 枚，前后排列或稍斜列于虫体中 1/3 的两肠支之间，每个睾丸由 7～10 个深分叶组成，前睾丸大小为 1.240～2.760 mm×1.720～2.800 mm，后睾丸大小为 2.070～2.760 mm×2.340～3.580 mm。生殖孔位于肠叉之后，生殖孔外周具有强壮而明显的生殖吸盘，大小为 0.830～1.380 mm×1.100～1.440 mm，生殖吸盘直径与体长之比为 1∶10.7。卵巢呈球形或短椭圆形，位于后睾丸与腹吸盘之间的正中央。梅氏腺位于卵巢右下方。卵黄腺滤泡呈小团块状散在分布，自食道中部水平线开始，沿虫体两侧肠支的内外向后伸展，止于腹吸盘后缘水平。子宫由梅氏腺引出后，反复盘绕于卵巢的右侧，而后经睾丸背部向前延伸，通向两性管，开口于生殖孔，子宫内含大量虫卵。虫卵呈长椭圆形，大小为 133～151 μm×61～79 μm。

图 141　华云殖盘吸虫 *Cotylophoron huayuni* 引王溪云等（1996）

142 印度殖盘吸虫 *Cotylophoron indicus* Stiles et Goldberger, 1910

【关联序号】27.3.3（27.4.4）/150。

【宿主范围】成虫寄生于黄牛、水牛、牦牛、绵羊、山羊的瘤胃。

【地理分布】安徽、重庆、福建、广东、广西、贵州、河南、湖北、湖南、江苏、江西、青海、陕西、四川、云南、浙江。

【形态结构】虫体呈圆锥形，体表光滑，大小为 9.600～11.600 mm×3.200～3.600 mm。口吸盘位于虫体前端，呈梨形，大小为 0.560～0.880 mm×0.640～0.880 mm。腹吸盘位于虫体的末端，大

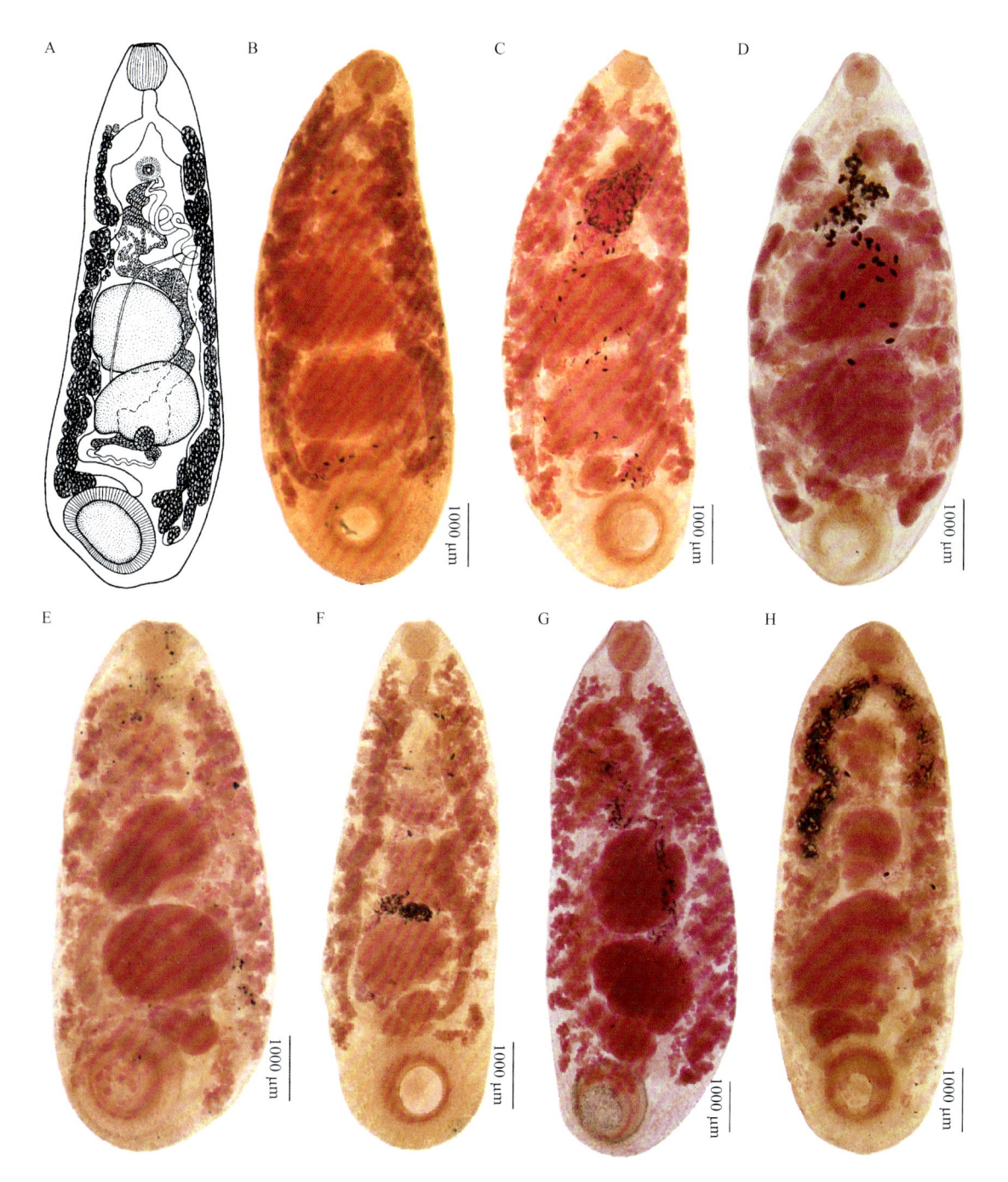

图 142 印度殖盘吸虫 *Cotylophoron indicus*
A. 引 蒋学良和周婉丽（2004）；B～H. 原图（SHVRI）

小为 1.540~1.720 mm×1.540~1.880 mm。口吸盘直径与体长之比为 1：14.3，腹吸盘直径与体长之比为 1：6，口吸盘与腹吸盘大小之比为 1：2。食道长 0.560~0.960 mm，两肠支呈波浪状弯曲伸至腹吸盘前缘。睾丸 2 枚，呈类球形，边缘完整或具不规则的凹陷，前后排列于虫体的中部稍后，前睾丸大小为 1.560~2.340 mm×2.150~3.460 mm，后睾丸大小为 1.540~2.540 mm×1.760~2.520 mm。贮精囊长而弯曲，生殖孔开口于肠分叉之后，具有生殖吸盘和生殖乳突。卵巢位于后睾丸之后，大小为 0.400~0.800 mm×0.780~0.800 mm。卵黄腺始自生殖吸盘两侧，终于腹吸盘前缘。子宫长而弯曲，内含多数虫卵。虫卵大小为 138~142 μm×68~72 μm。

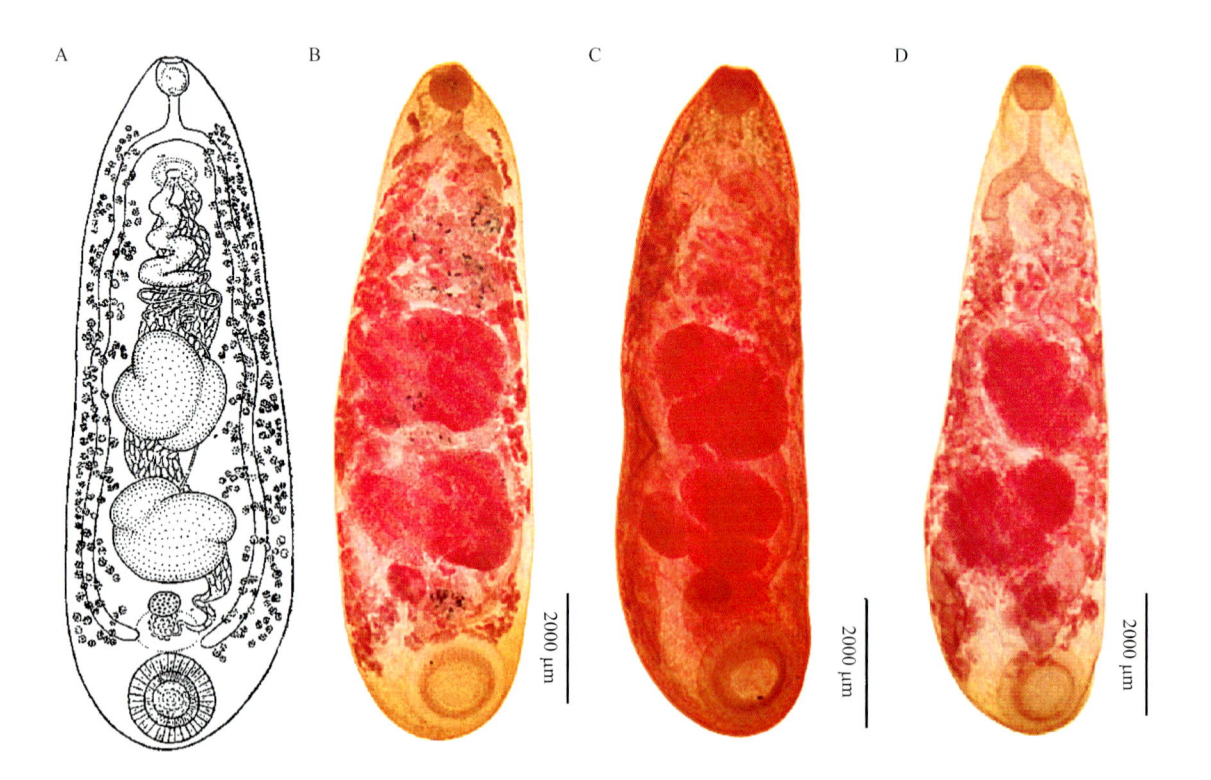

143 广东殖盘吸虫 *Cotylophoron guangdongense* Wang, 1979

【关联序号】27.3.4（27.4.5）/151。
【同物异名】广东殖盘吸虫（*Cotylophoron kwantungensis* Wang, 1979）。
【宿主范围】成虫寄生于黄牛、水牛、山羊、羊的瘤胃。
【地理分布】广东、广西、贵州、浙江。
【形态结构】虫体呈长圆锥形，新鲜虫体的口吸盘与腹吸盘呈粉红色，固定后呈灰白色，虫体大小为 8.480~17.850 mm×3.100~4.030 mm，以后睾丸部最宽。口吸盘呈圆形或扁圆形，位于虫体前端，大小为 0.525~0.875 mm×0.735~0.963 mm。腹吸盘位于虫体亚末端的腹面，外周光

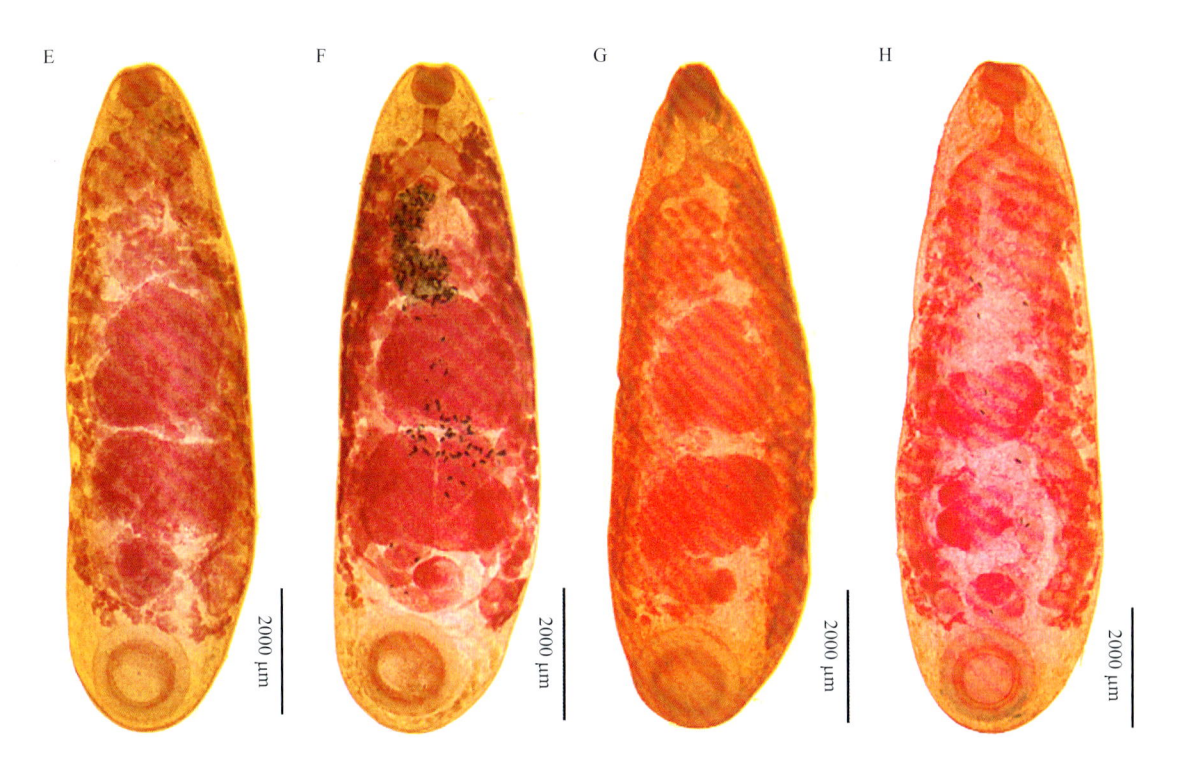

图 143　广东殖盘吸虫 *Cotylophoron guangdongense*
A. 引 王溪云（1979）；B～H. 原图（SHVRI）

滑，大小为 1.460～1.750 mm×1.490～1.930 mm。口吸盘直径与体长之比为 1∶11.4～1∶19.0，腹吸盘直径与体长之比为 1∶5.2～1∶11.1。食道长 0.612～1.137 mm，具食道球，两肠支呈 2 个或 3 个微弯曲，伸至腹吸盘前缘，末端一般均向后再转向背中部。睾丸 2 枚，呈圆形或椭圆形，有浅或深的分叶，前后排列于虫体的中部，前睾丸大小为 1.312～2.400 mm×1.875～2.425 mm，后睾丸大小为 1.225～3.325 mm×1.400～3.150 mm。贮精囊长而弯曲，生殖腔位于肠叉的后方，具有生殖吸盘和生殖乳突，生殖吸盘直径为 0.787～1.255 mm，口吸盘直径与生殖吸盘直径之比为 1∶1.0～1∶1.5。卵巢呈横椭圆形，位于后睾丸的后方，大小为 0.525～0.710 mm×0.525～0.787 mm。卵黄腺起于食道末端，沿虫体两侧伸至腹吸盘的前缘。子宫弯曲于睾丸的背面，环褶内含多数虫卵。虫卵大小为 105～126 μm×63～77 μm。

144　湘江殖盘吸虫　*Cotylophoron shangkiangensis* Wang, 1979

【关联序号】27.3.6（27.4.7）/152。
【宿主范围】成虫寄生于黄牛、水牛、山羊的瘤胃。
【地理分布】重庆、广西、贵州、湖南、四川、云南、浙江。

【形态结构】 虫体呈长椭圆形，略向腹面弯曲，大小为 3.850～5.600 mm×1.930～3.050 mm，睾丸部最宽。口吸盘呈椭圆形，位于虫体亚前端，大小为 0.437～0.787 mm×0.560～0.787 mm。腹吸盘为圆形，位于虫体末端，外周光滑，大小为 1.230～1.720 mm×1.230～1.580 mm。口吸盘直径与体长之比为 1∶9.8，腹吸盘直径与体长之比为 1∶3.0～1∶3.2。食道长约 0.672 mm，具食道球，两肠支呈微波状弯曲于虫体的两侧，末端达腹吸盘的后部。睾丸 2 枚，呈横椭圆形，前后排列或斜列于虫体的中后部，边缘具深分叶，前睾丸大小为 0.719 mm×0.573 mm，后睾丸大小为 0.766 mm×0.737 mm。生殖孔开口于肠叉后方，具生殖吸盘，生殖吸盘大小为 0.525～0.613 mm×0.525～0.647 mm，口吸盘直径与生殖吸盘直径之比为 1∶1.12。卵巢位于后睾丸的左下方，大小为 0.373 mm×0.403 mm。卵黄腺滤泡沿肠支内外侧分布，前至肠叉水平，后达肠支末端。子宫盘曲于睾丸背面，内含虫卵。虫卵大小为 115～140 μm×63～80 μm。

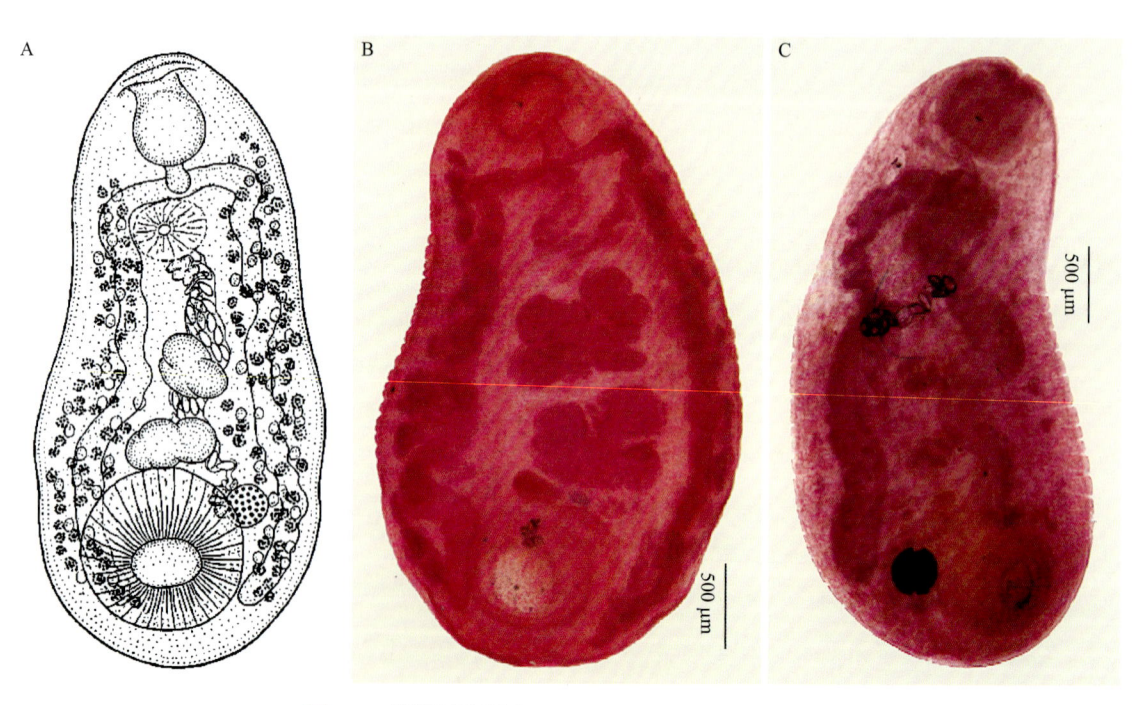

图 144　湘江殖盘吸虫 Cotylophoron shangkiangensis
A. 引 王溪云（1979）；B，C. 原图（SHVRI）

145 弯肠殖盘吸虫　　*Cotylophoron sinuointestinum* Wang et Qi, 1977

【关联序号】 27.3.7（27.4.8）/153。
【宿主范围】 成虫寄生于黄牛、水牛、绵羊、山羊的瘤胃。
【地理分布】 安徽、重庆、广西、贵州、四川、新疆、云南、浙江。

| 5 同盘科 | 195

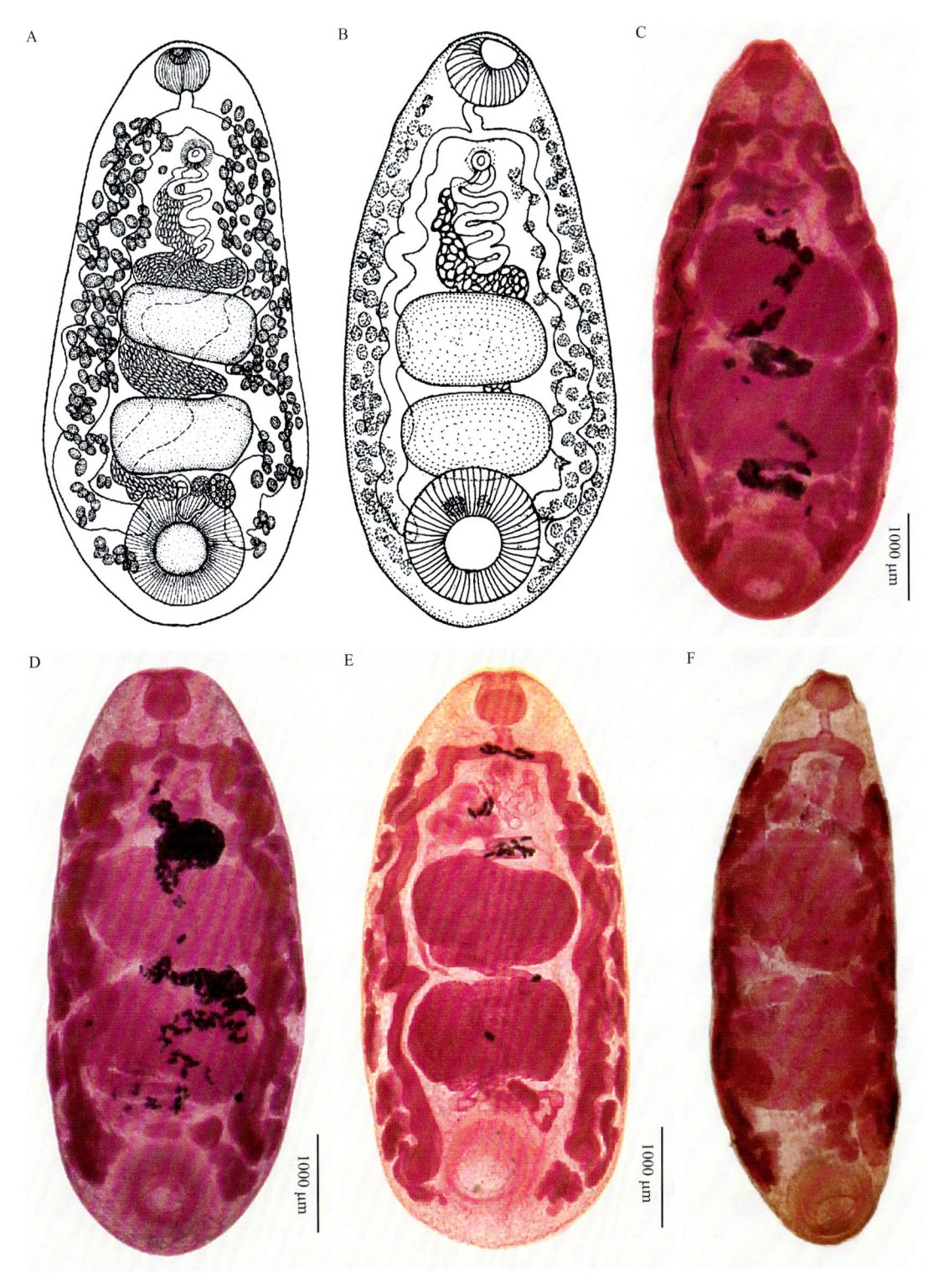

图 145 弯肠殖盘吸虫 *Cotylophoron sinuointestinum*
A. 引蒋学良和周婉丽（2004）；B. 引黄兵 等（2006）；C～E. 原图（SHVRI）；F. 原图（SCAU）

【形态结构】 虫体呈圆锥形，乳白色，大小为 8.800～10.400 mm×3.600～4.000 mm，体宽与体长之比为 1∶2.5。口吸盘位于虫体亚前端，大小为 0.800～0.960 mm×0.880～1.000 mm。腹吸盘位于虫体末端，大小为 1.840～1.920 mm×1.760 mm～1.840 mm。口吸盘与体长之比为 1∶10，腹吸盘与体长之比为 1∶4.1，口吸盘与腹吸盘的大小之比为 1∶2。食道长 0.320～0.680 mm，无食道球，两肠支各有 6～8 个弯曲，末端伸达腹吸盘的后边缘。睾丸 2 枚，呈横阔或类球形，边缘完整无分瓣，前睾丸位于虫体的中部，后睾丸与前睾丸相接排列，前睾丸大小为 1.200～1.280 mm×1.280～1.920 mm，后睾丸大小为 1.540～1.600 mm×1.760～2.200 mm。生殖孔位于体前 1/5 处的肠叉下方，具有生殖吸盘，其直径为 0.480～0.500 mm。卵巢呈圆形，位于后睾丸的下方，其直径为 0.360～0.400 mm。卵黄腺发达，自食道外缘开始至腹吸盘的边缘，分布于肠支两侧。子宫长而弯曲，内含较多虫卵。虫卵大小为 125～138 µm×76～80 µm。

5.5 拟腹盘属
Gastrodiscoides Leiper, 1913

【宿主范围】 成虫寄生于哺乳动物的肠道。

【形态结构】 虫体分前后两部，前部狭小，呈圆锥形；后部宽大，呈盘状，腹面无乳突。口吸盘后有一对盲囊，腹吸盘发达，位于体末端。食道长，后具食道球。两肠支稍弯曲至腹吸盘前缘。睾丸位于体后部两肠支之间，边缘不光滑，呈锯齿状或具浅裂，前后排列。无雄茎囊，输精管后紧随肌质管，经乳头状突起进入内壁具纤毛的膨大囊，前列腺细胞环绕膨大囊的远端和射精管的近端，生殖孔位于肠分叉前的食道球水平。卵巢为球形，位于体中央或亚中央，接近后睾丸。梅氏腺位于卵巢的后背侧。劳氏管开口于卵巢复合体的背侧。卵黄腺分布于虫体两侧，从前睾丸水平至腹吸盘中部水平。子宫居两肠支之间的睾丸背面，沿体中线弯曲向前，末段位于雄性管的腹面。排泄囊位于腹吸盘的前背侧，排泄孔开口于腹吸盘后半部的背侧。模式种和唯一种：人拟腹盘吸虫［*Gastrodiscoides hominis* (Lewis et McConnell, 1876) Leiper, 1913］。

146 人拟腹盘吸虫　*Gastrodiscoides hominis* (Lewis et McConnell, 1876) Leiper, 1913

【关联序号】 27.10.1（27.5.1）/175。

【同物异名】 人对盘吸虫（*Amphistoma hominis* Lewis et McConnell, 1876）；人腹盘吸虫（*Gastrodiscus hominis* Ward, 1903）。

【宿主范围】 成虫寄生于猪的结肠、盲肠。

【地理分布】安徽、江苏。

【形态结构】新鲜虫体呈鲜红至淡红色，体表无小刺，也无明显乳突，虫体外形似瓢状，明显区分为前体、后体两部分，虫体长 6.900～10.200 mm，最大宽度为 4.700～7.100 mm。前体较狭呈圆锥形，锥端为口吸盘，前体腹面有一四周稍隆起的圆形生殖孔。后体较宽呈半球形，背面隆凸，腹面内凹呈小碟状，边缘明显。口吸盘位于前体顶端，宽 0.300～0.600 mm。腹吸盘位于后体末端，宽 1.700～2.800 mm。口吸盘后具有一对口支囊，食道长 1.400～2.600 mm，末端有食道球，两肠支弯曲伸达腹吸盘的前缘。睾丸 2 枚，具分叶，纵列或稍斜列于虫体中央，前睾丸大小为 0.700～1.200 mm×0.800～1.600 mm，后睾丸大小为 0.800～1.900 mm×0.900～2.100 mm。雄茎囊短小，生殖孔开口于肠分叉处腹面，生殖孔距前端 1.300～2.000 mm。卵巢类圆形，位于后睾丸与腹吸盘之间，大小为 0.200～0.300 mm×0.200～0.400 mm。卵黄腺呈粒状分布于两肠支周围。子宫沿虫体中线弯曲上升，内含多数虫卵，虫卵大小为 134～153 μm×65～68 μm。

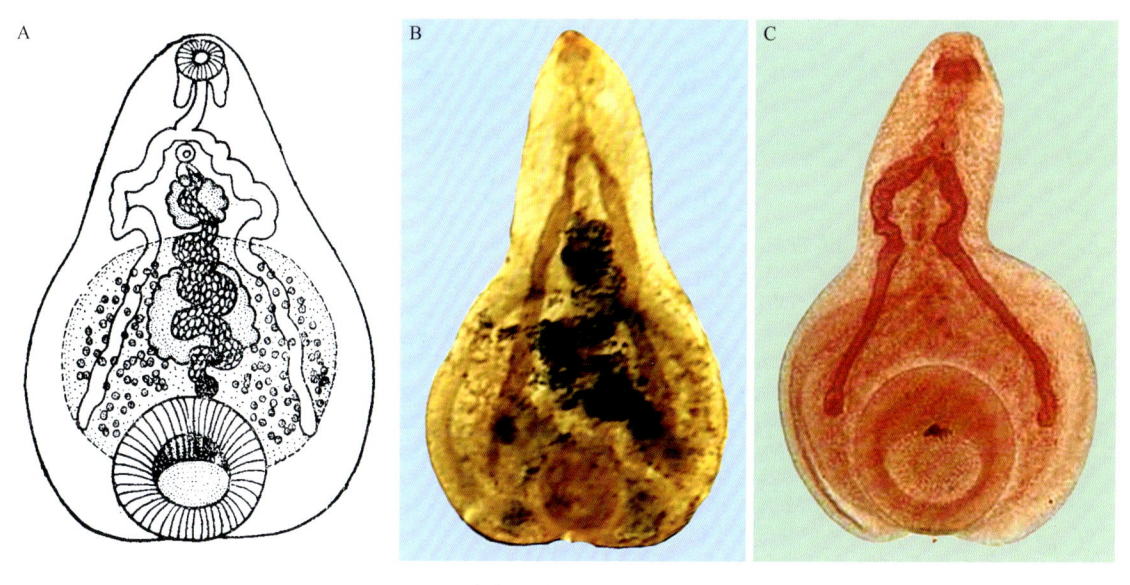

图 146　人拟腹盘吸虫 *Gastrodiscoides hominis*
A. 引 赵辉元（1996）；B、C. 原图（WNMC）

5.6　腹　盘　属

Gastrodiscus Leuckart in Cobbold, 1877

【宿主范围】成虫寄生于哺乳动物的肠道。

【形态结构】虫体大型，背腹扁平，分前后两部分，前部分狭小呈圆锥状，后部分宽大呈盘状，后部腹面边缘卷曲成凹形，表面覆有大而排列整齐向内的乳突，虫体前端具有由圆顶状乳突围绕口孔形成的同心环。口吸盘位于虫体亚前端腹面，后有一对盲囊。腹吸盘不发达，位于虫体亚末端。咽有或无。食道长，肌肉增厚，食道球不明显。两肠支直或稍弯曲，伸达腹吸盘前缘。睾丸位于虫体后部、两肠支之间，边缘有不规则的小缺刻，前后斜列。输精管卷曲、壁薄，肌质部分狭窄盘曲，伸入生殖小囊，前列腺细胞环绕在生殖小囊的远端，肌质部分和生殖小囊由弥散的肌纤维网环绕。缺真正的雄茎囊。生殖孔位于虫体后部分前缘稍后的食道中央，周围有或无向内的乳突。卵巢和梅氏腺位于睾丸之后的虫体亚中央，卵巢边缘不规则。劳氏管开口于卵巢复合体的腹面。卵黄腺分布于虫体两侧，自肠分支至腹吸盘前，在虫体后端两侧的卵黄腺不汇合，部分与肠支重叠。子宫位于两肠支之间，沿两睾丸间弯曲向前，末段位于雄性管腹面。排泄囊为囊状，位于腹吸盘的前腹面。排泄孔开口于腹吸盘的中部水平。模式种：埃及腹盘吸虫［*Gastrodiscus aegyptiacus* (Cobbold, 1876) Leuckart in Cobbold, 1877］。

147 埃及腹盘吸虫　　*Gastrodiscus aegyptiacus* (Cobbold, 1876) Leuckart in Cobbold，1877

【关联序号】27.9.1（27.6.1）/174。

【同物异名】匙形杯腹吸虫（*Cotylogaster cochleariformis* Diesing, 1838）；埃及对盘吸虫（*Amphistoma aegyptiacus* Cobbold, 1876）；声中腹盘吸虫（*Gastrodiscus sonsinoi* Cobbold, 1877）；多乳突腹盘吸虫（*Gastrodiscus polymastos* Leuckart, 1880）；微小腹盘吸虫（*Gastrodiscus minor* Leiper, 1913）。

【宿主范围】成虫寄生于马、驴、骡、猪的结肠。

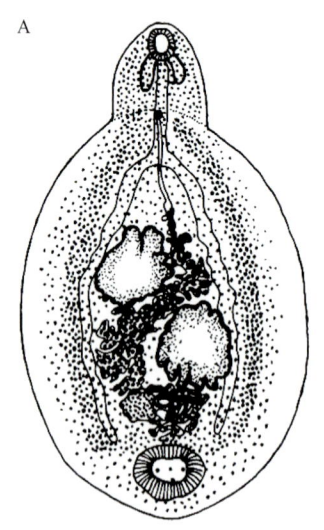

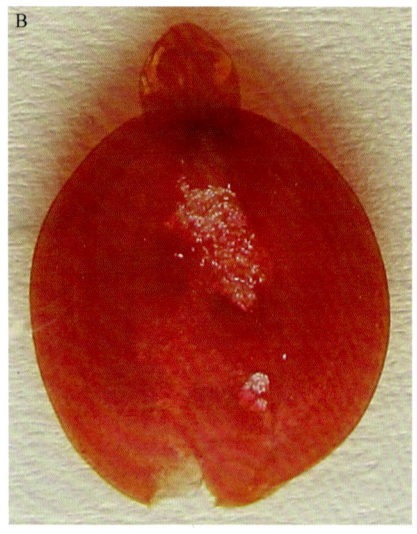

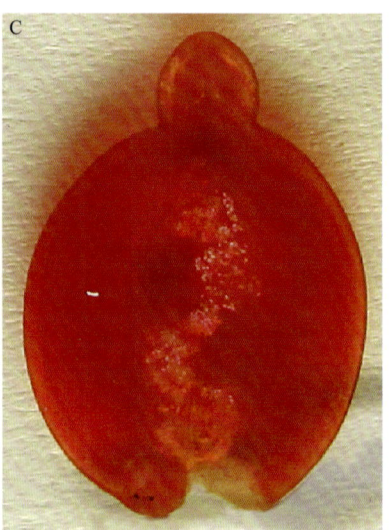

图 147　埃及腹盘吸虫 *Gastrodiscus aegyptiacus*
A. 引黄兵等（2006）；B、C. 原图（NEAU）

【地理分布】河北、江苏、天津。

【形态结构】虫体为粉红色，分为前后两部分，前部分狭小为圆锥形，后部分宽扁且边缘向内弯曲呈碟状，腹面具有多数乳突。虫体长 9.000～15.000 mm，最大体宽为 2.000～5.000 mm，位于后部分的中部，体宽与体长之比为 1∶3.4。口吸盘位于虫体前端亚腹面，口孔后有一对盲囊（口支囊）。腹吸盘不发达，位于虫体亚末端。食道细长，伸至虫体后部的前端，两肠支呈波浪状弯曲，伸至虫体亚末端腹吸盘前缘。睾丸 2 枚，位于虫体后部的中部，边缘不规则，左右斜列。生殖孔位于肠分支前的食道中央，距虫体前端 0.416～0.833 mm。卵巢位于睾丸后。卵黄腺分布于虫体两肠支的外侧，前自食道中部开始，后至虫体亚末端。子宫长而弯曲，沿两睾丸间回旋上升，内含多数虫卵。虫卵大小为 131～139 μm×78～90 μm。

5.7 巨盘属
Gigantocotyle Näsmark, 1937

【宿主范围】成虫寄生于偶蹄类动物的胃和肠道。

【形态结构】虫体中到大型，呈梨形到圆锥形，背部隆起弯向腹面，体表棘有或无。腹吸盘巨大，位于虫体亚末端腹面，口吸盘与腹吸盘之比为 1∶3.6～1∶7.6。缺食道球或食道括约肌。肠支几乎平直，或呈背腹弯曲，向后达腹吸盘中部水平。睾丸呈锯齿状到深分叶，对称排列、前后排列或斜列于虫体中部。输精管和肌质部发育良好，形成多重卷曲，前列腺发达，雄茎发达而突出，缺生殖吸盘，生殖孔位于腹侧中央、肠分叉处或稍前或稍后。卵巢和梅氏腺位于睾丸之后的亚中央或中央。劳氏管开口于卵巢水平。卵黄腺主要分布于虫体两侧，前端和后端的卵黄腺在体中线汇合或不汇合。子宫位于睾丸背侧，末段位于雄性管腹侧。排泄囊为长囊状，排泄孔位于腹吸盘中部与后睾丸之间。模式种：巨盘巨盘吸虫 [*Gigantocotyle gigantocotyle* (Brandes in Otto, 1896) Näsmark, 1937]。

148 异叶巨盘吸虫
Gigantocotyle anisocotyle Fukui, 1920

【关联序号】27.2.1（27.7.1）/　。

【宿主范围】成虫寄生于水牛的瘤胃、皱胃。

【地理分布】云南。

【形态结构】虫体呈小椭圆锥形，背部隆起弯向腹面，前端稍窄，后端钝圆，大小为 5.100～6.100 mm×2.900～3.500 mm，最宽处在腹吸盘中部，体宽与体长之比为 1∶1.8。口吸盘呈椭圆形，位于虫体前端，大小为 0.750～0.820 mm×0.720～0.800 mm。腹吸盘发达，呈类球形，位于虫体末端腹面，大小为 2.800～3.300 mm×2.700～3.200 mm。口吸盘直径与体长之比为 1∶7.6，腹吸盘直径与体长之比为 1∶1.9，口吸盘与腹吸盘大小之比为 1∶3.5。食道长 0.300～0.400 mm，肠支粗大，沿虫体两侧向后延伸，盲端达腹吸盘中部。睾丸 2 枚，呈纵椭圆形，边缘完整不分瓣，左右部分重叠位于虫体的中部，两睾丸大小分别为 0.850～1.350 mm×0.700～1.200 mm、0.840～1.350 mm×0.700～1.210 mm。贮精囊短而弯曲，开口于生殖孔，生殖孔位于肠叉下方的生殖腔内。卵巢呈类圆形，位于睾丸之后的腹吸盘上缘，大小为 0.350～0.400 mm×0.380～0.440 mm。梅氏腺在卵巢的侧缘。卵黄腺为滤泡圆颗粒状，起于肠分支处，沿虫体两侧分布，止于肠支的盲端。子宫弯曲，开口于生殖腔，内含多数虫卵，虫卵大小为 125～145 μm×65～78 μm。

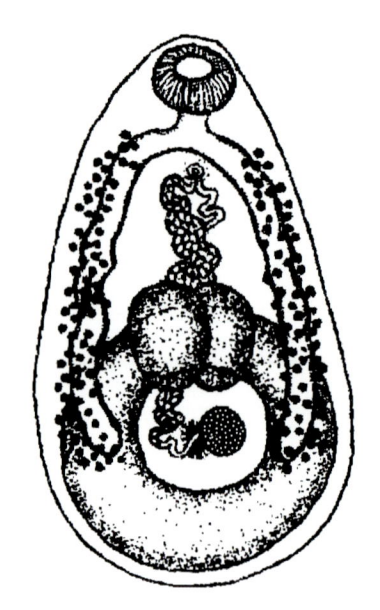

图 148　异叶巨盘吸虫
Gigantocotyle anisocotyle
引 黄德生（1997）

149　深叶巨盘吸虫　*Gigantocotyle bathycotyle* (Fischoeder, 1901) Näsmark, 1937

【关联序号】27.2.2（27.7.2）/144。

【同物异名】深沟巨盘吸虫；深杯巨盘吸虫。

【宿主范围】成虫寄生于黄牛、水牛的皱胃、胆管。

【地理分布】广东、广西、贵州、云南、浙江。

【形态结构】虫体肥大，长圆锥形，稍向腹面弯曲，体表光滑，体后部具有发达的腹吸盘，虫体大小为 8.500～12.000 mm×4.200～5.600 mm，最大宽度与体长之比约为 1∶2。口吸盘位于体前端，大小为 0.800～0.970 mm×0.600～0.830 mm，其纵径与体长之比约为 1∶12.4。腹吸盘位于体后端，平均直径为 3.350 mm，与体长之比约为 1∶3.1。口吸盘与腹吸盘大小之比约为 1∶3.9。缺咽，食道短，平均长度为 0.580 mm。两肠支宽大，沿虫体两侧经 2 或 3 个小弯曲，向后伸达后睾丸与腹吸盘之间。睾丸 2 枚，呈梅花状分叶，前后斜列于虫体中前部，前睾丸横径约为 1.750 mm，后睾丸横径约为 2.160 mm。生殖孔开口于肠分叉处或肠分叉附近。卵巢近圆形，不分叶，位于后睾丸的后侧。卵巢附近有劳氏管。卵黄腺发达呈颗粒状，分布于虫体两侧，自食道水平开始直达腹吸盘前缘。子宫长而弯曲向前延伸，内含多数虫卵。虫卵为椭圆形，卵壳薄，卵黄细胞不充满整个虫卵，大小为 119～514 μm×70～80 μm。

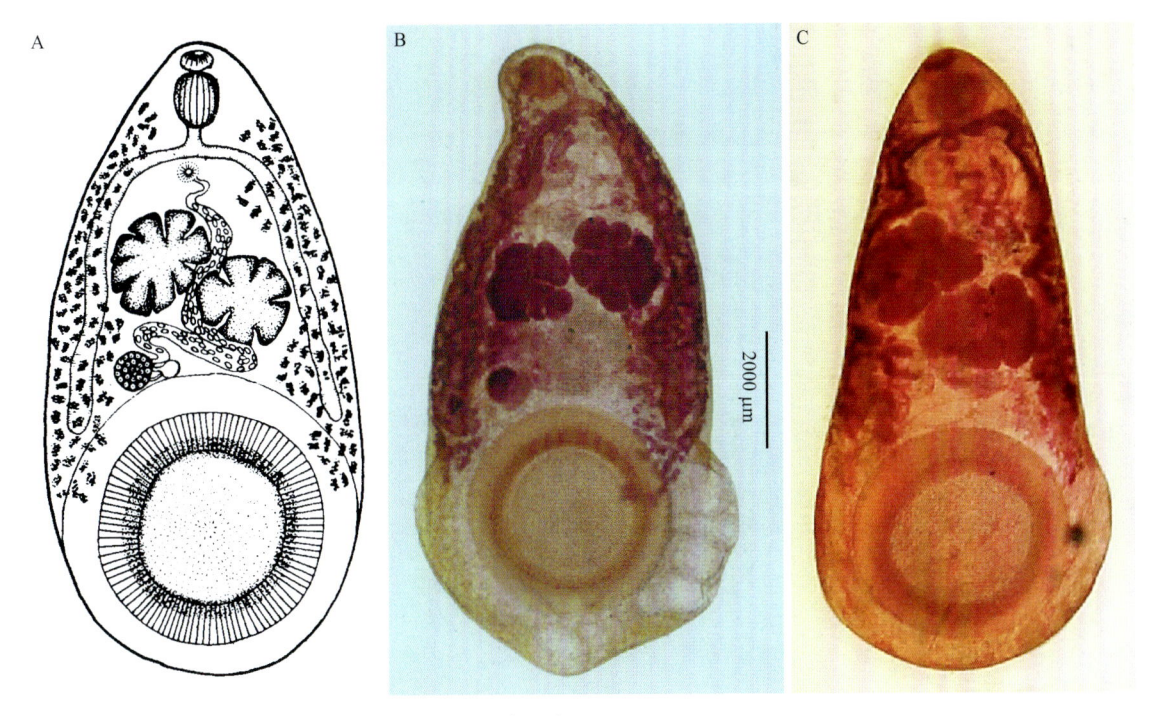

图 149 深叶巨盘吸虫 *Gigantocotyle bathycotyle*
A. 引 张峰山 等（1986d）；B. 原图（ZAAS）；C. 原图（SCAU）

150 扩展巨盘吸虫　　*Gigantocotyle explanatum* (Creplin, 1847) Näsmark, 1937

【关联序号】27.2.3（27.7.3）/ 145。

【宿主范围】成虫寄生于黄牛、水牛、绵羊的皱胃、胆管。

【地理分布】福建、广东、广西、湖南、云南。

【形态结构】虫体为圆锥形，其背部隆起弯向腹面，体前部体表具有多数乳头状小突起，虫体大小为 9.500～10.500 mm×5.800～6.400 mm，最大宽度在腹吸盘前缘。口吸盘呈类球形，大小为 0.940 mm×0.960 mm，其直径与体长之比为 1：10.5。腹吸盘为圆盘形，大小为 4.060 mm×4.160 mm，其直径与体长之比为 1：2.4，口吸盘与腹吸盘大小之比为 1：4.3。食道长 0.160～0.240 mm，两肠支经数个弯曲伸达腹吸盘前缘。睾丸 2 枚，边缘完整或有小缺刻，前后排列或稍斜列于虫体的中部，前睾丸大小为 1.920 mm×4.000 mm，后睾丸大小为 1.920 mm×4.800 mm。贮精囊长，经 7 或 8 个弯曲后开口于生殖孔，生殖孔位于食道的中部。卵巢呈倒梨形，位于后睾丸之后，大小为 0.600～0.640 mm×0.720 mm。卵黄腺起于口吸盘的后缘，沿虫体两侧伸至腹吸盘边缘。子宫回旋弯曲开口于生殖孔，内含多数虫卵。虫卵大小为 108～116 μm×62～64 μm。

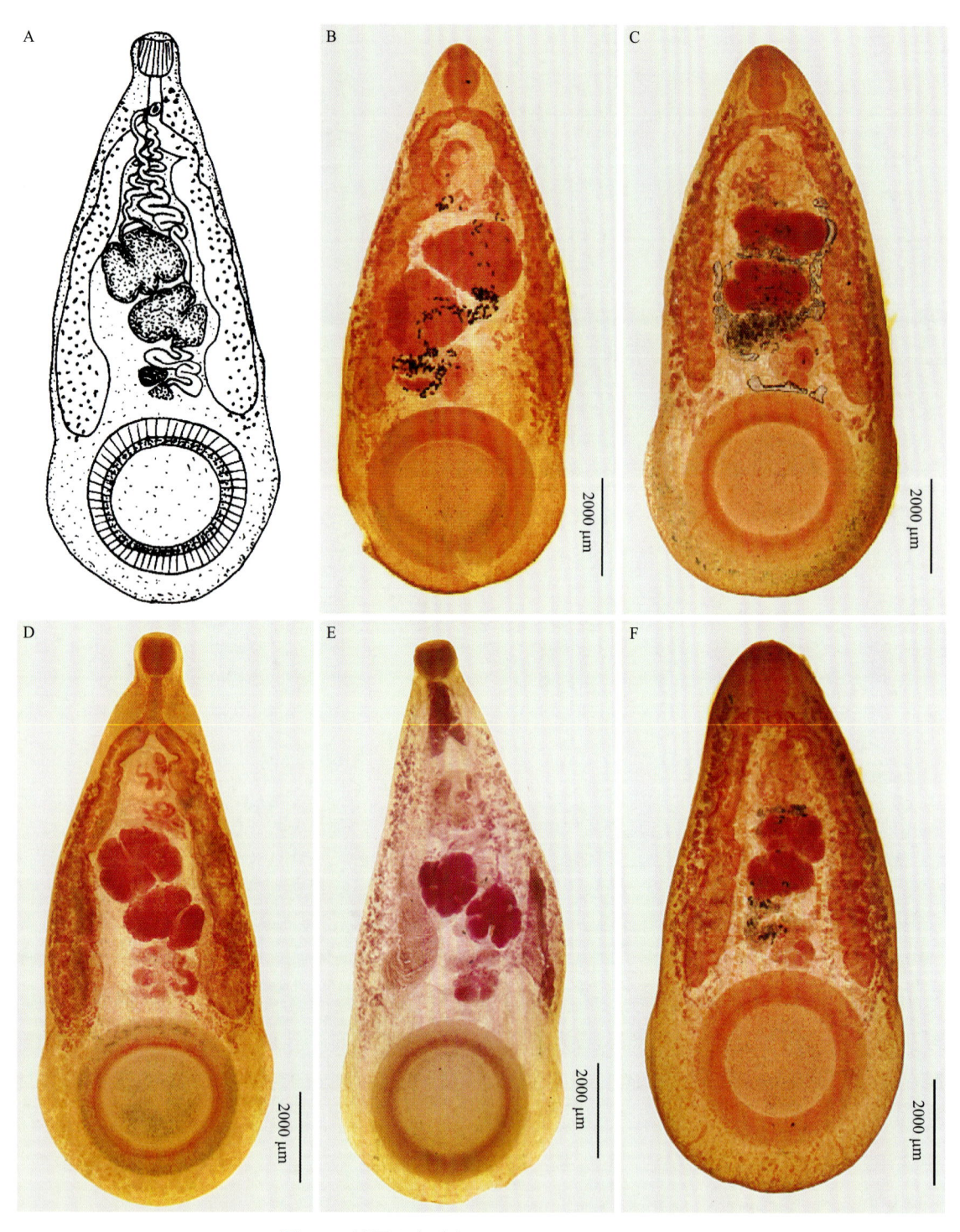

图 150 扩展巨盘吸虫 *Gigantocotyle explanatum*
A. 引 黄兵 等（2006）；B～F. 原图（SHVRI）

151 台湾巨盘吸虫 *Gigantocotyle formosanum* (Fukui, 1929) Näsmark, 1937

【关联序号】27.2.4（27.7.4）/146。

【宿主范围】成虫寄生于黄牛、水牛、绵羊、山羊的皱胃。

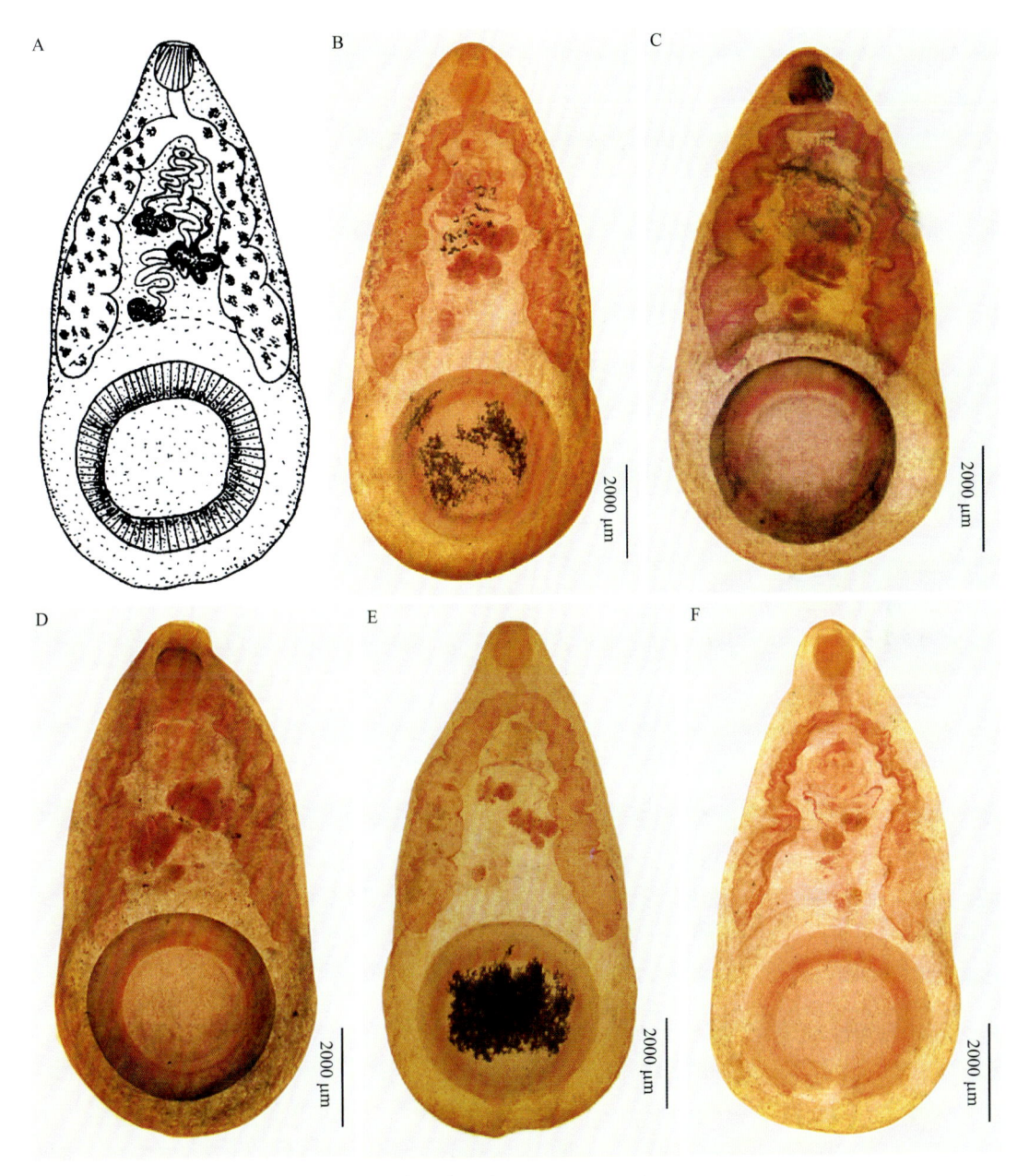

图 151 台湾巨盘吸虫 *Gigantocotyle formosanum*
A. 引 黄兵 等（2006）；B~F. 原图（SHVRI）

【地理分布】安徽、重庆、福建、广东、广西、贵州、河南、湖南、江西、陕西、四川、台湾、云南、浙江。

【形态结构】虫体肥大，呈圆锥形，活体时呈灰暗色，体表光滑，最大宽度在腹吸盘前缘，虫体大小为 14.000～15.000 mm×5.500～7.500 mm，体宽与体长之比约为 1∶2.2。口吸盘位于虫体前端，呈类球形，大小为 1.020～1.120 mm×0.960～1.020 mm，其直径与体长之比为 1∶14。腹吸盘发达，位于虫体末端，大小为 3.840～4.200 mm×4.400～4.600 mm，其直径与体长之比为 1∶3.4，口吸盘与腹吸盘的大小之比为 1∶4。食道长 0.560～0.960 mm，两肠支粗大短直，略带微曲，其亚末端常膨大，末端伸达腹吸盘与后睾丸之间。睾丸 2 枚，边缘完整或具有浅裂，前后排列或斜列于虫体的中部，前睾丸偏右侧，大小为 1.600～1.760 mm×2.400～2.880 mm，后睾丸偏左侧，大小为 1.920～2.400 mm×2.400～3.520 mm。贮精囊较短，生殖孔位于肠分支的正后方，距虫体前端 2.400～2.840 mm。卵巢呈类球形，位于后睾丸与腹吸盘之间，大小为 0.560～0.640 mm×0.520～0.680 mm。梅氏腺位于卵巢的左后侧，劳氏管开口于虫体背部。卵黄腺分布于虫体的两侧，前起于肠分支的前方，后达腹吸盘前缘水平。子宫自梅氏腺通出后，盘曲迂回向前至两性管，开口于生殖孔，内含多数虫卵。虫卵大小为 136～154 μm×78～98 μm。排泄囊中长囊形，开口于后睾丸的体背面，与劳氏管交叉。

152 南湖巨盘吸虫 *Gigantocotyle nanhuense* Zhang, Yang, Jin, et al., 1985

【关联序号】27.2.5（27.7.5）/　　。

【宿主范围】成虫寄生于黄牛、水牛、绵羊、山羊、湖羊的皱胃。

【地理分布】浙江。

【形态结构】虫体为乳白色，圆锥形，从前端到后部逐渐变宽，体表未见乳突，虫体大小为 9.100～11.000 mm×5.000～6.000 mm，最大宽度在腹吸盘前缘的水平线上。口吸盘呈椭圆形，位于虫体前端，纵径为 0.756～1.050 mm，横径为 0.742～0.882 mm。腹吸盘巨大，呈圆形，直径为 4.000～5.000 mm。口吸盘与体长之比为 1∶10.39，腹吸盘与体长之比为 1∶2.236，口吸盘与腹吸盘大小之比为 1∶6.86。食道长 0.238～0.476 mm，

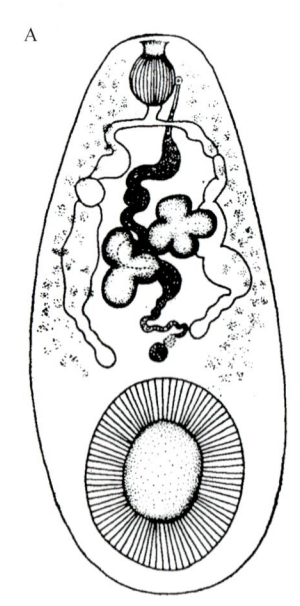

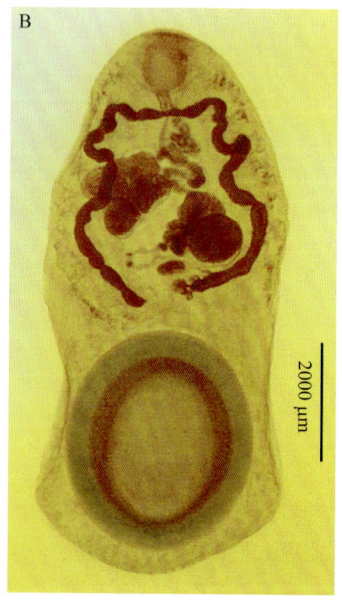

图 152　南湖巨盘吸虫 *Gigantocotyle nanhuense*
A. 引 张峰山 等（1986d）；B. 原图（ZAAS）

两肠支较细，从食道分叉处向左右两侧平行分开，然后向后延伸，两侧呈强度弯曲，有的经过 1 或 2 次旋回扭曲，其盲端达虫体全长 1/2 处向内弯，止于腹吸盘前 0.500 mm 左右处。睾丸 2 枚，分 3 或 4 叶，呈扁的三叶草形或"十"字形，前后斜列于虫体前半部，前睾丸大小为 1.120～1.960 mm×1.288～2.380 mm，后睾丸大小为 0.980～1.400 mm×1.414～2.002 mm。卵巢呈椭圆形，位于后睾丸的后方，大小为 0.435 mm×0.243 mm。卵黄腺为细粒状，分布于肠支的两侧，起于食道水平，止于腹吸盘前缘。子宫从卵巢前方开始沿中线向前弯曲延伸至肠叉上方的生殖孔，生殖孔开口于肠叉之上、口吸盘中部的边缘。

153 泰国巨盘吸虫　　*Gigantocotyle siamense* Stiles et Goldberger, 1910

【关联序号】27.2.6（27.7.6）/ 147。
【宿主范围】成虫寄生于黄牛、水牛、山羊的皱胃、胆管、胆囊。
【地理分布】安徽、广东、广西、贵州、云南。
【形态结构】虫体为短圆锥形，背面稍突起，前部稍尖，后端钝圆，大小为 5.960～9.880 mm×4.370～5.680 mm，最大宽度在腹吸盘前缘处，体宽与体长之比为 1∶1.6。口吸盘位于体前端，大小为 0.960～1.050 mm×0.930～1.050 mm，其直径与体长之比为 1∶8.56。腹吸盘发达，大

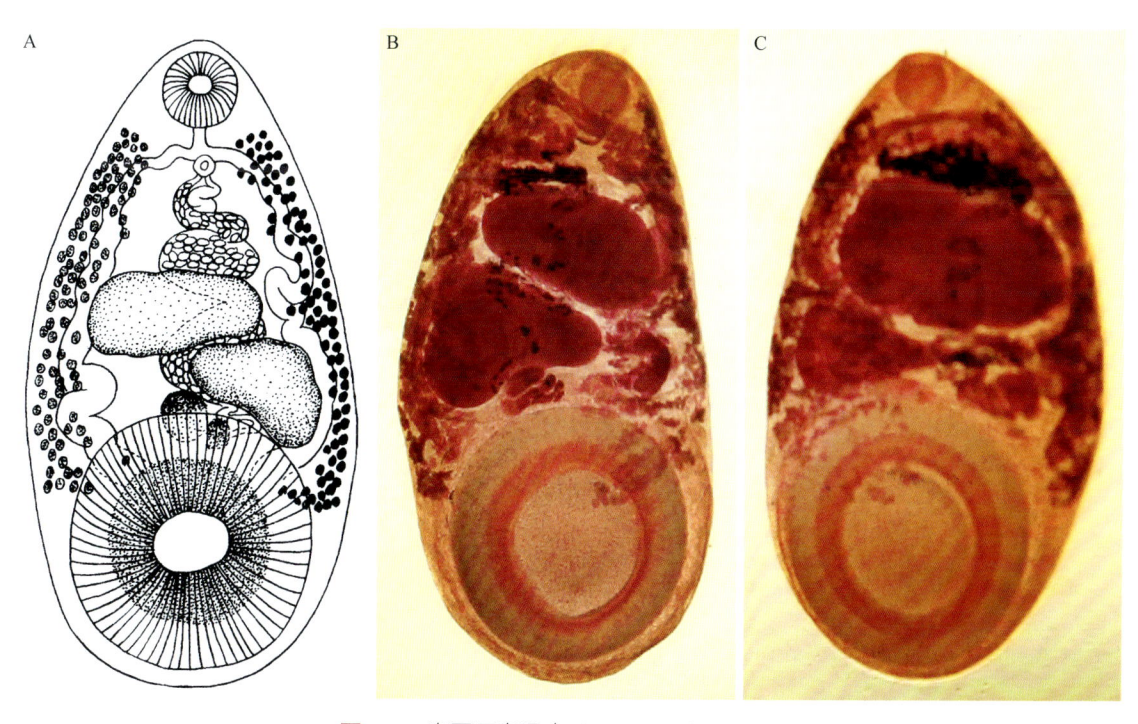

图 153　泰国巨盘吸虫 *Gigantocotyle siamense*
A. 引 黄兵 等（2006）；B、C. 原图（SCAU）

小为 3.180～4.600 mm×3.580～4.500 mm，口吸盘与腹吸盘的大小之比为 1∶4，腹吸盘直径与体长之比为 1∶2.1。食道短小，长 0.240～0.320 mm。两肠支经 3～5 个弯曲，末端向内伸达腹吸盘的背中部。睾丸发达，椭圆形，前后或左右斜列，前睾丸大小为 1.312～1.525 mm×2.187～3.082 mm，后睾丸大小为 0.875～1.590 mm×1.920～3.150 mm。前列腺粗大，生殖孔开口于肠分支处，具乳突括约肌，无生殖括约肌。卵巢为球形，位于腹吸盘的前缘中部，大小为 0.437～0.780 mm×0.437～0.735 mm。卵黄腺自口吸盘后缘开始，后至腹吸盘边缘，分布于肠支两侧。子宫从睾丸背面盘曲上升至两性孔，内含多数虫卵。虫卵大小为 115～136 μm×77～84 μm。排泄囊呈长袋状，与劳氏管交叉。

154 温州巨盘吸虫　*Gigantocotyle wenzhouense* Zhang, Pan, Chen, et al., 1988

【关联序号】27.2.7（27.7.7）/ 。

【宿主范围】成虫寄生于水牛的皱胃。

【地理分布】广东、浙江。

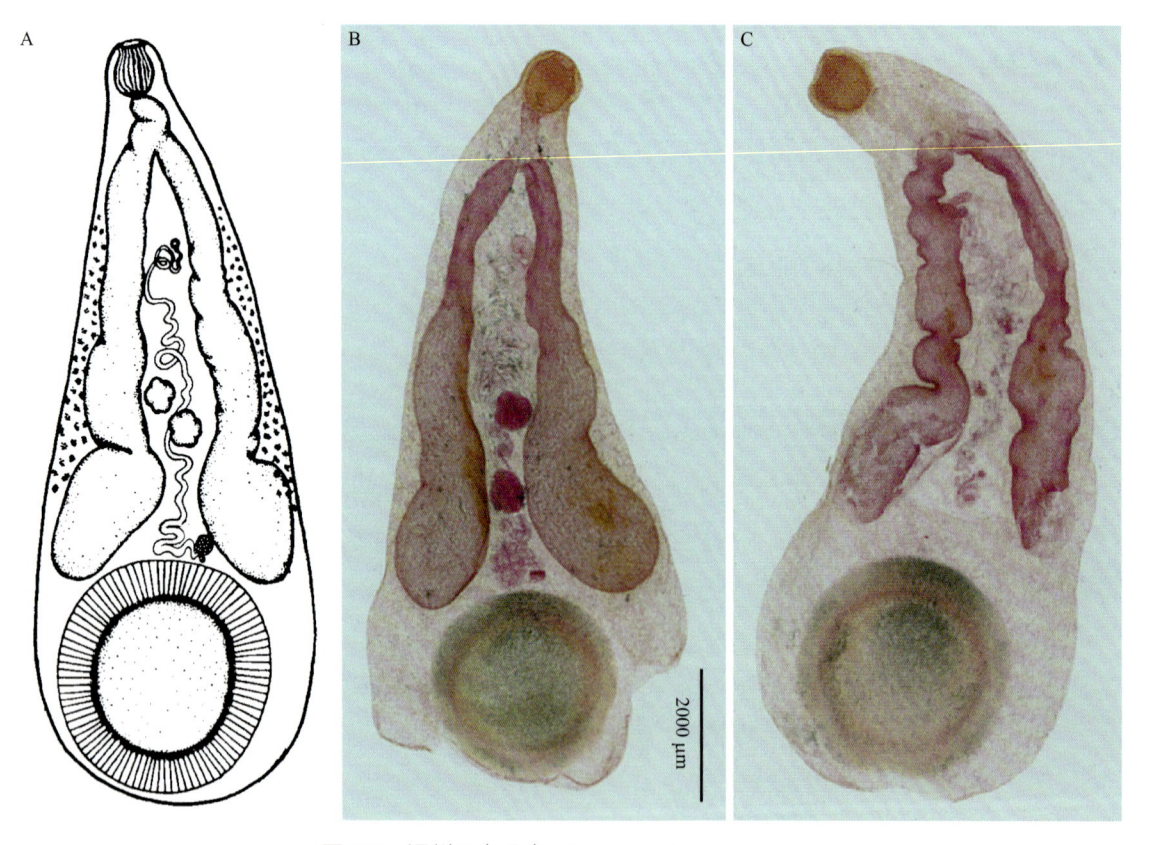

图 154　温州巨盘吸虫 *Gigantocotyle wenzhouense*
A. 引张峰山等（1986d）；B，C. 原图（ZAAS）

【形态结构】虫体呈圆锥形，向腹面弯曲似半圆形，大小为 10.200～12.000 mm×4.200～5.500 mm，最宽处为腹吸盘水平线，从腹吸盘向前变窄。口吸盘为椭圆形，位于虫体前端，大小为 0.840～1.050 mm×0.826～0.980 mm。腹吸盘为圆盘状，位于虫体末端，直径为 4.200～5.500 mm。口吸盘与体长之比为 1∶11.7，腹吸盘与体长之比为 1∶2.376，口吸盘与腹吸盘大小之比为 1∶4.926。食道长 0.560～0.950 mm，两肠支分叉处呈锐角，肠支宽大，常轻度弯曲而粗细不均，近盲端时向内弯折后又向两侧展开，其盲端特别粗大似椭圆形。睾丸较小，分叶，前后斜列于虫体中部，两睾丸间有一定距离。卵巢呈类球形，位于腹吸盘前缘，大小为 0.243 mm×0.216 mm。卵黄腺分布于肠支中部的外侧，距口吸盘和腹吸盘均较远。子宫弯曲盘旋于肠支之间，向前通生殖孔，生殖孔开口于肠叉之后的中央，距肠叉较远，子宫内虫卵很少。虫体大小为 133 μm×84 μm。

5.8 平腹属

Homalogaster Poirier, 1883

【宿主范围】成虫寄生于哺乳动物（牛科、鹿科、大象）的肠道。

【形态结构】虫体大型，背腹扁平，前部呈三角形，体表无大乳突，在顶端口孔周围分布有表皮乳突；后部为宽卵圆形，边缘不卷曲，其腹面分布有不规则纵向排列的大乳突。口吸盘位于前端或亚前端的腹面，其后有盲囊。咽无括约肌。食道长，后部有小的肌质食道球。两肠支稍微弯曲，伸至腹吸盘前缘。睾丸不规则，边缘具深分瓣，前后排列于虫体中部肠支之间。生殖孔开口于食道中部，生殖乳突明显。卵巢位于睾丸后、腹吸盘前的亚中央，与睾丸间距明显。梅氏腺位于卵巢的后背侧，劳氏管开口于梅氏腺的背面。卵黄腺分布于两肠支外侧，从肠分叉水平至肠支末端水平，两侧卵黄腺在虫体后部中央不汇合。子宫位于肠支之间，沿体中线回旋向前至生殖孔，前段在睾丸背面，后段在雄性管腹面。排泄囊位于腹吸盘的前缘，接排泄管至虫体背面开口，与劳氏管平行不交叉。模式种和唯一种：野牛平腹吸虫［*Homalogaster paloniae* Poirier, 1883］。

155 野牛平腹吸虫

Homalogaster paloniae Poirier, 1883

【关联序号】27.8.1（27.8.1）/173。

【宿主范围】成虫寄生于黄牛、水牛、绵羊、山羊的结肠、盲肠。

【地理分布】安徽、重庆、福建、甘肃、广东、广西、贵州、海南、河北、河南、湖北、湖

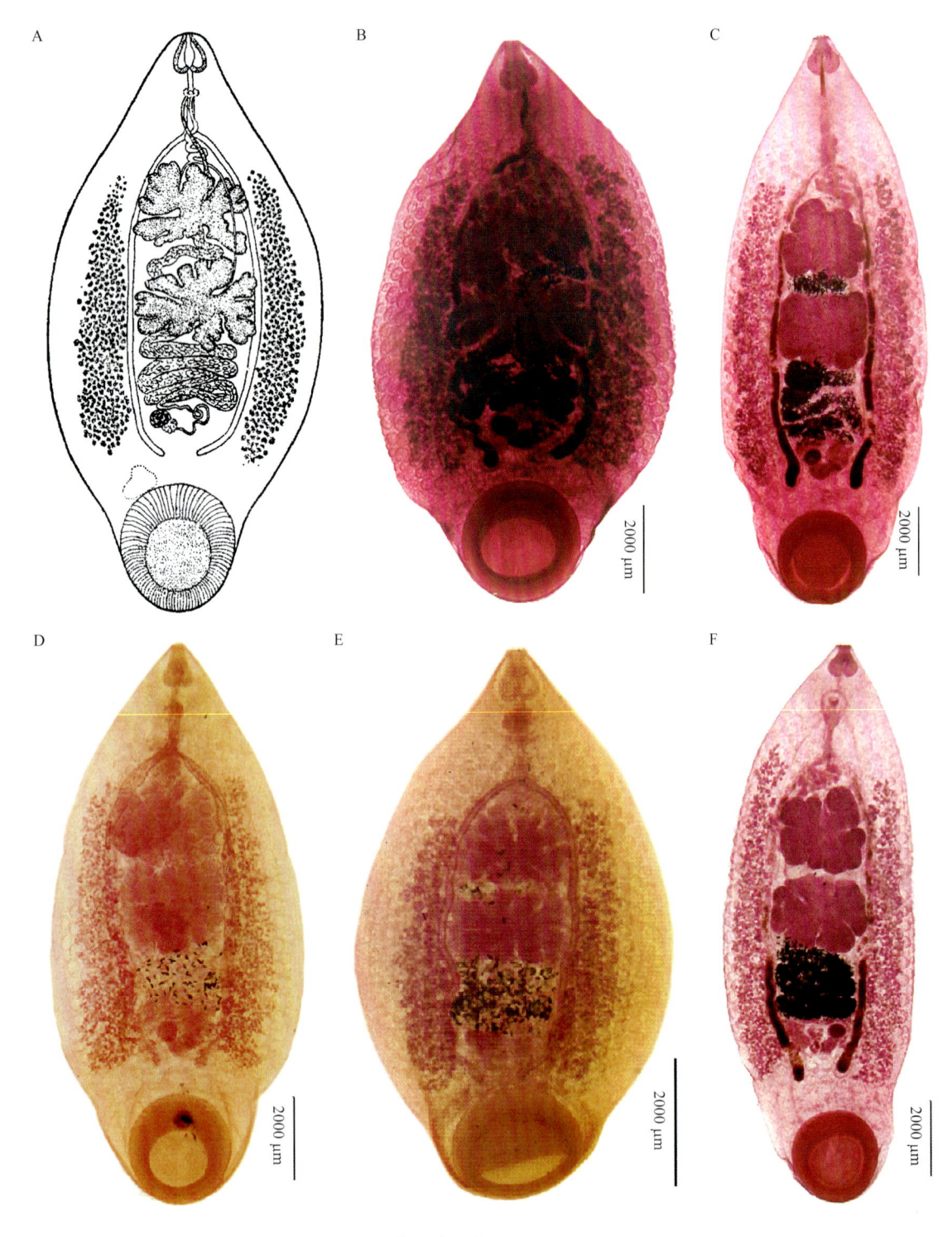

图 155 野牛平腹吸虫 *Homalogaster paloniae*
A. 引 黄兵 等（2006）；B～F. 原图（SHVRI）

南、江苏、江西、陕西、上海、四川、台湾、云南、浙江。

【形态结构】 虫体淡红色,前部狭小,中部膨大,后1/4又缩小,背部隆起,腹部扁平布满小乳突。虫体大小为 9.500~12.500 mm×5.300~6.800 mm,体宽与体长之比为1:1.8。口吸盘位于虫体前端,大小为 0.640~0.660 mm×0.560~0.640 mm,口吸盘后缘左右各有一个口支囊。腹吸盘位于虫体末端,呈类球形,大小为 2.210~2.880 mm×2.040~2.560 mm。口吸盘的直径与体长之比为1:17.6,腹吸盘的直径与体长之比为1:4.6,口吸盘与腹吸盘的大小之比为1:3.9。食道细长,长 0.850~1.440 mm,肠支呈弧形伸达腹吸盘的前缘。睾丸位于虫体中央,前后排列,边缘具多数深裂瓣;前睾丸大小为 1.440~1.920 mm×1.940~2.460 mm,常分为5个大瓣,每瓣又分出3~5个小瓣;后睾丸大小为 1.520~1.920 mm×2.240~2.700 mm,常分为3个大瓣,每瓣再分出3~5个小瓣。贮精囊短,经2或3个弯曲接射精管和两性管,开口于生殖孔,生殖孔位于食道中部边缘。卵巢呈椭圆形,位于后睾丸与腹吸盘之间,大小为 0.240~0.380 mm×0.480~0.640 mm。梅氏腺在卵巢的后缘。卵黄腺分布于虫体两侧,前自肠分支处开始,后至腹吸盘的前边缘,两侧的卵黄腺在虫体后部中央不汇合。从梅氏腺通出的子宫,在睾丸后方经数个弯曲后,沿虫体中线盘曲向前,接两性管,开口于生殖孔,子宫内含多数虫卵。虫卵大小为 108~126 μm×60~64 μm。排泄囊呈圆囊状,位于腹吸盘前缘,排泄管开口于虫体背面,与劳氏管平行不相交叉。

5.9 长 咽 属

Longipharynx Huang, Xie, Li, et al., 1988

【宿主范围】 成虫寄生于水牛的瘤胃。

【形态结构】 虫体呈长圆锥形,无腹袋。口吸盘呈长圆筒形,横径与纵径之比为1:5.0~1:7.0,口吸盘纵径与体长之比为1:2.8~1:3.9。口吸盘小于腹吸盘,与腹吸盘的大小之比为1:2.1~1:2.8。腹吸盘位于虫体后端,纵径与体长之比为1:6.3~1:10.4。食道较细,中等长度,与口吸盘连接处有一不明显的膨大部分。肠管细长,有2或3个回旋弯曲。睾丸为不规则的扁球形,边缘略有分叶,前后排列在虫体的后半部。生殖孔开口于肠管分支处的前方,有生殖括约肌,无生殖吸盘。卵巢近球形,位于后睾丸与腹吸盘之间。子宫少有弯曲,内含少量虫卵。卵黄腺不发达,分布在虫体中部的两侧。排泄囊与劳氏管平行不相交叉。模式种:陇川长咽吸虫 [*Longipharynx longchuansis* Huang, Xie, Li, et al., 1988]。

156 陇川长咽吸虫　　*Longipharynx longchuansis* Huang, Xie, Li, et al., 1988

【关联序号】27.13.1（27.9.1）/178。

【宿主范围】成虫寄生于水牛的瘤胃。

【地理分布】云南。

【形态结构】虫体呈淡粉红色，固定后为乳白色，呈长圆锥形，最宽处在虫体的后部，大小为 5.500～8.000 mm×2.500～3.000 mm，体宽与体长之比为 1∶2.4。口吸盘呈长圆筒状，前部较粗，后部稍细，位于虫体的前端，其前端有浅的口腔，周围形成一个稍膨大的环状口缘，上有突起的表皮乳突，口吸盘大小为 1.940～2.400 mm×0.280～0.380 mm。腹吸盘为半球形，位于虫体的末端并深陷于体内，大小为 0.630～0.980 mm×1.000～1.230 mm。口吸盘小于腹吸盘，大小之比为 1∶2.5（2.0～2.8）。食道较细，略有弯曲，长为 0.560～0.810 mm，在开始部有一不明显的肌质性膨大部。两肠支细长，由食道末端向两体侧平行延伸，然后再向上向内弯曲回旋下降，经两度回旋弯曲后，其盲端至腹吸盘上缘，肠支在虫体中部时略有增粗，越过虫体中部后又缩小复原。睾丸较小，为扁类球形，边缘有浅裂，前后排列于虫体后半部的中线上，前睾丸大小为 0.310～0.600 mm×0.330～0.550 mm，后睾丸大小为 0.230～0.610 mm×0.290～0.600 mm。贮精囊有 3～5 个小波浪状弯曲，生殖孔开口在肠分支处的上方，有较发达的生殖括约肌，生殖窦直径为 0.170 mm。卵巢为近球形，位于后睾丸和腹吸盘之间，大小为 0.140～0.390 mm×0.180～0.330 mm。梅氏腺位于卵巢的后侧缘。卵黄腺滤泡为小颗粒状，数量少，分布于虫体两侧，自肠分支处起至卵巢水平线处止。子宫略有弯曲，沿虫体中线上升至生殖孔，内含少量虫卵。排泄囊呈囊袋状，位于卵巢的后方，开口在腹吸盘背面中部，与劳氏管平行不相交叉。

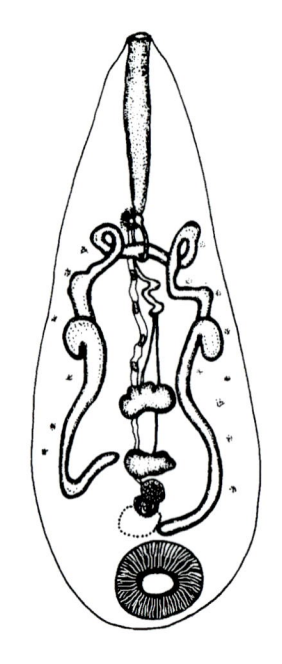

图 156　陇川长咽吸虫
Longipharynx longchuansis
仿 黄德生 等（1988a）

5.10 巨咽属
Macropharynx Näsmark, 1937

【宿主范围】成虫寄生于河马和反刍动物的瘤胃。

【形态结构】虫体大型，呈圆锥形，乳白色，背部隆起向腹面弯曲。口吸盘与腹吸盘相对较小，位于虫体前后亚端的腹面，口吸盘略大于腹吸盘。咽巨大，其长度与体长之比为1∶5.47，大于口吸盘和腹吸盘，缺咽囊。食道细长，具肌质食道球。肠支长而回旋弯曲，止于腹吸盘前不远处。睾丸前后排列或稍斜列于虫体中后部，具浅裂。缺雄茎囊，生殖孔开口于食道基部肠分叉支之前。卵巢位于后睾丸后的亚中央。卵黄腺滤泡分布于虫体两侧，前至肠分叉水平，后达肠支末端水平。子宫盘曲于两肠支之间。模式种：苏丹巨咽吸虫［*Macropharynx sudanensis* Näsmark, 1937］。

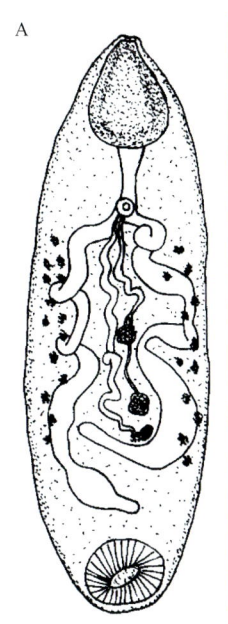

157 中华巨咽吸虫　　　　*Macropharynx chinensis* Wang, 1959

【关联序号】27.6.1（27.10.1）/170。

【宿主范围】成虫寄生于黄牛、水牛、羊的瘤胃。

【地理分布】福建、广西、贵州、河南、云南。

【形态结构】虫体呈短圆柱形，前端狭小，后部钝圆，体表光滑，两体侧近平行，大小为 5.400～7.500 mm×2.000～2.500 mm，体宽与体长之比为1∶2.8。口吸盘位于亚前端，呈梨形，大小为 0.960～1.480 mm×1.080～1.200 mm，直径与体长之比为1∶5.3。腹吸盘位于虫体的末端，呈半球形，大小为 0.720～0.820 mm×0.880～0.960 mm，直径与体长之比为1∶8.4，腹吸盘与口吸盘大小之比为1∶1.4。食道长 0.720～0.960 mm，自两肠支开始向两体侧伸展，以后弯曲向内方回旋，经3或4个回转后，沿体侧后行至腹吸盘前方，再彼此向对侧伸展，到虫体的中线处肠支急剧膨大，越过体中线后缩小。睾丸为类球形，边缘不规则，前后排列，前睾

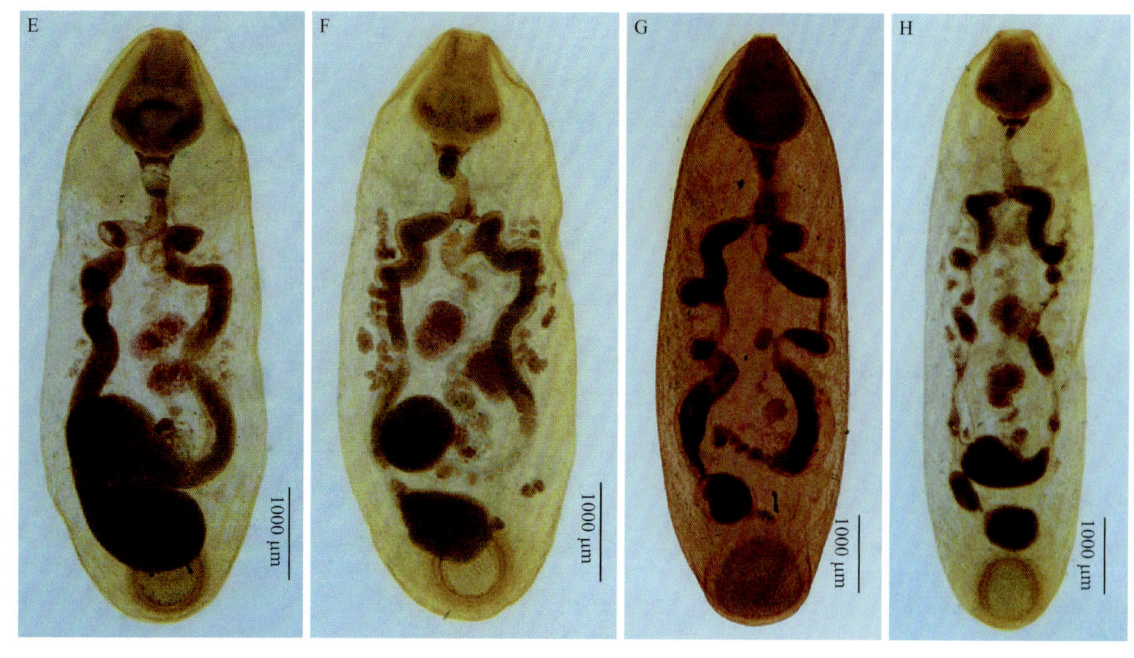

图 157 中华巨咽吸虫 *Macropharynx chinensis*
A. 引黄兵等（2006）；B～H. 原图（SHVRI）

丸大小为 0.640～1.240 mm×0.800～1.600 mm，后睾丸大小为 0.640～1.400 mm×0.760～1.600 mm。贮精囊长，具 3 或 4 个弯曲，生殖孔开口于食道中部。卵巢呈类圆形，位于后睾丸之后，大小为 0.320～0.340 mm×0.320～0.400 mm。梅氏腺位于卵巢的后缘。卵黄腺不发达，分布于虫体两侧，前自肠弯曲处开始，后至卵巢。子宫长而弯曲，内含多数虫卵。虫卵大小为 110～120 μm×60～70 μm。排泄囊细长，开口于虫体背部，与劳氏管平行不相交叉。

158 徐氏巨咽吸虫 *Macropharynx hsui* Wang, 1966

【关联序号】27.6.2（27.10.2）/171。
【宿主范围】成虫寄生于黄牛、水牛的瘤胃。
【地理分布】福建、贵州、江西。
【形态结构】虫体呈纺锤形，体壁薄而透明，中部最宽，大小为 5.800～8.000 mm×2.240～3.160 mm，体宽与体长之比为 1：2.5。口吸盘位于虫体亚前端，呈梨形，大小为 1.200～1.600 mm×0.840～1.120 mm。腹吸盘位于体末端，大小为 0.800～1.200 mm×0.960～1.280 mm。口吸盘直径与体长之比为 1：6，腹吸盘直径与体长之比为 1：6.2，口吸盘与腹吸盘大小之比为 1：1.1。口孔呈漏斗状，食道长 1.020～1.500 mm，两肠支由食道末端向下外斜伸，再弯曲向上升至食道中部，转内下降，在虫体中部作两度回旋，向体内侧下降至腹吸盘前方。睾丸

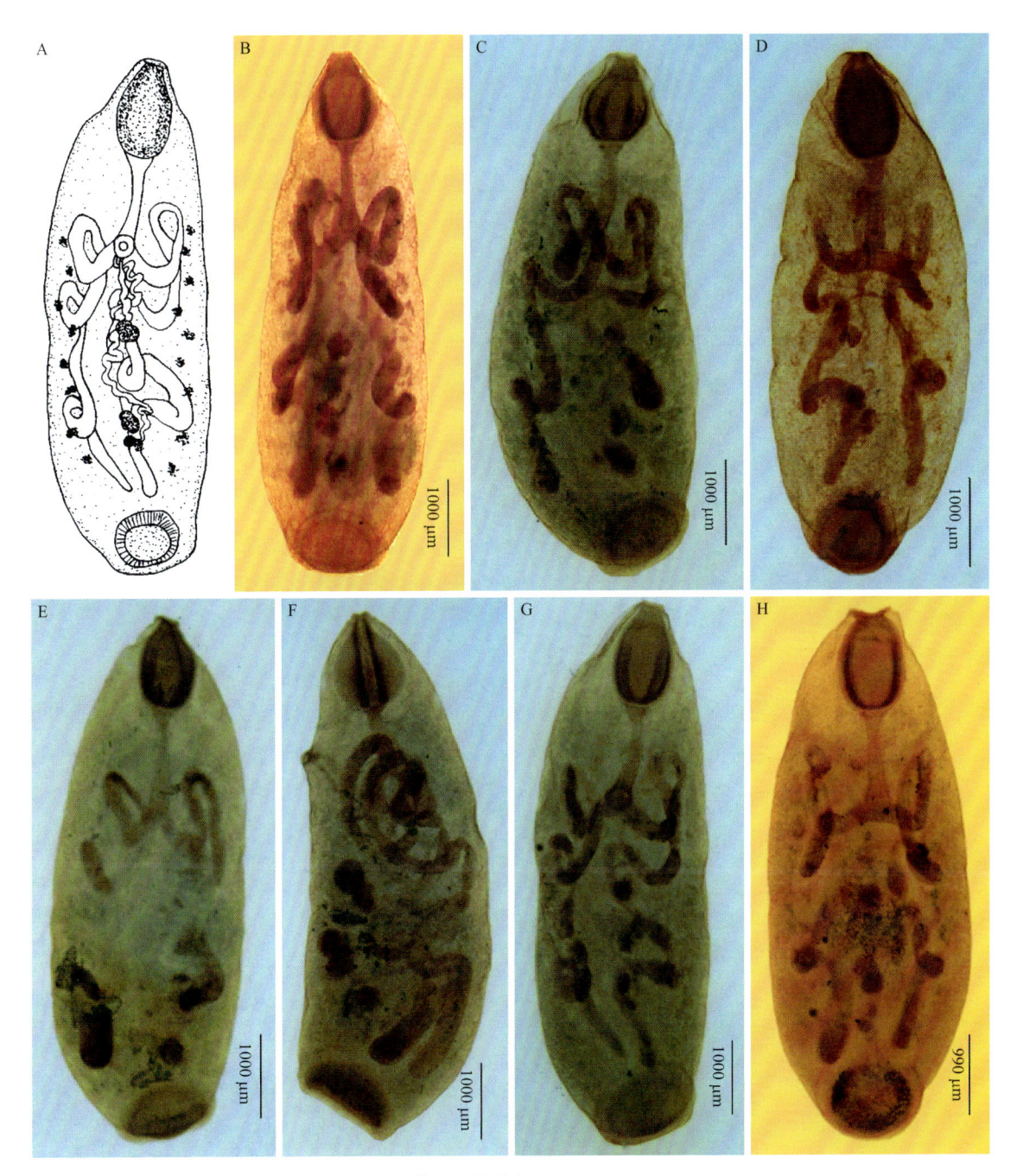

图 158 徐氏巨咽吸虫 *Macropharynx hsui*
A. 引 黄兵 等（2006）；B～H. 原图（SHVRI）

呈类圆形，边缘有浅裂，前后排列于虫体中部略后，前睾丸大小为 0.440～0.800 mm×0.460～1.440 mm，后睾丸大小为 0.440～0.840 mm×0.440～1.280 mm。贮精囊具有 7 或 8 个弯曲，生殖孔位于食道中部。卵巢为圆球形，大小为 0.190～0.280 mm×0.200～0.350 mm。梅氏腺位于卵巢后缘，劳氏管开口于虫体背面。卵黄腺呈滤泡状，分布于虫体两侧，从肠支弯曲部开始，终于肠支亚末端。子宫少弯曲，内含少数虫卵。虫卵大小为 122～132 μm×64～76 μm。排泄囊为圆囊状，位于卵巢下方，排泄管开口于虫体背面，与劳氏管平行不相交叉。

5.11 同 盘 属
Paramphistomum Fischoeder, 1901

【同物异名】滑睾属（*Liorchis* Velichko, 1966）；斯里瓦属（*Srivastavaia* Singh, 1970）。
【宿主范围】成虫寄生于反刍动物的瘤胃、皱胃与胆管和犬科动物的肠道。
【形态结构】虫体为圆锥形，横切面近圆形，腹部弯曲，无腹袋。口吸盘与腹吸盘中等大小，位于虫体前后亚端腹面，口吸盘与腹吸盘大小比为 1∶1.5～1∶3.4。缺食道球和食道括约肌，肠支直或弯曲。睾丸完整或分叶，前后排列或斜列于虫体中部或中部稍后。贮精囊回旋弯曲，生殖孔位于肠分支前或后或分支处，无生殖吸盘或生殖盂。卵巢和梅氏腺位于睾丸之后的中央或亚中央，卵巢为圆形或稍有浅裂。劳氏管开口于卵巢的背面。子宫位于肠支之间，自卵巢后弯曲上升，经睾丸背面向前至生殖孔。卵黄腺滤泡分布于口吸盘与腹吸盘之间的虫体两侧，在虫体后部中央汇合或不汇合。排泄囊为囊状到长袋状，位于腹吸盘的前背面，排泄孔开口于腹吸盘前边缘或更前至后睾丸的水平。模式种：鹿同盘吸虫［*Paramphistomum cervi* (Zeder, 1790) Fischoeder, 1901］。

159 吸沟同盘吸虫   *Paramphistomum bothriophoron* Braun, 1892

【关联序号】27.1.1（27.11.1）/135。
【宿主范围】成虫寄生于黄牛、水牛、绵羊的瘤胃。
【地理分布】重庆、广西、贵州、湖南、四川、云南。
【形态结构】虫体呈梨形，前端尖，后端钝圆，大小为 4.090～5.210 mm×2.010～3.640 mm。口吸盘位于虫体前端，大小为 0.515～0.603 mm×0.594～0.644 mm。腹吸盘位于虫体末端，大小为 1.327～1.491 mm×1.271～1.503 mm，口吸盘与腹吸盘的大小之比为 1∶2.3。食道长 0.208～0.217 mm，两肠支各有 5 或 6 个弯曲，后止于腹吸盘的后缘。睾丸 2 枚，呈横椭圆形，边缘有 3

| 5 同 盘 科 | 215

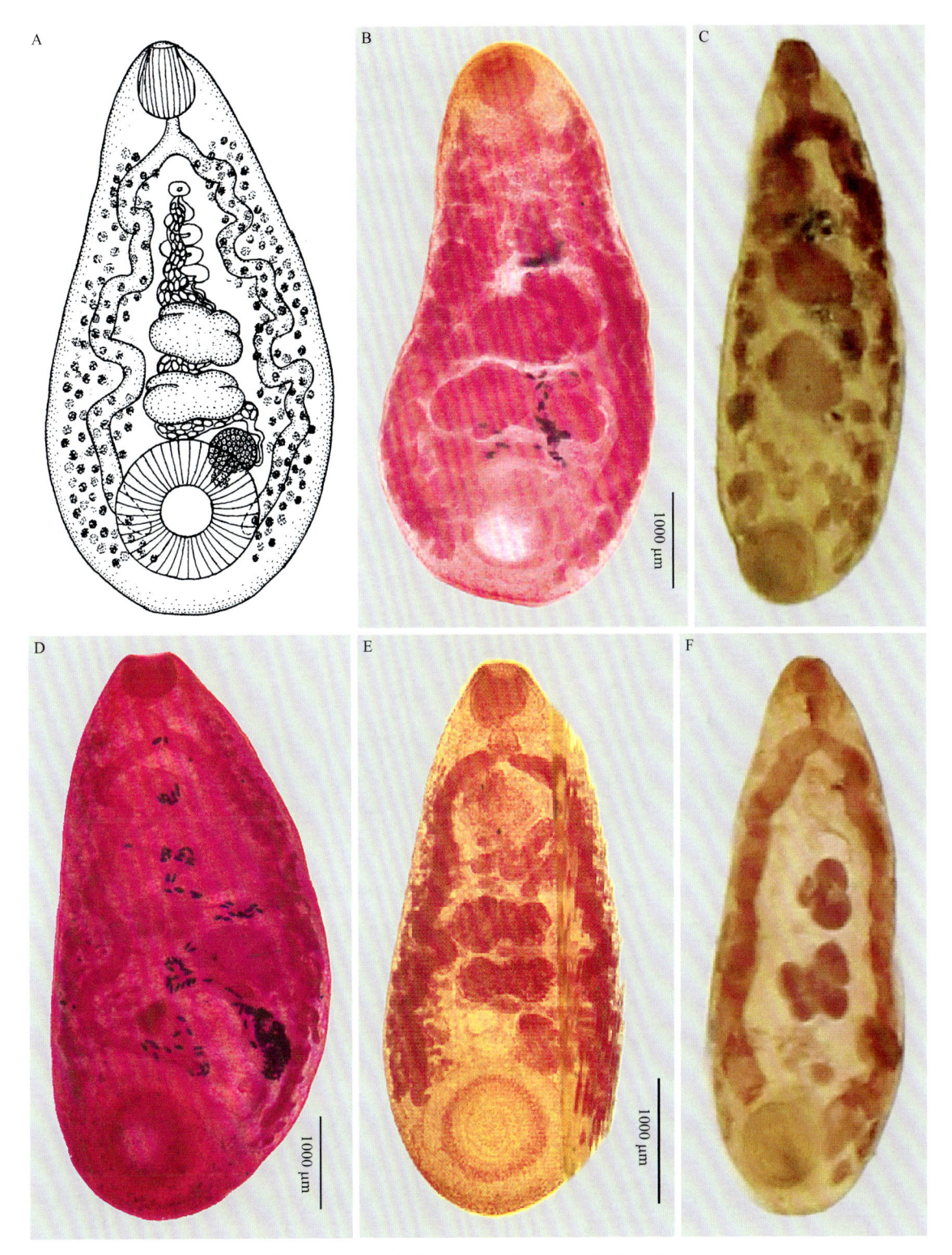

图 159 吸沟同盘吸虫 *Paramphistomum bothriophoron*
A. 引 黄兵 等（2006）；B，D，E. 原图（SHVRI）；C，F. 原图（SCAU）

或4个深分叶，前后排列于虫体中后部，前睾丸大小为0.423～0.614 mm×0.813～0.910 mm，后睾丸大小为0.351～0.474 mm×0.762～1.018 mm。贮精囊具有4或5个回旋弯曲，生殖孔开口于肠叉后方，有发达的生殖窦、生殖乳头和两性乳突。卵巢呈圆形，位于后睾丸之后与腹吸盘前缘之间，略偏向一侧，大小为0.355～0.438 mm×0.294～0.488 mm。卵黄腺分布于虫体两侧，前起于肠叉，后止于腹吸盘后缘。子宫沿体中线盘曲上升，开口于生殖孔，内含多数虫卵。虫卵大小为113～142 μm×70～88 μm。排泄囊与劳氏管相交叉。

160 鹿同盘吸虫 *Paramphistomum cervi* (Zeder, 1790) Fischoeder, 1901

【关联序号】27.1.2（27.11.2）/136。

【同物异名】鹿费斯吐卡吸虫（*Festucaria cervi* Zeder, 1790）；鹿片形吸虫（*Fasciola cervi* Shrank, 1790）；赤鹿片形吸虫（*Fasciola elaphi* Gmelin, 1791）；圆锥单盘吸虫（*Monostoma conicum* Zeder, 1800）；圆锥对盘吸虫（*Amphistomum conicum* Rudolphi, 1809）；鹿对盘吸虫（*Amphistomum cervi* Stiles et Hassall, 1900）。

【宿主范围】成虫寄生于黄牛、水牛、奶牛、牦牛、犏牛、绵羊、山羊的瘤胃、真胃、小肠、胆管、胆囊。

【地理分布】安徽、重庆、福建、甘肃、广东、广西、贵州、海南、河北、河南、黑龙江、湖北、湖南、吉林、江苏、江西、辽宁、内蒙古、宁夏、青海、山东、山西、陕西、上海、四川、台湾、天津、西藏、新疆、云南、浙江。

【形态结构】虫体呈圆锥形或纺锤形，乳白色，前端稍小，后端钝圆，体表有乳突状突起，两体侧近平行，大小为8.800～9.600 mm×4.000～4.400 mm，体宽与体长之比为1：2。口吸盘位于虫体前端，大小为0.880～0.960 mm×1.040～1.120 mm。腹吸盘为圆形，位于虫体亚末端，直径为1.760～2.080 mm。口吸盘直径与体长之比为1：9，腹吸盘直径与体长之比为1：4.8，口吸盘与腹吸盘大小之比为1：1.9。缺咽，食道长0.800～0.880 mm，无肌质食道球。肠支甚长，经3或4个回旋弯曲，伸达腹吸盘边缘。睾丸2枚，呈横椭圆形，前后相邻排列于虫体中部，前睾丸大小为1.100～1.600 mm×2.200～3.200 mm，后睾丸大小为1.250～1.750 mm×2.560～2.850 mm。贮精囊长而弯曲，生殖孔开口于肠支起始部的后方。卵巢呈圆形，位于睾丸后侧缘，大小为0.350～0.500 mm×0.560～0.650 mm。卵黄腺发达，呈滤泡状，分布于肠支两侧，前自口吸盘后缘，后至腹吸盘两侧中部水平。子宫在睾丸后缘经数个回旋弯曲后，沿睾丸背面上升，开口于生殖孔，子宫内含多数虫卵。虫卵呈椭圆形，淡灰色，卵黄细胞不充满整个虫卵，大小为125～132 μm×70～80 μm。排泄囊呈长袋状，开口于腹吸盘背面，与劳氏管相交叉。

| 5 同盘科 | 217

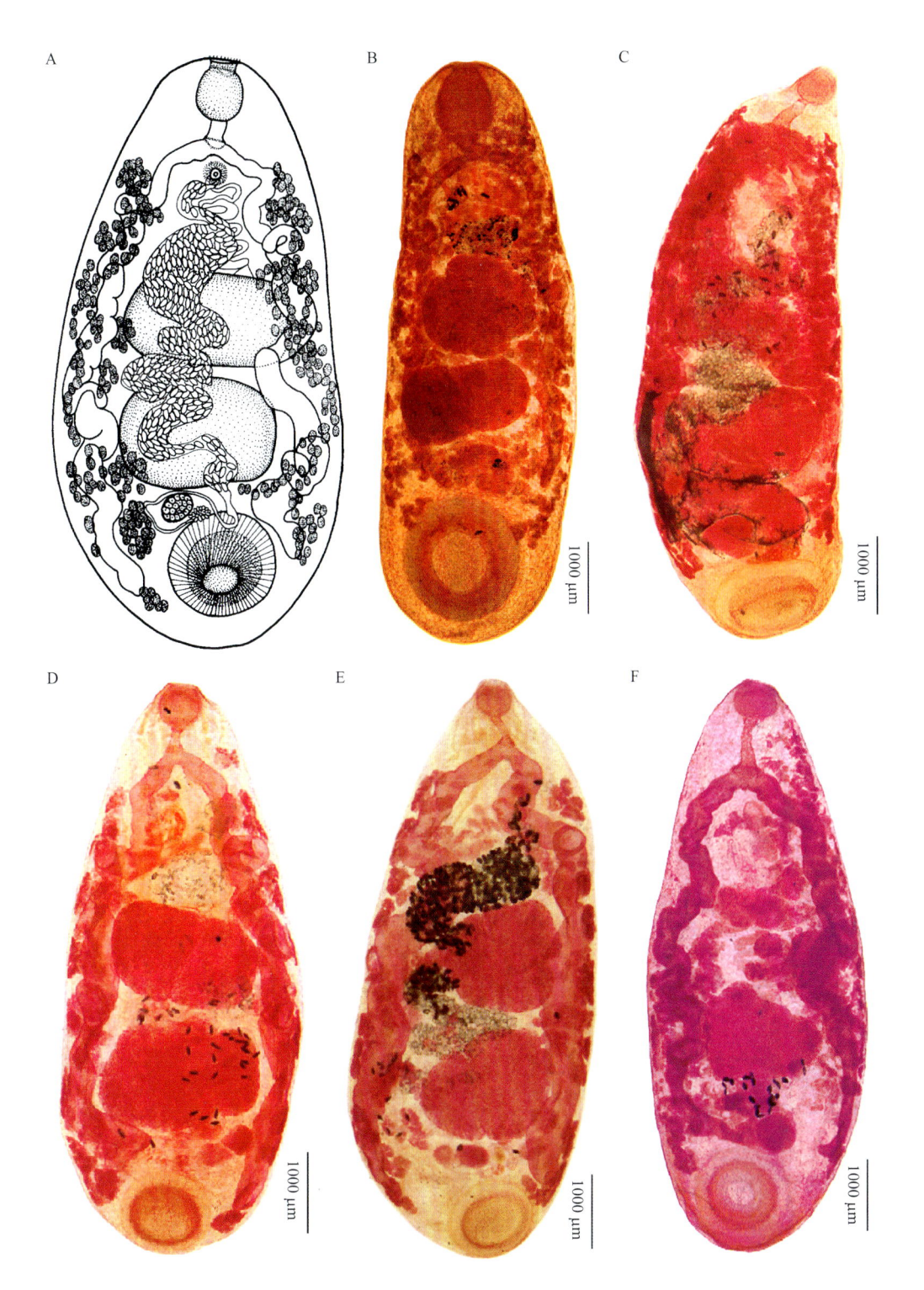

图160 鹿同盘吸虫 *Paramphistomum cervi*
A. 引 蒋学良和周婉丽（2004）；B～F. 原图（SHVRI）

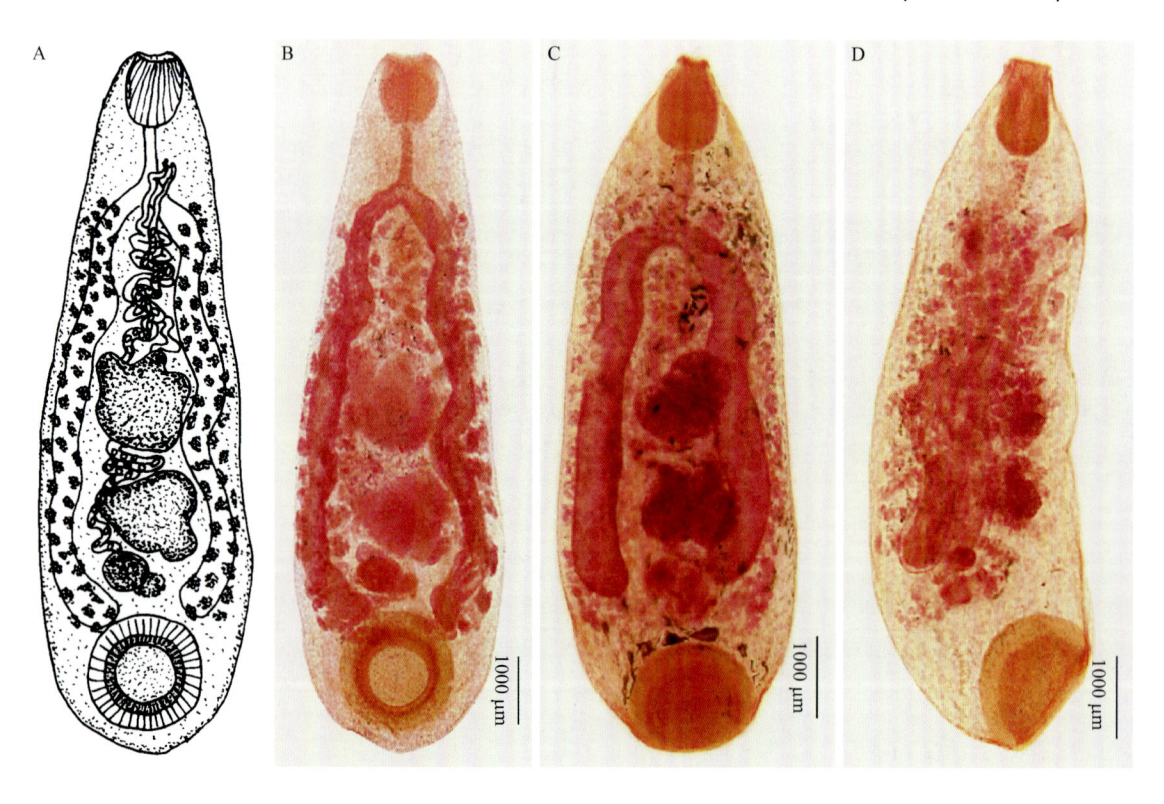

161 后藤同盘吸虫　　　　　　　　　　*Paramphistomum gotoi* Fukui, 1922

【关联序号】27.1.3（27.11.3）/137。

【宿主范围】成虫寄生于黄牛、水牛、绵羊、山羊的瘤胃。

【地理分布】安徽、重庆、福建、广西、贵州、河南、湖南、吉林、江西、辽宁、青海、陕西、四川、云南、浙江。

【形态结构】虫体呈长圆锥形，前端稍窄，后端钝圆，体后1/3部位最宽，体表有乳头状突起，虫体大小为8.200～10.200 mm×2.600～3.400 mm。口吸盘位于顶端，前部平切、后部钝圆呈瓶状，大小为1.120～1.360 mm×0.800～0.920 mm。腹吸盘呈圆盘状，大小为1.700～1.920 mm×1.600～1.920 mm，口吸盘与腹吸盘大小之比为1∶1.8，腹吸盘直径与体长之比为1∶4.5。食道细长，肠支短，呈微波状弯曲，末端达卵巢边缘。睾丸2枚，边缘不规则或具有2～4个浅分瓣，前后排列于虫体中部两肠支之间，前睾丸大小为0.730～1.520 mm×0.850～1.360 mm，后睾丸大小为0.940～1.280 mm×1.120～1.550 mm。贮精囊甚长，经6～8个回旋弯曲，开口于生殖孔，生殖孔开口接近食道的中部。卵巢呈球状，位于后睾丸后缘一侧，直径为0.320～0.420 mm。梅氏腺位于卵巢旁边。卵黄腺始自肠分叉附近，向后沿肠支两侧伸至腹吸盘前缘。子宫回旋弯曲，末端开口于生殖孔，内含多数虫卵。虫卵大小为128～138 μm×70～80 μm。

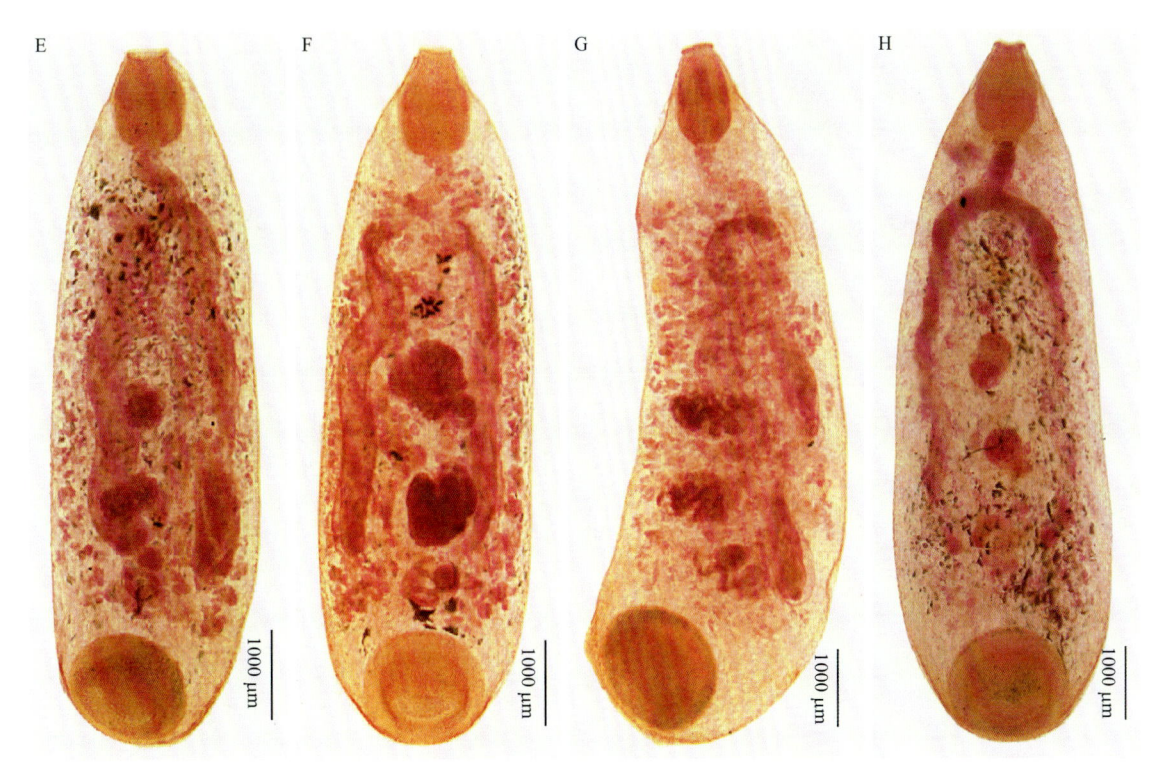

图 161　后藤同盘吸虫 *Paramphistomum gotoi*
A. 引黄兵等（2006）；B～H. 原图（SHVRI）

162　细同盘吸虫　　　　　　　　　*Paramphistomum gracile* Fischoeder, 1901

【关联序号】27.1.4（27.11.4）/138。

【同物异名】印度同盘吸虫（*Paramphistomum indicum* Stiles et Goldberger, 1910 in part）；孟买同盘吸虫（*Paramphistomum bombayiensis* Gupta et Verma in Gupta et Nakhasi, 1977）。

【宿主范围】成虫寄生于黄牛、水牛、牦牛、绵羊、山羊的瘤胃。

【地理分布】安徽、重庆、福建、广西、贵州、四川、云南。

【形态结构】虫体细长，呈圆柱状，大小为 6.200～10.800 mm×1.800～2.800 mm，体宽与体长之比为 1∶3.7。口吸盘位于虫体前端，大小为 0.470～0.970 mm×0.560～0.730 mm。腹吸盘位于虫体末端，大小为 1.320～1.500 mm×1.270～1.440 mm。口吸盘直径与体长之比为 1∶12.5，腹吸盘直径与体长之比为 1∶7，口吸盘与腹吸盘的大小之比为 1∶2。食道长 0.650～0.810 mm，两肠支较短，略弯曲，向后伸至腹吸盘与后睾丸之间。睾丸 2 枚，有浅分瓣，前后排列于虫体中部；前睾丸大小为 1.020～1.760 mm×0.920～1.440 mm，边缘分为 4 或 5 个浅瓣；后睾丸大小为 1.450～1.620 mm×1.580～1.820 mm，边缘分为 2 或 3 个浅瓣。贮精囊细长，回旋弯曲，

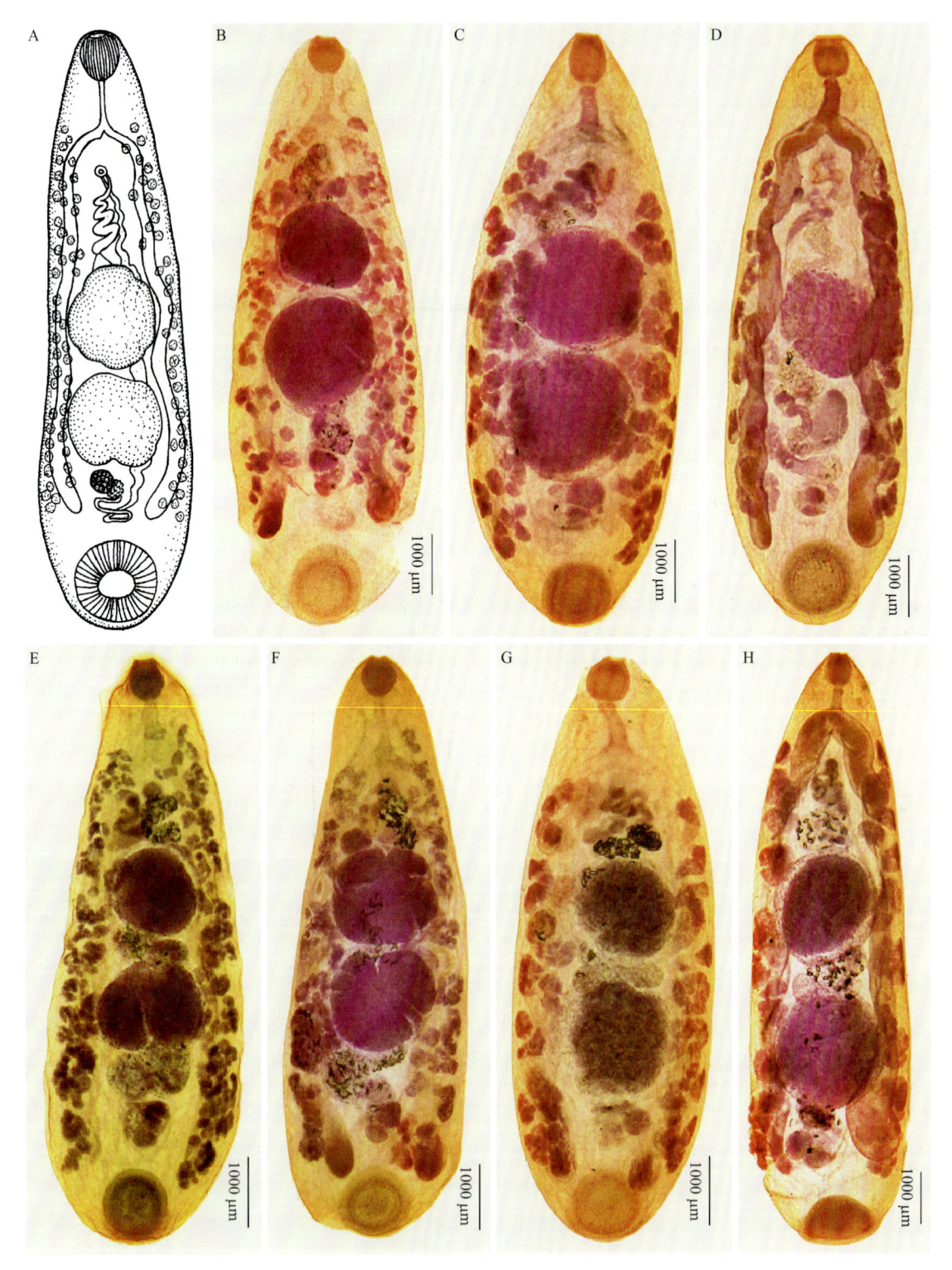

图 162　细同盘吸虫 *Paramphistomum gracile*
A. 引 黄兵 等（2006）；B～H. 原图（SHVRI）

生殖孔开口于体前 1/4 处的肠叉后方。卵巢为类球形，直径为 0.300～0.330 mm。卵黄腺分布于虫体两侧，前至肠分叉处，后达腹吸盘前缘。子宫盘曲不多，沿虫体中线弯曲上升，开口于生殖孔，内含虫卵。虫卵大小为 103～128 μm×62～78 μm。排泄囊与劳氏管相交叉。

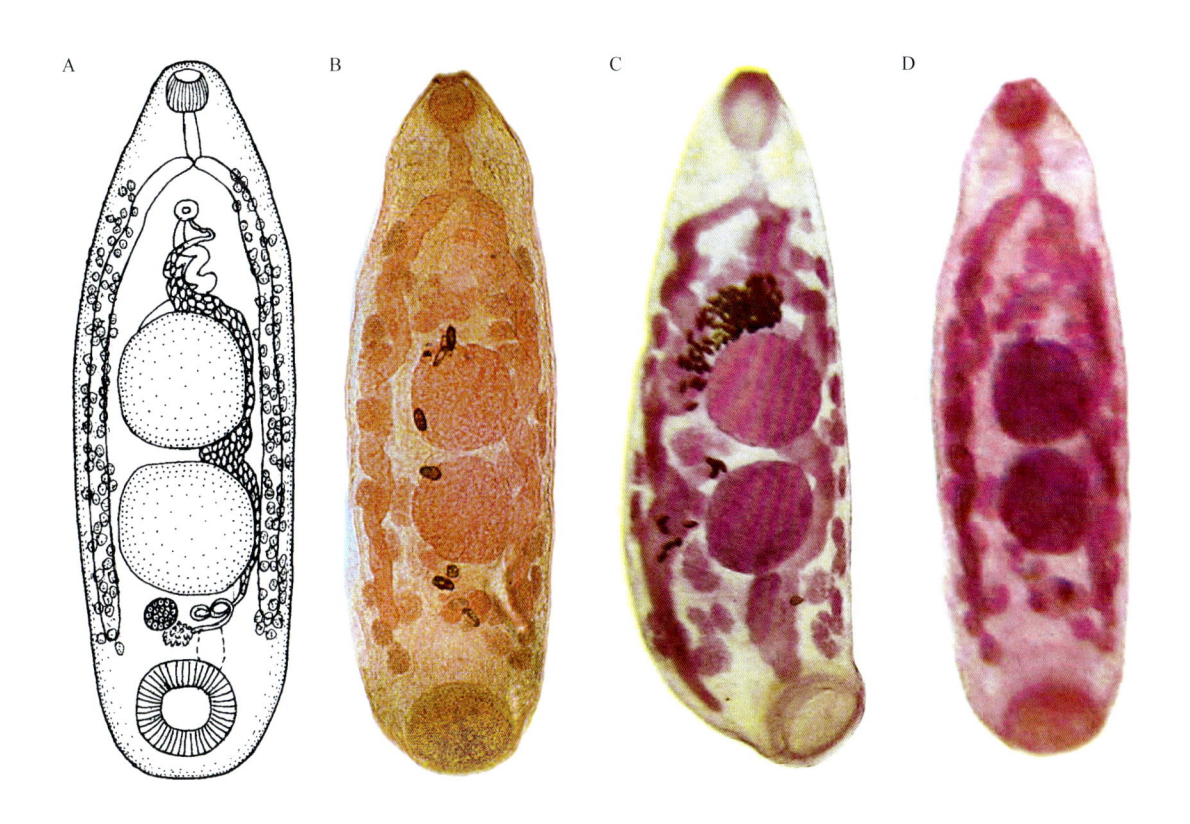

163 市川同盘吸虫 *Paramphistomum ichikawai* Fukui, 1922

【关联序号】27.1.5（27.11.5）/ 139。
【同物异名】维氏殖盘吸虫（*Cotylophoron vigisi* Davydova, 1963）。
【宿主范围】成虫寄生于黄牛、水牛、绵羊、山羊的瘤胃。
【地理分布】重庆、广东、广西、贵州、吉林、陕西、四川、台湾、云南、浙江。
【形态结构】虫体呈长椭圆形，乳白色，前部稍小，后部较圆，中部两侧近平行，大小为 6.300～9.100 mm×2.000～2.500 mm，体宽与体长之比为 1∶3.5。口吸盘位于虫体亚前端腹面，大小为 0.520～0.690 mm×0.560～0.730 mm。腹吸盘呈类球形，位于虫体末端，大小为 0.960～1.280 mm×0.940～1.310 mm。口吸盘直径与体长之比为 1∶13，腹吸盘直径与体长之比为 1∶7，口吸盘与腹吸盘的大小之比为 1∶2。食道长 0.400～0.640 mm，两肠支较直，向后伸达腹吸盘的前缘。睾丸 2 枚，呈圆球形，前后相邻排列于虫体中后部，前睾丸大小为

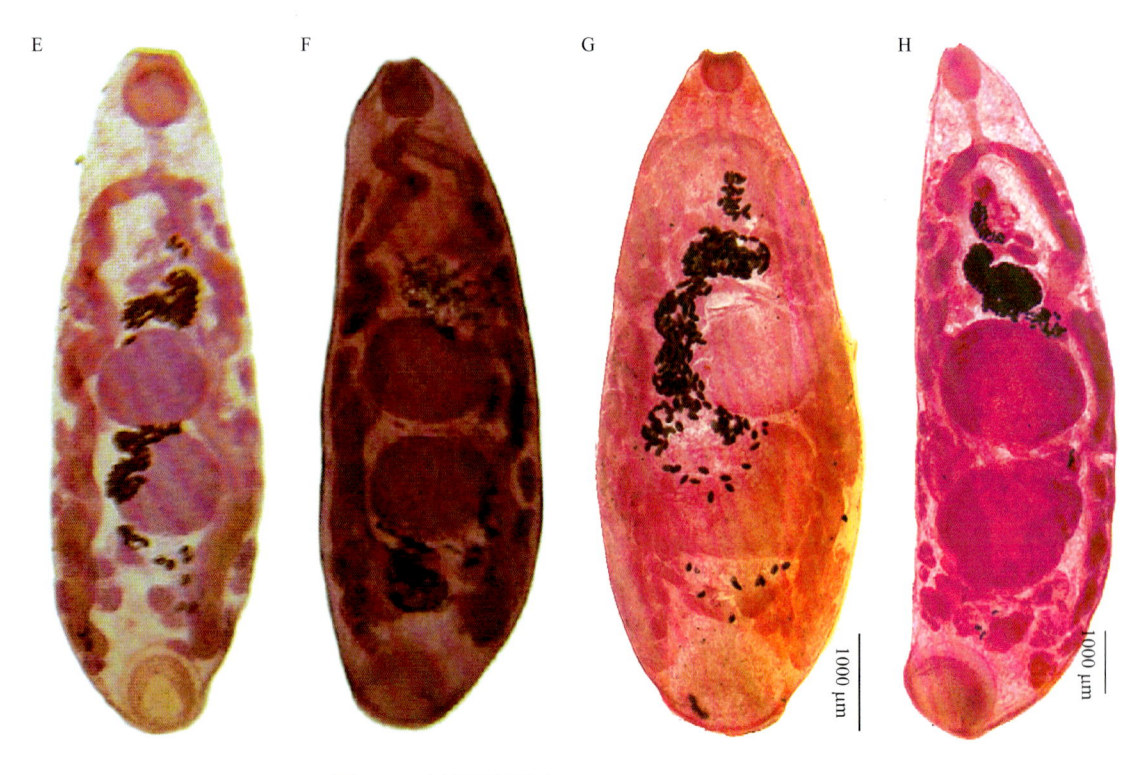

图 163　市川同盘吸虫 *Paramphistomum ichikawai*
A. 引黄兵等（2006）；B～F. 原图（SASA）；G, H. 原图（SHVRI）

1.270～1.760 mm×1.340～1.840 mm，后睾丸大小为 1.260～1.610 mm×1.420～1.760 mm。贮精囊短，经 2 或 3 个弯曲后接射精管，通两性管，开口于生殖孔，生殖孔位于虫体前 1/5 处的肠叉之后，距虫体前端 1.440～1.600 mm。卵巢呈类球形，位于后睾丸的后缘，大小为 0.280～0.410 mm×0.330～0.480 mm。梅氏腺位于卵巢右下侧。卵黄腺分布于虫体两侧，前起于肠分叉边缘，后止于肠支末端。子宫弯曲，内含较多虫卵。虫卵大小为 142～151 μm×73～82 μm。排泄囊呈长袋状，与劳氏管相交叉，开口于后睾丸的背侧。

164　雷氏同盘吸虫　　*Paramphistomum leydeni* Näsmark, 1937

【关联序号】27.1.6（27.11.6）/140。

【同物异名】雷登同盘吸虫；莱氏同盘吸虫；野牛同盘吸虫（*Paramphistomum scotiae* Willmott, 1950）；斯氏殖盘吸虫（*Cotylophoron skrjabini* Mitskevich, 1958 in part）；朱莉同盘吸虫（*Paramphistomum julimarinorum* Velázquez-Maldonado, 1976）；尼卡同盘吸虫（*Paramphistomum nicabrasilorum* Velázquez-Maldonado, 1976）。

【宿主范围】成虫寄生于黄牛、水牛、牦牛的瘤胃。

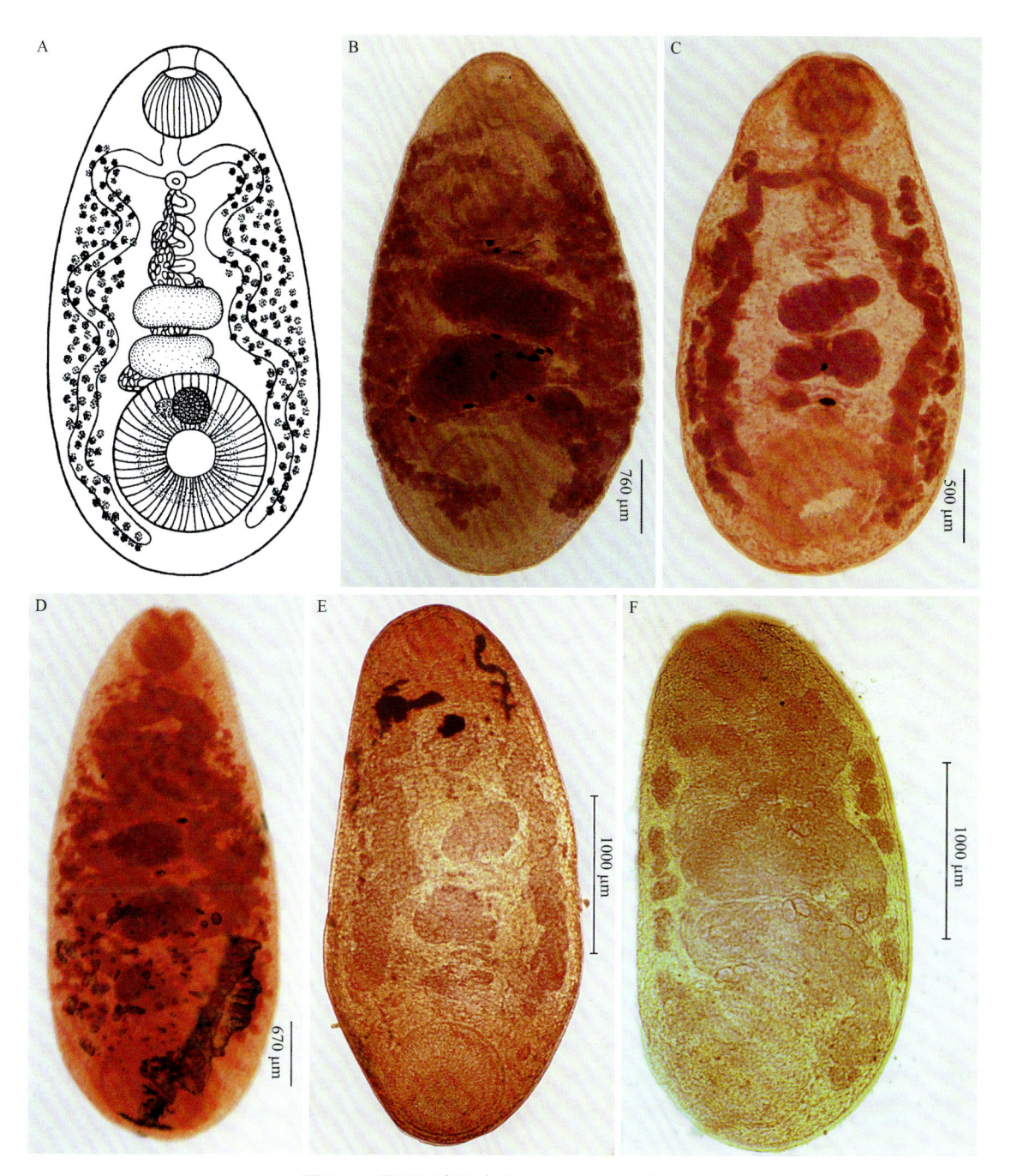

图 164 雷氏同盘吸虫 *Paramphistomum leydeni*
A. 仿陈心陶（1985）；B～D. 原图（SHVRI）；E，F. 原图（SASA）

【地理分布】安徽、贵州、西藏、云南。

【形态结构】虫体细小，呈短圆锥形，大小为 3.500～4.380 mm×2.100～2.470 mm，体宽与体长之比为 1∶1.8。口吸盘近圆形，位于虫体亚前端，大小为 0.525～0.665 mm×0.525～0.648 mm。腹吸盘位于虫体亚末端腹面，大小为 1.060～1.590 mm×1.260～1.510 mm。口吸盘直径与体长之比为 1∶6.6，腹吸盘直径与体长之比为 1∶3.3，口吸盘与腹吸盘的大小之比为 1∶2.2。食道长 0.350～0.370 mm，两肠支经 4 度弯曲，末端伸达腹吸盘的后缘。睾丸 2 枚，呈横椭圆形，边缘不完整；前睾丸位于体中部，大小为 0.360～0.700 mm×0.750～1.050 mm；后睾丸位于虫体后半部的前缘，大小为 0.510～0.700 mm×0.780～1.320 mm。贮精囊长，有 4 或 5 个回旋弯曲，生殖孔开口于肠叉处，具有生殖乳头。卵巢呈圆形，位于腹吸盘的背面，大小为 0.280～0.470 mm×0.300～0.470 mm。卵黄腺分布于虫体两侧，前起于肠叉，后止于肠支末端。子宫盘曲不多，沿体中线上升，开口于生殖孔，内含虫卵。虫卵大小为 113～147 μm×76～108 μm。排泄囊与劳氏管相交叉。

165 似小盘同盘吸虫 *Paramphistomum microbothrioides* Price et MacIntosh, 1944

【关联序号】27.1.8（27.11.8）/141。

【宿主范围】成虫寄生于黄牛、水牛、山羊的瘤胃。

【地理分布】安徽、广东、四川、新疆、云南。

【形态结构】虫体呈圆锥形，体表光滑，大小为 6.400～8.100 mm×2.800～3.220 mm，体宽与体长之比为 1∶2.4。口吸盘位于虫体前端，呈类球形，大小为 0.470～0.650 mm×0.680～0.730 mm。腹吸盘位于虫体亚末端，大小为 1.520～1.680 mm×1.460～1.780 mm。口吸盘直径与体长之比为 1∶12，腹吸盘直径与体长之比为 1∶4.2，口吸盘与腹吸盘的大小之比为 1∶2.6。食道长 0.160～0.330 mm，两肠支略弯曲，后止于腹吸盘边缘。睾丸 2 枚，呈类方形，边缘不完整或具有浅裂，前后相邻排列于虫体中部，前睾丸大小为 1.110～1.310 mm×1.580～1.920 mm，后睾丸大小为 0.960～1.820 mm×1.440～2.030 mm。贮精囊发达，生殖孔开口于肠叉后方，距虫体前端 0.800～1.800 mm。卵巢为椭圆形，位于后睾丸与腹吸盘之间，大小为 0.320～0.490 mm×0.400～0.560 mm。梅氏腺在卵巢的后缘，劳氏管开口于虫体背面。卵黄腺发达，分布在虫体两侧，前可至口吸盘后缘，后可达腹吸盘的边缘。子宫细长，在卵巢前经几个回旋弯曲后，沿睾丸背侧上升接两性管到生殖孔，内充满虫卵。虫卵大小为 116～138 μm×62～78 μm。排泄囊为长袋状，开口于后睾丸处的虫体背侧，与劳氏管相交叉。

| 5 同盘科 | **225**

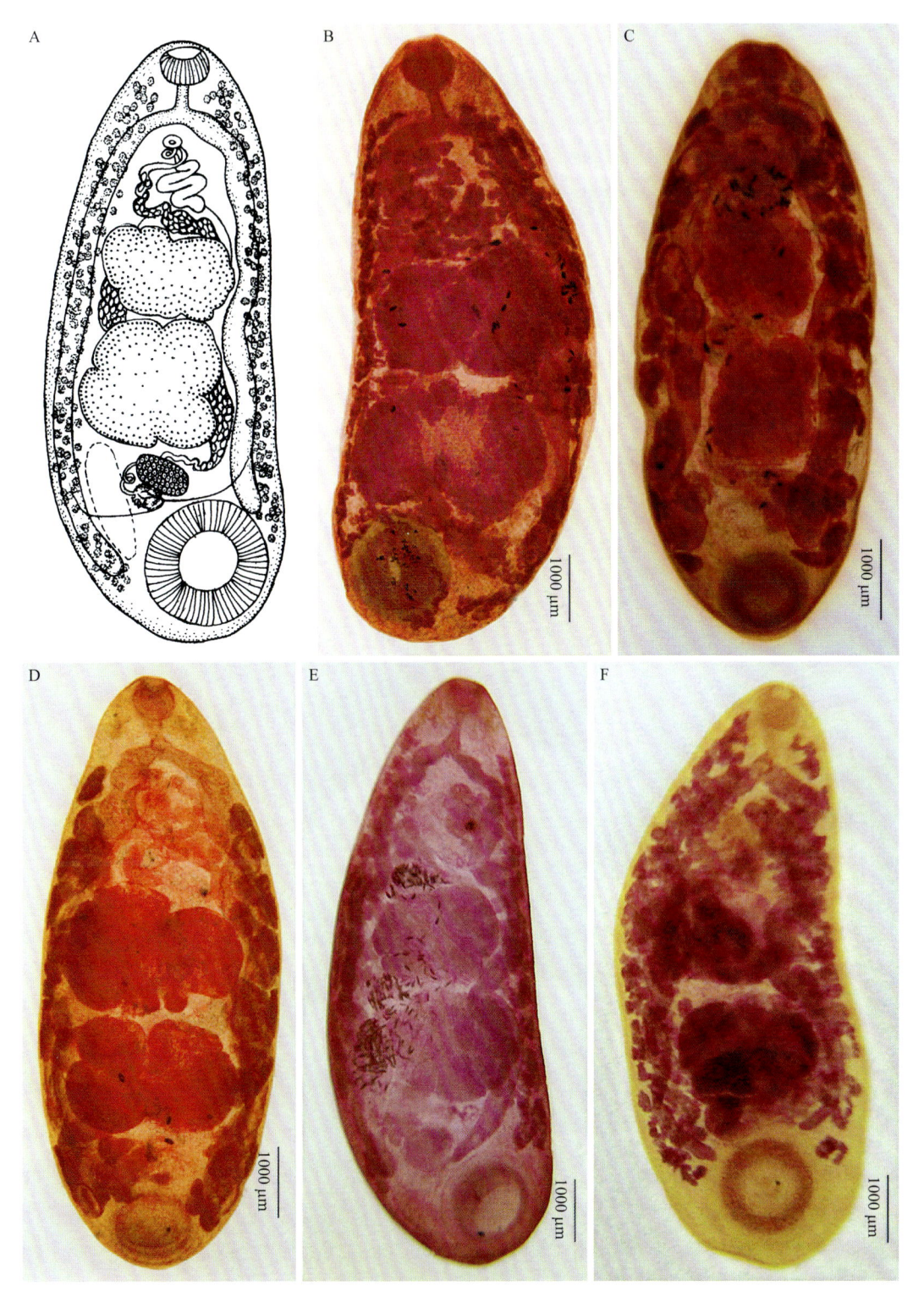

图 165 似小盘同盘吸虫 *Paramphistomum microbothrioides*
A. 引黄兵 等（2006）；B～D. 原图（SHVRI）；E，F. 原图（SASA）

166 小盘同盘吸虫   *Paramphistomum microbothrium* Fischoeder, 1901

【关联序号】27.1.9（27.11.9）/142。
【宿主范围】成虫寄生于黄牛、水牛、山羊的瘤胃。
【地理分布】重庆、福建、广西、贵州、四川、云南、浙江。
【形态结构】虫体呈圆锥形，背面微隆，腹面扁平，纵轴稍向腹面弯曲，大小为 8.000～9.200 mm× 3.600～3.900 mm，体宽与体长之比为 1:2.3。口吸盘为类球形，位于虫体前端，大小为 0.470～0.520 mm×0.540～0.640 mm。腹吸盘位于虫体亚末端，大小为 1.280～1.580 mm× 1.390～1.620 mm。口吸盘直径与体长之比为 1:16，腹吸盘直径与体长之比为 1:6，口吸盘与腹吸盘的大小之比为 1:2.7。食道长 0.640 mm，两肠支略弯曲，止于腹吸盘的前缘。睾丸 2 枚，前后相邻排列于虫体中部，各有 5～9 个深分瓣，前睾丸大小为 2.280 mm×1.760 mm，后睾丸大小为 1.260 mm×2.400 mm。贮精囊有 2 或 3 个弯曲，生殖孔开口于肠叉之后，距虫体

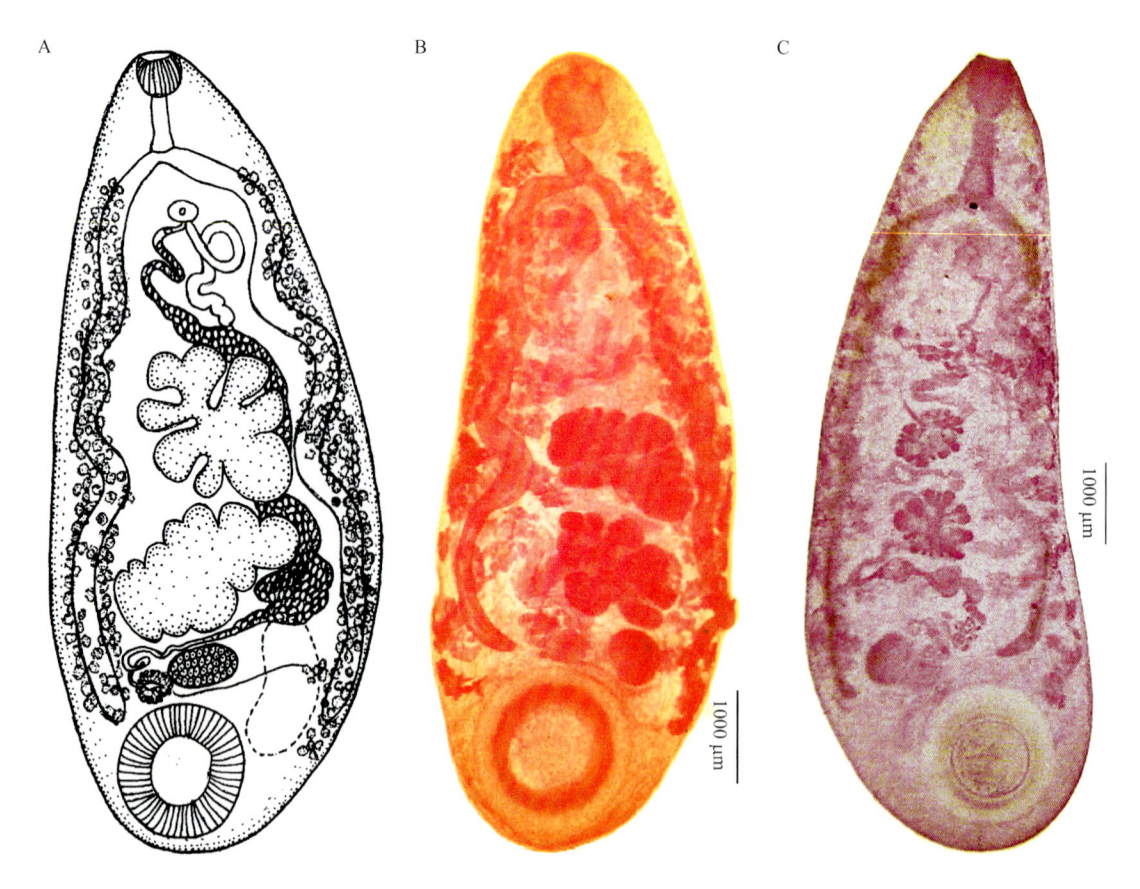

图 166 小盘同盘吸虫 *Paramphistomum microbothrium*
A. 引黄兵等（2006）；B. 原图（SHVRI）；C. 原图（SASA）

前端 1.600～1.900 mm。卵巢呈横椭圆形，位于后睾丸后方，大小为 0.310～0.330 mm×0.540～0.570 mm。梅氏腺在卵巢后方，劳氏管开口于虫体背面。卵黄腺分布在虫体两侧，起于肠叉，止于腹吸盘的前缘。子宫弯曲上升，内含多数虫卵。虫卵大小为 110～128 μm×68～74 μm。排泄囊为长袋状，排泄管与劳氏管相交叉，排泄孔开口于后睾丸的背面。

167 直肠同盘吸虫　　　　　*Paramphistomum orthocoelium* Fischoeder, 1901

【关联序号】27.1.10（27.11.10）/ 。
【同物异名】直腔同盘吸虫。
【宿主范围】成虫寄生于黄牛、水牛、山羊的瘤胃。
【地理分布】贵州、浙江。
【形态结构】虫体呈卵圆形，前端稍尖，最大宽度在睾丸处，虫体大小为 5.000～7.000 mm×2.500～2.800 mm。口吸盘呈类球形，位于虫体亚前端，大小为 0.550～0.640 mm×0.670～0.770 mm。腹吸盘呈椭圆形，位于虫体末端，大小为 0.820～1.100 mm×0.920～1.300 mm。食道较长，为 0.840～0.910 mm。肠支从虫体前 1/4 处开始分叉，沿两侧向后延伸，其盲端止于虫体后 1/4 处，肠支粗直无弯曲。睾丸 2 枚，呈椭圆形，边缘完整，前后排列于虫体中部，相

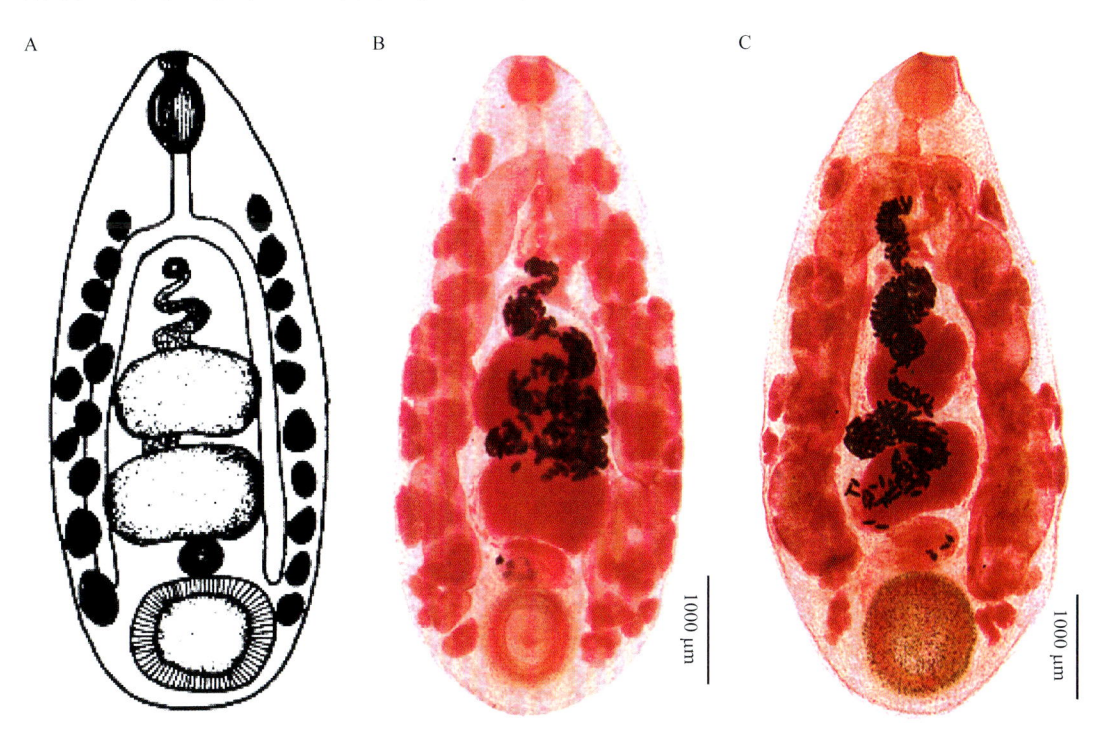

图 167　直肠同盘吸虫 *Paramphistomum orthocoelium*
A. 引张峰山 等（1986d）；B，C. 原图（SHVRI）

距较近，前睾丸大小为 1.020～1.250 mm×0.770～1.100 mm，后睾丸大小为 1.120～1.330 mm× 0.700～0.910 mm。贮精囊回旋弯曲，生殖孔开口于邻近肠叉处，无生殖吸盘。卵巢为椭圆形，位于后睾丸与腹吸盘之间的中央，大小为 0.480～0.720 mm×0.350～0.510 mm。梅氏腺位于卵巢之后。卵黄腺呈颗粒状，前自食道中部水平开始，后达腹吸盘边缘，大部分分布于肠支外侧，小部分与肠支重叠。子宫沿虫体中线弯曲上升，接两性管，通生殖孔。

168 原羚同盘吸虫　　　*Paramphistomum procapri* Wang, 1979

【关联序号】27.1.11（27.11.11）/ 　。

【宿主范围】成虫寄生于黄牛、水牛、牦牛、山羊的瘤胃。

【地理分布】安徽、广西、贵州、西藏。

【形态结构】虫体呈圆锥形，大小为 3.900～5.080 mm×1.930～2.460 mm，以后睾丸水平处最宽。口吸盘近乎圆形，大小为 0.577～0.715 mm×0.543～0.735 mm，其直径与体长之比为 1∶5.5～1∶8.1，内缘具有细小且不明显的乳头。食道长 0.380～0.787 mm，缺食道球。肠支呈 3 度弯曲，末端向内收缩呈倒"八"字状，止于腹吸盘背面的前缘或前 1/3 处。腹吸盘呈圆盘状，大小为 1.260～1.610 mm×1.190～1.487 mm，其直径与体长之比为 1∶2.6～1∶3.4。生殖腔开口于肠叉的前方，直径为 0.129 mm，具有明显的生殖乳头。睾丸呈横椭圆形，具有 3～5 个浅分叶，前后排列于虫体中部，前睾丸大小为 0.315～0.525 mm×0.437～0.577 mm，后睾丸大小为 0.350～0.525 mm×0.525～0.710 mm。卵巢呈球状，位于腹吸盘前背部，大小为 0.175～0.240 mm×0.175～0.367 mm。卵黄腺自肠叉部起沿虫体两侧至腹吸盘的后缘。子宫沿虫体中轴线略弯曲向前，连接两性管，内含虫卵。虫卵大小为 140～154 μm×74～94 μm。

［注：Eduardo（1982）将本种列为雷氏同盘吸虫（*Paramphistomum leydeni* Näsmark, 1937）的同物异名。］

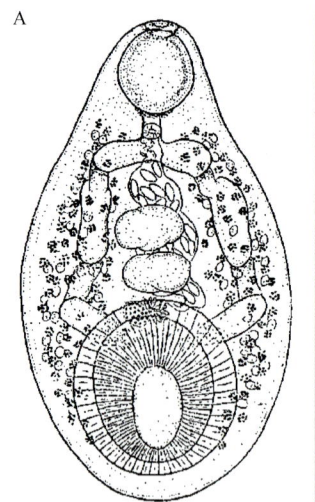

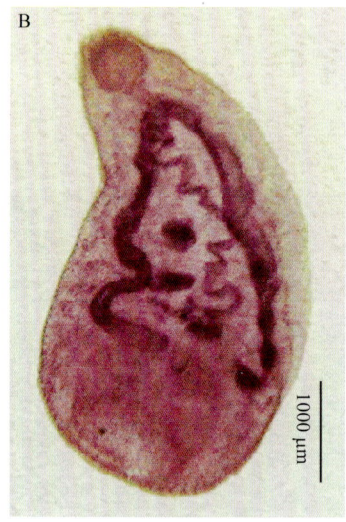

图 168　原羚同盘吸虫 *Paramphistomum procapri*
A. 引王溪云（1979）；B. 原图（SASA）

169 拟犬同盘吸虫　　*Paramphistomum pseudocuonum* Wang, 1979

【关联序号】27.1.12（27.11.12）/143。
【宿主范围】成虫寄生于犬的肠道。
【地理分布】重庆、四川。
【形态结构】虫体呈长圆柱形，大小为 6.360～7.920 mm×1.870～2.030 mm，最宽处在后睾丸部，体宽与体长之比为 1:3.6。口吸盘位于虫体前端，呈杯状，大小为 0.430～0.480 mm×0.410～0.490 mm。腹吸盘位于虫体的末端，呈浅盘状，大小为 0.937～1.133 mm×1.249～1.373 mm。口吸盘直径与体长之比为 1:16，腹吸盘直径与体长之比为 1:6.8，口吸盘与腹吸盘大小之比为 1:2.6。食道长 0.322～0.525 mm，肠管呈波浪状弯曲，沿虫体两侧，末端达腹吸盘前缘。睾丸类圆形，具 3 或 4 个浅分叶，前后排列于两肠支之间，前睾丸位于虫体中部或稍后方，大小为 1.040～1.226 mm×1.021～1.181 mm，后睾丸在前睾丸与腹吸盘之间，大小为 1.041～1.242 mm×1.112～1.268 mm。贮精囊短，稍弯曲，生殖孔开口于肠分叉

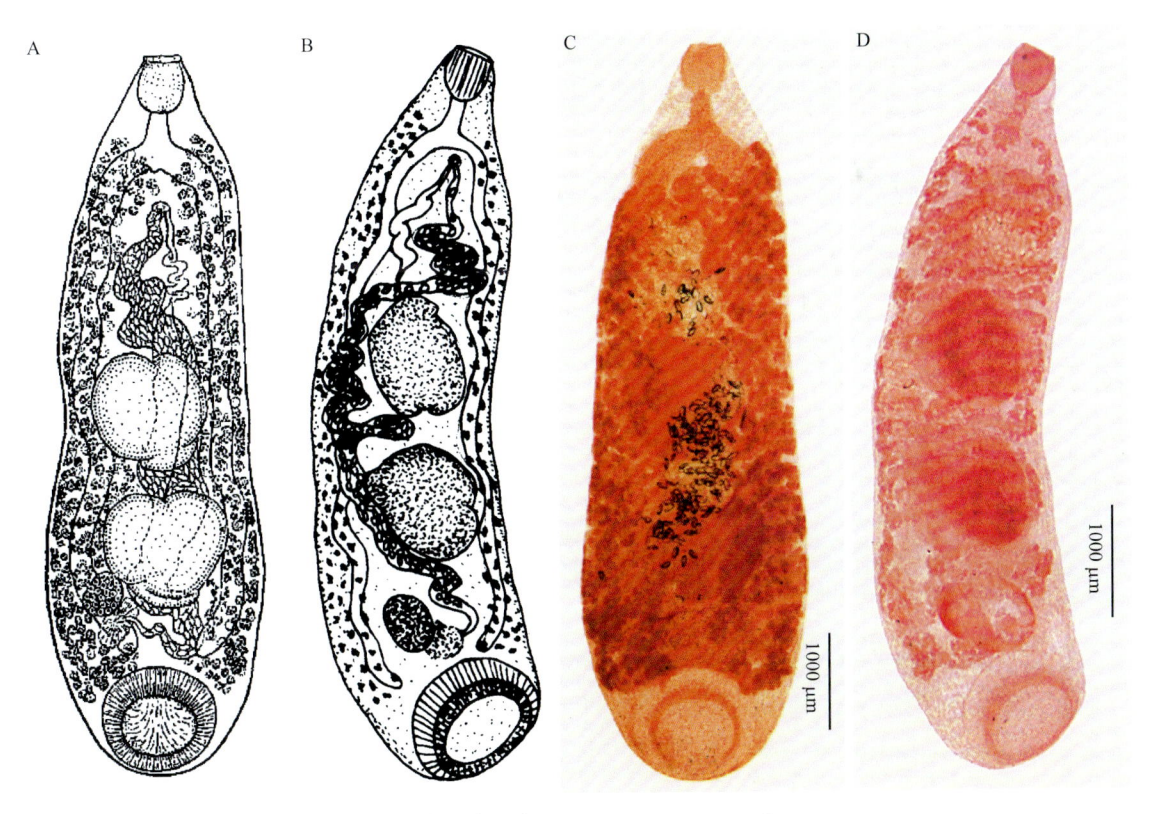

图 169　拟犬同盘吸虫 *Paramphistomum pseudocuonum*
A. 引王溪云（1979）；B. 引黄兵等（2006）；C, D. 原图（SHVRI）

的后方。卵巢位于后睾丸的右下方，近圆形，大小为 0.450～0.520 mm×0.350～0.410 mm。卵黄腺由大小不规则的卵黄腺滤泡组成，自肠分支处开始，终于腹吸盘前缘水平。子宫膨大，由腹吸盘的背面开始，呈波浪状弯曲，开口于生殖孔。虫卵椭圆形，大小为 129～143 μm×63～77 μm。

5.12 假盘属
Pseudodiscus Sonsino, 1895

【宿主范围】成虫寄生于马科动物的大肠，偶见于牛科动物和大象。

【形态结构】虫体中等大小，卵圆形，粗壮，背腹扁平，背面稍隆起，弯向腹面。口吸盘位于亚前端的腹面，后有一对盲囊。腹吸盘位于亚末端的腹面。在口孔周围、虫体前部区域和生殖孔周围具体表乳头。口孔开向虫体顶端。咽无括约肌。食道球不明显。两肠支弯曲至腹吸盘外缘。睾丸具深裂，对称排列于赤道线位置。生殖孔位于肠分叉之后较远、赤道线前的中央。卵巢位于睾丸和腹吸盘之间的亚中央。梅氏腺位于卵巢的后背面。劳氏管开口于卵巢之后的背面。卵黄腺滤泡分布于虫体两侧，从肠分支水平至肠末端，主要在肠支外侧，也可在体后部进入肠支内侧。子宫从两睾丸之间穿过。排泄囊位于腹吸盘的背面，排泄孔开口于腹吸盘后缘水平。模式种：柯氏假盘吸虫［*Pseudodiscus collinsi* (Cobbold, 1875) Sonsino, 1895］。

170 柯氏假盘吸虫
Pseudodiscus collinsi (Cobbold, 1875) Sonsino, 1895

【关联序号】27.11.1（27.12.1）/176。

【宿主范围】成虫寄生于马的结肠、盲肠。

【地理分布】贵州、湖南、云南。

【形态结构】虫体呈圆锥形，具有细小圆形的小乳突，体后端较宽大呈半圆形。体长 6.000～9.200 mm，最大宽度为 4.000～5.400 mm，体宽与体长之比为 1∶1.5。口吸盘位于虫体前端，其下部向两侧凹陷形成囊状，口吸盘大小为 0.440～0.480 mm×0.520～0.830 mm。腹吸盘类球形，位于虫体亚末端的腹面，大小为 1.080～1.920 mm×1.220～1.800 mm，口吸盘与腹吸盘的直径之比为 1∶2.7，腹吸盘直径与体长之比为 1∶5。食道长 0.640～0.880 mm，其前端两侧各连接一个膨大的圆形或椭圆形的口支囊，口支囊大小为 0.590～0.860 mm×0.470～0.830 mm。两肠支细长而有 2～4 个弯曲，盲端止于腹吸盘中部的外缘。睾丸 2 枚，呈梅花状，左右排列在虫体中部两肠支的内侧，左睾丸大小为 0.290～0.480 mm×0.640～0.880 mm，右睾丸大小为 0.280～0.600 mm×0.310～0.440 mm。贮精囊长而弯曲。生殖孔开口在肠支分叉处后方的腹面，顶端具有小乳突。卵巢为椭圆形，位于睾丸与腹吸盘之间，接近腹吸盘上缘，大小为 0.160～0.460 mm×0.180～0.280 mm。卵黄腺滤泡呈星状散布于两肠支的外侧，由肠支分叉处上方开始，至肠支盲端处止。子宫细长而弯曲，经过数个回旋盘曲后沿虫体中线上升至生殖孔。排泄囊发达呈长袋状。

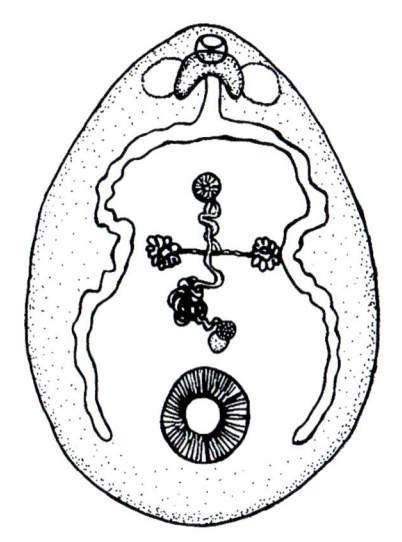

图170 柯氏假盘吸虫
Pseudodiscus collinsi
引黄兵等（2006）

5.13 合叶属
Zygocotyle Stunkard, 1916

【宿主范围】成虫主要寄生于水禽的肠道，罕见于哺乳动物（鹿科、牛科）。
【形态结构】虫体小型到中型，为长卵圆形，腹面凹陷。腹吸盘位于体末端腹面，向前延伸，其后外侧有一对肌质突。咽带有一对小盲囊，其长度不到咽的一半。有食道球。肠管壁厚、直或微波状，达到或接近腹吸盘。睾丸呈锯齿状浅裂，前后排列于体中部。输精管长而卷曲。生殖孔开口于肠分叉或紧接肠分叉之后。卵巢为不对称卵圆形，位于肠管盲端和腹吸盘之前的中央。子宫位于肠管之间、睾丸的背面。未报道有受精囊。卵黄腺分布于肠管外侧区域，前起于咽囊水平，后接近腹吸盘中部水平。模式种：有角合叶吸虫［*Zygocotyle ceratosa* Stunkard, 1916］。

171 新月形合叶吸虫 *Zygocotyle lunata* (Diesing, 1836) Stunkard, 1916

【关联序号】27.12.1（27.13.1）/177。
【宿主范围】成虫寄生于鸭、鹅的盲肠。
【地理分布】黑龙江。
【形态结构】虫体呈长卵圆形，两端稍窄，体中部最宽，大小为 3.500～9.000 mm×1.170～3.450 mm。口吸盘位于虫体前端，咽为球形，直径为 0.350～0.400 mm，咽后有一对小盲囊。食道短，其长度为 0.310～0.330 mm，食道后部有食道球，食道球大小为 0.190～0.220 mm×0.160～0.220 mm。肠支简单，向后延伸至腹吸盘前缘。腹吸盘位于虫体末端腹面，大小为 1.120～1.250 mm×0.750～0.920 mm，具有一个尾突唇，唇两边各有一个角状突。睾丸 2 枚，呈横四方形，边缘整齐或具浅裂，前后排列于虫体中 1/3 的肠支之间，前睾丸大小为 0.190～0.320 mm×0.330～0.530 mm，后睾丸大小为 0.190～0.320 mm×0.400～0.480 mm。贮精囊长而卷曲，生殖孔开口于肠叉之后。卵巢位于睾丸之后的虫体中央，接近腹吸盘的前缘，大小为 0.140～0.180 mm×0.190～0.270 mm。梅氏腺和受精囊位于卵巢之后。卵黄腺的滤泡分布于虫体的两侧，前起于咽水平，后达腹吸盘中部水平。子宫盘曲于肠支之间，大部分在睾丸和卵巢的背面，内含多数虫卵。虫卵大小为 119～152 μm×57～98 μm。

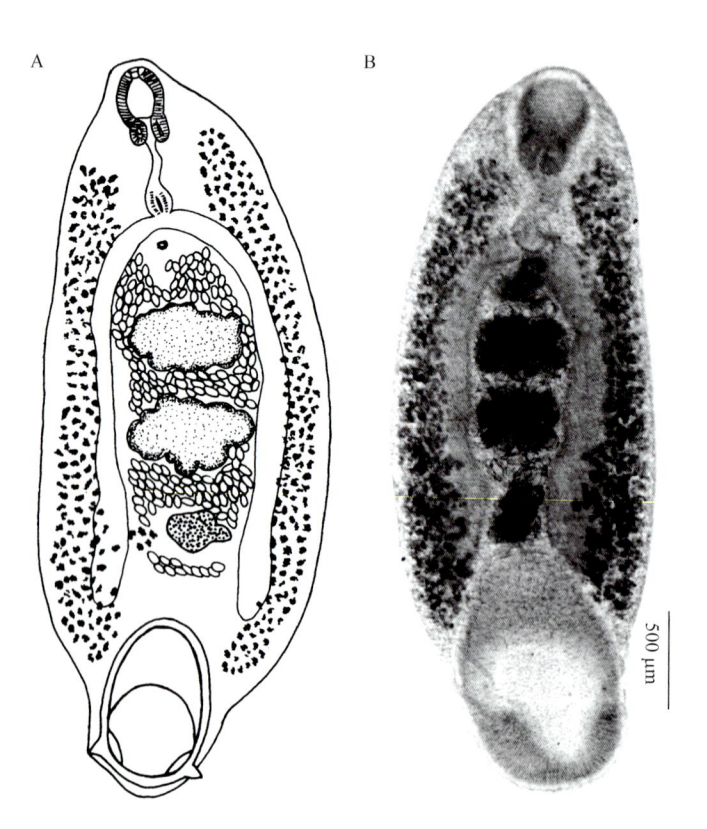

图 171 新月形合叶吸虫 *Zygocotyle lunata*
A. 引 黄兵 等（2006）；B. 引 de Núñez 等（2011）

嗜眼科

Philophthalmidae Travassos, 1918

【同物异名】 眼蜘科（Ommatobrephidae Poche, 1926）。

【宿主范围】 成虫主要寄生于禽类（偶见于哺乳动物）的眼结膜囊、泪道、瞬膜，部分种类寄生于禽类和爬行动物的肠道或泄殖腔。

【形态结构】 虫体呈纺锤形、椭圆形或长形、梨形，背腹扁平，体表光滑或有小棘。口吸盘位于虫体亚前端。腹吸盘发达或不甚发达，位于虫体前半部或中部，腹吸盘前后的体部常缩小。咽发达或中等。食道很短，少数较长，两肠支伸至虫体后端。睾丸2枚，前后排列、斜列或左右并列于虫体亚末端。雄茎囊很长或较短，覆盖于腹吸盘背侧或达到腹吸盘后方很远处，生殖孔开口于肠叉水平处或附近。卵巢位于两睾丸前方的近中央，具有劳氏管和受精囊。卵黄腺滤泡分布于睾丸前方虫体的两侧，形成对称的 U 或 V 形。子宫主要弯曲于睾丸与腹吸盘间两肠支的内侧，有的子宫圈可达腹吸盘前方，有的则可越过肠支外侧到达睾丸后方。虫卵无盖，在子宫中后段的虫卵常已含具眼点的毛蚴。排泄囊形状不定，具有长而宽的侧支，侧支又分出多条小分支盲管。模式属：嗜眼属 [*Philophthalmus* Looss, 1899]。

在中国家畜家禽中只记录了嗜眼科嗜眼属吸虫19种，本书收录17种，参考 Jones 等（2005）编制嗜眼科嗜眼属与其他属的分类检索表如下。

嗜眼科分属检索表

1. 寄生于禽类的眼结膜囊，偶见于哺乳动物（包括人类）；虫体背腹扁平，呈椭圆形或纺锤形 ··· 2
   寄生于禽类和爬行动物的消化道，虫体呈长形或梨形 ·········· 其他属（略）
2. 虫体较大，长度可达 10 mm；卵黄腺由细小颗粒形成的不间断长管组成；雄茎囊长，延伸到腹吸盘之后 ································· 嗜眼属 *Philophthalmus*
   虫体较小，长度可达 5 mm；卵黄腺由几个大而独立的滤泡组成；雄茎囊短，不延伸到腹吸盘后 ·· *Natterophthalmus*

6.1 嗜眼属

Philophthalmus Looss, 1899

【同物异名】眼孔属（*Ophthalmotrema* Sobolev, 1943）；眉鹟属（*Ficedularia* Xsu, 1979）。

【宿主范围】成虫寄生于禽类的眼结膜囊，偶尔寄生于哺乳动物和人的眼窝。

【形态结构】虫体较大，呈长纺锤形，或在腹吸盘两侧有或没有对称性缩小而呈梨形。口吸盘位于虫体亚前端，腹吸盘位于虫体前半部。肠支盲端止于虫体近后端。睾丸呈卵圆形或圆形，前后排列于虫体后端，表面光滑。雄茎囊多数很长，后端可伸达腹吸盘的后方；少数较短，不达腹吸盘后缘。生殖孔位于肠分叉处或之后的中央。卵巢为卵圆形，位于睾丸前虫体中央。卵黄腺管对称呈 U 形，位于睾丸与腹吸盘之间，与肠支分布重叠或分布于肠支的外侧。子宫圈主要盘曲于睾丸之前，也可到达肠支盲端和睾丸两侧。虫卵含有发育中的毛蚴。模式种：睑嗜眼吸虫［*Philophthalmus palpebrarum* Looss, 1899］。

172 安徽嗜眼吸虫　　　　　　*Philophthalmus anhweiensis* Li, 1965

【关联序号】26.1.1（28.1.1）/ 122。

【宿主范围】成虫寄生于鸭、鹅的眼瞬膜、结膜囊。

【地理分布】安徽、广东、广西、浙江。

【形态结构】虫体呈细棒形，前端较窄，后端阔圆，体表光滑无棘，大小为 4.330～6.115 mm×0.264～1.134 mm。口吸盘位于虫体前端，大小为 0.218～0.234 mm×0.296～0.327 mm。腹吸盘位于虫体前 1/4 的后缘到第 2 个 1/4 的前缘，距虫体前端 0.780～0.998 mm，大小为 0.343～0.452 mm×0.327～0.437 mm。前咽不明显，咽为圆形，大小为 0.202～0.234 mm×0.202～0.280 mm。食道短，长 0.140～0.218 mm，在距虫体前端 0.608～0.733 mm 处分为两个细长的肠支，肠支沿虫体两侧后行，到达虫体最后端。睾丸 2 枚，呈圆形或卵圆形，边缘完整不分叶，前后紧接或稍向左斜列于虫体后 1/4 区域内，前睾丸大小为 0.468～0.561 mm×0.421～0.717 mm，后睾丸大小为 0.468～0.620 mm×0.436～0.748 mm。雄茎囊为一个长的棍棒状结构，长 1.014～1.380 mm，位于腹吸

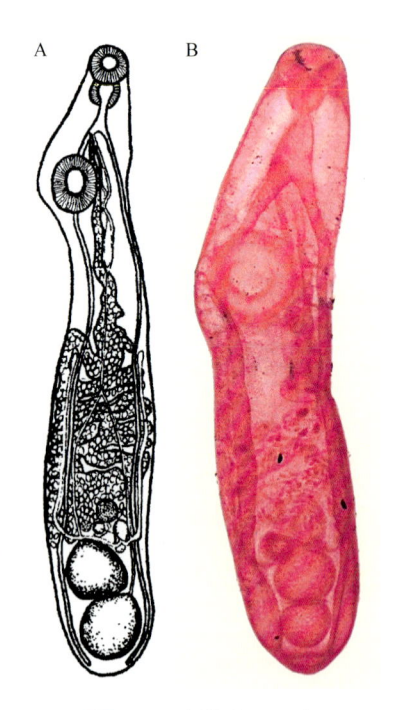

图 172 安徽嗜眼吸虫
Philophthalmus anhweiensis
A. 引 黄兵 等（2006）；B. 原图（SCAU）

盘左侧，并自肠叉水平向后延伸至腹吸盘之后 0.327～0.546 mm 处，在雄茎囊的中部可见一略呈波浪状弯曲的细窄管状紧缩部，将贮精囊与前列腺分开，生殖孔开口于肠叉的右侧缘。卵巢呈球形，位于前睾丸之前的中线上或稍偏左方，大小为 0.171～0.249 mm×0.156～0.249 mm。卵黄腺为管状，始于腹吸盘后方，两侧管距腹吸盘的距离分别为左 0.655～1.263 mm、右 0.421～1.294 mm，向后沿肠支外侧延伸至卵巢水平，然后转向内，横越肠支汇合成卵黄总管。子宫盘曲占据腹吸盘与卵巢之间的整个空间，并向两侧越过肠支而至虫体侧缘，向后止于前睾丸的前缘或后缘。前部子宫环内成熟的虫卵含发育良好并具杯状眼点的毛蚴，虫卵大小为 64～78 μm×27～38 μm。

173 家鹅嗜眼吸虫　　　　　　　　　*Philophthalmus anseri* Hsu, 1982

【关联序号】26.1.2（28.1.2）/　　。
【宿主范围】成虫寄生于鸡、鸭、鹅的眼结膜囊。
【地理分布】广东、江苏、云南。
【形态结构】虫体呈长椭圆形，体表平滑，大小为 4.181～5.183 mm×1.260～1.442 mm。口吸盘位于虫体前端，大小为 0.354～0.414 mm×0.496～0.557 mm。腹吸盘位于虫体前 1/3 处，大小为 0.546～0.585 mm×0.514～0.528 mm，口吸盘与腹吸盘的直径之比为 1∶1.82。前咽极短，咽大小为 0.325～0.357 mm×0.396～0.428 mm，食道长 0.136～0.186 mm，肠叉距虫体前端 0.542 mm，两肠支沿虫体两侧伸达虫体后端，肠支全长为 3.481～3.570 mm。睾丸 2 枚，呈小肾形，不分叶，斜对排列于虫体后端，前睾丸大小为 0.171～0.193 mm×0.339～0.386 mm，后睾丸大小为 0.186～0.200 mm×0.357～0.361 mm。雄茎囊位于腹吸盘的右侧，向腹吸盘后缘延伸 0.043 mm，贮精囊呈长棍形，生殖孔开口于肠叉的下方，与虫体前端的距离为 0.785 mm。卵巢近圆形，位于虫体后 1/4 的中线，大小为 0.214～0.228 mm×0.268～0.286 mm。卵黄腺 2 条，呈管状，排列在肠支外侧，左侧长 1.330 mm，右侧长 1.290 mm，两管在卵巢与前睾丸之间向肠支内侧呈 U 形弯入，汇合为卵黄总管。子宫颈发达，弯曲在腹吸盘的下端，平列在雄茎囊的外侧，生殖孔开口于肠叉下方，与虫体前端的距离为 0.785 mm。虫卵为椭圆形，前端较窄，后端钝圆，大小为 79 μm×41 μm。

图 173　家鹅嗜眼吸虫
Philophthalmus anseri
引许鹏如（1982）

174 涉禽嗜眼吸虫　　*Philophthalmus gralli* Mathis et Léger, 1910

【关联序号】26.1.3（28.1.1）/ 123。

【同物异名】鸡嗜眼吸虫；鸭嗜眼吸虫（*Philophthalmu anatimus* Sugimoto, 1928）；中华嗜眼吸虫（*Philophthalmu sinensis* Hsu et Chow, 1938）；麻雀嗜眼吸虫（*Philophthalmu occularae* Wu, 1938）。

【宿主范围】成虫寄生于鸡、鸭、鹅、鸽的眼瞬膜、结膜囊。

【地理分布】福建、广东、广西、湖南、江苏、江西、台湾、云南、浙江。

【形态结构】虫体前端狭小，后端钝圆，大小为 5.149～6.396 mm×0.798～1.972 mm。口吸盘位于虫体前端，大小为 0.285～0.452 mm×0.391～0.602 mm。腹吸盘位于虫体前 1/4～1/3 处，大小为 0.496～0.677 mm×0.511～0.647 mm。无前咽，咽大小为 0.280 mm×0.322 mm，食道长 0.075～0.196 mm，肠支沿虫体两侧伸至虫体亚末端。睾丸呈卵圆形，前后排列于虫体后 1/4 范围内，大小为 0.316～0.903 mm×0.421～1.054 mm。雄茎囊位于腹吸盘前侧，后端伸至腹吸盘的中部或后部，大小为 0.765～1.680 mm×0.105～0.256 mm，生殖孔开口于肠分支处。卵巢呈类圆形，位于前睾丸之前的虫体中央，大小为 0.166～0.301 mm×0.271～0.316 mm。卵黄腺

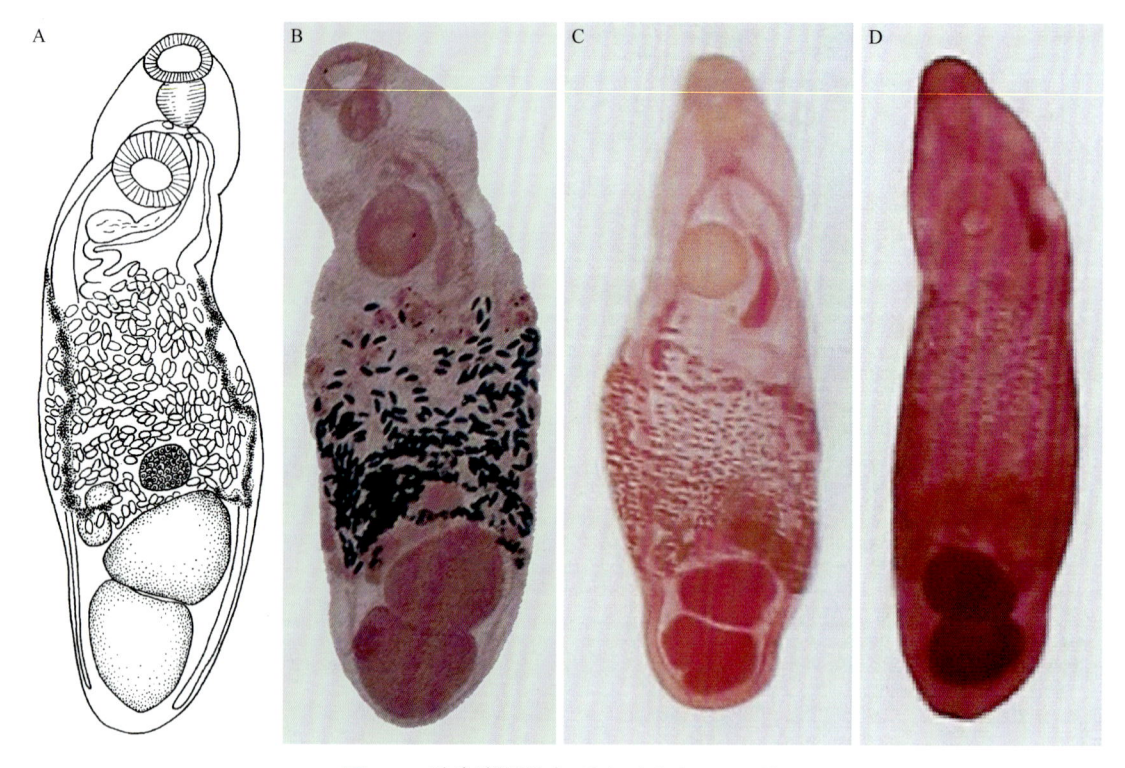

图 174　涉禽嗜眼吸虫 *Philophthalmus gralli*
A. 引 成源达（2011）；B～D. 原图（SCAU）

为管状，位于腹吸盘至前睾丸之间的虫体两侧。子宫弯曲于前睾丸与腹吸盘之间，越过肠支外侧，内含多数虫卵，细长的子宫末段与雄茎囊等长。虫卵大小为 85～120 μm×39～55 μm。

175 广东嗜眼吸虫　　　　　　　　　　　　*Philophthalmus guangdongnensis* Hsu, 1982

【关联序号】26.1.4（28.1.4）/ 124。
【宿主范围】成虫寄生于鸭、鹅的眼瞬膜、结膜囊。
【地理分布】浙江、广东。
【形态结构】虫体呈棒球形，前端较细，后端钝圆，大小为 3.327～3.342 mm×1.085～1.214 mm，在咽两侧有凹陷，在腹吸盘两侧有第二个凹陷。口吸盘位于虫体亚前端，大小为 0.214～0.228 mm×0.271～0.314 mm。腹吸盘近圆形，位于肠叉之后，与虫体前端的距离为 0.857 mm，口吸盘与腹吸盘的大小之比为 1∶2.36。咽大小为 0.214 mm×0.200 mm，食道长 0.114 mm，两条肠支长 2.600～2.856 mm，沿虫体两侧延伸至虫体亚末端，肠叉与虫体前端的距离为 0.543 mm。睾

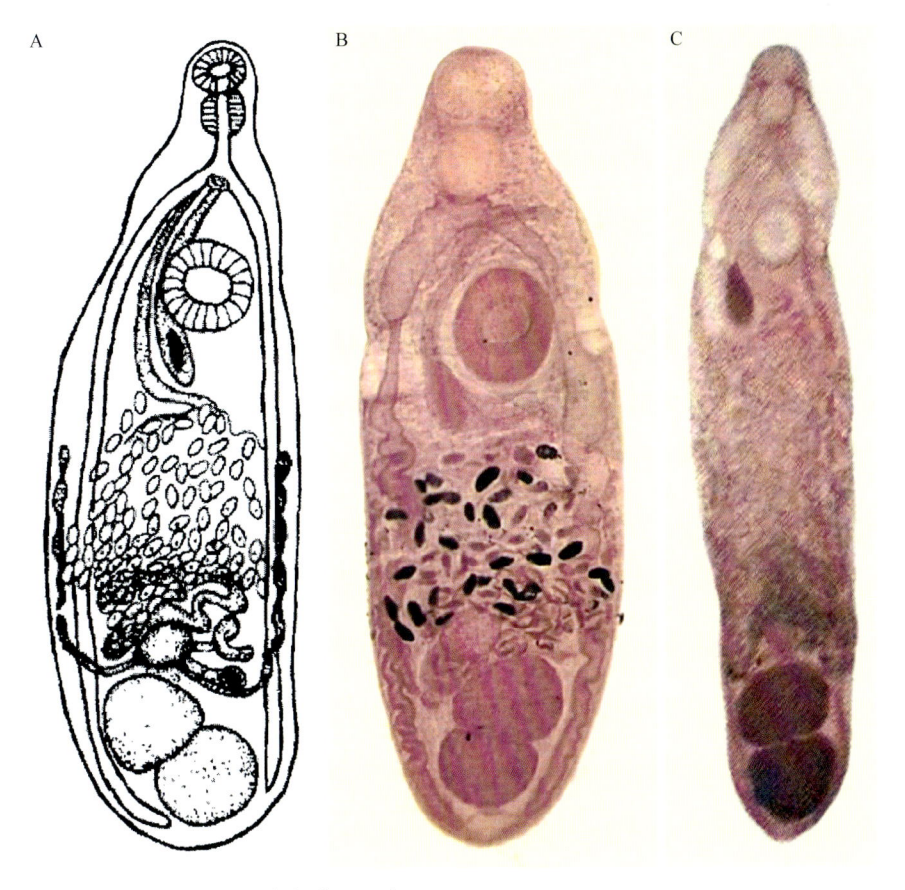

图 175　广东嗜眼吸虫 *Philophthalmus guangdongnensis*
A. 引许鹏如（1982）；B、C. 原图（SCAU）

丸2枚，近圆形，前后斜对排列在虫体的后端，两者接触面截平，前睾丸大小为0.400 mm×0.457 mm，后睾丸大小为0.314～0.386 mm×0.414～0.457 mm。雄茎囊位于腹吸盘的右侧，向腹吸盘后延伸0.286 mm，大小为0.814～0.928 mm×0.157～0.171 mm。卵巢呈扁圆形，位于前睾丸的前方，与睾丸相距较近，大小为0.188～0.200 mm×0.228～0.270 mm。卵黄腺位于肠支外侧，呈颗粒状线状连接，左边6或7粒，右边7或8粒，两边长为0.571～0.714 mm，在睾丸前向内呈U形弯曲汇合为卵黄总管，卵黄腺的长度等于从腹吸盘至前睾丸之间距离的50%～55%。子宫颈并列在雄茎的外侧，生殖孔开口在肠叉的下端，与虫体前端的距离为0.514 mm。虫卵呈椭圆形，大小为71 μm×36 μm，内含毛蚴，具眼点。

176 翡翠嗜眼吸虫　　*Philophthalmus halcyoni* Baugh, 1962

【关联序号】26.1.5（28.1.5）/125。
【宿主范围】成虫寄生于鸭的眼瞬膜、结膜囊。
【地理分布】广东。
【形态结构】虫体呈梨形，大小为1.920～2.140 mm×1.070～1.570 mm。口吸盘近圆形，位于虫体前端，大小为0.228～0.257 mm×0.259～0.300 mm。腹吸盘呈圆形，位于肠叉后面，大小为0.386～0.457 mm×0.400～0.457 mm，口吸盘与腹吸盘的大小之比为1∶1.9～1∶2.0。咽大小为0.214～0.228 mm×0.200～0.214 mm，食道长0.071～0.093 mm，两肠支向后延伸到虫体亚末端。睾丸2枚，位于虫体后部，前睾丸为椭圆形，大小为0.186～0.214 mm×0.357～0.443 mm，后睾丸有小凹陷，大小为0.214～0.228 mm×0.343～0.428 mm。雄茎囊大小为0.400～0.470 mm×0.107～0.157 mm，生殖孔开口于肠叉与腹吸盘之间。卵巢为椭圆形，紧位于前睾丸之前，大小为0.143～0.171 mm×0.149～0.228 mm。卵黄腺为管状，位于虫体两侧，后端向内弯曲汇合形成卵黄总管。子宫内充满虫卵，位于腹吸盘与睾丸之间。虫卵大小为77～86 μm×43～50 μm。

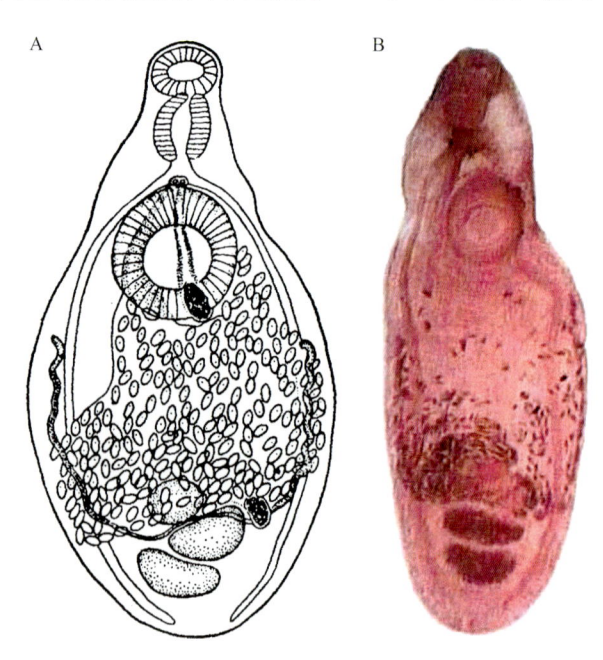

图176　翡翠嗜眼吸虫 *Philophthalmus halcyoni*
A. 引陈淑玉和汪溥钦（1994）；B. 原图（SCAU）

177 赫根嗜眼吸虫　　　　　　　　　　*Philophthalmus hegeneri* Penner et Fried, 1963

【关联序号】26.1.6（28.1.6）/ 。
【宿主范围】成虫寄生于鸭的眼结膜囊。
【地理分布】广东。
【形态结构】虫体前端稍尖，后端钝圆，中部最宽，腹吸盘处略有内陷，大小为 2.780～3.110 mm×0.757～1.100 mm。口吸盘呈圆形，位于亚前端，大小为 0.214～0.221 mm×0.214～0.228 mm。腹吸盘为圆形，位于肠叉之后且有一定距离，大小为 0.478 mm×0.478 mm，口吸盘与腹吸盘之比为 1∶1.56～1∶2.0。咽大小为 0.143～0.160 mm×0.157～0.161 mm，食道长 0.130～0.230 mm。睾丸 2 枚，呈扁圆形，边缘不规则，前后排列于虫体后部，前睾丸大小为 0.243～0.414 mm×0.328～0.400 mm，后睾丸大小为 0.314～0.371 mm×0.300～0.425 mm。雄茎囊呈棒状，位于腹吸盘左侧，大小为 0.826～0.928 mm×0.100～0.143 mm，生殖孔开口于肠叉之后腹吸盘背面。卵巢为卵圆形，位于前睾丸之前的虫体中央，大小为 0.100～0.125 mm×0.143～0.175 mm。卵黄腺 2 条，呈管状，排列于虫体两侧，在卵巢后向内弯曲汇合为卵黄总管，介于卵巢与前睾丸之间。子宫位于腹吸盘与前睾丸之间，内充满虫卵，子宫颈与雄茎囊平行。虫卵大小为 86 μm×57 μm。

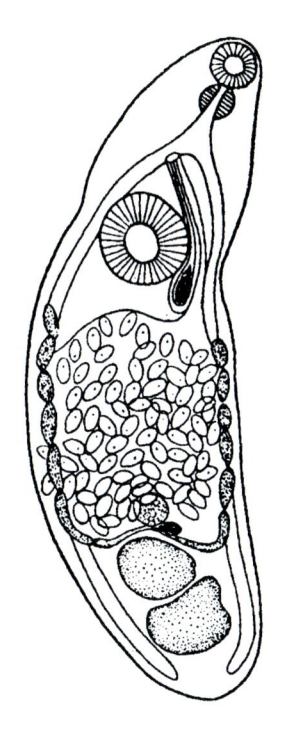

图 177　赫根嗜眼吸虫
Philophthalmus hegeneri
引 陈淑玉和汪溥钦（1994）

178 霍夫卡嗜眼吸虫　　　　　　　　　　*Philophthalmus hovorkai* Busa, 1956

【关联序号】26.1.7（28.1.7）/ 126。
【宿主范围】成虫寄生于鸭、鹅的眼瞬膜、结膜囊。
【地理分布】湖南、广东。
【形态结构】虫体前端稍尖，后端钝圆，中部最宽，腹吸盘处内陷明显，大小为 3.590～5.100 mm×1.130～1.400 mm，体表具小刺。口吸盘近圆形，位于虫体亚前端，大小为 0.264～0.328 mm×0.314～0.386 mm。腹吸盘为近圆形，位于肠叉之后且相距稍远，大小为 0.471 mm×0.500 mm，口吸盘与腹吸盘之比为 1∶1.7。咽大小为 0.264～0.328 mm×0.264～0.328 mm，食道长 0.100～0.143 mm。睾丸 2 枚，呈扁圆形或近圆形，前后相接排列于虫体后部，前睾丸大小为 0.314～0.400 mm×0.478～0.543 mm，后睾丸大小为 0.307～0.371 mm×0.414～0.436 mm。雄茎囊呈棒状，位于腹吸盘左侧，达到腹吸盘之后，大小为 0.914～1.317 mm×0.164～0.228 mm，生殖孔开口于肠叉稍后，雄茎常伸出超过肠支。卵巢为扁圆形，位于前睾丸之前的虫体中央，大小为 0.200～0.286 mm×0.232～0.257 mm。卵黄腺 2 条，呈管状，位于肠支之外，在卵巢之后向内弯曲越过肠支汇合成卵黄总管。子宫位于虫体中部，虫卵可分布至肠支外侧，子宫颈有 2 个弯曲并与雄茎囊平行。虫卵大小为 86 μm×43 μm。

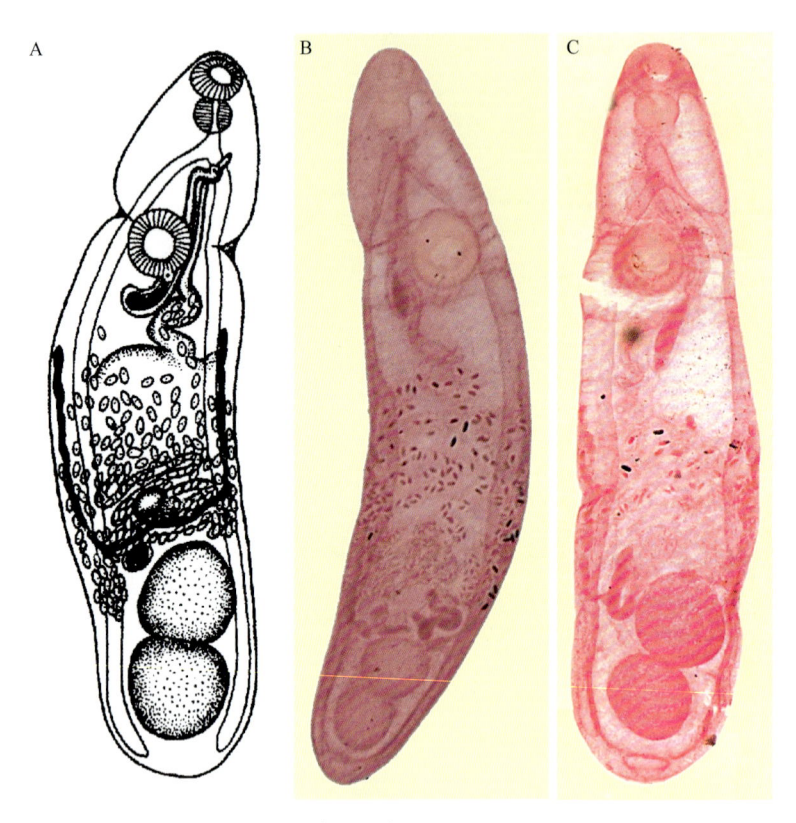

图 178　霍夫卡嗜眼吸虫 *Philophthalmus hovorkai*
A. 引陈淑玉和汪溥钦（1994）；B，C. 原图（SCAU）

179　华南嗜眼吸虫　　*Philophthalmus hwananensis* Hsu, 1982

【关联序号】26.1.8（28.1.8）/ 127。

【宿主范围】成虫寄生于鸡、鸭的眼瞬膜、结膜囊。

【地理分布】广东。

【形态结构】虫体呈长形或棍棒形，体表平滑，大小为 3.656～3.927 mm×1.014～1.231 mm。口吸盘近圆形，位于虫体顶端，大小为 0.264～0.371 mm×0.271～0.307 mm。腹吸盘近圆形，位于虫体前 1/3 处，距虫体前端 0.971 mm，平均大小为 0.472 mm×0.453 mm，腹吸盘为口吸盘长度的 1.75 倍、宽度的 1.47 倍。无前咽，咽大小为 0.229～0.254 mm×0.300 mm。食道极短，仅长 0.104 mm。两肠支沿虫体两侧伸达体后端，肠支长 3.307～3.470 mm，肠叉距体前端 0.557 mm。睾丸 2 枚，略呈分叶状，前后排列或斜列在虫体后端；前睾丸大小为 0.311～0.386 mm×0.171～0.296 mm，有 4～6 个小分叶；后睾丸大小为 0.272～0.357 mm×0.200～0.289 mm，有 3 或 4 个小分叶。雄茎囊为棒状，位于腹吸盘左侧，大小为 0.715～0.865 mm×0.100～0.132 mm，生殖孔开口于肠叉上方，偏向右侧。卵巢呈圆形，大小为 0.253～0.257 mm×0.186～0.232 mm，位于前睾丸之前的中线，与睾丸的距离为 0.132 mm。卵黄腺为管状，左右排列在肠支的外侧，始于贮精囊的下缘，后达卵巢与前睾丸之间，左侧长 1.575 mm，右侧长 1.560 mm，其长度约等于腹吸盘至前睾丸之间距离的 85%，两侧卵黄腺在卵巢之后转入肠支内侧，呈 U 形排列，汇合为卵黄总管。子宫发达，充满虫卵，子宫圈分布在贮精囊的下缘，到达前睾丸的上方，跨过肠支，子宫颈与雄茎囊并列在其外侧。虫卵为椭圆形，淡黄色，内含毛蚴，具眼点，大小为 76 μm×43 μm。

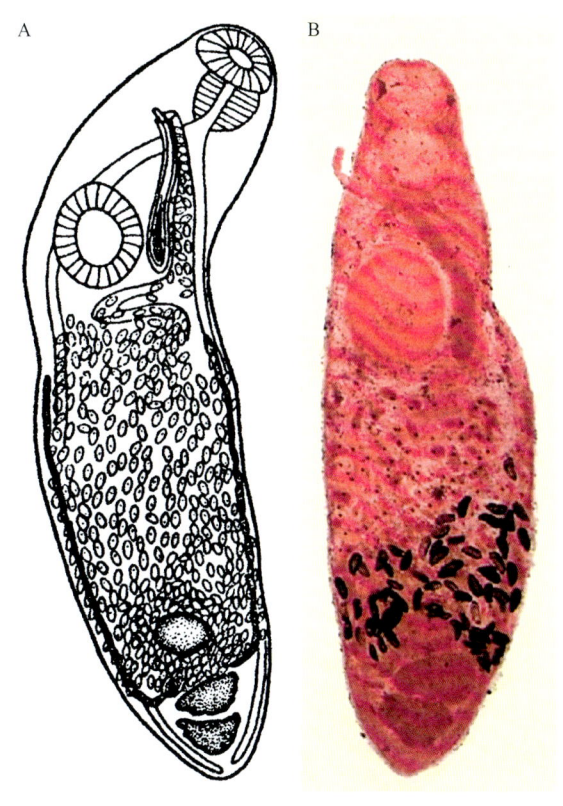

图 179　华南嗜眼吸虫
Philophthalmus hwananensis
A. 仿许鹏如（1982）；B. 原图（SCAU）

180　印度嗜眼吸虫　*Philophthalmus indicus* Jaiswal et Singh, 1954

【关联序号】26.1.9（28.1.9）/128。

【宿主范围】成虫寄生于鸭的眼瞬膜、结膜囊。

【地理分布】广东。

【形态结构】虫体为长棍形，体表光滑，大小为 3.299～4.584 mm×0.114～0.145 mm。口吸盘为亚球形，位于虫体亚前端。腹吸盘为近圆形，距肠叉有一定距离。咽大，食道很短，肠叉距虫体前端 0.457 mm，肠支长约 3.25 mm，向后伸达虫体末端。睾丸 2 枚，前后斜列于虫体后部，明显小于卵巢，睾丸与卵巢的直径之比为 1∶1.70～1∶2.08，前睾丸偏左，大小为 0.114～0.143 mm×0.210～0.214 mm，与腹吸盘的距离为 1.714 mm，后睾丸大小为 0.114～0.158 mm×0.186～0.210 mm。雄茎囊位于腹吸盘的左前方，长棍状，大小为 0.457～0.671 mm×

0.086~0.114 mm。生殖孔在肠叉的后方，与虫体前端的距离为 0.471 mm。卵巢呈圆形，在前睾丸的前方中线上，直径为 0.238~0.243 mm，与前睾丸的距离为 0.186~0.228 mm。受精囊位于前睾丸的右侧，卵巢的后方，大小为 0.114~0.139 mm×0.096~0.129 mm。卵黄腺为长颗粒状，部分呈管状，在肠支外侧向后延伸达前睾丸的前方，跨过肠支，两边呈 U 形汇合为卵黄总管，卵黄腺长度等于从腹吸盘后缘至前睾丸之间距离的 92%~94%。子宫发达，子宫圈从腹吸盘的后缘起占满两卵黄腺所在虫体后段的空隙，并越过卵黄腺，内充满虫卵。虫卵大小为 82~85 μm×36~43 μm，卵内含毛蚴，具眼点。

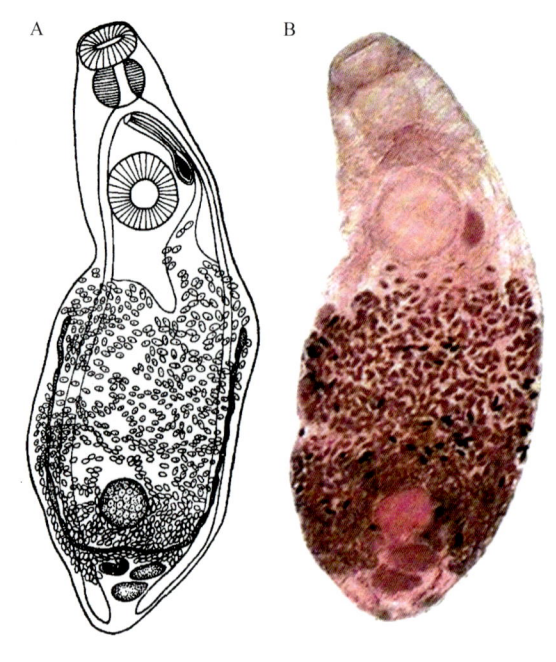

图 180　印度嗜眼吸虫
Philophthalmus indicus
A. 引 黄兵 等（2006）；B. 原图（SCAU）

181　小肠嗜眼吸虫　　*Philophthalmus intestinalis* Hsu, 1982

【关联序号】26.1.10（28.1.10）/　　。

【宿主范围】成虫寄生于鸭的小肠。

【地理分布】广东。

【形态结构】虫体为近椭圆形，后端比前端钝圆，大小为 2.452 mm×0.871 mm。口吸盘位于虫体前端，大小为 0.243 mm×0.325 mm。腹吸盘很发达，位于肠叉稍后方，大小为 0.500 mm×0.443 mm，口吸盘与腹吸盘之比为 1∶2.47，从腹吸盘达虫体前端的距离为 0.571 mm。无前咽，口吸盘下为咽，大小为 0.171 mm×0.243 mm，食道极短，两肠支沿虫体两侧伸至体后端，长 2.113 mm。睾丸 2 枚，斜对排列于虫体后端，两者接近面截平，前睾丸不分叶，大小为 0.314 mm×0.528 mm；后睾丸上端截平，下缘沿有 4 个较深的小分叶，大小为 0.328 mm×0.486 mm。雄茎囊位于腹吸盘的左侧，长 0.428 mm，向腹吸盘下延伸，雄茎向右伸出体外，长 0.386 mm，生殖孔开口于肠叉与腹吸盘之间，从虫体前端到肠叉的距离为 0.571 mm。卵巢为近扁圆形，位于虫体后 1/3 的中线，与前睾丸相距 0.143 mm，大小为 0.157 mm×0.228 mm。卵黄

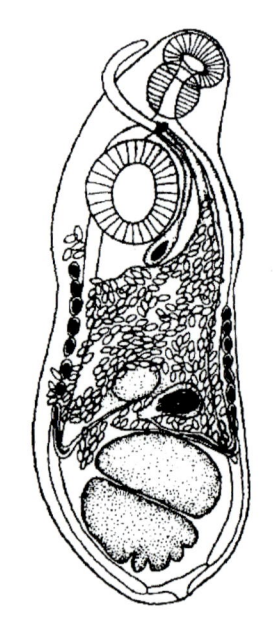

图 181　小肠嗜眼吸虫
Philophthalmus intestinalis
引许鹏如（1982）

腺呈颗粒状，排列在肠支的外侧，左侧 8~10 粒，右侧 7 或 8 粒，前后串联，圆形，大小一致，到达前睾丸的上方，呈 U 形汇合为卵黄总管，卵黄腺左侧长 0.571 mm，右侧长 0.614 mm，卵黄腺的长度等于腹吸盘到前睾丸之间距离的 75%~80%。子宫圈主要盘曲于腹吸盘与前睾丸之间，少数跨过肠支，内含多数虫卵。虫卵为椭圆形，淡黄色，卵壳较厚，大小为 71 μm×36 μm，内含毛蚴，缺眼点。

182 勒克瑙嗜眼吸虫　　*Philophthalmus lucknowensis* Baugh, 1962

【关联序号】26.1.11（28.1.11）/129。
【宿主范围】成虫寄生于鸭的眼瞬膜、结膜囊。
【地理分布】广东。
【形态结构】虫体呈棍棒状，前端窄长，后端较钝，体表平滑，大小为 4.253~4.698 mm×1.428~1.642 mm。口吸盘位于顶端，腹吸盘在虫体前 1/3 处，距前端 1.000 mm。前咽短，咽球状。肠支直达虫体后端。睾丸 2 枚，呈圆形或卵圆形，前后排列在虫体后部，边缘稍有凹陷，前后有截平接触面。雄茎囊位于腹吸盘的右侧，起于肠分叉处，向后延伸到腹吸盘的右后方，内含贮精囊、前列腺和雄茎，雄茎为细管状。卵巢为圆形，紧接在前睾丸的前方、虫体后 1/4 的中线位置，与前睾丸的距离为 0.110 mm。受精囊位于卵巢的右后方。卵黄腺为管状，其长

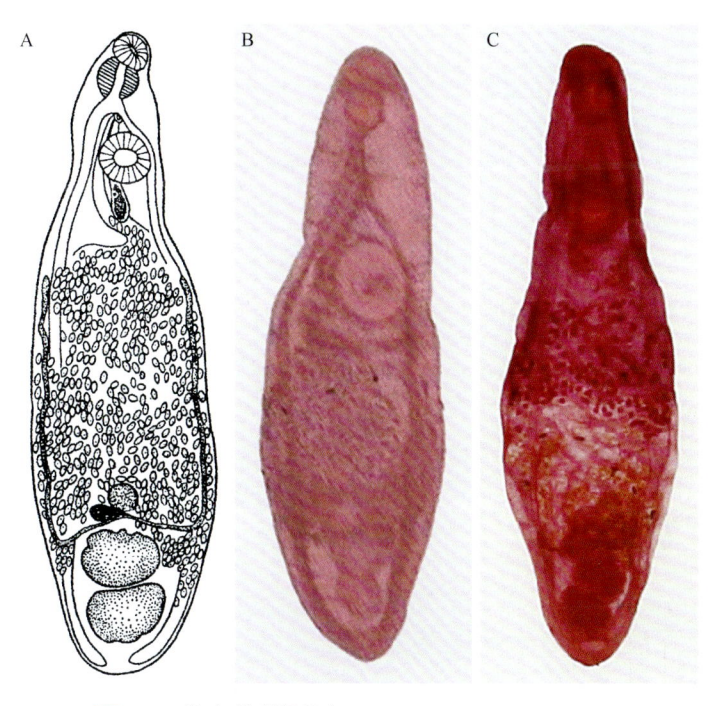

图 182　勒克瑙嗜眼吸虫 *Philophthalmus lucknowensis*
A. 引黄兵等（2006）；B、C. 原图（SCAU）

度等于腹吸盘到前睾丸之间距离的 45%～60%。子宫盘曲于雄茎囊后缘与前睾丸之间，部分子宫圈可达前睾丸两侧的中后部，内含多数虫卵。成熟的虫卵内含毛蚴，具眼点。

183　小型嗜眼吸虫　　　　　　　　　　　　　　*Philophthalmus minutus* Hsu, 1982

【关联序号】26.1.12（28.1.12）/130。
【宿主范围】成虫寄生于鸭的眼结膜囊。
【地理分布】广东。
【形态结构】虫体呈短棍棒状，前端窄长，中部宽，后端稍尖细，体表具小棘，大小为 2.056 mm×0.914 mm。口吸盘位于虫体的顶端，大小为 0.200 mm×0.243 mm。腹吸盘大而圆，位于肠叉之后虫体前 1/3 处，直径为 0.324 mm，与虫体前端的距离为 0.571 mm，口吸盘与腹吸盘的直径之比为 1∶1.60，横径之比为 1∶1.33。无前咽，咽大小为 0.200 mm×0.214 mm，食道长 0.071 mm，两肠支沿虫体两侧直达虫体后端，肠支长 1.542～1.571 mm。睾丸 2 枚，斜列于虫体的后端，有分叶，前睾丸呈三角形，尖端向内，钝端靠左侧边缘，有 3 个小分叶，大小为 0.214 mm×0.371 mm；后睾丸为半圆形，有 5 个小分叶，其前缘与前睾丸后缘的接触面截平，大小为 0.227 mm×0.357 mm。雄茎囊位于腹吸盘的右侧，下伸至腹吸盘后缘，大小为 0.628 mm×0.200 mm，生殖孔开口于肠叉下端，距虫体前端 0.471 mm。卵巢为扁圆形，位于虫体中线前睾丸的前缘，大小为 0.200 mm×0.100 mm。受精囊位于卵巢的右下方，前睾丸尖端的边缘。卵黄腺为管状，左边长 0.957 mm，右边长 0.857 mm，到卵巢与前睾丸之间，两边呈 U 形汇入卵黄总管。子宫位于腹吸盘与前睾丸之间，充满虫卵，子宫颈发达，并列在雄茎囊的外侧。虫卵呈椭圆形，大小为 71 μm×43 μm，内含毛蚴，具眼点。

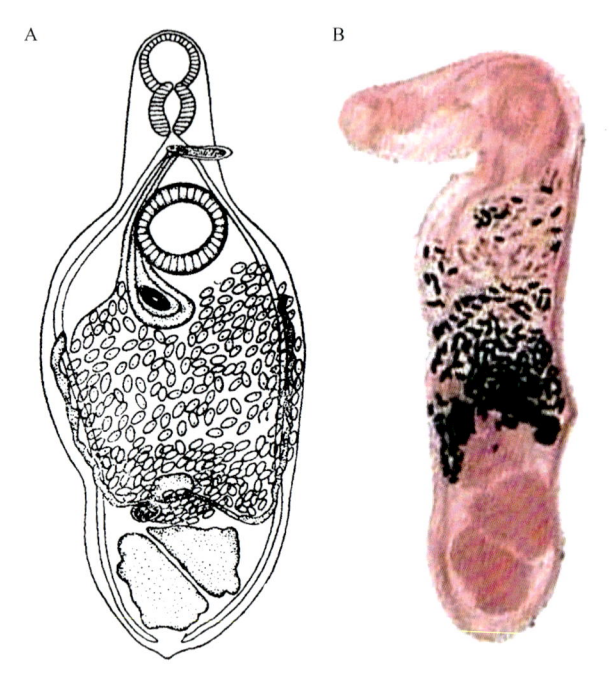

图 183　小型嗜眼吸虫 *Philophthalmus minutus*
A. 引陈淑玉和汪溥钦（1994）；B. 原图（SCAU）

184　米氏嗜眼吸虫　　　　　　　　　　　　　*Philophthalmus mirzai* Jaiswal et Singh, 1954

【关联序号】26.1.13（28.1.13）/131。
【宿主范围】成虫寄生于鸭、鹅的眼瞬膜、结膜囊。

6 嗜眼科   245

【地理分布】广东。

【形态结构】虫体较薄，呈长棍棒形，前端窄，后端钝圆，体长 4.370~5.120 mm，体表光滑无小棘。口吸盘与腹吸盘之比为 1∶2.09。前咽短，肠支分叉后达虫体后端。睾丸位于虫体后部，近圆形，前后排列，前睾丸稍大于后睾丸。雄茎囊位于腹吸盘侧面，为长棍形，雄茎为一细长管状结构。卵巢位于睾丸前方，无受精囊。卵黄腺排列在肠支外侧，前段为颗粒状，到达体后部逐渐形成管状，向内跨过肠支，呈 U 形汇合成卵黄总管。子宫圈位于虫体中部，到达前睾丸前缘，跨到肠支外侧。虫卵大小为 86 μm×43 μm，内含毛蚴，具眼点。

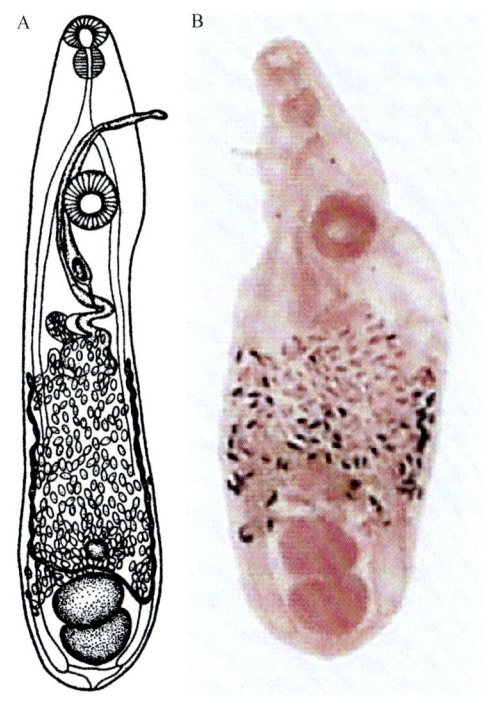

图 184　米氏嗜眼吸虫 *Philophthalmus mirzai*
A. 引黄兵等（2006）；B. 原图（SCAU）

185　小鸭嗜眼吸虫　*Philophthalmus nocturnus* Looss, 1907

【关联序号】26.1.15（28.1.15）/132。

【同物异名】夜出嗜眼吸虫。

【宿主范围】成虫寄生于鸡、鸭、鹅的眼瞬膜、结膜囊。

【地理分布】安徽、广东。

【形态结构】虫体前细后宽，大小为 3.320~5.440 mm×0.850~1.760 mm。口吸盘位于虫体前端，大小为 0.239~0.401 mm×0.300~0.514 mm。腹吸盘大小为 0.428~0.643 mm×0.343~0.614 mm，口吸盘与腹吸盘之比为 1∶1.6~1∶1.7。口吸盘下为咽，大小为 0.265~0.328 mm×0.268~0.414 mm，食道长 0.114~0.143 mm，两肠支沿虫体两侧伸达体后端。睾丸前后排列于虫体后端，前睾丸分为 3 叶，大小为 0.350~0.386 mm×0.443~0.464 mm，

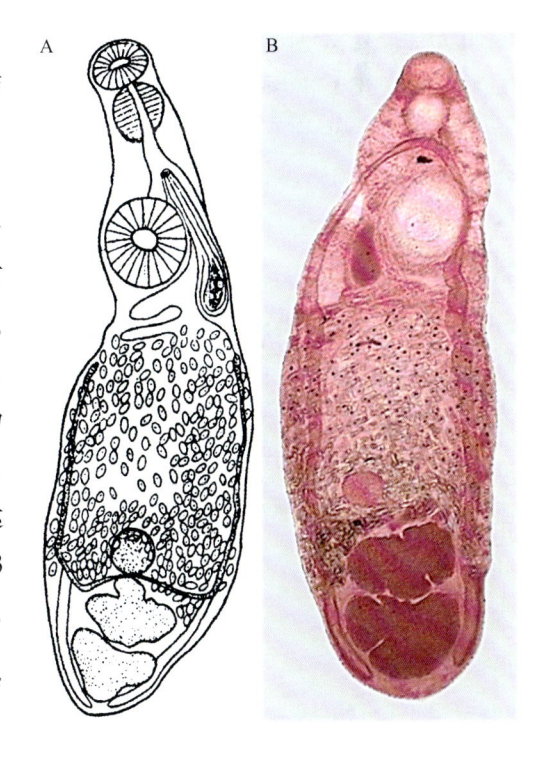

图 185　小鸭嗜眼吸虫 *Philophthalmus nocturnus*
A. 引陈淑玉和汪溥钦（1994）；B. 原图（SCAU）

后睾丸略呈倒三角形，大小为 0.268～0.271 mm×0.286～0.368 mm。雄茎囊呈棒状，大小为 0.821～1.428 mm×0.171～0.214 mm，位于腹吸盘一侧，下伸达腹吸盘之后，生殖孔开口于肠叉处。卵巢为圆形，位于睾丸前方，大小为 0.225～0.271 mm×0.241～0.226 mm。子宫盘曲于腹吸盘与前睾丸之间，向外越过肠支，子宫颈与雄茎囊并排。虫卵大小为 75～100 μm×43～50 μm。

186 普罗比嗜眼吸虫　　*Philophthalmus problematicus* Tubangui, 1932

【关联序号】26.1.17（28.1.17）/133。

【宿主范围】成虫寄生于鸡、鸭的眼瞬膜、结膜囊。

【地理分布】广东、江苏、江西。

【形态结构】虫体前端较窄，后端稍宽，大小为 4.480～5.679 mm×1.524～1.714 mm，体表平滑。口吸盘位于虫体前端，大小为 0.371～0.414 mm×0.467～0.468 mm。腹吸盘近圆形，位于肠叉之后虫体前1/3处，大小为 0.553～0.625 mm×0.543～0.613 mm。无前咽，咽大小为 0.314～0.343 mm×0.339 mm，食道长 0.300～0.314 mm，肠叉距虫体前端 1.214 mm，肠支长 3.373～3.859 mm，沿虫体两侧向后达虫体亚末端。睾丸2枚，扁圆形，前后排列或稍有倾斜，前睾丸大小为 0.214～0.293 mm×0.339～0.426 mm，后睾丸大小为 0.282～0.314 mm×0.328～0.332 mm。雄茎囊为长棒形，大小为 1.090 mm×0.120 mm，位于腹吸盘的左侧，向腹吸盘后缘水平延伸 0.214 mm，贮精囊大小为 0.340 mm×0.110 mm，雄茎大小为 0.570 mm×0.060 mm。生殖孔开口于肠叉的腹面，距虫体前端 0.313 mm。射精管从生殖孔伸出体外，末端有小刺。卵巢呈圆形，大小为 0.282～0.314 mm×0.328～0.332 mm，在前睾丸前方的中线位置，两者相距 0.120 mm。受精囊大小为 0.200 mm×0.180 mm，位于卵巢左下方。卵黄腺呈管状，位于虫体两侧，在卵巢后向内弯曲汇合成卵黄总管，其长度等于从腹吸盘下缘至前睾丸之间距离的 80%～85%。子宫圈发达，跨过肠支，分布

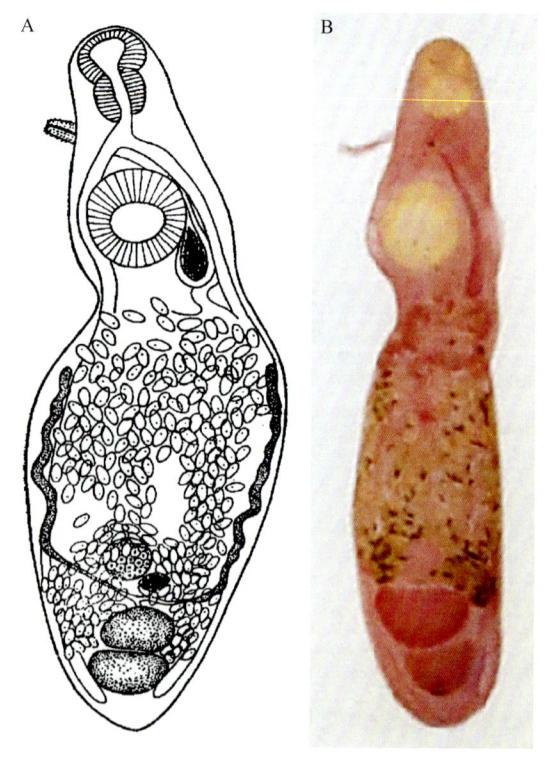

图186　普罗比嗜眼吸虫 *Philophthalmus problematicus*
A. 引黄兵等（2006）；B. 原图（SCAU）

于腹吸盘与睾丸之间的区域。虫卵大小为 81～87 μm×39～49 μm，内含毛蚴，具眼点。

187 梨形嗜眼吸虫　　　　　　　　　　*Philophthalmus pyriformis* Hsu, 1982

【关联序号】26.1.18（28.1.18）/　。
【宿主范围】成虫寄生于鸭的眼结膜囊。
【地理分布】广东。
【形态结构】虫体呈长梨形，前端窄，后端宽，体表平滑，大小为 4.113 mm×1.628 mm。口吸盘近圆形，位于虫体前端，大小为 0.357 mm×0.328 mm。腹吸盘近圆形，位于肠叉之后，大小为 0.571 mm×0.529 mm，为口吸盘长度的 1.60 倍、宽度的 1.61 倍，从腹吸盘到虫体前端的距离为 1.142 mm。前咽不发达，咽与口吸盘约等大，大小为 0.314 mm×0.343 mm。食道窄长，大小为 0.186 mm×0.046 mm。肠叉距虫体前端的距离为 0.814 mm，两肠支沿虫体两侧延伸至虫体末端。睾丸 2 枚，呈三角形，前后斜列于虫体末端的两肠支盲端之间，前左睾丸大小为 0.214 mm×0.300 mm，其三角尖向下方，后右睾丸大小为 0.200 mm×0.314 mm，其三角尖向上方，与前睾丸的三角边靠近，前睾丸与腹吸盘的距离为 2.142 mm。雄茎囊呈棍状，位于腹吸盘的右侧，自肠叉水平向后延伸，达腹吸盘的后缘，大小为 1.071 mm×0.157 mm，生殖孔开口于食道与肠叉之间而稍偏右侧。卵巢呈扁圆形，位于睾丸之前的中线上，与睾丸的距离为 0.043 mm，大小为 0.243 mm×0.429 mm，卵巢略大于睾丸。卵黄腺排列在虫体后半部的肠支外侧，为前圆后尖的颗粒状串联，左侧 11 粒，右侧 10 粒，前面的卵黄腺稍圆而大，到后面则逐渐细长，其长度右边为 3.600 mm，左边为 3.184 mm，到达卵巢下缘与前睾丸的前缘汇合为卵黄总管。受精囊在前睾丸的右侧，大小为 0.214 mm×0.100 mm。子宫圈密布在腹吸盘与前睾丸之间，跨过肠支，内充满虫卵，子宫颈与雄茎囊平列在腹吸盘的右侧。虫卵为椭圆形，卵壳薄，一端稍尖，大小为 86 μm×43 μm，内含毛蚴，具眼点。

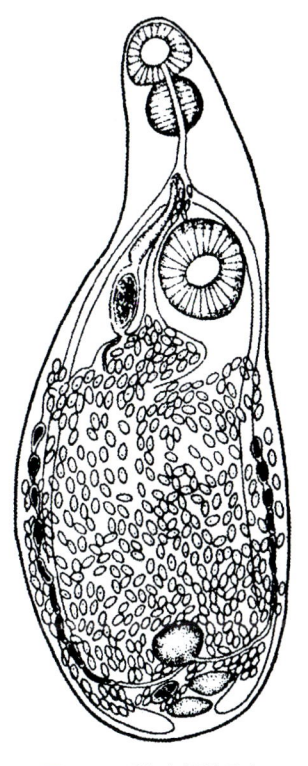

图 187　梨形嗜眼吸虫
Philophthalmus pyriformis
引陈淑玉和汪溥钦（1994）

188 利萨嗜眼吸虫　　　　　　　　　　*Philophthalmus rizalensis* Tubangui, 1932

【关联序号】26.1.19（28.1.19）/ 134。

【**同物异名**】拉札嗜眼吸虫。
【**宿主范围**】成虫寄生于鸭的眼瞬膜、结膜囊。
【**地理分布**】广东、湖南。
【**形态结构**】虫体近梭形，前部较细，中部最宽，大小为 3.770～3.910 mm×1.140～1.710 mm。口吸盘位于虫体前端，大小为 0.266 mm×0.388 mm。腹吸盘位于肠叉之后，大小为 0.457 mm×0.500 mm，口吸盘与腹吸盘之比为 1∶1.81。无前咽，咽大小为 0.230 mm×0.256 mm，食道长 0.157～0.189 mm，两肠支沿虫体两侧伸达后端。睾丸 2 枚，前后斜列于虫体后端，前睾丸呈三角形，大小为 0.349 mm×0.436 mm，后睾丸为半圆形，大小为 0.344 mm×0.364 mm。雄茎囊位于腹吸盘右面，伸达腹吸盘下方，大小为 0.826～0.834 mm×0.085～0.110 mm，雄茎伸出体外。卵巢为卵圆形，位于睾丸前面，大小为 0.200 mm×0.232 mm。卵黄腺呈管状，排列于虫体两侧，于卵巢之后向内弯曲汇合成卵黄总管。子宫位于腹吸盘与前睾丸之间的区域，子宫颈与雄茎囊并列。虫卵大小为 83～100 μm×47～57 μm，内含毛蚴，具眼点。

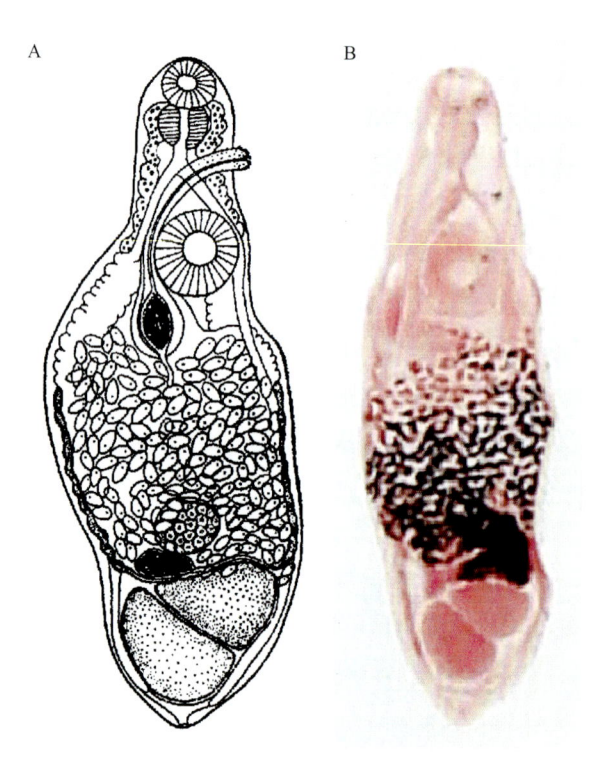

图 188　利萨嗜眼吸虫 *Philophthalmus rizalensis*
A. 引陈淑玉和汪溥钦（1994）；B. 原图（SCAU）

7 光口科

Psilostomidae Looss, 1900

【同物异名】梅利斯科（Mehlisiidae Johnston, 1913）。

【宿主范围】成虫寄生于禽类的肌胃、肠道或法氏囊，偶见于哺乳动物。

【形态结构】虫体小到大型，呈亚球形到长形，无头领和头棘，部分种类具尾突，体表光滑或具棘。口吸盘与腹吸盘大小相当或小于腹吸盘。腹吸盘肌质，位于虫体的前半部或赤道线，部分种类具柄状物。前咽短或缺，偶尔明显。咽为肌质，亚球形，例外者缺咽或退化。食道长短不一或缺，偶尔具两侧憩室，肠分叉位于虫体前部，肠支盲端几乎达虫体后端。睾丸2枚，前后串联或斜列于虫体后部中央。雄茎囊位于体前部，腹吸盘的前背侧，或延伸到腹吸盘之后。生殖孔位于肠分叉之后或之前、咽或食道水平处的中部或亚中部。卵巢为卵圆形，位于睾丸之前的中部或亚中部，偶尔可达腹吸盘的背侧或前侧。梅氏腺弥散而明显，与卵巢和前睾丸相邻。劳氏管开口于虫体背侧。卵黄腺滤泡通常分布于腹吸盘之后的虫体两侧，也可延伸至腹吸盘之前。子宫长或很短，位于卵巢之前的肠支内侧。虫卵有盖，常数量不多。排泄系统呈Y形，具短突起，排泄孔位于虫体末端或亚末端的背侧。模式属：光口属 [*Psilostomum* Looss, 1899]。

在中国家畜家禽中已记录光口科吸虫4属17种，本书收录4属17种，参考王溪云和周静仪（1993）及 Jones 等（2005）编制光口科4属的分类检索表如下。

光口科分属检索表

1. 虫体为梨形、亚球形、长卵圆形，子宫中虫卵较少（不超过10枚）........2
   虫体细长，为长卵圆形、长形，子宫中虫卵较多（10枚以上）................3
2. 腹吸盘位于虫体的中部 .... 球孔属 *Sphaeridiotrema*
   腹吸盘位于虫体前1/2的中部 ....光孔属 *Psilotrema*
3. 虫体末端具尾突，雄茎囊很长且后端靠近卵巢 .... 光隙属 *Psilochasmus*
   虫体末端不具尾突，雄茎囊较短且后端远离卵巢 .... 光睾属 *Psilorchis*

7.1 光 隙 属
—— *Psilochasmus* Lühe, 1909

【宿主范围】成虫寄生于禽类的肠道。

【形态结构】虫体小到中型，背腹扁平呈匙形，睾丸前水平处最宽，具明显的尾突。口吸盘为球形至长卵圆形，小于腹吸盘。腹吸盘呈球形，大而突出，位于虫体前半部的中部。咽为肌质，长卵圆形，小于口吸盘。食道宽，较长，肠分叉位于腹吸盘前。睾丸大，长卵圆形，具锯齿状浅裂，或有时光滑，相邻串联，占据虫体后半部的大部分。雄茎囊非常长，为细长形，向后延伸达卵巢水平；贮精囊长而宽，呈管状；前列腺不明显；雄茎长，管状；生殖孔开口于肠分叉水平的虫体中央。卵巢较小，亚球形，位于赤道线或赤道线略前的中央。梅氏腺居中，分别与卵巢和前睾丸相连。卵黄腺滤泡小，前至腹吸盘稍后，后至睾丸后汇合。子宫较短，子宫颈肌质较长。排泄孔位于尾突基部的背侧。模式种：尖尾光隙吸虫 [*Psilochasmus oxyurus* (Creplin, 1825) Lühe, 1909]。

189　印度光隙吸虫　*Psilochasmus indicus* Gupta, 1958

【关联序号】25.3.1（29.1.1）/　。

【宿主范围】成虫寄生于鸭的小肠。

【地理分布】福建。

【形态结构】虫体呈长梭状，前段往背部弯曲，后段于睾丸之后渐变尖，具尾突，虫体长 6.100~6.800 mm，两睾丸间的体宽为 0.900~1.100 mm。口吸盘位于虫体亚前端，大小为 0.350~0.390 mm×0.380~0.440 mm。腹吸盘位于虫体前 2/5 处，腹吸盘明显地突出于体外，大小为 0.680~0.800 mm×0.600~0.690 mm。前咽狭窄，长 0.144 mm，咽大小为 0.170~0.220 mm×0.190~0.200 mm，食道细长，为 0.950~1.360 mm，两肠支沿虫体两侧伸达虫体后部。两个睾丸前后排列，位于虫体后 1/3 的前部，在睾丸中部边缘有轻微缺刻，前睾丸大小为 0.480~0.560 mm×0.350~0.410 mm，距腹吸盘 2.160 mm，后睾丸大小为 0.490~0.580 mm×0.280~0.360 mm，距

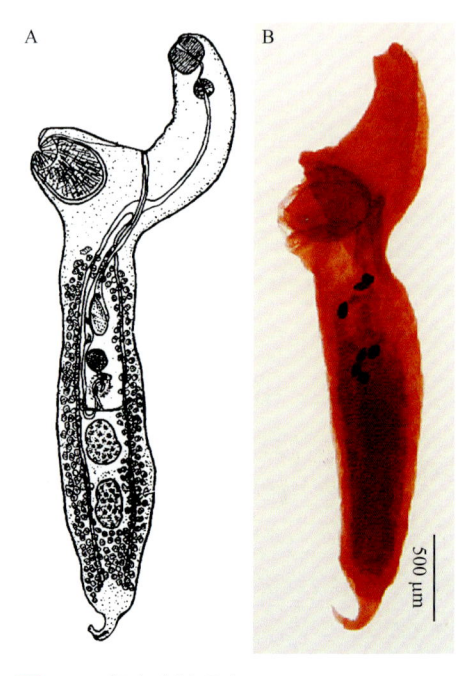

图 189　印度光隙吸虫 *Psilochasmus indicus*
A. 引 Gupta（1957）；B. 原图（SHVRI）

前睾丸 0.112 mm。雄茎囊向后延伸至卵巢前一定距离，前接狭窄的生殖腔，生殖孔开口于腹吸盘和肠叉前的较远距离处。卵巢为球形，位于体后半部的中央，大小为 0.224 mm×0.240 mm。卵黄腺呈滤泡状，分布于腹吸盘与体后端间的肠支外侧，并与肠支重叠，两侧的卵黄腺在后睾丸之后和腹吸盘之后汇合。子宫很短，虫卵稀少。虫卵为黄色，大小为 78～96 μm×46～64 μm。

190 长刺光隙吸虫 *Psilochasmus longicirratus* Skrjabin, 1913

【关联序号】25.3.2（29.1.2）/118。

【宿主范围】成虫寄生于鸡、鸭、鹅的小肠。

【地理分布】安徽、北京、重庆、福建、广东、广西、贵州、河北、湖南、江苏、江西、陕西、上海、四川、台湾、云南、浙江。

【形态结构】虫体呈矛形，前部圆锥状，末端有一尖细的角状尾突，虫体大小为 3.840～5.136 mm×0.832～1.302 mm。口吸盘为球形，大小为 0.256～0.384 mm×0.240～0.304 mm。腹吸盘为圆形，位于虫体的第 2 个 1/4 处，大小为 0.448～0.578 mm×0.448～0.578 mm。前咽长 0.013～0.060 mm，咽大小为 0.160～0.240 mm×0.160～0.224 mm。食道分成两部分，肌质的前部似咽，后部构造与通常的食道一样，肠分支后沿虫体两侧伸至虫体亚末端。睾丸 2 枚，前后排列，边缘有缺刻或稍分叶状，前睾丸大小为 0.416～0.656 mm×0.326～0.448 mm，后睾丸大小为 0.496～0.736 mm×0.240～0.567 mm。雄茎囊发达，大小为 1.120～1.836 mm×0.128～0.210 mm，前端开口于腹吸盘前方的肠分叉处，后端延伸至近卵巢后缘。卵巢为圆形或椭圆形，位于前睾丸之前，大小为 0.192～0.273 mm×0.185～0.273 mm。卵黄腺滤泡分布于虫体两侧，前起于腹吸盘后缘水平，后达虫体亚末端，在后睾丸之后两侧的卵黄腺向中央汇合。子宫较短，盘曲于腹吸盘与前睾丸之间，内含虫卵。虫卵大小为 104～112 μm×60～80 μm。

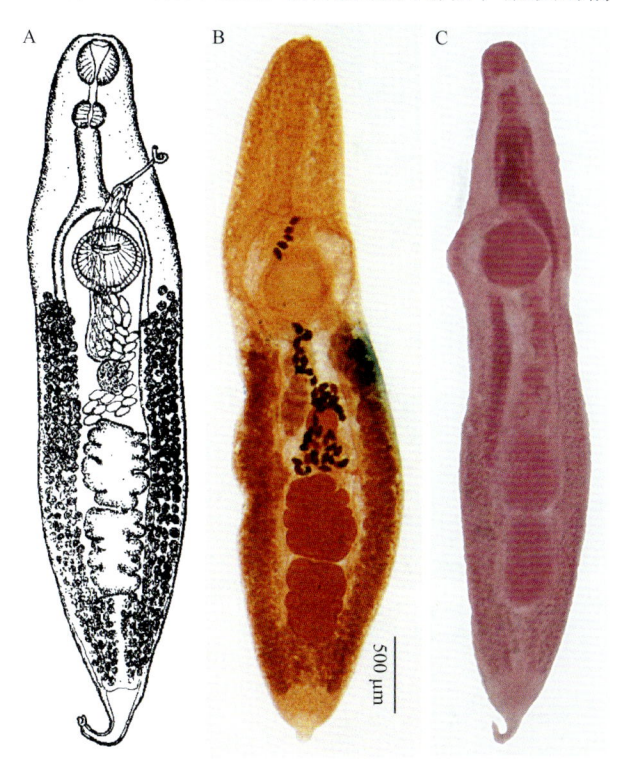

图 190 长刺光隙吸虫 *Psilochasmus longicirratus*
A. 仿 林秀敏和陈清泉（1988）；B. 原图（SHVRI）；C. 原图（SCAU）

191 尖尾光隙吸虫   *Psilochasmus oxyurus* (Creplin, 1825) Lühe, 1909

【关联序号】25.3.3（29.1.3）/ 119。

【宿主范围】成虫寄生于鸡、鸭的小肠。

【地理分布】安徽、北京、重庆、福建、贵州、湖南、江苏、江西、宁夏、上海、四川。

【形态结构】虫体呈长梭状，前端狭小而钝圆，后端具有削尖的尾突，中间两侧近乎平伸，前睾丸处最宽，虫体大小为 6.530～7.550 mm×1.000～1.800 mm。口吸盘位于顶端，大小为 0.344 mm×0.289 mm。腹吸盘位于虫体前 1/3 处的后部，比较结实，大小为 0.551～0.825 mm×0.521～0.857 mm。有短的前咽，长 0.027～0.041 mm，咽大小为 0.135～0.252 mm×0.127～0.221 mm，食道长 0.352～0.483 mm，两肠支沿虫体两侧向后伸至虫体的后部。两个睾丸呈类长方形，边缘有深的缺刻或深裂，前后排列于虫体后 1/2 处的中部或稍前，前睾丸大小为 0.648～0.675 mm×0.441～0.453 mm，后睾丸大小为 0.717～0.813 mm×0.386～0.413 mm。雄茎囊大小为 0.480～0.710 mm×0.110～0.170 mm，后端可达卵巢的中后部，生殖孔开口于腹吸盘前缘水平处。卵

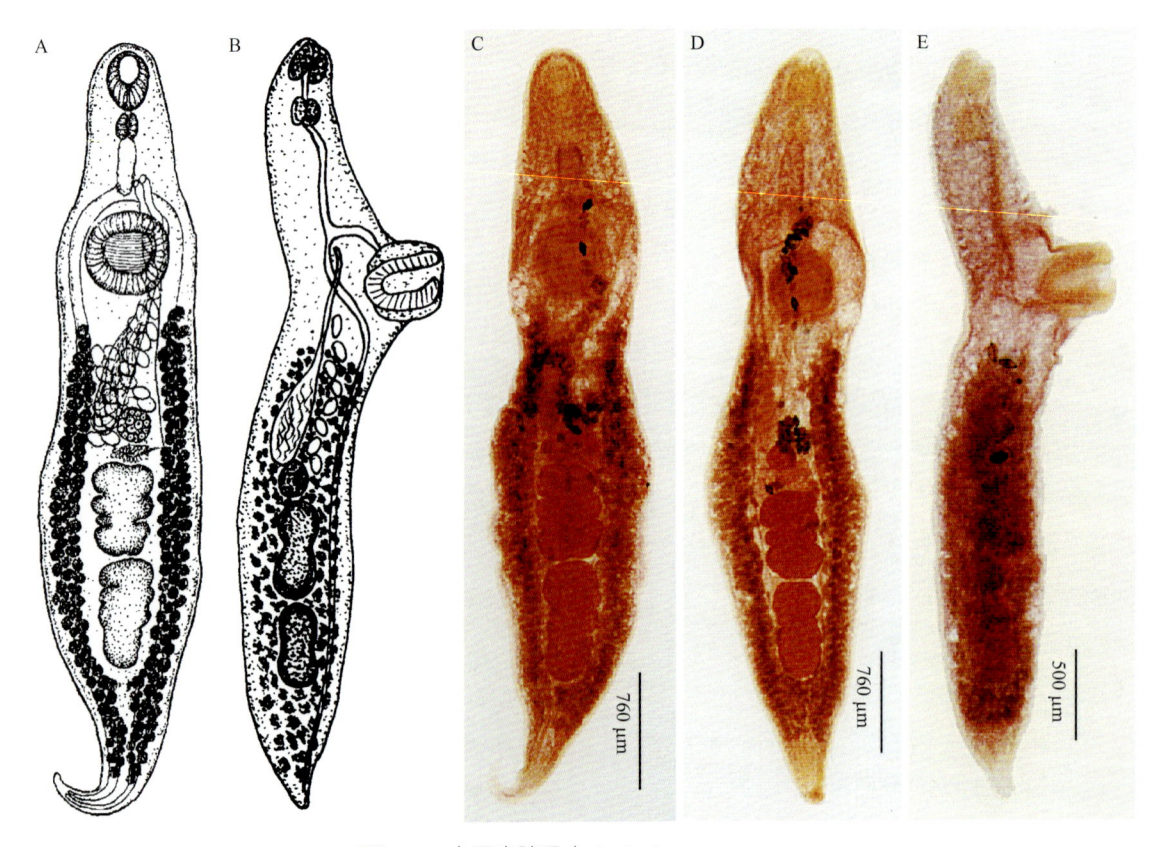

图 191　尖尾光隙吸虫 *Psilochasmus oxyurus*

A. 引王溪云和周静仪（1986）；B. 引黄兵等（2006）；C～E. 原图（SHVRI）

巢呈球状，位于前睾丸之前，大小为 0.220~0.230 mm×0.220~0.230 mm。卵黄腺起于腹吸盘的后缘水平处，沿虫体两侧向后延伸，达肠支末端水平处，在后睾丸后两侧卵黄腺滤泡相汇合。子宫较发达，内含数量较多的虫卵。虫卵大小为 82~106 μm×62~71 μm。

192　括约肌咽光隙吸虫　*Psilochasmus sphincteropharynx* Oshmarin, 1971

【关联序号】25.3.4（29.1.4）/　。
【宿主范围】成虫寄生于鸭的小肠。
【地理分布】福建、湖南、上海。
【形态结构】虫体呈梭形，睾丸处最宽，大小为 6.240~7.080 mm×1.200~1.240 mm，具尾突，尾突长约 0.180 mm。口吸盘为圆形，位于虫体亚前端，大小为 0.340~0.360 mm×0.280~0.350 mm。腹吸盘为圆形，位于虫体前 1/3 的后部，大小为 0.580~0.600 mm×0.500~0.540 mm。前咽短，咽大小为 0.220~0.240 mm×0.180~0.190 mm，在咽的前端和腹吸盘开口处有非常强的肌肉结构，食道大小为 0.600~0.660 mm×0.160~0.330 mm。睾丸 2 枚，前后排列在虫体后 1/2 处，睾丸边缘有缺刻，前睾丸大小为 0.720~0.790 mm×0.420~0.510 mm，后睾丸大小为 0.790~0.910 mm×0.370~0.440 mm。雄茎囊为长棒状，后部接近卵巢前缘，大小为 1.920~1.980 mm×0.120~0.170 mm，生殖孔开口于腹吸盘前的肠分叉处。卵巢为圆形，位于虫体 1/2 稍前的中央，大小为 0.230 mm×0.240 mm。卵黄腺为滤泡状，分布于虫体两侧，在后睾丸后几乎汇合。子宫较短，盘曲于腹吸盘与前睾丸之间，内含虫卵。虫卵大小为 91~108 μm×65~72 μm。

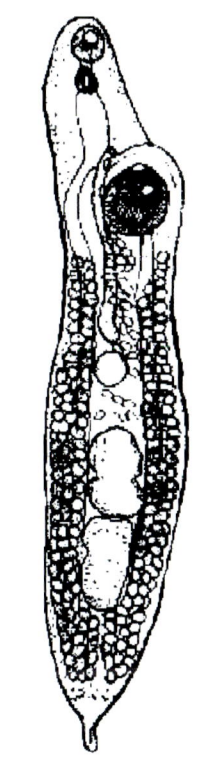

图 192　括约肌咽光隙吸虫 *Psilochasmus sphincteropharynx*
引 林秀敏和陈清泉（1988）

7.2　光睾属
Psilorchis Thapar et Lal, 1935

【宿主范围】成虫寄生于禽类的肠道。
【形态结构】虫体小到中型，长形，两侧几乎平行，最宽处为子宫中部，前体很短。口吸盘细小，亚球形，比腹吸盘小得多。腹吸盘大，球形，位于虫体的前 1/4 处。咽小，为长卵圆形，与口吸盘大小相近。食道非常短，肠分叉位于咽后。两睾丸为长卵圆形，光滑或具缺刻，前后相连或相邻排列于虫体的中后部。雄茎囊小，长卵圆形，位于腹吸盘前。贮精囊简单，几乎占据整个雄茎囊。前列腺不明显。生殖孔位于肠叉与腹吸盘之间，稍偏右侧。卵巢小，亚球形，位于赤道线或赤道稍后的亚中央。梅氏腺呈弥散状，亚中央，与卵巢和前睾丸相连。卵黄腺滤泡小，位于虫体两侧，不汇合，前距腹吸盘有一定距离。子宫长而弯曲，位于前睾丸与腹吸盘之间。虫卵长度小于130 μm。排泄囊分支多，排泄孔开口于虫体末端。模式种：印度光睾吸虫［*Psilorchis indicus* Thapar et Lal, 1936］。

193 家鸭光睾吸虫　　*Psilorchis anatinus* Tang, 1988

【关联序号】（29.2.1）/　。
【宿主范围】成虫寄生于鸭的肠道。
【地理分布】上海。
【形态结构】虫体长而背腹扁平，两端稍细而钝圆，在虫体后1/5处明显逐渐变细，末端有一长0.130～0.163 mm的半椭圆形突起，虫体大小为5.013～5.724 mm×0.907～1.112 mm。口吸盘小，仅0.088 mm×0.108 mm。腹吸盘较发达，位于虫体前1/4处，大小为0.594 mm×0.540 mm。咽长0.043～0.050 mm，食道短于咽，食道长0.022～0.032 mm，肠支沿虫体两侧向后延伸至虫体亚末端。睾丸2枚，呈纵椭圆形，边缘完整无缺刻，前后排列于虫体中部，两睾丸间距0.022～0.043 mm，前睾丸大小为0.454～0.486 mm×0.270～0.324 mm，后睾丸大小为0.399～0.410 mm×0.291～0.305 mm。雄茎囊为叶片状，大小为0.630 mm×0.578 mm，生殖孔开口于肠叉的后方。卵巢呈球形，稍偏右侧，位于前睾丸的右前方，直径为0.151～0.173 mm。卵黄腺沿肠支分布，起于腹吸盘之后，止于肠支末端。子宫位于卵巢前与腹吸盘之间，内充满虫卵。虫卵大小为86～108 μm×43～54 μm。

图 193　家鸭光睾吸虫
Psilorchis anatinus
引 唐礼全（1988）

194 长食道光睾吸虫　　*Psilorchis longoesophagus* Bai, Liu et Chen, 1980

【关联序号】（29.2.2）/　。
【宿主范围】成虫寄生于鸭的小肠。
【地理分布】安徽、吉林。
【形态结构】虫体长而扁平，两端稍细而钝圆，体表光滑，虫体大小为4.840～12.100 mm×1.210～2.028 mm。口吸盘位于虫体前端，大小为0.135～0.201 mm×0.123～0.209 mm。腹吸盘近圆形，位于虫体前 1/5 处，大小为 0.671～1.076 mm×0.640～1.076 mm。前咽长 0.012～0.078 mm，咽大小为 0.119～0.234 mm×0.119～0.205 mm，食道长于咽，长 0.135～0.406 mm。两睾丸为纵椭圆形，有浅缺刻或轻度分叶，前后密接或稍有重叠排列，前睾丸在体中横线上，大小为 0.390～1.014 mm×0.265～0.702 mm，后睾丸大小为 0.421～1.092 mm×0.265～0.624 mm。雄茎囊近似三角形，位于肠叉和腹吸盘之间，在腹吸盘的前方，或者为纵椭圆形而其基部与腹吸盘的前部重叠，最长不超过腹吸盘中央，大小为 0.390～0.827 mm×0.187～0.452 mm，生殖孔位于肠叉之后的虫体中央。卵巢为横卵圆形或横椭圆形，位于体中央或稍偏于一侧，大小为 0.172～0.452 mm×0.180～0.499 mm。卵黄腺起始于腹吸盘后方的虫体两侧，在后睾丸之后两侧的卵黄腺在中线汇合或接近，在个别标本中为远离。子宫位于腹吸盘与前睾丸之间，内含较多虫卵。虫卵大小为 90～113 μm×53～78 μm。

图 194　长食道光睾吸虫
Psilorchis longoesophagus
引 白功懋 等（1980）

195　大囊光睾吸虫　　*Psilorchis saccovoluminosus* Bai, Liu et Chen, 1980

【关联序号】25.4.1（29.2.3）/120。
【宿主范围】成虫寄生于鸭、鹅的肠道。
【地理分布】安徽、重庆、福建、广东、吉林、江西、四川、云南、浙江。
【形态结构】虫体呈长扁形，前后端稍窄而钝圆，虫体两侧几乎平行，体表光滑，大小为 7.865～8.690 mm×1.248～1.595 mm。口吸盘小，位于虫体前端亚腹面，大小为 0.135～0.164 mm×0.156～0.234 mm。腹吸盘大，近圆形，位于虫体前部，大小为 0.764～0.889 mm×0.874～0.920 mm。无前咽，咽近圆形，大小为 0.127～0.164 mm×0.115～0.156 mm，食道短于咽，长 0.041～0.082 mm，两肠支沿虫体两侧伸至后端。睾丸 2 枚，呈长椭圆形，前后排列，边缘有浅缺刻或部分分叶，前睾丸位于体中横线上，两睾丸间距 0.062～0.125 mm，前睾丸大小为 0.827～0.889 mm×0.390～0.468 mm，后睾丸大小为 0.764～0.889 mm×0.390～0.484 mm。雄茎囊为宽大的袋状，横置于腹吸盘前方，其基部达腹吸盘的侧前方，大小为 0.733～0.920 mm×0.234～0.328 mm，生殖孔位于肠叉正后方的中央或稍偏右侧。卵巢为卵圆形或类圆形，位于前睾丸之前的虫体中央或稍偏右侧，大小为 0.312～0.340 mm×0.291～0.406 mm。卵黄腺起于腹吸盘稍后方，沿虫体两侧与肠支之间延伸至虫体后端，在后睾丸之后两侧的卵黄腺远离或部分接近或汇合。子宫弯曲于睾丸与腹吸盘之间，内含虫卵。虫卵大小为 90～115 μm×53～78 μm。

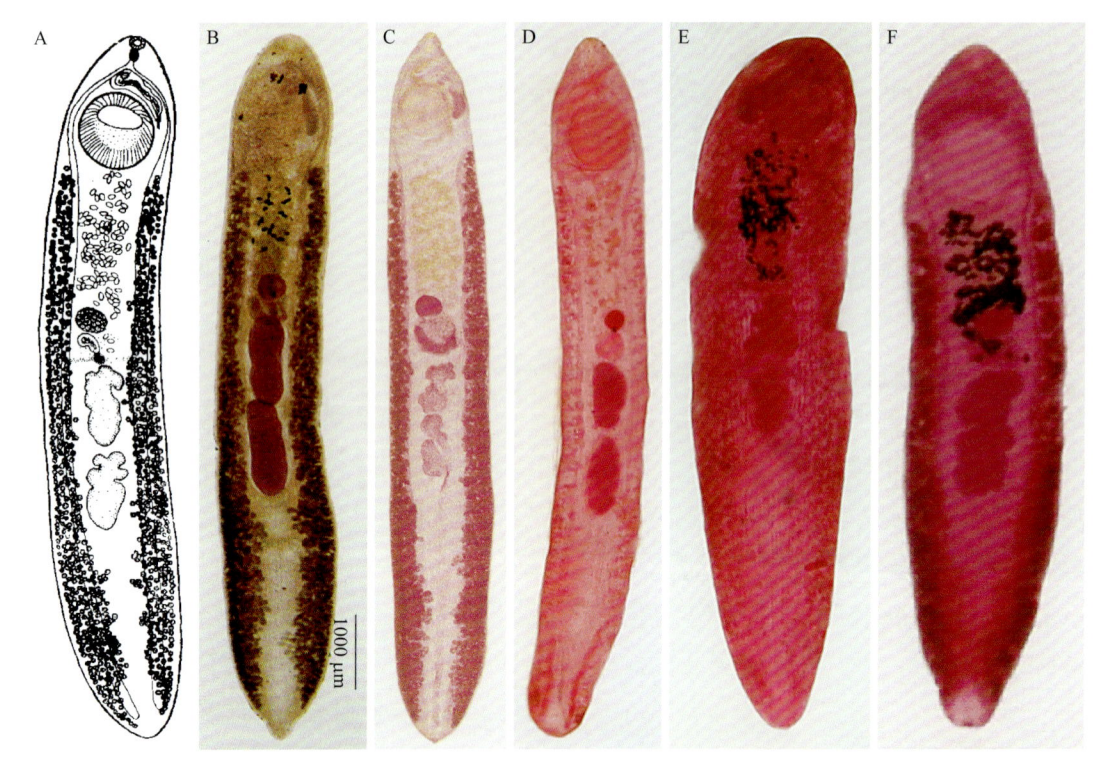

图 195　大囊光睾吸虫 *Psilorchis saccovoluminosus*
A. 引白功懋 等（1980）；B. 原图（SHVRI）；C. 原图（ZAAS）；D～F. 原图（SCAU）

196　浙江光睾吸虫
***Psilorchis zhejiangensis* Pan et Zhang, 1989**

【关联序号】（29.2.4）/121。

【宿主范围】成虫寄生于鸭的小肠。

【地理分布】浙江。

【形态结构】虫体扁平呈柳叶状，前端钝圆，睾丸以后削尖，似倒锥形，体表有棘，分布于虫体近前端至腹吸盘中横线水平之间，在睾丸之后的虫体两侧出现一个凹陷部，虫体大小为 6.000～9.500 mm×1.190～1.500 mm。口吸盘呈球形，位于虫体前端，大小为 0.182～0.280 mm×0.168～0.280 mm。腹吸盘为类球形，位于肠叉之后，大小为 0.826 mm×0.791 mm。无前咽，咽呈球形，大小为 0.163 mm×0.159 mm，食道比咽短，仅长 0.056～0.070 mm。两肠支分叉后沿腹吸盘外侧向后延伸，到腹吸盘后缘处向内略弯曲，然后沿虫体两侧向后笔直延伸，其盲端距虫体末端 0.476～0.602 mm。睾丸 2 枚，大小相近，呈斜长方形，

图 196　浙江光睾吸虫 *Psilorchis zhejiangensis* 引潘新玉和张峰山（1989）

不分叶，边缘略有波状凹陷或浅缺刻，前后紧接排列于虫体中部，接触面均呈斜形平切，前睾丸大小为 0.672～1.036 mm×0.448～0.476 mm，后睾丸大小为 0.728～1.092 mm×0.406～0.476 mm。雄茎囊发达，横置于肠叉与腹吸盘中间，大小为 0.560～0.700 mm×0.196～0.252 mm，生殖孔开口于肠叉与腹吸盘之间。卵巢为类球形，位于睾丸前方中央或略偏右侧，平均大小为 0.312 mm×0.359 mm。卵黄腺为颗粒状，分布于两肠支外侧，前起于腹吸盘后缘水平，后到肠支近末端。子宫盘曲在卵巢与腹吸盘之间，内含虫卵，虫卵大小为 84～98 μm×46～63 μm。

197　斑嘴鸭光睾吸虫　　*Psilorchis zonorhynchae* Bai, Liu et Chen, 1980

【关联序号】25.4.2（29.2.5）/121。
【宿主范围】成虫寄生于鸭、鹅的小肠。
【地理分布】安徽、重庆、福建、贵州、吉林、江西、上海、云南、浙江。

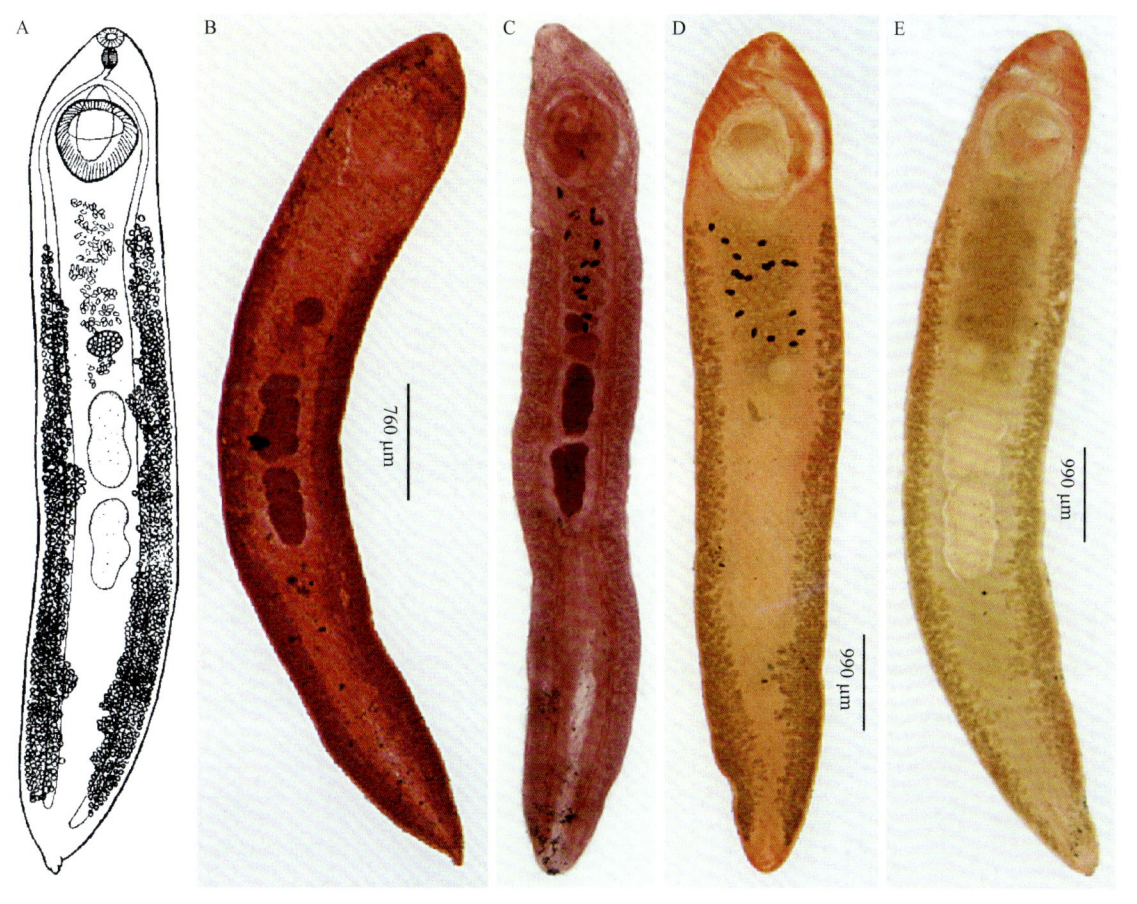

图 197　斑嘴鸭光睾吸虫 *Psilorchis zonorhynchae*
A. 引白功懋 等（1980）；B～E. 原图（SHVRI）

【形态结构】虫体呈长扁形，两端稍细而钝圆，在腹吸盘后两边近平行，体表光滑，大小为 7.250～10.835 mm×1.634～2.090 mm。口吸盘大小为 0.201～0.254 mm×0.238～0.312 mm。腹吸盘近圆形，大小为 0.874～1.201 mm×0.874～1.108 mm，位于虫体前 1/5 处。前咽不明显或无，咽大小为 0.167～0.254 mm×0.144～0.209 mm，食道短于咽，长 0.103～0.144 mm，两肠支沿虫体两侧至虫体亚末端。睾丸呈长椭圆形，边缘完整或有浅的缺刻，前后排列于虫体中部，部分虫体中的两睾丸前后相接，前睾丸大小为 0.805～1.092 mm×0.406～0.562 mm，后睾丸大小为 0.718～1.170 mm×0.374～0.499 mm。雄茎囊为长的粗棍状或袋状，其底部可达腹吸盘的后部或后缘水平，大小为 0.858～1.170 mm×0.374～0.499 mm，生殖孔开口于肠叉与腹吸盘之间的中央。卵巢呈横椭圆形或横卵圆形，位于前睾丸前方的虫体中央或稍偏于一侧，大小为 0.266～0.343 mm×0.312～0.492 mm。卵黄腺起始于腹吸盘后缘或直后方，沿虫体两侧向后分布，在后睾丸之后两侧的卵黄腺不向中央接近。子宫盘曲于腹吸盘与前睾丸之间，内含虫卵。虫卵大小为 82～109 μm×49～78 μm。

7.3 光孔属

Psilotrema Odhner, 1913

【宿主范围】成虫寄生于禽类和小型哺乳动物的肠道。

【形态结构】虫体小型、丰满，长卵圆形，最大宽度位于腹吸盘处，体棘可至腹吸盘背侧和睾丸腹侧水平。口吸盘小，为亚球形到长卵圆形。腹吸盘几乎为口吸盘的 2 倍，为亚球形到横卵圆形，位于虫体的第 2 个 1/4 处。咽很发达，为长卵圆形，与口吸盘大小相近或大于口吸盘。肠分叉正好位于咽后。睾丸前后串联，为亚球形或横卵圆形，表面光滑，相连，主要位于虫体的第 3 个 1/4 处。雄茎囊大，长卵圆形，位于咽与腹吸盘后缘之间，偶尔可延伸到腹吸盘之后。贮精囊大而简单，呈细长的囊状，前列腺为管状，雄茎为较长的管状，生殖孔位于咽的左侧。卵巢小，亚球形，位于虫体中央偏右，恰好在腹吸盘之后，通常与前睾丸邻近。梅氏腺位于卵巢左侧，与卵巢和前睾丸相近。卵黄腺滤泡大，在虫体中线靠近或睾丸后汇合，前伸展到腹吸盘侧面或腹吸盘后端水平处，后可达睾丸之后。子宫非常短，子宫颈短。排泄囊主干在腹吸盘水平处形成凹陷，排泄孔位于虫体亚末端的背面。模式种：似光孔吸虫［*Psilotrema simillimum* (Mühling, 1898) Odhner, 1913］。

198 尖吻光孔吸虫　　　　　　　　　　*Psilotrema acutirostris* Oshmarin, 1963

【关联序号】25.1.1（29.3.1）/114。
【宿主范围】成虫寄生于鸭的小肠。
【地理分布】江西。
【形态结构】虫体为卵圆形，前端稍尖，后端钝圆，大小为 1.765～1.805 mm×0.710～0.772 mm。口吸盘位于顶端，大小为 0.110～0.140 mm×0.120～0.130 mm。腹吸盘呈圆盘状，位于虫体前 1/2 处的中后部，大小为 0.360～0.380 mm×0.360～0.390 mm。前咽短，咽呈球状，大小为 0.095～0.105 mm×0.091～0.097 mm，食道长 0.068 mm，两肠支伸达虫体后部。睾丸为横椭圆形，前后排列于虫体后 1/2 处的前半部，前睾丸大小为 0.152～0.230 mm×0.211～0.280 mm，后睾丸大小为 0.151～0.222 mm×0.253～0.292 mm。雄茎囊位于腹吸盘的背面，偏向左侧，后端达腹吸盘的后缘，大小为 0.382～0.410 mm×0.091～0.121 mm，内含贮精囊、前列腺和雄茎。生殖孔开口于肠分叉处或咽的左侧，雄茎较粗壮，常伸出体外。卵巢为球状，位于前睾丸和腹吸盘后缘之间偏右侧或居中部，大小为 0.105 mm×0.155 mm，梅氏腺位于前睾丸之前。卵黄腺由粗大的卵黄腺滤泡团块组成，始于腹吸盘的中部或前缘水平处，终于虫体的末端，在后睾丸后两侧卵黄腺相汇合。子宫短小，内含少数虫卵。虫卵大小为 105～112 μm×72～81 μm。

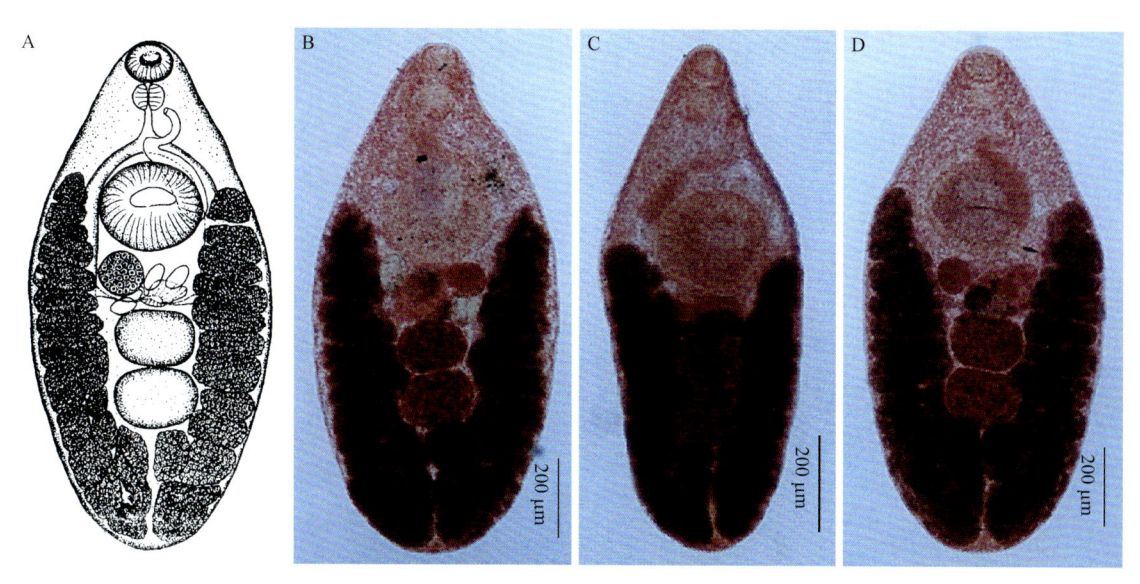

图 198　尖吻光孔吸虫 *Psilotrema acutirostris*
A. 引 王溪云和周静仪（1986）；B～D. 原图（SHVRI）

199 短光孔吸虫 *Psilotrema brevis* Oschmarin, 1963

【关联序号】25.1.2（29.3.2）/ 115。
【宿主范围】成虫寄生于鸭的小肠。
【地理分布】重庆、福建、江西、四川。

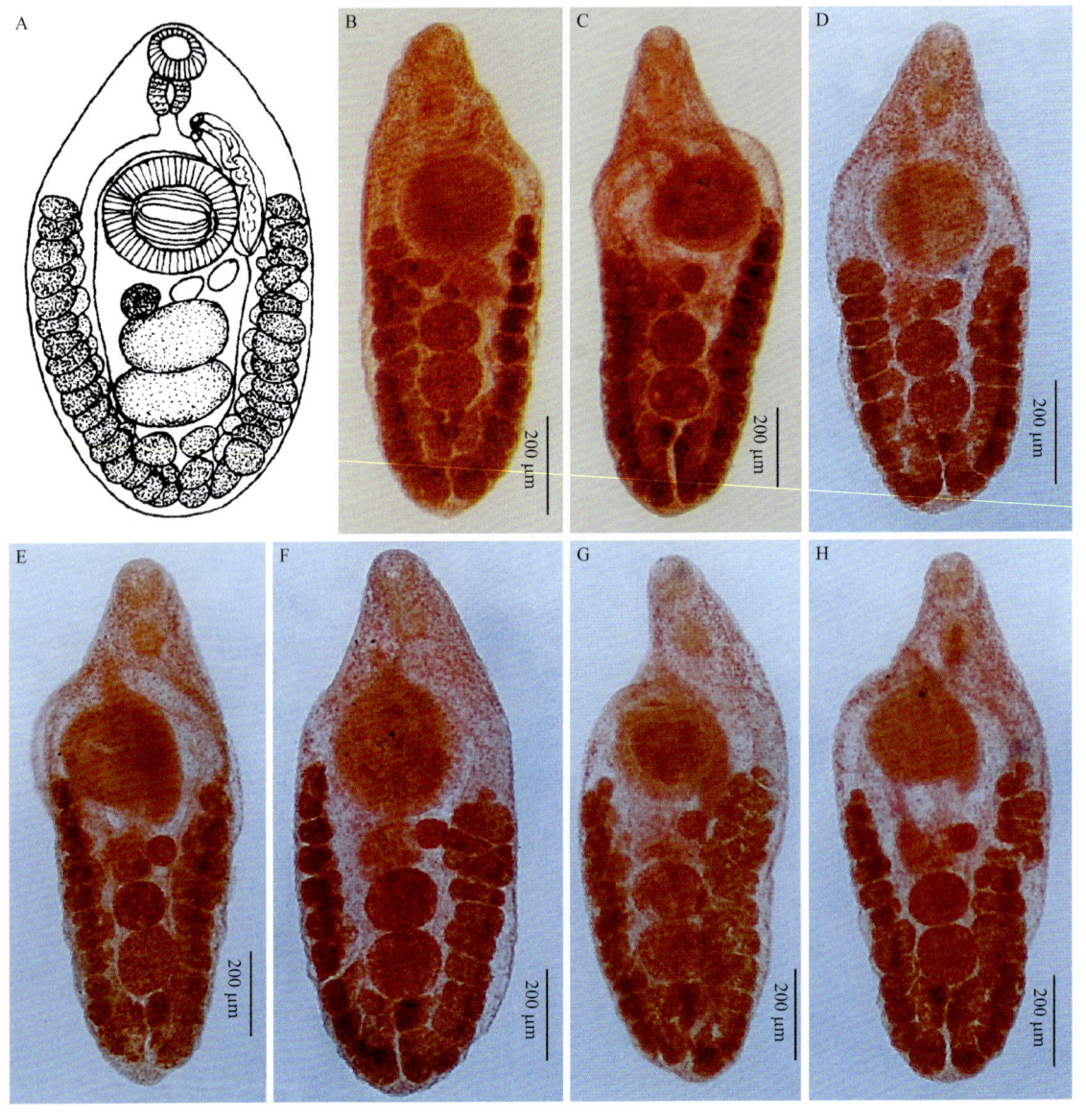

图 199 短光孔吸虫 *Psilotrema brevis*
A. 引 黄兵 等（2006）；B～H. 原图（SHVRI）

【形态结构】虫体稍肥胖，前端近楔形，后部长椭圆形，大小为 0.610～1.680 mm×0.350～0.590 mm，体棘易脱落。口吸盘位于亚前端腹面，呈球形，大小为 0.075～0.096 mm×0.088～0.120 mm。强大的腹吸盘位于虫体中横线之前，明显大于口吸盘，大小为 0.100～0.256 mm×0.175～0.256 mm。前咽极短，咽的大小为 0.072～0.094 mm×0.082～0.104 mm，食道长 0.026～0.037 mm，两肠支伸至虫体亚末端。睾丸 2 枚，呈横椭圆形，前后排列或稍重叠，位于腹吸盘与虫体后端之间，前睾丸大小为 0.075～0.160 mm×0.160～0.208 mm，后睾丸大小为 0.080～0.160 mm×0.150～0.240 mm。雄茎囊为长棒状，底部不达腹吸盘后缘，大小为 0.130～0.170 mm×0.040～0.086 mm，生殖孔开口于肠分叉之前、咽之后。卵巢呈椭圆形或圆形，位于前睾丸之前，大小为 0.033～0.096 mm×0.069～0.110 mm。卵黄腺呈大滤泡状，始于腹吸盘中部，沿虫体两侧向后分布，在后睾丸之后两侧的卵黄腺向中央汇合。子宫短，内含虫卵甚少或没有。虫卵淡红色，椭圆形，壳薄，大小为 82～110 μm×56～70 μm。

200　福建光孔吸虫　　*Psilotrema fukienensis* Lin et Chen, 1978

【关联序号】25.1.3（29.3.3）/　。
【宿主范围】成虫寄生于鸡、鸭的小肠中下段。
【地理分布】福建、江西。
【形态结构】虫体呈长舌状，前端楔形，后端钝圆；有体肩，体肩之后的虫体宽度约相等；体棘明显，前端体棘密而小，腹吸盘后体棘变大而逐渐稀疏；虫体大小为 1.600～2.400 mm×0.600～0.870 mm。口吸盘呈圆形，位于虫体前端，大小为 0.133～0.175 mm×0.140～0.180 mm。腹吸盘为圆形，位于肠叉之后，大小为 0.274～0.355 mm×0.280～0.360 mm。前咽长 0.048～0.060 mm，咽大小为 0.093～0.150 mm×0.130～0.160 mm，食道长 0.068～0.083 mm，两肠支向后延伸至虫体末端附近。两睾丸大小不等，前后排列于虫体中横线之后，紧靠但不重叠；前睾丸前缘靠近虫体中横线，多为横椭圆形，大小为 0.160～0.350 mm×0.220～0.430 mm；后睾丸似三角形，前端横阔，后端钝圆，大小为 0.190～0.390 mm×0.230～0.510 mm。雄茎囊由管状颈部和囊状基部组成，颈部大小为 0.220～0.290 mm×0.030 mm，基部大小为 0.260～0.380 mm×0.730～0.830 mm，位于腹吸盘的左边或右边，生殖孔开口于咽左侧中横线水平处。卵巢为圆形，位于腹吸盘与前睾丸之间的右边，大小为 0.104～0.170 mm×

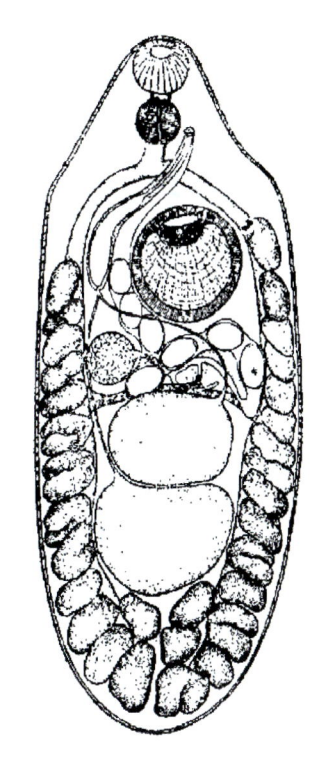

图 200　福建光孔吸虫
Psilotrema fukienensis
引 林秀敏和陈清泉（1978）

0.099～0.178 mm。卵黄腺呈大泡状，起自腹吸盘前缘与中横线之间，两侧前后不均等，沿虫体两侧向后延伸，在后睾丸之后靠拢但不完全汇合。子宫短，略呈横 S 形，位于腹吸盘与睾丸之间，内含数量不多的虫卵，子宫颈与雄茎囊平行。虫卵大，为不对称形，金黄色，壳薄透明，钝端具卵盖，尖端有深褐色较大的结节物，虫卵大小为 103～121 μm×83～99 μm。

201 似光孔吸虫　　*Psilotrema simillimum* (Mühling, 1898) Odhner, 1913

【关联序号】25.1.4（29.3.4）/　　。
【同物异名】类似光孔吸虫。
【宿主范围】成虫寄生于鸡、鸭、鹅的小肠。
【地理分布】福建、湖南、江苏、江西、陕西。
【形态结构】虫体前部呈楔形，后部呈舌状，具有体肩，腹吸盘处最宽，侧面观腹吸盘凸出体外，具体棘，在腹吸盘前的体棘稠密，虫体大小为 1.876～2.090 mm×0.509～0.764 mm。口吸盘为圆形或卵圆形，大小为 0.121～0.174 mm×0.134～0.241 mm。腹吸盘呈袋状，大小为 0.255～0.335 mm×0.241～0.335 mm。具前咽，长度为 0.042～0.062 mm。咽发达，大小为 0.268～0.322 mm×0.268～0.322 mm，为口吸盘的 1.4 倍。缺食道。咽后的肠支向两侧延伸形成肩状，然后折向虫体两侧，延伸至亚末端。睾丸呈圆形或椭圆形，前后相连排列，位于虫体后 1/2 处，前睾丸大小为 0.184～0.268 mm×0.223～0.295 mm，后睾丸大小为 0.268～0.295 mm×0.255～0.295 mm。雄茎囊发达，通常位于腹吸盘左侧，有的底部达腹吸盘后缘，生殖孔开口于咽的后缘水平线的左侧。卵巢呈圆形，位于前睾丸右侧前方，大小为 0.121～0.134 mm×0.134～0.147 mm。卵黄腺为大泡状，覆盖肠支，起于卵巢水平线，止于虫体后端，沿虫体两侧在后睾丸之后汇合。子宫中含虫卵 3～19 枚，虫卵呈椭圆形，大小为 80～87 μm×54～67 μm。

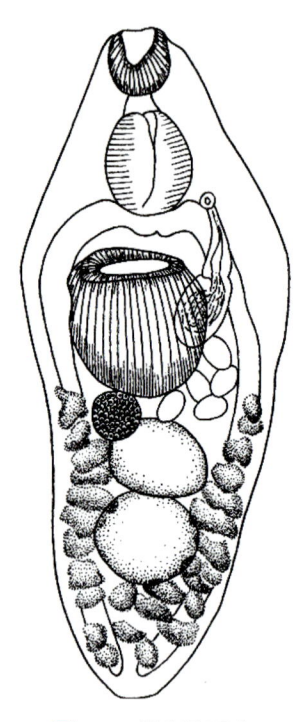

图 201　似光孔吸虫
Psilotrema simillimum
引 成源达（2011）

202 有刺光孔吸虫　　*Psilotrema spiculigerum* (Mühling, 1898) Odhner, 1913

【关联序号】25.1.5（29.3.5）/116。
【宿主范围】成虫寄生于鸭、鹅的小肠。
【地理分布】河南、黑龙江、江西。

【形态结构】小型吸虫，以腹吸盘处最宽，大小为 0.720～1.920 mm×0.350～0.500 mm，体表覆细棘，腹吸盘处最密。口吸盘位于虫体前端，类球形，大小为 0.140～0.196 mm×0.150～0.188 mm。腹吸盘呈杯状，具有很粗的基部，突出于虫体前 1/2 处的腹面，大小为 0.271～0.317 mm×0.304～0.317 mm。前咽短，咽为椭圆形，大小为 0.220～0.230 mm×0.188～0.211 mm。食道很短，肠支盲端靠近虫体后端。睾丸 2 枚，呈短椭圆形或球形，前后排列于虫体后 1/2 处的前部，前睾丸大小为 0.155～0.184 mm×0.135～0.156 mm，后睾丸大小为 0.174～0.227 mm×0.138～0.176 mm。雄茎囊呈长袋状，位于腹吸盘的背后方，大小为 0.382～0.435 mm×0.082～0.110 mm，生殖孔开口于腹吸盘的前缘、咽的中部水平处。卵巢呈球状，位于前睾丸与腹吸盘之间的右侧，大小为 0.11 mm×0.11 mm。卵黄腺由横椭圆形的大型滤泡团块组成，起自腹吸盘与前睾丸之间水平处，终于虫体的末端，在后睾丸后两侧卵黄腺相汇合或不汇合。子宫短小，内含数枚虫卵。虫卵大小为 86～110 μm×54～74 μm。

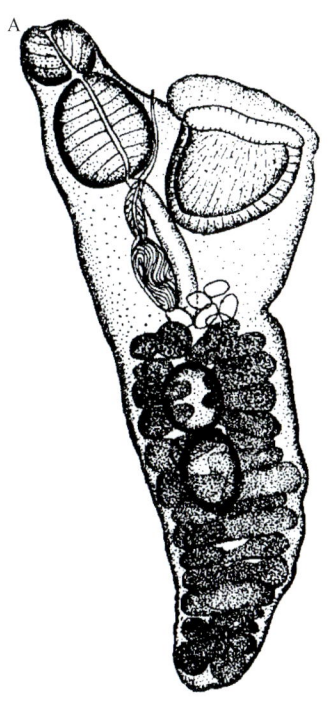

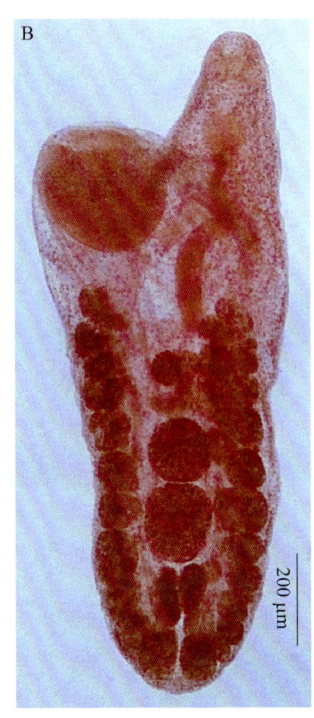

图 202　有刺光孔吸虫 *Psilotrema spiculigerum*
A. 引王溪云和周静仪（1986）；B. 原图（SHVRI）

203　洞庭光孔吸虫　　*Psilotrema tungtingensis* Ceng et Ye, 1993

【关联序号】25.1.6（29.3.6）/　。
【宿主范围】成虫寄生于鸭的小肠。
【地理分布】湖南。
【形态结构】虫体呈舌形，后端钝圆，体表无棘，侧面观呈 Y 形，大小为 1.836～2.439 mm×0.482～0.737 mm。口孔位于顶端亚腹面，口吸盘大小为 0.174～0.201 mm×0.201 mm。腹吸盘呈杯状，大小为 0.295～0.362 mm×0.281～0.335 mm，从虫体腹面伸出，长 0.360～0.536 mm，呈把柄状。口吸盘与腹吸盘长度之比为 1∶1.69～1∶1.80，宽度之比为 1∶1.40～1∶1.66。前咽长 0.040～0.094 mm，咽很发达，大小为 0.188～0.295 mm×0.201～0.335 mm，其长度为口

吸盘的 1.07～1.46 倍，宽度为口吸盘的 1.00～1.66 倍。食道长 0.151～0.174 mm，两肠支延伸至虫体亚末端。两睾丸呈圆形，前后排列在虫体后 1/3 的中线上，大小相近，其直径为 0.228～0.268 mm。雄茎囊为袋状，其内的雄茎呈管状，大小为 0.188～0.241 mm×0.013～0.034 mm，具前列腺，贮精囊呈葫芦状，大小为 0.228～0.335 mm×0.094～0.134 mm，位于两肠支之间，生殖孔开口于咽与肠叉之间。卵巢呈球形，直径为 0.121～0.134 mm，位于前睾丸前方一侧，卵巢与睾丸长度之比为 1∶1.86～1∶2.08。卵黄腺为大滤泡，起自卵巢前缘水平线，后达体末端。子宫短，内含虫卵少。虫卵大小为 83～89 μm×53～59 μm。

图 203　洞庭光孔吸虫
Psilotrema tungtingensis
引 成源达和叶立云（1993）

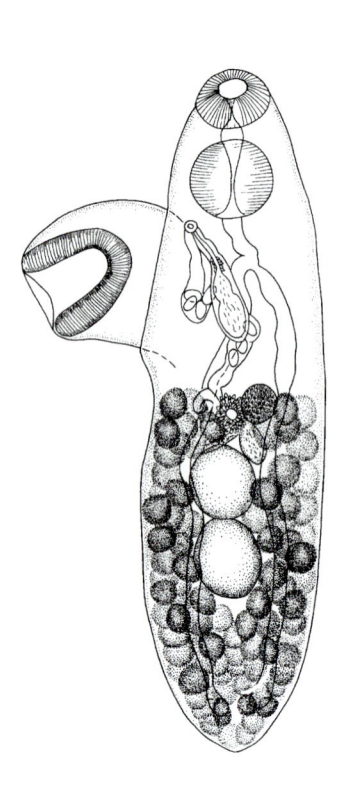

7.4　球孔属
Sphaeridiotrema Odhner, 1913

【宿主范围】成虫寄生于禽类的小肠和盲肠。

【形态结构】虫体为梨形、卵圆形或近球形，腹吸盘处最宽。口吸盘为球形，肌质。腹吸盘呈横向椭圆形至球形，在吸盘口周围覆盖有细刺状或三角状的棘。咽为亚球形，小于口吸盘。肠分叉位于口吸盘与腹吸盘的中间。睾丸为横向椭圆形到亚球形，表面光滑，纵列或斜列，相邻或重叠，位于虫体的后部。雄茎囊为亚圆柱状，位于腹吸盘与肠叉之间，或延伸略超出腹吸盘前缘背侧。贮精囊明显，管状，后部宽，前部薄而弯曲。前列腺发育不良，管状。雄茎为长管状，其宽度约为咽宽度的一半。卵巢为球形，位于右侧或亚中央。梅氏腺不明显。受精囊明显。卵黄腺滤泡大，分布于肠叉之后的虫体两侧。排泄囊主干宽，皮下排泄网发育较弱，排泄孔位于亚末端的背面。模式种：球形球孔吸虫［*Sphaeridiotrema globulus* (Rudolphi, 1814) Odhner, 1913］。

204　球形球孔吸虫　*Sphaeridiotrema globulus* (Rudolphi, 1814) Odhner, 1913

【关联序号】25.2.1（29.4.1）/117。

【宿主范围】成虫寄生于鸡、鸭、鹅的小肠。

| 7 光口科 | **265**

【**地理分布**】安徽、重庆、福建、河北、江苏、江西、四川、浙江。

【**形态结构**】虫体呈卵圆形或近乎球形，前端稍狭，后端钝圆，中部最宽，大小为 0.920～1.420 mm×0.730～0.830 mm。口吸盘位于虫体前端，大小为 0.120～0.150 mm×0.160～0.170 mm。腹吸盘巨大，位于虫体中部或稍前方的两肠支之间，大小为 0.407～0.427 mm×0.372～0.427 mm，其基部有较明显的膜状皱襞。咽为球状，大小为 0.081～0.094 mm×0.083～0.096 mm，食道短，两肠支沿虫体两侧伸至虫体亚末端。两睾丸位于虫体后端或后 1/4 处的两肠支盲端之间，前后排

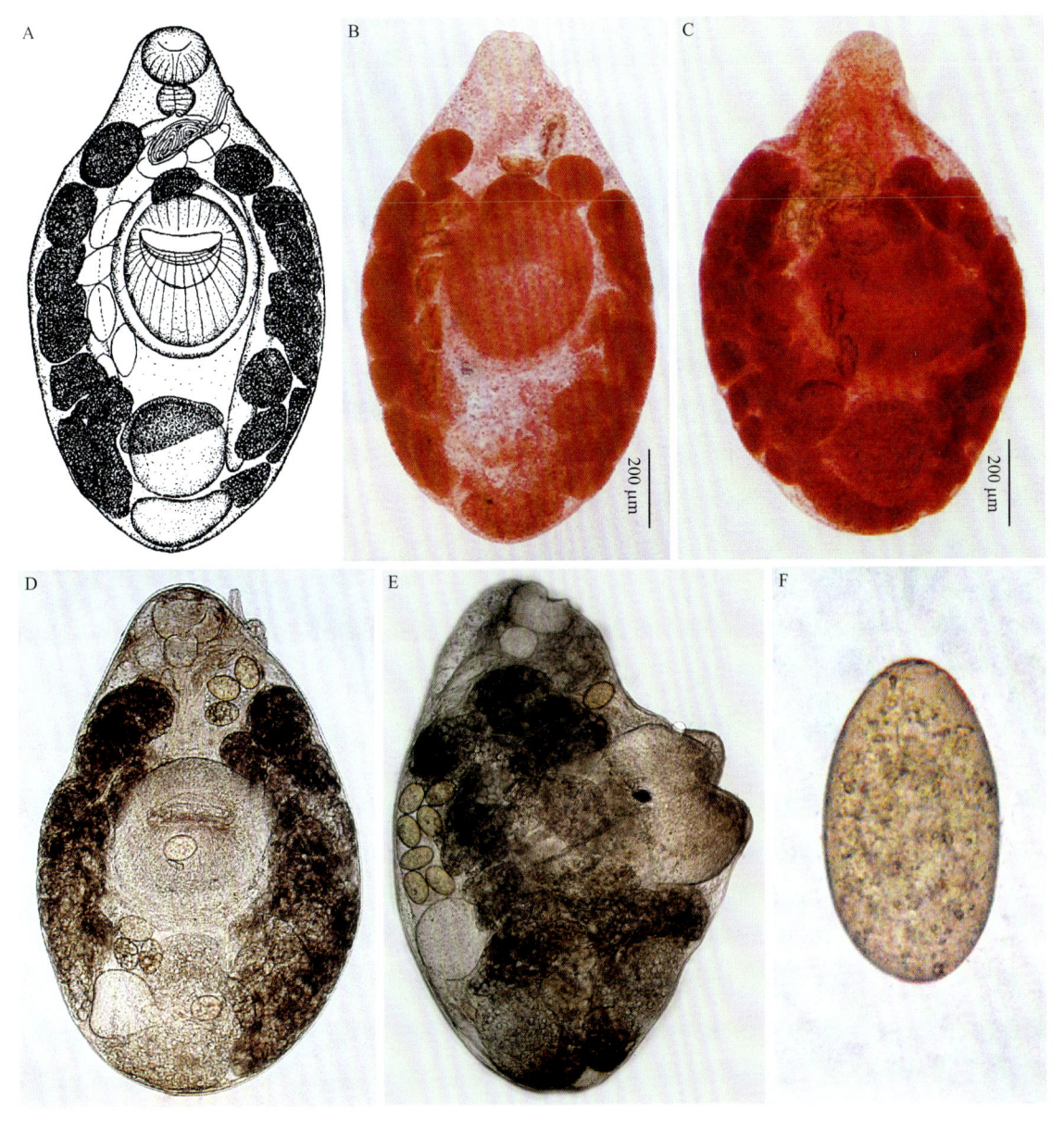

图 204 球形球孔吸虫 *Sphaeridiotrema globulus*
A. 引 王溪云和周静仪（1993）；B，C. 原图（SHVRI）；D～F. 原图（FAAS）

列或稍重叠；前睾丸为球形，大小为 0.200～0.240 mm×0.240～0.270 mm；后睾丸呈横置的椭圆形或新月形，大小为 0.110～0.210 mm×0.250～0.310 mm。雄茎囊斜卧于腹吸盘之前、肠分叉的正后方，大小为 0.096～0.135 mm×0.025～0.031 mm，内含贮精囊和雄茎，生殖孔开口于咽中部水平的左侧。卵巢呈不规则的半月形，位于前睾丸前缘水平处的右侧，大小为 0.165 mm×0.206 mm。卵黄腺由粗大不规则的椭圆形滤泡组成，自肠叉开始，沿虫体两侧向后延伸，止于虫体后端，卵黄腺滤泡团块几乎单行成串于肠支的外侧。子宫粗短，沿虫体的右侧肠弧向前延伸，末端开口于雄性生殖孔旁，内含虫卵数枚。虫卵呈椭圆形，大小为 115～125 μm×71～75 μm。

205　单睾球孔吸虫　　*Sphaeridiotrema monorchis* Lin et Chen, 1983

【关联序号】25.2.2（29.4.2）/　。

【宿主范围】成虫寄生于鸡、鸭的小肠。

【地理分布】福建。

【形态结构】虫体呈卵圆形或梨形，大小为 0.314～0.476 mm×0.209～0.314 mm，腹吸盘水平处最宽，虫体前 1/4 的腹面和背面披有小棘。口吸盘位于虫体亚前端，大小为 0.048～0.076 mm×0.054～0.085 mm。腹吸盘位于虫体中部，呈圆囊状，有小的开口，比口吸盘稍大，大小为 0.057～0.088 mm×0.059～0.089 mm，在相应的体表部分有一限制膜，其范围较大，膜的中央也有一个开口，开口周围有 3 或 4 排较粗的棘。前咽很短不易见，长 0.008～0.012 mm；咽发达，大小为 0.036～0.051 mm×0.036～0.059 mm；食道较短，长 0.036～0.048 mm；分叉的肠支延伸到虫体后部，止于睾丸前端水平。睾丸 1 枚，边缘完整，位于虫体后端，多数呈前端宽阔后端钝圆或横椭圆形，大小为 0.071～0.119 mm×0.083～0.123 mm。雄茎囊呈亚圆筒状，其后部膨大，位于食道与肠分支的交叉处外缘，囊的底部达肠支外壁，大小为 0.055～0.095 mm×0.043～0.054 mm。雄性生殖孔开口于咽左侧，孔的前方紧靠雌性生殖孔。卵巢呈卵圆形或近圆形，位于接近睾丸前缘的右前方，大小为 0.034～0.078 mm×0.034～0.107 mm。卵黄腺为大滤泡状，沿肠支分布，后端可达睾丸中横线水平。子宫很短，有几个弯曲但未见形成圈，其末端通至雌性生殖孔，子宫内常见一枚虫卵。虫卵呈椭圆形，金黄色，壳薄，具卵盖，大小为 95～108 μm×69～83 μm。

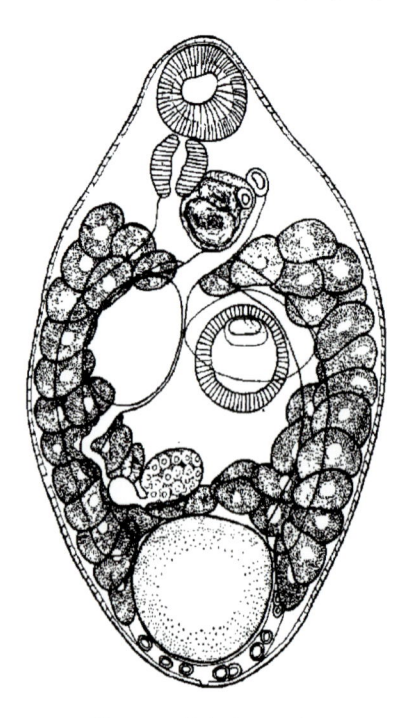

图 205　单睾球孔吸虫
Sphaeridiotrema monorchis
引 林秀敏和陈清泉（1983）

8 异形科

Heterophyidae Leiper, 1909

【同物异名】棘带亚科（Centrocestinae Looss, 1899）；共殖亚科（Coenogoniminae Looss, 1899）；单睾亚科（Haplorchinae Looss, 1899）；异形亚科（Cotylogoniminae Pratt, 1902）；隐叶亚科（Cryptocotylinae Lühe, 1909）；噬猴亚科（Phagicolinae Faust, 1920）；缺茎亚科（Apophallinae Ciurea, 1924）；独睾亚科（Monorchotreminae Nishigori, 1924）；斑皮科（Stictodoridae Poche, 1926）；蚴形亚科（Cercarioidinae Witenberg, 1929）；阿德勒亚科（Adleriellinae Witenberg, 1930）；乳体亚科（Galactosominae Ciurea, 1933）；星隙亚科（Stellantschasminae Price, 1939）；阔蠕亚科（Euryhelminthinae Morozov, 1950）；克尼波维奇亚科（Knipowitschetrematinae Morozov, 1950）；后殖亚科（Metagoniminae Morozov, 1950）；复体亚科（Diplotrematidae Connor, 1957）；囊叶亚科（Ascocotylinae Yamaguti, 1958）；后宫亚科（Opisthometrinae Yamaguti, 1958）；臀形亚科（Pygidiopsinae Yamaguti, 1958）；舟首亚科（Scaphanocephalinae Yamaguti, 1958）；四肠亚科（Tetracladiinae Yamaguti, 1958）；伊里奈亚科（Irinaiinae Yamaguti, 1971）；蛇单睾亚科（Ophiohaplorchiinae Yamaguti, 1971）。

【宿主范围】成虫寄生于禽类和哺乳动物的肠道。

【形态结构】小型吸虫，虫体形态多样，体长为 0.200～7.000 mm，体表覆盖鳞状棘，前少后多，零散的色素颗粒常出现在虫体前部。口吸盘有棘或无棘。腹吸盘发育良好或退化萎缩仅存痕迹，居中部或亚中部，常被包埋在生殖腔内或形成生殖腹吸盘复合体。前咽短，具咽，食道长或短。两肠支长或短，偶尔在前端分叉，盲端可达虫体末端。睾丸 2 枚，前后列、斜列或对称排列于虫体后部，偶有 1 枚，边缘完整或有浅裂。缺雄茎囊和雄茎，贮精囊发达。生殖腔形态多样，包含一个或多个生殖盘，其形态常与腹吸盘相似。卵巢完整或具浅裂，常位于睾丸前面，偶尔出现在睾丸之间或之后。受精囊通常为管状，有劳氏管。卵黄腺散在或形成滤泡群，通常位于虫体后部的侧面，可延伸至虫体前部。子宫环褶盘曲于生殖孔和睾丸或虫体后端之间，达到或不达到虫体的侧缘。虫卵有盖，内有部分或完全发育的卵胚。排泄囊为囊状、管状、V 形或 Y 形，很少越过腹吸盘。排泄孔开口于虫体末端或附近。模式属：异形属 [*Heterophyes* Cobbold, 1886]。

在中国家畜家禽中已记录异形科吸虫 11 属 21 种，本书收录 11 属 14 种，参考王溪云和周静仪（1993）及 Jones 等（2005）编制异形科 11 属的分类检索表如下。

异形科分属检索表

1. 卵黄腺分布达腹吸盘及肠叉 2
   卵黄腺分布限于腹吸盘之后 4
2. 肠支盲端止于睾丸前，卵巢完整，睾丸并列于虫体后部 ... 棘带属 *Centrocestus*
   肠支盲端达睾丸之后的虫体后端 3
3. 虫体呈椭圆形、五角形或舌形，睾丸并列、斜列或纵列 .... 隐叶属 *Cryptocotyle*
   虫体呈卵圆形、梨形到细长形，睾丸斜列或纵列 .... 离茎属 *Apophallus*
4. 卵黄腺滤泡大或小，分布于睾丸前后的两侧或与睾丸重叠 5
   卵黄腺滤泡小且分布于睾丸后，虫体为长梨形，睾丸2枚，斜列 ....
   .... 斑皮属 *Stictodora*
5. 卵黄腺分布于贮精囊之后的区域，与睾丸重叠 6
   卵黄腺主要分布于卵巢后的虫体两侧 7
6. 卵黄腺滤泡小，睾丸1枚，受精囊位于卵巢右侧 .... 单睾属 *Haplorchis*
   卵黄腺滤泡大，睾丸1或2枚，受精囊位于卵巢左侧 ... 星隙属 *Stellantchasmus*
7. 睾丸2枚，卵黄腺分布于卵巢至睾丸的虫体两侧 8
   睾丸1枚，卵黄腺分布于虫体两侧，受精囊位于睾丸右侧 ....
   .... 原角囊属 *Procerovum*
8. 肠支盲端达睾丸之后虫体后端 9
   肠支盲端止于睾丸之前，睾丸并列，卵黄腺分布于睾丸两侧 ....
   .... 臀形属 *Pygidiopsis*
9. 前咽较长而明显 .... 异形属 *Heterophyes*
   前咽短或不明显 10
10. 虫体呈长卵圆形或梨形，子宫主要盘曲于睾丸之前 ... 后殖属 *Metagonimus*
    虫体呈鞋底形或梨形，子宫穿过睾丸之间可达虫体末端 ....
    .... 右殖属 *Dexiogonimus*

8.1 离茎属

Apophallus Lühe, 1909

【同物异名】缺茎属；俄罗斯属（*Rossicotrema* Skrjabin et Lindtrop, 1919）；杯茎属（*Cotylophallus*

Ransom, 1920）；普赖斯属（*Pricetrema* Ciurea, 1933）；似离茎属（*Apophalloides* Yamaguti, 1971）。

【宿主范围】成虫寄生于禽类和哺乳动物的肠道。

【形态结构】虫体长 0.500～1.900 mm，卵圆形、梨形到细长形，体表具棘。腹吸盘向前倾斜。前咽有或不明显，具咽，食道较长，肠支盲端伸达虫体近后端。睾丸 2 枚，纵列或斜列于虫体后部。贮精囊为长管状，S 形。具腹吸盘生殖囊。生殖吸盘 2 个，侧面对列，其背面与腹吸盘相邻，侧面观为棒状，腹面观为圆形，悬垂于腹吸盘的腹面。生殖孔位于腹吸盘前正中央。受精囊为小管状。卵黄腺滤泡分布于虫体两侧，从虫体后端至腹吸盘水平或超过肠分叉。虫卵大小约为 33 μm×25 μm。模式种：穆氏离茎吸虫〔*Apophallus muehlingi*（Jägerskiöld, 1899）Lühe, 1909〕。

206 顿河离茎吸虫　　*Apophallus donicus* (Skrjabin et Lindtrop, 1919) Price, 1931

【关联序号】（30.1.1）/　。

【宿主范围】成虫寄生于犬的肠道。

【地理分布】广东。

【形态结构】虫体为椭圆形、梨形，或近似舌形，大小为 0.298～0.554 mm×0.186～0.303 mm，虫体前 2/3 的体表具鳞状小棘，棘的大小为 0.001 mm×0.002 mm。口吸盘位于虫体亚前端，大小为 0.045～0.062 mm×0.053～0.069 mm。腹吸盘常位于虫体赤道线稍前方，大小为 0.036～0.045 mm×0.032～0.056 mm。前咽极短或不明显。咽为卵圆形或椭圆形，大小为 0.027～0.034 mm×0.026～0.033 mm。食道细长，长 0.021～0.060 mm。两肠支延伸至虫体近末端。睾丸 2 枚，大而呈卵圆形，斜列于虫体后 1/3 处，左睾丸大小为 0.060～0.092 mm×0.075～0.104 mm，右睾丸大小为 0.067～0.113 mm×0.085～0.121 mm。贮精囊分为两部分，横卧于腹吸盘之后与其相邻。生殖盘紧靠腹吸盘前，在生殖孔上有两个乳头状突起。卵巢常呈卵圆形，大小为 0.035～0.072 mm×0.050～0.086 mm。受精囊位于卵巢后边缘。卵黄腺滤泡大小形状不固定，通常位于肠支两侧区域，可与肠支重叠，前可至肠叉或略前，后可达虫体末端，卵黄管刚好在睾丸前横过虫体。未观察到劳氏管。子宫限于虫体中部。虫卵为长颈瓶形，金褐色，表面为网纹状，内含发育良好的毛蚴，虫卵大小为 21～33 μm×17～20 μm。

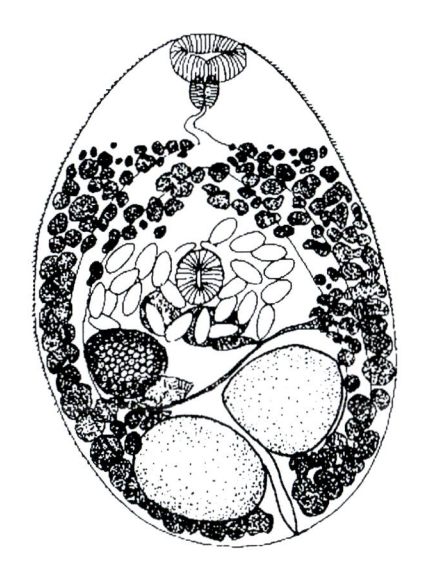

图 206　顿河离茎吸虫 *Apophallus donicus*
引 Niemi 和 Macy（1974）

8.2 棘带属

Centrocestus Looss, 1899

【同物异名】冠梨属（*Stephanopirumus* Onji et Nishio, 1916）；壶体属（*Stamnosoma* Tanabe, 1922）。

【宿主范围】成虫寄生于禽类和哺乳动物的肠道。

【形态结构】虫体扁平，卵圆形，梨形或稍长，体表具刺，体长小于 1.000 mm。口吸盘位于虫体前端，具背唇，有两行交错排列的环口棘。腹吸盘较小，位于虫体中央或略偏前，嵌入体表组织中。具前咽和咽，食道常很短或缺，肠支盲端止于睾丸前。睾丸 2 枚，对称排列，位于虫体后端。贮精囊为 S 形或形成两部分，横列于腹吸盘后，生殖孔恰位于腹吸盘前。缺生殖吸盘。生殖器壁厚，可外翻。卵巢完整，位于右睾丸前。受精囊为小管状，位于睾丸前。子宫盘旋于睾丸与生殖孔之间的肠支内侧或与肠支重叠。卵黄腺分布较广，后至睾丸之后，前可达咽的附近。排泄管 V 形。虫卵大小为 30～40 μm×15～19 μm。模式种：尖刺棘带吸虫 [*Centrocestus cuspidatus* (Looss, 1896) Looss, 1899]。

207 台湾棘带吸虫 *Centrocestus formosanus* (Nishigori, 1924) Price, 1932

【关联序号】38.5.1（30.2.2）/270。

【同物异名】犬棘带吸虫（*Centrocestus caninus* (Leiper, 1913) Yamaguti, 1958）。

【宿主范围】成虫寄生于犬、猫的小肠。

【地理分布】福建、广东、台湾。

【形态结构】虫体呈卵圆形或拉长的梨形，大小为 0.461～0.858 mm×0.176～0.352 mm。口吸盘大小为 0.056 mm×0.060 mm，周围有 30～36 枚口刺，分列为内外两环，内环棘较粗大，外环棘较细小。腹吸盘大小与口吸盘相当，位于虫体中部。具前咽和咽，食道短，两肠支延伸至卵巢水平。睾丸 2 枚，呈椭圆形，对称排列在虫体的末端。贮精囊分为两段，其末端接射精管，生殖孔紧靠腹吸盘前缘。卵巢为椭圆形，常位于右侧睾丸之前。受精囊位于虫体中央、卵巢左后方、睾丸之前。卵黄腺为小球状，由咽的附近开始，向后延伸至睾丸之后，主要分布于肠支外侧。子宫短，盘曲于腹吸盘与睾丸之间，内含虫卵。虫卵大小为 32～39 μm×17～20 μm，卵壳表面呈格子状。

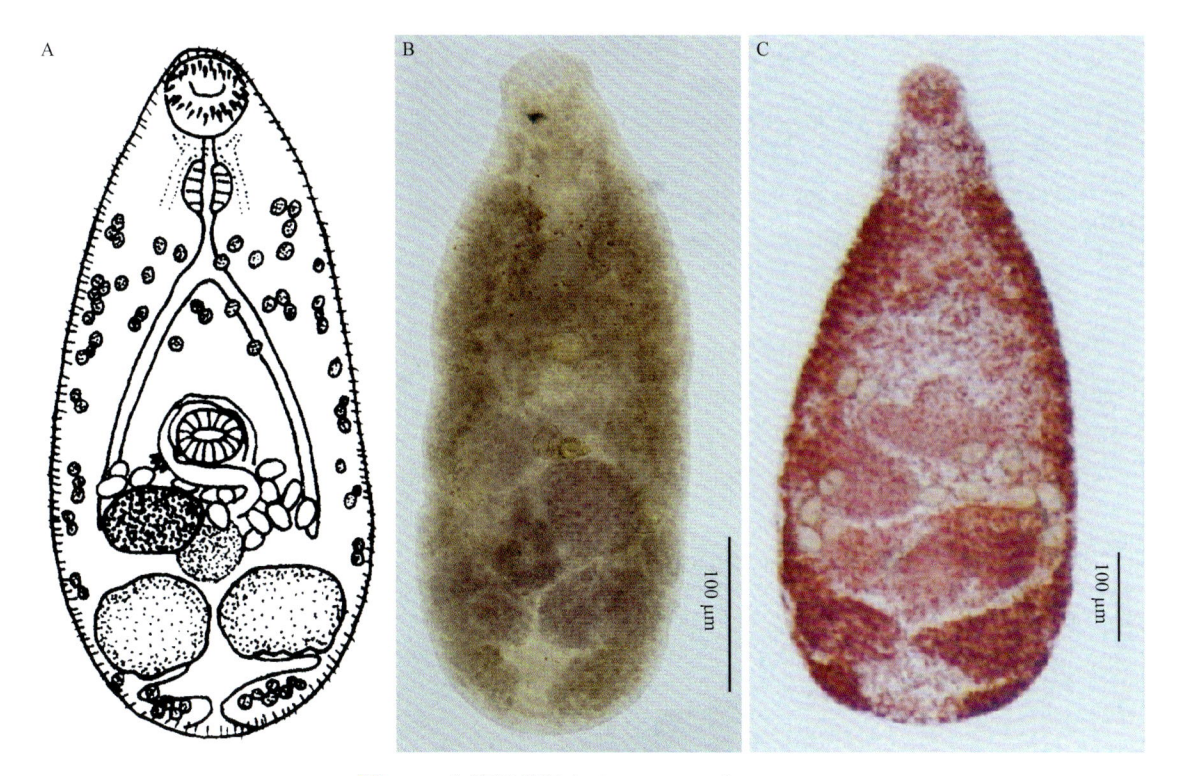

图 207　台湾棘带吸虫 Centrocestus formosanus
A. 引黄兵等（2006）；B、C. 原图（SHVRI）

8.3　隐叶属
———— Cryptocotyle Lühe, 1899

【同物异名】隐殖属；孕孔属（Tocotrema Looss, 1899）；皮囊属（Dermocystis Stafford, 1905）；霍尔属（Hallum Wigdor, 1918）；西里属（Ciureana Skrjabin, 1923）；马萨属（Massaliatrema Dollfus et Timon-David, 1960）。

【宿主范围】成虫寄生于禽类和哺乳动物的肠道。

【形态结构】虫体呈椭圆形、五角形或舌形，体长 0.600～2.000 mm，体表具棘。食道短，两肠支伸达虫体末端。腹吸盘被包埋在虫体中 1/3 处的海绵组织内，形成腹吸盘生殖囊，位于虫体中线上。缺生殖吸盘。睾丸 2 枚，对称排列、斜列或前后纵列，分叶或完整，靠近虫体末端。缺雄茎囊。贮精囊弯曲或分为两部分，前部壁薄、后部壁厚。受精囊为小管状。雄性生殖孔与雌性生殖孔共有或分开，开口于腹吸盘生殖囊突出的背面。卵黄腺滤泡分布于肠叉之后的虫体两侧。子宫盘曲于肠支内侧、两睾丸与生殖腔之间。模式种：凹形隐叶吸虫 [*Cryptocotyle concavum* (Creplin, 1825) Lühe, 1899]。

208 凹形隐叶吸虫　　　*Cryptocotyle concavum* (Creplin, 1825) Lühe, 1899

【关联序号】38.1.1（30.3.1）/266。
【同物异名】有棘隐叶吸虫（*Cryptocotyle echinata*（Linstow, 1878）Morozov, 1953）。
【宿主范围】成虫寄生于鸡、鸭的小肠。
【地理分布】安徽、重庆、福建、河南、湖南、江苏、江西、陕西、四川、浙江。

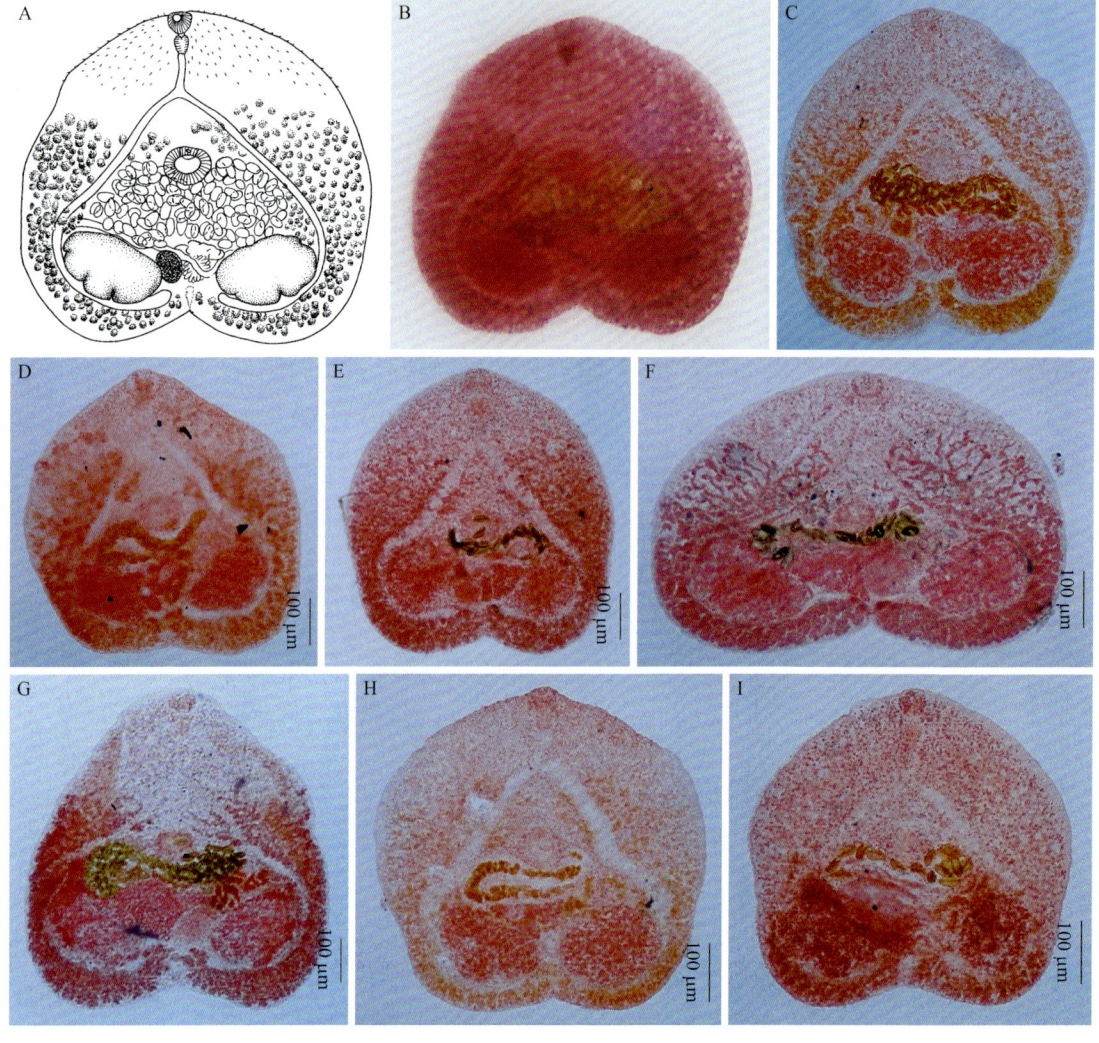

图 208　凹形隐叶吸虫 *Cryptocotyle concavum*
A. 引成源达（2011）；B. 原图（HIAVS）；C～I. 原图（SHVRI）

【形态结构】虫体很小，形似瓦片状，两侧略向腹面卷曲，大小为 0.350～0.520 mm×0.380～0.560 mm，体表密布细棘。口吸盘呈圆形，位于虫体前端，大小为 0.034～0.044 mm×0.035～0.048 mm。腹吸盘为圆形，位于虫体赤道线的中部，略大于口吸盘，大小为 0.053～0.068 mm×0.059～0.072 mm。前咽短，咽略小于口吸盘，大小为 0.025～0.028 mm×0.025～0.027 mm，食道长 0.060～0.110 mm，两肠支向两侧延伸，绕过两睾丸的外侧缘，再向内折转，两肠支盲端在睾丸后方接近虫体的中线。睾丸 2 枚，为横椭圆形，边缘具浅裂，左右对称排列于虫体后部两肠支内侧，左睾丸大小为 0.120～0.140 mm×0.050～0.060 mm，右睾丸大小为 0.080～0.110 mm×0.040～0.060 mm。贮精囊发达，有 2 或 3 个膨大部，弯曲于虫体后 1/2 处的一侧，内含前列腺复合体。生殖腔位于腹吸盘前部的背侧，雌性、雄性生殖孔开口于生殖腔内。卵巢呈圆形或稍分叶，位于右睾丸略前，大小为 0.032～0.041 mm×0.028～0.035 mm。受精囊发达，位于卵巢左侧、两睾丸之间，大小为 0.030～0.054 mm×0.042～0.058 mm。卵黄腺由散在球状滤泡组成，分布于虫体两侧的肠支外侧，前起于肠叉，后止于虫体末端，两侧的卵黄腺不汇合。子宫环褶盘曲于腹吸盘与睾丸之间的肠支内侧，内含虫卵，子宫末段与射精管并行，开口于生殖腔内。虫卵大小为 27～36 μm×15～20 μm。

8.4 右殖属
Dexiogonimus Witenberg, 1929

【宿主范围】成虫寄生于禽类和哺乳动物的肠道。

【形态结构】虫体小型，背腹扁平，呈梨形或鞋底形，体表具刺。具前咽，食道清晰，肠支盲端近于虫体后端。腹吸盘被嵌入海绵组织内，具裂隙状腔洞，开口于生殖腔内。睾丸圆形，并列或斜列于虫体后部。贮精囊大，有 2 或 3 个收缩处。两性管开口于生殖腔中部，生殖腔中部有一个肌质乳头和一个背乳头，生殖孔斜向开口于虫体赤道线稍前的中线右侧。缺雄茎囊。卵巢居中，位于虫体赤道线之后。受精囊位于卵巢的后侧。卵黄腺分布于卵巢至后睾丸的两侧。子宫盘曲占据睾丸与生殖腔之间的全部空间。虫卵小。排泄囊为 Y 形。模式种：西里右殖吸虫 [*Dexiogonimus ciureanus* Witenberg, 1929]。

[注：Bray 等（2008）将本属归为后殖属（*Metagonimus* Katsurada, 1913）的同物异名。]

209 西里右殖吸虫　　　*Dexiogonimus ciureanus* Witenberg, 1929

【关联序号】38.6.1（30.4.1）/ 271。

【宿主范围】成虫寄生于犬、猫的肠道。

【地理分布】江西。

【形态结构】虫体小型，呈鞋底状，中后部略带收缩，大小为 0.710～0.950 mm×0.220～0.270 mm，体表具有鳞状形小棘。口吸盘位于虫体顶端，大小为 0.041～0.063 mm×0.043～0.059 mm。腹吸盘位于虫体前1/2处偏右侧，大小为 0.028～0.031 mm×1.120～1.310 mm。咽较小，食道长 0.090～0.120 mm，两肠支伸至虫体的后端。睾丸2枚，位于虫体后1/3处，呈圆球形，前后斜列或并列，前睾丸大小为 0.070～0.090 mm×0.080～0.110 mm，后睾丸大小为 0.080～0.090 mm×0.090～0.120 mm。贮精囊位于虫体1/2处，开口于生殖腔内。卵巢位于虫体后1/3处的前部，呈球状，大小为 0.060～0.080 mm×0.050～0.070 mm。受精囊横置于卵巢之后。卵黄腺由椭圆形的滤泡团块组成，分布于卵巢水平处至后睾丸后缘水平处的两侧。子宫环褶充满于腹吸盘之后的空间，开口于生殖腔内。虫卵大小为 25～28 μm×16～18 μm。

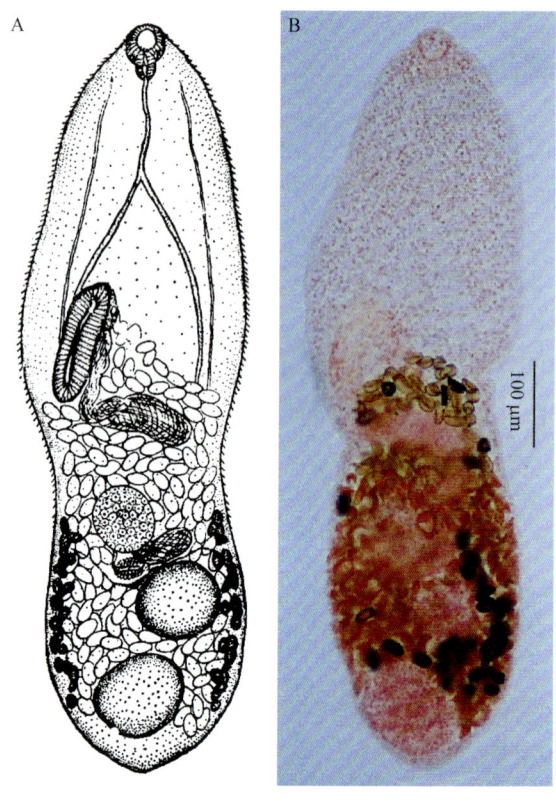

图 209　西里右殖吸虫 *Dexiogonimus ciureanus*
A. 引 王溪云和周静仪（1993）；B. 原图（SHVRI）

8.5　单睾属

Haplorchis Looss, 1899

【同物异名】单睾孔属（*Monorchotrema* Nishigori 1924）；卡斯属（*Kasr* Khalil, 1932）。

【宿主范围】成虫寄生于禽类和哺乳动物的肠道。

【形态结构】虫体为卵圆形、梨形或有些拉长，体表具刺。具前咽和咽，食道长。腹吸盘具简化的腔，腔上两侧有对称或不对称的棘。睾丸1枚。具腹吸盘生殖囊，其背面有或没有棘。贮精囊分成2或3个部分，壁薄。卵巢为球形，位于睾丸前方。受精囊为小管状，位于卵巢右侧。卵黄腺滤泡小，分布于贮精囊后的区域。子宫盘曲于腹吸盘生殖吸盘复合体之后，生殖囊位于复合体的一侧。排泄囊为Y形。模式种：钩棘单睾吸虫［*Haplorchis pumilio* (Looss, 1896) Looss, 1899］。

210 钩棘单睾吸虫　　*Haplorchis pumilio* (Looss, 1896) Looss, 1899

【关联序号】（30.5.1）/ 。
【同物异名】矮小单睾吸虫；台北单睾孔吸虫（*Monorchotrema taihokui* Nishigori, 1924）。
【宿主范围】成虫寄生于犬、猫、兔的肠道。
【地理分布】福建、广东、台湾。
【形态结构】虫体两端渐圆，前半部分背腹扁平，体表具短棘，虫体大小为 0.295～0.636 mm×0.165～0.360 mm。口吸盘位于虫体前端，平均大小为 0.053 mm×0.062 mm。腹吸盘略偏于虫体右侧，吸盘的前部有一排钩。前咽长约 0.015 mm，咽大小为 0.028 mm×0.029 mm，食道约长 0.100 mm。肠分叉位于虫体赤道线略前，肠支的宽度为食道的 3～4 倍，其盲端距睾丸前缘有一定距离。睾丸 1 枚，大而光滑，位于虫体后部，为球形或略拉长，直径约 0.120 mm。贮精囊常斜列于腹吸盘生殖吸盘复合体后面虫体的左侧，常收缩为两部分，前部分较大，后部分较小。生殖孔直径约为 0.026 mm，开口于生殖窦，生殖窦为一肌质漏斗状结构，即生殖吸盘，生殖吸盘的末端与腹吸盘融合形成腹吸盘生殖吸盘复合体。进入生殖窦有 2 根管，1 根为射精管，另 1 根为阴道。卵巢为球形或拉长，表面光滑，位于睾丸的正前方或右前方，与睾丸有一定空隙，平均大小约为 0.070 mm×0.046 mm。受精囊位于睾丸和卵巢之间的右侧，大小变化较大，多为球形，平均大小约为 0.08 mm×0.06 mm。卵黄腺滤泡小，分布于贮精囊后的区域。子宫先围绕睾丸的右下角形成几个盘曲后达到虫体左侧，再经过几个盘曲到达右侧，然后穿过卵巢与腹吸盘生殖吸盘复合体之间的区域，转弯向右上方连接阴道。虫卵大小为 24～32 μm×13～18 μm，在虫卵的后端有一极丝。

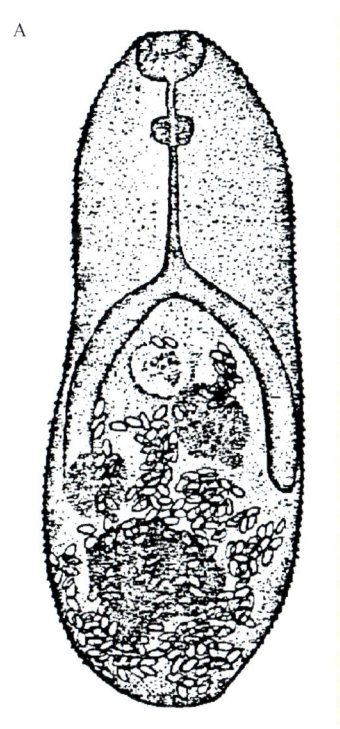

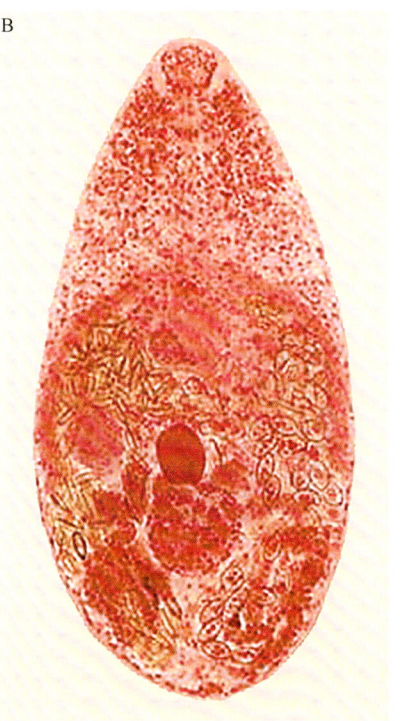

图 210　钩棘单睾吸虫 *Haplorchis pumilio*
A. 引 Chen（1936）；B. 原图（WNMC）

211　扇棘单睾吸虫　　*Haplorchis taichui* (Nishigori, 1924) Chen, 1936

【关联序号】（30.5.2）/　。

【同物异名】台中单睾孔吸虫（*Monorchotrema taichui* Nishigori, 1924）；微睾单睾孔吸虫（*Monorchotrema microrchia* Katsuta, 1932）。

【宿主范围】成虫寄生于犬、猫的肠道。

【地理分布】广东、台湾。

【形态结构】虫体扁平，两端渐圆，前半部稍变窄，后半部宽而呈圆柱状，体表具棘，虫体大小为 0.580～0.760 mm×0.270～0.420 mm。口吸盘位于虫体前端，直径约 0.060 mm。腹吸盘被掩埋在软组织中，略偏于虫体右侧，与生殖吸盘紧密相连形成腹吸盘生殖吸盘复合体。腹吸盘前端有 14～20（通常为 15）根呈扇形排列的棘，居中的棘长而粗，长 0.018～0.020 mm；两边的棘短而细，最短仅 0.001 mm；扇形宽 0.035～0.053 mm。前咽明显，长约 0.020 mm。咽大小为 0.032 mm×0.027 mm。食道细长，长约 0.090 mm。两肠支粗大，延伸到虫体的后端。

睾丸较大，大小为 0.110 mm×0.085 mm。贮精囊明显分为两部分，前部分大，后部分小，斜列于腹吸盘下虫体的左侧，贮精囊前面为前列腺管，向前与射精管相连，最后开口于生殖窦。卵巢较小，直径约 0.065 mm，位于睾丸之前，常与睾丸邻近。受精囊较大，直径约 0.107 mm，位于卵巢的右侧或后面。卵黄腺滤泡小，分布于贮精囊后的区域。子宫盘曲多，内含大量虫卵，最后通向雌性生殖孔。虫卵大小为 27～32 μm×14～18 μm。

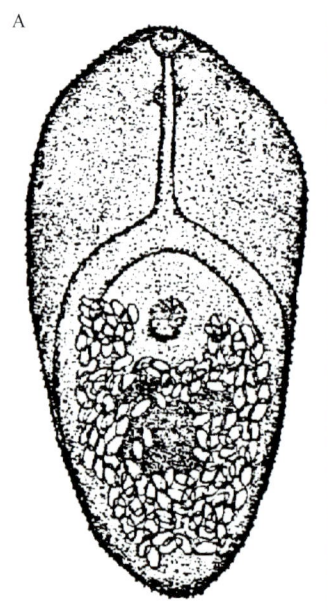

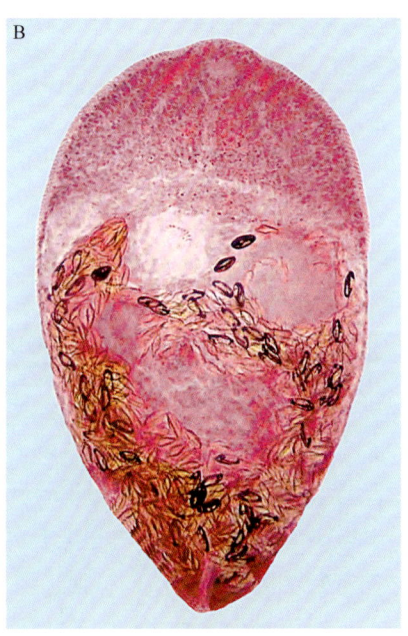

图 211　扇棘单睾吸虫 *Haplorchis taichui*
A. 引 Chen（1936）；B. 原图（WNMC）

212 横川单睾吸虫 ***Haplorchis yokogawai*** **(Katsuta, 1932) Chen, 1936**

【关联序号】（30.5.3）/ 。

【同物异名】多棘单睾吸虫；横川单睾孔吸虫（*Monorchotrema yokogawai* Katsuta, 1932）。

【宿主范围】成虫寄生于犬、猫的肠道。

【地理分布】广东、台湾。

【形态结构】虫体前半部背腹扁平，两端圆形，大小为 0.540~0.940 mm×0.260~0.380 mm，体表具棘，体棘在虫体后端逐渐消失。口吸盘位于虫体前端，大小为 0.065 mm×0.062 mm。腹吸盘位于虫体中央，被掩埋在软组织中，与生殖吸盘相连形成腹吸盘生殖吸盘复合体。腹吸盘前缘具许多细微棘，几乎都短于 0.001 mm。前咽长约 0.027 mm，咽大小为 0.032 mm×0.035 mm。食道长 0.070~0.130 mm，肠支粗大，盲端可达睾丸的后边缘。睾丸较大，1 枚，位于卵巢之后，大小为 0.142 mm×0.119 mm。卵巢为圆形或卵圆形，大小约为 0.072 mm×0.059 mm，位于睾丸正前方或斜前方，与睾丸非常接近。受精囊位于卵巢右侧或后方，大小为 0.134 mm×0.104 mm。贮精囊从左到右斜列于卵巢的左前方，分为两部分。前列腺管向前与短的射精管相连，通向生殖窦。卵黄腺由小滤泡组成，分布于贮精囊之后的区域。子宫迂回弯曲，内含许多虫卵。虫卵为卵圆形，大小为 28~30 μm×14~16 μm，虫卵后端通常有一极丝。

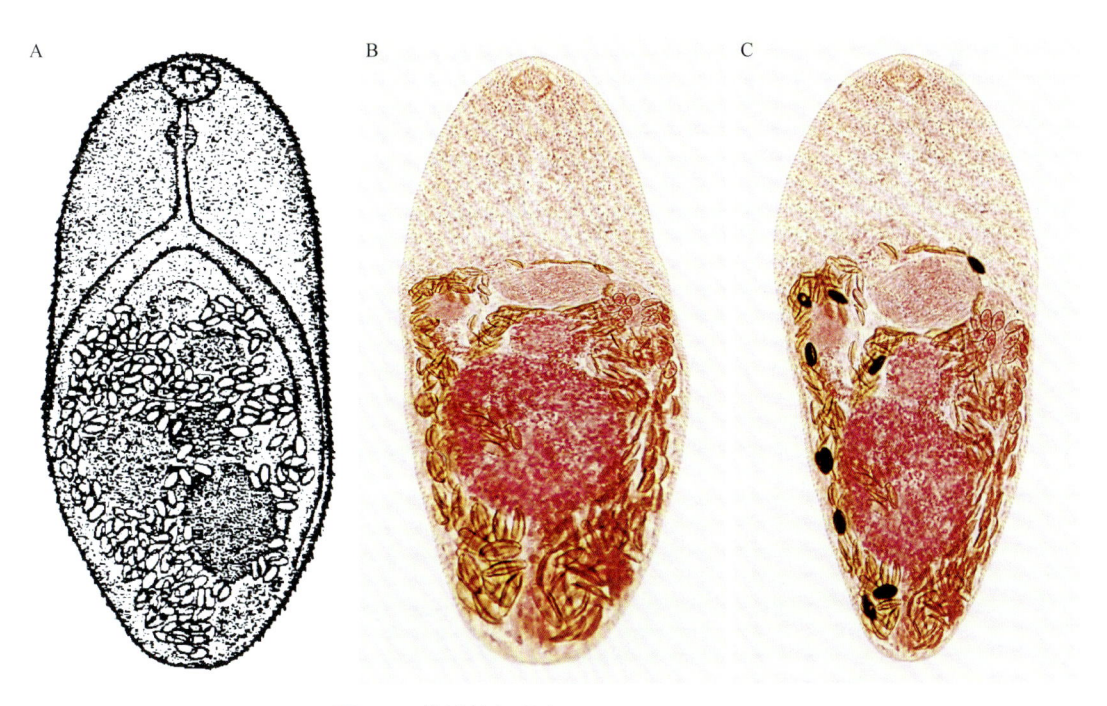

图 212 横川单睾吸虫 *Haplorchis yokogawai*
A. 引 Chen（1936）；B、C. 原图（WNMC）

8.6 异形属

Heterophyes Cobbold, 1886

【同物异名】共殖属（*Coenogonimus* Looss, 1899）；异形属（*Cotylogonimus* Lühe, 1899）。

【宿主范围】成虫寄生于禽类和哺乳动物的肠道。

【形态结构】虫体很小，呈舌形或梨形。具前咽、咽，食道较长。口吸盘位于虫体前端。腹吸盘位于虫体中央或稍前方，接近肠叉处。睾丸左右对列或斜列。贮精囊由2个呈锐角形的薄壁小囊组成，生殖腔有棘。卵巢为圆形，位于虫体中线。受精囊为小管状。卵黄腺位于两睾丸前侧方。子宫盘曲于睾丸与腹吸盘之间，不延伸到睾丸之后。排泄囊为Y形，不超过卵巢，主干在两睾丸间通过，在睾丸与卵巢间分叉。模式属：异形异形吸虫［*Heterophyes heterophyes* (von Siebold, 1852) Stiles et Hassal, 1900］。

213 异形异形吸虫 *Heterophyes heterophyes* (von Siebold, 1852) Stiles et Hassal, 1900

【关联序号】38.2.1（30.6.2）/267。

【宿主范围】成虫寄生于猪、犬、猫的小肠。

【地理分布】北京、福建、吉林、上海、台湾。

【形态结构】虫体呈梨形或舌形，虫体后部比前部稍宽，体表覆有斜列的鳞棘，虫体前部尤为明显。虫体大小为 0.400～2.000 mm×0.200～0.900 mm。口吸盘位于虫体前端，直径为 0.046～0.180 mm。腹吸盘位于虫体中央处，直径为 0.110～0.450 mm，口吸盘与腹吸盘大小之比约为 1∶2.5。前咽长 0.030～0.150 mm，咽呈卵圆形或球形，长 0.030～0.062 mm，食道长 0.080～0.430 mm，两肠支伸至虫体后端，一侧肠支往往短于另一侧。睾丸2枚，呈卵圆形或球形，左睾丸稍前于右睾丸，位于虫体后部末端，大小为 0.050 mm×0.290 mm。生殖吸盘呈蘑菇状，位于腹吸盘的左下方，常有部分固定在腹吸盘上，直径为 0.011～0.031 mm，沿着生殖吸盘的边缘分布有 60～90 枚梳齿状的小棘，只在与腹吸盘固定部中断。生殖孔开口于生殖吸盘的顶端。卵巢呈球形，位于睾丸之前的虫体中央，直径为 0.070～0.150 mm。受精囊位于卵巢之后，呈曲颈瓶状。卵黄腺由两群梨形的滤泡组成，位于睾丸与卵巢之间。子宫很长，曲折盘旋向前，通至生殖吸盘，位于睾丸与腹吸盘之间。虫卵从淡黄色到深褐色，囊壁厚，有小盖，排出时内含毛蚴，虫卵大小为 20～30 μm×10～17 μm。

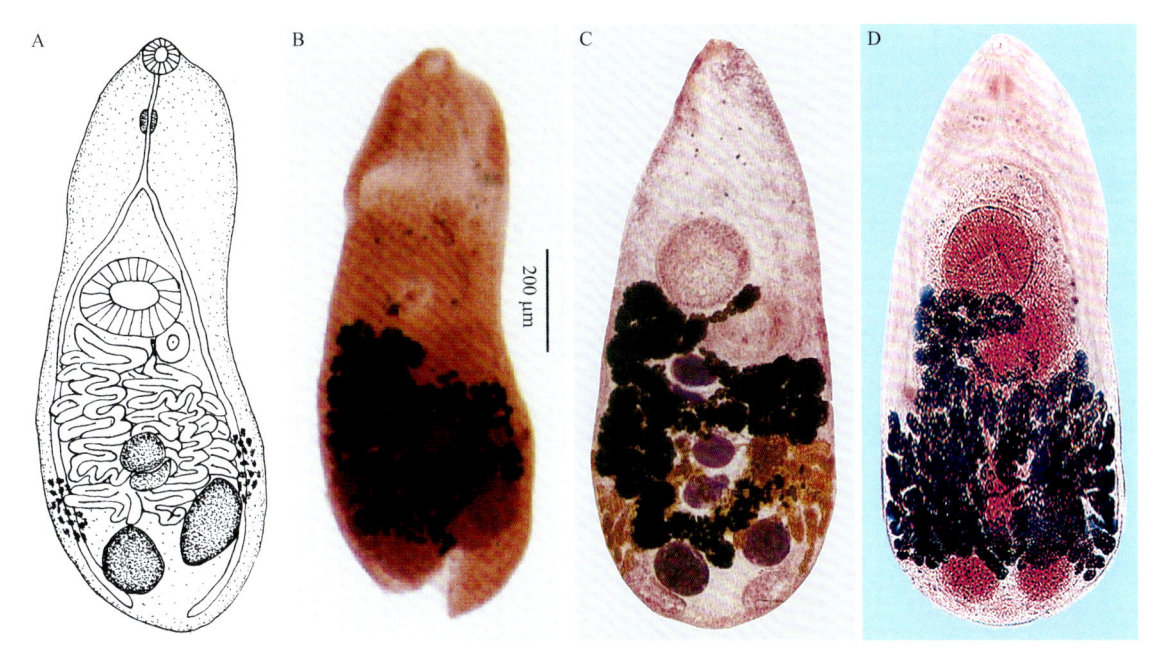

图 213 异形异形吸虫 *Heterophyes heterophyes*
A. 引黄兵等（2006）；B. 原图（SHVRI）；C、D. 原图（WNMC）

8.7 后殖属

Metagonimus Katsurada, 1913

【同物异名】斜孔属（*Loxotrema* Kobayashi, 1912）；横川属（*Yokogawa* Leiper, 1913）；鲁斯属（*Loossia* Ciurea, 1915）；类后殖属（*Metagonimoides* Price, 1931）；*Loxotremuna* Strand, 1942。

【宿主范围】成虫寄生于禽类和哺乳动物的肠道。

【形态结构】虫体很小，长 0.300～1.500 mm，呈梨形或长卵圆形，体表具棘。口吸盘位于虫体前端。腹吸盘大，其腔缘向外突起。有前咽，食道中等长，肠支盲端到达或接近虫体后端。睾丸 2 枚，斜列于虫体的后端。腹吸盘被包埋在亚中线的海绵组织内，开口于生殖腔内。具腹吸盘生殖囊，位于虫体右侧。生殖吸盘 2 个，肌质，分别位于腹面和背面。贮精囊发达、弯曲、壁薄，前端细小，后端粗大。卵巢位于虫体中央稍后方。受精囊为细管状，具劳氏管。卵黄腺沿后体卵巢之后的两侧扩散分布。子宫环褶几乎占据睾丸与生殖腔之间的全部空隙，可达睾丸之后。排泄囊呈 Y 形。模式种：横川后殖吸虫 [*Metagonimus yokogawai* Katsurada, 1912]。

214 横川后殖吸虫 *Metagonimus yokogawai* Katsurada, 1912

【关联序号】38.4.1（30.7.1）/ 269。

【同物异名】横川后睾吸虫（*Opisthorchis yokogawai* Katsurada，1912）。

【宿主范围】成虫寄生于猪、犬、猫、鹅的小肠。

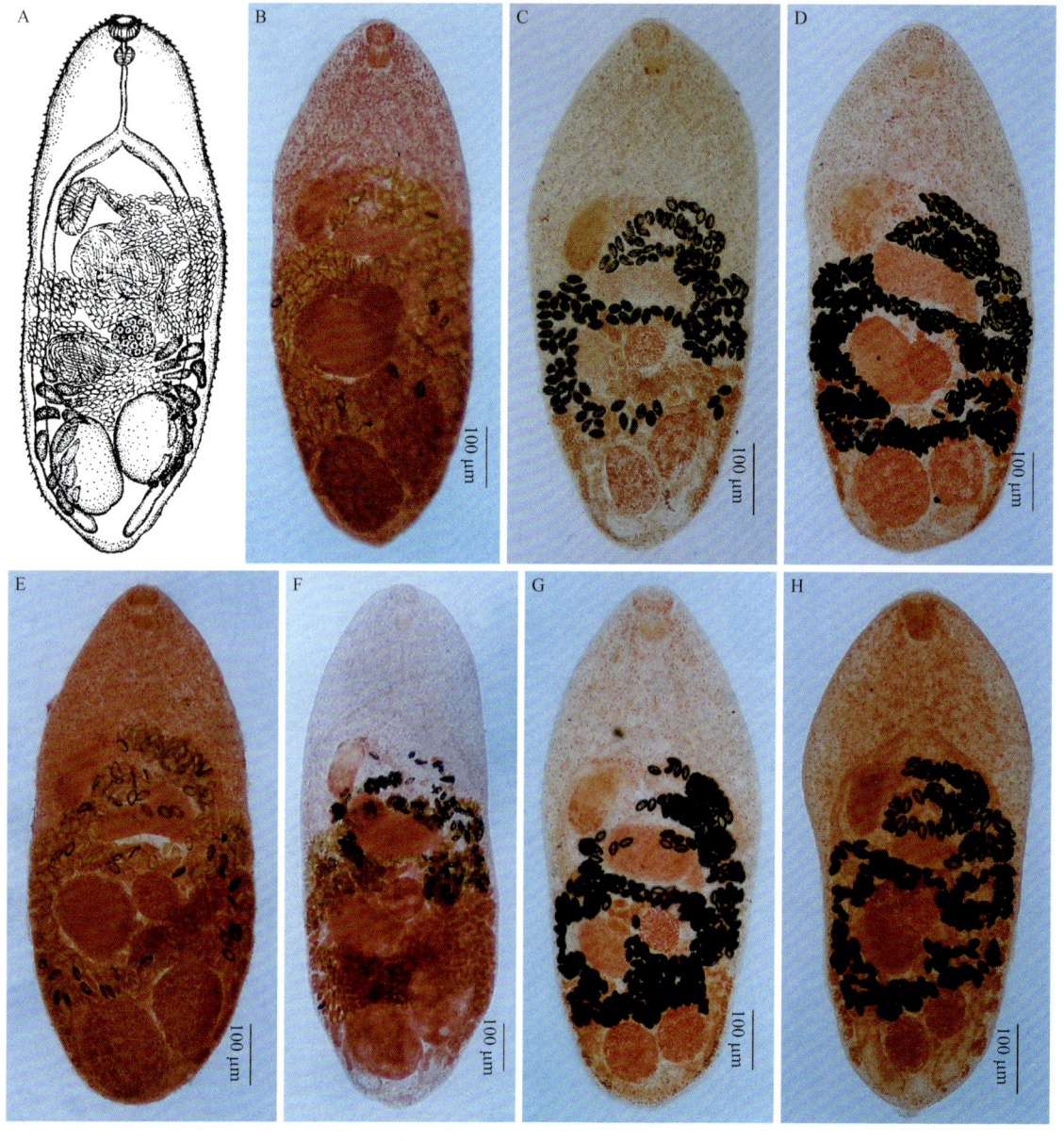

图 214 横川后殖吸虫 *Metagonimus yokogawai*
A. 引 王溪云和周静仪（1993）；B～H. 原图（SHVRI）

【地理分布】北京、福建、广东、黑龙江、湖南、吉林、江苏、江西、辽宁、上海、四川、台湾、浙江。

【形态结构】虫体呈长卵圆形,前端稍尖,后端钝圆,大小为 1.100～1.660 mm×0.580～0.690 mm,体表密布细棘。口吸盘位于虫体顶端,类球形,大小为 0.070～0.090 mm×0.080～0.100 mm。腹吸盘位于虫体前 1/3 处的中线右侧,大小为 0.190～0.240 mm×0.110～0.170 mm。前咽短,咽具有发达的肌肉,大小为 0.050～0.080 mm×0.050～0.060 mm,食道长 0.100～0.150 mm,肠支在虫体前 1/4 处沿虫体两侧伸至后端。睾丸 2 枚,圆形,前后斜列于虫体的后部,一般左睾丸略前,大小为 0.210～0.270 mm×0.160～0.280 mm,右睾丸稍后,大小为 0.180～0.270 mm×0.170～0.280 mm。贮精囊弯曲而发达,介于腹吸盘和卵巢之间,生殖孔开口于腹吸盘的前缘。卵巢类圆形,位于虫体后 1/2 处的前部中央,大小为 0.130～0.160 mm×0.120～0.160 mm。受精囊发达,呈膨大的袋状,位于卵巢的稍右侧。卵黄腺由较粗大的滤泡团块组成,呈扇状分布于虫体后 1/3 处的两侧,每侧有 9～13 个大小不等的大滤泡。子宫曲折重叠,位于生殖孔与睾丸和两侧肠支之间,内含大量虫卵。虫卵为深褐色,壁薄有卵盖,内含毛蚴,虫卵大小为 21～35 μm×11～18 μm。

8.8 原角囊属
Procerovum Onji et Nishio, 1924

【同物异名】前角囊属。

【宿主范围】成虫寄生于禽类和哺乳动物的肠道。

【形态结构】虫体为长卵圆形,体表具棘。有前咽,咽呈椭圆形,食道较长。腹吸盘退化为类吸盘,不具棘,向左前倾斜。睾丸 1 枚,位于虫体后部中央。贮精囊末端为输出管。具腹吸盘生殖囊,生殖吸盘具棘,有生殖孔。受精囊为小管状,位于睾丸的右侧。卵黄腺滤泡呈簇状,分布于虫体的两侧。有 3 圈下降的子宫环褶。排泄囊呈漏斗状。模式种:变异原角囊吸虫 [*Procerovum varium* Onji et Nishio, 1916]。

215 陈氏原角囊吸虫 *Procerovum cheni* Hsu, 1950

【关联序号】38.3.1(30.8.1)/ 268。

【宿主范围】成虫寄生于鸡、鸭的肠道。

【地理分布】广东。

【形态结构】虫体椭圆形，体长0.437~0.586 mm，体宽0.189~0.237 mm。口吸盘为圆形，位于虫体前端，直径为0.044~0.048 mm。腹吸盘位于肠叉之后略偏向一侧，小于口吸盘，大小为0.021~0.023 mm×0.021~0.023 mm，与生殖吸盘相连，构成腹吸盘生殖吸盘复合体。前咽长0.014~0.036 mm，咽呈球形，大小为0.030~0.032 mm×0.024~0.028 mm，食道细长，两肠支伸至睾丸的中部。睾丸1枚，位于虫体后部，大小为0.130~0.172 mm×0.118~0.150 mm。贮精囊分为三部分，后部长而壁厚，大小为0.044~0.065 mm×0.019~0.027 mm，中部大小为0.048~0.061 mm×0.025~0.030 mm，前部大小为0.065~0.076 mm×0.027~0.035 mm，开口于生殖孔。生殖吸盘为卵圆形，大小为0.028~0.031 mm×0.021~0.024 mm。卵巢呈球形或卵圆形，位于睾丸右前方，大小为0.044~0.059 mm×0.046~0.061 mm。受精囊位于睾丸的右方，大小为0.040~0.046 mm×0.025~0.030 mm。卵黄腺4~6簇，分布于虫体的两侧，前起卵巢水平，后至睾丸后缘。子宫初向睾丸后弯曲，然后从睾丸后面折向前方，通至生殖孔，内含虫卵。虫卵为褐色，大小为23~28 μm×12~20 μm，卵壳厚，前端具卵盖。排泄囊为Y形。

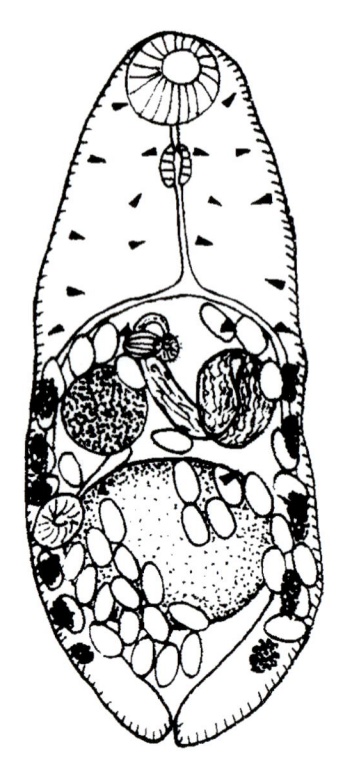

图215 陈氏原角囊吸虫
Procerovum cheni
引 黄兵 等（2006）

8.9 臀形属

Pygidiopsis Looss, 1907

【同物异名】凯吉尔属（*Caiguiria* Nasir et Diaz, 1971）。
【宿主范围】成虫寄生于禽类和哺乳动物的肠道。
【形态结构】虫体呈梨形，长0.300~0.900 mm，可分为近球形后部和凹形的前部，体表具棘。口吸盘有或没有由细棘组成的完整环，其背侧后排具棘4枚，近口孔处无棘。前咽长，食道短，肠支盲端不到达睾丸。腹吸盘被包埋在生殖囊中。睾丸2枚，对称排列于虫体后端。贮精囊中部收缩形成双管状，位于睾丸前方的中线上。卵巢位于贮精囊之后，其腹侧为受精囊。具腹吸盘生殖囊，位于虫体中线上，在其左前角有一小的生殖吸盘。生殖吸盘具有1或2个长椭圆形的肌质突起，突起有或没有棘状物。子宫盘曲位于虫体后部，几乎不延伸到虫体前部。卵黄腺滤泡大，分布于睾丸的两侧。排泄囊为T形。模式种：根塔臀形吸虫 [*Pygidiopsis genata* Looss, 1907]。

216　根塔臀形吸虫　　　　　　　　　　　　　　*Pygidiopsis genata* Looss, 1907

【关联序号】（30.9.1）/　　。
【宿主范围】成虫寄生于犬的肠道。
【地理分布】广东、台湾。
【形态结构】小型虫体，由近球形的后体和扁平的前体组成，通常扁平的前体向腹面弯曲而呈梨形或三角形，虫体大小为 0.400～0.700 mm×0.200～0.400 mm。除虫体后部分外，全身覆盖着厚厚的鳞片状小棘。在新鲜标本中，可见口孔周围有一排棘，16 枚，其长度为体棘的两倍。口吸盘为卵圆形或球形，横径为 0.030～0.050 mm。腹吸盘生殖囊位于虫体中央，由腹吸盘和生殖吸盘组成。腹吸盘为球形，直径为 0.040～0.060 mm。生殖吸盘为卵圆形，位于腹吸盘的左上角，其轴长为 0.040～0.060 mm。前咽长 0.030～0.100 mm，有 1 个似球茎膨胀。咽长 0.020～0.040 mm。食道短，长 0.030～0.060 mm。两肠支盲端伸达卵巢水平，并略转向背侧中央。睾丸 2 枚，为圆形或横卵圆形，直径为 0.060～0.140 mm，并列于虫体后端。贮精囊因中部收缩分为大小不同的 2 个袋状结构，一前一后位于受精囊前方虫体的左侧，第 2 个袋状结构通过射精管与子宫末端相连。卵巢为球形，直径为 0.040～0.080 mm，位于受精囊的腹面偏右。受精囊单个呈大球形，直径为 0.070～0.140 mm，紧位于睾丸前方接近虫体背侧的中线。卵黄腺分布于虫体后端的两角，每侧由 5～8 个紧密相连的滤泡组成，呈单纵行排列。子宫盘曲迂回在睾丸与腹吸盘生殖囊之间的区域，开口于生殖囊前壁的左角。虫卵为卵圆形，大小为 18～22 μm×9～12 μm，一端有 1 根明显的极丝。

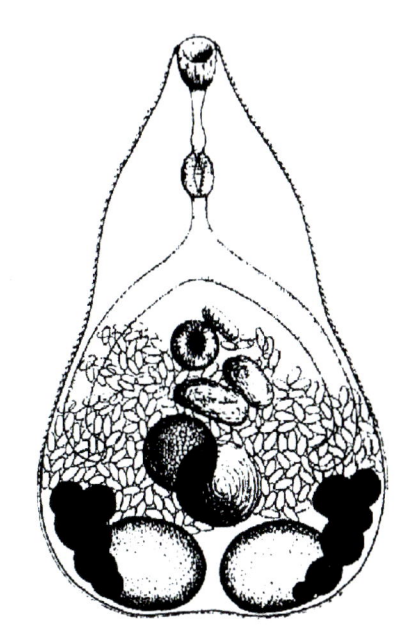

图 216　根塔臀形吸虫 *Pygidiopsis genata*
引 Witenberg（1929）

8.10　星 隙 属
Stellantchasmus Onji et Nishio, 1916

【同物异名】双睾孔属（*Diorchitrema* Witenberg, 1929）。

【宿主范围】成虫寄生于禽类和哺乳动物的肠道。
【形态结构】虫体为梨形，体表具棘。口吸盘圆形，位于虫体亚前端。腹吸盘圆形，位于虫体中部、肠分叉之后偏右侧，略小于口吸盘，腹吸盘的腔口有或没有细小的棘。贮精囊末端为输出管。生殖吸盘不具棘。雄性和雌性生殖孔开口于生殖吸盘的背侧。睾丸2枚，并列或纵列；或只有1枚睾丸，位于左侧。具腹吸盘生殖囊。受精囊为小管状，位于卵巢左侧。卵黄腺滤泡大，分布于睾丸之间。模式种：新月形星隙吸虫［*Stellantchasmus falcatus* Onji et Nishio, 1916］。

217 台湾星隙吸虫　　*Stellantchasmus formosanus* Katsuta, 1931

【关联序号】（30.10.2）/　。
【宿主范围】成虫寄生于犬、猫的肠道。
【地理分布】台湾。
【形态结构】小型虫体，扁平呈长卵圆形，两端钝圆，前端稍窄，大小为 0.324～0.558 mm×0.126～0.210 mm。体表具棘，前半部的棘稍细，后半部的棘逐渐变粗。口吸盘位于虫体前端腹面，呈横椭圆形。腹吸盘位于肠分叉后的中线偏右，与生殖吸盘构成腹吸盘生殖吸盘复合体，两性生殖孔开口于生殖吸盘内侧。前咽短，咽为长圆球形，大小为 0.027～0.048 mm×0.015～0.024 mm。食道明显，两肠支向侧面突起呈弧形，再向后延伸，盲端止于睾丸两侧。睾丸2枚，呈类圆球形，并列于虫体末端，左睾丸大小为 0.060～0.108 mm×0.045～0.075 mm，右睾丸大小为 0.051～0.093 mm×0.039～0.084 mm。贮精囊呈纺锤形，大小为 0.069～0.105 mm×0.018～0.048 mm，斜卧于卵巢的左前方。贮精囊的末端逐渐变狭小，内有前列腺和射精管。射精管短，与子宫末端共同开口于生殖吸盘背内侧。卵巢呈球形，位于虫体后 1/2 的中央，大小为 0.027～0.048 mm×0.030～0.054 mm。受精囊呈曲颈瓶状，位于卵巢后方，平均大小为 0.060 mm×0.027 mm。具劳氏管。卵黄腺发达，由颗粒状的滤泡构成腺叶，每侧8个，分布于卵巢水平线至睾丸后端水平线之间的区域。子宫主要迂回盘曲于腹吸盘与睾丸之间，先从卵巢背前方右旋至睾丸前方，在排泄囊附近向后延伸，回旋至受精囊附近后向右侧肠支延伸，再向左前方延伸到贮精囊前缘，从贮精囊末端下方盘曲后，在射精管稍前通向生殖孔，子宫

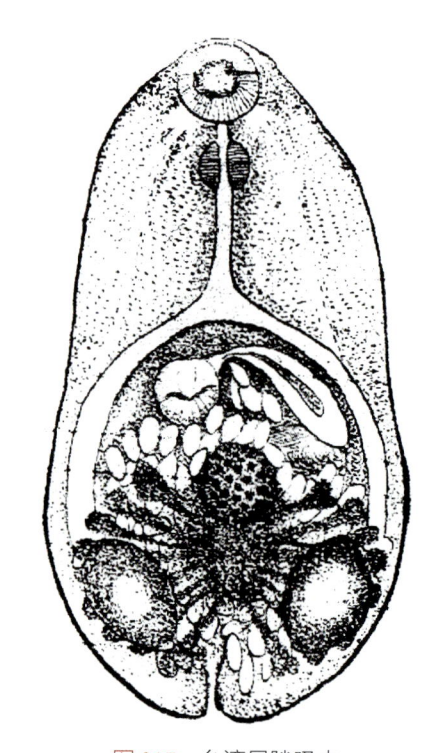

图 217 台湾星隙吸虫
Stellantchasmus formosanus
引 Katsuta（1931）

内含较多虫卵。虫卵为黄褐色，有卵盖，大小为 18~24 μm×12~15 μm。排泄囊位于睾丸之间，排泄孔开口于体末端中央。

218 假囊星隙吸虫 *Stellantchasmus pseudocirratus* (Witenberg, 1929) Yamaguti, 1958

【关联序号】（30.10.2）/ 。

【同物异名】假囊双睾孔吸虫（*Diorchitrema pseudocirrata* Witenberg, 1929）；扩腔星隙吸虫（*Stellantchasmus amplicaecalis* Katsuta, 1932）。

【宿主范围】成虫寄生于犬、猫的肠道。

【地理分布】台湾。

【形态结构】小型虫体，前部分较后部分窄，后部分近圆形，大小为 0.300~0.600 mm×0.200~0.300 mm，除最后部分外的整个虫体布满小棘。口吸盘为圆形，位于虫体前端，直径为 0.040~0.050 mm。腹吸盘为圆形，略小于口吸盘，位于肠叉之后偏右侧，直径为 0.030~0.040 mm。前咽长 0.010~0.040 mm，咽长 0.030~0.040 mm，食道长 0.070~0.140 mm。肠叉位于虫体中部的前面，两肠支等长，且比食道粗几倍，盲端达睾丸前缘。两睾丸呈球形或稍长，直径为 0.060~0.120 mm，位于虫体后端相同水平；当睾丸很小时，由 Y 形排泄囊的主干将其分隔开，但睾丸通常较大，相互邻近。睾丸输出小管通向一个小而常呈球形的贮精囊，贮精囊直径为 0.018~0.037 mm，并通过一短管与阴袋相连。阴袋为椭圆形，相对非常大，长 0.070~0.100 mm，宽 0.040~0.060 mm，清晰可见螺旋纤维形成很厚的壁，斜列于体中部的左侧。起于阴袋的短射精管与子宫末端联合，联合处周围环绕大量的前列腺细胞。子宫末端与射精管联合形成的两性管通向生殖孔，生殖孔开口于腹吸盘基部腹生殖囊的背侧壁，腹生殖囊位于虫体中部的左侧。卵巢呈球形，直径为 0.030~0.050 mm，位于睾丸前面中线的右侧。卵巢的左侧稍后为受精囊，按其膨胀的程度，可大于或小于卵巢。卵黄腺由 20~40 个大长形的滤泡组成，分布在虫体的背部与睾丸之间。成熟虫体的子宫盘曲于阴袋与睾丸之间的整个空间，内充满虫卵。虫卵呈卵圆形，大小为 18~21 μm×9~12 μm。

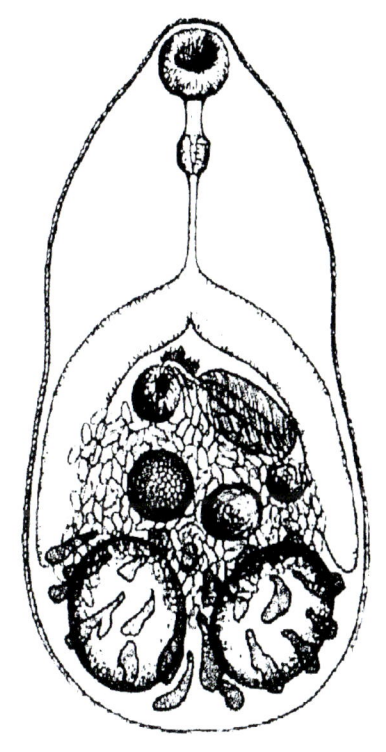

图 218 假囊星隙吸虫
Stellantchasmus pseudocirratus
引 Witenberg（1929）

8.11 斑皮属

Stictodora Looss, 1899

【同物异名】角腔属（*Cornatrium* Onji et Nishio, 1916）；幼形属（*Sobolephya* Morozov, 1950）。
【宿主范围】成虫寄生于禽类和哺乳动物的肠道。
【形态结构】虫体长 0.400～1.400 mm，为长梨形，或前体宽于后体，体表具棘。腹吸盘圆形，在外翻的腔缘上有 1 圈新月形或 2 圈圆形的棘，有棘 12～140 根，棘的末梢或再分 3 根。睾丸 2 枚，斜列。贮精囊收缩成 2 或 3 个部分。前列腺呈球形，大部分被前列腺细胞构成的膨大管状末端充满。具腹生殖囊，其囊口位于生殖吸盘左侧，囊壁厚，呈肌质。生殖吸盘小，呈 U 形或 E 形。生殖腔短，生殖孔开口于生殖吸盘的基部。受精囊为小管状。卵黄腺滤泡小，分布于睾丸之后。排泄囊为 Y 形。模式属：沙旺金斑皮吸虫［*Stictodora sawakinensis* Looss, 1899］。

219 马尼拉斑皮吸虫　　*Stictodora manilensis* Africa et Garcia, 1935

【关联序号】（30.11.1）／　。
【同物异名】海南斑皮吸虫（*Stictodora hainanensis* Kobayasi, 1942）。
【宿主范围】成虫寄生于犬、猫的肠道。
【地理分布】广东、海南。
【形态结构】虫体呈竹片形或匙形，大小为 0.405～0.515 mm×0.110～0.160 mm，体表棘在赤道线以前明显，向后逐渐减弱，至虫体后端消失。口吸盘位于虫体亚前端，圆盘形，大小为 0.020～0.033 mm×0.025～0.045 mm。腹吸盘为圆形，位于肠叉之后，其上分布有 12～15 个骨质小钩，钩的大小为 0.025～0.038 mm×0.004 mm。前咽长 0.020～0.085 mm。咽为橄榄球状，大小为 0.025～0.030 mm×0.020～0.025 mm。食管长 0.030～0.060 mm，肠支盲端可达虫体末端。所有生殖器官都分布于虫体后半部。睾丸为卵圆形，略微斜列，右睾丸大小为 0.020～0.025 mm×0.025～0.050 mm，左睾丸宽为 0.020～0.050 mm。贮精囊分为两部分，壁薄。腹生殖囊位于肠分叉后的亚中央，生殖孔开口于生殖吸盘的左侧。卵巢呈横卵圆形，大小为 0.012～0.025 mm×0.023～0.025 mm，位于右睾丸前方。受精囊大小为 0.013～0.018 mm×0.015 mm。卵黄腺滤泡绝大多数分布于肠支内侧的睾丸之后。子宫形成下降和上行的环褶，盘曲于腹吸盘之后，内含虫卵。虫卵为梨形，壁厚，大小为 25～33 μm×17～20 μm。排泄囊为 Y 形，排泄孔位于虫体末端。

图 219　马尼拉斑皮吸虫
Stictodora manilensis
引 Velasquex（1973）

后睾科

Opisthorchiidae Braun, 1901

【同物异名】粗厚科（Pachytrematidae Railliet, 1919）；拉兹科（Ratziidae Poche, 1926）。

【宿主范围】成虫寄生于禽类和哺乳动物的肝脏、胆管、胆囊和胰腺，偶尔寄生于鱼类和爬行动物的肠道。

【形态结构】中小型虫体，呈矛形、细长形、纺锤形、圆柱形，其前端常呈锥形。体表无棘或有棘。口吸盘位于虫体前端或亚前端，腹吸盘通常位于赤道线前。前咽有或无。具咽，发育良好。食道短或长。肠分叉在虫体前1/3部。肠支长，直或弯曲，其盲端达睾丸水平或虫体后端。两睾丸纵列、斜列或对称排列于虫体后部。贮精囊通常为管状盘曲于虫体前部，偶尔位于赤道线或虫体后部。缺雄茎囊。生殖孔位于虫体前部，紧靠腹吸盘前。卵巢完整或呈裂叶状，位于虫体中央或近中央，大部分在两睾丸之前。囊状的受精囊在卵巢之后，偶尔在卵巢之前或缺。劳氏管开口于虫体背侧面。卵黄腺发达，呈滤泡状分布于虫体两侧，大部分在虫体后部的肠支之外，有时可达虫体后端。子宫形成很多弯曲，常位于肠支之间，部分属可达肠支外，大部分在腹吸盘与卵巢之间，偶尔可达腹吸盘前和卵巢之后。虫卵有盖。排泄囊为Y形，其分叉常在两睾丸前，排泄孔开口于虫体末端或亚末端。模式属：后睾属［*Opisthorchis* Blanchard, 1895］。

在中国家畜家禽中已记录后睾科吸虫7属20种，本书收录7属17种，参考汪明（2004）编制后睾科7属的分类检索表如下。

后睾科分属检索表

1. 睾丸分支 ··· 枝睾属 *Clonorchis*
   睾丸完整或分叶或缺刻 ·· 2
2. 虫体后端呈截形 ····································· 微口属 *Microtrema*
   虫体为长形 ··· 3
3. 卵黄腺后缘达后睾丸水平 ·· 4
   卵黄腺后缘位于前睾丸水平 ·· 5

4. 卵黄腺粗滤泡呈串状，达虫体后端 .... 真对体属 *Euamphimerus*
   卵黄腺细颗粒呈簇状，不达虫体后端 .... 对体属 *Amphimerus*
5. 卵黄腺前缘超过腹吸盘水平 .... 次睾属 *Metorchis*
   卵黄腺前缘不超过腹吸盘水平 6
6. 睾丸分叶或缺刻，前后列或斜列于体后部 .... 后睾属 *Opisthorchis*
   睾丸长形有缺刻，左右并列于体后部 .... 支囊属 *Cladocystis*

9.1 对体属
Amphimerus Barker, 1911

【宿主范围】成虫寄生于禽类、爬行动物和哺乳动物的胆管、胆囊（模式种发现于海龟）。
【形态结构】虫体形态变化较大，为矛形、前端锥形，或长叶形，或圆柱形，体表具棘或光滑。口吸盘位于亚端位，发育良好。腹吸盘位于赤道线前，通常在虫体的前1/3或1/4处，小于口吸盘。缺前咽，咽为卵圆形，食道短，肠分叉接近虫体前端，两肠支伸达近虫体末端。睾丸2枚，边缘完整或有缺刻，纵列或稍斜列于虫体后1/3。贮精囊为管状卷曲。卵巢位于睾丸前的中央或稍亚中央。受精囊发达，位于卵巢的后外侧。有劳氏管。卵黄腺几乎都附着在肠支上，通常在卵巢水平间断成前后两部分，前部分分布于腹吸盘之后（多数种类距腹吸盘很远）与卵巢之间，后部分从卵巢延伸到睾丸之后或虫体后端。子宫盘曲多，位于卵巢与腹吸盘之间，大部分在肠支内侧，部分盘曲达肠支腹侧，个别特殊情况可达肠支外侧。排泄囊呈S形弯曲，穿过两睾丸之间，排泄孔位于虫体末端。模式种：卵形对体吸虫［*Amphimerus ovalis* Barker, 1911］。

220 鸭对体吸虫 *Amphimerus anatis* (Yamaguti, 1933) Gower, 1938

【关联序号】37.2.1（31.1.1）/256。
【同物异名】鸭后睾吸虫（*Opisthorchis anatis* Yamaguti, 1933）；丝状对体吸虫（*Amphimerus filiformis* Ishii, 1935）。
【宿主范围】成虫寄生于鸡、鸭、鹅的胆管、胆囊。
【地理分布】安徽、重庆、福建、广东、广西、贵州、河北、河南、黑龙江、湖北、湖南、吉林、江苏、江西、辽宁、宁夏、陕西、上海、四川、新疆、云南、浙江。

【形态结构】 虫体细长,前端稍窄,后端削尖,虫体大小为 18.220~28.250 mm×0.880~1.820 mm。口吸盘位于虫体前端,呈椭圆形,大小为 0.370~0.600 mm×0.600~0.720 mm,腹吸盘位于虫体前 1/9~1/7 处的中部,大小为 0.160~0.210 mm×0.180~0.220 mm。咽呈椭圆形,大小为 0.250~0.310 mm×0.280~0.340 mm,食道长 0.080~0.110 mm,两肠支沿虫体两侧向后伸至后睾丸后部,接近虫体末端。睾丸呈椭圆形,前后排列于虫体后 1/6 处,两睾丸之间相距一定距离,前睾丸大小为 0.350~0.640 mm×0.240~0.460 mm,后睾丸大小为 0.370~0.690 mm×0.240~0.430 mm。贮精囊呈弯曲的管状,在腹吸盘之后,生殖孔开口于腹吸盘的前缘。卵巢呈花朵状,在前睾丸之前,大小为 0.430~0.680 mm×0.340~0.660 mm。受精囊呈梨形,紧接卵巢之后。卵黄腺由簇状的卵黄腺滤泡组成,自虫体中部或稍后处开始,终止于后睾丸的后缘水平处,每侧由 7~9 簇组成,簇与簇之间形成间隙。子宫从卵巢前方弯曲迂回到腹吸盘后缘。虫卵呈圆形,顶端有小盖,另一端有小突起,大小为 25~28 μm×13~14 μm。

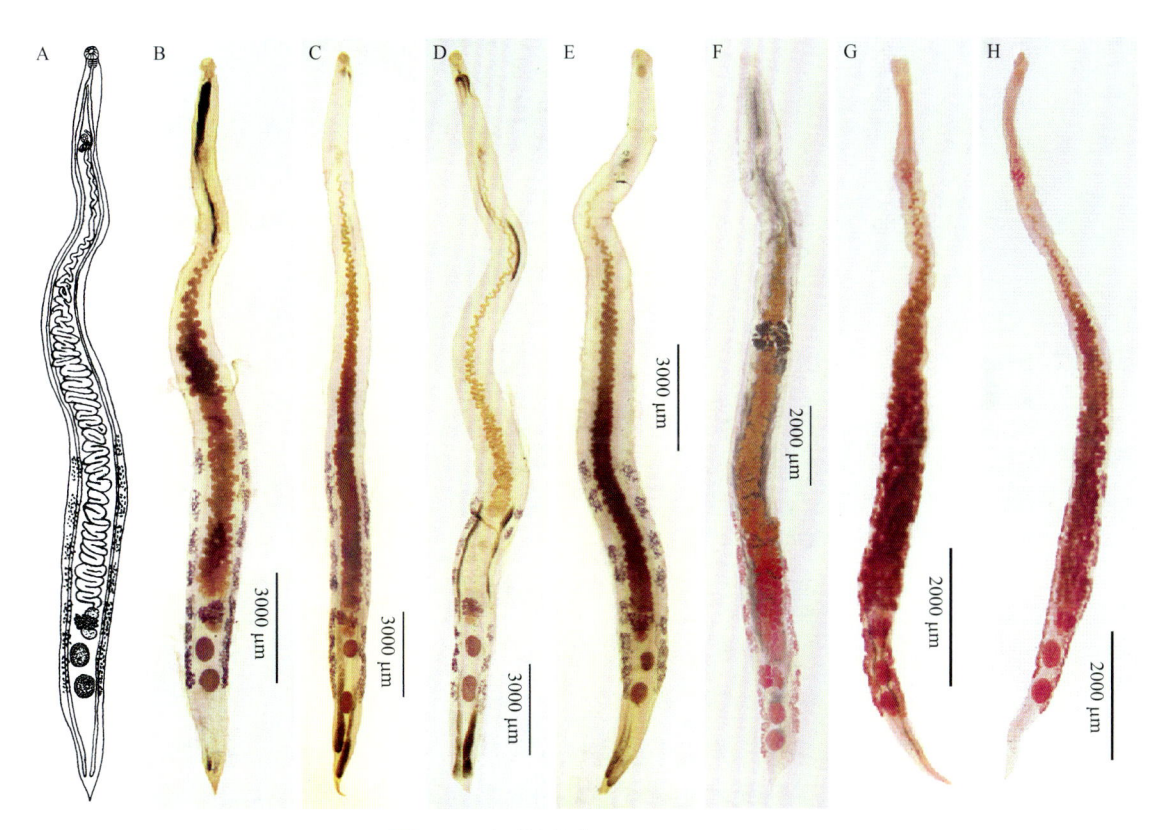

图 220 鸭对体吸虫 *Amphimerus anatis*
A. 引 黄兵 等(2006);B~H. 原图(SHVRI)

9.2 支囊属
Cladocystis Poche, 1926

【宿主范围】成虫寄生于禽类的胆管。

【形态结构】虫体呈纺锤形。口吸盘小。腹吸盘位于赤道线前,其大小与口吸盘相似或略小于口吸盘。前咽短。咽发育良好,略短于口吸盘直径。食道比前咽长很多,肠支达虫体后端。睾丸2枚,长形,纵向对称排列于虫体后端,边缘完整或具浅裂。贮精囊具几个弯曲,生殖孔开口于腹吸盘前。卵巢位于虫体亚中央,常呈三叶状。受精囊位于卵巢后。未观察到劳氏管。子宫充满肠叉与睾丸水平之间的大部分空间,子宫盘曲可越过肠支,后部弯曲于睾丸间,但不到虫体末端。卵黄腺分布于腹吸盘后与睾丸前的两侧。排泄囊的前支可达口吸盘,侧支短,排泄孔位于虫体亚末端。模式种:三叶支囊吸虫 [*Cladocystis trifolium* (Braun, 1901) Poche, 1926]。

221 广利支囊吸虫
Cladocystis kwangleensis Chen et Lin, 1987

【关联序号】37.6.1(31.2.1)/264。

【宿主范围】成虫寄生于鸭的胆管。

【地理分布】广东。

【形态结构】虫体呈长叶状,前端较狭小,平均大小为 8.400 mm×1.400 mm。口吸盘呈圆形,大小为 0.200 mm×0.330 mm。腹吸盘比口吸盘稍大,位于虫体前1/4处。咽紧接口吸盘,近似球形,大小为 0.200 mm×0.170 mm,两条肠支沿虫体两侧伸至虫体的后端。睾丸呈肾形,分三叶,左右并列于虫体的后部,左睾丸大小为 1.730 mm×0.530 mm,右睾丸大小为 1.430 mm×0.700 mm。卵巢位于睾丸的前方,分三叶,左叶大小为 0.230 mm×0.290 mm,右叶大小为 0.200 mm×0.280 mm,中叶大小为 0.290 mm×0.220 mm。受精囊呈长袋状,位于卵巢的左下方,大小为 0.430 mm×0.330 mm。卵黄腺分布于虫体两侧的肠支外面,前至腹吸盘水平,后至卵巢水平。子宫弯曲在虫体中部的卵巢之前,前面越过腹吸盘,内含多量虫卵。

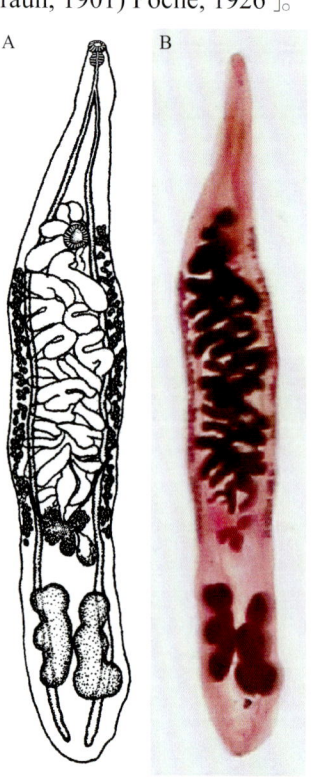

图221 广利支囊吸虫
Cladocystis kwangleensis
A. 仿 陈淑玉和汪溥钦(1994);
B. 原图(SCAU)

9.3 枝睾属

Clonorchis Looss, 1907

【宿主范围】成虫寄生于哺乳动物的肝脏、胆管、胆囊。

【形态结构】虫体为矛形，前部为锥形，体表无棘。口吸盘位于虫体亚前端。腹吸盘小于口吸盘，位于虫体的前 1/3。缺前咽，食道短，肠分叉距体前端很近，肠支盲端接近体末端。睾丸 2 枚，呈树枝状，两侧与肠支重叠，位于体后 1/3。卵巢为叶形，位于睾丸前的亚中央。受精囊大，位于卵巢后的中央。无劳氏管。子宫盘曲于腹吸盘与卵巢之间的整个肠支内侧。卵黄腺滤泡分布于腹吸盘前后与睾丸前之间的肠支外侧，滤泡带不间断。排泄囊弯曲的主干从体背侧绕过睾丸，在睾丸前与受精囊之间分叉，排泄孔位于体末端。模式种：中华枝睾吸虫［*Clonorchis sinensis* (Cobbold, 1875) Looss, 1907］。

222 中华枝睾吸虫 *Clonorchis sinensis* (Cobbold, 1875) Looss, 1907

【关联序号】37.3.1（31.3.1）/ 257。

【同物异名】华支睾吸虫。

【宿主范围】成虫寄生于猪、犬、猫、兔、鸭的胆管、胆囊。

【地理分布】安徽、北京、重庆、福建、甘肃、广东、广西、贵州、海南、河北、河南、黑龙江、湖北、湖南、吉林、江苏、江西、辽宁、山东、陕西、上海、四川、台湾、天津、云南、浙江。

【形态结构】虫体为扁平叶状，半透明，前端稍窄小，后端较钝圆，大小为 6.390～13.210 mm×1.950～3.900 mm。口吸盘呈椭圆形，大小为 0.330～0.400 mm×0.450～0.560 mm。腹吸盘略小于口吸盘，直径为 0.350～0.390 mm，位于虫体前 1/4 处。咽呈球形，直径为 0.210～0.300 mm，食道短，长 0.180～0.240 mm，两肠支伸达虫体后端。两睾丸呈分支状，常分为 4～6 个主支，每个主支又分小支，前后排列，占据虫体后 1/3 的位置，前睾丸横径为 1.360～2.580 mm，后睾丸横径为 1.180～2.250 mm。每个睾丸发出 1 条输出管，约在虫体中部汇合成 1 根很短的输精管，通往贮精囊，经射精管开口于腹吸盘前缘的生殖腔内，无雄茎囊、前列腺和雄茎。卵巢位于虫体后 1/3 处，呈半月形，大小为 0.250～0.380 mm×0.470～0.500 mm。受精囊呈袋状或椭圆形，位于睾丸与卵巢之间，大小为 0.260～0.560 mm×0.530～0.790 mm。卵黄腺为颗粒状，分布于虫体的两侧，由受精囊前缘水平起，向上伸展至近腹吸盘水平处为止。子宫由卵模开始盘曲上行，达腹吸盘水平，末端开口于生殖腔。虫卵黄褐色，外形似灯泡，顶端有卵盖，盖的两侧有肩峰

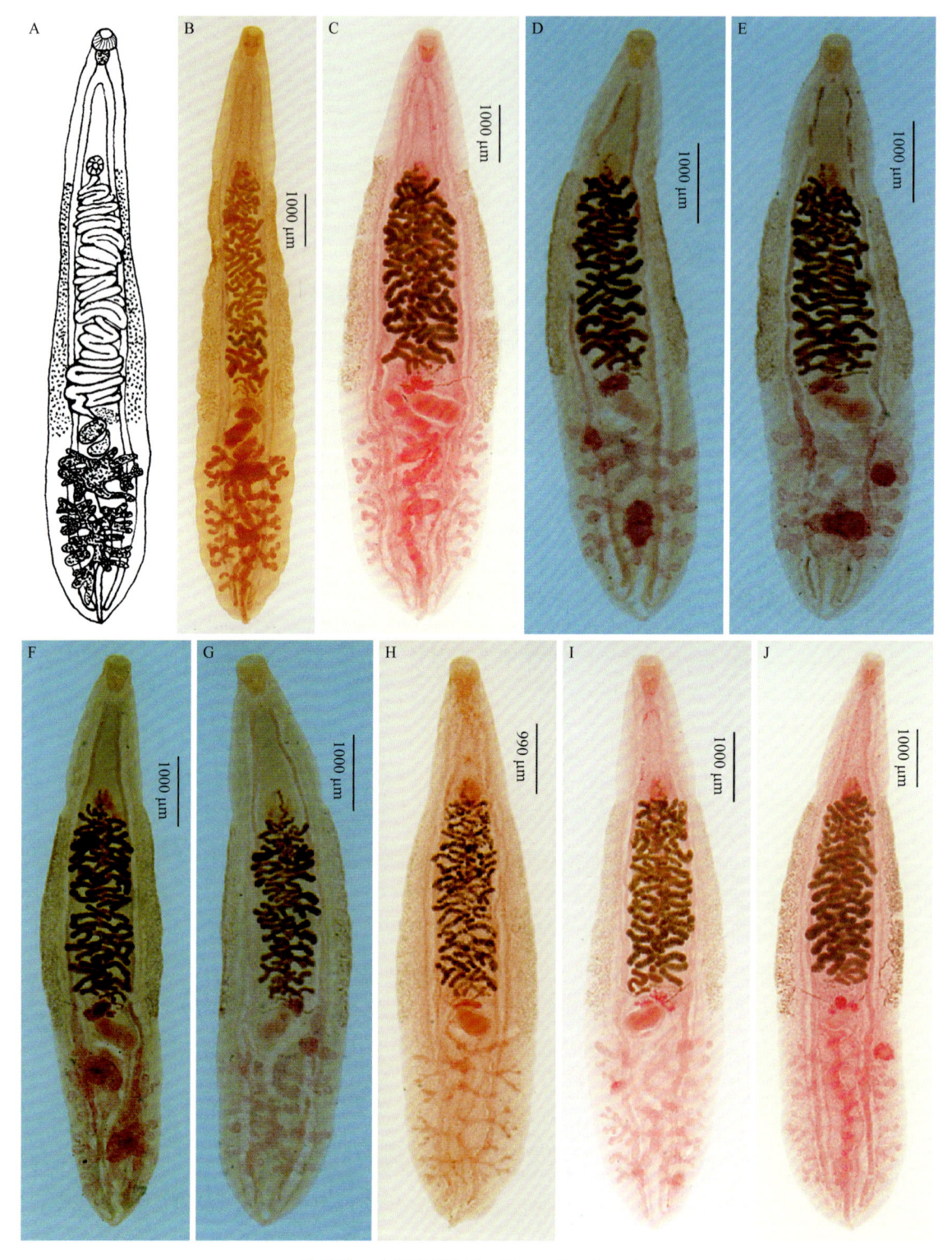

图222 中华枝睾吸虫 *Clonorchis sinensis*
A. 引 黄兵 等（2006）；B～J. 原图（SHVRI）

样小突起，卵后端有一小突起，大小为 27~35 μm×12~21 μm。排泄囊呈 S 形弯曲，排泄孔开口于虫体末端。

9.4 真对体属
Euamphimerus Yamaguti, 1941

【宿主范围】成虫寄生于禽类的肠道和胰腺。

【形态结构】虫体纤细，前端逐渐变尖，体表无棘。口吸盘非常小。腹吸盘小，稍大于口吸盘，位于虫体前 1/3。前咽缺或非常短，咽较口吸盘长，食道长，肠支盲肠接近虫体后端。睾丸 2 枚，无缺刻，斜列虫体近后端。贮精囊长，生殖孔位于腹吸盘前。卵巢位于亚中央。无劳氏管。卵黄腺分布于肠支外侧，或略与肠支重叠，在卵巢区域两侧的卵黄腺带形成间断；前部分卵黄腺始于腹吸盘之后，不达卵巢；后部分卵黄腺始于睾丸水平，后达肠支盲端后近虫体末端。子宫形成很多横向盘曲，位于卵巢与生殖孔之间，大部分居肠支内，子宫环可与侧面的肠支重叠。排泄囊为 S 形主干，在睾丸间穿过，在睾丸前侧方分支，排泄孔位于虫体末端。模式种：日本真对体吸虫［*Euamphimerus nipponicus* Yamaguti, 1941］。

223 天鹅真对体吸虫 *Euamphimerus cygnoides* Ogata, 1942

【关联序号】37.7.1（31.4.1）/ 265。

【宿主范围】成虫寄生于鸡的肠道。

【地理分布】江西。

【形态结构】虫体呈长矛形，前端尖细，后端削尖，以虫体后 1/3 的前部最宽。虫体大小为 4.210~5.330 mm×0.660~0.820 mm，体宽与体长之比为 1∶7。口吸盘特别细小，位于前端顶部，大小为 0.032~0.048 mm×0.030~0.046 mm。腹吸盘位于虫体前 1/4 后部的中央，大小为 0.035~0.043 mm×0.032~0.041 mm。咽椭圆形，紧接口吸盘之后，大小为 0.056~0.070 mm×0.036~0.046 mm。食道长 0.055~0.068 mm，两肠支向后伸至虫体亚末端。睾丸 2 枚，位于虫体后 1/8 部位，呈不规则的椭圆形，前后斜列；前睾丸略呈方形，中部略凹陷，大小为 0.320~0.380 mm×0.290~0.330 mm；后睾丸呈肾形，大小为 0.330~0.370 mm×0.250~0.270 mm。贮精囊呈棍棒状或长袋状，位于腹吸盘左后方，大小为 0.210~0.250 mm×0.035~0.046 mm。卵巢位于右睾丸的前缘水平处与左睾丸之前，呈扇形，由大小不等的 6 或 7 个分叶组成，大小为 0.210~0.220 mm×0.280~0.320 mm。具有较大的受精囊，袋状，位于

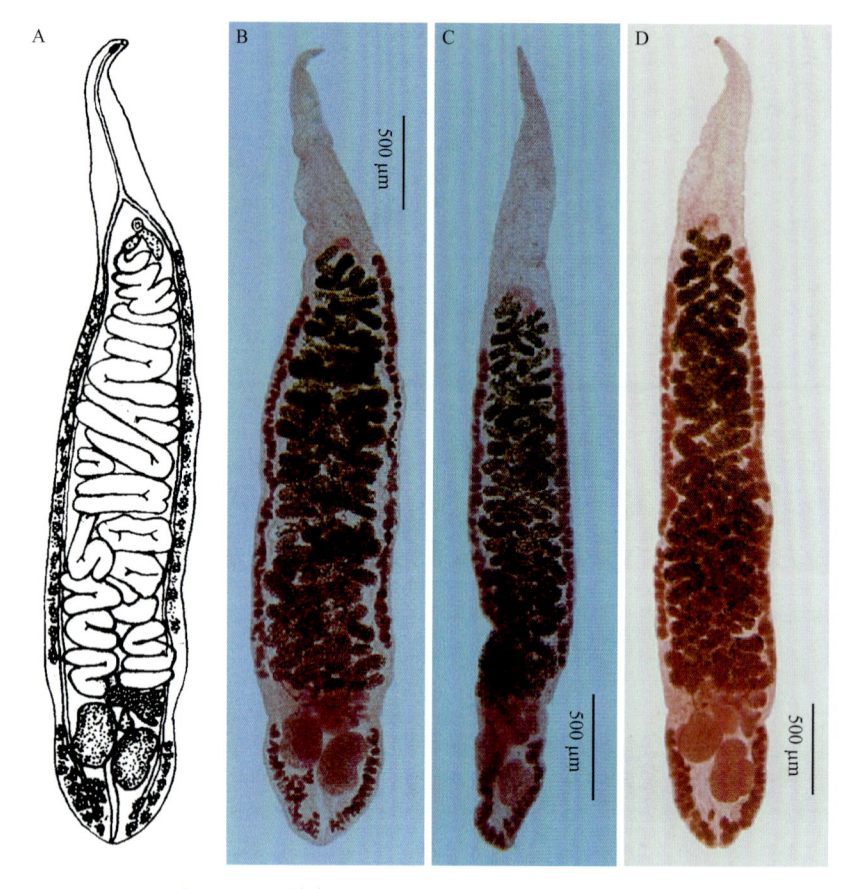

图 223 天鹅真对体吸虫 *Euamphimerus cygnoides*
A. 引黄兵等（2006）；B~D. 原图（SHVRI）

卵巢的后方，大小为 0.180~0.210 mm×0.070~0.090 mm。卵黄腺由大小不等的类圆形滤泡组成，自腹吸盘水平处开始，终于虫体后端，在卵巢处两侧卵黄腺中断；卵巢之前，卵黄腺滤泡多呈单行纵列；卵巢之后，特别是睾丸之后，卵黄腺滤泡较密集，有重叠，末端的卵黄腺相靠近，但没有汇合。子宫环褶反复回旋弯曲于卵巢与腹吸盘之间，一般不与两侧肠支重叠，亦不超过腹吸盘之前，内含虫卵。虫卵大小为 25~28 μm×15~17 μm。排泄囊呈弯曲长管状，居于两睾丸之间，排泄管开口于虫体的末端。

9.5 次睾属
Metorchis Looss, 1899

【宿主范围】成虫寄生于禽类和哺乳动物的胆囊。

【形态结构】虫体为小到中型，前部为锥形，后部为宽圆形，体表棘简单。口吸盘发达，位于虫体前端。腹吸盘位于赤道线稍前，小于口吸盘或与口吸盘大小相等。缺前咽，咽为卵圆形，食道短，肠分叉于虫体前1/5，两肠支宽长，在接近虫体末端处向中间弯曲。睾丸完整或有缺刻，前后列或斜列，接近肠支末端。贮精囊为管状，盘曲，生殖孔开口于腹吸盘前方。卵巢位于虫体中央或亚中央，紧接睾丸前方。卵黄腺分布于肠分叉与卵巢水平的虫体两侧，大部分位于肠支外侧。子宫分布于肠叉与卵巢之间的区域，主要盘曲于肠支内侧的腹面，偶尔伸达肠支外侧。排泄囊在睾丸的腹面分支，排泄孔位于后睾丸腹面，与虫体末端有一定距离。模式种：白色次睾吸虫［*Metorchis albidus* (Braun, 1893) Looss, 1899］。

224 鸭次睾吸虫　　　*Metorchis anatinus* Chen et Lin, 1983

【关联序号】37.5.1（31.5.1）/259。
【宿主范围】成虫寄生于鸭的胆囊。
【地理分布】广东。
【形态结构】虫体呈长叶状，前端钝圆，后端稍尖，体表无棘，大小为1.820～1.990 mm×0.490～0.530 mm。口吸盘呈球状，位于虫体前端，大小为0.230～0.260 mm×0.180～0.230 mm。腹吸盘近圆形，位于虫体前2/5处，大小为0.210 mm×0.230 mm。咽呈圆形，两肠支沿虫体两侧伸达虫体后端。睾丸2枚，前后斜列于虫体后1/6处；前睾丸呈不规则的长椭圆形，前缘中部有一凹陷，后右侧分3瓣，大小为0.240～0.260 mm×0.110～0.160 mm；后睾丸明显分为4～6叶，大小为0.240～0.260 mm×0.110～0.180 mm。贮精囊呈∩形，位于腹吸盘的左侧。卵巢呈卵圆形，位于睾丸前方，大小为0.110 mm×0.083 mm。卵黄腺呈大的滤泡状，起自肠叉与腹吸盘之间前1/3处的两肠支外侧，后至卵巢的前缘水平线。子宫发达，后部子宫环跨越肠支外侧，子宫内充满虫卵。虫卵呈椭圆形，大小为24 μm×11 μm。

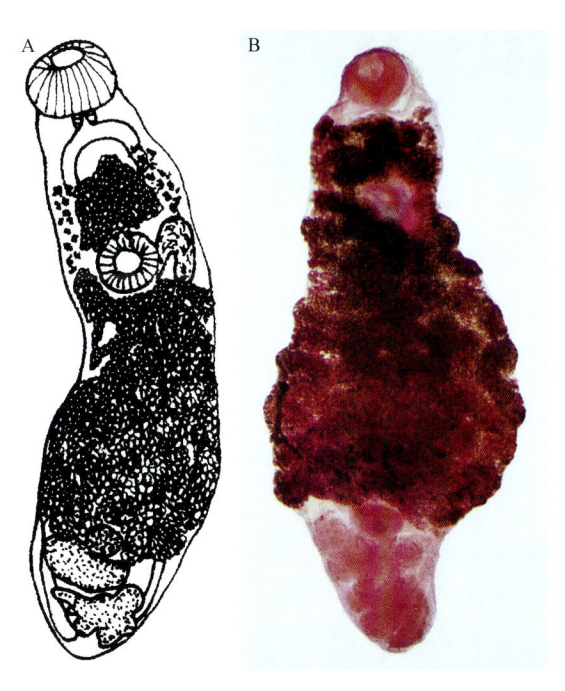

图224　鸭次睾吸虫 *Metorchis anatinus*
A. 仿 陈淑玉和汪溥钦（1994）；B. 原图（WNMC）

225 伸长次睾吸虫 *Metorchis elongate* Cheng, 2011

【宿主范围】成虫寄生于鸭的胆管、胆囊。

【地理分布】湖南。

【形态结构】虫体细长，前后端均钝圆，腹吸盘处最宽，体表具微棘，虫体大小为 1.400～1.500 mm×0.237～0.258 mm。口吸盘呈圆球形，大而结实，位于虫体前端顶部，大小为 0.135 mm×0.124～0.150 mm。腹吸盘呈圆形，位于虫体中部水平线，小于口吸盘，大小为 0.107～0.110 mm×0.096～0.100 mm，腹吸盘与口吸盘大小之比为 1∶1.3～1∶1.4。咽呈长椭圆形，大小为 0.056～0.061 mm×0.039～0.043 mm，食道长 0.028～0.060 mm，肠叉后的两肠支在腹吸盘前部膨大，随后缩小，止于虫体末端。两睾丸稍斜列于虫体后端，大小不等，形状不一；前睾丸呈亚肾形，大小为 0.118～0.129 mm×0.092 mm；后睾丸近圆形，大小为 0.146～0.166 mm×0.141～0.146 mm。卵巢呈椭圆形，位于前睾丸的前右侧，大小为 0.073～0.080 mm×0.040～0.051 mm。受精囊为圆袋状，位于卵巢前。卵黄腺为滤泡小团块状，起始于腹吸盘前缘水平线，沿虫体两侧向后延伸，终于卵巢前，距卵巢 0.056 mm，卵黄腺分布仅占虫体长的 1/3。子宫环褶由卵巢前缘开始，盘曲于两肠支之间，向前绕过腹吸盘侧面，伸展到腹吸盘前缘，止于两性生殖孔。虫卵大小为 22～24 μm×13～15 μm。

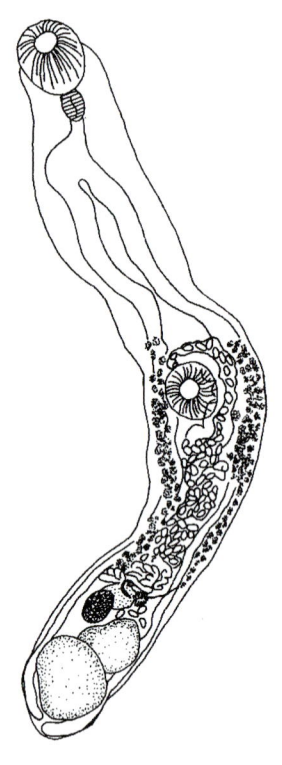

图 225 伸长次睾吸虫
Metorchis elongate
引 成源达（2011）

226 东方次睾吸虫 *Metorchis orientalis* Tanabe, 1921

【关联序号】37.5.3（31.5.3）/260。

【宿主范围】成虫寄生于犬、猫、鸡、鸭、鹅的胆管、胆囊。

【地理分布】安徽、北京、重庆、福建、广东、广西、贵州、河南、黑龙江、湖北、湖南、吉林、江苏、江西、辽宁、宁夏、山东、陕西、上海、四川、台湾、天津、新疆、浙江。

【形态结构】虫体呈叶状，大小为 2.980～6.080 mm×0.610～1.640 mm。体表有棘，在虫体的前部较密集，自腹吸盘以后逐渐稀少。口吸盘呈圆形，大小为 0.260～0.380 mm×0.290～0.380 mm。腹吸盘位于虫体前 1/4 处，其大小与口吸盘相近。咽球形，紧接口吸盘，食道短，两肠支伸到虫体末端。睾丸呈深分叶状，前后排列或斜列，位于虫体后 1/4 处，前睾丸大小为 0.240～0.830 mm×0.310～0.790 mm，后睾丸大小为 0.240～0.860 mm×0.310～1.070 mm。贮

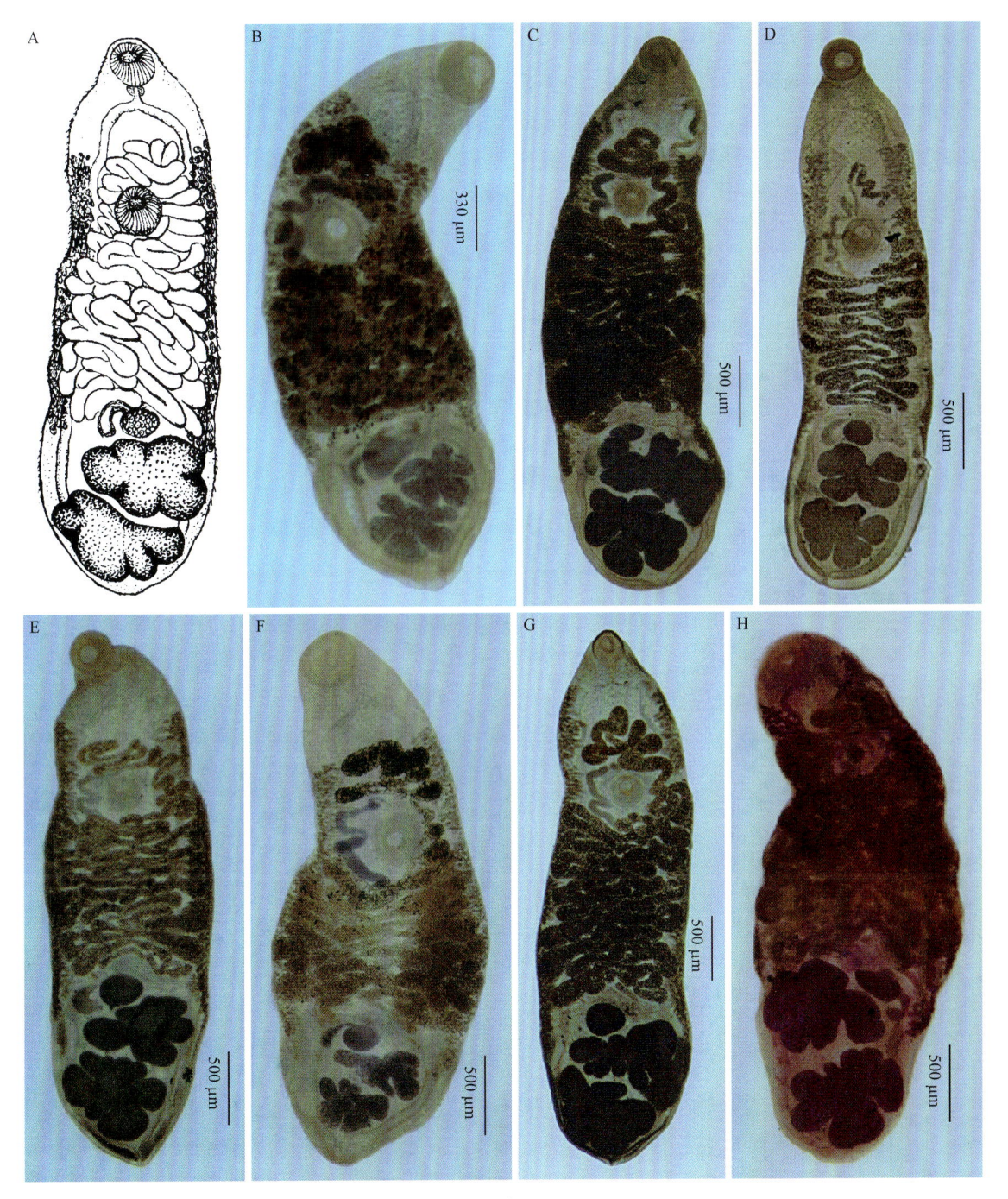

图 226 东方次睾吸虫 *Metorchis orientalis*
A. 引张峰山等（1986d）；B~H. 原图（SHVRI）

精囊长而弯曲，长 0.256～0.480 mm，位于腹吸盘右侧，生殖孔开口于腹吸盘的正前方。卵巢为椭圆形，位于睾丸前方，大小为 0.090～0.170 mm×0.140～0.200 mm。受精囊位于前睾丸之前，卵巢的右侧。卵黄腺呈簇状，分布于虫体两侧，由睾丸之前延伸至腹吸盘之前。子宫环褶自卵巢前缘开始，回旋弯曲于两肠支间，绕过腹吸盘的背面，至两侧卵黄腺前缘水平处，复折后行，开口于腹吸盘前缘的生殖孔内。虫卵呈卵圆形，有卵盖，后端有一个棘突，成熟虫卵呈黄色，内含毛蚴，大小为 24～29 μm×14～16 μm。排泄囊居睾丸的背部，排泄孔开口于虫体末端。

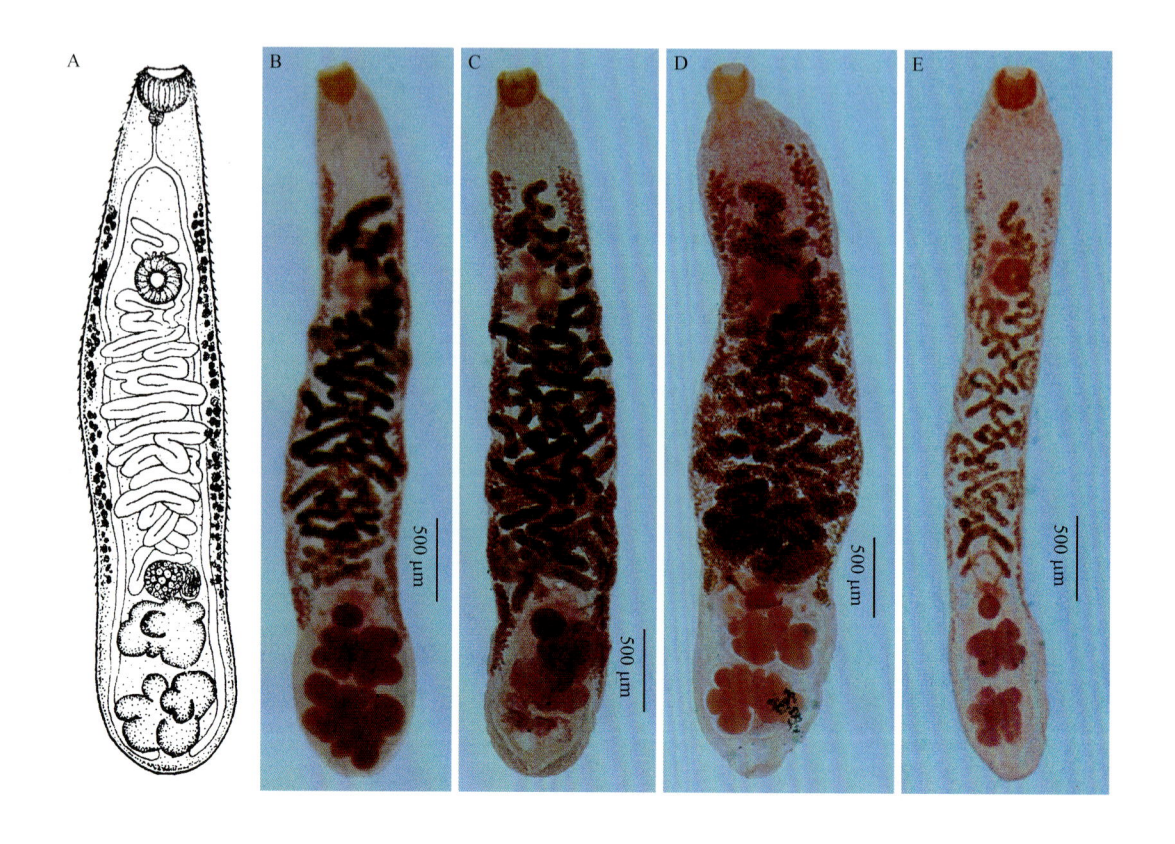

227 企鹅次睾吸虫　　　　　　　　　　　　　*Metorchis pinguinicola* Skrjabin, 1913

【关联序号】37.5.4（31.5.4）/261。
【宿主范围】成虫寄生于鸭的胆管、胆囊。
【地理分布】江西。
【形态结构】虫体狭长，背腹略扁平，大小为 4.460～5.700 mm×0.690～0.950 mm，睾丸前的体表具棘。口吸盘呈类球状，位于虫体前端，口孔开向顶端，大小为 0.280～0.320 mm×0.290～0.340 mm。腹吸盘呈圆盘形，位于虫体前 1/3 处的后部，大小为 0.260～0.290 mm×

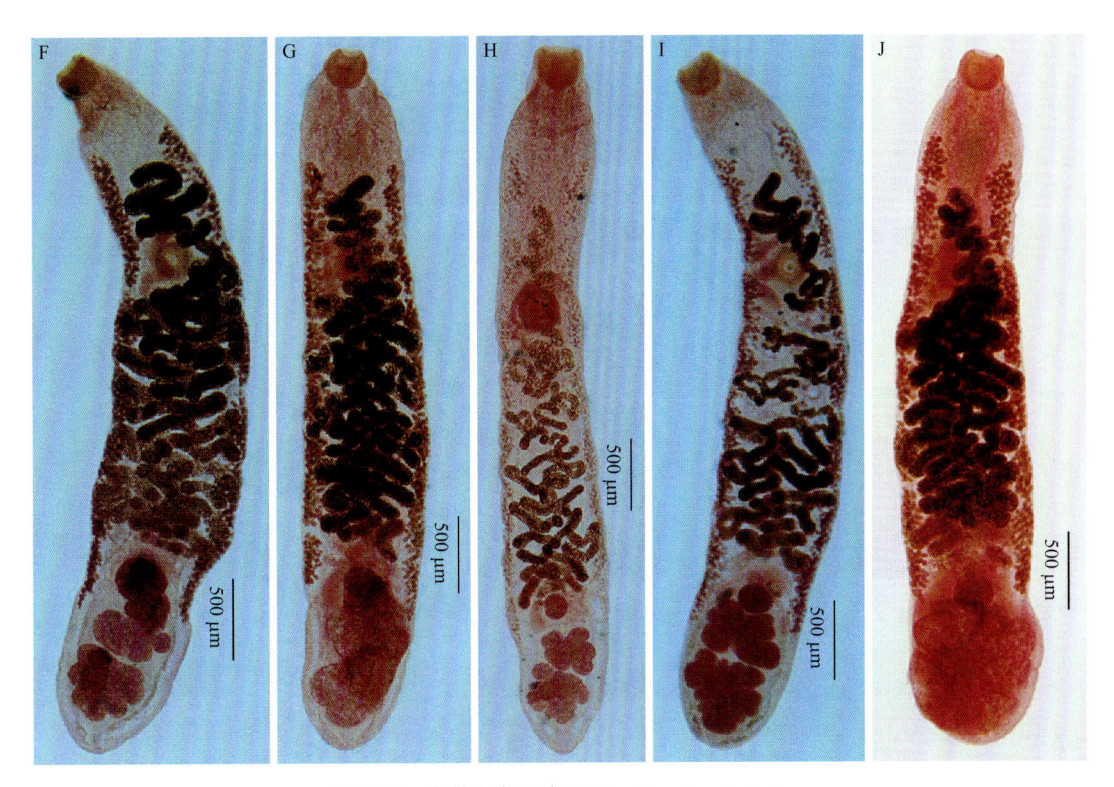

图227 企鹅次睾吸虫 *Metorchis pinguinicola*
A. 引 王溪云和周静仪（1993）；B～J. 原图（SHVRI）

0.250～0.310 mm。缺前咽，咽小，大小为 0.100 mm×0.110 mm，食道长 0.230 mm，两肠支沿虫体两侧向后延伸至虫体末端。两睾丸前后排列于虫体后 1/5 处的两肠支之间，呈不规则的多分瓣状，前睾丸大小为 0.410～0.720 mm×0.690～0.820 mm，后睾丸大小为 0.590～0.690 mm×0.560～0.750 mm。贮精囊为管状，弯曲于腹吸盘右侧及其前后，生殖孔开口于腹吸盘前。卵巢呈圆球形，位于前睾丸前缘的中部，大小为 0.190～0.290 mm×0.260～0.290 mm。受精囊呈香蕉状，弯曲于卵巢的左侧，大小为 0.350～0.410 mm×0.190～0.290 mm。卵黄腺由滤泡组成簇状，每侧 8 或 9 簇，前缘始于肠分叉后不远处，终于前睾丸前缘水平处。子宫环褶自卵巢处盘曲向前，终于肠叉与腹吸盘之间，折回后开口于腹吸盘前缘的生殖孔，部分子宫环褶与左右肠支相重叠。成熟卵囊呈棕褐色，大小为 30～34 μm×15～17 μm。

228 台湾次睾吸虫　　*Metorchis taiwanensis* Morishita et Tsuchimochi, 1925

【关联序号】37.5.5（31.5.6）/262。
【宿主范围】成虫寄生于鸡、鸭、鹅的胆管、胆囊。
【地理分布】安徽、重庆、福建、广东、广西、湖南、江苏、江西、宁夏、陕西、上海、四

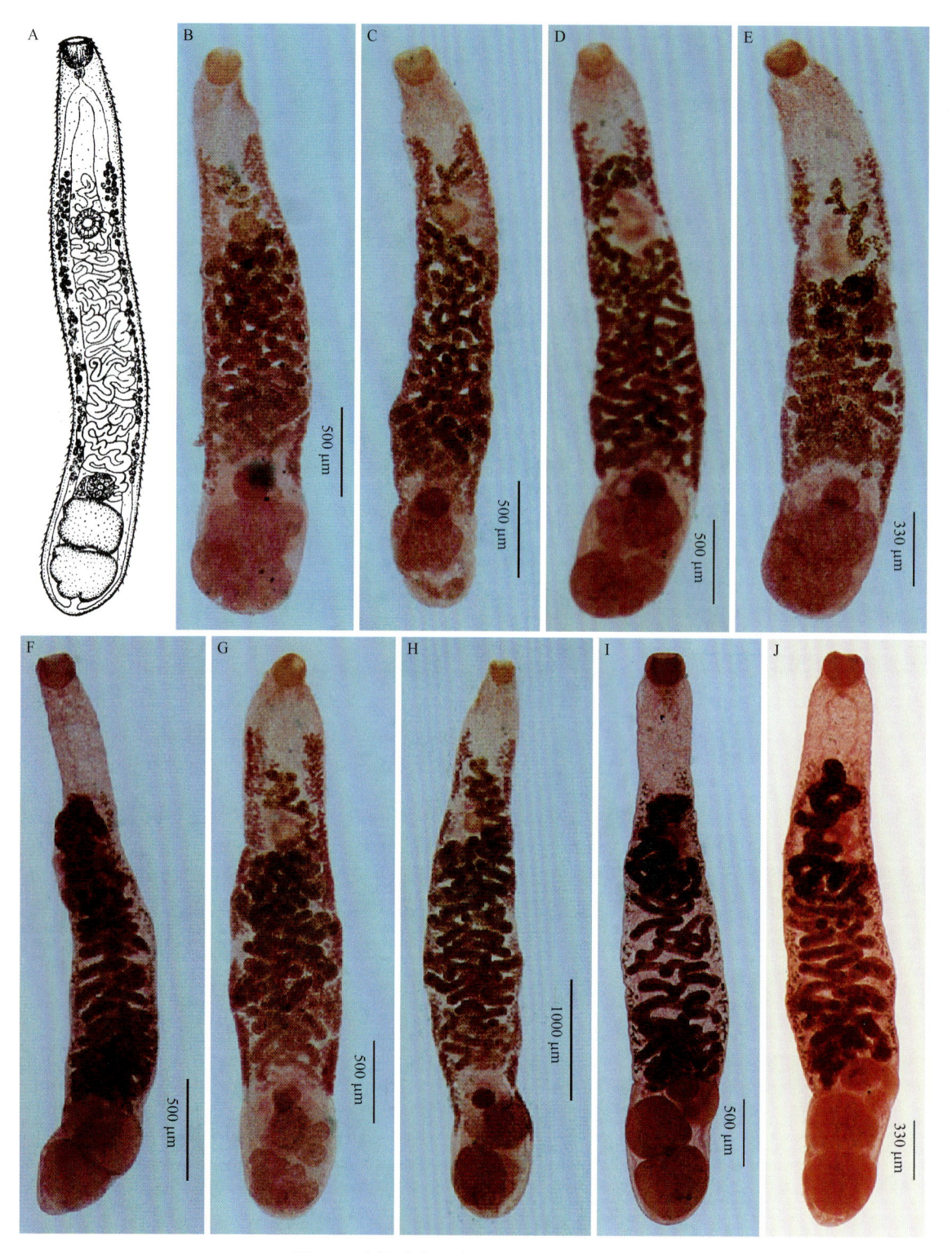

图 228　台湾次睾吸虫 *Metorchis taiwanensis*

A. 引 王溪云和周静仪（1993）；B～J. 原图（SHVRI）

川、台湾、新疆、浙江。

【形态结构】 虫体呈香肠状或棍棒状，前端稍窄，后端钝圆，大小为 2.520~4.550 mm×0.320~0.420 mm。体表具棘，起于虫体前端，止于睾丸。口吸盘位于虫体前端，大小为 0.160~0.240 mm×0.180~0.280 mm。腹吸盘呈圆盘状，位于虫体前 1/3 处的后部中央，大小为 0.150~0.230 mm×0.160~0.220 mm。咽圆球形，食道短，两肠支沿虫体两侧向后延伸，终止于后睾丸之后。睾丸 2 枚，位于虫体后 1/6 处，前后排列或稍斜列，呈不规则的方形，边缘有凹陷或呈浅分叶状，前睾丸大小为 0.250~0.320 mm×0.220~0.330 mm，后睾丸大小为 0.230~0.350 mm×0.240~0.360 mm。贮精囊呈长管状，生殖孔开口于腹吸盘前缘。卵巢呈球状，位于前睾丸的前缘，大小为 0.120~0.230 mm×0.130~0.240 mm。受精囊呈弧形，弯曲于卵巢一侧。卵黄腺呈簇状，分布于虫体两侧，前缘起自肠叉与腹吸盘之间，向后延伸至前睾丸前缘为止，每侧 6~8 簇，各簇之间稍有间隙，并与肠支相重叠。子宫环褶自卵巢处开始，弯曲于两肠支之间，绕过腹吸盘背部至腹吸盘前不远处，而后折行，开口于生殖孔内。虫卵呈淡黄色，大小为 23~29 μm×14~16 μm，前端具有盖，后端有一小突起。

229 黄体次睾吸虫　　*Metorchis xanthosomus* (Creplin, 1841) Braun, 1902

【关联序号】 37.5.6（31.5.7）/263。
【宿主范围】 成虫寄生于鸡、鸭的胆管、胆囊。
【地理分布】 北京、福建、广东、广西、江苏、江西、云南。
【形态结构】 虫体呈叶状，前端稍窄，后端钝圆，背腹扁平，大小为 2.800~4.200 mm×0.820~0.950 mm，体表具小棘。口吸盘位于虫体亚前端，大小为 0.220~0.280 mm×0.200~0.270 mm。腹吸盘位于虫体前 1/3 处的后部，大小为 0.220~0.280 mm×0.230~0.280 mm。咽球状，大小为 0.082~0.075 mm，食道长 0.080~0.110 mm，两肠支沿虫体两侧伸至后睾丸之后。睾丸呈椭圆形或不规则的浅分叶，位于虫体后 1/5 部位，前后排列或略有重叠，前睾丸大小为 0.240~0.320 mm×0.350~0.370 mm，后睾丸大小为 0.320~0.340 mm×0.380~0.420 mm。贮精囊弯曲于腹吸盘的一侧，生殖孔开口于腹吸盘前缘。卵巢呈球状，位于前睾丸之前，大小为 0.130~0.170 mm×0.160~0.230 mm。受精囊呈袋状或弧状，位于卵巢的后侧方。卵黄腺滤泡起自肠分叉水平处，终于卵巢的两侧。子宫环褶自卵巢后开始，向前盘曲充满于两肠支之间，伸展至肠分叉之后，折回向后，开口于腹吸盘前缘的生殖孔，子宫内含大量的虫卵。虫卵呈黄褐色，一端具有小盖，大小为 27~32 μm×14~15 μm。

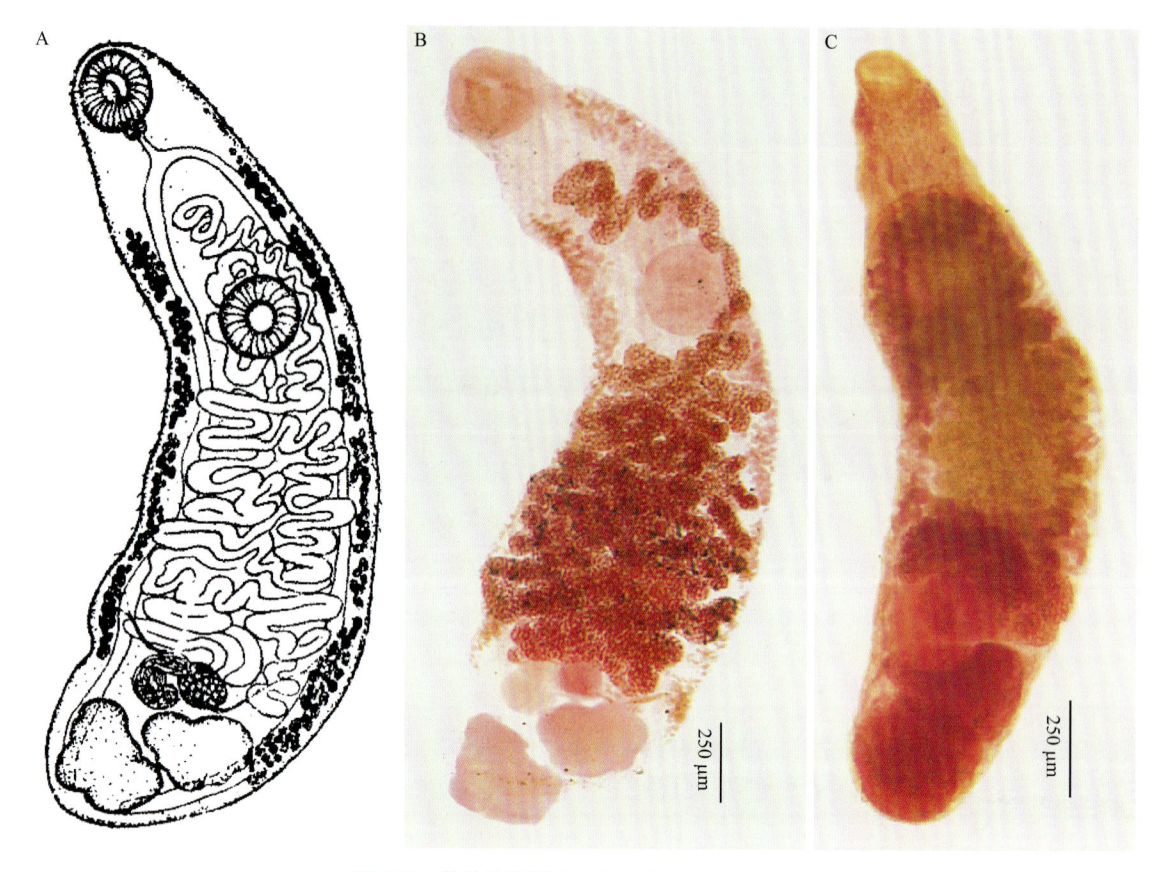

图229　黄体次睾吸虫 Metorchis xanthosomus
A. 引 王溪云和周静仪（1986）；B，C. 原图（SHVRI）

230　宜春次睾吸虫　　　*Metorchis yichunensis* Hsu et Li, 1983

【宿主范围】成虫寄生于鹌鹑的胆囊。

【地理分布】江西。

【形态结构】虫体呈纺锤形，中部最宽，向两端逐渐变窄而尖，大小为 3.190～3.220 mm×0.920～0.970 mm，体表布满小棘。口吸盘呈球形，位于虫体前端，大小为 0.190～0.200 mm×0.160～0.190 mm。腹吸盘呈椭圆形，位于虫体前 1/3 处的后部，大小为 0.190～0.200 mm×0.160～0.190 mm，与口吸盘等大。缺前咽，咽为椭圆形，紧接口吸盘之后，大小为 0.070～0.090 mm×0.060～0.070 mm。食道短，两肠支形成肩形，沿虫体两侧延伸至虫体末端。两睾丸特大，前后斜列，占满虫体后 1/3，边缘光滑或稍微分瓣，前睾丸稍小于后睾丸；前睾丸呈圆形或三角形，大小为 0.360～0.520 mm×0.320～0.590 mm；后睾丸呈椭圆形，大小为 0.430～0.660 mm×0.340～0.500 mm。贮精囊为长管形，弯曲于腹吸盘一侧，部分被子宫遮盖。卵巢呈卵圆形，边缘光滑无分瓣，位于前睾丸的前缘虫体中线处，大小为 0.190～0.220 mm×0.220～0.290 mm。受精囊特大，弯曲呈 C 形，位于卵巢的一侧，大小为 0.340～0.610 mm×0.130～0.160 mm。卵黄腺滤泡较大，起自肠叉与腹吸盘之间的中部，止于前睾丸的前缘水平，卵黄腺前部的滤泡向肠支内部延伸，但中间不汇合。子宫发达，盘曲于虫体的中前部，前达咽与腹吸盘之间，后至卵巢侧缘，不达前睾丸的前缘，子宫内充满大量虫卵。虫卵呈卵圆形，大小为 16～25 μm×13～16 μm。

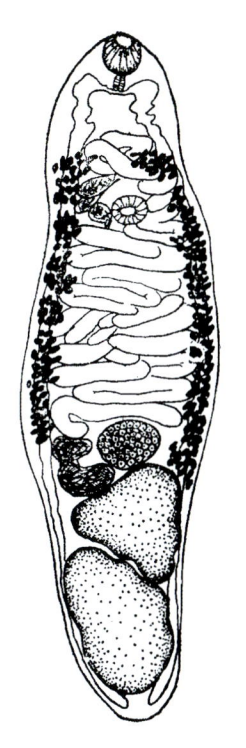

图 230　宜春次睾吸虫
Metorchis yichunensis
引 王溪云和周静仪（1993）

9.6 微口属
Microtrema Kobayashi, 1915

【宿主范围】成虫寄生于哺乳动物的肝脏、胆管。

【形态结构】虫体中等大小，前端锥形，后端截平或宽圆，体表棘密集。口吸盘位于虫体亚前端。腹吸盘位于赤道线后，小于口吸盘。咽发达，食道短，肠分叉接近虫体前端。肠支简单，伸达近虫体后端，在其近末端向中间弯曲。睾丸对称并列于虫体后半部的腹吸盘之后。贮精囊为纺锤形，位于腹吸盘之前。生殖孔位于腹吸盘前一定距离。卵巢由小叶片组成，接近腹吸盘，居睾丸的前中央。受精囊位于卵巢后方的两睾丸之间。有劳氏管。卵黄腺簇状成带沿肠支外侧分布，从肠分叉后区域到睾丸后水平，不达肠支末端。子宫大部分盘曲于腹吸盘前至肠叉后，少量达到腹吸盘后和肠支外侧。排泄囊短，其主干稍带弯曲，在睾丸之后分叉为左右两支，在肠支内与肠支平行向前达肠叉后区域，排泄孔位于虫体末端。模式种：截形微口吸虫 [*Microtrema truncatum* Kobayashi, 1915]。

231　截形微口吸虫　　*Microtrema truncatum* Kobayashi, 1915

【关联序号】37.4.1（31.6.1）/258。

【宿主范围】成虫寄生于猪、犬、猫的胆管、胆囊。

【地理分布】安徽、重庆、湖南、江西、上海、四川、台湾、云南。

【形态结构】虫体背腹扁平，似舌状，前端稍尖，后端平截，虫体中部略向背面隆起，长 4.500～14.000 mm，宽 2.500～6.500 mm，厚 1.500～3.000 mm，体表具细棘。口吸盘位于虫体前端稍偏腹面，大小为 0.500～0.860 mm×0.650～0.780 mm。腹吸盘位于虫体赤道线略后，大小为

0.450~0.590 mm×0.400~0.560 mm。无前咽，咽大小为 0.480~0.580 mm×0.380~0.540 mm。食道长 0.150~0.270 mm，两肠支与虫体两侧缘平行向后延伸，在虫体近后端略向内弯曲。睾丸 2 枚，为短椭圆形，左右对称排列在虫体后 1/3 的前部，两肠支的内侧，两睾丸大小相似，相距较远。贮精囊为弯曲的管状，生殖孔开口于腹吸盘前缘约 1.000 mm 处。卵巢位于睾丸稍前的虫体中央，呈三角形，由 10 余叶组成，大小为 0.650~0.780 mm×0.620~0.840 mm。受精囊发达，呈卵圆形，位于卵巢之后、两睾丸之间。梅氏腺位于卵巢的前方，具劳氏管。卵黄腺分布于两肠支外侧，各有 9~14 簇。子宫弯曲于睾丸和卵巢之前，肠支分叉处之后，两侧常与肠支重叠，部分达肠支之外，内含大量虫卵。虫卵较小，椭圆形，深金黄色，前端狭，后端略宽，大小为 25~32 μm×13~16 μm，有卵盖，另端有一小刺，长约 3.8 μm，卵壳厚，表面有龟裂纹，内含毛蚴。

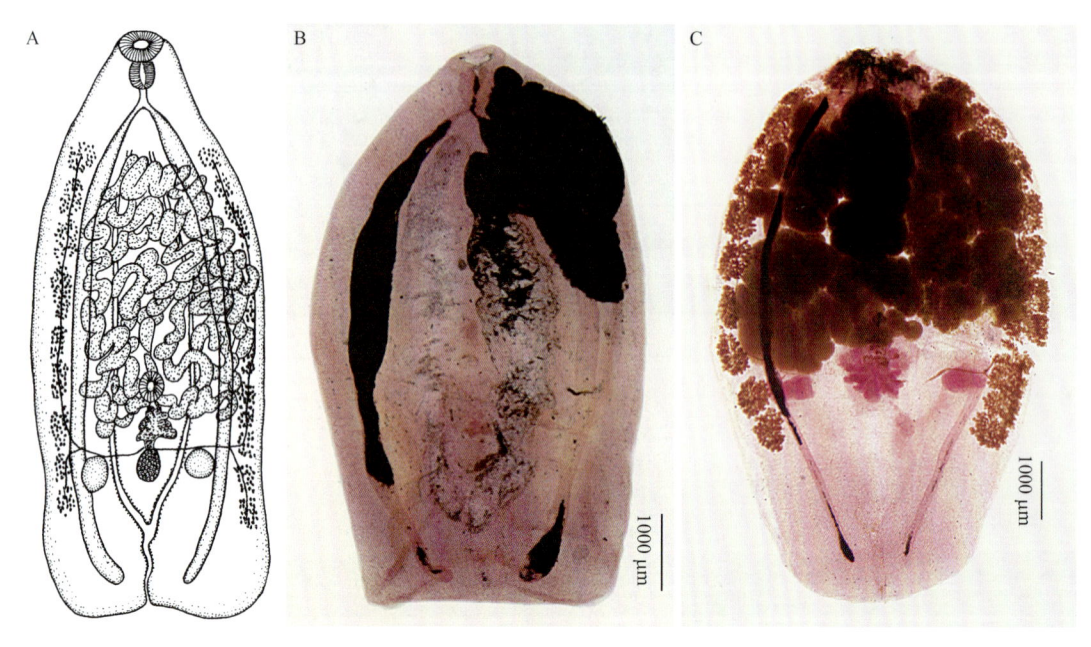

图 231　截形微口吸虫 *Microtrema truncatum*
A. 引黄兵等（2006）；B、C. 原图（SHVRI）

9.7　后睾属
Opisthorchis Blanchard, 1895

【同物异名】 背管属（*Notaulus* Skrjabin, 1913）；肝居属（*Hepatiarius* Feizullaev, 1961）；新次睾属（*Neometorchis* Bilqees, Shabbir et Parveen, 2003）。

【宿主范围】成虫寄生于禽类和哺乳动物的肝脏和胆管系统。

【形态结构】虫体为矛形、纺锤形或圆柱形，体表无棘（*Opisthorchis noverca* 除外）。口吸盘位于虫体亚前端，腹吸盘位于赤道线前。缺前咽，咽为卵圆形，食道短，肠分叉接近虫体前端。肠支纤细，盲端伸达睾丸后近虫体亚末端。睾丸前后纵列或斜列于虫体后 1/3 处，表面完整，或具缺刻，或呈树枝状。卵巢分叶或不分叶，位于虫体中央或亚中央。受精囊发达，位于卵巢的后外侧。有劳氏管。子宫盘曲于卵巢与腹吸盘之间，几乎全部在肠支内侧，偶尔少量子宫盘曲位于肠支腹面或外侧。卵黄腺通常分布于肠支外侧，形成两列侧带，自腹吸盘后缘开始至卵巢或睾丸前缘水平。排泄囊主干稍呈 S 形，穿过睾丸之间或睾丸的背面到侧面，在受精囊与前睾丸之间分支，排泄孔位于虫体末端。模式种：猫后睾吸虫［*Opisthorchis felineus* (Rivolta, 1884) Blanchard, 1895］。

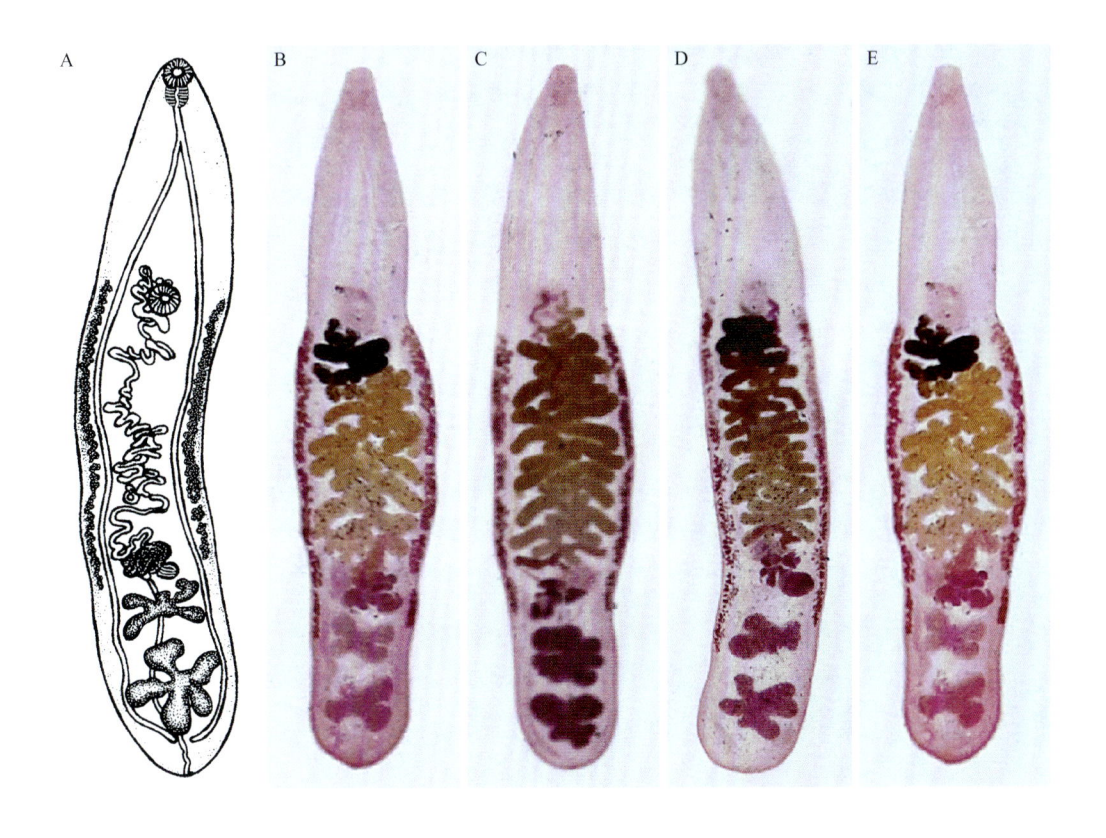

232 鸭后睾吸虫 *Opisthorchis anatinus* Wang, 1975

【关联序号】37.1.1（31.7.1）/ 252。

【宿主范围】成虫寄生于鸡、鸭、鹅的肝脏、胆管、胆囊。

【地理分布】安徽、福建、广东、广西、贵州、江苏、四川、云南。

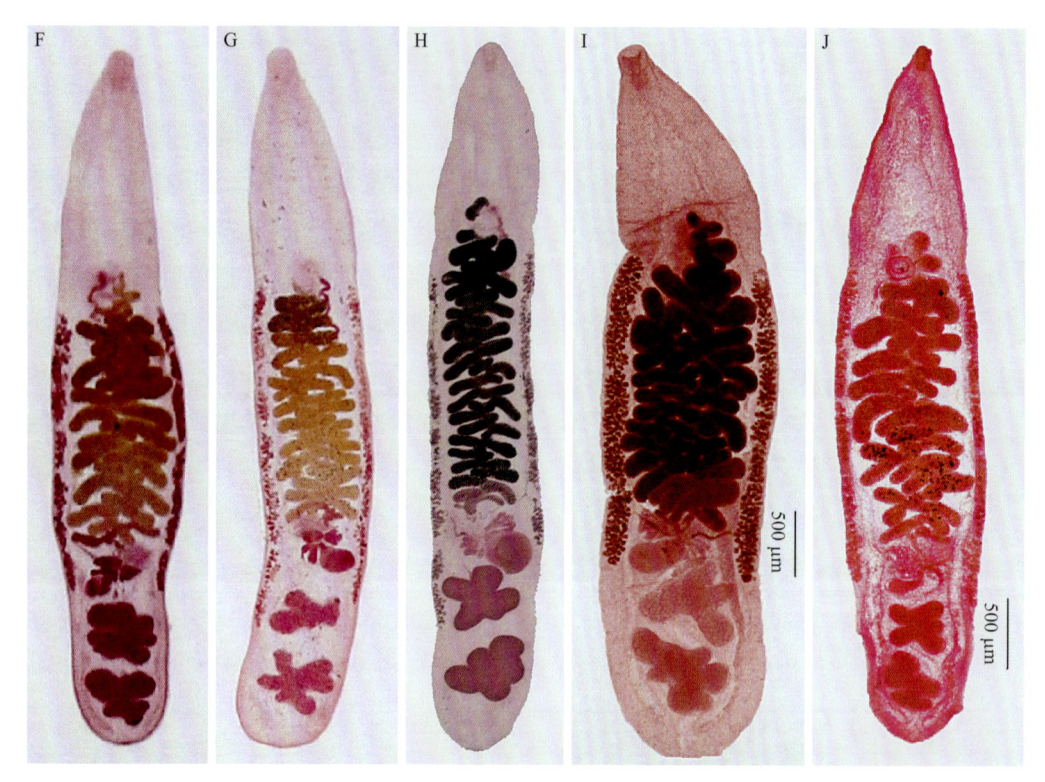

图 232　鸭后睾吸虫 *Opisthorchis anatinus*
A. 仿 汪溥钦（1975）；B～H. 原图（SCAU）；I, J. 原图（NEAU）

【形态结构】 虫体呈长叶状，两侧近平行，大小为 5.400～5.600 mm×0.800～0.880 mm。口吸盘为类圆形，大小为 0.154～0.176 mm×0.160～0.192 mm。腹吸盘位于虫体前 1/4～1/3 的后部，大小为 0.176～0.208 mm×0.176～0.210 mm。口吸盘与腹吸盘的距离为 1.200～1.280 mm，口吸盘与腹吸盘的大小之比为 1∶1.6。咽小，靠近口吸盘，大小为 0.128～0.144 mm×0.112～0.128 mm，食道长 0.080～0.208 mm，两肠支向后伸向虫体亚末端。睾丸 2 枚，前后排列于虫体的后部，边缘具有深的裂瓣，前睾丸大小为 0.256～0.520 mm×0.560～0.640 mm，分为 3 或 4 叶；后睾丸大小为 0.480～0.640 mm×0.460～0.660 mm，分为 5 叶。卵巢位于睾丸的前方，大小为 0.312～0.352 mm×0.208～0.432 mm，后缘亦分为 3 或 4 个浅裂瓣。受精囊呈长囊状。卵黄腺自腹吸盘的后缘两侧开始分布，后至睾丸的前缘。子宫长而弯曲，盘曲于腹吸盘与卵巢之间，两侧可与肠支重叠，内含多数虫卵。虫卵呈椭圆形，大小为 28～30 μm×18～20 μm。

233　广州后睾吸虫　　*Opisthorchis cantonensis* Chen et Lin, 1980

【关联序号】 37.1.2（31.7.2）/253。

【同物异名】 广东后睾吸虫。

【宿主范围】成虫寄生于鸭的胆管。
【地理分布】广东。
【形态结构】虫体呈阔叶状,大小为 2.650～4.870 mm×1.630～1.930 mm。口吸盘位于虫体前顶端,大小为 0.180 mm×0.240 mm。腹吸盘位于虫体前 1/5 处,大小为 0.270 mm×0.290 mm。食道长 0.080～0.120 mm,两肠支伸达虫体后端。睾丸 2 枚,前后排列于虫体后部的卵巢后方,前睾丸分 3 或 4 个叶瓣,大小为 0.560 mm×0.930 mm,后睾丸分 5 个叶瓣,大小为 0.860 mm×0.450 mm。卵巢位于睾丸之前,分 3 叶,每叶又分 2～4 个深裂瓣。受精囊呈长袋状,位于卵巢的右下方。卵黄腺滤泡为颗粒状,成簇分布于两肠支外侧,前起于腹吸盘水平线,后止于前睾丸水平线。子宫主要盘曲于腹吸盘与前睾丸之间,子宫内充满虫卵。

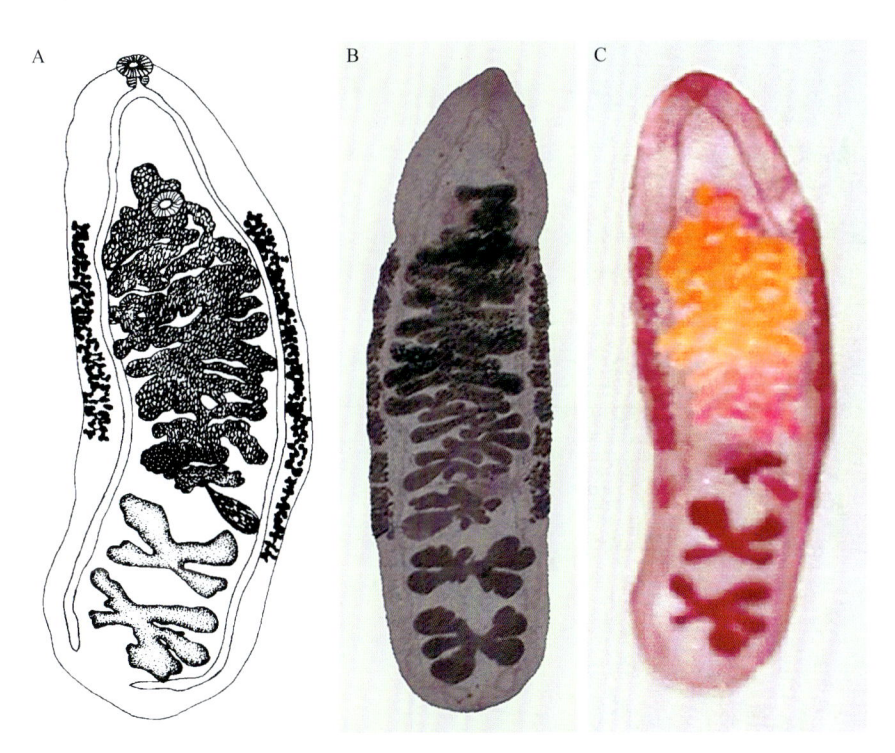

图 233　广州后睾吸虫 *Opisthorchis cantonensis*
A. 仿 陈淑玉和汪溥钦（1994）；B，C. 原图（SCAU）

234　猫后睾吸虫　*Opisthorchis felineus* (Rivolta, 1884) Blanchard, 1895

【关联序号】37.1.3（31.7.3）/ 254。
【宿主范围】成虫寄生于猫的胆管、胆囊,也可寄生于鸟类和人等哺乳动物。
【地理分布】北京、江苏、辽宁、宁夏。

【形态结构】虫体呈柳叶形，前端狭窄，后端钝圆，其大小取决于终末宿主的种类，大小为 2.000～13.000 mm×1.000～3.500 mm，体表光滑。口吸盘位于虫体亚前端，腹吸盘位于虫体前 1/4 后部。缺前咽，咽为卵圆形，食道短，肠分叉接近虫体前端，两肠支沿虫体两侧伸达睾丸之后近虫体末端。睾丸 2 枚，具 4 或 5 个浅裂，前后斜列于虫体后 1/4 处。生殖孔开口于腹吸盘前侧缘。卵巢近圆形，边缘光滑，偶尔具弱浅裂，位于睾丸前的虫体中央。受精囊位于卵巢之后。卵黄腺呈簇状，分布于虫体中 1/3 两侧的肠支外侧，前起于腹吸盘之后，后止于卵巢水平线。子宫发达，盘曲于卵巢至腹吸盘前缘之间，不与腹吸盘重叠，内充满虫卵。虫卵呈浅黄色，长卵圆形，内含毛蚴，一端具卵盖，另一端卵壳增厚，大小为 26～30 μm×10～15 μm。排泄囊呈 S 形，穿过两睾丸之间到达前睾丸前缘，排泄孔位于虫体末端。

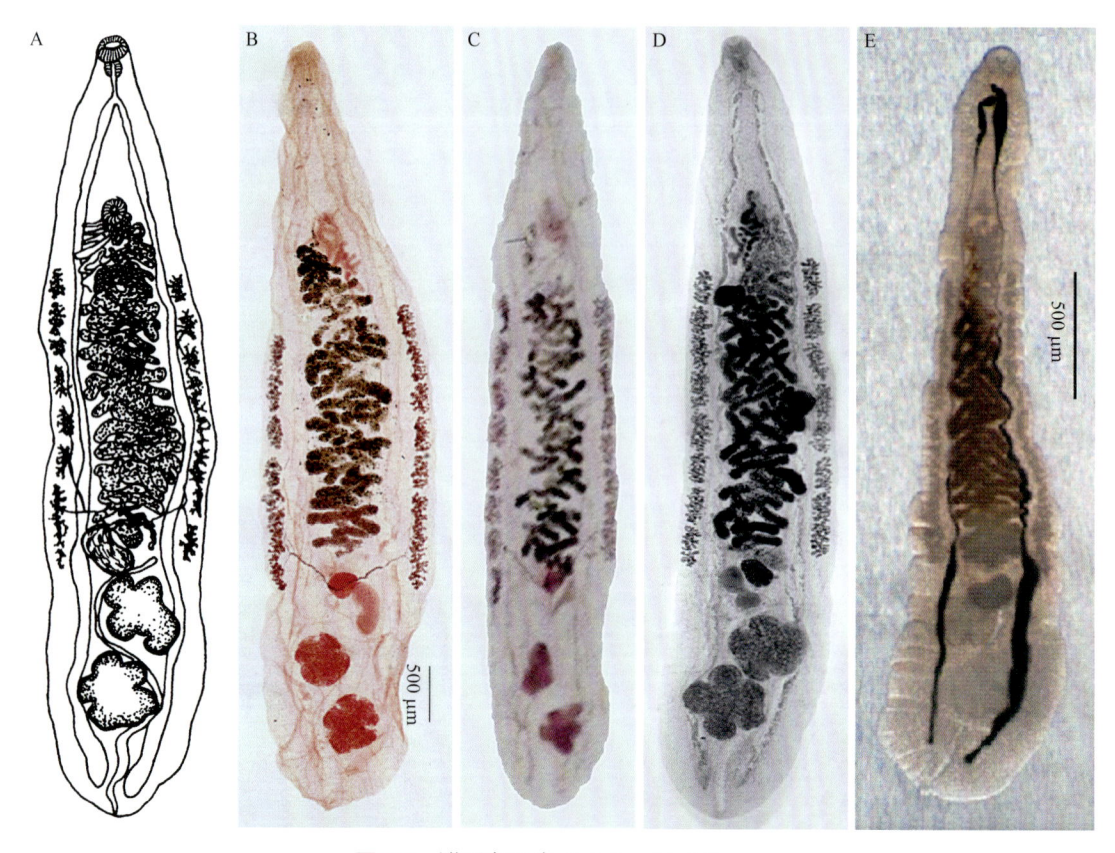

图 234 猫后睾吸虫 *Opisthorchis felineus*

A. 引 黄兵 等（2006）；B. 原图（NEAU）；C. 原图（SCAU）；D. 引 Mordvinow 等（2012）；E. 引 Pozio 等（2013）

235 似后睾吸虫 *Opisthorchis simulans* Looss, 1896

【关联序号】37.1.6（31.7.5）/ 。

【宿主范围】成虫寄生于鸡、鸭、鹅的胆管。
【地理分布】贵州、江西、陕西。
【形态结构】虫体细长，背腹扁平，中部较宽，尾端尖，大小为 20.320 mm×0.865 mm。口吸盘直径为 0.351 mm。腹吸盘小于口吸盘，直径为 0.243 mm。咽发达，直径为 0.351 mm，食道极短，两肠支伸达虫体后端。睾丸为长椭圆形或卵圆形，前睾丸大小为 0.567 mm×0.378 mm，后睾丸大小为 0.567 mm×0.541 mm。缺生殖囊，生殖孔开口于腹吸盘前。卵巢分成多瓣，位于前睾丸之前。受精囊较小，位于卵巢后方。卵黄腺前起于虫体中部水平线，后止于卵巢水平线，分布于肠支的外侧。子宫环盘曲于腹吸盘与卵巢之间。虫卵大小为 29 μm×15 μm。

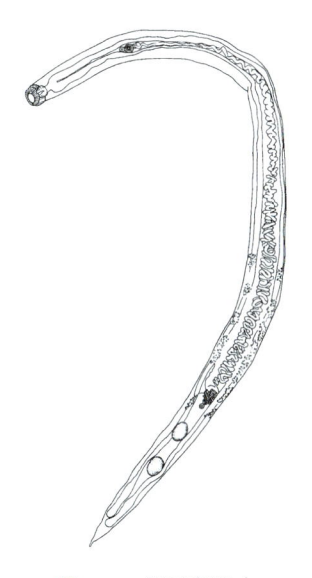

图235 似后睾吸虫 *Opisthorchis simulans* 引 成源达（2011）

236 细颈后睾吸虫
***Opisthorchis tenuicollis* Rudolphi, 1819**

【关联序号】37.1.7（31.7.6）/255。
【宿主范围】成虫寄生于犬、猫、鸭、鸡的胆管。
【地理分布】福建、广东、广西、贵州、四川、浙江。
【形态结构】虫体呈长叶状，体表无棘，前 1/3 部分逐渐变尖细，虫体大小为 7.100～8.400 mm×1.400～2.200 mm。口吸盘呈圆形，位于虫体前端，大小为 0.170～0.260 mm×0.180～0.250 mm。腹吸盘呈偏圆形，位于虫体前 1/4 处，大小为 0.230～0.320 mm×0.320～0.360 mm。两肠支沿虫体两侧伸达虫体的后部。睾丸 2 枚，呈分叶状，前睾丸分成 4 叶，后睾丸分成 5 叶，前后排列于虫体后 1/4 处。卵巢位于前睾丸的前方，分成 3 瓣。受精囊呈袋状，位于卵巢与前睾丸之间。卵黄腺分布于虫体两侧，每侧由 8 组卵黄腺滤泡组成，前起于腹吸盘后方，后止于卵巢前缘。子宫发达，弯曲盘卷于腹吸盘与卵巢之间，生殖孔开口于腹吸盘的前缘。虫卵为椭圆形，大小为 29～33 μm×15～17 μm。排泄囊呈 S 形，前伸至睾丸之间，排泄孔位于虫体末端。

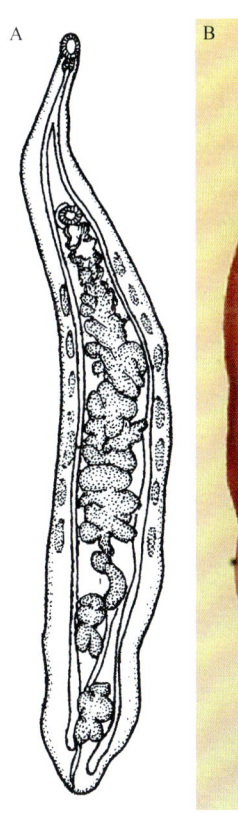

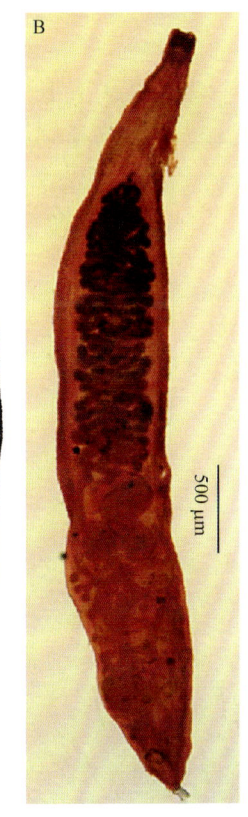

图236 细颈后睾吸虫 *Opisthorchis tenuicollis*
A. 引 黄兵 等（2006）；B. 原图（SHVRI）

双腔科

Dicrocoeliidae Odhner, 1910

【同物异名】岐腔科。

【宿主范围】成虫寄生于禽类和哺乳动物的胆管和胆囊（极少数种类寄生于胰管和小肠），偶尔也寄生于爬行动物和有袋类动物。

【形态结构】虫体扁平，形状多样，体表具棘或无棘，有时棘的外观为圆锥乳头状。吸盘发育良好，口吸盘位于虫体亚前端，腹吸盘位于虫体前半部。通常缺前咽，咽为肌质。食道普遍较短，有时不易见。肠分叉位于虫体前部，肠支2根，长度变异大，其盲端可达虫体后1/3。两睾丸通常位于虫体前半部的腹吸盘之后，少数并列于腹吸盘两侧。雄茎囊发育良好，位于腹吸盘前方，内含贮精囊、前列腺和不具刺的雄茎。生殖孔位于肠分叉或咽的中央或亚中央。卵巢通常位于睾丸之后，具受精囊、梅氏腺和劳氏管。卵黄腺的长度有限，形成2列带状或簇状分布于虫体中部两侧，偶尔为单列。子宫的下降支和上升支组成许多盘曲，占据了虫体后部的大部分，其后段总是绕行于睾丸之间，子宫内充满虫卵。虫卵为椭圆形，有卵盖，卵内有毛蚴。排泄囊为I形、Y形或T形，排泄孔位于虫体末端或亚末端。模式属：双腔属［*Dicrocoelium* Dujardin, 1845］。

在中国家畜家禽中已记录双腔科吸虫3属17种，本书收录3属16种，参考汪明（2004）编制双腔科3属的分类检索表如下。

双腔科分属检索表

1. 虫体长形或梭形，睾丸前后斜列或并列，间距小 ...... 双腔属 *Dicrocoelium*
   虫体圆形或长形，睾丸并列，间距大 2
2. 腹吸盘近赤道线，卵黄腺大部分在赤道线后，生殖孔在肠叉后 ....
   .... 阔盘属 *Eurytrema*
   腹吸盘位于前半部，卵黄腺在赤道线前后，生殖孔在肠叉处 ....
   .... 扁体属 *Platynosomum*

10.1 双腔属
Dicrocoelium Dujardin, 1845

【同物异名】中睾亚属（subgenus *Mediorchis* Panin, 1971）。
【宿主范围】成虫寄生于禽类和哺乳动物的胆管和胆囊。
【形态结构】虫体拉长，呈矛形或纺锤形，体表不具棘。口吸盘通常略大于腹吸盘。咽小，食道相对较长，肠支盲端不达虫体后端。两睾丸大，紧位于腹吸盘后，略呈斜列，可具浅裂。雄茎囊伸长，可达腹吸盘前缘。生殖孔刚好位于肠叉后的中央。卵巢小于睾丸，接近后睾丸。子宫盘曲于虫体后部。卵黄腺为带状，由小滤泡组成，分布于虫体中 1/3 的两侧。排泄囊为 I 形或 Y 形，其主干可达卵巢附近，排泄孔位于虫体末端。模式种：枝双腔吸虫［*Dicrocoelium dendriticum* (Rudolphi, 1819) Looss, 1899］。

237 中华双腔吸虫 *Dicrocoelium chinensis* Tang et Tang, 1978

【关联序号】30.2.1（32.1.1）/ 219。
【宿主范围】成虫寄生于黄牛、水牛、牦牛、绵羊、山羊、兔的胆管和胆囊。
【地理分布】重庆、福建、甘肃、广东、河北、黑龙江、吉林、辽宁、内蒙古、宁夏、青海、山西、四川、天津、西藏、新疆、云南、浙江。
【形态结构】虫体呈宽扁状，在腹吸盘水平的两体侧有肩状突出，虫体由此向体前端收缩呈头锥状，大小为 3.540～8.960 mm×2.030～3.090 mm，体宽与体长之比为 1:1.5～1:3.1。口吸盘位于虫体前端，大小为 0.350～0.560 mm×0.390～0.560 mm。腹吸盘位于虫体前方 29%～38%（平均 32%）处，大小为 0.470～0.750 mm×0.490～0.750 mm。咽大小为 0.150～0.230 mm×0.120～0.180 mm，食道长 0.260～0.530 mm，两肠支沿虫体两侧达虫体后 1/6 处。睾丸呈圆形，不规则块状或分瓣，左右排列于腹吸盘的后方，左睾丸大小为 0.454～0.894 mm×0.474～0.926 mm，右睾丸大小为 0.503～0.982 mm×0.481～0.879 mm。雄茎囊位于腹吸盘与肠叉之间，大小为 0.611～0.643 mm×0.256～0.287 mm，生殖孔开口于肠叉附近。卵巢呈横卵圆形或分瓣，位于睾丸后方中线的一侧，大小为 0.215～0.236 mm×0.365～0.387 mm。卵黄腺小滤泡形成带状，分布于两肠支的外侧，前起于睾丸，后止于虫体后 1/3 处。子宫环褶主要盘曲于睾丸之后，至虫体末端，子宫后段从两睾丸之间穿行，越过腹吸盘到达生殖孔，内含虫卵。虫卵大小为 45～51 μm×30～33 μm。

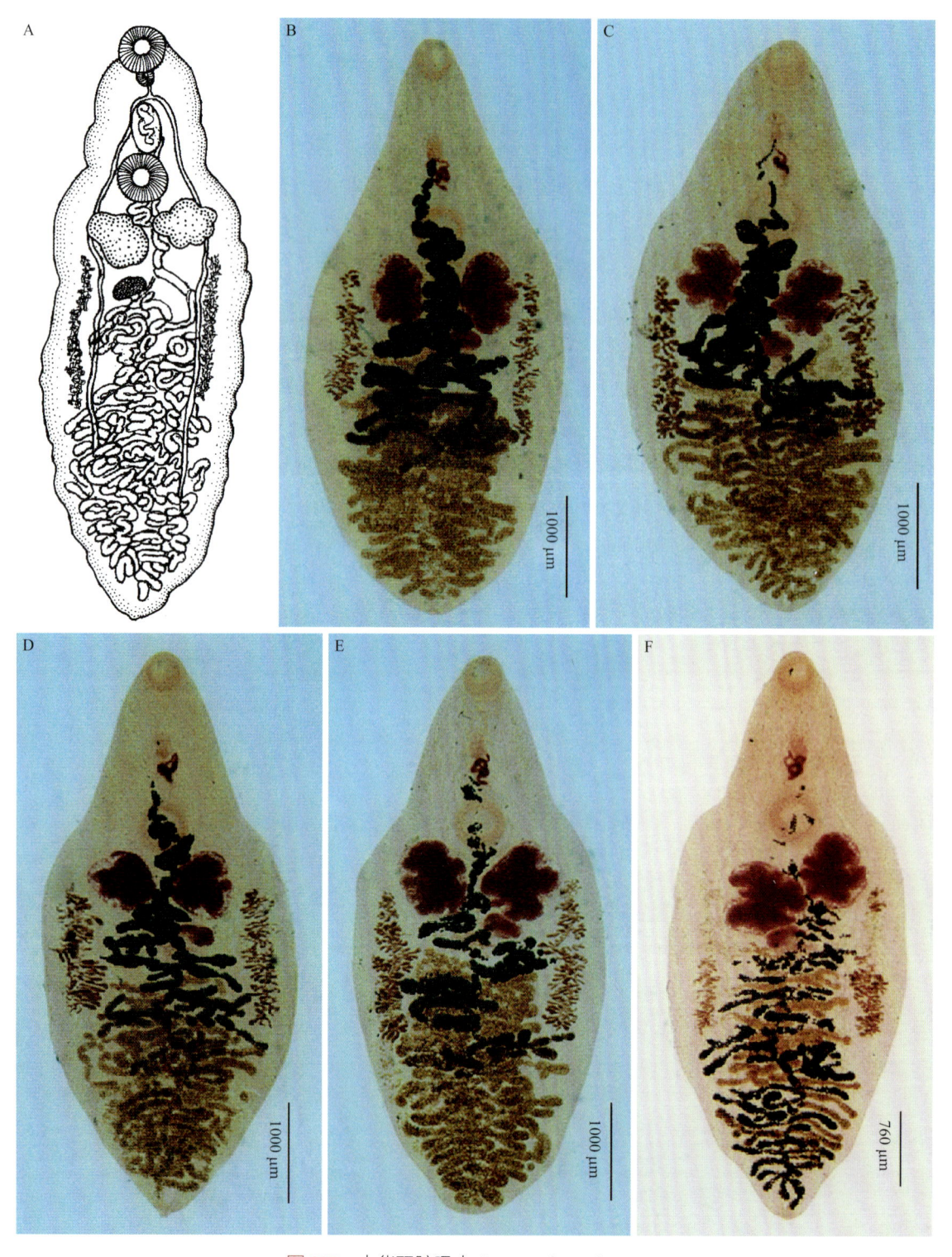

图 237　中华双腔吸虫 *Dicrocoelium chinensis*
A. 仿 唐仲璋和唐崇惕（1978）；B～F. 原图（SHVRI）

238 枝双腔吸虫 *Dicrocoelium dendriticum* (Rudolphi, 1819) Looss, 1899

【关联序号】30.2.2（32.1.2）/220。

【宿主范围】成虫寄生于黄牛、绵羊的胆管。

【地理分布】黑龙江、青海。

【形态结构】虫体扁平而透明，两端略尖，体表无棘，大小为 4.700~15.000 mm×1.300~2.500 mm。口吸盘位于虫体前端，直径为 0.279~0.386 mm。腹吸盘略大于口吸盘，位于虫体前 2/5 处，直径为 0.301~0.454 mm。咽小，紧接口吸盘。食道相对较长，肠支向后伸展，但不到达虫体的末端。睾丸 2 枚，位于腹吸盘之后，前后斜列或相对排列，大小为 0.502~0.917 mm×0.436~0.747 mm。雄茎囊长形，生殖孔位于肠分叉处。卵巢为椭圆形，位于睾丸之后，偏于虫体的右侧。卵黄腺滤泡分布在虫体的两侧，由睾丸后缘水平起向后伸展至虫体后 1/3 处，卵黄腺长度为 0.600~2.220 mm。子宫从卵模开始向后盘绕，伸展到虫体的后端，然后折回，盘绕而上，直达生殖孔。虫卵呈深棕色，卵壳厚，内含一个已成熟的毛蚴，虫卵大小为 38~45 μm×22~30 μm。

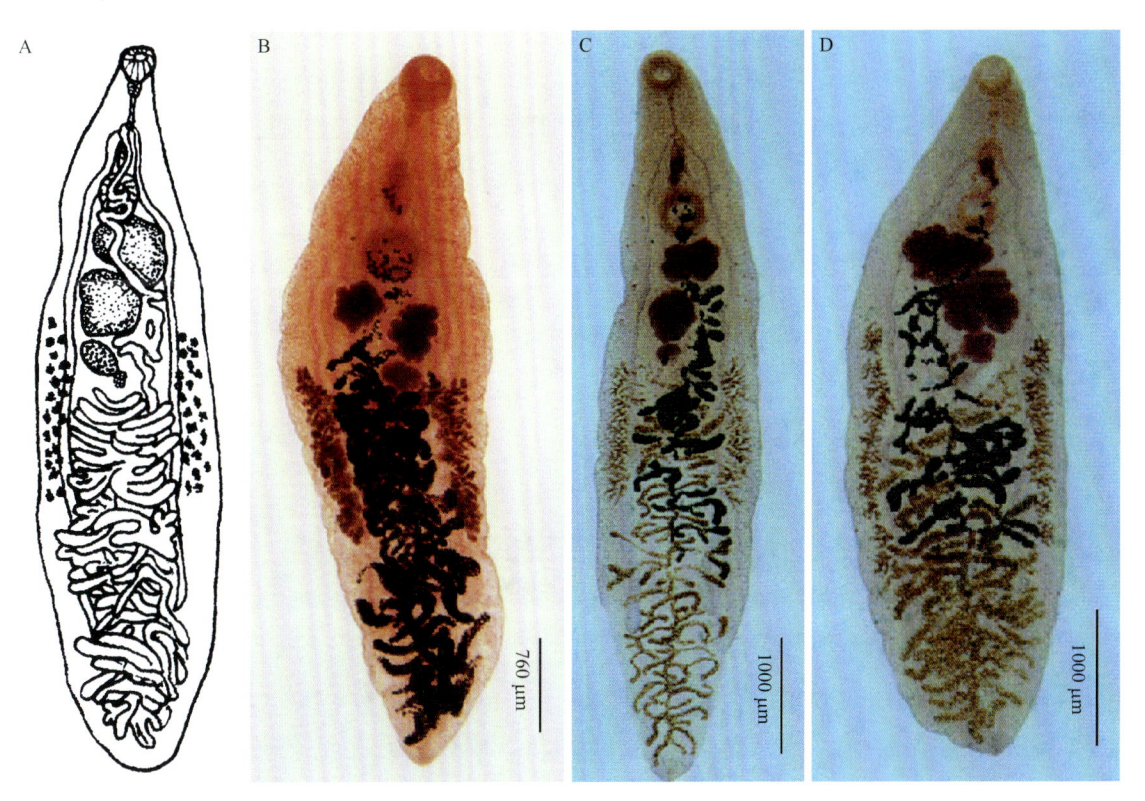

图 238　枝双腔吸虫 *Dicrocoelium dendriticum*
A. 引黄兵等（2006）；B~D. 原图（SHVRI）

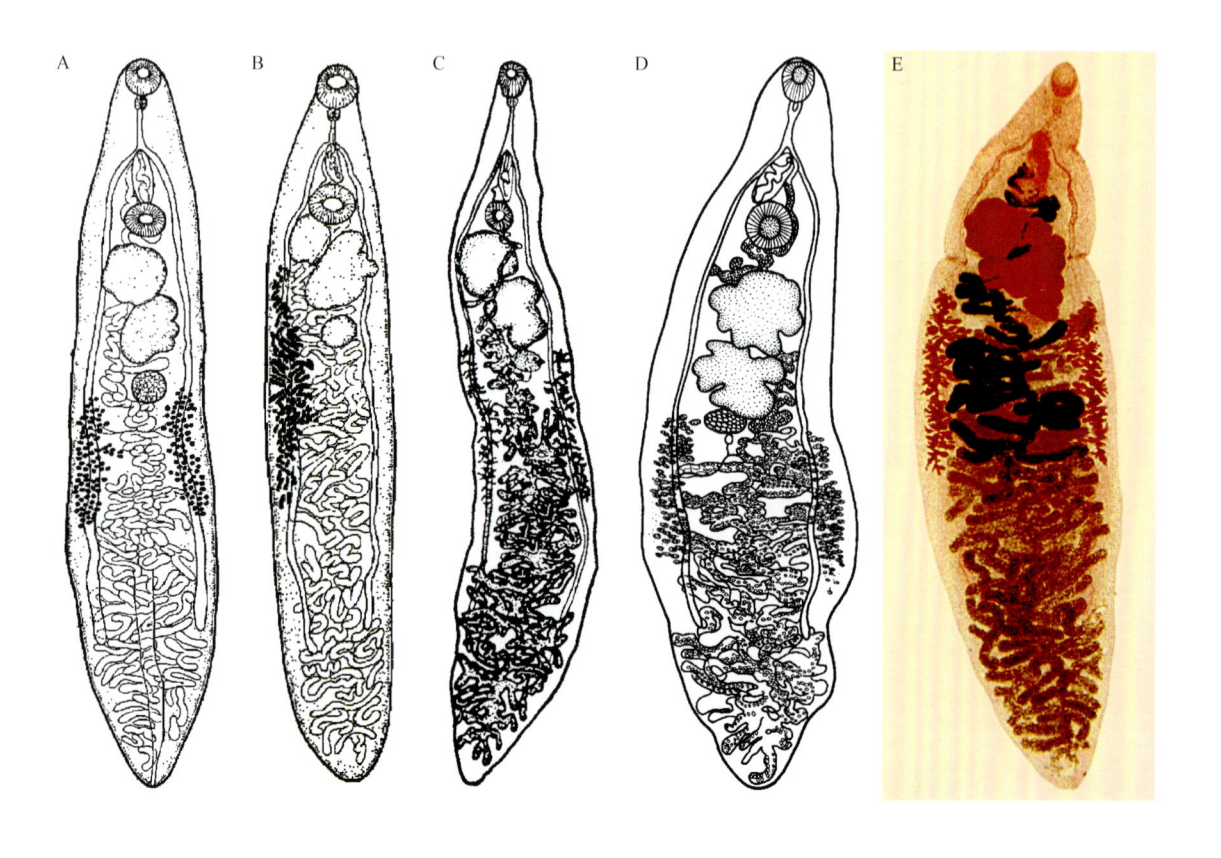

239 矛形双腔吸虫 *Dicrocoelium lanceatum* Stiles et Hassall, 1896

【关联序号】30.2.4（32.1.4）/221。

【宿主范围】成虫寄生于马、驴、骡、黄牛、水牛、牦牛、犏牛、绵羊、山羊、猪、兔的胆管和胆囊。

【地理分布】安徽、重庆、福建、甘肃、广东、广西、贵州、河北、河南、黑龙江、湖北、吉林、江苏、辽宁、内蒙古、宁夏、青海、山东、山西、陕西、四川、天津、西藏、新疆、云南、浙江。

【形态结构】虫体狭长，呈矛形，棕红色，大小为 6.670～8.340 mm×1.180～2.140 mm。口吸盘位于虫体前端，大小为 0.338～0.412 mm×0.352～0.426 mm。咽紧随口吸盘，下接食道和 2 根简单的肠支。腹吸盘大于口吸盘，位于虫体前 1/5 处，大小为 0.441～0.450 mm×0.441～0.470 mm。睾丸 2 枚，圆形或边缘具缺刻，前后排列或斜列于腹吸盘的后方，左睾丸大小为 0.368～0.515 mm×0.386～0.764 mm，右睾丸大小为 0.544～0.676 mm×0.559～0.720 mm。雄茎囊位于肠分叉与腹吸盘之间，大小为 0.441～0.500 mm×0.147～0.162 mm，内含扭曲的贮精囊、前列腺和雄茎，生殖孔开口于肠分叉处。卵巢位于后睾丸之后，绝大多数为横椭圆形，少数边缘不整齐。多数虫体的

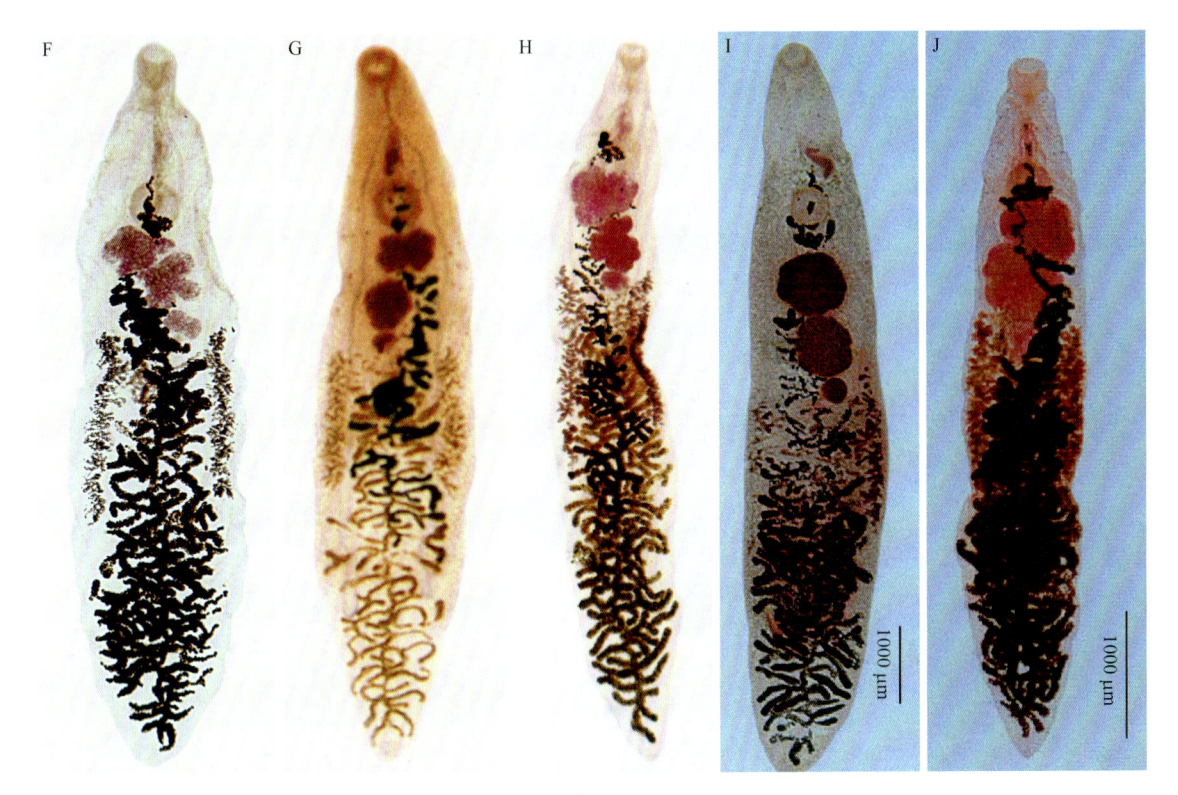

图 239　矛形双腔吸虫 Dicrocoelium lanceatum
A、B. 引 唐崇惕 等（1981）；C. 引 张峰山 等（1986d）；D. 引 蒋学良和周婉丽（2004）；
E～H. 原图（WNMC）；I、J. 原图（SHVRI）

卵黄腺位于中部的两侧，也有个别虫体的卵黄腺集中在一侧。子宫弯曲，充满虫体的后半部，内含大量虫卵。虫卵似卵圆形，褐色，具卵盖，大小为 34～47 μm×29～33 μm，内含毛蚴。

240　扁体矛形双腔吸虫亚种　*Dicrocoelium lanceatum platynosomum* Tang, Tang, Qi, et al., 1981

【关联序号】30.2.6（32.1.6）/ 　。

【宿主范围】成虫寄生于黄牛、绵羊、山羊的胆管、胆囊。

【地理分布】贵州、宁夏、青海、陕西、四川、西藏、新疆。

【形态结构】虫体呈叶片状，前端有一小头锥，腹吸盘水平之后为宽扁，大小为 3.925～5.821 mm×1.470～1.881 mm，体宽与体长之比为 1:2.13～1:3.96。口吸盘位于虫体前端，大小为 0.235～0.323 mm×0.265～0.309 mm。腹吸盘位于虫体前约 1/5 处，大小为 0.294～0.441 mm×0.323～0.470 mm。口吸盘与腹吸盘的直径之比为 1:1.16～1:1.56，横径之比为 1:1.2～1:1.6。咽大小为 0.088～0.118 mm×0.088～0.118 mm。睾丸 2 枚，宽而扁，具深分叶，长度与宽度比约为 1:2，前后斜列于腹吸盘之后，左侧睾丸大小为 0.191～0.338 mm×

0.368～0.661 mm，右侧睾丸大小为 0.235～0.368 mm×0.392～0.647 mm。雄茎囊较小，位于肠叉与腹吸盘之间，大小为 0.235～0.368 mm×0.074～0.088 mm，生殖孔开口于肠叉处。卵巢宽而扁，分 4 或 5 瓣，位于后睾丸之后，大小为 0.088～0.176 mm×0.235～0.338 mm。卵黄腺呈树枝状，由滤泡组成，分布于虫体中部的两侧。子宫盘曲于睾丸与虫体末端之间，部分可跨越肠支。虫卵大小为 45～48 μm×33～35 μm。

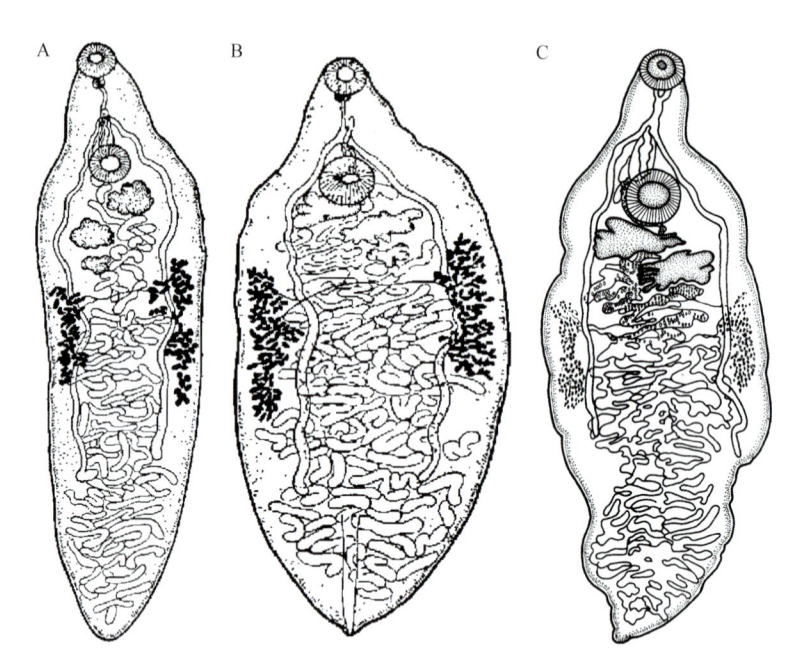

图 240　扁体矛形双腔吸虫亚种 *Dicrocoelium lanceatum platynosomum*
A，B. 引唐崇惕 等（1981）；C. 引蒋学良和周婉丽（2004）

241　东方双腔吸虫　　*Dicrocoelium orientalis* Sudarikov et Ryjikov, 1951

【关联序号】30.2.5（32.1.5）/ 222。

【宿主范围】成虫寄生于黄牛、牦牛、绵羊、山羊、兔的胆管、胆囊。

【地理分布】重庆、甘肃、内蒙古、宁夏、山西、陕西、四川、西藏、新疆、云南。

【形态结构】虫体扁平，前半部宽大，后半部较窄，尾部尖细，具有明显的头锥，最大宽度位于睾丸水平处。虫体大小为 6.840～8.670 mm×1.650～2.660 mm。口吸盘为圆形，位于虫体亚前端腹面，大小为 0.380～0.523 mm×0.410～0.522 mm。腹吸盘比口吸盘略大，为圆形，位于睾丸前方，大小为 0.480～0.542 mm×0.513～0.572 mm。咽近似圆形，大小为 0.136～0.178 mm×0.139～0.169 mm。食道长 0.230～0.320 mm，两肠支沿虫体两侧向后延伸，其盲端达虫体后 1/5 处。睾丸 2 枚，呈近圆形，表面光滑或具浅裂，左右并列于腹吸盘的后方，大小为 1.017~1.158 mm×0.726~0.782 mm。雄茎囊呈椭圆形，位于肠叉与腹吸盘之间，大小为 0.726~0.752 mm×0.375~0.402 mm，内含贮精囊、前列腺和雄茎，生殖孔开口于肠分叉处。卵巢呈椭圆形，略分叶或不分叶，紧靠睾丸的后方或与睾丸有一定距离，大小为 0.280~0.570 mm×0.190~0.570 mm，卵巢后面有卵模和梅氏腺。卵黄腺分布于虫体两侧的中部，呈粗颗状，排列成带，长 1.330~1.900 mm，前起于睾丸中部水平，后止于虫体后 3/5 处。子宫盘曲于睾丸与虫体末端之间，后段为一弯曲单管越过腹吸盘，末端与生殖孔相连。成熟的虫卵为椭圆形或卵圆形，深褐色，两侧不对称，具卵盖，内含发育成熟的毛蚴，虫卵大小为 39~46 μm×25~29 μm。

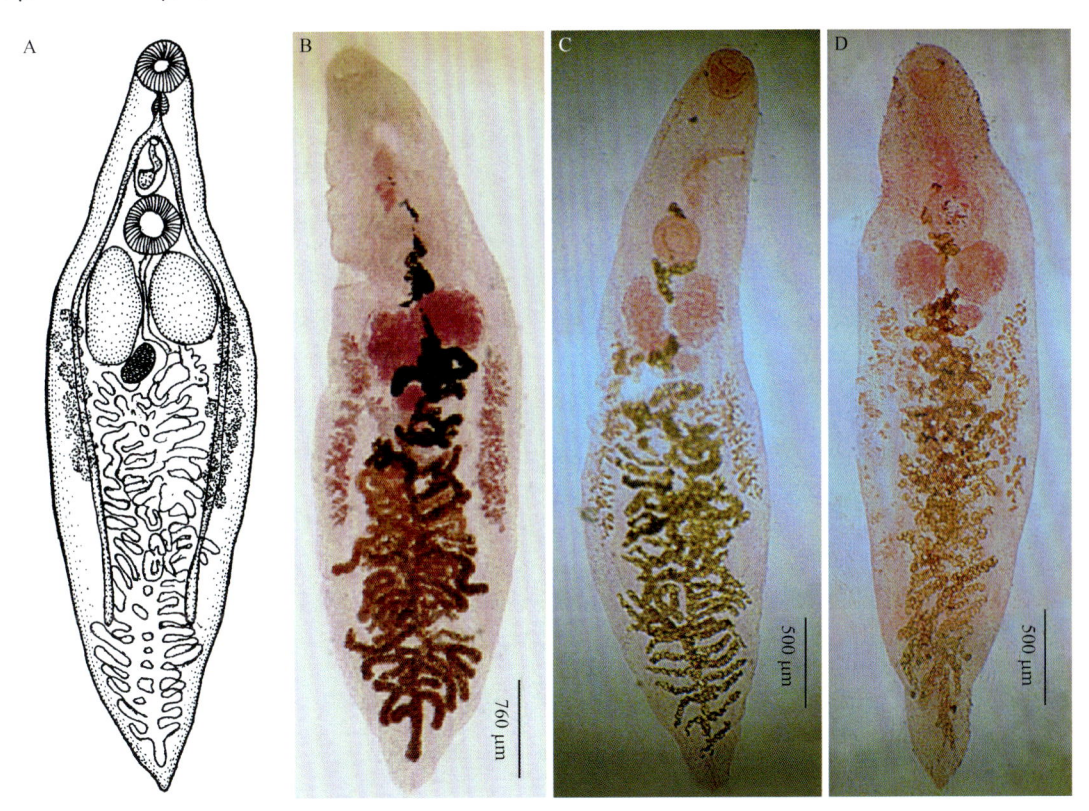

图 241　东方双腔吸虫 *Dicrocoelium orientalis*
A. 引黄兵等（2006）；B. 原图（SHVRI）；C, D. 原图（SASA）

10.2 阔盘属
Eurytrema Looss, 1907

【同物异名】胰腺亚属（subgenus *Pancreaticum* Bhalerao, 1936）。

【宿主范围】成虫寄生于哺乳动物的胆管、胆囊、胰腺管和肠道。

【形态结构】虫体为宽卵圆形或纺锤形，体表具棘或无棘。口吸盘与腹吸盘大小相近，腹吸盘通常略小于口吸盘，并与口吸盘相距较远，有时位于虫体中部附近。咽发育良好，食道很短，肠分叉在体前部。肠支较长，但盲端距虫体末端较远。两睾丸并列于腹吸盘的后外侧，可与肠支重叠，可具浅裂。雄茎囊大而拉长，位于肠叉与腹吸盘之间，可达腹吸盘。生殖孔位于肠叉后。卵巢位于睾丸之后的亚中央，可具浅裂。卵黄腺滤泡带较短而宽，有时成簇，位于睾丸之后。子宫圈充满腹吸盘后方两肠支内侧部分。排泄囊为 T 形，主干长，接近卵巢，排泄孔位于虫体末端。模式种：胰阔盘吸虫 [*Eurytrema pancreaticum* (Janson, 1889) Looss, 1907]。

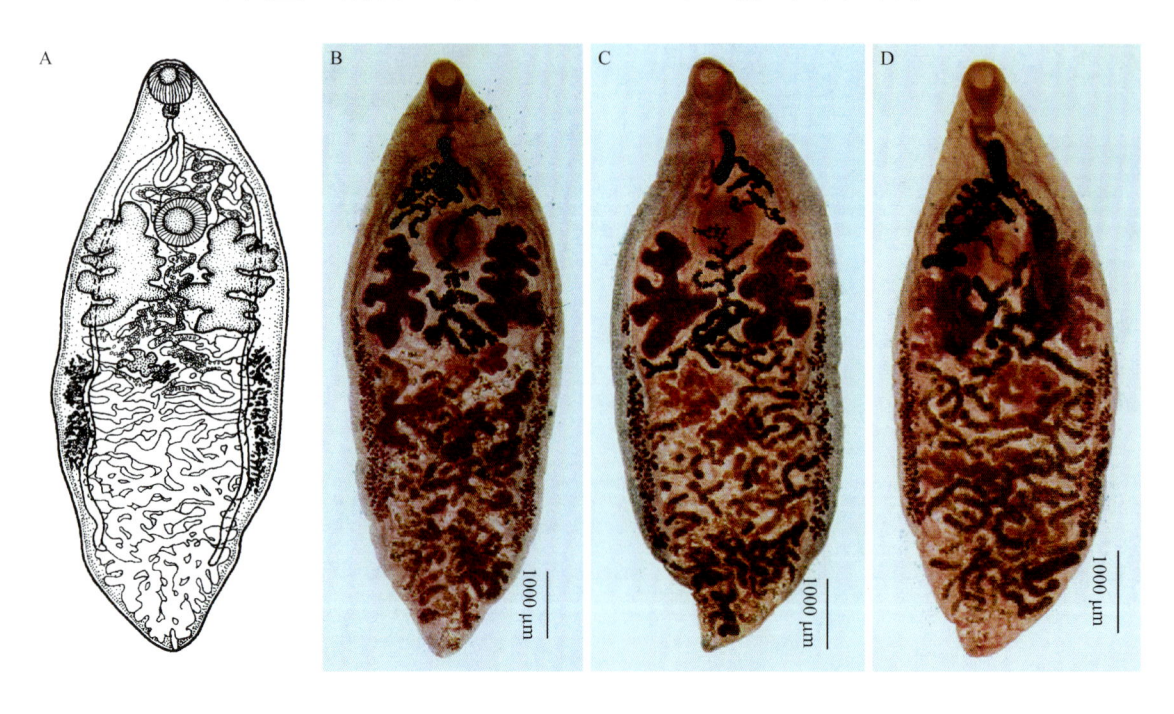

242 枝睾阔盘吸虫　　*Eurytrema cladorchis* Chin, Li et Wei, 1965

【关联序号】30.1.1（32.2.1）/ 214。

【宿主范围】成虫寄生于黄牛、水牛、牦牛、绵羊、山羊的胰管。

【地理分布】安徽、重庆、福建、甘肃、广东、广西、贵州、河北、河南、湖南、江西、四川、天津、云南、浙江。

【形态结构】虫体呈瓜子形或长纺锤体形，前端稍尖，后端膨大，大小为 4.490～10.640 mm×2.170～3.080 mm。口吸盘位于亚顶端，大小为 0.370～1.010 mm×0.370～0.920 mm，其直径与体宽之比为 0.14∶1～0.23∶1。腹吸盘位于虫体前 1/4～1/3 处，大小为 0.520～1.120 mm×0.490～0.880 mm，其直径与体宽之比为 0.22∶1～0.28∶1。无前咽，咽大小为 0.150～0.390 mm×

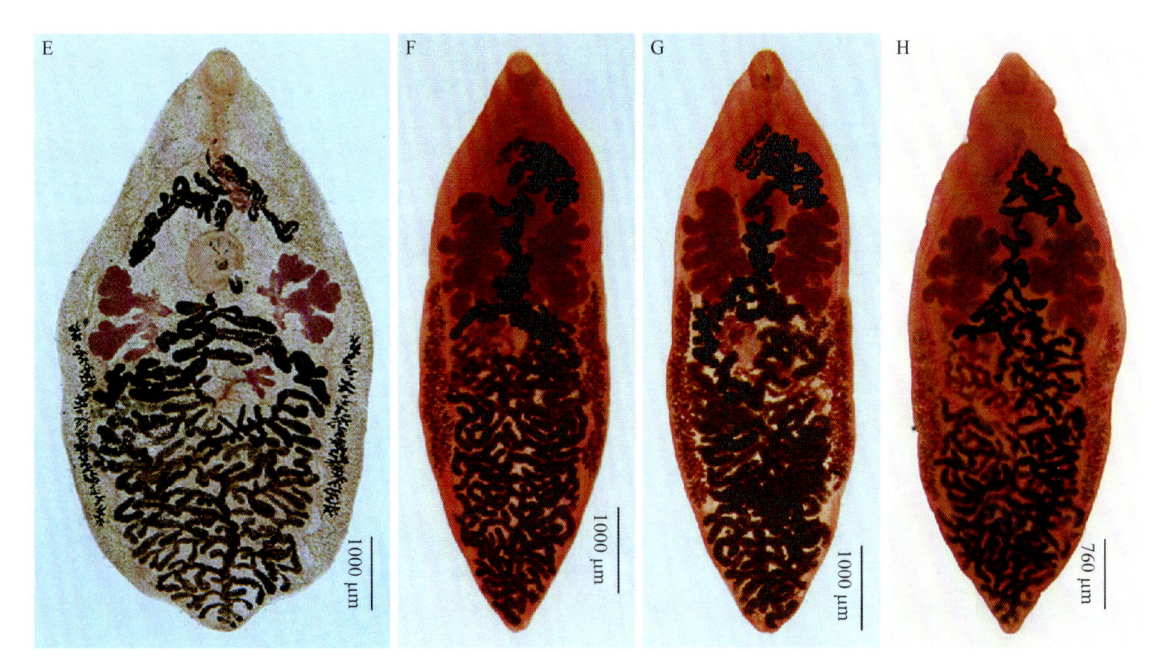

图 242　枝睾阔盘吸虫 Eurytrema cladorchis
A. 引 蒋学良和周婉丽（2004）；B～H. 原图（SHVRI）

0.150～0.270 mm，食道长 0.110～0.520 mm，肠支盲端达虫体后 1/5～1/4 水平。睾丸 2 枚，呈分支状，对称排列于腹吸盘后半部之后的两侧，左睾丸大小为 0.670～1.240 mm×0.570～0.890 mm，右睾丸大小为 0.723～1.350 mm×0.480～0.880 mm。雄茎囊位于腹吸盘前方，大小为 0.650～1.050 mm×0.190～0.320 mm，其底部多数不到达腹吸盘前缘，生殖孔开口于肠分叉之前。卵巢分 5～7 瓣，位于睾丸后虫体中横线附近的亚中央，大小为 0.270～0.530 mm×0.230～0.420 mm。卵黄腺滤泡小而成丛，起于睾丸后部水平，终于肠支盲端附近。子宫几乎充满两肠支之间所有的空隙，内含大量虫卵。虫卵大小为 45～52 μm×30～34 μm。

243　腔阔盘吸虫　Eurytrema coelomaticum (Giard et Billet, 1892) Looss, 1907

【关联序号】30.1.2（32.2.2）/ 215。

【宿主范围】成虫寄生于骆驼、黄牛、水牛、牦牛、绵羊、山羊的胰管。

【地理分布】安徽、重庆、福建、甘肃、广东、广西、贵州、海南、河北、河南、黑龙江、湖北、湖南、吉林、江苏、江西、内蒙古、陕西、四川、台湾、天津、云南、浙江。

【形态结构】虫体扁平呈长椭圆形，虫体渐渐向头端变尖，尾部呈三角形，虫体大小为 5.280～9.520 mm×2.310～4.550 mm。口吸盘位于虫体的前端，呈卵圆形，大小为 0.660～0.850 mm×0.670～0.845 mm。腹吸盘大小几乎与口吸盘相等。咽小，呈球形或卵圆形，位于口吸盘后端，大

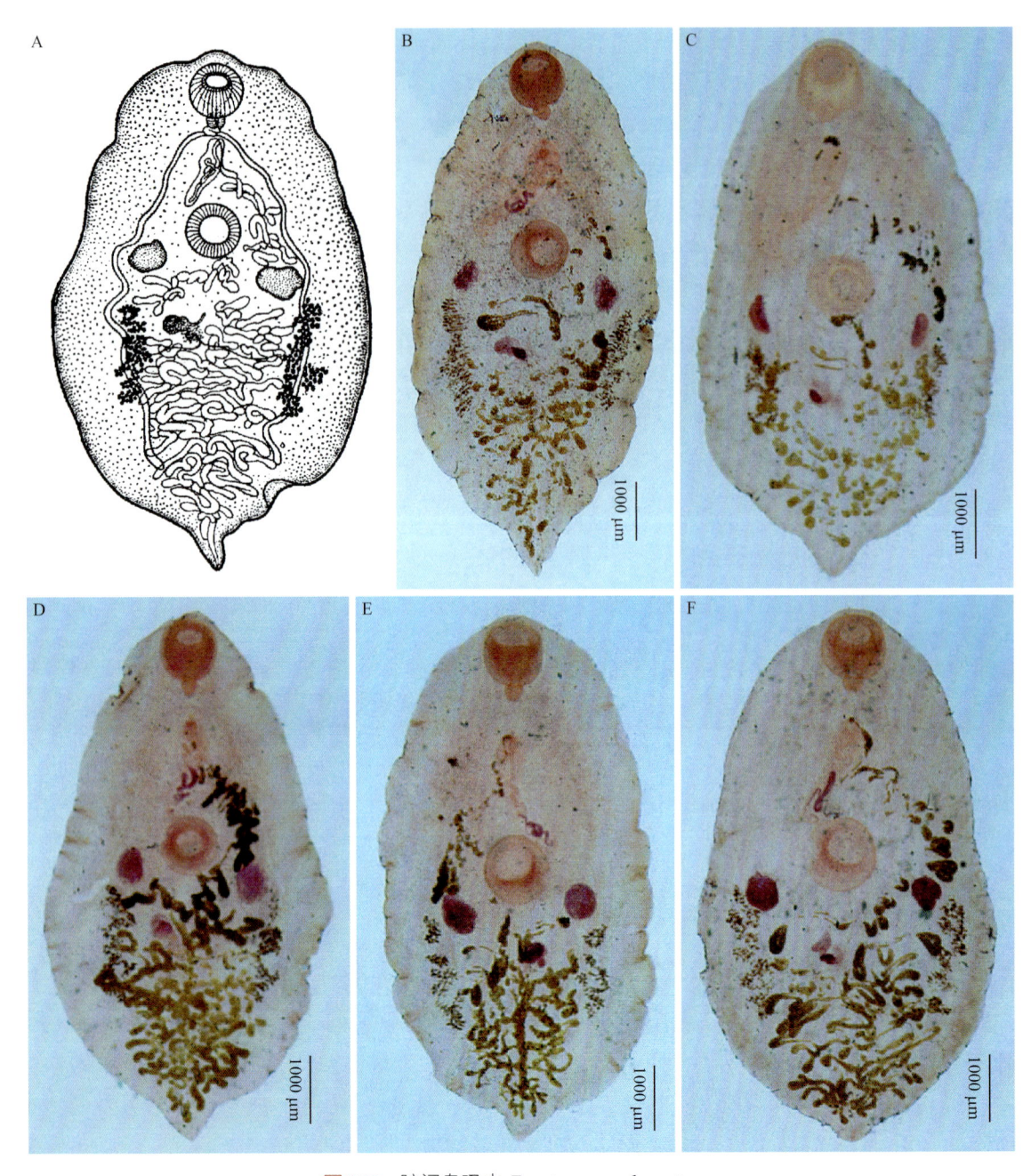

图 243 腔阔盘吸虫 *Eurytrema coelomaticum*
A. 引黄兵等（2006）；B～F. 原图（SHVRI）

小为 0.220～0.294 mm×0.210～0.242 mm。食道长 0.322～0.462 mm，肠支较直，沿虫体两侧向后延伸至末端。睾丸 2 枚，左右排列在腹吸盘后方，形似肾脏或卵圆形，大小为 0.204～0.440 mm×0.380～0.509 mm。雄茎囊位于腹吸盘和肠叉之间，大小为 0.228～0.321 mm×1.072～1.300 mm。雄茎呈指状，表面无棘，生殖孔开口于肠分叉处之后。卵巢呈不规则的卵圆形，无明显的分叶，但少数有凹痕，位于雄茎囊同侧的睾丸之后，大小为 0.321～0.433 mm×0.334～0.466 mm。梅氏腺在卵巢的内侧。卵黄腺由许多圆形滤泡颗粒组成，前后成纵行连续排列在虫体两侧，始于睾丸的后方至虫体 3/4 处止，且常与肠支相互重叠。子宫呈盘曲状，密布在虫体后半部的两肠支之间，有的超出肠支之外，但在腹吸盘与肠支分叉处之间很少形成致密的盘曲。虫卵呈黄褐色，椭圆形，大小为 40～52 μm×24～38 μm。排泄管较粗，呈管状，位于虫体后部中央，排泄孔开口于虫体末端。

244　福建阔盘吸虫　　　　　　　　　　　　*Eurytrema fukienensis* Tang et Tang, 1978

【关联序号】30.1.3（32.2.3）/ 216。
【宿主范围】成虫寄生于水牛、山羊的胰管。
【地理分布】福建、贵州。
【形态结构】虫体窄而长，两端较尖，中部较宽，大小为 12.760 mm×2.780 mm，体宽与体长之比为 1∶4.6。口吸盘位于亚顶端，大小为 0.751 mm×0.722 mm，其横径与体最宽处之比为 0.26∶1。腹吸盘位于虫体前 1/4 处，大小为 1.099 mm×1.039 mm，其横径与体最宽处之比为 0.37∶1。口吸盘与腹吸盘的直径之比为 0.68∶1，横径之比为 0.7∶1。咽大小为 0.271 mm×0.301 mm，食道长 0.542 mm，两肠支盲端达虫体后 1/6 处。睾丸 2 枚，大而分支，支瓣粗短，对称排列于腹吸盘后缘之后的两侧，大小为 1.716～1.776 mm×0.753～0.873 mm。雄茎囊呈长瓶状，大小为 1.294 mm×0.376 mm，位于腹吸盘的前方，其底部靠近腹吸盘的前缘，生殖孔开口在食道中段水平的腹面。卵巢呈三叶状，位于睾丸之后的虫体中横线前方，大小为 0.602 mm×0.602 mm。卵黄腺滤泡为丛粒状，每粒大小为 0.066～0.165 mm×0.075～0.144 mm，紧连成一纵行，不作树枝状排列，位于虫体中部两侧，前端起于睾丸后部及后缘水平，后端未达到肠支盲端，其全长为 4.064～4.711 mm。子宫圈充满两肠支内侧的全部间隙，内含多数虫卵。虫卵较小，大小为 39～47 μm×27～30 μm。

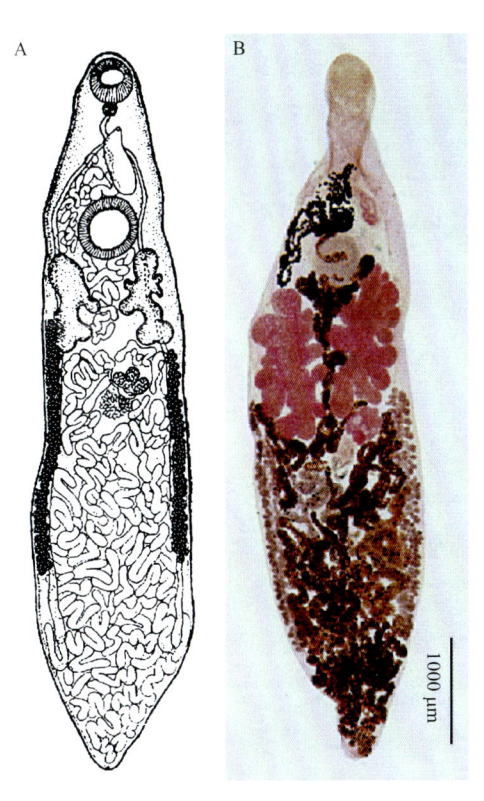

图 244　福建阔盘吸虫 *Eurytrema fukienensis*
A. 引 唐仲璋和唐崇惕（1978）；B. 原图（SHVRI）

245 河麂阔盘吸虫　　*Eurytrema hydropotes* Tang et Tang, 1975

【关联序号】30.1.4（32.2.4）/　。
【宿主范围】成虫寄生于牛的胰管。
【地理分布】贵州、广东。
【形态结构】虫体呈长椭圆形或圆筒形，前端钝圆，后端略尖削，大小为 6.652～7.856 mm×2.860～3.702 mm。口吸盘呈圆形，位于虫体亚前端，大小为 0.813～0.978 mm×0.843～0.993 mm。腹吸盘比口吸盘大，位于虫体中横线前方，距虫体前端 2.709～3.161 mm，大小为 0.933～1.129 mm×0.993～1.159 mm。咽紧接口吸盘，大小为 0.301～0.376 mm×0.286～0.301 mm，食道长 0.045～0.075 mm，多数标本肠支紧连于咽而见不到食道，肠支沿虫体两侧延伸至后方。睾丸分列于腹吸盘两侧，表面略有缺刻或浅的分瓣，大小为 0.452～0.808 mm×0.301～0.527 mm。雄茎囊很大，呈棒状，位于腹吸盘与肠叉之间，大小为 0.903～1.264 mm×0.226～0.301 mm。生殖孔位于肠叉之后，常有很长的雄茎从生殖孔伸出。卵巢位于腹吸盘之后，具很深的3个分瓣，大小为 0.482～0.542 mm×0.376～0.602 mm。受精卵紧接卵巢，大小为 0.452～0.482 mm×0.391～0.527 mm。子宫主要盘曲于腹吸盘与虫体末端之间。虫卵大小为 47～51 μm×32～35 μm。

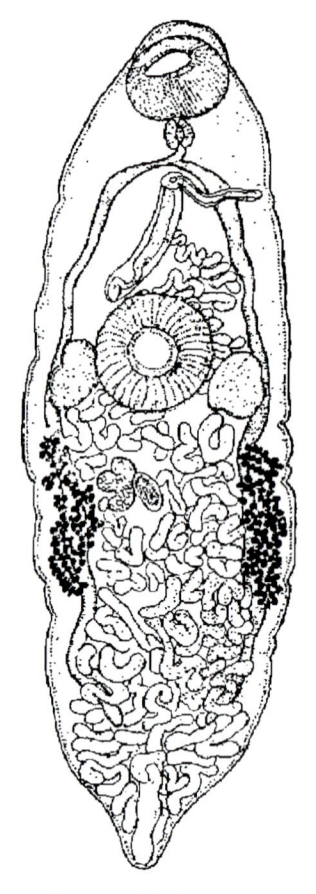

图 245　河麂阔盘吸虫
Eurytrema hydropotes
引 唐仲璋和唐崇惕（1975）

246 广西阔盘吸虫　　*Eurytrema kwangsiensis* Liao, Yang et Qin, 1986

【宿主范围】成虫寄生于山羊的胰管。
【地理分布】广西。
【形态结构】虫体略呈梭形，体形较窄，前端钝而后端尖削，最宽处在中横线附近，大小为 9.300～11.350 mm×2.650～3.380 mm，体宽与体长之比为 1:3.35。口吸盘发达，呈圆形，位于亚顶端，大小为 0.750～0.880 mm×0.730～0.880 mm。腹吸盘比口吸盘略小，位于虫体前1/3处，大小为 0.630～0.880 mm×0.630～0.800 mm。腹吸盘与口吸盘的直径之比为 1:1.08，横径之比为 1∶1.06。咽紧接口吸盘，大小为 0.230～0.300 mm×0.250～0.300 mm，食道短，两肠支沿虫体两侧延伸至虫体后 1/5 处。睾丸 2 枚，比腹吸盘大，呈不规则的椭圆形，个别呈梨形、类圆形或三角形，有浅的缺刻或分叶，位于腹吸盘中后缘的两侧，且超越肠支外，多数呈倒"八"字排列，个别平列或斜列，大小为 0.880～2.130 mm×0.500～1.250 mm。雄茎囊位于腹吸盘与肠叉之间，囊底部在腹吸盘前缘或稍下方，大小为 1.250～1.630 mm×0.380～0.630 mm。贮精囊呈螺旋状弯曲，雄茎光滑，多数伸出生殖孔外，生殖孔开口于肠叉之后。卵巢为圆形，不分叶，位于雄茎囊同侧的睾丸后方，大小为 0.250～0.410 mm×0.330～0.530 mm。具受精囊和劳氏管。卵黄腺两束，滤泡较粗大，紧连成一纵行，排列于虫体中部的两侧，前缘起自睾丸后缘的稍前方，大小为 1.250～2.100 mm×0.550～0.800 mm。子宫盘曲并挤满虫体后半部，上行至腹吸盘前的盘曲较少。虫卵为圆形，棕褐色，前端较钝而大，后部有一小泡状突起，具厚卵盖，虫卵大小为 51～59 μm×30～38 μm。

图 246　广西阔盘吸虫
Eurytrema kwangsiensis
引 廖丽芳 等（1986）

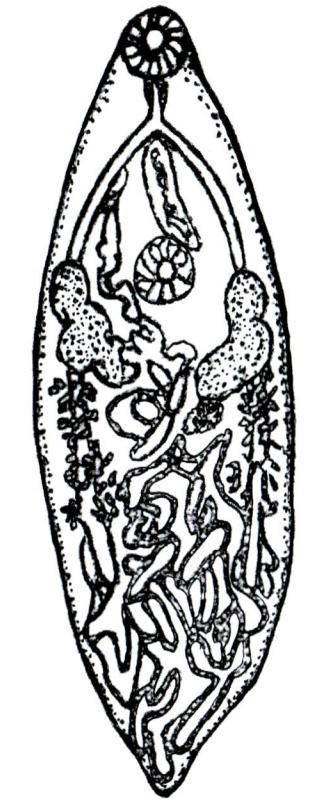

247　微小阔盘吸虫
***Eurytrema minutum* Zhang, 1982**

【关联序号】30.1.5（32.2.5）/　。
【宿主范围】成虫寄生于山羊的胰管。
【地理分布】陕西。
【形态结构】虫体短小，前端钝而后端尖，大小为 3.720～5.100 mm×1.490～2.140 mm，体宽与体长之比为 1∶2.1～1∶2.5。口吸盘呈圆形，位于亚顶端，大小为 0.497～0.630 mm×0.455～0.574 mm，其横径与体宽之比为 0.26∶1～0.31∶1。腹吸盘呈圆形，位于虫体 2/5 处，大小为 0.476～0.630 mm×0.406～0.567 mm，其横径与体宽之比为 0.24∶1～0.31∶1。口吸盘与腹吸盘的纵径之比为 0.97∶1～1.20∶1，横径之比为 1∶1～1.3∶1。咽为椭圆形，大小为 0.175～0.224 mm×0.161～0.189 mm，食道缺，肠支盲端达虫体后 1/5～1/4 处。睾丸呈椭

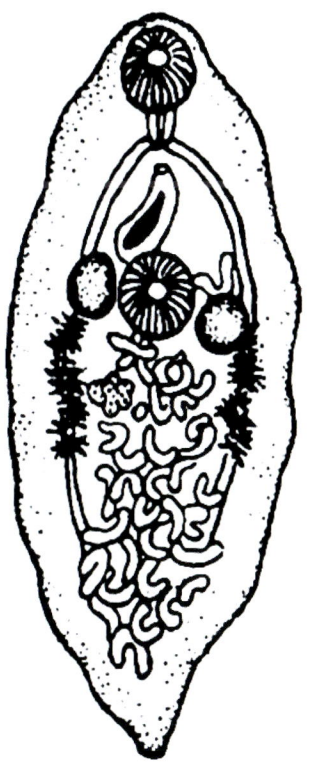

图 247　微小阔盘吸虫
Eurytrema minutum
引 张继亮（1982）

圆形或球形，不分叶，多平列于腹吸盘两旁，大小为 0.357～0.504 mm×0.273～0.371 mm。雄茎囊位于腹吸盘与肠叉之间，囊底达腹吸盘前缘或下降到其上半部的背旁侧，大小为 0.518～0.700 mm×0.175～0.224 mm，生殖孔开口于肠叉稍后方。卵巢分 3～6 叶，位于雄茎囊同侧的睾丸后内侧，大小为 0.231～0.357 mm×0.231～0.287 mm。卵黄腺滤泡两束，呈树枝状排列于虫体中部两侧，大小为 0.644～0.980 mm×0.266～0.329 mm。子宫盘绕并占据虫体后半部，上行开口于生殖孔，在腹吸盘前通常不形成子宫盘曲。虫卵为椭圆形，稍不对称，棕褐色，卵壳厚，内含 1 个毛蚴，在较宽的一端具卵盖，虫卵大小为 54～65 μm×29～32 μm。

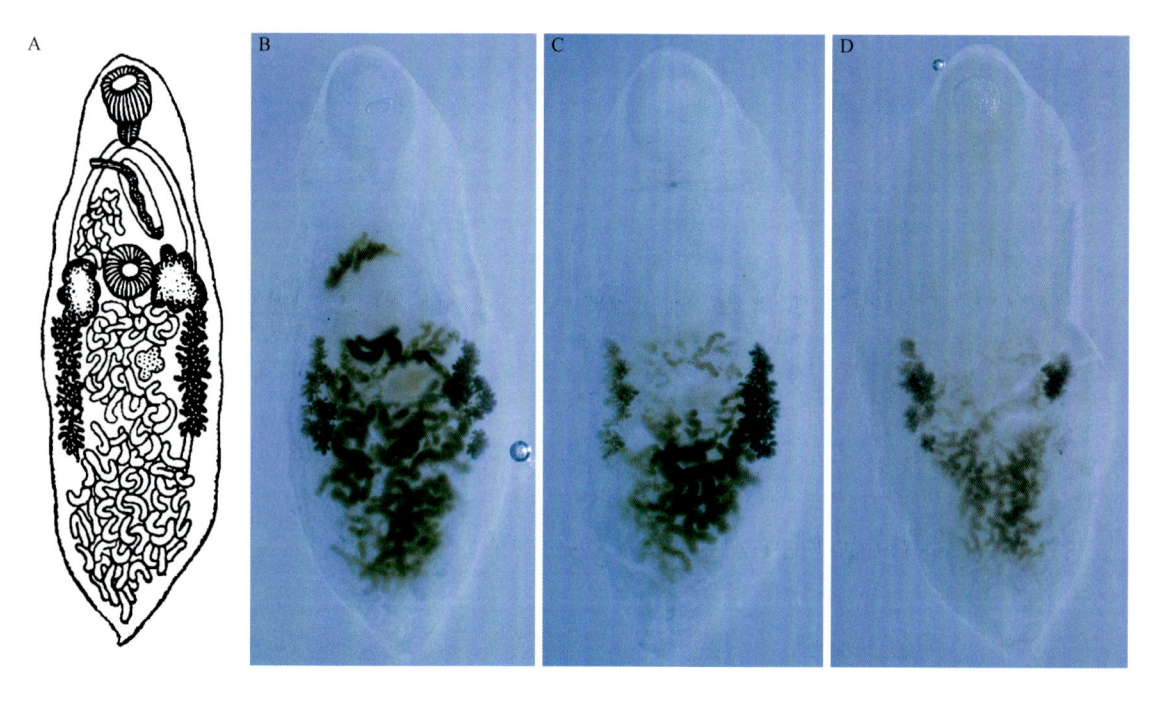

248 羊阔盘吸虫　　*Eurytrema ovis* Tubangui, 1925

【关联序号】 30.1.6（32.2.6）/ 。
【宿主范围】 成虫寄生于山羊的胰管。
【地理分布】 福建、陕西。
【形态结构】 虫体略似梭形，前端钝而后端尖，大小为 5.110～11.660 mm×1.600～3.960 mm，体宽与体长之比为 1∶2.8～1∶3.4。口吸盘呈圆形，位于亚顶端，大小为 0.679～1.270 mm×0.602～1.230 mm，其横径与体宽之比为 0.26∶1～0.38∶1。腹吸盘位于虫体 2/5 处，大小为 0.630～1.330 mm×0.567～1.090 mm，其横径与体宽之比为 0.25∶1～0.35∶1。口吸盘与腹吸盘的纵径之比为 0.93∶1～1.07∶1，横径之比为 1∶1～1.19∶1。咽为卵圆形，大小为 0.245～0.490 mm×0.217～0.385 mm，食道长 0.042～0.245 mm，肠支沿虫体两侧伸达虫体后

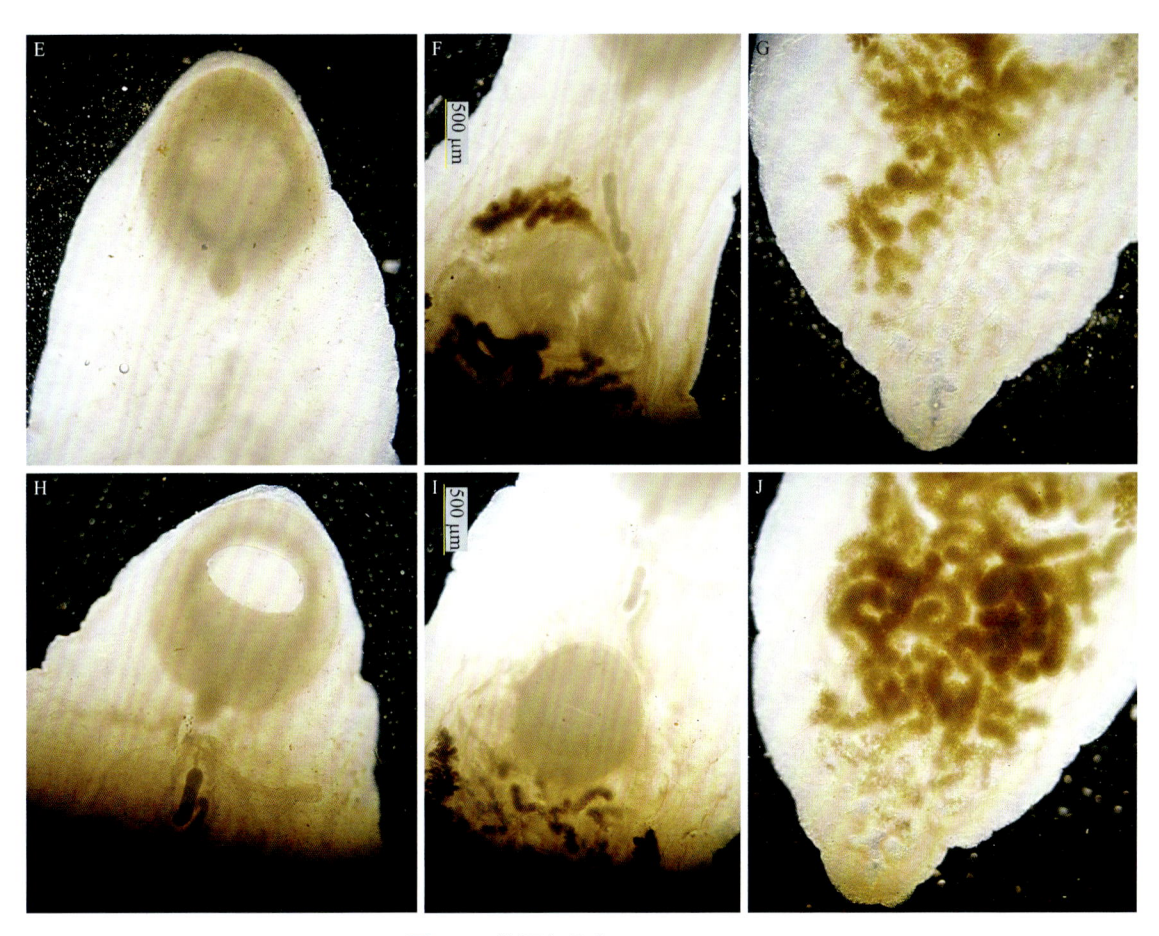

图 248　羊阔盘吸虫 *Eurytrema ovis*
A. 引张继亮（1982）；B～J. 原图（LVRI）

1/6 处。睾丸呈椭圆形，有的有浅裂，位于腹吸盘的两侧，大小为 0.476～0.840 mm×0.301～0.700 mm。雄茎囊位于腹吸盘与肠叉之间，囊底达腹吸盘前缘或下降到腹吸盘前半部背旁侧，大小为 0.700～2.210 mm×0.175～0.539 mm，生殖孔开口于肠叉之后。卵巢分 3 或 4 叶，位于雄茎囊同侧的睾丸后内侧，大小为 0.287～0.840 mm×0.196～0.700 mm。卵黄腺滤泡两束，紧连成一纵行，而不呈树枝状排列，前缘起始于睾丸中部或前缘，位于虫体中部两侧，大小为 1.040～3.290 mm×0.231～0.805 mm。子宫盘绕并挤满虫体后半部，并上行在腹吸盘前形成致密的盘曲。虫卵大小为 43～49 μm×29～34 μm。

249　胰阔盘吸虫　　*Eurytrema pancreaticum* (Janson, 1889) Looss, 1907

【关联序号】30.1.7（32.2.7）/217。

【宿主范围】成虫寄生于骆驼、黄牛、水牛、牦牛、绵羊、山羊、猪、兔的胰管。

【地理分布】 安徽、重庆、福建、甘肃、广东、广西、贵州、海南、河北、河南、黑龙江、湖北、湖南、吉林、江苏、江西、内蒙古、宁夏、青海、山东、陕西、上海、四川、台湾、天津、新疆、云南、浙江。

【形态结构】 虫体扁平，呈卵圆形，两端略尖，大小为 7.638～14.740 mm×4.623～6.767 mm。口吸盘位于亚顶端，明显大于腹吸盘，大小为 1.541～1.943 mm×1.407～2.050 mm。腹吸盘位

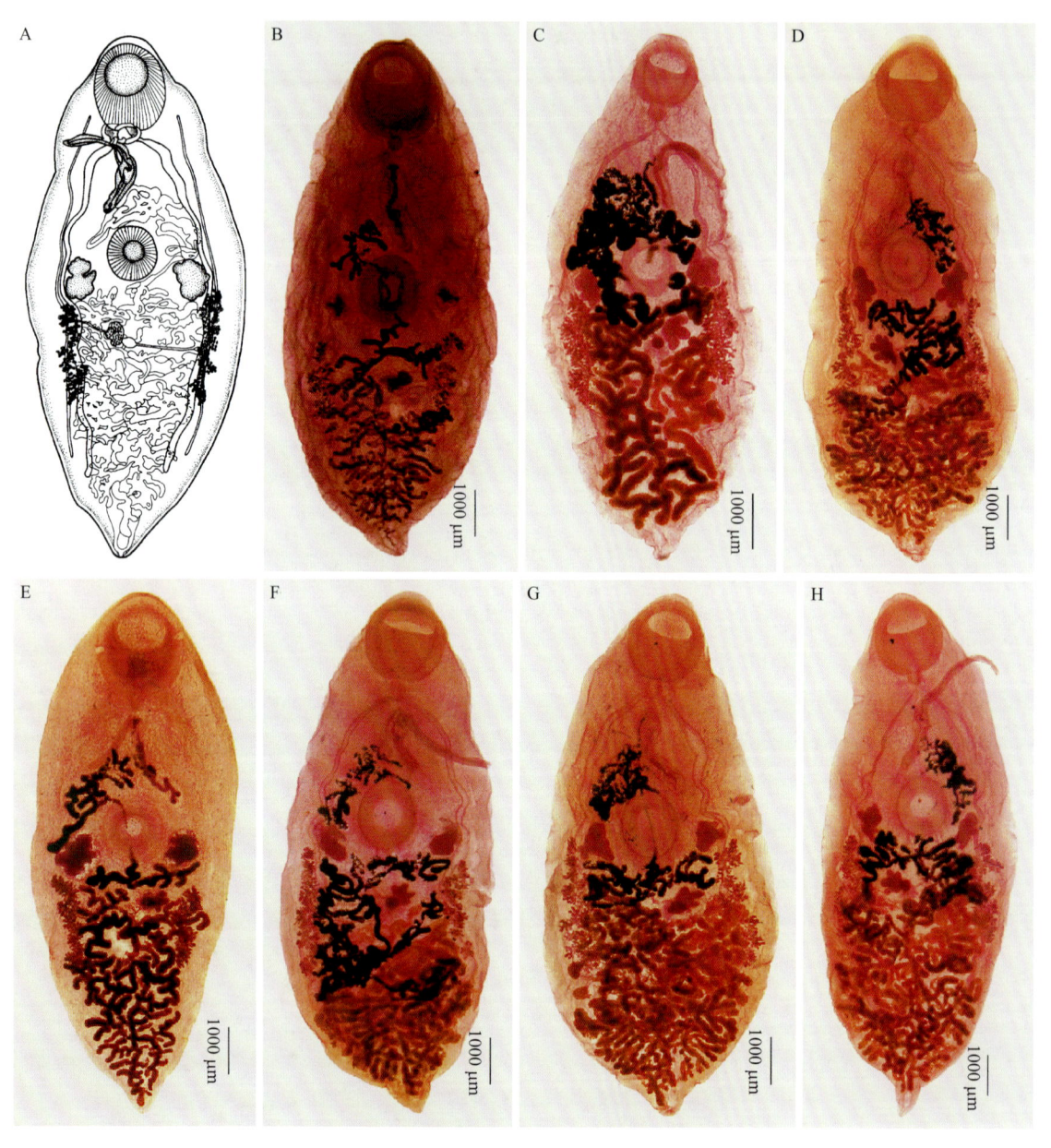

图249　胰阔盘吸虫 *Eurytrema pancreaticum*
A. 引蒋学良和周婉丽（2004）；B～H. 原图（SHVRI）

于虫体中横线略前，大小为 1.139～1.541 mm×1.206～1.299 mm。咽紧接口吸盘之后，大小为 0.228～0.335 mm×0.335～0.469 mm，食道长 0.465～0.536 mm，两肠支盲端达虫体后端约 1/5 水平。睾丸 2 枚，呈不整齐的团块或边缘有缺刻，左右对称排列在腹吸盘后半部或后缘的两侧，右睾丸大小为 0.482～1.072 mm×0.335～0.737 mm，左睾丸大小为 0.467～1.072 mm×0.403～1.072 mm。雄茎囊呈长圆筒状，位于腹吸盘与肠叉之间，大小为 1.206～1.943 mm×0.496～0.576 mm，生殖孔开口于肠分叉处的后方。卵巢呈横椭圆形，分 3～6 瓣，位于腹吸盘的右后方，大小为 0.312～0.468 mm×0.551～0.780 mm。受精囊呈圆形，在卵巢附近。卵黄腺颗粒细小，呈树枝状成簇排列于虫体中部两侧，前端始于睾丸水平。子宫圈充满腹吸盘后方到虫体末端的两肠支之间，子宫末端在腹吸盘一旁作多个绕曲后沿着雄茎囊旁边上行，开口于生殖孔。虫卵为黄棕色或深褐色，椭圆形，卵壳厚，具卵盖，大小为 38～49 μm×27～38 μm。排泄孔开口于虫体后端尾突的中央。

250 圆睾阔盘吸虫　　*Eurytrema sphaeriorchis* Tang, Lin et Lin, 1978

【关联序号】30.1.8（32.2.8）/218。

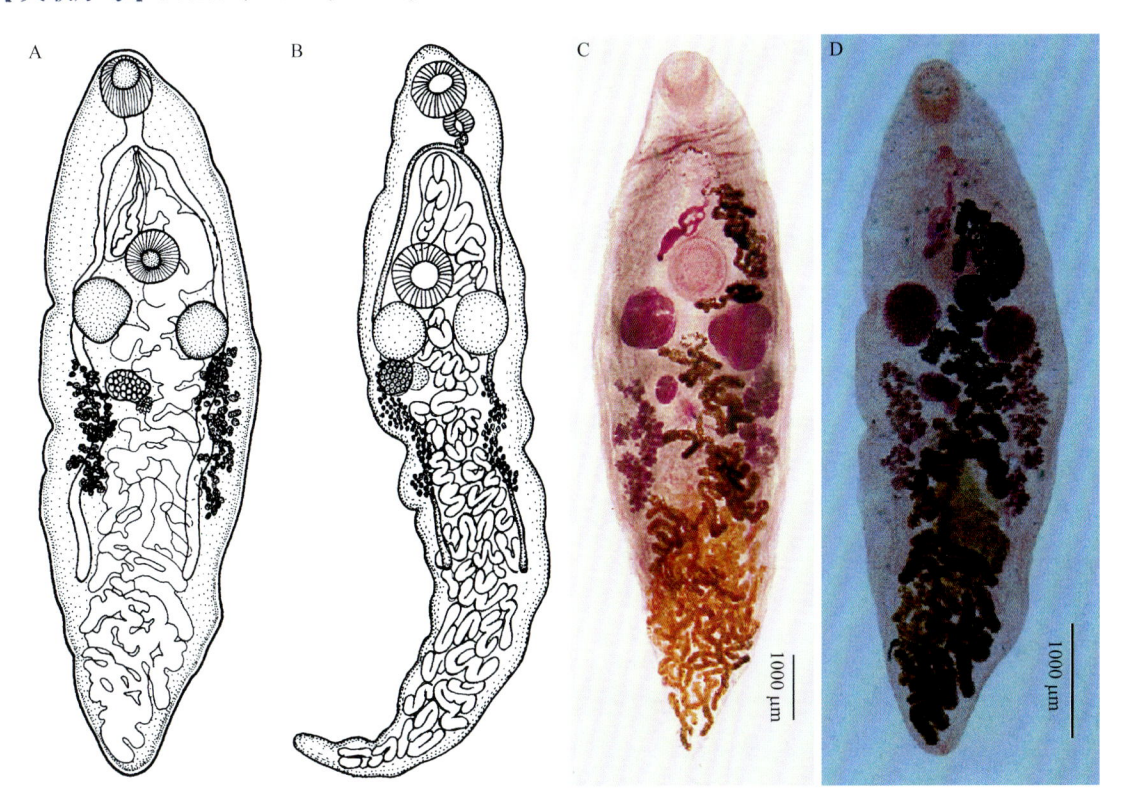

图 250　圆睾阔盘吸虫 *Eurytrema sphaeriorchis*

A. 引 蒋学良和周婉丽（2004）；B. 仿 唐崇惕 等（1978）；C，D. 原图（SHVRI）

【宿主范围】成虫寄生于黄牛、山羊的胰管。
【地理分布】福建、广西、陕西、四川。
【形态结构】虫体呈窄长条状，或在虫体前 1/4～1/3 处稍宽大并向虫体前后端逐渐显著缩小，大小为 4.670～7.020 mm×0.950～2.360 mm。口吸盘位于亚前端，大小为 0.320～0.400 mm×0.290～0.390 mm。腹吸盘位于虫体前 1/4～1/3 处，大小为 0.350～0.510 mm×0.330～0.460 mm。咽紧接口吸盘，大小为 0.160～0.180 mm×0.140～0.180 mm，食道长 0.190～0.260 mm，两肠支沿虫体两侧达虫体后 1/3～2/5 处。睾丸呈圆球形，左右对称排列于腹吸盘后半部或其后方的两侧，大小为 0.320～0.610 mm×0.300～0.630 mm。雄茎囊位于肠叉与腹吸盘之间，囊底到达腹吸盘前缘或下降到腹吸盘上半部的背旁侧，大小为 0.580～0.960 mm×0.230～0.260 mm，生殖孔开口于肠叉之后。卵巢呈球形，少数为椭圆形，位于一侧睾丸的后方，大小为 0.190～0.400 mm×0.190～0.250 mm。受精囊位于卵巢旁，大小为 0.140～0.250 mm×0.160～0.260 mm。卵黄腺的滤泡小，相聚成束排列，束长 1.000～1.300 mm，位于虫体中部的两侧。子宫圈分布在两肠支的内侧，尤其挤满虫体后半部。虫卵大小为 43～51 μm×25～30 μm。

10.3 扁体属
Platynosomum Looss, 1907

【宿主范围】成虫寄生于禽类和哺乳动物的肝脏、胆囊与胰腺。
【形态结构】虫体通常拉长，体表具棘或无棘。两个吸盘位于虫体前 1/4，大小相近或腹吸盘大于口吸盘。咽小，食道短而明显，肠分叉于前体，两肠支盲端距虫体末端较远。睾丸大，通常具浅裂，对称排列于紧靠腹吸盘的后方或后外侧。雄茎囊较小，囊底可达腹吸盘前缘。生殖孔常位于肠叉略前的亚中央。卵巢小于睾丸，位于睾丸后的亚中央，与 1 枚睾丸接近，可具浅裂。卵黄腺滤泡带分布于虫体中 1/3 的两侧，常起于卵巢或腹吸盘之后水平。子宫圈充满虫体后半部，并可跨到肠支外侧。排泄囊为管状，前端接近梅氏腺。模式种：半褐扁体吸虫 [*Platynosomum semifuscum* Looss, 1907]。

251 山羊扁体吸虫
Platynosomum capranum Ku, 1957

【关联序号】30.3.1（32.3.1）/ 223。
【宿主范围】成虫寄生于黄牛、绵羊、山羊的胆管、胆囊。
【地理分布】重庆、贵州、陕西、四川、云南。

【形态结构】虫体扁平呈叶状，两端逐渐变狭，最宽处在卵黄腺之前，体表光滑无棘，大小为 3.268～4.342 mm×0.924～1.296 mm。口吸盘略呈圆杯形，位于虫体的前端腹面，大小为 0.243～0.292 mm×0.227～0.295 mm。腹吸盘呈圆形，略大于口吸盘，位于虫体的前 1/4 处，与口吸盘的距离为 0.437 mm，其直径为 0.296～0.313 mm。咽较小，略呈球形，紧接在口吸盘之后，直径为 0.072～0.097 mm。食道明显，为细长形的狭管，长 0.113～0.178 mm。两肠支弯曲，沿虫体两侧向后止于虫体后 1/4 处。睾丸 2 枚，大小约相等，相对排列，呈不规则的长卵形，边缘完整而无分叶，前端伸达腹吸盘后半部的两侧，左睾丸大小为 0.405～0.516 mm× 0.373～0.470 mm，右睾丸大小为 0.421～0.518 mm×0.324～0.486 mm。雄茎囊为袋状，位于肠叉与腹吸盘之间，有的囊底伸达腹吸盘的前缘，大小为 0.259～0.388 mm×0.146～0.178 mm，生殖孔开口于肠叉之后，部分虫体的雄茎伸出生殖孔之外。卵巢呈横卵圆形，边缘完整，位于左睾丸之后的内侧，大小为 0.130～0.194 mm×0.130～0.259 mm。受精囊呈小球形，直径为 0.074 mm。卵黄腺为滤泡状，分布于虫体两侧，向内侧介入肠支之间，左右两侧的卵黄腺长度不等，多数左侧的较长，平均为 0.773 mm，右侧的平均长为 0.658 mm，其全长约占体长的 1/5，前端起于睾丸之后。子宫极发达，呈横环形，充满于虫体的后半部，向前穿过睾丸之间，形成卷曲的子宫末段，开口于生殖孔。虫卵为卵圆形，褐色，成熟时转为黑褐色，卵壳厚，大小为 36～47 μm×25～32 μm。

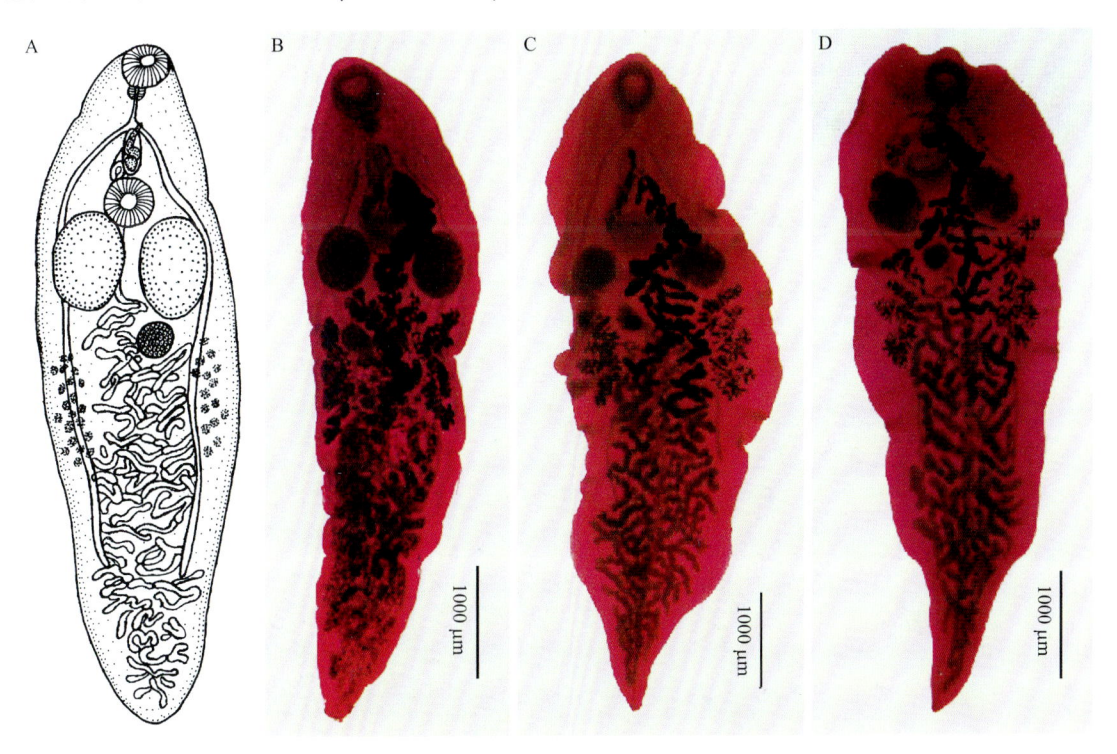

图 251　山羊扁体吸虫 *Platynosomum capranum*
A. 引黄兵 等（2006）；B～D. 原图（SHVRI）

252 西安扁体吸虫 *Platynosomum xianensis* Zhang, 1991

【关联序号】30.3.2（32.3.2）/ 。

【宿主范围】成虫寄生于绵羊的胆管、胆囊。

【地理分布】陕西。

【形态结构】虫体小而扁宽，前端缩细，有明显的"肩"，后端钝圆或呈锥形，虫体最宽处在睾丸的水平线，大小为 3.050~5.400 mm×1.540~2.900 mm，体宽与体长之比为 1∶1.36~1∶2.63。口吸盘位于虫体亚前端腹面，大小为 0.320~0.440 mm×0.340~0.450 mm。腹吸盘大于口吸盘，大小为 0.330~0.580 mm×0.450~0.600 mm。咽小，大小为 0.130~0.200 mm×0.110~0.160 mm，食道长 0.050~0.400 mm，肠支沿虫体两侧伸达虫体后 1/5 处。睾丸 2 枚，形状不规则，分叶，左右平列于腹吸盘稍后方，或其前缘可达腹吸盘中横线水平，左睾丸大小为 0.380~0.700 mm×0.250~0.680 mm，右睾丸大小为 0.330~0.950 mm×0.410~0.700 mm。雄茎囊为长椭圆形，斜列于肠叉与腹吸盘之间，囊底可达腹吸盘中部水平，大小为 0.400~0.570 mm×0.130~0.210 mm。生殖孔位于肠叉处，距体前端 0.500~0.630 mm。卵巢为横椭圆形，不分叶，紧贴于一睾丸之后，大小为 0.100~0.330 mm×0.130~0.330 mm。卵黄腺滤泡形成短促的树枝状，排列于虫体中部两侧，前缘可达睾丸前缘水平，左侧卵黄腺大小为 0.780~1.300 mm×0.280~0.760 mm，右侧卵黄腺大小为 0.760~1.280 mm×0.220~0.650 mm。子宫占据虫体后半部，于两睾丸之间上行开口于生殖孔，子宫内充满大量虫卵，下行圈内为黄色的未成熟虫卵，上行圈内为黑褐色的成熟虫卵。成熟虫卵为椭圆形，对称，卵壳厚，大小为 40~45 μm×25~30 μm。

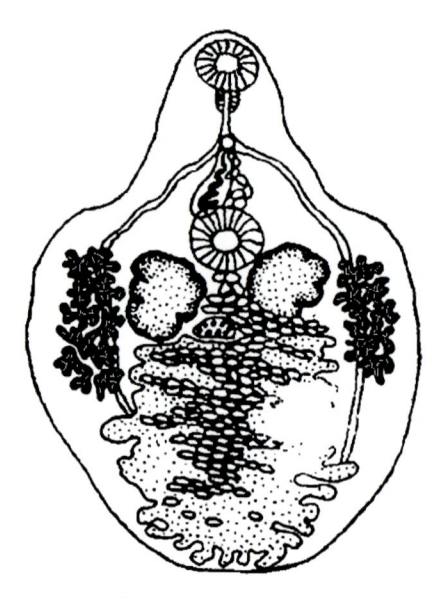

图 252 西安扁体吸虫
Platynosomum xianensis
引 张继亮（1991）

11 真杯科

Eucotylidae Skrjabin, 1924

【宿主范围】成虫寄生于禽类的肾脏与输尿管。

【形态结构】虫体为中型到大型，拉长、扁平、近圆柱形或圆柱形，前端有或没有因肌肉增厚形成的圆锥形或三角形。口吸盘发达，肌质，位于亚前端。腹吸盘缺或发育极差。前咽非常短而不明显，具咽，食道短而增宽或不增宽。肠支简单，稍有波浪状或平滑，在虫体末端形成或不形成连接环。睾丸位于肠支外或肠支内，常与肠支重叠，表面光滑、不规则或具深裂，呈纵列、斜列或并列于虫体赤道线或赤道线后。雄茎囊有或缺。生殖孔位于肠叉与卵巢之间的中央或亚中央。卵巢位于肠支内、睾丸前的中央或亚中央，表面光滑、不规则或具浅裂。卵黄腺滤泡分布于肠支外侧或与肠支重叠，可完全位于睾丸之前，或睾丸之后，或卵巢之后，或睾丸的前后，但不达虫体后端。子宫长，常盘曲于肠支内侧，向前不超过肠叉，向后可达肠联合之后和肠支外侧。模式属：真杯属 [*Eucotyle* Cohn, 1904]。

在中国家畜家禽中已记录真杯科吸虫2属4种，本书收录2属2种，参考 Gibson 等（2002）编制真杯科2属的分类检索表如下。

真杯科分属检索表

1. 虫体前端有肌质增厚的颈环，肠支在体后不联合成环 ...... 真杯属 *Eucotyle*
   虫体前端无肌质增厚的颈环，肠支在体后联合成环 .... 顿水属 *Tanaisia*

11.1 真杯属
Eucotyle Cohn, 1904

【宿主范围】成虫寄生于水禽的肾脏与输尿管。

【形态结构】虫体拉长，中等大小，扁平，近圆柱形，前端呈圆锥形或三角形，后有肌肉增厚的颈环。口吸盘发育良好，位于亚前端。腹吸盘缺。前咽短而不明显，具咽，食道短而增宽或不增宽，肠支伸到体后端不联合成肠环。睾丸位于肠支外侧，或几乎与肠支重叠，形态不规则或具浅裂，居赤道线或赤道线前。雄茎囊为梨形，位于卵巢之前，内含贮精囊。生殖孔位于肠叉与卵巢之间的中央。卵巢位于睾丸之前、两肠支间的亚中央，形状不规则或具浅裂。卵黄腺滤泡位于肠支外侧，起于颈环，终于睾丸水平或睾丸之后。子宫很长，盘曲于肠支之间或与肠支重叠，前达肠叉，后达虫体末端。模式种：肾脏真杯吸虫 [*Eucotyle nephritica* (Creplin, 1846) Cohn, 1904]。

253 白洋淀真杯吸虫
Eucotyle baiyangdienensis Li, Zhu et Gu, 1973

【关联序号】31.1.1（33.1.1）/224。

【宿主范围】成虫寄生于鸭的肾脏与输尿管。

【地理分布】河北、天津、浙江。

【形态结构】虫体呈舌形，体长为 2.332～3.979 mm，前端颈环是肌肉增厚分隔成三角形的领部，颈环为虫体的最宽处，宽 0.521～1.039 mm；颈环后一般缢缩成颈，宽度为 0.502～1.023 mm；体部最宽处在睾丸水平，宽 0.347～0.833 mm。体表具有稀疏、细小的钝棘，棘的长度为 0.016～0.027 mm。口吸盘位于虫体前端腹面，大小为 0.148～0.288 mm×0.182～0.264 mm。无腹吸盘。无前咽，咽略呈球形，大小为 0.116～0.146 mm×0.116～0.157 mm，食道长 0.248 mm，管径细，于颈环后分出肠支，沿虫体两侧伸达虫体后部，距末端 0.042～0.212 mm，多数标本肠支的末端被子宫所遮盖。睾丸呈不规则形，分 3～8 叶，叶数随虫体增长而增多，两睾丸并列于虫体中央，外侧几达虫体侧缘，内侧通常互相接触，左睾丸大小为 0.297～0.517 mm×0.228～0.413 mm，右睾丸大小为 0.330～0.479 mm×0.228～0.413 mm。贮精囊约在颈环与

图 253 白洋淀真杯吸虫
Eucotyle baiyangdienensis
引李敏敏 等（1973）

睾丸前缘之间的卵巢右侧，呈圆形或卵圆形，壁薄，囊内没有雄茎，大小为 0.116～0.149 mm×0.116～0149 mm，生殖孔开口于虫体前 1/3 处贮精囊的前端。卵巢呈不规则形，凸出 6～10 个小瓣，位于睾丸之前偏左侧，大小为 0.208～0.458 mm×0.167～0.292 mm。卵黄腺呈横滤泡状，单列，分布于虫体的两侧，起自颈环之后，与子宫前缘相齐，向后通常终止于睾丸之前，但有些标本有一侧向后移而不越过睾丸水平。子宫向后形成下降支，不规则地迂回达虫体末端，然后折向前行成上升支，经睾丸之间向前跨过输卵管，经卵巢与贮精囊的右侧旋曲向前达颈环水平处，然后折向下行，子宫末段很短，伸达生殖孔，子宫环随虫体生长而旋曲增多，其内充满壳厚、黄褐色的虫卵。虫卵呈椭圆形，大小为 27～33 μm×15～18 μm。

11.2　顿 水 属

Tanaisia Skrjabin, 1924

【同物异名】鳞翼属（*Lepidopteria* Nezlobinski, 1926）；奥赫里德属（*Ohridia* Nezlobinski, 1926）；前子宫属（*Prohystera* Korkhaus, 1930）。

【宿主范围】成虫寄生于禽类的肾脏。

【形态结构】虫体拉长，舌形，前端无肌质增厚的颈环。口吸盘和咽发育中等，腹吸盘缺或发育差不明显。食道短，肠支简单，其末端在虫体后部联合形成肠环。睾丸大部分位于肠支内侧，可与肠支重叠，为卵圆形、不规则形或具浅裂，纵列、斜列或并列于赤道线或赤道线前。雄茎囊缺，生殖孔位于肠叉与卵巢之间的中央。卵巢位于睾丸前、肠支内侧的中央或亚中央，表面光滑，不规则或具浅裂。卵黄腺滤泡分布于肠支外侧，或与肠支重叠，居卵巢之后，也可扩延到卵巢前区域。子宫非常长，盘曲于肠支之间或与肠支重叠，前可达肠叉稍前，后达肠环之后。模式种：费氏顿水吸虫［*Tanaisia fedtschenkoi* Skrjabin, 1924］。

254　勃氏顿水吸虫

Tanaisia bragai Santos, 1934

【关联序号】31.2.1（33.2.1）/ 225。

【同物异名】勃氏副顿水吸虫（*Paratanaisia bragai* (Santos, 1934) Freitas, 1959）。

【宿主范围】成虫寄生于鸡的肾脏。

【地理分布】云南。

【形态结构】虫体呈长舌状，除虫体后缘外全身密布体棘，虫体大小为 3.120～4.800 mm×0.570～0.780 mm。口吸盘位于亚前端，大小为 0.170～0.230 mm×0.130～0.340 mm。咽为扁圆形，紧接于口吸盘后。食道短，其前围有食道腺。肠支沿虫体两侧向后延伸，在虫体后端汇合成肠环。睾丸位于虫体前 1/3 的后方，相对斜列，边缘整齐或有缺刻，外侧越过肠支，左睾丸大小为 0.270～0.450 mm×0.160～0.250 mm，右睾丸大小为 0.270～0.400 mm×0.140～0.260 mm。生殖孔开口于卵巢之前。卵巢呈三角形或横长方形，边缘有分叶，斜列于两睾丸前方，大小为 0.240～0.340 mm×0.270～0.310 mm。在卵巢前方右侧有一个椭圆形的受精囊。卵黄腺呈颗粒状，单行排列于虫体两侧。子宫从受精囊后下降直达虫体末端，折而向上回旋盘绕，向前至咽后再向下降，开口于生殖孔，子宫内充满虫卵，在下降支内的虫卵壳薄、呈黄色，上升支内的虫卵呈棕色，到卵巢前的子宫圈内的虫卵几乎成黑色。虫卵为长梭形，不对称，大小为 33～40 μm×15～18 μm。

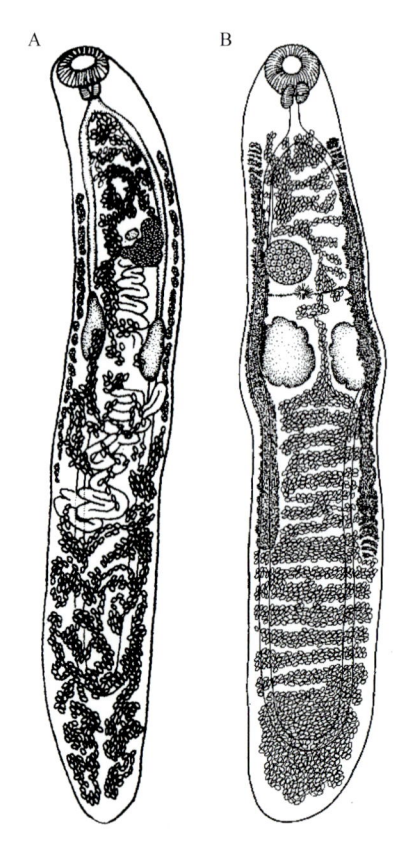

图 254　勃氏顿水吸虫 *Tanaisia bragai*
A. 引 陈淑玉和汪溥钦（1994）；B. 引 Gibson 等（2002）

12 枝腺科

Lecithodendriidae Odhner, 1911

【宿主范围】成虫寄生于脊椎动物的肠道。

【形态结构】小型虫体，虫体呈卵圆形或拉长，体表具棘。口吸盘圆形，常位于亚顶端。腹吸盘圆形，位于虫体前半部或中部的中央。前咽短或缺，咽小，食道短，肠分叉在虫体前部。两肠支短，其盲端位于虫体前半部。两睾丸表面完整，偶有浅裂，常对称排列于虫体中部，偶有斜列。具雄茎囊或假雄茎囊，内含贮精囊，前列腺发育良好或缺，缺雄茎，偶尔出现外翻的两性管，类似于雄茎，生殖孔位于虫体的中央。卵巢位于虫体中部的近中央。受精囊为细管状。劳氏管开口于虫体背侧。卵黄腺滤泡形成簇状分支，分布于虫体前部或中部两侧。子宫充满虫体后半部。虫卵有盖，小而多。排泄囊呈 V 形到 Y 形，偶尔呈管状或囊状，排泄孔位于虫体末端或亚末端。模式属：枝腺属 [*Lecithodendrium* Looss, 1896]。

在中国家畜家禽中已记录枝腺科吸虫 2 属 2 种，本书收录 2 属 2 种，参考王溪云和周静仪 (1993) 编制枝腺科 2 属的分类检索表如下。

枝腺科分属检索表

1. 卵黄腺限于前体，肠支不超过腹吸盘，雄茎囊为圆形，在腹吸盘之前 2
   卵黄腺分布于前后体或后体，肠支超过腹吸盘，雄茎囊在腹吸盘区或其后 .... 其他属
2. 口吸盘不拉长，生殖腔具刺明显 .... 刺囊属 *Acanthatrium*
   口吸盘不拉长，生殖腔具刺不明显 .... 前腺属 *Prosthodendrium*

12.1 刺囊属
Acanthatrium Faust, 1919

【宿主范围】成虫寄生于哺乳动物的肠道。

【形态结构】小型虫体，卵圆形，体表具棘。口吸盘位于亚前端。腹吸盘小于口吸盘，位于虫体的中横线或中横线前。前咽短或缺，具咽，食道长短不一。肠管短而宽，末端可达睾丸前缘。睾丸完整，对称排列，位于虫体前部的肠支盲端之后，或达腹吸盘水平。具假雄茎囊，壁薄，为球形到椭圆形，居中，大部分在肠叉与腹吸盘之间，内含贮精囊和前列腺。生殖腔明显具刺，生殖孔开口于虫体前部中央。卵巢完整到浅裂状，位于腹吸盘后缘水平。卵黄腺滤泡通常成簇分布于两侧的肠支附近。子宫占据睾丸之后的全部空间。排泄囊呈 V 形，排泄孔位于虫体末端。模式种：蝙蝠刺囊吸虫 [*Acanthatrium nycteridis* Faust, 1919]。

255 阿氏刺囊吸虫 *Acanthatrium alicatai* Macy, 1940

【关联序号】36.2.1（34.2.1）/ 251。

【宿主范围】成虫寄生于猫的小肠。

【地理分布】江西。

【形态结构】虫体近乎球形或短陀螺状，前端变窄，后端平切，睾丸及其以后部位最宽，大小为 0.550~0.680 mm×0.430~0.610 mm，体表具棘。口吸盘呈球状，位于顶端，大小为 0.088~0.105 mm×0.078~0.101 mm。腹吸盘呈盘状，位于虫体纵轴的中部，小于口吸盘，大小为 0.056~0.063 mm×0.059~0.067 mm。咽为球状，紧接口吸盘之后，大小为 0.041~0.053 mm×0.043~0.057 mm。食道很短，肠支分叉成"八"字状，后半部膨大，且与两睾丸前缘相重叠，末端不超过睾丸侧缘。睾丸为球状，位于虫体前 1/2 处后半部的两侧，其后缘与腹吸盘处于同一水平线，左睾丸大小为 0.150~0.180 mm×0.140~0.160 mm，右睾丸大小为 0.150~0.180 mm×0.140~0.170 mm。假雄茎囊呈扁球状，位于两睾丸之间，大小为 0.110~0.140 mm×0.130~0.160 mm，内含盘曲粗壮的贮精囊和前列腺细胞。生殖腔位于假雄茎囊的左上部，呈扁球状，其上有两群较粗而明显的刺，有 38 枚左右，生殖孔开口于其前方。卵巢呈明显的六分叶，位于虫体前 1/2 处的右侧，与右睾丸的左下半部重叠，大小为 0.095~0.120 mm×0.155~0.182 mm。梅氏腺位于卵巢的左下方，附近有受精囊和劳氏管。卵黄腺由中小型的梨子状滤泡组成，形成密集的两簇，似葡萄状，位于两侧肠支盲囊的中部及其上下。子宫环褶盘曲于睾丸、腹吸盘之后的全部空间。虫卵大小为 29~32 μm×17~18 μm。排泄囊呈 V 形。

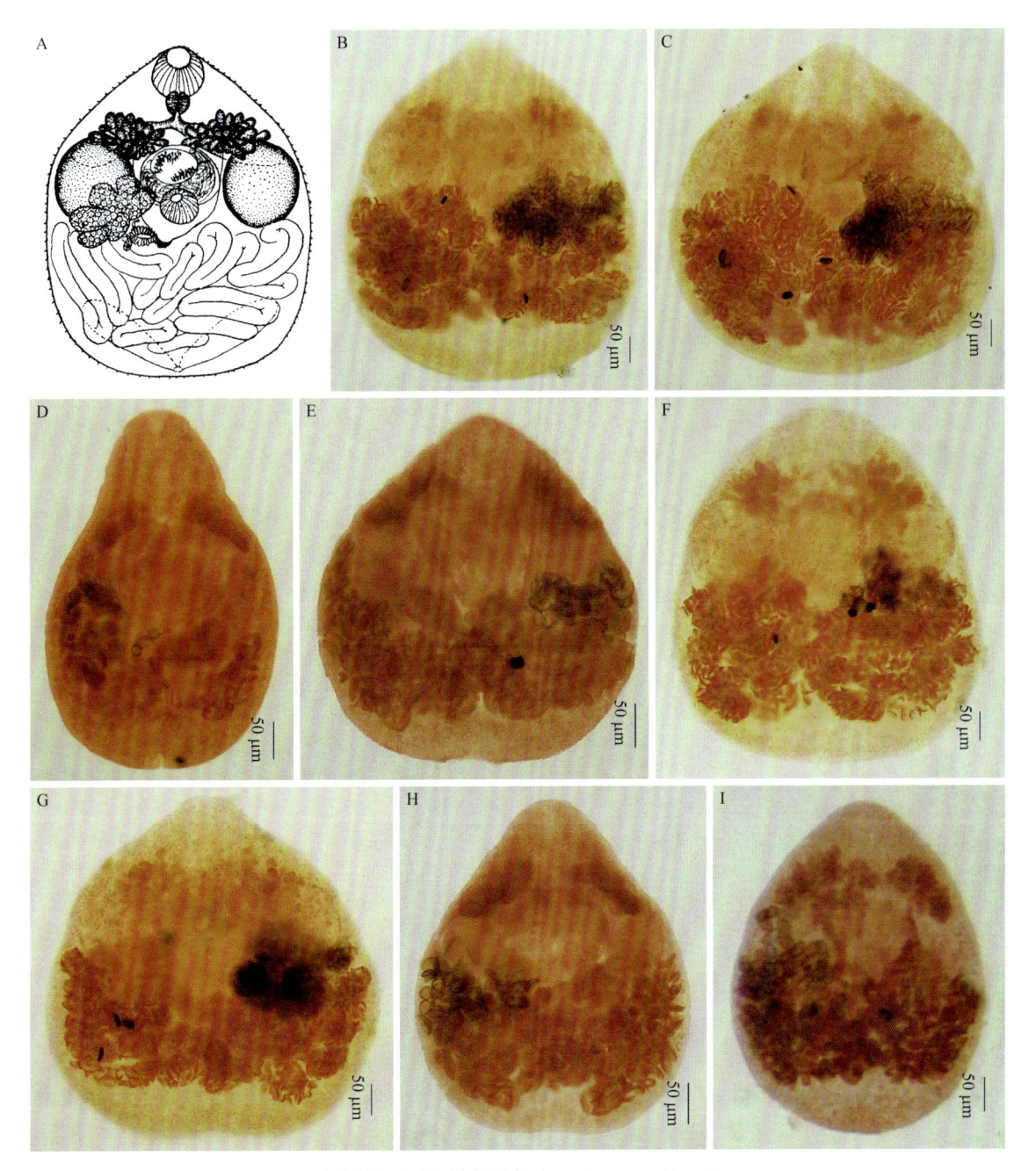

图255 阿氏刺囊吸虫 *Acanthatrium alicatai*
A. 引王溪云和周静仪（1993）；B～I. 原图（SHVRI）

12.2 前腺属
Prosthodendrium Dollfus, 1931

【宿主范围】成虫寄生于哺乳动物的肠道。

【形态结构】小型虫体，呈卵圆形、梨形或长颈瓶状，体表光滑或具刺。口吸盘圆形或椭圆形。腹吸盘在虫体中 1/3 处。肠支短，呈宽的分支，不超越睾丸。睾丸位于腹吸盘或腹吸盘之前区域的两侧。雄茎囊位于腹吸盘之前，包含管状的贮精囊和前列腺复合体。生殖腔通常无刺或具刺不明显，生殖孔开口刚好在腹吸盘之前或其一侧。卵巢位于睾丸处或在其前后。卵黄腺形成对称的簇状分支，在肠支或睾丸之前。子宫环褶占据整个虫体的后部。排泄囊呈 V 形，前端可达睾丸处。模式种：远轴前腺吸虫 [*Prosthodendrium anticum* (Stafford, 1905) Travassos, 1921]。

［注：Bray 等（2008）将前腺属（*Prosthodendrium* Dollfus, 1931）、希腺属（*Chiroptodendrium* (Skarbilovich, 1943)）、斯腺属（*Skrjabinodendrium* (Skarbilovich, 1943)）、特腺属（*Travassodendrium* (Skarbilovich, 1943)）、长孔属（*Longitrema* (Chen, 1954)）列为副枝腺属（*Paralecithodendrium* Travassos, 1921）的同物异名。］

256 卢氏前腺吸虫　　　　*Prosthodendrium lucifugi* Macy, 1937

【关联序号】36.1.1（34.1.1）/ 250。

【同物异名】诺孔前腺吸虫（*Prosthodendrium nokomis* Dubois, 1962）。

【宿主范围】成虫寄生于猫的小肠。

【地理分布】江西。

【形态结构】虫体呈卵圆形，两端钝圆，以体中部最宽，大小为 0.810～0.920 mm×0.590～0.680 mm，体表布满细棘。口吸盘呈球状，位于亚顶端，口孔开向腹面，大小为 0.130～0.150 mm×0.120～0.130 mm。腹吸盘呈盘状，位于虫体纵轴的中央，明显小于口吸盘，大小为 0.075～0.086 mm×0.078～0.091 mm。咽为球状，紧接口吸盘之后，大小为 0.045～0.052 mm×0.048～0.057 mm。食道极短，两肠支呈"八"字形，肠支中部略膨大，盲端接近虫体侧缘。睾丸呈球状，位于虫体 1/2 处的两侧，对称排列，左睾丸大小为 0.185～0.197 mm×0.177～0.188 mm，右睾丸大小为 0.183～0.195 mm×0.175～0.186 mm。雄茎囊为扁圆形，位于腹吸盘的背前方，大小为 0.085～0.093 mm×0.125～0.137 mm，内含弯曲的贮精囊和前列腺，生殖孔开口于雄茎囊左侧的中部。卵巢形似扇状，位于腹吸盘之前、雄茎囊的背前方，由大小不等的分叶组成，其基部恰好在腹吸盘的正前方，分叶几乎占据肠叉与睾丸、腹吸盘之间的全部空间，偏向右侧，大小为 0.150～0.170 mm×0.280～0.310 mm。卵黄腺位于虫体前 1/3 的两侧、肠支之前，每侧由 22～26 个小型短椭圆形的滤泡组成，常成为密集的一簇。子宫占据睾丸和腹吸盘之后的全部空间，内含大量虫卵。虫卵大小为 19～21 μm×11～12 μm。

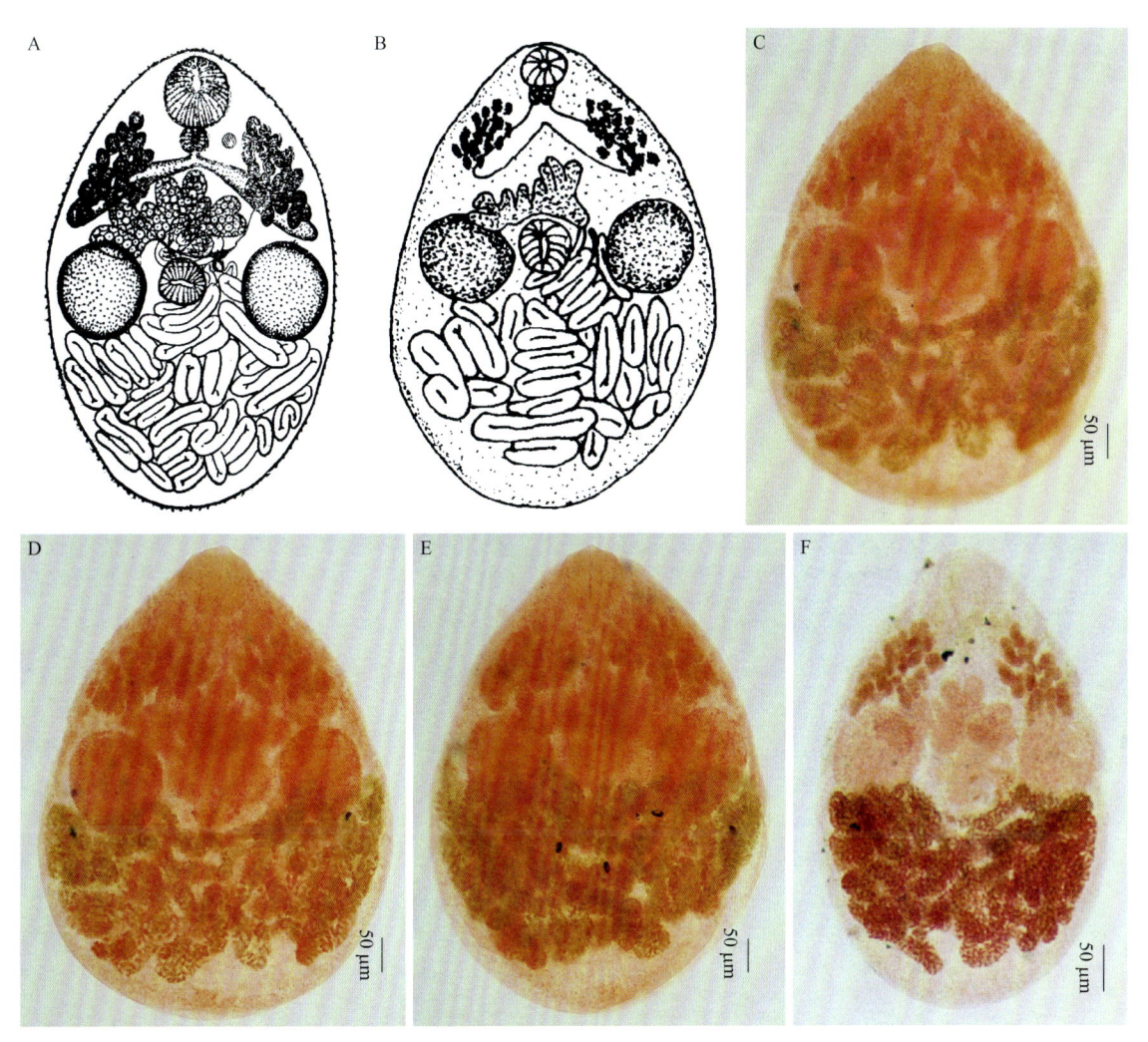

图 256 卢氏前腺吸虫 *Prosthodendrium lucifugi*
A. 引 王溪云和周静仪（1993）；B. 引 黄兵 等（2006）；C～F. 原图（SHVRI）

13 中肠科
Mesocoeliidae Dollfus, 1929

【宿主范围】成虫寄生于两栖动物和爬行动物的肠道，偶尔寄生于鱼类。

【形态结构】虫体细长，体表具棘。口吸盘、腹吸盘发育良好，位于虫体前半部。有前咽，但有些种类不明显。咽为肌质。有食道。肠分叉在虫体前部，肠支盲端常到达或略超过赤道水平。睾丸2枚，位于肠支间的腹吸盘区域。雄茎囊发育良好，其底部达腹吸盘，可与腹吸盘前缘重叠，内有贮精囊和前列腺，生殖孔开口于肠分叉水平或略前。卵巢位于睾丸之后，有受精囊和劳氏管。卵黄腺由很多卵黄腺滤泡组成，沿肠支分布于虫体两侧，前起于咽水平或更前些。呈明显下降，与上升盘曲的子宫环褶占据生殖腺后的全部区域，子宫末段上升支穿过卵巢对侧的睾丸侧面。排泄囊呈Y形，发育不良或呈I形，不达生殖腺，排泄孔位于虫体末端。模式属：中肠属 [*Mesocoelium* Odhner, 1910]。

在中国家畜家禽中仅记录中肠科吸虫1属1种，本书收录1属1种，参考Bray等（2008）编制中肠科的分类检索表如下。

中肠科分属检索表

1. 睾丸对称或稍斜列 ·· 中肠属 *Mesocoelium*
   睾丸前后纵列 ························· *Pintneria* Poche, 1907（寄生于爬行动物）

13.1 中肠属
Mesocoelium Odhner, 1910

【宿主范围】成虫寄生于两栖动物和爬行动物的肠道，偶尔寄生于鱼类。

【形态结构】虫体后端通常为锥形。两个吸盘较大，口吸盘大于腹吸盘。咽发育良好。食道长短不一。肠支短，多数种类向后延伸超过腹吸盘和虫体中部，有时较短不达腹吸盘水平。睾丸对称排列或稍斜列，位于腹吸盘水平或略前后。雄茎囊通常较大，为镰刀形，位于肠叉与腹吸盘之间，有时与腹吸盘前缘重叠。生殖孔位于肠叉或略前的中央或近中央。卵巢位于一侧睾丸之后的近中央，接近或相隔，通常在腹吸盘之后。卵黄腺带前端宽（有时几乎汇合），向后变窄，分布于咽至肠支盲端之间，偶尔可达口吸盘前缘水平。子宫非常长，具有强壮的下降支和上升支。虫卵多而小，有盖。排泄囊为Y形。模式种：群居中肠吸虫［*Mesocoelium sociale* (Lühe, 1901) Odhner, 1910］。

［注：在王溪云和周静仪编著的《江西动物志·人与动物吸虫志》（1993）中，将本属归于短肠科（Brachcoeliidae Johnston, 1912）、中肠亚科（Mesocoeliinae Faust, 1924）。］

257 犬中肠吸虫　　　　　　　　　　*Mesocoelium canis* Wang et Zhou, 1992

【宿主范围】成虫寄生于犬的肠道。

【地理分布】江西。

【形态结构】虫体呈纺锤形，两端渐细而稍狭，中部最宽，大小为 2.150～2.380 mm×0.810～0.920 mm，体表前半部或前 2/3 处披有细棘。口吸盘位于端位，口孔开向前端，大小为 0.180～0.240 mm×0.280～0.360 mm。腹吸盘呈盘状，小于口吸盘，位于虫体前 1/3 的后部中央、两肠支后部之间，大小为 0.130～0.160 mm×0.140～0.180 mm。咽小，大小为 0.050～0.070 mm×0.040～0.060 mm。食道长 0.080～0.120 mm，肠支短而粗，末端达虫体中横线之前。睾丸 2 枚，呈类球形，位于腹吸盘前虫体中线的两侧，两睾丸外侧均与左右两肠支相重叠，两睾丸内侧相距很近，左睾丸大小为 0.210～0.230 mm×0.220～0.240 mm，右睾丸大小为 0.190～0.210 mm×0.190～0.210 mm。雄茎囊呈小袋状，位于肠叉稍下方，大小为

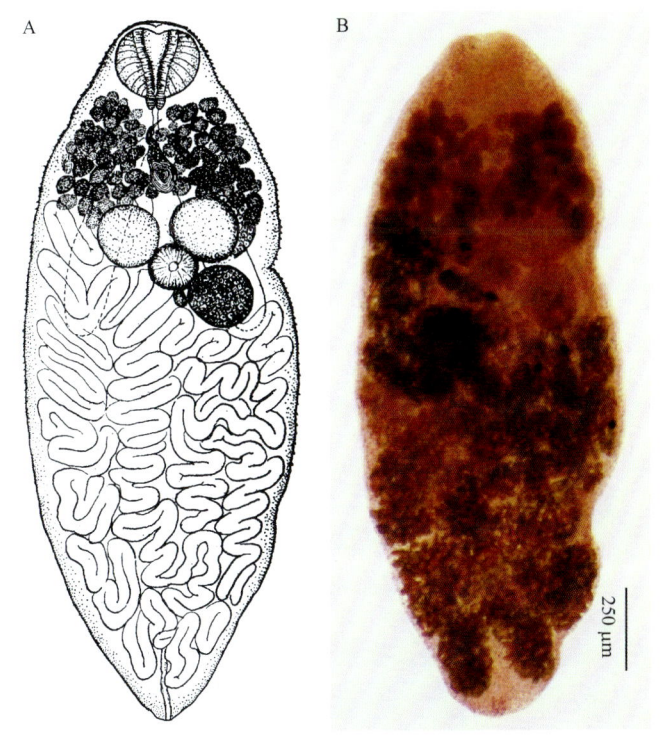

图 257　犬中肠吸虫 *Mesocoelium canis*
A. 引王溪云和周静仪（1993）；B. 原图（SHVRI）

0.190~0.210 mm×0.080~0.100 mm，内含贮精囊和前列腺复合体，生殖孔开口于食道中部水平处，雄茎有时伸出体外。卵巢呈类球形，位于腹吸盘的左下侧，与睾丸几乎等大，明显大于腹吸盘，大小为 0.180~0.210 mm×0.190~0.220 mm。受精囊较小，位于腹吸盘的后缘。卵黄腺由不规则的球状滤泡团块组成，形成左右两簇，起于口吸盘后缘水平处，止于睾丸的前缘或稍后，左右两侧的卵黄腺滤泡几乎相汇合。子宫环褶盘曲于睾丸及卵巢之后的全部空间，内含大量虫卵，子宫末段与雄茎囊并行，开口于雄性生殖孔旁。虫卵大小为 45~47 μm×25~28 μm。排泄囊为管状，排泄孔开口于虫体末端的正中央。

[注：本种是在哺乳动物体内首次检出。]

14 微茎科
Microphallidae Travassos, 1920

【同物异名】马蹄科（Maritrematidae Nicoll, 1907）。

【宿主范围】成虫寄生于脊椎动物的肠道。

【形态结构】为极小的吸虫，多数小于1.000 mm，虫体薄而背腹扁平，长大于宽，为舌形、梨形或纺锤形，偶尔因收缩呈三角形或球形。体表具棘，从前往后棘渐少。口吸盘位于亚前端腹面。腹吸盘小，多数1个，少数2个，通常被包埋在赤道后的海绵组织内。有前咽、咽和食道。肠支宽而分叉，一般不超越腹吸盘或卵巢水平；偶有例外，肠支退化或缺。睾丸2枚，对称排列在卵巢之后，中间由子宫环褶分开。雄性交合器通常很发达，形成一个简单的肌质复合体，位于腹吸盘之前。生殖腔简单，或大或小。生殖孔开口于腹面，接近腹吸盘的侧缘，通常在左侧多于右侧。卵巢位于肠支之后、睾丸之前，生殖孔的对侧，腹吸盘水平，居中或侧面。缺受精囊，有劳氏管。卵黄腺滤泡常形成对称的两簇，呈带状或其他形状，多数位于肠支之后。子宫环褶常伸展至虫体后部，少数延伸到睾丸前。虫卵很多（极少数种除外）而小，在子宫中尚未胚化。排泄囊的短臂呈V形、Y形或I形，位于睾丸之后或之间，排泄孔在虫体末端的中央。模式属：微茎属［*Microphallus* Ward, 1901］。

在中国家畜家禽中已记录微茎科吸虫6属8种，本书收录5属7种，依据各属的形态特征差异编制微茎科5属的分类检索表如下。

微茎科分属检索表

1. 卵黄腺分布于后体 2
   卵黄腺分布于前体 .... 假拉属 *Pseudolevinseniella*
2. 卵黄腺滤泡连接成马蹄形 3
   卵黄腺滤泡不连接成马蹄形 4
3. 子宫盘曲限于肠支后面 .... 马蹄属 *Maritrema*
   子宫盘曲达食道两侧 .... 似蹄属 *Maritreminoides*
4. 卵黄腺滤泡成团块状分布于睾丸的腹面和后面 .... 肉茎属 *Carneophallus*
   卵黄腺滤泡成簇状分布于睾丸的侧面和后面 .... 微茎属 *Microphallus*

14.1　肉茎属

Carneophallus Cable et Kuns, 1951

【宿主范围】成虫寄生于禽类的肠道。

【形态结构】虫体细小，体表具刺。口吸盘位于亚前端。前咽明显，咽发达，食道长。肠支短，末端可达睾丸前。腹吸盘小，位于虫体赤道线之后。睾丸2枚，对称排列，雄茎突起物在生殖腔内形成一个膨大而简单的肌质乳头。子宫末端开口于腹吸盘左侧。卵巢位于虫体赤道线稍后，右睾丸之前。卵黄腺滤泡团块集中于睾丸之后。

［注：Bray等（2008）将本属列为微茎属（*Microphallus*）的同物异名。］

258　伪叶肉茎吸虫　*Carneophallus pseudogonotyla* (Chen, 1944) Cable et Kuns, 1951

【关联序号】32.2.1（36.1.1）/ 228。

【宿主范围】成虫寄生于鸭的小肠。

【地理分布】广东。

【形态结构】虫体呈卵圆形，大小为 0.385～0.472 mm×0.184～0.232 mm，体表有棘。口吸盘位于虫体前端，大小为 0.026～0.062 mm×0.026～0.059 mm。腹吸盘呈圆形，位于虫体后 1/3 的前缘，直径为 0.033～0.043 mm。具前咽，长 0.023 mm；咽呈球形，直径为 0.025 mm；食道细长，大小为 0.106 mm×0.009 mm；肠叉位于虫体中段，肠支粗短呈"人"字形。睾丸 2 枚，位于腹吸盘后两侧，略斜列，直径为 0.050 mm。雄茎囊缺，贮精囊呈倒 V 形，位于腹吸盘前；前列腺发达，大小为 0.009～0.030 mm×0.014～0.039 mm；雄茎呈肥大肌质，其基端有肌质翼块，称为假殖盘（pseudogonotyla），雄茎与假殖盘塞满生殖窦。卵巢呈卵圆形，位于右肠支后与右睾丸前，大小为 0.049～0.067 mm×0.040～0.053 mm。卵黄腺滤泡成两群，分布在睾丸腹面和后侧。子宫充满虫体后部。虫卵呈圆形，有卵盖与端瘤，大小为 23 μm×13 μm。排泄囊呈 V 形。

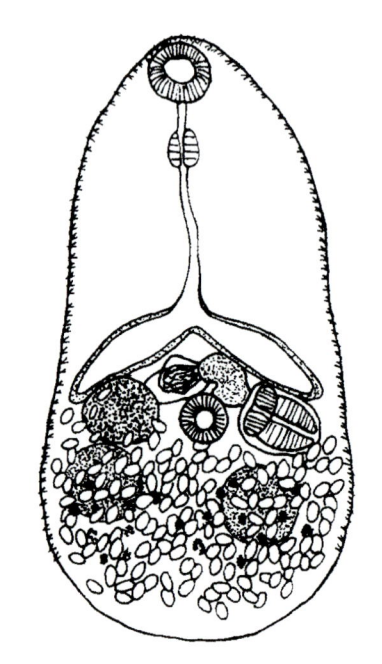

图 258　伪叶肉茎吸虫
Carneophallus pseudogonotyla
仿 陈淑玉和汪溥钦（1994）

14.2 马蹄属

Maritrema Nicoll, 1907

【同物异名】扭黄属（*Streptovitella* Swales, 1933）。

【宿主范围】成虫寄生于脊椎动物（主要是禽类）的肠道。

【形态结构】虫体为舌形，偶尔为纺锤形，当收缩时几乎为圆形，体长 0.300~0.600 mm。口吸盘与腹吸盘的大小几乎相同。食道短。肠支的长度可变，很短者达雄茎囊前，较长者达睾丸水平，通常可到达腹吸盘。睾丸对称并列于卵巢后外侧。雄茎囊位于肠支内侧，其壁薄或厚，呈短的横向弯曲形或长的倒 J 形，其末端达虫体的右侧，前端位于生殖孔水平，射精管卷曲，前列腺明显或模糊。生殖腔退化，生殖孔位于腹吸盘的左侧方。卵巢位于腹吸盘水平，居中或右侧，表面完整或略具浅裂。卵黄腺滤泡呈对称的带状，接近虫体后部边缘，围绕子宫盘曲和睾丸周围分布，形成后方开放或成环的马蹄形。子宫盘曲于肠支后面、睾丸之间和睾丸外侧，子宫末端的大小与外翻的雄茎相等。排泄囊短，V 形或 Y 形，位于睾丸之后。模式种：娇美马蹄吸虫 [*Maritrema gratiosum* Nicoll, 1907]。

259 亚帆马蹄吸虫微小变种

Maritrema afanassjewi var. *minor* Chen, 1957

【关联序号】（36.2.1）/ 。

【宿主范围】成虫寄生于鸭的肠道。

【地理分布】广东。

【形态结构】虫体呈椭圆形，前端较小，后端钝圆，大小为 0.397 mm×0.208 mm，虫体后半部的体表细棘较前半部明显。口吸盘位于前顶端，长为 0.032 mm，宽为 0.043 mm。腹吸盘为圆形，位于虫体中横线略前，直径为 0.056 mm。前咽短，咽长 0.026 mm、宽 0.021 mm，食道长 0.035 mm，肠支呈"人"字形伸展到腹吸盘的前缘水平。睾丸 2 枚，位于腹吸盘之后的两侧，左睾丸大小为 0.070 mm×0.047 mm，右睾丸大小为 0.076 mm×0.055 mm。雄茎囊呈弯曲的横袋状，位于肠分支与腹吸盘之间，凹处向腹吸盘弯曲，囊内大部分为贮精囊，其余为前列腺和雄茎，雄茎向内侧弯曲，生殖孔位于腹吸盘的侧面。卵巢呈

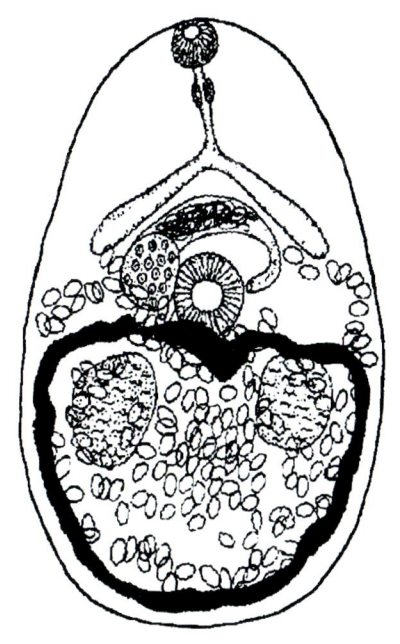

图 259 亚帆马蹄吸虫微小变种
Maritrema afanassjewi var. *minor*
引陈心陶（1957）

椭圆形或球形，边缘平滑，紧附于腹吸盘的右侧，其前缘可超过腹吸盘的前缘水平，大小为 0.049 mm×0.037 mm。卵黄腺为马蹄形，环绕在虫体的后半部。虫卵大小为 20 μm×11 μm。

260　吉林马蹄吸虫　　*Maritrema jilinensis* Liu, Li et Chen, 1988

【关联序号】（36.2.2）/　　。
【宿主范围】成虫寄生于鸭的小肠。
【地理分布】吉林。
【形态结构】虫体扁平呈梨状，大小为 0.210～0.378 mm×0.196～0.280 mm，全身具小棘，腹吸盘前较为明显。口吸盘位于亚前端，大小为 0.025～0.032 mm×0.025～0.032 mm。腹吸盘比口吸盘大，位于虫体中横线上，紧靠雄茎囊之下，大小为 0.036～0.043 mm×0.036～0.043 mm。前咽长 0.007～0.018 mm，咽为椭圆形，大小为 0.025～0.032 mm×0.018～0.022 mm；食道长 0.004～0.029 mm，肠支约在虫体前 1/3 处分叉，向左右呈"人"字形延伸至腹吸盘水平，左支长 0.090～0.119 mm，右支长 0.094～0.122 mm。睾丸 2 枚，呈不规则或分叶状，位于虫体后部两侧，左睾丸大小为 0.047～0.068 mm×0.029～0.043 mm，右睾丸大小为 0.054～0.097 mm×0.025～0.047 mm。雄茎囊位于肠分叉与腹吸盘之间，呈拱形横列，大小为 0.140～0.189 mm×0.022～0.032 mm，内具贮精囊、前列腺和雄茎，生殖孔位于腹吸盘左侧。卵巢分为 6～13 叶，位于腹吸盘的右后侧，有时部分与腹吸盘重叠。卵黄腺分布于虫体后半部，呈不完整的马蹄形，在虫体后端不汇合。子宫占据虫体后半部，前缘不超过肠支。虫卵为卵圆形，小端有盖，大小为 18～22 μm×9～11 μm，内含毛蚴。

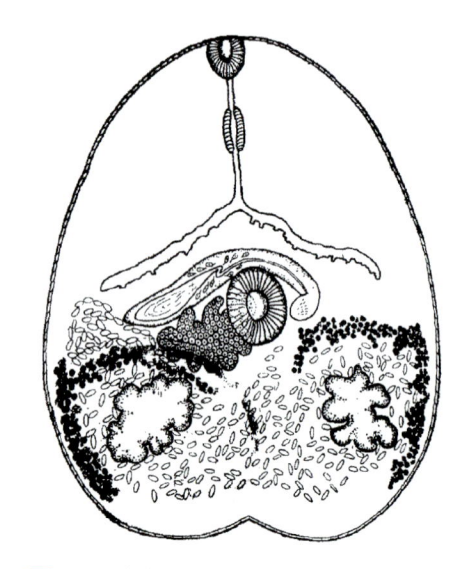

图 260　吉林马蹄吸虫 *Maritrema jilinensis*
引 刘忠 等（1988）

14.3　似蹄属
Maritreminoides Rankin, 1939

【宿主范围】成虫寄生于禽类的肠道。
【形态结构】虫体扁平，体表具棘。口吸盘位于虫体亚前端。腹吸盘在虫体中横线之前，略大于口吸盘。两肠支短，常仅至腹吸盘前。睾丸对称排列于腹吸盘之后。雄茎囊较长，横卧于肠支与腹吸盘之间，内含贮精囊、前列腺和射精管。射精管末端有明显或不明显的雄性乳头，在腹吸盘左方或右方具有生殖肉，其上有尖棘突起。卵巢为圆形、椭圆形或三角形，边缘整齐或稍分裂，位于睾丸前的腹吸盘附近。卵黄腺位于虫体后半部，呈马蹄形围绕睾丸，中部出现间断。子宫盘曲从虫体后部延伸到食道两侧。模式种：对茎似蹄吸虫［*Maritreminoides obstipum* (van Cleave et Mueller, 1932) Rankin, 1939］。

261 马坝似蹄吸虫 *Maritreminoides mapaensis* Chen, 1957

【关联序号】32.3.1（36.3.1）/ 229。
【宿主范围】成虫寄生于鸭的小肠。
【地理分布】广东。
【形态结构】虫体呈椭圆形或长椭圆形，大小为 0.286～0.644 mm×0.222～0.313 mm，体表具密集体棘，分行排列。口吸盘位于前端，大小为 0.042 mm×0.050 mm。腹吸盘比口吸盘略大，位于虫体中横线之前，大小为 0.074 mm×0.064 mm。前咽可见或不可见，咽的大小为 0.029 mm×0.025 mm。食道长 0.033～0.094 mm，肠支在雄茎囊前分叉，长度为 0.089～0.094 mm，其盲端不到或终止于腹吸盘前缘水平。睾丸呈椭圆形或长形，平滑或略呈分裂状，左右相对位于虫体后约 1/3 处，左睾丸大小为 0.080 mm×0.047 mm，右睾丸大小为 0.087 mm×0.051 mm。雄茎囊甚长，位于肠支与腹吸盘之间，略向腹吸盘弯曲，囊壁甚厚，为角质化的结构，有纵纹或斜纹，最宽处为 0.039 mm，雄茎囊内有贮精囊、前列腺及射精管。前列腺只有几个腺细胞，位于雄茎囊远端的射精管呈卷曲状，可伸出雄茎囊，向背面卷曲，然后插入一个半月形的结构。这个结构紧附在腹吸盘的左边或右边，其作用可能等同于生殖吸盘，但因在结构上和生殖吸盘有所区别，称为生殖肉。在生殖肉之上有无数尖形细长的棘状突起，生殖孔位于腹吸盘右侧的下方。卵巢呈圆形或椭圆形，平滑或略呈分裂状，大小为 0.089 mm×0.063 mm，位于腹吸盘的左侧或右侧，与腹吸盘平行或略后。受精囊在卵巢之后。卵黄腺位于虫体的后半部，普遍为马蹄形，但前后的中间有间断，有时形状略不规则。子宫占据了虫体的后半部，其两侧亦伸展至虫体的前端，达食道的左右，内含多数虫卵，成熟虫卵为深棕黄色，未成熟虫卵则透明。虫卵大小为 20 μm×11 μm，卵壳厚，内有胚胎 1 个。

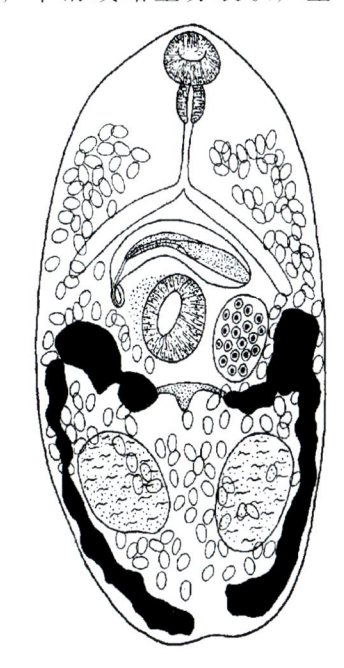

图 261 马坝似蹄吸虫
Maritreminoides mapaensis
引 陈心陶（1957）

14.4 微茎属
Microphallus Ward, 1901

【同物异名】穴孔属（*Spelotrema* Jägerskiöld, 1901）；单肠属（*Monocaecum* Stafford, 1903）；副异形属（*Paraheterophyes* Afanassief, 1941）；假肉茎属（*Pseudocarneophallus* Yamaguti, 1971）；球腺属（*Bulbovitellus* Yamaguti, 1971）；雌杯属（*Feminacopula* Ke, Liang et Yu, 1987）。

【宿主范围】主要寄生于禽类和哺乳动物的肠道。

【形态结构】虫体为舌形，扁平。腹吸盘位于赤道线之后。食道短或中等大小。两肠支短，其盲端在腹吸盘水平或腹吸盘稍前分向两侧。两枚睾丸对称排列于卵巢之后的虫体两侧。缺雄茎囊。贮精囊为卵圆形，位于腹吸盘前、肠支内侧，贮精囊的前部为前列腺和短的射精管。雄茎乳头为肌质，大小不定，小如咽，大如腹吸盘，甚至更大，形状为球形、管形、杯形等。生殖腔简单，雄茎位于其中，生殖孔开口于腹吸盘左侧。卵巢位于腹吸盘的右侧。卵黄腺形成两簇，每簇约有10个滤泡，分布于虫体后部的睾丸侧面和后面，卵黄管中等大小，呈拱形弯曲。子宫位于肠支之后，盘曲于睾丸周围，子宫末端大小似雄茎，开口于生殖腔的左壁。排泄囊短，位于睾丸之后，呈V形。模式种：暗淡微茎吸虫［*Microphallus opacus* (Ward, 1894) Ward, 1901］。

262 长肠微茎吸虫　　*Microphallus longicaecus* Chen, 1956

【关联序号】32.1.1（36.4.1）/226。

【宿主范围】成虫寄生于鸭的小肠。

【地理分布】广东。

【形态结构】虫体分为前后两部分，总长0.813 mm，前端钝圆，虫体宽度向后逐渐增加，到达后部前微凹。体表有棘，前端尤为明显。虫体前部窄而长，约为后部的2.3倍，大小为0.565 mm×0.155 mm。虫体后部较大，呈圆形，大小为0.231×0.269 mm。口吸盘占据虫体前端的全部，大小为0.055 mm×0.078 mm。腹吸盘为圆形，较口吸盘小，直径约为0.048 mm。前咽长0.049 mm，咽小，直径约为0.040 mm。食道长0.210 mm，肠支颇宽大，其长度大于食道，两肠支达腹吸盘前缘水平。其他器官位于虫体后部。睾丸2枚，左右相对，大小略似腹吸盘，右睾丸在卵巢之后与腹吸盘在同一水平，左睾丸位于腹吸盘偏后水平。缺雄茎囊，贮精囊略大于腹吸盘，位于腹吸盘之

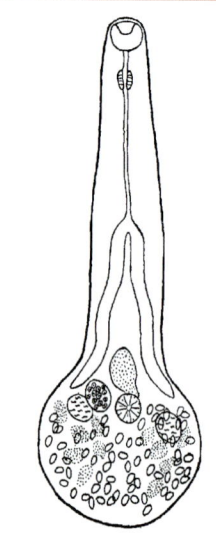

图262　长肠微茎吸虫
Microphallus longicaecus
引陈心陶（1956）

前，略伸入虫体前部的后缘，生殖孔位于腹吸盘的一侧。卵巢的大小与腹吸盘略同，或稍大于腹吸盘，位于腹吸盘的右侧和肠支之间，通常是与腹吸盘同一水平，或稍高于腹吸盘，甚至与腹吸盘略呈重叠状态。卵黄腺滤泡位于腹吸盘的两侧，每侧有 7 或 8 个。子宫弯曲在虫体后部。虫卵大小为 17～21 μm×10～40 μm。

263　微小微茎吸虫　　　　　　　　　　　　*Microphallus minus* Ochi, 1928

【关联序号】32.1.2（36.4.2）/ 227。

【同物异名】叶尖洞穴吸虫，雅氏穴孔吸虫（*Spelotrema yahowui* Yamaguti, 1971）。

【宿主范围】成虫寄生于猫的小肠。

【地理分布】上海。

【形态结构】虫体呈圆锥形，前端逐渐变薄而缩窄，后端宽而厚，大小为 0.420～1.022 mm×0.332～0.574 mm。虫体呈灰白色，全身有色素颗粒，皮下腺显著。体表具棘，棘为长方形，大小为 6 μm×3 μm，末端为锯齿状，体后端的棘较稀疏。口吸盘呈圆形，直径为 0.038～0.099 mm，前缘有 6 个小乳突。腹吸盘呈圆形，直径为 0.067～0.118 mm，位于虫体的后半部。前咽大小为 0.009～0.044 mm×0.006 mm，咽肌质，大小为 0.032～0.038 mm×0.028～0.050 mm。食道细长，大小为 0.076～0.237 mm×0.009～0.025 mm，两肠支延伸至腹吸盘水平线的体两侧。睾丸 2 枚，对称排列于腹吸盘后两侧，左睾丸大小为 0.048～0.195 mm×0.051～0.131 mm，右睾丸大小为 0.064～0.134 mm×0.057～0.128 mm。贮精囊为卵圆形，位于肠叉与腹吸盘之间，大小为 0.048～0.138 mm×0.080～0.228 mm。前列腺发达。生殖窦内有生殖肉，生殖肉形如曲颈蒸馏器，约可分为两段，其一为不可动的基部，大小为 0.048～0.112 mm×0.038～0.092 mm；其二为可动性的交尾突，大小为 0.077～0.112 mm×0.025～0.054 mm，弯曲细长，常能通过生殖孔突出体外。雄性射精管纵贯交尾突，在尖端开口，生殖肉经常移动，所以形状亦不断变化。卵巢呈卵圆形，位于腹吸盘的右侧，大小为 0.038～0.150 mm×0.054～0.137 mm。卵黄腺滤泡聚成两群，各由 7～10 个大卵黄泡组成，位于睾丸外侧，部分与睾丸相重叠。子宫盘曲于虫体后部，其末端开口于生殖窦的左内侧。虫卵为椭圆形，具卵盖，浅黄棕色，大小为 17～20 μm×9～12 μm。排泄囊呈 V 形。

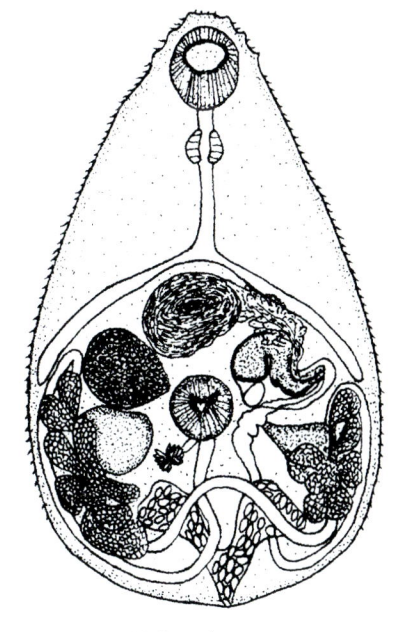

图 263　微小微茎吸虫 *Microphallus minus*
引 黄兵 等（2006）

14.5 假拉属

Pseudolevinseniella Tsai, 1955

【同物异名】异假拉属（*Allopseudolevinseniella* Yamaguti, 1971）。

【宿主范围】成虫寄生于禽类的肠道。

【形态结构】虫体为圆锥形或舌形，体表具小棘。口吸盘近前端。腹吸盘与口吸盘等大，近体中线。消化道有或无，当有消化道时，食道短，肠支短，肠支在前体横卧于卵黄腺前缘。睾丸为长形，对称排列于虫体后1/4的两侧。雄茎囊为横向短宽状，位于前体的左右卵黄腺与腹吸盘之间。贮精囊为曲颈瓶状。前列腺2个，近端大，远端小。射精管短，雄茎短。生殖腔位于腹吸盘左侧，大而深，覆盖了雄茎囊的末端。生殖孔较大，位于腹吸盘左侧。卵巢位于腹吸盘的右侧。卵黄腺由约10个圆形滤泡构成簇，分布于虫体前部，左右对称排列于雄茎囊的两侧，若肠支明显则位于肠支之后，卵黄管长，呈U形。子宫几乎占据整个虫体后部，子宫末端开口于生殖腔的背侧基部。虫卵小，有盖。排泄囊呈V形，位于睾丸之间，排泄孔开口于虫体末端。模式种：陈氏假拉吸虫［*Pseudolevinseniella cheni* Tsai, 1955］。

264 陈氏假拉吸虫

Pseudolevinseniella cheni Tsai, 1955

【关联序号】32.4.1（36.6.1）/230。

【宿主范围】成虫寄生于鸭的肠道。

【地理分布】广东。

【形态结构】虫体呈圆锥形或舌形，前端钝尖，后端钝圆，淡白色，体后1/3处最宽，大小为 0.280～0.759 mm×0.165～0.345 mm。体表披细棘如鳞状，睾丸前缘水平后棘转稀少。口吸盘与腹吸盘大小几乎相等，口吸盘位于虫体前端，大小为 0.031～0.079 mm×0.027～0.073 mm。腹吸盘位于虫体的中横线，大小为 0.032～0.066 mm×0.032～0.069 mm。前咽长 0.021 mm，咽大小为 0.012 mm×0.005 mm，食道长 0.014 mm，两肠支甚短，向体侧左右分开，横卧于卵黄腺群的前缘。睾丸2枚，呈长椭圆形，左右对称排列于体后排泄囊的两侧，左睾丸大小为 0.077～0.160 mm×0.035～0.051 mm，右睾丸大小为 0.077～0.114 mm×0.040～0.061 mm。雄茎囊位于腹吸盘与左右卵黄腺群围成的三角形地带，作弓状围绕于腹吸盘的右前缘或后缘，大小为 0.122～0.192 mm×0.031～0.069 mm，内含贮精囊、前列腺及射精管。贮精囊为曲颈瓶状，大小为 0.051～0.073 mm×0.011～0.043 mm。前列腺发达，由众多长瓶状单细胞组成，散布于雄茎囊内，围绕贮精囊与射精管。射精管长 0.028～0.072 mm，前行不远即进入生殖突。生殖突亦称生殖盘，形如半球状，大小为 0.031~0.054 mm×0.045~0.055 mm，为肥厚肌肉质，突的远端中空，形成一圆形或椭圆形的肌肉袋，大小为 0.012~0.033 mm×0.016~0.034 mm。射精管自生殖突近端进入袋中，而于末端的中间通入生殖窦。生殖孔开口于生殖窦的右侧，位于腹吸盘的左后缘。卵巢为圆形或不规则方形，位于腹吸盘水平的右侧，大小为 0.089~0.112 mm×0.080~0.084 mm。卵黄腺为左右两群，每群由 5~7 叶组成，位于虫体前第 2 个 1/5 处；右群较左群略前，位于肠支后与卵巢之间；左群位于肠支后稍后至腹吸盘后缘水平。成虫的卵黄腺渐退化，卵黄颗粒逐渐稀少，甚至不见。卵黄管粗大，右卵黄管沿卵巢内侧向中后斜行至虫体中部，左卵黄管沿雄茎囊左外侧及后缘行至虫体中部，与右卵黄管汇合并向后形成卵黄囊。子宫在虫体后部弯曲盘旋，进入生殖突后与射精管共同开口于生殖突末端。虫卵呈金黄色，卵壳厚薄不均，具卵盖，盖上有穹形隆起，另一端钝圆，并具瘤状突起，虫卵大小为 25~29 μm×18~20 μm。排泄囊为 V 形，排泄孔开口于虫体末端。

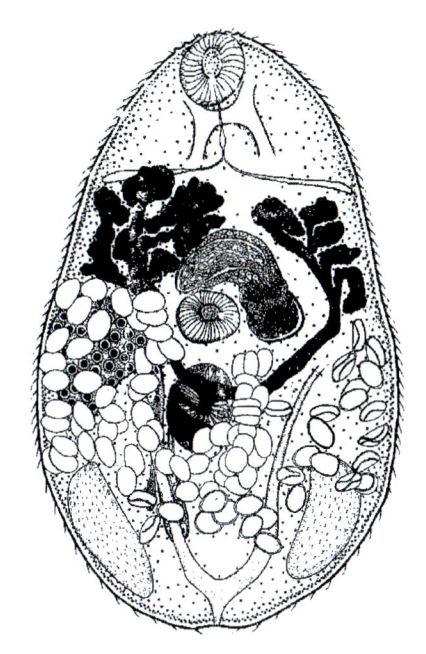

图 264　陈氏假拉吸虫 *Pseudolevinseniella cheni*
引蔡尚达（1955）

15 并殖科
Paragonimidae Dollfus, 1939

【同物异名】正并殖亚科（Euparagoniminae Chen, 1963）。

【宿主范围】成虫寄生于哺乳动物的肺脏。

【形态结构】虫体中到大型，肥厚，呈卵圆形、亚球形、长椭圆形、叶形、纺锤形或梭形，体表具棘。口吸盘位于虫体前端，大小等于或小于腹吸盘。腹吸盘位于赤道线前。具咽，食道很短，肠分叉在虫体前部，肠支呈波浪状，其盲端接近虫体末端。睾丸大，并列或斜列于虫体后半部，通常由几个球棍状裂块在根部相连而成。缺雄茎囊和雄茎。输精管末段稍扩展形成直或弯曲的贮精囊，贮精囊前面为前列腺和射精管，射精管开口于腹吸盘近后缘的生殖孔。卵巢分叶，位于睾丸之前的亚中央，与子宫相对。具劳氏管。受精囊由盲囊组成，位于劳氏管的基部附近。卵黄腺滤泡呈树枝状，密集，围绕肠支分布，几乎伸展到虫体中央，前达口吸盘附近，后至虫体末端。子宫大部分盘曲于虫体的中1/3，占据卵巢对面的大部分。虫卵大。排泄囊长，管状，居中，几乎达肠分叉，排泄孔位于虫体末端或亚末端。模式属：并殖属 [*Paragonimus* Braun, 1899]。

在中国家畜家禽中已记录并殖科吸虫3属20种，本书收录3属19种，引用王溪云和周静仪（1993）编制的并殖科分类检索表如下。

并殖科分属检索表

1. 卵巢分5或6叶，每叶或再分支；睾丸分支不规则，位于卵巢后方，主要在肠支之间；排泄囊达肠叉后 2
   卵巢分6叶，每叶长出短支；睾丸呈星状，位于肠支的腹面，有时可与部分卵巢相重叠；排泄囊只达腹吸盘水平 .... 正并殖属 *Euparagonimus*
2. 虫体呈宽椭圆形，体宽与体长之比为1:2，腹吸盘位于虫体赤道线稍前... .... 并殖属 *Paragonimus*
   虫体呈梭形，体宽与体长之比为1:2.4以上，腹吸盘位于虫体前1/3处.... .... 狸殖属 *Pagumogonimus*

[注：Bray 等（2008）将正并殖属（*Euparagonimus* Chen, 1962）和狸殖属（*Pagumogonimus* Chen, 1963）都归为并殖属（*Paragonimus* Braun, 1899）的同物异名，本书仍按国内文献作为独立属。]

15.1 正并殖属
Euparagonimus Chen, 1962

【宿主范围】成虫寄生于哺乳动物的肺脏。

【形态结构】虫体呈椭圆形或叶片形。口吸盘位于前端，腹吸盘位于赤道线前。具咽，食道不明显。睾丸呈星状，位于肠支的腹面，有时可与部分卵巢相重叠。卵巢分6叶，每叶长出短支，如葡萄果实。排泄囊只达腹吸盘水平处。

265 三平正并殖吸虫　　*Euparagonimus cenocopiosus* Chen, 1962

【关联序号】34.3.1（37.1.1）/248。

【宿主范围】成虫寄生于犬、猫的肺脏。

【地理分布】福建、广东、江西。

【形态结构】虫体前宽后窄，最宽约在虫体前1/3处，末端略作尖形，大小为7.890 mm×3.470 mm，全身披有体棘，以分簇排列为主。口吸盘位于前端，大小为0.593 mm×0.637 mm。腹吸盘位于虫体前1/3处的后缘，大小为0.637 mm×0.655 mm。咽常被卵黄腺遮盖，大小为0.332 mm×0.296 mm。食道不明显，只见到模糊的轮廓。肠支经4个弯曲后，到达虫体末端。睾丸位于虫体后1/2处的前部，左右对称或稍斜列，略作星状，中心部明显，分叶比较整齐，5或6叶，左睾丸大小为1.426 mm×1.438 mm，右睾丸大小为1.314 mm×1.101 mm。贮精囊呈腊肠状，位于腹吸盘的下缘或生殖孔侧，大小为0.404 mm×0.178 mm。卵巢位于腹吸盘的后方，多数在右侧，分为6叶，每叶又分出粗短分叶，形成似葡萄状的结构，其基部具有明显的中心体，卵巢平均大小为1.088 mm×0.933 mm。卵黄腺发达，分布于由口吸盘水平处开始直至虫体末端为止的背面及侧面，在腹面除两个吸盘间及腹吸盘后的部分位置外，其余均密布卵黄腺。子宫环褶盘曲紧凑，向前可到达或超过腹吸盘，向后可越过卵黄横管。虫卵椭圆形，中部最宽，大小为51～85 μm×41～53 μm。

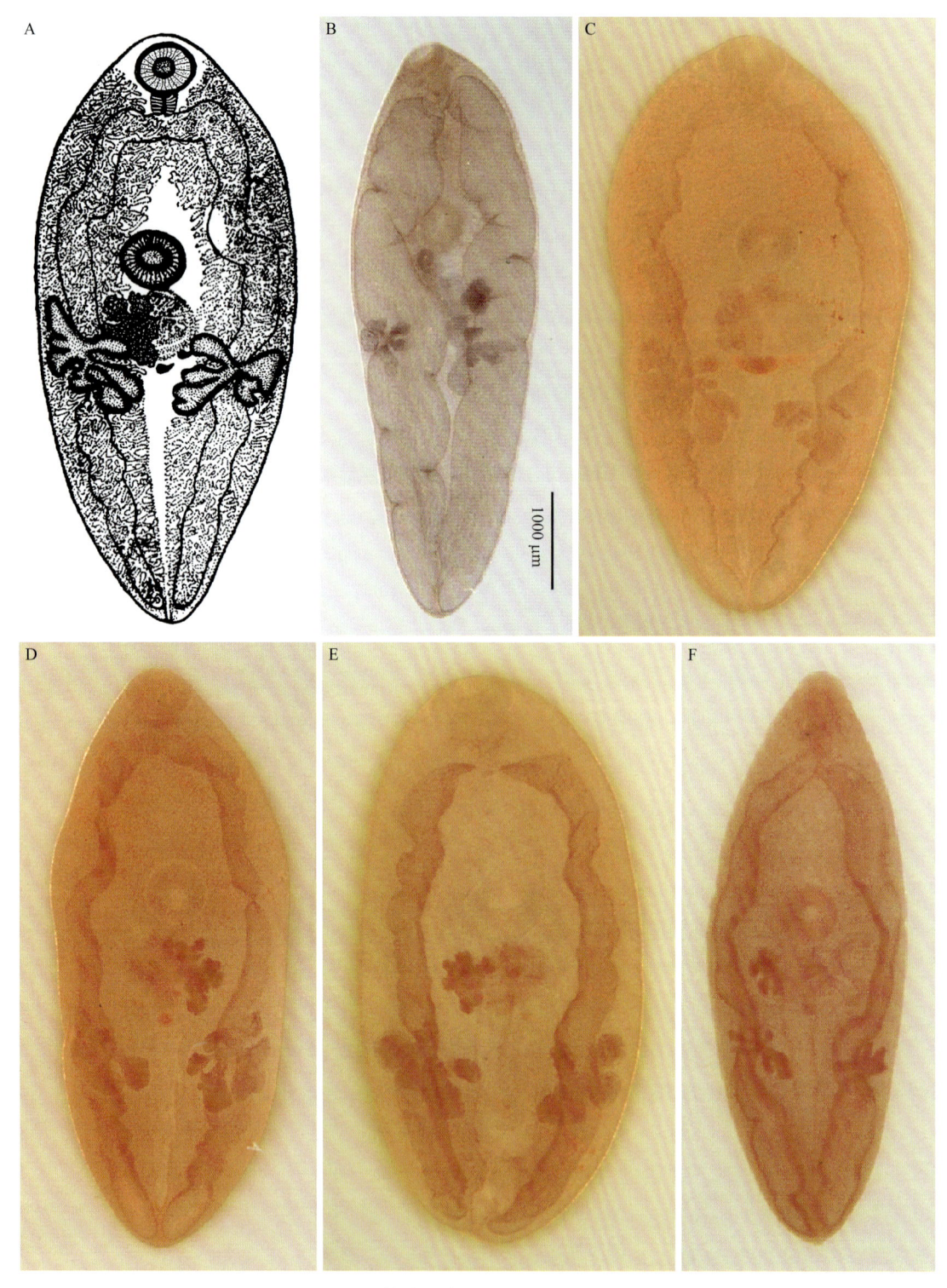

图265 三平正并殖吸虫 *Euparagonimus cenocopiosus*
A. 引 王溪云和周静仪（1993）；B～F. 原图（SYSU）

15.2 狸殖属
Pagumogonimus Chen, 1963

【宿主范围】成虫寄生于哺乳动物的肺脏。

【形态结构】虫体为梭形，体宽与体长之比为1∶2.4以上。体棘单生与丛生混合，口吸盘前后以单生为主，腹吸盘之后以丛生为主。口吸盘位于虫体前端，腹吸盘位于虫体前1/3处。具咽，食道短。睾丸分支不规则，位于卵巢后方，主要在肠支之间。卵巢分5或6叶，每叶或再分支。排泄囊达肠叉后。

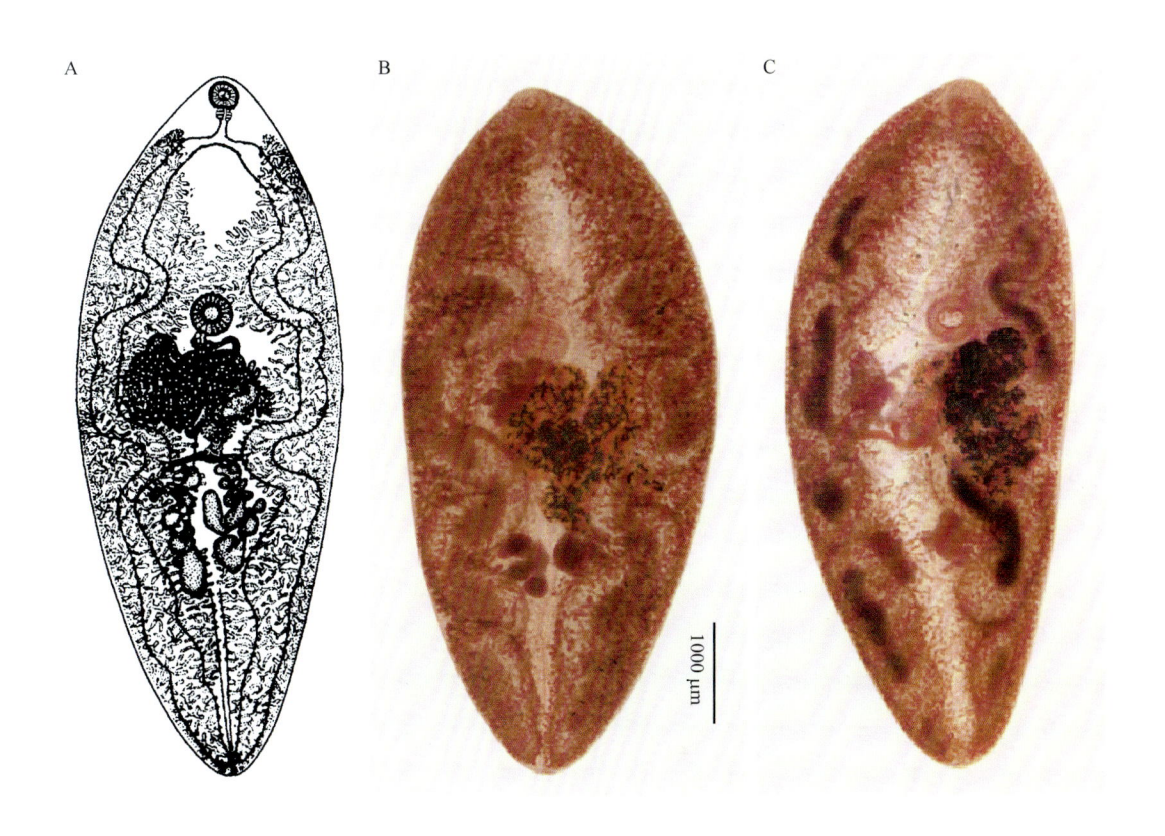

266 陈氏狸殖吸虫　　*Pagumogonimus cheni* (Hu, 1963) Chen, 1964

【关联序号】34.2.1（37.2.1）/　。

【同物异名】陈氏并殖吸虫（*Paragonimus cheni* Hu, 1963）。

【宿主范围】成虫寄生于犬、猫的肺脏。

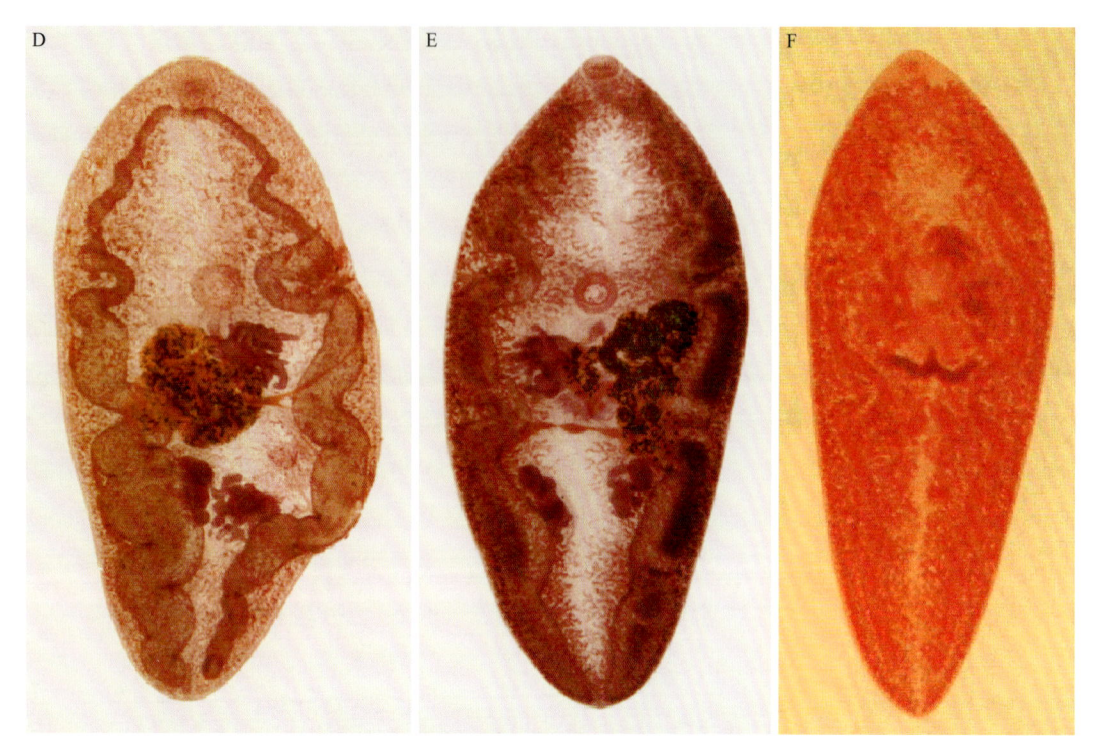

图 266　陈氏狸殖吸虫 *Pagumogonimus cheni*
A. 引李朝品和高兴政（2012）；B～E. 原图（SYSU）；F. 原图（WNMC）

【**地理分布**】福建、四川、云南。

【**形态结构**】虫体呈长椭圆形，两端稍窄，最宽处在虫体前半部接近腹吸盘处，大小为 6.600～8.000 mm×3.200～3.700 mm，体长与体宽之比约为 2∶1。体棘细小，末端尖细，基端较宽，一般多呈锥形，位于口吸盘与腹吸盘之间者多为单生型，位于腹吸盘下方至虫体末端者多为群生型。口吸盘位于体前端，大小为 0.320～0.448 mm×0.512～0.576 mm。腹吸盘位于虫体赤道线前的中央，大小为 0.496～0.608 mm×0.592～0.608 mm。睾丸位于虫体后 1/2 的中前部，分支粗，大多为近似不整齐的椭圆形或叶片形，左睾丸大小为 0.512～0.720 mm×0.624～0.912 mm，右睾丸大小为 0.672～0.944 mm×0.384～0.656 mm。卵巢位于腹吸盘的右下方（个别标本位于左下方），两者一般相距较远，大小为 0.640～0.976 mm×0.800～0.912 mm。卵黄腺前可到达口吸盘附近，后至虫体末端。子宫位于腹吸盘左下方，与卵巢相对（个别标本位于腹吸盘的右下方，且有盘曲至腹吸盘上缘），两者相距甚近，子宫团大小为 1.120～1.856 mm×1.232～1.840 mm。虫卵呈椭圆形，金黄色，大多不对称，最宽处多在近卵盖一端，大小为 73～90 μm×30～50 μm。

267 丰宫狸殖吸虫 *Pagumogonimus proliferus* (Hsia et Chen, 1964) Chen, 1965

【关联序号】34.2.2（37.2.2）/ 。

【同物异名】丰宫并殖吸虫（*Paragonimus proliferus* Hsia et Chen, 1964）。

【宿主范围】成虫寄生于猫的肺脏。

【地理分布】云南。

【形态结构】虫体大小为 6.700 mm×3.800 mm，体棘簇生，在腹吸盘前后多为 4~6 个一簇。口吸盘位于虫体前端，略小于腹吸盘，大小为 0.430 mm×0.530 mm。腹吸盘位于虫体前 1/3 的前缘，大小为 0.750 mm×0.790 mm。肠支不规则地弯曲 4 次。睾丸位于虫体后半部，大小为 1.720 mm×1.830 mm。卵巢呈分叶状，每叶又分出小支，位于腹吸盘下侧或后方，除大部分被子宫掩盖外，其余部分还被密布在体内的卵黄腺所遮盖，不易在整个染色标本中看到。卵黄腺发达，前至口吸盘，后达虫体末端。子宫团庞大，大小为 2.965 mm×2.107 mm，前方起自腹吸盘后缘，后方延伸至睾丸的中线，横贯虫体的中部，掩盖了除大部分睾丸及部分卵巢以外的其他结构。虫卵两侧对称，卵壳一般厚薄均匀，大多数中部最宽，平均大小为 82 μm×44 μm。

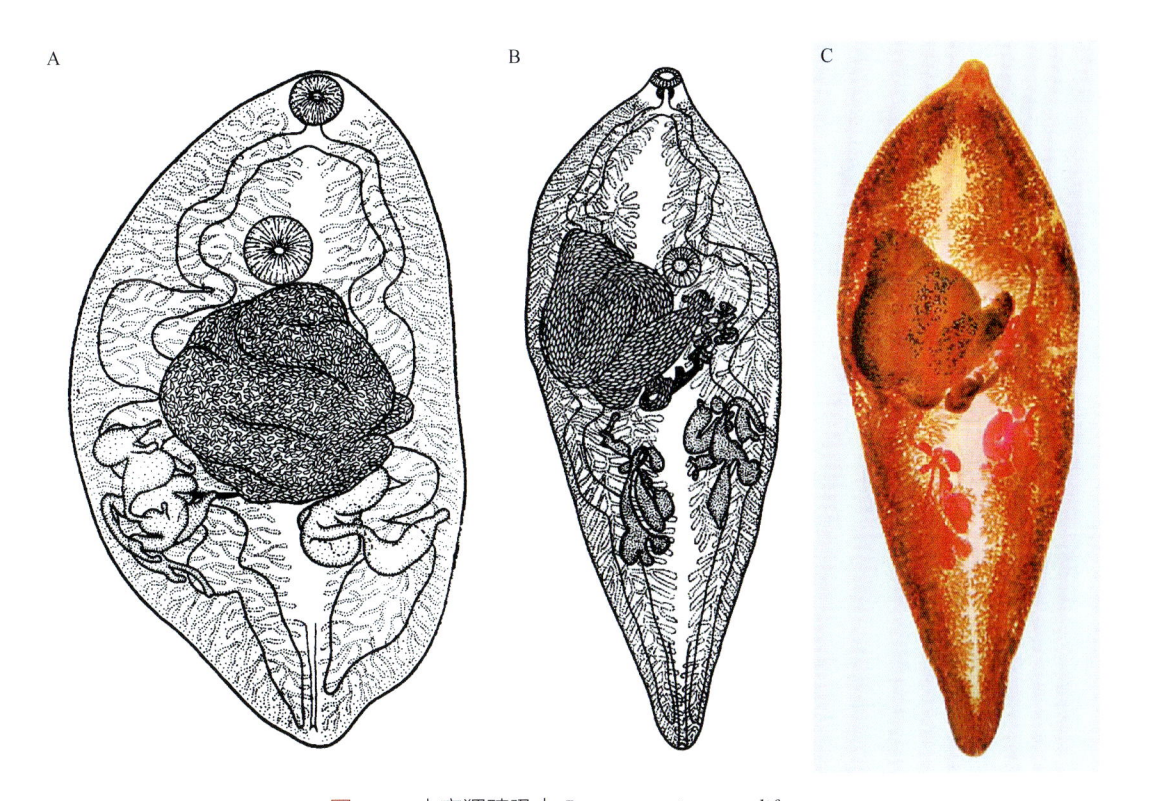

图 267 丰宫狸殖吸虫 *Pagumogonimus proliferus*
A. 引陈心陶和夏代光（1964）；B. 引周本江（2004）；C. 原图（WNMC）

268 斯氏狸殖吸虫 *Pagumogonimus skrjabini* (Chen, 1959) Chen, 1963

【关联序号】34.2.3（37.2.3）/247。

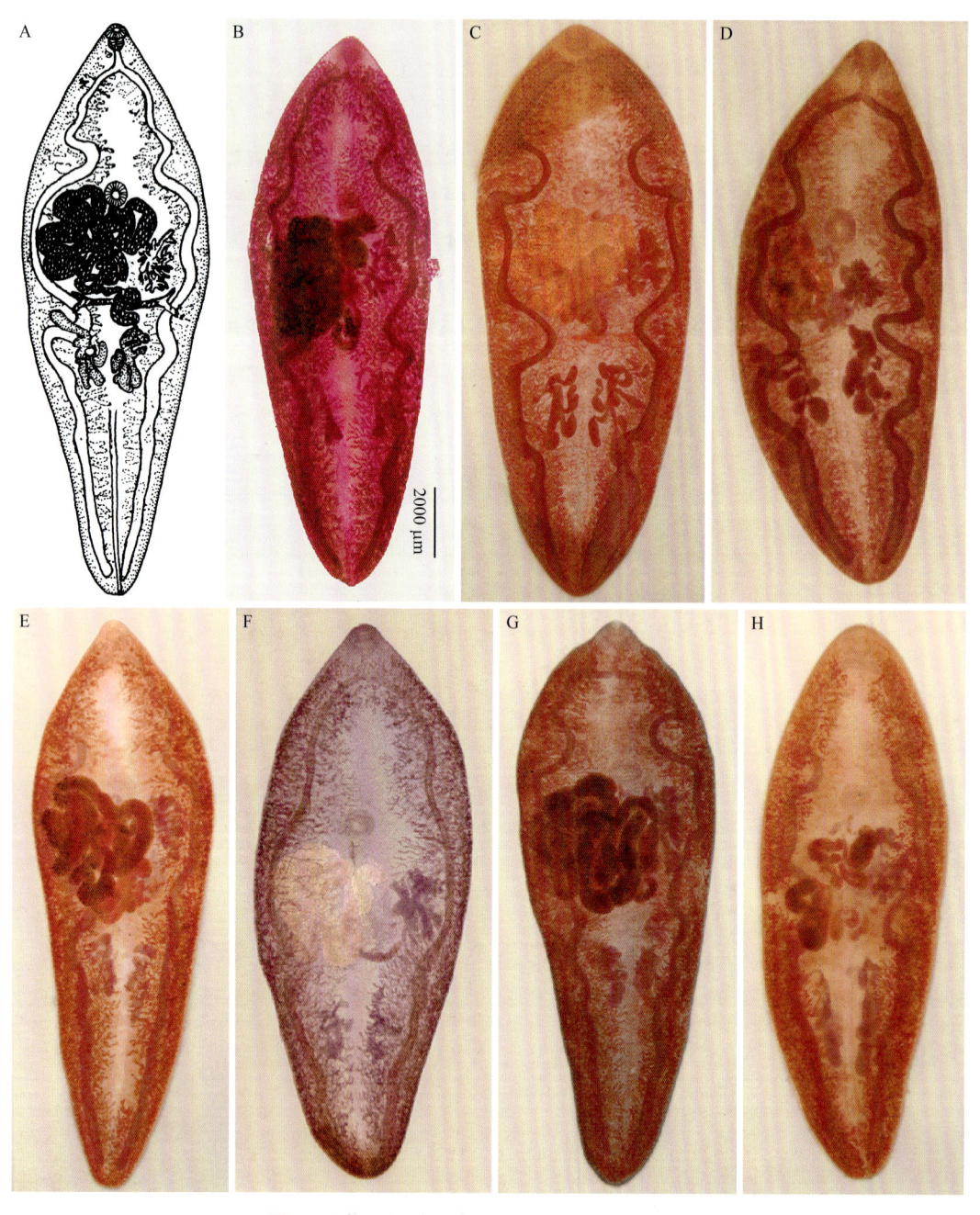

图 268　斯氏狸殖吸虫 *Pagumogonimus skrjabini*
A. 引 黄兵 等（2006）；B. 原图（SHVRI）；C～H. 原图（SYSU）

【同物异名】斯氏并殖吸虫（*Paragonimus skrjabini* Chen, 1959）；四川并殖吸虫（*Paragonimus szechuanensis* Chung et T'sao, 1962）。

【宿主范围】成虫寄生于犬、猫的肺脏。

【地理分布】重庆、福建、甘肃、广东、广西、贵州、河南、湖北、湖南、江西、陕西、四川、云南、浙江。

【形态结构】虫体呈纺锤形或梭形，两端圆尖，体前 1/3 处或稍前最宽，虫体大小为 11.000～18.500 mm×3.500～6.000 mm，体宽与体长之比为 1∶2.4～1∶3.2，体表密布体棘，以单生为主，伴有少数群生。口吸盘位于虫体前顶端，略向腹面倾斜，大小为 0.464 mm×0.639 mm。腹吸盘为圆形，位于虫体前 1/3 处的后部，大小为 0.774 mm×0.793 mm。咽紧接口吸盘，大小为 0.356 mm×0.384 mm，食道短，两肠支呈波浪状，常作 4 或 5 个不规则的弯曲，沿虫体两侧达虫体末端。睾丸 2 枚，形态扁而宽，位于虫体中 1/3 与后 1/3 之间，左右对称或略有斜列，每个睾丸具有 5 或 6 个深分支，主支又可再分支，呈掌状或珊瑚状，大小为 2.000 mm×0.800 mm。卵巢位于腹吸盘的左侧或右侧，多数在腹吸盘的下后方，或有明显的距离，个别与腹吸盘同水平，具有圆形的中心体和多数的分支，大小约为 1.650 mm×1.370 mm。卵黄腺发达，在充分发育的虫体中央无卵黄腺区域狭小，甚至无空隙可见。子宫团庞大，可掩盖部分或大部分卵巢。虫卵呈椭圆形或卵圆形，可稍不对称，后端常增厚，大小为 64～87 μm×40～55 μm。

15.3 并殖属

Paragonimus Braun, 1899

【同物异名】多肉属（*Polysarcus* Looss, 1899）；巨殖属（*Megagonimus* Chen, 1963）；啮殖属（*Rodentigonimus* Chen, 1963）。

【宿主范围】成虫寄生于哺乳动物的肺脏。

【形态结构】虫体呈宽椭圆形，体宽与体长之比为 1∶2。口吸盘等于或稍大于腹吸盘，腹吸盘位于虫体赤道线稍前。睾丸分支不规则，位于卵巢后方，主要在肠支之间。卵巢分 5 或 6 叶，每叶又分小叶。体棘单生或丛生。排泄囊达肠叉后。模式种：卫氏并殖吸虫［*Paragonimus westermani* (Kerbert, 1878) Braun, 1899］。

269　扁囊并殖吸虫　　　*Paragonimus asymmetricus* Chen, 1977

【关联序号】34.1.1（37.3.1）/　　。

【宿主范围】成虫寄生于犬的肺脏。

【地理分布】安徽、福建、广东。

【形态结构】虫体呈椭圆形，最宽处在虫体中部，大小为 6.080～9.600 mm×2.944～4.576 mm，体宽与体长之比为 1∶2.16。体棘为单生型，口吸盘附近的体棘较细小，口吸盘与腹吸盘之间、腹吸盘与睾丸之间的体棘较粗长。口吸盘为椭圆形，位于虫体顶端稍向腹面倾斜，平均大小为 0.746 mm×0.462 mm。腹吸盘略小于口吸盘，位于虫体中横线稍前，平均大小为 0.580 mm×0.533 mm。咽紧接口吸盘，食道很短，两肠支形成"肩"状，沿虫体两侧经多个弯曲延伸至虫体末端。睾丸位于虫体中 1/3 处的后部，左右对称，有 4 或 5 个大小不等的分叶，左睾丸平均大小为 0.732 mm×0.683 mm，右睾丸平均大小为 0.773 mm×0.793 mm。生殖孔开口于腹吸盘后缘下方。卵巢位于腹吸盘的右侧（个别在左侧），分为 5 或 6 叶，有的分叶又有瘤状分瓣，平均大小为 0.833 mm×0.949 mm。受精囊呈壶状或袋状，大小为 0.161 mm×0.212 mm。卵黄腺颇发达，在虫体两侧可见粗大的卵黄管及呈树枝状的支管。子宫与卵巢相对，常位于腹吸盘左侧，子宫环褶与肠支相重叠，可达肠支外侧。虫卵为卵圆形，多对称，卵壳厚薄均匀，大小为 60～73 μm×45～54 μm。排泄囊向前伸至腹吸盘与肠叉的中间位置。

［注：李友松（1999）将本种列为卫氏并殖吸虫（*Paragonimus westermani* (Kerbert, 1878) Braun, 1899）的同物异名。］

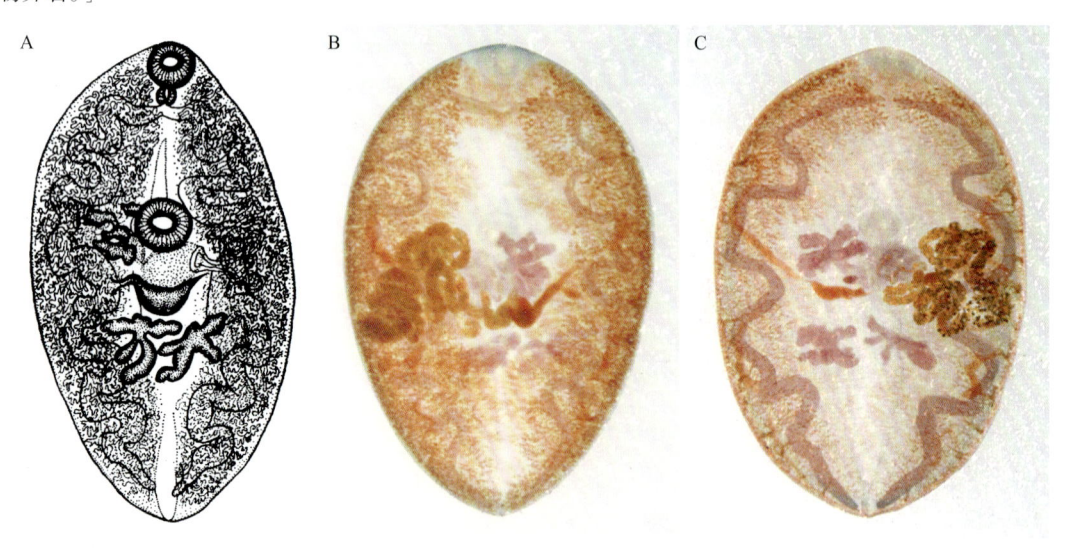

图 269　扁囊并殖吸虫 *Paragonimus asymmetricus*
A. 引王溪云和周静仪（1993）；B、C. 原图（SYSU）

270 歧囊并殖吸虫　　*Paragonimus divergens* Liu, Luo, Gu, et al., 1980

【关联序号】34.1.2（37.3.2）/ 　。

【宿主范围】成虫寄生于犬的肺脏。

【地理分布】四川。

【形态结构】虫体呈窄长形，前宽后窄，虫体最宽在腹吸盘后缘稍后处，平均大小为 13.700 mm×5.000 mm，体宽与体长之比为 1∶2.74。体表披有单生棘，偶尔可见 2 或 3 支一簇者，口吸盘周围的棘短小较密，肠叉后至腹吸盘之间的棘分布均匀，腹吸盘周围的棘短小稀疏，腹吸盘与两睾丸之间的棘形态各异。口吸盘呈圆形，位于虫体前端，平均大小为 0.612 mm×0.611 mm。腹吸盘略大于口吸盘，位于虫体前 1/3 的后部，平均大小为 0.809 mm×0.533 mm。咽紧接口吸盘，大小为 0.363 mm×0.404 mm。肠支沿虫体两侧经 3 或 4 个较大的弯曲后，延伸至虫体的近末端。睾丸位于虫体中 1/3 的后部，有较明显的长条形状主体，由此再分出 3~5 个或 6~8 个长圆形的分支，左右对列或斜列，左睾丸大小为 1.681 mm×1.099 mm，右睾丸大小为 2.041 mm×0.865 mm。卵巢位于腹吸盘的右侧居多，与腹吸盘有一定距离，呈分支状，中心体明显，分为 4 或 5 个主支，主支上又分出短小的次支，多数卵巢形似盛开的花朵，大小为 1.661 mm×1.163 mm。卵黄腺较发达，除在虫体中央有一狭长的空间外，其余部分均被卵黄腺所覆盖，在虫体背面较腹面更密。子宫盘曲于腹吸盘与睾丸之间。虫卵呈金黄色，卵圆形，多数对称，卵壳厚薄不匀，虫卵平均大小为 84 μm×50 μm。

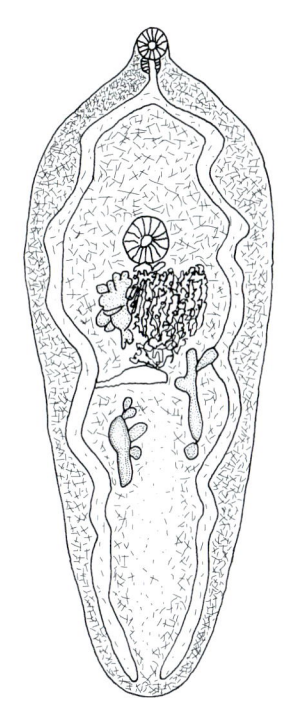

图 270　歧囊并殖吸虫
Paragonimus divergens
仿 刘纪伯 等（1980）

［注：李友松（1999）将本种列为白水河并殖吸虫（*Paragonimus paishuihoensis* T'sao et Chung, 1965）的同物异名。］

271　福建并殖吸虫　　*Paragonimus fukienensis* Tang et Tang, 1962

【关联序号】34.1.3（37.3.3）/　。

【宿主范围】成虫寄生于兔的肺脏。

【地理分布】福建。

【形态结构】虫体背面略凸，腹面较为扁平，虫体最宽处在腹吸盘水平部分，大小为 9.500~14.700 mm×5.270~6.850 mm。体表披小棘，口吸盘至腹吸盘之间的体棘绝大多数为单生型，腹吸盘以后的体棘为群生型。口吸盘位于虫体前端顶部，横径为 0.770~0.910 mm。腹吸盘为圆形，位于虫体中横线稍前，大小为 0.590~0.800 mm×0.650~0.810 mm，口吸盘略大于腹吸盘。咽紧接口吸盘，大小为 0.360~0.400 mm×0.400~0.470 mm，食道较短，由此分出的两肠支经 3 或 4 个弯曲后到达近虫体末端。睾丸占据虫体后 1/3 的部位，体形较大，中心体较小，有 5 或 6 个条状分支，每支末端膨大，常又分为两瓣，各支向后方及侧方延展，亦有伸至肠支外侧，左睾丸大小为 2.670~3.520 mm×0.990~1.790 mm，右睾丸大小为 2.080~3.770 mm×

1.240～2.570 mm。贮精囊略呈弯曲状，位于腹吸盘之后，大小为 0.990～1.090 mm×0.095～0.210 mm，开口于腹吸盘后缘的椭圆形生殖孔。卵巢位于腹吸盘的后侧，多在虫体的左边，偶尔在右边，大小为 1.350～1.980 mm×0.990～1.560 mm，比腹吸盘约大一倍，有一圆锥状的中央体，从中央体分出 6 个大支，各支既有整条不再分支，也有分为 2～4 个小支。受精囊为椭圆形或较长的梨形，大小为 0.200～0.260 mm×0.130～0.160 mm，与劳氏管共同开口于输卵管。卵黄腺甚为发达，除中央部位没有外，遍布于虫体各部，两侧均密布分支状的丛体。子宫位于卵巢的对侧，初段很细，逐渐膨大至后段很粗，子宫末段又逐渐细小，开口于生殖孔。成熟虫卵为金黄色，较窄长，不完全对称，大小为 77～94 μm×45～52 μm。

图 271　福建并殖吸虫
Paragonimus fukienensis
引 唐崇惕和唐仲璋（2005）

272　异盘并殖吸虫
Paragonimus heterotremus Chen et Hsia, 1964

【关联序号】34.1.4（37.3.4）/　　。
【宿主范围】成虫寄生于犬的肺脏。

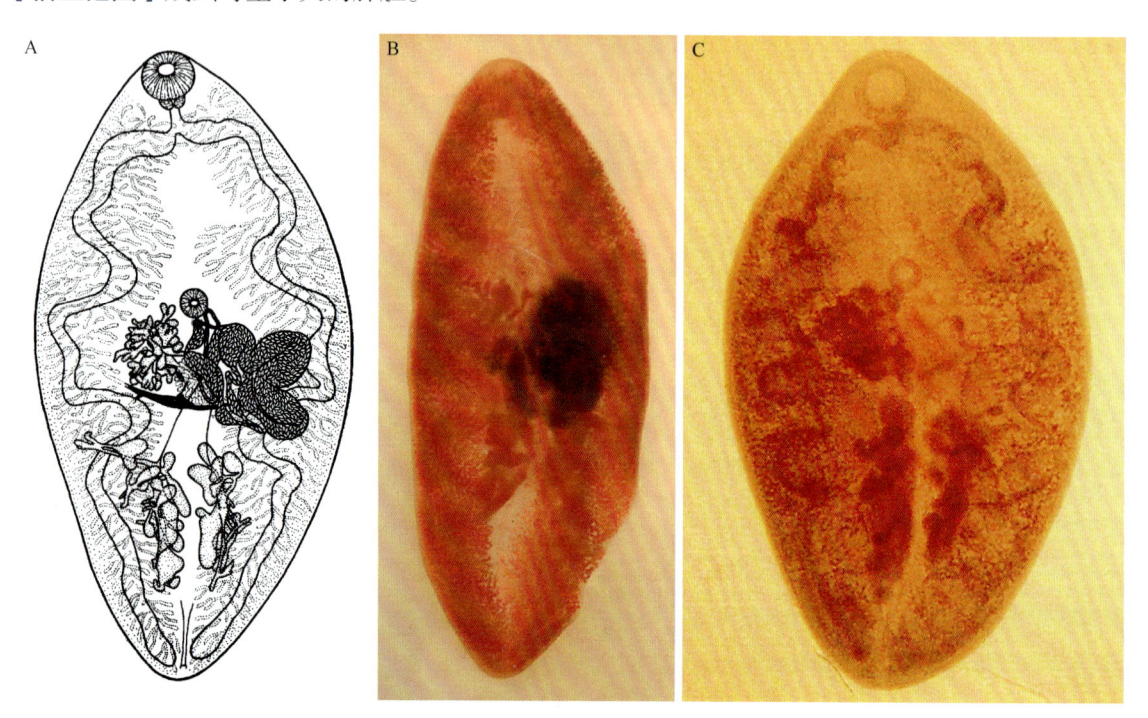

图 272　异盘并殖吸虫 *Paragonimus heterotremus*
A. 引陈心陶和夏代光（1964）；B. 原图（SYSU）；C. 原图（WNMC）

【地理分布】云南。

【形态结构】虫体中部宽，两端较窄，平均大小为 10.540 mm×5.480 mm，体宽与体长之比为 1:2，体棘为单生型，分散排列。口吸盘位于虫体前端，大小为 0.819 mm×0.906 mm，显著大于腹吸盘，个别标本口吸盘的宽度比腹吸盘的大一倍。腹吸盘位于虫体中横线稍前，大小为 0.501 mm×0.506 mm。咽紧接口吸盘，略小于腹吸盘，大小为 0.477 mm×0.468 mm。睾丸除有一般分支外，常有纤细的分支，长短不一，其末端显著膨大，左睾丸大小为 2.120 mm×1.610 mm，右睾丸大小为 2.670 mm×1.620 mm。卵巢位于腹吸盘的右侧（个别在左侧），分支细而多，大小为腹吸盘的 2.7 倍，与腹吸盘有一定的距离。贮精囊为直形或稍弯曲。子宫团不大，一般都在腹吸盘与睾丸之间。虫卵的前半部常较大，对称的较多，卵壳厚薄均匀，大小为 71～95 μm×43～54 μm。

273 会同并殖吸虫　　*Paragonimus hueitungensis* Chung, Xu, Ho, et al., 1975

【关联序号】34.1.5（37.3.5）/ 。

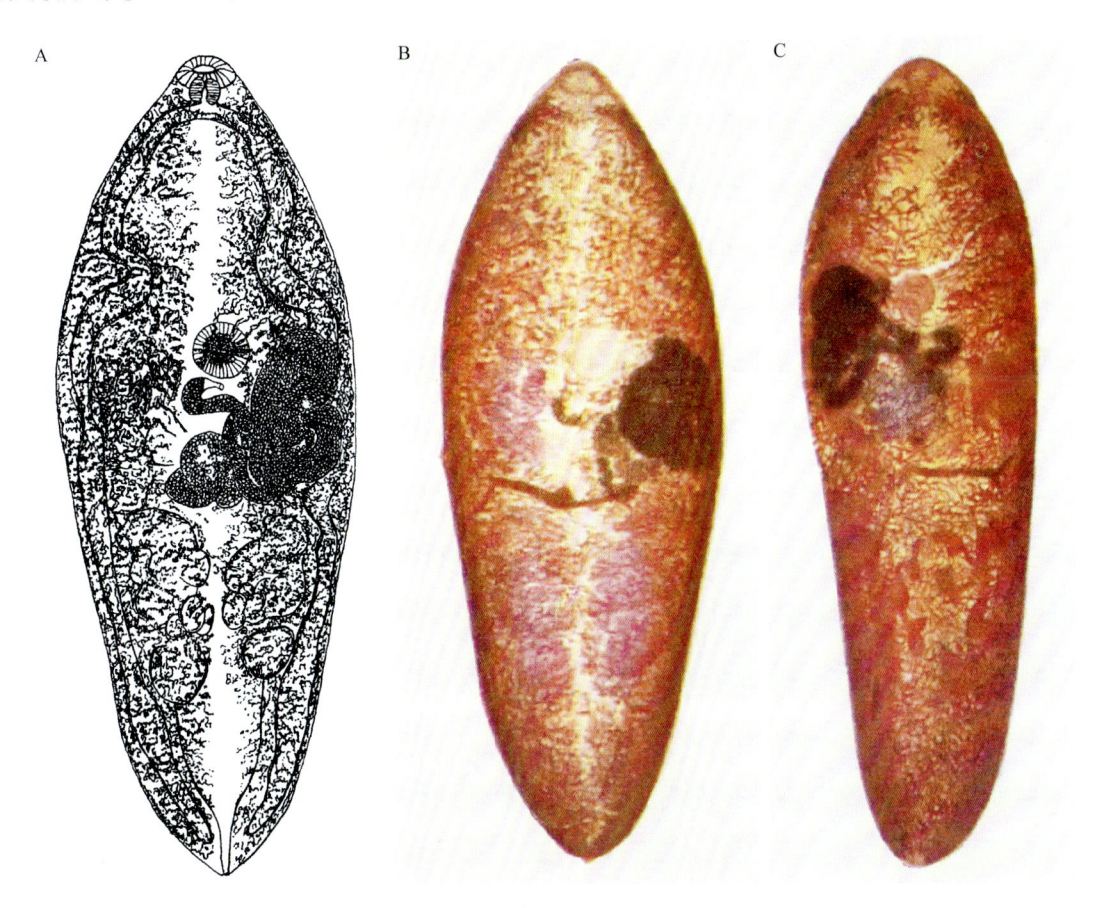

图 273　会同并殖吸虫 *Paragonimus hueitungensis*
A. 引成源达（2011）；B、C. 引陈心陶（1985）

【宿主范围】成虫寄生于犬、猫的肺脏。

【地理分布】湖南。

【形态结构】虫体呈长条形，中部宽，两端窄，大小为 6.900~10.950 mm×2.640~3.980 mm，体宽与体长之比为 1∶2.6~1∶2.8。体表披棘，为单生型，外形细长，呈长尖钉形或松叶针状，在口吸盘、腹吸盘周围及虫体尾部的体棘较短。口吸盘位于虫体前顶端，大小为 0.510~0.600 mm×0.310~0.540 mm。腹吸盘比口吸盘稍大，位于虫体前 1/3 处，大小为 0.560~0.720 mm×0.530~0.650 mm，口吸盘与腹吸盘之间距离为 1.550~3.000 mm。咽紧接口吸盘，食道粗短，两肠支沿虫体两侧向后延伸，有 3 次较大的弯曲，其盲端止于虫体近末端。睾丸呈长条形，较为粗大，位于虫体后 1/3 处，每个睾丸有一长条形中心块，其上有 5 或 6 个块状初级分支，有的初级分支上又有 2 或 3 个粗短的二级分支，左睾丸大小为 0.940~2.110 mm×0.330~0.960 mm，右睾丸大小为 0.940~2.440 mm×0.560~1.070 mm。卵巢位于虫体中部右侧、腹吸盘外下方，比腹吸盘稍大，大小为 0.480~1.460 mm×0.550~1.460 mm，中心体较大，有 3~6 个粗短的初级分支，每支又有 2 或 3 个粗短的二级分支，在个别虫体的二级分支上尚有短小突起或三级分支。卵黄腺发达，密布虫体两侧，卵黄总管较粗。虫卵多数左右对称，最宽处在中部稍前方，卵壳较薄，厚度较均匀，末端多稍加厚，少数有一小结节，卵盖多低平，较宽，肩峰可见，虫卵大小为 61~96 μm×41~55 μm。

274 怡乐村并殖吸虫 *Paragonimus iloktsuenensis* Chen, 1940

【关联序号】34.1.6（37.3.6）/245。

【宿主范围】成虫寄生于猪、犬的肺脏。

【地理分布】广东、河北、辽宁、上海、台湾、天津。

【形态结构】虫体肥硕，呈椭圆形，最宽处在虫体中部，大小为 8.100 mm×3.900 mm，体宽与体长之比为 1∶2。体表密布皮棘，棘的排列不规则，在两吸盘之间者多聚成行，其数目最常见为 4 或 5 个，在两睾丸之间的皮棘群数目以 3~15 个最普遍。口吸盘直径为 0.684 mm，腹吸盘大小为 0.729 mm×0.779 mm，位于虫体中横线稍前方。前咽短，咽近球形，大小为 0.357 mm×0.349 mm。食道短，肠支呈波浪状，常作不规则的弯曲，直达虫体末端。睾丸位于虫体后 1/3 或 1/4 处，大小为 1.665 mm×0.990 mm，其中部较细，一般可分出 4~6 个分支。贮精囊呈弯曲的长管形。卵巢平均大小为 0.956 mm×0.876 mm，分支细而多，每支再分小支，呈珊瑚状，位于腹吸盘后半水平线上或在腹吸盘之后。受精囊较大，平均大小为 0.333 mm×0.169 mm。卵黄腺发达，分布于虫体两侧，在虫体前部背面两侧的腺体区相接壤，其他部位腹面皆为空隙区。子宫内充满虫卵，盘曲在卵巢的对侧。虫卵椭圆形，棕黄色，两侧对称，横径最宽处在中部，有卵盖，盖稍有倾斜，卵壳厚薄均匀，末端有增厚的瘤状物，虫卵大小可因地区和宿主的不同而有所差异。

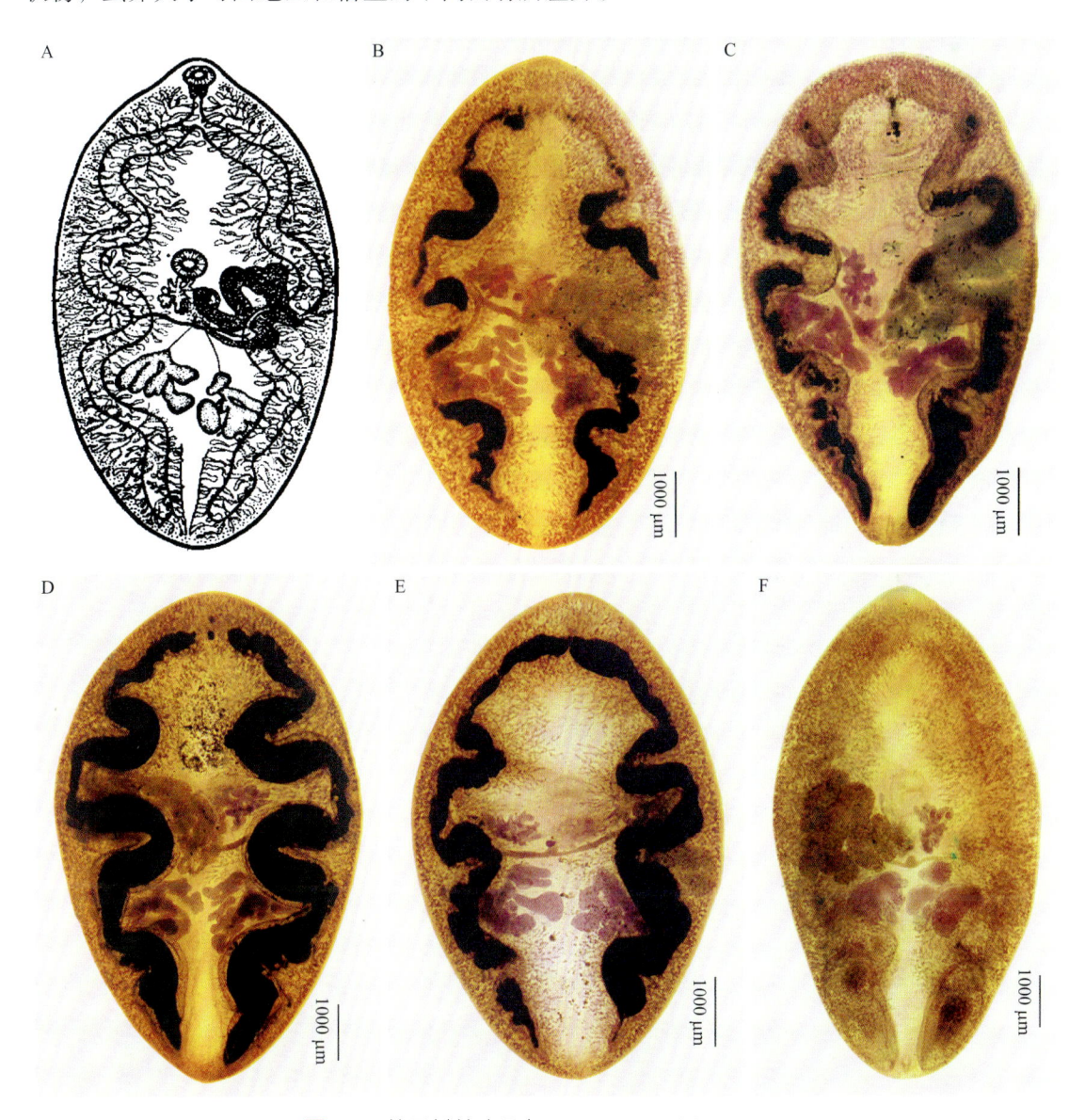

图274 怡乐村并殖吸虫 *Paragonimus iloktsuenensis*
A. 引 唐崇惕和唐仲璋（2005）；B~F. 原图（SHVRI）

275 巨睾并殖吸虫　　　　　　　　　　　　　*Paragonimus macrorchis* Chen, 1962

【关联序号】34.1.7（37.3.7）/　。

【同物异名】巨睾狸殖吸虫（*Pagumogonimus macrorchis* (Chen, 1962) Chen, 1963）。

【宿主范围】成虫寄生于猫的肺脏。

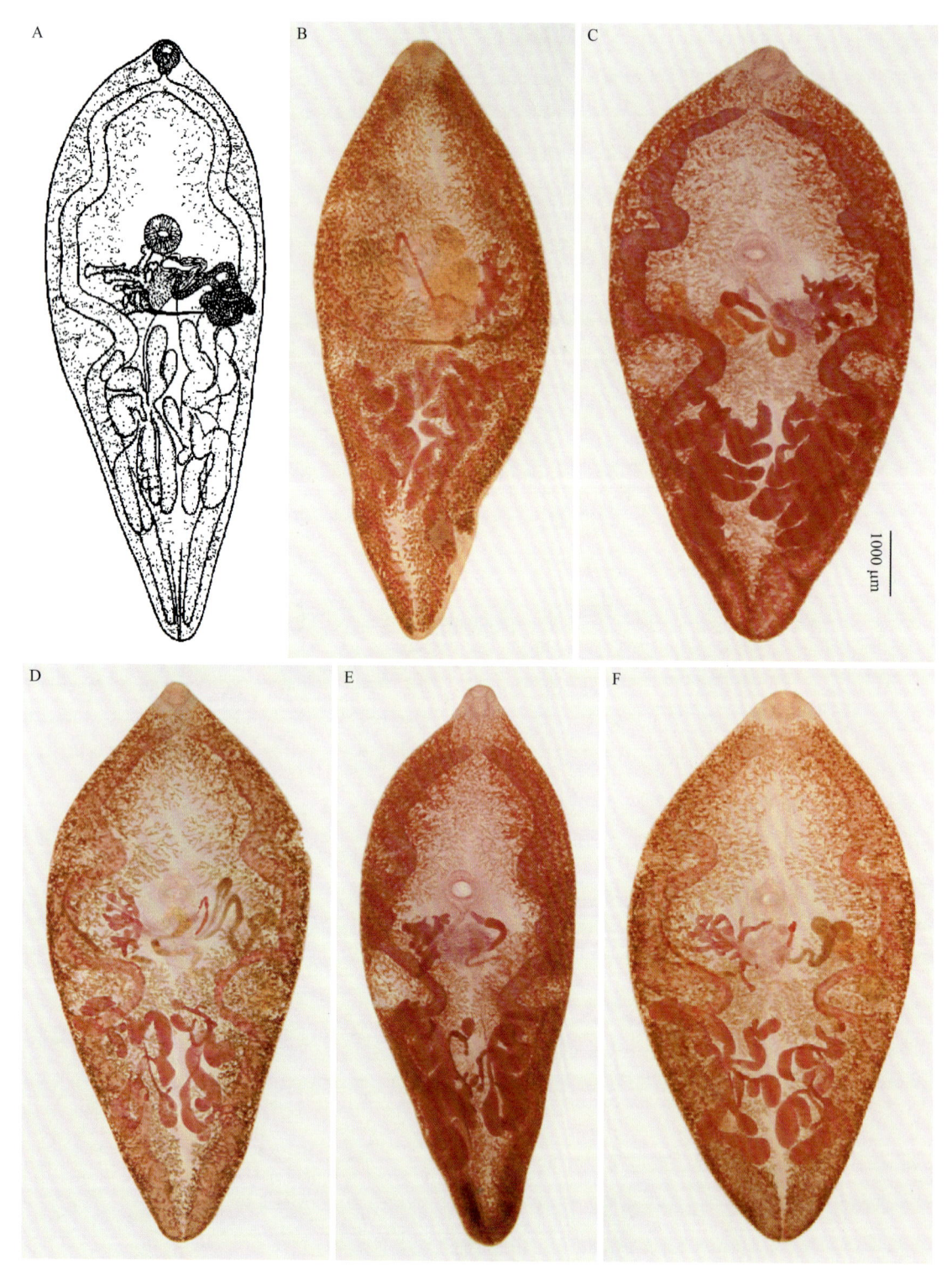

图 275　巨睾并殖吸虫 *Paragonimus macrorchis*
A. 引陈心陶（1964）；B～F. 原图（SYSU）

【地理分布】福建。

【形态结构】虫体肥胖，前宽后窄，末端略尖，最宽处在腹吸盘的位置，大小为 9.300～13.000 mm×3.900～6.500 mm，体宽与体长之比为 1∶2.46。虫体全身布满体棘，体棘形状多样，以宽阔形、凿形、尖刀形为最多，体棘的组成有单生型，也有群生型，在口吸盘与腹吸盘之间的体棘以单生型分散排列为主，在腹吸盘之后以群生型分簇排列为主。口吸盘位于虫体前端，横径为 0.520～0.880 mm。腹吸盘位于体前 1/3 的后缘，大小为 0.690～0.930 mm×0.690～1.030 mm，略大于口吸盘。咽粗大，大小为 0.331 mm×0.384 mm。食道长度受虫体伸缩影响很大，最长可达 0.485 mm。肠支沿虫体两侧向后延伸，经 3 或 4 个弯曲后到达虫体末端。睾丸巨大，平均约为体长的 1/3，个别接近体长的一半，左睾丸长 2.514～4.644 mm，右睾丸长 2.700～4.130 mm，中心体不明显，由中心体发出 5 或 6 个主支，各主支宽度相近，在远端、近端或中部可出现膨大，每个主支可分为等大或不等大的 2 支。贮精囊位于腹吸盘的侧面，个别在腹吸盘的后方，其远端为射精管，射精管与子宫末端的阴道均开口于腹吸盘后方的生殖腔。卵巢多数位于腹吸盘右后侧，与腹吸盘毗连，少数与腹吸盘有一定距离，个别可伸至腹吸盘侧缘；卵巢分瓣为 6 个主支，中心体不明显，每个主支可分为 2 个短支，短支可再分支，这些分支或分瓣可长可短、可大可小。受精囊呈梨形或长椭圆形，大小为 0.199～0.318 mm×0.263 mm。卵黄腺分布广泛，由咽水平开始直达虫体后末端为止，在背面除口吸盘与腹吸盘之间的一部分及睾丸中间的中部与后部外均密布卵黄腺，在腹面则分布于体侧并超越肠支内侧，卵黄横管位于虫体中前部。子宫盘绕环与卵巢相对，一般向前方不超过腹吸盘水平，向后方很少越过睾丸前缘。虫卵为椭圆形，对称与不对称各占半数，卵壳整齐、厚薄均匀，有卵盖，虫卵大小为 77～101 μm×43～53 μm。

276　勐腊并殖吸虫
Paragonimus menglaensis Chung, Ho, Cheng, et al., 1964

【关联序号】34.1.8（37.3.8）/　。

【宿主范围】成虫寄生于犬、猫的肺脏。

【地理分布】云南。

【形态结构】虫体纤细似桃花叶，两端尖，尤其是尾部，大小为 5.700～7.000 mm×2.000～2.300 mm，体宽与体长之比为 1∶2.5～1∶3.5。体棘为群生型，形似小匕首或刀，部分体棘在末端有裂缝，在虫体前半部常以 3～5 个一组排列分布，在虫体后半部则以 4～7 个一组排列分布，靠近或在口吸盘、腹吸盘、虫体末端附近的体棘比其他地方的体

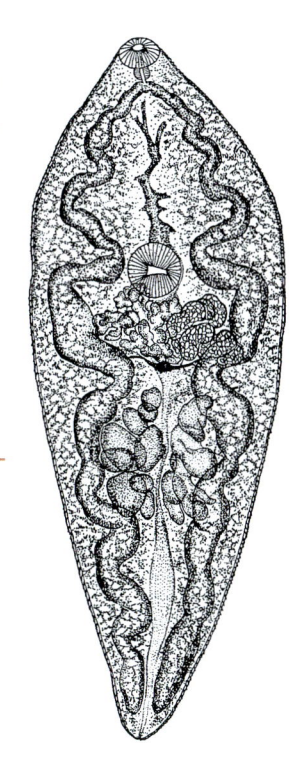

图 276　勐腊并殖吸虫
Paragonimus menglaensis
引 Chung 等（1964）

棘小且短。口吸盘位于虫体顶端。腹吸盘比口吸盘大，位于虫体前 1/3 后部。咽为球茎状，直接与口吸盘相连。食道很短，分成的两肠支在前部较细，随着呈蛇样弯曲向后延伸逐渐增大，每条肠支有 5 或 6 个弯曲，腹吸盘前有 2 个主要弯曲。睾丸位于虫体中部 1/3 的后半部两侧，中心体为中等大小，分出 5 或 6 条耳垂状的主支，主支末端偶尔分出 2~4 条的疙瘩状分支。生殖孔位于腹吸盘下方。卵巢位于腹吸盘后缘，有 7 或 8 条主支，每条主支又有 4 或 5 条分支。排泄囊基部位于肠叉附近，在腹吸盘上部或前缘变得相当大。

277 小睾并殖吸虫 *Paragonimus microrchis* Hsia, Chou et Chung, 1978

【关联序号】34.1.9（37.3.9）/ 。
【宿主范围】成虫寄生于犬、猫的肺脏。
【地理分布】云南。
【形态结构】虫体呈椭圆形，大小为 8.500~12.900 mm×3.600~5.000 mm，体宽与体长之比为 1:2.1~1:2.8。具体棘，为单生型，尖刀状，少数标本偶尔可见双生棘。口吸盘位于虫体前端，横径为 0.511~0.778 mm。腹吸盘位于虫体前 1/3 与中 1/3 横线处或稍后缘，大小为 0.648~0.821 mm×0.648~0.828 mm。口吸盘与腹吸盘的横径之比平均为 1:1.13，腹吸盘大于口吸盘，但有 13.3% 的虫体口吸盘略大于腹吸盘。咽大小为 0.352 mm×0.428 mm，食道较短，肠支沿虫体两侧弯曲向后延伸至虫体亚末端。睾丸特小，常位于虫体后 1/3 与中 1/3 交界处，具中心体，无

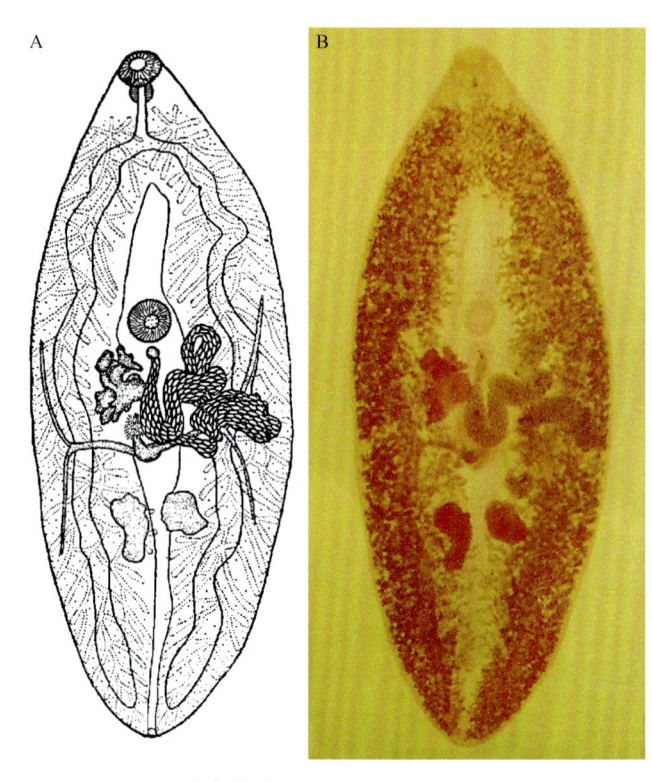

图 277 小睾并殖吸虫 *Paragonimus microrchis*
A. 引周本江（1988）；B. 原图（WNMC）

分支或仅有 1~6 个初级姜芽状突起，左睾丸大小为 0.662~1.390 mm×0.504~0.979 mm，与体长之比平均为 1:10.75，右睾丸大小为 0.526~1.570 mm×0.504~1.210 mm，与体长之比平均为 1:10.59。卵巢位于腹吸盘的左或右后下方，与腹吸盘的距离可远可近，甚至部分重叠，大小为 0.720~1.598 mm×0.662~1.397 mm，与体长之比平均为 1:8.46，具中心体，其分叶结构大多数复杂，亦有少数简单。子宫团与卵巢相对，主要位于腹吸盘与睾丸之间，有 23.3% 的个体的子宫环可达腹吸盘之前。虫卵为卵圆形或椭圆形，金黄色，两侧基本对称，最宽处在

虫卵中部，卵壳厚薄不匀，卵盖明显，虫卵大小为 73～96 μm×42～55 μm。

278 闽清并殖吸虫　　　　　　　　　　　　　　*Paragonimus mingingensis* Li et Cheng, 1983

【关联序号】34.1.10（37.3.10）/ 　。
【宿主范围】成虫寄生于猫的肺脏。
【地理分布】福建。
【形态结构】虫体呈前中部膨大的钝梭状，大小为 9.620～17.220 mm×4.620～7.010 mm，体宽与体长之比为 1∶1.96～1∶2.50，虫体最宽处在体前 1/3 后缘至体后 1/3 前缘之间。体棘为单生型，形态多样，有尖刀形、矩形、长方形等，多具有 2～8 条裂隙；体棘的形态、大小依不同部位而异，在口吸盘周围为窄长形，其余部位为矩形、长方形，在腹吸盘前分布密集，腹吸盘侧及两睾丸间分布较为稀疏。口吸盘大小为 0.380～0.670 mm×0.550～0.840 mm，腹吸盘大小为 0.590～0.920 mm×0.670～0.920 mm，口吸盘与腹吸盘的距离为 2.980～5.210 mm。口吸盘下紧接类球状的咽和短小的食道，食道下分两肠支，沿虫体两侧经 3 个大弯曲后伸至虫体后端。睾丸粗壮，中心体不明显，分支多且卷曲、交错重叠，分支末端多有梨状膨大，左睾丸大小为 1.510～3.190 mm×1.260～2.770 mm，右睾丸大小为 1.760～4.030 mm×1.090～2.140 mm。卵巢位于腹吸盘的右下方，两者间距离为 0.290～1.570 mm，卵巢基部主干明显，分为 4 支，个别再分 1 或 2 支，卵巢平均大小为 0.050～1.970 mm×1.220～1.890 mm。子宫在卵巢对侧，作多圈的绕曲，管腔大小不一，占虫体相当大的位置，大小为 2.100～4.410 mm×2.520～4.620 mm。虫卵呈长椭圆形，大小为 68～96 μm×40～50 μm，绝大多数具盖。

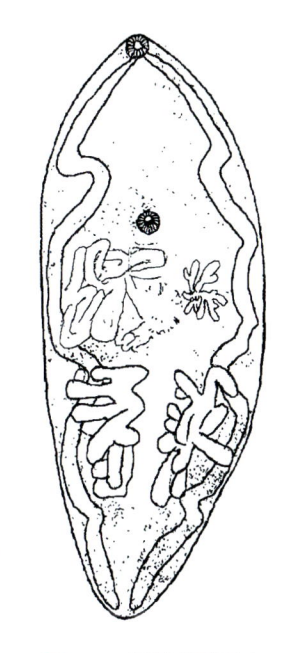

图 278　闽清并殖吸虫
Paragonimus mingingensis
引 李友松和程由注（1983）

279 大平并殖吸虫　　　　　　　　　　　　　　*Paragonimus ohirai* Miyazaki, 1939

【关联序号】34.1.11（37.3.11）/ 　。
【宿主范围】成虫寄生于猪、犬、猫的肺脏。
【地理分布】广东、河北、辽宁、上海、台湾、天津。
【形态结构】虫体呈椭圆形，两端稍窄。体表满布体棘，群生型，呈尖刀状并列成簇；在口吸盘与腹吸盘之间，每簇多为 3～6 支，也可达 10 支；在腹吸盘附近及侧方，每簇多为 5～11 支，也有多达 16 支；在腹吸盘与尾端之间，每簇多为 5～10 支。口吸盘为圆形，位于虫体前

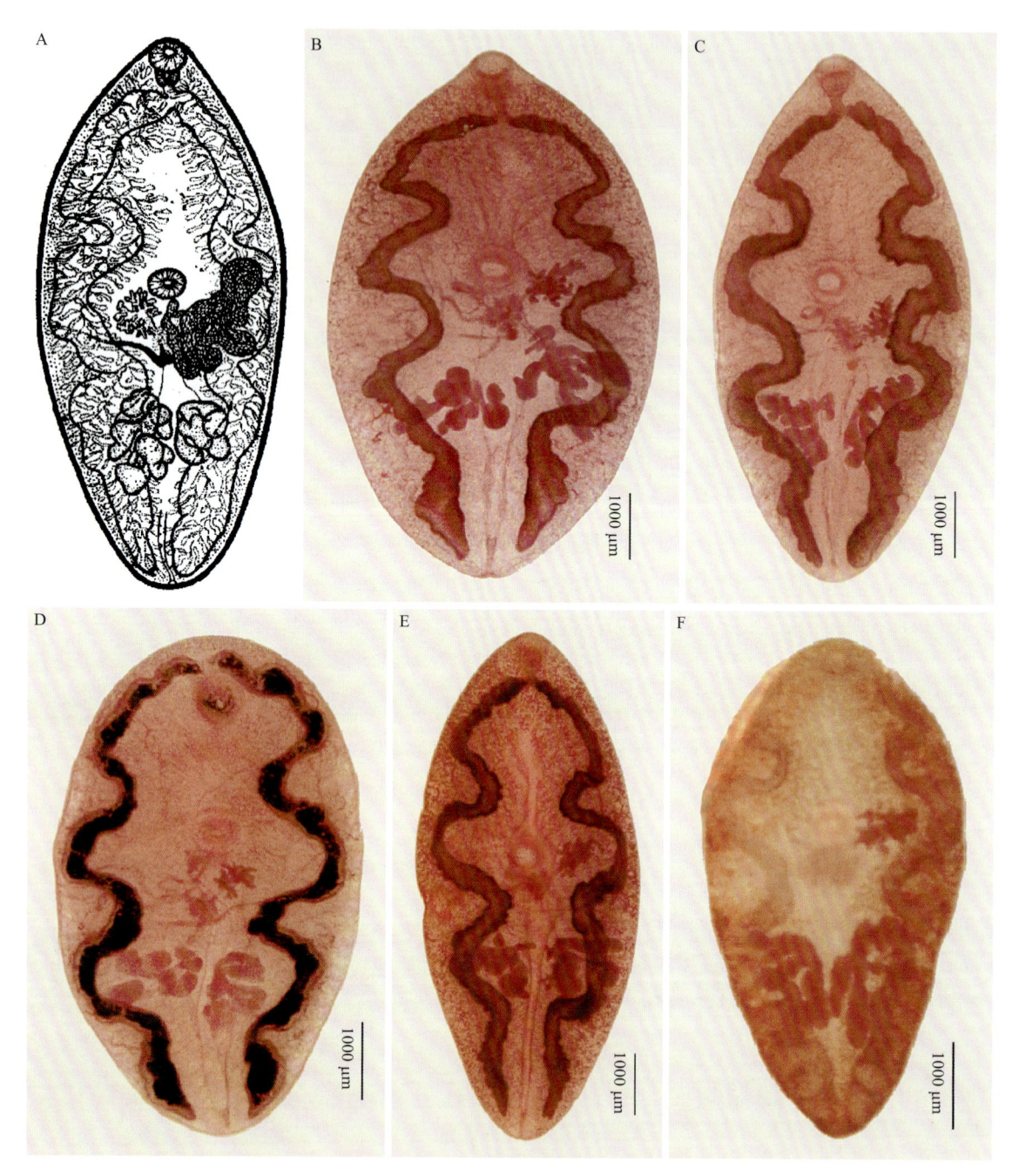

图 279 大平并殖吸虫 *Paragonimus ohirai*
A. 引陈心陶（1985）；B～F. 原图（SYSU）

端。腹吸盘与口吸盘大小相似。咽紧接口吸盘，后接食道，食道常因虫体伸缩长短不一。肠支沿虫体两侧经 3 个大弯曲直达虫体末端，肠支前半部较细、后段较粗，并常有 2 或 3 个收缩变窄部分，形成节状。两睾丸略斜列于虫体后 1/3 的肠支第 3 个弯曲内，每个睾丸由基部伸出 4~6 分支，常为 5 支。贮精囊与受精囊形状、大小相似。受精囊位于贮精囊内侧和输卵管、梅氏腺的后方。卵巢的形态因虫体来源的宿主不同而有所差异，分支明显，呈生姜状、珊瑚状等。卵黄腺发达，占据了虫体的大部分空间。劳氏管位于生殖孔与子宫之间。子宫位于卵巢的对侧，其基部达腹吸盘与睾丸之间，当子宫内虫卵丰盈时，子宫管变粗短如结肠迂回重叠，形成髻状，其前缘伸达腹吸盘水平或超越腹吸盘前缘水平，后端与同侧睾丸前部重叠，外侧与肠支重叠或越过肠支之外，内侧远端在卵黄管前越过虫体纵中线到达对侧；当子宫内虫卵排空时，子宫管即变为细长。生殖孔在腹吸盘后有一定距离。虫卵为金黄色，卵圆形，两侧对称，卵壳厚薄均匀，卵盖明显，后端不增厚，虫卵大小为 64~106 μm×40~62 μm。

280 沈氏并殖吸虫 *Paragonimus sheni* Shan, Lin, Li, et al., 2009

【关联序号】（37.3.12）/ 。

【宿主范围】寄生于犬的肺脏。

【地理分布】福建。

【形态结构】虫体呈椭圆形，两端平钝，最宽处位于虫体中部稍前，大小为 12.500 mm×6.980 mm。全身密布单生型体棘，腹吸盘周围可见到有裂隙的体棘，虫体后部的体棘稀疏而零散。口吸盘位于虫体前端，大小为 0.750 mm×0.500 mm。腹吸盘位于虫体前 1/3 处，为圆形，直径为 1.000 mm。咽短，紧接口吸盘，之后接分列虫体两侧的肠支，肠支作 3 度弯曲后止于虫体末端。两睾丸位于虫体后半部，均呈巨大块状，跨越肠支靠近虫体边缘，仅在内侧和下方伸出 2 个细支，其中右侧睾丸下方的一细支尤长，几乎达虫体的后部边缘；左睾丸大小为 2.500 mm×3.750 mm，距体侧约 0.380 mm；右睾丸大小为 2.000 mm×4.750 mm，几乎占体长的 1/3。卵巢位于腹吸盘的右下方，两者相距约 0.450 mm，分支众多，呈菜花状，亦像火炬，右基部向左上方伸出 5 个分支，每个分支再分出 3 或 4 个小支，个别分支上有圆形突起，卵巢与右侧睾丸的距离约 0.150 mm。全身除中轴线附近稍为空稀外，密布卵黄腺，由虫体两侧汇集的卵黄总管横贯虫体中部，将卵巢和睾丸分开。

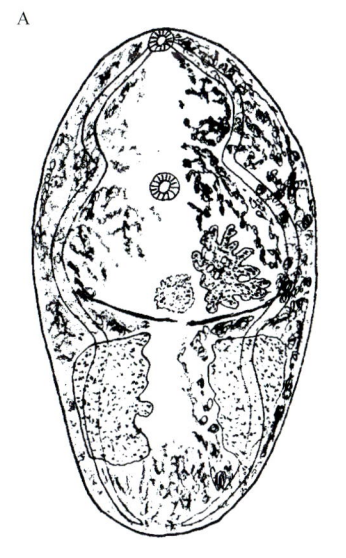

图 280 沈氏并殖吸虫 *Paragonimus sheni*
A. 原图（SHVRI）；B. 引单小云等（2009）

虫卵为金黄色，长椭圆形，大小为 76～84 μm×43～52 μm。

281 团山并殖吸虫　　*Paragonimus tuanshanensis* Chung, Ho, Cheng, et al., 1964

【关联序号】34.1.12（37.3.13）/　。
【宿主范围】寄生于犬的肺脏。
【地理分布】云南。
【形态结构】虫体背部凸起或隆起，而腹部相对平整，大小为 11.000～14.200 mm×5.800～7.500 mm，最大宽度在虫体前 1/3～2/5 处，体宽与体长之比为 1∶1.87～1∶2.25。体棘为单生型，密布于整个虫体，口吸盘与腹吸盘周围的体棘较短小，口吸盘与腹吸盘、腹吸盘与睾丸之间的体棘较长大，在睾丸侧面的体棘往往为带锯齿状末端的长矩形。口吸盘明显大于腹吸盘，其直径大约为腹吸盘的 2.5 倍。腹吸盘位于虫体前 1/3。口吸盘的中部为口，口下为球状肌质的咽，食道短，两肠支呈波浪状沿虫体两侧直达虫体末端，肠支在腹吸盘水平和睾丸前缘向内倾斜，睾丸后缘的肠支变粗。两睾丸较细长，其大小为卵巢的 1 或 2 倍，位于虫体中 1/3 的后半部分，每个睾丸有 5 或 6 个细长的主分支，每个主分支有 2～4 个次分支。卵巢位于腹吸盘的后外侧，其大小约为腹吸盘的 3 倍，有 6 或 7 个主分支，每支又分 3～5 个次支，次支顶端又延伸出一些分支或蓓蕾。大型虫体通常可见非常明显或巨大的子宫，位于卵巢对侧、腹吸盘的外侧。虫卵较细长，最宽处在中部，略不对称，大小为 77～80 μm×40～56 μm，平均宽长比为 1∶1.88。

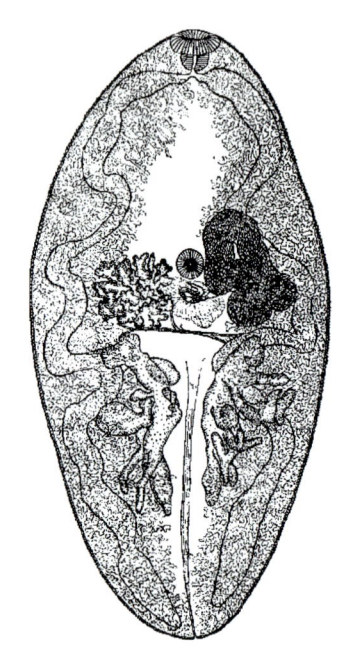

图 281　团山并殖吸虫
Paragonimus tuanshanensis
引 Chung 等（1964）

282 卫氏并殖吸虫　　*Paragonimus westermani* (Kerbert, 1878) Braun, 1899

【关联序号】34.1.13（37.3.14）/246。
【宿主范围】成虫寄生于猪、犬、猫的肺脏。
【地理分布】安徽、重庆、福建、河北、黑龙江、湖北、湖南、吉林、江苏、江西、辽宁、上海、四川、台湾、天津、新疆、云南、浙江。
【形态结构】虫体呈长椭圆形至短椭圆形，两端稍窄，最宽处在腹吸盘后与中横线之间，大小为 5.130～16.000 mm×3.700～8.000 mm，体宽与体长之比为 1∶1.3～1∶2.3。体表具有单生棘，为尖刀形或凿形，少数棘有分裂现象。口吸盘大小为 0.570～0.780 mm×0.680～0.960 mm。

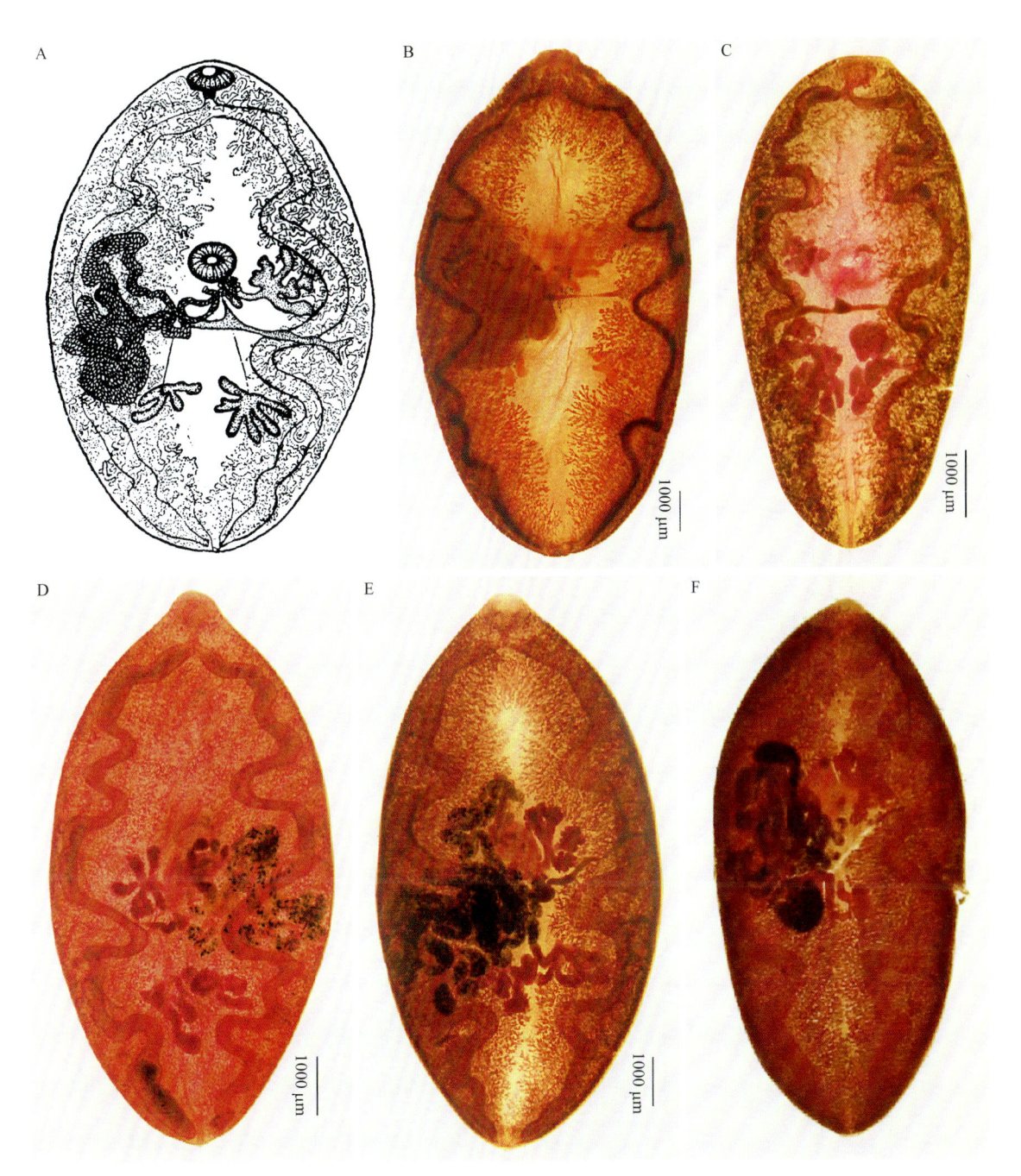

图 282　卫氏并殖吸虫 *Paragonimus westermani*
A. 引王溪云和周静仪（1993）；B～E. 原图（SHVRI）；F. 原图（SCAU）

腹吸盘位于虫体中横线之前，大小为 0.530～0.700 mm×0.600～0.730 mm。口吸盘与腹吸盘大小相差不显著，或口吸盘略大于腹吸盘。咽呈近球形，食道短，两肠支呈螺旋状弯曲向后止于虫体末端。睾丸 2 枚，呈分支状，并列或稍斜列于虫体中 1/3 与后 1/3 之间的区域，分 4～6 支。

贮精囊弯曲，位于腹吸盘水平的侧缘。卵巢位于腹吸盘的左侧，有一圆锥形的中心体，分5或6叶，形如指状，远端膨大，卵巢比睾丸略大。卵黄腺由许多密集的卵黄腺滤泡组成，分布于虫体的两侧，前起于口吸盘水平处，后止于虫体末端。子宫发达而弯曲，位于卵巢相对的一侧，子宫末端为阴道，射精管和阴道同开口于生殖窦，再经小管而到达腹吸盘附近的生殖孔。虫卵呈金黄色，椭圆形，多数不太规则，不很对称，卵壳厚薄不均，虫卵的最宽处多数接近卵盖的一端，卵盖颇大，常略有倾斜，亦有缺卵壳的虫卵，虫卵大小可因宿主、地区和虫龄等不同而异，其大小为51～102 μm×38～72 μm。

283 云南并殖吸虫 *Paragonimus yunnanensis* Ho, Chung, Cheng, et al., 1959

【关联序号】34.1.15（37.3.16）/ 。

【宿主范围】成虫寄生于猪的肺脏。

【地理分布】云南。

【形态结构】虫体形状很像半个花生米，背面较凸隆，腹面较平，口吸盘端稍尖，大小为

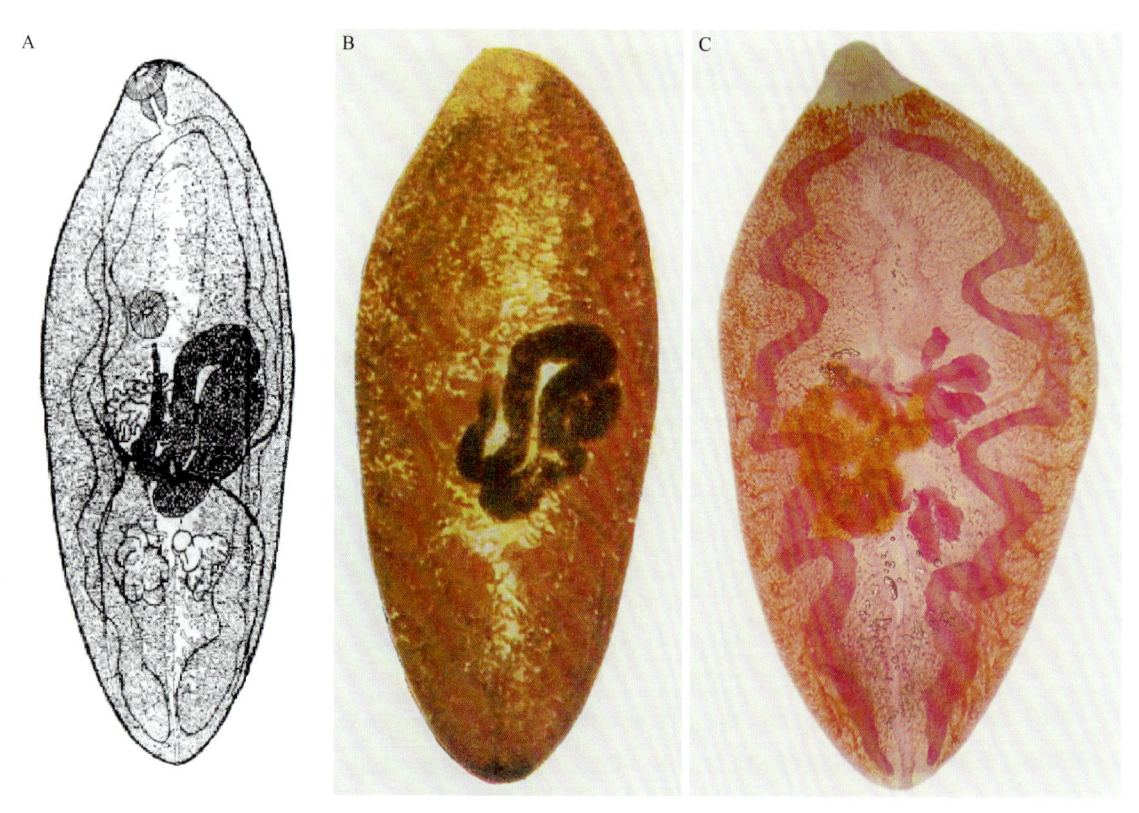

图283 云南并殖吸虫 *Paragonimus yunnanensis*
A. 引贺联印 等（1973）；B. 引陈心陶（1985）；C. 原图（YNAU）

9.500~11.500 mm×4.000~4.500 mm，体宽与体长之比为 1∶2.25~1∶2.85，最宽处在腹吸盘水平部位。体棘主要为单生型，在体后部偶尔可见双生及三生的体棘。口吸盘为圆形，位于虫体前顶端，横径为 0.670~0.740 mm，略大于腹吸盘。腹吸盘为圆形，位于虫体前约 2/5 处，大小为 0.630~0.680 mm×0.660~0.690 mm。咽为球形，紧接口吸盘，大小为 0.310~0.350 mm×0.380~0.450 mm。食道较短，大小为 0.190~0.310 mm×0.120~0.170 mm。食道后即向左右分出两肠支，沿虫体两侧弯曲向后接近虫体末端，肠支在向后延伸中有 3 个较大的弯曲，第 1 个弯曲在腹吸盘部或稍前，第 2 个弯曲在腹吸盘与睾丸之间，第 3 个弯曲在睾丸与虫体末端之间。睾丸 2 枚，位于虫体后 1/3 处，左睾丸大小为 0.920~1.050 mm×0.820~1.140 mm，右睾丸大小为 0.960~1.260 mm×0.830~1.326 mm，睾丸的中心块较大，由此分出 5 或 6 个粗短分支，有的分支又分为 2 或 3 支，其末端较为膨大。卵巢位于腹吸盘的后外方，距腹吸盘较远，多在虫体的右侧，大小为 1.080~1.360 mm×1.000~1.180 mm，比腹吸盘约大一倍，有中心块，由此向除底部以外的各个方向生长出 6~8 个粗短的分支，每个分支上又有 2~4 个小支，其中 1 或 2 个较粗大。受精囊较短窄，因虫体内组织的遮盖重叠而不易见，大小为 0.235 mm×0.056 mm。卵黄腺较发达，两侧各有前后纵行的腺管 2 支，至虫体中部外侧汇合成为横管，两侧横管至虫体的中央部又汇合为总管，此处膨大而明显。子宫位于卵巢的对侧，起始部较细，后渐变粗大、盘曲，至后部又逐渐细小，最后开口于腹吸盘后的生殖孔。虫卵的形态变化较多，多数为长卵圆形和左右不对称，最宽处在卵中部，卵壳较薄、较均匀，卵盖较宽，多数卵盖位置有不同程度的倾斜，新鲜虫卵平均大小为 79.7 μm×44.4 μm，固定虫卵大小为 80.1 μm×47.5 μm。

16 斜睾科

Plagiorchiidae Lühe, 1901

【同物异名】单宫亚科（Haplometrinae Pratt, 1902）；鳞皮科（Lepodermatidae Odhner, 1910）；光滑亚科（Enodiotrematinae Baer, 1924）；弯袋亚科（Sigmaperinae Poche, 1926）；粗囊亚科（Styphlodorinae Dollfus, 1937）；弯袋科（Sigmaperidae Hughes, Higginbotham et Clary, 1942）；钉孔亚科（Travtrematinae Goodman, 1954）；彼尔亚科（Bieriinae Freitas, 1956）；列腺亚科（Sticholecithinae Freitas, 1956）；异雕亚科（Alloglyptinae Yamaguti, 1958）；触睾亚科（Aptorchinae Yamaguti, 1958）；游蛇亚科（Natrioderinae Yamaguti, 1958）；箭体亚科（Oistosomatinae Yamaguti, 1958）；口孔亚科（Stomatrematinae Yamaguti, 1958）；嗜避役亚科（Chamaeleophilinae Yamaguti, 1971）；小舌形亚科（Glossidiellinae Yamaguti, 1971）；梅德亚科（Maederiinae Bourgat et Combes, 1979）。

【宿主范围】成虫寄生于脊椎动物的消化道，偶尔寄生于泌尿生殖系统或呼吸系统。

【形态结构】虫体拉长，呈椭圆形、圆柱形、纺锤形、矛形或梨形，体表常具棘。口吸盘与腹吸盘发育良好、间距明显，口吸盘位于亚前端，腹吸盘常位于虫体前半部，有时位于赤道线或赤道线稍后。具前咽，有时不明显。具咽，食道有时不明显。肠分叉于虫体前半部，肠支延伸到虫体后半部，几乎都达睾丸之后。睾丸2枚，位于卵巢之后，斜列、纵列或并列。雄茎囊较长，可伸达腹吸盘后，内含直的双节管状或弯曲的单管状的贮精囊、前列腺和可伸缩的雄茎，雄茎上有或没有小或大的刺。生殖孔位于肠叉与卵巢之间的中央或亚中央，个别位于腹吸盘的侧面。卵巢位于睾丸前的中央或亚中央，居腹吸盘之后或侧后方，或与腹吸盘重叠。受精囊有或无，具劳氏管。卵黄腺滤泡常成片或成簇分布于虫体两侧，前可达肠分叉，后可达虫体末端，两侧的卵黄腺有时在后体或前体汇合。子宫盘曲常穿过睾丸之间，到达或接近虫体末端，个别种类的子宫盘曲完全在睾丸前。排泄囊多为Y形，偶尔为I形，排泄孔位于虫体末端。模式属：斜睾属［*Plagiorchis* Lühe, 1899］。

在中国家畜家禽中仅检出斜睾科吸虫1属2种，本书收录1属2种。

16.1 斜睾属

Plagiorchis Lühe, 1899

【同物异名】鳞皮属（*Lepoderma* Looss, 1899）；尾腺属（*Cercolecithos* Perkins, 1928）；多腺属（*Multiglandularis* Schulz et Skvortsov, 1931）；新鳞皮属（*Neolepoderma* Mehra, 1937）；类斜睾属（*Plagiorchoides* Olsen, 1937）；圆殖孔属（*Choristogonoporus* Stunkard, 1938）；副鳞道属（*Paralepidauchen* Brinkmann, 1956）；次斜睾属（*Metaplagiorchis* Timofeeva, 1962）。

【宿主范围】成虫寄生于禽类和哺乳动物的肠道，偶尔寄生于两栖动物和爬行动物。

【形态结构】虫体为卵圆形、纺锤形、椭圆形，少数明显拉长，体表具棘。口吸盘位于亚前端，腹吸盘位于虫体前1/3，通常腹吸盘小于口吸盘。前咽有或无，具咽，食道有或无。肠分叉在前体，肠支盲端近虫体末端。睾丸斜列于虫体中部，偶尔在虫体后1/3。雄茎囊常向后延伸越过腹吸盘，内含贮精囊、前列腺和光滑的雄茎，生殖孔紧位于腹吸盘前的中央或亚中央。卵巢位于腹吸盘的后方或后外侧，接近雄茎囊的底部。缺受精囊，有劳氏管。卵黄腺滤泡分布较广，前可达肠分叉水平，后可达虫体末端或近末端，常在睾丸后汇合，也可在前体汇合。子宫盘曲穿过卵巢与前睾丸及两个睾丸之间，到达或接近虫体末端，内含许多虫卵。排泄囊为Y形，在卵巢和前睾丸之间分叉。模式种：利马斜睾吸虫［*Plagiorchis lima* (Rudolphi, 1809) Lühe, 1899］。

284 马氏斜睾吸虫

Plagiorchis massino Petrov et Tikhonov, 1927

【关联序号】35.1.1（38.1.1）/249。

【宿主范围】成虫寄生于犬的小肠。

【地理分布】上海。

【形态结构】虫体为长椭圆形，大小为1.755～3.049 mm×0.481～0.856 mm，体表布满小棘。口吸盘发达，为圆形，大于腹吸盘，位于虫体亚前端腹面。腹吸盘为圆形，小于口吸盘，位于虫体前半部。前咽发达而明显，咽呈球形，食道短，两肠支先平行向两侧延伸，然后转向沿虫体两侧伸达虫体末端。睾丸2枚，为球形，边缘光滑，斜列于虫体后半部或中1/3处。雄茎囊长，在腹吸盘的右侧向后延伸至腹吸盘之后，内含贮精囊、前列腺和雄茎，生殖孔开口于肠叉与腹吸盘之间。卵巢为椭圆形，位于腹吸盘与前睾丸之间的右侧，距

图284 马氏斜睾吸虫
Plagiorchis massino
引黄兵等（2006）

腹吸盘较近。受精囊退化或缺，具劳氏管。卵黄腺滤泡主要分布于虫体后端与卵巢或腹吸盘之间，有时向前可达口吸盘后缘。子宫发达，子宫环褶常越过卵巢与前睾丸及前睾丸与后睾丸之间，后达虫体亚末端，子宫末段沿腹吸盘左侧向前达生殖孔，子宫内虫卵数量多。虫卵大小为 35～37 μm×21～27 μm。排泄管为 Y 形，在卵巢与前睾之间分叉。

285 鼠斜睾吸虫　　　　　　　　　　　*Plagiorchis muris* Tanabe, 1922

【关联序号】（38.1.2）/　。
【宿主范围】成虫寄生于犬的小肠。
【地理分布】吉林。
【形态结构】虫体呈卵圆形、纺锤形、矛头形，大小为 1.235～2.058 mm×0.323～0.588 mm。体表有棘，形态多样，或仅一面具有棘，而另一面光滑。口吸盘位于虫体前部，大小为 0.145～0.211 mm×0.132～0.238 mm。腹吸盘位于虫体前 1/3 处，大小为 0.158～0.224 mm×0.145～0.224 mm，两吸盘相距较远。咽近球形，大小为 0.099～0.106 mm×0.119 mm。肠支简单，长短不一，有的可达虫体末端，有的只达虫体中部。睾丸 2 枚，呈椭圆形或类三角形，左右斜列于虫体后部两肠支之间，前睾丸大小为 0.198～0.250 mm×0.158～0.172 mm，后睾丸大小为 0.211～0.224 mm×0.172～0.224 mm。雄茎囊为长圆形，内含贮精囊、前列腺、雄茎，生殖孔开口于腹吸盘前缘。卵巢位于腹吸盘一侧的后方，大小为 0.145～0.185 mm×0.106～0.172 mm。卵黄腺为滤泡状或分支状，分布于虫体两侧并覆盖肠支，前至肠叉处汇合，后至虫体末端汇合。子宫盘绕于两睾丸与卵巢之间，延伸达虫体末端，内含多数虫卵。虫卵为椭圆形，淡黄褐色，具卵盖，卵盖的另一端有个小钩突，虫卵大小为 32～45 μm×19～26 μm。

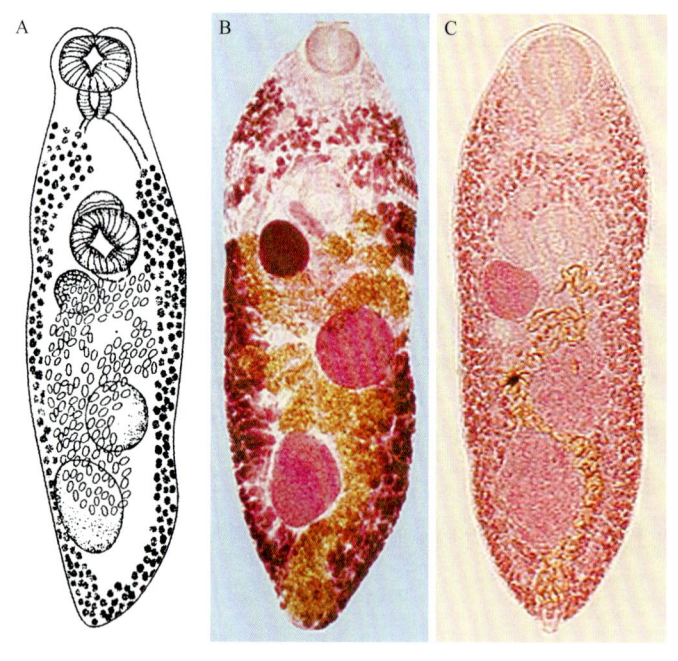

图 285　鼠斜睾吸虫 *Plagiorchis muris*
A. 引李朝品和高兴政（2012）；B，C. 原图（WNMC）

17 前殖科

Prosthogonimidae Nicoll, 1924

【同物异名】前殖亚科（Prosthogoniminae Lühe, 1909）；前宫殖亚科（Praeuterogoniminae Sudarikov et Nguyen Thi Le, 1968）。

【宿主范围】成虫寄生于禽类的法氏囊、输卵管、泄殖腔、瞬膜和哺乳动物的肠道、肝脏、体腔。

【形态结构】虫体小型到中型，前端锥形，后端钝圆，体表有小棘。口吸盘发育良好或不良，腹吸盘位于虫体前半部。通常具前咽，具咽和食道，肠分叉在虫体前1/3或更前面。肠支简单，通常不延伸到虫体末端。睾丸对称或亚对称排列于腹吸盘后方。雄茎囊拉长，内含细长贮精囊。雄性和雌性管分别或一起开口于生殖孔，生殖孔位于虫体前端或近前端的口吸盘附近。卵巢位于腹吸盘和睾丸之间，或腹吸盘的背面。常具受精囊和劳氏管。卵黄腺滤泡成群分布于虫体两侧，偶尔可延伸到其他区域。子宫盘曲于虫体后部的大部分区域。虫卵小而多。排泄囊为Y形，排泄孔位于虫体末端。模式属：前殖属［*Prosthogonimus* Lühe, 1899］。

在中国家禽中已记录前殖科吸虫2属23种，本书收录2属20种，参照Bray等（2008）编制前殖科2属分类检索表如下。

前殖科分属检索表

1. 卵黄腺分布于虫体的大部分区域，或限于睾丸前的虫体两侧，或生殖孔开口于虫体前端背面或腹面的中央，腹吸盘达两肠支外侧 ············其他属
   卵黄腺主要分布于肠叉与睾丸稍后之间的虫体两侧，生殖孔开口于虫体前端亚中央到边缘，腹吸盘位于肠支内，寄生于禽类 ·····················2
2. 雄性生殖孔和雌性生殖孔开口在一起 ······················前殖属 *Prosthogonimus*
   雄性生殖孔和雌性生殖孔开口分开明显 ··················裂殖属 *Schistogonimus*

17.1 前殖属

Prosthogonimus Lühe, 1899

【同物异名】前殖亚属（subgenus *Prosthogonimus* Lühe, 1899）；后踞状亚属（subgenus *Prymnoprion* Looss, 1899）；巨殖孔亚属（subgenus *Macrogenotrema* Skrjabin, 1941）；中殖孔亚属（subgenus *Mediogenotrema* Skrjabin, 1941）；表殖孔亚属（subgenus *Politogenotrema* Skrjabin, 1941）；始殖孔亚属（subgenus *Primagenotrema* Skrjabin, 1941）；前殖孔亚属（subgenus *Prosthogenotrema* Skrjabin, 1941）；超殖孔亚属（subgenus *Ultragenotrema* Skrjabin, 1941）；类前殖亚属（subgenus *Prosthogonimoides* Yamaguti, 1971）。

【宿主范围】成虫寄生于禽类的输卵管、法氏囊或泄殖腔。

【形态结构】虫体扁平，卵圆形、椭圆形或梨形，最宽处位于赤道线后。口吸盘和咽较小。腹吸盘大于口吸盘，位于虫体中 1/3 与前 1/3 连接处或附近。具前咽，食道短，肠分叉常位于虫体前 1/4，肠支盲端一般不达虫体后端。睾丸位于虫体中后部，对称排列，居两肠支中间。雄茎囊细长，常越过肠分叉，内含管状贮精囊。雄性和雌性生殖孔连在一起开口于口吸盘边缘的亚中央。卵巢分叶，位于腹吸盘的后外侧、后侧或背侧与睾丸之间。受精囊和梅氏腺常位于卵巢之后，也可居中或侧面。具劳氏管。卵黄腺大部分位于虫体中 1/3 两侧肠支的外侧，可延伸入肠支内达虫体中部或前部。子宫上下盘曲于睾丸后区域，可越过两肠支。排泄囊为 Y 形，排泄孔位于虫体末端。模式种：卵圆前殖吸虫 [*Prosthogonimus ovatus* (Rudolphi, 1803) Lühe, 1899]。

286 鸭前殖吸虫   *Prosthogonimus anatinus* Markow, 1903

【关联序号】33.1.1（39.1.1）/ 231。

【宿主范围】成虫寄生于鸡、鸭、鹅的法氏囊、输卵管。

【地理分布】安徽、重庆、福建、广东、广西、贵州、海南、河南、湖南、江苏、江西、宁夏、四川、台湾、新疆、云南、浙江。

【形态结构】虫体呈梨形或椭圆形，前端稍窄而削尖，后端膨大而钝圆，背腹扁平，虫体大小为 3.850～6.200 mm×1.820～3.580 mm，体表前部有细棘。口吸盘位于虫体顶端，类球形，大小为 0.210～0.320 mm×0.250～0.320 mm。腹吸盘呈圆盘形，位于虫体前 1/3 的肠叉之后，大小为 0.480～0.680 mm×0.580～0.620 mm。口吸盘与腹吸盘的直径之比为 1∶2.4。咽球形，大小为 0.120～0.180 mm×0.120～0.160 mm，食道长 0.090～0.420 mm，两肠支伸达虫体后部。

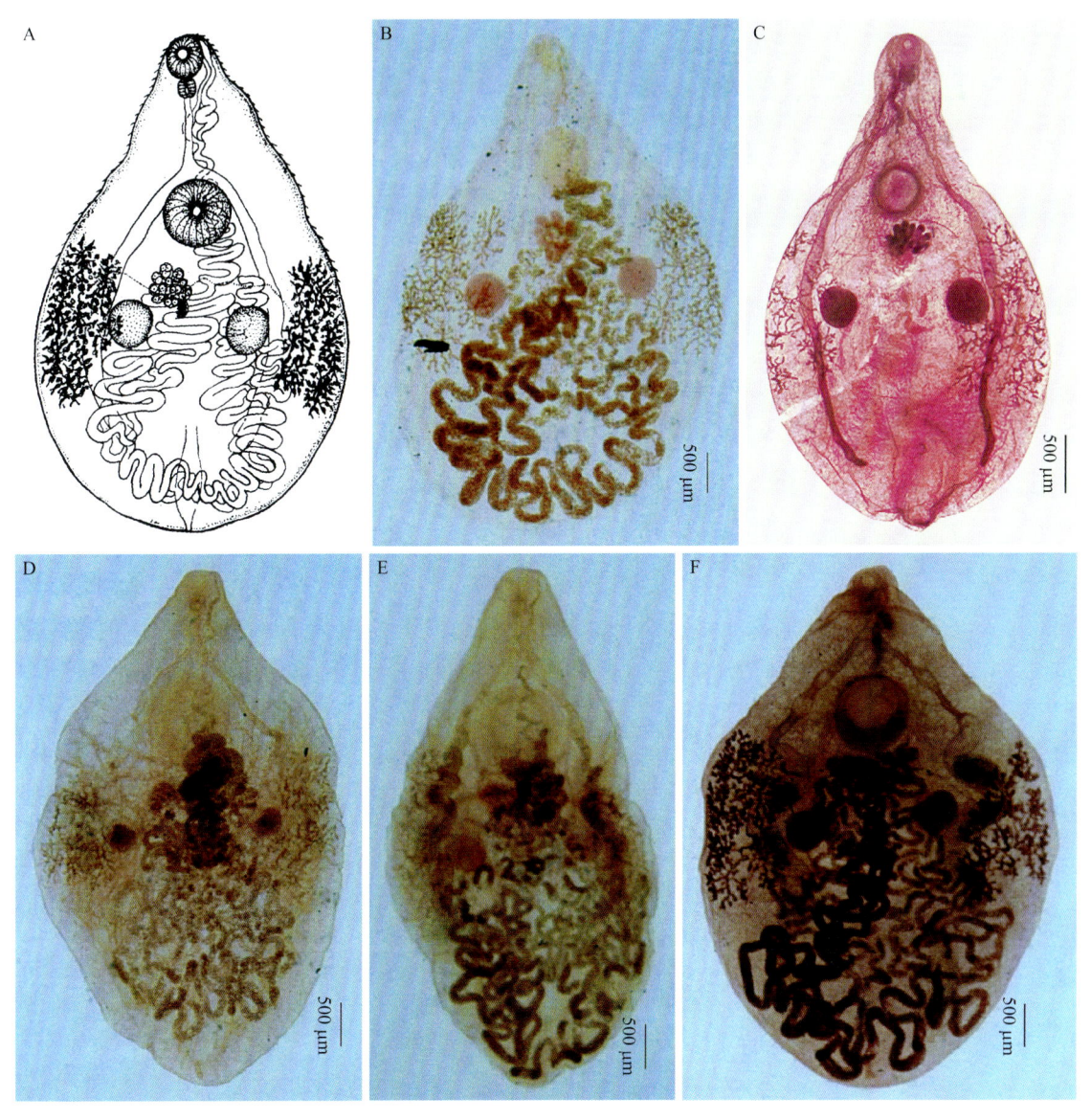

图 286　鸭前殖吸虫 *Prosthogonimus anatinus*
A. 引 王溪云和周静仪（1993）；B～F. 原图（SHVRI）

睾丸呈球形，位于虫体 1/2 处或稍后，对称排列，两睾丸大小相近，为 0.380～0.680 mm×0.350～0.600 mm。雄茎囊弯曲于食道及口吸盘的左侧，底部可越过肠支，甚至可达腹吸盘的前缘，末端开口于口吸盘前缘的左侧。卵巢位于腹吸盘与睾丸之间稍偏右侧，由 5～25 个小分叶组成簇状，大小为 0.510～0.620 mm×0.530～0.680 mm。具受精囊。卵黄腺呈粗短的分支簇状，每侧 7～10 簇，始自卵巢水平，延伸至睾丸之后。子宫环褶不超过肠支，开口于生殖孔旁边。虫卵黄褐色，一端有盖，另一端常见一小突起，虫卵大小为 27～36 μm×20～26 μm。

287 布氏前殖吸虫　　　　　　　　　　　　　　*Prosthogonimus brauni* Skrjabin, 1919

【关联序号】33.1.2（39.1.2）/　。
【宿主范围】成虫寄生于鸡、鸭的法氏囊、输卵管。
【地理分布】江西、浙江。
【形态结构】虫体呈梨形，最宽部位在虫体后 1/3 处，大小为 6.720 mm×4.970 mm。口吸盘为圆形，直径为 0.420 mm。腹吸盘的直径大于口吸盘一倍以上，大小为 0.982 mm×0.952 mm。咽为球形，直径为 0.210 mm。食道长 0.238 mm，两肠支沿虫体两侧向后延伸，其盲端止于距虫体后端约 0.100 mm 处。睾丸 2 枚，并列于虫体中部的两肠支之间，呈近圆形，左睾丸大小为 0.756 mm×0.672 mm，右睾丸大小为 0.686 mm×0.560 mm。雄茎囊底部位于肠叉下缘，生殖孔开口于口吸盘左侧顶端。卵巢为类三角形，由 18 个小叶组成，高度与宽度均为 0.560 mm 左右，位于腹吸盘下缘右侧。卵黄腺前起于腹吸盘前缘水平，分布于虫体两侧，每侧有 6 簇，延伸到睾丸之后。子宫环褶较发达，前方开始于腹吸盘下缘，分布于卵巢左侧、两睾丸之间，以及虫体后半部，在睾丸之后越出两肠支但不达虫体边缘。虫卵大小为 28 μm×13 μm。

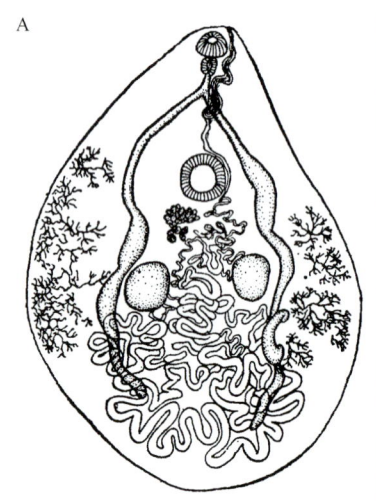

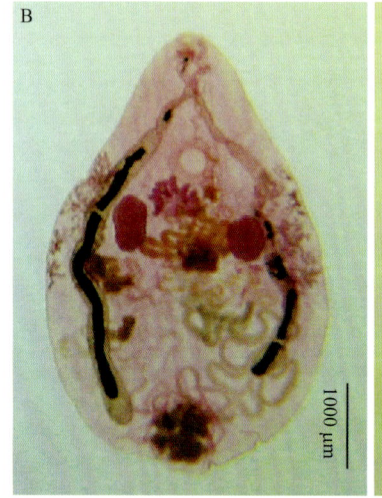

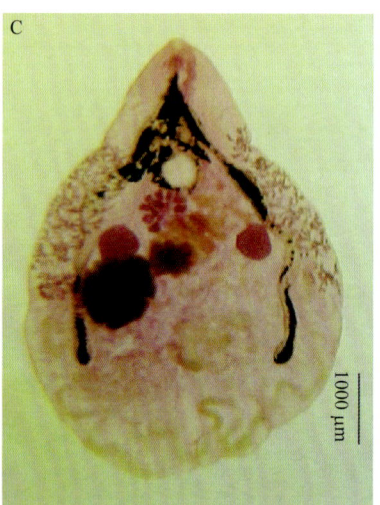

图 287　布氏前殖吸虫 *Prosthogonimus brauni*
A. 引张峰山 等（1986d）；B，C. 原图（SASA）

288 广州前殖吸虫　　　　　　　　　　　　　　*Prosthogonimus cantonensis* Lin, Wang et Chen, 1988

【关联序号】33.1.3（39.1.3）/ 232。

【同物异名】广东前殖吸虫。
【宿主范围】成虫寄生于鸭的法氏囊。
【地理分布】广东。
【形态结构】虫体呈梨形，前端稍狭，中部宽，后端钝圆，大小为 3.330 mm×1.800 mm。体缘角皮从腹吸盘至虫体末端呈鳞片状突出，并具有小棘。口吸盘呈椭圆形，大小为 0.340 mm×0.300 mm。腹吸盘呈椭圆形，大小为 0.670 mm×0.600 mm。口吸盘与腹吸盘大小之比为 1：2。咽近圆形，大小为 0.150 mm×0.210 mm，食道长 0.210 mm，两肠支长短不一，左支距体后 1.350 mm，右支距体后 1.050 mm。两睾丸近圆形，

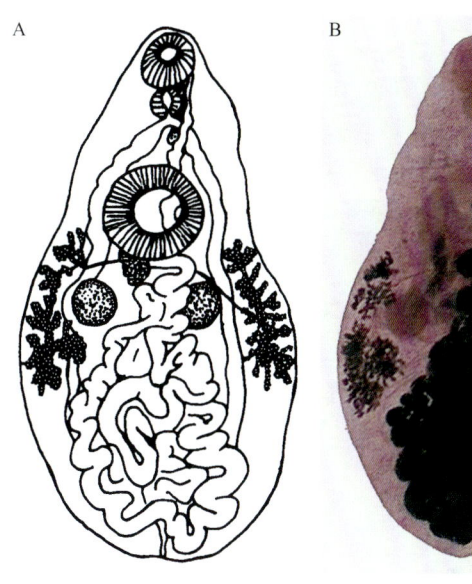

图 288　广州前殖吸虫 *Prosthogonimus cantonensis*
A. 仿 林辉环 等（1988）；B. 原图（SCAU）

左右对称排列，与卵巢后界同一水平线，左睾丸直径为 0.250 mm，右睾丸直径为 0.280 mm。雄茎囊呈管状弯曲，伸达肠叉稍后。卵巢紧接腹吸盘或部分重叠，呈葡萄状，分 5 叶，大小为 0.270 mm×0.210 mm。卵黄腺左右两侧对称分布，均由 6 簇滤泡组成，前始于卵巢前缘水平线，后止于睾丸后方。子宫从腹吸盘后缘开始，经两睾丸之间盘卷，至体后高度弯曲，稍跨越肠支，但不达虫体侧缘。虫卵呈长椭圆形，卵壳厚，内含毛蚴，大小为 17～20 μm×10～13 μm。排泄囊被子宫覆盖，排泄孔位于虫体末端。

289　楔形前殖吸虫　*Prosthogonimus cuneatus* Braun, 1901

【关联序号】33.1.4（39.1.4）/ 233。
【宿主范围】成虫寄生于鸡、鸭、鹅的法氏囊、输卵管、直肠。
【地理分布】安徽、重庆、福建、甘肃、广东、广西、贵州、海南、河北、河南、黑龙江、湖北、湖南、江苏、江西、辽宁、陕西、四川、台湾、天津、新疆、云南、浙江。
【形态结构】虫体呈梨形，前端尖，后端钝圆，大小为 2.890～7.250 mm×1.700～3.650 mm。口吸盘位于虫体前端，大小为 0.318～0.496 mm×0.305～0.476 mm。腹吸盘位于虫体前 1/3 的后方，大小为 0.538～0.821 mm×0.517～0.810 mm。咽为球形，大小为 0.139～0.198 mm×0.139～0.218 mm。食道长 0.162～0.413 mm，向后分出两个肠支，沿虫体两侧延伸到虫体后 1/5 处。两睾丸呈椭圆形，左右排列于虫体中横线后方，左睾丸大小为 0.542～0.847 mm×0.401～0.532 mm，右睾丸大小为 0.527～0.983 mm×0.305～0.572 mm。雄茎囊长而弯曲，位于口吸盘和食道的左侧，基部越过肠支，

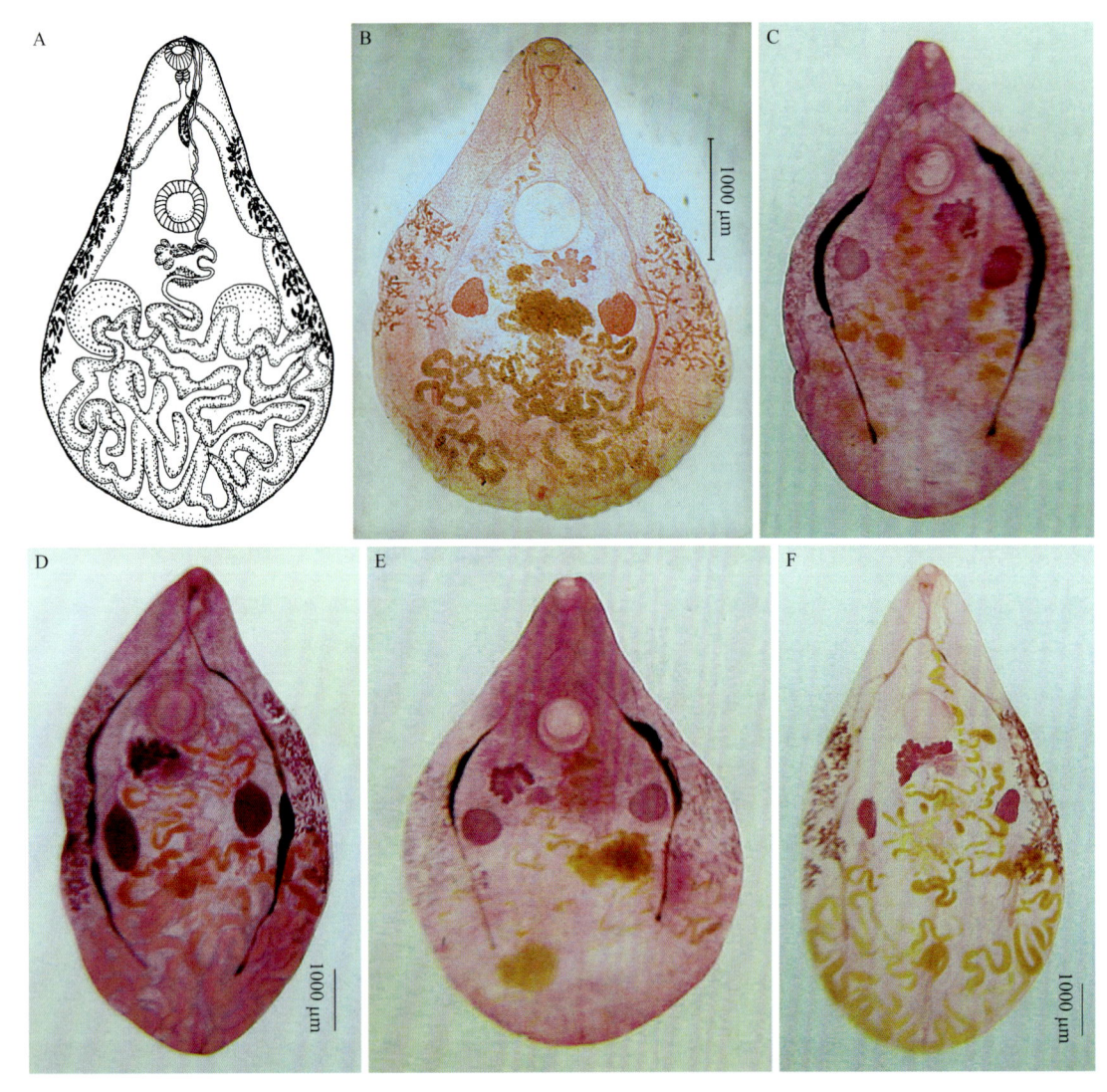

图 289　楔形前殖吸虫 *Prosthogonimus cuneatus*
A. 引 黄兵 等（2006）；B～F. 原图（SASA）

达肠叉之后不远处。生殖孔开口于口吸盘前缘左侧。卵巢位于腹吸盘后方，偏于虫体右侧，分 3 叶以上的主叶，每个主叶又分 2～4 个小叶，卵巢大小为 0.305～0.743 mm×0.442～0.833 mm。卵黄腺集聚成簇，分布于虫体两侧，每侧由 6 或 7 簇组成，前起于肠叉后，后止于睾丸后缘水平处。子宫弯曲，占满虫体后部并越出肠支，末端向前延伸穿过腹吸盘，开口于前端的生殖孔。虫卵为黄褐色，一端具有卵盖，另一端具有 1 个小刺，虫卵大小为 23～24 μm×12～13 μm。

290　鸡前殖吸虫　　*Prosthogonimus gracilis* Skrjabin et Baskakov, 1941

【关联序号】33.1.6（39.1.6）/234。

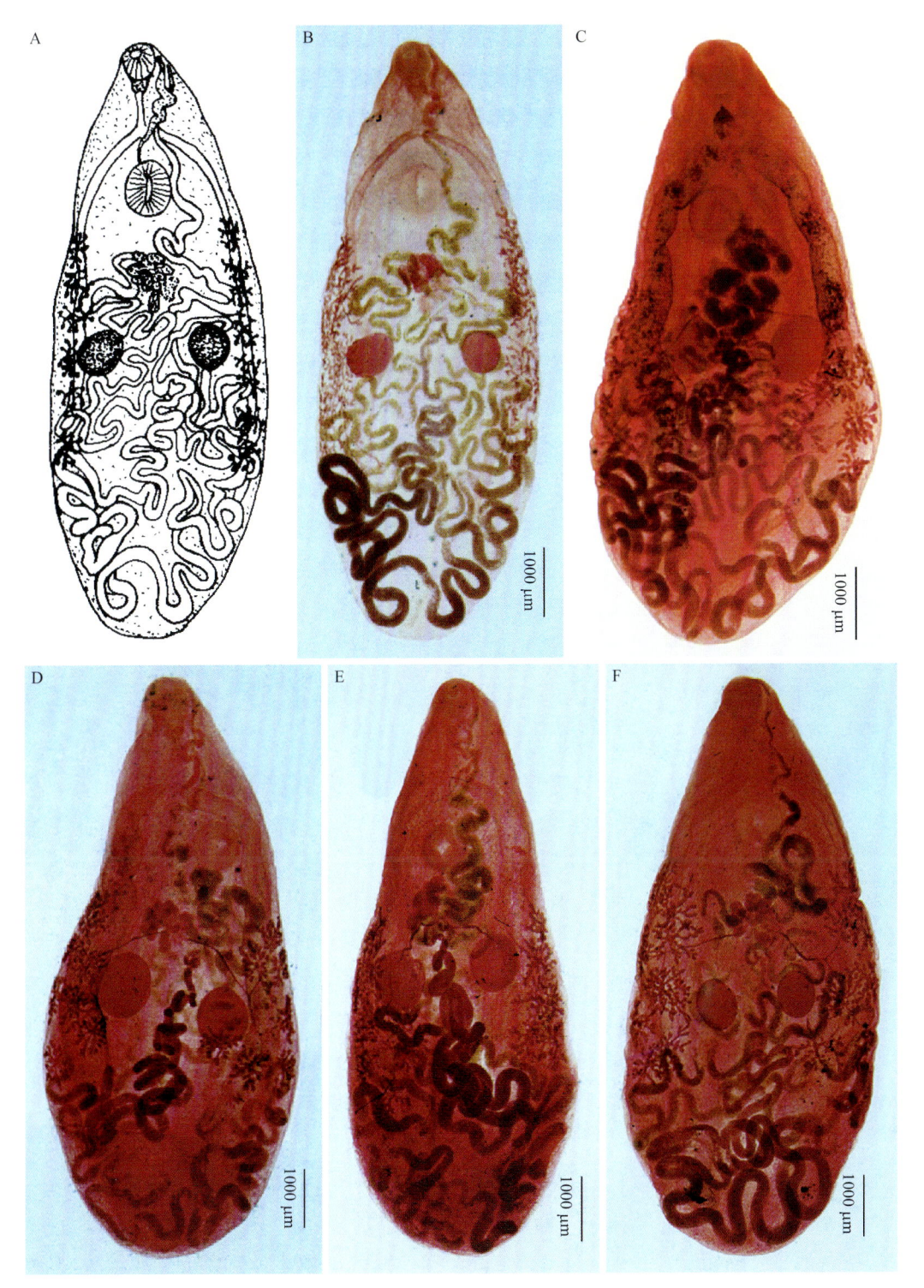

图290 鸡前殖吸虫 *Prosthogonimus gracilis*
A. 引黄兵等（2006）；B～F. 原图（SHVRI）

【宿主范围】成虫寄生于鸡的法氏囊。

【地理分布】江西。

【形态结构】虫体呈卵圆形，前端稍窄，后端钝圆，背腹略扁平，虫体大小为 7.810～9.380 mm× 3.780～4.580 mm，体表前部披棘。口吸盘位于虫体顶端，呈球形，大小为 0.590～0.630 mm× 0.610～0.680 mm。腹吸盘呈圆盘状，位于虫体前 1/3 处，居两肠支之间，大小为 0.680～0.790 mm× 0.780～0.850 mm。口吸盘与腹吸盘的直径之比为 1∶1～1∶1.2。咽大小为 0.210～0.270 mm× 0.230～0.280 mm。食道长 0.650～0.710 mm，两肠支沿着虫体两侧向后延伸到虫体后端。睾丸 2 枚，呈卵圆形，位于虫体 1/2 处或稍后，左右对称于虫体纵轴的两侧，左睾丸大小为 0.680～0.780 mm×0.590～0.640 mm，右睾丸大小为 0.780～0.880 mm×0.590～0.680 mm。雄茎囊较粗大，中部膨大，两端较细，弯曲于口吸盘和食道的左侧，末端刚好超越肠叉之后，生殖孔开口于口吸盘的前缘左侧。卵巢位于睾丸与腹吸盘之间的中部，略偏右侧，由 22～25 个分瓣组成。受精囊位于卵巢之后。卵黄腺由颗粒状或短分支状的滤泡组成，形成簇状，自腹吸盘的后缘开始，沿着虫体两侧肠支内外分布，终于虫体后 1/4 处，每侧具 6 或 7 簇。子宫环褶先向上行，至卵巢前缘复折转后行，左右盘曲于睾丸之间及之后的空隙，显得稀疏，开口于生殖孔旁。虫卵大小为 25～27 μm×14～16 μm。

291 霍鲁前殖吸虫 *Prosthogonimus horiuchii* Morishita et Tsuchimochi, 1925

【关联序号】33.1.7（39.1.7）/235。

【同物异名】掘内前殖吸虫。

【宿主范围】成虫寄生于鸡、鸭的法氏囊。

【地理分布】广东、江西、浙江。

【形态结构】虫体呈梨形或长椭圆形，前端狭窄，后端钝圆，虫体大小为 7.510～11.000 mm× 3.520～5.550 mm，体表披有小棘。口吸盘位于虫体顶端，大小为 0.340～0.370 mm×0.350～ 0.380 mm。腹吸盘呈圆盘状，位于虫体前 1/4 处，大小为 0.680～0.820 mm×0.630～0.790 mm。咽大小为 0.150～0.200 mm×0.180～0.200 mm。食道长 0.350～0.550 mm，肠支沿虫体两侧向后伸至虫体末端。睾丸 2 枚，呈球状，位于虫体 1/2 处的两侧，并列或稍有斜列，大小为 0.610～ 0.750 mm×0.480～0.620 mm。雄茎囊弯曲于口吸盘及食道的一侧，末端刚好超越肠叉之后。卵巢位于腹吸盘后缘与睾丸之间，略偏向右侧，由 9～14 个分叶组成簇状，大小为 0.680 mm× 0.620 mm。具受精囊。卵黄腺由短枝状滤泡组成簇状，每侧 7～9 个，始自卵巢后缘水平处，终于虫体后 1/3 处。子宫环褶先右侧向后弯曲，横过虫体后部至左侧，再上升前行，经卵巢左侧，越过腹吸盘背面，再上升开口于生殖孔旁边。虫卵一端有小盖，大小为 27～31 μm× 13～14 μm。排泄囊呈 Y 形，开口于虫体末端的中部。

| 17 前殖科 | 387

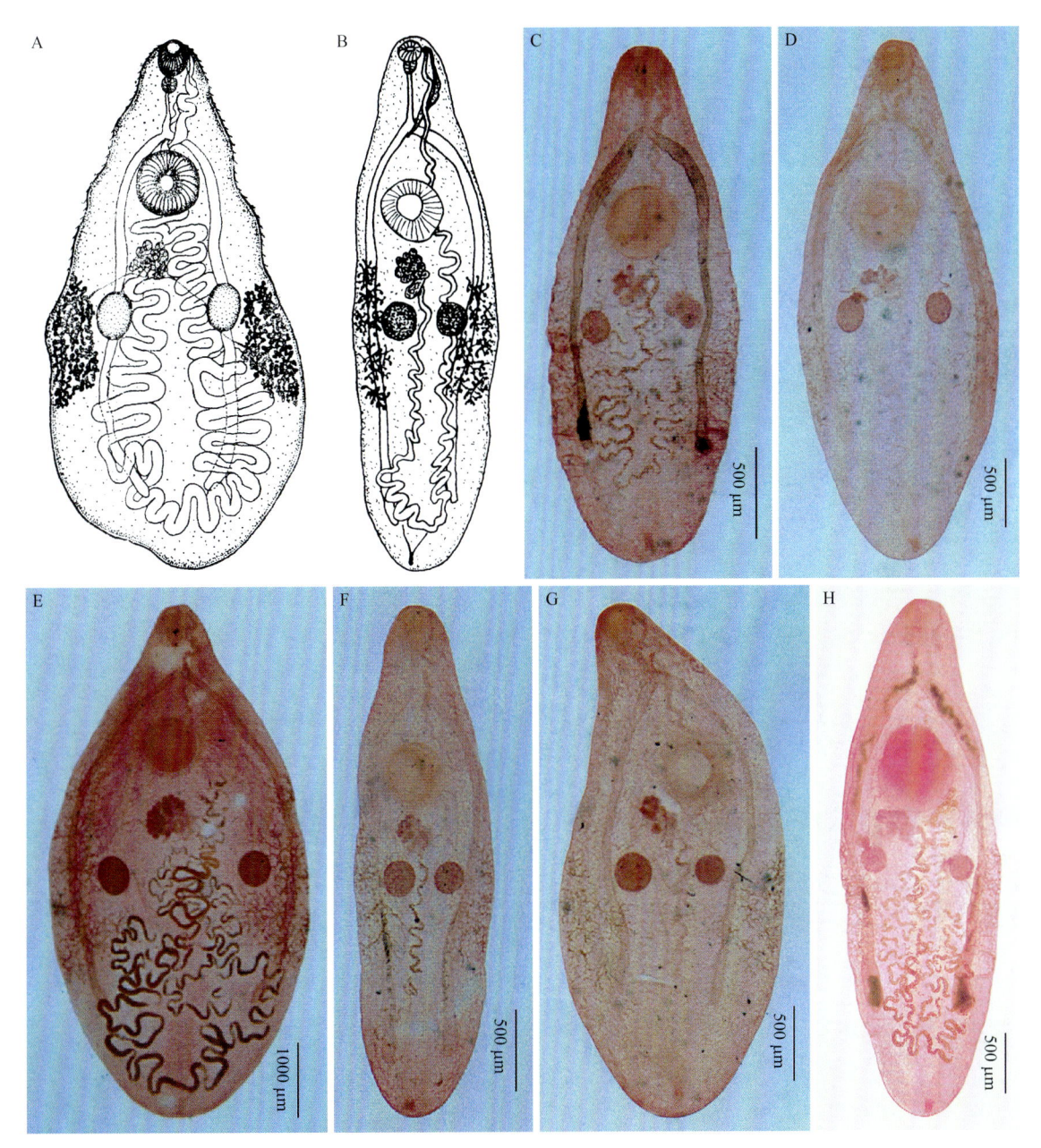

图291 霍鲁前殖吸虫 *Prosthogonimus horiuchii*
A. 引 王溪云和周静仪（1993）；B. 引 黄兵 等（2006）；C~H. 原图（SHVRI）

292 印度前殖吸虫   *Prosthogonimus indicus* Srivastava, 1938

【关联序号】33.1.8（39.1.8）/236。

【宿主范围】成虫寄生于鸭的法氏囊。

【地理分布】广东。

【形态结构】虫体呈长梨形，大小为 5.850～8.670 mm×2.960～3.860 mm。口吸盘呈椭圆形，大小为 0.630～0.830 mm×0.590～0.900 mm。腹吸盘呈圆形，直径为 0.770～0.850 mm。咽为圆形，直径为 0.210～0.230 mm。食道长 0.320～0.490 mm，两肠支沿虫体两侧伸达虫体后部。两睾丸呈卵圆形，位于虫体中部，左右对称排列，左睾丸大小为 0.730～1.010 mm×0.470～0.740 mm，右睾丸大小为 0.670～1.030 mm×0.510～0.790 mm。雄茎囊为弯曲囊状，伸达肠叉稍后。卵巢呈分叶状，位于睾丸前方、腹吸盘之后的虫体中横线上。卵黄腺呈簇状，分布于虫体两侧，前始于卵巢前缘，后止于子宫中部。子宫盘曲于虫体的后部，经两睾丸之间盘卷，至虫体后部高度弯曲，并越出肠支。虫卵为椭圆形，棕褐色，一端有卵盖，另一端有小突起，大小为 25～29 μm×11～15 μm。排泄囊被盘绕的子宫覆盖，排泄孔开口于虫体末端。

图 292 印度前殖吸虫 *Prosthogonimus indicus*
A. 仿 黄兵 等（2006）；B. 原图（SCAU）

293 日本前殖吸虫 *Prosthogonimus japonicus* Braun, 1901

【关联序号】33.1.9（39.1.9）/237。

【宿主范围】成虫寄生于鸡、鸭、鹅的法氏囊、输卵管。

【地理分布】北京、重庆、广东、湖南、江苏、江西、辽宁、陕西、四川、台湾、浙江。

【形态结构】虫体呈长纺锤形，两端较窄，中部较宽，后端略宽于前端，背腹略扁平，虫体大小为 5.200～8.330 mm×1.620～3.260 mm，体表披有小棘。口吸盘位于虫体前端，呈类球形，大小为 0.520～0.620 mm×0.650～0.730 mm。腹吸盘位于虫体前 1/4 处，大小与口吸盘相当或略大于口吸盘，为 0.730 mm×0.830 mm。缺前咽，咽大小为 0.170～0.200 mm×0.180～0.210 mm。食道长 0.620～0.780 mm，两肠支沿虫体两侧几乎伸达虫体后端。睾丸 2 枚，呈卵圆形，并列于虫体前 1/2 的后部、两肠支的内侧，左睾丸大小为 0.820～0.890 mm×0.550～0.630 mm，右睾丸大小为 0.810～0.870 mm×0.480～0.570 mm。雄茎囊弯曲于口吸盘及食道的左侧，后缘刚好越过肠分叉处，内含贮精囊、前列腺和雄茎，生殖孔开口于口吸盘的左侧。卵巢位于腹吸盘稍后方，介于腹吸盘与睾丸之间，由稍粗的多分叶组成，大小为 0.480～0.580 mm×0.460～0.550 mm。受精囊呈袋状，位于卵巢的后方，大小为 0.150～0.180 mm×0.120～0.130 mm。卵黄腺由多簇卵黄腺滤泡组成，分布于虫体两侧，始自卵巢的后缘水平处，终于虫体后 1/3 的前缘水平处。子宫由卵模引出后，盘曲下行，经两睾丸之间后行，反复回旋盘曲于虫体后半部的整个空间，而后经腹吸盘的背面进入子宫末段，沿食道上行，开口于雄性生殖孔旁边。虫卵大小为 24～27 μm×13～14 μm。

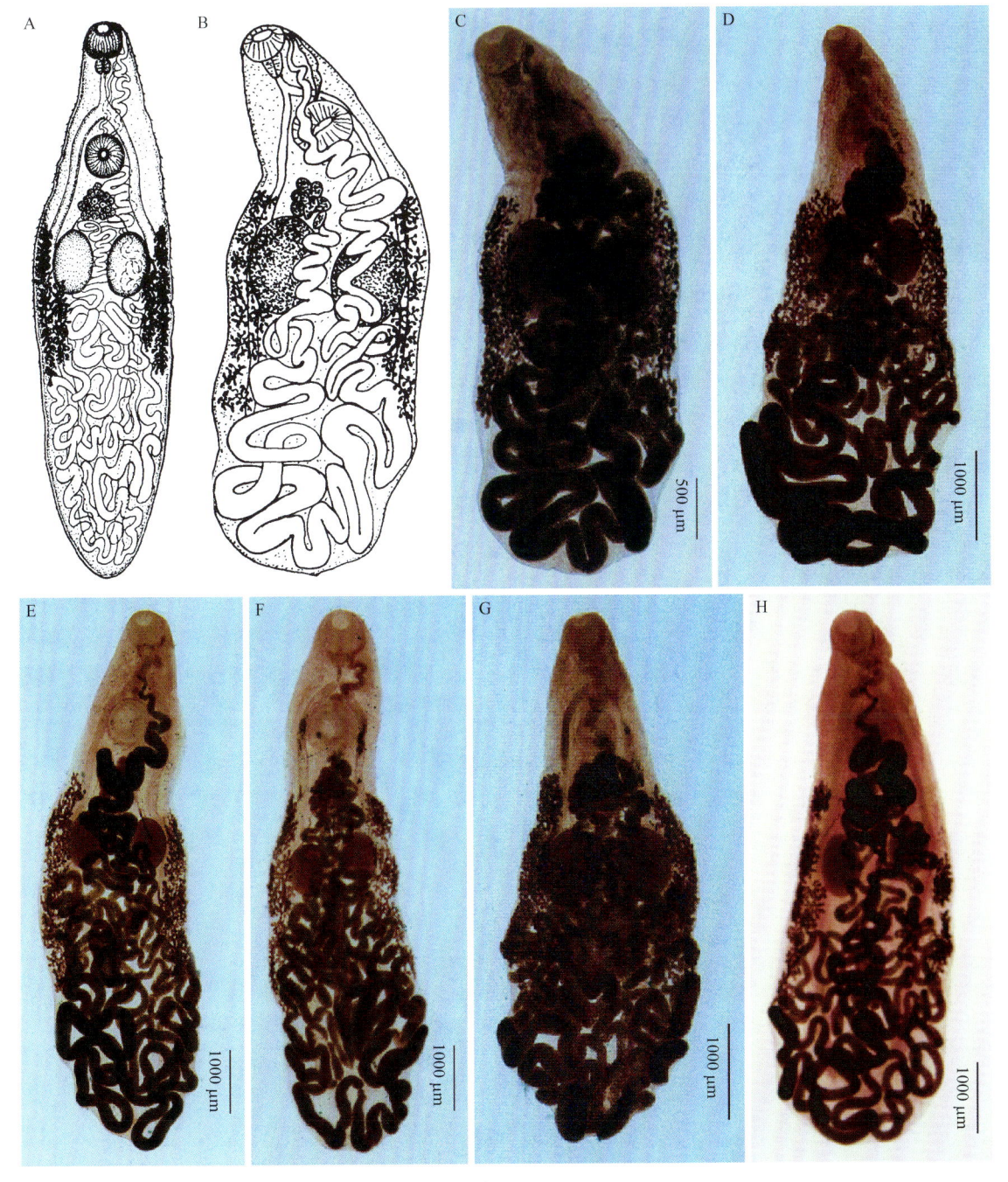

图 293　日本前殖吸虫 *Prosthogonimus japonicus*
A. 引王溪云和周静仪（1986）；B. 引黄兵 等（2006）；C～H. 原图（SHVRI）

294　卡氏前殖吸虫　　　　　　　　　　　　　　　　*Prosthogonimus karausiaki* Layman, 1926

【关联序号】33.1.10（39.1.10）/　。
【同物异名】卡劳氏前殖吸虫。
【宿主范围】成虫寄生于鸭、鹅的法氏囊、输卵管、泄殖腔。
【地理分布】浙江、广东。
【形态结构】虫体前部尖小，后部宽大，大小为 2.280 mm× 1.710 mm。口吸盘为卵圆形，大小为 0.205 mm×0.171 mm。腹吸盘呈纵卵圆形，大小为 0.456 mm×0.399 mm。咽呈椭圆形，大小为 0.342 mm×0.228 mm。食道短，长约 0.103 mm。两条肠支沿虫体两侧延伸到卵黄腺的后缘，其盲端距虫体后端约为 0.570 mm。两睾丸呈椭圆形，并列于虫体最宽部两肠支的内侧，大小为 0.320 mm×0.220 mm。两条输精管向上延伸到腹吸盘与肠叉之间，汇合到雄茎囊内，雄茎囊呈弯曲状，长约 0.570 mm。卵囊呈串葡萄状，位于两睾丸中间稍上方、腹吸盘的后面，大小为 0.240 mm×0.280 mm。卵黄腺呈分支状的束，分布在虫体最宽部的肠支两侧，每侧 3 束，前起自腹吸盘下缘的水平线，后止于睾丸的后缘。虫卵大小为 24 μm×15 μm。

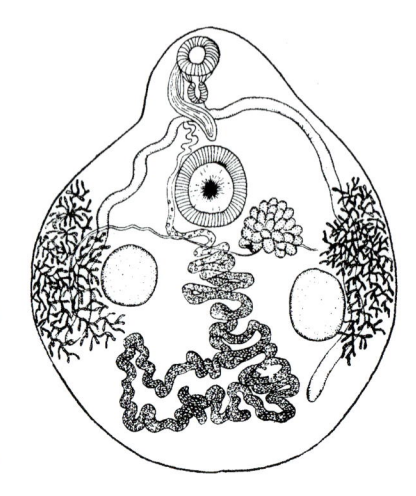

图 294　卡氏前殖吸虫 *Prosthogonimus karausiaki*
引 张峰山 等（1986d）

295　李氏前殖吸虫　　　　　　　　　　　　　　　　*Prosthogonimus leei* Hsu, 1935

【关联序号】33.1.11（39.1.11）/238。
【宿主范围】成虫寄生于鸭的输卵管。
【地理分布】江苏、浙江。
【形态结构】虫体呈梨形，大小为 4.800～7.000 mm×2.800～3.500 mm。口吸盘为圆形，位于虫体前端，大小为 0.450～0.620 mm×0.510～0.730 mm。腹吸盘略大于口吸盘，其直径为 0.710～0.870 mm，位于虫体前 1/3 的后部。咽为球形，食道较短。睾丸 2 枚，呈椭圆形，边缘光滑，位于虫体前半部近中横线的两侧。雄茎囊长而

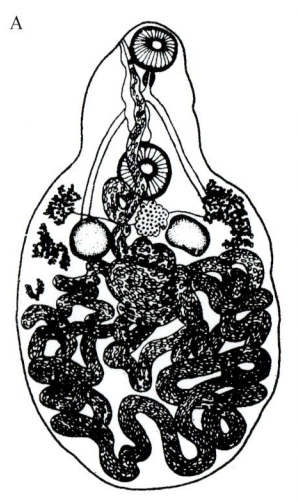

图 295　李氏前殖吸虫 *Prosthogonimus leei*
A. 引 张峰山 等（1986d）；B. 原图（ZAAS）

显著，内含贮精囊、前列腺和雄茎，其基底在腹吸盘的前缘，生殖孔开口于口吸盘的前侧缘。卵巢位于腹吸盘的后方，略偏于虫体中线的左侧，在左侧睾丸的侧前方。卵黄腺呈簇状，分布于虫体两侧，每侧 2 或 3 簇，前始于腹吸盘后缘的水平线，后止于两睾丸的略后方约 0.500 mm 处。子宫环褶充满睾丸后方的整个虫体大半部，在腹吸盘的前方不形成子宫环褶，子宫内含大量虫卵。虫卵大小为 23 μm×12 μm。

296 巨腹盘前殖吸虫 *Prosthogonimus macroacetabulus* Chauhan, 1940

【关联序号】（39.1.12）/   。
【宿主范围】成虫寄生于鸡的输卵管。
【地理分布】四川。
【形态结构】虫体为长卵圆形，前端窄、后端宽，左侧凸出、右侧凹陷，最长为 2.940 mm，最宽为 1.220 mm，体表棘不规则地布满虫体，前端多而密。口吸盘位于亚前端，大小为 0.380 mm× 0.272 mm，小于腹吸盘。腹吸盘为圆形，大小为 0.64 mm×0.63 mm，位于虫体前半部的后面，其侧面可达肠支，其前端距肠叉 0.119 mm，距虫体前端 0.680 mm。口吸盘与腹吸盘大小之比为 1:2.34。缺前咽。口吸盘后为小鳞茎状的咽，大小为 0.119 mm×0.130 mm。食道细而短，肠分叉距虫体前端约 0.560 mm。两肠支呈轻度弯曲，向后延伸到睾丸后的区域，左侧肠支略长于右侧肠支。两睾丸为卵圆形，大小稍有差异，位于虫体后半部的前面、卵巢之后，部分与肠支重叠，左睾丸大小为 0.350 mm× 0.340 mm，右睾丸大小为 0.425 mm×0.400 mm。输出管在腹吸盘的中部汇合成输精管，输精管往前连接雄茎囊，雄茎囊长而蜿蜒弯曲于食道、咽和口吸盘的左侧。子宫末段几乎平行于雄茎囊的左侧，共同开口于口吸盘的左侧。卵巢为横向拉长的不规则球形，大小为 0.300 mm×0.490 mm，居中，大部分位于腹吸盘的后腹面上。受精囊和卵模紧随卵巢之后，有梅氏腺和劳氏管。卵黄腺滤泡明显成簇，不对称地分布于虫体两侧的肠支上及肠支外，前起于肠叉水平，后至睾丸之后，但不达肠支末端；左侧滤泡有 4 簇，起于腹吸盘前缘水平，稍后于右侧滤泡；右侧滤泡有 5 簇，起于肠叉水平，向后分布超过左侧滤泡；在睾丸区域，卵黄腺部分与睾丸重叠。卵黄管横位于腹吸盘的后缘。子宫极度盘曲，子宫环褶充满腹吸盘后区域，不到腹吸盘前，内含虫卵。虫卵为卵圆形，有后突，大小为 18～26 μm×5～12 μm。排泄囊为 V 形，而本属的其他种为 Y 形，排泄孔位于虫体亚末端。

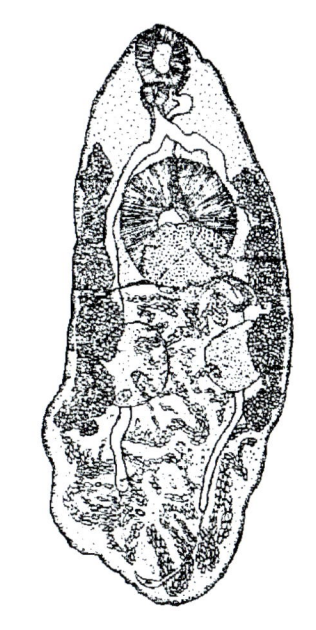

图 296　巨腹盘前殖吸虫
Prosthogonimus macroacetabulus
引 Chauhan（1940）

297　宁波前殖吸虫　*Prosthogonimus ningboensis* Zhang, Pan, Yang, et al., 1988

【关联序号】(39.1.14) /　。

【宿主范围】成虫寄生于鸭的法氏囊、输卵管。

【地理分布】浙江。

【形态结构】虫体外形狭长，呈纺锤状，大小为 3.820～4.410 mm×1.330～1.400 mm，体宽与体长之比为 1∶3。口吸盘呈类圆形，大小为 0.238～0.280 mm×0.224～0.266 mm。腹吸盘也呈类圆形，大小为 0.532～0.560 mm×0.504～0.527 mm，口吸盘与腹吸盘的直径之比为 1∶2.12。咽为圆形，大小为 0.168 mm×0.163 mm。食道长 0.140～0.252 mm，两条肠支甚长，微有弯曲，其盲端到达虫体亚末端，距虫体后端 0.238～0.420 mm。两睾丸略呈椭圆形或类圆形，并列于虫体后 1/2 的前部，左睾丸大小为 0.238 mm×0.196 mm，右睾丸大小为 0.256 mm×0.201 mm。雄茎囊弯曲或微弯曲，位于食道左侧，其基底达肠支分叉处。卵巢呈扇形，位于腹吸盘下缘正中，与两睾丸呈正三角形，分叶甚多，约由 20 个叶组成，大小为 0.261 mm×0.215 mm。卵黄腺为簇状，分布于虫体两侧，每侧 7 束，前自卵巢水平开始，睾丸前后各一半。子宫稀疏，从卵巢、睾丸三角区开始，一条子宫环从右侧沿肠支内外向下弯曲延伸到虫体亚末端（肠支盲端之后），再回转沿左侧肠支向前延伸，生殖孔开口于口吸盘左侧顶端。虫卵大小为 22～30 μm×13～16 μm。

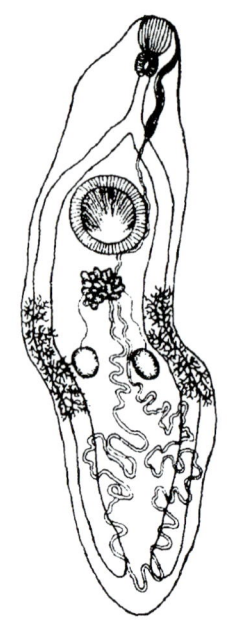

图 297　宁波前殖吸虫
Prosthogonimus ningboensis
引张峰山 等（1988b）

298　东方前殖吸虫　*Prosthogonimus orientalis* Yamaguti, 1933

【关联序号】33.1.13（39.1.15）/238。

【宿主范围】成虫寄生于鸭的法氏囊。

【地理分布】广东、江西。

【形态结构】虫体呈梨形，前端狭窄，后端钝圆，背腹略扁平，虫体大小为 3.750～4.250 mm×1.750～2.150 mm，体表具小棘。口吸盘位于虫体顶端，呈球状，大小为 0.230～0.280 mm×0.250～0.330 mm。腹吸盘呈圆盘形，位于虫体前 1/3 处的后部，大小为 0.540～0.660 mm×0.560～0.640 mm。咽大小为 0.110～0.150 mm×0.130～0.160 mm。食道长 0.150～0.280 mm，肠支沿虫体两侧向后伸展，盲端达虫体的亚末端。睾丸呈短椭圆形，并列于虫体后 1/2 处的前部，左右睾丸大小相近，为 0.550～0.640 mm×0.380～0.490 mm。雄茎囊呈弯曲的管状，位于口吸盘和

| 17 前殖科 | **393**

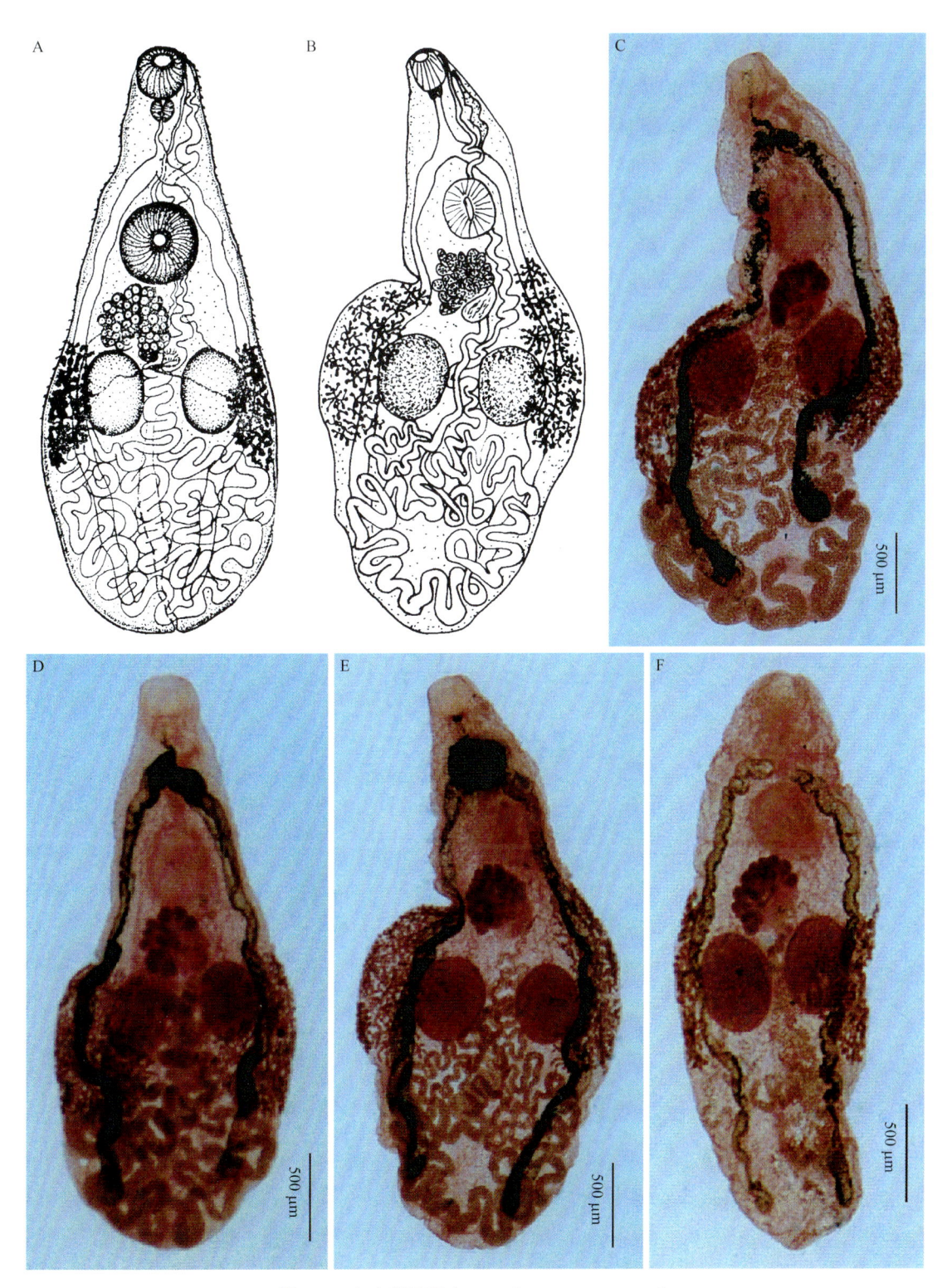

图 298 东方前殖吸虫 *Prosthogonimus orientalis*
A. 引王溪云和周静仪（1993）；B. 引黄兵 等（2006）；C～F. 原图（SHVRI）

食道的左侧，后部越过肠分叉，末端达腹吸盘的前缘，内含贮精囊、前列腺和雄茎。卵巢呈花瓣状，位于腹吸盘与睾丸之间，略偏右侧，大小为 0.380～0.460 mm×0.420～0.510 mm。具受精囊。卵黄腺由颗粒状或短枝状的滤泡组成簇状物，位于虫体后 1/2 处的前半部，始自两睾丸的前缘水平处，终于睾丸后缘不远处。子宫环褶盘曲于两睾丸之间和睾丸之后的全部空间，子宫末段与雄茎囊并行，开口于雄性生殖孔旁边。虫卵一端具有小盖，大小为 24～30 μm×12～15 μm。

299 卵圆前殖吸虫　　*Prosthogonimus ovatus* (Rudolphi, 1803) Lühe, 1899

【关联序号】33.1.14（39.1.16）/ 239。

【同物异名】卵圆双盘吸虫（*Distomum ovatum* Rudolphi, 1803）。

【宿主范围】成虫寄生于鸡、鸭、鹅的法氏囊、输卵管。

【地理分布】安徽、重庆、福建、广东、贵州、湖北、湖南、江苏、江西、辽宁、四川、台湾、新疆。

【形态结构】虫体呈梨形，前端较尖，后端钝圆，大小为 3.200～6.100 mm×1.200～2.400 mm，体表有小棘。口吸盘呈椭圆形，位于虫体前端，大小为 0.140～0.180 mm×0.170～0.230 mm。腹吸盘为圆形，位于虫体前 1/3 与 2/3 之间，大小为 0.320～0.430 mm×0.380～0.460 mm。咽小，直径为 0.100～0.160 mm。食道长 0.260～0.380 mm，两肠支止于虫体后 1/4 处。睾丸 2 枚，呈不

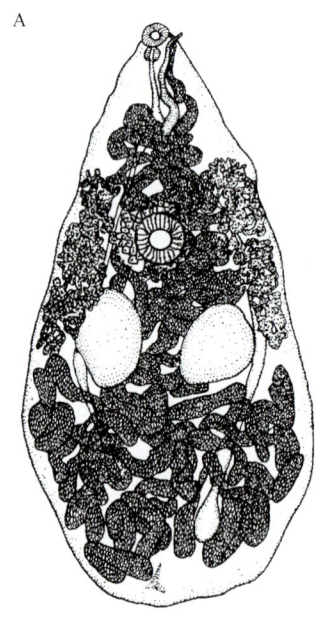

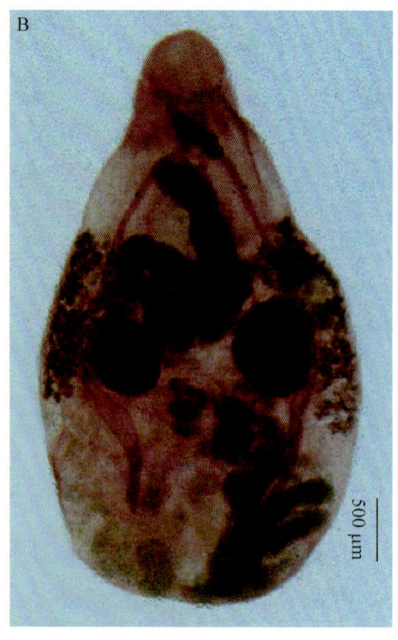

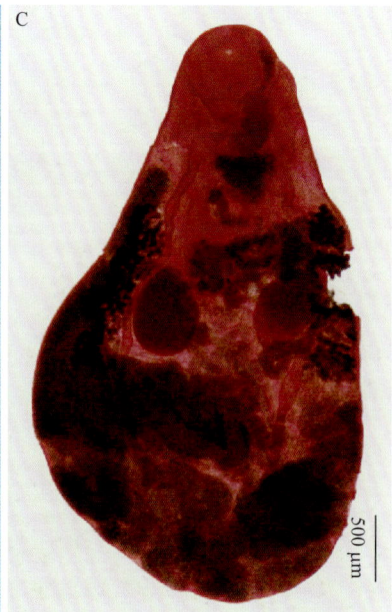

图 299 卵圆前殖吸虫 *Prosthogonimus ovatus*
A. 引黄兵 等（2006）；B、C. 原图（SHVRI）

规则的椭圆形，不分叶，左右排列于虫体的中后部，睾丸边缘靠近肠支或部分与肠支重叠。雄茎囊为弯曲的长棒状，其囊底可越过肠叉，内含贮精囊、前列腺和雄茎。卵巢分叶，位于腹吸盘背面。卵黄腺分布于虫体两侧，前可达腹吸盘与肠叉之间的水平线，向后可达睾丸的后缘。子宫圈在睾丸后越过两肠支外侧，并在睾丸之间盘曲上升达腹吸盘与肠叉之间，子宫末段与雄茎囊并行，雌性、雄性生殖孔开口于口吸盘的左侧。虫卵壳薄，大小为 23～25 μm×12～14 μm。

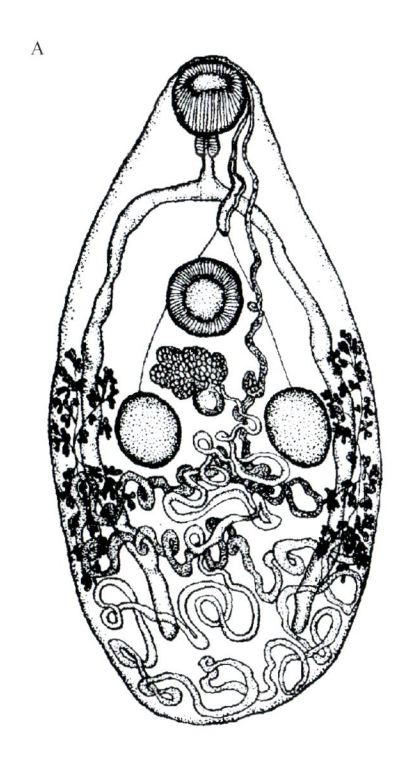

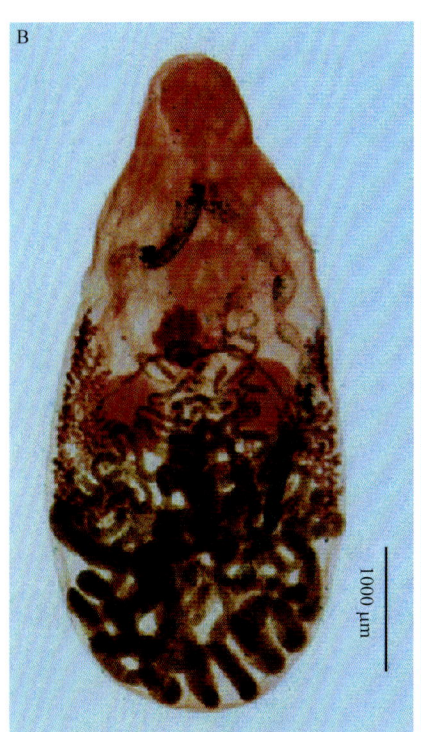

300 透明前殖吸虫 *Prosthogonimus pellucidus* Braun, 1901

【关联序号】33.1.15（39.1.17）/240。

【宿主范围】成虫寄生于鸡、鸭、鹅的法氏囊、输卵管、直肠。

【地理分布】安徽、重庆、福建、广东、广西、贵州、河北、河南、黑龙江、湖北、湖南、江苏、江西、山东、陕西、上海、四川、天津、云南、浙江。

【形态结构】虫体呈梨形或叶片状，前端稍尖，后端钝圆，背腹稍扁平，大小为 6.500～8.200 mm×2.500～4.220 mm，体表具棘。口吸盘为球形，位于虫体前端，大小为 0.650～0.820 mm×0.630～0.780 mm。腹吸盘呈圆形，位于虫体前 1/3 的后部，等于或略大于口吸盘，大小为 0.670～0.885 mm×0.710～0.920 mm。缺前咽，咽为椭圆形，大小为 0.250～0.340 mm×0.260～0.340 mm。食道长 0.820～1.220 mm，两肠支的盲端伸达虫体后部，距虫体末端 0.920～

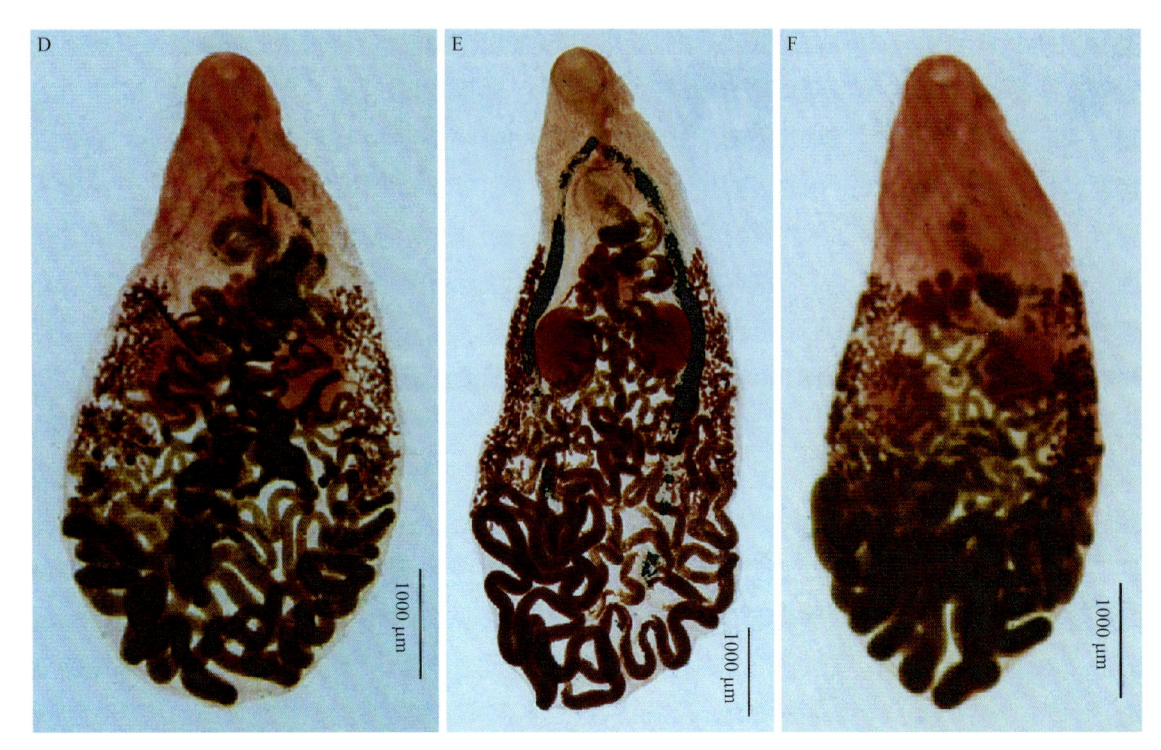

图 300　透明前殖吸虫 *Prosthogonimus pellucidus*
A. 引张峰山等（1986d）；B～F. 原图（SHVRI）

1.150 mm。睾丸 2 枚，为卵圆形或短椭圆形，不分叶，左右并列于虫体中部的两侧，二者几乎等大，大小为 0.690～0.920 mm×0.640～0.730 mm。雄茎囊弯曲于口吸盘与食道的左侧，其末端到达肠分叉的前缘或越过肠分叉，内含贮精囊、前列腺和雄茎，生殖孔开口于口吸盘的左上方。卵巢呈多分叶状，位于两睾丸前缘与腹吸盘之间，大小为 0.690～1.110 mm×0.700～0.830 mm。具受精囊。卵黄腺分布于虫体中 1/3 处的两侧，前缘可达腹吸盘的后缘水平处，后端终于睾丸之后。子宫环褶盘曲于睾丸之间和睾丸之后的全部空间，但不密集，子宫末段与雄茎囊并行，开口于雄性生殖孔的内侧。虫卵深褐色，具卵盖，另一端有小刺，大小为 26～32 μm×14～16 μm。排泄囊呈 Y 形。

301　鲁氏前殖吸虫　　　　*Prosthogonimus rudolphii* Skrjabin, 1919

【关联序号】33.1.16（39.1.18）/241。
【宿主范围】成虫寄生于鸡、鸭的法氏囊、输卵管、直肠。
【地理分布】安徽、重庆、福建、广东、广西、江苏、陕西、四川、新疆、云南、浙江。
【形态结构】虫体呈椭圆形或纺锤形，前端略尖，大小为 1.350～5.750 mm×1.200～2.980 mm。口吸盘位于虫体亚前端腹面，大小为 0.180～0.390 mm×0.200～0.360 mm。腹吸盘位于虫体前 1/3 与

| 17 前殖科 | **397**

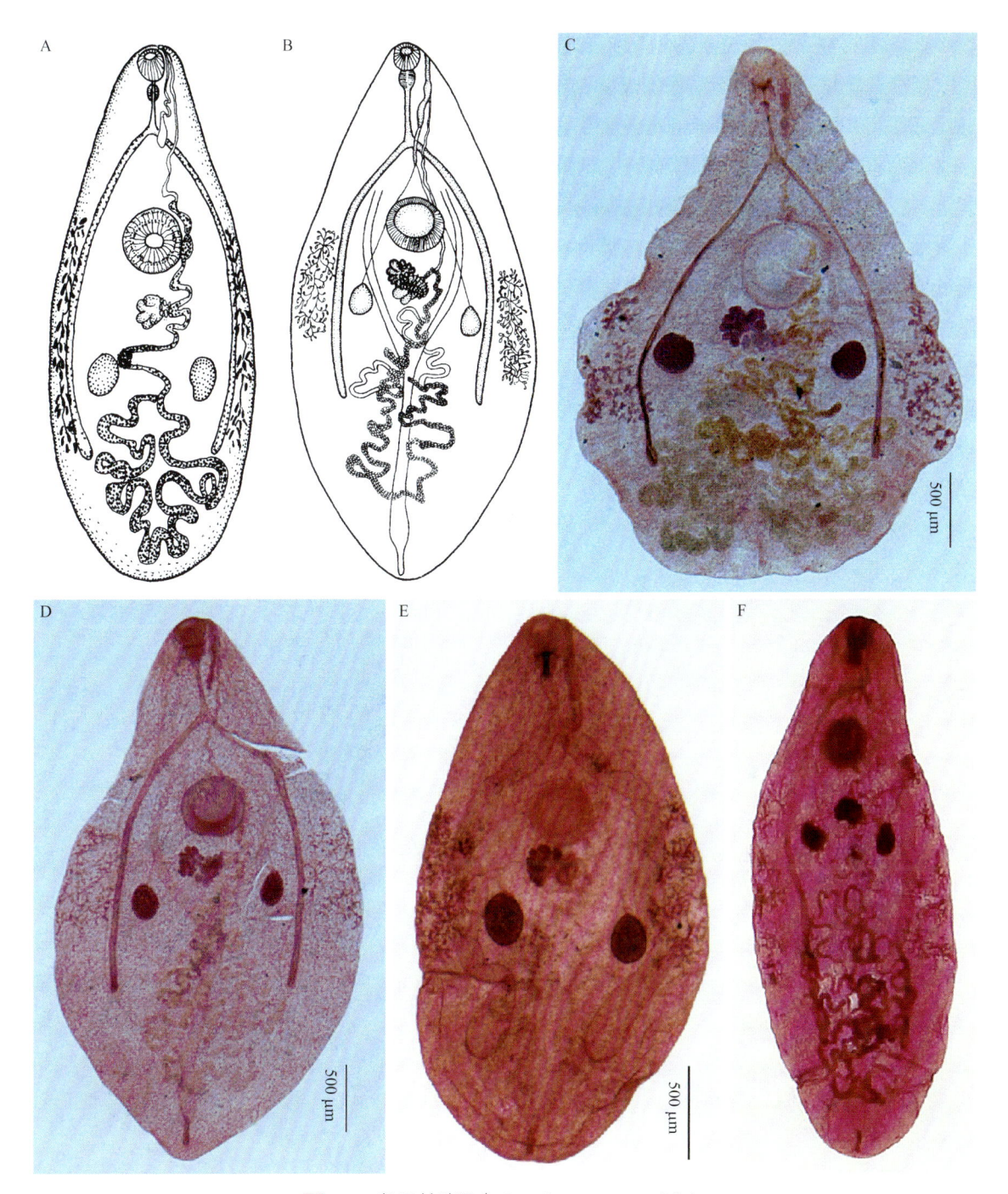

图 301 鲁氏前殖吸虫 *Prosthogonimus rudolphii*
A. 引黄兵等（2006）; B. 引蒋学良和周婉丽（2004）; C～E. 原图（SHVRI）; F. 原图（SCAU）

中 1/3 交界处，明显大于口吸盘，大小为 0.450～0.770 mm×0.450～0.790 mm。咽为球形，大小为 0.150～0.170 mm×0.130～0.190 mm。食道长 0.260～0.310 mm，两肠支较短，沿虫体两侧延伸达虫体后 1/3 水平。两睾丸左右排列于虫体中部、两侧肠支的内缘，大小为 0.400～0.500 mm×0.240～0.270 mm。雄茎囊后端越过肠叉，生殖孔开口于口吸盘的左侧缘。卵巢分叶呈花瓣状，位于腹吸盘与两睾丸水平线之间，略偏右侧。卵黄腺为簇状，分布于虫体中部的肠支外侧，前起于腹吸盘，后止于肠支的近末端。子宫盘曲于两肠支之间与虫体后部，前与雄茎囊并行，末端开口于雄性生殖孔旁。虫卵大小为 24～30 μm×12～15 μm。排泄囊为 Y 形，排泄孔开口于虫体末端。

302 中华前殖吸虫 *Prosthogonimus sinensis* Ku, 1941

【关联序号】33.1.17（39.1.19）/ 242。

【宿主范围】成虫寄生于鸡、鸭的输卵管、泄殖腔。

【地理分布】浙江、广东。

【形态结构】虫体呈梨形，大小为 5.000～10.500 mm×3.000～5.000 mm，体表有长的体棘，其密度从前到后逐渐减少，体棘长 0.012～0.020 mm。口吸盘与腹吸盘大小相近，口吸盘为椭圆形，位于虫体亚前端，大小为 0.660～0.680 mm×0.980～1.080 mm。腹吸盘位于肠叉之后，大小为 0.700～0.840 mm×1.090～1.260 mm。咽呈球形，直径为 0.267～0.277 mm。食道长 0.515 mm，两肠支沿虫体两侧向后延伸，肠支末端止于虫体后 1/4 处。两睾丸近圆形，边缘完整无缺刻，近乎对称排列于虫体后半部的前缘，大小为 0.560～0.720 mm×1.010～1.330 mm，两睾丸之间的距离为 0.490～1.430 mm。雄茎囊大而弯曲，宽度为 0.198 mm，有时其基部可达肠叉稍后处。卵巢由 20 个以上的分叶构成，位于腹吸盘后面，大小为 0.792 mm×1.296 mm。卵黄腺分布于虫体中后部的两侧，前始于睾丸稍前的水平线，后到达虫体全长 7/9 的水平线，每侧由 6 或 7 个树枝状束组成。子宫环大部分盘曲于虫体后半部，两睾丸之间甚少，在睾丸后部区域形成稠密的褶，子

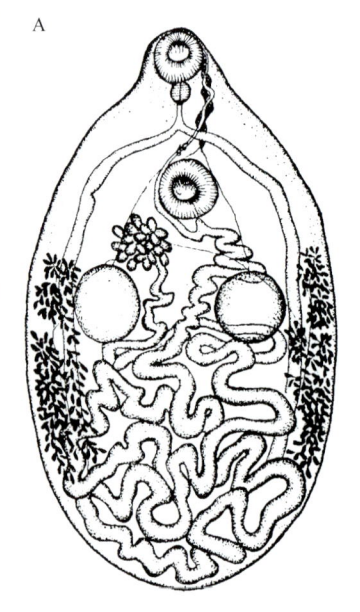

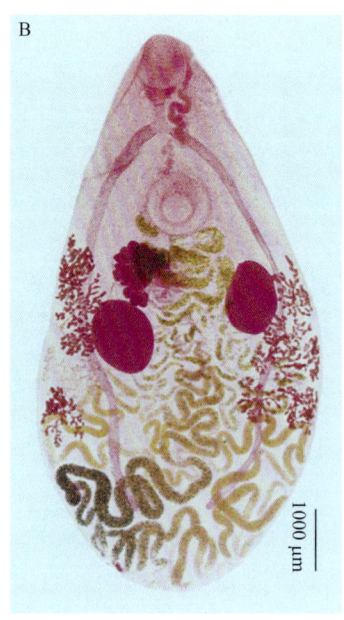

图 302 中华前殖吸虫 *Prosthogonimus sinensis*
A. 引 张峰山 等（1986d）；B. 原图（ZAAS）

宫末端与雄茎囊并列，雌性、雄性生殖孔开口于口吸盘的左侧。虫卵大小为 28 μm×13 μm。

303 斯氏前殖吸虫 *Prosthogonimus skrjabini* Zakharov, 1920

【关联序号】33.1.18（39.1.20）/243。

【宿主范围】成虫寄生于鸡、鸭。

【地理分布】广东、海南、江西、浙江。

【形态结构】虫体扁平，呈梨形，前端狭尖，后端钝圆，最宽处在虫体中横线，大小为 4.730~5.320 mm×2.940~4.160 mm。口吸盘呈圆形，大小为 0.280~0.308 mm×0.266~0.308 mm。腹吸盘呈球形，明显大于口吸盘，位于虫体中 1/3 的前缘，大小为 0.700~0.770 mm×0.630~0.740 mm。咽呈球形，大小为 0.154~0.210 mm×0.168~0.196 mm。食道长 0.140~0.224 mm，两肠支沿虫体两侧伸达虫体后 1/3 部，盲端距虫体后端约 0.850 mm。两睾丸近圆形，表面光滑，略有凹陷或波状，左右并列于虫体的中部，左睾丸大小为 0.518~0.630 mm×0.462~0.630 mm，右睾丸大小为 0.420~0.630 mm×0.490~0.658 mm。雄茎囊弯曲，基底部在肠叉下方与腹吸盘上缘之间，生殖孔开口于口吸盘左侧顶端。卵巢呈扇形，分 16~20 叶，位于腹吸盘下缘稍偏右侧，个别标本与腹吸盘有重叠，与两睾丸呈三角形排列。卵黄腺由细小的滤泡构成簇，分布于虫体最宽部的两侧，每侧 6 或 7 束，前从腹吸盘下缘水平开始至睾丸下方，睾丸前后各为一半，睾丸前方部分基本上都分布于肠支外侧，睾丸后方部分往往从外侧向内侧延伸，因此多数标本在睾丸下部均有卵黄腺。子宫环褶大部分密集于两睾丸之间以及虫体后半部，在后部有部分子宫越出肠支外侧，雌性、雄性生殖孔并列开口于口吸盘的侧缘。虫卵为椭圆形，大小为 23~27 μm×11~15 μm。

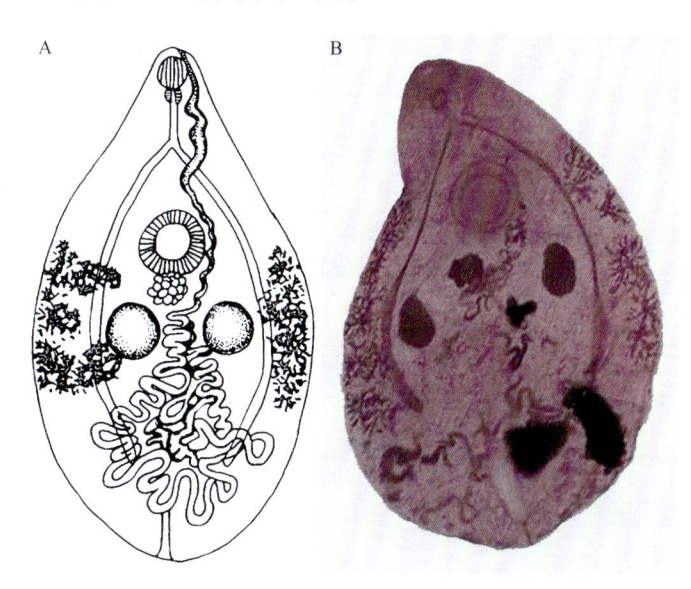

图 303 斯氏前殖吸虫 *Prosthogonimus skrjabini*
A. 引黄兵等（2006）；B. 原图（SCAU）

304 稀宫前殖吸虫 *Prosthogonimus spaniometraus* Zhang, Pan, Yang, et al., 1988

【关联序号】33.1.X（39.1.21）/ 。

【宿主范围】成虫寄生于鸭的法氏囊、输卵管。
【地理分布】浙江。
【形态结构】虫体呈卵圆形，大小为 2.730～4.480 mm×1.230～2.310 mm，体宽与体长之比为 1∶1.98。口吸盘呈圆形，大小为 0.253 mm×0.259 mm。腹吸盘近圆形，大小为 0.476 mm×0.456 mm，口吸盘与腹吸盘大小之比为 1∶1.9。咽为类圆形，大小为 0.174 mm×0.157 mm。食道平均长为 0.193 mm，肠叉离腹吸盘较远，肠支分叉后沿虫体边缘向后延伸，盲端到达距虫体后端 0.490 mm 处。两睾丸呈球形或略带椭圆形，边缘光滑，左右并列于虫体中横线附近，左睾丸大小为 0.308 mm×0.263 mm，右睾丸大小为 0.331 mm×0.266 mm。雄茎囊位于食道左侧，从肠叉处向前呈波状弯曲而延伸到虫体前端。生殖孔开口于口吸盘左侧顶端。卵巢呈扇形，分叶，由 6～16 叶组成。卵黄腺为树枝状，分布于肠支外侧，略有 1 或 2 处伸向肠支内侧，前距腹吸盘较远，从睾丸前缘稍上处开始向下延伸。子宫稀少，只有从上到下又从下到上弯曲一圈。虫卵大小为 21～25 μm×11～15 μm。排泄管为 Y 形。

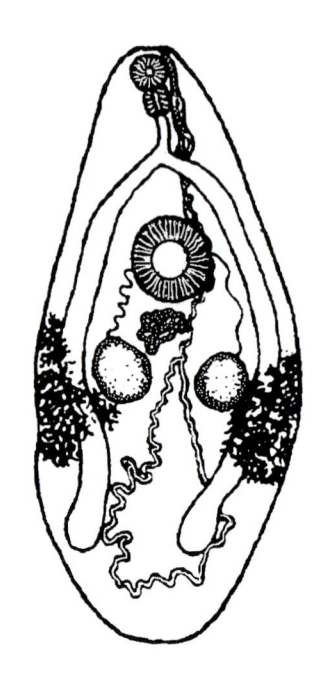

图 304 稀宫前殖吸虫
Prosthogonimus spaniometraus
引 张峰山 等（1988b）

17.2 裂殖属
Schistogonimus Lühe, 1909

【同物异名】裂睾属。
【宿主范围】寄生于禽类的肠道、法氏囊。
【形态结构】虫体为卵圆形，最宽处在虫体中部，前部比后部细得多。睾丸对称排列于两肠支的内侧。雄茎囊细长，向后越过左肠支。雄性生殖孔位于口吸盘旁，与雌性生殖孔明显分开。卵巢位于腹吸盘背面。子宫盘曲于睾丸后的两肠支之间。卵黄腺大部分位于腹吸盘与睾丸之间的虫体两侧。模式种：稀有裂殖吸虫［*Schistogonimus rarus* (Braun, 1901) Lühe, 1909］。

［注：Bray 等（2008）将本属归为前殖属（*Prosthogonimus* Lühe, 1899）的同物异名。］

305 稀有裂殖吸虫　　*Schistogonimus rarus* (Braun, 1901) Lühe, 1909

【关联序号】33.2.1（39.2.1）/244。

【同物异名】稀有裂睾吸虫；离殖孔吸虫；稀有前殖吸虫（*Prosthogonimus rarus* Braun, 1901）。

【宿主范围】成虫寄生于鸭的肠道、法氏囊。

【地理分布】黑龙江、天津（绿头鸭）。

【形态结构】虫体呈瓜子形，前端略尖，后部圆形，在后缘中央有一个凹陷，体表光滑无小棘，虫体大小为 3.160～5.400 mm×1.710～2.300 mm。口吸盘为圆形或低杯形，位于虫体前端腹面，大小为 0.270～0.320 mm×0.340～0.360 mm。腹吸盘接近圆形，直径为 0.360～0.420 mm，比口吸盘大，位

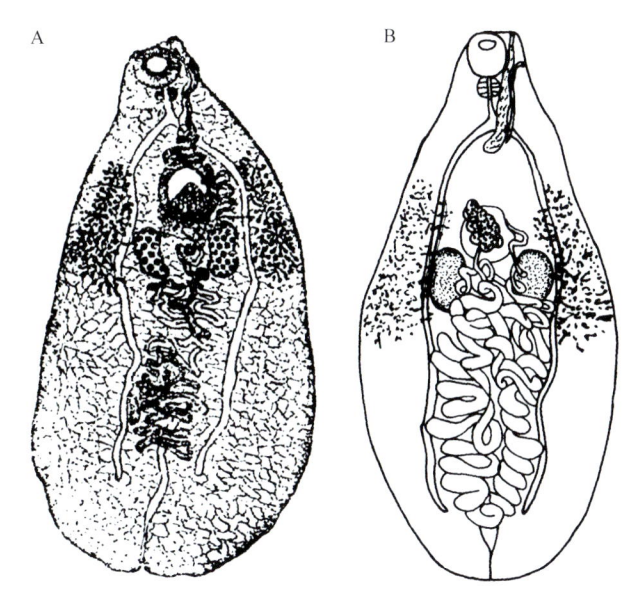

图 305 稀有裂殖吸虫 *Schistogonimus rarus*
A. 引顾昌栋（1955）；B. 引黄兵等（2006）

于虫体前半部的 1/2 处，与口吸盘之间的距离为 0.440 mm。球形的咽紧接口吸盘，直径为 0.110～0.130 mm。食道长 0.060～0.120 mm，在腹吸盘之前分为两肠支，肠支向后在虫体中部相距较远，经睾丸之后各折向内侧形成波浪状，其末端达虫体后部，距虫体的后缘 0.520～0.720 mm。两睾丸大小相近，呈不规则的长卵形，左右对称排列于腹吸盘后方的肠支内侧，大小为 0.320～0.330 mm×0.140～0.170 mm。雄茎囊细长，长 0.600～0.860 mm，其末端接近于肠叉处，偏于左侧肠支的前端，雄性生殖孔开口于口吸盘的左侧、虫体前端突出部的前缘，与雌性生殖孔明显分开。卵巢分成数瓣，位于腹吸盘背面的后半部。在卵巢之后有一个小球形的受精囊，直径为 0.090 mm。卵黄腺分散，分布于虫体的两侧，起自腹吸盘的前缘，向后至睾丸后缘稍后。子宫盘曲于睾丸之后的两肠支之间，经腹吸盘的左侧伸达口吸盘的左侧，雌性生殖孔开口于虫体前端突出部的后缘外侧，与雄性生殖孔相离，两孔之间的距离为 0.290 mm。虫卵为卵圆形，褐色，大小为 26～29 μm×13 μm。

18 短咽科

Brachylaimidae Joyeux et Foley, 1930

【同物异名】 合口科（Harmostomidae Braun, 1900）；短咽科（Brachylaemidae Joyeux et Foley, 1930）；短咽科（Brachylaimatidae Ulmer, 1952）。

【宿主范围】 成虫寄生于禽类和哺乳动物的消化道，偶尔寄生于两栖动物。

【形态结构】 虫体呈叶形或舌形，偶尔为卵圆形或亚球形，体表具棘或不具棘。吸盘发达，通常位于虫体的前部。常具前咽，咽为肌质，食道很短或缺。肠支很长，其盲端常接近虫体末端。睾丸与卵巢都位于腹吸盘之后，接近虫体末端，呈纵列或钝角三角形。雄茎囊位于前睾丸的前面或接近前睾丸，偶尔于两睾丸之间。生殖孔开口于前睾丸前到两睾丸之间区域的虫体腹面，居中或亚居中。卵黄腺位于虫体两侧，长度可变。子宫形成上升支和下降支，弯曲于肠支之间，占据生殖腺之前的大部分区域，超过或不超过腹吸盘水平。虫卵小。排泄囊呈Y形。模式属：短咽属［*Brachylaima* Dujardin, 1843］。

在中国家畜家禽中已记录短咽科吸虫3属6种，本书收录3种3种，依据虫体特征编制短咽科3属分类检索表如下。

短咽科分属检索表

1. 虫体短圆，睾丸显著大于卵巢 .... 斯孔属 *Skrjabinotrema*
   虫体细长，睾丸略大于卵巢 2
2. 肠支长而明显弯曲，生殖腺呈三角形 .... 后口属 *Postharmostomum*
   肠支直或稍有弯曲，生殖腺略呈纵列 .... 短咽属 *Brachylaima*

18.1 短咽属
Brachylaima Dujardin, 1843

【同物异名】短咽属（*Brachylaime* Dujardin 1843）；短咽属（*Brachylaimus* Dujardin, 1845）；短咽属（*Brachylaemus* Blanchard, 1847）；合口属（*Harmostomum* Braun, 1899）；异壳属（*Heterolope* Looss, 1899）；内管属（*Entosiphonus* Sinitsin, 1931）；中心属（*Centrodes* Travassos et Kohn, 1964）；马扎属（*Mazzantia* Travassos et Kohn, 1964）；秧鸡孔属（*Rallitrema* Travassos et Kohn, 1964）。

【宿主范围】成虫寄生于禽类和哺乳动物的肠道。

【形态结构】虫体为细长舌形，背腹扁平或近圆柱状，前端体表常具棘。两个吸盘位于虫体前部。食道缺，两肠支长而直或稍有弯曲。两睾丸纵列于虫体近末端。雄茎囊细长而小，位于前睾丸区域或之前，生殖孔开口于前睾丸水平或略前的中央或亚中央。卵巢位于两睾丸之间，略偏于一侧，与两睾丸接近。卵黄腺分布于腹吸盘或腹吸盘之前至前睾丸之间的虫体两侧。子宫盘曲前达腹吸盘后缘水平或肠分叉处。模式种：移栖短咽吸虫［*Brachylaima migrans* Dujardin, 1843］。

306 普通短咽吸虫　　　　　　　*Brachylaima commutatum* Diesing, 1858

【关联序号】21.2.1（40.1.1）/74。

【同物异名】鸡合口吸虫（*Harmostomum gallinum* Witenberg, 1925）；普通后口吸虫（*Postharmostomum commutatus* (Diesing, 1858) MacIntosh, 1934）。

【宿主范围】成虫寄生于鸡的盲肠。

【地理分布】北京、福建、江苏、台湾。

【形态结构】虫体呈长形，两端略圆，虫体长 3.500～7.500 mm，前部宽 1.500 mm，后部宽 2.000 mm。口吸盘位于虫体亚前端，近圆形。腹吸盘近圆形，大小与口吸盘相等或略小于口吸盘，位于虫体前 1/3 的后部。缺前咽，咽大而明显，无食道。肠支粗大，先向两侧延伸，再折向后延伸，两肠支略呈小波浪弯曲，向后延伸至虫体后端。睾丸 2 枚，呈亚球形，前后排列于虫体后 1/3 处。卵巢为椭圆形，位于两睾丸之间，略偏于一侧，与两睾丸相距较近。生殖孔位于前睾丸的前缘。卵黄腺滤泡分布于虫体两侧，

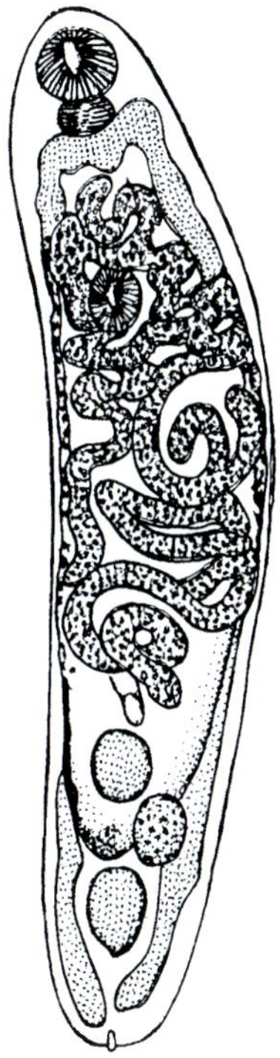

图 306　普通短咽吸虫 *Brachylaima commutatum* 引 黄兵 等（2006）

向前延伸超过腹吸盘，可达肠叉处，向后可达卵巢水平。子宫盘曲于前睾丸与肠叉之间，内充满虫卵。虫卵呈椭圆形，淡黄色，卵壳两侧不对称，大小为 23~28 μm×13~15 μm，内含毛蚴。

18.2 后口属

Postharmostomum Witenberg, 1923

【同物异名】旋孔属（*Serpentinotrema* Travassos et Kohn, 1964）。

【宿主范围】成虫寄生于禽类和哺乳动物的肠道。

【形态结构】虫体呈长形或舌形。口吸盘发达，腹吸盘位于虫体赤道线前或近赤道。咽发达，缺食道。肠支很长而弯曲，迂回蜿蜒，其长度超过体长。睾丸与卵巢表面光滑，或略有浅裂，睾丸前后斜列于虫体后部，卵巢位于两睾丸之间或在前睾丸的对侧形成三角形，生殖孔位于前睾丸区域或之前。卵黄腺主要分布于卵巢与腹吸盘之间，或延伸到肠叉处。子宫前达肠叉，形成的大量环褶占据了虫体大部分区域。模式种：鸡后口吸虫［*Postharmostomum gallinum* Witenberg, 1923］。

307 鸡后口吸虫　　　　　*Postharmostomum gallinum* Witenberg, 1923

【关联序号】21.1.2（40.2.2）/73。

【宿主范围】成虫寄生于鸡、鸭、鹅的盲肠。

【地理分布】安徽、北京、重庆、福建、广东、广西、贵州、河南、湖北、湖南、江苏、山东、山西、陕西、上海、四川、台湾、浙江。

【形态结构】虫体为长舌状，大小为 6.030~14.750 mm×1.510~3.940 mm。口吸盘发达，位于虫体亚前端腹面，类圆形，大小为 0.890~1.440 mm×0.790~1.260 mm。腹吸盘为圆形，位于虫体赤道线前，大小与口吸盘相近或略小于口吸盘，大小为 0.750~1.140 mm×0.750~1.110 mm。无前咽，咽发达呈球形，大小为 0.490~0.600 mm×0.520~0.660 mm。缺食道，两肠支自咽分出后向上外斜行，再转向后呈 10~13 个波浪状的弯曲，伸达虫体的后端。两睾丸呈圆形或稍分叶，前后斜列于虫体后部，前睾丸大小为 0.510~0.950 mm×0.620~1.070 mm，后睾丸大小为 0.700~0.880 mm×0.970~1.470 mm。雄茎囊位于前睾丸边缘，生殖孔位于前睾丸之前的中央。卵巢呈圆形或椭圆形，位于两睾丸之间偏向一侧，少数有缺刻，大小为 0.520~1.750 mm×0.430~0.590 mm。卵黄腺分布于虫体两侧，前起于腹吸盘后缘，后止于卵巢与前睾丸水平。子宫长而细，自卵巢水平向前盘曲至腹吸盘前方的肠叉处。虫卵为椭圆形，黄褐色，具卵盖，内含毛蚴，大小为 28~32 μm×13~18 μm。

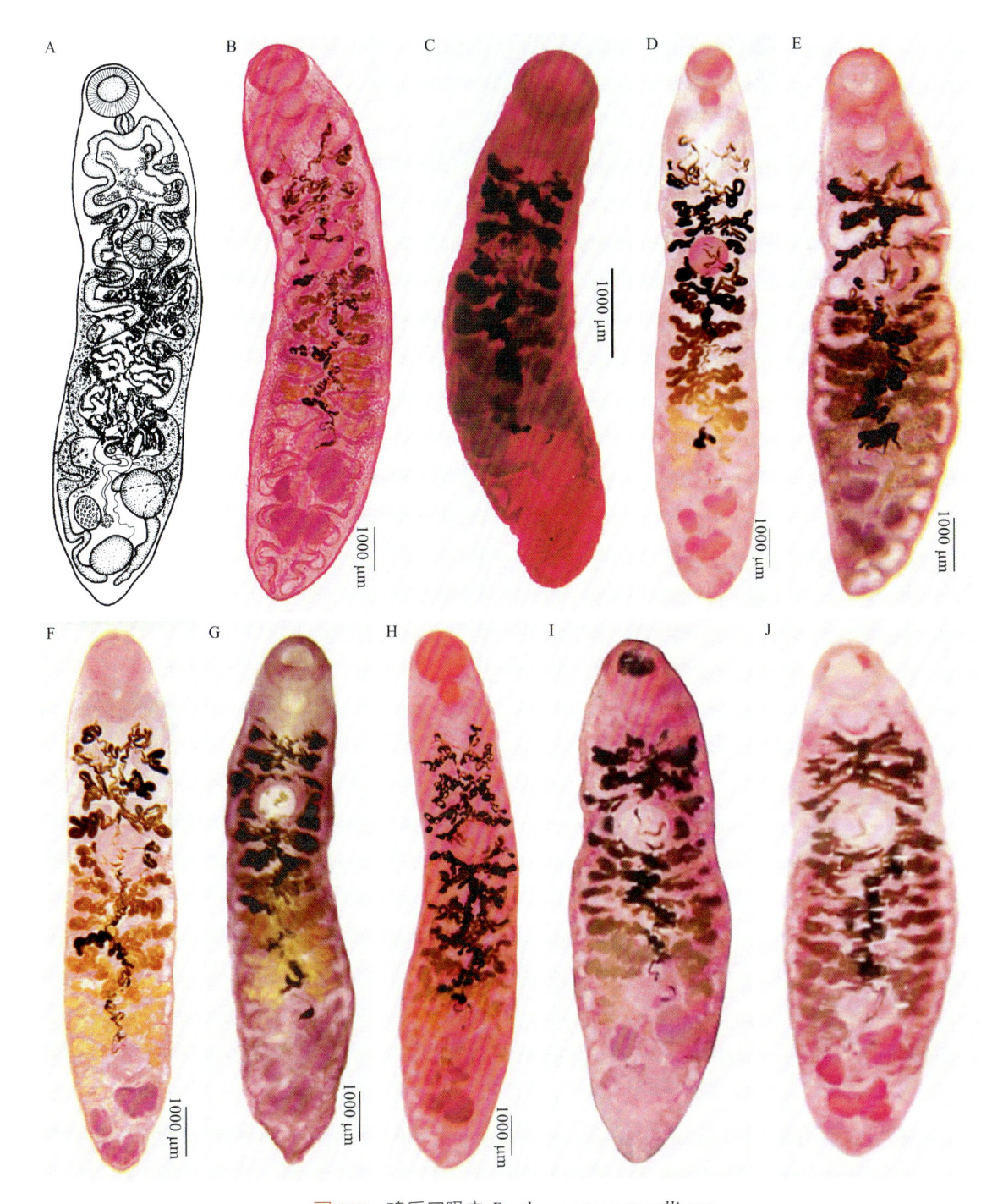

图 307 鸡后口吸虫 *Postharmostomum gallinum*
A. 引蒋学良和周婉丽（2004）；B，C. 原图（SHVRI）；D～H. 原图（SASA）；I，J. 原图（SCAU）

18.3 斯 孔 属

Skrjabinotrema Orloff, Erschoff et Badanin, 1934

【宿主范围】成虫寄生于哺乳动物的肠道。

【形态结构】小型吸虫，虫体呈卵圆形，体表有棘。口吸盘及咽均小。睾丸大而圆，斜列。雄茎囊长，呈S形，横列于睾丸前方。生殖孔开口于虫体中部左侧。卵巢位于右睾丸前方，卵黄腺自腹吸盘前水平线开始沿肠支延伸到卵巢前水平线。子宫自睾丸前盘曲至肠叉后方。模式种：羊斯孔吸虫［*Skrjabinotrema ovis* Orloff, Erschoff et Badanin, 1934］。

［注：Gibson等（2002）将此属作为哈斯属（*Hasstilesia* Hall, 1916）的同物异名，归入哈斯科（Hasstilesiidae Hall, 1916）。］

308 羊斯孔吸虫 *Skrjabinotrema ovis* Orloff, Erschoff et Badanin, 1934

【关联序号】21.3.1（40.3.1）/75。

【宿主范围】成虫寄生于黄牛、牦牛、绵羊、山羊的小肠。

【地理分布】重庆、甘肃、河北、江西、内蒙古、青海、陕西、四川、西藏、新疆。

【形态结构】虫体小，呈卵圆形、椭圆形或梨形，褐色，大小为0.620～1.310 mm×0.320～0.700 mm，体表布满小棘。口吸盘近圆形，位于虫体前端，直径为0.080～0.190 mm。腹吸盘近圆形，紧邻肠叉或肠叉稍后，略小于口吸盘，直径为0.080～0.130 mm。两吸盘间距为0.030～0.130 mm。咽小，食道很短，两肠支沿虫体两侧向后延伸至睾丸之后的虫体后缘。睾丸2枚，卵圆形或椭圆形，左右斜列于虫体后1/3处，大小为0.130～1.260 mm×0.120～0.210 mm。雄茎囊呈S形，位于虫体中后部的背侧，生殖孔开口于睾丸前方的侧面。卵巢为类圆形，显著小于睾丸，位于睾丸的前侧方，与雄茎囊相对排列，大小为0.040～0.060 mm×0.050～0.070 mm。卵黄腺为颗粒状，密布于虫体的两侧，前可达咽部水平，后达睾丸和卵巢的前缘。子宫高度发育，盘曲于虫体中部，子宫内充满大量重叠的虫卵。虫卵为椭圆形，暗褐色，卵壳厚，虫卵一端有盖，另一端有一小的突起，刚排出的虫卵内含毛蚴，虫卵大小为22～38 μm×12～25 μm。

| 18 短咽科 | **407**

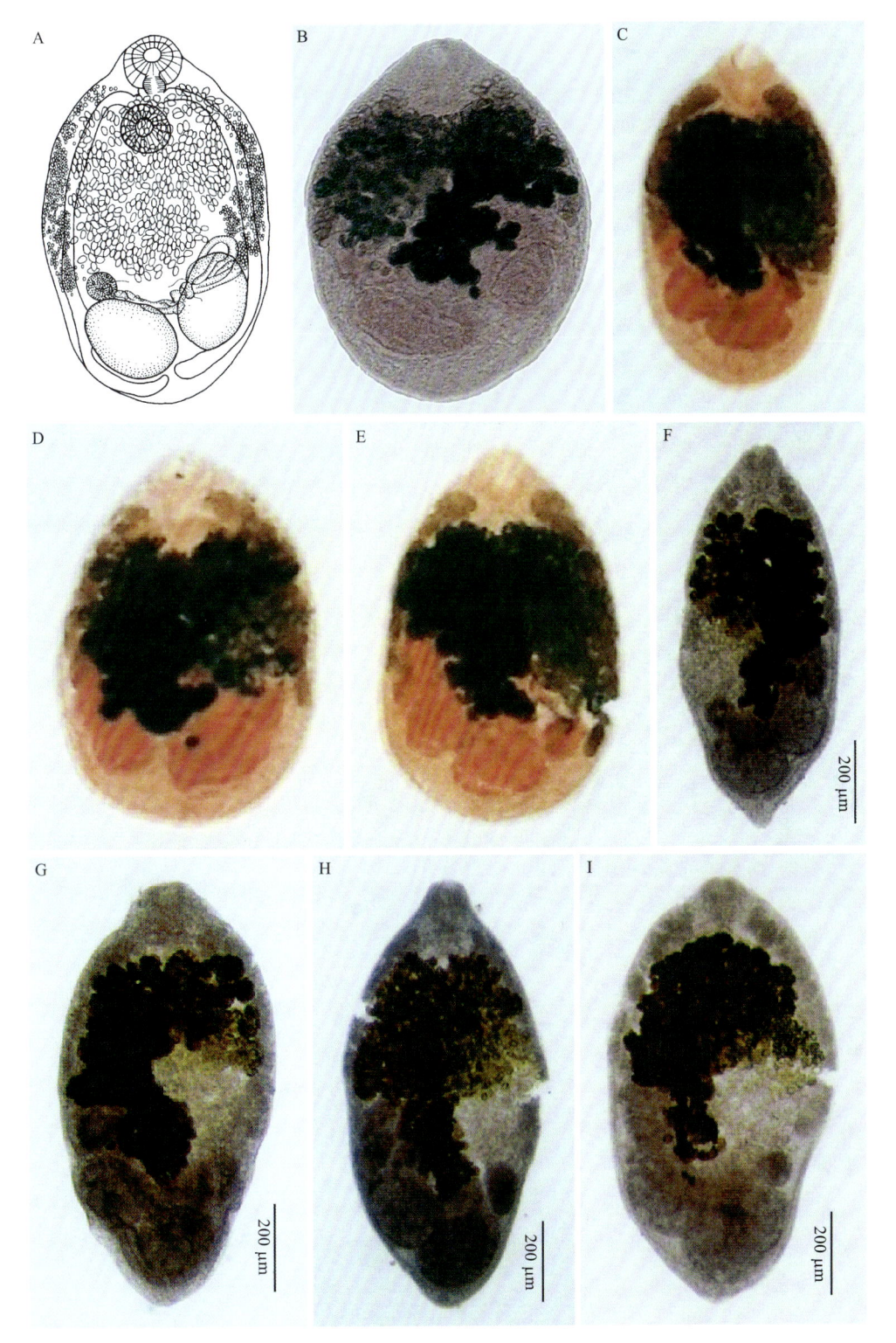

图 308 羊斯孔吸虫 *Skrjabinotrema ovis*
A. 引蒋学良和周婉丽（2004）；B～E. 原图（SCAU）；F～I. 原图（SHVRI）

19 杯叶科

Cyathocotylidae Poche, 1926

【宿主范围】成虫寄生于禽类、爬行动物和哺乳动物的肠道。

【形态结构】小型虫体，呈卵圆形、梨形或舌形，腹面稍弯曲。黏附器大，为圆形或卵圆形。具口吸盘，腹吸盘比口吸盘小，常隐于黏附器内，有时退化、消失。食道短，肠支通常向后延伸接近虫体末端。睾丸完整，卵巢在睾丸前方或中间。具雄茎囊，内含贮精囊、前列腺和雄茎，生殖孔位于末端。卵黄腺分布于虫体周围或两侧。虫卵大，数量少。模式属：杯叶属 [*Cyathocotyle* Mühling, 1896]。

在中国家畜家禽中已记录杯叶科吸虫3属12种，本书收录3属11种，参照Gibson等（2002）编制杯叶科3属分类检索表如下。

杯叶科分属检索表

1. 卵黄腺全部或大部分限于黏附器内，具腹凹窝 .... 前冠属 *Prosostephanus*
   卵黄腺呈环状分布，不延伸进黏附器 2
2. 不具腹凹窝，黏附器突出于腹部表面形成洞穴 .... 杯叶属 *Cyathocotyle*
   具腹凹窝，黏附器很小，仅占据部分腹凹窝 .... 全冠属 *Holostephanus*

19.1 杯叶属

Cyathocotyle Mühling, 1896

【同物异名】副杯叶属（*Paracyathocotyle* Szidat, 1936）；新杯叶属（*Neocyathocotyle* Mehra, 1943）。

【宿主范围】成虫寄生于禽类的肠道，偶尔寄生于爬行动物。

| 19 杯叶科 | **409**

【**形态结构**】虫体结实，为卵圆形、梨形或梭形，不具腹凹窝。黏附器大，圆形，具不同形状的孔穴，突出于腹侧表面。口吸盘与咽发达，腹吸盘小而接近肠叉，部分虫种的腹吸盘缺或因黏附器的覆盖而不可见。食道非常短，肠支达末端或近末端。睾丸圆形或拉长，斜列或对称排列，位置不定。雄茎囊发达，为棒状，其基部为大的贮精囊。生殖孔开口于亚末端。卵巢小，呈圆形，位于睾丸的腹侧。卵黄腺由粗大滤泡组成，呈环状分布于黏附器的周围，并覆盖肠支，通常不延伸进黏附器。模式种：普鲁氏杯叶吸虫［*Cyathocotyle prussica* Mühling, 1896］。

309 盲肠杯叶吸虫　　*Cyathocotyle caecumalis* Lin, Jiang, Wu, et al., 2011

【**关联序号**】（41.1.1）/　。
【**宿主范围**】成虫寄生于鸭的盲肠、直肠。

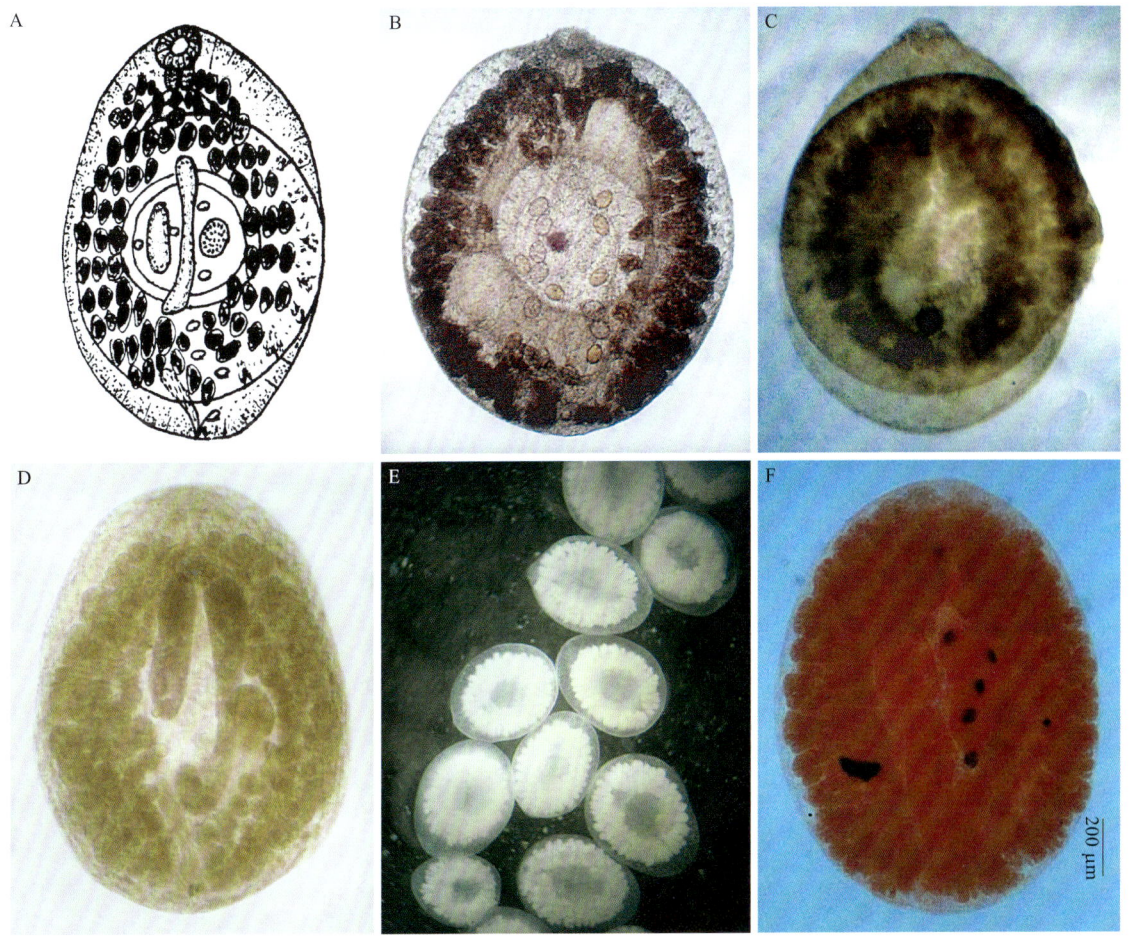

图 309　盲肠杯叶吸虫 *Cyathocotyle caecumalis*
A. 引 林琳 等（2011）；B～E. 原图（FAAS）；F. 原图（SHVRI）

【地理分布】福建。

【形态结构】虫体呈卵圆形，部分虫体两端呈圆锥状，中部最宽，大小为 1.175~2.375 mm× 0.950~1.875 mm。口吸盘位于虫体顶端或亚顶端，大小为 0.125~0.160 mm×0.130~0.170 mm。腹吸盘位于黏附器前缘中部（多数被卵黄腺覆盖，不易见到），大小为 0.035~0.050 mm× 0.040~0.055 mm。咽呈球状，大小为 0.120~0.150 mm×0.110~0.145 mm。食道短，两肠支盲端伸达虫体的亚末端。虫体腹面有一个很大的类圆形黏附器，占据中部大部分，大小为 1.150~1.800 mm×0.050~1.750 mm。睾丸2枚，呈多种形态，包括椭圆形、短棒状、长棒状、三角形、纺锤形、锥形等，排列无规律，有左右排列、前后排列、斜列等，位置不确定，多数位于虫体中部，也有集中在后部，睾丸大小为 0.280~1.300 mm×0.130~0.375 mm。雄茎囊呈长袋状，位于虫体后端偏向右侧，大小为 0.300~0.400 mm×0.045~0.060 mm，生殖孔开口于虫体末端。卵巢近圆形，位于虫体腹面中部偏左侧，大小为 0.135~0.250 mm×0.140~0.260 mm。卵黄腺较发达，由卵黄腺滤泡团块组成，分布于虫体两侧，前至咽的水平处，后至虫体末端。子宫盘曲于黏附器的背面，内含少量粗大的虫卵。虫卵大小为 75~98 μm×55~75 μm。

310 崇夔杯叶吸虫 *Cyathocotyle chungkee* Tang, 1941

【关联序号】17.1.1（41.1.2）/51。

【宿主范围】成虫寄生于鸭的小肠。

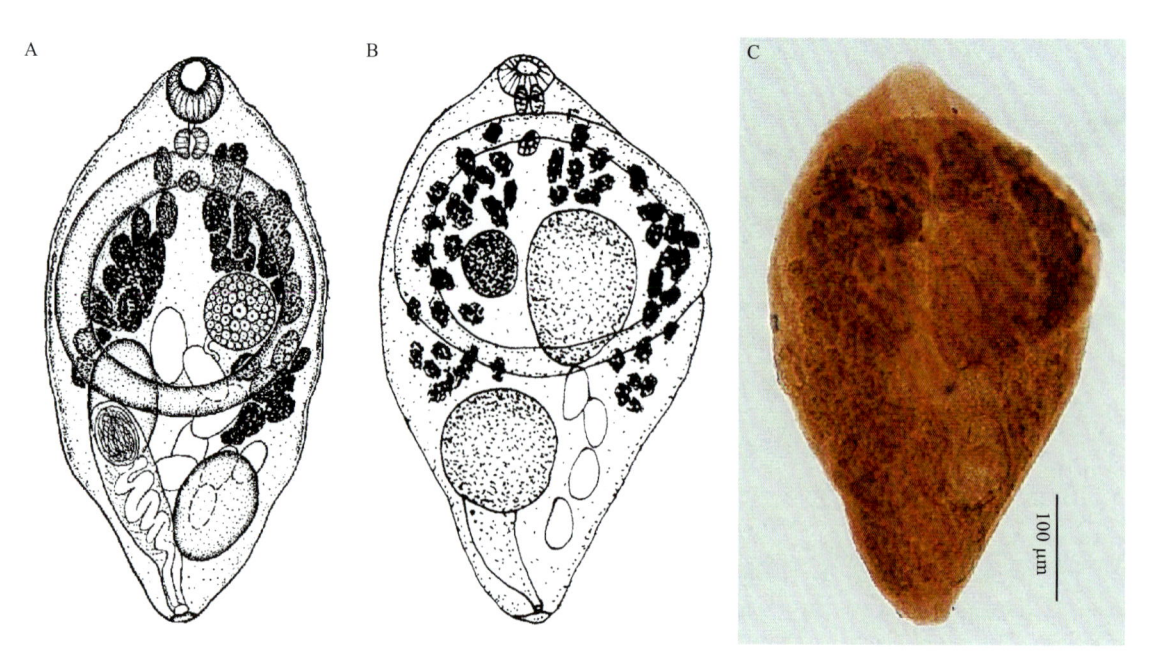

图 310 崇夔杯叶吸虫 *Cyathocotyle chungkee*
A. 引王溪云和周静仪（1986）；B. 引黄兵 等（2006）；C. 原图（SHVRI）

【地理分布】福建、江西。

【形态结构】虫体呈纺锤形，大小为 0.731~0.842 mm×0.399~0.412 mm，黏附器部位最宽。口吸盘位于顶端，大小为 0.083~0.099 mm×0.099~0.142 mm。腹吸盘位于黏附器的前缘，大小为 0.034~0.052 mm×0.035~0.048 mm。咽近圆形，大小为 0.061~0.072 mm×0.063~0.066 mm。食道短，肠支末端达虫体后睾丸之后。黏附器大，呈圆形，位于虫体前 1/2 处或稍后，几乎占据虫体中部的腹面，大小为 0.441 mm×0.372 mm。睾丸位于虫体后 1/2 处的中部，椭圆形，前后斜列，前睾丸大小为 0.153 mm×0.119 mm，后睾丸大小为 0.153 mm×0.102 mm。雄茎囊位于虫体后 1/3 处的一侧，呈长袋状，大小为 0.204~0.222 mm×0.074~0.088 mm，生殖孔开口于虫体的末端。卵巢呈球状，位于前睾丸前缘水平处的对侧，与前后睾丸几乎呈三角形排列，大小为 0.102 mm×0.095 mm。卵黄腺滤泡为较大的单个团块，始于咽部水平处，呈不规则纵行排列于黏附器背部的两侧，终于后睾丸前缘水平处。子宫不发达，内含少数虫卵，子宫末端与雄性生殖孔联合开口于生殖腔。虫卵大小为 98~104 μm×50~70 μm。

311 纺锤杯叶吸虫　　*Cyathocotyle fusa* Ishii et Matsuoka, 1935

【关联序号】17.1.2（41.1.3）/　。
【宿主范围】成虫寄生于鸡、鸭的小肠、盲肠。
【地理分布】江苏、黑龙江、浙江。
【形态结构】虫体呈椭圆形，宽度略大于长度，大小为 0.910~1.370 mm×1.080~1.410 mm。口吸盘呈球形，位于虫体顶端，直径为 0.084~0.126 mm。腹吸盘比口吸盘小得多，位于肠支分叉处。咽发达，呈圆形，直径为 0.084~0.126 mm。食道缺，咽后面紧接肠支，其盲端达虫体亚末端。腹面有一个庞大的黏附器，凸出于虫体的腹面。睾丸 2 枚，巨大而呈卵圆形，左右并列于虫体中部的两侧，几乎在同一水平线上，大小为 0.154~0.280 mm×0.161~

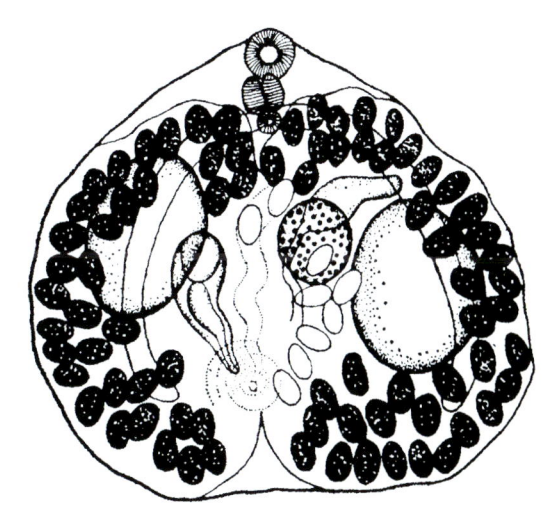

图 311　纺锤杯叶吸虫 *Cyathocotyle fusa*
引 张峰山 等（1986d）

0.350 mm。雄茎囊巨大，位于右睾丸后侧与生殖孔之间，其上端与右睾丸接触或发生重叠，大小为 0.300~0.448 mm×0.112~0.182 mm，生殖孔开口于虫体末端。卵巢呈球形，位于虫体的左半侧，靠近左睾丸，其外缘与左睾丸内侧接触，有的标本与左睾丸重叠，直径为 0.168~0.196 mm。卵黄腺呈大的卵圆形囊泡状，围绕着黏附器，分布在虫体的周围，前至咽的附近，后达虫体末端，但在后部两侧的卵黄腺不连接。虫卵不多，大小为 105~112 μm×70~77 μm。

312 印度杯叶吸虫 *Cyathocotyle indica* Mehra, 1943

【关联序号】17.1.3（41.1.4）/52。
【宿主范围】成虫寄生于鸭的小肠。
【地理分布】江西。
【形态结构】虫体呈卵圆形，大小为 1.870～2.400 mm×1.380～1.720 mm。口吸盘位于亚顶端，大小为 0.135～0.163 mm×0.153～0.176 mm。腹吸盘位于黏附器前缘的中部，大小为 0.060～0.072 mm×0.078～0.088 mm。咽大小为 0.142～0.185 mm×0.136～0.144 mm。食道短，两肠支盲端伸至虫体末端。黏附器类圆形，占据虫体中部的大部分，大小为 1.000～1.350 mm×0.111～0.142 mm。睾丸 2 枚，呈长椭圆形或短棒状，斜列于黏附器的背部偏后方，前睾丸大小为 0.455 mm×0.165 mm，后睾丸大小为 0.582 mm×0.202 mm。雄茎囊呈袋状，位于虫体的后端，偏向一侧。卵巢为球状，位于虫体中横线部偏左处，大小为 0.135～0.250 mm×0.150～0.210 mm。卵黄腺由卵黄腺滤泡团块组成，起于咽的两侧水平处，沿虫体两侧分布，终于虫体末端。子宫盘曲于黏附器的背部，内含多量虫卵，子宫末端与雄茎囊末端合并，开口于生殖腔内。虫卵大小为 67～81 μm×54～61 μm。

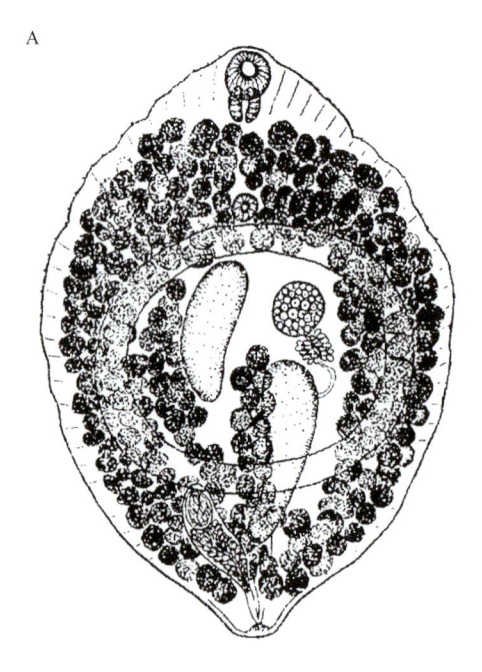

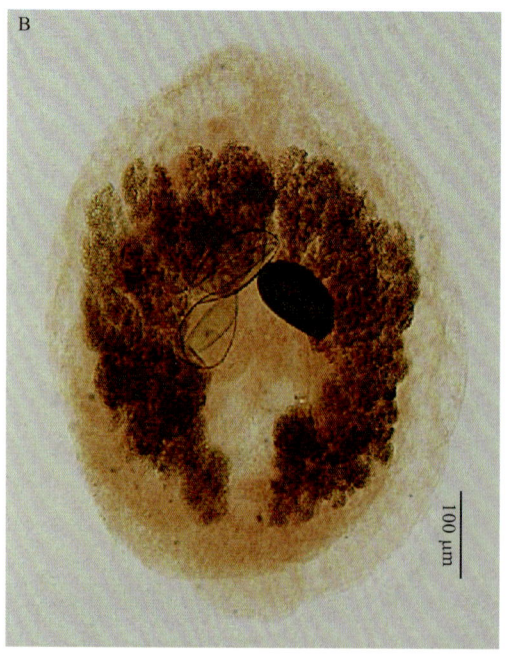

图 312 印度杯叶吸虫 *Cyathocotyle indica*
A. 引 王溪云和周静仪（1986）；B. 原图（SHVRI）

313 鲁氏杯叶吸虫　　*Cyathocotyle lutzi* (Faust et Tang, 1938) Tschertkova, 1959

【关联序号】17.1.4（41.1.5）/　。
【同物异名】金黄杯叶吸虫；洛氏杯叶吸虫；鲁氏林斯陶吸虫（*Linstowiella lutzi* Faust et Tang, 1938）。
【宿主范围】成虫寄生于鸡的小肠。
【地理分布】福建。
【形态结构】虫体呈卵圆形，大小为 1.036～1.130 mm× 0.870～0.970 mm。口吸盘位于虫体前端，近圆形，大小为 0.069～0.075 mm×0.089～0.096 mm。没有腹吸盘。无前咽，具咽，食道不明显，两肠支沿虫体两侧向后延伸达虫体近末端。睾丸 2 枚，呈椭圆形，大而明显，左右对称，斜列于虫体中部到体后 1/3 处。雄茎囊发达，呈棒状，生殖孔开口于虫体末端。卵巢小，位于两睾丸的中前方。卵黄腺为粗滤泡状，环绕虫体两侧分布。子宫简单，无盘曲，内含虫卵少而大。虫卵大小为 104～113 μm×56～58 μm。

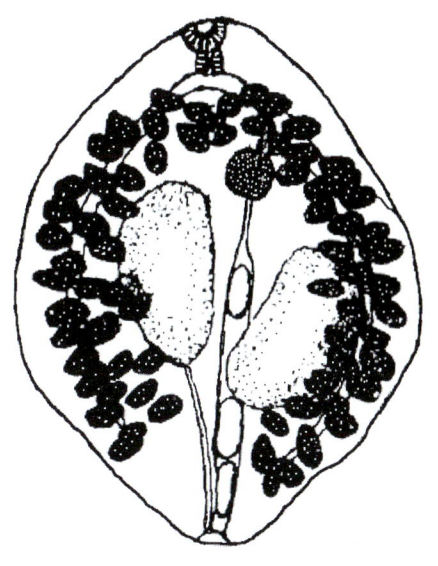

图 313　鲁氏杯叶吸虫 *Cyathocotyle lutzi*
引 孙希达和江浦珠（1987）

314 东方杯叶吸虫　　*Cyathocotyle orientalis* Faust, 1922

【关联序号】17.1.5（41.1.6）/53。
【宿主范围】成虫寄生于鸡、鸭的小肠、盲肠。
【地理分布】安徽、重庆、福建、广东、湖南、江苏、江西、陕西、上海、四川、浙江。
【形态结构】虫体呈梨形、卵圆形，大小为 0.720～1.330 mm×0.510～0.890 mm，前部体表具小棘。口吸盘呈球形，位于虫体前端，大小为 0.090～0.120 mm×0.090～0.110 mm。腹吸盘小于口吸盘，位于肠叉之后，大小为 0.060～0.080 mm×0.090～0.100 mm。咽为球形，大小为 0.050～0.060 mm×0.060～0.070 mm。食道缺，两肠支沿虫体两侧延伸至虫体后部。腹面有发达的黏附器，占据虫体的大部分，大小为 0.424～0.500 mm×0.454～0.500 mm。睾丸呈卵圆形，并列或斜列于虫体中部，左睾丸大小为 0.320～0.380 mm×0.220～0.260 mm，右睾丸大小为 0.380～0.520 mm×0.220～0.300 mm。雄茎囊呈袋状，斜列于虫体末端，生殖孔开口于虫体末端。卵巢呈卵圆形，位于右睾丸的前缘，大小为 0.069～0.080 mm×0.081～0.092 mm。卵黄腺由中型和小型滤泡组成，自咽部两侧开始，沿虫体两侧向后延伸至虫体末端。子宫短，内含 2～5 个虫卵。虫卵为椭圆形，淡黄色，大小为 92～115 μm×60～71 μm。

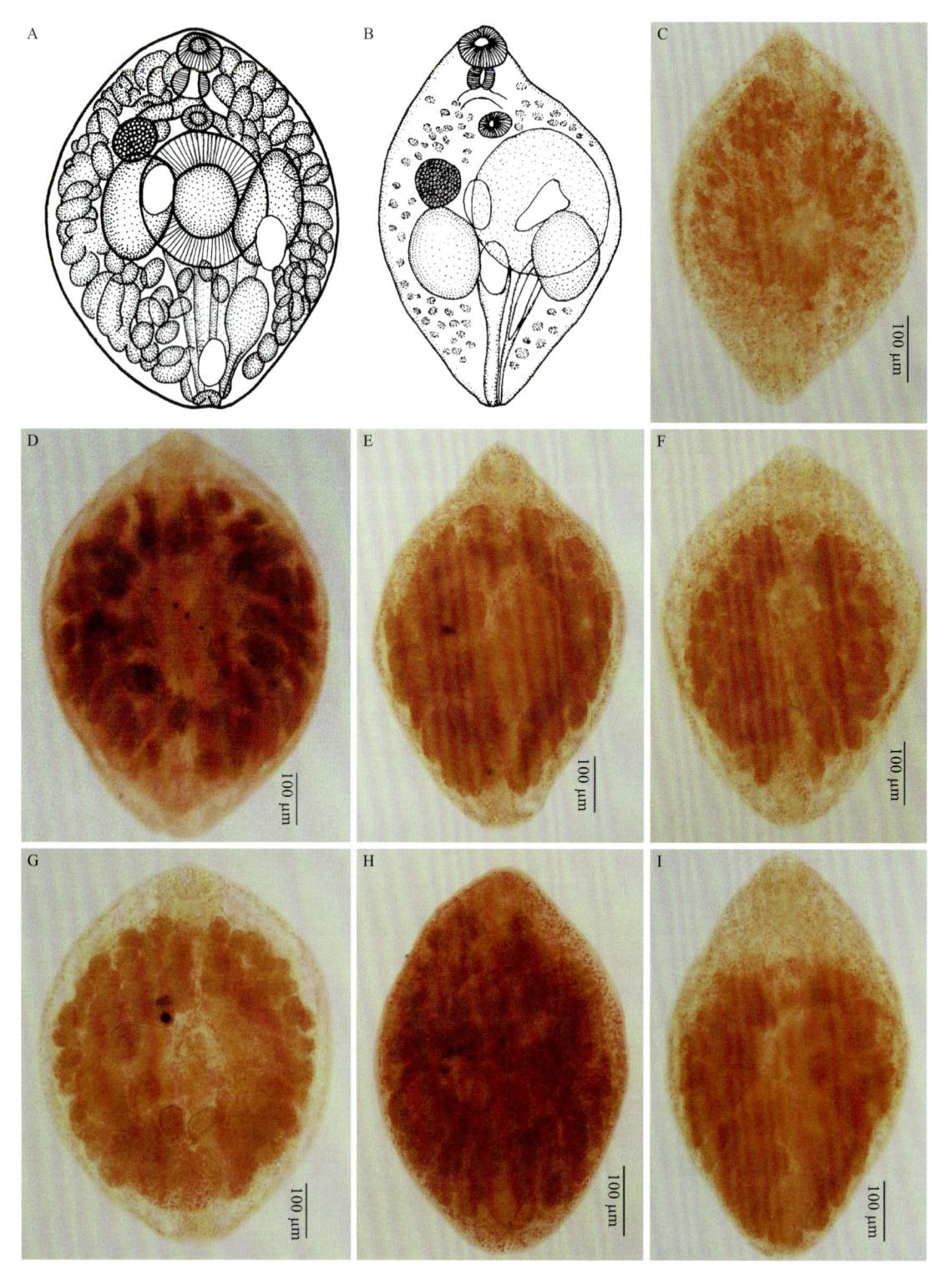

图 314　东方杯叶吸虫 *Cyathocotyle orientalis*
A. 引蒋学良和周婉丽（2004）；B. 引黄兵等（2006）；C～I. 原图（SHVRI）

| 19 杯叶科 | **415**

315 普鲁氏杯叶吸虫　　　　　　　　　　　　　*Cyathocotyle prussica* Mühling, 1896

【关联序号】17.1.6（41.1.7）/ 54。
【同物异名】普鲁士杯叶吸虫。
【宿主范围】成虫寄生于鸭、鹅的小肠。
【地理分布】江西、浙江。
【形态结构】虫体呈梨形，体表有小棘，大小为 0.800～1.000 mm×0.600～0.650 mm。口吸盘为圆形，位于虫体前端，直径为 0.120～0.130 mm。腹吸盘比口吸盘小，常被黏附器所覆盖，通常不易看到，直径为 0.060～0.080 mm。咽呈圆形，直径为 0.070～0.080 mm，其大小相当于口吸盘的 1/2～2/3。食道缺，两肠支不到达虫体后缘。虫体腹面有一个非常发达的黏附器，直径为

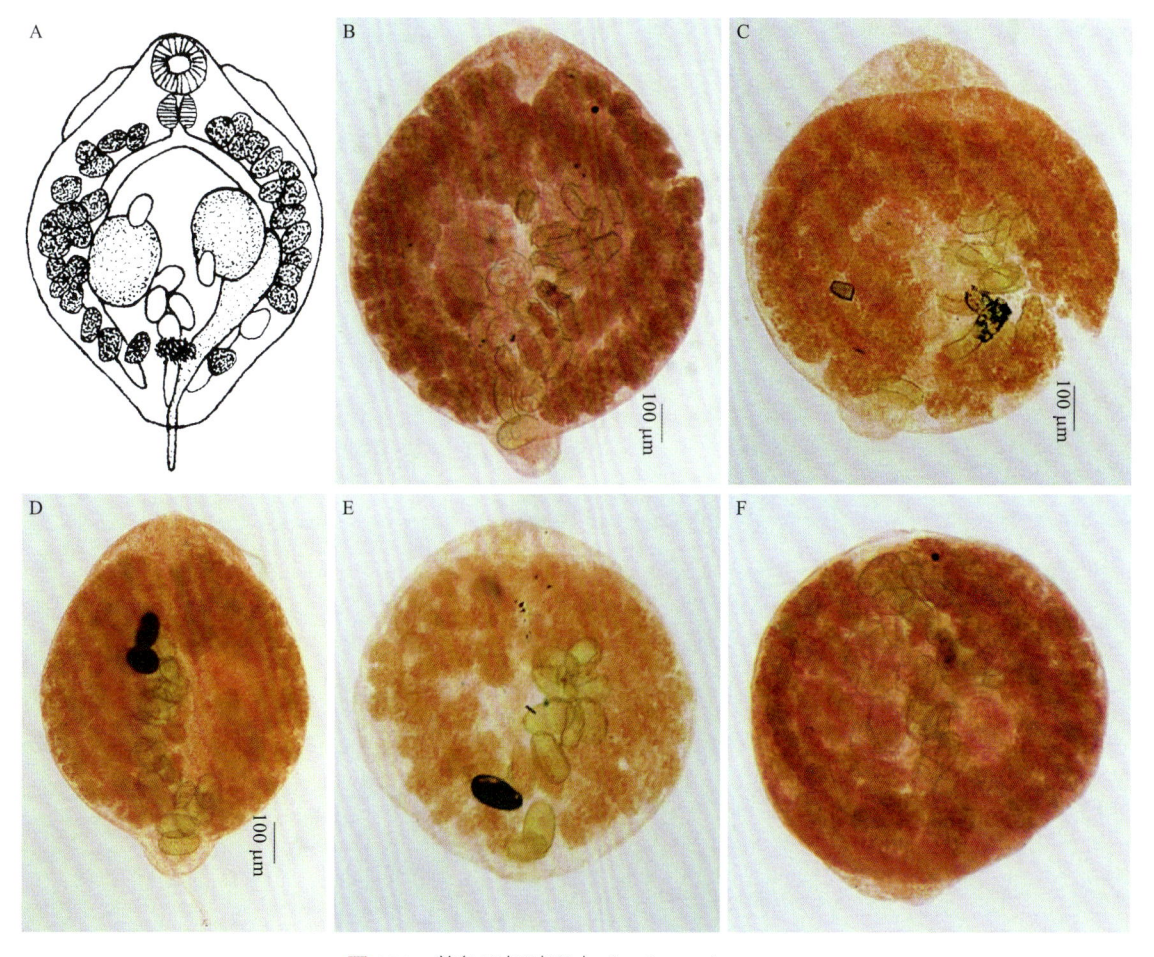

图 315　普鲁氏杯叶吸虫 *Cyathocotyle prussica*
A. 引 黄兵 等（2006）；B～F. 原图（SHVRI）

0.315～0.550 mm，凸出于腹面的中间，其形状多变，经过压片之后，黏附器常溢出虫体的外缘。睾丸2枚，呈圆形或卵圆形，左右斜列于虫体的中部，大小为0.200～0.250 mm×0.150 mm。雄茎囊十分发达，呈棍棒状，大小为0.270～0.500 mm×0.070～0.140 mm，常为虫体长度的1/2～3/5。生殖孔开口于虫体末端，常可见到雄茎伸出体外。卵巢位于睾丸下缘，常与睾丸重叠，大小为0.110～0.120 mm×0.080 mm。卵黄腺呈大的囊泡状，分布于虫体的四周，从口吸盘下面开始，向后到达肠支末端附近。子宫内虫卵不多但很大，虫卵大小为98～103 μm×65～68 μm。

316 塞氏杯叶吸虫　　*Cyathocotyle szidatiana* Faust et Tang, 1938

【关联序号】17.1.7（41.1.8）/55。

【宿主范围】成虫寄生于鸭的小肠。

【地理分布】江西。

【形态结构】虫体呈卵圆形，背腹肥厚，大小为0.580 mm×0.462 mm。口吸盘位于顶端，大小为0.066 mm×0.072 mm。腹吸盘位于黏附器左侧的前缘，大小为0.045 mm×0.038 mm。咽近乎圆形，大小为0.055 mm×0.048 mm。食道短，肠支延伸至虫体的后部。黏附器位于虫体前半部的腹面，直径为0.220～0.250 mm。睾丸2枚，为球状，位于虫体后1/2处的中部，前后稍斜列，前睾丸大小为0.160 mm×0.150 mm，后睾丸大小为0.170 mm×0.152 mm。雄茎囊弯曲于虫体的后部，呈长袋状，大小为0.182 mm×0.071 mm，生殖孔开口于虫体末端。卵巢近乎圆形，位于虫体左侧前睾丸前缘水平线上，大小为0.080 mm×0.070 mm。卵黄腺由大小不一的单个卵黄腺滤泡团块组成，占据虫体的两侧，起于咽后缘水平处，终于虫体末端。子宫短小，内含少数虫卵，子宫末段与雄性生殖孔联合开口于生殖腔。虫卵大小为143 μm×86 μm。

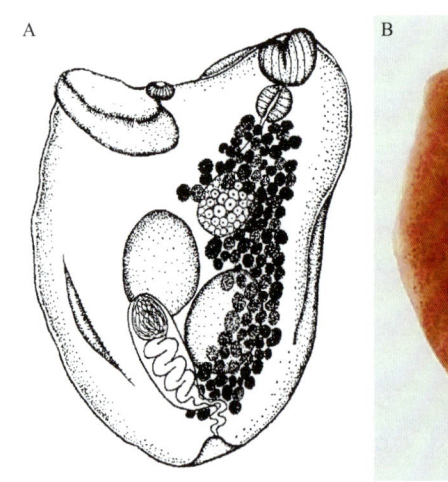

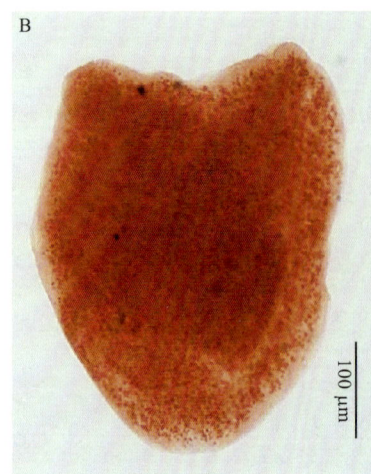

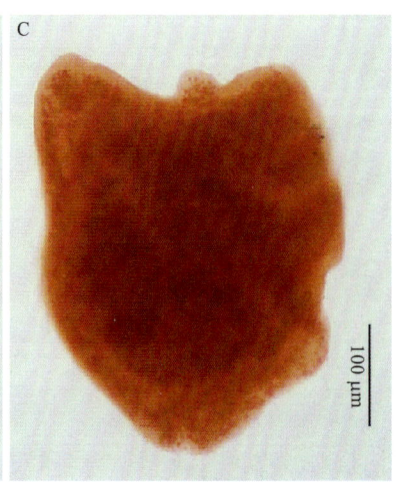

图316　塞氏杯叶吸虫 *Cyathocotyle szidatiana*
A. 引王溪云和周静仪（1986）；B，C. 原图（SHVRI）

19.2 全冠属
Holostephanus Szidat, 1936

【同物异名】类杯叶属（*Cyathocotyloides* Szidat, 1936）。
【宿主范围】成虫寄生于禽类和哺乳动物的肠道。
【形态结构】虫体为圆形、卵圆形或梨形，具腹凹窝。口吸盘发达，位于虫体前端。腹吸盘较小，位于黏附器前面，有时缺。咽很小。黏附器似吸盘，大小可变，具有大的中心穴或洞，位于腹凹窝里面。睾丸为圆形或拉长，斜列或对称排列。雄茎囊发达，呈棒状或长袋状，内含贮精囊、前列腺和雄茎，贮精囊中部收缩形成双袋状。卵巢为圆形或卵圆形，位于睾丸前面或前睾丸的对侧。睾丸与卵巢的相对位置可变。卵黄腺由大型滤泡组成，环绕黏附器、睾丸和卵巢分布。模式种：吕氏全冠吸虫［*Holostephanus luehei* Szidat, 1936］。

317 库宁全冠吸虫 *Holostephanus curonensis* Szidat, 1933

【关联序号】17.2.1（41.2.1）/56。
【宿主范围】成虫寄生于鸭的小肠。
【地理分布】江西。

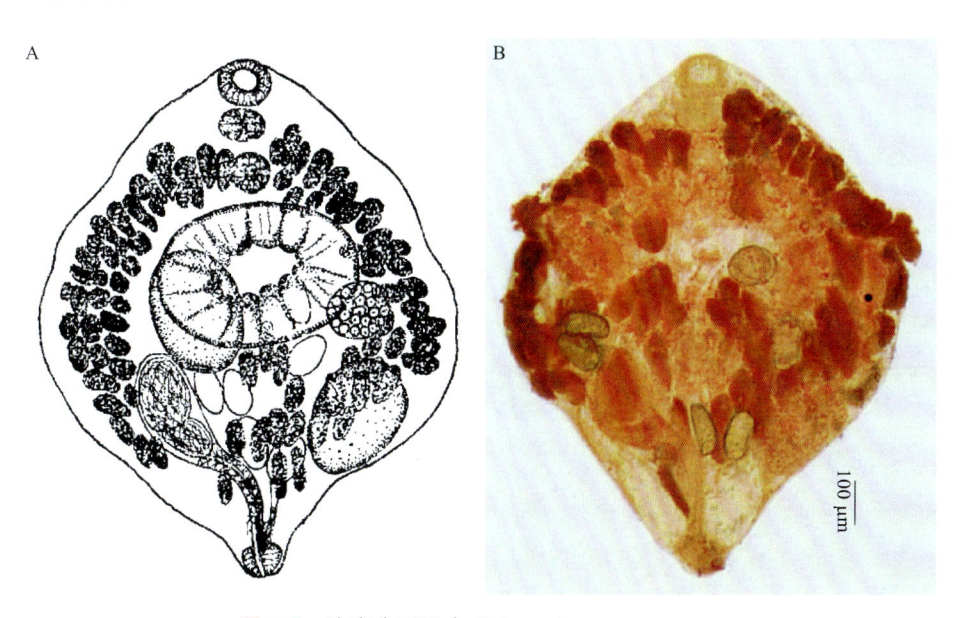

图 317　库宁全冠吸虫 *Holostephanus curonensis*
A. 引 王溪云和周静仪（1986）；B. 原图（SHVRI）

【形态结构】虫体近乎圆形，两端稍尖，大小为 0.950～1.170 mm×0.780～0.890 mm。口吸盘位于顶端，大小为 0.091～0.101 mm×0.109～0.112 mm。腹吸盘比口吸盘小，大小为 0.070～0.080 mm×0.070～0.080 mm。咽大小为 0.070～0.085 mm×0.075～0.082 mm，食道缺，两肠支伸至虫体后端。黏附器呈横椭圆形，大小为 0.420～0.580 mm×0.620～0.720 mm。睾丸 2 枚，位于虫体后半部，前后排列或斜列，前睾丸紧靠中横线略偏右侧、黏附器的背后部，大小为 0.280 mm×0.150 mm；后睾丸紧靠虫体左下方，大小为 0.260 mm×0.140 mm。雄茎囊呈棒状或长袋状，位于虫体后 1/2 处的右侧，前端与前睾丸的后缘水平处相平或略前，大小为 0.320 mm×0.180 mm，生殖孔开口于虫体的后端。卵巢为球状，位于虫体左侧的中横线处，大小为 0.110 mm×0.110 mm。卵黄腺由较大的不规则滤泡团块组成，起于口吸盘后缘水平处，沿虫体两侧向后延伸，到达虫体的后端。子宫短小，内含少数虫卵，子宫末段与雄茎囊末端共同开口于虫体末端的生殖腔内。虫卵大小为 91～119 μm×52～66 μm。

318　日本全冠吸虫　　*Holostephanus nipponicus* Yamaguti, 1939

【关联序号】17.2.3（41.2.3）/ 　。
【宿主范围】成虫寄生于鸭的小肠、盲肠。
【地理分布】江苏、江西、浙江。
【形态结构】虫体呈倒梨形，前端钝圆，但在口吸盘处略尖，后端呈钝圆锥形，大小为 0.896 mm×0.658 mm。口吸盘位于虫体前端，大小为 0.077 mm×0.098 mm。腹吸盘位于肠叉之后，大小为 0.064 mm×0.077 mm。咽呈椭圆形，大小为 0.056 mm×0.049 mm。食道缺，肠支盲端止于虫体后 1/3 的中部附近。虫体中部有一个圆形黏附器，凸出于腹窝内，直径为 0.340 mm，黏附器孔的直径为 0.180 mm。睾丸 2 枚，呈椭圆形，大小不等，左右上下倾斜排列，前睾丸接近虫体前半部，紧靠虫体左侧边缘，大小为 0.252 mm×0.168 mm；后睾丸位于虫体后半部，紧靠右侧边缘，大小为 0.322 mm×0.140 mm。雄茎囊很发达，呈长袋状，前方延伸到左睾丸的后缘附近。两性生殖孔开口于虫体后端，开口处有一个漏斗状凹陷。卵巢呈不端正的椭圆形，位于前睾丸的右对侧、右睾丸的斜上方，腹吸盘的水平线上，大小为 0.098 mm×0.084 mm。卵黄腺很发达，呈梨形团块状，分布于虫体的周围，前始于肠支分叉的水平线，后到达虫体亚末端。子宫内有少数几枚虫卵，虫卵大小为 84 μm×63 μm。

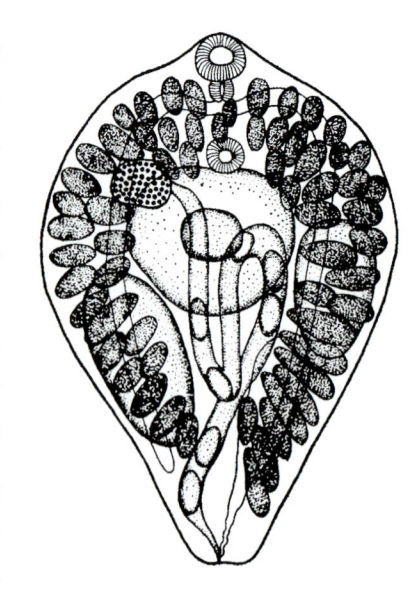

图 318　日本全冠吸虫
Holostephanus nipponicus
引 张峰山 等（1986d）

19.3 前冠属
Prosostephanus Lutz, 1935

【同物异名】特拉瓦索属（*Travassosella* Faust et Tang, 1938）；唐氏属（*Tangiella* Sudarikov, 1961）。
【宿主范围】成虫寄生于哺乳动物的肠道。
【形态结构】虫体为卵圆形或梨形，具腹凹窝，后端为钝圆锥形。口吸盘和咽发达，腹吸盘有或缺。食道很短，肠支末端达睾丸后缘。黏附器大，占据整个腹凹窝，向前延伸到咽或口吸盘水平，并与腹吸盘部分重叠。睾丸为卵圆形，大或巨大，前后相邻纵列于虫体背侧中部。雄茎囊发达，位于睾丸腹面，伸达前睾丸。卵巢为圆形，较小，位于前睾丸的腹面中央或亚中央，卵模位于两睾丸之间。卵黄腺滤泡粗大，完全或大部分限于黏附器内，形成两组聚集于黏附器侧面大部分区域。子宫可达前睾丸的前方。虫卵大而少。模式种：英德前冠吸虫 [*Prosostephanus industrius* (Tubangui, 1922) Lutz, 1935]。

319 英德前冠吸虫 *Prosostephanus industrius* (Tubangui, 1922) Lutz, 1935

【关联序号】17.3.1（41.3.1）/ 57。
【同物异名】盖状前冠吸虫；英德中冠吸虫（*Mesostephanus industrius* Lutz, 1935）。
【宿主范围】成虫寄生于犬、猫的肠道。
【地理分布】福建、江苏、上海、浙江。
【形态结构】虫体呈圆形或梨形，大小为 1.500～2.800 mm×1.000～2.000 mm。口吸盘位于虫体前端，大小为 0.100～0.180 mm×0.170～0.290 mm。腹吸盘比口吸盘小，位于肠叉之后，或被黏附器覆盖而不易见。咽发达，大小为 0.100～0.170 mm×0.120～0.170 mm。食道短或缺，肠支达或不达虫体后端。黏附器发达，占据整个腹穴。睾丸 2 枚，呈卵圆形，前后排列于虫体中后部，前睾丸常位于黏附器内，大小为 0.490～0.830 mm×0.330～0.640 mm；后睾丸则位于黏附器的里面或外面，大小为 0.420～0.910 mm×0.360～0.710 mm。雄茎囊发达，呈长棒状，位于睾丸一侧，大小为 0.790～1.050 mm×

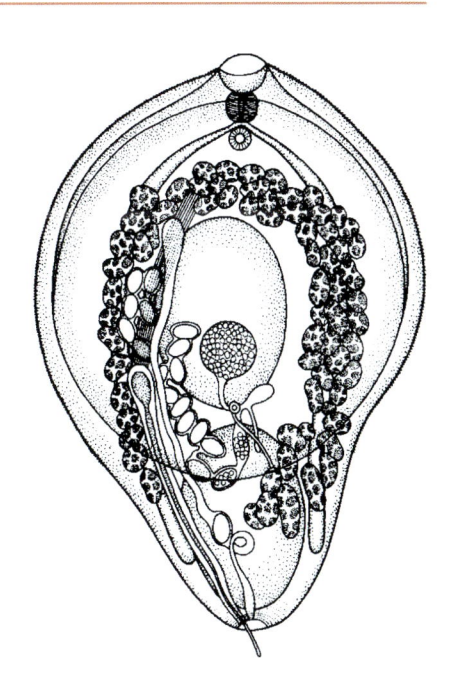

图 319 英德前冠吸虫
Prosostephanus industrius
引唐崇惕和唐仲璋（2005）

0.040～0.130 mm，两性生殖孔开口于虫体末端，雄茎常伸出体外。卵巢位于前睾丸中央，二者常位于黏附器内，大小为 0.150～0.250 mm×0.150～0.210 mm，有受精囊。卵黄腺由粗滤泡组成，扩展到后睾丸处，全部或大部分局限于黏附器内。子宫在前睾丸处回旋，内含少量虫卵。虫卵大小为 115～168 μm×73～98 μm。

［注：该吸虫的正常终末宿主是水獭，犬、猫为非正常终末宿主，在正常终末宿主体内发育的成虫，其体长、体宽、口吸盘、咽和生殖器官等均比在非正常终末宿主发育的成虫大，上述记录各器官的数据来自唐仲璋和唐崇惕（1989）整理的从家犬、家猫检出的虫体数据。］

20 环腔科
Cyclocoelidae (Stossich, 1902) Kossack, 1911

【同物异名】环肠科；槽腹科（Bothrigastridae Dollfus, 1948）。

【宿主范围】成虫寄生于禽类的鼻窦、鼻腔、气囊和腹腔。

【形态结构】虫体为中等到大型，扁平，前端为矛形或明显的锥形，体表光滑无棘。口吸盘缺，腹吸盘缺或发育不良。口孔位于亚前端，前咽短，咽发达。食道短，偶尔长而弯曲。两肠支长，简单无壁憩室，直或呈波浪状，在虫体后端联合成环。睾丸呈椭圆形或不规则形，彼此接近斜列于虫体后端，或明显分开纵列于虫体中部或赤道线前。雄茎囊位于肠叉前或肠叉后，生殖孔开口于前咽、咽或咽后。卵巢为卵圆形，位于肠支之间和睾丸后、睾丸间或睾丸前，与睾丸形成三角形或直线。卵黄腺滤泡沿肠支的腹面和侧面分布，前至肠叉或越过肠叉，后可达肠环或接近肠环。子宫横向回旋弯曲，充满于肠支之间，可越过肠支和卵黄腺达虫体两侧，子宫后段的虫卵内已发育为毛蚴。排泄囊简单或为 Y 形，位于虫体后端，排泄孔开口于亚末端腹面。模式属：环腔属 [*Cyclocoelum* Brandes, 1892]。

在中国家畜家禽中已记录环腔科吸虫 6 属 13 种，本书收录 6 属 10 种，参照 Gibson 等 (2002) 编制环腔科 6 属的分类检索表如下。

环腔科分属检索表

1. 卵巢位于睾丸之间，睾丸纵列或斜列，生殖孔位于咽前 2
   卵巢不在睾丸之间 4
2. 卵黄腺在虫体后部汇合 .... 平体属 *Hyptiasmus*
   卵黄腺在虫体后部不汇合 3
3. 睾丸斜列，与卵巢形成三角形，子宫盘曲于肠管内 ..... 环腔属 *Cyclocoelum*
   睾丸纵列，与卵巢形成直线，子宫盘曲越过肠管
   .... 前平体属 *Prohyptiasmus*
4. 卵巢位于睾丸之前，卵黄腺在虫体后部汇合，生殖孔位于咽后 ....
   .... 连腺属 *Uvitellina*

卵巢位于睾丸之后 5
5. 卵黄腺在虫体后部汇合，生殖孔位于咽前 ... 噬眼属 *Ophthalmophagus*
卵黄腺在虫体后部不汇合，生殖孔位于咽后，睾丸斜列与卵巢形成三角形
.... 斯兹达属 *Szidatitrema*

20.1 环腔属
Cyclocoelum Brandes, 1892

【同物异名】环始属（*Cycloprimum* Witenberg, 1923）；中咽属（*Mediopharyngeum* Witenberg, 1923）；前咽属（*Antepharyngeum* Witenberg, 1923）；联腔属（*Receptocoelum* Lal, 1939）；紫孔属（*Porphyriotrema* Duggal et Toor, 1986）。

【宿主范围】成虫寄生于禽类的鼻腔、气囊、胸腔等，偶尔寄生于哺乳动物。

【形态结构】虫体呈枪形或舌形，无口吸盘和腹吸盘，食道短，两肠支沿虫体两侧延伸至虫体后端联合，肠支上无盲突。睾丸前后斜列于虫体亚末端，与卵巢形成三角形。生殖孔位于咽前中央腹面。卵巢与前睾丸相对排列。卵黄腺分布于肠支的腹面和外侧，在虫体后端左右两侧的卵黄腺不汇合。子宫盘曲不越出肠支外，内含多量虫卵。模式种：多变环腔吸虫[*Cyclocoelum mutabile* (Zeder, 1800) Brandes, 1892]。

320 多变环腔吸虫　*Cyclocoelum mutabile* (Zeder, 1800) Brandes, 1892

【关联序号】19.3.3（42.1.3）/67。
【宿主范围】成虫寄生于鸭的鼻腔、气囊、胸腔。
【地理分布】福建、广东、江西。
【形态结构】虫体呈矛形或长叶状，前端稍狭，后端较宽而钝圆，背腹扁平，体表光滑，虫体大小为 11.040～15.550 mm×2.890～3.240 mm。缺口吸盘和腹吸盘。前端具口孔，其后为漏斗状的口腔，下接椭圆形的咽，大小为 0.250～0.280 mm×0.190～0.220 mm。食道呈S形弯曲，有时后部呈现膨大，长 0.480～0.550 mm。肠支沿虫体两侧向后延伸至虫体的后端，在后睾丸的后缘与排泄囊之前联合成弧形，肠支内外壁没有盲管状突出。睾丸2枚，位于虫体后1/4处，偏向左侧，前后略斜列，前睾丸呈纵椭圆形，大小为 0.820～

0.930 mm×0.750～0.780 mm；后睾丸呈横椭圆形，靠近肠弧，大小为 0.950～1.050 mm×0.750～0.820 mm。雄茎囊呈长袋状，位于食道一侧，开口于咽的后部水平处。卵巢呈球状，居虫体后部的右侧，与两睾丸呈三角形排列，大小为 0.340～0.370 mm×0.280～0.350 mm。卵黄腺由大量的球状滤泡组成，分布于两侧肠支之外，自食道后部水平处开始，直至虫体后部终止，两侧卵黄腺不汇合。子宫先向后下方盘曲于两睾丸之间，而后左右盘曲向上，至食道分叉处，再越过肠管与食道平行上升至咽后部水平处，开口于生殖腔内，子宫环褶不越过两侧肠支，子宫内含有大量虫卵。成熟虫卵内含有毛蚴，虫卵为长椭圆形，大小为 122～129 μm×55～57 μm。排泄囊位于肠弧之后，呈扁圆形，有短的排泄管，开口于亚末端的背面。

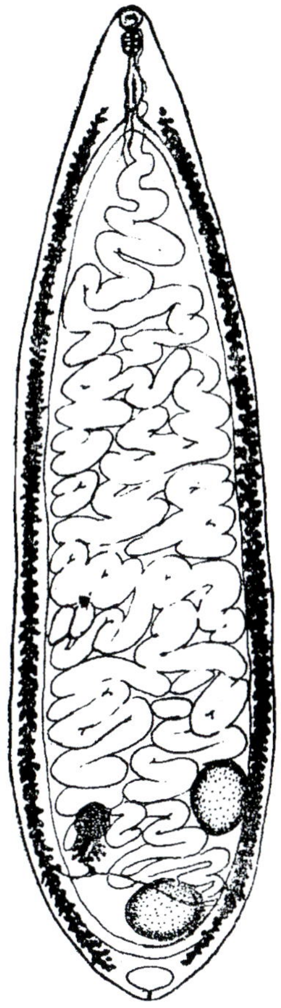

图 320　多变环腔吸虫
Cyclocoelum mutabile
引 王溪云和
周静仪（1993）

20.2　平 体 属

Hyptiasmus Kossack, 1911

【同物异名】下隙属；横腔属（*Transcoelum* Witenberg, 1923）。
【宿主范围】成虫寄生于禽类的眼眶、鼻腔、鼻窦。
【形态结构】虫体为长椭圆形，前后端稍窄。咽长，食道短，两肠支沿虫体两侧延伸至虫体亚末端形成联合，有的虫种有少量盲突。睾丸位于虫体后部，左右斜列。雄茎囊位于肠分支外，生殖孔开口于前咽腹面。卵巢位于后睾丸之前，与两睾丸串联成线。卵黄腺分布于两肠支的腹面和外侧面，前不达肠叉，在虫体后端左右两侧的卵黄腺汇合。子宫盘曲可越过肠支外侧和卵黄腺，内含多量虫卵。模式属：拱形平体吸虫［*Hyptiasmus arcuatus* (Brandes, 1892) Kossack, 1911］。

321　成都平体吸虫　*Hyptiasmus chengduensis* Zhang, Chen, Yang, et al., 1985

【关联序号】19.1.1（42.2.1）/63。
【宿主范围】成虫寄生于鸭、鹅的鼻腔和鼻窦。
【地理分布】重庆、四川。
【形态结构】虫体扁平呈叶状，前端略尖，后端钝圆，大小为 17.000～24.000 mm×8.000～

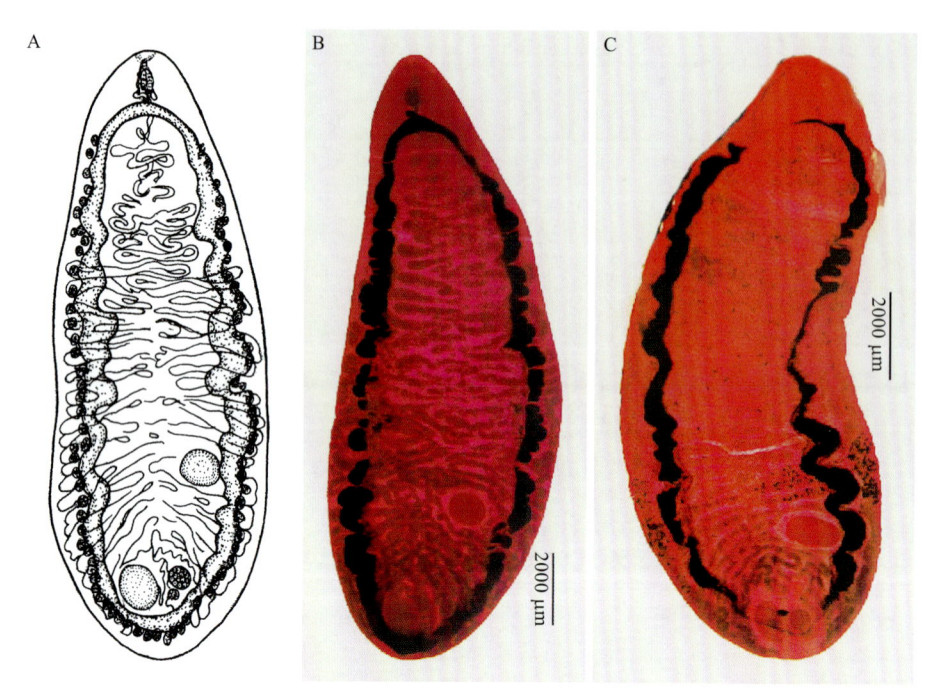

图 321　成都平体吸虫 *Hyptiasmus chengduensis*
A. 引 赵辉元（1996）；B，C. 原图（SHVRI）

9.000 mm。虫体前端有一圆形稍下陷的口孔，前咽长 0.800～0.900 mm，肌质圆形的咽大小为 0.530～0.600 mm×0.510～0.660 mm。食道长 0.630～1.710 mm，两肠支非常粗大，除肠前弧和肠联合处较平滑无弯曲外，沿虫体两侧下行的两肠支各有 6～8 个大波浪弯曲，但内外侧都无盲状突起。睾丸 2 枚，呈圆形或椭圆形，边缘光滑无分叶，前后斜列于虫体后 1/3；前睾丸位于虫体中 1/3 与后 1/3 的交界处或稍后，靠近一侧肠支的内缘，大小为 0.420～0.900 mm×0.560～1.770 mm；后睾丸位于虫体末端肠联合的内缘，距虫体末端 1.960～2.550 mm，大小为 0.550～1.350 mm×0.580～1.500 mm。雄茎囊为一细长的囊状，位于肠前弧之上，长度为 1.350～1.700 mm，其末端包括贮精囊在内的宽度为 0.210～0.360 mm，生殖孔开口于前咽的中部。卵巢为圆形或椭圆形，表面光滑无分叶，位于两睾丸之间，靠近后睾丸或与后睾丸同一水平，大小为 0.440～0.750 mm×0.520～0.600 mm。卵巢与前睾丸之间有众多的子宫环褶相隔，与后睾丸之间无子宫环相隔或偶尔有 1 或 2 支子宫环褶插入。卵黄腺分布于两肠支外侧缘，起于肠叉后方，虫体前部的卵黄腺滤泡较小、呈树叶状稀疏分布，虫体后部的卵黄腺滤泡较大、呈圆形或椭圆形、较密集分布，在肠联合处两侧的卵黄腺滤泡沿肠弧汇合。子宫非常发达，回旋盘曲的子宫环褶几乎充满整个虫体，虫体前 1/3 部的子宫环在两肠支内横向盘曲上升至生殖孔，虫体中 1/3 部的子宫环仍横向盘曲、越过肠支达虫体边缘，虫体后 1/3 部的子宫向后弯曲成弧、从肠支外侧向后延伸超过后睾丸水平达虫体末端，子宫在肠联合的下方不汇合，子宫内虫卵甚多。虫卵呈长椭圆形，金黄色或褐黄色，虫卵大小为 131～145 μm×58～67 μm。

322 光滑平体吸虫 *Hyptiasmus laevigatus* Kossack, 1911

【关联序号】19.1.2（42.2.2）/ 　。
【宿主范围】成虫寄生于鸭、鹅的鼻腔、鼻窦。
【地理分布】云南、浙江。
【形态结构】虫体扁平呈叶状，前端稍狭窄，后端钝圆，大小为 15.500～24.000 mm×4.000～7.000 mm。无口吸盘和腹吸盘。虫体前端有一圆形口孔，大小为 0.260～0.290 mm×0.300 mm。具前咽，长 0.530～0.610 mm。咽发育良好，为圆形，大小为 0.530～0.680 mm×0.530～0.680 mm，距虫体前端 0.950～1.330 mm。食道短而细，长 0.560～0.840 mm。肠支沿虫体两侧延伸到虫体后端联合成环状，大而粗直，仅在中后稍有弯曲，但无分支也无盲突。睾丸 2 枚，呈圆形或椭圆形，斜列于虫体后 1/3 部分，边缘整齐光滑，两睾丸之间有子宫盘曲；前睾丸靠近一侧肠支的内缘或稍偏中心，大小为 0.480～0.840 mm×0.500～0.790 mm，距后睾丸 4.750 mm 左右；后睾丸位于虫体后端中央附近，大小为 0.500～0.930 mm×0.540～0.880 mm，距虫体末端 0.940 mm 左右。雄茎囊为长囊形，位于肠叉之前，大小为 1.460～1.560 mm×0.110～0.120 mm。生殖孔开口于前咽中部。卵巢呈卵圆形，边缘无分叶，稍小于睾丸，位于两睾丸之间，距前睾丸较远，距后睾丸较近，大小为 0.500～0.790 mm×0.490～0.630 mm。卵黄腺呈小滤泡状，在虫体两侧呈网状分布，自肠叉后方起至虫体末端，并在虫体末端汇合。子宫发达，几乎充满整个虫体，在虫体前部子宫仅在肠支内侧横向盘曲，在虫体中后部子宫则越过肠支达虫体侧缘，在卵巢之后的子宫绕过卵巢或后睾丸从虫体西侧达虫体末端，但在肠环处不相重叠，子宫内充满虫卵。虫卵为橙黄色，长圆形，两端钝圆，大小为 90～150 μm×28～80 μm。

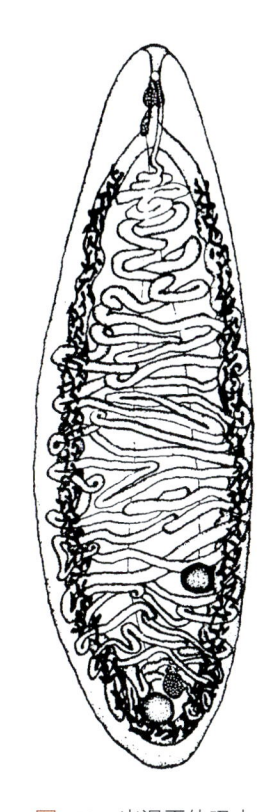

图 322　光滑平体吸虫
Hyptiasmus laevigatus
引 张峰山 等（1986d）

323 四川平体吸虫 *Hyptiasmus sichuanensis* Zhang, Chen, Yang, et al., 1985

【关联序号】19.1.3（42.2.3）/ 64。
【宿主范围】成虫寄生于鸭、鹅的鼻腔、鼻窦。
【地理分布】安徽、重庆、四川。
【形态结构】虫体扁平呈叶状，前端稍尖，后端钝圆，最大宽度在中后部，大小为 15.040～23.500 mm×5.500～7.000 mm。虫体前端有一圆形稍下陷的口孔，前咽长 0.720～1.370 mm，肌质圆

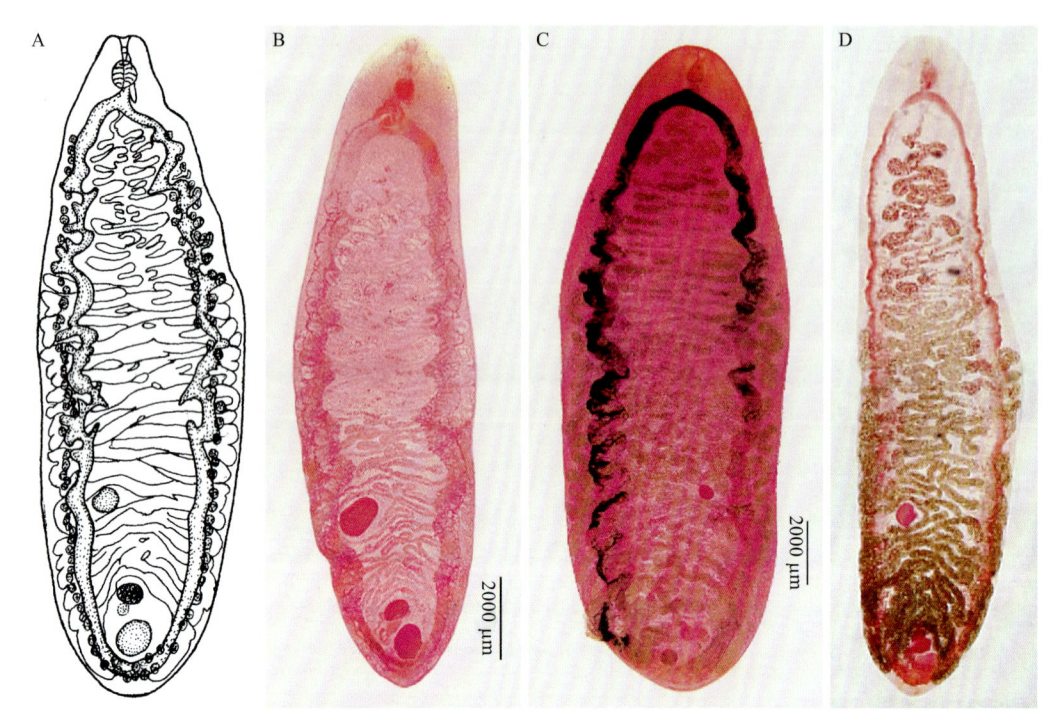

图 323　四川平体吸虫 *Hyptiasmus sichuanensis*
A. 引赵辉元（1996）；B、C. 原图（SHVRI）；D. 原图（SCAU）

形的咽大小为 0.460 mm×0.660 mm，食道长 0.600~1.140 mm。两肠支前 2/3 高度弯曲，肠支外侧有 13~22 个不规则的指状盲突或角状突起，内侧有 3~9 个不规则的角状突起；肠支后 1/3 较平滑，无弯曲和突起，并在虫体后端联合。睾丸 2 枚，呈圆形或椭圆形，边缘光滑无分叶，前后斜列于虫体后 1/3 部位，两睾丸之间有子宫环；前睾丸位于虫体中 1/3 与后 1/3 交界处或稍后，靠近一侧肠支的内缘，大小为 0.390~0.600 mm×0.540~0.960 mm，与卵巢之间有众多的子宫环褶相隔，距卵巢 2.850~3.900 mm，距后睾丸 3.900~4.800 mm；后睾丸位于虫体后部正中肠联合的内缘，大小为 0.330~0.750 mm×0.630~1.050 mm，距虫体末端 1.050~1.620 mm。雄茎囊细长，位于肠叉之前，末端不超过肠叉，大小为 1.500~1.800 mm×0.140~0.200 mm，生殖孔开口于前咽的中部。卵巢呈圆形或椭圆形，边缘光滑无分叶，位于两睾丸之间，靠近后睾丸或与后睾丸同一水平，大小为 0.540~0.600 mm×0.450~0.630 mm。卵黄腺沿两肠支分布，前起于肠叉之后，后至肠联合处，并沿肠弧汇合；在虫体前部的卵黄腺滤泡较小，呈树叶状稀疏分布；在虫体后部的卵黄腺滤泡较大，分布较密集。子宫非常发达，几乎充满整个虫体；在虫体前 1/3 部，子宫在两肠支之间横向盘曲达生殖孔；在虫体中 1/3 部，子宫仍横向盘曲，但向两侧越过肠支达虫体边缘；在虫体后 1/3 部，子宫向后弯曲形成弧形，并从肠支外侧向后延伸超过后睾丸水平达虫体末端，但在肠联合的后方不汇合。子宫内含有大量长椭圆形的虫卵，靠近卵巢处子宫起始部内的虫卵较小，形状较规则，呈淡黄色；其余部位的虫卵稍大，颜色深黄，形状不太规则。虫卵大小为 115~143 μm×45~65 μm。

| 20 环腔科 | **427**

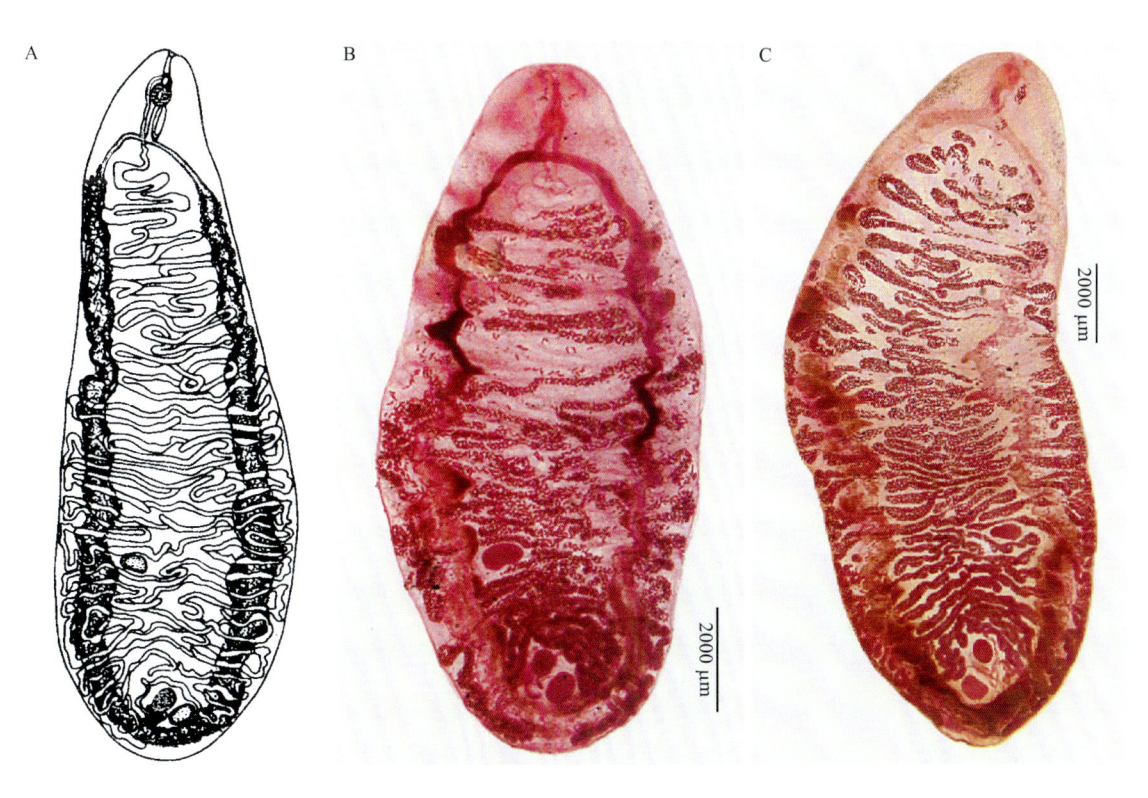

324　谢氏平体吸虫　　　　　　　　　　　*Hyptiasmus theodori* Witenberg, 1928

【关联序号】19.1.4（42.2.4）/ 65。

【宿主范围】成虫寄生于鸭、鹅的鼻腔、鼻窦。

【地理分布】重庆、宁夏、四川、云南、浙江。

【形态结构】虫体扁平呈叶状，前端稍尖，后端钝圆，最宽处在虫体的中后部，大小为 13.000～17.000 mm×4.200～6.000 mm。口孔位于虫体前端腹面稍下陷处，具前咽，前咽长 0.600～1.050 mm。咽为肌质圆形，大小为 0.540～0.600 mm×0.540～0.560 mm。食道细长，长 0.840～0.900 mm。两肠支起始部狭窄，以后逐渐变宽，达虫体中部时为最宽，两下行的肠支内缘弯曲，外缘在肠叉之后有少数盲状突起，至虫体末端相汇合形成肠环。睾丸 2 枚，呈圆形或椭圆形，边缘光滑无分叶，斜列于虫体后 1/3 部；前睾丸位于虫体中 1/3 与后 1/3 交界处，靠近一侧肠支的内侧，大小为 0.300～0.400 mm×0.510～0.540 mm，距卵巢 2.400～3.300 mm；后睾丸位于虫体后端肠环的上方，大小为 0.450 mm×0.450 mm。雄茎囊细长，囊底伸达肠叉处，长 1.620～1.650 mm，末端最宽处为 0.150 mm。生殖孔圆形，开口于前咽的中部。卵巢比睾丸略大，呈圆形或椭圆形，边缘光滑无分叶，位于两睾丸之间，大小为 0.540～0.570 mm×0.540～0.660 mm；距前睾丸较远，与前睾丸之间有众多的子宫环褶相隔；距后睾丸较近，有时与后睾丸位

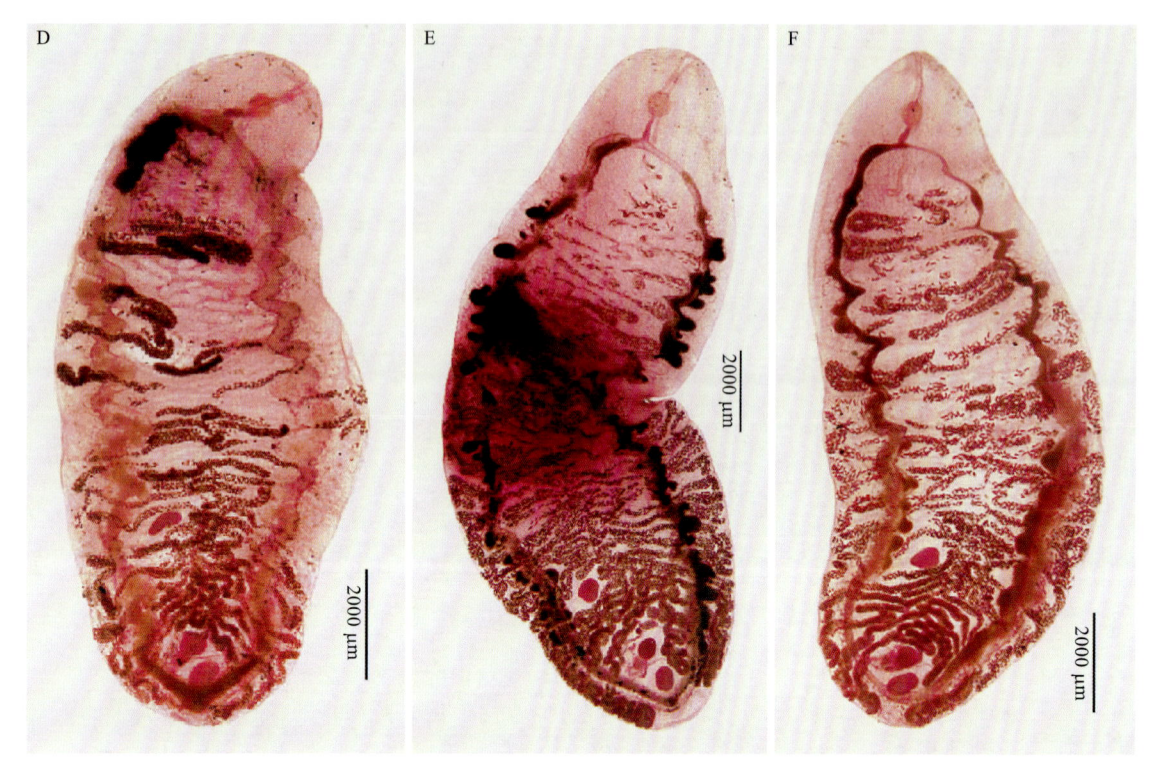

图 324　谢氏平体吸虫 *Hyptiasmus theodori*
A. 引黄德生 等（1988b）；B～F. 原图（SHVRI）

于同一水平，与后睾丸之间无子宫环褶相隔或偶有 1 或 2 支子宫环插入。卵黄腺呈小滤泡状，从肠支下行处开始沿肠支分布，在肠联合处两侧的卵黄腺汇合。子宫非常发达，几乎充满整个虫体；在虫体的前半部，子宫在两肠支内横向盘曲；在虫体后半部，盘曲的子宫越过肠支达虫体边缘；在卵巢之后，子宫环绕过卵巢和后睾丸，从虫体两侧向后弯曲达虫体末端，但在肠联合处没有汇合。子宫里充满虫卵，虫卵为长椭圆形，大小为 110～150 μm×45～58 μm。

20.3　噬眼属
Ophthalmophagus Stossich, 1902

【同物异名】乔维属（*Geowitenbergia* Dollfus, 1948）。
【宿主范围】成虫寄生于禽类的眼眶、鼻窦。
【形态结构】虫体呈枪形，口孔为漏斗状，咽发达，食道直或呈 S 形，两肠支沿虫体两侧向后延伸至虫体后端联合。睾丸为卵圆形，前后斜列于虫体后半部。雄茎囊位于咽腹面，生殖孔开口于前咽的中央。卵巢位于后睾丸之后、肠联合之前的中央或亚中央。卵黄腺分布于两肠支的侧腹面，在虫体后端汇合。子宫回旋弯曲，越过肠支外侧和卵黄腺。模式种：单独噬眼吸虫［*Ophthalmophagus singularis* Stossich, 1902］。

325　马氏噬眼吸虫　　*Ophthalmophagus magalhaesi* Travassos, 1921

【关联序号】19.5.1（42.3.1）/ 69。

【宿主范围】成虫寄生于鸭、鹅的鼻腔、鼻泪管、额窦。

【地理分布】安徽、重庆、福建、广东、宁夏、四川、云南、浙江。

【形态结构】虫体呈叶形、长梭形，前端稍狭窄，后端较钝圆，大小为 12.950～20.500 mm×3.970～6.600 mm。缺口吸盘与腹吸盘。口孔位于虫体前端，为圆形。具前咽，长为 1.260 mm。咽呈椭圆形，大小为 0.580～0.660 mm×0.550～0.640 mm。食道呈 S 形弯曲，长 0.470～0.670 mm。两肠支沿虫体两侧呈波浪状向后延伸，至虫体后端形成联合。睾丸 2 枚，呈椭圆形，边缘完整，前后斜列于虫体后约 1/3 部位；前睾丸位于左边肠支内侧，大小为 0.452～0.844 mm×0.346～1.120 mm；后睾丸靠近右边肠支的内侧，大小为 0.421～0.952 mm×0.436～1.443 mm。雄茎囊呈袋状，位于肠分叉前，生殖孔位于前咽的腹面。卵巢呈圆形，位于后睾丸的后方、肠联合的前方，大小为 0.482～0.622 mm×0.391～0.555 mm。卵黄腺呈颗粒状，起于肠叉之后，沿虫体两侧的肠支分布，在虫体后端两侧的卵黄腺相汇合。子宫发达，几乎充满整个虫体，回旋盘曲在肠叉之后的全部空间，在虫体后 2/3 越出肠支外靠近虫体边缘，并达肠联合之后。虫卵大小为 137～161 μm×54～75 μm。

图 325　马氏噬眼吸虫
Ophthalmophagus magalhaesi
A. 引 蒋学良和周婉丽（2004）；B. 原图（SHVRI）

326　鼻噬眼吸虫　　*Ophthalmophagus nasicola* Witenberg, 1923

【关联序号】19.5.2（42.3.2）/ 　。

【同物异名】鼻居噬眼吸虫。

【宿主范围】成虫寄生于鸭、鹅的鼻腔、鼻窦、额窦。

【地理分布】重庆、四川、云南。

【形态结构】虫体扁平呈叶状、瓜子形，前端稍尖，后端钝圆，大小为 17.500～22.950 mm×5.920～7.510 mm。缺口吸盘与腹吸盘。口孔圆形，位于虫体亚前端。具前咽。咽近圆形，大小为 0.520～0.680 mm×0.470～0.650 mm，距虫体前端 0.760～0.990 mm。食道长 0.540～0.660 mm，两肠支沿虫体两侧延伸至体后部形成联合，肠支中后部有弯曲。睾丸 2 枚，呈椭圆形或近圆形，边缘光滑整齐，少数有裂刻，斜列于虫体后 1/3 处，两睾丸大小相近，为 0.510～1.160 mm×0.840～1.520 mm，前睾丸靠近一侧肠支的内侧，后睾丸较前睾丸更接近体中线，两睾丸间距 1.890～2.730 mm。雄茎囊呈 S 形，位于肠叉或肠叉之前，长 2.030～2.550 mm，生殖孔开口于前咽的中部。卵巢呈椭圆形或近圆形，边缘光滑整齐，少有裂刻，位于后睾丸与肠联合之间，偏左侧，大小为 0.530～0.670 mm×0.650～0.970 mm，距虫体后缘 1.830～1.870 mm。卵黄腺滤泡排列稀疏成簇，前起于肠叉之后，沿两肠支区域分布，至虫体后端汇合。子宫发达，弯曲于肠叉之后，充满虫体，并越过肠支两侧达虫体侧缘，但不超过肠联合之后。虫卵呈橙黄色，长圆形，两端钝圆，大小为 131～147 μm×50～60 μm。

图 326　鼻噬眼吸虫
Ophthalmophagus nasicola
引 蒋学良和周婉丽（2004）

20.4　前平体属
Prohyptiasmus Witenberg, 1923

【同物异名】原背属；原下隙属；斯托西克属（*Stossichium* Witenberg, 1928）。

【宿主范围】成虫寄生于禽类的鼻腔或鼻窦。

【形态结构】虫体为宽大长叶形，食道短，两肠支在虫体亚末端形成联合，肠支无盲突。睾丸为圆形，边缘完整，前后排列于虫体后半部。雄茎囊在肠分支处向前延伸，生殖孔开口于咽前中央腹面。卵巢为圆形，位于后睾丸之前，与两睾丸串联成线。卵黄腺分布于两肠支的腹外侧，两侧卵黄腺在虫体后部不汇合。子宫盘曲越过两肠支外侧和卵黄腺，向后至睾丸外后侧，内含多量虫卵。模式种：强壮前平体吸虫［*Prohyptiasmus robustus*(Stossich, 1902) Witenberg, 1923］。

327　强壮前平体吸虫　*Prohyptiasmus robustus* (Stossich, 1902) Witenberg, 1923

【关联序号】19.2.1（42.4.1）/ 66。
【同物异名】粗状原背吸虫。
【宿主范围】成虫寄生于鸭、鹅的鼻腔。
【地理分布】广西、贵州、四川、云南。
【形态结构】虫体扁平呈叶状，前端稍狭，后端钝圆，大小为 16.750~20.950 mm×3.250~5.060 mm。无口吸盘与腹吸盘。口孔圆形，位于顶端。具前咽，长 0.290 mm。咽发育良好，呈扁圆形，大小为 0.500~0.630 mm×0.340~0.530 mm，距前端 0.810~1.090 mm。食道短而细，长 0.350~0.580 mm。两肠支沿虫体两侧延伸至虫体亚末端，左右联合成环，大多粗直，仅在中后部稍有弯曲，无盲突。睾丸 2 枚，呈圆形或椭圆形，边缘光滑整齐，无裂刻或分叶，前后排列于虫体后 1/3 部，两睾丸之间有卵巢和盘曲的子宫；前睾丸靠近一侧肠支的内缘或稍偏中心，大小为 0.470~0.690 mm×0.970 mm；后睾丸在虫体后端中央，距卵巢较近，大小为 0.650~0.690 mm×0.590~0.630 mm。雄茎囊为卵圆形，位于肠叉之前，长 0.470 mm，宽 0.220 mm，生殖孔开口于前咽中部。卵巢呈圆形或卵圆形，边缘整齐不分叶，位于两睾丸之间，与两睾丸排成一行或稍内移，靠近后睾丸，大小为 0.380~0.780 mm×0.280~0.500 mm。卵黄腺自肠叉外侧开始分布，沿两侧肠支延伸至虫体亚末端，左右卵黄腺在虫体后不汇合。子宫发达，盘曲于肠叉之后的整个虫体，自卵巢后向后弯曲至后睾丸外后缘，再折向前，越过两侧肠支，回旋弯曲上升至生殖孔，内含多量虫卵。虫卵为橙黄色，长圆形，两端钝圆，大小为 100~156 μm×130~170 μm。

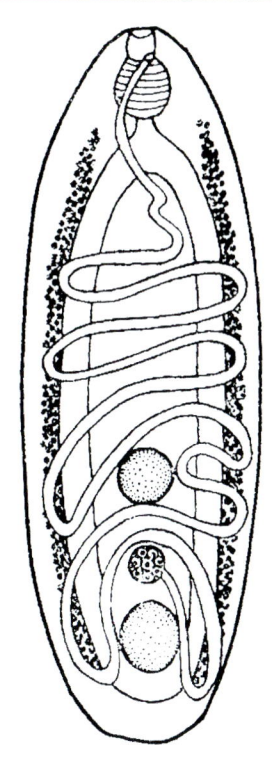

图 327　强壮前平体吸虫 *Prohyptiasmus robustus*
引 赵辉元（1996）

20.5　斯兹达属
Szidatitrema Yamaguti, 1971

【同物异名】小斯兹达特属（*Szidatiella* Yamaguti, 1958）。
【宿主范围】成虫寄生于禽类的气管、气囊、鼻腔等。

【形态结构】虫体为长卵圆形，中部最宽，前端稍窄。无口吸盘和腹吸盘，具前咽和咽，食道短，两肠支沿虫体两侧向后延伸，在虫体后端形成肠环。睾丸为卵圆形，斜列于虫体后半部，接近体后端。生殖孔开口于咽的后面。卵巢位于后睾丸之后肠环内缘的中央，与两睾丸形成三角形。卵黄腺分布于肠支侧面，在虫体后端两侧的卵黄腺不汇合。子宫盘曲可达肠支，但不延伸越过卵黄腺。模式种：沃氏斯兹达吸虫［*Szidatitrema vogeli* (Szidat, 1932) Yamaguti, 1971］。

328 中国斯兹达吸虫　　*Szidatitrema sinica* Zhang, Yang et Li, 1987

【关联序号】（42.5.1）/　　。
【宿主范围】成虫寄生于鸭、鹅的鼻腔、鼻窦。
【地理分布】四川。
【形态结构】虫体扁平呈叶状，前端较尖，后端钝圆，最宽处在虫体中部，大小为 18.000～26.000 mm×5.000～7.000 mm。前端腹面有一圆形稍下陷的口孔。具前咽，长 0.900～1.350 mm。咽发育良好，圆形，大小为 0.540～0.600 mm×0.550～0.730 mm。食道常呈 S 形弯曲，长 0.450～1.500 mm。环形的肠支除肠前弧和肠联合处较平滑外，沿体侧下行的两肠支较粗大，内缘呈波浪形弯曲，外缘有众多粗短的盲状突起。睾丸与卵巢位于虫体后 1/3 部位，两个睾丸前后斜列，卵巢位于两睾丸之后，三者呈以后睾丸为钝角的三角形排列。睾丸呈圆形或椭圆形，边缘光滑无分叶；前睾丸位于虫体前 2/3 与后 1/3 交界处或稍后，靠近一侧肠支的内缘，大小为 0.540～0.780 mm×0.450～1.060 mm，距后睾丸 3.300～4.350 mm，距卵巢 3.900～4.800 mm；后睾丸位于虫体后部另一侧肠支的内缘，与前睾丸斜向相对，大小为 0.510～1.110 mm×0.300～0.720 mm，距前睾丸较远，中间有众多的子宫环褶相隔，距卵巢 1.200～1.350 mm。雄茎囊位于肠叉的上方，其末端不超过肠叉，长 1.350～2.250 mm，生殖孔开口于前咽的中部。卵巢为圆形或椭圆形，边缘光滑无分叶，大小为 0.480～0.710 mm×0.500～0.690 mm，位于虫体末端正中、肠联合的内缘，距肠联合 0.390～0.600 mm，距虫体末端 1.350～1.860 mm。梅氏腺为圆形，位于卵巢一侧，子宫起始部由此发出，向前盘曲上升，开口于生殖孔。卵黄腺由小型滤泡组成，从肠支的下行处开始沿肠支分布，在虫体末端肠联合处沿肠弧形成卵黄腺联合。子宫发达，细而长盘曲的子宫几乎充满整个虫体，在虫体的前 1/3 被局限于两肠支之间横向盘曲，在虫体的中 1/3 向两侧延伸越过肠支达虫体边缘，在虫体的后 1/3 向后弯曲呈弧形，并从肠支外侧向后延伸超过卵巢水平达虫体末端，但在肠

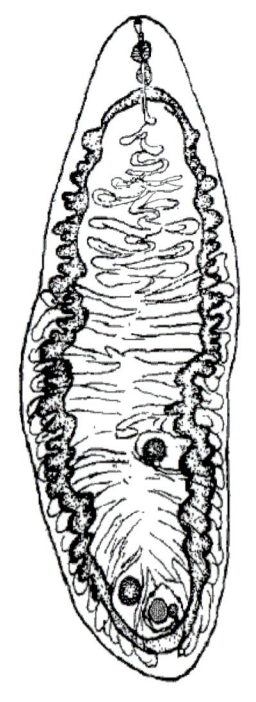

图 328　中国斯兹达吸虫
Szidatitrema sinica
引 张翠阁等（1987）

联合处不汇合。子宫内充满虫卵，虫卵呈金黄色，长椭圆形，大小为 120~150 μm×50~60 μm。

[注：依据该种描述，生殖孔开口于前咽中部、卵黄腺在虫体末端肠联合处沿肠弧形成卵黄腺联合，作者认为该种应归入噬眼属。由于国内仅记录斯兹达吸虫一种，仍按引用文献归入斯兹达属。]

20.6 连腺属
Uvitellina Witenberg, 1926

【宿主范围】成虫寄生于禽类的气囊和体腔。

【形态结构】虫体形如压舌板状，肠支无盲突。睾丸为卵圆形或不规则，相邻斜列于虫体后部的肠环内缘。雄茎囊大部分位于肠分叉腹面，生殖孔开口于咽之后。卵巢位于睾丸之前的亚中央，前睾丸的对侧，与两个睾丸形成三角形。卵黄腺分布于肠支的腹面和侧面，在虫体后端两侧的卵黄腺形成汇合。子宫盘曲发达，回旋弯曲，越过肠支外侧和卵黄腺达虫体侧缘，向后到睾丸处。模式种：束形连腺吸虫 [*Uvitellina adelphus* (Johnston, 1917) Witenberg, 1923]。

329 伪连腺吸虫　　　*Uvitellina pseudocotylea* Witenberg, 1923

【关联序号】19.4.1（42.6.1）/68。

【同物异名】拟盘连腺吸虫。

【宿主范围】成虫寄生于鸭、鹅的气囊与体腔。

【地理分布】内蒙古。

【形态结构】虫体呈舌板状，大小为 6.500~12.000 mm×2.000~4.000 mm。无口吸盘与腹吸盘，虫体前端为一口孔。无前咽，咽发达，食道很短，肠分叉于虫体前部。两肠支很长，无盲突，沿虫体两侧延伸至虫体后端形成肠联合。两个睾丸斜列于虫体后部，接近肠环。雄茎囊大部分位于肠分叉的腹面，生殖孔开口于咽之后。卵巢位于前睾丸略前，并与其对列，与两个睾丸呈三角形排列。卵黄腺分布于肠支腹面或侧面，前至肠分叉前缘，后至虫体亚末端，左右卵黄腺在虫体后端肠联合处汇合。子宫发达，几乎占据肠叉与睾丸之间的全部空间，回旋弯曲越过肠支达虫体侧缘，向后达睾丸处。虫卵大小为 134~159 μm×48~62 μm。

图 329　伪连腺吸虫
Uvitellina pseudocotylea
引黄兵等（2006）

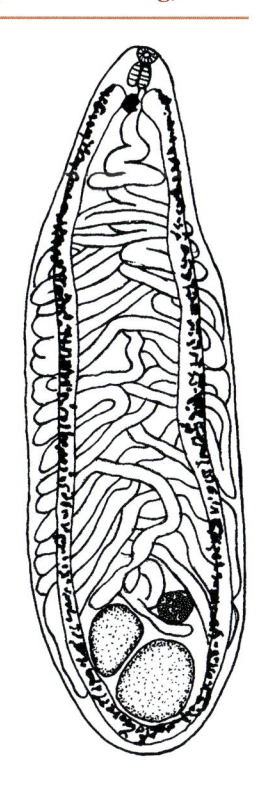

21 双穴科

Diplostomidae Poirier, 1886

【同物异名】双穴科（Diplostomatidae Poirier, 1886）；翼状科（Alariidae Tubangui, 1922）。

【宿主范围】成虫寄生于禽类的法氏囊、输卵管、泄殖腔和哺乳动物的肠道。

【形态结构】虫体由两部分组成，前体为叶状、匙形或杯状，后体为圆柱形或圆锥形。前体有或没有假吸盘（肉垂），黏附器肥厚，呈圆形或椭圆形，在基部有密集的腺体。具口吸盘和腹吸盘，有咽，食道短，肠支长，其盲端常止于虫体末端或在其附近。睾丸2枚，形状对称、不对称或为卵圆形，前后纵列、斜列或并列于后体。无雄茎囊，贮精囊位于睾丸之后，常具生殖腔，生殖腔开口于虫体末端或亚末端的背面。卵巢位于睾丸之前。具劳氏管。卵黄腺散布于虫体的前后体或主要在前体或后体。排泄系统呈网状结构，分布在虫体的边缘，排泄孔开口于虫体末端腹面。模式属：双穴属 [*Diplostomum* Nordmann, 1832]。

在中国家畜家禽中仅记录双穴科吸虫2属2种，本书收录2属2种，参照Gibson等（2002）编制双穴科2属的分类检索表如下。

双穴科分属检索表

1. 前体等于或略长于后体，前体缺假吸盘 .... 咽口属 *Pharyngostomum*
   前体明显长于后体，前体有耳状假吸盘 .... 翼状属 *Alaria*

21.1 翼状属

Alaria Schrank, 1788

【同物异名】螺形属（*Conchosomum* Railliet, 1896）。

【宿主范围】成虫寄生于食肉类动物的肠道。

【形态结构】虫体分为前后两部分，前体为舌状，呈凹形，后体为圆柱形，通常短于前体，前后体相连处略有收缩。具假吸盘，似耳状突起。口吸盘和腹吸盘均较小，腹吸盘在肠叉后，咽较大。黏附器为圆形或长椭圆形，长度不定，其前部分可达咽。睾丸的大小与形状不定，常为叶状，具多裂或双裂，前后排列；前睾丸不对称，与卵模相对；后睾丸对称，常大于前睾丸。贮精囊与射精袋或肌质的射精管相连，生殖腔开口于虫体亚末端的背侧。卵巢为卵圆形，位于睾丸之前、前后体连接处的中央。卵黄腺主要散布于前体，有时亦可渗入黏附器和延伸到后体。子宫伸向黏附器后部。模式种：有翼翼状吸虫［*Alaria alata* (Goeze, 1782) Krause, 1914］。

330 有翼翼状吸虫 *Alaria alata* (Goeze, 1782) Kraus, 1914

【关联序号】16.1.1（43.1.1）/ 49。

【同物异名】狐翼状吸虫（*Alaria vulpis* Schrank, 1788）；有翼螺形吸虫（*Conchosomum alatum* Railliet, 1896）。

【宿主范围】成虫寄生于犬、猫的小肠。

【地理分布】北京、黑龙江、湖南、吉林、江西、内蒙古。

【形态结构】虫体在新鲜时为黄褐色，固定后呈灰色，外观呈梭形，两端变窄，明显分为前体和后体两部分，在自然状态下由于前后体结合部的收缩，虫体在外观上呈C字形弯曲，体长2.645～4.621 mm，前后体结合处向内凹陷，此处宽度为0.826～1.158 mm。前体较扁平而长，呈梨形，后边宽，向前较窄，大小为1.513～3.208 mm×1.209～1.561 mm，其长度为后体的1.24～2.42倍。后体较短，呈圆筒形或卵圆形，大小为0.875～1.413 mm×0.969～1.292 mm。口吸盘近似圆形，位于前体前端的中央，大小为0.070～0.142 mm×0.099～0.176 mm。在口吸盘两侧有一对耳状可以活动的"触角"，左右两个"触角"的大小不相等，左触角长0.087～0.240 mm，右触角长0.108～0.240 mm。前咽很短，长0.011～0.046 mm。咽为长圆形，大小为0.080～0.182 mm×0.067～0.195 mm。在咽下几乎看不到食道，肠支在咽后分叉向后延伸至黏附器的底部。腹吸盘不发达，呈圆形，稍小于口吸盘，长径为0.068～0.121 mm，位于肠分叉与黏附器前缘之间，距口吸盘0.235～0.580 mm。前体在腹吸盘处的宽度为0.463～0.818 mm。前体两侧缘，自口吸盘水平线后方开始，至前后体的结合处均向腹面翻卷，形成"内翻褶"，可将腹吸盘遮盖，其"内翻褶"在腹吸盘处的宽度为0.193～0.374 mm。在腹吸盘后方的中央有一个特殊的黏附器，位于前体腹面后2/3处，呈长圆形，中间具有一深沟，大小为0.896～1.638 mm×0.529～0.760 mm。睾丸2枚，横向前后排列于后体；前睾丸位于前后体结合处与卵巢后方的后体前缘，呈横向的梨形，大小为0.442～0.456 mm×0.945～1.009 mm，有的中间狭细，分左右两叶，一般右叶大于左叶；后睾丸紧接前睾丸之后，形似哑铃，稍大于前睾丸，大小为0.497～0.667 mm×0.977～1.003 mm。卵巢位于前后体结合处的中央水平线上，呈圆形，大小为

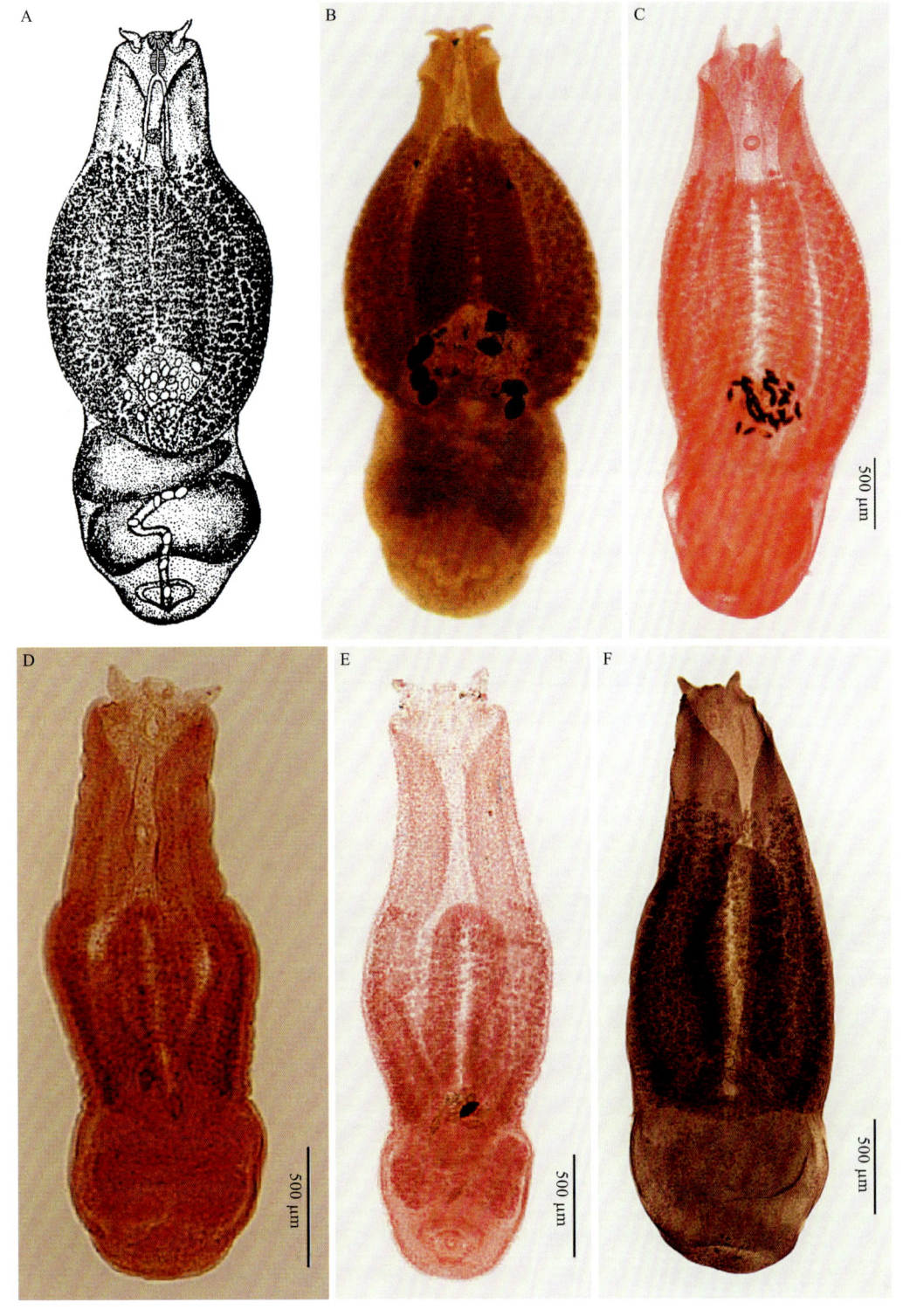

图 330 有翼翼状吸虫 *Alaria alata*
A. 引 王裕卿和周源昌（1984）；B. 原图（SHVRI）；C～F. 原图（NEAU）

0.221~0.414 mm×0.225~0.416 mm。卵黄腺由小型的不规则滤泡组成，分布在前体两侧，有时亦覆盖在黏附器上，向前可延伸到黏附器与腹吸盘之间的水平线上。子宫位于卵巢周围前后体结合处的中央区，向后至后体亚末端背面呈钟形的生殖腔内，生殖腔内有横隙状的生殖孔。子宫内含有少量大型虫卵，虫卵为金黄色，长椭圆形，大小为 105~133 μm×53~95 μm。

21.2 咽口属

Pharyngostomum Ciurea, 1922

【宿主范围】成虫寄生于食肉类哺乳动物的肠道。

【形态结构】虫体分为前后两部分，前体稍长于后体，或大小相似；后体结实，为卵圆形。缺假吸盘。口吸盘小，腹吸盘有或退化，被黏附器所遮盖。咽大，呈肌质，肠支不达虫体后端。黏附器巨大，呈心形，几乎占据前体的整个腹穴。睾丸大，具浅裂，并列于后体。贮精囊卷曲，与长的射精管相连，两性管开口于生殖腔的背侧壁，缺生殖锥，生殖孔开口于虫体末端。卵巢位于睾丸前、前后体连接处的中央或亚中央。卵模和卵黄囊位于卵巢与睾丸之间。卵黄腺分布于前体，可到达咽水平，卵黄腺滤泡聚集在黏附器内。模式种：心形咽口吸虫[*Pharyngostomum cordatum* (Diesing, 1850) Ciurea, 1922]。

331 心形咽口吸虫　　*Pharyngostomum cordatum* (Diesing, 1850) Ciurea, 1922

【关联序号】16.2.1（43.2.1）/50。

【同物异名】心形半口吸虫（*Hemistomum cordatum* Diesing, 1850）。

【宿主范围】成虫寄生于犬、猫的咽、小肠。

【地理分布】安徽、重庆、福建、贵州、江苏、江西、上海、四川、浙江。

【形态结构】虫体肥厚，呈心脏形、圆形或椭圆形，大小为 1.400~2.200 mm×0.700~2.200 mm，分为前后两部分。前体略长于后体，大小为 0.820~1.400 mm×1.020~1.520 mm，前体前部表皮覆盖有小棘，两侧缘微向腹面卷曲，形成一个较大的腹窝或腹穴。后体呈锥形，大小为 0.620~1.030 mm×0.680~1.170 mm，其后端变窄，末端较平整，似切削状，顶端有一凹陷处。口吸盘不明显，呈漏斗状，位于前体前端，大小为 0.051 mm×0.068 mm。腹吸盘位于前体中横线稍后方，略小于口吸盘。咽由发达的肌质组成，呈球状，大小为 0.119~0.153 mm×0.119~0.153 mm。食道短，长 0.051~0.065 mm，两肠支向两侧延伸至虫体后部。黏附器呈倒置的心形或桃形，几乎充满前体的腹腔，大小为 0.960~1.030 mm×0.960~1.320 mm。睾丸2枚，呈

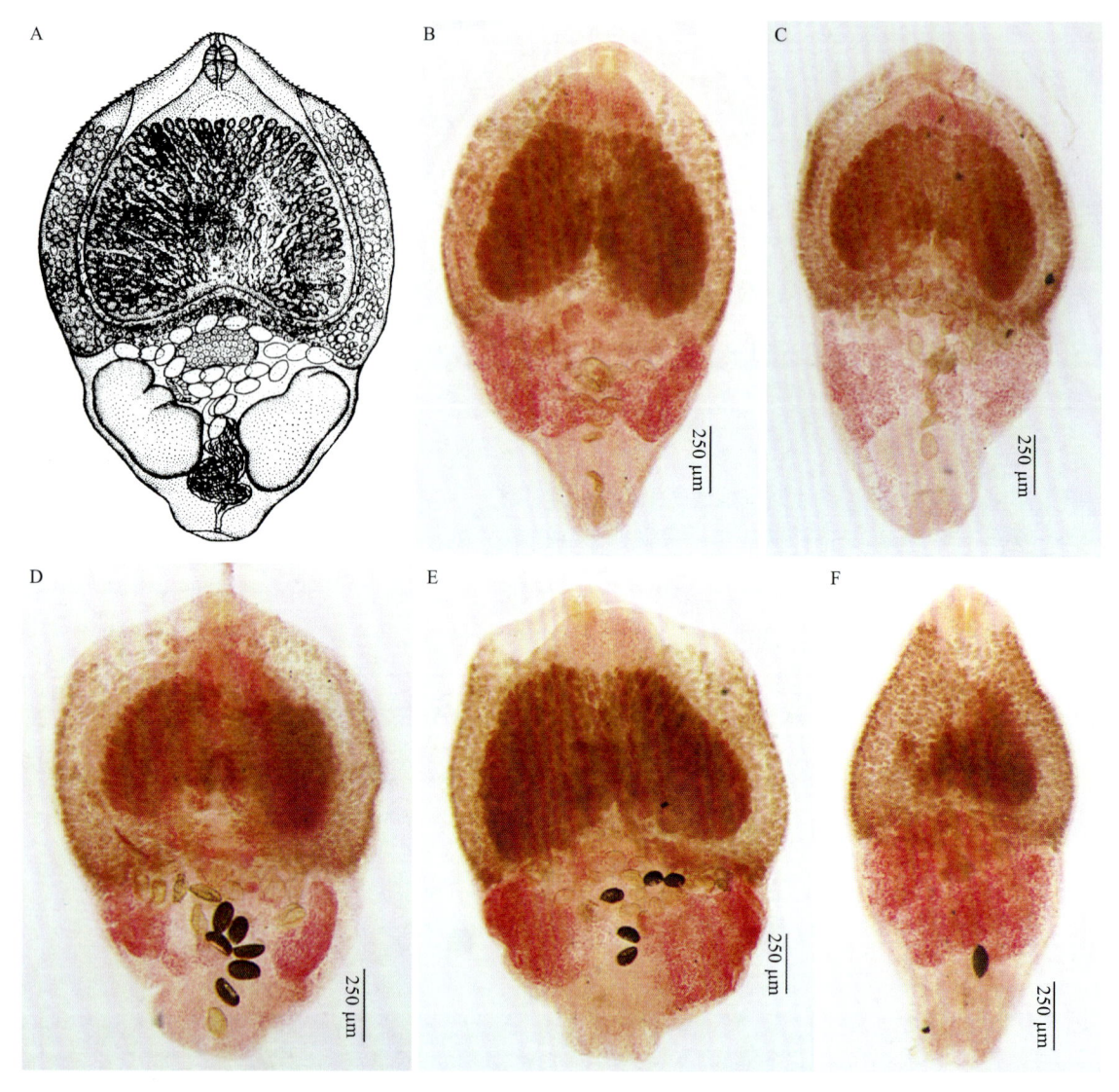

图 331　心形咽口吸虫 *Pharyngostomum cordatum*
A. 引 王溪云和周静仪（1983）；B~F. 原图（SHVRI）

斜走的肾形，对称排列于后体的两侧，内缘有浅在的 2 或 3 个分叶，左睾丸大小为 0.440~0.660 mm×0.350~0.550 mm，右睾丸大小为 0.410~0.550 mm×0.300~0.370 mm。贮精囊呈扭曲的袋状，位于两睾丸之间的后下部，其末端有弯曲的射精管通向虫体后端的生殖孔。卵巢呈肾形或横置的卵圆形，位于两睾丸之间的前方、前后体的交界处，大小为 0.140~0.160 mm×0.340~0.410 mm。卵黄腺由不规则的球状卵黄腺滤泡团块组成，自咽后不远处开始，伸展至整个前体部分，黏附器上的卵黄腺滤泡团块，除前端没有外，其余部分显得粗大且较密集，外观形似马蹄状。梅氏腺和卵模位于卵巢的右下方，子宫环褶先向上行，横贯于睾丸与卵巢之间，而后下行，子宫末段与射精管相连进入生殖孔。子宫内含虫卵 20~50 枚，虫卵大小为 102~112 μm×68~74 μm。

22 彩蛃科

Leucochloridiidae Poche, 1907

【宿主范围】成虫寄生于禽类的消化道，特别是泄殖腔和法氏囊。

【形态结构】虫体中等大小，呈卵圆形至矛形，体表常具细棘。两个吸盘发达，腹吸盘常位于虫体中部。咽为肌质而发达，食道缺，肠支简单，其盲端到达虫体后末端或近末端。睾丸与卵巢串联纵列，或呈三角形。具雄茎囊，生殖孔开口于虫体后端背侧表面。卵巢位于两睾丸之间，具劳氏管。卵黄腺形成两条窄带，沿肠支的侧缘分布。子宫的上升支和下降支形成大量盘曲，占据整个肠支之间的区域。模式属：彩蛃属［*Leucochloridium* Carus, 1835］。

在中国家禽中仅记录彩蛃科吸虫1属1种，本书收录1属1种。根据Gibson等（2002）记载，彩蛃科包含3个属，即彩蛃属、尾育属（*Urotocus* Looss, 1899）、尾殖属（*Urogonimus* Monticelli, 1888），主要寄生于野禽，3属的分类检索表如下。

彩蛃科分属检索表

1. 虫体细长，吸盘较小，位于虫体前部 ……………………………… 尾育属 *Urotocus*
   虫体椭圆形，吸盘发达，腹吸盘位于虫体中1/3 …………………………………… 2
2. 雄茎囊小，子宫盘曲在腹吸盘后横向相交 ……………………… 尾殖属 *Urogonimus*
   雄茎囊发达，子宫盘曲在腹吸盘前横向相交 ……………… 彩蛃属 *Leucochloridium*

22.1 彩蛃属

Leucochloridium Carus, 1835

【同物异名】新彩蛃属（*Neoleucochloridium* Kagan, 1952）。

【宿主范围】成虫寄生于禽类的肠道、泄殖腔和法氏囊。

【形态结构】虫体为卵圆形，体表具细棘。两个吸盘发达，咽为肌质而明显，肠支盲端常接近虫体末端。睾丸和卵巢位于腹吸盘与肠支末端之间，成串联排列，或偶尔呈三角形。雄茎囊较小，生殖孔位于虫体亚末端的背面。卵巢位于睾丸之间或前睾丸对面。卵黄腺沿两肠支分布，可从口吸盘延伸到生殖腺水平，不到达肠支末端。子宫形成许多盘曲，上升支可达肠叉水平或口吸盘区域，在口吸盘与腹吸盘之间横向相交，下降支可达生殖孔，占据了整个肠支之间的区域，有时越过肠支的前端和侧面。虫卵为圆形。模式种：伴谬彩蚴吸虫［*Leucochloridium paradoxum* Carus, 1835］。

332 多肌彩蚴吸虫　　　*Leucochloridium muscularae* Wu, 1938

【关联序号】22.1.1（44.1.1）/　。
【同物异名】鸟彩蚴吸虫。
【宿主范围】成虫寄生于鸭、鹅的肠道。
【地理分布】内蒙古。

［注：因未查到有关多肌彩蚴吸虫形态描述的文献，为使读者对彩蚴属的形态特征有较直观的了解，特附国内从金腰燕检出的达氏彩蚴吸虫的形态绘图与形态描述。］

附：达氏彩蚴吸虫（*Leucochloridium dasylophi* Tubangui, 1928）
【宿主范围】成虫寄生于金腰燕的直肠。
【形态结构】虫体呈叶状，前端钝圆，后端呈锥状，两侧近乎平伸，大小为 2.520～2.930 mm×0.750～0.830 mm，体表密披细棘。口吸盘位于亚前端，类球形，口孔朝向前方或腹面，大小为 0.350～0.390 mm×0.350～0.390 mm。腹吸盘位于虫体中部或稍前方，呈圆盘状，大小为 0.480～0.520 mm×0.400～0.420 mm。缺前咽和食道，咽紧接口吸盘之后，呈球形，大小为 0.190～0.210 mm×0.180～0.190 mm。肠支前部先向前伸，形成双肩状，而后沿虫体两侧向后延伸至虫体亚末端。睾丸 2 枚，短椭圆形，前后斜列于虫体后 1/3 处，前睾丸大小为 0.320～0.350 mm×0.270～0.310 mm，后睾丸大小为 0.330～0.340 mm×0.270～0.310 mm，两睾丸之间有一定距离，后睾丸后缘几达肠支盲端水平。雄茎囊位于后睾丸之后，生殖孔开口于虫体末端。卵巢为类球形，位于两睾丸之间，偏向虫体的右侧，大小为 0.190～0.210 mm×0.160～0.180 mm。有梅氏腺，缺受精囊。卵黄腺由小型球状滤泡组成，自咽中部水平处的两侧开始向后延伸，沿着两侧肠支及其内外分布，止于后睾丸的前缘水平。子宫环褶盘曲于两肠支间的全部空隙，前端可越过肠分叉而达咽中部水平，末端开口于虫体末端雄性生殖孔处，内含大量的虫卵。虫卵较小，大小为 21～23 μm×15～17 μm。

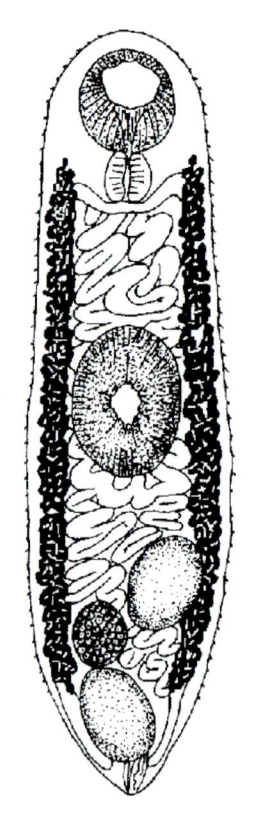

图 332　达氏彩蚴吸虫
Leucochloridium dasylophi
引 王溪云和周静仪（1993）

23 分体科

Schistosomatidae Poche, 1907

【**同物异名**】裂体科；鸟毕科（Ornithobilharziidae Azimov, 1970）。

【**宿主范围**】成虫寄生于禽类和哺乳动物的血管系统，偶尔寄生于爬行动物。

【**形态结构**】虫体为线形，雌雄异体，雌虫常比雄虫细而长，虫体表面常有棘和乳突。雄虫腹面中部两侧体表向内卷，形成抱雌沟，雌虫往往位于抱雌沟中。吸盘发育良好或不良，口吸盘与腹吸盘相距较近，腹吸盘位于肠叉之后、生殖孔之前，有的无吸盘或无腹吸盘，雄虫的吸盘比雌虫的大。缺前咽和咽，口孔通向食道，食道细长，或长或短的两肠支在虫体一定部位常合成单支，其盲端接近虫体末端，有的单支肠管分出侧支。雄虫：睾丸数量从一枚到大量，位于肠联合前或接近虫体后端，雄茎囊有或缺，生殖孔位于腹吸盘之后。雌虫：卵巢一个，紧凑或伸长，大多数位于肠联合之前，具受精囊，劳氏管有或缺，卵黄腺发达，呈滤泡状，位于卵巢之后，子宫短或长，位于两肠支之间，开口于腹吸盘后或虫体前端，虫卵无卵盖，其一端或一侧常有小刺。排泄囊为管状。模式属：分体属［*Schistosoma* Weinland, 1858］。

在中国家畜家禽中已记录分体科吸虫4属11种，本书收录4属9种，参照Gibson等（2002）编制分体科4属的分类检索表如下。

分体科分属检索表

1. 寄生于哺乳动物 2
   寄生于禽类 3
2. 睾丸数不超过10枚 .... 分体属 *Schistosoma*
   睾丸数37~80枚 .... 东毕属 *Orientobilharzia*
3. 虫体扁平，缺口吸盘和腹吸盘 .... 枝毕属 *Dendritobilharzia*
   虫体细长，有口吸盘和腹吸盘 .... 毛毕属 *Trichobilharzia*

23.1 枝毕属

Dendritobilharzia Skrjabin et Zakharow, 1920

【宿主范围】成虫寄生于禽类的血管系统。

【形态结构】雌雄异体，虫体扁平而伸长，形状相似，缺口吸盘和腹吸盘，食道细长，肠联合位于虫体前 1/3，联合后的肠支总体呈"之"字形，具短的树枝状分支。雄虫：体表无棘或结节，抱雌沟不发达，睾丸数量多，位于肠联合后的肠支两侧，具雄茎囊，生殖孔位于肠联合前。雌虫：虫体比雄虫长，卵巢呈螺旋状，位于两肠支之间，具受精囊，卵黄腺滤泡多，沿联合后的肠支伸展，子宫长，内含虫卵多，生殖孔位于虫体前端，虫卵为球形，卵壳薄。模式种：粉状枝毕吸虫［*Dendritobilharzia pulverulenta* (Braun, 1901) Skrjabin, 1924］。

333 鸭枝毕吸虫　　*Dendritobilharzia anatinarum* Cheatum, 1941

【关联序号】18.3.1（45.1.1）/61。

【宿主范围】成虫寄生于鸭的门静脉。

【地理分布】江西。

【形态结构】雌雄异体。雌虫：外形似长叶状，前端稍尖，后端钝圆，两侧平行，体表光滑，虫体长 12.150 mm、宽 1.520 mm。缺口吸盘和腹吸盘。口孔位于虫体前端，缺咽，其后为狭长的食道，长 0.800 mm，食道末端分叉成两肠支，形成弧形，在虫体前 1/3 与后 2/3 处合并为一根主干，由主干向两侧伸展，形成许多树枝状的小侧支，直达虫体后端。卵巢位于肠弧的后 1/3 处，似螺旋状，大小为 0.400 mm×0.300 mm，有输卵管通向前端形似蝶状的梅氏腺内。受精囊在卵巢之后，靠近肠弧的后缘。卵黄腺的滤泡布满肠弧之后，与分支的肠管相互交织着，直达虫体的后端。子宫环褶从梅氏腺的前缘开始，在肠弧的前 1/3 部位，经 6 度迂回，再向前延伸，与食道平行，开口于食道的右侧中部，距

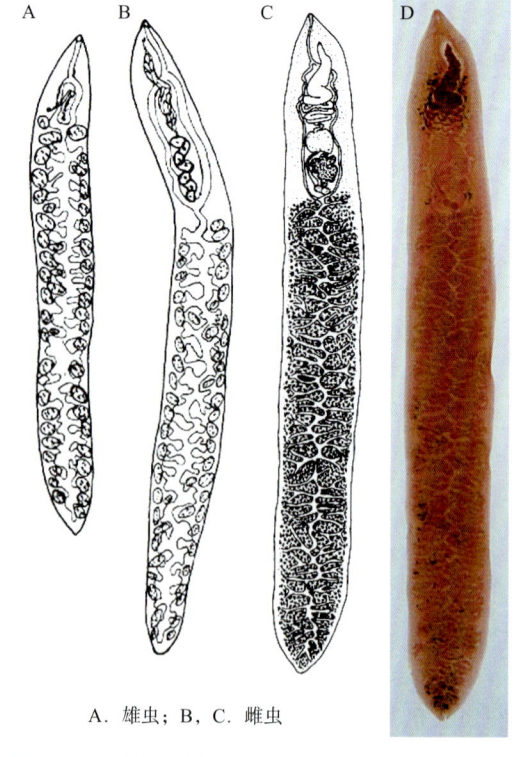

A. 雄虫；B、C. 雌虫

图 333　鸭枝毕吸虫 *Dendritobilharzia anatinarum*
A，B. 引 Gibson 等（2002）；
C. 引 黄兵 等（2006）；D. 原图（SHVRI / 雌虫）

前端 0.330 mm，内含大量虫卵。排泄囊开口于虫体末端的正中央。虫卵内含有毛蚴，虫卵大小为 60～65 μm×19～22 μm。根据 Cheatum（1941）的描述，雄虫长 6.200 mm，宽 0.600～0.750 mm。食道长 0.4270 mm，肠弧距肠分叉部约 1.080 mm。睾丸数目为 120～130 枚，贮精囊长 0.260 mm，生殖孔开口于虫体中线的右侧，距离虫体前端 1.200 mm。

23.2 东毕属

Orientobilharzia Dutt et Srivastava, 1955

【同物异名】欧毕属（*Eurobilharzia* Le Roux, 1958）；泰毕属（*Thailandobilharzia* Baugh, 1977）。
【宿主范围】成虫寄生于哺乳动物的血管系统。
【形态结构】雄虫和雌虫几乎等长，有口吸盘和腹吸盘，雄虫的肠联合后肠支比雌虫的短。雄虫：在腹吸盘前为亚圆柱形，腹吸盘后为扁平状，从腹吸盘到体末端具抱雌沟，睾丸 37～80 枚，起于腹吸盘不远处，无雄茎囊。雌虫：为丝状，卵巢为卵圆形，呈螺旋扭曲，位于虫体的前 1/3 或中 1/3，子宫长，虫卵的侧面或一端具棘，而另一端有时具叶状附属物。模式种：达氏东毕吸虫［*Orientobilharzia dattai* Dutt et Srivastava, 1952］。

334 彭氏东毕吸虫

Orientobilharzia bomfordi (Montgomery, 1906) Dutt et Srivastava, 1955

【关联序号】18.2.1（45.2.1）/ 59。
【同物异名】彭氏鸟毕吸虫（*Ornithobilharzia bomfordi* Montgomery, 1906）。
【宿主范围】成虫寄生于黄牛、绵羊、山羊的门静脉、肠系膜静脉。
【地理分布】重庆、甘肃、贵州、吉林、内蒙古、宁夏、青海、陕西、四川、西藏、新疆。
【形态结构】雌雄异体。雄虫：长 6.754～8.504 mm，宽 0.288～0.474 mm，前端结实，从腹吸盘向后直到后端，两侧卷起而形成抱雌沟。吸盘和抱雌沟边缘有细刺，表皮上有结节，以后端附近最为显著。口吸盘大小为 0.200～0.225 mm×0.183～0.200 mm，腹吸盘大小为 0.250～0.283 mm×0.167～0.250 mm，两吸盘间距 0.333～0.584 mm。食道常具两个膨大部，食道长 0.333～0.434 mm，在食道四周有食道腺，靠近后端的食道腺较多。食道在腹吸盘前分叉成肠支，两肠支在距虫体后端约 1.033 mm 处联合成单支，直达虫体后端。睾丸呈圆形，按单行排列，有 62～69 枚。从距腹吸盘后不远处开始向后延伸 2.883～3.336 mm，睾丸直径为 0.049～0.068 mm，生殖孔开口于腹吸盘后。雌虫：长 6.280～8.689 mm，宽 0.125～0.200 mm，

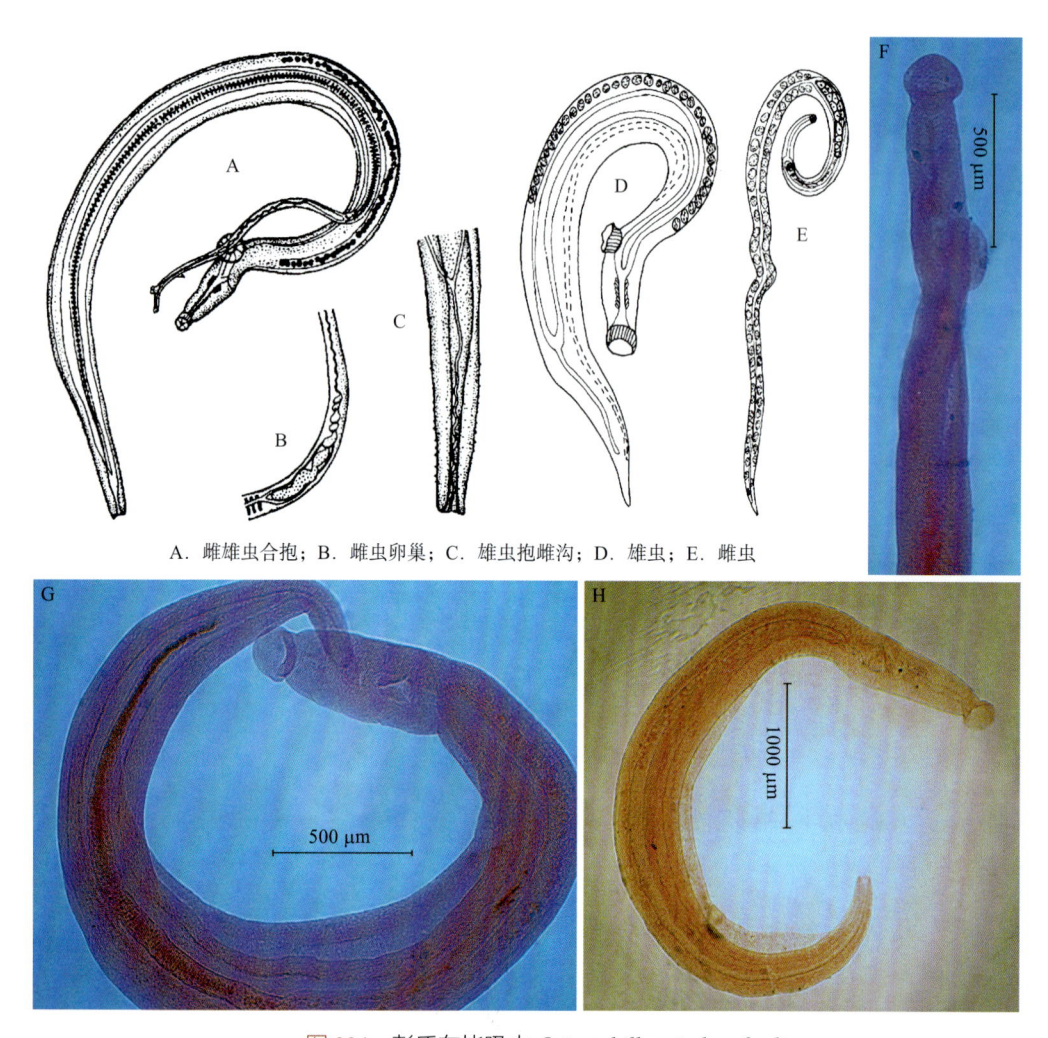

444 中国畜禽吸虫形态分类彩色图谱

A. 雌雄虫合抱；B. 雌虫卵巢；C. 雄虫抱雌沟；D. 雄虫；E. 雌虫

图 334　彭氏东毕吸虫 *Orientobilharzia bomfordi*
A～C. 引黄兵 等（2006）；D, E. 引 Gibson 等（2002）；F～H. 原图（SASA：F / 雄虫前部，G, H / 雄虫）

表皮上未见结节，较雄虫细长。口吸盘直径为 0.049 mm，腹吸盘直径为 0.041～0.053 mm。食道在腹吸盘前分叉成肠支，又在卵巢后联合形成肠弧，形成肠单支继续向后延伸，肠单支长 4.406～6.033 mm，离虫体后端 0.227～0.700 mm。卵巢为椭圆形带螺旋状，长 0.500～0.817 mm，其最大宽度为 0.049～0.067 mm。卵黄腺排列在肠单支两侧，呈颗粒状，从肠弧开始直到肠单支后端为止。

335　土耳其斯坦东毕吸虫　*Orientobilharzia turkestanica* (Skrjabin, 1913) Dutt et Srivastava, 1955

【关联序号】18.2.2（45.2.2）/ 60。

【同物异名】土耳其斯坦鸟毕吸虫（*Ornithobilharzia turkestanica* (Skrjabin, 1913) Price, 1929）；

| 23 分体科 | **445**

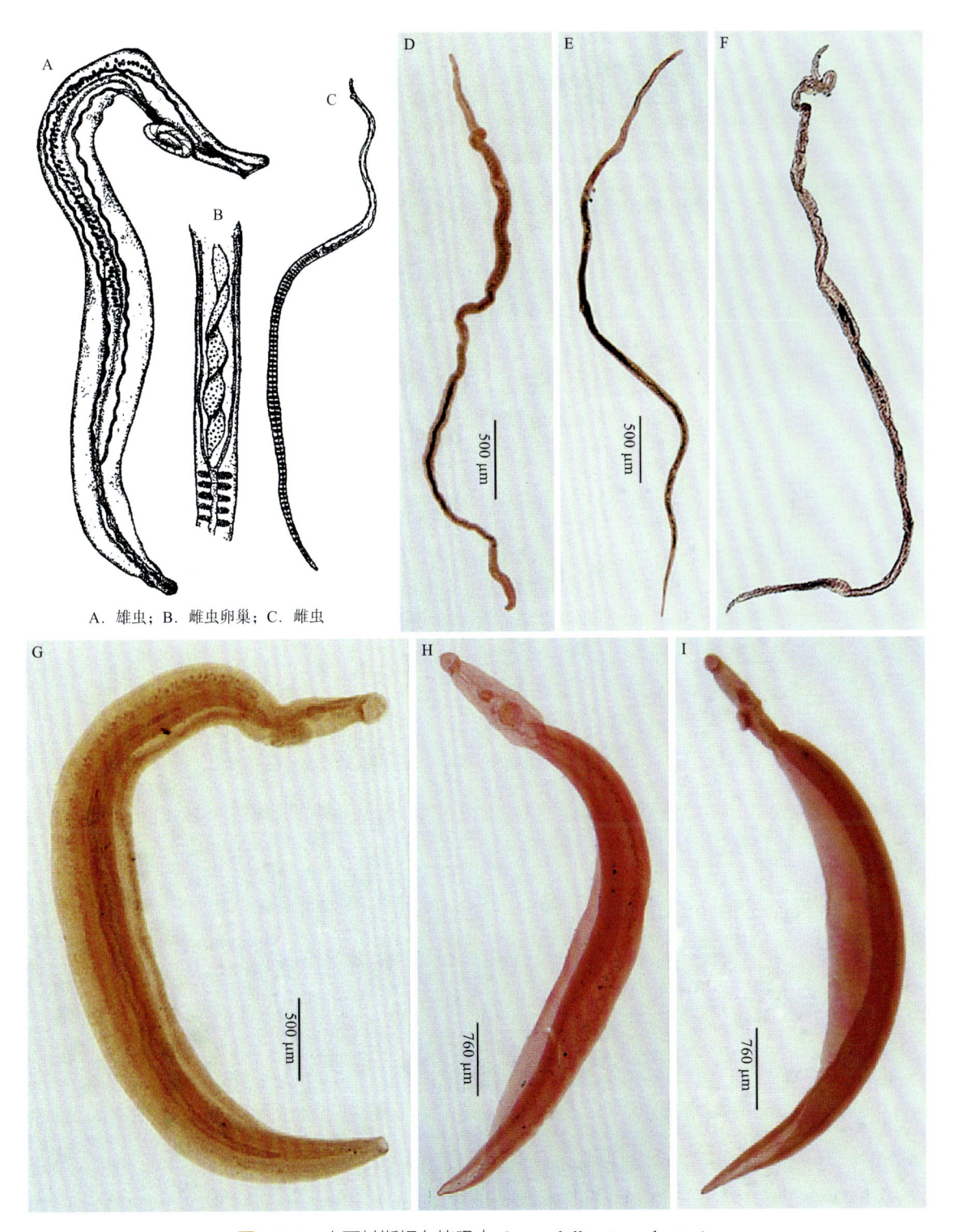

A. 雄虫；B. 雌虫卵巢；C. 雌虫

图 335-1　土耳其斯坦东毕吸虫 *Orientobilharzia turkestanica*
A～C. 引许绶泰和杨平（1957）；D～I. 原图（SHVRI：D，E/雌虫，G～I/雄虫。SCAU：F/雌虫）

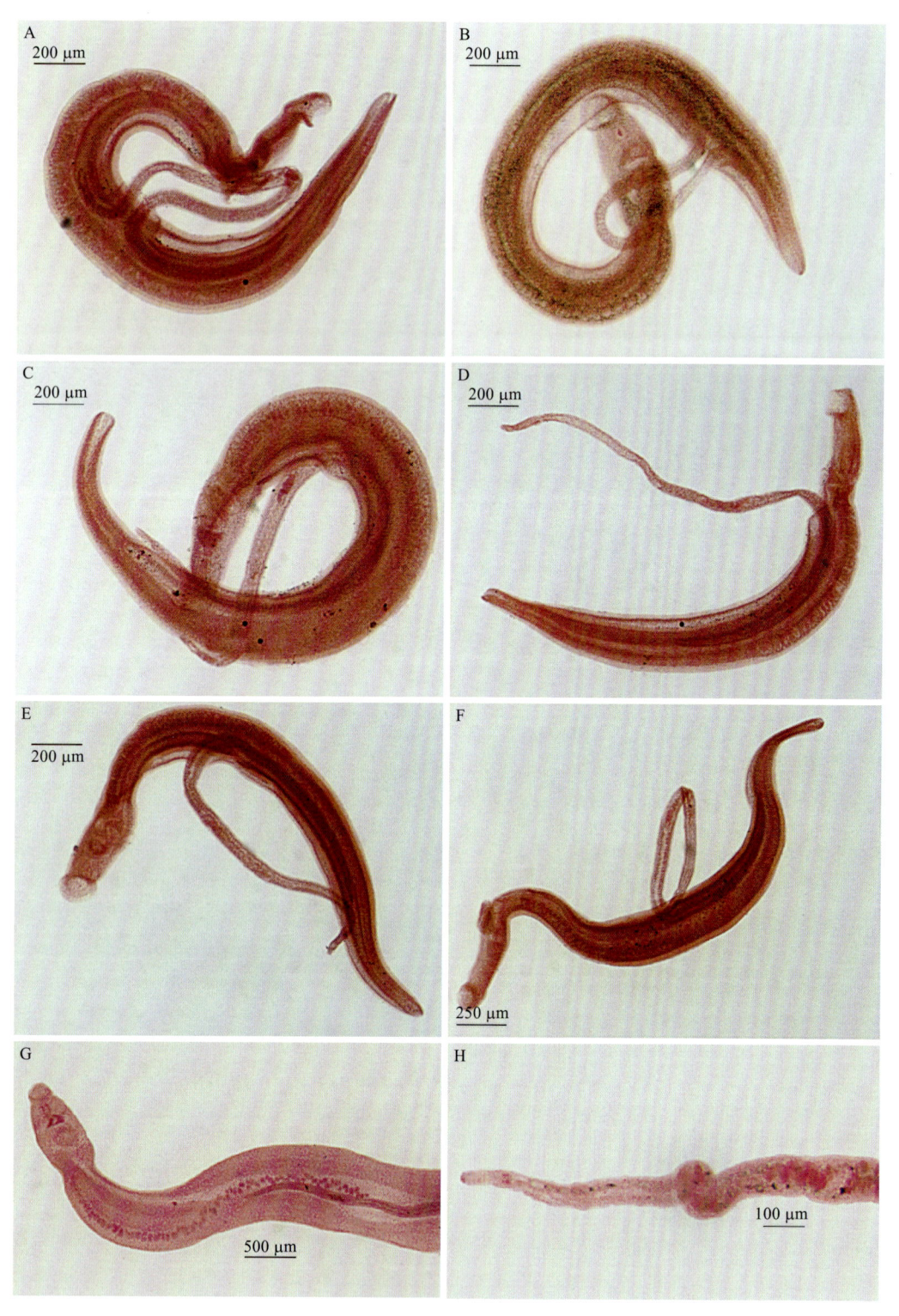

图 335-2　土耳其斯坦东毕吸虫 *Orientobilharzia turkestanica*
A～H. 原图（SHVRI：A～F/ 雌雄合抱，G/ 雄虫前部与睾丸，H/ 雌虫前部与卵巢）

程氏东毕吸虫（*Orientobilharzia cheni* Hsu et Yang, 1957）。

【宿主范围】成虫寄生于骆驼、马、驴、骡、黄牛、水牛、绵羊、山羊、猪、猫、兔的门静脉、肠系膜静脉。

【地理分布】重庆、福建、甘肃、广东、广西、贵州、河北、黑龙江、湖北、湖南、吉林、江苏、江西、辽宁、内蒙古、宁夏、青海、山西、陕西、四川、西藏、新疆、云南、浙江。

【形态结构】雌雄异体，雌雄虫常呈抱合状态，虫体呈线形，口吸盘与腹吸盘相距较近，无咽，食道在腹吸盘前方分为两条肠支，在虫体后部再合并成单支，抵达虫体末端。雄虫：乳白色，体长 3.997～5.585 mm，体宽 0.234～0.468 mm，体表光滑无结节，腹面有抱雌沟。口吸盘大小为 0.125～0.187 mm×0.088～0.187 mm，腹吸盘大小为 0.187～0.238 mm×0.094～0.234 mm，两吸盘间距 0.272～0.374 mm。食道为管状，长 0.211～0.312 mm。在腹吸盘前食道分成两肠支，在距虫体尾端 0.780～1.560 mm 处联合成肠弧发出一个肠单支。肠支弯曲，偶有吻合横支。睾丸为圆形或椭圆形的小颗粒状，数目为 68～80 枚，位于腹吸盘后下方，常呈不规则的双行排列，只有个别的按单行排列，生殖孔开口于腹吸盘后方。雌虫：暗褐色，较纤细，体长 3.650～5.730 mm，体宽 0.032～0.116 mm。口吸盘大小为 0.024～0.041 mm×0.017～0.030 mm，腹吸盘直径为 0.030～0.033 mm，两吸盘间距 0.109～0.125 mm。食道长 0.094～0.109 mm，食道在腹吸盘前分叉成肠支，肠支弯曲，在卵巢之后合并成肠单支。卵巢呈螺旋状扭曲，位于两肠支合并处的前方，大小为 0.249～0.296 mm×0.024～0.047 mm。卵黄腺排列在整个肠单支的两侧，生殖孔开口于腹吸盘后。子宫短，在卵巢前方，子宫内通常只有一个虫卵。虫卵呈淡黄褐色，大小为 65～73 μm×23～26 μm，无卵盖，两端各有一个附属物，一个较尖，另一个为结节状。

23.3 分体属

Schistosoma Weinland, 1858

【同物异名】血吸虫属；裂体属；毕哈属（*Bilharzia* Meckel von Hemsbach, 1856）；非毕属（*Afrobilharzia* Le Roux, 1958）；红毕属（*Rhodobilharzia* Le Roux, 1958）；中毕属（*Sinobilharzia* Le Roux, 1958 nec Dutt et Srivastava, 1955）；前分体属（*Proschistosoma* Gretillat, 1962）。

【宿主范围】成虫寄生于哺乳动物的血管系统。

【形态结构】雌虫比雄虫长，口吸盘和腹吸盘发育良好，不同种的肠联合位置不一。雄虫：前体短，为圆柱形；后体长似叶形，两侧边缘向腹侧卷曲形成抱雌沟；体表具棘或小结节；睾丸数不超过 10 枚，呈 1 或 2 行排列于腹吸盘后抱雌沟的前部；缺雄茎囊，生殖孔紧位于腹吸盘之后。雌虫：虫体细长，呈线状；体表棘与小结节少，并限于虫体两端；卵巢呈长圆形或纺锤形，常位于虫体中 1/3；卵黄腺位于卵巢之后，沿肠单支两侧分布；子宫或短或长，虫卵大，为卵圆形或纺锤形，在一侧或后端具一小棘。模式种：住血分体吸虫 [*Schistosoma haematobium* (Bilharz, 1852) Weinland, 1858]。

336　牛分体吸虫　　　　　　　　　　　　*Schistosoma bovis* Sonsino, 1876

【关联序号】18.1.1（45.3.1）/　。
【同物异名】牛血吸虫。
【宿主范围】成虫寄生于黄牛、水牛的门静脉、肠系膜静脉。
【地理分布】云南。
【形态结构】按雄虫标本描述。虫体较扁平，呈乳白色或灰白色，体长为 10.000～22.000 mm，体宽为 1.000～1.200 mm，在腹吸盘后有细微的小刺，脊背表面有微小的皮棘。口吸盘在虫体的前端，腹吸盘在口吸盘之后，两者距离较近。腹吸盘呈杯状，稍大于口吸盘，略突出于虫体表面。食道位于口吸盘之后，未见有咽的构造，食道在腹吸盘的水平或稍前方分为两肠支，肠支在虫体后约 1/4 处合并。抱雌沟发达，从腹吸盘后开始至虫体尾端之前止。睾丸呈圆形，有 3～5 枚，呈纵行排列或堆积在腹吸盘后方的背侧。

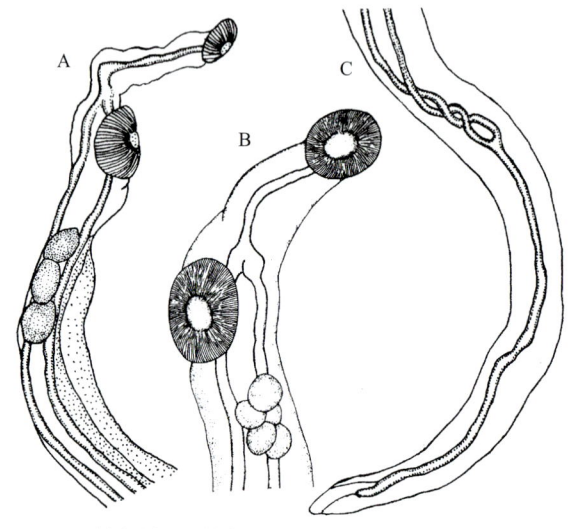

A. 雄虫头部（3 枚睾丸）；B. 雄虫头部（5 枚睾丸）；C. 雄虫尾部

图 336　牛分体吸虫 *Schistosoma bovis*
引 黄德生 等（1988b）

337　日本分体吸虫　　　　　　　　　　　*Schistosoma japonicum* Katsurada, 1904

【关联序号】18.1.2（45.3.2）/ 58。
【同物异名】日本裂体吸虫；日本血吸虫。
【宿主范围】成虫寄生于马、驴、黄牛、水牛、奶牛、绵羊、山羊、猪、犬、猫、兔的门静脉、肠系膜静脉。
【地理分布】安徽、重庆、福建、广东、广西、湖北、湖南、江苏、江西、上海、四川、台湾、云南、浙江。
【形态结构】雌雄异体，虫体呈线形、圆柱形，体表布满细棘。口吸盘和腹吸盘位于虫体前部，大小相似。食道接口吸盘后，被食道腺围绕，在靠近腹吸盘前分成两肠支。肠支延伸至虫体中

| 23 分体科 | **449**

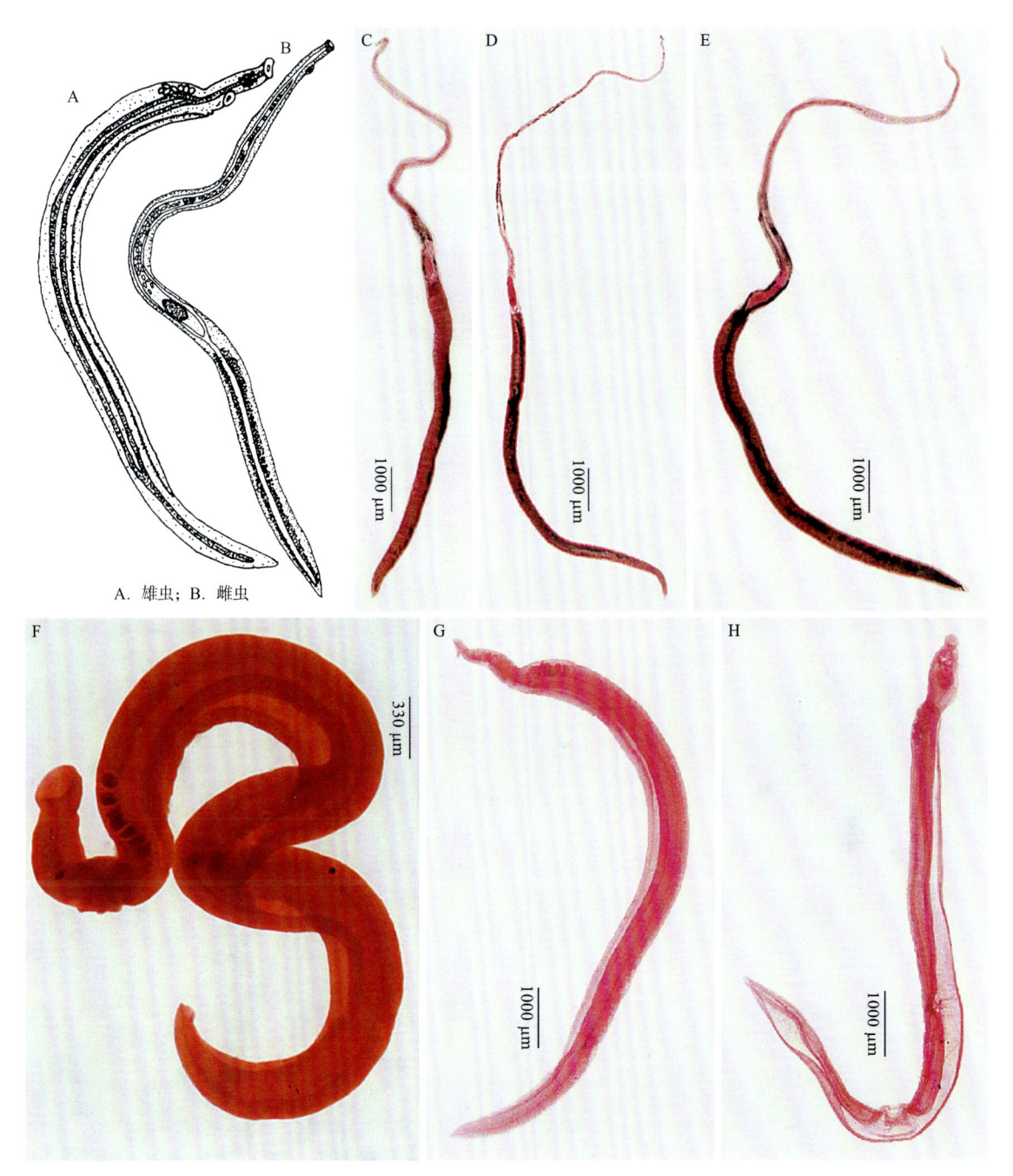

图 337-1　日本分体吸虫 *Schistosoma japonicum*
A，B. 引 黄兵 等（2006）；C～H. 原图（SHVRI：C～E／雌虫，F～H／雄虫）

部之后汇合成单一管，其盲端终于虫体后端。雄虫：较雌虫粗短，体长10.000～18.000 mm，体宽0.440～0.510 mm，乳白色，虫体两侧向腹面卷折形成抱雌沟，抱雌沟从腹吸盘起直至虫体后端，雌虫往往居于沟中。口吸盘呈漏斗状，大小为0.270～0.350 mm×0.260～0.320 mm；腹吸

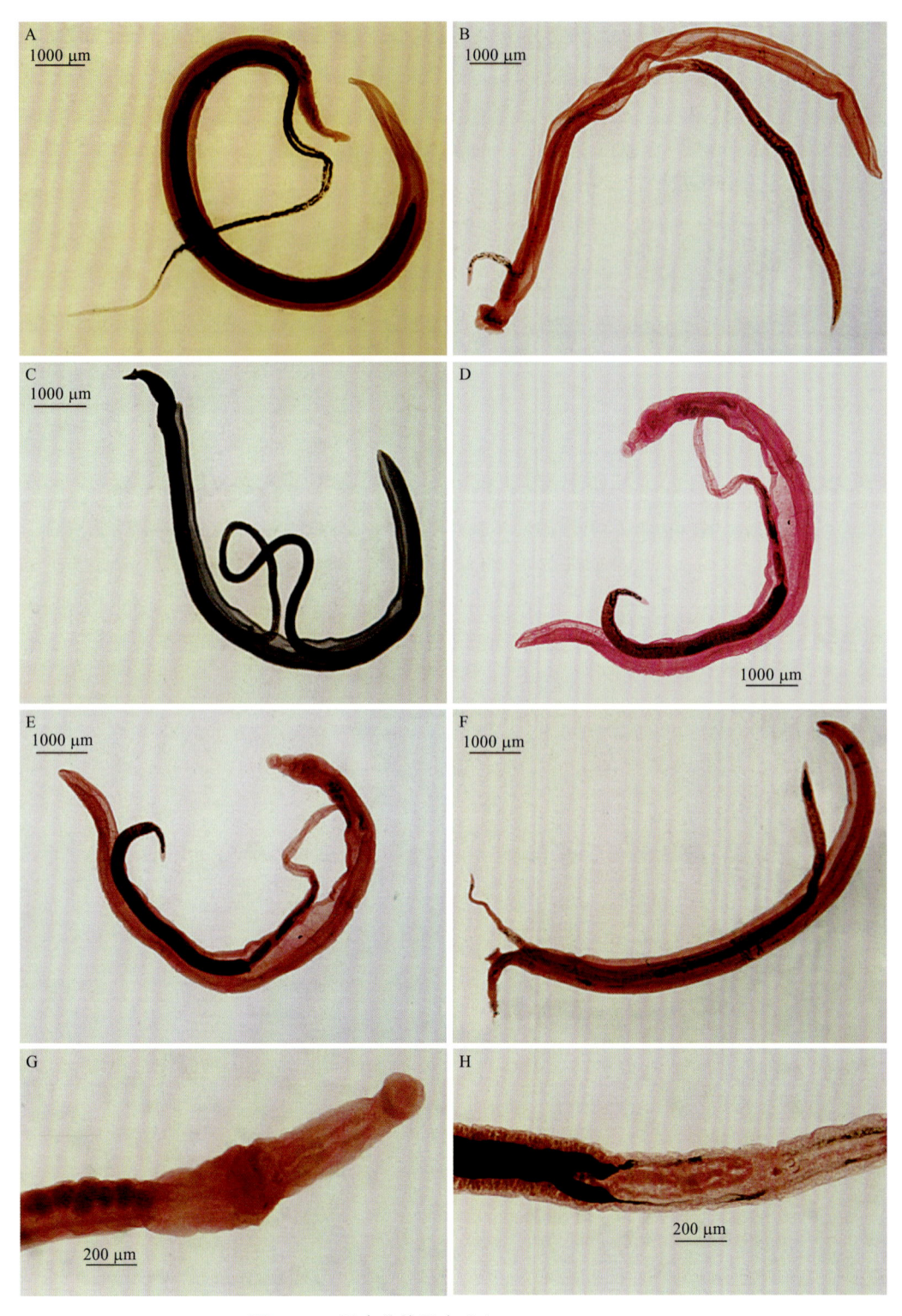

图 337-2 日本分体吸虫 *Schistosoma japonicum*
A～H. 原图（SHVRI：A～F/ 雌雄合抱，G/ 雄虫前部与睾丸，H/ 雌虫卵巢）

盘具有粗而短的柄，位于口吸盘腹面下方不远处，大小为 0.340～0.450 mm×0.330～0.450 mm。睾丸呈椭圆形，6 或 7 枚，多数为 7 枚，在腹吸盘后方背部排成一行，大小为 0.120～0.250 mm×0.120～0.140 mm。贮精囊位于睾丸之前，生殖孔开口于腹吸盘后方的抱雌沟内。雌虫：较雄虫细长，体长 13.000～20.000 mm，体宽 0.240～0.340 mm，呈圆柱形，暗褐色或黑色。口吸盘、腹吸盘的位置和形状与雄虫相同，但没有雄虫明显，消化系统与雄虫基本相同，两肠支在卵巢后联合为一单肠支。口吸盘大小为 0.065～0.068 mm×0.037～0.062 mm，腹吸盘大小为 0.065～0.081 mm×0.058～0.065 mm。卵巢一个，位于虫体中部肠联合之前，呈长椭圆形，大小为 0.500～0.680 mm×0.140～0.170 mm。卵黄腺分布在卵巢之后虫体的后半部，由许多横列的小叶状腺体组成，围绕在单肠支周围，直至虫体末端。子宫为长管状，一端接卵模，另一端开口于腹吸盘后方的雌性生殖孔，子宫内含虫卵 50～300 枚。虫卵呈椭圆形，淡黄色，卵壳薄，无卵盖，一端有一小侧钩刺，卵内含一个毛蚴，虫卵大小为 68～89 μm×42～67 μm。

23.4　毛毕属

Trichobilharzia Skrjabin et Zakharow, 1920

【同物异名】拟毕属（*Pseudobilharziella* Ejsmont, 1929）。
【宿主范围】成虫寄生于禽类的血管系统。
【形态结构】雌雄虫体形状相似，均细长；口吸盘在顶端，腹吸盘为一小型能伸缩的实体，具棘；雄虫的肠支在生殖孔水平处联合，雌虫的肠支则在受精囊附近联合，联合后的肠支曲转直到体末端。雄虫：抱雌沟短，位于腹吸盘不远处；睾丸数量多，分布于联合后肠支的两侧，从抱雌沟后直到虫体末端，呈 1～3 行排列；雄茎小而壁薄，贮精囊细长，绕转于腹吸盘和抱雌沟间，生殖孔位于抱雌沟前端。雌虫：卵巢细长，位于虫体前部；受精囊位于卵巢后，呈绕转筒状；卵黄腺从受精囊水平伸展到虫体末端；子宫内常含 1 枚虫卵，生殖孔紧位于腹吸盘后；虫卵为长形，一端具刺。模式种：眼点毛毕吸虫［*Trichobilharzia ocellata* (La Valette, 1855) Brumpt, 1931］。

338　集安毛毕吸虫　　*Trichobilharzia jianensis* Liu, Chen, Jin, et al., 1977

【关联序号】18.4.1（45.4.1）／　。
【宿主范围】成虫寄生于鸭的门静脉、肠系膜静脉。
【地理分布】江苏、吉林、陕西、浙江。
【形态结构】雄虫：虫体细长，表皮密布细棘，虫体长 1.890～3.780 mm，体前部宽 0.054～

0.097 mm，睾丸部体宽 0.058～0.079 mm。口吸盘位于虫体前端，大小为 0.036～0.047 mm×0.032～0.036 mm，表面有小刺。在口吸盘背侧可见 6～8 根细毛，长 0.004～0.007 mm，口位于口吸盘亚顶端。腹吸盘为圆形的实体，表面亦有很多小刺，侧面观常突出体外，直径为 0.036～0.054 mm，距虫体前端 0.430～0.900 mm。食道长 0.137～0.241 mm，在腹吸盘前 0.022～0.036 mm 处分为两肠支。两肠支延伸至抱雌沟前汇合为单肠支，左右弯曲行走于睾丸之间，达到虫体后端。有时因虫体收缩，单肠支可在数枚睾丸的一侧。抱雌沟距腹吸盘 0.400～0.760 mm，由两侧体壁向腹面拢合而成，其内面有很多小刺，抱雌沟大小为 0.162～0.288 mm×0.086～0.126 mm。睾丸始于抱雌沟之后，因虫体伸缩状态的不同，睾丸的形状和排列也不一样；当虫体伸长时，睾丸常呈圆形，相互间有一定的距离；而虫体收缩时，睾丸相互拥挤，常呈椭圆形；睾丸大小为 0.025～0.050 mm×0.007～0.029 mm，数目为 56～75 枚，最后一个睾丸距虫体末端 0.054～0.180 mm。贮精囊位于腹吸盘与抱雌沟之间的部位，有 6 或 7 个弯曲，全长 0.144～0.288 mm，宽 0.018～0.032 mm，生殖孔位于抱雌沟前端的右侧。虫体末端因虫体伸缩运动，形态变化较大，常呈斧形、三叶形及钝圆形等。雌虫：比雄虫细小，表皮亦密布细棘，体长 1.147～2.800 mm，体宽 0.043～0.072 mm。口吸盘位于虫体顶端腹面，大小为 0.025～0.040 mm×0.029～0.036 mm，表面有小刺。在口吸盘背侧亦可见 6～8 根细毛，口位于口吸盘亚顶端。腹吸盘距虫体前端 0.216～0.317 mm，直径为 0.025～0.036 mm，表面有很多小刺。食道长 0.180～0.241 mm，在腹吸盘前 0.014～0.029 mm 处分为两肠支。两肠支在受精囊后部汇合为一单支，左右弯曲伸达虫体后端。卵巢大小为 0.079～0.130 mm×0.011～0.025 mm，呈螺旋状曲折，距腹吸盘 0.083～0.187 mm。受精囊为椭圆形，位于卵巢之后，子宫内常见一个虫卵，生殖孔开口于腹吸盘之后。卵黄腺为颗粒状，分布于受精囊之后，延至虫体后端。虫卵呈纺锤形，一端圆，另一端尖，在尖端常见一弯曲的小钩，卵内含毛蚴，虫卵变形较大，有时卵的一端弯曲，甚而呈新月形。从清洗粪便沉淀后获得的虫卵有梭形卵和新月形卵，梭形虫卵大小

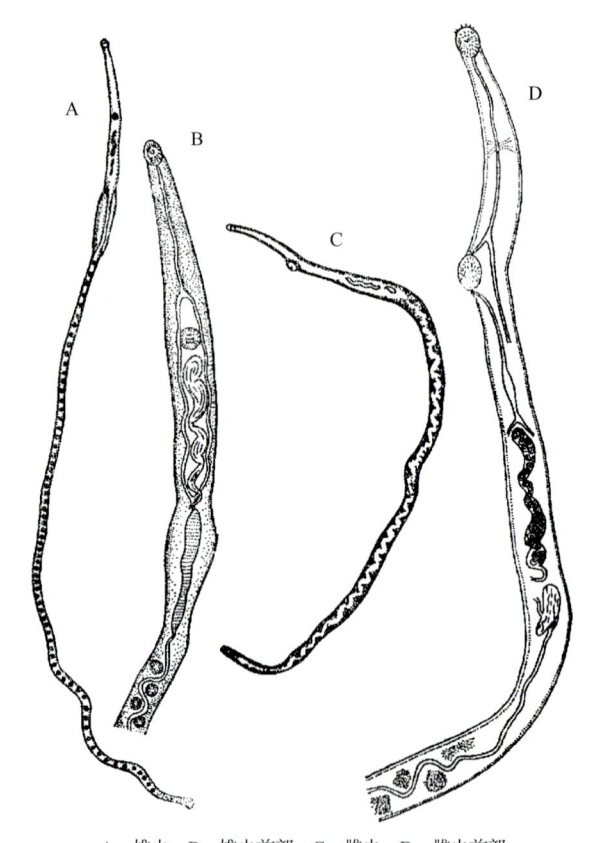

A. 雄虫；B. 雄虫前部；C. 雌虫；D. 雌虫前部

图 338　集安毛毕吸虫 *Trichobilharzia jianensis*
引 赵辉元（1996）

为 214～256 μm×65～77 μm，新月形虫卵大小为 209～239 μm×50～68 μm。

［注：刘忠等（1975，1977）分别在《吉林医科大学学报》和《动物学报》发表了本新种，中文名称为"集安毛毕吸虫"，拉丁文名称分别为 *Trichobilharzia chianensis* 和 *Trichobilharzia jianensis*，国内学者采用该种的拉丁文名称多为后者。

339 包氏毛毕吸虫 *Trichobilharzia paoi* (K'ung, Wang et Chen, 1960) Tang et Tang, 1962

【关联序号】18.4.3（45.4.3）/62。
【宿主范围】成虫寄生于鸭、鹅的门静脉、肠系膜静脉。
【地理分布】重庆、福建、广东、广西、黑龙江、湖南、吉林、江苏、江西、四川、新疆、浙江。
【形态结构】雄虫：虫体细长，体长为 5.350～7.310 mm，体宽为 0.076～0.095 mm。口吸盘在虫体前端，大小为 0.051～0.060 mm×0.043～0.060 mm，口孔位于口吸盘亚顶端。腹吸盘为圆形的实体，表面有很多小刺，常突出体外，直径为 0.051～0.060 mm。食道颇长，从口腔向后延伸，至腹吸盘前方约与口吸盘相距 1/3 处分为两肠支。肠支延伸至抱雌沟后方又汇合为一单支，左右屈曲，斜贯于睾丸之间而达虫体的后端。在食道与肠支相衔接处有类似腺体状的构造分布在食道的两旁。抱雌沟是一个很短的纵裂沟，由左右扩展的体壁向腹面拢合而成，其边缘有很多小刺，抱雌沟长 0.247～0.380 mm，宽 0.123～0.152 mm。睾丸圆形，纵列在抱雌沟的后方，并延伸至虫体后端，大小为 0.051～0.064 mm×0.043～0.060 mm，有 70～90 枚。贮精囊位于腹吸盘后方，占据腹吸盘与抱雌沟之间的虫体部位，迂回折叠，囊内充满活动的精子，贮精囊全长 0.172～0.447 mm，宽 0.038～0.055 mm。雄茎囊为膜状，内有贮精囊的后部和前列腺及射精管，雄性生殖孔开口于抱雌沟的前面。雌虫：较雄虫纤细，体长为 3.380～4.890 mm，体宽为 0.076～0.114 mm。口吸盘位于虫体顶端腹面，大小为 0.051～0.056 mm×0.038～0.051 mm。腹吸盘为椭圆形的凸出器官，具有放射状的肌肉纤维，大小为 0.030～0.043 mm×0.034～0.043 mm。食道细长，在腹吸盘前分为两肠支。两肠支延至卵巢后面又汇合为一单支，左右屈曲而达虫体后端。卵巢位于虫体前部的腹吸盘后，与腹吸盘的距离约等于腹吸盘至虫体前端的距离；卵巢大小为 0.253～0.322 mm×0.021～0.025 mm，是一个狭长的腺体，作 3 或 4 个螺旋状曲折。受精囊为圆筒状，接卵巢基部出来的输卵管，后有劳氏管与受精囊相连。卵黄腺为颗粒状的丛体，分布于受精囊后至虫体后端。子宫极短，介于卵巢与腹吸盘之间，内仅含一枚虫卵，雌性生殖孔开口于腹吸盘的后侧。虫卵呈纺锤形，中部膨大，两端较长，其一端有一小沟，虫卵大小为 236～316 μm×68～112 μm，内含毛蚴。

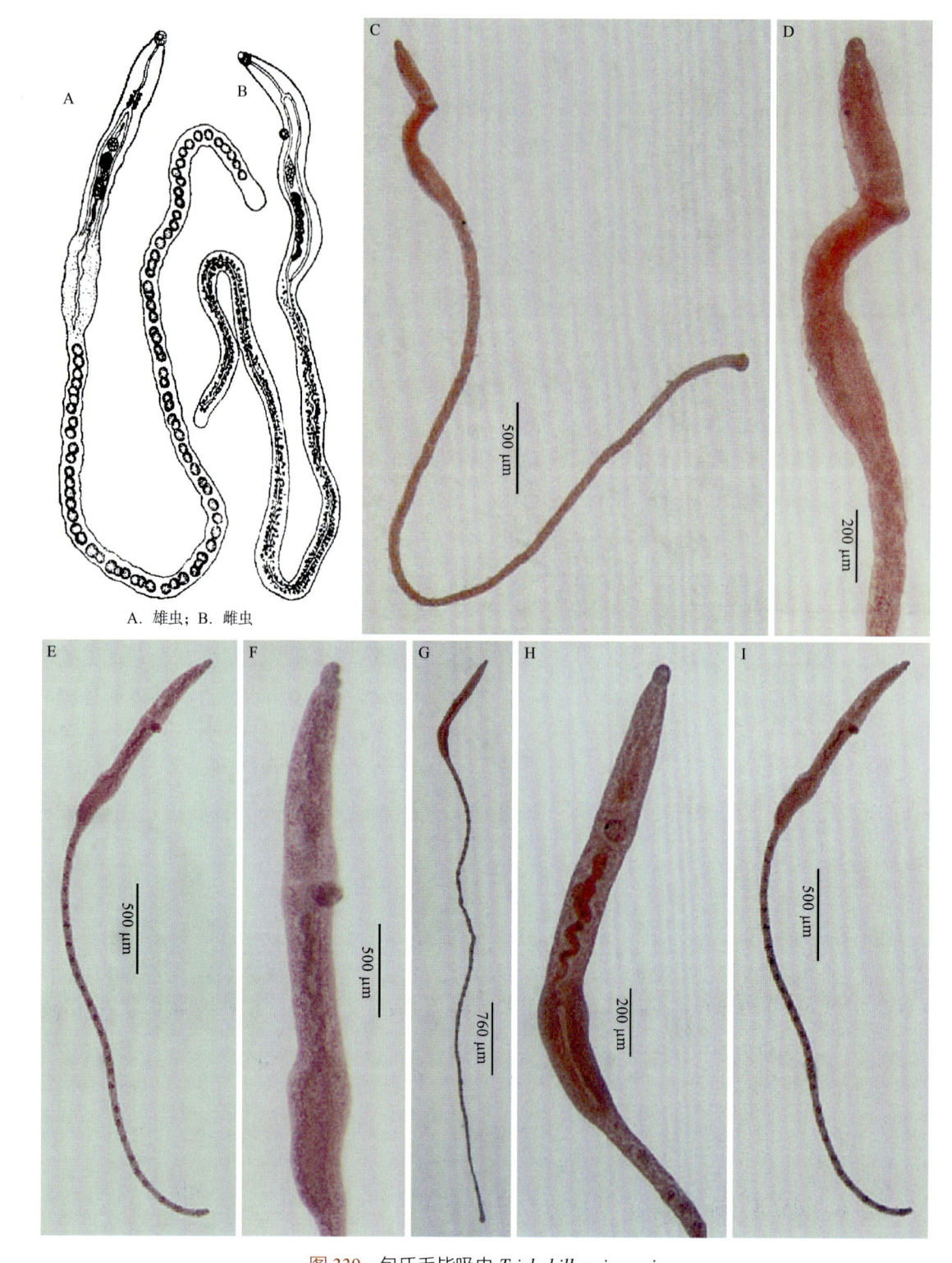

454 中国畜禽吸虫形态分类彩色图谱

A. 雄虫；B. 雌虫

图 339　包氏毛毕吸虫 *Trichobilharzia paoi*
A，B. 引 王溪云和周静仪（1986）；C～I. 原图（SHVRI：C，D / 雌虫与雌虫前部，E～I / 雄虫与雄虫前部）

340 平南毛毕吸虫　　　　　　　　*Trichobilharzia pingnana* Cai, Mo et Cai, 1985

【关联序号】18.4.5（45.4.5）/　。
【宿主范围】成虫寄生于鸭的门静脉、肠系膜静脉。
【地理分布】广西。
【形态结构】雄虫：虫体细长，体长 4.624～8.460 mm，体宽 0.069～0.152 mm。口吸盘位于虫体最前端，大小为 0.045～0.062 mm×0.045～0.049 mm，口孔位于口吸盘顶端，口吸盘底线的体宽达 0.080 mm，几乎为口吸盘横径的 2 倍。虫体在腹吸盘处迅速增宽至 0.156 mm，使前端的体形似肩锥状。腹吸盘为圆盘状，与口吸盘相差不大，距前端 0.145～0.401 mm，大小为 0.048～0.056 mm×0.052～0.059 mm。食道从口向后延展，至腹吸盘前分为两肠支。肠支延伸至抱雌沟后方又汇合为一单支，左右曲转于睾丸之间，达虫体的后端。抱雌沟起点距前端 0.478～0.775 mm，沟长 0.277～0.340 mm。睾丸为块状（大小为 0.035 mm×0.062 mm），或为圆形（直径为 0.042 mm），因虫龄而不同，单行纵列在抱雌沟的后方，延至虫体的后端，数目为 65～82 枚。贮精囊位于腹吸盘与抱雌沟之间，内、外贮精囊各作 3 次旋转，总长 0.125～0.208 mm。尾端为斧状，宽 0.083～0.110 mm。雌虫：体长 2.146～3.378 mm，体宽 0.072～0.105 mm。口吸盘开口在顶端，大小为 0.031～0.035 mm×0.041～0.045 mm。腹吸盘距虫体前端 0.201～0.208 mm，大小为 0.031～0.049 mm×0.042～0.052 mm。食道在腹吸盘前分为两肠支，肠支至卵巢后又汇合为一单支，左右屈曲延伸至虫体后端。卵巢距虫体前端 0.277～0.360 mm，长 0.138～0.201 mm，作 4 个螺旋状旋转。受精囊为圆筒状，长 0.069～0.097 mm，宽 0.028～0.038 mm。尾端呈三叶状，宽 0.071～0.104 mm。虫卵呈纺锤形，两端延长，一端呈棒状，另一端为尖顶并接弯曲小钩，虫卵大小为 139～208 μm×35～87 μm，内含毛蚴。

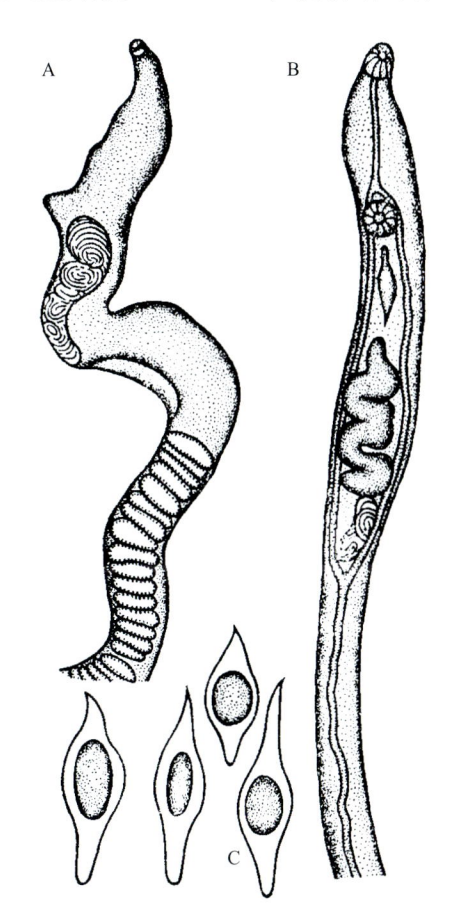

A. 雄虫前段；B. 雌虫前段；C. 各种形态虫卵

图 340　平南毛毕吸虫
Trichobilharzia pingnana
引 赵辉元（1996）

341 横川毛毕吸虫　　*Trichobilharzia yokogawai* Oiso, 1927

【宿主范围】成虫寄生于鸭的肠系膜静脉。
【地理分布】台湾。
【形态结构】雄虫虫体扁平，后端截状，虫体大小为 2.000～2.750 mm×0.096 mm。口吸盘位于虫体前端，直径为 0.020～0.030 mm，腹吸盘位于肠叉之后，直径为 0.040 mm，距虫体前端 0.325 mm。抱雌沟从腹吸盘后缘开始，至肠支汇合为止，长约 0.200 mm。食道长 0.250 mm，在腹吸盘前分为两肠支，两肠支在抱雌沟后又合为一支。睾丸为圆形，有 50～70 枚，从抱雌沟后交互排列在肠支两侧至虫体末端。贮精囊位于两肠支之间，呈 3 个扭曲状。雌虫虫体大小为 3.400～4.000 mm×0.065 mm。虫卵为纺锤形，大小为 204～238 μm×51～68 μm，排出的虫卵含已发育的毛蚴。

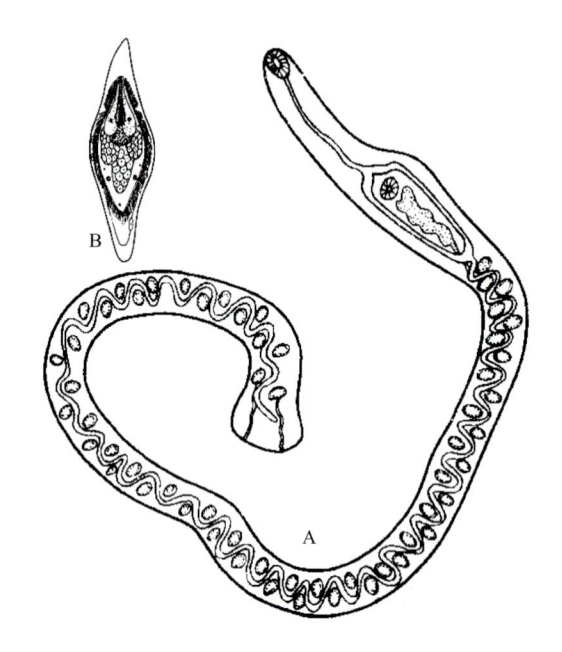

A. 雄虫；B. 虫卵

图 341　横川毛毕吸虫 *Trichobilharzia yokogawai*
引 陈淑玉和汪溥钦（1994）

24 枭形科
Strigeidae Railliet, 1919

【同物异名】新枭形科（Neostrigeidae Bisseru, 1956）。

【宿主范围】成虫寄生于禽类的肠道，偶尔寄生于哺乳动物。

【形态结构】虫体分前后两部分，前体呈杯状到管状或球状，后体通常呈圆柱状。前体有或无假吸盘，黏附器位于前体，由腹侧和背侧的裂片组成。黏附腺位于腹吸盘之后，靠近前后体交界处。具口吸盘，咽常有、偶缺，食道短。肠管长，其盲端接近虫体后端。生殖器官位于后体。睾丸前后排列，具二裂、三裂或多裂，偶尔呈肾形或心形，有时为马蹄形。缺阴茎囊和前列腺。具生殖腔，内有生殖器，生殖孔开口于虫体末端或亚末端。卵巢位于双睾丸之前，具劳氏管。卵黄腺分布于虫体的前后体，或限于后体或前体。模式属：枭形属［*Strigea* Abildgaard, 1790］。

在中国家畜家禽中已记录枭形科吸虫5属14种，本书收录5属12种，参照Gibson等（2002）编制枭形科5属的分类检索表如下。

枭形科分属检索表

1. 卵黄腺均匀地分布于前后体 ··· 2
   卵黄腺限于或主要分布于后体 ··· 3
2. 缺咽 ·· 缺咽属 *Apharyngostrigea*
   有咽 ··· 枭形属 *Strigea*
3. 前体呈杯形或球形，假吸盘不明显，卵黄腺限于后体，黏附器叶片状 ····· 4
   前体呈杯状，假吸盘明显，卵黄腺可至前体基部 ····································
   ··· 拟枭形属 *Pseudostrigea*
4. 前体呈球形，黏附腺分散，生殖球突出于生殖腔 ········· 杯尾属 *Cotylurus*
   生殖锥小，不突出或略突出于生殖腔 ··················· 异幻属 *Apatemon*

24.1 异幻属

Apatemon Szidat, 1928

【宿主范围】成虫寄生于禽类的肠道。

【形态结构】虫体分为两部分，前体为漏斗形、杯形或球状形，后体呈梭形、亚肾形或圆柱形，稍有弯曲。口吸盘和腹吸盘发育良好，腹吸盘大于口吸盘，具咽。睾丸前后排列于虫体后半部，卵巢为肾形或卵圆形。卵黄腺分布于后体，局限在腹面和侧腹面区域。受精囊位于后睾丸的背面。子宫延伸到卵巢之前。生殖腔小，位于虫体末端，基部无肌环，生殖锥不突出或略突出于生殖腔。两性管由子宫远端部分和射精管组成，开口于生殖腔。模式种：优美异幻吸虫 [*Apatemon gracilis* (Rudolphi, 1819) Szidat, 1928]。

342 鸭异幻吸虫　　　　　　　　　　*Apatemon anetinum* Chen, 2011

【宿主范围】成虫寄生于鸭的小肠。

【地理分布】湖南。

【形态结构】虫体全长 1.139～1.313 mm，分前后两部分。前体呈圆球形，光滑，大小为 0.469～0.576 mm×0.603 mm，明显大于后体，有口吸盘、咽、腹吸盘、黏附腺等。口吸盘为扁圆形，大小为 0.112～0.116 mm×0.070～0.081 mm。咽甚小，紧接口吸盘或贴在口吸盘之下，大小为 0.036～0.040 mm×0.050～0.056 mm。食道短，分叉后的两肠支沿腹吸盘和黏附腺两侧向后延伸，终止于生殖腔两侧。腹吸盘呈圆形，直径为 0.132～0.139 mm。黏附器位于前体亚前端的腹面，即口吸盘和咽处，形似圆口袋，当黏附器伸出时，呈粗大的舌状，弯向一侧，长度达 0.229 mm，宽度为 0.134 mm。具有明显的饰带围绕口吸盘，口吸盘和咽在其底部，大小为 0.214～0.397 mm×0.286～0.458 mm。黏附腺位于腹吸盘之后，由致密的腺细胞团块组成两大瓣，中间有纵行裂缝，大小为 0.214～0.286 mm×0.200～0.329 mm。后体呈椭圆形，大小为 0.670～0.733 mm×0.402～0.426 mm，有雌雄生殖器官。睾丸较大，形态各异、大小不等，前后排列于后体的中部；前睾丸多数呈哑铃状或肾形或两端极不对称，大小为 0.148～

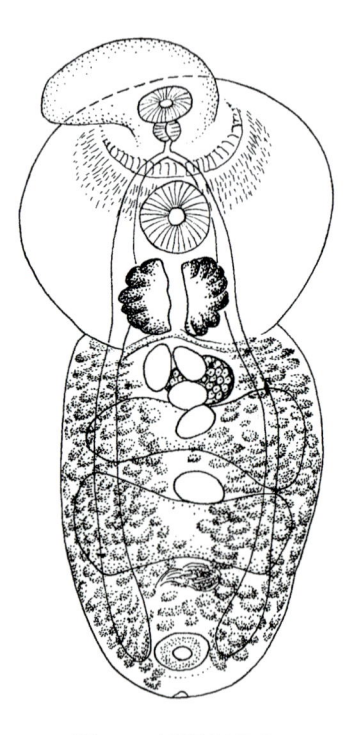

图 342　鸭异幻吸虫
Apatemon anetinum
引 成源达（2011）

0.161 mm×0.175~0.402 mm；后睾丸呈哑铃状，较前睾丸大，大小为0.214~0.228 mm×0.355~0.402 mm。贮精囊呈袋状，较小，位于后睾丸之后。卵巢呈卵圆形，位于前睾丸之前，紧靠前睾丸，大小为0.066~0.076 mm×0.132~0.139 mm。生殖腔开口于后体亚末端的腹面，距末端0.066~0.077 mm。卵黄腺为粗滤泡团块状，仅分布于后体，达亚末端。子宫从卵巢和睾丸腹面向后行至生殖腔，子宫中的虫卵数一般为1~6枚。虫卵大小为89~107 μm×53~59 μm。

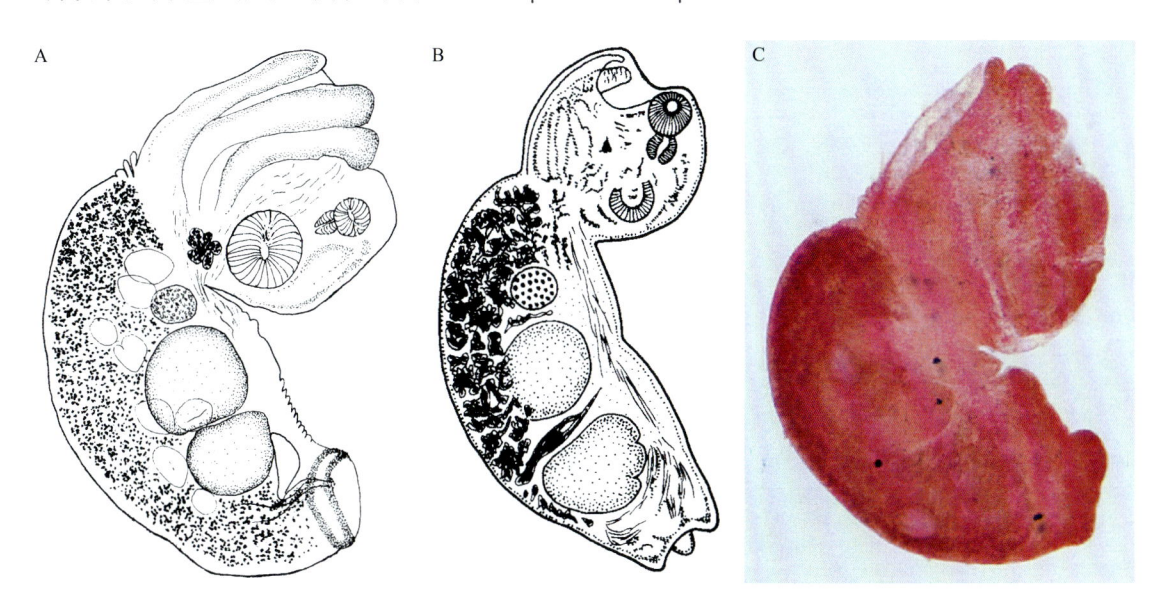

343 圆头异幻吸虫 *Apatemon globiceps* Dubois, 1937

【关联序号】15.1.1（46.1.1）/40。
【宿主范围】成虫寄生于鸡、鸭的小肠。
【地理分布】重庆、广东、广西、四川。
【形态结构】虫体全长2.228~2.455 mm，分前后两部分。前体呈球形，大小为0.681~0.825 mm×0.495~0.619 mm，有口吸盘、咽、腹吸盘。口吸盘位于前体前缘，近圆形，大小为0.067~0.180 mm×0.080~0.120 mm。咽紧接口吸盘之后，大小为0.097 mm×0.090 mm。腹吸盘位于前体的后1/2部，大于口吸盘，大小为0.168~0.194 mm×0.134~0.261 mm。黏附器不明显，缺黏附腺。后体为长圆形，稍有弯曲，大小为1.403~1.692 mm×0.557~0.660 mm，有雌雄生殖器官。睾丸2枚，前后排列于后体的中后部；前睾丸呈类圆形，大小为0.275~0.382 mm×0.342~0.402 mm；后睾丸略呈三角形，稍分叶，大小为0.322~0.409 mm×0.369~0.436 mm。卵巢呈圆形，位于前睾丸之前，大小为0.117~0.133 mm×0.157~0.183 mm。卵黄腺发达，分布于后体。生殖孔开口于生殖腔，生殖腔位于后体末端，其基部无环肌，生殖锥略突出或不突出于生殖腔。虫卵大小为99~104 μm×65~82 μm。

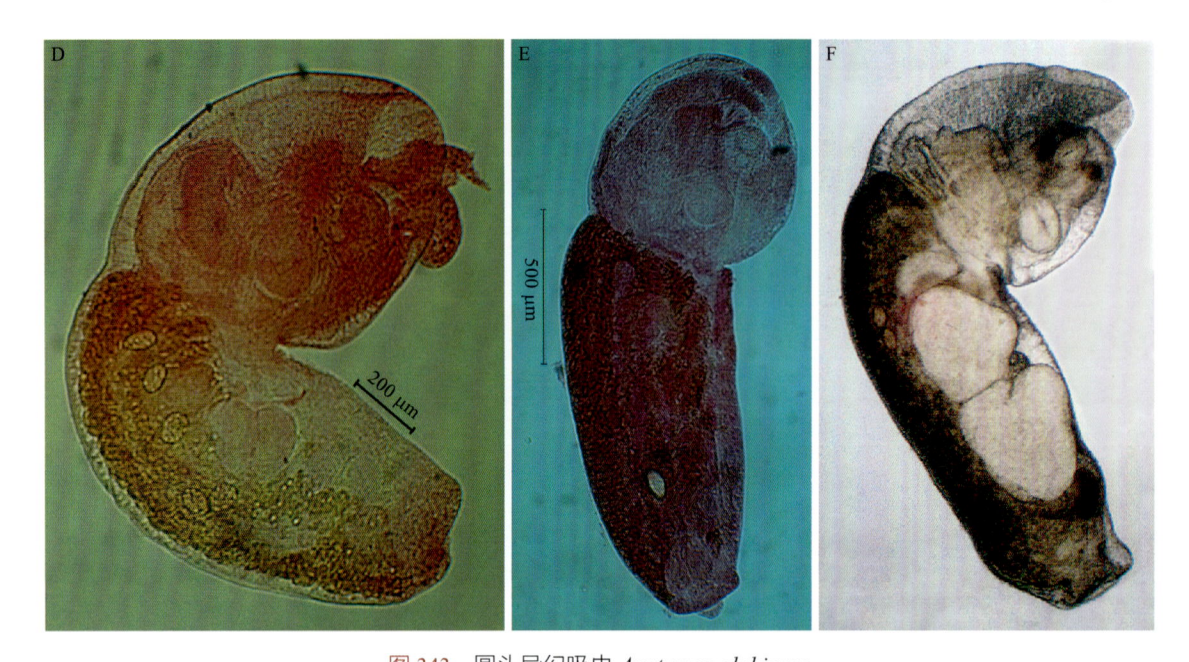

图 343　圆头异幻吸虫 *Apatemon globiceps*
A. 引黄兵等（2006）；B. 引陈淑玉和汪溥钦（1994）；C. 原图（SHVRI）；D、E. 原图（SASA）；F. 原图（FAAS）

344　优美异幻吸虫　　*Apatemon gracilis* (Rudolphi, 1819) Szidat, 1928

【关联序号】15.1.2（46.1.2）/41。

【宿主范围】成虫寄生于鸡、鸭、鹅的小肠。

【地理分布】安徽、重庆、福建、广东、广西、贵州、湖南、江苏、江西、宁夏、陕西、四川、新疆、云南、浙江。

【形态结构】虫体全长 1.230～2.200 mm，弯曲或伸直，分前后两部分。前体呈囊状，前端平，大小为 0.400～0.620 mm×0.320～0.620 mm，长约占虫体全长的 1/3，有口吸盘、咽、腹吸盘、黏附器、黏附腺。口吸盘呈圆形，位于前体前端，大小为 0.070～0.110 mm×0.080～0.110 mm。咽小，一般不易见到，位于口吸盘之后，大小为 0.077 mm×0.045 mm。腹吸盘较大，位于前体的中部，大小为 0.112～0.190 mm×0.112～0.180 mm。黏附器呈舌状或叶片状，分为内外两叶，一般内叶较长，外叶较短。黏附腺不发达，呈小型花瓣状，位于前后体交界处。后体呈长圆柱形或亚肾形，大小为 0.752～1.220 mm×0.272～0.660 mm，有雌雄生殖器官。睾丸 2 枚，前后排列于后体的后半部或中部偏后；前睾丸呈球形或卵圆形，大小为 0.144～0.280 mm×0.176～0.280 mm；后睾丸较大，常呈三角形，大小为 0.208～0.272 mm×0.176～0.336 mm。贮精囊呈弯曲的袋状，位于后睾丸之后的背面，开口于生殖腔。卵巢呈卵圆形，位于前睾丸的前方，大小为 0.080～0.150 mm×0.080～0.160 mm。卵黄腺发达，分布于整个后体的腹面。子

| 24 枭形科 | 461

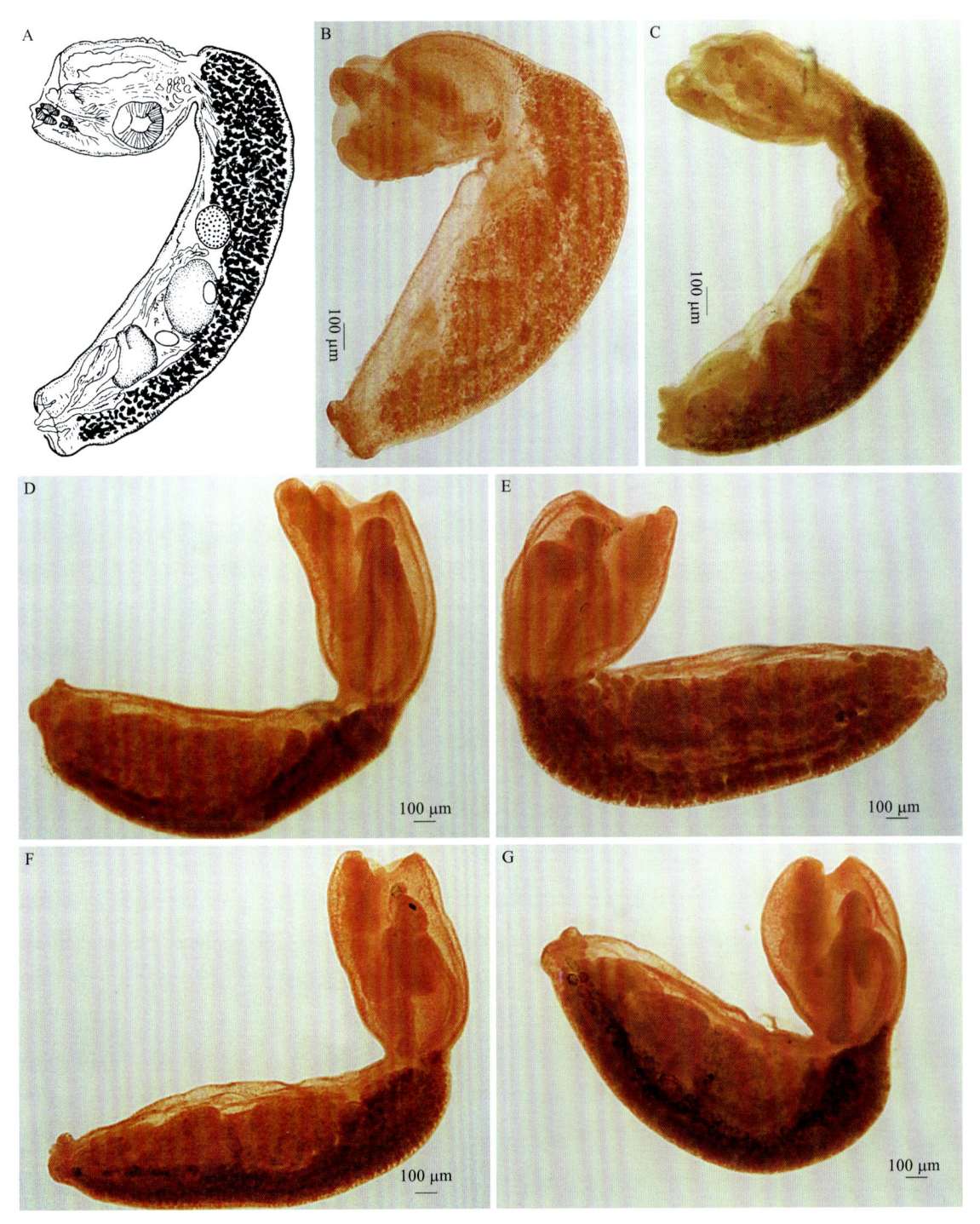

图 344-1　优美异幻吸虫 *Apatemon gracilis*
A. 引 陈淑玉和汪溥钦（1994）；B～G. 原图（SHVRI）

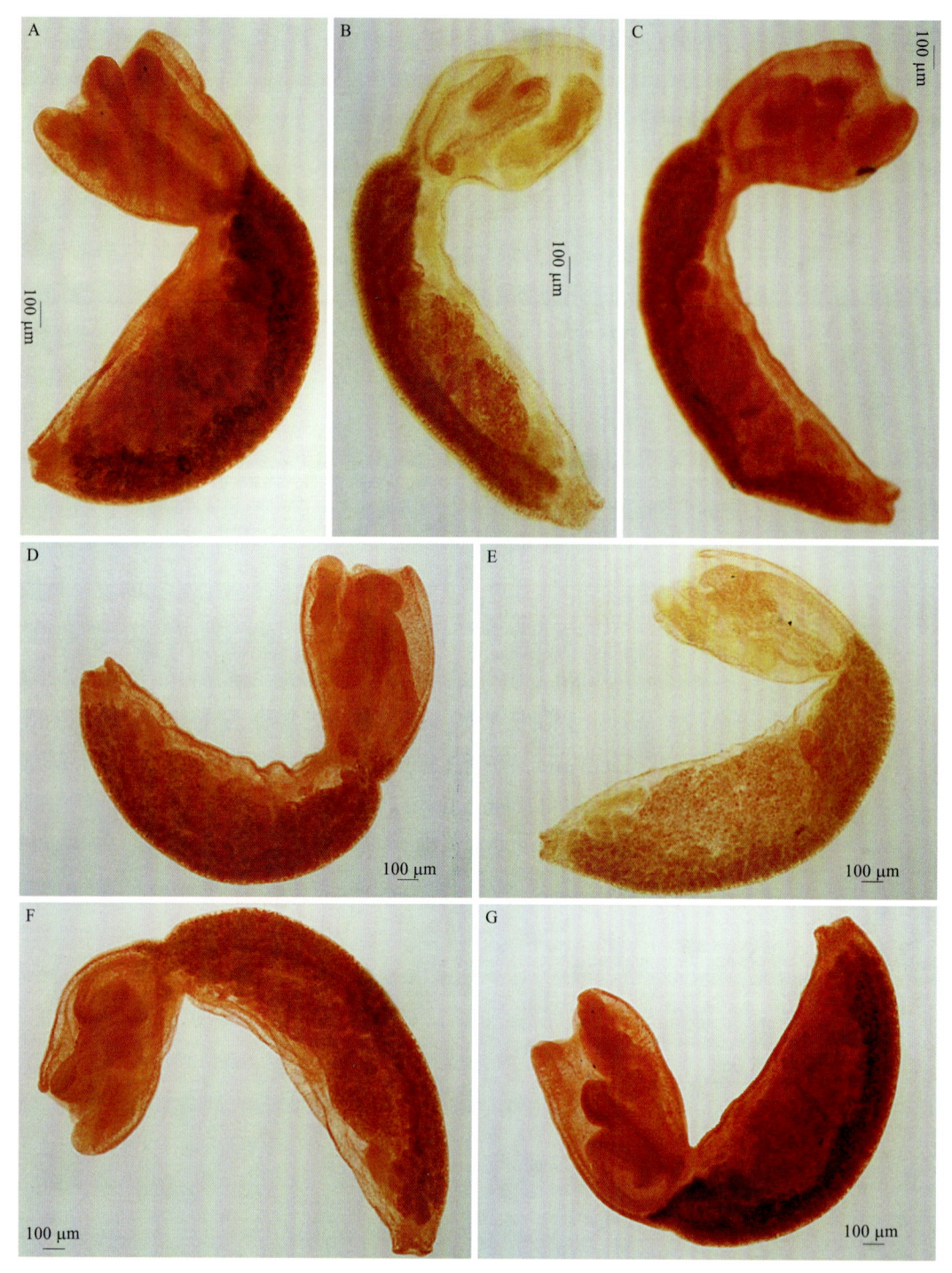

图 344-2 优美异幻吸虫 *Apatemon gracilis*
A~G. 原图（SHVRI）

宫发达，末端与射精管末端相汇合而形成两性管，通入由结缔组织构成的生殖腔，开口于生殖孔。虫卵为卵圆形，大小为 90～105 μm×65～73 μm。

345 日本异幻吸虫　　　　　　　　　　　　　　　*Apatemon japonicus* Ishii, 1934

【关联序号】15.1.3（46.1.3）/42。
【宿主范围】成虫寄生于鸭的小肠。
【地理分布】四川。
【形态结构】虫体全长 2.400～3.300 mm，呈弓形，腹侧较背侧短，分前后两部分。前体呈漏斗形，其前端形如被刀切，大小为 0.920～1.300 mm×0.440～0.600 mm，有口吸盘、咽、腹吸盘、黏附腺等。口吸盘为圆形，位于前体前端，直径为 0.100～0.160 mm；咽紧接口吸盘，直径为 0.070～0.080 mm。腹吸盘位于前体中线之后，其直径为 0.160～0.200 mm。黏附腺位于前后体交界处。后体呈圆筒形，大小为 1.300～2.000 mm×0.400～0.640 mm，有雌雄生殖器官。睾丸 2 枚，呈椭圆形或近三角形，前后排列于后体的中部，大小为 0.260～0.340 mm×0.200～0.300 mm，前睾丸常比后睾丸大。卵巢呈椭圆形，位于前睾丸之前，横卧于后体的前 1/4 处，大小为 0.150～0.200 mm×0.160～0.220 mm。卵黄腺发达，分布于整个后体的腹面。虫卵大小为 87～92 μm×55～64 μm。

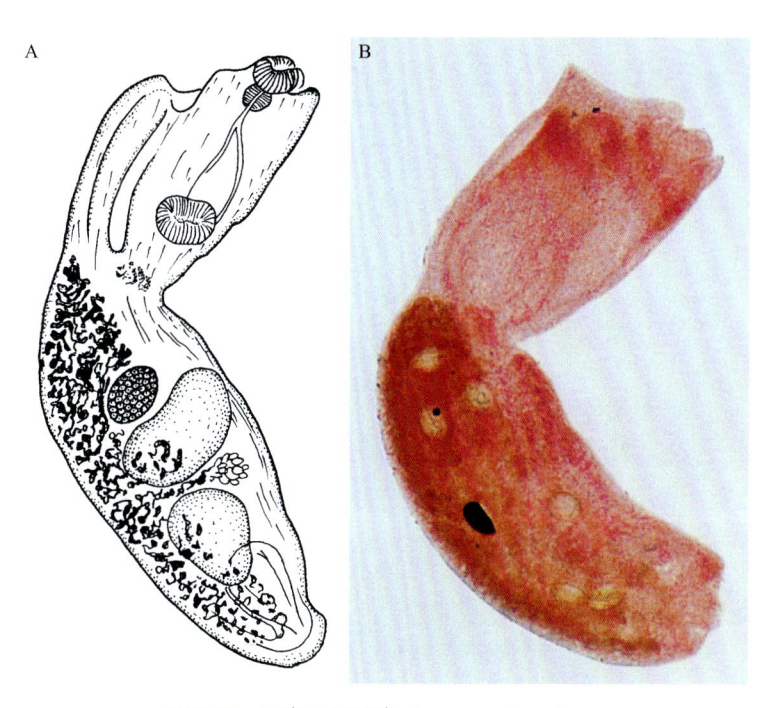

图 345　日本异幻吸虫 *Apatemon japonicus*
A. 引黄兵等（2006）；B. 原图（SHVRI）

346 小异幻吸虫　　　　　　　　　　　　　　*Apatemon minor* **Yamaguti, 1933**

【关联序号】15.1.4（46.1.4）/43。

【宿主范围】成虫寄生于鸡、鸭、鹅的小肠。

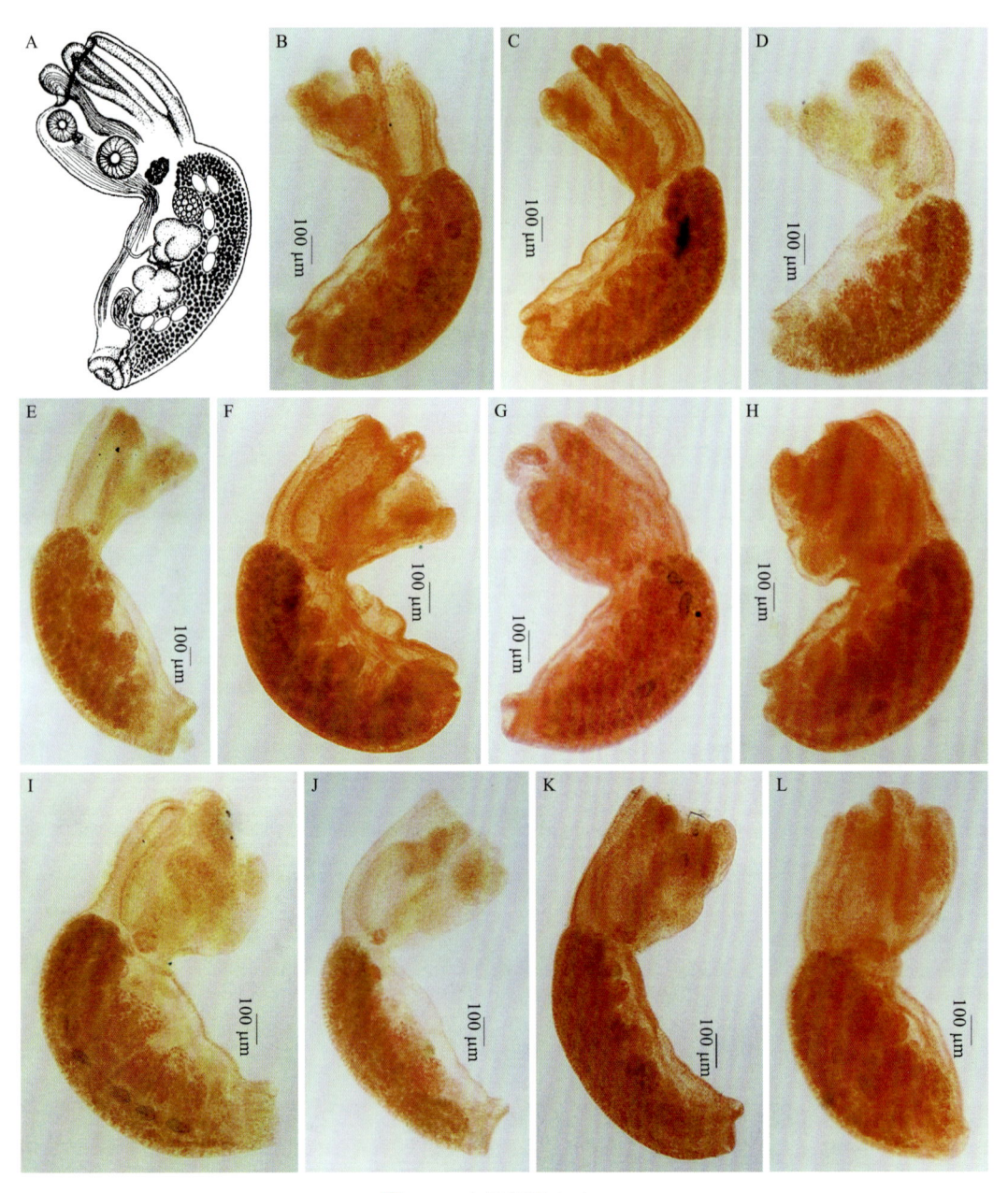

图 346　小异幻吸虫 *Apatemon minor*
A. 引 王溪云和周静仪（1986）；B～L. 原图（SHVRI）

【地理分布】安徽、重庆、广东、广西、湖南、江西、宁夏、陕西、四川、云南。

【形态结构】虫体较小而粗短，体弯曲，呈豆点状，分前后两部分，全长 0.780～1.440 mm。前体发达，大小为 0.290～0.510 mm×0.290～0.460 mm，其长度约为后体的 1/2，有口吸盘、咽、腹吸盘、黏附器、黏附腺。口吸盘呈圆形，位于虫体亚前端，大小为 0.090～0.120 mm×0.090～0.130 mm。咽小，紧接口吸盘，大小为 0.045 mm×0.041 mm，有时不明显。腹吸盘呈圆形，位于前体的中部，大小为 0.130～0.150 mm×0.130～0.160 mm。具有内外两叶黏附器，在前体前端的开口处向外伸出。黏附腺较大，呈多瓣状，位于前后体交界处。自口吸盘、腹吸盘之后伸出许多丝状的肌纤维，向后体的背面延伸，几乎达虫体的后部。后体呈圆锥形，大小为 0.490～0.950 mm×0.270～0.460 mm，分布有雌雄生殖器官，后体末端呈钵状，无肌质的生殖球。睾丸 2 枚，呈分瓣状，前后排列于后体的中部，前睾丸大小为 0.130～0.170 mm×0.150～0.190 mm，后睾丸大小为 0.120～0.170 mm×0.130～0.150 mm，后睾丸常小于前睾丸。贮精囊位于后睾丸的后背，呈袋状，射精管与子宫末端相汇合后进入肌质的生殖锥。卵巢近乎球形，位于黏附腺和前睾丸之间，大小为 0.080～0.100 mm×0.110～0.130 mm。卵黄腺由小型球状滤泡团块组成，充满整个后体的腹面，前端不进入前体。子宫不发达，虫卵数少。虫卵大小为 88～118 μm×56～78 μm。

347　透明异幻吸虫　　*Apatemon pellucidus* Yamaguti, 1933

【关联序号】15.1.5（46.1.5）/　。

【宿主范围】成虫寄生于鸭的小肠。

【地理分布】湖南、江西。

【形态结构】虫体前体较宽短，后体较窄而略长，前体与后体之比约为 2:3，全长 1.650～1.820 mm。前体似杯状，大小为 0.520～0.710 mm×0.310～0.450 mm，有口吸盘、咽、腹吸盘、黏附器、黏附腺。口吸盘呈圆形，位于前体的亚前端，直径为 0.120～0.130 mm。咽小，直径为 0.050～0.060 mm。腹吸盘为圆形，位于前体的中部，大小为 0.150～0.170 mm×0.150～0.170 mm。内外两叶黏附器较粗短，常于前端的开口部伸出。黏腺小，位于前后体之间。后体大小为 0.940～1.220 mm×0.320～0.420 mm，分布有雌雄生殖器官。睾丸 2 枚，前后排列于后体的中部，呈不规则的分叶状或略有凹陷，前睾丸大小为 0.150～0.250 mm×0.140～0.200 mm，后睾丸大小为 0.160～0.210 mm×0.150～0.230 mm。贮精囊位于后睾丸之后的背面，呈弯曲的长袋状，长 0.210～0.230 mm，其末端的射精管与子宫末段汇合成两性管进入生殖锥，开口于生殖腔内。卵巢较大，呈球状，位于前睾丸之前，大小为

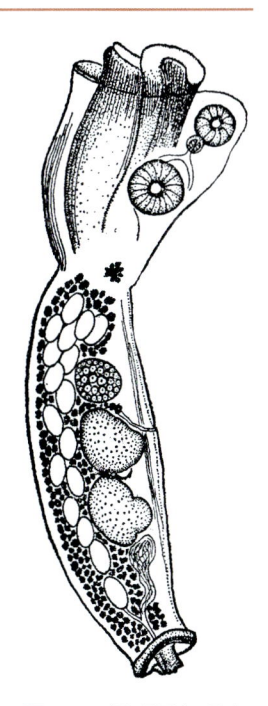

图 347　透明异幻吸虫
Apatemon pellucidus
引 王溪云和周静仪（1993）

0.130～0.150 mm×0.130～0.160 mm。卵黄腺布满整个后体的腹面，子宫末段进入肌质的可以伸缩的生殖锥，生殖锥有时可外翻伸出生殖腔之外。虫卵大小为 82～92 μm×58～63 μm。

24.2 缺咽属
Apharyngostrigea Ciurea, 1927

【同物异名】瑞德沃属（*Ridgeworthia* Verma, 1936）。

【宿主范围】成虫寄生于禽类的肠道。

【形态结构】虫体分为前后两部分，前体为卵圆形、梨形或杯形，后体为圆柱形到棒形，其背部弯曲，在接近生殖腔处收缩变窄。口吸盘和腹吸盘发育不良，缺咽。睾丸呈多叶状。卵巢为肾形，位于后体的近中部。卵黄腺发达，在前体延伸到体壁的背面、侧面和伸入黏附器（主要是背叶），在后体可到达生殖腔。生殖锥前 1/3 处包含着由子宫和射精管汇合而成的两性管，生殖锥或多或少地突出于生殖腔，生殖腔的肌肉环不明显。模式种：角状缺咽吸虫［*Apharyngostrigea cornu* (Zeder, 1800) Ciurea, 1927］。

348 角状缺咽吸虫 *Apharyngostrigea cornu* (Zeder, 1800) Ciurea, 1927

【关联序号】15.4.1（46.2.1）/ 47。

【同物异名】变异全口吸虫（*Holostomum variabile* Nitzsch, 1819）；双叶咽枭形吸虫（*Apharyngostrigea bilobata* Olsen, 1940）。

【宿主范围】成虫寄生于鸭的小肠。

【地理分布】安徽。

【形态结构】虫体长 2.800～3.800 mm，分为前后两部分，前后体的长度之比约为 1∶2.5。前体呈梨状或杯状，较后体粗大，常向背面呈弓状弯曲，大小为 0.830～1.250 mm×0.870～0.950 mm，有口吸盘、腹吸盘、黏附器、黏附腺等，缺咽，食道和肠支不甚发育。虫体前端具有较大的开口，口吸盘位于前体腹面的顶端，呈浅盘状，大小为 0.160～0.180 mm×0.140～0.180 mm。腹吸盘位于前体的中部或稍后

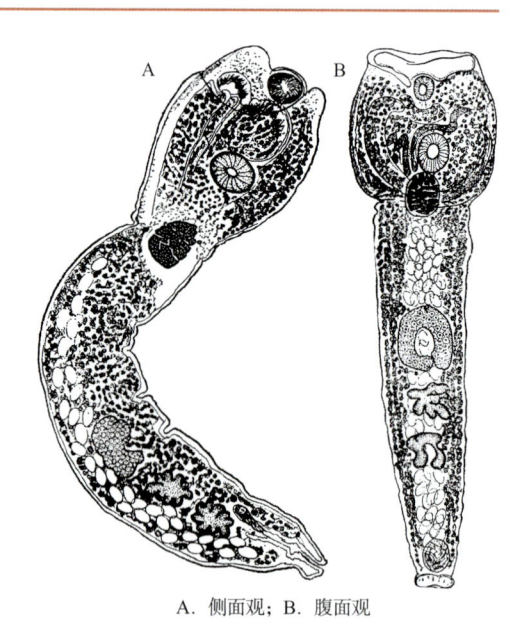

A. 侧面观；B. 腹面观

图 348 角状缺咽吸虫 *Apharyngostrigea cornu*
A，B. 引 王溪云和周静仪（1993）

方，大于口吸盘，大小为 0.190～0.240 mm×0.180～0.250 mm。黏附器由两个大的叶状物组成，前端钝圆或略带波状，一般不伸出前端。黏附腺位于前后体之间，由 20 余个较结实的腺体组成心形或椭圆形团块，大小为 0.200～0.240 mm×0.190～0.210 mm。后体较前体略窄，尾部收缩，终端具有略向外翻的钵状生殖腔，生殖孔位于尾端的中部，后体大小为 2.240～2.720 mm×0.520～0.580 mm，分布有生殖器官，在活体或用乙醇固定后，后体一般均向背面卷折。睾丸 2 枚，前后排列于后体的后 1/2 处，呈多叶深分支状；前睾丸位于卵巢与后睾丸之间，大小为 0.210～0.230 mm×0.180～0.240 mm；后睾丸后缘距虫体末端 4.200～6.600 mm，大小为 0.200～0.220 mm×0.190～0.220 mm。贮精囊为圆形或椭圆形，位于后睾丸的后背部或生殖腔的前部，射精管与子宫末端相连接。卵巢位于后体的正中部，呈马蹄形，侧面观呈肾形，大小为 0.320～0.360 mm×0.250～0.320 mm。卵黄腺由大量的小型球状滤泡组成，分布于前后体，自口吸盘的后缘水平处开始，向虫体的整个组织扩散，在黏附腺及后端部分较稀疏。子宫较发达，子宫环褶从卵巢和前睾丸之间发出，先盘曲上升至黏附腺后缘而后行，经卵巢、睾丸的腹面而到达虫体的末端，最后开口于生殖孔。虫卵多，大小为 90～112 μm×54～70 μm。

［注：该吸虫在江西多种野禽的肠道中检出。］

24.3 杯尾属
Cotylurus Szidat, 1928

【同物异名】漏复口属（*Choanodiplostomum* Vigueras, 1944）；杯枭属（*Cotylurostrigea* Sudarikov, 1961）。

【宿主范围】成虫寄生于禽类的肠道。

【形态结构】虫体分为前后两部分，前体为球形、亚球形或杯形，具叶片状的黏附器，后体呈囊状、肾形或梭形，稍呈弓形弯曲。具假吸盘、口吸盘、腹吸盘和咽。睾丸纵列于后体的中部，卵巢为圆形或肾形。卵黄腺多限于后体的腹面和侧面，可伸入前体壁或黏附器。生殖腔为袋状，开口于亚末端背面，内有可伸缩的生殖球，生殖球多突出于生殖腔。缺生殖锥，生殖孔位于生殖球基部小突起的顶端。模式种：角杯尾吸虫［*Cotylurus cornutus* (Rudolphi, 1808) Szidat, 1928］。

349 角杯尾吸虫
Cotylurus cornutus (Rudolphi, 1808) Szidat, 1928

【关联序号】15.2.1（46.3.1）/44。

【同物异名】角对盘吸虫（*Amphistoma cornutus* Rudolphi, 1808）；角枭形吸虫（*Strigea cornutus* (Rudolphi, 1808) Nicoll, 1923）。

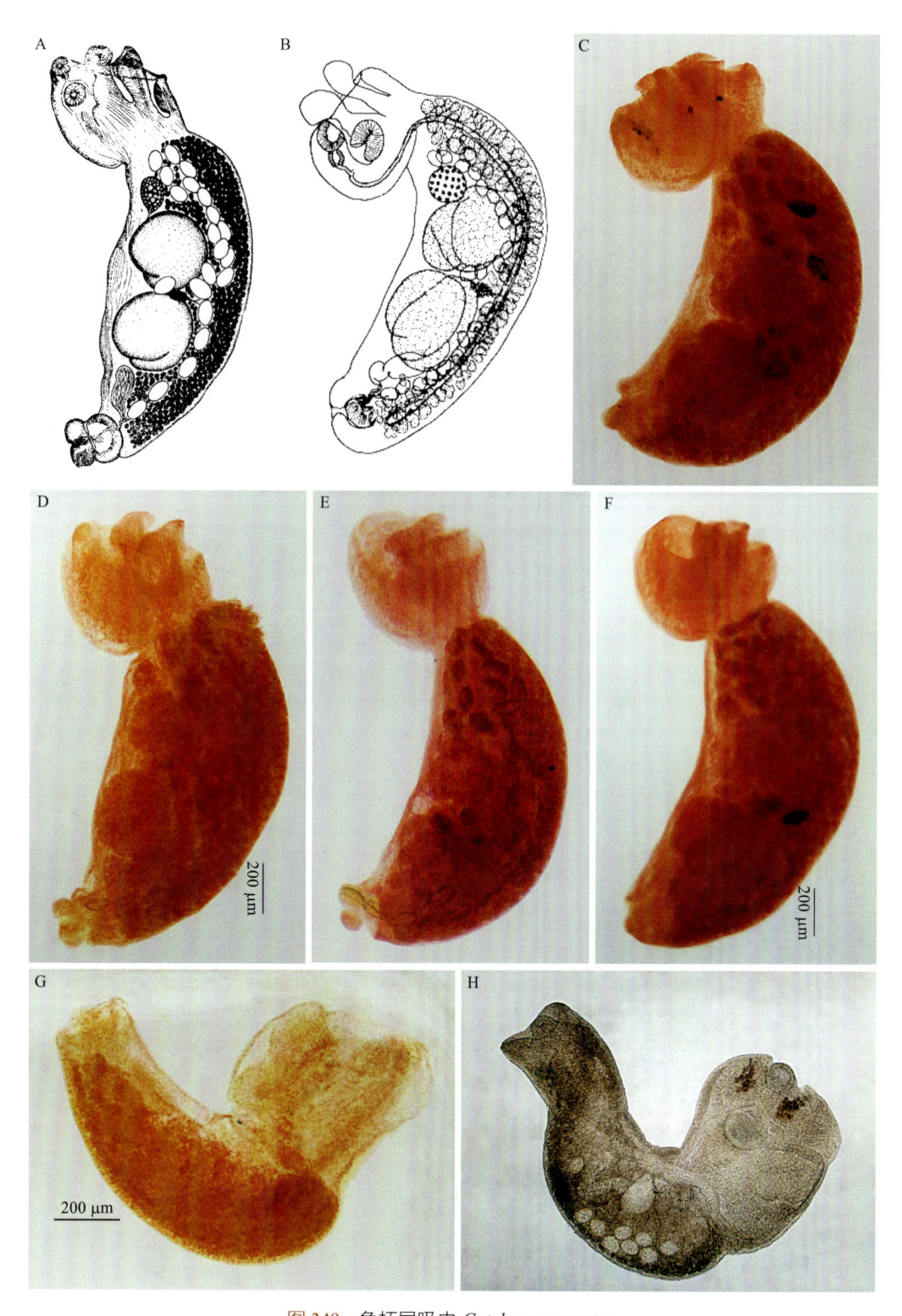

图 349　角杯尾吸虫 *Cotylurus cornutus*
A. 引王溪云和周静仪（1986）；B. 引 Gibson 等（2002）；C～G. 原图（SHVRI）；H. 原图（FAAS）

【宿主范围】成虫寄生于鸡、鸭、鹅的小肠。

【地理分布】安徽、重庆、福建、广东、广西、贵州、河南、湖南、江苏、江西、宁夏、陕西、四川、云南、浙江。

【形态结构】虫体全长 1.320~2.220 mm，分前后两部分，前体明显短于后体。前体呈杯状，大小为 0.520~0.620 mm×0.510~0.590 mm，有口吸盘、咽、腹吸盘、黏附器。前体前端的空腔开口较宽，常呈斜削状，内外两叶黏附器较粗大，常伸出腔外。口吸盘呈圆盘状，位于前体的背端，大小为 0.060~0.080 mm×0.055~0.078 mm。咽小，紧接口吸盘。腹吸盘距咽很近，大小为 0.100~0.120 mm×0.105~0.133 mm。后体呈弯月状，大小为 1.420~1.680 mm×0.430~0.650 mm，分布有雌雄生殖器官。睾丸 2 枚，较粗大，前后排列于后体的中部，呈圆形或略分叶状，前睾丸大小为 0.320~0.350 mm×0.280~0.340 mm，后睾丸大小为 0.310~0.370 mm×0.320~0.380 mm。贮精囊呈弯曲的袋状，位于后睾丸之后，偏向背侧，大小为 0.210~0.280 mm×0.080~0.120 mm。卵巢为圆形或椭圆形，位于前睾丸之前，大小为 0.120~0.150 mm×0.110~0.130 mm。卵黄腺由中小型的球状滤泡团块组成，充塞于整个后体的腹面，不进入前体。子宫不发达，其末端与射精囊相汇合成两性管，进入肌质的生殖球内，开口于生殖腔。生殖腔的外周由环形的肌纤维环绕，生殖球有时可伸出生殖腔之外。虫卵呈长椭圆形，大小为 90~106 μm×63~73 μm。

350 日本杯尾吸虫 *Cotylurus japonicus* Ishii, 1932

【关联序号】15.2.3（46.3.3）/45。

【宿主范围】成虫寄生于鸡、鸭、鹅的小肠。

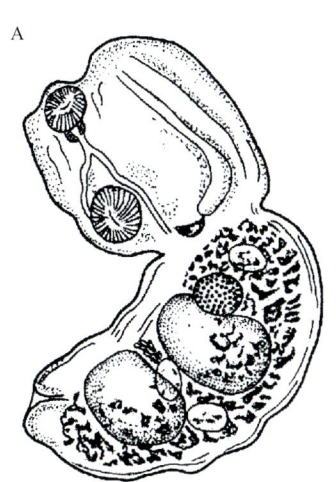

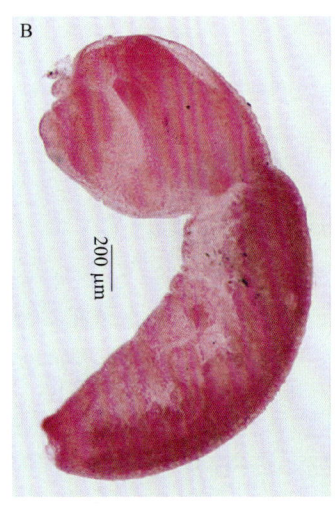

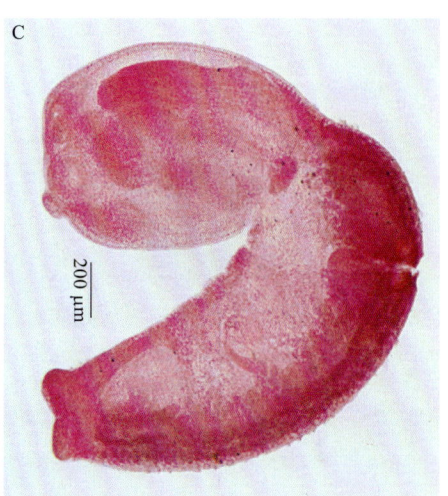

图 350 日本杯尾吸虫 *Cotylurus japonicus*
A. 引黄兵等（2006）；B，C. 原图（SHVRI）

【地理分布】重庆、湖南、四川。

【形态结构】虫体全长 1.300～2.000 mm，分为前后两部分。前体呈半球形或杯形，大小为 0.500～0.860 mm×0.420～0.820 mm，有口吸盘、咽、腹吸盘、黏附器、黏附腺。口吸盘为圆形，位于前体侧面前缘，直径为 0.090～0.160 mm。咽紧接口吸盘的后缘，直径约为 0.060 mm。腹吸盘位于前体中部水平线的腹面，距口吸盘 0.180～0.310 mm，稍大于口吸盘，大小为 0.100～0.150 mm×0.110～0.220 mm。两叶黏附器较短，位于前体中间，不突出于前体前缘。黏附腺位于前后体交界处。后体向背面弯曲，呈圆柱形或肾形，大小为 0.800～1.140 mm×0.440～0.650 mm，分布有雌雄生殖器官。睾丸 2 枚，前后排列于后体中部，呈球形，前睾丸大小为 0.180～0.230 mm×0.180～0.230 mm，后睾丸大小为 0.110～0.150 mm×0.100～0.140 mm。卵巢位于前睾丸的前缘，呈椭圆形，大小为 0.090～0.110 mm×0.090～0.120 mm。卵黄腺分布于后体腹面，前起自黏附腺后缘，后至虫体末端。子宫不发达，盘曲于卵巢和睾丸的背面与侧面，内含数个较大的虫卵，子宫末端与射精管汇合成两性管，进入球状肌质的生殖锥，开口于生殖腔内。虫卵大小为 106～115 μm×74～78 μm。

24.4 拟枭形属
Pseudostrigea Yamaguti, 1933

【宿主范围】成虫寄生于水禽类的肠道。

【形态结构】前体呈杯状，两侧具有明显的假吸盘；后体呈圆柱状，或多或少向背部弯曲。口吸盘、咽和腹吸盘均很发达，位于前体。黏附器由内外两叶组成，黏附腺较粗大而明显。睾丸 2 枚，前后排列于后体，具或浅或深的刻状分叶。贮精囊大，呈袋状，位于睾丸之后的体背侧，其后端与子宫末端一起形成两性管，开口于生殖腔。生殖腔具有由结缔组织形成的生殖锥。卵巢为圆形，位于前睾丸之前。卵黄腺分布于后体，有时可延伸至黏附腺之前。劳氏管开口于前睾丸背侧水平处。子宫可伸展到卵巢之前。模式种：隼拟枭形吸虫 [*Pseudostrigea buteonis* Yamaguti, 1933]。

［注：Gibson 等（2002）将此属列为异幻属（*Apatemon* Szidat, 1928）的同物异名。］

351 家鸭拟枭形吸虫　　*Pseudostrigea anatis* Ku, Wu, Yen, et al., 1964

【关联序号】15.3.1（46.4.1）/ 。

【同物异名】鸭拟枭形吸虫。

【宿主范围】成虫寄生于鸭小肠。

【地理分布】安徽、河南、湖北、江苏、浙江。

【形态结构】虫体全长 3.900~4.620 mm，分为前后两部分，后体长于前体，前后体长之比约为 2∶3。前体呈杯形，大小为 1.500~1.800 mm×1.000~1.300 mm。在前体前端的两侧各有一侧吸盘窝（假吸盘），连有许多纵行向后的肌肉纤维。口吸盘位于虫体前端，大小为 0.150~0.270 mm×0.150~0.230 mm。咽发达，大小为 0.120~0.130 mm×0.130~0.170 mm。腹吸盘位于前体中部，略大于口吸盘，直径为 0.270~0.300 mm。黏附器位于前体的腹吸盘与黏附腺的背部、腹部，前端伸于侧吸盘窝与腹吸盘之间，外叶两片为瓶形，内叶一片较外叶狭而短。在腹吸盘之后、前体的后缘有由一簇瓣状组成略呈心形的黏附腺，大小为 0.350 mm×0.380 mm。后体呈圆筒形，大小为 2.400~2.820 mm×1.000~1.050 mm，分布有雌雄生殖器官。睾丸 2 枚，前后排列于后体的后 1/2 处，前睾丸大小为 0.360 mm×0.330 mm，后睾丸大小为 0.400 mm×0.450~0.500 mm。贮精囊大，呈弯曲囊状，位于后睾丸之后的虫体背部，后与子宫末端一起形成两性管，开口于生殖腔。卵巢为类圆形，位于前睾丸之前、后体的前 1/3 处，大小为 0.220~0.230 mm×0.280~0.300 mm。卵黄腺发达，几乎布满后体的整个腹部，前至黏附腺水平，向后达生殖锥前部。子宫在虫体后部略有曲折，在射精管的腹方开口于两性管。虫体后部在贮精囊之后，两性管进入生殖腔处具缢缩。虫卵为椭圆形，卵壳薄，大小为 95~106 μm×59~66 μm。

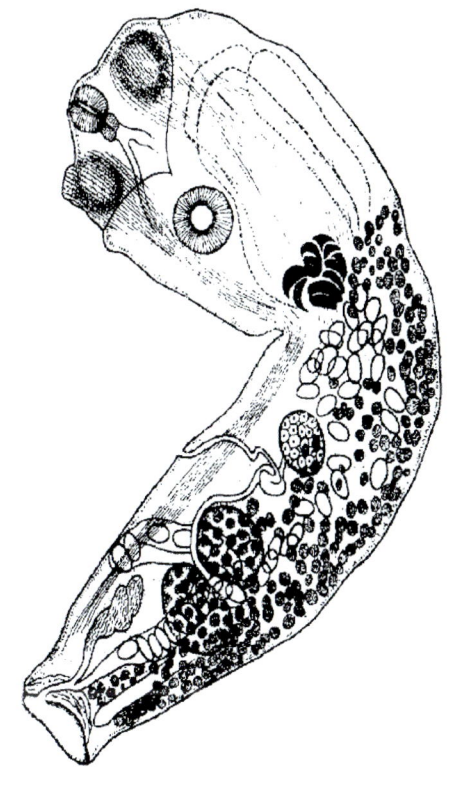

图 351　家鸭拟枭形吸虫
Pseudostrigea anatis
引顾昌栋 等（1964）

352　波阳拟枭形吸虫　*Pseudostrigea poyangenis* Wang et Zhou, 1986

【关联序号】15.3.2（46.4.3）/46。

【宿主范围】成虫寄生于鸭的小肠。

【地理分布】江西。

【形态结构】虫体全长 2.220~3.050 mm，分前后两部分。前体略呈杯状，老熟虫体比较粗壮，前体大小为 0.620~0.750 mm×0.680~0.780 mm，后体呈弯月形，大小为 1.820~

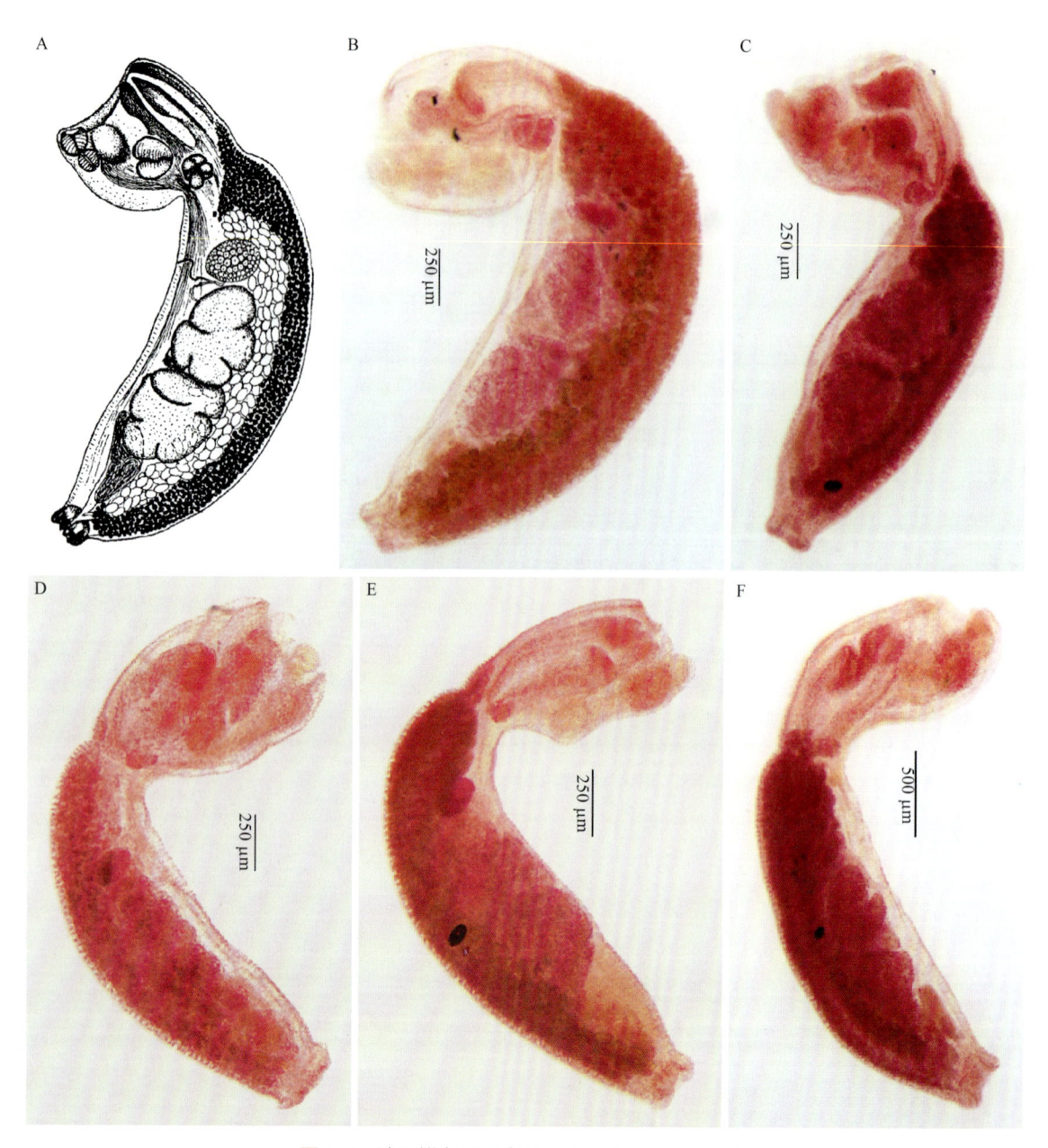

472 中国畜禽吸虫形态分类彩色图谱

图 352 波阳拟枭形吸虫 *Pseudostrigea poyangenis*
A. 引王溪云和周静仪（1986）；B～F. 原图（SHVRI）

2.220 mm×0.720～0.850 mm，前后体长度之比约为 1∶3。一般成熟虫体，前体较长，后体较短细，前后体长度之比约为 2∶3。在前体口吸盘及咽的两侧各有一类似吸盘状的侧吸盘窝（假吸盘），其下连着许多纵走的肌纤维，经腹吸盘、黏附腺向后体的背部延伸。口吸盘大小为 0.130～0.150 mm×0.130～0.160 mm。咽较发达，大小为 0.085～0.110 mm×0.080～0.105 mm。腹吸盘较大，大小为 0.185～0.222 mm×0.175～0.215 mm。黏附器分为内外两叶，内叶较短粗，外叶较细长，外叶的前端分成3瓣，中瓣较宽，两侧瓣形似耳状。黏附腺位于前后体之间的交界处，呈花瓣状或簇状，大小为0.085～0.150 mm×0.092～0.158 mm。睾丸2枚，粗大，呈深分叶状，前后排列于后体的中部，占后体背面的大部分，前睾丸大小为0.420～0.580 mm×0.320～0.480 mm，后睾丸大小为0.350～0.520 mm×0.350～0.460 mm。贮精囊大，呈弯曲的袋状，位于后睾丸的后背部，大小为0.420～0.530 mm×0.230～0.250 mm，后端与子宫末段相汇合成两性管，进入由结缔组织形成的生殖锥，开口于生殖腔。卵巢呈横椭圆形，位于前睾丸之前，大小为0.180～0.250 mm×0.280～0.350 mm。卵黄腺发达，几乎布满整个后体的腹面，其前端伸入前体的腹面至黏附腺前缘水平处，后部达生殖锥的前缘水平处，卵黄腺滤泡排列稠密，几乎掩盖了其他的生殖器官。梅氏腺和卵模介于两睾丸之间。子宫由卵模通出，先向上行，至卵巢前部又折向下行，末端与射精管相连而通向生殖锥，最后亦开口于生殖腔。刚成熟的虫体，子宫内虫卵数量少，多呈单行排列；老熟虫体，子宫充满大量虫卵，可多达数百枚。虫卵大小为84～98 μm×54～66 μm。

24.5 枭形属

Strigea Abildgaard, 1790

【同物异名】全口属（*Holostomum* Nitzsch, 1819）；简尾属（*Gongylura* Lutz, 1933）；新翼状属（*Neoalaria* Lal, 1939）；新枭形属（*Neostrigea* Bisseru, 1956）；夏枭属（*Chabaustrigea* Sudarikov, 1959）。

【宿主范围】成虫寄生于禽类的肠道。

【形态结构】虫体分为前后两部分，前体为杯形或漏斗状，与后体分界清晰，后体为圆柱形，常向背面弯曲或向腹面突出。具假吸盘，口吸盘和腹吸盘大小相似，或腹吸盘略大，咽发育良好。黏附器为叶片状，常突出于前体前缘。睾丸呈多浅裂或圆形，前后排列于后体的中部或后部。卵巢为圆形或卵圆形。卵黄腺伸展到前体，并进入黏附器内，在后体主要分布于前部和腹面，并可达生殖腔。生殖腔大，内有生殖锥，位于虫体后端，其基部具有肌质环状物。生殖锥的肌质部与周围的结缔组织界限明显，射精管与子宫末端联合成两性管，进入生殖锥前1/3部位。模式种：枭形枭形吸虫［*Strigea strigis* (Schrank, 1788) Abildgaard, 1790］。

353 枭形枭形吸虫

Strigea strigis (Schrank, 1788) Abildgaard, 1790

【关联序号】15.5.1（46.5.1）/48。

【宿主范围】成虫寄生于鸭的小肠。

【地理分布】安徽。

【形态结构】虫体全长 2.220～4.540 mm，分前后两部分。前体呈杯状或近似长方形，大小为 0.720～0.980 mm×0.520～0.780 mm，其前端两侧的叶状黏附器常突出于杯状的前端。后体大小为 1.850～3.350 mm×0.550～0.980 mm，形似纺锤状或梳状，向背面弯曲，末端膨大，交合囊周围有环状的皱褶，似吸盘状，围绕着生殖锥，生殖孔开口于末端的生殖腔内。生殖锥的大小为 0.350 mm×0.380 mm。口吸盘位于前体亚前端的腹面，为圆盘状，大小为 0.080～0.160 mm×0.080～0.160 mm。咽紧接口吸盘之后，较小，大小为 0.045～0.055 mm×0.045～0.055 mm。食道极短，肠支不甚发育。腹吸盘明显大于口吸盘，位于前体后 1/3 处的背中部，大小为 0.170～0.220 mm×0.170～0.220 mm。睾丸 2 枚，较粗大，前后排列于后体的后 1/2 处稍前方，呈不规则深分叶，前睾丸大小为 0.420～0.680 mm×0.480～0.720 mm，后睾丸大小为 0.440～0.650 mm×0.450～0.730 mm。贮精囊呈弯曲的袋状或 S 状，紧接后睾丸之后，大小为 0.320～0.380 mm×0.220～0.250 mm。射精管长而弯曲，在进入生殖锥之前与子宫末端相汇合成两性管，两性管进入生殖锥，开口于生殖腔内。卵巢呈横椭圆形，位于前睾丸之前的中部或稍偏于一侧，大小为 0.130～0.180 mm×0.350～0.380 mm。卵黄腺滤泡为不规则的球状颗粒，充满前体和后体，前端可达食道末端的两侧水平处，后端终于生殖锥的四周，接近虫体末端，以前体的后半部与前睾丸之间最密。卵模及梅氏腺位于两睾丸之间的中部或稍偏于一侧，由卵模引出的子宫环褶先上行至后体的前端，而后下行，经睾丸的腹面通向后睾丸之后，子宫内含有大量虫卵。虫卵大小为 95～120 μm×65～92 μm。

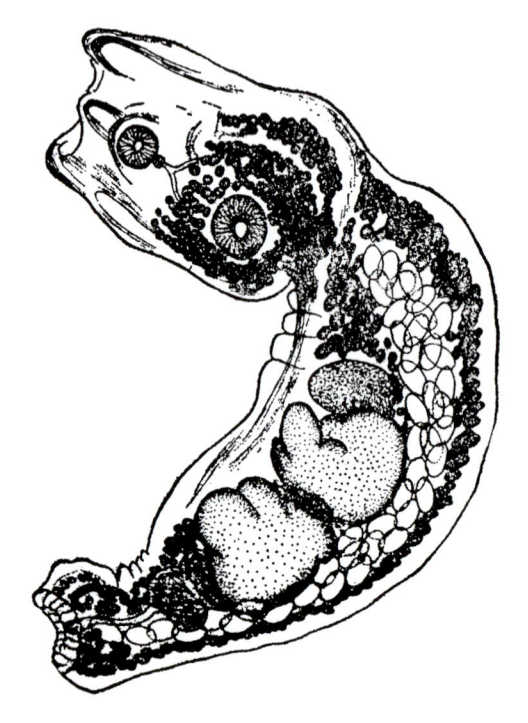

图 353 枭形枭形吸虫 *Strigea strigis*
引 王溪云和周静仪（1993）

25 盲腔科

Typhlocoelidae Harrah, 1922

【宿主范围】成虫寄生于禽类的气管，偶尔于气囊和肠道。

【形态结构】虫体为中型到大型，扁平，呈匙形、椭圆形，两端钝圆，背面凸出，腹面凹陷，具棘。缺口吸盘，口孔位于虫体亚前端。前咽短，咽发达，食道短或偶尔长而弯曲。两肠支长，沿体侧延伸至体后端联合成环，肠支内侧有多数盲突伸入体内。腹吸盘小或缺。睾丸位于虫体后部，为卵圆形或有深裂瓣，数量不定；若睾丸数量多，则无序地分散在肠环内侧区域；若睾丸为2枚，则后睾丸刚好位于肠环后端的内侧，前睾丸位于后睾丸斜前方接近肠支的内侧。雄茎囊位于食道水平，可延伸到肠叉前后。有贮精囊，生殖孔位于咽的腹面或前面。卵巢为卵圆形或圆形，位于前睾丸的对侧。卵黄腺沿肠支分布，前达咽水平，后至虫体末端，在睾丸后形成汇合或不汇合。子宫回旋于两肠支内，含多量虫卵，成熟虫卵内含已发育的毛蚴。排泄囊小，排泄孔位于虫体末端背面。模式种：盲腔属［*Typhlocoelum* Stossich, 1902］。

在中国家畜家禽中已记录盲腔科吸虫2属4种，本书收录2属3种，参照Gibson等（2002）编制盲腔科2属分类检索表如下。

盲腔科分属检索表

1. 睾丸圆形不分瓣，生殖孔位于前咽 .... 嗜气管属 *Tracheophilus*
   睾丸分瓣成网状，生殖孔位于咽 .... 盲腔属 *Typhlocoelum*

25.1 嗜气管属

Tracheophilus Skrjabin, 1913

【宿主范围】成虫寄生于禽类的气管，偶尔于胆囊。
【形态结构】虫体呈椭圆形，无腹吸盘。睾丸2枚，圆形，前后斜列，两睾丸间被回旋的子宫隔开。雄茎囊伸展到肠分支后，生殖孔位于前咽腹面。卵巢与前睾丸相对排列。卵黄腺分布于两肠支背腹面，可伸至肠外侧，在虫体后端汇合或不汇合。模式种：西氏嗜气管吸虫 [*Tracheophilus sisowi* Skrjabin, 1913]。

354 舟形嗜气管吸虫　　*Tracheophilus cymbius* (Diesing, 1850) Skrjabin, 1913

【关联序号】20.2.1（47.1.1）/71。
【同物异名】鸭嗜气管吸虫。
【宿主范围】成虫寄生于鸡、鸭、鹅的鼻腔、气管、支气管、气囊。
【地理分布】安徽、重庆、福建、广东、广西、贵州、河南、湖北、湖南、吉林、江苏、江西、宁夏、陕西、四川、台湾、天津、新疆、云南、浙江。
【形态结构】新鲜虫体呈暗红色或粉红色，虫体为长椭圆形，两端钝圆，背腹扁平，体表无棘，大小为 6.000～12.730 mm×1.940～5.200 mm。口吸盘与腹吸盘退化，有前咽、咽和食道。口孔呈杯状，靠近虫体前端。咽近圆形，距前端 0.201～0.268 mm，大小为 0.214～0.388 mm×0.229～0.408 mm。食道长 0.029～0.086 mm，两肠支紧接短的食道后端，呈弧形，沿虫体两侧向后延伸至虫体后端形成肠联合，肠支内侧有许多盲状突起，每侧 11～13 个。睾丸2枚，前后斜列于虫体后 1/5～1/4 部的肠联合左侧，呈圆形或椭圆形；前睾丸位于左肠支的内侧，大小为 0.310～0.430 mm×0.220～0.456 mm；后睾丸位于肠联合内侧近中央，大小为 0.355～0.603 mm×0.266～0.536 mm。雄茎囊呈袋状，后端到达或稍越过肠分叉，生殖孔开口于前咽。卵巢呈球形，位于前睾丸的另一侧，并与两睾丸在后肠环内侧形成不等边三角形，大小为 0.268～0.444 mm×0.215～0.549 mm。梅氏腺位于卵巢后缘和后睾丸之间，具受精囊。卵黄腺呈不规则的颗粒状，自咽中部两侧水平处开始，沿两侧肠支的背面、腹面和外侧分布，向后延伸达虫体后端，两侧的卵黄腺在虫体后端汇合或不汇合。子宫环褶充满于两肠支内部的整个空隙，不突出肠支外，盘曲上升，末段与雄茎囊并行，开口于生殖腔内。虫卵大小为 114～129 μm×62～73 μm，内含毛蚴。

| 25 盲腔科 | 477

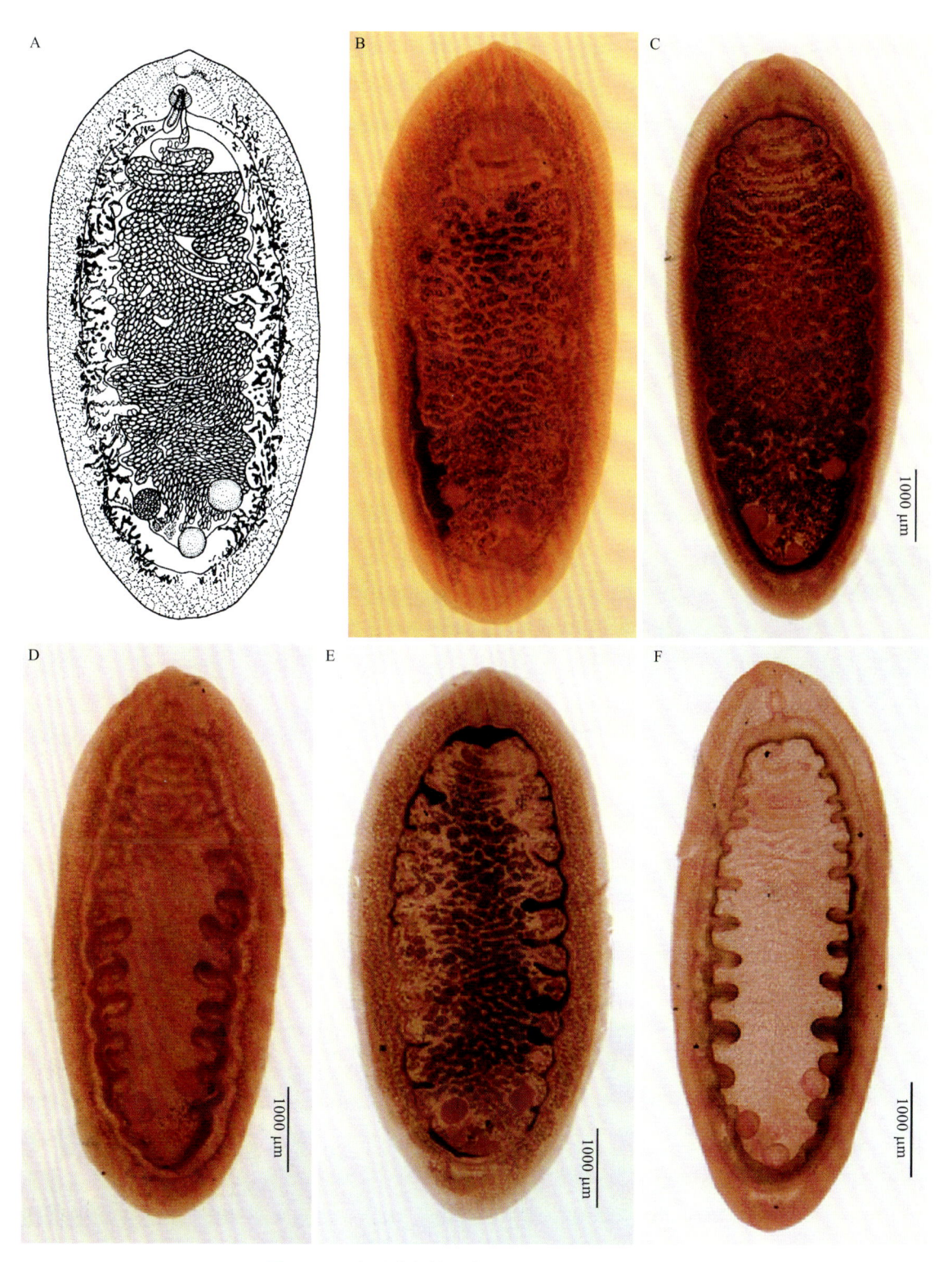

图 354-1　舟形嗜气管吸虫 *Tracheophilus cymbius*
A. 引 黄兵 等（2006）；B～F. 原图（SHVRI）

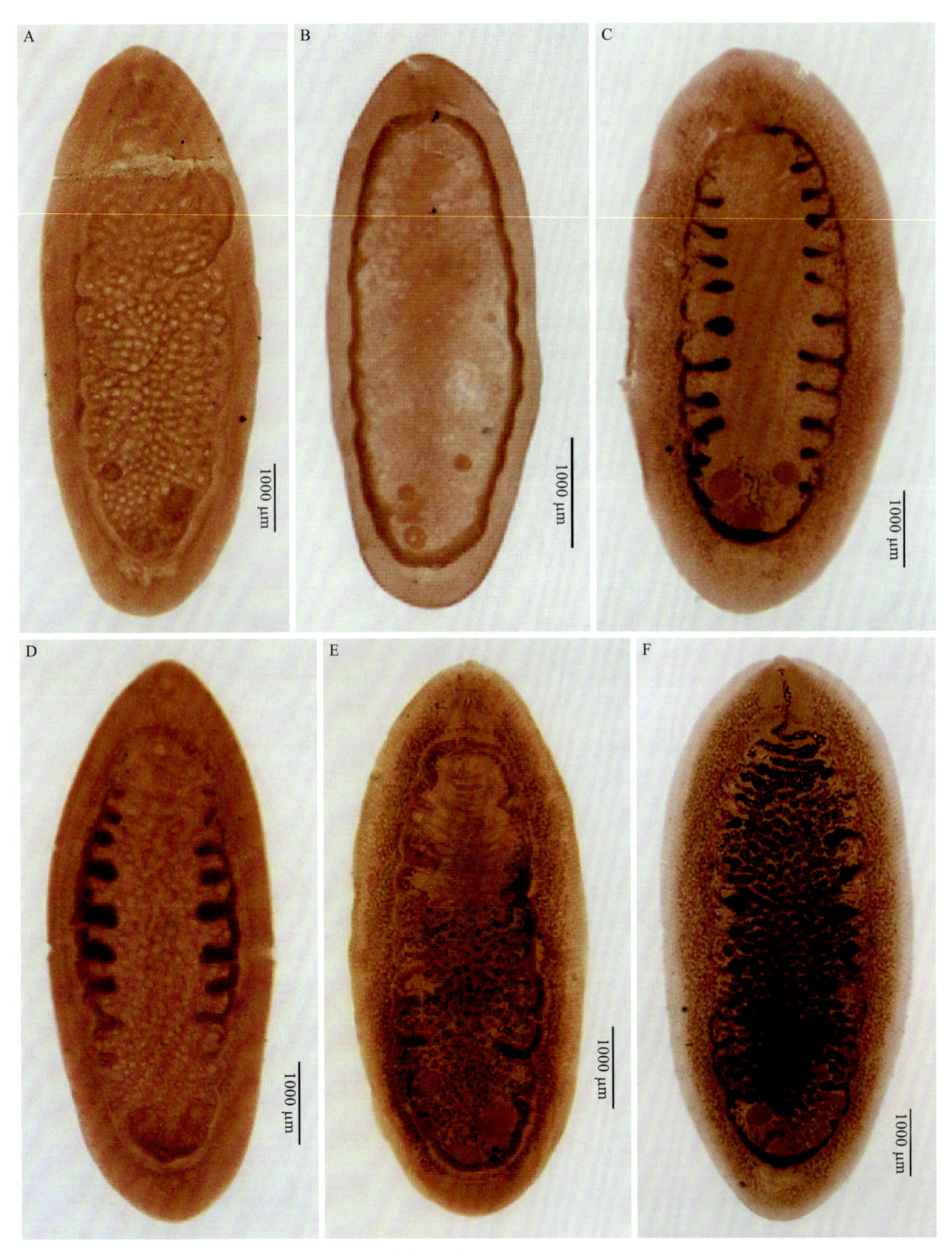

图 354-2 舟形嗜气管吸虫 *Tracheophilus cymbius*
A~F. 原图（SHVRI）

355 西氏嗜气管吸虫　　　　　　　　　　　　　　　*Tracheophilus sisowi* Skrjabin, 1913

【关联序号】20.2.2（47.1.3）/72。

【宿主范围】成虫寄生于鸡、鸭、鹅的气管、支气管。

【地理分布】安徽、贵州、江苏、云南。

【形态结构】虫体扁平，呈长椭圆形，两端钝圆，两体侧缘接近平行，边缘有许多指状突起，新鲜虫体为鲜红色，固定后变为棕褐色，虫体大小为 10.700～13.000 mm×3.900～5.100 mm。口孔位于虫体前端，前咽较短，咽为圆形，大小为 0.330～0.420 mm×0.400～0.440 mm。食道短，长为 0.031～0.150 mm。两肠支沿虫体两侧向后延伸至虫体末端汇合形成肠联合，肠支外侧呈微波浪状，内侧则形成许多盲突向体内凸进，每侧有 11～13 个。盲突在虫体中部凸进较深，在虫体前端凸起较小，而在虫体后端的肠联合处盲突消失，肠支也变细。睾丸 2 枚，为类圆形或长椭圆形，前后斜列在虫体后端肠环的内侧；前睾丸靠近一侧肠支，

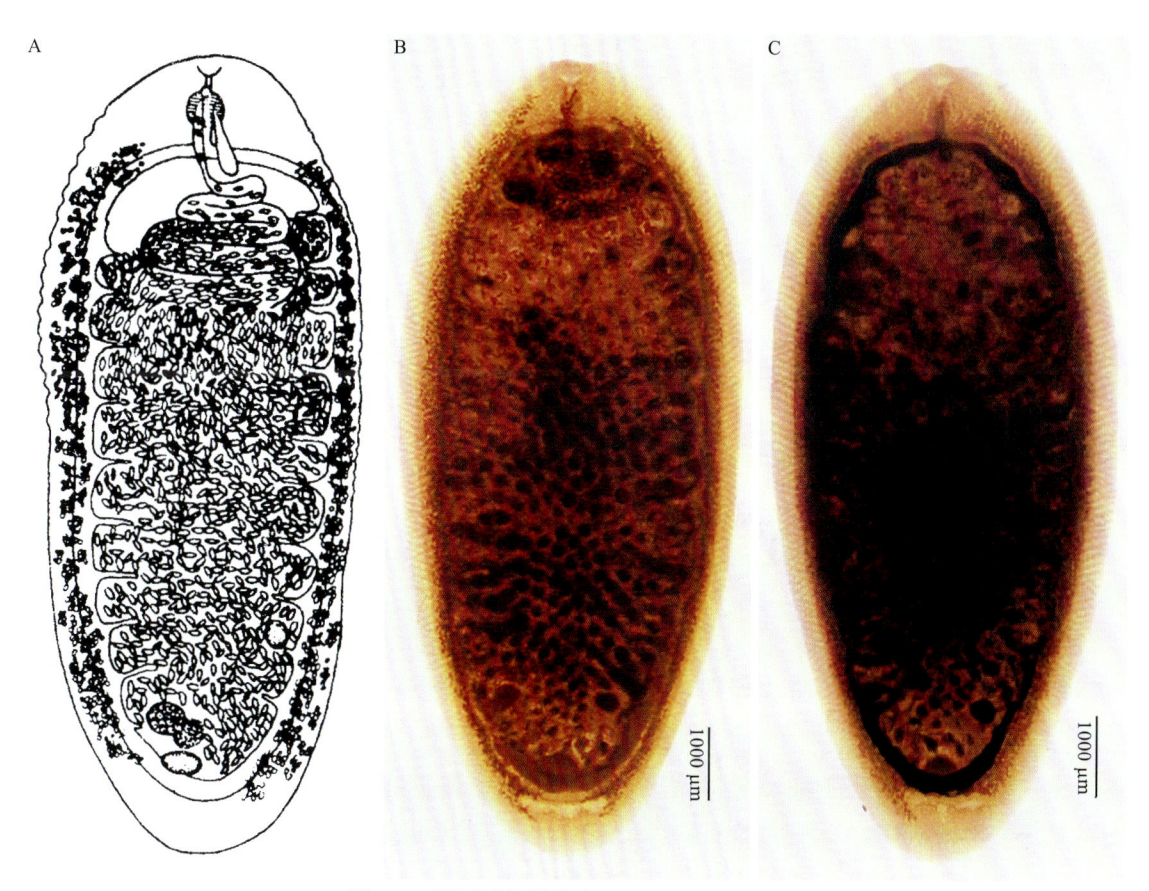

图 355　西氏嗜气管吸虫 *Tracheophilus sisowi*
A. 引 黄德生 等（1988b）；B，C. 原图（SHVRI）

大小为 0.240~0.580 mm×0.290~0.540 mm；后睾丸接近虫体末端肠环处的中央，大小为 0.290~0.360 mm×0.450~0.570 mm。雄茎囊不发达，大小为 0.280~0.420 mm×0.110~0.200 mm，生殖孔开口于前咽。卵巢为椭圆形，位于两睾丸之间，靠近对侧的肠支，接近后睾丸，与两睾丸排列成三角形，大小为 0.450~0.590 mm×0.480~0.550 mm。卵黄腺滤泡为颗粒状，分布在两肠支的外侧，并与肠支相重叠，自咽的后方开始至虫体末端止，在睾丸后方的两侧卵黄腺在虫体末端不汇合。子宫发达，盘旋弯曲几乎充满整个肠支之间，最后开口于生殖孔，子宫内含有很多虫卵。虫卵大小为 110~140 μm×52~78 μm。

［注：唐崇惕等（1978）通过对 *Tracheophilus cymbius* 和 *T. sisowi* 生活史全过程的研究，证实这两个虫种为同一虫种。］

25.2 盲腔属
Typhlocoelum Stossich, 1902

【同物异名】终盲属（*Typhlultimum* Witenberg, 1923）；嗜盲属（*Typhlophilus* Lal, 1936）。
【宿主范围】成虫寄生于禽类的气管。
【形态结构】虫体呈瓜子形，前部宽。睾丸具有深裂瓣，形成约 20 个睾丸块的网状物，睾丸块间无回旋子宫隔开，后部睾丸位于虫体后部中央的后肠弧上。生殖孔位于咽或咽的后面。卵黄腺沿肠支外侧分布，在虫体末端不汇合。模式种：胡瓜形盲腔吸虫［*Typhlocoelum cucumerinum* (Rudolphi, 1809) Stossich, 1902］。

356 胡瓜形盲腔吸虫
Typhlocoelum cucumerinum (Rudolphi, 1809) Stossich, 1902

【关联序号】20.1.1（47.2.1）/70。
【宿主范围】成虫寄生于鸭的气管、支气管。
【地理分布】广东、台湾。
【形态结构】虫体呈卵圆形，大小为 6.000~11.000 mm×2.300~3.600 mm。口孔位于虫体亚前端，呈漏斗状。前咽短，咽为椭圆形，食道短，两肠支沿虫体两侧伸至虫体后端形成肠联合，肠支内侧具有 7~12 个盲突。睾丸 2 枚，具有深裂瓣，呈分支状，位于虫体后部，前睾丸在卵巢对侧，后睾丸位于虫体后端肠联合内侧。雄茎囊位于肠分支处，生殖孔位于咽腹面。卵巢呈类圆形，与前睾丸并列，直径为 0.310~0.490 mm。卵巢腺分布在肠支外侧，左右卵黄腺在虫体后部不汇合。子宫回旋弯曲在两肠支内,子宫内充满虫卵。虫卵大小为 100～120 μm×63～70 μm,内含毛蚴。

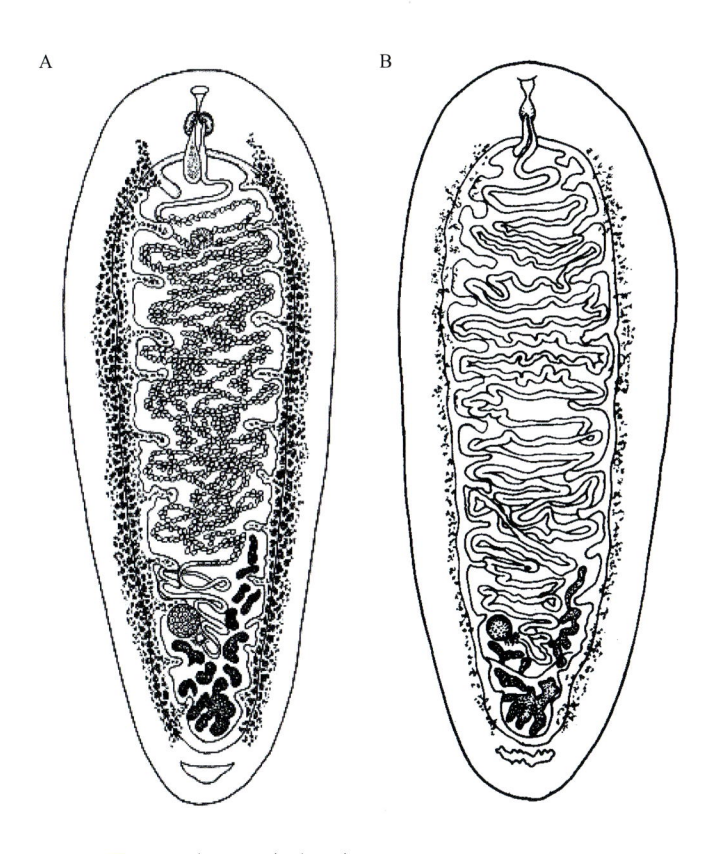

图 356 胡瓜形盲腔吸虫 *Typhlocoelum cucumerinum*
A. 引 Gibson 等（2002）；B. 引陈淑玉和汪溥钦（1994）

参 考 文 献

白功懋, 刘兆铭, 陈敏生. 1980. 吉林省鸟类光口科吸虫记述[J]. 动物分类学报, 5(3): 224-231.
蔡尚达. 1955. 寄生在沼蝦中的陈氏假拉吸虫, 新属新种*Pseudolevinseniella cheni* gen.& sp. nov. [吸虫纲: 微茎科 Microphallidae][J]. 动物学报, 7(2): 147-157.
陈宝建, 李莉莎, 谢汉国, 陈朱云, 欧阳榕, 林耀莹. 2013. 福建省5种棘口科吸虫病原形态学及流行特征[J]. 中国病原生物学杂志, 8(3): 204-207.
陈淑玉, 汪溥钦. 1994. 禽类寄生虫学[M]. 广州: 广东科技出版社.
陈心陶. 1956. 中国微茎吸虫的研究包括一新种的描述(吸虫纲: 微茎科)Ⅰ. 微茎亚科[J]. 动物学报, 8(1): 49-58.
陈心陶. 1957. 中国微茎类吸虫的研究, 包括二新种及一新亚种的描述(吸虫纲: 微茎科)Ⅱ. 马蹄亚科[J]. 动物学报, 9(2): 165-179.
陈心陶. 1962. 我国新发现的并殖类吸虫和并殖类研究应注意的一些问题[J]. 中山大学学报, (3): 58-64.
陈心陶. 1964. 巨睾并殖(吸虫)成虫的形态研究和并殖科分类的探讨[J]. 动物学报, 16(3): 381-392.
陈心陶. 1985. 中国动物志 扁形动物门 吸虫纲 复殖目(一)[M]. 北京: 科学出版社.
陈心陶, 夏代光. 1964. 并殖属吸虫新种初报[J]. 中山大学学报, (2): 236-238.
成源达. 2011. 湖南动物志·人体与动物寄生蠕虫[M]. 长沙: 湖南科学技术出版社.
成源达, 叶立云. 1993. 湖南鸭鹅寄生吸虫的记述(吸虫纲: 复殖目)[J]. 动物分类学报, 18(3): 278-286.
代卓建, 杨明富, 蒋学良, 张翠阁, 陈代荣, 何守吉, 罗明. 1987. 我国环肠科吸虫的一新纪录——鼻居噬眼吸虫[J]. 四川动物, 6(3): 22-23.
高忠萱. 2009. 小睾并殖吸虫的形态学及DNA序列分析[D]. 昆明: 昆明医学院硕士学位论文.
顾昌栋. 1955. 离殖孔吸虫(*Schistogonimus rarus* Lühe 1909)在中国的发现[J]. 动物学报, 7(1): 59-62.
顾昌栋. 1957. 山羊肝脏中扁体吸虫属的一新种[J]. 动物学报, 9(3): 206-211.
顾昌栋. 1958. 我国家鸡体内的蠕形动物[J]. 生物学通报, (5): 1-10.
顾昌栋, 李敏敏, 祝华. 1964. 北京地区家禽体内棘口科(Echinostomatidae)几种吸虫的初步研究[J]. 动物学报, 16(1): 39-53.
顾昌栋, 潘次依, 邱兆祉, 李敏敏, 祝华. 1973. 白洋淀鸟类寄生蠕虫的调查Ⅱ. 吸虫[J]. 动物学报, 19(2): 130-148.
顾昌栋, 吴淑卿, 尹文真, 沈守训, 李敏敏. 1964. 我国华北、华东地区家禽寄生吸虫和线虫的初步调查[J]. 动物学报, 16(4): 581-594.
贺联印, 钟惠澜, 郑玲才, 曹维霁, 赵森林. 1973. 云南肺吸虫的进一步观查[J]. 动物学报, 19(3): 245-253.
黄兵, 董辉, 韩红玉. 2014. 中国家畜家禽寄生虫名录[M]. 2版. 北京: 中国农业科学技术出版社.
黄兵, 沈杰, 董辉, 廖党金. 2006. 中国畜禽寄生虫形态分类图谱[M]. 北京: 中国农业科学技术出版社.
黄德生. 1979. 云南省牛羊同盘类(Paramphistomata)吸虫的研究Ⅰ. 腹袋科吸虫及一新种[J]. 云南农业科技, (3): 43-50.
黄德生. 1997. 异叶巨盘吸虫在云南水牛体内发现[J]. 云南畜牧兽医, (2): 41.
黄德生, 李松柏, 解天珍, 宋学林, 袁庆明. 1988b. 云南省家畜家禽寄生蠕虫区系调查[A]. 昆明: 云南省兽医防疫总站, 云南省畜牧兽医科学研究所: 394-458.
黄德生, 解天珍, 李松柏, 宋学林, 朱加兴. 1988a. 同盘科吸虫一新属及一新种[J]. 动物学研究, 9(增刊): 61-66.
黄德生, 解天珍, 杨荣丽. 1996. 云南牛羊同盘科吸虫6种省内新记录[J]. 云南畜牧兽医, (1): 11-13.
黄文德. 1980. 上海地区猪肺吸虫病的初步调查[J]. 中国兽医杂志, (10): 6-9.

江斌, 吴胜会, 林琳, 张世忠, 陈琳. 2012. 畜禽寄生虫病诊治图谱[M]. 福州: 海峡出版发行集团 福建科学技术出版社.

江苏农学院畜牧兽医系寄生虫课小组. 1977. 人拟腹碟吸虫在我国猪体寄生的首次报道[J]. 动物学杂志, (1): 16-17.

蒋学良, 周婉丽. 2004. 四川畜禽寄生虫志[M]. 成都: 四川出版集团·四川科学技术出版社: 207-307.

赖从龙, 沙国润, 张同庐, 杨明琅. 1984. 下弯属一新种——中华下弯吸虫[J]. 畜牧兽医学报, 15(2): 121-124.

李朝品, 高兴政. 2012. 医学寄生虫图鉴[M]. 北京: 人民卫生出版社.

李非白. 1950. 棘口吸虫 *Hypoderaeum conoideum* (Bloch) Dietz, 1909 之形态及生活史[J]. 中国科学, 1(1): 125-157.

李敏敏, 祝华, 顾昌栋. 1973. 白洋淀鸟类真杯科吸虫三种[J]. 动物学报, 19(3): 267-271.

李琼璋. 1988. 莲花白鹅和家鸭体内吸虫类的研究——包括背孔科一新种和两个国内新发现种的叙述[J]. 畜牧兽医学报, 19(2): 138-145.

李琼璋. 1992. 背孔属一新种及两种国内新纪录[J]. 畜牧兽医学报, 23(3): 262-266.

李友才. 1965. 芜湖地区家鹅眼内的一吸虫新种——安徽嗜眼吸虫[J]. 动物分类学报, 2(1): 27-29.

李友松. 1999. 中国并殖吸虫成虫、囊蚴分种检索表[J]. 中国兽医寄生虫病, 7(3): 59-62.

李友松, 程由注. 1983. 肺吸虫一新种——闽清肺吸虫 *Paragonimus minqingensis* 的发现[J]. 动物分类学报, 8(1): 28-32.

廖丽芳, 杨现芳, 覃达伦. 1986. 广西牛羊阔盘吸虫及一新种的记述[J]. 中国兽医科技, (4): 61-63.

林辉环, 王浩, 陈玉淑. 1988. 广东家禽前殖属吸虫调查及一新种述描[J]. 华南农业大学学报, 9(4): 9-13.

林琳, 江斌, 吴胜会, 张世忠. 2011. 杯叶吸虫属一新种——盲肠杯叶吸虫(*Cyathocotyle caecumalis* sp. nov.)研究初报[J]. 福建农业学报, 26(2): 184-188.

林秀敏. 1992. 唐氏槽盘吸虫新种(*Ogmocotyle tangi* sp. nov.)描述[J]. 武夷科学, 9: 141-145.

林秀敏, 陈清泉. 1978. 福建光孔吸虫新种描述及其生活史的研究[J]. 厦门大学学报(自然科学报), (4): 131-144.

林秀敏, 陈清泉. 1983. 单睾球孔吸虫 *Sphaeridiotrema monorchis* sp. nov. 新种描述及其生活史的研究[J]. 动物学报, 29(4): 333-339.

林秀敏, 陈清泉. 1988. 福建省家鸭光口科吸虫及其病害[J]. 厦门大学学报(自然科学版), 27(3): 338-343.

林宇光, 何玉成, 杨文川, 卢淑莲. 1980. 福建省漳平和永安二县肺吸虫病新的流行病区研究[J]. 厦门大学学报(自然科学版), 19(2): 96-104.

刘纪伯, 罗兴仁, 顾国庆, 刘宗华, 曾明安, 陈荣信, 李娟佑, 易德友. 1980. 并殖吸虫一新种歧囊并殖吸虫 *Paragonimus divergens* sp. nov. 的初步报告[J]. 医学研究通讯, (2): 19-22.

刘忠, 陈敏生, 金官范, 谈越发, 杨风杰. 1975. 集安县稻田皮炎病因的调查及集安毛毕吸虫新种的描述[J]. 吉林医科大学学报, (1): 27-35.

刘忠, 陈敏生, 金官范, 谈越发, 杨风杰. 1977. 吉林省集安县稻田皮炎病因的调查及集安毛毕吸虫新种生活史的初步观察[J]. 动物学报, 23(2): 161-174.

刘忠, 李可风, 陈敏生. 1988. 马蹄属一新种及其囊蚴在体外的培养(吸虫纲: 微茎科)[J]. 动物分类学报, 13(4): 317-223.

潘新玉, 张峰山. 1989. 家鸭体内光睾属吸虫一新种[J]. 中国兽医科技, (8): 45.

潘新玉, 张峰山, 金美玲. 1987. 家鸭体内发现两种罕见的吸虫[J]. 中国兽医科技, (6): 59-60.

彭匡时, 索勋, 沈杰. 2011. 英汉寄生虫学大词典[M]. 北京: 科学出版社.

钱德兴, 苗西明, 周静仪. 1997. 贵州省腹袋属一新种记述(吸虫纲: 同盘科)[J]. 动物分类学报, 22(1): 14-18.

单小云, 林陈鑫, 李友松, 胡野, 盛秀胜, 楼宏强. 2009. 沈氏并殖吸虫(*Paragonimus sheni* sp. nov.)新种报告——附中国并殖吸虫囊蚴和成虫分种检索表[J]. 中国人兽共患病学报, 25(12): 1143-1148.

沈杰, 黄兵, 廖党金, 李国清. 2004. 中国家畜家禽寄生虫名录[M]. 北京: 中国农业科学技术出版社: 29-193.

孙希达, 江浦珠. 1987. 浙江省鸟类与哺乳类寄生吸虫的区系调查[J]. 杭州师院学报(自然科学版), (2): 57-64.

唐崇惕, 林统民, 林秀敏. 1978. 牛、羊胰脏枝睾阔盘吸虫的生活史研究[J]. 厦门大学学报(自然科学报), (4): 104-117.
唐崇惕, 唐超. 1978. 福建环肠科吸虫种类及鸭嗜气管吸虫的生活史研究[J]. 动物学报, 24(1): 91-101.
唐崇惕, 唐仲璋. 2005. 中国吸虫学[M]. 福州: 福建科学技术出版社.
唐崇惕, 唐仲璋, 齐普生, 多常山, 李启荣, 曹华, 潘沧桑. 1981. 新疆绵羊矛形双腔吸虫病病原生物学的研究[J]. 厦门大学学报(自然科学版), 20(1): 115-124.
唐礼全. 1988. 家鸭光睾吸虫新种记述[J]. 中国兽医科技, (4): 64.
唐仲璋, 唐崇惕. 1962a. 产生皮肤疹的家鸭血吸虫的生物学研究及其在哺乳动物的感染试验[J]. 福建师范学院学报, (2): 1-44.
唐仲璋, 唐崇惕. 1962b. 福建省一新种并殖吸虫*Paragonimus fukienensis* sp. nov. 的初步报告[J]. 福建师范学院学报, (2): 245-261.
唐仲璋, 唐崇惕. 1975. 牛羊胰脏吸虫病的病原生物学及流行学的研究[J]. 厦门大学学报(自然科学报), (2): 54-90.
唐仲璋, 唐崇惕. 1978. 福建双腔科吸虫及六新种的记述[J]. 厦门大学学报(自然科学报), (4): 64-80.
唐仲璋, 唐崇惕. 1989. 福建省数种杯叶科吸虫研究及一新属三新种的叙述(鸮形目: 杯叶科)[J]. 动物分类学报, 14(2): 134-144.
汪明. 2004. 兽医寄生虫学[M]. 3 版. 北京: 中国农业出版社: 82-103.
汪溥钦. 1959a. 福建棘口科吸虫(Echinostomatidae Dietz, 1909: Trematoda) 的分类研究[J]. 福建师范学院学报, (1): 85-140.
汪溥钦. 1959b. 福建牛羊前后盘类吸虫[Paramphistomata (Szidat, 1936): Trematoda] 的分类研究[J]. 福建师范学院学报, (1): 237-260.
汪溥钦. 1975. 福建家畜寄生蠕虫调查及鸭后睾吸虫*Opisthorchis anatinus* 新种描述[J]. 福建师大学报(自然科学版), (1): 68-73.
汪溥钦. 1976. 福建棘口吸虫新种记述[J]. 动物学报, 22(3): 288-292.
汪溥钦. 1977. 棘口、同盘两类吸虫新种记述和中华重盘吸虫的生活史研究[J]. 福建师大学报(自然科学版), (2): 62-77.
汪溥钦, 蒋学良. 1982. 四川家畜同盘吸虫调查及新三种记述[J]. 动物学研究, 3(增刊): 11-16.
王克霞, 朱玉霞, 宋福春. 2012. 安徽淮南发现伊族真缘吸虫[J]. 中国热带医学, 12(10): 1294-1295.
王维金, 戴惠恩, 张峰山. 1985. 浙江慈溪家鸡体内发现纺锤杯叶吸虫[J]. 家禽, (2): 8.
王溪云. 1979. 我国对盘类吸虫的分类研究Ⅱ. 同对盘亚科和腹袋亚科新种记述[J]. 动物分类学报, 4(4): 327-338.
王溪云. 1985. 南昌南宁两地家禽棘口科(吸虫纲) 吸虫的研究(包括四新种的描述)[J]. 畜牧兽医学报, 16(1): 51-58.
王溪云, 李敏敏, 彭吉生, 周静仪, 王小红. 1996. 昆明牛同盘科吸虫及一新种记述[J]. 武夷科学, 14(3): 161-166.
王溪云, 周静仪. 1986. 江西家鸭寄生吸虫的研究——包括一新种的描述[J]. 江西科学, 4(1): 16-44.
王溪云, 周静仪. 1992. 江西动物体内吸虫新种记述[J]. 江西科学, 10(4): 225-234.
王溪云, 周静仪. 1993. 江西动物志·人与动物吸虫志[M]. 南昌: 江西科学技术出版社.
王溪云, 周静仪, 钱德兴, 苗西明. 1994. 贵州省腹袋属一新种(*Gastrothylax magnadiscus* sp. nov.) 记述(吸虫纲: 同盘科)[J]. 江西科学, 12(3): 173-177.
王裕卿, 周源昌. 1984. 有翼翼状吸虫*Alraia alata* (Goeze, 1782) 在黑龙江省犬体的发现[J]. 东北农学院学报, (4): 26-30.
危粹凡. 1965. 羊体槽盘吸虫病(Ogmocotylosis) 研究Ⅰ病原形态分类[J]. 畜牧兽医学报, 8(3): 205-212.
危粹凡, 谭绍才. 1983. 我国家禽吸虫的一个新纪录[J]. 贵州农业科学, (3): 25-26.
新疆畜牧科学院兽医研究所. 2011. 鼠真缘吸虫[EB/OL]. http://www.wzsfz.com/jscshow.php? infoid＝1886.(2011-05-23) [2014-2-24].

徐秉锟. 1954. 背孔属(Notocotylus)一新种的描述[吸虫纲: 背孔科(Notocotylidae)][J]. 动物学报, 6(2): 117-122.
徐守魁, 周源昌. 1983. 獾真缘吸虫 *Euparyphium melis* (Schrank, 1788) Dietz, 1909 在黑龙江猪体内首次发现[J]. 东北农学院学院, (1): 22-25.
许鹏如. 1982. 嗜眼属(Genus *philophthalmus* Looss, 1899) 吸虫几个新种的记述[J]. 畜牧兽医学报, 13(1): 57-66.
许绥泰, 杨平. 1957. 甘肃省牛羊血吸虫的初步研究包括一新种的描述[J]. 畜牧兽医学报, 2(2): 117-124.
杨继宗, 潘新玉, 张峰山. 1989. 水牛体内两种新的锡叶吸虫[J]. 畜牧兽医学报, 20(4): 368-371.
杨继宗, 潘新玉, 张峰山, 金美玲. 1991. 水牛体内发现菲策属吸虫一新种[J]. 畜牧兽医学报, 22(2): 179-181.
杨平, 钱稚骅, 陈宗祥, 罗明国, 杨坚, 张立华, 唐静成, 王希武. 1977. 绵羊和山羊复腔吸虫(*Dicrocoelium*)的研究[J]. 甘肃农大学报, (1): 31-39 转53.
杨清山, 史济湖, 王维金, 徐步洲, 罗仲振, 戴惠恩, 李剑虹, 王国平. 1983. 拟槽状同口吸虫的发现[J]. 兽医科技杂志, (9): 62.
杨清山, 张峰山. 1983. 拉汉英汉动物寄生虫学词汇[A]. 浙江省科学技术协会, 浙江省农业厅畜牧兽医局.
杨清山, 张峰山. 1986. 拉汉英汉动物寄生虫学词汇(续编)[A]. 浙江省农业厅畜牧管理局, 浙江农村技术师范专科学校.
叶立云, 成源达. 1994. 家鸭棘缘属吸虫两新种(复殖目: 棘口科)[J]. 动物分类学报, 19(2): 144-150.
张翠阁. 1986. 我国环肠科吸虫一新纪录——谢氏平体吸虫[J]. 四川动物, 5(2): 40-41.
张翠阁, 陈代荣, 杨明富, 刘世茂, 代卓见, 鞠友义, 杨维德. 1985. 环肠科吸虫两新种——四川平体吸虫和成都平体吸虫[J]. 四川动物, 4(3): 1-5.
张翠阁, 杨维德, 李直和. 1987. 环肠科吸虫一新种——中国斯兹达吸虫(无盘类: 环肠科)[J]. 动物分类学报, 12(3): 244-247.
张峰山, 陈永明, 潘新玉, 金美玲. 1985. 家鹅体内首次发现囊凸背孔吸虫[J]. 浙江畜牧兽医, (1): 11.
张峰山, 陈永明, 潘新玉, 宋武. 1984. 日本全冠吸虫发现于浙江家鸭体内[J]. 家禽, (3): 6.
张峰山, 潘新玉, 陈永明. 1986a. 家鸭体内棘口科吸虫一新种杭州棘口(*Echinostoma hangzhouensis* nov. sp.)[J]. 畜牧兽医学报, 17(3): 205-208.
张峰山, 潘新玉, 陈永明, 杨继宗, 金美玲. 1988a. 浙江省牛羊体内五种巨盘吸虫包括两个新种记述[J]. 畜牧兽医学报, 19(2): 134-137.
张峰山, 潘新玉, 陈永明, 杨继宗, 金美玲, 宗武, 袁福如. 1986b. 少见的前殖吸虫在家鸭体内发现[J]. 中国兽医科技, (11): 63-64.
张峰山, 潘新玉, 杨继宗, 王爱芳, 王维金, 徐步洲. 1987. 浙江家鸭体内三种少见的前殖吸虫[J]. 浙江畜牧兽医, (2): 13-15.
张峰山, 潘新玉, 杨继宗, 王爱芳, 王维金, 徐步洲. 1988b. 浙江家鸭体内的前殖吸虫及两个新种报道[J]. 中国兽医科技, (3): 60-61.
张峰山, 杨继宗. 1986. 浙江羊体内菲策属吸虫一新种(端盘目: 同盘科、腹袋亚科)[J]. 动物分类学报, 11(3): 250-252.
张峰山, 杨继宗, 金美玲. 1986c. 谢氏平体吸虫应更正为光滑平体吸虫[J]. 中国兽医科技, (5): 54.
张峰山, 杨继宗, 金美玲, 黄熙照, 陈永明, 潘新玉. 1985. 浙江牛羊体内同盘类吸虫五个新种记述[J]. 浙江农业科学, (2): 95-98.
张峰山, 杨继宗, 潘新玉, 陈永明, 廖光佩, 金美玲, 陈金水. 1986d. 浙江省家畜家禽寄生蠕虫志[A]. 杭州: 浙江省农业厅畜牧管理局: 1-101.
张峰山, 杨继宗, 潘新玉, 金美玲, 陈金水. 1987. 浙江省家兔寄生蠕虫区系调查[J]. 中国兽医科技, (3): 24-26.
张继亮. 1982. 陕西省牛羊阔盘吸虫及一新种的记述[J]. 西北农学院学报, (1): 9-17.
张继亮. 1991. 扁体属吸虫一新种的记述[J]. 中国兽医科技, 21(3): 47-48.
赵辉元. 1996. 畜禽寄生虫与防制学[M]. 长春: 吉林科学技术出版社: 131-362.

钟惠澜, 许炽熛, 贺联印, 高佩芝, 邵兰, 丘福禧, 毕维德, 刘广汉, 欧阳正平, 申伯光, 易建中, 姚祖昇. 1975. 一种对人能致病的肺吸虫新种——会同肺吸虫的研究[J]. 中国科学, (3): 315-329.

周本江. 1988. 小睾并殖吸虫形态的进一步观察[J]. 昆明医学院学报, 15(2): 47-83.

周本江. 2004. 丰宫并殖吸虫的研究[J]. 中国寄生虫学与寄生虫病杂志, 22(2): 109-112.

周望兴, 蔡晟亮, 刘玉珍, 李学文, 李秀群, 吴风德. 1984. 宁夏家鸭的两种异幻属吸虫[J]. 宁夏农业科技, (6): 42 转30.

Bashkirova E Y. 1941. Echinostomatids of birds of the USSR and a review of their life-cycles[J]. Trudy Bashkirskoi Nauchno-Issledovatelskoi Veterinarnoi Stantsii, 3: 43-300.

Bray R A, Gibson D I, Jones A. 2008. Keys to the Trematoda Volume 3 [M]. London: CAB International and the Natural History Museum.

Chauhan B S. 1940. Two new species of avian trematodes [J]. Proceedings of the Indian Academy of Sciences: 75-83.

Cheatum E L. 1941. *Dendritobilharzia anatinarum* n. sp., a blood fluke from the mallard[J]. The Journal of Parasitology, 27(2): 165-170.

Chen H T. 1936. A study of the Haplorchinae (Looss, 1899) Poche 1926 (Trematoda: Heterophyidae) [J]. Parasitology, 28: 40-55.

Chung H L, Ho L Y, Cheng L T, Tsao W C. 1964. The discovery in Yunnan province of 2 new species of lung flukes — *Paragonimus tuanshanensis* sp. nov. and *Paragonimus menglaensis* sp. nov. [J]. Chinese Medical Journal, 83 (10): 641-659.

de Núñez M O, Davies D, Spatz L. 2011. The life cycle of *Zygocotyle lunata* (Trematoda, Paramphistomoidea) in the subtropical region of South America [J]. Revista Mexicana de Biodiversidad, 82: 581-588.

Eduardo S L. 1982. The taxonomy of the family Paramphistomidae Fischoeder, 1901 with special reference to the morphology of species occurring in ruminants. II. Revision of the genus *Paramphistomum* Fischoeder, 1901 [J]. Systematic Parasitology, 4: 189-238.

Fischthal J H, Kuntz R E. 1976. Some digenetic trematodes of birds from Taiwan[J]. Proceedings of the Helminthological Society of Washington, 43: 65-79.

Gibson D I, Jones A, Bray R A. 2002. Keys to the Trematoda Volume 1[M]. Wallingford: CAB International.

Gupta P D. 1957. On *Psilochasmus indicus*, sp.n. (family Psilostomidae Odhner, 1913) [J]. Parasitology, 47 (3-4): 452-456.

Jones A, Bray R A, Gibson D I. 2005. Keys to the Trematoda Volume 2 [M]. London: CAB International and the Natural History Museum.

Katsuta I. 1931. Studies on the metacercariae of Formosan brackish water fishes. (1) On a new species, *Stellantchamus formosanus* n. sp., parasitic in *Mugil cephalus* [J]. Taiwan Igakkai Zasshi, 30: 1404-1417.

Mordvinow V A, Yurlova N I, Ogorodova L M, Katokhin A V. 2012. *Opisthorchis felineus* and *Metorchis bilis* are the main agents of liver fluke infection of humans in Russia[J]. Parasitology International, 61: 25-31.

Niemi D R, Macy R W. 1974. The life cycle and infectivity to man of *Apophallus donicus* (Skrjabin and Lindtrop, 1919) (Trematoda: Heterophyidae) in Oregon[J]. Proceedings of the Helminthological Society of Washington, 41(2): 223-229.

Otranto D, Rehbein S, Weigl S, Cantacessi C, Parisi A, Lia R P, Olson P D. 2007. Morphological and molecular differentiation between *Dicrocoelium dendriticum* (Rudolphi, 1819) and *Dicrocoelium chinensis* (Sudarikov and Ryjikov, 1951) Tang and Tang, 1978 (Platyhelminthes: Digenea)[J]. Acta Tropica, 104(2-3): 91-98.

Pozio E, Armignacco O, Ferri F, Morales M A G. 2013. *Opisthorchis felineus*, an emerging infection in Italy and its implication for the European Union[J]. Acta Tropica, 126: 54-62.

Velasquex C C. 1973. Observations on some Heterophyidae (Trematoda: Digenea) encysted in Philippine fishes[J]. The

Journal of Parasitology, 59 (1): 77-84.

Witenberg G. 1929. Studies on the trematode-family Heterophyidae[J]. Annals of Tropical Medicine and Parasitology, 23: 131-239.

Zhou J Y, Wang X Y. 1987a. Studies on the trematode family Echinostomatidae Dietz, 1909 from Jiangxi I [J]. 江西科学, 5 (1): 13-20.

Zhou J Y, Wang X Y. 1987b. Studies on the trematode family Echinostomatidae Dietz, 1909 from Jiangxi II. Identification of three new species[J]. 江西科学, 5 (2): 20-24.

中文索引

A

阿德勒亚科……267
阿氏刺囊吸虫……336
埃及对盘吸虫……198
埃及腹盘吸虫……198
矮小单睾吸虫……275
安徽嗜眼吸虫……234
暗淡微茎吸虫……348
凹睾棘缘吸虫……40
凹形隐叶吸虫……272
奥赫里德属……333

B

巴尔弗科……8
巴中腹袋吸虫……119
白色次睾吸虫……295
白洋淀缘口吸虫……80
白洋淀真杯吸虫……332
班氏棘口吸虫……47
斑皮科……267
斑皮属……286
斑嘴鸭光睾吸虫……257
半褐扁体吸虫……328
瓣睾低颈吸虫……75
棒状棘口吸虫……26
棒状棘缘吸虫……26
棒状双盘吸虫……26
包氏毛毕吸虫……453
抱茎棘隙吸虫……20
杯茎属……268
杯尾属……467
杯枭属……467

杯叶科……408
杯叶属……408
杯殖杯殖吸虫……162
杯殖茎睾吸虫……162
杯殖属……161
北京棘口吸虫……58
背管属……304
背孔科……126
背孔属……131
背孔亚科……126
被盖属……10
鼻居噬眼吸虫……429
鼻噬眼吸虫……429
比弗口属……85
彼尔亚科……376
彼氏钉形吸虫……83
彼氏新棘缘吸虫……78
毕哈属……447
蝙蝠刺囊吸虫……336
扁宽菲策吸虫……105
扁囊并殖吸虫……359
扁体矛形双腔吸虫亚种……315
扁体属……328
变异全口吸虫……466
变异原角囊吸虫……281
表殖孔亚属……380
滨鹬低颈吸虫……75
并殖科……352
并殖属……359
波阳菲策吸虫……114
波阳拟枭形吸虫……471
勃氏顿水吸虫……333
勃氏副顿水吸虫……333
布氏姜片吸虫……91
布氏前殖吸虫……382

C

彩蜘科……439
彩蜘属……439
槽腹科……421
槽腹亚科……126
槽盘属……151
侧肠锡叶吸虫……180
长肠微茎吸虫……348
长肠锡叶吸虫……175
长刺光隙吸虫……251
长妙属……95
长食道光睾吸虫……254
长形菲策吸虫……104
长形腹袋吸虫……104
长形腹袋吸虫日本变种……108
长咽属……209
肠背孔吸虫……138
超殖孔亚属……380
陈氏并殖吸虫……355
陈氏假拉吸虫……350
陈氏狸殖吸虫……355
陈氏锡叶吸虫……173
陈氏原角囊吸虫……281
成都平体吸虫……423
赤鹿片形吸虫……216
崇夔杯叶吸虫……410
触睾亚科……376
船形属……151
雌杯属……348
次睾属……294
次棘口属……45
次斜睾属……377
刺囊属……336
粗厚科……287
粗囊亚科……376
粗状原背吸虫……431
簇状长妙吸虫……95

D

达氏东毕吸虫……443
大带棘口吸虫……49
大囊光睾吸虫……255
大片形吸虫……88
大平并殖吸虫……369
袋状腹袋吸虫……121
单肠属……348
单独噬眼吸虫……429
单睾孔属……274
单睾球孔吸虫……266
单睾属……274
单睾亚科……267
单宫亚科……376
刀形棘缘吸虫……27
等口属……85
低颈属……72
钉孔亚科……376
钉形属……82
东毕属……443
东方杯叶吸虫……413
东方背孔吸虫……143
东方次睾吸虫……296
东方前殖吸虫……392
东方双腔吸虫……316
洞庭光孔吸虫……263
豆雁棘口吸虫……46
独睾亚科……267
杜特属……118
短肠锡叶吸虫……172
短光孔吸虫……260
短小菲策吸虫……102
短咽科……402
短咽属……403
断棘属……85
对茎似蹄吸虫……347
对体属……288

顿河离茎吸虫	269	辐射缘口吸虫	80
顿水属	333	福建并殖吸虫	361
多变环腔吸虫	422	福建光孔吸虫	261
多肌彩蚴吸虫	440	福建阔盘吸虫	321
多棘单睾吸虫	277	复叠背孔吸虫	137
多棘属	72	复体亚科	267
多肉属	359	副杯叶属	408
多乳突腹盘吸虫	198	副拱首亚科	126
多腺背孔吸虫	144	副链肠锡叶吸虫	178
多腺属	377	副鳞道属	377
多疣下殖吸虫	130	副异形属	348
		腹袋科	94
		腹袋属	118
		腹袋亚科	94
		腹盘属	197

E

俄罗斯属	268
二叶冠缝吸虫	81

G

盖状前冠吸虫	419
肝居属	304
肝片形吸虫	89
肝片形吸虫埃及变种	88
肝片形吸虫安哥变种	88
肝双盘吸虫	89
赣江棘缘吸虫	32
高氏姜片吸虫	93
格氏低颈吸虫	74
根塔臀形吸虫	283
宫川棘口吸虫	53
共殖属	278
共殖亚科	267
钩棘单睾吸虫	275
冠缝属	81
冠孔属	85
冠梨属	270
冠前属	85
光睾属	253
光滑平体吸虫	425
光滑亚科	376

F

饭岛杯殖吸虫	164
饭岛同盘吸虫	162
纺锤杯叶吸虫	411
纺锤杯殖吸虫	163
非毕属	447
菲策菲策吸虫	106
菲策属	98
肥大姜片吸虫	93
肥大双盘吸虫	93
肥胖棘口吸虫	66
翡翠嗜眼吸虫	238
费氏顿水吸虫	333
费氏姜片吸虫	93
分体科	441
分体属	447
粉状枝毕吸虫	442
丰宫并殖吸虫	357
丰宫狸殖吸虫	357
丰满钉形吸虫	83

光洁锥棘吸虫	84
光孔属	258
光口科	249
光隙属	250
广东后睾吸虫	306
广东前殖吸虫	383
广东嗜眼吸虫	237
广东殖盘吸虫	192
广利支囊吸虫	290
广西阔盘吸虫	322
广州后睾吸虫	306
广州前殖吸虫	382

H

海南斑皮吸虫	286
杭州棘口吸虫	50
合口科	402
合口属	403
合叶属	231
河麂阔盘吸虫	322
荷包腹袋吸虫	121
赫根嗜眼吸虫	239
横川单睾孔吸虫	277
横川单睾吸虫	277
横川后睾吸虫	280
横川后殖吸虫	280
横川毛毕吸虫	456
横川属	279
横腔属	423
红毕属	447
红口棘口吸虫	56
洪都棘缘吸虫	33
后睾科	287
后睾属	304
后宫亚科	267
后蹄状亚属	380
后口属	404
后藤同盘吸虫	218

后殖属	279
后殖亚科	267
狐翼状吸虫	435
胡瓜形盲腔吸虫	480
壶体属	270
华南嗜眼吸虫	240
华饰冠孔吸虫	85
华云殖盘吸虫	190
华支睾吸虫	291
滑睾属	214
獾棘口吸虫	77
獾片形吸虫	76
獾似颈吸虫	76
环肠科	421
环腔科	421
环腔属	422
环始属	422
黄体次睾吸虫	301
会同并殖吸虫	363
霍尔属	271
霍夫卡嗜眼吸虫	239
霍口属	157
霍鲁前殖吸虫	386
霍氏片形吸虫	89

J

鸡合口吸虫	403
鸡后口吸虫	404
鸡棘缘吸虫	30
鸡前殖吸虫	384
鸡嗜眼吸虫	236
吉林马蹄吸虫	346
棘带属	270
棘带亚科	267
棘茎属	76
棘颈科	8
棘口科	8
棘口属	45

棘隙科	8	巨腹盘前殖吸虫	391
棘隙属	10	巨睾并殖吸虫	365
棘缘属	26	巨睾菲策吸虫	110
集安毛毕吸虫	451	巨睾狸殖吸虫	365
加利福尼亚片形吸虫	89	巨盘腹袋吸虫	124
家鹅嗜眼吸虫	235	巨盘巨盘吸虫	199
家鸭光睾吸虫	254	巨盘属	199
家鸭拟枭形吸虫	470	巨片形吸虫	88
嘉兴菲策吸虫	109	巨咽属	210
假拉属	350	巨枝腔吸虫	88
假囊双睾孔吸虫	285	巨殖孔亚属	380
假囊星隙吸虫	285	巨殖属	359
假盘属	230	具刺姜片吸虫	93
假肉茎属	348	具棘片形吸虫	76
尖刺棘带吸虫	270	具棘双盘吸虫	76
尖尾光隙吸虫	252	卷棘口吸虫	59
尖吻光孔吸虫	259	卷片形吸虫	59
坚体属	82	掘内前殖吸虫	386
间隙长妙吸虫	96		
睑嗜眼吸虫	234		
简尾属	473	**K**	
箭体亚科	376		
江岛杯殖吸虫	164	卡劳氏前殖吸虫	390
江西陈腔吸虫	185	卡妙属	95
江西盘腔吸虫	185	卡氏前殖吸虫	390
姜片属	91	卡斯属	274
姜片形科	87	凯吉尔属	282
娇美马蹄吸虫	345	柯萨克属	131
角杯尾吸虫	467	柯氏菲策吸虫	101
角对盘吸虫	467	柯氏腹袋吸虫	101
角腔属	286	柯氏棘缘吸虫	34
角枭形吸虫	467	柯氏假盘吸虫	230
角状缺咽吸虫	466	克尼波维奇亚科	267
接睾低颈吸虫	74	口孔亚科	376
接睾棘口吸虫	57	库宁全冠吸虫	417
杰出锥棘吸虫	84	宽大长妙吸虫	96
截形棘隙吸虫	25	宽大真缘吸虫	69
截形微口吸虫	303	宽阔卡妙吸虫	96
金黄杯叶吸虫	413	扩腔星隙吸虫	285
		扩展巨盘吸虫	201

括约肌咽光隙吸虫	253
阔盘属	317
阔蠕亚科	267

L

拉氏姜片吸虫	93
拉氏双盘吸虫	93
拉札嗜眼吸虫	248
拉兹科	287
莱氏同盘吸虫	222
勒克瑙嗜眼吸虫	243
雷登同盘吸虫	222
雷氏同盘吸虫	222
类杯叶属	417
类后殖属	279
类前殖亚属	380
类似光孔吸虫	262
类同盘属	171
类斜睾属	377
狸殖属	355
离茎属	268
离殖孔吸虫	401
梨形嗜眼吸虫	247
李氏前殖吸虫	390
利马斜睾吸虫	377
利萨嗜眼吸虫	247
连腺属	433
莲花背孔吸虫	139
联腔属	422
链肠锡叶吸虫	182
列腺亚科	376
列叶属	151
列叶亚科	126
裂睾棘隙吸虫	22
裂睾属	400
裂体科	441
裂体属	447
裂殖属	400

林杜棘口吸虫	52
鳞叠背孔吸虫	137
鳞皮科	376
鳞皮属	377
鳞翼属	333
羚羊槽盘吸虫	153
羚羊列叶吸虫	153
隆回棘缘吸虫	35
陇川长咽吸虫	210
漏复口属	467
卢氏前腺吸虫	338
鲁氏杯叶吸虫	413
鲁氏林斯陶吸虫	413
鲁氏前殖吸虫	396
鲁斯属	279
鹿槽盘吸虫	154
鹿对盘吸虫	216
鹿费斯吐卡吸虫	216
鹿列叶吸虫	154
鹿片形吸虫	216
鹿同盘吸虫	216
卵形对体吸虫	288
卵形菲策吸虫	112
卵形同口吸虫	158
卵圆前殖吸虫	394
卵圆双盘吸虫	394
螺形属	434
洛氏杯叶吸虫	413

M

麻雀嗜眼吸虫	236
马坝似蹄吸虫	347
马米背孔吸虫	141
马尼拉斑皮吸虫	286
马萨属	271
马氏噬眼吸虫	429
马氏斜睾吸虫	377
马蹄科	343

马蹄属	345	拟枭形属	470
马鞋亚科	126	鸟毕科	441
马扎属	403	鸟彩蚴吸虫	440
盲肠杯叶吸虫	409	啮殖属	359
盲腔科	475	宁波前殖吸虫	392
盲腔属	480	牛分体吸虫	448
猫后睾吸虫	307	牛血吸虫	448
毛毕属	451	扭黄属	345
矛形双腔吸虫	314	诺孔前腺吸虫	338
眉鹟属	234		
梅德亚科	376	**O**	
梅利斯科	249		
梅氏双盘吸虫	26	欧毕属	443
美丽棘缘吸虫	29		
勐腊并殖吸虫	367	**P**	
孟买同盘吸虫	219		
米氏嗜眼吸虫	244	帕氏片形吸虫	76
绵羊杯殖吸虫	166	盘腔属	184
藐小棘隙吸虫	15	彭氏东毕吸虫	443
闽清并殖吸虫	369	彭氏鸟毕吸虫	443
穆氏离茎吸虫	269	皮囊属	271
		偏肠锡叶吸虫	180
N		片形科	87
		片形属	87
纳维属	84	平腹属	207
南昌棘缘吸虫	37	平南毛毕吸虫	455
南湖巨盘吸虫	204	平体属	423
囊凸背孔吸虫	134	普赖斯属	269
囊叶亚科	267	普鲁士杯叶吸虫	415
内管属	403	普鲁氏杯叶吸虫	415
尼卡同盘吸虫	222	普罗比嗜眼吸虫	246
拟毕属	451	普通短咽吸虫	403
拟槽状同口吸虫	159		
拟腹盘属	196	**Q**	
拟棘口属	85		
拟盘连腺吸虫	433	岐腔科	310
拟犬同盘吸虫	229	奇棘口属	10
拟同盘属	171	歧囊并殖吸虫	360
拟下殖属	127	企鹅次睾吸虫	298

前分体属	447
前宫殖亚科	379
前冠属	419
前角囊属	281
前平体属	430
前腺属	338
前咽属	422
前殖科	379
前殖孔亚属	380
前殖属	380
前殖亚科	379
前殖亚属	380
前子宫属	333
钱江锡叶吸虫	179
枪头棘口吸虫	10
枪头棘口吸虫陈克亚种	11
枪头棘隙吸虫	10
枪头双盘吸虫	10
腔阔盘吸虫	319
强壮棘口吸虫	61
强壮前平体吸虫	431
乔维属	428
鞘嘴鸥背孔吸虫	133
球睾棘隙吸虫	23
球孔属	264
球腺属	348
球形球孔吸虫	264
球状腹袋吸虫	123
曲睾棘口吸虫	47
曲领棘缘吸虫	38
全冠属	417
全口属	473
犬棘带吸虫	270
犬棘隙吸虫	67
犬前隙吸虫	67
犬外隙吸虫	67
犬中肠吸虫	341
缺茎属	268
缺茎亚科	267
缺咽属	466
鹊鸭同口吸虫	158
群居中肠吸虫	341

R

人对盘吸虫	196
人腹盘吸虫	196
人拟腹盘吸虫	196
日本杯尾吸虫	469
日本菲策吸虫	108
日本分体吸虫	448
日本棘隙吸虫	14
日本裂体吸虫	448
日本前殖吸虫	388
日本全冠吸虫	418
日本血吸虫	448
日本异幻吸虫	463
日本真对体吸虫	293
肉茎属	344
乳体亚科	267
瑞德沃属	466

S

撒阿柯科	8
塞氏杯叶吸虫	416
三列背孔吸虫	131
三角头棘口吸虫	77
三角头片形吸虫	76
三角头双盘吸虫	76
三平正并殖吸虫	353
三叶支囊吸虫	290
山羊扁体吸虫	328
扇棘单睾吸虫	276
舌形新棘缘吸虫	78
蛇单睾亚科	267
涉禽嗜眼吸虫	236
伸长次睾吸虫	296

深杯巨盘吸虫 200
深沟巨盘吸虫 200
深叶巨盘吸虫 200
沈氏并殖吸虫 371
肾脏真杯吸虫 332
声中腹盘吸虫 198
史氏棘口吸虫 63
始殖孔亚属 380
市川同盘吸虫 221
似光孔吸虫 262
似后睾吸虫 308
似颈属 76
似离茎属 269
似蹄属 346
似小盘同盘吸虫 224
似锥低颈吸虫 72
嗜避役亚科 376
嗜盲属 480
嗜气管属 476
嗜眼科 233
嗜眼属 234
噬猴亚科 267
噬眼属 428
匙形杯腹吸虫 198
疏忽棘口吸虫 59
鼠斜睾吸虫 378
鼠真缘吸虫 71
双叉肠锡叶吸虫 174
双睾孔属 283
双腔科 310
双腔属 311
双穴科 434
双叶咽枭形吸虫 466
水牛菲策吸虫 98
水牛长妙吸虫 95
丝状对体吸虫 288
斯孔属 406
斯里瓦属 214
斯帕卡妙吸虫 96

斯氏杯殖吸虫 167
斯氏并殖吸虫 359
斯氏狸殖吸虫 358
斯氏前殖吸虫 399
斯氏同盘吸虫 167
斯氏殖盘吸虫 222
斯托西克属 430
斯兹达属 431
四肠亚科 267
四川并殖吸虫 359
四川菲策吸虫 116
四川平体吸虫 425
苏丹巨咽吸虫 211
束形连腺吸虫 433
隼拟枭形吸虫 470

T

台北单睾孔吸虫 275
台北棘缘吸虫 41
台湾次睾吸虫 299
台湾棘带吸虫 270
台湾巨盘吸虫 203
台湾星隙吸虫 284
台中单睾孔吸虫 276
台州锡叶吸虫 184
泰毕属 443
泰国菲策吸虫 115
泰国菲策吸虫日本变种 108
泰国巨盘吸虫 205
唐氏槽盘吸虫 156
唐氏列叶吸虫 156
唐氏属 419
特拉瓦索属 419
特氏棘口吸虫 65
天鹅真对体吸虫 293
同口属 157
同盘科 160
同盘属 214

同盘叶属	171
同轴棘口吸虫	10
透明前殖吸虫	395
透明异幻吸虫	465
土耳其斯坦东毕吸虫	444
土耳其斯坦鸟毕吸虫	444
兔菲策吸虫	103
团山并殖吸虫	372
臀形属	282
臀形亚科	267

W

外颈属	67
外隙属	67
弯肠锡叶吸虫	181
弯肠殖盘吸虫	194
弯袋科	376
弯袋亚科	376
威尔曼属	95
微睾单睾孔吸虫	276
微茎科	343
微茎属	348
微口属	303
微盘棘隙吸虫	17
微小腹盘吸虫	198
微小阔盘吸虫	323
微小微茎吸虫	349
维尔马属	72
维氏殖盘吸虫	221
伪棘冠孔吸虫	85
伪棘双盘吸虫	85
伪棘中睾吸虫	85
伪连腺吸虫	433
伪叶肉茎吸虫	344
尾腺属	377
卫氏并殖吸虫	372
温州巨盘吸虫	206
沃氏斯兹达吸虫	432

乌尔斑背孔吸虫	149
吴城杯殖吸虫	168

X

西安扁体吸虫	330
西伯利亚棘缘吸虫	42
西里属	271
西里右殖吸虫	273
西（纳曼）氏背孔吸虫	148
西氏嗜气管吸虫	479
吸沟同盘吸虫	214
稀宫前殖吸虫	399
稀有裂睾吸虫	401
稀有裂殖吸虫	400
稀有前殖吸虫	401
锡兰菲策吸虫	100
锡叶属	171
喜氏背孔吸虫	148
细颈后睾吸虫	309
细同盘吸虫	219
狭睾棘口吸虫	45
狭小菲策吸虫	102
狭窄菲策吸虫	102
下弯属	127
下隙属	423
下殖属	127
夏枭属	473
纤细背孔吸虫	131
纤细腹袋吸虫	98
纤细长妙吸虫	97
线样背孔吸虫	140
线样单盘吸虫	140
线状腹袋吸虫	123
腺状腹袋吸虫	122
湘江殖盘吸虫	193
湘中棘缘吸虫	44
枭形科	457
枭形属	473

枭形枭形吸虫	473	兴德属	131
小肠嗜眼吸虫	242	徐氏背孔吸虫	135
小睾并殖吸虫	368	徐氏巨咽吸虫	212
小睾棘缘吸虫	36	旋孔属	404
小卵圆背孔吸虫	143	穴孔属	348
小盘同盘吸虫	226	雪白背孔吸虫	133
小片属	45	血吸虫属	447
小乳突同盘吸虫	186		
小舌形亚科	376		
小斯兹达特属	431	**Y**	
小腺棘隙吸虫	18		
小鸦嗜眼吸虫	245	鸭背孔吸虫	137
小型嗜眼吸虫	244	鸭次睾吸虫	295
小鸭棘口吸虫	62	鸭对体吸虫	288
小异幻吸虫	464	鸭后睾吸虫	288, 305
小殖盘吸虫	189	鸭拟枭形吸虫	470
楔形前殖吸虫	383	鸭前殖吸虫	380
斜睾科	376	鸭嗜气管吸虫	476
斜睾属	377	鸭嗜眼吸虫	236
斜孔属	279	鸭异幻吸虫	458
谢氏平体吸虫	427	鸭枝毕吸虫	442
心形半口吸虫	437	雅氏穴孔吸虫	349
心形咽口吸虫	437	亚帆马蹄吸虫微小变种	345
新杯孔属	79	咽口属	437
新杯叶属	408	眼点毛毕吸虫	451
新彩蚴属	439	眼孔属	234
新次睾属	304	眼蚴科	233
新棘口属	72	秧鸡背孔吸虫	146
新棘缘属	78	秧鸡孔属	403
新鳞皮属	377	羊菲策吸虫	113
新同口属	157	羊阔盘吸虫	324
新枭形科	457	羊斯孔吸虫	406
新枭形属	473	佯谬彩蚴吸虫	440
新翼状属	473	野牛平腹吸虫	207
新月形合叶吸虫	231	野牛同盘吸虫	222
新月形星隙吸虫	284	叶尖洞穴吸虫	349
星隙属	283	叶形棘隙吸虫	20
星隙亚科	267	夜出嗜眼吸虫	245
兴德尔属	131	伊里奈亚科	267
		伊族棘口吸虫	69

| 中文索引 | 499 |

伊族真缘吸虫	69
怡乐村并殖吸虫	364
宜春次睾吸虫	302
胰阔盘吸虫	325
胰腺亚属	317
移睾棘口吸虫	48
异雕亚科	376
异幻属	458
异棘口属	10
异假拉属	350
异壳属	403
异盘并殖吸虫	362
异形棘隙吸虫	12
异形科	267
异形属	278
异形亚科	267
异形异形吸虫	278
异叶巨盘吸虫	199
异锥棘属	78
翼状科	434
翼状属	434
隐棘真缘吸虫	70
隐叶属	271
隐叶亚科	267
隐殖属	271
印度杯叶吸虫	412
印度槽盘吸虫	152
印度光睾吸虫	254
印度光隙吸虫	250
印度列叶吸虫	152
印度片形吸虫	88
印度前殖吸虫	387
印度嗜眼吸虫	241
印度同盘吸虫	219
印度下殖吸虫	128
印度殖盘吸虫	190
英德前冠吸虫	419
英德中冠吸虫	419
优美异幻吸虫	460

游蛇亚科	376
有槽同口吸虫	157
有刺光孔吸虫	262
有刺棘口吸虫	26
有刺双盘吸虫	59
有棘双盘（棘口）吸虫	59
有棘隐叶吸虫	272
有角合叶吸虫	231
有翼螺形吸虫	435
有翼翼状吸虫	435
右殖属	273
幼形属	286
蚴形亚科	267
原背属	430
原角囊属	281
原羚同盘吸虫	228
原下隙属	430
圆睾菲策吸虫	111
圆睾棘口吸虫	55
圆睾棘缘吸虫	37
圆睾阔盘吸虫	327
圆围棘口吸虫	51
圆头异幻吸虫	459
圆殖孔属	377
圆锥单盘吸虫	216
圆锥对盘吸虫	216
缘口属	79
远轴前腺吸虫	338
约翰生亚科	94
云南并殖吸虫	374
云南菲策吸虫	118
孕孔属	271

Z

曾氏背孔吸虫	148
沼泽背孔吸虫	147
折叠背孔吸虫	137
浙江杯殖吸虫	170

浙江菲策吸虫	100	中国棘缘吸虫	28
浙江光睾吸虫	256	中国斯兹达吸虫	432
真杯科	331	中华腹袋吸虫	120
真杯属	332	中华巨咽吸虫	211
真对体属	293	中华前殖吸虫	398
真缘属	68	中华嗜眼吸虫	236
正并殖属	353	中华双腔吸虫	311
正并殖亚科	352	中华同盘吸虫	186
支囊属	290	中华下弯吸虫	127
枝毕属	442	中华下殖吸虫	127
枝睾阔盘吸虫	318	中华枝睾吸虫	291
枝睾属	291	中心属	403
枝腔属	87	中咽属	422
枝双腔吸虫	313	中殖孔亚属	380
枝腺科	335	终盲属	480
直肠盘腔吸虫	186	肿首科	8
直肠属	171	舟首亚科	267
直肠同盘吸虫	186，227	舟形背孔吸虫	142
直肠锡叶吸虫	177	舟形嗜气管吸虫	476
直腔同盘吸虫	227	舟形属	131
殖盘属	187	舟形亚科	126
殖盘同盘吸虫	187	朱莉同盘吸虫	222
殖盘殖盘吸虫	187	住血分体吸虫	448
中毕属	447	锥棘属	83
中肠科	340	锥棘属（新锥棘亚属）	83
中肠属	340	锥棘属（锥棘亚属）	83
中睾属	85	锥实螺背孔吸虫	147
中睾亚属	311	紫孔属	422

拉丁文索引

A

Acanthatrium ··················336
Acanthatrium alicatai ··················336
Acanthatrium nycteridis ··················336
Adleriellinae ··················267
Aequistoma ··················85
Afrobilharzia ··················447
Alaria ··················434
Alaria alata ··················435
Alaria vulpis ··················435
Alariidae ··················434
Allechinostomum ··················10
Alloglyptinae ··················376
Allopetasiger ··················78
Allopseudolevinseniella ··················350
Amphimerus ··················288
Amphimerus anatis ··················288
Amphimerus filiformis ··················288
Amphimerus ovalis ··················288
Amphistoma aegyptiacus ··················198
Amphistoma cornutus ··················467
Amphistoma hominis ··················196
Amphistomum cervi ··················216
Amphistomum conicum ··················216
Antepharyngeum ··················422
Apatemon ··················458
Apatemon anetinum ··················458
Apatemon globiceps ··················459
Apatemon gracilis ··················460
Apatemon japonicus ··················463
Apatemon minor ··················464
Apatemon pellucidus ··················465
Apharyngostrigea ··················466
Apharyngostrigea bilobata ··················466
Apharyngostrigea cornu ··················466
Apophallinae ··················267
Apophalloides ··················269
Apophallus ··················268
Apophallus donicus ··················269
Apophallus muehlingi ··················269
Aptorchinae ··················376
Ascocotylinae ··················267

B

Balfouriidae ··················8
Beaverostomum ··················85
Bieriinae ··················376
Bilharzia ··················447
Bothrigastridae ··················421
Brachylaemidae ··················402
Brachylaemus ··················403
Brachylaima ··················403
Brachylaima commutatum ··················403
Brachylaima migrans ··················403
Brachylaimatidae ··················402
Brachylaime ··················403
Brachylaimidae ··················402
Brachylaimus ··················403
Bulbovitellus ··················348

C

Caiguiria ··················282
Calicophoron ··················161
Calicophoron calicophorum ··················162
Calicophoron fusum ··················163
Calicophoron ijimai ··················164

Calicophoron ovillum	166	*Chenocoelium*	184
Calicophoron skrjabini	167	*Chenocoelium kiangxiensis*	185
Calicophoron wuchengensis	168	*Chenocoelium orthocoelium*	186
Calicophoron zhejiangensis	170	*Choanodiplostomum*	467
Carmyerius	95	*Choristogonoporus*	377
Carmyerius bubalis	95	*Ciureana*	271
Carmyerius gregarius	95	*Cladocoelium*	87
Carmyerius spatiosus	96	*Cladocoelium giganteum*	88
Carmyerius synethes	97	*Cladocystis*	290
Carneophallus	344	*Cladocystis trifolium*	290
Carneophallus pseudogonotyla	344	*Cladocystis kwangleensis*	290
Catatropis	127	*Clonorchis*	291
Catatropis chinensis	127	*Clonorchis sinensis*	291
Catatropis indica	128	*Coenogoniminae*	267
Catatropis verrucosa	130	*Coenogonimus*	278
Cauliorchis calicophorum	162	*Conchosomum*	434
Centrocestinae	267	*Conchosomum alatum*	435
Centrocestus	270	*Cornatrium*	286
Centrocestus caninus	270	*Cotylogaster cochleariformis*	198
Centrocestus cuspidatus	270	Cotylogoniminae	267
Centrocestus formosanus	270	*Cotylogonimus*	278
Centrodes	403	*Cotylophallus*	268
Cercarioidinae	267	*Cotylophoron*	187
Cercolecithos	377	*Cotylophoron cotylophorum*	187
Ceylonocotyle	171	*Cotylophoron fulleborni*	189
Ceylonocotyle brevicaeca	172	*Cotylophoron guangdongense*	192
Ceylonocotyle cheni	172	*Cotylophoron huayuni*	190
Ceylonocotyle dicranocoelium	173	*Cotylophoron indicus*	190
Ceylonocotyle longicoelium	175	*Cotylophoron kwantungensis*	192
Ceylonocotyle orthocoelium	176	*Cotylophoron shangkiangensis*	193
Ceylonocotyle parastreptocoelium	177	*Cotylophoron sinuointestinum*	194
Ceylonocotyle qianjiangense	179	*Cotylophoron skrjabini*	222
Ceylonocotyle scoliocoelium	179	*Cotylophoron vigisi*	221
Ceylonocotyle sinuocoelium	181	*Cotylurostrigea*	467
Ceylonocotyle streptocoelium	182	*Cotylurus*	467
Ceylonocotyle taizhouense	184	*Cotylurus cornutus*	467
Chabaustrigea	473	*Cotylurus japonicus*	469
Chamaeleophilinae	376	*Cryptocotyle*	271
Chaunocephalidae	8	*Cryptocotyle concavum*	272

| 拉丁文索引 | 503

Cryptocotyle echinata	272
Cryptocotylinae	267
Cyathocotyle	408
Cyathocotyle caecumalis	409
Cyathocotyle chungkee	410
Cyathocotyle fusa	411
Cyathocotyle indica	412
Cyathocotyle lutzi	413
Cyathocotyle orientalis	413
Cyathocotyle prussica	415
Cyathocotyle szidatiana	416
Cyathocotylidae	408
Cyclocoelidae	421
Cyclocoelum	422
Cyclocoelum mutabile	422
Cycloprimum	422
Cymbiforma	151
Cymbiforminae	126

D

Dendritobilharzia	442
Dendritobilharzia anatinarum	442
Dendritobilharzia pulverulenta	442
Dermocystis	271
Dexiogonimus	273
Dexiogonimus ciureanus	273
Dicrocoeliidae	310
Dicrocoelium	311
Dicrocoelium chinensis	311
Dicrocoelium dendriticum	313
Dicrocoelium lanceatum	314
Dicrocoelium lanceatum platynosomum	315
Dicrocoelium orientalis	316
Diorchitrema	283
Diorchitrema pseudocirrata	285
Diplostomatidae	434
Diplostomidae	434
Diplotrematidae	267

Distoma armatum	76
Distoma baculus	26
Distoma echinatum	59
Distoma hepatica	89
Distoma mergi	26
Distoma pseudoechinatum	85
Distoma trigonocephalum	76
Distomum beleocephalus	10
Distomum crassum	93
Distomum (Echinostoma) echinatum	59
Distomum ovatum	394
Distomum rathouisi	93
Duttiella	118

E

Echinochasmidae	8
Echinochasmus	10
Echinochasmus beleocephalus	10
Echinochasmus (Episthochasmus) caninum	67
Echinochasmus coaxatus	10
Echinochasmus herteroidcus	12
Echinochasmus japonicus	14
Echinochasmus liliputanus	15
Echinochasmus microdisus	17
Echinochasmus minivitellus	18
Echinochasmus perfoliatus	20
Echinochasmus schizorchis	22
Echinochasmus sphaerochis	23
Echinochasmus truncatum	25
Echinocirrus	76
Echinocollidae	8
Echinoparyphium	26
Echinoparyphium baculus	26
Echinoparyphium bioccalerouxi	27
Echinoparyphium chinensis	28
Echinoparyphium elegans	29
Echinoparyphium gallinarum	30
Echinoparyphium ganjiangensis	32

Echinoparyphium hongduensis ⋯⋯⋯⋯⋯⋯⋯⋯33	*Echinostomum beleocephalus chenkensis* ⋯⋯⋯⋯⋯⋯11
Echinoparyphium koidzumii ⋯⋯⋯⋯⋯⋯⋯⋯34	Enodiotrematinae ⋯⋯⋯⋯⋯⋯⋯⋯⋯⋯⋯⋯376
Echinoparyphium longhuiense ⋯⋯⋯⋯⋯⋯⋯35	*Entosiphonus* ⋯⋯⋯⋯⋯⋯⋯⋯⋯⋯⋯⋯⋯⋯403
Echinoparyphium microrchis ⋯⋯⋯⋯⋯⋯⋯⋯36	*Episthmium* ⋯⋯⋯⋯⋯⋯⋯⋯⋯⋯⋯⋯⋯⋯⋯67
Echinoparyphium nanchangensis ⋯⋯⋯⋯⋯⋯37	*Episthmium caninum* ⋯⋯⋯⋯⋯⋯⋯⋯⋯⋯⋯67
Echinoparyphium nordiana ⋯⋯⋯⋯⋯⋯⋯⋯⋯37	*Episthochasmus* ⋯⋯⋯⋯⋯⋯⋯⋯⋯⋯⋯⋯⋯67
Echinoparyphium recurvatum ⋯⋯⋯⋯⋯⋯⋯⋯38	*Euamphimerus* ⋯⋯⋯⋯⋯⋯⋯⋯⋯⋯⋯⋯⋯293
Echinoparyphium syrdariense ⋯⋯⋯⋯⋯⋯⋯40	*Euamphimerus cygnoides* ⋯⋯⋯⋯⋯⋯⋯⋯⋯293
Echinoparyphium taipeiense ⋯⋯⋯⋯⋯⋯⋯⋯41	*Euamphimerus nipponicus* ⋯⋯⋯⋯⋯⋯⋯⋯⋯293
Echinoparyphium westsibiricum ⋯⋯⋯⋯⋯⋯42	*Eucotyle* ⋯⋯⋯⋯⋯⋯⋯⋯⋯⋯⋯⋯⋯⋯⋯332
Echinoparyphium xiangzhongense ⋯⋯⋯⋯⋯44	*Eucotyle baiyangdienensis* ⋯⋯⋯⋯⋯⋯⋯⋯⋯332
Echinostoma ⋯⋯⋯⋯⋯⋯⋯⋯⋯⋯⋯⋯⋯⋯45	*Eucotyle nephritica* ⋯⋯⋯⋯⋯⋯⋯⋯⋯⋯⋯332
Echinostoma angustitestis ⋯⋯⋯⋯⋯⋯⋯⋯⋯45	Eucotylidae ⋯⋯⋯⋯⋯⋯⋯⋯⋯⋯⋯⋯⋯⋯⋯331
Echinostoma anseris ⋯⋯⋯⋯⋯⋯⋯⋯⋯⋯⋯46	Euparagoniminae ⋯⋯⋯⋯⋯⋯⋯⋯⋯⋯⋯⋯352
Echinostoma baculus ⋯⋯⋯⋯⋯⋯⋯⋯⋯⋯⋯26	*Euparagonimus* ⋯⋯⋯⋯⋯⋯⋯⋯⋯⋯⋯⋯⋯353
Echinostoma bancrofti ⋯⋯⋯⋯⋯⋯⋯⋯⋯⋯47	*Euparagonimus cenocopiosus* ⋯⋯⋯⋯⋯⋯⋯⋯353
Echinostoma cinetorchis ⋯⋯⋯⋯⋯⋯⋯⋯⋯48	*Euparyphium* ⋯⋯⋯⋯⋯⋯⋯⋯⋯⋯⋯⋯⋯⋯68
Echinostoma discinctum ⋯⋯⋯⋯⋯⋯⋯⋯⋯49	*Euparyphium capitaneum* ⋯⋯⋯⋯⋯⋯⋯⋯⋯69
Echinostoma echinatum ⋯⋯⋯⋯⋯⋯⋯⋯⋯⋯26	*Euparyphium ilocanum* ⋯⋯⋯⋯⋯⋯⋯⋯⋯⋯69
Echinostoma hangzhouensis ⋯⋯⋯⋯⋯⋯⋯⋯50	*Euparyphium inerme* ⋯⋯⋯⋯⋯⋯⋯⋯⋯⋯⋯70
Echinostoma hortense ⋯⋯⋯⋯⋯⋯⋯⋯⋯⋯51	*Euparyphium murinum* ⋯⋯⋯⋯⋯⋯⋯⋯⋯⋯71
Echinostoma ilocanum ⋯⋯⋯⋯⋯⋯⋯⋯⋯⋯69	*Eurobilharzia* ⋯⋯⋯⋯⋯⋯⋯⋯⋯⋯⋯⋯⋯443
Echinostoma lindoensis ⋯⋯⋯⋯⋯⋯⋯⋯⋯⋯52	Euryhelminthinae ⋯⋯⋯⋯⋯⋯⋯⋯⋯⋯⋯⋯267
Echinostoma melis ⋯⋯⋯⋯⋯⋯⋯⋯⋯⋯⋯⋯77	*Eurytrema* ⋯⋯⋯⋯⋯⋯⋯⋯⋯⋯⋯⋯⋯⋯317
Echinostoma miyagawai ⋯⋯⋯⋯⋯⋯⋯⋯⋯53	*Eurytrema cladorchis* ⋯⋯⋯⋯⋯⋯⋯⋯⋯⋯318
Echinostoma neglectum ⋯⋯⋯⋯⋯⋯⋯⋯⋯59	*Eurytrema coelomaticum* ⋯⋯⋯⋯⋯⋯⋯⋯⋯319
Echinostoma nordiana ⋯⋯⋯⋯⋯⋯⋯⋯⋯⋯55	*Eurytrema fukienensis* ⋯⋯⋯⋯⋯⋯⋯⋯⋯⋯321
Echinostoma operosum ⋯⋯⋯⋯⋯⋯⋯⋯⋯⋯56	*Eurytrema hydropotes* ⋯⋯⋯⋯⋯⋯⋯⋯⋯⋯322
Echinostoma paraulum ⋯⋯⋯⋯⋯⋯⋯⋯⋯⋯57	*Eurytrema kwangsiensis* ⋯⋯⋯⋯⋯⋯⋯⋯⋯322
Echinostoma pekinensis ⋯⋯⋯⋯⋯⋯⋯⋯⋯⋯58	*Eurytrema minutum* ⋯⋯⋯⋯⋯⋯⋯⋯⋯⋯⋯323
Echinostoma revolutum ⋯⋯⋯⋯⋯⋯⋯⋯⋯⋯59	*Eurytrema ovis* ⋯⋯⋯⋯⋯⋯⋯⋯⋯⋯⋯⋯⋯324
Echinostoma robustum ⋯⋯⋯⋯⋯⋯⋯⋯⋯⋯61	*Eurytrema pancreaticum* ⋯⋯⋯⋯⋯⋯⋯⋯⋯325
Echinostoma rufinae ⋯⋯⋯⋯⋯⋯⋯⋯⋯⋯⋯62	*Eurytrema sphaeriorchis* ⋯⋯⋯⋯⋯⋯⋯⋯⋯327
Echinostoma stromi ⋯⋯⋯⋯⋯⋯⋯⋯⋯⋯⋯63	
Echinostoma travassosi ⋯⋯⋯⋯⋯⋯⋯⋯⋯⋯65	**F**
Echinostoma trigonocephalum ⋯⋯⋯⋯⋯⋯⋯77	
Echinostoma uitalica ⋯⋯⋯⋯⋯⋯⋯⋯⋯⋯⋯66	*Fasciola* ⋯⋯⋯⋯⋯⋯⋯⋯⋯⋯⋯⋯⋯⋯⋯⋯87
Echinostomatidae ⋯⋯⋯⋯⋯⋯⋯⋯⋯⋯⋯⋯⋯8	*Fasciola armata* ⋯⋯⋯⋯⋯⋯⋯⋯⋯⋯⋯⋯⋯76
Echinostomum beleocephalus ⋯⋯⋯⋯⋯⋯⋯⋯11	*Fasciola californica* ⋯⋯⋯⋯⋯⋯⋯⋯⋯⋯⋯⋯89

Fasciola cervi	216
Fasciola elaphi	216
Fasciola gigantica	88
Fasciola halli	89
Fasciola hepatica var. *aegyptica*	88
Fasciola hepatica var. *angusta*	88
Fasciola hepatica	89
Fasciola indica	88
Fasciola melis	76
Fasciola putorii	76
Fasciola revoluta	59
Fasciola trigonocephala	76
Fascioletta	45
Fasciolidae	87
Fasciolopsidae	87
Fasciolopsis	91
Fasciolopsis buski	91
Fasciolopsis crassa	93
Fasciolopsis füelleborni	93
Fasciolopsis goddardi	93
Fasciolopsis rathouisi	93
Fasciolopsis spinifera	93
Feminacopula	348
Festucaria cervi	216
Ficedularia	234
Fischoederius	98
Fischoederius bubalis	98
Fischoederius ceylonensis	100
Fischoederius chekangensis	100
Fischoederius cobboldi	101
Fischoederius compressus	102
Fischoederius cuniculi	103
Fischoederius elongatus	104
Fischoederius explanatus	105
Fischoederius fischoederi	106
Fischoederius japonicus	108
Fischoederius kahingensis	109
Fischoederius macrorchis	110
Fischoederius norclianus	111
Fischoederius ovatus	112
Fischoederius ovis	113
Fischoederius poyangensis	114
Fischoederius saimensis var. *japonicus*	108
Fischoederius siamensis	116
Fischoederius sichuanensis	117
Fischoederius yunnanensis	117

G

Galactosominae	267
Gastrodiscoides	196
Gastrodiscoides hominis	196
Gastrodiscus	197
Gastrodiscus aegyptiacus	198
Gastrodiscus hominis	196
Gastrodiscus minor	198
Gastrodiscus polymastos	198
Gastrodiscus sonsinoi	198
Gastrothylacidae	94
Gastrothylacinae	94
Gastrothylax	118
Gastrothylax bazhongensis	118
Gastrothylax chinensis	119
Gastrothylax cobboldi	101
Gastrothylax crumenifer	121
Gastrothylax elongatus	104
Gastrothylax elongatus var. *japonicus*	108
Gastrothylax glandiformis	122
Gastrothylax globoformis	123
Gastrothylax magnadiscus	124
Gastrothylax synethes	98
Geowitenbergia	428
Gigantocotyle	199
Gigantocotyle anisocotyle	199
Gigantocotyle bathycotyle	200
Gigantocotyle explanatum	201
Gigantocotyle formosanum	203
Gigantocotyle gigantocotyle	199

Gigantocotyle nanhuense ·················· 204
Gigantocotyle siamense ···················· 205
Gigantocotyle wenzhouense ················ 206
Glossidiellinae ······························· 376
Gongylura ··································· 473

H

Hallum ······································· 271
Haplometrinae ······························· 376
Haplorchinae ································ 267
Haplorchis ··································· 274
Haplorchis pumilio ························· 275
Haplorchis taichui ·························· 276
Haplorchis yokogawai ····················· 277
Harmostomidae ······························ 402
Harmostomum ······························ 403
Harmostomum gallinum ··················· 403
Hemistomum cordatum ···················· 437
Hepatiarius ·································· 304
Heterechinostomum ························· 10
Heterolope ·································· 403
Heterophyes ································· 278
Heterophyes heterophyes ·················· 278
Heterophyidae ······························· 267
Hindia ······································· 131
Hindolania ·································· 131
Hippocrepinae ······························· 126
Hofmonostomum ···························· 157
Holostephanus ······························ 417
Holostephanus curonensis ················· 417
Holostephanus nipponicus ················· 418
Holostomum ································ 473
Holostomum variabile ······················ 466
Homalogaster ······························· 207
Homalogaster paloniae ····················· 207
Hypoderaeum ································ 72
Hypoderaeum conoideum ··················· 72
Hypoderaeum gnedini ······················· 74

Hypoderaeum vigi ··························· 75
Hyptiasmus ································· 423
Hyptiasmus chengduensis ················· 423
Hyptiasmus laevigatus ···················· 425
Hyptiasmus sichuanensis ·················· 425
Hyptiasmus theodori ······················ 427

I

Irinaiinae ····································· 267
Isthmiophora ································· 76
Isthmiophora melis ·························· 76

J

Johnsonitrematinae ·························· 94

K

Kasr ··· 274
Knipowitschetrematinae ··················· 267
Kossackia ··································· 131

L

Lecithodendriidae ··························· 335
Lepidopteria ································ 333
Lepoderma ·································· 377
Lepodermatidae ····························· 376
Leucochloridiidae ··························· 439
Leucochloridium ···························· 439
Leucochloridium muscularae ·············· 440
Leucochloridium paradoxum ·············· 440
Linstowiella lutzi ··························· 413
Liorchis ····································· 214
Longipharynx ······························· 209
Longipharynx longchuansis ················ 210
Loossia ······································ 279
Loxotrema ·································· 279

Loxotremuna	279

M

Macropharynx	210
Macropharynx chinensis	211
Macropharynx hsui	212
Macropharynx sudanensis	211
Maederiinae	376
Maritrema	345
Maritrema afanassjewi var. *minor*	345
Maritrema gratiosum	345
Maritrema jilinensis	346
Maritrematidae	343
Maritreminoides	347
Maritreminoides mapaensis	347
Maritreminoides obstipum	347
Massaliatrema	271
Mazzantia	403
Mediopharyngeum	422
Megagonimus	359
Mehlisiidae	249
Mesocoeliidae	340
Mesocoelium	340
Mesocoelium canis	341
Mesocoelium sociale	341
Mesorchis	85
Mesorchis pseudoechinatus	85
Metagoniminae	267
Metagonimoides	279
Metagonimus	279
Metagonimus yokogawai	280
Metaplagiorchis	377
Metechinostoma	45
Metorchis	294
Metorchis albidus	295
Metorchis anatinus	295
Metorchis elongate	296
Metorchis orientalis	296
Metorchis pinguinicola	298
Metorchis taiwanensis	299
Metorchis xanthosomus	301
Metorchis yichunensis	302
Microphallidae	343
Microphallus	348
Microphallus opacus	348
Microphallus longicaecus	348
Microphallus minus	349
Microtrema	303
Microtrema truncatum	303
Monilifer	85
Monocaecum	348
Monorchotrema	274
Monorchotrema microrchia	276
Monorchotrema taichui	276
Monorchotrema taihokui	275
Monorchotrema yokogawai	277
Monorchotreminae	267
Monostoma conicum	216
Monostomus lineare	140
Multiglandularis	377
Multispinotrema	72

N

Natrioderinae	376
Naviformia	131
Navivularia	84
Neoacanthoparyphium	78
Neoacanthoparyphium linguiformis	78
Neoacanthoparyphium petrowi	78
Neoalaria	473
Neocotylotretus	79
Neocyathocotyle	408
Neoechinostoma	72
Neolepoderma	377
Neoleucochloridium	439
Neometorchis	304

Neoparamonostomum	157	Ophiohaplorchiinae	267
Neostrigea	473	*Ophthalmophagus*	428
Neostrigeidae	457	*Ophthalmophagus magalhaesi*	429
Notaulus	304	*Ophthalmophagus nasicola*	429
Notocotylinae	126	*Ophthalmophagus singularis*	429
Notocotylidae	126	*Ophthalmotrema*	234
Notocotylus	131	Opisthometrinae	267
Notocotylus anatis	137	Opisthorchiidae	287
Notocotylus attenuatus	131	*Opisthorchis*	304
Notocotylus chions	133	*Opisthorchis anatinus*	305
Notocotylus gibbus	134	*Opisthorchis anatis*	288
Notocotylus hsui	135	*Opisthorchis cantonensis*	306
Notocotylus imbricatus	137	*Opisthorchis felineus*	307
Notocotylus intestinalis	138	*Opisthorchis simulans*	308
Notocotylus lianhuaensis	139	*Opisthorchis tenuicollis*	309
Notocotylus linearis	140	*Opisthorchis yokogawai*	280
Notocotylus mamii	141	*Orientobilharzia*	443
Notocotylus naviformis	142	*Orientobilharzia bomfordi*	443
Notocotylus orientalis	143	*Orientobilharzia dattai*	443
Notocotylus parviovatus	143	*Orientobilharzia turkestanica*	444
Notocotylus polylecithus	144	Ornithobilharziidae	441
Notocotylus ralli	146	*Orthocoelium*	171
Notocotylus stagnicolae	147		
Notocotylus thienemanni	148		
Notocotylus triserialis	131		
Notocotylus urbanensis	149		

O

P

Ogmocotyle	151	Pachytrematidae	287
Ogmocotyle indica	152	*Pagumogonimus*	355
Ogmocotyle pygargi	153	*Pagumogonimus cheni*	355
Ogmocotyle sikae	154	*Pagumogonimus macrorchis*	365
Ogmocotyle tangi	156	*Pagumogonimus proliferus*	357
Ogmocotylinae	126	*Pagumogonimus skrjabini*	358
Ogmogasterinae	126	*Paracyathocotyle*	408
Ohridia	333	Paragonimidae	352
Oistosomatinae	376	*Paragonimus*	359
Ommatobrephidae	233	*Paragonimus asymmetricus*	359
		Paragonimus cheni	355
		Paragonimus divergens	360
		Paragonimus fukienensis	361
		Paragonimus heterotremus	362

Paragonimus hueitungensis	363
Paragonimus iloktsuenensis	364
Paragonimus macrorchis	365
Paragonimus menglaensis	367
Paragonimus microrchis	368
Paragonimus mingingensis	369
Paragonimus ohirai	369
Paragonimus proliferus	357
Paragonimus sheni	371
Paragonimus skrjabini	359
Paragonimus szechuanensis	359
Paragonimus tuanshanensis	372
Paragonimus westermani	372
Paragonimus yunnanensis	374
Paraheterophyes	348
Paralepidauchen	377
Paramonostomum	157
Paramonostomum alveatum	157
Paramonostomum bucephalae	158
Paramonostomum ovatum	158
Paramonostomum pseudalveatum	159
Paramphistomacotyle	171
Paramphistomatidae	160
Paramphistomoides	171
Paramphistomum	214
Paramphistomum bombayiensis	219
Paramphistomum bothriophoron	214
Paramphistomum cervi	216
Paramphistomum chinensis	186
Paramphistomum cotylophorum	187
Paramphistomum gotoi	218
Paramphistomum gracile	219
Paramphistomum ichikawai	221
Paramphistomum ijimai	162
Paramphistomum indicum	219
Paramphistomum julimarinorum	222
Paramphistomum leydeni	222
Paramphistomum microbothrioides	224
Paramphistomum microbothrium	226

Paramphistomum nicabrasilorum	222
Paramphistomum orthocoelium	186, 227
Paramphistomum parvipapillatum	186
Paramphistomum procapri	228
Paramphistomum pseudocuonum	229
Paramphistomum scotiae	222
Paramphistomum skrjabini	167
Parapronocephalinae	126
Paratanaisia bragai	333
Paryphostomum	79
Paryphostomum baiyangdienensis	80
Paryphostomum radiatum	80
Patagifer	81
Patagifer bilobus	81
Pegosomum	82
Pegosomum petrowi	83
Pegosomum saginatum	83
Petasiger	83
Petasiger (*Neopetasiger*)	83
Petasiger (*Petasiger*)	84
Petasiger exaeretus	84
Petasiger nitidus	84
Phagicolinae	267
Pharyngostomum	437
Pharyngostomum cordatum	437
Philophthalmidae	233
Philophthalmu anatimus	236
Philophthalmu occularae	236
Philophthalmu sinensis	236
Philophthalmus	234
Philophthalmus anhweiensis	234
Philophthalmus anseri	235
Philophthalmus gralli	236
Philophthalmus guangdongnensis	237
Philophthalmus halcyoni	238
Philophthalmus hegeneri	239
Philophthalmus hovorkai	239
Philophthalmus hwananensis	240
Philophthalmus indicus	241

Philophthalmus intestinalis	242	Prosthogonimidae	379
Philophthalmus lucknowensis	243	Prosthogoniminae	379
Philophthalmus minutus	244	*Prosthogonimus*	380
Philophthalmus mirzai	244	*Prosthogonimus anatinus*	380
Philophthalmus nocturnus	245	*Prosthogonimus brauni*	382
Philophthalmus palpebrarum	234	*Prosthogonimus cantonensis*	382
Philophthalmus problematicus	246	*Prosthogonimus cuneatus*	383
Philophthalmus pyriformis	247	*Prosthogonimus gracilis*	384
Philophthalmus rizalensis	247	*Prosthogonimus horiuchii*	386
Plagiorchiidae	376	*Prosthogonimus indicus*	387
Plagiorchis	377	*Prosthogonimus japonicus*	388
Plagiorchis lima	377	*Prosthogonimus karausiaki*	390
Plagiorchis massino	377	*Prosthogonimus leei*	390
Plagiorchis muris	378	*Prosthogonimus macroacetabulus*	391
Plagiorchoides	377	*Prosthogonimus ninboensis*	392
Platynosomum	328	*Prosthogonimus orientalis*	392
Platynosomum capranum	328	*Prosthogonimus ovatus*	394
Platynosomum semifuscum	328	*Prosthogonimus pellucidus*	395
Platynosomum xianensis	330	*Prosthogonimus rarus*	401
Polysarcus	359	*Prosthogonimus rudolphii*	396
Porphyriotrema	422	*Prosthogonimus sinensis*	398
Postharmostomum	404	*Prosthogonimus skrjabini*	399
Postharmostomum commutatus	403	*Prosthogonimus spaniometraus*	399
Postharmostomum gallinum	404	*Pseudechinostomum*	85
Praeuterogoniminae	379	*Pseudobilharziella*	451
Pricetrema	269	*Pseudocarneophallus*	348
Procerovum	281	*Pseudocatatropis*	127
Procerovum cheni	281	*Pseudodiscus*	230
Procerovum varium	281	*Pseudodiscus collinsi*	230
Prohyptiasmus	430	*Pseudolevinseniella*	350
Prohyptiasmus robustus	431	*Pseudolevinseniella cheni*	350
Prohystera	333	*Pseudoparamphistoma*	171
Proschistosoma	447	*Pseudostrigea*	470
Prosostephanus	419	*Pseudostrigea anatis*	470
Prosostephanus industrius	419	*Pseudostrigea buteonis*	470
Prosthodendrium	338	*Pseudostrigea poyangenis*	471
Prosthodendrium anticum	338	*Psilochasmus*	250
Prosthodendrium lucifugi	338	*Psilochasmus indicus*	250
Prosthodendrium nokomis	338	*Psilochasmus longicirratus*	251

Psilochasmus oxyurus	252
Psilochasmus sphincteropharynx	253
Psilorchis	253
Psilorchis anatinus	254
Psilorchis indicus	254
Psilorchis longoesophagus	254
Psilorchis saccovoluminosus	255
Psilorchis zhejiangensis	256
Psilorchis zonorhynchae	257
Psilostomidae	249
Psilotrema	258
Psilotrema acutirostris	259
Psilotrema brevis	260
Psilotrema fukienensis	261
Psilotrema simillimum	262
Psilotrema spiculigerum	262
Psilotrema tungtingensis	263
Pygidiopsinae	267
Pygidiopsis	282
Pygidiopsis genata	283

R

Rallitrema	403
Ratziidae	287
Receptocoelum	422
Rhodobilharzia	447
Ridgeworthia	466
Rodentigonimus	359
Rossicotrema	268

S

Saakotrematidae	8
Scaphanocephalinae	267
Schistogonimus	400
Schistogonimus rarus	400
Schistosoma	447

Schistosoma bovis	448
Schistosoma haematobium	448
Schistosoma japonicum	448
Schistosomatidae	441
Serpentinotrema	404
Sigmaperidae	376
Sigmaperinae	376
Sinobilharzia	447
Skrjabinotrema	406
Skrjabinotrema ovis	406
Sobolephya	286
Spelotrema	348
Spelotrema yahowui	349
Sphaeridiotrema	264
Sphaeridiotrema globulus	264
Sphaeridiotrema monorchis	266
Srivastavaia	214
Stamnosoma	270
Stellantchasmus	283
Stellantchasmus amplicaecalis	285
Stellantchasmus falcatus	284
Stellantchasmus formosanus	284
Stellantchasmus pseudocirratus	285
Stellantschasminae	267
Stephanopirumus	270
Stephanoprora	85
Stephanoprora ornata	85
Stephanoprora pseudoechinatus	85
Sticholecithinae	376
Stictodora	286
Stictodora hainanensis	286
Stictodora manilensis	286
Stictodoridae	267
Stomatrematinae	376
Stossichium	430
Streptovitella	345
Strigea	473
Strigea cornutus	467
Strigea strigis	473

Strigeidae	457	Trichobilharzia jianensis	451
Styphlodorinae	376	Trichobilharzia paoi	453
subgenus *Macrogenotrema*	380	Trichobilharzia pingnana	455
subgenus *Mediogenotrema*	380	Trichobilharzia yokogawai	456
subgenus *Mediorchis*	311	Typhlocoelidae	475
subgenus *Pancreaticum*	317	Typhlocoelum	480
subgenus *Politogenotrema*	380	Typhlocoelum cucumerinum	480
subgenus *Primagenotrema*	380	Typhlophilus	480
subgenus *Prosthogenotrema*	380	Typhlultimum	480
subgenus *Prosthogonimoides*	380		
subgenus *Prosthogonimus*	380		
subgenus *Prymnoprion*	380		
subgenus *Ultragenotrema*	380		

U

Uvitellina	433
Uvitellina adelphus	433
Uvitellina pseudocotylea	433

Szidatiella	431
Szidatitrema	431
Szidatitrema sinica	432
Szidatitrema vogeli	432

V

Velamenophorus	10
Vermatrema	72

T

Tanaisia	333
Tanaisia bragai	333
Tanaisia fedtschenkoi	333
Tangiella	419
Tetracladiinae	267
Thailandobilharzia	443
Tocotrema	271
Tracheophilus	476
Tracheophilus cymbius	476
Tracheophilus sisowi	479
Transcoelum	423
Travassosella	419
Travtrematinae	376
Trichobilharzia	451
Trichobilharzia ocellata	451

W

Wellmanius	95

Y

Yokogawa	279

Z

Zygocotyle	231
Zygocotyle ceratosa	231
Zygocotyle lunata	231